ALCIATORE

메카트로닉스와 계측시스템

5판 수정판

Introduction to Mechatronics & Measurement Systems, 5th Edition

3 4 5 6 7 8 9 10 GMP 20 24

Original: Introduction to Mechatronics & Measurement Systems, 5th Edition © 2018
By David Alciatore
ISBN 978-1-25-989234-9

This authorized Korean translation edition is jointly published by McGraw-Hill Education Korea, Ltd. and GYOMOON Publisher. This edition is authorized for sale in the Republic of Korea.

This book is exclusively distributed by GYOMOON Publisher.

When ordering this title, please use ISBN 978-89-363-2549-7

Printed in Korea

ALCIATORE

메카트로닉스와 계측시스템

5판 수정판

MECHATRONICS AND MEASUREMENT SYSTEMS

5TH EDITION

David G. Alciatore 지음

강철구, 경기욱, 박종후, 이민철, 정슬, 홍대희 옮김

McGraw Hill

교문사

역자 소개

강철구 건국대학교 기계공학부
경기욱 KAIST 기계공학과
박종후 숭실대학교 전기공학부
이민철 부산대학교 기계공학부
정 슬 충남대학교 메카트로닉스공학과
홍대희 고려대학교 기계공학부

ALCIATORE
메카트로닉스와
계측시스템 5판 수정판

5판 수정판 발행 2024년 2월 20일

지은이 David G. Alciatore
옮긴이 강철구, 경기욱, 박종후, 이민철, 정슬, 홍대희
펴낸이 류원식
펴낸곳 교문사

편집팀장 성혜진 | **책임진행** 김성남 | **디자인** 김도희 | **본문편집** 홍익m&b

주소 10881, 경기도 파주시 문발로 116
대표전화 031-955-6111 | **팩스** 031-955-0955
홈페이지 www.gyomoon.com | **이메일** genie@gyomoon.com
등록번호 1968.10.28. 제406-2006-000035호

ISBN 978-89-363-2549-7 (93560)
정가 43,000원

잘못된 책은 바꿔 드립니다.

역자 서문

메카트로닉스라는 신조어가 탄생한 지 어느 덧 40여 년이 흘렀다. 기계 분야와 전기전자 그리고 컴퓨터 분야의 융합이 절실히 필요한 산업현장에서 탄생한 메카트로닉스란 분야는 나날이 발전하여 학문적인 모습을 갖추어가고 있다. 전 세계에 메카트로닉스와 관련해서 몇몇 우수한 저널이 생겨났고 학술대회도 많이 생겨나고 있으며, 기존의 학술대회에서도 메카트로닉스 분야를 포함시키고 있는 실정이다.

우리나라에서도 20여 년 전에 몇몇 대학에서 학부과정에 메카트로닉스 공학과를 하나씩 신설하더니 이제는 많은 대학에서 새로운 학과 또는 대학원 과정으로 신설하고 있는 실정이다. 이를 반영하듯이 대기업이나 중소기업의 연구소에서 메카트로닉스 관련 연구소를 운영하여 이 분야의 인력을 수용하고 있다.

"미래는 융합의 시대이다"라는 명제에는 누구도 반대하지 못한다. 학문 간 융합만이 새로운 이론과 아이디어를 창출해 낼 수 있으며, 그로 인한 파급적인 경제효과를 누릴 수 있을 것이다.

메카트로닉스 분야를 공부하는 데 도움을 줄 수 있는 지침서인《Introduction to Mechatronics and Measurement Systems》는 이 분야에서 정평이 난 책으로 자리매김하고 있다. 이 책으로 공부하고 나면 "메카트로닉스 분야란 무엇인가?"라는 질문에 답을 얻을 수 있을 것이다. 이 책을 사용하는 해외 우수 대학들이 점점 늘어나고 있는 것은 메카트로닉스 분야의 필요성에 대한 증거라고 할 수 있다. 국내에서 2000년에 번역 초판을 발간한 이래 이번 5판에 이르기까지 참으로 알찬 내용들이 많이 추가되었다. 이번 5판에서는 Arduino 자료와 MATLAB 해석 등 많은 내용이 추가되고 보완되었다. 또한 이 책과 병행하며 공부할 수 있는 많은 자료의 내용과 주소를 인터넷을 통해 제공함으로써 학생들의 문제 해결 및 설계에 대한 이해와 생각을 돕는 데 기여하고 있다.

우리 역자들은 이번에《Introduction to Mechatronics and Measurement Systems》5판 번역에 참여하게 된 것을 기쁘고 감사하게 생각한다. 이 책으로 공부하게 될 모든 공학도들에게 저자의 의도가 잘 전달되기를 바라지만, 혹시 번역상 오류가 있으면 역자들에게 연락을 취해 주면 감사하겠다.

학술용어의 번역은 한국과학기술단체총연합회에서 발행한《과학기술대사전》(2005), 한국과학기술한림원에서 발행한《영한·한영 과학기술용어집》(1998), 대한수학회의 수학용어(www.kms.or.kr)를 따르되 좋은 우리말을 사용하려고 노력했으며, 외래어표기, 로마자표기 및 한글맞춤법은 국립국어원(www.korean.go.kr)의 기준을 따르도록 노력했다.

끝으로 본 번역서를 출판하는 데 혼신의 힘을 다해 주신 출판사 관계자들에게 깊이 감사드린다.

2024년 1월

역자 일동

저자 소개

David G. Alciatore 박사는 1991년부터 콜로라도주립대 기계공학과 교수로 재직해 왔다. 학생들이 인정하는 것처럼 헌신적인 선생님이었던 그는 "Excellence in Undergraduate Teaching Award"를 포함한 많은 상을 수상하였다. 그가 관심 있어 하는 연구, 자문, 교육 분야는 동적 시스템의 모델링과 시뮬레이션, 메카트로닉스 시스템 설계, 고속 비디오 모션 분석, 공학 교육이다. 로봇, 컴퓨터 그래픽스 모델링, 3D 프린팅, 스포츠 역학, 메카트로닉스에 대해 자문과 연구를 수행해 왔다.

그는 뉴올리언스대에서 학사(1986) 학위를 받고, 텍사스대(오스틴)에서 기계공학으로 석사(1987)와 박사(1990) 학위를 받았다. 1984년부터 미국기계공학회(ASME) 회원으로 위원회와 이사회 등에서 열심히 활동하였다. 또한 Fellow로서 ASME 우수 강사로 활동하였으며 열정적인 공학도였다.

메카트로닉스뿐만 아니라 물리학과 당구 장비와 기술에 관한 공학에도 관심이 많았던 그는 《The Illustrated Principles of Pool and Billiards》를 저술하였고, 당구 게임을 소개하며 가르쳐주는 DVD도 제작하였다. 월간지 《Billiard Digest》에 매달 글을 기고하고 있으며 당구와 관련된 유튜브 채널도 운영 중이다. 그는 고등 동역학을 가르칠 때와 같이 수업시간에 이런 당구에 대한 열정을 활용한다.

만약 이 책의 이전 판을 본 적이 있다면 두 번째 저자의 이름이 빠져 있는 것을 알았을 것이다. 이전 책은 Michael B. Histand와 같이 집필했었다. Histand 박사는 콜로라도주립대에서 37년간의 봉사를 마치고 2005년에 은퇴했다. 이전 두 번의 개정판은 David 박사가 주요 저자로 작업을 했지만 그보다 앞선 판에서는 Histand 박사가 전자, 센서, 계기 등의 내용에 많은 기여를 했다. David 박사는 Histand 박사와의 시간을 소중하게 생각하며 수년간 함께했던 것에 대해 그에게 항상 감사하고 있다. 둘은 좋은 친구이며 여전히 자주 만난다.

저자 서문

접근법

전통적인 공학 훈련의 정형화된 영역은 집적회로와 컴퓨터의 도래로 점점 구별이 없어지고 있다. 이러한 현상은 서로 의존하는 전기와 기계 부품의 조립으로 이루어진 제품을 생산하는 기계공학이나 전기공학에서 두드러지게 나타나고 있다. 메카트로닉스 분야는 기존의 전자기계 학문의 영역을 넓혀 왔다. 메카트로닉스는 현대 제어와 마이크로프로세서를 기반으로 기계 및 전자 부품으로 구성된 시스템의 분석, 설계, 합성, 선택을 포함하는 분야로 정의된다.

이 책은 (1) 현대 기기와 계측 과목, (2) 전통적인 회로와 기기 과목을 대신해서 전기와 기계공학이 합성된 하나의 과목, (3) 메카트로닉스 공학 과목, (4) 메카트로닉스 학문 과정의 첫 번째 과목을 위한 하나의 교과서로 구성되었다. 하이브리드 과목으로의 두 번째 선택사항 (2)는 기계공학 교육과정에서 이수학점을 줄이는 기회를 제공한다. (3)과 (4)는 새로운 학제 간 과목과 교육과정을 개발하는 것을 포함한다.

최근 많은 교육과정이 메카트로닉스 과목을 포함하지 않지만 기존의 과목에서 부분적인 요소는 다루고 있다. 메카트로닉스 과목의 목적은 동시대의 전자공학이나 컴퓨터 제어뿐만 아니라 기존의 과목으로부터 중요한 요소를 완수하는 학부생들을 위한 학제 간 경험을 집중적으로 제공하는 것이다. 이러한 요소에는 계측 이론, 전자회로, 컴퓨터 인터페이스, 센서, 구동기, 메카트로닉스 시스템의 설계, 분석, 합성이 있다. 사실상 새롭게 설계되어 만들어지는 모든 공업 제품이 메카트로닉스 시스템이기 때문에 학제 간 접근은 학생들에게 매우 가치가 있다.

5판의 새로운 점

이번 5판에서 보강되고 확대된 추가 내용은 다음과 같다.

- PIC 마이크로컨트롤러 프로그래밍을 보완하기 위해 Arduino와 관련된 내용과 예제가 추가되었다.
- MathCAD 해석 파일에 대한 Matlab 해답이 추가되었다.
- 직렬통신을 포함하는 더 많은 마이크로컨트롤러 프로그래밍과 인터페이스 예제가 추가되었다.
- 실제 회로와 마이크로컨트롤러 프로젝트에서의 디버깅과 문제해결 팁을 확장했다.
- 다이오드 응용과 관련한 새로운 절이 추가되었다.
- 샘플링된 신호의 고성능 복원을 위해 A/D 재생 필터의 사용법이 추가되었다.
- 가상계기와 NI ELVIS 랩 플랫폼에 대한 절이 확장되었다.
- 인터넷 링크와 온라인 비디오 시연을 포함하는 더 많은 웹사이트 자료가 인용되고 설명되었다.
- 강사와 학생에게 더 많은 숙제와 실습을 제공하기 위해 책 전체에서 장 말미에 연습문제가 추가되었다.

- 책 전체를 교정했고 많은 부분이 개선되었다.

또한 이 책의 보충교재인 실험 실습 교재를 온라인에 접속해서 원하는 만큼 무료로 사용할 수 있다. 랩북 웹페이지 mechatronics.colostate.edu/lab_book.html에 비디오 교재와 같이 나와 있다.

내용

1장은 메카트로닉스와 계측시스템 기술을 소개한다. 2장은 기초 전기 회로, 회로 요소, 회로 분석에 대해 복습한다. 3장은 반도체를 다룬다. 4장은 메카트로닉스와 계측시스템의 응답을 분석하고 특징짓는 방법을 소개한다. 5장은 아날로그 신호의 기초와 증폭 회로의 설계 및 분석을 다룬다. 6장은 디지털 장치의 기초와 집적회로의 사용을 보여준다. 7장은 마이크로컨트롤러 프로그램과 인터페이스를 제공하고 특히 PIC 마이크로컨트롤러와 PicBasic Pro 프로그램에 대해 다룬다. 8장은 데이터 수집과 컴퓨터와 계측시스템을 연결하는 방법을 다룬다. 9장은 메카트로닉스 시스템에서 사용하는 센서를 소개한다. 10장은 메카트로닉스 시스템을 구동하기 위해 사용하는 많은 장치를 소개한다. 11장은 메카트로닉스 시스템의 제어 구조와 몇몇 실례를 보여준다. 또한 제어 이론에 대한 소개와 메카트로닉스 시스템에서의 역할을 제시한다. 부록에서는 계측시스템을 보완하고 나타내는 단위, 통계, 오차 분석, 재료역학에 대한 기초를 복습한다.

저자와 편집자 그리고 교정자들의 노력에도 불구하고 실수에 의한 오차 없이 많은 책을 집필하는 것은 불가능하다. 발견된 오류에 대한 정오표는 웹사이트 https://mechatronics.colostate.edu/corrections에서 볼 수 있다. 책에 대한 어떠한 오류가 올라와 있는지 확인하기 위해 방문할 것을 권한다. 만약 새로운 오류를 발견한다면 David.Alciatore@colostate.edu에 연락해서 다른 사람들에게도 알릴 수 있도록 해주기 바란다. 또한 다음에 나올 책에 대한 제안이나 요구사항에 대한 의견도 좋다.

학습도구

수업토론주제(CDI)는 학생들에게 생각할 수 있는 기회를 제공하고 수업에서 협동학습을 할 수 있도록 도와준다. 방과 후 숙제로 사용되기도 하고 질문에 대한 보충교재 그리고 각 장을 마친 후의 연습문제로도 사용된다. 웹사이트 mechatronics.colostate.edu에는 CDI에 대한 다양한 힌트와 일부 해답이 올라와 있다. 학생들의 적용능력을 향상시켜 주는 분석과 설계에 대한 예제도 제공한다. 학생들의 학습능력을 향상시키기 위해서는 강의내용과 연관된 실험 실습이 병행되어야 한다. 실험 실습 교재는 mechatronics.colostate.edu/lab_book.html을 참고하기 바란다. 수업토론주제, 설계예제, 실습문제 등은 학생들이 실제 문제를 접하게 하고 미래의 설계 과제에 유용한 틀을 제공한다.

책에 있는 분석 예제나 설계 중심 예제에 추가적으로 종합설계예제가 제공된다. 이러한 예제가 다루는 내용은 마이크로컨트롤러, 입출력 장치, 센서, 구동기, 보조 전자 회로, 소프로트웨어를 포함하는 메카트로닉스 시스템이다. 설계예제는 관계된 내용이 책에 설명될 때마다 조금씩 제시되며, 복잡한 시스템이 어떻게 분할과 정복의 방법으로 만들어지는가를 보여준다. 또한 종합설계예제는 책의 앞부분에서 설명한 기본적인 회로와 시스템 응답의 가치를 알려준다.

이 예제는 1장부터 시작하는 흥미로운 응용 사례를 통해 '큰 그림'을 볼 수 있도록 도와준다.

감사의 글

이 책의 내용에 대한 정확도를 높이기 위해 콜로라도주립대학과 와이오밍대학에서 교재로 시험 사용되었다. 소중한 내용을 제공한 두 대학의 학생들에게 감사드린다. 더불어 중요한 정보를 제공한 아래의 교수들께도 감사드린다.

YangQuan Chen(Utah State University)
Meng-Sang Chew(Lehigh University)
Mo-Yuen Chow(North Carolina State University)
Burford Furman(San José State University)
Venkat N. Krovi(State University of New York, Buffalo)
Satish Nair(University of Missouri)
Ramendra P. Roy(Arizona State University)
Ahmad Smaili(Hariri Canadian University, Lebanon)
David Walrath(University of Wyoming)

또한 이메일을 통해 정정할 내용과 개선될 내용을 보내준 독자에게도 감사드린다. 이러한 도움은 책의 오류를 줄이고 더 나은 책이 출판되는 데 힘이 되어준다.

mechatronics.colostate.edu의 웹사이트에 올라와 있는 온라인 보충 교재

책 전체에 보이는 아이콘은 추가적인 정보가 mechatronics.colostate.edu의 웹사이트에 나와 있음을 나타낸다. 아래는 자료와 함께 아이콘이 사용되는 예시에 대한 설명이다.

비디오 데모

온라인 비디오가 어디에 있는지를 나타낸다. 온라인 비디오는 인터넷 브라우저에서 WMV 파일 또는 유튜브로 볼 수 있다. 비디오는 전자 요소, 메카트로닉스 장치, 시스템 사례, 실험 실습 시연을 보여준다.

© David Alciatore

인터넷 링크

인터넷 자료가 어디에 있는지를 나타낸다. 이러한 링크는 강사나 학생들에게 특정 개념에 대한 지식을 확대하는 데 도움이 되는 신뢰할 만한 자료를 제공한다.

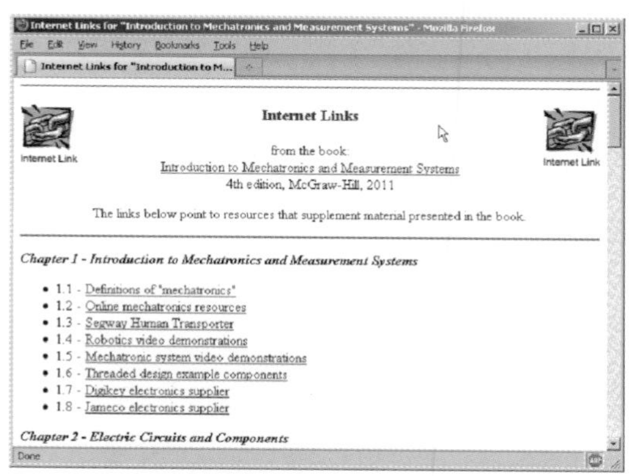

© McGraw-Hill Education

MATLAB®
examples

분석적인 계산을 수행하는 Mathcad/Matlab 파일이 어디에 있는지를 나타낸다. 파일은 유사하거나 확장된 분석을 수행하기 위해 편집될 수 있다. Mathcad/Matlab 소프트웨어를 사용하지 못하는 학생들을 위해 PDF 파일도 제공한다.

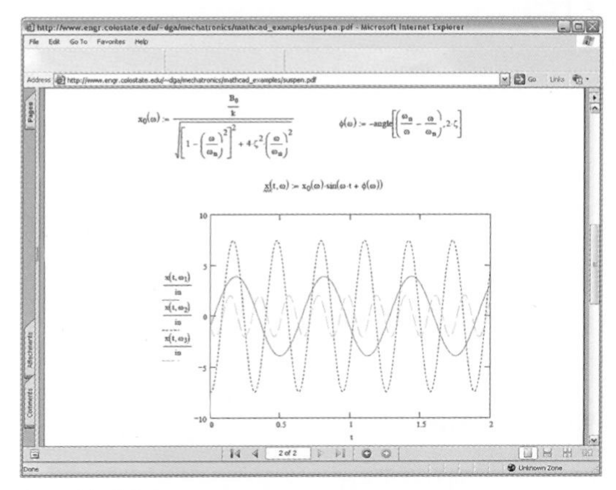

© David Alciatore

책과 병행하는 실습문제가 보충 실험 실습 매뉴얼에 있음을 나타낸다. 이 매뉴얼은 학생들이 배운 것을 적용하고 책의 내용을 수행하는 실제 작업을 보여준다. 대부분의 자료나 비디오 데모는 이 책의 웹사이트에 올라와 있다. 실습문제 매뉴얼에 관한 정보는 mechatronics.colostate.edu/lab_book.html을 방문해서 확인하기 바란다.

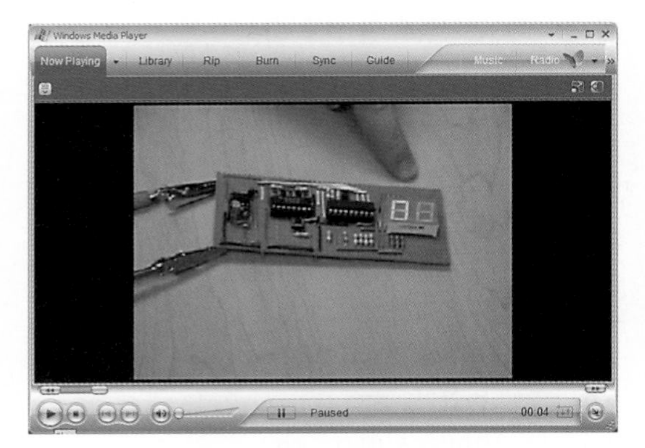

© David Alciatore

추가 자료

추천할 만한 온라인 강좌, 실험 개요, 수업토론주제에 대한 힌트 그리고 다른 보충 교재를 포함하는 더 많은 정보가 이 책의 웹사이트에 나와 있다.

추가로 모든 장의 마지막에 있는 연습문제에 대한 해답집이 패스워드를 요구하는 McGraw-Hill 홈페이지 www.mhhe.com/alciatore에 준비되어 있다.

이러한 보충 자료는 학생과 강사들이 이론적인 개념을 실험 실습이나 실제 문제에 적용하고 배움의 질을 향상하도록 도와준다.

차례

수업토론주제

예제

설계예제

종합설계예제 A 직류모터 전력오피앰프 속도제어기

종합설계예제 B 스텝모터 위치와 속도제어기

종합설계예제 C 직류모터 위치와 속도제어기

1 CHAPTER

서론
Introduction

목적 · CHAPTER OBJECTIVES

이 장을 읽고, 논의하고, 공부하고, 아이디어를 적용하면 다음을 할 수 있다.

1. 메카트로닉스를 정의하고, 현대 공학설계와의 연관성을 이해한다.
2. 메카트로닉스 시스템과 기본 구성요소를 확인한다.
3. 일반적인 계측시스템의 구성요소를 정의한다.

1.1 메카트로닉스

기계공학은 범위가 매우 넓으며 전문적인 실용학문으로서, 급속한 산업혁명의 성공적인 발전에 필요한 초석을 제공하면서 19세기 초부터 급격히 성장했다. 당시 광산에서는 환기통로를 건조하게 유지하기 위해 유례없는 거대한 펌프가 필요했으며, 철강산업에서는 그때까지 상업적으로 사용되던 수준보다 높은 압력과 온도를 필요로 했다. 또한 운송시스템은 상품을 운반하기 위해 말이 낼 수 있는 힘인 마력(HP)을 훨씬 초과한 큰 힘이 필요했고, 구조물은 더 넓은 심해로 뻗어가고 현기증이 날 만큼 높이 올라가기 시작했으며, 생산시설은 구멍가게에서 큰 공장으로 옮겨갔다. 이러한 비약적인 기술의 업적을 뒷받침하기 위해 사람들은 지식 체계를 구축하고 전문화하기 시작했으며, 이러한 체계적 노력이 공학(engineering)이라는 학문의 시작이 되었다.

20세기 주요 공학분야인 기계, 전기, 토목, 화공분야는 학문적·전문적 영역이 서로 분리되어 있었기 때문에 각자 나름대로의 지식 체계, 교재, 전문적인 학술지 등을 보유하고 있었다. 이는 연구자와 학생들이 분야별 지식과 영역에 대해 상호배타적인 시각을 가지고 있었기 때문이며 대학의 신입생들은 각자의 소질에 따라 한 분야를 선택해 왔다. 그러나 지금 우리는 정보혁명이라 일컫는 새로운 과학적이고도 사회적인 혁명을 마주하고 있으며, 전문화된 공학분야는 아이러니컬하게도 한 곳에 집중하려는 경향과 다양화하려는 경향을 동시에 보이고 있다. 이러한 혁명은 우리의 생활을 바꾸어놓은 정보와 통신기술의 획기적인 발전을 주도한 반도체 전자공학에 의해 비롯되었다. 오늘날 공학업무를 수행하기 위해서는 어떠한 자리에 있더라도 정보를 처리하는 새로운 방법을 이해해야 하고, 제품 안의 반도체 전자기술을 활용할 수 있어야만 한다. 메카트로닉스는 우리가 흔히 '메카트로닉스 시스템'이라고 부르는 시스템을 설계하는 데 있어 전통적인 공학분야의 여러 부분을 종합한 좀 더 포괄적인 접근방법으로서 매우 새롭고 흥미로운 공학분야 중 하나이다.

메카트로닉스의 정확한 정의는 무엇일까? **메카트로닉스**(mechatronics)란 용어는 어떠한 제어구조에 의해 연결된 기계, 전기, 전자 부품의 집합체로 이루어진 물건의 설계를 다룰 수 있는 매우 빠르게 발전하는 학제간(interdisciplinary)으로 이루어진 공학분야를 설명하기 위해 사용되고 있다. '메카트로닉스'에 관한 또 다른 정의는 인터넷 링크 1.1에서 찾아볼 수 있다. 메카트로닉스라는 단어는 1960년대 말 일본에서 시작되어 유럽으로 퍼져서 현재는 미국에서도 흔하게 사용되고 있다. 메카트로닉스 시스템 설계 시 필요한 지식과 관련된 가장 중요한 분야에는 기계공학, 전자공학, 제어공학, 컴퓨터공학 등이 있다. 메카트로닉스 시스템 설계자는 아날로그와 디지털 회로, 마이크로프로세서 기반 요소, 기계장치, 센서, 구동기, 제어기를 선택하고 설계하여, 설계한 시스템이 원하는 목적을 수행할 수 있도록 해야 한다.

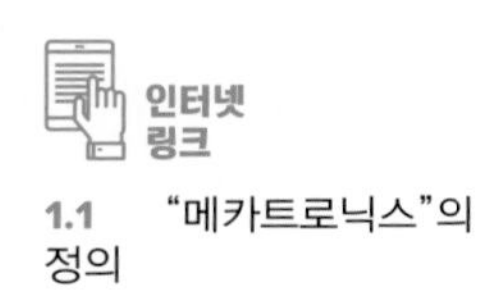

1.1 "메카트로닉스"의 정의

메카트로닉스 시스템은 종종 스마트디바이스(smart device)라는 말로 언급된다. '스마트(smart)'라는 용어는 정확하게 정의하기 어려운 반면에, 공학적인 측면에서는 인간의 사고과정을 모사하는 데 필요한 논리(logic), 피드백(feedback), 연산(computation)과 같은 요소를 포함하는 것을 의미한다. 메카트로닉스 시스템 설계는 다양한 분야의 지식을 필요로 하기 때문에 공학의 전통적인 영역 안에서 구분하는 것은 쉽지 않다. 메카트로닉스 시스템 설계자는 다양한 분야로부터 지식을 구하고 적용할 수 있는 폭넓은 전문가여야 한다. 이렇게 되는 것은 처음에는 학생들에게 부담이 될 수도 있지만, 직업적인 면에서 남과 차별성을 가질 수 있으며, 앞으로 계속 다양한 분야를 배울 수 있는 능력을 함양하도록 도와줄 것이다.

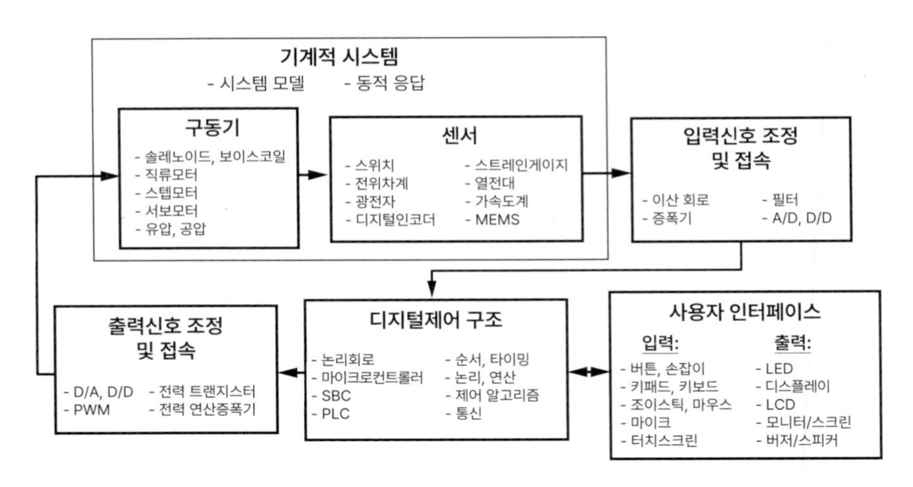

그림 1.1 메카트로닉스 시스템 구성요소

오늘날 모든 기계장치는 전자부품과 모니터링 또는 제어 기능을 포함하고 있다. 따라서 메카트로닉스 시스템(mechatronic system)이라는 용어는 수많은 장치와 시스템을 포함할 수밖에 없다. 점진적으로, 시스템 설계에서 더 많은 유연성과 제어력을 제공하기 위해 전기기계장치에 마이크로컨트롤러가 탑재된다. 메카트로닉스 시스템의 예는 비행기 제어와 항법시스템, 자동차의 전자연료분사장치와 잠김방지제동창지(ABS), 로봇과 수치제어(NC) 기계장치와 같은 자동화생산장비, 제빵기와 세탁기 심지어 장난감과 같은 가정용품이 있다.

그림 1.1은 전형적인 메카트로닉스 시스템에서의 모든 구성요소를 보여준다. 구동기(actuator)는 운동이나 움직임을 만들어낸다. 센서(sensor)는 시스템의 상태량, 입력과 출력의 상태를 탐지한다. 디지털장치는 시스템을 제어하며, 신호 조정 및 접속장치(signal conditioning and interfacing) 회로는 제어회로와 입출력장치 간의 연결을 제공하고, 사용자 인터페이스(user interface)는 사용자의 조작입력을 받아서 그래픽 디스플레이(graphical displays) 등을 통해 시각정보를 제공한다. 이어지는 장에서는 블록 다이어그램으로 나타낸 요소를 소개하고, 이들의 분석방식과 설계에 대해 설명한다. 이를 통해 메카트로닉스 시스템을 설계와는 능력을 점진적으로 키워가며 각 요소의 중요성을 바르게 인지할 수 있도록 도울 것이다. **인터넷 링크 1.2**는 다양한 메카트로닉스 구성요소를 판매하는 업체와 이에 관한 정보를 제공한다.

인터넷 링크

1.2 온라인 메카트로닉스 자료

1.3 이동수단 세그웨이

1.4 로보틱스 비디오 데모

1.5 메카트로닉스 시스템 비디오 데모

예제 1.1은 사무실용 복사기에 관한 것으로 메카트로닉스 시스템의 전형적인 예를 보여준다. 메카트로닉스 시스템의 개요를 나타낸 그림 1.1의 모든 요소는 사무실용 복사기에서 찾아볼 수 있으며 그 밖에 다양한 메카트로닉스 시스템을 이 책 웹사이트에서 찾아볼 수 있다. 세그웨이

(Segway PT)에 관한 내용은 **인터넷 링크 1.3**에서, Adept에 관한 내용은 **비디오 데모 1.1**과 **1.2**에서, Honda에서 개발한 2족 보행 로봇 아시모(Asimo)와 Sony의 큐리오(Qrio)는 **비디오 데모 1.3**과 **1.4**에서, 잉크젯 프린터는 **비디오 데모 1.5**에서 볼 수 있다. 예제 1.1의 복사기에서와 같이 앞서 언급한 로봇과 잉크젯 프린터는 그림 1.1에서 예시한 메카트로닉스 시스템의 모든 요소를 포함하고 있다. 그림 1.2는 **비디오 데모 1.5**에서 언급한 잉크젯 프린터의 각 요소를 나타낸다. 더 많은 로보틱스에 연관된 비디오 데모는 **인터넷 링크 1.4**에서 확인할 수 있고, 다른 메카트로닉스 시스템의 예에 대한 설명은 **인터넷 링크 1.5**에서 확인할 수 있다.

비디오 데모

1.1 Adept One 로봇 데모

1.2 Adept One 내부설계 및 구조

1.3 Honda Asimo Raleigh, NC 데모

1.4 Sony "Qrio" 일본 춤 시연

1.5 잉크젯 프린터 부품

예제 1.1 메카트로닉스 시스템 — 복사기

사무용 복사기는 메카트로닉스 시스템의 좋은 예이다. 아날로그 및 디지털 회로, 센서, 구동기, 마이크로프로세서를 포함하며 복사하는 과정은 다음과 같다. 사용자가 원본을 이송선반(loading bin)에 놓고 시작하기 위해 버튼을 누르면 원고는 이송선반에서 평평한 유리로 옮겨간다. 강한 빛이 원고를 스캔하고 명암에 따른 빛 반사량의 강약에 따라 형성되는 전하분포의 이미지가 드럼으로 옮겨진다. 다음으로 드럼에 형성된 전하의 이미지에 대전된 토너가 붙게 되고 복사하기 위한 종이가 카트리지로부터 옮겨와서 종이 위에 드럼 토너가 전사된다. 마지막으로 전사된 종이에 토너가 정착되도록 열을 가하면 토너의 이미지가 종이 위에 복사되며 분류 메커니즘이 복사된 종이를 적당한 위치에 놓게 되면 복사는 끝난다.

복사기의 아날로그회로는 램프, 히터, 전력회로 등을 제어하며, 디지털회로는 디지털 디스플레이, 표시등, 버튼, 사용자 인터페이스를 구성하는 스위치를 제어한다. 그 밖의 디지털회로에는 논리회로와 모든 작동을 관리하는 마이크로프로세서가 있다. 광센서와 마이크로스위치는 종이의 존재 유무, 종이의 적절한 위치, 문이 제 위치에 있는지 등을 감지한다. 기타 센서로는 모터의 회전량을 추적하는 인코더(encoder)가 있다. 구동기로는 종이를 옮기고 드럼을 돌리고 정렬기(sorter)를 관리하는 서보모터와 스텝모터가 있다.

수업토론주제 1.1 가정에서 사용하는 메카트로닉스 시스템

집에서 사용하는 제품 중에 메카트로닉스 시스템으로 분류할 만한 것이 무엇이 있는가? 그것을 메카트로닉스 시스템으로 정의하는 데 어떤 요소를 고려했는가? 그 시스템이 마이크로프로세서를 포함하고 있다면 마이크로프로세서를 통해 수행되는 기능을 설명하라.

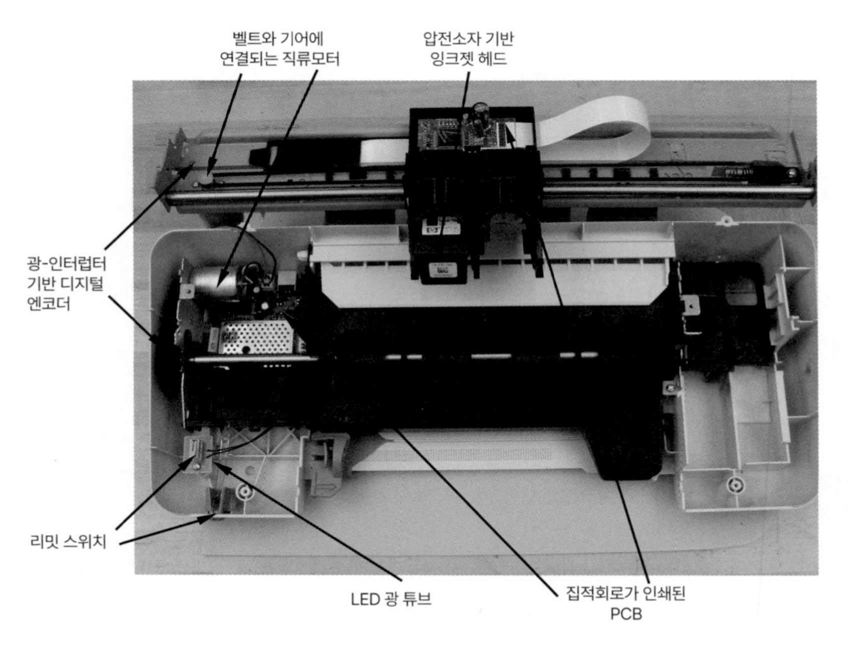

그림 1.2 잉크젯 프린터의 각 요소
© David Alciatore

1.2 계측시스템

다양한 메카트로닉스 시스템의 종류 가운데 가장 기본적인 것 중 하나인 **계측시스템**(measurement system)은 그림 1.3과 같이 세 가지 요소로 이루어진다. **트랜스듀서**(transducer)는 물리적인 입력을 출력(주로 전압)으로 바꾸어 감지하는 장치이다. **신호처리기**(signal processor)는 트랜스듀서의 출력을 필터링하고 증폭 및 조절한다. **센서**(sensor)라는 용어는 종종 트랜스듀서 또는 트랜스듀서와 신호처리기의 조합으로 사용된다. 마지막으로 **기록장치**(recorder)는 온라인 모니터링이나 지속적인 처리를 위해 센서 데이터가 유지되도록 하는 도구이며, 컴퓨터, 복사기 또는 간단한 디스플레이가 해당된다.

계측시스템의 이러한 세 가지 블록은 가격과 성능에 따라 다양한 종류가 있다. 계측시스템

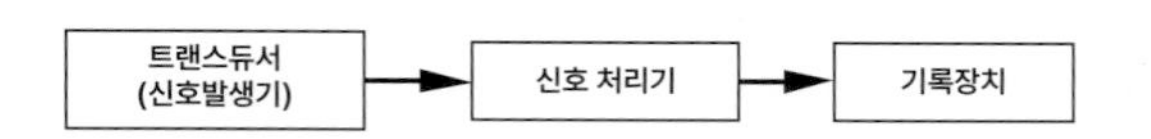

그림 1.3 계측시스템의 요소

의 설계자나 사용자는 시스템 사용에 대한 확신을 갖도록 개발하는 것과 시스템의 한계와 특성을 명확히 알고 최적의 계측요소를 선택할 수 있도록 하는 것이 매우 중요하다. 계측시스템은 메카트로닉스 시스템의 한 부분일 수도 있으며, 종종 그 자체로 실험실이나 외부환경에서 데이터를 얻기 위한 독립적인 장치(stand-alone device)로 사용된다.

예제 1.2 계측시스템 — 디지털온도계

아래 그림은 계측시스템의 한 예를 보여준다. 열전대(열전쌍, thermocouple)는 온도를 작은 전압으로 변환해 주는 트랜스듀서이다. 증폭기가 전압의 크기를 증가시키고, A/D(analog-to-digital) 변환기는 아날로그신호를 디지털신호로 바꿔주는 장치다. LED(light emitting diodes)는 온도값을 표시한다.

계측시스템과 분석에 대한 중요한 추가적인 정보는 부록 A에 나와 있으며 관련된 단위, 수치, 통계학에 대한 내용도 포함되어 있다. 필요하다면 관련 내용을 다시 한번 살펴보도록 하자.

1.3 종합설계예제

이 교재에는 전반적으로 기본적인 계산과 관련된 '예제'나 요소부품이나 종속되는 시스템을 선정하고 합성하는 방법을 설명하기 위한 다양한 '설계예제'가 수록되어 있다. 아울러 새로운 주제를 포함하고 궁극적으로는 완벽한 메카트로닉스 시스템을 학습하기 위한 좀 더 복잡한 '종합설계예제'도 수록되어 있다. 이와 같은 설계예제는 서로 다른 형태의 모터 속도를 제어하기 위한 시스템의 설계와 관련된 것들이다. 설계예제 A.1, B.1, C.1은 각각 서로 다른 주제에 관한 것이며 모두 메카트로닉스 시스템에서 중요한 요소인 마이크로컨트롤러, 입력장치, 출력장치, 센서, 구동기, 전자회로 및 소프트웨어를 포함한다. 독자는 안내사항과 비디오를 참고하기 바라며, 관련된 부분이 설명될 때에는 전체 시스템의 큰 그림에서 해당 부분이 어떤 역할을 하는지 이해하기 위해 비디오를 다시 시청할 것을 권한다. 차례에 페이지 번호와 함께 수록된 '종합설계예제' 목록은 새로운 부분이 설명될 때마다 앞뒤로 참조를 하는 데 매우 유용하게 이용될 수 있다.

인터넷 링크

1.6 종합설계예제 부품
1.7 Digikey 전자 부품
1.8 Jameco 전자 부품

세 개의 종합설계예제에서 시스템을 만들기 위해 사용된 부품은 모두 **인터넷 링크 1.6**에 설명과 가격이 안내되어 있다. 대부분의 부품은 온라인 전자부품을 취급하는 Digikey(**인터넷 링크 1.7** 참조)와 Jameco Electronics(**인터넷 링크 1.8** 참조)에서 구입할 수 있다. **인터넷 링크 1.6**에서 얻은 부품번호를 공급업체 웹사이트에서 입력하면 각 부품과 관련된 기술적 정보를 얻을 수 있다.

종합설계예제 A.1 직류모터 전력오피앰프 속도제어기 — 서론

이 예제에서는 직류(DC) 고정자 모터의 회전속도를 제어하는 문제를 다룬다. 그림 1.4는 시스템의 주요 요소와 상호 연결관계를 도시한 것이다. 그림에서 발광다이오드(LED)는 마이크로컨트롤러가 정상적으로 작동함을 나타내는 표시로 사용된다. 속도 입력은 가변저항의 일종인 포텐쇼미터(potentiometer, 세 개의 단자를 갖는 가변저항으로 단자 사이의 전위차를 변화시킴)가 사용되며 사용자가 손잡이를 회전함에 따라서 저항값이 변한다. 포텐쇼미터를 이용하여 입력전압의 크기를 조정할 수 있다. 전압신호는 마이크로컨트롤러(기본적으로 하나의 집적회로로 제작된 작은 컴퓨터)에 제공되며 이 전압에 비례하는 속도로 직류모터의 회전속도를 제어하게 된다. 전압신호는 '아날로그'이나 마이크로컨트롤러는 '디지털'이므로 이 두 신호 사이에 통신을 위해 아날로그-디지털-변환기(A/D 변환기)와 디지털-아날로그-변환기(D/A 변환기)가 필요하다. 끝으로 모터는 큰 전류를 필요로 할 수 있으므로 전압을 키우고 필요한 전류를 끌어내기 위한 전력증폭기가 필요하다. **비디오 데모 1.6**은 그림 1.5에 나타낸 시스템의 동작을 보여준다.

비디오 데모

1.6 직류모터 전력오피앰프 속도제어기

이 교재의 각 장을 학습해 나가면서 제공된 종합설계예제(A, B, C)를 통해 설계상에 나타낸 각 요소에 대해 충실하게 이해하게 될 것이다.

한 가지 유의할 점은 PIC 마이크로컨트롤러(A/D 변환기 내장)와 외부 D/A 변환기가 이 예제를 수행하는 데 필요가 없다는 점이다. 이 예제에서는 포텐쇼미터를 이용해서 조절된 전압출력이 직접 전력증폭기에 연결되어 동일한 기능이 구현되도록 하고 있다. PIC와 D/A 변환기의 목적은 단지 이들이 아날로그 시스템상에서 어떻게 접속되는가를 보여주는 것이다(이는 많은 응용분야에서 유용할

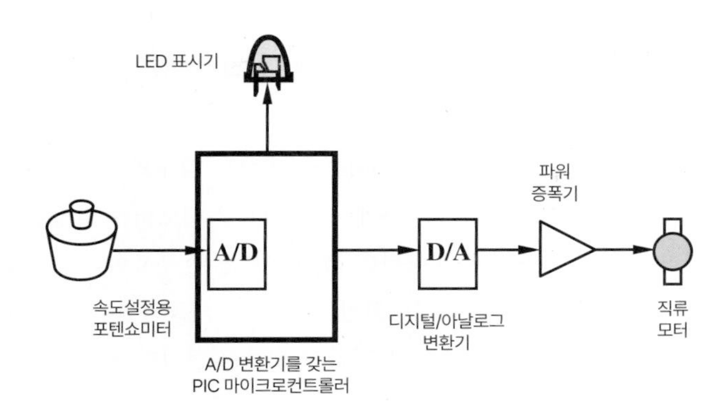

그림 1.4 직류모터 속도제어기 기능도

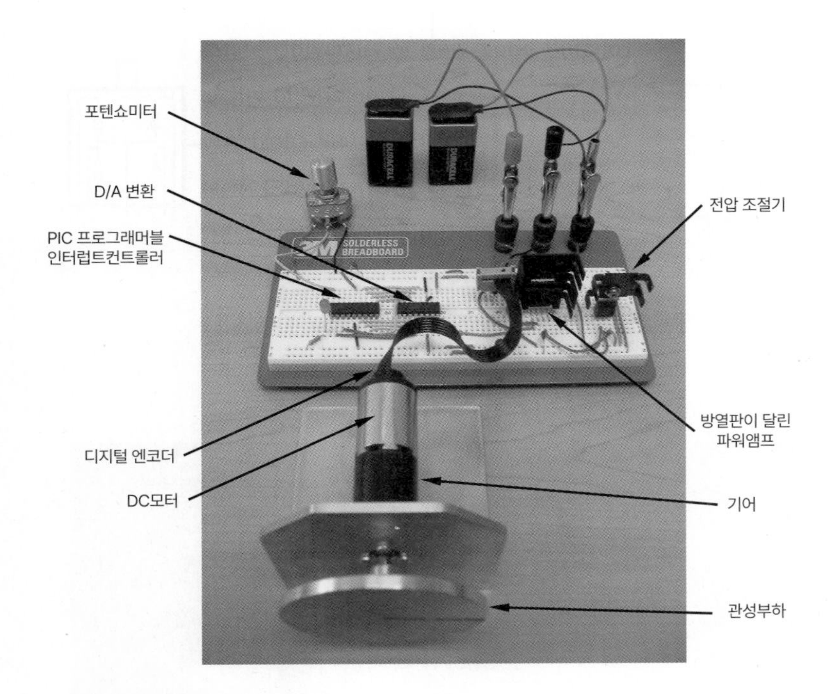

그림 1.5 전력증폭 속도제어기 사진
© David Alciatore

수 있다). 이와 같은 범용 설계는 향후 다른 개발 목적에 플랫폼으로 사용될 수 있을 뿐만 아니라 좀 더 복잡한 설계에서 피드백 제어나 사용자 인터페이스를 구현하는 데 사용될 수 있다. 제어루프상에 마이크로컨트롤러가 필요한 예는 로보트나 수치제어 공작기계 같은 응용분야에서 쉽게 볼 수 있으며, 이 경우 모터는 종종 센서나 사용자 프로그램 혹은 매뉴얼 입력에 따라 매우 복잡한 운동 형태로 제어되기도 한다.

종합설계예제 B.1 스텝모터 위치와 속도제어기 — 서론

이 설계예제에서는 연속되지 않고 이산적(discrete)으로 변하는 각도의 증가에 따라서 움직이도록 명령받는 스텝모터의 위치와 속도를 제어하는 문제를 다룬다. 스텝모터는 일정한 스텝의 변화로 이루어지므로 위치인덱싱에 매우 유용하게 사용된다. 위치인덱싱은 부품이나 도구를 고정된 위치로 또는 위치로부터 움직이는 데 필요하다(예: 자동화된 조립 또는 가공라인). 스텝모터는 또한 정확한 속도제어가 요구되는 응용에도 매우 유용하며 모터의 속도는 직접적인 스텝의 시간당 변화율에 비

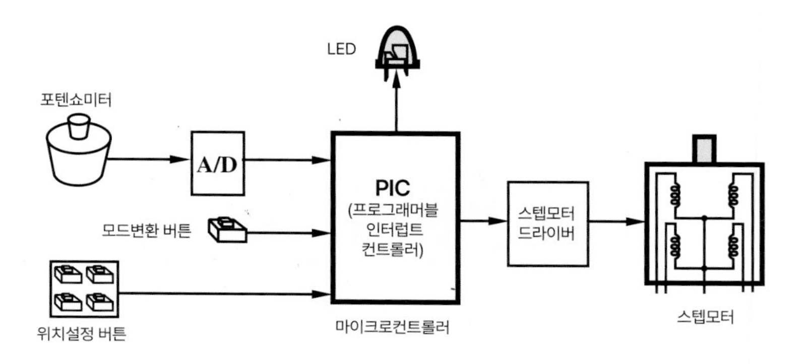

그림 1.6 스텝모터의 위치와 속도제어기 기능 다이어그램

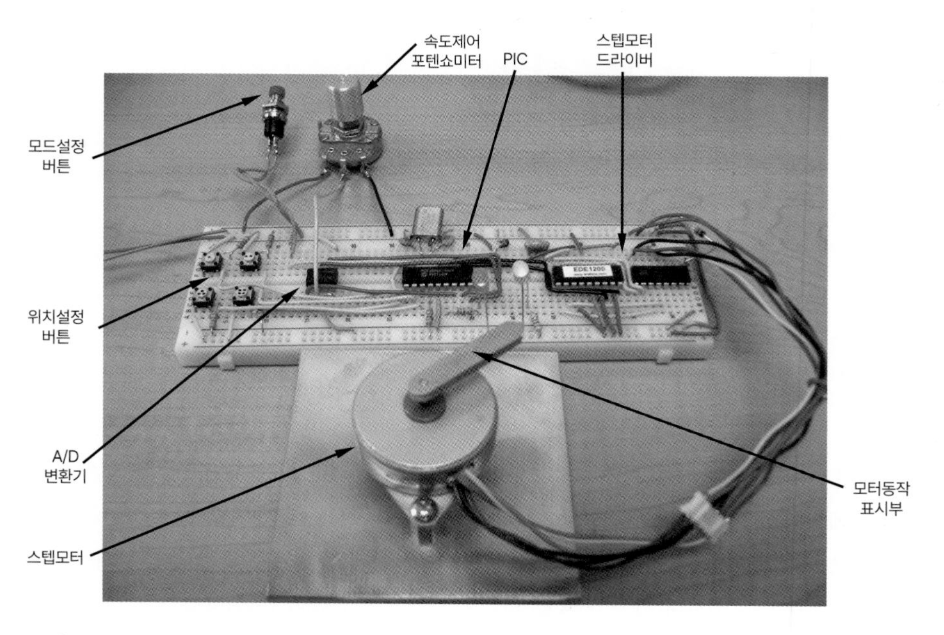

그림 1.7 스텝모터의 위치와 속도제어기 사진

례한다(예: 자기 하드드라이브 또는 광학 DVD 플레이어의 회전속도 제어).

그림 1.6은 스텝모터의 위치와 속도제어 시스템의 주요한 요소와 상호 간의 연결관계를 나타낸 다이어그램이다. 속도를 제어하기 위한 입력은 포텐쇼미터를 이용하여 입력되며 네 개의 버튼이 입력위치를 선택하기 위해 사용된다. 모드 버튼은 속도제어와 위치제어를 선택하기 위해 사용된다. 위치제어 모드에서 네 개의 버튼은 각각 시작점에 대해 지정되는 위치의 각도(0°, 45°, 90°, 180°)를 나타낸다. 속도제어 모드에서 포텐쇼미터를 시계 방향(반시계 방향)으로 회전시키면 속도가 증가(감소)한다. 여기에서 LED는 PIC의 상태를 나타내준다. 예제 A에서와 같이 A/D 변환기는 포텐쇼미터의 전압을 디지털값으로 변환시키는 데 사용되며 마이크로컨트롤러는 이 값을 이용하여 스텝모터 구동회로의 속도제어 입력을 만들어낸다.

비디오 데모 1.7은 그림 1.7에 나타낸 시스템의 데모를 보여준다. 앞으로 이 교재를 학습하면서 이 설계와 관련된 다양한 요소에 관해 배울 수 있을 것이다.

비디오 데모
1.7 스텝모터 위치와 속도제어기

종합설계예제 C.1 직류모터 위치와 속도제어기 — 서론

이 설계예제에서는 고정자 직류모터의 위치와 속도제어의 예를 보여주며 그림 1.8은 주요 부품과 이들 상호 간의 연결관계를 나타낸 것이다. 그림 1.8에 나타낸 것과 같이 키패드는 숫자를 입력할 수 있는 도구로 사용되며 LCD는 메시지와 메뉴를 이용한 사용자 인터페이스의 정보를 표시한다. 모터는 모터에 인가되는 전압의 방향을 바꿔주는(따라서 모터의 회전방향도 바뀐다) H-bridge로 구동된다. H-bridge는 모터의 회전속도를 PWM(Pulse Width Modulation, 펄스폭변조)을 이용하여 쉽게 제어될 수 있도록 하는데, 이때 PWM은 빠르게 ON/OFF되는 파형의 듀티사이클을 변화시킴으로써 모터에 전달되는 평균전력을 제어하는 방식이다.

모터 축에 연결된 디지털 인코더는 위치 피드백을 위한 신호를 만들어내며, 이 신호에 따라 모터의 위치와 속도를 제어하기 위해 모터에 전달되는 전압신호가 조절된다. 이때 모터를 제어하기 위해 센서로부터의 피드백을 사용하므로 서보모터시스템이라고 부른다. 서보모터는 자동화, 로보틱스, 가전, 사무용품 등 다양한 용도에서 매우 중요한 역할을 하며 이 응용분야에서는 메커니즘과 부품이 정확하게 위치를 찾아가거나 특정한 속도로 움직여야 한다. 서보모터는 스텝모터(종합설계예제 B.1 참조)에서는 필요한 스텝신호 없이도 부드럽게 움직일 수 있다는 점이 다르다.

이 예제에서는 한 개의 마이크로컨트롤러에 허용된 입/출력핀의 개수가 제한되므로 두 개의 PIC 마이크로컨트롤러를 사용한다. 마스터 마이크로컨트롤러(Master PIC)는 사용자로부터 입력을 받고 LCD를 구동하며 PWM신호를 모터에 보낸다. 슬레이브 마이크로컨트롤러(slave PIC)는 디지털 인코더를 모니터링하며 위치신호를 직렬 인터페이스를 이용하여 마스터 마이크로컨트롤러로 보낸다.

비디오 데모
1.8 직류모터 위치와 속도제어기

비디오 데모 1.8은 그림 1.9에 나타낸 시스템의 데모를 보여주며 이 교재를 학습하는 과정에서 관련 요소들에 대해 배울 것이다.

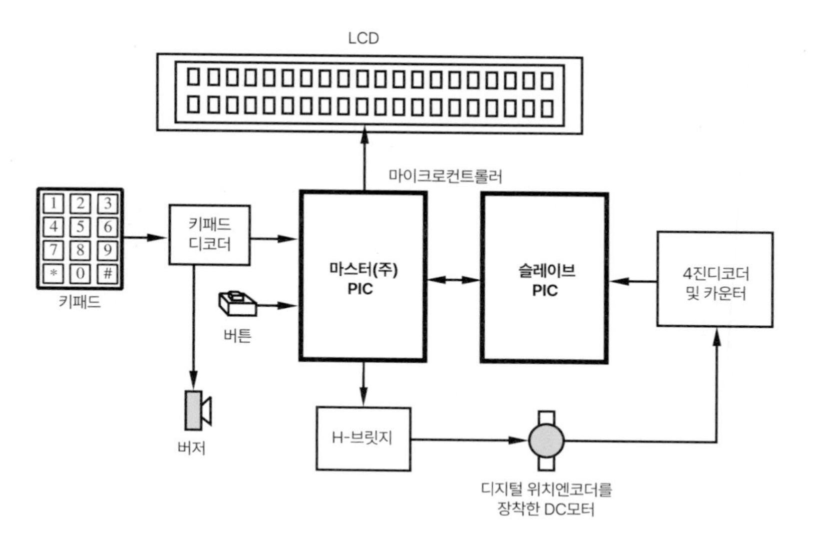

그림 1.8 직류모터의 위치와 속도제어기 기능 다이어그램

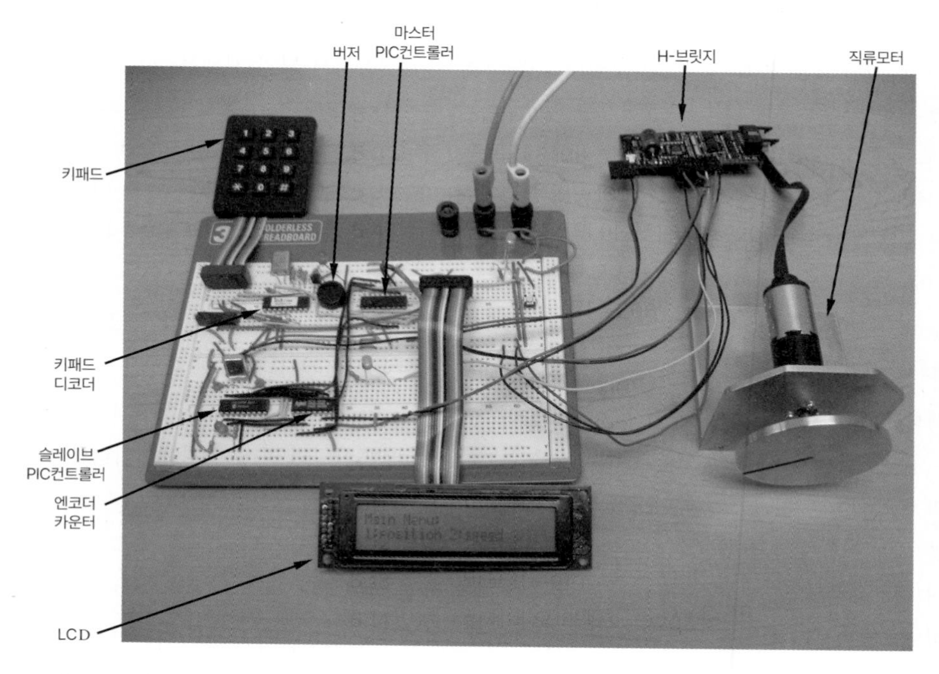

그림 1.9 직류모터의 위치와 속도제어기 사진
©David Alciatore

BIBLIOGRAPHY 참고문헌

Alciatore, D., and Histand, M., "Mechatronics at Colorado State University," *Journal of Mechatronics*, Mechatronics Education in the United States issue, Pergamon Press, May, 1995.

Alciatore, D., and Histand, M., "Mechatronics and Measurement Systems Course at Colorado State University," *Proceedings of the Workshop on Mechatronics Education*, pp. 7-11, Stanford, CA, July, 1994.

Ashley, S., "Getting a Hold on Mechatronics," *Mechanical Engineering*, pp. 60-63, ASME, New York, May, 1997.

Beckwith, T., Marangoni, R., and Lienhard, J., *Mechanical Measurements*, 6th edition, Pearson, New York, 2007.

Craig, K., "Mechatronics System Design at Rensselaer," *Proceedings of the Workshop on Mechatronics Education*, pp. 24-27, Stanford, CA, July, 1994.

Doeblin, E., *Measurement Systems Applications and Design*, 4th edition, McGraw-Hill, New York, 1990.

Morley, D., "Mechatronics Explained," *Manufacturing Systems*, p. 104, November, 1996.

Shoureshi, R., and Meckl, P., "Teaching MEs to Use Microprocessors," *Mechanical Engineering*, v. 166, n. 4, pp. 71-74, April, 1994.

2 CHAPTER

전기회로 및 부품

Electric Circuits and Components

이 장은 기초전기 소자와 이산 회로 분석기술의 기본적인 부분을 다룬다. 이러한 논제는 메카트로닉스 시스템, 특히 신호검사와 신호 인터페이스를 위한 이산 회로에서 모든 요소를 이해하고 설계하는 데 중요하다. ■

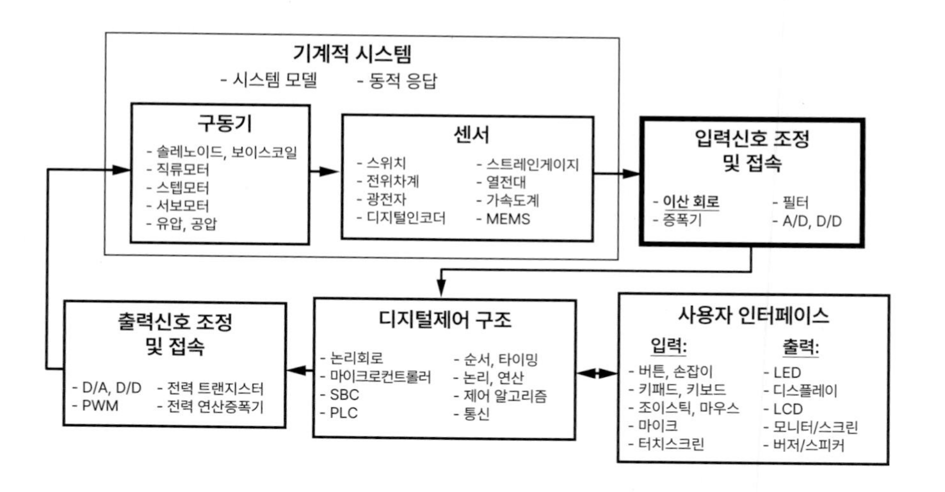

목적 · CHAPTER OBJECTIVES

이 장을 읽고, 논의하고, 공부하고, 아이디어를 적용하면 다음을 할 수 있다.

1. 저항(resistance), 커패시턴스(capacitance), 인덕턴스(inductance)를 이해한다.

2. Kirchhoff의 전류 및 전압 법칙을 정의하고 저항과 커패시터, 인덕터, 전압원, 전류원 등이 있는 수동 회로에 적용할 수 있다.

3. 이상 전압원과 전류원 모델을 적용하는 방법을 안다.
4. 사인파 입력에 대한 회로의 정상상태응답을 예측할 수 있다.
5. 회로에 의해 생성되거나 소멸되는 전력을 특징지을 수 있다.
6. 임피던스 부정합의 영향을 예측할 수 있다.
7. 전기회로에서 노이즈와 간섭을 줄이는 방법을 이해한다.
8. 전기적인 안전문제와 적당한 접지성분에 주의를 기울여야 할 필요를 인식한다.
9. 실제 회로를 구성하고 적합하며 신뢰할 수 있는 기능을 회로에 구현하는 몇 가지 실용적인 고려사항을 인식한다.
10. 적합한 전압과 전류 수치를 구현하는 방법을 안다.

2.1 서론

실제적으로 모든 메카트로닉스 시스템과 계측시스템은 전기회로와 소자를 포함한다. 이 시스템을 설계하고 분석하는 방법을 이해하기 위해서는 기초적인 전기소자와 회로분석기술 원리에 대한 확고한 이해가 필요하며, 이는 앞으로 이 책에서 다룰 모든 내용을 이해하는 데 있어 기본적이고 중요한 사항이다.

전자가 움직일 때 전기가 생성되는데, 힘을 얻은 전자를 유용하게 사용할 수 있다. 전자가 움직이는 이유는 전기장에 노출되기 때문이다. 전기장의 전위(potential)를 **전압**(voltage)이라 부른다. 이것은 중력장의 위치에너지와 유사하다. 전압은 전기장 내 두 점 사이의 '교차변수(across variable, 양단의 차이에 의해 결정되는 변수)'로 생각할 수 있으며, 이에 따른 전자의 흐름은 장을 흐르는 '통과변수(through variable)'인 전류가 된다. 회로를 통하는 전류를 측정할 때 측정기(meter)를 회로에 직렬로 연결하고 전류가 흐르게 한다. 전압을 측정할 때는 두 도체 프로브(probe)를 전압을 측정하고자 하는 곳 양단에 걸쳐 연결한다. 전압은 때때로 **기전력**(electromotive force 또는 emf)이라 한다.

전류(current, I 또는 i)는 단위시간당 흐르는 전하(q)의 비율로 정의된다.

$$I(t) = \frac{\mathrm{d}q}{\mathrm{d}t} \tag{2.1}$$

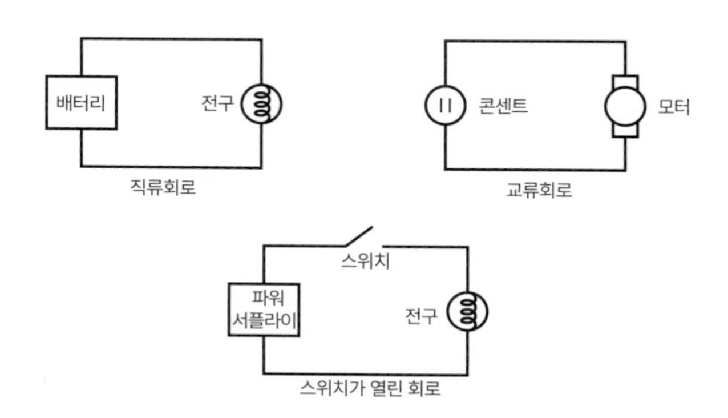

그림 2.1 전기회로들

I는 전류이고 q는 전하량이다. 전하는 음전하를 띠는 전자로부터 생성된다. 전류의 표준 SI단위는 **암페어**(ampere, A)이고 전하는 **쿨롱**(coulombs, C=A · s)으로 측정된다. 회로에서 전압과 전류가 시간에 관계없이 일정할 때 그 값이나 회로를 **직류전류**(direct current) 또는 DC라 한다. 전압과 전류가 시간에 따라 변할 때 이를 **교류전류**(alternating current) 또는 AC라 한다.

하나의 전기회로는 전기소자를 연결해 주는 전기를 통하는 소자인 도체들이 연결된 폐회로로 구성된다. 도체 회로는 스위치라는 부품에 의해 단락된다. 회로의 간단한 예가 그림 2.1에 나와 있다.

전기회로 분석에 사용되는 용어와 전류흐름 표현법은 그림 2.2a에서 보여준다. 회로에 에너지를 공급하는 전압원(전원)은 전원공급기, 배터리, 또는 발전기가 될 수 있다. 전원은 전자에 전기에너지를 부가해 주며 이로부터 회로 내에서 음극으로부터 양극으로 전자가 흐를 수 있게 된다. 전원의 +쪽은 양극(anode)이라 불리며 전자를 끌어당기고, −쪽은 음극(cathode)이라 하며 전자가 방출되는 곳이다. 전자는 회로를 통해 음극에서 양극으로 흐르지만, **전류**(current)

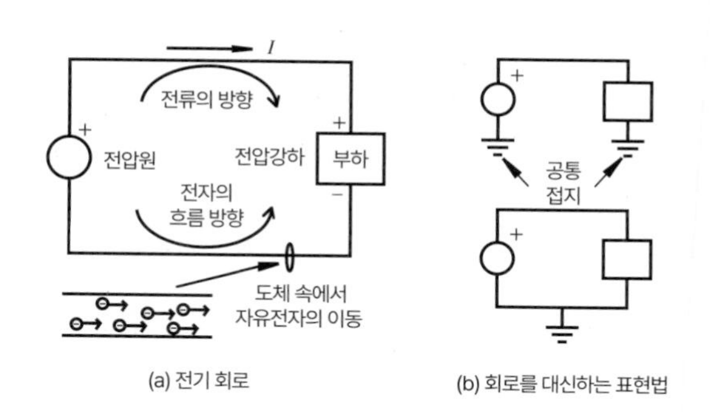

그림 2.2 전기회로 용어

의 방향에 관한 표준표현법은 전자의 흐름과 반대방향, 즉 양전하가 흐르는 방향의 흐름으로 표시된다. 이는 전류는 양전하의 움직임의 결과라고 생각했던 Benjamin Franklin의 영향이다. **부하**(load)는 전기에너지를 저장하거나 소비하는 회로요소의 네트워크로 구성되어 있다. 그림 2.2b는 회로를 나타내는 두 가지 방식을 보여준다. 회로에서 **접지**(ground)는 전압이 0 V인 기준점을 나타낸다. 위 회로에서 접지 심벌 사이에 연결선을 표시하지는 않았지만 양 접지 심벌은 하나의 기준점을 나타낸다. 이러한 방식은 복잡한 회로를 꾸밀 때 선의 수를 줄이는 데 유용하다. 그림 2.2b의 회로는 등가회로를 나타낸 것이다.

수업토론주제 2.1 올바른 자동차 시동 회로 연결

배터리가 방전된 자동차를 밀어서 시동을 걸려고 할 때, 두 개의 자동차 배터리 사이에 케이블을 연결하는 방법을 나타내는 등가회로를 그려라. 이때 각 배터리의 양극, 음극과 점퍼(jumper)선의 적색 케이블과 흑색 케이블을 명시하라.

흑색 점퍼 케이블과 멈춘 자동차는 마지막으로 연결하는 것이 좋으며 배터리의 음극단자에 연결하는 대신 배터리로부터 떨어진 점에 있는 자동차의 차체에 연결해야 한다. 이와 같이 연결해야 하는 이유를 설명하라. 또한 자동차 시동이 걸렸을 때 어떤 순서로 연결을 제거해야 하는지 설명하라.

참고: 이 주제를 포함하여 이 책에 있는 여러 수업토론주제의 힌트 및 부분적인 답은 mechatronics.colosate.edu에서 찾을 수 있다.

2.2 기본 전기소자들

기본적인 수동전기소자(passive electrical elements)에는 세 가지가 있다: 저항(R), 커패시터(C), 인덕터(L). 수동소자는 집적회로와 같은 능동소자와는 달리 추가 전원을 필요로 하지 않는다. 아래 요약된 것처럼, 이런 전기소자는 전압-전류 관계에 따라 정의된다. 그리고 위 소자를 회로도에 표시하기 위해 사용된 기호는 그림 2.3에서 보여준다.

두 가지 형태의 이상적인 에너지원이 존재하는데, 하나는 **전압원**(voltage source, V), 다른 하나는 **전류원**(current source, I)이다. 그리고 이상적인 전원은 내부저항, 인덕턴스, 커패시턴스가 없다. 그림 2.3은 기본적인 전기소자를 나타내는 기호이며 그림 2.4는 그림 2.3에 나타낸 기호에 해당하는 실제 전기소자들을 보여준다. 비디오 데모 2.1은 각 소자의 기능을 더 설명한다.

비디오 데모
2.1 전자소자 안내

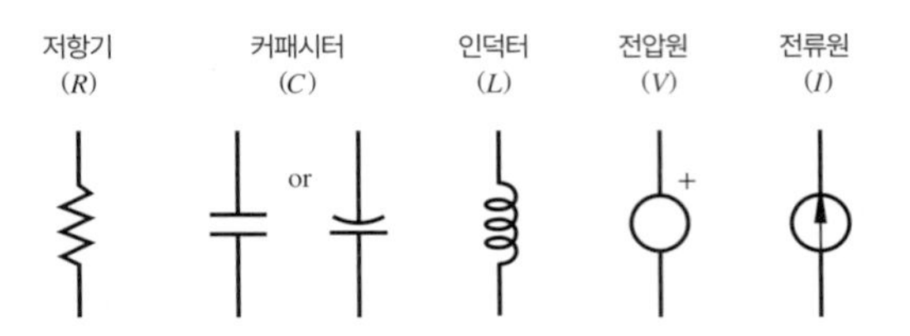

그림 2.3 기본 전기소자 기호

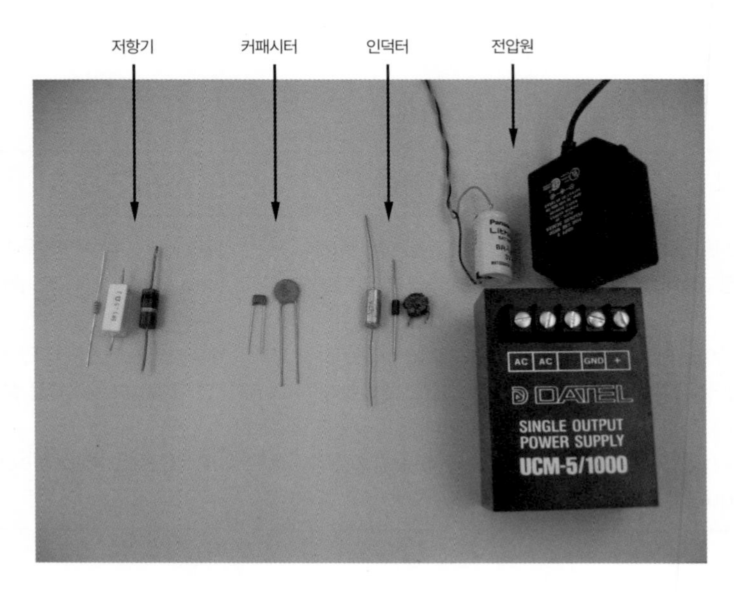

그림 2.4 기본 회로 소자의 예
© David Alciatore

수업토론주제 2.2 전압원, 전류원을 유체와 비교하여 해석하기

전압원은 임펠러가 장착된 원심펌프(centrifugal pump)에 비유하여 해석할 수 있으며, 전류원은 용적식 기어 혹은 피스톤 펌프 형태로 해석될 수 있다. 이렇게 해석될 수 있는 이유를 각각 상세하게 설명하라.
힌트: 4.11절과 10.8절을 참조하라.

2.2.1 저항기

저항기(resistor)는 전기에너지를 열로 소비하는 소자이다. 이 책 전반을 통해 저항이 어떻게 응용될 수 있는지 공부하게 될 텐데, 저항의 가장 일반적인 사용 목적은 전류를 제한하거나 특정 전압으로 낮추어서 설정하기 위함이다. 실제로 저항은 모든 전선에 존재하기 때문에 때로는 회

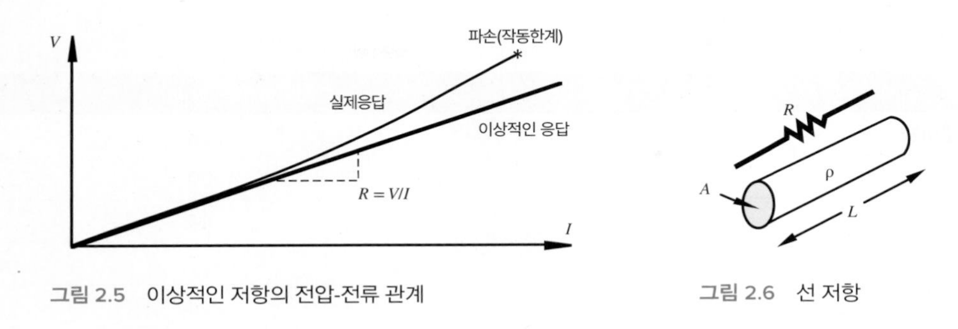

그림 2.5 이상적인 저항의 전압-전류 관계

그림 2.6 선 저항

로에서 설명이 필요한 예상치 못한 전압강하(voltage drop)를 일으키기도 한다. **Ohm의 법칙**(Ohm's law)은 저항의 전압–전류 특성을 정의한다.

$$V = IR \tag{2.2}$$

저항의 단위는 **옴**(ohm, Ω)이다. 저항은 물질의 특성으로 전압–전류 곡선의 기울기 값이다(그림 2.5 참조). 이상적인 저항의 전압–전류 관계는 선형이므로 저항은 상수이다. 하지만 실제 저항은 온도의 영향으로 높은 전류에서 비선형을 나타낸다. 전류가 증가함에 따른 발열에 의한 높은 온도는 높은 저항을 유발한다. 또한 실제 저항은 전력값 와트(watts, W)로 설정된 제한된 소비전력한계가 있는데, 이 한계에 도달하면 저항소자가 타버린다.

만약 저항물질이 균일하고 그림 2.6에 보이는 실린더처럼 일정한 단면적을 가졌다면 저항값은 다음과 같이 주어진다.

$$R = \frac{\rho L}{A} \tag{2.3}$$

ρ는 물질의 **비저항**(resistivity) 또는 저항률이고, L은 선의 길이, A는 단면적이다. 일반 도체의 비저항 값은 표 2.1에 나타냈다. 직경과 길이가 주어진 전선의 저항이 어떻게 결정되는지를 예제 2.1에서 증명한다. 표준 도체 직경과 전류정격(최대 전류량, current rating)이 인터넷 링크 2.1과 2.2에 있다.

인터넷 링크

2.1 도체 크기

2.2 도체 전류량

표 2.1 일반 도체의 저항률

도체	저항률(10^{-8} Ω·m)
알루미늄	2.8
탄소	4000
콘스탄탄	44
구리	1.7
금	2.4
철	10
은	1.6
텅스텐	5.5

예제 2.1 전선의 저항

식 (2.3)을 사용하는 예로 지름이 1.0 mm이고 길이가 10 m인 동선(copper wire)을 고려해 보자. 표 2.1로부터 동의 저항성은 다음과 같다.

$$\rho = 1.7 \times 10^{-8}\ \Omega\cdot\text{m}$$

선의 지름, 면적, 길이가 각각

$$D = 0.001\ \text{m}$$
$$A = \pi D^2/4 = 7.8 \times 10^{-7}\ \text{m}^2$$
$$L = 10\ \text{m}$$

이므로 전체 저항은 다음과 같다.

$$R = \rho L/A = 0.218\ \Omega$$

수업토론주제 2.3 전기저항을 유체와 비교하여 해석하기

전기저항은 유체시스템에서 파이프의 마찰이나 밸브의 저항에 비유하여 해석할 수 있다. 이렇게 해석할 수 있는 이유를 각각 상세하게 설명하라.
힌트: 4.11절을 참조하라.

회로를 구성하는 데 사용되는 실제 저항은 연결선의 형태에 따라 축방향으로 연결선이 배치된 축리드선소자(axial-lead components), 돌출된 결선부가 없어서 표면장착이 가능한 표면실장소자(surface mount components) 그리고 회로용 보드에 장착이 용이하도록 여러 개의 저항이 패키징된 **이중인라인패키지**(DIP, dual in-line package) 및 **단일인라인패키지**(SIP, single in-line package) 등 다양한 형태로 패키징되어 있으며 그림 2.7과 2.8은 이들을 예시한

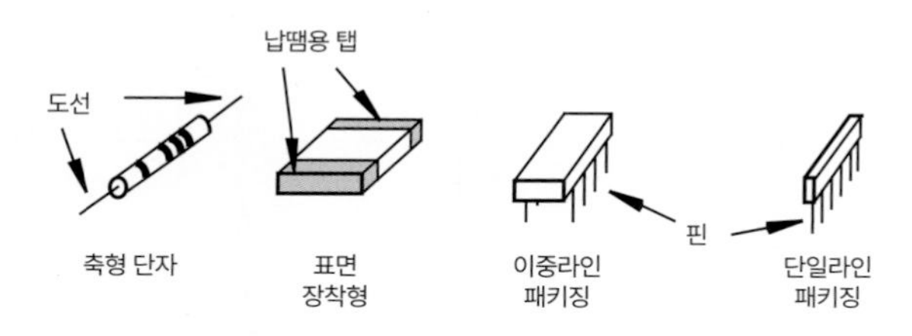

그림 2.7 저항 패키징

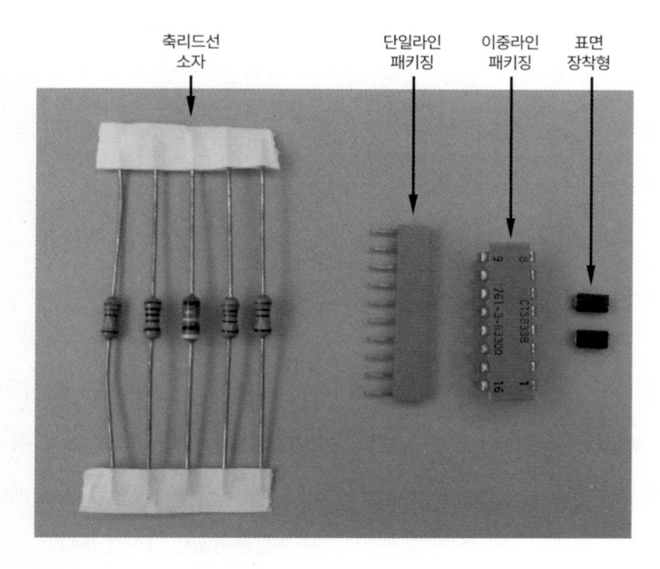

그림 2.8 저항 패키징의 예
© David Alciatore

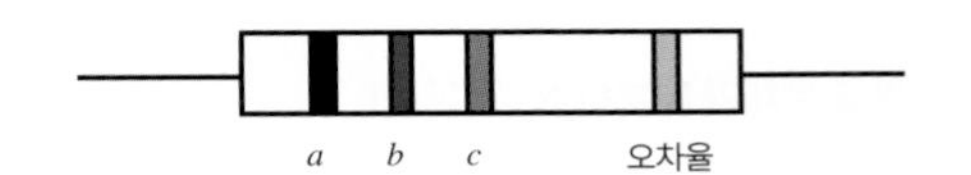

그림 2.9 축리드선 저항의 색깔 띠

표 2.2 저항의 색깔 코드

a, *b*, *c* 띠		오차율 띠	
색	값	색	값
흑색(Black)	0	금색(Gold)	±5%
갈색(Brown)	1	은색(Silver)	±10%
적색(Red)	2	없음	±20%
주황색(Orange)	3		
황색(Yellow)	4		
초록색(Green)	5		
청색(Blue)	6		
자색(Violet)	7		
회색(Gray)	8		
백색(White)	9		

비디오 데모
2.2 저항

것이다. **비디오 데모 2.2**는 저항의 형태와 패키지의 예를 보여준다.

축리드선 저항의 값과 오차는 그림 2.9에 나타난 것처럼 네 가지 색깔(a, b, c, tol)의 띠로 표시된다. 표 2.2와 **인터넷 링크 2.3**에 띠 색깔의 값이 나와 있다. 색깔 띠에 따른 저항값과 정확도(허용오차율)는 다음과 같이 표현된다.

인터넷 링크
2.3 저항 색깔 코드

$$R = ab \times 10^c \pm \text{오차허용치}(\%) \tag{2.4}$$

이때 a 띠는 십의 자리, b 띠는 일의 자리, c 띠는 10의 제곱, tol 띠는 오차허용치 또는 불확실성을 저항값의 백분율(%)로 나타낸다. 저항 색깔 코드를 기억하는 데 사용할 수 있는 기억을 돕는 유명한 방법이 있다. "Bob BROWN Ran Over YELLOW Grass, But VIOLET Got Wet." 처음 두 자릿수 ab의 가장 흔하게 쓰이는 **표준값**(standard values)은 10, 11, 12, 13, 14, 15, 16, 18, 20, 22, 24, 27, 30, 33, 36, 39, 43, 47, 51, 56, 62, 68, 75, 82, 91이다. 종종 저항값은

킬로옴(kΩ) 범위에 있고 단위를 kΩ 대신 간단히 k로 표기하기도 한다. 예를 들면 전기 배선 약도의 저항 옆의 10 k는 10 kΩ이다. 또한 정밀저항의 경우에는 오차허용률의 훨씬 작은 5개의 띠를 갖는데, 자세한 내용은 인터넷 링크 2.4를 참조하라.

2.4 정밀저항 색깔 코드

가장 일반적인 축리드선 형태의 저항은 1/4와트(W), 5% 허용치의 탄소 또는 금속피막저항이다. 저항값은 1옴(Ω)에서 24메가옴(MΩ) 사이의 값을 갖는다. 이보다 높은 전력을 가진 것도 존재한다. 1/4와트(W) 정격은 저항이 1/4와트(W) 이상의 전력을 소비하게 되면 손상될 수 있음을 의미한다.

정밀금속피막저항의 정확도는 1% 또는 이보다 더 작은 값을 가지며, 다양한 범위의 저항값이 존재한다. 보통 저항 몸체에 인쇄된 네 자리 수로 저항값을 나타낸다. 처음 세 자리는 저항값을 나타내는 숫자이고, 마지막 자리는 10의 승수로서 앞의 숫자에 곱하면 최종 저항값을 얻을 수 있다.

예제 2.2 **저항의 색깔 코드**

축리드선 저항이 다음과 같은 색의 띠를 가지고 있다.

$$a = \text{green},\ b = \text{brown},\ c = \text{red},\ tol = \text{gold}$$

식 (2.4)와 표 2.2로부터 가능한 저항값의 범위는 다음과 같다.

$$R = 51 \times 10^2\,\Omega \pm 5\% = 5100 \pm (0.05 \times 5100)\,\Omega$$

또는 아래와 같이 표현할 수 있다.

$$4800\,\Omega < R < 5300\,\Omega$$

저항은 다양한 형태와 크기로 존재하고, 다른 전기소자들처럼 소자의 크기와 특성을 나타내는 수치(예: 저항값)가 크게 상관이 없다. 커패시터는 크기가 클수록 커패시턴스값이 커지는 거의 유일한 예이다. 전류가 연속적으로 흐르는 대부분의 소자에서 물리적인 크기는 언제나 최대

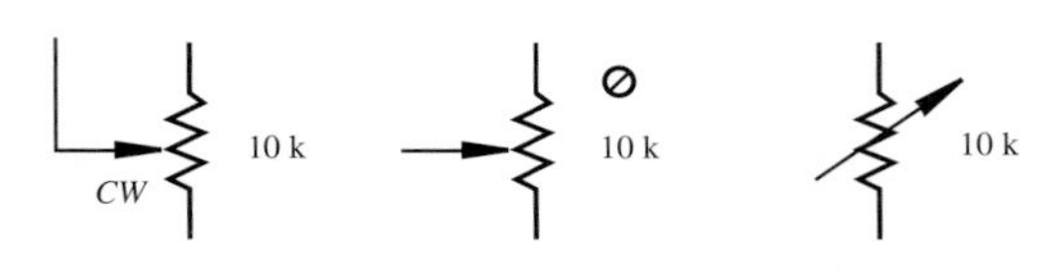

그림 2.10 포텐쇼미터의 기호들

비디오 데모

2.3 다양한 형태와 크기의 전자부품들

2.5 온라인 전자부품 자료 및 판매회사

허용전류 혹은 정격전력과 관련이 있으며 이들 모두 전력을 소모하는 능력과 밀접한 관련을 갖는다. 비디오 데모 2.3은 이와 같은 원리를 예시하기 위해 다양한 크기의 소자와 이들의 형태를 나타낸 것이다. 다양한 소자에 대한 자세한 정보를 얻을 수 있는 가장 좋은 곳은 판매처의 웹사이트이며, 인터넷 링크 2.5에는 이러한 웹 주소가 안내되어 있다.

가변저항(variable resistors)은 기계적인 나사나 다이얼(knob), 선형 슬라이드 등을 움직여서 조절할 수 있는 일정 범위의 저항값을 갖는 소자이다. 가장 일반적인 형태는 **포텐쇼미터**(potentiometer 혹은 pot)이다. 포텐쇼미터는 일반적으로 전위차를 유발하므로 "전위차계"라 불리기도 한다. 그림 2.10은 포텐쇼미터의 다양한 표기법을 보여준다. 어떤 회로 안에서 저항값을 조절하기 위해 사용되는 포텐쇼미터를 **트림폿**(trim pot)이라 부른다. 트림폿은 값을 조절하는 나사를 나타내는 작은 심벌로 나타낸다. 저항값을 증가시키기 위해 포텐쇼미터를 돌리는 방향은 보통 부품에 표시되어 있다. 포텐쇼미터는 4.8절과 9.2.2절에서 더 자세히 논의한다. 포텐쇼미터의 다른 형태로 디지털 포텐쇼미터가 있는데 **디지폿**(digipot)이라 불리기도 한다. 저항값은 마이크로컨트롤러 같은 디지털소자를 이용하여 조절될 수 있는데, 2진수 값을 이용하여 저항값이 표현되므로 디지폿은 일종의 디지털-아날로그 변화기(D/A converter)의 형태를 가진다(8.5절 참조).

전도도(conductance, G)는 저항과 역의 관계에 있으며, 종종 에너지를 소모하는 회로소자의 특성을 나타내기 위해 저항 대신 사용되기도 한다. 전도도는 저항에 반해 소자가 얼마나 쉽게 전류를 통과시키는지에 대한 척도이며, 단위는 **지멘스**(siemens)이다($S = 1/\Omega = \text{mho}$).

2.2.2 커패시터

커패시터(capacitor)는 전기장의 형태로 에너지를 저장하는 수동소자로서, 그 기능을 의미하는 '축전기'라는 용어로도 사용될 수 있다. 전기장은 전하의 분리의 결과로 나타난다. 가장 간단한 커패시터는 그림 2.11에 나타낸 것처럼 **유전체**(dielectric material)를 사이에 둔 평행의 두 도체평면으로 구성된다. 유전체는 내부에 영구적이거나 새로 생성된 전기쌍극자(dipole)

에 의해 나타나는 커패시턴스를 증가시키는 절연체이다. 이 교재 전체에서 커패시터가 사용되는 다양한 예를 다룰 것인데, 일반적으로 시간에 따라 변하는 회로에서 필터, 전압신호 스무딩(smoothing), 시간지연발생 등의 목적으로 쓰이며, 배터리와 같이 에너지를 저장하는 목적으로도 사용될 수 있다.

엄밀하게 보면, 커패시터는 전류를 흐르게 하는 소자가 아니며, 오히려 전하가 양면으로 분리되어 지속적으로 축적되게 함으로써 전기장을 형성하게 한다. 이때 전류가 디바이스를 통해 순간적으로 흐르는 것처럼 보이는데, 이러한 전하의 움직임을 **변위전류**(displacement current)라 한다. 커패시터의 전압-전류 관계는 다음과 같이 정의된다.

$$V(t) = \frac{1}{C}\int_0^t I(\tau)\,\mathrm{d}\tau = \frac{q(t)}{C} \tag{2.5}$$

여기서 $q(t)$는 축적된 전하의 양이며 쿨롱(coulomb)으로 표현한다. C는 커패시터의 크기를 나타내는 커패시턴스(정전용량)이며, 크기는 패럿(farad, F=coulomb/volt)으로 표현된다. τ는 적분변수이다. 위 식을 미분함으로써 전압의 변화율과 변위전류에 대한 관계를 얻을 수 있다.

$$I(t) = C\frac{\mathrm{d}V}{\mathrm{d}t} \tag{2.6}$$

커패시턴스는 절연물질과 평면판의 구조 그리고 떨어진 거리에 대해 서로 다른 특성을 갖는다. 일반적인 커패시터의 값은 1 pF(1×10^{-12} F)에서 1,000 μF($1{,}000\times10^{-6}$ F$=1\times10^{-3}$ F$=$1 mF)이다. 커패시터 양단의 전위차(전압)는 전류의 적분이므로[식 (2.5) 참조] 전압은 순간적으로 바뀔 수 없다. 이러한 특성은 간단한 RC회로 같은 전기회로에서 시간을 조절하는 목적으로 사용될 수 있다.

상용 커패시터의 기본 형태는 전해커패시터(electrolytic capacitor), 탄탈륨커패시터(tantalum capacitor), 세라믹디스크커패시터(ceramic disk capacitor), 마일라커패시터(mylar capacitor) 등이 있다. 전해커패시터에는 음극과 양극이 있다. 전해커패시터의 양극단자는 음극단자보다 높은 전압을 연결해야 하며 그렇지 않을 경우 소자가 손상을 입게 된다(예: 소리를 내며 단락되거나 폭발한다). 또한 다양한 크기와 모양의 커패시터(**비디오 데모 2.4** 참조)가 있다.

비디오 데모
2.4 커패시터

종종 부품 위에 μF 또는 pF의 커패시턴스가 프린트되어 있지만 때때로 세 자리 수로 표현되기도 한다. 이때 처음 두 숫자는 값을 나타내고, 세 번째 수는 피코패럿의 10의 승수를 나타낸

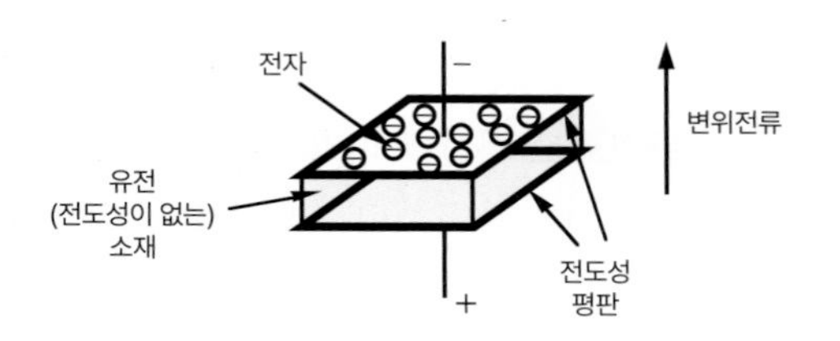

그림 2.11 평판형 커패시터

다(예: 102는 10×10^2 pF $= 1 \times 10^{-9}$ F $=$ 1 nF). 두 숫자만 있을 경우에는 피코패럿의 범위이다(예: 22는 22 pF이다). 2.10.1절에서 커패시턴스를 표기하고 읽는 자세한 방법을 소개하며 커패시터의 종류에 따른 특성과 응용방법에 대해서도 자세히 알아본다.

수업토론주제 2.4 커패시터를 유체와 비교하여 해석하기

전기저항은 유체 시스템에서 저장탱크로 비유하여 해석될 수 있다. 다양한 수압, 유압시스템에서 고정, 팽창형, 유연 탱크 등 다양한 유체 저장고 역할을 할 수 있다. 이렇게 해석될 수 있는 이유를 각각 상세하게 설명하라.
힌트: 4.11, 10.9, 10.10절을 참조하라.

2.2.3 인덕터

인덕터(inductor)는 자기장 형태로 에너지를 저장하는 수동적인 에너지저장소자이며, 자기장을 유도하는 특성이 있어 '유도자'라고 불리기도 한다. 인덕터의 가장 간단한 형태는 일단 설정된 자기장을 유지하려 하는 성향이 있는 코일이다. 이 책에서는 필터, 라디오 튜닝, 전력회로 등에서 중요하게 쓰일 수 있는 이산 인덕터(discrete inductor)에 대해서는 자세히 소개하지 않는다. 이 부분을 제외하더라도 릴레이, 솔레노이드, 변압기, 모터 등 코일이 있는 소자를 포함하는 메카트로닉스 시스템은 모두 인덕턴스가 있으므로 인덕터를 이해하는 것은 매우 중요하다. 인덕터의 특성은 다음의 Faraday 인덕션 법칙(Faraday's law of induction)으로부터 직접 유도할 수 있다.

$$V(t) = \frac{d\lambda}{dt} \tag{2.7}$$

λ는 전류에 의해 코일 권선에 생기는 총 **자속**(magnetic flux)이다. 자속은 웨버(webers, Wb)

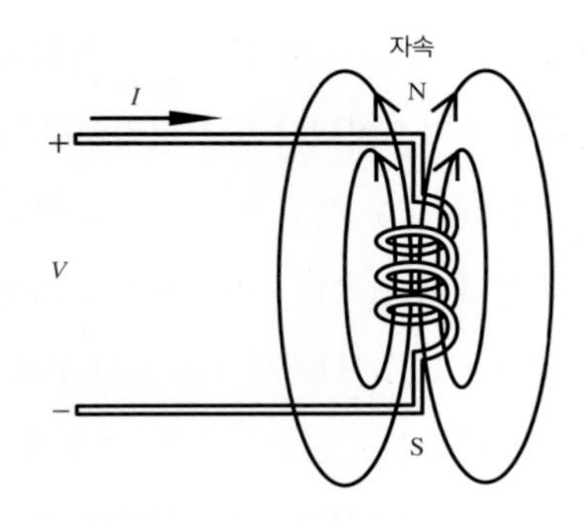

그림 2.12 인덕터 자속결합

로 측정된다. 그림 2.12에 인덕터를 감싸는 자기장선이 나와 있다. 그림에서 S극에서 N극 방향으로 화살표 방향으로 나타낸 자기장의 선이 코일에 대한 **오른손 법칙**(right-hand rule), 즉 엄지손가락이 자기장의 북쪽을 가리키는 법칙에 의해 구해질 수 있다. 이상적인 코일은 자속이 전류에 비례한다.

$$\lambda = LI \tag{2.8}$$

L은 상수라 가정된 코일(인덕터)의 수치, 즉 인덕턴스(inductance)이다. 인덕턴스의 단위는 **헨리**(henry, H = Wb/A)이다. 식 (2.7), (2.8)을 사용한 인덕터의 전압-전류 관계는 다음과 같이 표현될 수 있다.

$$V(t) = L\frac{\mathrm{d}I}{\mathrm{d}t} \tag{2.9}$$

인덕터 양단의 전위차(전압)의 크기는 인덕터에 흐르는 전류의 변화율에 비례한다. 인덕터에 흐르는 전류가 증가하면($\mathrm{d}I/\mathrm{d}t > 0$) 전압의 극성은 그림 2.12에 나타낸 것과 같다. 인덕터에 흐르는 전류가 감소하면($\mathrm{d}I/\mathrm{d}t < 0$) 전압의 극성은 그림과 반대로 된다.

식 (2.9)를 적분하면 인덕터에 흐르는 전류를 얻을 수 있다.

$$I(t) = \frac{1}{L}\int_0^t V(\tau)\,\mathrm{d}\tau \tag{2.10}$$

여기서 τ는 적분변수이다. 식 (2.10)으로부터 인덕터의 전류는 전압의 적분이므로 순간적으로 바뀔 수 없다는 것을 알 수 있다. 이는 회로에서 인덕터의 역할이나 결과를 이해하는 데 매우 중요하다. 인덕터에 흐르는 전류를 증가시키거나 감소시키려면 시간이 걸린다. 중요한 메카트로닉스 시스템인 전기모터는 큰 인덕턴스를 갖고 있으므로 움직임을 아주 빨리 기동 또는 정지하는 것이 어렵다. 이는 전자기장 릴레이나 솔레노이드도 마찬가지이다.

일반적인 인덕터 소자는 1 μH(1×10^{-6} H)에서 100 mH(100×10^{-3} H$=0.1$ H)의 값을 갖는다. 인덕턴스는 모터, 릴레이, 솔레노이드, 전원공급기, 고주파 회로에서 중요하게 취급된다. 몇몇 제조회사는 인덕터값에 대한 코딩시스템을 갖고 있지만, 일반적인 표준방법은 없다. 종종 값이 μH 또는 mH로 직접 소자에 쓰여 있기도 한다.

수업토론주제 2.5 전기회로 인덕터의 유압시스템

전기회로에서 인덕터는 유압시스템에서 파이프를 흐르는 유체의 관성, 즉 이너턴스(inertance)에 비유될 수 있다. 이 유사성에 대해 전기회로시스템과 유압시스템의 요소를 비교해서 설명해 보라.
힌트: 4.11절 참조.

2.3 Kirchhoff의 법칙

이제 전압·전류원과 회로소자를 서로 연결하여 회로를 꾸밀 준비가 되었고, 회로의 어느 곳에서든지 전류와 전압의 값을 구할 준비가 갖추어졌다. Kirchhoff의 법칙은 회로소자가 얼마나 복잡하게 얽혀 있고 얼마나 최신의 방법으로 설계되었는가와 상관없이 회로를 분석하는 데 필수적이다. 사실 이러한 법칙은 트랜지스터, 증폭 회로 또는 많은 소자로 구성된 집적회로를 포함한 더 복잡한 회로분석에서도 기본이 된다. 먼저 **Kirchhoff 전압 법칙**(KVL, Kirchhoff's voltage law)은 폐회로에서 전압의 합은 0이 된다는 것이다(그림 2.13 참조).

$$\sum_{i=1}^{N} V_i = 0 \tag{2.11}$$

회로는 반드시 닫혀야 하지만, 도체소자 그 자체는 반드시 닫혀야 할 필요는 없다(즉, 회로는 열린 회로를 거칠 수 있다).

그림 2.13에 나타난 회로에 KVL을 적용하기 위해서는 우선 회로의 각 분기 회로에서 전류

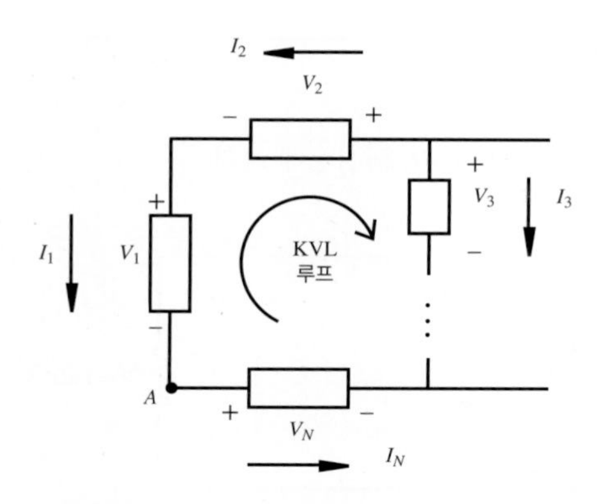

그림 2.13 Kirchhoff 전압 법칙

의 방향을 가정해야 한다. 다음으로, 각 수동소자에 걸리는 전압에 적당한 극성을 각 소자의 전류의 방향으로 전압강하가 생기도록 설정한다(소자에 전류가 들어가는 방향을 양으로 설정하고 소자에서 전류가 나가는 방향을 음으로 정한다). 전압원에 걸리는 전압의 극성과 전류원에 걸리는 전류의 방향은 항상 주어진 대로 유지되어야 한다. 회로에서 어떤 한 점에서 시작해서 (예: 그림 2.13의 노드 A) 시계 방향이나 반시계 방향으로(그림 2.13은 시계 방향) 각 소자에 걸리는 전압을 설정하고 합을 구한다. 그림 2.13에서 결과는 다음과 같다.

$$-V_1 - V_2 + V_3 + \cdots - V_N = 0 \tag{2.12a}$$

다른 대안으로는, 회로의 KVL 루프 방향을 따라 전압이 증가하거나(−로부터 +로의 방향, +를 할당) 감소하는(+로부터 −로의 방향, −를 할당) 경우에 기초하여 부호를 할당할 수 있다. 이 규칙을 사용하여 정리하면 방정식은 다음과 같다.

$$V_1 + V_2 - V_3 + \cdots + V_N = 0 \tag{2.12b}$$

식 (2.12a)와 식 (2.12b)는 같은 뜻을 지닌다. 하지만 두 번째 방법이 더 직관적이다. 왜냐하면 그 회로에서 실제로 일어나는 현상을 더 잘 나타내기 때문이다. 그러나 실제로는 첫 번째 방법이 더 흔하게 쓰이는데, 아마도 깊이 생각하지 않고도 쉽게 식을 쓸 수 있기 때문일 것이다.

예제 2.3 Kirchhoff의 전압 법칙

다음 회로에서 전류 I_R을 구하기 위해 KVL을 사용해 보자.

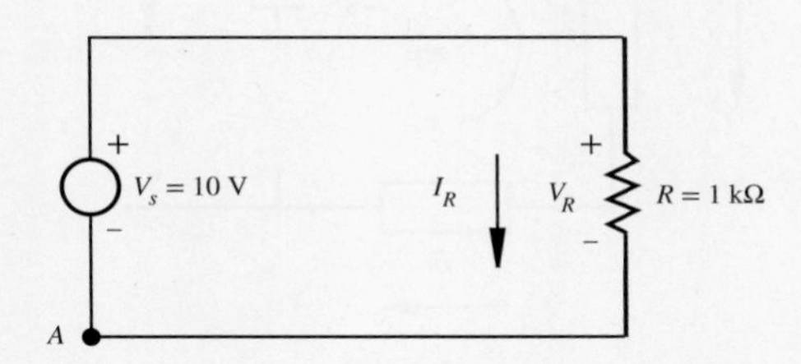

먼저 전류 I_R의 방향을 가정한다. 그림에 방향이 설정되어 있다. 여기서는 명백하게 전류의 방향을 전원의 극성에 따라 설정했다. 전류의 방향을 토대로 각 저항에 걸리는 전압강하를 설정한다(만약 전류의 방향이 반대방향으로 설정되었으면 저항의 전압도 반대로 설정한다). 전원의 극성은 전류의 방향에 관계없이 고정된다. 점 A에서 시작해서 시계 방향으로 진행하며 각 소자의 전압을 설정한다.

$$-V_s + V_R = 0$$

Ohm의 법칙을 적용하면

$$-V_s + I_R R = 0$$

그러므로

$$I_R = V_s/R = 10/1000 \text{ A} = 10 \text{ mA}$$

Kirchhoff 전류 법칙(KCL, Kirchhoff's current law)은 어떤 한 노드(node)나 폐영역(closed surface)으로 흘러 들어오는 전류의 전체 합은 영이 된다는 것이다. 그림 2.14a를 보면,

$$I_1 + I_2 - I_3 = 0 \tag{2.13}$$

일반적으로, 그림 2.14b에서

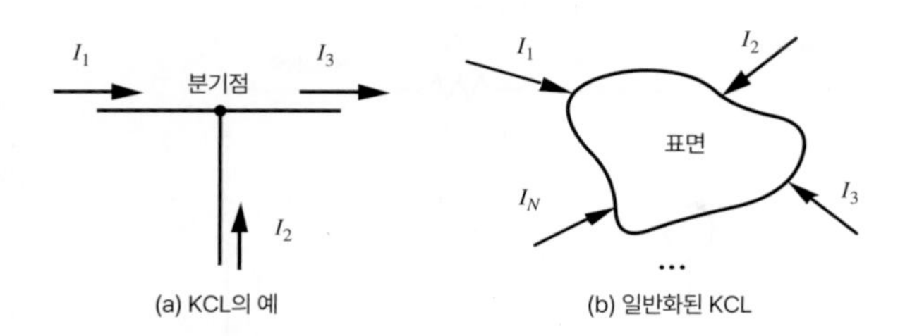

(a) KCL의 예 (b) 일반화된 KCL

그림 2.14 Kirchhoff 전류 법칙

$$\sum_{i=1}^{N} I_i = 0 \tag{2.14}$$

이때 노드나 폐영역에 흘러 들어오는 전류를 양수(+)로 설정하고 노드나 폐영역에서 흘러나가는 전류를 음수(−)로 설정하는 것에 주목하자.

회로를 분석할 때 전류의 방향을 가정하고 화살표로 방향을 설정하는 것이 중요하다. 만약 계산된 전류가 음수가 되면 실제 전류의 방향은 반대방향이 된다. 또한 가정된 전압강하는 가정된 전류의 방향과 반드시 일치해야 한다. 전압이 음수이면 원래의 극성이 반대가 된다.

실습 문제

Lab 1 소개 — 저항코드, 브레드보드, 기본 측정

실습문제 Lab 1은 이 장에 제시된 많은 기본 개념을 소개하며 다음과 같은 실제적인 기술을 익힐 수 있도록 한다.

- 브레드보드를 이용하여 기본적인 회로 구성하기(비디오 데모 2.5 참조)
- 전압과 전류 측정하기(비디오 데모 2.6 참조)
- 저항과 커패시터의 값 읽기

비디오 데모

2.5 브레드보드 구성

2.6 회로에 전원을 공급하고 측정하기 위한 장치

이러한 주제를 모두 다룰 수 있는 더 많은 정보와 자료는 2.10절을 참조하라.

2.3.1 직렬 저항회로

그림 2.15에 나타난 간단한 직렬 저항회로에 KVL을 적용하면 유용한 결과를 얻을 수 있다. 노드 A에서 시작하여 시계 방향으로 전류의 방향을 I로 가정하면

$$-V_s + V_{R_1} + V_{R_2} = 0 \tag{2.15}$$

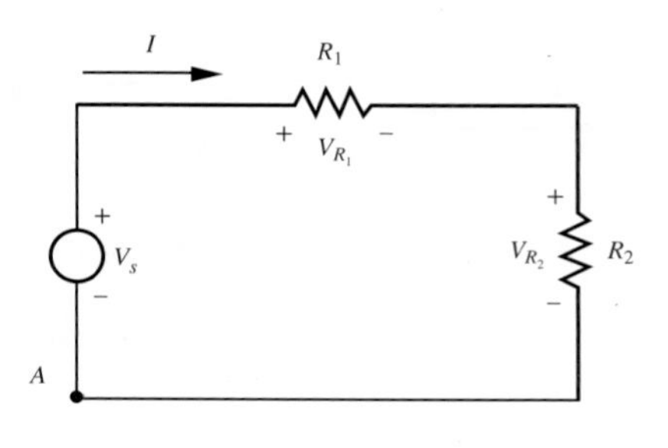

그림 2.15 직렬 저항회로

옴의 법칙으로부터

$$V_{R_1} = IR_1 \tag{2.16}$$

$$V_{R_2} = IR_2 \tag{2.17}$$

두 식을 식 (2.15)에 대입하면

$$-V_s + IR_1 + IR_2 = 0 \tag{2.18}$$

I에 대해 정리하면

$$I = \frac{V_s}{(R_1 + R_2)} \tag{2.19}$$

즉, $R_1 + R_2$의 값을 가진 저항 하나를 사용하면 같은 결과를 얻을 수 있다. 따라서 직렬로 연결된 저항의 총저항값은 저항을 서로 더하면 된다.

$$R_{\text{eq}} = R_1 + R_2 \tag{2.20}$$

일반적으로 직렬로 연결된 N개의 저항은 다음과 같은 하나의 저항으로 대체될 수 있다.

$$R_{\text{eq}} = \sum_{i=1}^{N} R_i \tag{2.21}$$

KVL을 커패시터와 인덕터 회로에 적용함으로써(연습문제 2.13과 2.14) 직렬로 연결된 두 개의 커패시터는 다음과 같고

$$C_{\text{eq}} = \frac{C_1 C_2}{C_1 + C_2} \tag{2.22}$$

두 개의 인덕터가 직렬로 연결되어 있으면 합으로 표현된다.

$$L_{\text{eq}} = L_1 + L_2 \tag{2.23}$$

두 개의 저항이 직렬로 연결된 회로는 전원 전압 V_s가 각 저항에 의해 나뉘므로 **전압분배기** (voltage divider)라 한다. 저항의 전압은 식 (2.19)를 식 (2.16)과 식 (2.17)에 대입하여 다음과 같이 얻을 수 있다.

$$V_{R_1} = \frac{R_1}{R_1 + R_2} V_s, \quad V_{R_2} = \frac{R_2}{R_1 + R_2} V_s \tag{2.24}$$

일반적으로 V_s의 전압에 직렬로 연결된 N개의 저항에서 각 저항 R_i에 걸리는 전압 V_{R_i}는 다음과 같이 구해진다.

$$V_{R_i} = \frac{R_i}{R_{\text{eq}}} V_s = \frac{R_i}{\sum_{j=1}^{N} R_j} V_s \tag{2.25}$$

전압분배기는 회로가 단 하나의 출력에 의해 전압을 공급받는다 해도 회로에서 다른 값의 전압을 생성할 수 있으므로 유용하다. 하지만 부하가 많은 전류를 소비해서 전압분배기로 만든 전압에 영향을 미치지 않도록 주의해야 한다(수업토론주제 2.6 참조).

수업토론주제 2.6 전압분배기의 부적절한 적용

자동차는 12 V 배터리를 가지고 있어서 낮은 전압을 필요로 하는 회로에 전력을 공급할 수 있다. 낮은 전압과 많은 전류를 필요로 하는 회로를 위해 간단한 전압분배기를 사용하는 것이 적절한가 적절하지 않은가?

2.3.2 병렬 저항회로

그림 2.16에 나타난 간단한 병렬 저항회로에 KCL을 적용하면 역시 유용한 결과를 얻는다. KCL로부터 각 저항이 같은 전압을 가지므로 옴의 법칙으로부터

$$I_1 = \frac{V_s}{R_1} \tag{2.26}$$

$$I_2 = \frac{V_s}{R_2} \tag{2.27}$$

을 구한다. 노드 A에 KCL을 적용하면

$$I - I_1 - I_2 = 0 \tag{2.28}$$

식 (2.26)과 식 (2.27)로부터 전류를 대입하면

$$I = \frac{V_s}{R_1} + \frac{V_s}{R_2} = V_s\left(\frac{1}{R_1} + \frac{1}{R_2}\right) \tag{2.29}$$

저항값 R_1과 R_2를 전도도 $1/G_1$과 $1/G_2$로 대체하면 다음과 같이 쓸 수 있다.

$$I = V_s(G_1 + G_2) \tag{2.30}$$

전도도 $(G_1 + G_2)$를 가진 저항도 같은 결과를 낳는다. 즉 병렬관계에 있는 전도도는 더한다. 식 (2.30)을 다음과 같이 쓸 수 있다.

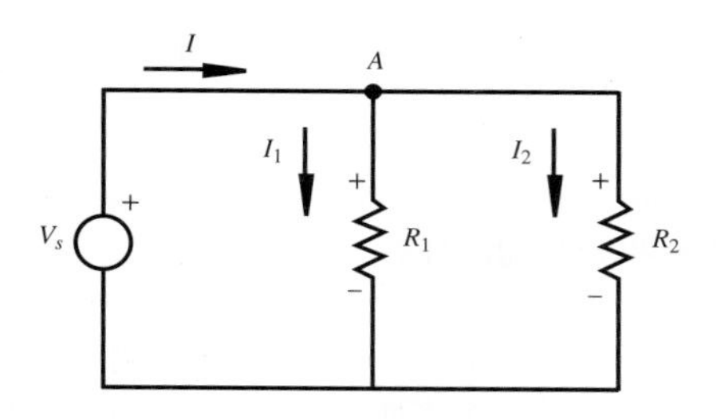

그림 2.16 병렬 저항회로

$$I = V_s G_{eq} = \frac{V_s}{R_{eq}} \tag{2.31}$$

G_{eq}는 유효전도도이고 R_{eq}는 유효저항이다. 위 식의 오른쪽과 식 (2.29)를 비교하면

$$\frac{1}{R_{eq}} = \frac{1}{R_1} + \frac{1}{R_2} \tag{2.32}$$

$$R_{eq} = \frac{R_1 R_2}{R_1 + R_2} \tag{2.33}$$

일반적으로 병렬로 연결된 N개의 저항은 하나의 동등한 저항으로 다음과 같이 대체할 수 있다.

$$\frac{1}{R_{eq}} = \sum_{i=1}^{N} \frac{1}{R_i} \tag{2.34}$$

$$R_{eq} = \frac{1}{\sum_{i=1}^{N} \frac{1}{R_i}} \tag{2.35}$$

KCL을 커패시터와 인덕터 회로에 적용함으로써(연습문제 2.14와 2.16) 병렬연결된 두 개의 커패시터는 아래와 같이 합으로 표현되며,

$$C_{eq} = C_1 + C_2 \tag{2.36}$$

병렬로 연결된 두 인덕터의 인덕턴스는 다음과 같이 계산됨을 알 수 있다.

$$L_{eq} = \frac{L_1 L_2}{L_1 + L_2} \tag{2.37}$$

병렬로 연결된 두 개의 저항을 포함하는 회로는 전류원 I가 각 저항에 나뉘므로 **전류분배기** (current divider)라 한다. 나뉜 전류는 식 (2.29)를 V_s에 대해 풀고 식 (2.26)과 (2.27)에 대입하여 다음과 같이 구한다.

$$I_1 = \frac{R_2}{R_1 + R_2} I, \quad I_2 = \frac{R_1}{R_1 + R_2} I \tag{2.38}$$

그림 2.17 회로 개략도 연결 규칙

비디오 데모

2.7 직렬 및 병렬 전등 회로의 비교

비디오 데모 2.7은 조명용으로 사용된 병렬과 직렬 회로의 차이를 예시한다. 이 예제를 통해 전압과 전류분배 및 출력전력에 대한 효과를 알 수 있다.

손으로 또는 소프트웨어 툴을 이용해서 개략적인 회로도를 그릴 때 스케치상의 교차선에서 연결(또는 연결되지 않았음)을 일관성 있게 표현하는 것이 중요하다. 그림 2.17은 만나는 교점과 만나지 않는 점을 표현하는 두 가지 방법을 설명한다. 그 첫 번째 방법(그림 2.17a)은 가장 흔히 쓰이는 방법이고 예제 2.4에서 이 방법을 사용한다. 이 방법에서 표시한 교점은 두 교차선이 연결되었음을 의미하고, 교점(오직 교차선에서)의 부재는 두 교차선이 연결되지 않았음을 의미한다. 또 다른 방법으로는, 그림 2.17b의 오른쪽 그림과 같이 교차호를 사용하여 연결되지 않았음을 표시하고, 연결을 표시하기 위해서는 왼쪽 그림과 같이 교차상태 또는 만나는 상태로 표시한다. 이 장에서 다루는 회로는 매우 간단하기 때문에, 2.17b의 방법(교차선은 연결되어 있다고 가정)을 사용하지 않는다. 심지어 예제 2.4의 회로에서는 일부러 교점을 표시할 필요조차 없다. 교점 또는 교차호가 필요한 곳이 하나 또는 그 이상의 교차지점에서 특별히 나타나지 않는다면 간단한 회로에서는 모든 교차선에서 연결이 있다고 가정할 수 있다. 그러나 더 복잡한 회로에서(즉, 복잡한 microcontroller-based solutions를 다루는 7장의 회로들), 일관성 있게 교차선의 연결 여부를 표시하는 것은 설계자의 의도를 나타내고 해석하는 데 매우 중요하다.

예제 2.4 **회로 분석**

앞에서 설명한 방법을 복잡한 회로에 적용하는 예로서 I_{out}과 V_{out}을 구하는 아래 회로를 고려해 보자. V_{out}처럼 회로에 있는 어떤 노드에서든지 전압은 접지 심벌(⏚)에 의해 표현되는 접지를 기준 전압으로 하여 정의된다. 어느 두 점 사이의 전위차는 각 점에서 접지에 대한 전압의 차로 구해진다.

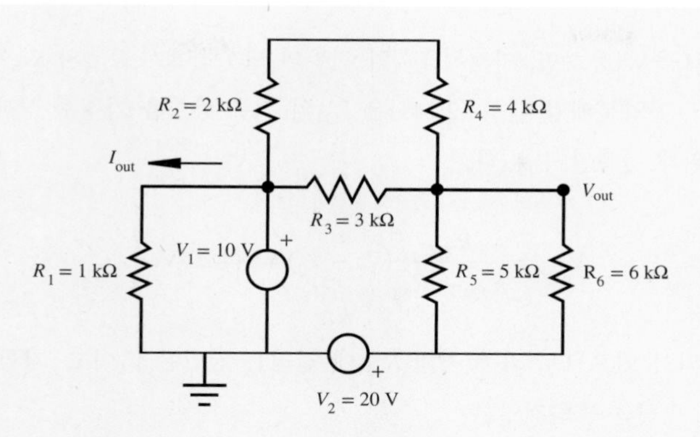

먼저 전압원(V_1와 V_2) 주위나 사이에 있는 저항과 구하고자 하는 (I_{out}이나 V_{out}) 저항을 병렬과 직렬 저항 공식[식 (2.20)과 (2.33)]을 이용해 합한다. 저항 R_2와 R_4는 직렬이므로 (R_2+R_4)로 나타낼 수 있고, 이것은 R_3와 병렬이다. 저항 R_5와 R_6는 모두 병렬이다. 그러므로 그에 따른 저항의 합은 다음과 같다.

$$R_{234} = \frac{(R_2 + R_4)R_3}{(R_2 + R_4) + R_3} = 2.00\ k\Omega$$

$$R_{56} = \frac{R_5R_6}{R_5 + R_6} = 2.73\ k\Omega$$

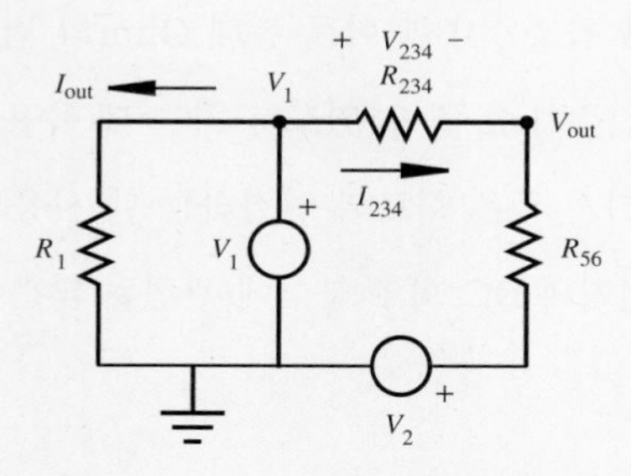

왼쪽 루프에 KVL을 적용하면 전압과 전류는 아래와 같다.

$$V_1 = I_{out}R_1$$

따라서

$$I_{out} = V_1/R_1 = 10\ V/1\ k\Omega = 10\ mA$$

오른쪽 루프에 KVL을 적용하면, 가정된 I_{234}의 전류의 방향하에서 R_{234}와 R_{56}에 걸리는 전체 전압은 $(V_1 - V_2)$이다. 전압분배법칙[식 (2.24)]은 I_{234}의 전류 방향을 가정한 상태에서 R_{234}의 전압 강하를 결정하기 위해 사용될 수 있다.

$$V_{234} = \frac{R_{234}}{R_{234} + R_{56}}(V_1 - V_2) = -4.23 \text{ V}$$

V_1은 접지에 연결되어 있으므로 좌측 저항 R_{234}에 걸리는 전압은 V_1이고, 저항을 통과하는 강하 전압은 V_{234}이므로 원하는 출력전압은

$$V_{\text{out}} = V_1 - V_{234} = 14.2 \text{ V}$$

V_{234}는 음수이므로 저항 R_{234}에 흐르는 실제 전류의 방향은 가정된 것과 반대임을 주의해야 한다.

이 문제를 풀기 위한 방법(예: 연습문제 2.26 참조)은 여러 가지가 있을 수 있고 여기서 기술한 방법은 최적이 아닌 한 예에 불과하다.

Lab 2 기본적인 전기 회로 관계 및 장치에 친숙해지기 위한 실험

비디오 데모

2.6 회로에 전원을 공급하고 측정하기 위한 장치

2.8 커넥터(BNC, 바나나 플러그, 악어클립)

2.6 회로에 대한 모든 것: Vol.I–DC

실습문제 Lab 2는 오실로스코프, 멀티미터, 전원, 파형생성기 등에 관한 다양한 경험을 할 수 있게 해준다(비디오 데모 2.6 참조). 또한 이를 통해 Ohm의 법칙, KVL, KCL 등과 같이 회로상에서 전압이 생성되거나 전류가 흐를 수 있도록 하는 데 유용한 기법을 경험할 수 있다. 비디오 데모 2.8은 기기를 다른 기기 혹은 회로와 연결하는 데 사용되는 전선이나 커넥터를 나타낸 것이다. 인터넷 링크 2.6은 전기와 DC 회로 분석에 관련된 많은 주제를 복습할 수 있는 좋은 자료이므로 참조하자.

2.4 전압원, 전류원 및 측정기

연습문제에서나 이론적으로 전기회로를 분석할 때 전원이나 측정기(계측기)의 거동을 이상적(ideal)이라 가정한다. 하지만 실제 장치는 이상적이 아니기 때문에 회로가 이러한 장치를 포함하고 있을 때 때때로 이상 모델에 따른 제한점을 알아둘 필요가 있다. 주로 다음과 같은 이상적인 거동이 가정된다.

- **이상적인 전압원**(ideal voltage source)은 0의 출력저항을 갖고 무한 전류를 공급한다.
- **이상적인 전류원**(ideal current source)은 무한 출력저항을 갖고 무한 전압을 공급한다.
- **이상적인 전압계**(ideal voltmeter)는 무한 입력저항을 갖고 전류를 통과시키지 않는다.
- **이상적인 전류계**(ideal ammeter)는 0의 입력저항을 갖고 전압강하를 발생시키지 않는다.

불행하게도 실제 전원이나 측정기는 이상적인 경우와 다소 다른 터미널(단자, terminal) 특성을 갖는다. 실제 전원이나 측정기의 터미널 특성은 입력, 출력저항값을 가진 이상적인 전원이나 측정기로 모델링할 수 있다.

그림 2.18에 보여진 것처럼 '실제' 전압원은 **출력임피던스**(output impedance)라 불리는 장치의 저항 및 직렬로 연결된 이상적인 전압원으로 모델링될 수 있다. 부하가 전원에 연결될 때 전류의 흐름과 출력전압 V_{out}은 전압분배에 의해 이상적인 전압원 V_s와 다를 것이다. 상업적으로 유용한 전압원(즉 전원공급장치)의 출력임피던스는 매우 작고 일반적으로 1Ω보다 작다. 대부분의 응용에서 이러한 임피던스는 무시할 만큼 충분히 작다. 하지만 구동하는 회로의 저항이 매우 작을 경우 전압원의 출력임피던스가 회로의 저항에 더해지므로 무시할 수 없는 요소가 된다. 그림 2.19는 디지털에 의해 제어되는 전압원을 포함하는 상용 전원공급장치를 보여준다. 위쪽 장치는 0 V에서 9 V, 20 V, −20 V까지 세 개의 출력전압을 선택할 수 있는 전원장치이며, 아래는 디지털값으로 전원의 출력을 제어할 수 있는 전원장치이다.

그림 2.20에 보이는 것처럼 '실제' 전류원은 **출력임피던스**와 병렬로 연결된 이상적인 전류원으로 모델링할 수 있다. 부하가 전원에 연결되어 있을 때 전원 전류 I_s는 출력임피던스와 부하 사이로 나뉜다. 대부분의 상업용 전류원의 출력임피던스는 매우 커서 전류가 나뉘는 영향을 최소화한다. 하지만 매우 큰 저항을 갖는 회로가 연결되어 있을 때 이러한 임피던스는 무시할 수 없다.

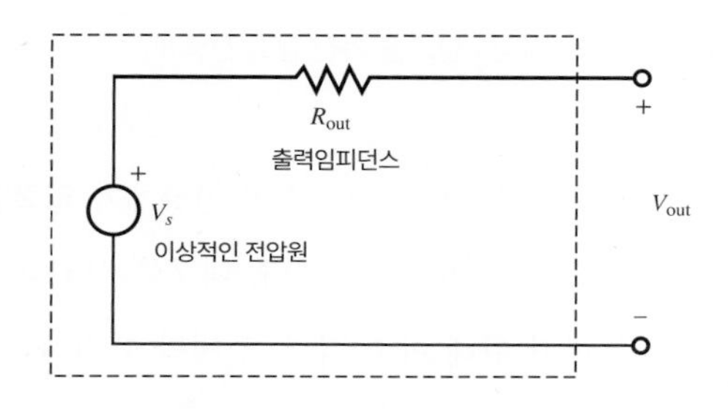

그림 2.18 출력임피던스를 가진 실제 전압원

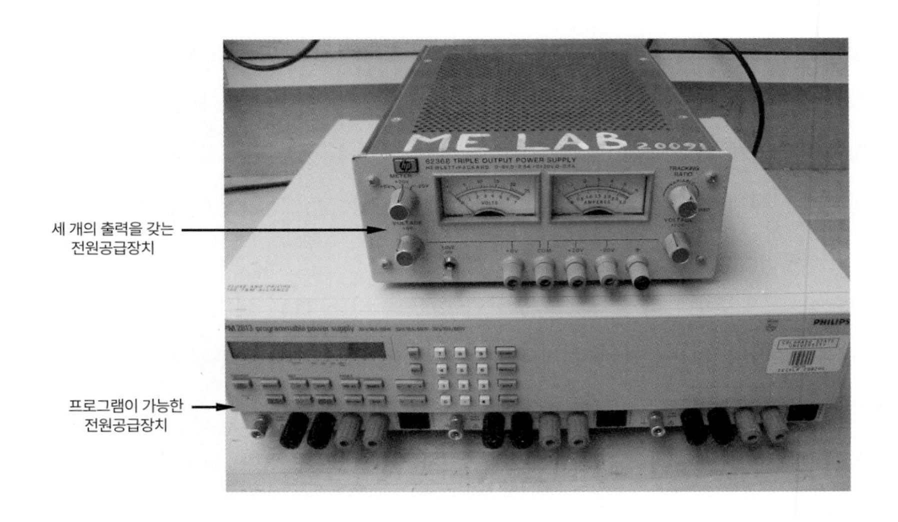

그림 2.19 상용 전원공급장치의 예

© David Alciatore

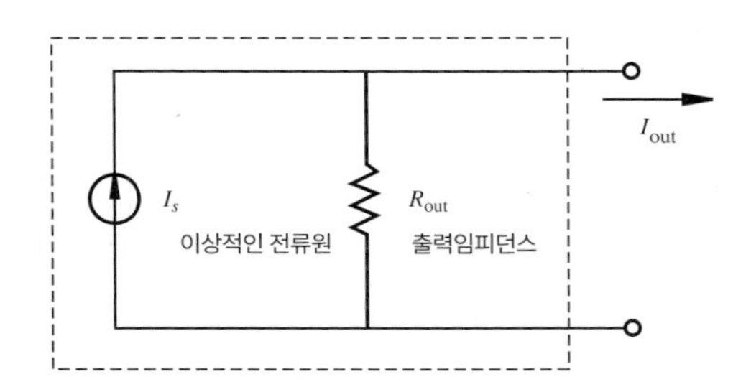

그림 2.20 출력임피던스를 가진 실제 전류원

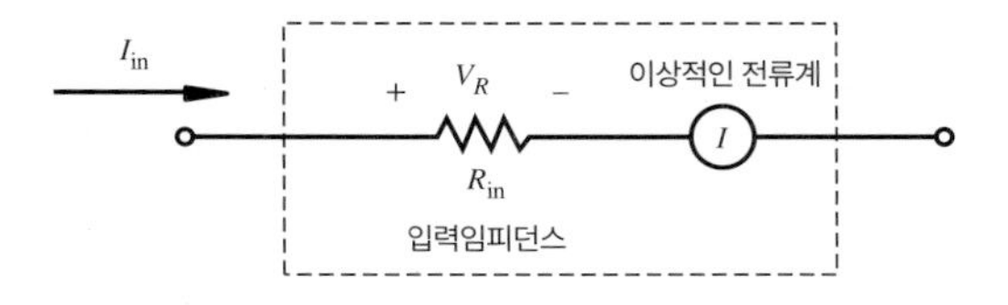

그림 2.21 입력임피던스를 가진 실제 전류계

그림 2.21에 보여진 것처럼 '실제' 전류계는 이상적인 전류계가 **입력임피던스**(input impedance)와 직렬로 연결되어 있는 것으로 나타낼 수 있다. 대부분 상업용 전류계의 입력임피던스는 회로의 전압강하 V_R을 최소화하기 위해 아주 작다. 하지만 이러한 저항은 분기 회로의 저항에 더해지므로 작은 저항이 있는 분기 회로의 전류를 측정할 때 무시할 수 없다.

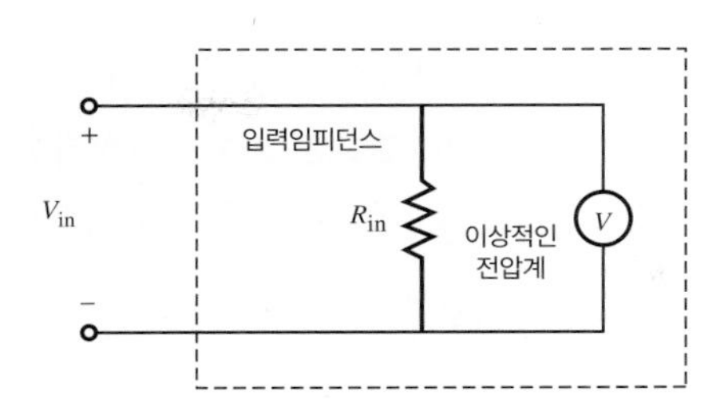

그림 2.22 입력임피던스를 가진 실제 전압계

그림 2.23 상용 디지털 멀티미터의 예
© Oleksiy Maksymenko/Alamy

그림 2.24 상용 오실로스코프의 예
© Huntstock/Getty Images

그림 2.22에 보여진 것처럼 '실제' 전압계는 이상적인 전압계가 입력임피던스와 병렬로 연결되어 있는 것으로 나타낼 수 있다. 대부분 상업용 전압계(예: 오실로스코프나 멀티미터)의 입력임피던스는 매우 크며, 대개 1~10 MΩ 정도이다. 하지만 전압계의 입력임피던스는 커다란 저항을 가진 분기 회로의 전압을 측정할 때 분기 회로 저항과 병렬 합성되므로 측정값에서 중대한 오차를 초래할 수 있다.

그림 2.23은 상용 전류계와 전압계를 모두 포함하는 **디지털멀티미터**(DMM, digital multimeter)의 예를 보여준다. 그림 2.24는 동적인 측정치를 디지털화하여 디스플레이하고 기록할 수 있는 전압계를 포함하는 상용 오실로스코프의 예를 나타낸다. 인터넷 링크 2.7은 다양한 측정기기 업체의 인터넷 링크를 보여준다(전원, 파형생성기, 멀티미터, 오실로스코프, 데이터 획득 장치 등).

2.7 계측기 온라인 정보 및 판매처

실습문제 Lab 2에서는 다양한 측정기기의 입력과 출력임피던스의 영향을 경험할 수 있는 기회를 제공하며, 기기의 특성이 전류 및 전압의 측정값에 미치는 내용을 숙지하는 것은 매우 중요하다. 2.10.3절은 이 주제에 대한 더 많은 정보와 수단을 제시한다. 실습문제 Lab 3은 오실로

Lab 2 계측기와 전기회로에 익숙해지기 위한 실험

Lab 3 오실로스코프

비디오 데모

2.9 Tektronix 2215 아날로그 스코프를 이용한 오실로스코프 시연

스코프의 사용법에 대해 개괄적으로 설명한다. 신호를 연결하는 법, 접지, 커플링, 트리거링 등에 관하여 특징과 개념을 익힐 수 있다. 비디오 데모 2.9는 전형적인 아날로그 오실로스코프의 사용법을 예시한다. 아날로그 오실로스코프와 관련된 많은 개념이 다른 스코프나 매우 정교한 기기에도 동일하게 적용될 수 있다. 오실로스코프를 어떻게 더 사용할 수 있는지에 대한 정보와 자료는 2.10.5절에서 찾을 수 있다.

예제 2.5 입력 및 출력임피던스

이 예제는 회로에서 신호를 측정할 때 전원과 측정기의 출력과 입력임피던스의 영향을 나타낸다. 전압원 V_s와 전압계 V_m이 있는 다음 회로를 고려해 보자.

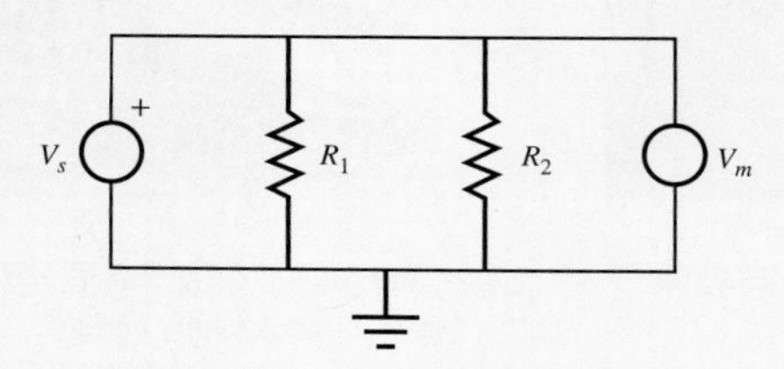

이 회로의 유효저항은

$$R_{\text{eq}} = \frac{R_1 R_2}{R_1 + R_2}$$

이며, 만약 전원과 전압계가 이상적이라면 측정 전압 V_m은 V_s와 같을 것이고 등가회로는 다음과 같을 것이다.

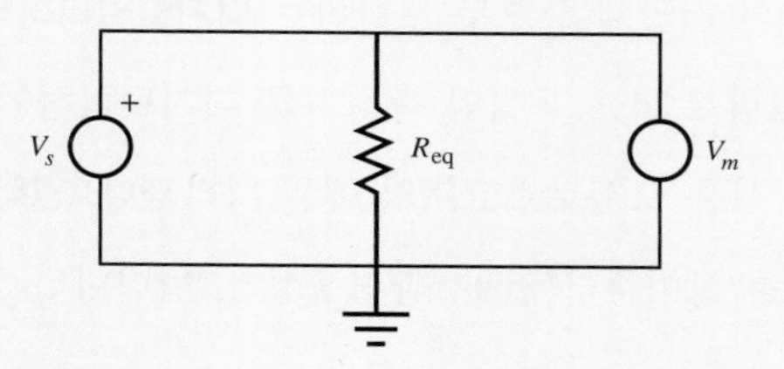

하지만 만약 전원의 출력임피던스가 Z_{out}이고 전압계의 입력임피던스가 Z_{in}라 하면 '실제' 회로는 다음과 같다.

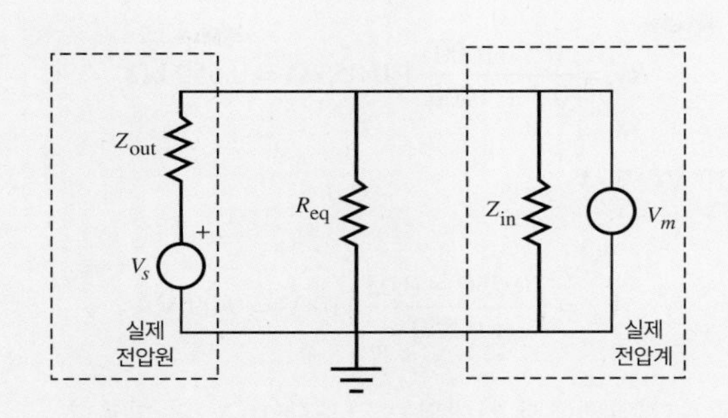

R_{eq}와 Z_{in}의 병렬 조합은 회로 (a)를 구성한다. 전류가 이상적인 전압계 V_m으로는 흐르지 않으므로 R_{eq}와 Z_{in}의 병렬 조합과 Z_{out}은 직렬로 되어 있다. 따라서 회로 (b)에 나타난 전체 저항은

$$R'_{eq} = \frac{R_{eq} Z_{in}}{R_{eq} + Z_{in}} + Z_{out}$$

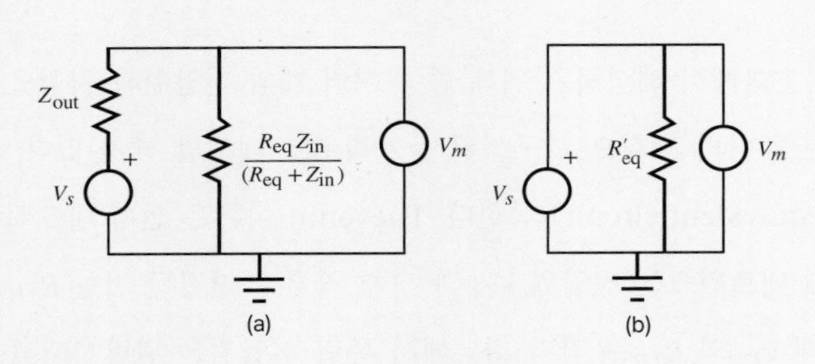

이 된다. Z_{in}이 무한대로 수렴하고 Z_{out}이 0으로 수렴함에 따라 앞의 식에서 정의된 R'_{eq}는 R_{eq}로 수렴한다. 회로 (a)에서 전압분배에 의해 실제 전압계로 측정된 전압은

$$V_m = \frac{\dfrac{R_{eq} Z_{in}}{(R_{eq} + Z_{in})}}{\dfrac{R_{eq} Z_{in}}{(R_{eq} + Z_{in})} + Z_{out}} V_s = \frac{R'_{eq} - Z_{out}}{R'_{eq}} V_s$$

이 된다. 측정된 전압 V_m은 $Z_{in} = \infty$이고 $Z_{out} = 0$에 대해 V_s와 같지만, 실제 전원과 전압계를 가지고 측정한 전압은 기대되는 이상적인 값과 다르다. 예를 들면, 만약 $R_1 = R_2 = 1\ \text{k}\Omega$이면,

$$R_{eq} = \frac{1 \cdot 1}{1 + 1}\ \text{k}\Omega = 0.5\ \text{k}\Omega$$

이고, $Z_{in} = 1\ \text{M}\Omega$이고 $Z_{out} = 50\ \Omega$이면

$$R'_{\text{eq}} = \frac{0.5 \cdot 1000}{0.5 + 1000} + 0.05\ \text{k}\Omega = 0.550\ \text{k}\Omega$$

이 된다. 따라서 $V_s = 10$ V라면

$$V_m = \left(\frac{0.550 - 0.05}{0.550}\right) 10\ \text{V} = 9.09\ \text{V}$$

가 되어 이상적인 전원과 전압계에서 기대되는 결과값(10 V)과 다르다.

2.5 Thevenin과 Norton 등가회로

복잡한 회로를 단순화해서 해석하기 위해 종종 여러 개의 전압원과 저항을 하나의 전압원과 그에 직렬로 연결된 하나의 저항으로 구성된 등가회로로 대체할 때가 있다. 이를 **Thevenin 등가회로**(Thevenin equivalent circuit)라 한다. Thevenin 이론은 선형 네크워크에서 한 쌍의 터미널이 주어졌을 때 네트워크는 전압원 V_{OC}와 그에 직렬로 연결된 저항 R_{TH}로 대체할 수 있다는 것을 말한다. 이때 V_{OC}와 R_{TH}는 각각 회로에서 독립 전압원은 단락시키고 독립 전류원은 열린 회로로 대체한 후, 터미널에 걸리는 열린 회로 전압과 터미널에 걸리는 유효저항으로 구해진다.

그림 2.25는 Thevenin 이론을 설명하기 위한 회로이다. 회로의 점선 부분은 Thevenin 등가회로로 대체될 수 있다. 열린 회로(개회로) 전압 V_{OC}는 회로를 끊고 나머지 열린 회로의 단자 양단의 전압을 구함으로써 얻는다. 이 예에 대해 전압분배 법칙을 적용하면 다음과 같이 V_{OC}가 얻어진다.

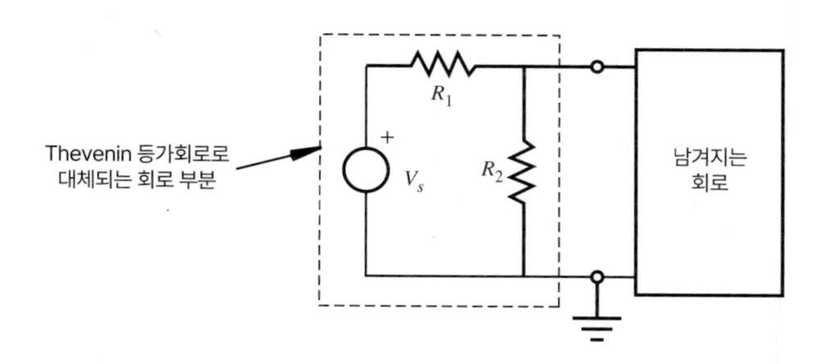

그림 2.25 Thevenin 이론을 보여주는 예

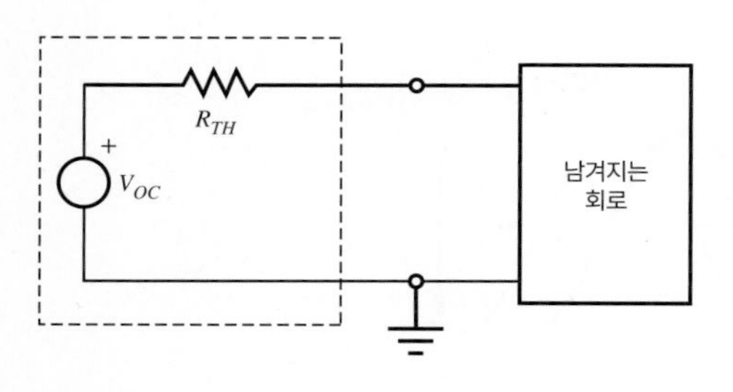

그림 2.26 Thevenin 등가회로

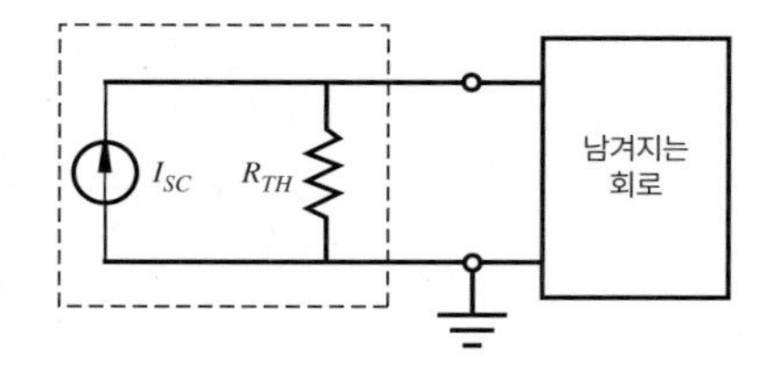

그림 2.27 Norton 등가회로

$$V_{OC} = \frac{R_2}{R_1 + R_2} V_s \tag{2.39}$$

R_{TH}를 구하기 위해 R_1의 왼쪽 끝을 접지시켜(즉, $V_s = 0$) 전원 V_s를 단락시킨다. 회로에 전류원이 있다면 열린 회로로 대체시켜야 한다. 이때 R_1과 R_2가 열려 있는 단자에 대해 병렬로 배치되어 있으므로 등가저항은

$$R_{TH} = \frac{R_1 R_2}{R_1 + R_2} \tag{2.40}$$

으로 구해진다. Thevenin 등가회로는 그림 2.26과 같다.

또 다른 등가회로에 대한 표현은 그림 2.27에 나타난 **Norton 등가회로**(Norton equivalent circuit)이다. 선형 네트워크는 이상적인 전류원 I_{SC}와 그에 병렬로 연결된 Thevenin 저항 R_{TH}로 대체될 수 있다. I_{SC}는 부하 회로를 제거하고 단락시켰을 때 터미널을 통해 흐르는 전류를 계산하여 구한다. 저항 R_{TH}에 흐르는 전류 I_{SC}는 위에서 설명한 Thevenin 전압 V_{OC}를 만든다.

Thevenin과 Norton의 등가회로는 부하를 나타내는 나머지 부분의 회로에 관계없이 독립적으로 얻을 수 있다. 이는 Thevenin과 Norton의 등가회로를 다시 분석할 필요 없이 부하를 변화시키는 것이 가능함을 의미하므로 매우 유용하게 활용될 수 있다.

2.6 교류회로 해석

선형회로가 주어진 주파수의 교류신호에 의해 구동되면 회로의 각 소자에 흐르는 전류와 전압은 같은 주파수를 갖는 교류가 된다. 정현파 교류 전압 $V(t)$는 그림 2.28과 같고 수학적으로 다

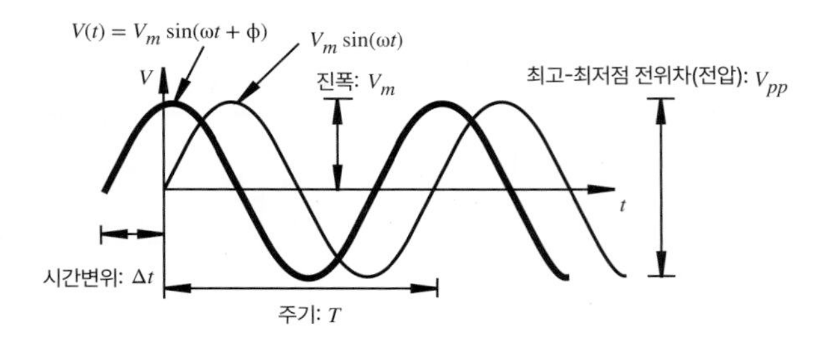

그림 2.28 정현파

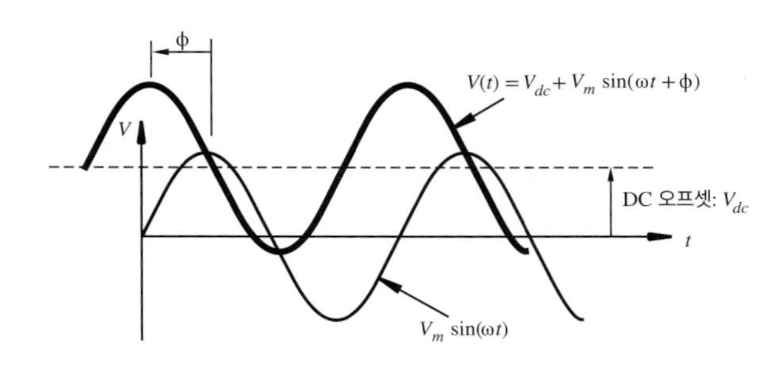

그림 2.29 DC 오프셋을 가진 정현파

음과 같이 표현된다.

$$V(t) = V_m \sin(\omega t + \phi) \tag{2.41}$$

V_m은 **진폭**(amplitude)이고, ω는 **각주파수**(angular frequency)로 각도는 라디안값을 기준으로 하므로 단위는 radians/sec, ϕ는 기준 정현파 $V_m \sin(\omega t)$를 기준으로 측정된 **위상각**(phase angle)이다. 위상각은 신호와 기준 신호 사이의 **시간변이**(time shift) Δt와 관계가 있다.

$$\phi = \omega \Delta t \tag{2.42}$$

양수의 위상각은 **선행**(leading) 파형(시간축에서 더 일찍 발생한다)을 나타내고 음수의 각은 **후행**(lagging) 파형(시간축에서 나중에 발생한다)을 나타낸다. 파형의 **주기**(period) T는 완전한 한 사이클에 필요한 시간이다. 헤르츠 단위(Hz = cycle/sec)로 측정되는 신호의 주파수는 주기와 라디안 주파수에 관계된다.

$$f = \frac{1}{T} = \frac{\omega}{2\pi} \tag{2.43}$$

그림 2.29는 정현파를 나타내는 데 중요한 매개변수 중 하나인 **직류오프셋**(DC offset)을 예시한 것이다. 직류오프셋은 기준이 되는 정현파에 대해 수직방향으로 이동한 양을 나타낸다. 수학적으로 직류오프셋 V_{dc}을 포함한 정현파는 다음과 같은 식으로 표현된다.

$$V(t) = V_{dc} + V_m \sin(\omega t + \phi) \tag{2.44}$$

그림 2.28과 2.29는 양의 위상각(ϕ)의 방향을 나타낸다. 즉, 전압 신호 $V(t)$가 기준사인파보다 상대적으로 일찍 신호가 발생한다.

예제 2.6 **AC 신호의 매개변수**

AC 신호의 매개변수들이 신호방정식에서 어떻게 나타나는지에 대한 한 예로 다음 AC 전압을 고려해 보자.

$$V(t) = 5.00 \sin(t - 1) \text{ V}$$

신호의 진폭과 신호의 라디안 주파수는 각각 다음과 같고

$$V_m = 5.00 \text{ V}$$

$$\omega = 1.00 \text{ rad/sec}$$

ω는 정현파에서 시간변수 t의 계수이다. 헤르츠(Hz) 단위의 주파수는

$$f = \frac{\omega}{2\pi} = \frac{1}{2\pi} \text{ Hz} = 0.159 \text{ Hz}$$

위상각은

$$\phi = -1 \text{ rad} = -57.3°$$

음의 위상은 신호가 참조 $\sin(t)$에 대해 보다 늦어지는 것을 나타낸다. 정현파의 계수는 계산을 위해 항상 라디안으로 가정한다.

교류전력은 직류전력이 실용적이지 않은 많은 곳에서 사용된다. 교류전원을 사용하는 이유는 다음과 같다.

- 교류전원은 송전 동안에 전력 손실을 줄이는 고전압 저전류 형태로 쉽게 변환되므로 장거리로 전송하는 데 더 효과적이다(2.7절 참조). 또한 주거지역에서 다시 필요한 전압으로 쉽게 변환된다. 전원에서의 전압수준과 비교할 때 송전선에서 발생하는 전압강하가 작다.
- 교류전원은 회전기기(예: 전기발전기)를 가지고 쉽게 발전할 수 있다.
- 교류전원은 회전기기(예: AC 전기모터)를 쉽게 구동할 수 있다.
- 교류전원은 타이밍과 동기화에 사용될 수 있는 고정된 주파수 신호(미국과 대한민국에서는 60 Hz, 유럽에서는 50 Hz)를 제공한다.

수업토론주제 2.7 교류전원(AC)을 사용하는 이유

AC 전원이 모든 상업과 공공 기반시설에 사용되는 이유를 정당화하고 상세히 설명하라. 앞서 설명되었던 이유를 참고하라.

교류회로의 정상상태해석(steady state analysis)은 정현파를 표현하기 위해 복소수를 사용하는 **페이저**(phasor) 분석을 이용하여 단순화할 수 있다. 다음의 **Euler 공식**(Euler's formula)은 이러한 해석의 기본이다.

$$e^{j(\omega t + \phi)} = \cos(\omega t + \phi) + j\sin(\omega t + \phi) \tag{2.45}$$

여기서 $j = \sqrt{-1}$로 허수이며, 이는 정현파가 **복소지수함수**(complex exponentials)의 실수와 허수 성분으로 표현될 수 있다는 것을 의미한다. 지수함수와 삼각함수를 다룰 때 이와 같은 변환의 수학적인 용이함 때문에 이러한 방법 계산이나 해석을 편리하게 한다.

교류회로에서 과도상태가 지나가면 각 소자의 전류나 전압은 입력과 같은 주파수 ω로 진동한다. 입력이 일정할 때 각 소자의 전류나 전압의 진폭은 일정하게 유지되지만, 위상(phase)은 입력과 다를 수도 있다. 이러한 사실 때문에 회로변수 V와 I를 크기 V_m과 I_m 그리고 위상 ϕ를 갖는 복소수지수함수로 간주하여 취급할 수밖에 없다. 페이저는 복소지수함수를 벡터형태로 표현하는 것인데, 예를 들어 크기 V_m과 위상 ϕ를 갖는 전압 V는 아래와 같이 표현된다.

$$V = V_m e^{j(\omega t + \phi)} = V_m\langle\phi\rangle = V_m[\cos(\omega t + \phi) + j\ \sin(\omega t + \phi)] \tag{2.46}$$

여기서 $V_m e^{j(\omega t+\phi)}$는 복소수지수함수 형태, $V_m\langle\phi\rangle$는 **극좌표형식**(polar form), $V_m[\cos(\omega t+\phi)+j\ \sin(\omega t+\phi)]$는 페이저의 복소수 **직교좌표형식**(rectangular form)이다. 이러한 표현은 그림 2.30과 같이 복소평면(complex plane) 위에 나타낼 수 있다. 위상각 ϕ는 입력신호의 ωt에 대해 측정된다.

복소수 페이저를 다루는 유용한 수학적 관계식은 다음과 같다.

$$r = \sqrt{x^2 + y^2} \tag{2.47}$$

$$\phi = \tan^{-1}\left(\frac{y}{x}\right) \tag{2.48}$$

$$x = r\cos(\phi) \tag{2.49}$$

$$y = r\sin(\phi) \tag{2.50}$$

$$(x_1 + y_1 j) + (x_2 + y_2 j) = (x_1 + x_2) + (y_1 + y_2)j \tag{2.51}$$

$$r_1\langle\phi_1\rangle \cdot r_2\langle\phi_2\rangle = r_1 \cdot r_2\langle\phi_1 + \phi_2\rangle \tag{2.52}$$

$$r_1\langle\phi_1\rangle / r_2\langle\phi_2\rangle = r_1/r_2\langle\phi_1 - \phi_2\rangle \tag{2.53}$$

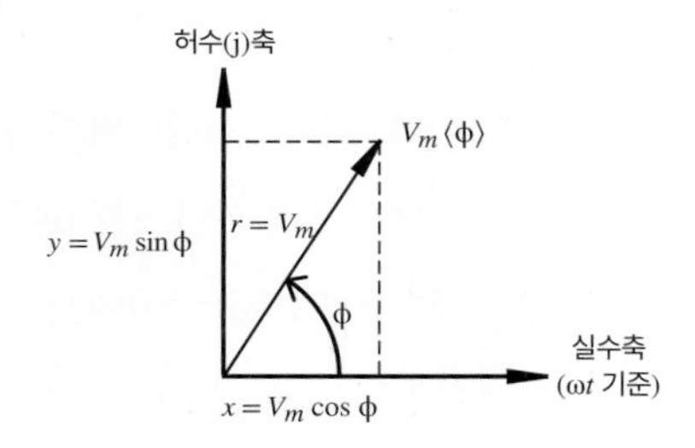

그림 2.30 정현파의 페이저 표현

여기서 r은 페이저 크기이고, ϕ는 페이저 각, x는 실수 성분, y는 허수 성분이다. 아크탄젠트 함수의 아규먼트 (x, y)에 의해 결정되는 상한을 직교좌표형태에서 극좌표형태로 바꿀 때는 주의해야 한다. 예를 들면 만약 $x = y = -1$이면 ϕ는 컴퓨터 프로그램이나 계산기에서 $\tan^{-1}$ 함수를 무관심하게 사용했을 때 얻게 되는 $45°$가 아니라 x, y값의 좌표계상의 정확한 위치를 고려한 $-135°$가 되어야 한다.

Ohm의 법칙은 저항, 커패시터, 인덕터 소자의 AC 회로로 다음과 같이 확장이 가능하다.

$$V = ZI \tag{2.54}$$

여기서 Z는 소자의 **임피던스**(impedance)라 부른다. 이것은 복소수이고 Z를 복소수 저항이라 생각하면 된다. Z의 크기는 주파수에 따라 바뀔 수 있다. 임피던스는 복소지수함수를 사용하여 소자에 대한 기본 구성방정식으로부터 구할 수 있다. 임피던스의 단위는 옴(Ω)이다.

저항에서 $V = IR$이므로

$$Z_R = R \tag{2.55}$$

인덕터에서 $V = L\dfrac{\mathrm{d}I}{\mathrm{d}t}$, $I = I_m \mathrm{e}^{\mathrm{j}(\omega t + \phi)}$이면

$$V = Lj\omega I_m \mathrm{e}^{\mathrm{j}(\omega t + \phi)} = (Lj\omega)I \tag{2.56}$$

그러므로 인덕터의 임피던스는 다음과 같으며,

$$Z_L = \mathrm{j}\omega L = \omega L\langle 90°\rangle \tag{2.57}$$

이는 전압이 전류를 $90°$ 만큼 앞선다는 것이다. 직류 신호는 영의 주파수($\omega = 0$)를 갖는 교류 신호로 고려될 수 있으므로 직류 회로에서 인덕터의 임피던스는 0이다. 따라서 직류 회로에서 인덕터는 단락된 것과 같다. 반면에 매우 높은 주파수($\omega = \infty$)에서 인덕터는 무한 임피던스를 가지며 열린 회로처럼 작동한다.

커패시터에서는 $I = C\dfrac{\mathrm{d}V}{\mathrm{d}t}$, $V = V_m \mathrm{e}^{\mathrm{j}(\omega t + \phi)}$이면

$$I = Cj\omega V_m e^{j(\omega t+\phi)} = (Cj\omega)V \tag{2.58}$$

$$V = \left(\frac{1}{Cj\omega}\right)I \tag{2.59}$$

그러므로 커패시터의 임피던스는

$$Z_C = \frac{1}{j\omega C} = \frac{-j}{\omega C} = \frac{1}{\omega C}\langle -90°\rangle \tag{2.60}$$

이는 전압에 대해 전류가 90° 만큼 뒤처짐을 말한다. 직류 회로($\omega = 0$)에서 커패시터의 임피던스는 무한대이므로 열린 회로처럼 작동한다. 매우 높은 고주파수($\omega = \infty$)에서 커패시터는 제로 임피던스이므로 단락된 것처럼 작동한다.

예제 2.7에 설명한 것과 같이 앞에서 배운 Ohm의 법칙을 포함한 간단한 직류 회로 분석과 직렬과 병렬 조합, 전압분배, 전류분배의 결과는 교류 신호와 임피던스에 적용하면 된다. **인터넷 링크 2.8**은 AC 전기, 회로 분석 그리고 장비를 재검토할 수 있는 좋은 수단이다.

2.8 회로에 대한 모든 것: Vol.II－교류

전원이 여럿인 회로에서는 위상관계가 일정하기 위해 사인이나 코사인 중 하나의 형태로 표현하는 것이 중요하다. 이때 다음의 삼각함수가 유용하게 쓰인다.

$$\sin(\omega t + \phi) = \cos(\omega t + \phi - \pi/2) \tag{2.61}$$

$$\cos(\omega t + \phi) = \sin(\omega t + \phi + \pi/2) \tag{2.62}$$

예제 2.7 **교류회로 해석**

다음은 교류회로 해석의 예이다. 목적은 다음 회로에서 커패시터에 흐르는 정상상태 전류 I를 구하는 것이다.

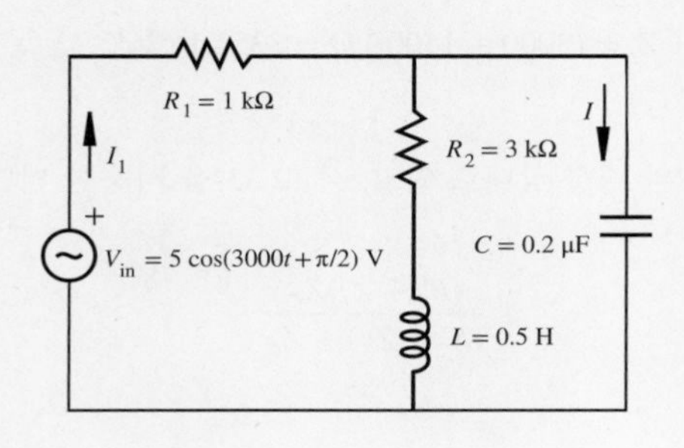

입력전압원은

$$V_{\text{in}} = 5\ \cos\left(3000t + \frac{\pi}{2}\right)\ \text{V}$$

이므로 회로의 각 소자는 라디안 주파수

$$\omega = 3000\ \text{rad/sec}$$

으로 응답한다. 전압원의 크기는 5 V이고 위상은 cos(3000t)에 대해 $\pi/2$이기 때문에 페이저와 복소수 형태는

$$V_{\text{in}} = 5\langle 90°\rangle\ V = (0 + 5\text{j})\ \text{V}$$

커패시터 임피던스의 복소수 페이저 형태는

$$Z_C = -\text{j}/\omega C = -1666.67\text{j}\ \Omega = 1666.67\langle -90°\rangle\ \Omega$$

인덕터 임피던스의 복소수 형태는

$$Z_L = \text{j}\omega L = 1500\text{j}\ \Omega = 1500\langle 90°\rangle\ \Omega$$

커패시터를 통하는 전류(I)를 알기 위해 우선 회로 전체를 흐르는 전류(I_1)를 알아낸 후에 전류분배에 규칙을 적용해 볼 수 있다. 전체회로 임피던스를 구하기 위해 R_2와 L이 있는 중간가지 회로의 임피던스 값이 필요하다.

저항 R_2와 인덕터 L은 직렬연결이다. 이 두 개의 직사각형과 페이저 형태에서 식 (2.47)과 (2.48)을 이용한 결합 임피던스는

$$R_2 + Z_L = (3000 + 1500\text{j})\ \Omega = 3354.1\ \langle 26.57°\rangle\ \Omega$$

이 임피던스는 커패시터 C와 병렬 상태로 있고, 식 (2.33)을 사용한 병렬조합의 결합 임피던스는

$$\frac{(R_2 + Z_L)Z_C}{(R_2 + Z_L) + Z_C}$$

이 표현에서의 분자에 식 (2.52)를 이용하여 계산할 수 있다.

$$(R_2 + Z_L)Z_C = 3354.1 \langle 26.57° \rangle \cdot 1666.67 \langle -90° \rangle \ \Omega = 5{,}590{,}180 \langle -63.43° \rangle \ \Omega$$

그 분모는 식 (2.51)을 이용하여 찾을 수 있다.

$$(R_2 + Z_L) + Z_C = [(3000 + 1500j) - 1666.67j] \ \Omega = (3000 - 166.67j) \ \Omega$$

식 (2.47)과 (2.48)을 이용하여 분자와 분리되어 실행되기를 요구하는 이 임피던스의 페이저 형태는

$$(R_2 + Z_L) + Z_C = (3000 - 166.67j) \ \Omega = 3004.63 \langle -3.18° \rangle \ \Omega$$

따라서 식 (2.53)을 사용한 $(R_2 + Z_L)$와 Z_C의 병렬 조합은

$$\frac{(R_2 + Z_L)Z_C}{(R_2 + Z_L) + Z_C} = \frac{5{,}590{,}180 \langle -63.43° \rangle}{3004.63 \langle -3.18° \rangle} \ \Omega = 1860.52 \langle -60.25° \rangle \ \Omega$$

식 (2.49)와 (2.50)을 사용한 이 임피던스의 직사각형 형태는

$$\frac{(R_2 + Z_L)Z_C}{(R_2 + Z_L) + Z_C} = 1860.52 \langle -60.25° \rangle \ \Omega = (923.22 - 1615.30j) \ \Omega$$

이 임피던스는 R_1과 직렬연결이다. 그래서 회로 전체의 등가 임피던스는

$$Z_{eq} = R_1 + \frac{(R_2 + Z_L)Z_C}{(R_2 + Z_L) + Z_C} = 1000 + (923.22 - 1615.30j) \ \Omega = 1923.22 - 1615.30j \ \Omega$$

식 (2.47)과 (2.48)로부터 결과적으로 페이저 형태는

$$Z_{eq} = (1923.22 - 1615.30j) \ \Omega = 2511.57 \langle -40.03° \rangle \ \Omega$$

Ohm의 법칙으로부터 I_1을 찾는다.

$$I_1 = \frac{V_{in}}{Z_{eq}} = \frac{5 \langle 90° \rangle}{2511.57 \langle -40.03° \rangle} = 1.991 \langle 130.03° \rangle \text{ mA}$$

전류분배 법칙을 사용하여 I를 구한다.

$$I = \frac{(R_2 + Z_L)}{(R_2 + Z_L) + Z_C} I_1 = \frac{3354.1 \langle 26.57° \rangle}{3004.63 \langle -3.18° \rangle} 1.991 \langle 130.03° \rangle \text{ mA}$$

즉, 식 (2.52)와 (2.53)에 따라

$$I = 2.22 \langle 159.8° \rangle \text{ mA}$$

따라서 커패시터 전류는 입력전압을 159.8° 또는 2.789 rad만큼 앞서게 되고, 결과적인 전류는

$$I(t) = 2.22 \cos(3000t + 2.789) \text{ mA}$$

MATLAB® examples

2.1 교류회로 해석

이 된다. 입력전압이 $V_{in} = 5 \sin(3000t + \pi/2)$ V였다면 결과적인 전류는 $I(t) = 2.22 \sin(3000t + 2.789)$ mA가 될 것이다. 그러나 이 예제에서 사용한 기준전압은 $\cos(3000t)$이다.

비디오 데모

2.10 Mathcad 분석 소프트웨어 데모

MATLAB® examples 2.1은 위 과정을 모두 소프트웨어로 수행한다. 페이저는 극좌표나 직교좌표 형태로 입력, 표시되며 모든 계산은 편리하게 수행될 수 있도록 되어 있다. 만약 Mathcad에 익숙하지 않다면 소프트웨어 사용법과 성능을 자세히 설명하는 비디오 데모 2.10을 참고하자.

2.7 전기회로에서의 전력

모든 회로 요소는 전하와 전자기장의 물리적 상호관계를 통해 전력을 소비하거나 저장하거나 운반한다. 전력(power)의 표현은 미소 전하(dq)가 전압 V의 전위차에 의해 생성되는 전기장을 통과할 때 일어난 미소일(dW)을 이용하여 나타낼 수 있다. 미소일(infinitesimal work)은 다음과 같이 표현될 수 있다.

$$dW = V dq \tag{2.63}$$

전력(power)은 단위시간당 행해진 일의 비이므로 다음과 같이 정리할 수 있다.

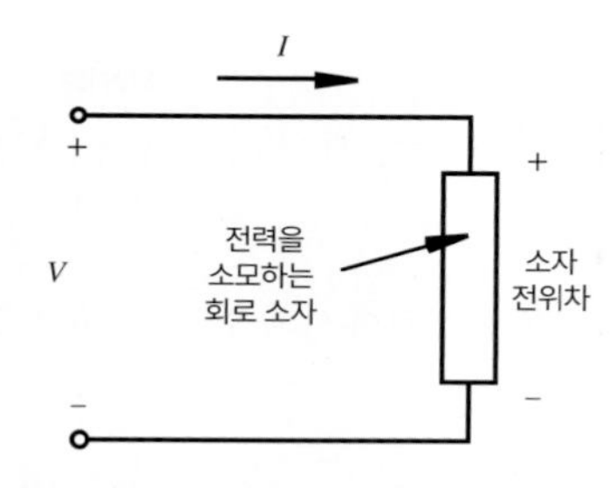

그림 2.31 회로 소자의 전력

$$P = \frac{\mathrm{d}W}{\mathrm{d}t} = V\frac{\mathrm{d}q}{\mathrm{d}t} = VI \tag{2.64}$$

그러므로 소자에 의해 소비되거나 생성되는 전력은 단순히 소자에 흐르는 전류와 전압의 곱이다. 만약 그림 2.31에 나타난 것처럼 전류가 전압이 증가하는 방향으로 흐른다면 P는 음수가 되고, 에너지를 소비하거나 저장하는 것을 의미한다. 만약 전류가 전압이 증가하는 방향으로 흐른다면 P는 양수가 되고, 에너지를 생성하거나 방출하는 것을 의미한다. 저항회로에서 순간전력은 다음과 같이 표현될 수 있다.

$$P = VI = I^2R = V^2/R \tag{2.65}$$

교류회로에서는 $V = V_m \sin(\omega t + \phi_V)$이고 $I = I_m \sin(\omega t + \phi_I)$이므로 전력은 교류파형의 한 주기 동안 계속 바뀐다. 순간전력은 그 자체로는 유용한 의미를 부여하지 않지만 한 주기 동안에 전달되는 평균전력을 고려하면 회로나 소자의 전체 전력의 특성을 측정하는 좋은 지표가 된다. 한 주기 동안 평균전력은 다음과 같이 표현된다(연습문제 2.46).

$$P_{\mathrm{avg}} = \frac{V_m I_m}{2}\cos(\theta) \tag{2.66}$$

θ는 전압과 전류 위상각의 차이($\phi_V - \phi_I$)이며 복소수 임피던스 $Z = V/I$의 위상각이다.

만약 다음과 같이 정의된 전압과 전류의 rms 또는 **제곱평균제곱근**(root-mean-square)을 사용하면

$$I_{\text{rms}} = \sqrt{\frac{1}{T}\int_0^T I^2\,dt} = \frac{I_m}{\sqrt{2}} \text{ 과 } V_{\text{rms}} = \sqrt{\frac{1}{T}\int_0^T V^2\,dt} = \frac{V_m}{\sqrt{2}} \tag{2.67}$$

저항에 의해 소비된 평균전력은 직류 회로에서와 같은 형태로 표현된다(연습문제 2.49 참조).

$$P_{\text{avg}} = V_{\text{rms}}I_{\text{rms}} = RI_{\text{rms}}^2 = V_{\text{rms}}^2/R \tag{2.68}$$

수업토론주제 2.8 전송라인 손실

전력이 먼 거리에 있는 발전소로부터 전달될 때 고전압선이 사용된다. 변압기(2.8절 참조)는 전송 전과 후의 전압 레벨을 변화시키기 위해 사용된다. 전류는 고전압에서 낮기 때문에 식 (2.65)의 I^2R에 따르면 전송하는 동안에 적은 전력손실이 일어나게 된다. 그러나 식 (2.65)의 마지막 식인 V^2/R은 고전압일수록 전력손실이 더 큰 것처럼 보인다. 모순처럼 보이는 이 현상을 설명하라.

수업토론주제 2.9 국제 교류전류

유럽에서의 가정용 교류 신호는 50 Hz, 220 V_{rms}이다. 미국에서 구입한 전기면도기를 파워어댑터 없이 유럽에서 사용한다면 어떤 영향을 미치게 되는가?

저항과 함께 인덕턴스나 커패시턴스가 있는 교류회로에서 소비되는 평균전력은 식 (2.66)과 (2.67)을 사용하여 다음과 같이 표현될 수 있다.

$$P_{\text{avg}} = I_{\text{rms}}V_{\text{rms}}\cos\theta = I_{\text{rms}}^2|Z|\cos\theta = (V_{\text{rms}}^2/|Z|)\cos\theta \tag{2.69}$$

$|Z|$는 복소수 임피던스의 크기이다. $\cos\theta$는 회로에서 소비된 평균전력에 관계되므로 **전력인자**(power factor)라 한다.

수업토론주제 2.10 교류 전류 파형

가정집 벽에 있는 콘센트에서 교류 전압 파형의 한 주기를 나타내는 그림을 그려보라. 전압의 진폭, 주파수, 주기, rms 값은 얼마인가? 또한 가정 내 회로의 rms 전류 용량은 얼마인지 살펴보자.

2.8 변압기

변압기(transformer)는 교류회로에서 전압과 전류의 상대적 크기를 바꾸기 위해 사용되는 장치이다. 그림 2.32에서 보여진 것처럼 강자성체 코어를 통해 자속이 서로 연결되어 있는 1차와 2차 권선으로 구성되어 있다.

비디오 데모 2.11은 라미네이트 코어를 갖는 셸타입 변압기에 대한 예를 보여준다.

비디오 데모

2.11 라미네이트 코어형 변압기

Faraday 유도 법칙을 사용하되 자기손실은 무시하고, 1차와 2차 권선의 감긴 수가 같은 조건이라면, 각 권선은 같은 자속을 받으므로 같은 전압이 유도된다. 즉 1차와 2차 전압(V_P와 V_S)의 관계는 다음과 같다.

$$\frac{V_P}{N_P} = \frac{V_S}{N_S} = -\frac{\mathrm{d}\phi}{\mathrm{d}t} \tag{2.70}$$

여기서 N_P는 1차 권선의 감긴 수이고 N_S는 2차 권선의 감긴 수, ϕ는 두 코일 사이에 연결된 자속이다. 그러므로 2차 전압은 1차 전압과 다음의 관계가 있다.

$$V_S = \frac{N_S}{N_P} V_P \tag{2.71}$$

여기서 N_S/N_P는 변압기의 권선비이다. 만약 $N_S > N_P$이면 전압이 증가하므로 변압기는 **승압변압기**(step-up transformer)라 한다. 만약 $N_S < N_P$이면 **강압변압기**(step-down transformer)라 한다. 만약 $N_S = N_P$이면 **절연변압기**(isolation transformer)라 하고 출력전압은 입력전압과 같다. 변압기는 입력 회로로부터 출력 회로를 전기적으로 분리시킨다.

변압기에서 권선저항과 자기손실에 의한 손실을 무시하면 1차와 2차 회로에서의 전력은 같다.

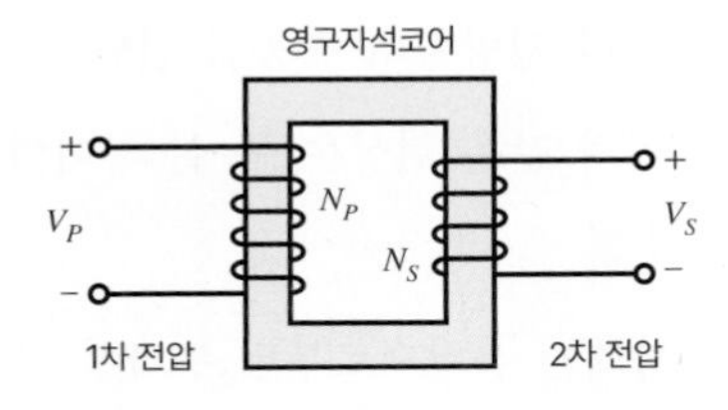

그림 2.32 변압기

$$I_P V_P = I_S V_S \tag{2.72}$$

식 (2.71)을 대입하면 2차와 1차 전류 사이에 다음 관계를 얻는다.

$$I_S = \frac{N_P}{N_S} I_P \tag{2.73}$$

그러므로 승압변압기는 2차 권선에서 낮은 전류가 유도되고, 강압변압기는 높은 전류가 유도된다. 절연변압기는 1차와 2차에서 같은 교류전류를 갖는다. 1차 변압기에서의 전류나 전압의 직류 성분은 2차에 나타나지 않고, 단지 교류만이 변압됨에 주의해야 한다.

수업토론주제 2.11 직류변압기

변압기가 직류 회로의 전압을 증가시킬 수 있는가? 그 이유를 설명하라.

2.9 임피던스 매칭

종종 서로 다른 장치나 회로를 연결할 때 조심해야 한다. 예를 들면 함수발생기로 회로를 구동할 때 그림 2.33에 나타낸 것처럼 적당한 **신호말단처리**(signal termination) 또는 부하(load)가 필요하다. 그림 2.33과 같이 높은 임피던스 네트워크와 병렬로 50 Ω의 단말 저항을 연결하여 입력임피던스와 출력임피던스가 매칭되도록 할 수 있다. 이것을 **임피던스 매칭**(impedance matching) 혹은 임피던스 정합이라 한다. 임피던스 매칭이 이루어지지 않으면 높은 임피던스 네트워크는 구동 회로(예: 함수발생기)의 주파수 성분, 특히 고주파 성분을 반향시키게 된다. 이러한 현상을 설명할 수 있는 유사한 좋은 예는 굵은 실(string)에 연결된 가는 실이다. 그림 2.34에 도시된 것처럼 가는 실을 따라 횡방향의 진동이 전달될 때 일부는 굵은 실로 전달되고 일부는 구동부로 반향될 것이다. 이와 같은 현상은 두 실 사이의 물성의 부정합(mismatch)에 의해 초래된다.

임피던스 매칭이 중요한 응용 사례는 전원으로부터 부하에 전력을 최대로 전달하려 할 때이다. 이러한 현상은 그림 2.35에 보여진 전압원이 V_s이고 전원 출력임피던스가 R_s, 그리고 부하

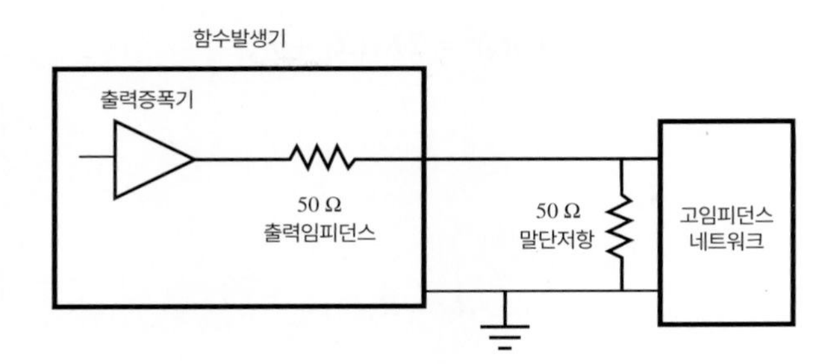

그림 2.33 신호말단처리

저항이 R_L인 간단한 저항회로에서 증명될 수 있다. 부하에 걸리는 전압은 전압배분에 의해

$$V_L = \frac{R_L}{R_L + R_S} V_S \tag{2.74}$$

그러므로 부하에 전달된 전력은

$$P_L = \frac{V_L^2}{R_L} = \frac{R_L}{(R_L + R_S)^2} V_S^2 \tag{2.75}$$

전력을 최대로 하는 부하 저항값을 찾기 위해 전력의 미분을 0으로 놓고 부하 저항에 대해 풀면

$$\frac{\mathrm{d}P_L}{\mathrm{d}R_L} = V_S^2 \frac{(R_L + R_S)^2 - 2R_L(R_L + R_S)}{(R_L + R_S)^4} = 0 \tag{2.76}$$

미분값은 분자가 0일 때만 0이 되므로,

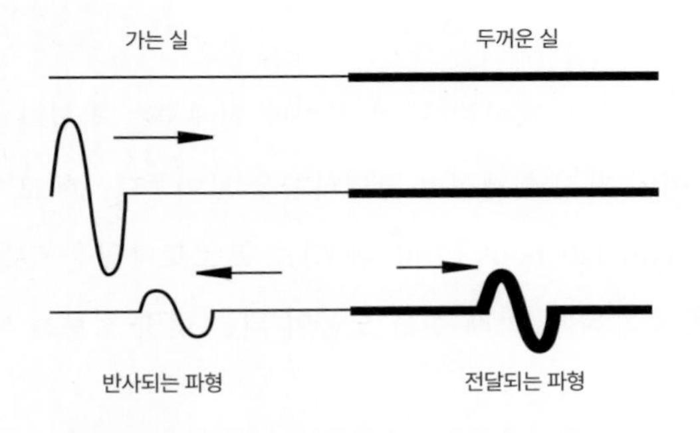

그림 2.34 임피던스 정합: 실을 이용한 비유 설명

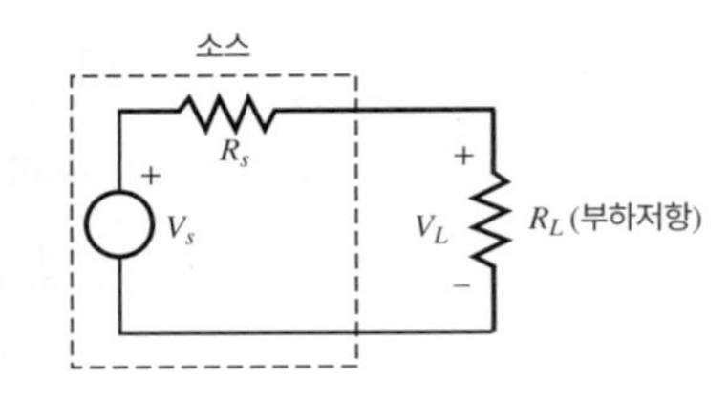

그림 2.35 임피던스 매칭

$$(R_L + R_S)^2 = 2R_L(R_L + R_S) \tag{2.77}$$

R_L에 대해 풀면

$$R_L = R_S \tag{2.78}$$

전력의 2차 미분을 통해 이 값은 최소값이 아니라 최대값을 얻는 조건이라는 것을 증명할 수 있다. 이 분석 결과는 부하에 전력의 전송을 최대로 하기 위해서는 부하의 임피던스가 전원의 임피던스와 매칭(정합)을 이루어야 한다는 것이다.

수업토론주제 2.12 오디오 스테레오 앰프(증폭기)의 임피던스

왜 오디오 스피커를 선택하는 데 스테레오 앰프의 출력임피던스가 중요한가?

수업토론주제 2.13 전기 소자의 일반적인 활용

다음 전기 소자가 어디에 그리고 어떻게 사용되는지 경험을 바탕으로 특정 예를 들어보라.

- 배터리
- 저항
- 커패시터
- 인덕터
- 전압 배분기
- 변압기

2.10 실제적인 고려사항

이 장은 기본 전기회로 기초와 이론에 대한 모든 것을 보여준다. 이 마지막 절에서는 적합하게 기능을 하는 실제 회로를 제작할 때 겪게 될 여러 가지 실제적인 고려사항을 보여준다. 본 교재와 연계된 실습교재(mechatronics.colostate.edu/lab_book.html 참조)는 프로토타입을 만들고 계측하는 능력 계발을 위한 유용한 실습을 소개하며, 아래 절은 도움이 되는 몇몇 정보를 제공한다.

2.10.1 커패시터 정보

2.2.1절을 공부했기 때문에 분리된 저항 성분으로부터 저항값을 결정하는 것은 매우 쉽다. 하나의 표에서 색의 값을 찾는 것은 간단한 문제이다. 불행하게도, 저항과 달리 커패시터의 레이블 표기방법은 간단하지 않다.

커패시터는 때때로 'cap'이라고 언급된다. 큰 커패시터는 대개 지정된 극성과 함께 회로에 부착되는 전해질 타입이다. 큰 커패시터는 패키징된 사이즈가 크기 때문에 제조업체는 보통 패키징 표면에 정확한 값을 단위와 함께 인쇄한다. 주의해야 할 유일한 점은 대문자 M이다. 이것은 종종 메가(mega)가 아니라 마이크로(micro)를 나타내기 위해 사용된다. 예를 들어, "+500 MF"라고 표시된 전해질 커패시터는 500 μF의 크기를 갖는 커패시터를 나타낸다.

전해 커패시터의 극성에 주의하는 것은 매우 중요하다. 커패시터의 내부 구조는 대칭적이지 않고, 만약 전극에 잘못된 극성을 적용시킨다면 커패시터를 망가뜨릴 수도 있다. +로 표시된 전극은 다른 쪽 전극보다 전압이 높다. 때때로 이 규칙을 어기는 것은 커패시터를 폭발시킬 수 있는 내부가스를 발생시킬 수도 있다. 부적합한 극성 또한 커패시터의 수명단축을 유발한다.

커패시턴스가 작아질수록 그 값을 결정하는 것은 더 어려워진다. 탄탈 커패시터는 은색 실린더이며 극성을 가진다. +표시와/또는 금속 니플(nipple)은 +극 연결을 알려준다. 예를 들어, +4R7m이라고 쓰인 라벨이 있을 때, 'R'이 소수점 자리를 표시한다는 것을 알고 명확히 이해하길 바란다. +4R7m은 4.7 mF(밀리패럿, millifarad) 캡이다. 동일한 캡은 또한 +475K로 불릴 수 있다. 아마 이것을 475 kilofarads이라고 생각할 것이지만 그렇지 않다. 여기서 'K'는 단위 접두사가 아니라 오차표시이다. 'K'는 ±10%를 의미한다(표 2.3 참조). 커패시터값은 일반적으로 꽤 작은 값의 패럿(Farad)을 갖는다. 그 값은 대개 마이크로패럿($\mu F = 10^{-6}$ F)에서 피코패럿($pF = 10^{-12}$ F) 범위에 있다. 탄탈 커패시터의 표기방법은 저항 코드 시스템을 모방했다: 475는 10의 5승 곱하기 47을 나타낸다. 그리고 단위 접두사 pF가 가정된다. 일반적으로, 캡의 숫자 값이 미소일 경우(예: 0.01), 그 단위 접두사는 거의 항상 마이크로(μ)일 것이다. 그리고 그 값이 큰 정수일 경우(예: 47×10^5) pF이 항상 적용될 것이다. 접두사 나노(nano, $n = 10^{-9}$)는 커패시턴스값에는 일반적으로 사용되지 않는다. 예제로 돌아와서, '475'가 표시된 탄탈 캡은 47×10^5 pF이 틀림없다. 이것은 4.7×10^6 pF이고, 4.7×10^{-6} F이거나 4.7 μF이다.

마일라커패시터는 대개 다소 명확하게 표시되는 노란 실린더이다. 예를 들어, '.01M'은 0.01 μF이다. 마일라 캡은 극성화되지 않았다. 그래서 회로에 임의적으로 방향을 설정할 수 있다. 그것은 금속박의 긴 코일(가느다란 유전체에 의해 분리된—그 이름을 알려주는 'mylar')로

표 2.3 커패시터와 저항의 허용치 코드

코드	의미
Z	+80%, −20% 커패시터, ±0.025% 정밀저항
M	±20%
K	±10%
J	±5%
G	±2%
F	±1%
D	±0.5%
C	±0.25%
B	±0.1%
N	±0.02%
A	±0.005%

만들어졌기 때문에, 마일라 캡은 캡을 통과시킬 거라 예상한 매우 높은 주파수를 막으면서, 코일의 인덕턴스가 아주 커지는 곳의 매우 높은 주파수에서 그 기능을 저버린다. 다음에 설명될 세라믹 캡은 다른 특성 면에선 매우 나쁨에도 불구하고 이러한 특성면에선 좋다.

세라믹 캡은 평평한 면과 라운드 모양(팬케이크와 같은)이며, 보통은 오렌지색이다. (코일이 감겨진 마일라와는 대조적으로) 그 모양과 구조 때문에, 심지어 높은 주파수에서도 커패시터와 같이 작동한다. 이것을 읽는 방법은 단위로서 잘못 해석될 표시는 무시하는 것이다. 예를 들어, "Z5U .02M 1 kV"가 표시된 세라믹 캡은 1 kV의 최대전압등급에 0.02 μF 캡이다. M은 허용점이며 이 경우는 ±20%이다.

CK05 캡은 도선에서 0.2인치 떨어진 채로 작은 상자모양을 하고 있다. 그래서 원형 또는 인쇄된 회로기판(PCB)에 쉽게 끼워 넣을 수 있다. 따라서 흔히 쓰이고 사용하기가 편하다. 위의 설명처럼, 하나의 예시로 101K는 100 pF(10×10^1 pF)이다.

종종 커패시터에 나타나는 허용치 코드가 표 2.3에 나열되어 있다. 이 코드는 인쇄된 라벨에서 저항과 커패시터 둘 다에 적용된다. 만약 저항일 경우 Z 허용치 코드는 매우 작은 허용치를 나타낸다. 그러나 커패시터일 경우 그 값은 매우 큰 허용치이다.

2.9 커패시터의 실제적 고려사항들

커패시터와 관련한 실제적 고려사항을 다루기 위한 더 많은 정보는 **인터넷 링크 2.9**에서 찾을 수 있다.

2.10.2 브레드보드와 시제품화 팁

브레드보드(breadboard)는 납땜(납용접) 없이도 회로가 연결되게 하여 시험회로를 쉽게 시험하고 변형시킬 수 있도록 도와주는 편리한 장치이며, 일명 '빵판'이라고도 불린다. 그림 2.36은 0.1인치 떨어뜨려 배치된 삽입점(삽입홀)이 사각행렬 모양으로 배치된 전형적인 브레드보드를 보여준다. 이 그림과 같이 도형에서 화살표에 의해 설명된 것처럼, a부터 세로로 e까지, 그리고 f부터 세로로 j까지는 내부로 연결되어 있다. 브레드보드 아래쪽과 위쪽 끝에 놓인 + 와 − 열도 내부적으로 연결되어 있다. 이것은 DC 전압과 접지 버스를 편리하게 사용하도록 하기 위한 것이다. 이 그림에서 설명한 것처럼, 집적회로(IC 또는 '칩')는 대개 한쪽 핀열은 e부터 a 사이의 세로행, 다른 쪽 핀열은 f부터 j 사이의 세로행에 놓이도록 e, f 틈에 걸쳐서 장착된다. 예로서 14-pin dual in-line package(DIP) IC의 장착위치가 표기되어 있다. IC가 틈에 걸쳐서 놓일 때 그 IC에 각각의 핀은 개별적으로 숫자가 표기된 열에 연결되어 있다. 이것은 IC핀으로부터 또는 핀으로 전선을 연결하기 쉽게 만들어준다. 이 그림은 또한 간단한 저항회로를 만드는 한 가지 예를 보여준다. 이 회로의 개략도는 그림 2.37에 나와 있다. 전압 V_1과 전류 I_3을 측정하는 기술은 2.10.3절에 설명되어 있다. 그림 2.38은 한 예를 보여주는데, 저항이 있는 유선 전기회로 기판, 집적회로, 푸시버튼 스위치에 관해서이다. 그러한 회로를 만들 때 전선을 잘 정돈해야 한다. 그래서 부품들을 하나의 잘 조직된 패턴을 염두에 두고 브레드보드상에서 구성한다. 이것은 연결 부분을 살펴보거나 나중에 있을 잠재적인 문제나 에러를 쉽게 찾을 수 있도록 해준다.

비디오 데모
2.12 브레드보드 구성
2.13 브레드보드 사용법 및 노하우 공유

비디오 데모 2.12는 브레드보드가 어떻게 구성되어 있는지 보여준다. 그리고 비디오 데모 2.13은 브레드보드 위에 어떤 식으로 적절하게 회로를 조립하는지에 대한 경험에 따른 법칙(rule of thumb) 및 노하우를 보여준다. 인터넷 링크 2.10은 디자인이 완성될 시기를 위해 브레드보드(납땜이 필요 없는 회로보드), 만능기판(납땜이 필요한 전기회로기판), 인쇄회로기판

2.10 시제품화 팁

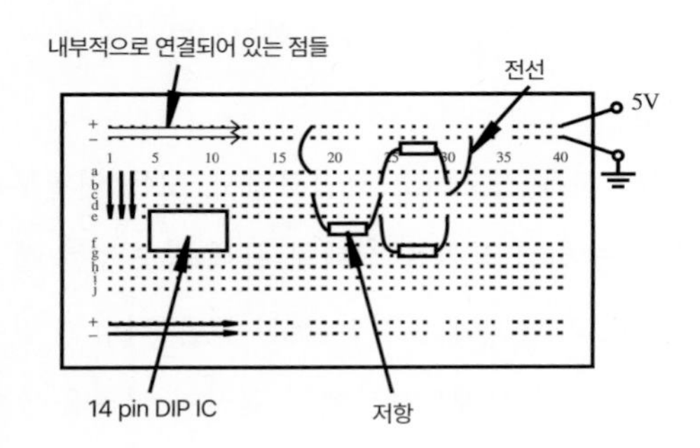

그림 2.36 브레드보드

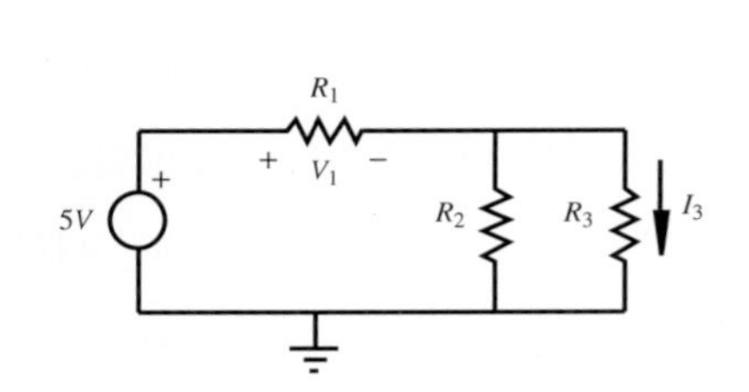

그림 2.37 저항회로 개략도의 예

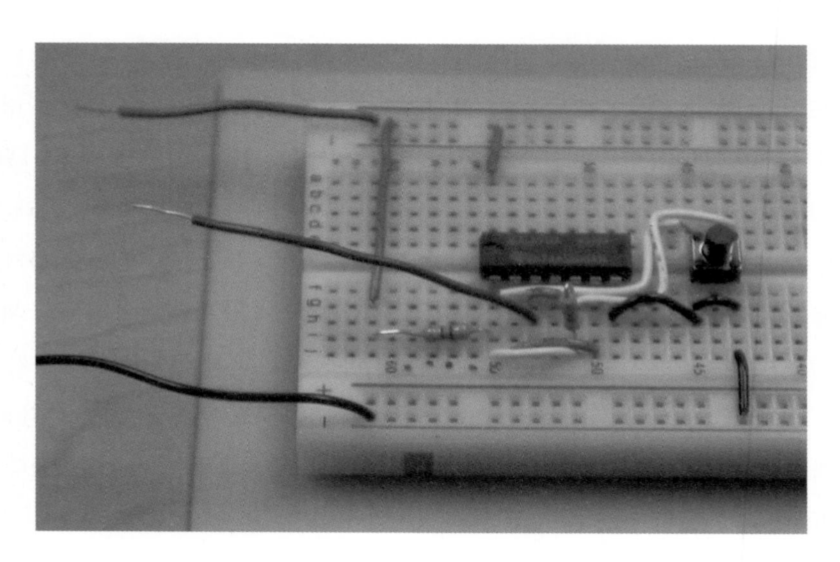

그림 2.38 회로기판에서 회로의 예
© David Alciatore

(PCB)과 함께 시제품화할 때 유용한 팁을 제공하는 훌륭한 수단이다.

아래 내용은 집적 회로를 포함한 회로 견본을 만들기 위해 브레드보드를 사용할 때 따라야 할 기본 지침이다. 일반적으로, 이 프로토콜을 세심하게 따른다면 많은 시간을 절약할 수 있으며, 실패에 의한 좌절도 줄일 수 있을 것이다.

a. 모든 부품, 입력, 출력 그리고 연결 부분이 모두 명확히 그려진 개략도를 가지고 시작한다.
b. 부품 핀에 관한 데이터시트로부터의 정보를 이용하여 상세한 배선 다이어그램을 그린다. 각 IC에 사용된 각각의 핀을 분류하고 번호를 매기고 각각의 부품을 명시한다. 이것이 배선 가이드가 되어줄 것이다.
c. 각각의 장치에서 시험해 보기 원하는 기능을 개별적으로 다시 한번 확인한다.
d. 브레드보드에 집적회로칩(IC)을 먼저 장착한다.
e. 각각의 전선을 끼워 넣을 때 개략도에 각각의 선을 강조하고 확인하면서, 모든 연결부분을 주의 깊게 배선한다. 의미 있고 일관성 있는 전선 색깔을 선택한다(예: +5 V는 빨간색, 접지에는 검은색, 신호에는 다른 색). 그리고 피복이 벗겨진 전선 끝은 적당한 길이(~1/4인치)를 사용한다. 만약 그 끝이 너무 짧으면 브레드보드에서 결선이 어려울 것이며 너무 길다면 브레드보드를 손상시키거나 '단락(short)'의 위험성이 있다. 또한 사용하

지 않는 부품(예: 저항, 커패시터)은 최대한 멀리 두어서 선이 브레드보드에 삽입되는 일이 없도록 한다. 이는 또한 전기회로기판 손상 또는 단락 문제를 일으킬 수 있다.

f. 브레드보드를 사용할 때에는 부드럽게 움직인다. 삽입홀에 전선을 억지로 넣거나 뽑을 경우 브레드보드가 손상될 수 있다. 그리고 손상된 홀이나 열은 복구가 어렵다. IC의 핀이 구부러지거나 부서지는 것을 방지하기 위해 전기회로기판으로부터 IC(칩)를 제거할 때에는 '칩추출기(chip puller)'를 사용한다.

g. 배선은 매우 깔끔하게 정돈되어 있어야 한다(즉, 엉클어진 머리카락처럼 하지 않아야 한다). 그리고 전자기 간섭(EMI)과 배선에 유발되는 저항, 인덕턴스, 커패시턴스 등이 최소화될 수 있도록 전선을 최대한 짧게 유지한다.

h. 브레드보드에 모든 부품이 잘 연결되고 배치되었는지 확인한다. 이는 PIC 마이크로컨트롤러와 같은 커다란 IC에는 특히나 중요하다.

i. 각 IC에 +5 V와 접지 연결 부분을 다시 한번 확인한다.

j. 전원공급장치를 연결하기 전에 출력을 +5 V로 조절하고 전원을 끈다.

k. 브레드보드에 전원공급장치를 연결한 후에 전원공급장치를 켠다.

l. 적절하게 작동하고 있는지 입력과 출력신호를 측정한다.

m. 만약 회로가 적절한 기능을 제공하지 않는다면, 위 항목들을 반대 순서로 거슬러서 하나하나 세심하게 확인한다.

n. 납땜된 만능기판 또는 PCB를 시제품화(prototyping)할 때에는 IC칩의 간편한 장착과 제거를 위해 칩소켓을 사용한다.

회로를 완성한 후 제작한 회로가 적절히 작동하지 않는 어려움을 겪는다면, 아래와 같은 방법에 따라 문제를 진단하고 해결할 수 있다.

a. 회로도와 비교하여 회로가 잘 연결되었는지 확인한다. 그림 2.36처럼 브레드보드 사용법이 올바른지도 확인한다.

b. 멀티미터를 사용하여 모든 결선이 연결되어 있는지 확인한다(비디오 데모 2.14 참조).

비디오 데모
2.14 전류 측정과 배선 연결 확인

c. 전원과 접지가 브레드보드에 제대로 결선되었는지, 브레드보드 내에서 전원과 접지를 점퍼선으로 제대로 연결했는지 확인한다.

d. 공통접지(common ground)를 제대로 연결했는지 확인한다(전원, 함수발생기, 멀티미터,

계측기 등 모든 장치 확인).

e. 전압원이 정상적인 전압 출력을 공급하고 있는지 멀티미터를 이용하여 직접 확인한다.

f. 회로의 다른 부분에서 예상한 수치의 전위(전압수준)를 보이는지 확인한다.

더 복잡한 회로에 대한 추가적인 문제해결방법(troubleshooting)을 다룰 텐데, 2.10.6절에서는 전자기파에 의한 간섭을 줄이는 법, 7.12.1절과 7.12.4절에서는 마이크로컨트롤러 프로젝트에서 소프트웨어와 회로를 디버깅하는 방법에 대해 서술한다.

2.10.3 전압 및 전류 측정

전압과 전류를 측정하는 법을 아는 것은 매우 중요하며, 특히 시제품을 만들 때 더 중요하다. 그림 2.39는 회로의 어떤 소자(예: 저항)의 양단에서 전극이나 저항 사이에서 어떻게 전압을 측정하는지를 설명한다. 전압을 측정하는 것은 전압계의 단자선을 측정하고자 하는 소자의 양단에 걸쳐놓기만 하면 되는 간단한 일이다. 그러나 그림 2.40과 같이 전극을 통해 전류를 측정하기 위해 전류계는 전극에 직렬로 연결되어야 한다. 이는 전류계를 회로 사이에 직렬로 끼워 넣어야 하므로 회로를 물리적으로 변경하는 것이 필요하다. 이 그림을 예로 들면, 저항 R_3를 관통하는 전류를 측정하기 위한 단자연결을 위해 전기 브레드보드상에서 R_3의 위쪽 리드선을 분리

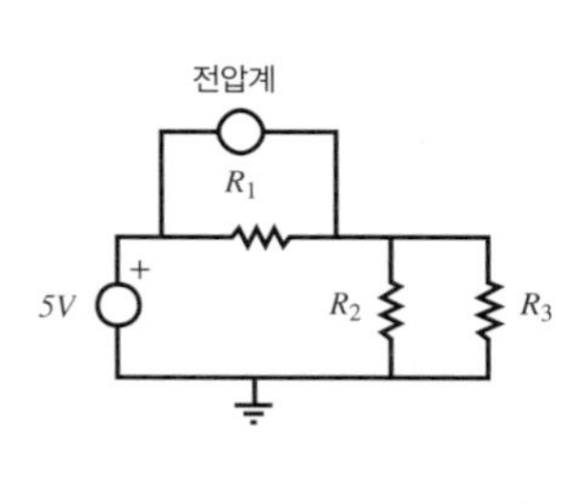

(a) 회로 개략도

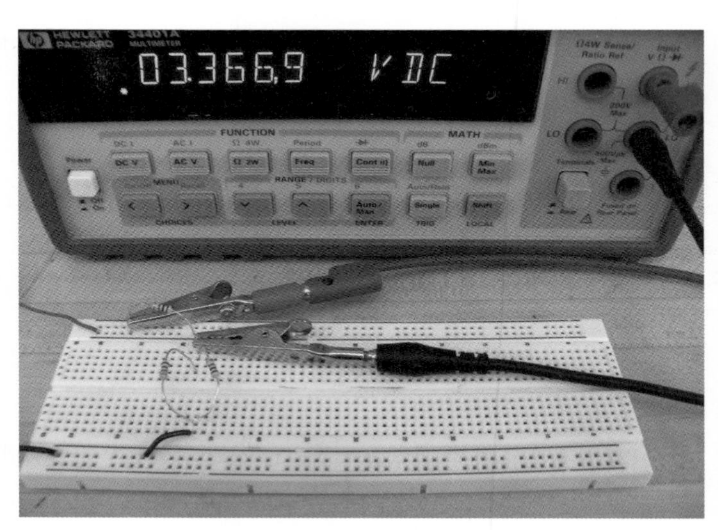

(b) 사진

그림 2.39 전압 측정

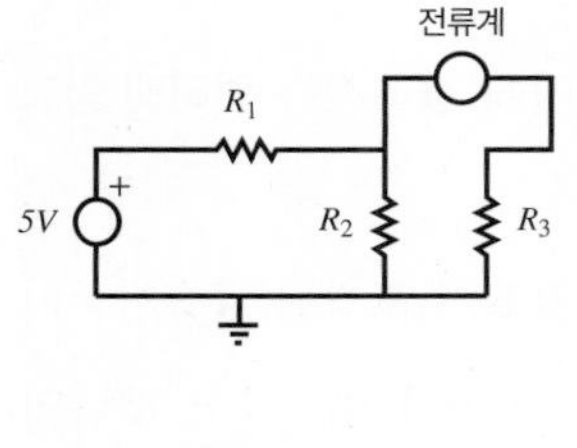

(a) 회로 개략도

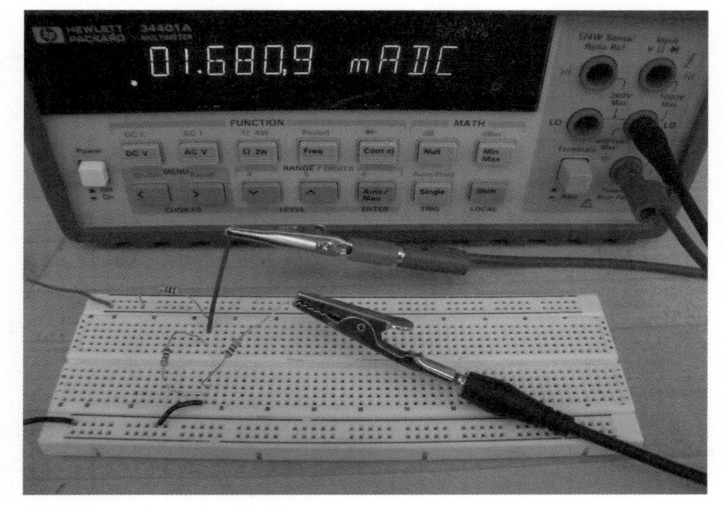

(b) 사진

그림 2.40 전류 측정
©David Alciatore

하고 그 사이에 전류계의 두 단자선을 연결하여 전류가 전류계를 통과하도록 한다. 이러한 회로를 다루는 기술은 비디오 데모 2.13을 참조할 수 있다. 이때 입력임피던스의 영향을 인지하는 것이 중요한데, 특히 큰 저항 양단의 전압을 측정하거나 작은 저항을 통하는 전류를 측정할 때 중요하다(2.4절 참조).

비디오 데모
2.13 브레드보드 사용법 및 노하우 공유

2.10.4 납땜(납용접)

브레드보드를 이용한 임시 회로의 시험 및 검증을 하고 나면, **프로토보드**(protoboard, 만능기판, perf board, perforated board, vector board 등)를 이용하여 소자를 납땜(납용접)하여 연결함으로써 영구적 프로토타입을 만들 수 있다. 이 회로기판은 브레드보드의 삽입점(insertion point)처럼 0.1인치 간격으로 직사각행렬을 이루어 홀이 배치되어 있다. 브레드보드와는 달리 회로기판에는 홀 사이에 미리 연결된 부분이 없다. 회로기판 위에 모든 연결 부분은 외부 전선과 납땜을 이용하여 완성한다. 이를 통해 시제품을 더 튼튼하고 안정되게 만들 수 있다.

생산용 회로 또는 같은 시제품용 회로의 다양한 형태를 위해 **PCB**(인쇄회로기판, printed circuit board)를 만든다. PCB 위의 구멍은 부품을 끼워 넣고 납땜할 수 있도록 만들어져 있으며, 부품 사이의 연결 부분은 금속과 같은 전도성 물질로 PCB 표면에 '인쇄'가 되어 있어 전

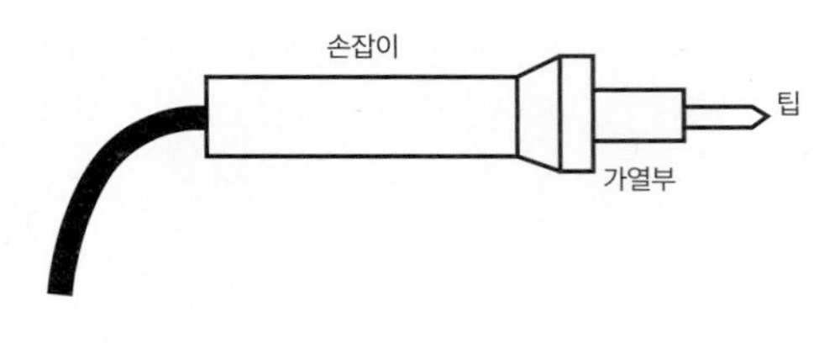

그림 2.41 납땜 인두

2.11 ExpressPCB 무료 PCB 설계 SW 및 경제적인 제작안내

2.12 PCB 자료

선 없이도 부품을 연결할 수 있다. PCB를 어떻게 설계하고 제작하는지에 관해서는 인터넷 링크 2.11과 2.12에서 상세한 정보를 얻을 수 있다.

땜납(solder)은 납, 주석 그리고 녹는점이 낮은(대략 375°F) 여러 물질이 포함된 금속합금이다. 땜납은 일반적으로 긴 선의 형태인데, 종종 플럭스(flux)와 함께 제공된다. 플럭스는 땜납이 기판 표면 위에서 잘 녹아서 부착될 수 있도록 도울 뿐 아니라 산화를 방지해 준다. 땜납은 가열되는 팁과 손잡이로 구성된 납땜 인두(그림 2.41 참조)를 사용하여 다룬다. 어떤 납땜 인두는 팁의 온도를 제어할 수 있는 가감저항기를 포함한 것도 있다. 납땜 인두를 사용할 때, 팁이 안전하게 놓여 있는지 꼭 확인해야 한다. 또한 가열한 후에 팁이 깨끗하고 윤기 나는 상태인지 확인하고, 필요하다면 젖은 스펀지나 금속 솜으로 닦아야 한다.

납땜을 할 때에는 아래 단계를 따르는 것이 도움이 될 것이다.

(1) 납땜을 하기 전에 필요한 모든 것이 준비되었는지 확인한다: 가열 납땜 인두, 땜납, 부품, 전선, 전기회로기판 또는 PCB, 팁청소패드와 확대경

(2) 연결하려고 하는 부위의 표면을 깨끗이 한다. 산화층과 오물을 제거하기 위해 사포, 철솜 또는 금속 붓을 사용할 수 있다. 그래야 땜납을 쉽게 표면에 녹여 붙일 수 있다. 중심축에 로진(송진)이 들어 있는 땜납을 이용할 경우 녹아 붙는 과정을 개선할 수 있다.

(3) 두 전선을 납땜을 이용하여 연결해야 하는 경우에는, 우선 전선을 구부리고 비틀어서 기계적으로 두 선이 먼저 연결되도록 한다. 연결이 잘되었다면, 인두를 대었을 때 연결 부위가 움직이지 않아야 한다. 그림 2.42는 두 선을 연결하여 납땜을 하기 전에 기계적으로 꼬아서 준비한 모습을 보여준다.

(4) 납땜을 이용하여 연결을 하기 위해 도선과 금속 표면을 가열하는 것은 필수이다. 강한 결합을 만들기 위해 적절하게 금속에 땜납을 녹여 붙여야 한다. 전자 부품을 납땜할 때에는 가열하는 연습을 하는 것이 꼭 필요하다. 오랫동안 가열하면 부품이 손상을 입을 수 있으

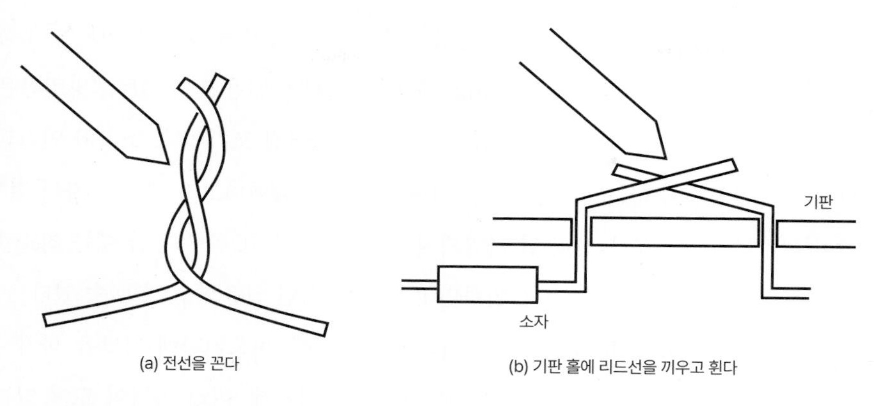

그림 2.42 납땜할 부분 준비

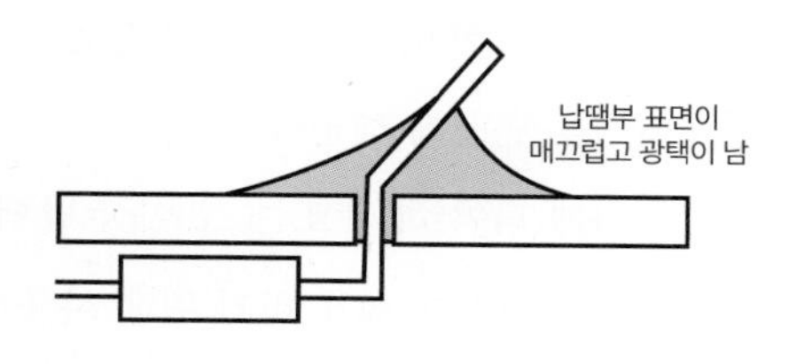

그림 2.43 성공적인 납땜 부분

므로 신속하게 납땜할 수 있어야 한다. 또한 뾰족한 팁을 가진 납땜 인두는 작은 전자 부품을 연결하는 데 편리하다. 뾰족한 팁은 국부적으로 열을 전달시킬 수 있기 때문이다.

(5) 표면이 가열된 순간 (납땜 인두가 아니라) 땜납을 작업 부위에 갖다 댄다. 이때 땜납이 녹아서 표면 위에 흐르듯 퍼져야 한다. 납땜이 허술하지 않고 튼튼하게 접합되도록 하려면 땜납을 충분히 녹여야 한다(만약 땜납이 제작품 위에서 공처럼 둥글게 맺힌다면 이는 인두의 열이 충분하지 않은 것이다). 부드럽게 인두를 떼어낸다. 그리고 접합부위가 순간적으로 굳도록 놔둔다. 땜납이 굳어갈 때 땜납의 표면질감의 근소한 변화를 볼 수 있는데, 만약 그 접합부위가 울퉁불퉁하고 색이 분명치 않다면 표면에 땜납이 충분히 묻혀지지 않은 상태에서 차갑게 식어버린 것이다. 그러한 접합은 신뢰성과 충분한 전도도를 가지지 못하므로 다시 납땜하여 교정해야 한다. 그림 2.43은 회로기판에 뚫려진 metal-rim-hole에 부품 리드선이 있는 상태로 납땜을 한 것인데, 땜납이 면의 양쪽으로 잘 퍼져서 성공적인 납땜이 되었음을 보여준다.

(6) 플럭스 용매제가 있으면 접합부를 깨끗이 닦아낸다.

(7) 접합 상태가 좋은지 확인하기 위해 확대경(돋보기)으로 제작품을 면밀히 살핀다.

우리는 종종 과열되어서는 안 되는 소형 부품이나 IC를 사용하게 되는데, 이때는 부품이 과열되는 것을 방지하기 위해 방열판(heat sink) 혹은 방열핀을 사용할 수 있다. 방열판은 소자와 전선을 연결하는 집게인 악어클립처럼 금속 소재로 만들어진 조각인데, 소자와 연결되어 소자에서 발생하는 열을 흡수하는 역할을 한다. 이때 방열판이 납땝하고자 하는 소자의 접합부에 너무 가까이 위치하면 접합부 도선이 잘 가열되지 않을 수 있다. IC를 사용할 때는 칩소켓을 먼저 회로기판에 납땜하고, 이후에 IC를 삽입하면 IC의 직접적인 열응력을 피할 수 있다.

훅업도선(hook-up wire, 피복이 있는 전선)을 사용할 때, 회로기판에 납땜을 하기 위해서는 전선이 꼬여 있지 않은(nonbraided) 단선을 사용해야 하는데, 여러 가닥이 꼬여 있는 연선보다는 단선이 다루기 쉽고 접합에도 유리하기 때문이다. 피복전선은 납땜을 하기 전에 피복(절연 커버)을 벗겨내야 한다. 또한 훅업도선을 납땜할 때 접합을 쉽게 하기 위해 도선의 끝부분에 납을 얇게 묻히는 것은 접합과정을 손쉽게 해준다.

가끔 부품을 부착하다가 실수를 하게 되어 하나 또는 그 이상 납땜된 부분을 제거해야 할 때가 있다. 납흡입기(solder sucker)는 납 제거를 쉽게 하기 위해 사용하는 도구이다. 납흡입기를 사용하기 위해서는(그림 2.44 참조) 납흡입기를 접합부에 대고, 납땜 인두를 이용하여 그 접합부를 가열한다. 가열 후 납이 녹으면 녹은 땜납을 없애기 위해 납흡입기로 빨아들인다. 그러면 그 소자를 고정시키고 있는 땜납이 아주 소량밖에 남지 않으므로 소자를 쉽게 제거할 수 있을 것이다.

인터넷 링크

2.13 전자공학 클럽 '납땜 가이드'

2.14 호기심 많은 발명가 — '납땜하는 방법'

비디오 데모

2.15 납땜법과 유의사항

어떻게 하면 납땜을 잘할 수 있는지에 관한 더 많은 조언과 정보는 **인터넷 링크 2.13**과 **2.14**에 나와 있다. **비디오 데모 2.15**도 훌륭한 자료이다.

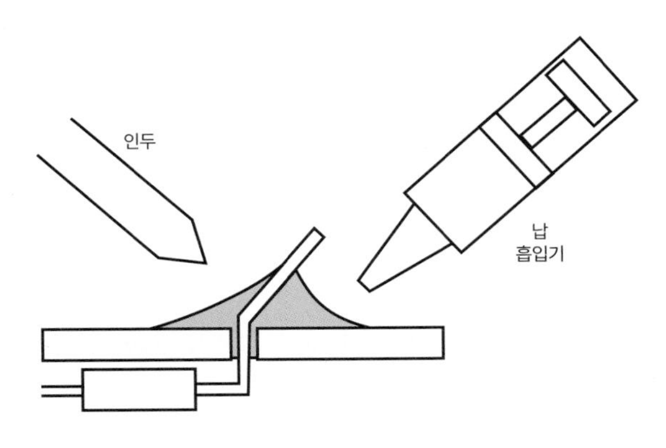

그림 2.44 납땜 부분 제거

2.10.5 오실로스코프

오실로스코프(oscilloscope, 또는 짧게 o-scope)는 가장 널리 사용되는 전기장비이면서 동시에 가장 잘못 이해되고 있는 장비 중 하나이다. 실습문제 Lab 3은 오실로스코프에 익숙해지기 위한 입력 연결, 접지, 결합(coupling) 그리고 트리거링(triggering)을 연습한다. 비디오 데모 2.9는 전형적인 오실로스코프 기능을 시연하고, 이 절에서는 중요도가 있는 오실로스코프의 개념에 관한 정보를 제공한다.

Lab 3 오실로스코프

2.9 Tektronix 2215 아날로그 스코프를 사용한 오실로스코프 시연

대부분의 오실로스코프는 오실로스코프 입력증폭기 신호를 AC 또는 DC 커플링 중 선택하는 스위치가 있다. AC 커플링을 선택했을 때 입력신호의 DC 성분은 입력 단자와 증폭기 사이에 연결된 오실로스코프의 내부 커패시터에 의해 차단된다. AC와 DC 커플링 구성 두 가지 방법 모두 그림 2.45에 설명되어 있다. R_{in}은 입력임피던스(저항)이고, C_{in}은 입력 커패시턴스이다. C_c는 커플링 커패시턴스이고 이것은 오직 AC 커플링을 선택할 경우에만 존재한다.

AC 커플링(AC coupling)은 신호의 DC 성분을 차단할 때 선택되는 방식이다. AC 커플링이 중요하게 사용되는 예는 5 V 디지털 전압이 제공되는 상황에서 AC 스파이크가 튀거나 일시적인 신호 변화가 발생하는 경우이다. AC 커플링을 사용할 경우 다음을 명심해야 한다.

- 접지를 기준으로 한 어떤 DC 레벨의 존재도 인지되지 않는다.
- 신호의 저주파성분이 감쇠된다.
- 오실로스코프가 DC 커플링에서 AC 커플링으로 바뀔 때 디스플레이가 안정화되는 데까지 약간의 시간이 걸린다. 이것은 신호의 DC 성분값(평균값)에 이르기 위해 커플링 커패

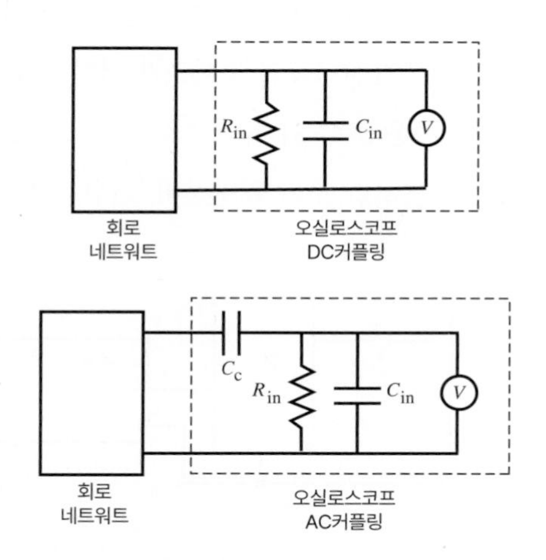

그림 2.45 오실로스코프 커플링

시터 C_c를 충전하는 데 시간이 필요하기 때문이다.

- 오실로스코프의 성능은 충전 및 방전시간을 의미하는 입력 시상수($\tau = R_{in}C_c$, 4장 참조)로 정의되기도 하는데, 이는 매우 유용하다. 왜냐하면 대략 5배 시상수(5τ) 후에 오실로스코프의 신호는 안정되게 출력되기 때문이다.

AC 커플링은 주파수와 함수관계에 있는 커플링 커패시터에 의한 임피던스를 고려하여 설명할 수 있다: $Z_C = 1/(j\omega C)$. DC 전압($\omega = 0$)에서 커패시터의 임피던스는 무한대이므로 입력 중 모든 DC 전압성분은 커패시터에 의해 차단된다. AC 신호의 경우 그 임피던스는 무한하지 않고 주파수에 따라 입력신호가 감쇠된다. 입력 주파수가 증가함에 따라 임피던스는 0에 가까워지므로 입력신호의 감쇠도 0으로 감소하게 된다.

오실로스코프를 사용할 때 또 하나의 중요한 개념이 **트리거링**(triggering)인데, 이는 오실로스코프의 화면에 단위신호를 잘 디스플레이하기 위해 필요하다. 트리거는 신호가 디스플레이 화면을 가로지르며 파형이 지나가도록 하는 하나의 이벤트이다. 만약 측정된 신호가 주기적이고 트리거가 각각의 지나가는 출력파형(sweep)마다 일정하게 유지된다면 그 신호는 아주 바람직하게도 화면상에 멈춰 있는 것처럼 안정된 신호로 보일 것이다. 트리거는 두 가지 방법이 있는데, 레벨트리거(level trigger)를 할 경우에는 신호가 설정한 전압 레벨에 다다랐을 때부터 파형이 시작되고, 슬로프트리거(slope trigger) 모드일 경우에는 신호의 변화하는 기울기가 설정한 기울기에 다다른 순간부터 파형을 화면에 출력한다. 또 다른 방법인 라인트리거(line trigger)는 출력파형을 동기화하기 위해 AC 입력을 사용한다. 즉, 라인트리거는 전선을 타고 흐르는 하나 또는 복수의 60 Hz 신호와 동기화된 신호를 트리거링한다. 예를 들어 전원 등 배선과 관련된 다양한 원인에 의해 발생한 60 Hz의 노이즈가 어떤 신호에 중첩되었을 때 이를 감지하는 데 라인트리거가 유용하게 사용될 수 있다.

일반적으로 그림 2.46에 보여진 것처럼 모든 측정장비, 전원공급 그리고 회로의 신호소스는

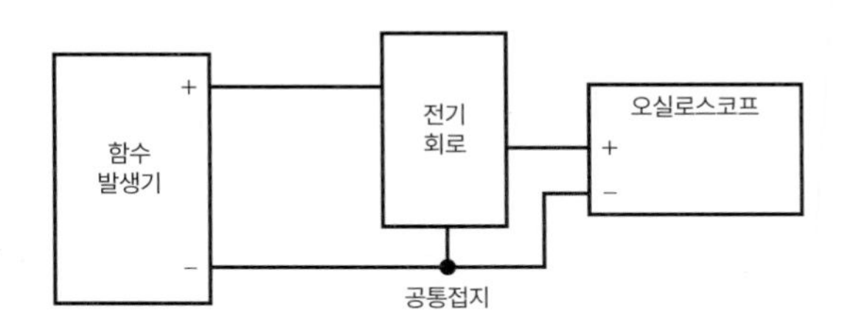

그림 2.46 공통접지 연결

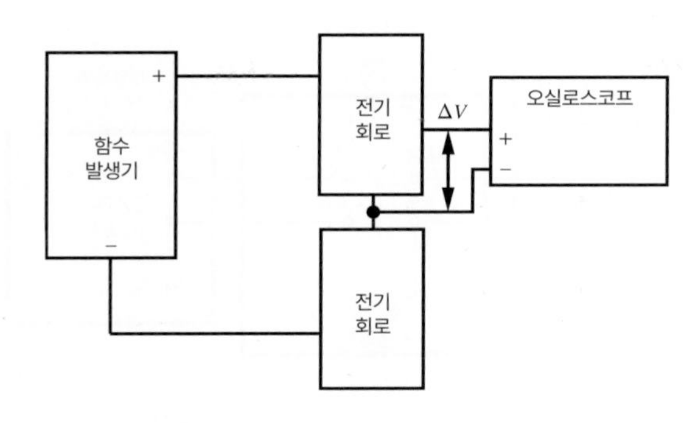

그림 2.47 상대접지 연결

공통접지(common ground)를 기준으로 삼는다. 하지만 차이의 전압 ΔV를 측정하기 위해서는 그림 2.47에 보여진 것처럼 오실로스코프에 연결하는 것이 정확한 방법이다. 회로 어딘가에 있을 잠재적 차이를 측정할 때 오실로스코프 신호접지와 외부 네트워크 접지가 공통이 아니라는 것을 명심한다. 그러나 어떤 오실로스코프에서는 각 채널의 '−' 신호 기준은 섀시접지(chassis ground)에 붙게 된다. 이것은 AC line 접지에 붙게 된다. 그러므로 전압의 차이를 측정하기 위해서는 측정을 위한 각 채널의 '+' 리드선을 사용하면서 두 채널 신호차이특징 기능(two-channel signal difference feature)을 사용해야 한다. DC 회로를 위한 대안은 접지에 대해 각 노드에서 별개로 전압을 측정하고 나서 읽은 두 전압을 빼주는 것이다.

오실로스코프의 입력임피던스는 일반적으로 1 MΩ 범위에 있다. 이는 꽤 큰 값이다. 그러나 2.4절에 설명된 것처럼, 입력임피던스와 동등하거나 더 큰 값의 임피던스를 가지는 소자들 사이에서의 전압강하를 측정할 때에는 심각한 에러를 초래할 수 있다. 이 문제를 피하기 위한 하나의 접근법은 감쇠기 프로브를 사용하면서 오실로스코프의 입력임피던스를 증가시키는 것이다. 감쇠기 프로브는 몇몇 알려진 요인에 의해 입력임피던스를 증가시킨다. 같은 요인에 의한 입력신호에 진폭을 감소시키는 같은 시간에서 그렇다. 이와 같이 10x 프로브는 10의 인수에 의해 오실로스코프의 입력임피던스의 크기가 증가할 것이다. 하지만 디스플레이되는 전압은 실제 단자 전압 진폭의 1/10일 것이다. 대부분의 오실로스코프는 10x 프로브를 사용하는 경우를 가정하여 계측 범위를 조절하는 기능을 제공한다.

2.10.6 접지와 전기간섭

회로나 시스템에서 사용되는 모든 계측기나 전원 중에서 공통전압기준을 정의하는 공통접지를

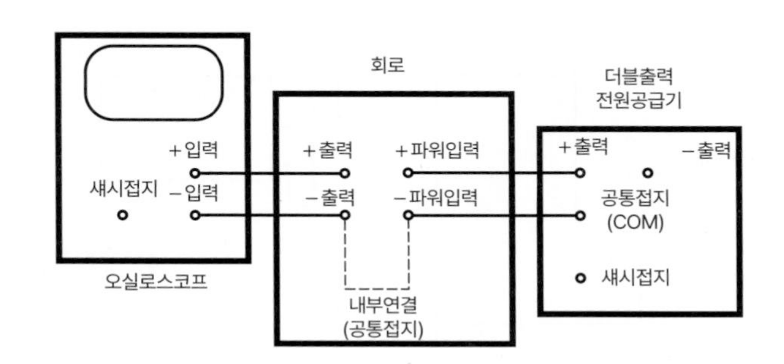

그림 2.48 공통접지

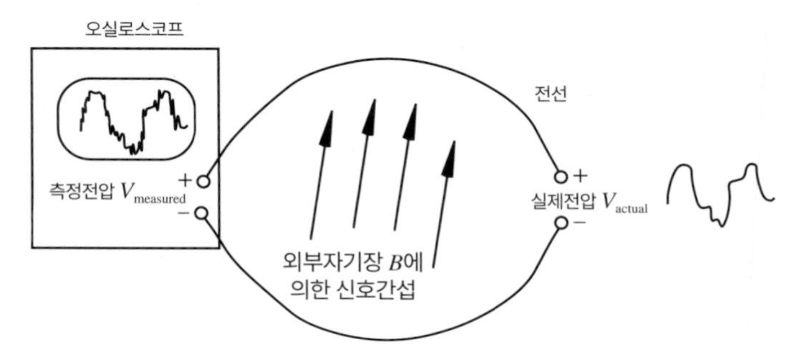

그림 2.49 유도성 커플링

만드는 것은 매우 중요하다. 그림 2.48에서 나타난 것처럼 대부분의 전원공급기가 양의 직류 출력(+ output)과 음의 직류 출력(− output)을 가지고 있다. 이러한 출력은 'COM'이라 칭하는 공통접지를 기준으로 양과 음의 전압을 생성한다. 전원공급기에 연결된 다른 계측기와 회로에 대해 모든 입출력 전압은 같은 공통접지를 기준으로 해야 한다. 또한 여러 계측기를 조합할 때 각 신호의 접지 연결이 제대로 되었는지 재차 확실히 점검하는 것이 현명하다.

신호접지와 섀시접지를 혼동하지 않는 것이 중요하다. **섀시접지**(chassis ground)는 내부적으로 전원코드의 접지에 연결되어 있고 신 접지(COM)에는 연결되지 않을 수 있다. 섀시접지는 계측기에 문제가 발생했을 경우에도 사용자의 안전이 보장될 수 있도록 일반적으로 계측기를 덮고 있는 금속 케이스에 연결되어 있다(2.10.7절 참조).

그림 2.49는 계측기의 리드선에 자기 유도의 영향으로 인해 고주파 **노이즈**(noise, 잡음신호)가 생성될 수 있는 간섭 문제를 보여준다. 그림에 표시된 바와 같이 리드선으로 경계 지어진 영역은 외부의 전기기계나 AC 전원 등으로 인해 발생한 자기장을 감싸게 된다. 이는 Faraday의 유도 법칙에 따라 자기장에 의해 유도되는 아래 식과 같은 AC 전압을 발생시키게 된다.

$$V_{\text{noise}} = A \cdot \frac{dB}{dt} \tag{2.79}$$

여기서 A는 리드선에 둘러싸인 면적이고 B는 외부 자기장이다. 그러므로 계측기에서 측정되는 전압은 실제 신호와 다르게 노이즈가 더해져서 아래와 같이 측정될 것이다.

$$V_{\text{measured}} = V_{\text{actual}} + V_{\text{noise}} \tag{2.80}$$

수업토론주제 2.14 자동차 회로

자동차에서 발전기 또는 시동 모터와 같은 전기부품이 종종 차체에 접지되어 있다. 이것이 전기회로에 어떠한 영향을 미칠지 설명하라.

다양한 형태의 **전자기 간섭**(EMI, electromagnetic interference)은 회로나 시스템의 신뢰성과 효율성을 떨어뜨릴 수 있다. 또한 회로 내에서 불량하게 설계된 연결점은 노이즈와 원치 않는 신호의 원인이 될 수 있다. 이러한 영향은 다양한 표준방법을 사용하여 완화시킬 수 있다. 첫 번째 방법은 가능하면 간섭원을 제거하거나 멀리 옮기는 것이다. 간섭원은 스위치, 모터 또는 회로 가까이 있는 교류전원선 등이 될 수 있다. 간섭원을 제거하거나 재배치하거나 막을 씌우거나 접지를 좋게 하는 것이 가능할 수도 있다. 하지만 이러한 방법은 대개 불가능한 경우가 많고, 외부 EMI나 내부 간섭을 감소시키기 위한 표준방법을 적용하기도 한다. 몇몇 표준방법은 다음과 같다.

- 민감한 회로나 선(예: 컨트롤러나 센서)은 고전압 또는 고전류가 흐르는 회로나 선(예: 전원공급기, 증폭기, 액추에이터)으로부터 멀리 떨어뜨린다. 이는 고전력회로의 영향을 받은 저전력회로에서 유도되는 노이즈를 제한할 수 있다.
- 고전류 장치로 들어가거나 나오는 전선쌍은 가깝게 붙이거나 꼬아서 EMI 효과를 최소화한다. 전선쌍을 가까이 놓으면 서로 반대방향으로 전류가 흐르는 전선이 가까이 있으므로 발생하는 자기장이 서로 역방향이 되어 상쇄되게 된다.
- **다접점접지**(multiple point grounding)에서 오는 전압 차이를 제거한다. 공통접지 버스는 접지점 사이의 전압강하를 작게 하기 위해 충분히 작은 저항값을 가져야 한다. 각 접

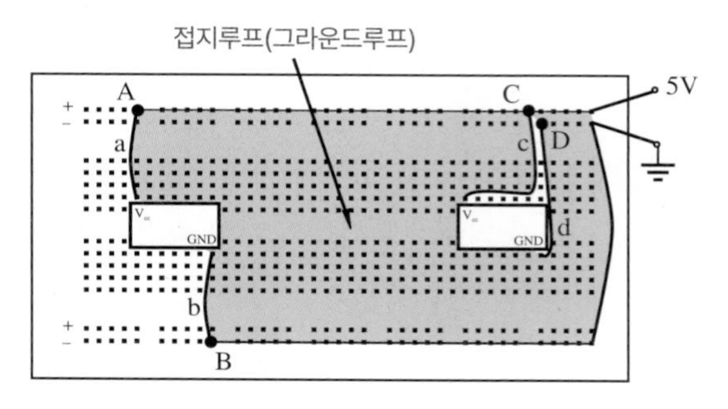

그림 2.50 접지루프

지점이 대략 같은 전위에 놓이도록 여러 접지점을 가깝게 설치한다.

- **광아이솔레이터**(optoisolator)나 변압기 커플링을 사용하여 고전압 회로로부터 민감한 신호회로를 분리시킨다. 광아이솔레이터는 전기적인 연결을 통하지 않고 빛으로 신호를 보낼 수 있도록 전기적으로 회로가 분리된 LED와 포토트랜지스터의 쌍으로 이루어져 있다. 이것을 사용하여 고전압 회로에서 존재할 수 있는 전류스파이크로부터 민감한 신호회로를 분리시킬 수 있다.
- **접지루프**(ground loops)에 의해 발생하는 유도 커플링을 제거한다. 여러 접지점 사이의 거리가 멀 때 노이즈가 여러 접지점에 의해 생성된 도통루프를 통해 회로에 유도적으로 간섭된다. 그림 2.50에서는 만능기판에 배선할 때 거대한 접지루프를 만들지 않도록 어떤 점을 주의해야 할지 보여준다. 보이는 두 회로는 전원(5 V와 접지)을 통합된 회로로 공급하고 있다. 점 A와 B에 배선 a와 b를 거쳐 연결된 왼쪽 배선은 앞서 설명한 것과 같이 변화하는 자기장 안에서 유도 전압을 더 강하게 하는 큰 접지루프 영역을 만든다. 점 C와 D에 배선 c와 d를 거쳐 연결된 오른쪽 배선은 회로에서 작은 영역을 만든다. 그러므로 매우 작은 유도 전압이 외부 전자기장의 존재에 의해서도 발생하게 된다.
- 외부 전기장과 자기장으로부터 보호하기 위해 민감한 회로를 접지된 금속덮개로 차단한다.
- 리드선 사이의 커패시턴스와 인덕턴스 효과에 의한 간섭을 줄이기 위해 모든 선을 연결할 때 짧은 리드선을 사용한다.
- 전원 공급선의 고주파 노이즈를 단락시키기 위해 공급 전압과 접지 사이에 **감결합**(decoupling) 또는 **바이패스 커패시터**(bypass capacitors)(예: 0.1 μF 세라믹 타입)를 사용한다.
- 외부자기장의 영향을 최소화하기 위해 고주파선은 동축케이블이나 트위스트쌍 케이블을

사용한다.

- 전원회로가 가까이 있을 경우 신호의 잡음을 줄이기 위해 신호선으로 리본 케이블을 사용하는 대신 실드선을 사용한다(전류의 세기가 크므로 강한 자기장이 발생함). 이때 노이즈소스를 둘러싼 커패스티브 커플링을 없애기 위해 금속실드는 접지에 연결된다.
- 만약 PCB를 설계한다면 적당한 **접지평면**(ground plane)을 설정해야 한다. 접지평면은 접지점 사이의 전위차를 최소화하기 위한 넓은 도체면이다.
- AC 플러그를 사용하는 경우에는 플러그의 접지단자(ground prong)에 회로의 접지를 연결하면 안 된다. 플러그의 접지단자는 안전을 목적으로 하는 것으로 신호접지로는 적절하지 않다(2.10.7절 참조). 일반적으로 접지단자는 AC 전원선과 같은 경로로 연결되므로 전자기유도현상을 일으킬 가능성이 있다.

보다 자세한 시제품 제작과 문제해결법을 살펴보려면 일반적인 브레드보드 및 회로, 시제품 제작 등의 경우 2.10.2절을, 마이크로컨트롤러 프로젝트의 소프트웨어와 회로의 경우에는 7.12.1절과 7.12.4절을 보라.

2.10.7 전기안전

전기시스템을 설계하거나 사용할 때에는 항상 안전을 고려해야 한다. 전기코드는 (미국 기준으로) 세 개의 단자(hot, neutral, ground)를 가진 콘센트가 필요하다. 그림 2.51은 콘센트에 삽입되는 플러그의 구조를 보여준다. 플러그 케이블의 검은 선은 hot 쪽에 연결되어 있고 흰 선은 neutral 쪽, 녹색 선은 ground 쪽에 연결되어 있다. 플러그의 두 납작한 단자(hot과 neutral)는 벽에 있는 콘센트로부터 전기기기로 교류 전류를 통하는 회로를 구성한다(미국은 60 Hz, 120 V_{rms}, 대한민국은 60 Hz, 220 V_{rms}이다). 둥근 접지 쪽은 기기의 전력회로 접지가 아니라 섀시에 연결되어야 한다. 섀시접지는 전력회로가 고장 난 경우에 섀시를 만지고 있는

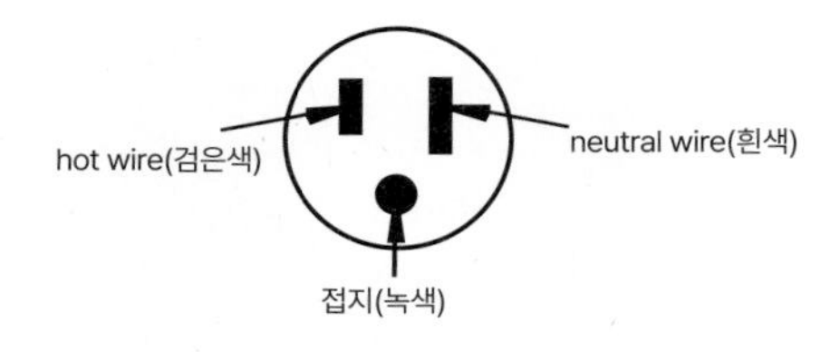

그림 2.51 세 단자의 교류 전원 플러그

사람에게 위험을 줄이기 위한 지중 접지로의 또 다른 통로를 제공한다. 섀시와 회로접지 사이가 분리되어 있지 않으면, 섀시에 고전압이 존재하는 경우 사용자가 접지로 통하는 완전한 통로를 형성할 수 있으므로 안전사고가 발생할 수 있다. 콘센트의 접지 쪽을 잘라내거나 3발 콘센트에서 2발 콘센트로 전환하는 어댑터를 부주의하게 사용하면 심각한 위험을 초래할 수 있다(수업토론주제 2.15와 2.16 참조). 어떤 전원 플러그는 접지단자가 없고 단자가 두 개뿐인 경우도 있다. 그림 2.51처럼 neutral 단자가 hot 단자보다 큰 3발 플러그는 **극성**(polarized)을 지닌 플러그인데 한 방향으로만 소켓에 꼽을 수 있다. 이것은 neutral 사이드 대신 hot 사이드가 연결되는 간섭이 생길 경우 장치가 꺼지도록 하는 안전장치이다. 이러한 방법으로 스위치가 꺼지면 플러그를 꼽더라도 hot 사이드가 연결되는 일이 없다. 극성이 없는 플러그나 소켓을 사용하는 경우, 또는 플러그만 연결하면 가동되는 장치는 내부 단락을 일으키는 등의 위험이 있을 수 있다.

수업토론주제 2.15 안전접지

전력선의 접지 쪽이 없어서 섀시가 접지에 연결되지 않은 다음의 오실로스코프를 보자. 이 장비를 사용할 때 일어날 수 있는 위험을 묘사하라.

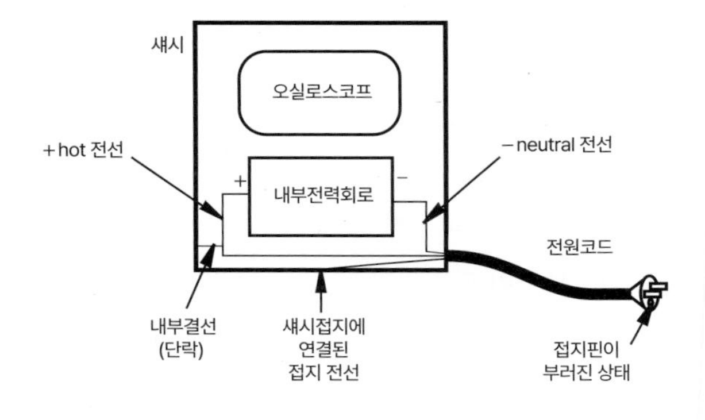

수업토론주제 2.16 전기드릴

다음에 보이는 전기드릴은 가정용 전원으로 작동하고 쇠로 된 덮개로 되어 있다. 드릴을 벽의 커패시터에 끼우기 위해 3발에서 2발로 전환하는 어댑터를 사용한다. 벽에 구멍을 뚫기 위해 젖은 욕조 안에 들어가 있다. 절연 피복이 닳아 얇아져서 검은 선의 벗겨진 구리선이 드릴의 쇠로 된 외형(하우징)에 접촉하고 있다는 것을 모르고 있다. 어떠한 치명적인 상황이 만들어졌는가? 어떻게 이를 방지하거나 완화할 수 있겠는가?

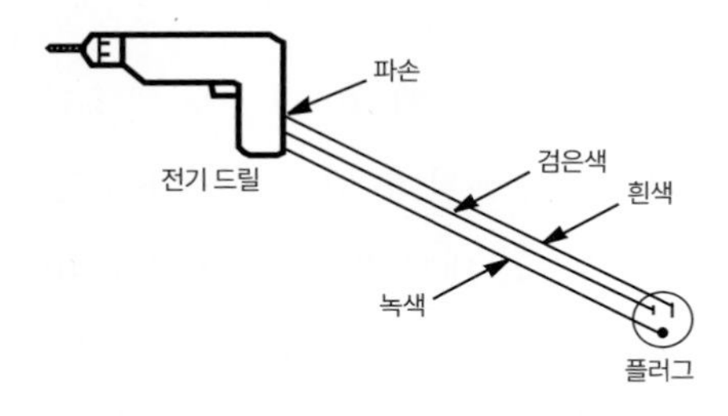

수업토론주제 2.17 위험한 EKG

심장병 환자가 심장박동을 점검하기 위해 가슴에 심전도(EKG) 계기 리드선을 붙이고 병원 침대에 누워 있다. 옆방에서 전기 단락이 발생했고, 우리 방의 환자에게 심장마비가 발생했다. 병원 관계 엔지니어들이 설비를 점검한 후 환자들의 방에 여러 개의 접지가 있었고 옆방 전기장치의 결함이 장치로부터 접지선으로 전류를 흐르게 했다는 것을 알 수 있었다. 현재 환자에게 치명적인 전류가 흐를 수 있었는지 아닌지를 결정하려고 한다. 접지선이 길이당 일정 저항값을 가지고 있고 심장에는 약간의 mA 전류도 치명적인 부작용을 일으킨다는 사실을 고려하여 상황을 설명해 보라.

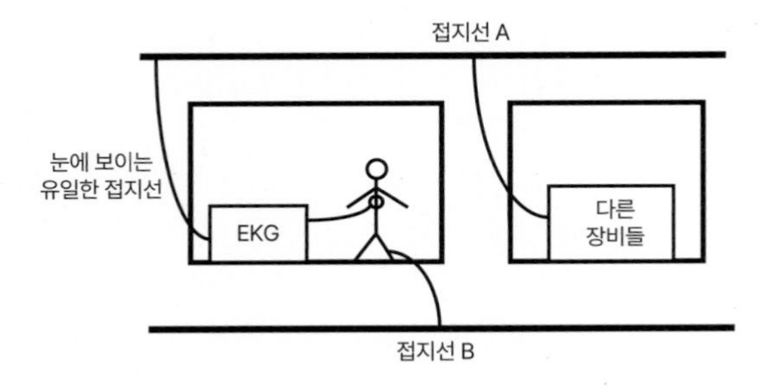

수업토론주제 2.18 고압 측정 자세

고압을 측정할 때 전기기사는 오른발로 서 있고 오른손으로 프로브를 잡고 있는 것이 측정을 하는 데 가장 안전한 자세라고 한다. 이를 뒷받침하는 논리는 무엇인가?

수업토론주제 2.19 번개 칠 때의 자세

로키산맥 공원 관리원은 천둥번개가 칠 때 탁 트인 곳에서 걷고 있으면 땅에 낮게 엎드리고 발을 함께 모으는 것이 절대로 필요하다고 조언한다. 왜 이렇게 하는 것이 목숨을 구하는 조언인지 설명하라.

사람을 통과하는 전기는 불쾌감, 상해, 심지어는 죽음을 초래할 수 있다. 전기적으로 말하면 인간의 몸은 대략 높은 저항의 피부(건조할 때 10 kΩ 정도)에 둘러싸인 낮은 저항의 코어(복부를 지나 500 Ω 정도)로 구성되어 있다고 할 수 있다. 피부가 젖었을 때 저항은 눈에 띄게 줄어든다. 몸에 흐르는 1 mA 정도의 전류는 대개 감지하지 못한다. 10 mA 정도의 전류는 몸의 따끔거림과 근육의 수축을 일으킬 수 있다. 100 mA 정도의 전류가 흉부를 통하게 되면 정상적인 심장 박동에 영향을 미친다. 5 A 이상의 전류는 세포조직을 태워버릴 수 있다. 비디오 데모 2.16은 사용자의 피부를 통해 전류가 어떻게 흐르는지를 잘 설명하는 전자완구를 보여준다. 이때 사용자의 손은 깜빡이는 LED를 제어하기 위한 회로를 완성하는 데 사용된다. 비디오 데모 2.17과 2.18은 동물과 인간이 고전압선 주변에서 주의하지 않을 때 어떤 일이 일어나는지를 그림으로 설명해 준다. 비디오 데모 2.19는 “생명을 잃게 하는 것은 전압이 아니라 전류”와 같은 진술과 관련된 궁금증을 해소하는 내용을 다룬다.

비디오 데모

2.16 인간 회로 장난감 공

2.17 전력선에 의해 기절한 다람쥐

2.18 전력선에 의해 기절한 어리석은 사람

2.19 생명을 잃게 하는 것은 전압이 아니라 전류

QUESTIONS AND EXERCISES 연습문제

2.2절 기본 전기소자들

2.1. 1 km 길이의 14-gage(0.06408인치) 구리선의 저항은 얼마인가?

2.2. 다음의 각 경우에 대한 저항치의 범위를 결정하라(색깔 띠는 정리되어 있고, 순서대로이다).

a. 색깔 띠 red, brown, yellow를 가진 저항 R_1

b. 색깔 띠 black, violet, orange를 가진 저항 R_2

c. R_1, R_2의 직렬연결

d. R_1, R_2의 병렬연결

2.3. A 회로의 저항과 같아지려면 B 회로 저항의 띠 a, b, c, d는 무슨 색이어야 하는가?

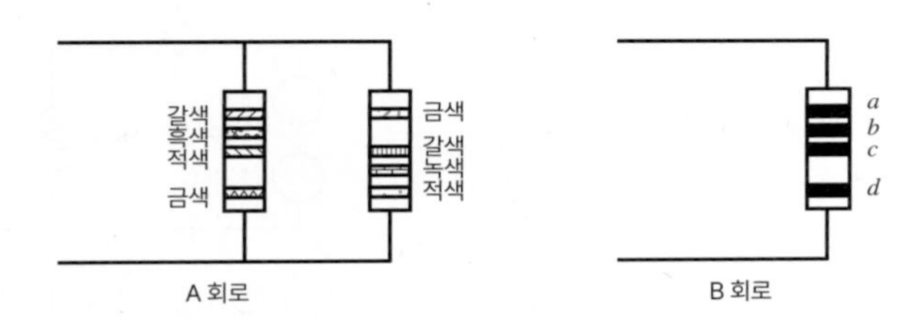

2.4. 회로에서 트림 포트(trim pot)를 사용할 때 보통 고정값을 가진 저항과 직렬로 연결된다. 왜 병렬로는 연결되지 않을까? 분석을 통해 뒷받침하라.

2.5. 수업토론주제 2.1에 대한 정확한 답을 적어라.

2.3절 Kirchhoff의 법칙

2.6. Kirchhoff의 법칙을 회로에 적용할 때 전류가 흐르는 방향을 가정하는 것이 중요한가? 왜 그러한가?

2.7. 당장 50 Ω 저항이 필요한데 100 Ω 저항밖에 없으면 어떻게 해야 하는가?

2.8. 당장 100 Ω 저항이 필요한데 50 Ω 저항밖에 없으면 어떻게 해야 하는가?

2.9. 당장 150 Ω 저항이 필요한데 100 Ω 저항밖에 없으면 어떻게 해야 하는가?

2.10. Ohm의 법칙, KVL, KCL을 사용하여 저항 R_1, R_2, R_3가 병렬로 연결되어 있을 때의 전체 저항을 구하라.

2.11. 세 개의 저항이 병렬로 연결되어 있을 때 식 (2.38)과 비슷한 전류 분배법칙을 유도하라.

2.12. 저항 R_1이 저항 R_2보다 훨씬 큰 경우에 두 저항을 병렬로 연결하면 전체 저항은 대략 R_2와 같다는 것을 보여라.

2.13. 직렬로 연결된 두 커패시터의 등가 커패시턴스를 구하는 식을 유도하라.

2.14. 병렬로 연결된 두 커패시터의 등가 커패시턴스를 구하는 식을 유도하라.

2.15. 직렬로 연결된 두 인덕터의 등가 인덕턴스를 구하는 식을 유도하라.

2.16. 병렬로 연결된 두 인덕터의 등가 인덕턴스를 구하는 식을 유도하라.

2.17. 다음 회로에서 I_{out}와 V_{out}을 구하라.

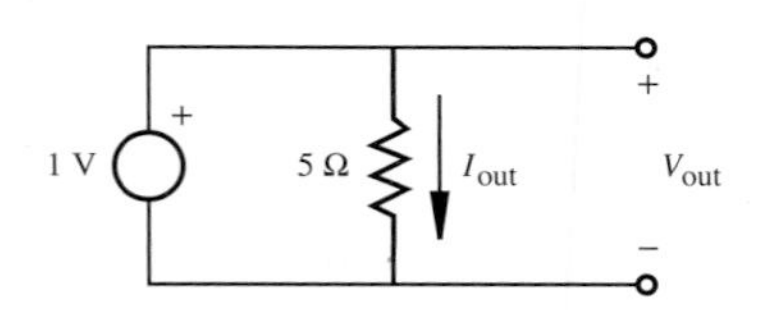

2.18. 다음 회로에서 V_{out}을 구하라.

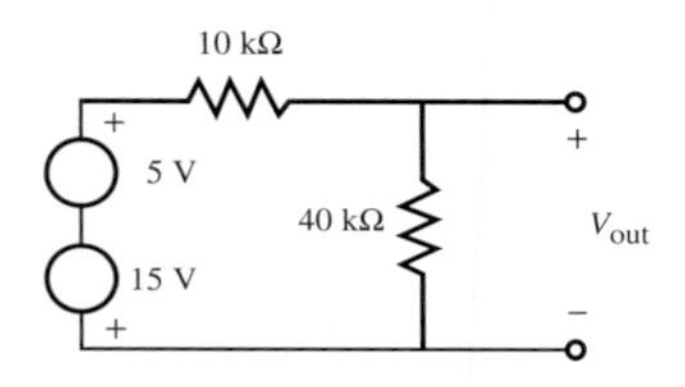

2.19. 문제 2.30의 회로에서 $R_1 = 1$ kΩ, $R_2 = 2$ kΩ, $R_3 = 3$ kΩ, $V_{in} = 5$ V일 때 다음을 구하라.

a. R_1에 흐르는 전류

b. R_3에 흐르는 전류

c. R_2에 걸리는 전압

2.20. 예제 2.4의 회로에서 다음을 구하라(계산을 돕기 위해 예제의 결과를 이용할 수 있다).

a. R_4에 흐르는 전류

b. R_5에 걸리는 전압

2.21. 오른쪽 회로에서 $R_1 = 1$ kΩ, $R_2 = 2$ kΩ, $R_3 = 3$ kΩ, $R_4 = 4$ kΩ, $R_5 = 1$ kΩ, $V_s = 10$ V일 경우에 다음을 구하라.

a. V_s에서 보았을 때의 등가저항

b. 노드 A에서의 전압

c. 저항 R_5를 통하는 전류

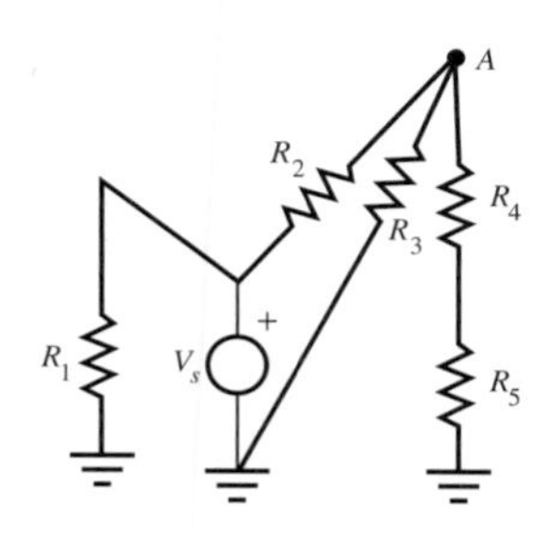

2.22. 오른쪽 회로에서 $R_1=2\ \text{k}\Omega$, $R_2=4\ \text{k}\Omega$, $R_3=5\ \text{k}\Omega$, $R_4=3\ \text{k}\Omega$, $R_5=1\ \text{k}\Omega$, $V_s=10\ \text{V}$일 경우에 다음을 구하라.

a. V_s에서 보았을 때의 등가저항

b. 노드 A에서의 전압

c. 저항 R_5를 통하는 전류

이 회로는 문제 2.21의 회로와 어떻게 다른가? 만약 저항값이 같다면 두 회로는 동일한가? 아니라면 어떤 부분이 다른가?

2.23. 다음 회로에서 $V_1=1\ \text{V}$, $I_1=1\ \text{A}$, $R_1=10\ \Omega$, $R_2=100\ \Omega$일 경우에 V_R를 구하라.

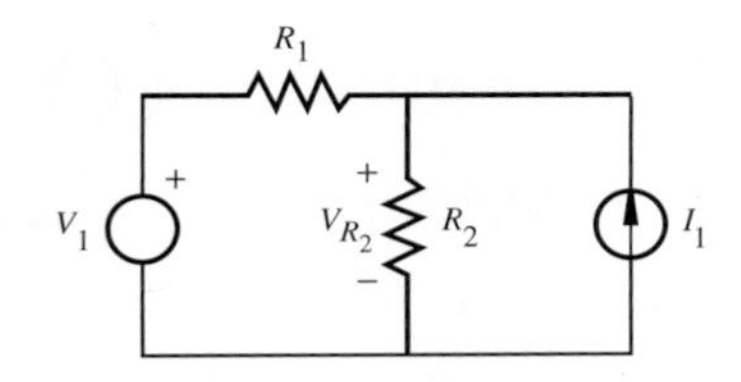

2.24. 다음 회로에서 $R_1=1\ \text{k}\Omega$, $R_2=9\ \text{k}\Omega$, $R_3=10\ \text{k}\Omega$, $R_4=1\ \text{k}\Omega$, $R_5=1\ \text{k}\Omega$, $V_1=5\ \text{V}$, $V_2=10\ \text{V}$일 경우에 전류 I와 노드 A에서의 전압을 구하라.

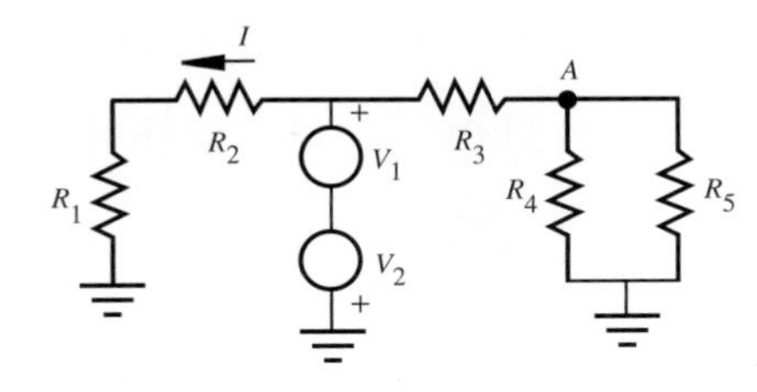

2.25. 오른쪽 회로에서 전압원에서 바라본 회로의 등가저항을 구하라. 회로에서 저항값은 다음과 같이 주어져 있다: $R_1=1\ \text{k}\Omega$, $R_2=2\ \text{k}\Omega$, $R_3=3\ \text{k}\Omega$, $R_4=4\ \text{k}\Omega$, $R_5=5\ \text{k}\Omega$.

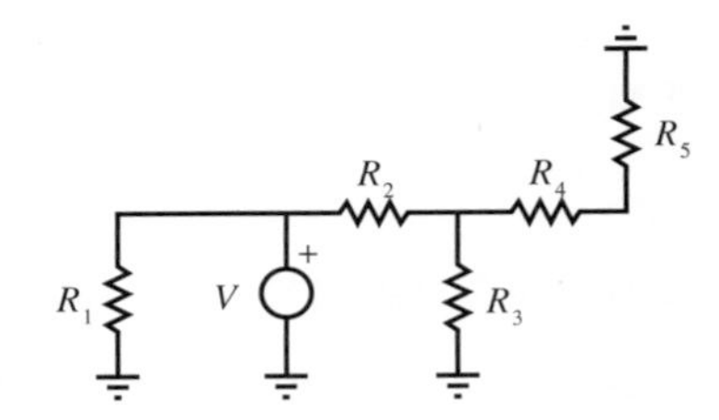

2.26. 예제 2.4 회로의 루프와 노드에 대한 KVL과 KCL 방정식을 구하여 I_{out}과 V_{out}을 계산하라.

2.27. 예제 2.4에서 계산된 V_{234}와 V_{out}이 주어졌을 때 R_4를 흐르는 전류와 R_5에 걸리는 전압을 구하라.

2.4절 전압원, 전류원 및 측정기

2.28. 실험실의 직류 전원공급기의 출력임피던스는 얼마인가? 직류가 커플러로 이어졌을 때 실험실 오실로스코프의 입력임피던스는 얼마인가?

2.29. 오실로스코프를 가지고 1 MΩ의 임피던스에 걸리는 전압을 측정하는 것이 왜 중대한 오류를 일으키는지 설명하라.

2.30. 오른쪽 회로에서 V_{out}을 V_{in}으로 구하여 표현하라.

a. $R_1 = 50\ \Omega$, $R_2 = 10\ k\Omega$, $R_3 = 1.0\ M\Omega$

b. $R_1 = 50\ \Omega$, $R_2 = 500\ k\Omega$, $R_3 = 1.0\ M\Omega$

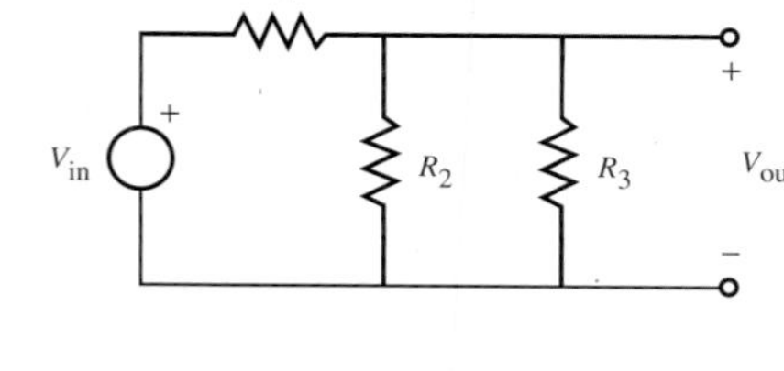

만약 R_3가 저항 R_2에 걸리는 전압을 측정하는 장치의 입력임피던스를 나타낸다면 전압 측정에 대해 어떠한 결론을 얻게 되는가?

2.31. 문제 2.30에 주어진 회로에 대해 R_1이 전압원의 출력임피던스를 나타낸다고 하고 R_3는 무한대의 값을 갖는다고 할 때(이상적인 전압측정기) R_1이 전압 측정에 미치는 영향을 설명하라. 또한 문제 2.30에 주어진 각 R_2 값에 대해 전압 측정값이 받는 영향을 설명하라.

2.32. 전압계가 같은 저항을 이용하여 전위차를 분리하고 있는 한 저항의 양단에 걸리는 전압을 측정하고 있을 때, 전압계의 임피던스가 계측 중인 저항의 5배밖에 되지 않을 때 몇 %의 전압측정 오차가 발생할 수 있는가?

2.5절 Thevenin과 Norton 등가회로

2.33. 실험실의 직류 전원공급장치의 Thevenin 등가회로는 무엇인가?

2.34. 문제 2.30의 'a'에서 저항값을 적용한 회로의 Thevenin 등가회로는 무엇인가?

2.6절 교류회로 해석

2.35. 예제 2.7의 회로에서 커패시터에 걸리는 정상상태 전압을 시간의 함수로 나타내라. 계산의 편의를 위해 예제의 결과를 사용할 수 있다.

2.36. 오른쪽 회로에서 $V_s=10$ V DC, $R_1=1$ kΩ, $R_2=1$ kΩ, $C=0.01$ μF일 경우에 저항 R_1, R_2, C에 걸리는 정상상태 전압을 구하라.

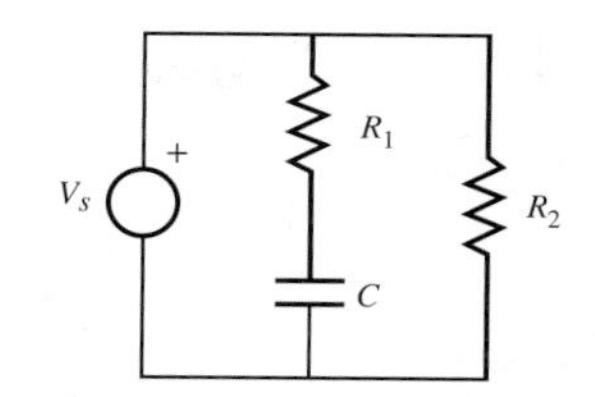

2.37. 오른쪽 회로에서 $R_1=R_2=100$ kΩ, $C=1$ μF, $L=20$ H일 경우에 다음 회로의 각 정상상태 전류 $I(t)$를 구하라.

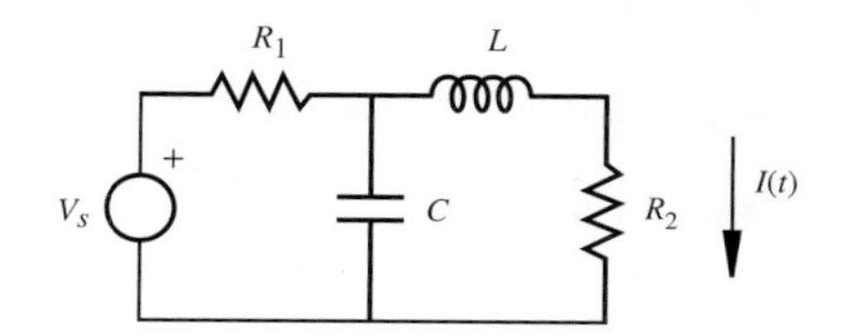

a. $V_s=5$ V DC

b. $V_s=5\cos(\pi t)$ V

2.38. 각각의 파형에서 Hz와 rad/sec 단위의 주파수와 크기 그리고 DC offset을 구하라.

a. $2.0\sin(\pi t)$

b. $10.0+\cos(2\pi t)$

c. $3.0\sin(2\pi t+\pi)$

d. $\sin(\pi)+\cos(\pi)$

2.7절 전기회로에서의 전력

2.39. 100 Ω 전원 저항에 100 볼트 rms가 걸린다면 와트 단위로 소모되는 전력은 얼마인가?

2.40. 100 Ω 전원 저항에 100 볼트(peak-to-peak)가 걸린다면 와트 단위로 소모되는 전력은 얼마인가?

2.41. 미국 규격 가정 전압이 120 볼트 rms라면, 오실로스코프로 측정되는 피크 전압은 얼마인가?

2.42. 가정 전압을 나타내는 함수를 써라.

2.43. 회로 설계자는 발광다이오드(LED)와 직렬로 사용될 적절한 값의 저항을 선정해야 한다. LED 제조자는 LED를 켜기 위해 2 V가, 밝은 빛을 내기 위해서는 10 mA가 필요하다고 한다. 전류는 100 mA를 넘어서는 안 된다. LED 회로 작동에 5 V 전원이 필요하다면 어느 정도의 저항이 알맞겠는가? 또한 얼마의 저항 전력 정격이 필요한가?

2.44. 오른쪽 회로에서 $R_1=1$ kΩ, $R_2=2$ kΩ, $R_3=3$ kΩ, $R_4=4$ kΩ, $V_1=10$ V, $V_2=5$ V, $V_3=10$ V일

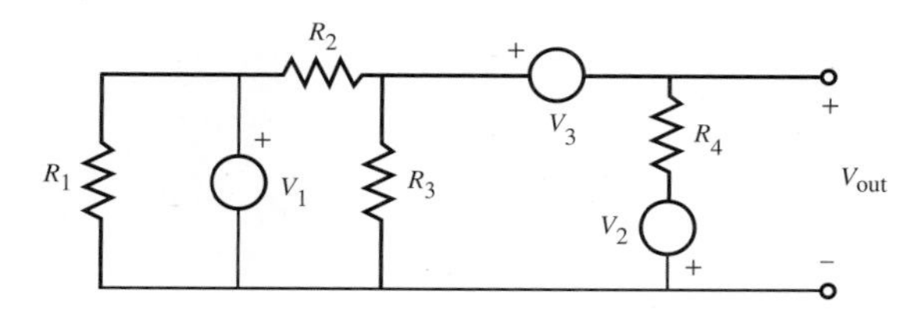

경우에 다음을 구하라.

a. V_{out}

b. 각 전압원에서 생성된 전력

2.45. $R_3 = 2\ k\Omega$, $R_4 = 1\ k\Omega$으로 문제 2.44를 풀어라. 나머지는 동일하다.

2.46. 식 (2.66)을 증명하라.

2.47. 식 (2.67)의 rms 표현을 유도하고 식 (2.68)이 옳음을 보여라.

2.48. 다음 회로에서 출력 V_{out}에 대한 파형을 그림의 축상에 그려보라.

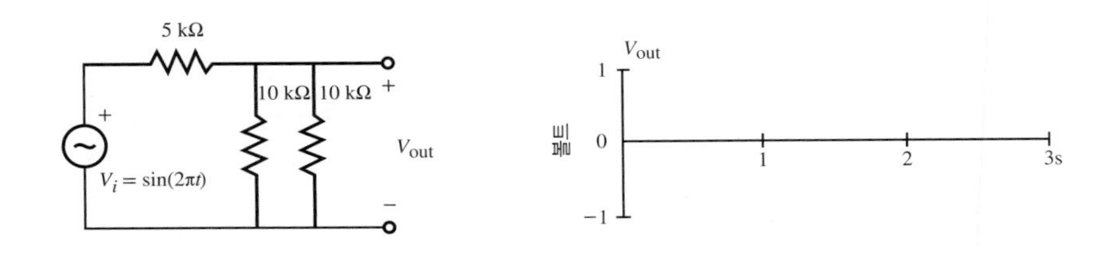

2.49. 수업토론주제 2.10에 대한 정확한 답을 적어라.

2.8절 변압기

2.50. 새 부엌에 24 V_{rms}의 조명을 위한 변압기를 설계하려고 할 때 충분한 전압원을 끌어오기 위해 1차와 2차의 권선 비를 얼마로 해야 하는가?

2.9절 임피던스 매칭

2.51. 오디오 스테레오 엠프가 8 Ω의 임피던스를 가지고 있다면 소리를 최대로 하기 위해 스피커 코일에 얼마의 저항이 있어야 하는가?

2.10절 실제적인 고려사항

2.52. 오실로스코프로 고주파 전압을 측정할 때 두 개의 분리된 선보다 BNC(동축)케이블을 프로브에 사용하는 것이 더 좋은 이유는 무엇인가?

BIBLIOGRAPHY 참고문헌

Horowitz, P. and Hill, W., *The Art of Electronics*, 3rd Edition, Cambridge University Press, New York, 2015.

Johnson, D., Hilburn, J., and Johnson, J., *Basic Electric Circuit Analysis*, 5th Edition, Prentice-Hall, Englewood Cliffs, NJ, 1995.

Lerner, R. and Trigg, G., *Encyclopedia of Physics*, VCH Publishers, New York, 1991.

McWhorter, G. and Evans, A., *Basic Electronics*, Master Publishing, Richardson, TX, 2004.

Mims, F., *Getting Started in Electronics*, 3rd Edition, Master Publishing, Richardson, TX, 2003.

3 CHAPTER

반도체 전자소자

Semiconductor Electronics

이 장에서는 메카트로닉 시스템에서 센싱, 인터페이싱 그리고 디스플레이를 하는 데 있어서 매우 중요한 소자인 반도체 다이오드와 트랜지스터를 다룬다. ■

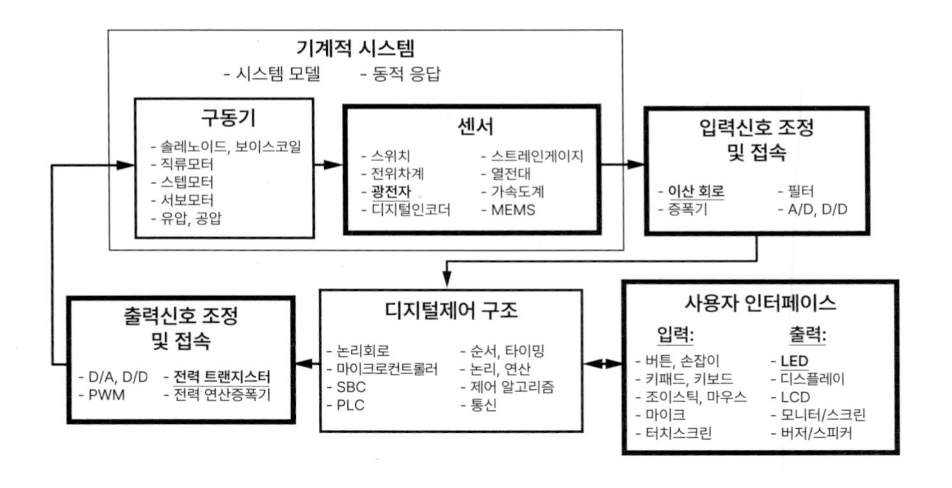

목적 · CHAPTER OBJECTIVES

이 장을 읽고, 공부하고, 논의하고, 아이디어를 적용하면 다음을 할 수 있다.

1. 반도체 소자의 기본 물리학을 이해한다.
2. 여러 종류의 다이오드와 그것이 어떻게 사용되는지 안다.
3. 접합형 트랜지스터(BJT)와 전계효과 트랜지스터(FET)의 유사점과 차이점을 안다.
4. 부하에 걸리는 전류를 스위치하기 위해 트랜지스터가 어떻게 사용될 수 있는지 이해한다.

5. 다이오드, 전압조정기, BJT, FET 등을 사용하여 회로를 설계할 수 있다.
6. 설계 목적에 맞는 반도체를 선택할 수 있다.

3.1 소개

이 장에서는 과학자와 공학자들이 발명한 21세기 이후 우리 생활의 모든 곳에 영향을 미치는 아주 특별한 몇 가지 재료를 조사해 보고자 한다. 이러한 발명품을 이해하기 위해 먼저 오늘날 전자회로에서 광범위하게 사용되고 있는 반도체로 알려진 물질의 물리적 특성을 이해하는 것이 필요하다. 반도체의 물리적 현상을 조사하고, 전자공학의 회로 부품에 사용되는 반도체 재료의 종류에 따라 어떻게 설계되는지를 논의하고, 다양한 반도체 다이오드와 트랜지스터의 도식 기호를 배우며, 회로 설계에서 소자를 사용해 본다.

3.2 전자소자를 이해하기 위한 반도체 물리 기초

금속은 전도대(conduction band)라 불리는 영역에서 약하게 결합되어 있는 많은 수의 전자를 가진다. 금속에 전기장이 가해지면 전자는 금속에 흐르는 전류로서 자유롭게 움직인다. 금속에서는 많은 전류가 쉽게 흐르기 때문에 금속을 **도체**(conductors)라 부른다. 반대로 다른 물질은 원자와 강하게 결합하고 있는 가전자(valence electrons)를 포함한 원자를 가지고 있어서 전기장이 가해졌을 때 전자가 쉽게 움직일 수 없다. 이러한 물질을 **절연체**(insulators)라 부르고 일반적으로 전류를 흐르지 못하게 한다. 또한 매우 유용한 물질이 있는데, 주기율표(periodic table)에서 IV족의 원소는 경우에 따라 도체와 부도체의 중간 특성을 갖는다. 이러한 물질을 **반도체**(semiconductors)라 부른다. 실리콘(silicon), 게르마늄(germanium) 같은 반도체는 조사되는 빛의 양이나 온도에 의해 특성이 변하면서 전류를 흐르게 하는 특성을 가진다. 그림 3.1에 보이는 것처럼, 비록 도체에서 생성된 전류보다는 작지만 반도체에 전압을 걸었을 때 가전자의 일부가 전도대로 쉽게 전이한 뒤 전기장 내에서 움직여 전류를 생성한다.

반도체결정(semiconductor crystal)에서 가전자는 전도대로 전이할 수 있는데, 이때 가전자대(valence band)에 부족한 전자 부분을 정공(hole)이라 부른다. 가전자는 가까이에 있는 원

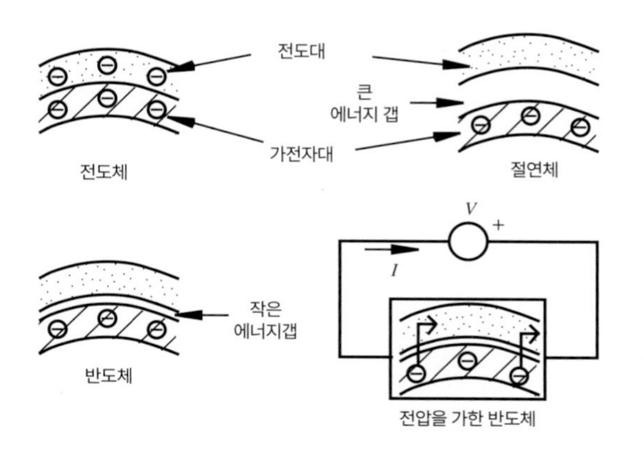

그림 3.1 물질의 가전자대와 전도대

자로부터 정공으로 움직일 수 있으며, 원래 있던 그 자리에 또 다른 정공을 다시 남기게 된다. 이러한 연속적인 사건이 계속되면 어떤 한 방향으로의 정공의 이동 또는 반대방향으로의 전자의 이동으로 간주될 수 있는 전류를 생성하게 된다. 결과적인 영향은 같으므로 예전에 Ben Franklin이 전류는 양전하(positive charges)의 움직임이었다고 생각했던 것을 완전히 틀리다고는 할 수 없으므로 오늘날 일반적인 약속으로 사용되고 있다.

더욱이 순수한 반도체 결정의 특성은 주기율표에서 III족과 V족에 속하는 원소들의 적은 양을 반도체의 결정격자 안에 첨가함으로써 현저하게 바뀔 수 있다. **도펀트**(dopants, 도핑불순물)로 알려진 이러한 원소는 반도체 안으로 분사되거나 이식될 수 있다. 칩(chip)이라 불리는 얇은 실리콘 결정은 표면 위에 도펀트의 미세한 패턴을 침적시키거나 분사시켜 현대 전자공학의 기본이 되는 소자로 쓰이고 있다.

반도체에 서로 다른 양과 형태의 도펀트가 첨가될 때 매우 흥미로운 특성이 나타날 수 있다. 실리콘의 결정격자에 도펀트가 첨가되었다면 어떤 현상이 일어나는지 생각해 보자. 실리콘은 결정격자 내에 대칭의 전자 배치를 형성하는 네 개의 가전자를 가지고 있다. 그러나 5개의 가전자를 가지는, 주기율표에서 V족에 속하는 비소(arsenic) 또는 인(phosphorous) 원자가 결정격자에 더해진다면 각 도펀트 원자에서 5개의 가전자 중 자유롭게 움직이는 한 개의 가전자가 남을 것이다. 이러한 경우 반도체의 전자전도성을 높이므로 이러한 도펀트를 **도너**(donor)라 부른다. 생성된 반도체는 결정구조에서 전하캐리어(charge carriers)로서 이용 가능한 자유전자가 존재하기 때문에 영어 단어 'negative'의 의미에 따라 **n-형**(n-type) 실리콘이라 부른다. 반대로, III족에 속하는 붕소(boron), 알루미늄 또는 갈륨(gallium) 원자를 실리콘에 첨가하면 소위

억셉터(acceptor) 도펀트 원자는 실리콘 원자를 대체하여 격자 내에서 비어 있는 전자에 의해 **정공**(holes)이 형성된다. 이것은 도펀트 원자가 단 세 개의 가전자만 가지고 있기 때문이다. 이 정공은 원자 간에 전이되면서 양의 전류를 생성한다. 실제로는 전자가 정공을 메우기 위해 움직이지만 이것이 마치 정공이 움직이는 것처럼 보이는 것이다. 이는 양전하인 여분의 정공 때문에 'positive'의 의미를 따라 **p-형**(p-type) 실리콘이라 부른다.

결론적으로 실리콘과 같은 반도체에 도핑하는 목적은 반도체에서 수많은 전하캐리어를 향상시키고 제어하기 위함이다. n-형 반도체에서는 전하캐리어가 전자이고 p-형 반도체에서는 정공이다. 하지만 반도체는 기본적으로 전자의 수와 양자의 수가 같으므로 전기적으로 볼 때는 중립성을 띠고 있음을 기억하는 것이 중요하다. 재료의 전도도를 바뀌게 하는 것은 무엇일까? 곧 살펴보겠지만, n-형과 p-형 반도체 사이의 상호작용은 반도체 전자소자의 기본이다. 비디오 데모 3.1은 이 절에서 서술하는 모든 개념과 3.4, 3.5절에 설명한 아주 중요한 반도체 소자인 트랜지스터를 설계할 때 꼭 필요한 물리학에 대해 설명한다. 이 절에서 학습한 내용이 헷갈린다면 이 비디오를 꼭 보길 바란다.

비디오 데모 3.1 트랜지스터의 동작

3.3 접합 다이오드

최신 전자소자는 다른 종류의 불순물을 첨가한 반도체 물질 사이의 미세한 인터페이스를 생성시키는 방법을 이용하여 생산된다. 실리콘의 p-형 영역이 n-형 영역에 접해 있다면, 그 결과는 **pn접합**(pn junction)이 된다. p-형 반도체가 있는 쪽을 **양극**(anode, 애노드), n-형 반도체가 있는 쪽을 **음극**(cathode, 캐소드)이라고 한다. 그림 3.2의 상단에 보이는 것처럼 pn접합에서 n-형 실리콘으로부터의 전자는 **공핍층**(depletion region)을 형성하면서 p-형 실리콘의 정공을 메우기 위해 전이한다. 이 작은 전기장은 전자의 확산에 의해 얇은 공핍층을 가로질러 발달한다. 이것은 **접촉전위**(contact potential)라 불리는 공핍층 사이의 전위차를 야기한다. 실리콘에서 접촉전위는 0.6~0.7 V 정도이다. 전자의 확산을 위해 접촉전위의 양의 부분은 n-형 영역에 있고, 음의 부분은 p-형 영역에 있다. 여전히 외부 회로에 연결되어 있지 않음에 유의하라.

이제 그림 3.2의 왼쪽 하단을 보면, 완벽한 회로를 형성하기 위해 전압원이 p-형 실리콘에는 양극을, n-형 실리콘에는 음극을 각각 pn접합에 연결시키면, 다이오드는 **순방향바이어스**(forward biased)되었다고 말한다. 적용된 전압은 접촉전위를 극복하고, 공핍층을 줄어들게 한

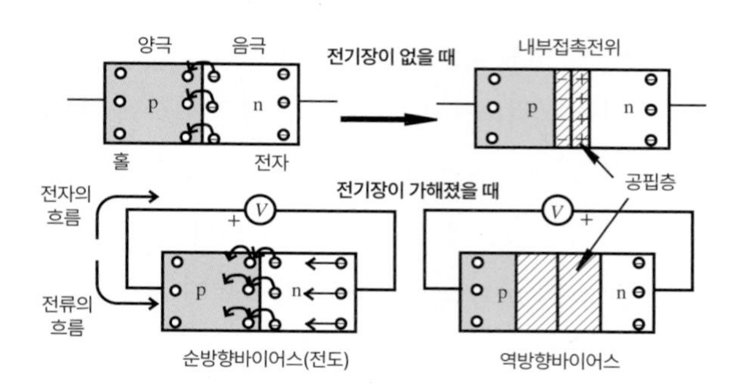

그림 3.2 pn접합의 특성

다. 애노드는 정공 소스가 되고 캐소드는 전자 소스가 되어 정공과 전자가 계속적으로 생성된다. 적용된 전압이 접촉전위(실리콘에서는 0.6~0.7 V) 값에 근접함에 따라 전류는 지수함수적으로 증가한다. 이 효과는 **다이오드 방정식**(diode equation)에 의해 수량적으로 설명될 수 있다.

$$I_D = I_0\left(e^{\frac{qV_D}{kT}} - 1\right) \tag{3.1}$$

여기서 I_D는 접합점(junction)을 통과하는 전류이고, I_0는 역방향포화전류, q는 전자 한 개가 가지는 전하량(1.60×10^{-19} C)이며, k는 Boltzmann 상수(1.381×10^{-23} J/K)이고, V_D는 접합점을 가로지르는 순방향바이어스 전압이고, T는 접합점의 켈빈 온도이다.

그림 3.2의 오른쪽 하단에서 볼 수 있듯이, 애노드가 n-형 실리콘에 연결되고 캐소드가 p-형 실리콘에 연결되어 있다면 공핍층은 커지고, 전자의 확산은 방해를 받게 되며 따라서 전류는 흐르지 않게 된다. 이를 접합점이 **역방향바이어스**(reverse biased)되었다고 말한다. **역방향포화전류**(reverse saturation current, I_0)가 흐르지만 대단히 작다(10^{-9}~10^{-15} A 정도).

그러므로 pn접합은 한 방향으로만 전류를 통하게 한다. pn접합은 실리콘 **다이오드**(diode)로 알려져 있고 때때로 **정류기**(rectifier)라 부른다. 실리콘 다이오드의 기호는 그림 3.3과 같다. 그림 3.4와 **비디오 데모 3.2**는 일반적인 다이오드뿐 아니라 소신호용, 소전력용, 다양한 발광다이오드(LED) 등을 예시한다. LED는 3.3.2절에서 좀 더 자세하게 설명되며 7-세그먼트 디스플레이는 6.12.1절에서 설명할 것이다. 다이오드는 그림 3.5에 나타난 것처럼 유체를 한 방향으로만 흐르게 하는 유체 체크밸브(check valve)와 유사하다. pn접합은 더욱 복잡하게 작동하는 트랜지스터와 집적회로와 같은 더욱 진보된 소자와 관련된 부분에서 다시 등장할 것이다. 또한 pn접합 다이오드의 작동-비작동(on-off) 현상이 모든 디지털장치에 기초가 된다는 것을 확인

비디오 데모
3.2 다이오드

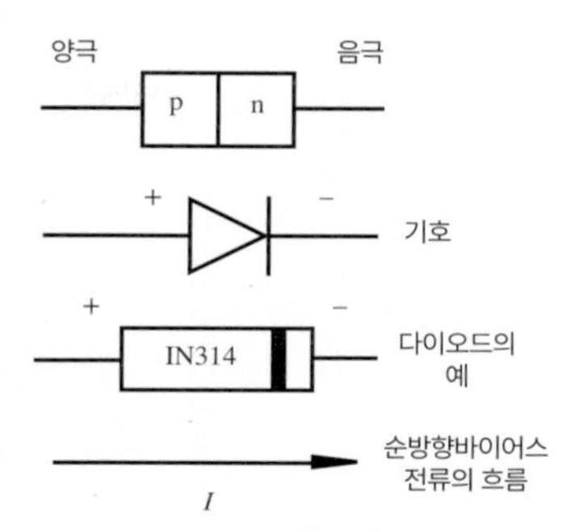

그림 3.3 실리콘 다이오드

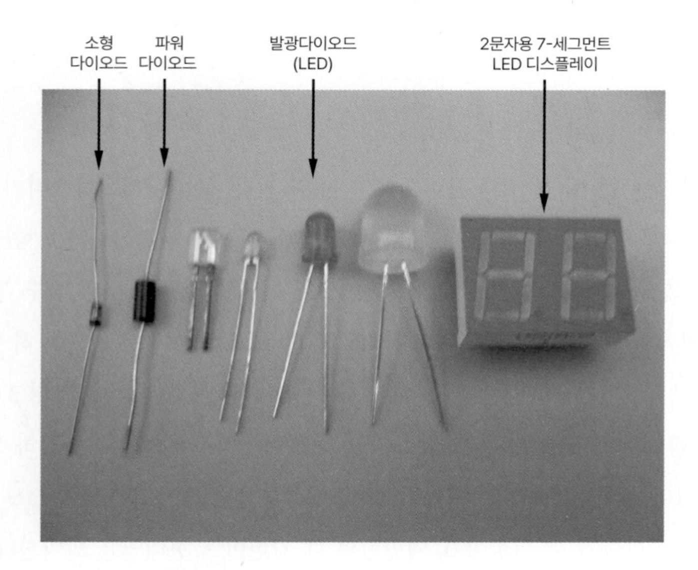

그림 3.4 다이오드의 예

© David Alciatore

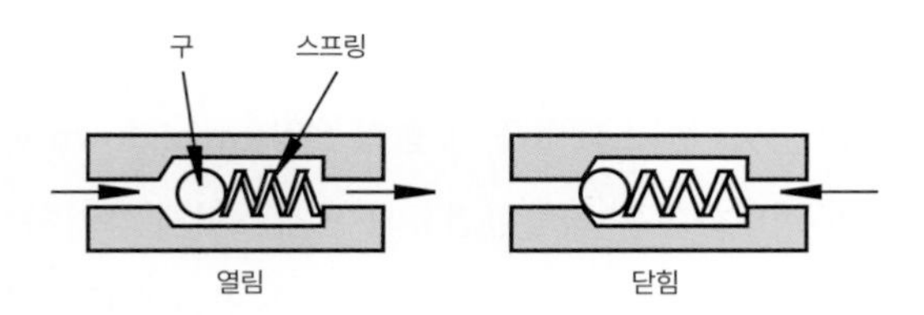

그림 3.5 다이오드와 체크밸브의 유사성

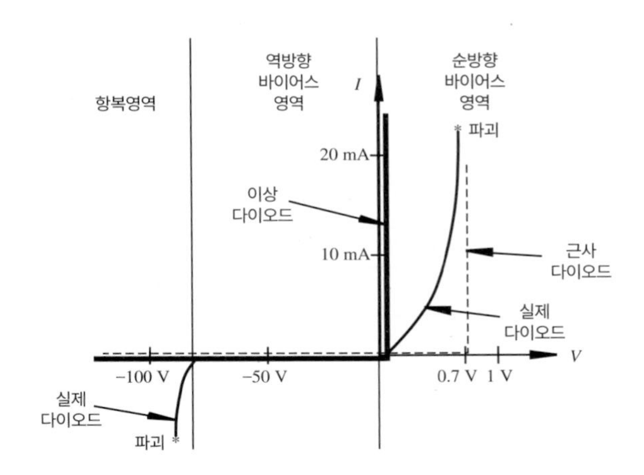

그림 3.6 이상, 실제, 근사 다이오드에 대한 전류-전압 곡선

하게 될 것이다.

식 (3.1)에서 설명했듯이, 반도체 다이오드의 전류-전압 특성은 지수함수적이고, 그림 3.6의 1사분면에서 도식적으로 보여진다["실제 다이오드"라고 표시된 곡선]. 순방향바이어스가 0.7 V에 가까워질수록 갑작스런 비선형적인 증가를 보인다. 전압축의 양수와 음수 쪽에는 다른 스케일이 사용되었음을 주의하라. 종종 **이상 다이오드**(ideal diode) 모델을 사용하여 반도체 다이오드의 거동을 근사화한다. 이상 다이오드에서의 전류-전압 특성 곡선이 그림 3.6에 굵은 실선으로 나타나 있다. 이러한 모델은 다이오드가 순방향바이어스에서는 전압강하 없이 완전하게 작동함(on)을 의미한다. 역방향바이어스일 때 역방향포화전류는 0이 된 것으로 가정한다. 즉, 이상 다이오드는 순방향일 때 저항이 0, 역방향일 때 저항이 무한대임을 의미한다.

그림 3.6의 점선은 **실제 다이오드**(real diode)에 대한 근사화(approximation)를 나타낸다. 실제 다이오드는 전류의 흐름을 위해 0.7 V의 순방향바이어스 전압이 필요하다고 가정하자. 어떤 소자의 중요한 특징을 알아내는 과정에서 '이상'과 '근사'로 단순화된 모델은 다이오드회로를 해석하기 쉽게 한다.

실제 다이오드가 역방향바이어스되었을 때 **항복 전압**(breakdown voltage)이라 불리는 한계치까지 견딜 수 있으며, 이다음에는 역방향전류가 급작스럽게 증가하게 되어 다이오드가 망가져 버린다. 다음 3.3.4절에서는 특별한 응용에 사용될 수 있는 역방향바이어스 영역을 이용하여 설계된 다이오드, 즉 제너다이오드(zener diodes)라 불리는 것을 볼 것이다.

다이오드 회로를 해석할 때에는 이상 다이오드인지 실제 다이오드 모델을 가정할지 분명히 해야 한다. 이 교재에서는 다이오드의 전류-전압 지수식으로 모델링되는 실제 다이오드 모델을 사용하지 않는다. 이상 다이오드는 순방향바이어스에서는 다이오드를 단락회로(short circuit)로, 역방향에서는 열린 회로(open circuit)로 대체할 수 있다고 가정한다. 근사 다이오드에서는 순방향에서는 0.7 V 전압강하를 갖고, 역방향에서는 열린 회로라 가정할 수 있다. 교재에서 어떤 모델의 다이오드를 사용했는지 따로 설명하지 않는 경우에는 '실제' 다이오드 모델을 가정한다.

다이오드는 교류 신호의 양수 또는 음수의 반만 통과시키는 데 유용하며 이와 같은 과정을 정류(rectification)라 부른다. 예제 3.1은 반파정류라 불리는 간단한 이상 다이오드 회로를 어떻게 분석하는지를 보여준다. 정류 회로는 전자와 컴퓨터 회로 등을 위해 교류전원을 직류로 변환하는 전원공급장치의 설계에 사용된다.

다이오드를 구분하는 중요한 규격은 다이오드에 통과할 수 있는 최대 전류와 항복이 일어나기 전까지 허용될 수 있는 최대의 역방향 전압이다. 보통 순간적인 서지(surge) 전류와 평균 전류 모두 표시되어 있으며, 그 값은 회로가 이러한 제한값을 초과하지 못하도록 계산된다. 또한 회로에서 역방향바이어스 전압이 특정한 항복 전압값을 초과하지 않는지 확인해야 한다. 정류기와 파워 다이오드(power diodes)는 아주 큰 전류를 통할 수 있다. 접합에서 생기는 열을 방출하기 위한 방열판(heat sink)에 결합하기 편리하도록 볼트처럼 생긴 패키지로 설계된 것도 있다. 다이오드는 on과 off 사이를 스위칭하기 위해 나노초(nanosecond) 정도의 시간이 필요하다. 이 스위칭 시간은 대부분의 응용에서 충분히 빠르지만, 고속의 회로를 설계할 때는 제한 사항이 될 수 있다.

예제 3.1 **이상 다이오드를 가정한 반파정류 회로**

다이오드를 포함한 다음 회로에 대해 사인파 입력이 V_{in}일 때 출력전압 V_{out}을 구하는 방법을 설명하고자 한다.

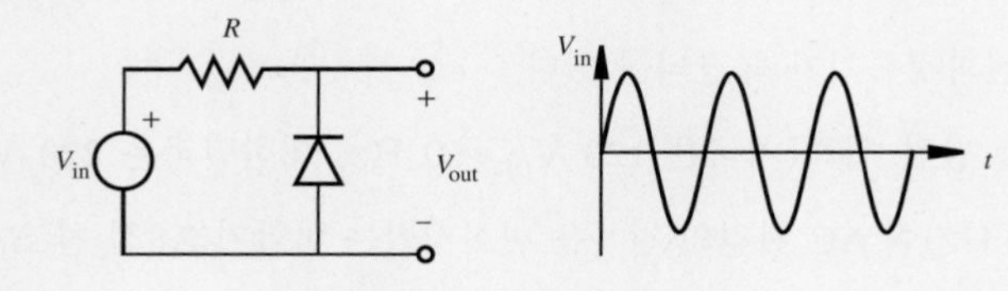

다이오드는 비선형이기 때문에 이 문제를 풀기 위한 올바른 접근은 $V_{in}>0$일 때와 $V_{in}<0$일 때의 응답을 개별적으로 분석하는 것이다. V_{in}이 양수일 때 다이오드는 역방향바이어스가 되어 열린 회로와 같게 된다. 따라서 저항에는 전류가 흐르지 않고 출력 V_{out}은 V_{in}과 같다. V_{in}이 음수일 때 다이오드는 순방향바이어스가 되어서 단락회로와 같다. 그러므로 다이오드 양단에는 전압강하가 없으며 V_{out}이 0 V가 된다. 결과적인 출력파형은 사인파에서 양수 쪽을 취하고 음수는 버린 것과 같다(다음 그림 참조). 반쪽의 양수파형만이 남아 있기 때문에 이 회로를 **반파정류기**(half-wave rectifier)라 한다. 3.3.1절에서 전파정류기를 다룬다.

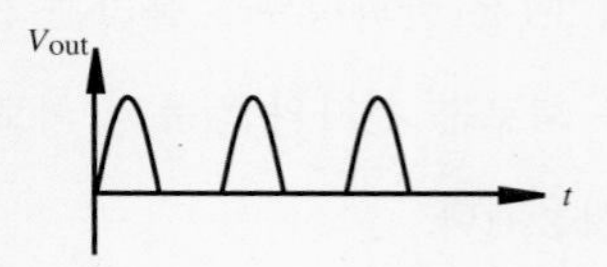

수업토론주제 3.1 반파정류기에서 실제 실리콘 다이오드

예제 3.1에서 다이오드가 이상적이라고 가정했다. 실제 다이오드에 대한 근사치는 순방향에 0.7 V가 필요하다고 가정한다. 그림 3.6에서 점선으로 표시된 전류와 전압의 관계를 사용하여 반파정류기의 출력이 어떻게 바뀌는지 설명하라.

3.3.1 다이오드 회로의 응용

이 절에서는 흔하면서도 유용하게 사용되는 다이오드 회로를 다양하게 설명한다. 첫 번째 예는, 그림 3.7에 보이는 것처럼 교류전원을 직류전원으로 변환시키는 **전파정류기**(full-wave bridge rectifier)이다. 정류기는 매우 중요한 회로 중의 하나로서, 교류전원을 사용하면서도 디지털회로와 마이크로컨트롤러를 가지고 있는 거의 모든 메카트로닉 시스템(컴퓨터, 전화기 등)에 사용된다. 이유는 가정으로 공급되는 전원은 교류인데, 이러한 기기가 실제 작동을 하려면 직류전원이 필요하기 때문이다. AC 어댑터, DC 파워서플라이, 충전기 등 AC 전원을 사용하는 모든 DC 기기에는 전파정류기가 내장되어 있다.

그림 3.7은 AC 전원 입력(미국은 120 V_{rms} 60 Hz, 대한민국은 220 V_{rms} 60 Hz, 유럽은 220~230 V_{rms}, 50 Hz)이 AC 전원의 진폭을 변화시키는 변압기(2.8절 참조)를 이용하여 전압을 낮춘 후에 정류기를 거쳐 DC 전원으로 변환하는 과정이다. DC 전압은 AC 전압보다 낮은 크

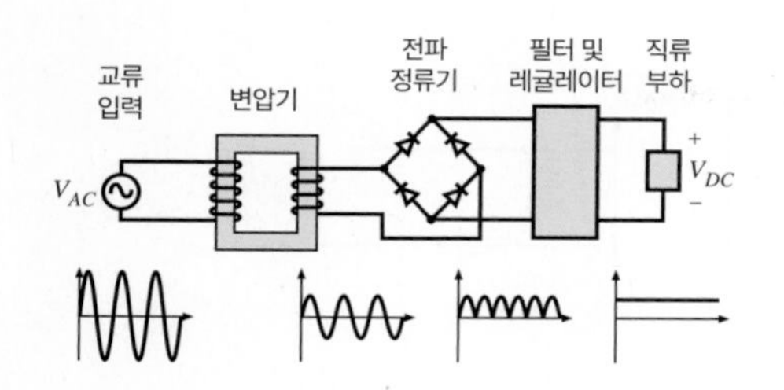

그림 3.7 전파정류기를 이용한 AC-DC 변환

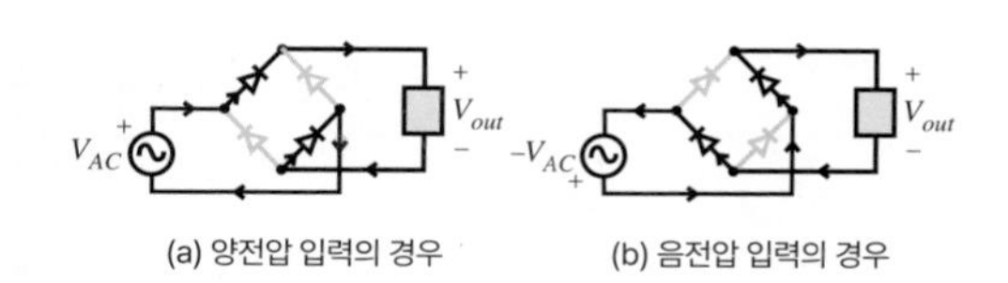

그림 3.8 전파정류기의 작동

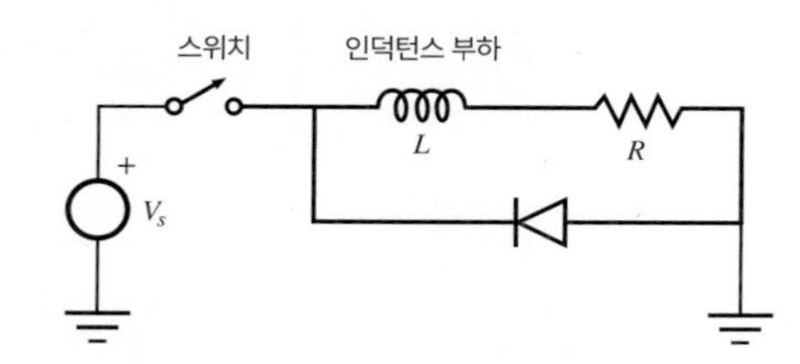

그림 3.9 인덕턴스 부하 플라이백 보호

기의 값으로 설계해야만 한다. AC 전압 중 음의 값의 전압을 모두 걸러내 버리는 예제 3.1에서 소개한 반파정류기와 달리 전파정류기는 음의 값을 갖는 파형을 반전시켜서 모든 신호가 남아 있도록 한다. 정류를 포함한 교류를 직류로 바꾸는 전체 과정은 그림 3.7의 아래쪽의 신호파형으로 잘 도시되어 있다. 필터와 전압 레귤레이터는 정류된 신호를 더 뚜렷하고 안정되게 만드는 역할을 한다. 필터에 관한 내용은 4.4절, 전압 레귤레이터는 3.3.4절과 3.3.5절에서 다룬다.

그림 3.8은 전파정류기가 어떻게 작동하는지를 보여준다. 그림 3.8a에 이상 다이오드가 있다고 가정하면, AC 입력값이 양의 값일 때는 전류는 좌상단과 우하단에 위치한 다이오드로만 흐를 것이며 출력전압은 입력전압과 같을 수밖에 없다($V_{\text{out}} = V_{AC}$). 그림 3.8b에 도시된 바와 같이 AC 입력전압이 음의 값으로 바뀌면 이 경우 순방향바이어스는 좌하, 우상 두 다이오드로만 전류를 흐르게 하며 그 결과 출력전압은 입력전압의 반전값이 될 것이다($V_{\text{out}} = -V_{AC}$).

그림 3.9는 또 다른 매우 중요한 다이오드 회로인데, 인덕턴스를 가진 부하가 전원이 꺼질 때 나타나는 스위치에서의 아크(arc)나 전압이나 전류가 순간적으로 튀는 스파이크로부터 보호하는 것을 목적으로 한다. 이러한 목적으로 사용되는 다이오드를 **플라이백 다이오드**(flyback diode, kickback diode 또는 snubber diode)라 부른다. 그림에서 스위치는 트랜지스터나 릴레이가 될 수도 있고, 인덕턴스를 갖는 부하는 인덕터, 모터코일, 솔레노이드, 릴레이 등과 같이 코일로 인한 인덕턴스를 갖는 소자이다. 그림 3.10은 왜 다이오드가 필요한지를 보여주는데,

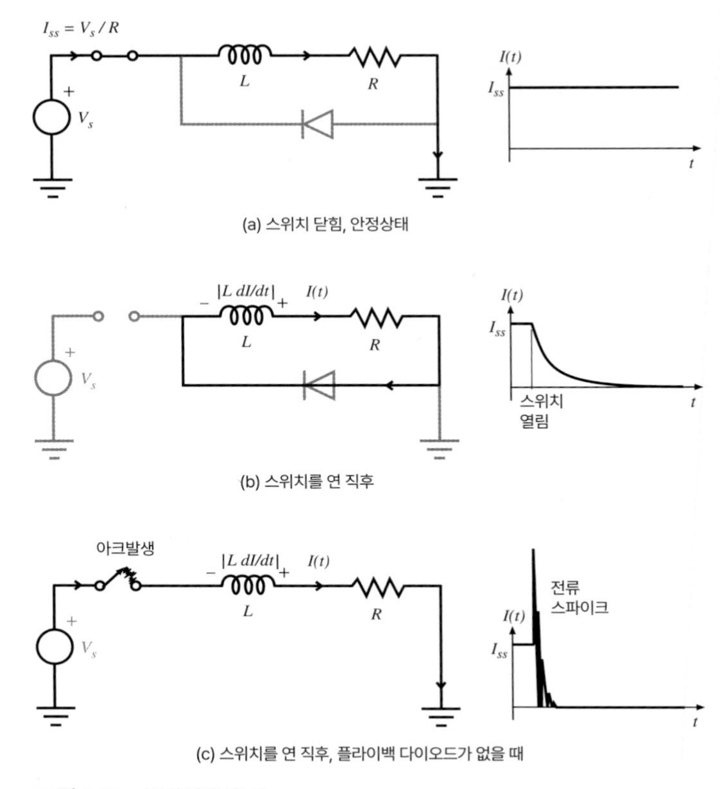

그림 3.10 플라이백 현상

그림 3.10a는 스위치가 닫혔을 때 안정적인 전류가 흐르는 것을 보여준다($I_{ss}=V_s/R$). 안정적인 상태에서 인덕터는 저항이 0인 닫힌 회로이다. 하지만 인덕터는 전류가 변화하는 동안에 전압을 발생시키며, 발생되는 전압의 크기는 전류의 변화에 비례한다($V=L\ dI/dt$). 또한 스위치가 열릴 때 전류는 즉각 멈추지 않는데, 그 이유는 그림 3.10b에 도시된 것처럼 인덕터가 전압을 내보내는 데 순방향바이어스에 의해 플라이백루프(flyback loop)를 따라 흐르게 되기 때문이다. 이때 전류는 점진적이지만 어느 정도 빠르게 소모된다(저항과 인덕터를 이용하는 1차 시스템의 이론은 4장에서 다룬다).

그림 3.10c는 플라이백 다이오드가 없을 때 일어나는 일을 보여준다. 스위치가 처음에 열리면 더 이상 회로에 전도가 가능한 길이 없으므로 전류는 빠르게 감소하려고 한다. 하지만 인덕터에 저장된 자기에너지도 어딘가로 흘러가야 하므로 인덕터에서는 전류 변화의 반대방향으로 매우 큰 전압을 발생시키게 된다. 이 효과를 **인덕티브킥**(inductive kick)이라고 부른다. 전압이 매우 높을 경우, 닫혔던 스위치를 여는 순간 가까운 접촉단자 사이에서는 아크방전이 발생하게

된다. 그림 3.10c에 도시된 바와 같이 아크는 랜덤하면서도 매우 짧은 시간 동안 크게 변할 수 있다. 아크로 인한 스파이크 전류는 정상적인 전류보다 엄청나게 크기 때문에 많은 on-off 소자와 연결된 스위치에 손상을 입힘으로써 연결된 다른 소자에도 악영향을 미치게 된다. 특히 급격히 변하는 스파이크는 주변의 자기장 변화를 유도하여 전자기간섭(EMI)을 일으키므로 주변 회로에도 나쁜 영향을 미치게 된다(2.10.6절 참조). 전류 스파이크는 전압공급이나 접지에도 왜란(disturbance)을 일으킬 수 있다.

플라이백 보호를 위해 다이오드를 선택할 때에는 최대허용전류의 크기가 안정상태의 전류의 크기를 충분히 감당할 수 있을 만큼 큰지 확실히 확인해야 한다. 이는 다이오드가 순방향, 역방향 조건을 빠르게 전환하는 데도 도움을 주고 플라이백 보호도 최대한 빠르게 활성화한다.

수업토론주제 3.2 다이오드 클램프

아래 회로는 민감한 회로로 흘러가는 전압의 크기를 제한하기 때문에 **다이오드 클램프**(diode clamp)라고 불린다. 회로의 입력임피던스가 매우 크다고 가정할 경우에 입력전압(V_{in})이 변할 때 민감회로로 들어가는 출력전압(V_{out})이 클램프전압(V_{clamp})에 따라 어떻게 변화하는지 논의하라.

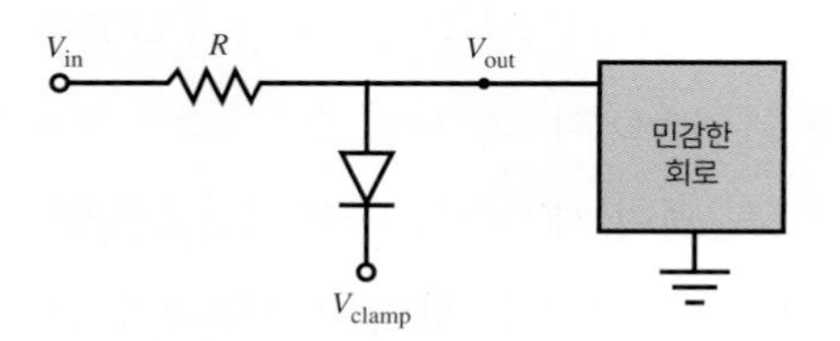

수업토론주제 3.3 피크감지기

아래의 회로는 **피크감지기**(peak detector) 회로이다. 시간에 따라 변화하는 신호 V_{in}이 입력으로 주어질 때 출력 V_{out}은 입력신호의 최대 양수값을 유지하게 된다. 어떤 조건하에서 커패시터가 충전되는가? 임의의 입력신호가 주어졌을 때 결과적인 이상 출력을 그려보자. 커패시터가 일부 '누설(leaky)'되는, 즉 커패시터의 전하가 서서히 소비되는 실제 회로에서는 어떠한 비이상적인 거동이 예상되는가? '실제'(비이상적인) 커패시터에서 예상되는 V_{out}을 그려라.

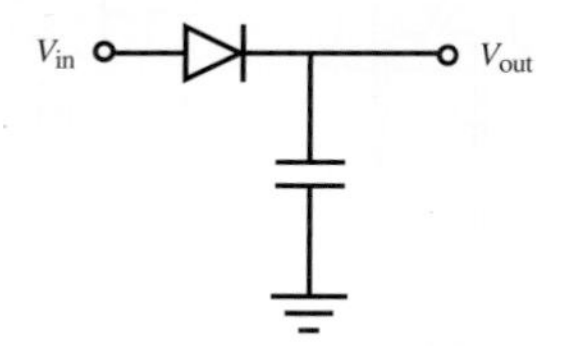

Lab 4 주파수 대역, 필터, 다이오드

실습문제 Lab 4는 다이오드를 소개하고 실제 회로에서 이들이 어떻게 사용되는지를 소개한다. 또한 이 실습을 통해 신호용 다이오드와 발광다이오드(LED)의 차이를 보여준다.

3.3.2 광다이오드

발광다이오드(LED, light-emitting diodes)는 순방향바이어스일 때 광자를 방출하는 다이오드이다. 일반적인 LED와 기호가 그림 3.11에 나타나 있다. 양극 또는 애노드는 두 리드선 중에 긴 쪽이다. LED는 다이오드에 의해 생성되는 파장의 빛을 향상시키는 색깔 있는 플라스틱 재질 속에 들어 있으며, 때때로 빛을 집속시켜 빔으로 만들기도 한다.

빛의 조도는 흐르는 전류의 양과 관계가 있다. LED는 다양한 색깔로 제품이 만들어지지만 빨강, 노랑, 초록색이 가장 일반적이며 그 이외의 색깔을 가지는 다이오드는 가격이 비싸다. LED는 순방향바이어스일 때 실리콘 다이오드보다 다소 큰 1.5~2.5 V의 전압강하를 가진다는 것에 주의해야 한다.

다이오드를 켜기 위해서는 아주 작은 밀리암페어의 전류가 필요하다. 회로에 사용할 때는 갑작스런 과전류로 인해 다이오드가 파괴되는 것을 방지하기 위해 전류를 제한하는 저항을 직렬로 연결시키는 것이 중요하다. 5 V 디지털 회로 설계에서 LED와 직렬로 보통 330 Ω 저항이 사용된다. 그림 3.12는 전형적인 LED 회로를 나타낸다. 전류는 9 mA(3 V/330 Ω)로 제한되어 있으나 LED를 구동하는 데 충분하며, 대부분의 LED 생산업체에서 제시하는 전류제한값 내에 든다. 실습문제 Lab 4는 LED 회로를 만드는 법과 LED를 동작시키는 데 필요한 순방향바이어스 전압과 전류를 보여준다.

앞서 언급한 것과 같이 pn접합은 빛에 민감하다. **광다이오드**(photodiodes)는 이와 같은 성질을 이용하여 광자를 감지하기 위해 설계된 것이며, 보통 저항과 연결하여 그림 3.13에 보이는 것처럼 빛을 감지하는 회로에 사용된다. 빛을 감지할 때 다이오드에 흐르는 전류는 역방향

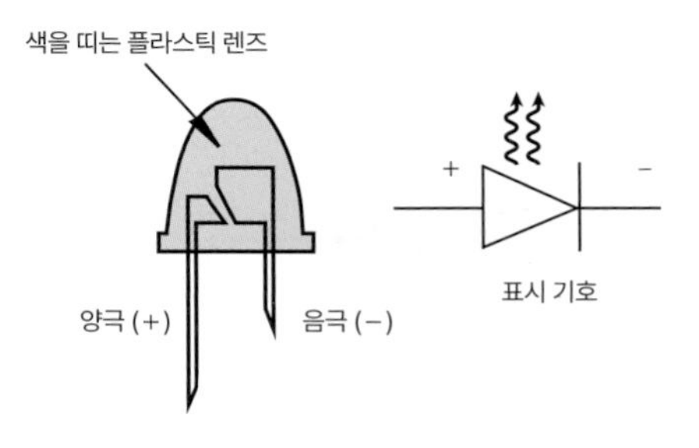

그림 3.11 발광다이오드(LED)

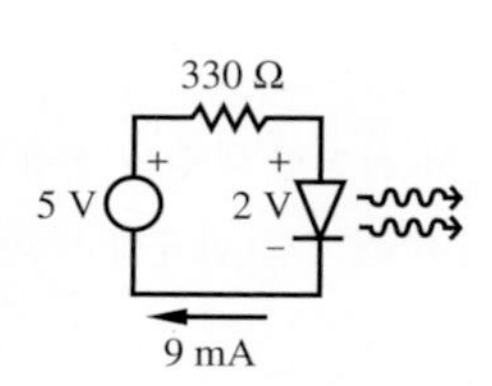

그림 3.12 디지털 시스템에서 사용되는 전형적인 LED 회로

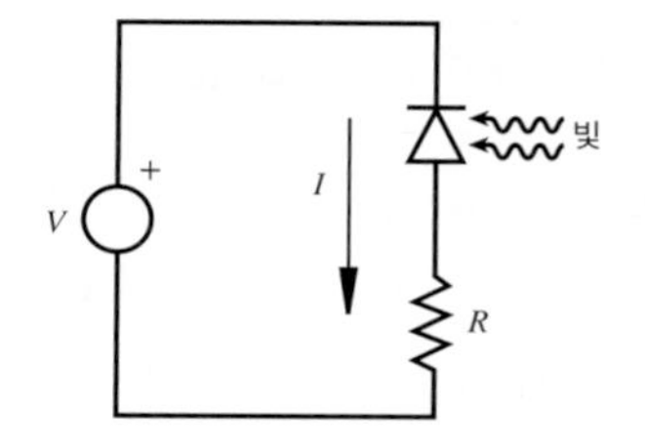

그림 3.13 광다이오드의 빛 감지 회로

이 되는 것에 주의해야 한다. 이러한 디바이스에서 감지할 만한 전압을 얻기 위해서는 상당히 많은 광자가 필요하다. 광트랜지스터(3.4.6절 참조)는 비록 응답이 느릴지라도 더 민감한 소자이다. 광다이오드의 원리는 양자역학에 근거한다. 만약에 광자가 역방향바이어스된 pn접합에서 캐리어를 자극하면 광도에 비례하는 아주 적은 전류가 흐른다. 이러한 민감도는 빛의 파장에 영향을 받는다.

3.3.3 다이오드 회로 해석

대부분은 다이오드가 하나인 회로를 해석하지만, 때로 여러 개의 다이오드를 포함한 회로를 설계할 때가 있을 것이다. 다이오드는 비선형 소자이기 때문에 앞에서 설명한 선형회로 분석방법을 적용하는 데 주의해야 한다.

여러 개의 다이오드를 포함하는 직류 회로는 해석하기가 쉽지 않을 수 있다. 다음 과정은 이러한 회로에서 전압과 전류를 결정하는 직접적인 방법이다. 첫째, 각 회로 소자에서 전류의 방향을 가정한다. 가정한 전류가 역방향바이어스 쪽이면 각 다이오드를 열린 회로로 대체하고, 순방향바이어스 쪽이라면 단락회로로 대체한다. 그다음에 KVL과 KCL을 사용하여 회로에서 전압강하와 전류를 계산한다. 만약에 계산된 전류의 부호가 가정된 전류의 방향에 반대라면 가정이 잘못되었고 방향을 바꾸고 회로를 다시 분석해야 한다. 가정된 것과 계산된 전압과 전류 사이에 불일치가 없을 때까지 서로 다른 전류 방향의 조합을 가지고 이 과정을 반복한다.

앞의 해석 과정과 예제에서는 다이오드가 순방향바이어스일 때 순방향바이어스 전압이 0인 단락회로로 대체할 수 있다고 가정했었다. 실제 다이오드를 정확하게 모델링하기 위해서는 이 과정을 보완해야 한다. 순방향바이어스 전압에 대해서는 다이오드를 단락회로로 대체하는 대신 다이오드의 순방향바이어스 전압과 같은 작은 전압으로서 대체해야만 할 것이다(예: 실리콘 다이오드에서는 0.7 V).

예제 3.2 **다이오드가 하나 이상인 회로 분석**

이 예제는 두 개의 이상 다이오드를 포함하는 회로에 대해 앞에서 설명한 과정을 적용한 것을 보여준다. 아래의 회로에서 전류와 전압을 구해보고자 한다. 보여진 것처럼 전류의 방향을 임시로 가정하면서 시작한다.

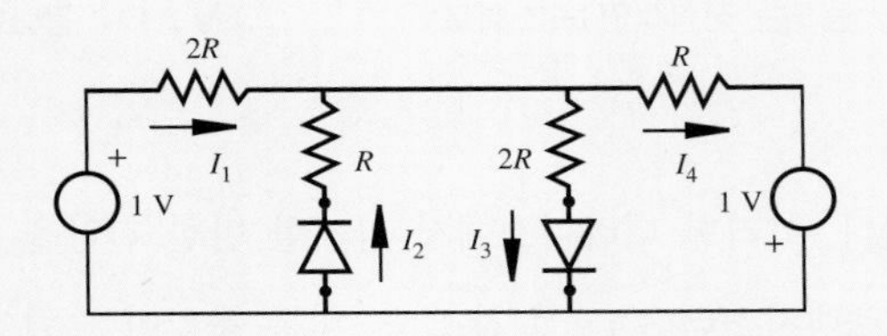

각 다이오드가 순방향바이어스로 가정되었으므로 전류의 방향을 가정한 채로 각 다이오드를 단락시킨다. 등가회로가 아래에 나와 있다.

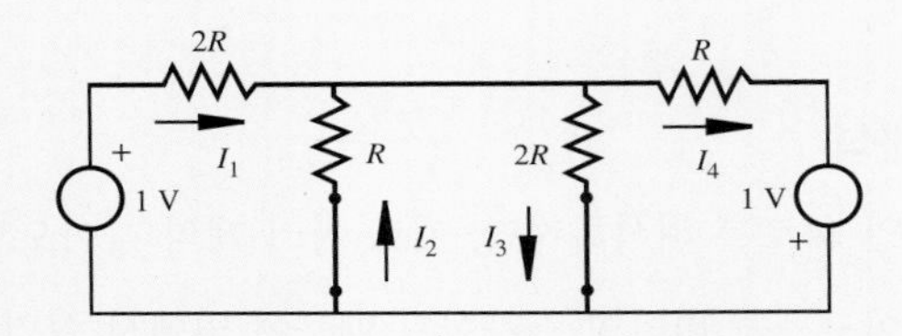

I_2와 I_3를 포함하는 루프에 KVL을 적용하여 $I_2 = -2I_3$를 구한다. 전류의 방향 중에서 하나가 잘못 가정되었다는 것을 알 수 있다. 그러므로 초기 가정의 하나를 바꿀 필요가 있다. I_2가 첫 번째 선택된 것과 반대방향이라고 가정하자. 이러한 가정으로 인해 역방향바이어스이므로 다이오드가 열린 회로로 대체되어야 한다. 동등한 회로가 아래에 나타나 있다.

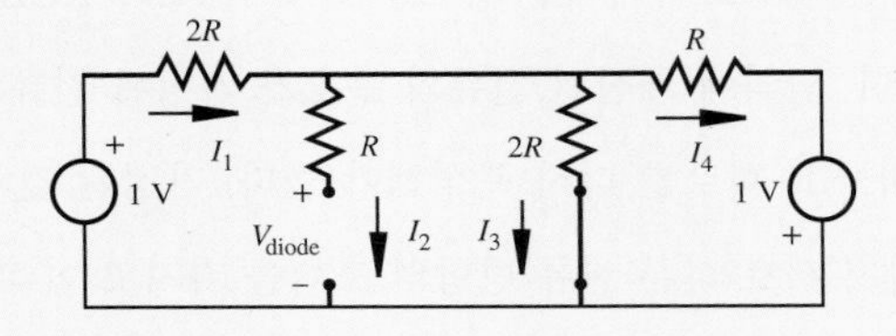

이 회로에서 $I_2 = 0$이고 V_{diode}는 다이오드에 걸리는 전압이다. I_3와 I_4를 포함하는 루프에 KVL을 적용하면 결과는 $I_3 < 0$이다. 그러므로 I_3에 대해 가정된 방향은 틀리다. I_3의 방향을 바꾸고 다이오드를 열린 회로로 대체해야 한다. 결과적인 회로는 아래에 나타나 있다.

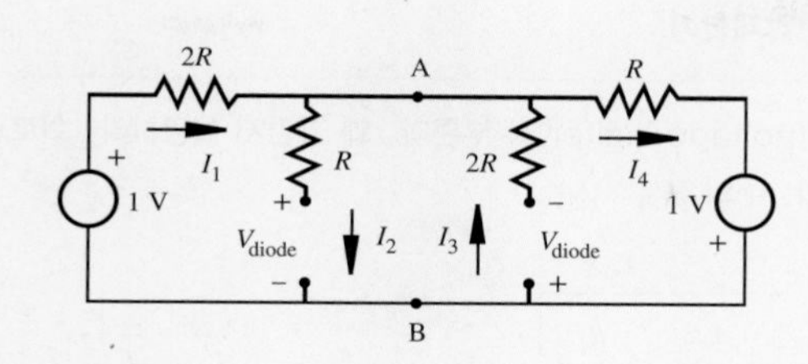

I_2와 I_3는 이 회로에서 둘 다 0이고 각 다이오드는 0이 아닌 전압을 가지고 있다. 노드 A에서 전압은 노드 B에 대해 양수이므로 오른쪽 다이오드에 대해 가정된 바이어스는 옳지 않다. 그 다이오드 전류는 0이 된다고 가정했기 때문에 다이오드-브랜치(branch) 저항 간에 하강은 없을 것이다. 그러므로 각 다이오드 간에 전압은 같은 값(크기와 극성)이 필요할 것이다. 이것은 이 회로를 위한 방식은 아니다. 그래서 가정된 전류 방향은 맞지 않다. 그러므로 우리가 지금까지 조사하지 않았던 유일한 조합인 전류의 방향에 대한 선택을 아래 그림처럼 고려해 보자.

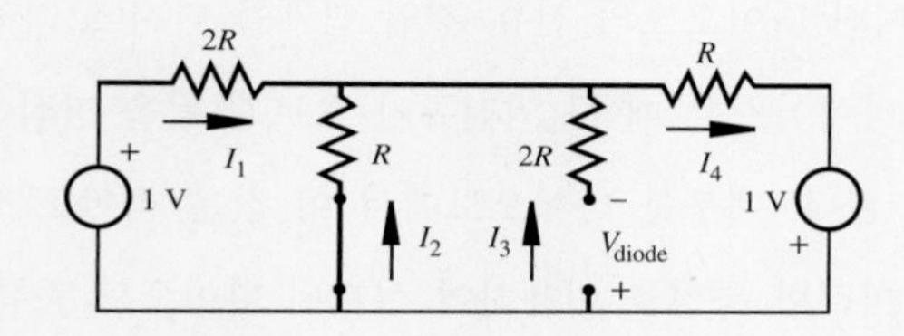

이 회로를 분석하면(연습문제 3.10) 가정한 것처럼 $I_2 > 0$이고 $V_{diode} > 0$을 구할 수 있다. 그러므로 불일치가 없고 올바른 결과를 얻을 수 있다.

이러한 예제에서 다이오드의 바이어스에 대한 가능한 모든 조합을 힘들게 분석했다. 만약에 운이나 축적된 경험으로 일찍 맞는 조합을 선택했다면 분석 과정을 많이 줄일 수 있었을 것이다.

수업토론주제 3.4 전압제한기

아래의 회로는 **전압제한기**(voltage limiter)라 부른다. 왜 그런지 설명하라. 회로의 작동을 설명할 수 있는 입력과 출력 파형을 그려보라. 주의: $V_H > V_L$.

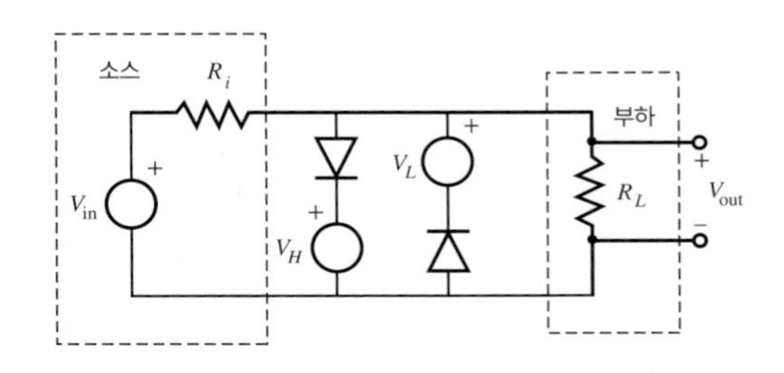

3.3.4 제너다이오드

3.3절의 그림 3.6에 보여진 다이오드의 전류-전압 관계를 다시 고려해 보자. 다이오드가 충분히 큰 전압으로 역방향바이어스될 때 큰 역전류가 흐르게 됨을 명심하자. 이것을 다이오드 **항복**(breakdown)이라고 한다. 대부분 다이오드에서 이 값은 적어도 50 V 이상이고 킬로볼트(kV)까지 될 수 있다. 이러한 특성을 이용하여 설계된 다이오드 종류가 있는데, **제너다이오드**(zenerdiodes) 또는 애벌랜시(avalanche) 또는 전압조절 다이오드로 알려져 있다. 이런 종류의 다이오드는 급경사의 항복곡선을 가지고 있어서 명확한 항복 전압 특성을 나타내며, 광범위한 전류값에 걸쳐 거의 일정한 전압을 유지할 수 있도록 설계되어 있다(그림 3.14 참조). 이러한 특성은 다양한 공급 전압과 변화하는 부하저항에서 안정한 직류 전압을 유지해 주므로 간단한 전압조정기를 만드는 데 유용하게 이용된다.

어떤 회로에서 제너다이오드를 올바르게 사용하기 위해서는 제너가 항복전압 또는 **제너전압**

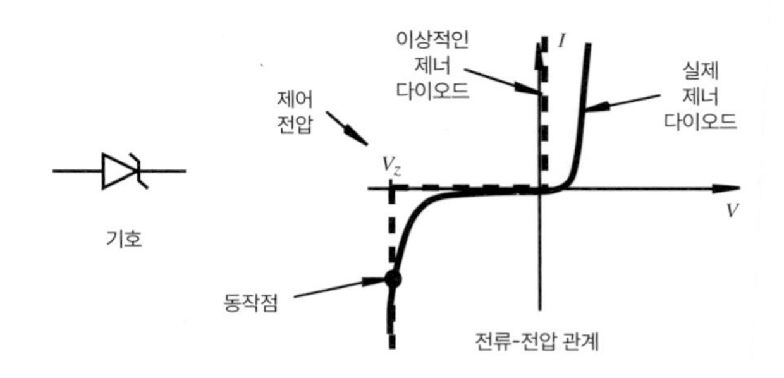

그림 3.14 제너다이오드 기호와 전류-전압의 관계

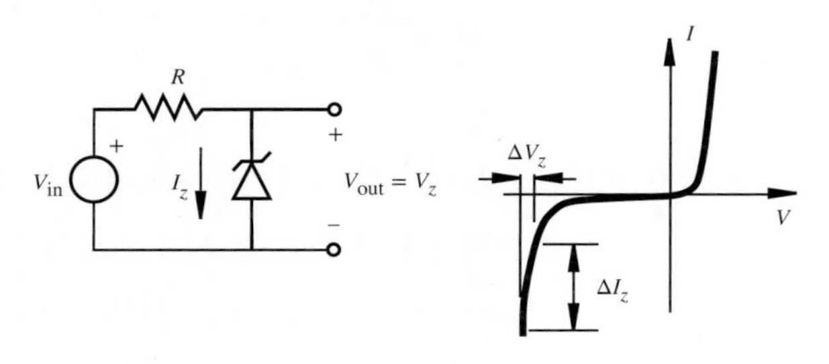

그림 3.15 제너다이오드 전압조정기

(zener voltage) V_z를 초과하는 전압으로 역방향바이어스가 유지되어야 한다. 그림 3.15에 보여진 것처럼 저항과 직렬연결된 제너다이오드를 사용하면 **전압조정기**(voltage regulator)가 된다. 이 회로의 출력전압 V_{out}은 제너다이오드에 의해 제너전압 V_z로 조정되며 유지된다. 제너다이오드를 통하는 전류가 변화할지라도(그림에서 ΔI_z) 출력전압은 상대적으로 일정하게 유지된다(ΔV_z가 작다). 전류의 변화에 대한 전압 범위의 좁은 정도가 회로의 전압조정의 척도가 된다. 입력전압과 부하의 변화가 심하지 않으면, 이 회로는 불안정한 전압으로부터 비교적 안정하고 낮은 직류 전압값을 얻는 데 효과적이다.

대부분의 응용에서 전압조정기에 부과된 부하가 시간에 따라 변화하고 전압원이 일정치 않으므로 이러한 것이 조절된 전압 V_z에 어떠한 영향을 미치는지 주의를 기울여야 한다. 그림 3.15에 나타난 회로에서 제너전류는 회로전압과 다음과 같은 관계가 있다.

$$I_z = \frac{(V_{in} - V_z)}{R} \tag{3.2}$$

전압의 변화에 대해 전류의 변화가 얼마만큼 있는지 알아보기 위해 식 (3.2)에 대해 유한미분을 취하면 다음과 같다.

$$\Delta I_z = \frac{1}{R}(\Delta V_{in} - \Delta V_z) \tag{3.3}$$

제너다이오드는 비선형 회로소자이므로 ΔV_z는 ΔI_z와 비례하지 않는다. 그렇지만 특정 작동점에서 제너 특성곡선의 기울기인 동적 저항 R_d를 정의하면 유용하게 활용될 수 있다. 이 저항은 제너전류의 변화를 제너전압의 변화 항으로 표현할 수 있게 해준다. 즉,

$$\Delta I_z = \frac{\Delta V_z}{R_d} \tag{3.4}$$

일반적으로 제조업체는 공칭 제너전류 I_{zt}와 공칭 제너전류에서 최대 동적 임피던스값을 표기한다. 제너다이오드를 사용하는 회로 설계에서 제너전류는 I_{zt}를 초과해야 한다. 그렇지 않으면 제너는 특성곡선의 '무릎(knee)' 근처에서 작동하게 되고 조정기능이 나빠진다(즉, 제너 전류의 작은 변화에 대해 큰 전압 변화가 있는 곳).

식 (3.4)를 식 (3.3)에 대입하고 ΔV_z를 풀면 조정기의 출력전압 ΔV_{out}의 변화를 전압원의 변화량 ΔV_{in}으로 표현할 수 있다.

$$\Delta V_{out} = \Delta V_z = \frac{R_d}{R_d + R}\Delta V_{in} \tag{3.5}$$

따라서 회로는 동적 저항을 가진 제너다이오드가 있는 전압분배기처럼 작동한다.

예제 3.3 **제너의 전압조정 성능**

그림 3.15에 나타낸 회로의 전압원 V_{in}의 값을 20~30 V에서 제너다이오드의 조절 성능을 결정하고자 한다. 제너다이오드는 National Semiconductor사의 제품(다른 제너전압값을 가지는) 1N4728A부터 1N4752A 시리즈 중에서 1N4744A를 선택한다. 이 제너다이오드는 15 V이고 1 W이다. 이 다이오드의 특성에 따라 R의 값을 선택하고자 한다.

최대 전력소비율을 1 W 이내로 제한하기 위해 다이오드에 흐르는 전류는 다음과 같이 제한되어야 한다.

$$I_{z_{max}} = 1\ \text{W}/15\ \text{V} = 66.7\ \text{mA}$$

그러므로 식 (3.2)를 사용하면 저항값 R을 적어도 다음과 같은 값이 되도록 선택해야 한다.

$$R_{min} = (V_{in_{max}} - V_z)/I_{z_{max}} = (30\ \text{V} - 15\ \text{V})/66.7\ \text{mA} = 225\Omega$$

이것에 가장 가까운 표준저항값은 240 Ω이다. 이 제너다이오드 생산업체의 규격표로부터 동적 저항 R_d는 17 mA에서 14 Ω이다. 이 예제에서 전류 I_z는 이 값보다 크므로 제너다이오드의 동작점은 특성곡선에서 잘 조절되는 위치에 있다. 식 (3.5)에서 주어진 R_d를 사용하면 결과적인 출력

전압의 범위를 근사적으로 설정할 수 있다.

$$\Delta V_{\text{out}} = \Delta V_z = \frac{R_d}{R_d + R}\Delta V_{\text{in}} = \frac{14}{14 + 240}(30 - 20)\text{ V} = 0.55\text{ V}$$

이것은 이 회로의 조절 성능의 척도가 된다. 상대적인 척도로서 이 값을 출력전압의 백분율로 표현하면 다음과 같다.

$$\frac{\Delta V_{\text{out}}}{V_{\text{out}}}100\% = \frac{0.55\text{ V}}{15\text{ V}}100\% = 3.7\%$$

수업토론주제 3.5 전압조정기 설계에서 부하의 영향

예제 3.2는 부하에 흐르는 전류를 무시했다. 부하가 분석결과에 어떤 영향을 미치는가?

그림 3.16은 부하저항 R_L과 제너전압 V_z를 초과하는 일정치 않은 전압원 V_{in}이 있는 간단한 전압조정 회로를 나타낸다. 이 회로의 목적은 부하에 일정한 직류전압 V_z와 해당되는 일정한 전류를 공급하는 것이다. 디지털 집적회로를 포함하는 시스템에 안정한 조절전압을 공급하는 것은 매우 흔한 일이다.

만약 제너다이오드가 이상적이라고 가정한다면(즉, 항복 전류-전압 곡선이 수직), 조정 회로에 대해 다음과 같은 결론을 내릴 수 있을 것이다. 첫째, 제너다이오드가 역항복상태에 있는 한 부하전압은 V_z가 된다. 그러므로 부하전류 I_L은 다음과 같다.

$$I_L = \frac{V_z}{R_L} \tag{3.6}$$

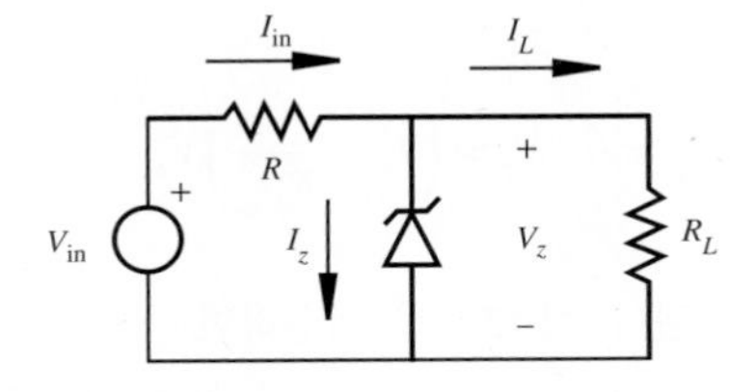

그림 3.16 제너다이오드를 이용한 전압조정기 회로

둘째, 부하전류는 조절되지 않은 입력전류 I_{in}와 제너전류 I_z의 차이이다.

$$I_L = I_{in} - I_z \tag{3.7}$$

V_z가 일정하고 부하가 변하지 않는다면 I_L은 일정하게 유지될 것이다. 즉, 다이오드 전류가 조절되지 않은 전원으로부터의 변화를 흡수하기 위해 변한다는 것이다.

셋째, 조절되지 않은 전류원 I_{in}은 다음과 같이 주어진다.

$$I_{in} = \frac{(V_{in} - V_z)}{R} \tag{3.8}$$

R은 제너다이오드에 의해 소비되는 전력을 제한하므로 전류제한저항(current-limiting resistor)이라 불린다. 만약 I_z가 너무 커지면 제너다이오드는 부서져 버릴 것이다.

설계예제 3.1 **제너다이오드를 사용한 전압조정기 설계**

한 메카트로닉스 시스템에 조절된 15 V의 직류전압을 공급하기 위해 그림 3.16에 나타낸 전압조정 회로를 설계에 사용한다고 하자. 또한 전압원으로는 공칭 전압이 24 V인 잘 조정되지 않은 것만이 있다고 가정하자.

부하 R_L이 변함에 따라 제너전류 I_z는 R_L이 커짐에 따라 증가하고 R_L이 작아지면 줄어들 것이다. 만약 부하 저항의 최대값을 알면(출력이 절대로 열린 회로가 되지 않는다고 가정하면), 전력 소비 특성에 따른 제너다이오드의 크기를 결정할 수 있고 전류제한저항을 선정할 수 있다. 식 (3.6)과 (3.7)과 부하저항 $R_{L_{max}}$의 최대값을 사용하면

$$I_{z_{max}} = \left(I_{in} - \frac{V_z}{R_{L_{max}}}\right)$$

이는 제너다이오드가 가질 수 있는 최대 전류값이다. 제너다이오드에 의한 전력소비량은

$$P_{z_{max}} = I_{z_{max}} V_z = \left(I_{in} - \frac{V_z}{R_{L_{max}}}\right) V_z$$

I_{in}은 전류제한저항 R에 의해 조절된다. 식 (3.8)을 대입하면

$$P_{z_{\max}} = \left(\frac{V_{in} - V_z}{R}\right)V_z - \frac{V_z^2}{R_{L_{\max}}}$$

또한 이 설계예제에서 $R_{L_{\max}}$는 240 Ω으로 가정하고 1 W 제너를 선택하고자 한다. 따라서

$$1\ \text{W} = \frac{24\ \text{V} - 15\ \text{V}}{R_{\min}}(15\ \text{V}) - \frac{225\ \text{V}^2}{240\Omega}$$

이제 전류제한저항 R에 필요한 최소값을 다음과 같이 설정할 수 있다.

$$R_{\min} = 69.7\Omega$$

이것과 가장 가까운 표준저항값은 75 Ω이다.

정리하면, 제너다이오드는 단일의 고전압원으로부터 작은 전압을 필요로 하는 회로를 구동하는 데 유용하다. 제너다이오드 회로를 설계할 때 제너의 전력을 제한하기 위해 적당한 전류조절저항을 선택해야 한다. 예로서 9 V 배터리에 의해 전력을 공급하고 디지털 디바이스를 구동하기 위해 양질의 5 V 직류전압을 필요로 하는 간단한 메카트로닉스 회로에서는 전류 필요량이 적당하다면 잘 설계된 제너조정기가 저렴하고 효과적인 해결책이 될 수 있을 것이다.

3.3.5 전압조정기

제너다이오드 전압조정기가 값이 저렴하고 사용하기 간단하다 할지라도 몇 가지 문제가 있다. 출력전압이 정확한 값으로 설정될 수 없고, 소스리플과 부하의 변화에 따른 조절이 제한된다는 것이다. 특별한 반도체 소자가 전압조정기용으로 사용되도록 설계된 것이 있는데, 어떤 것은 고정된 양수 또는 음수 전압치를 가지고 있고, 또 어떤 것은 원하는 값을 쉽게 조절할 수 있도록 되어 있는 것도 있다. 사용하기 편리한 전압조정기의 한 부류는 세 개의 단자를 가진 조정기로 78XX로 표기되어 있는데 마지막 XX는 표준 전압값: 5(05), 12 또는 15 V를 나타낸다. LM7815C와 같은 조정기(레귤레이터)를 사용한다면 그림 3.17과 같이 잘 조절된 15 V 소스를 쉽게 만들 수 있다(상세정보는 7.10.2절 참조).

설계예제 3.1(수업토론주제 3.6)에서 보여준 제너 전압조정기 대신 이 회로를 이용할 수 있

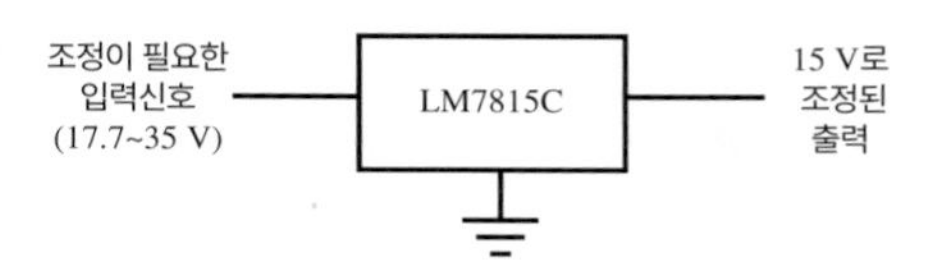

그림 3.17 15 V로 조정된 직류공급기

다. 78XX는 1 A의 전류를 공급할 수 있고 과부하에 대해 내부적으로 보호되어 있다. 이 소자를 사용하면 설계자는 제너다이오드 전압조정기에 필요한 계산을 할 필요가 없다. 전압조정기의 78XX 시리즈는 +/− 전압공급 설계를 위한 보조의 79XX 시리즈를 가지고 있다.

수업토론주제 3.6 78XX 시리즈 전압조정기

설계예제 3.1에서 원하는 직류전압을 위해 제너다이오드를 사용했다. 여기서는 78XX 전압조정기를 이용하여 같은 기능을 구현해 보자. 전압조정기를 선택하고 그 특성에 대해 설명하라.

어떤 경우에는 상용규격에 의해 제공되지 않는 전압원이 필요하다. 이때는 외부저항을 더함으로써 전압이 조절될 수 있도록 설계된 단자가 세 개인 조정기를 사용할 수 있다. LM317L은 그림 3.18에서 보여진 것처럼 두 개의 외부저항을 더함으로써 가변하는 출력을 제공할 수 있다. 출력전압은 다음과 같이 주어진다.

$$V_{\text{out}} = 1.25\left(1 + \frac{R_2}{R_1}\right)\text{V} \tag{3.9}$$

높은 전류와 전압에 사용될 수 있는 가변조정기도 있다.

단자가 셋인 전압조정기는 정확하고, 입력 리플을 없애주며, 전압스파이크를 제거할 수 있으

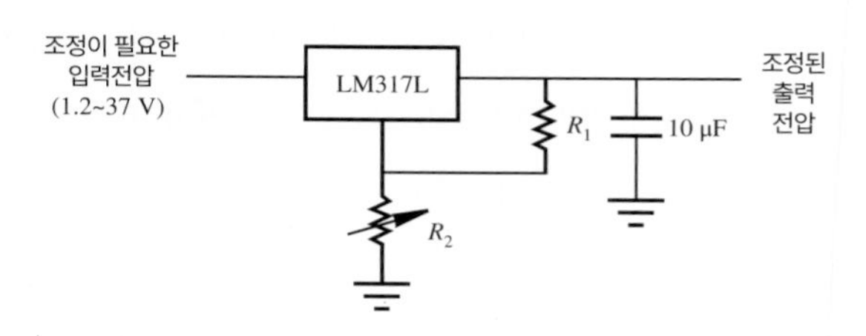

그림 3.18 1.2~37 V 가변조정기

며, 대략 0.1% 정도의 조절능력을 가지고 있다. 또한 매우 안정적이어서 메카트로닉스 시스템 설계에 아주 유용하게 사용될 수 있다.

수업토론주제 3.7 자동차 충전시스템

일반적인 자동차는 엔진 속도에 따라 주파수와 전압이 변하는 벨트 구동 교류 발전기에 의해 충전되는 배터리로 이루어진 12 V 직류전기 시스템을 가지고 있다. 발전기와 배터리 사이에 어떤 종류의 신호 조정 회로가 있어야 하고, 이들은 어떻게 역할을 수행하겠는가?

3.4 바이폴라 정션 트랜지스터

바이폴라 정션 트랜지스터는 전자시대(electronic age), 집적회로, 궁극적으로 디지털 세계로 이르게 하는 뛰어난 발명품이었다. 트랜지스터는 실제적으로 우리 삶의 모든 것을 채우며 혁신적으로 변화시켜 왔다. 이번 절에서는 트랜지스터의 기능을 이해하는 데 필요한 물리적 기초부터 살펴본다. 그러고 나서 중요한 응용회로를 구성하기 위해 트랜지스터가 어떻게 사용될 수 있는지 살펴본다.

3.4.1 바이폴라 트랜지스터의 물리적 특성

앞에서 반도체 다이오드는 각각의 리드선을 가진 n-형과 p-형 실리콘의 접합으로 구성되었음을 배웠다. 이와는 대조적으로 **바이폴라 정션 트랜지스터**(BJT, bipolar junction transistor)는 각각이 외부 리드선으로 연결된 세 개의 실리콘 영역으로 되어 있다. 두 가지 형태의 BJT가 있다: npn과 pnp 트랜지스터. 가장 일반적인 형태가 npn BJT인데, 자세히 배우고 예를 들어가며 논의한다. 그림 3.19에서 보여지듯이 얇은 p-형 실리콘이 n-형 실리콘의 두 층 사이에 껴 있는 형태이다. 세 개의 리드선은 세 개의 영역에 연결되어 있으며, 각각은 **컬렉터**(collector), **베이스**(base), **에미터**(emitter)라 불린다. 컬렉터와 에미터는 바꿔 사용할 수 없기 때문에 그림 3.19에서 굵은 글씨로 **n**을 표시했는데, 에미터의 n-형 실리콘은 컬렉터보다 더 많은 불순물이 첨가되었다. 또한 회로 도식 기호가 정의되고 명시된 전류, 전압과 함께 그림에 나타나 있다. pnp BJT의 구조, 기호, 표기가 그림 3.20에 나와 있다. 이 절에서는 그림 3.19의 npn 바이폴라 정션 트랜지스터에 초점을 맞춘다.

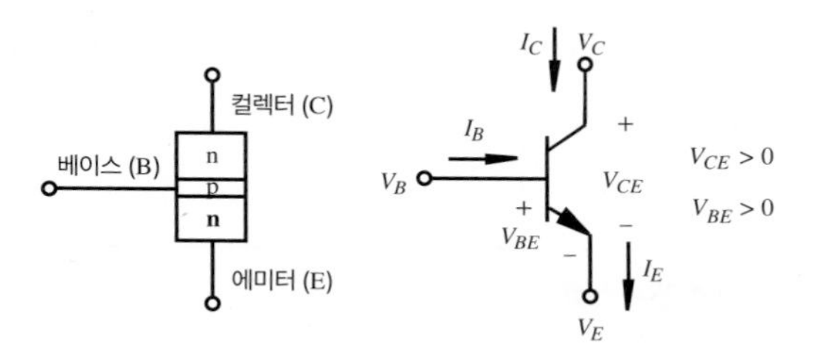

그림 3.19 npn 바이폴라 정션 트랜지스터

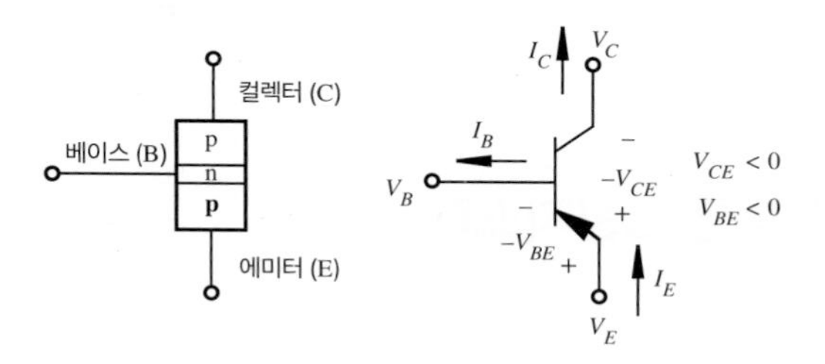

그림 3.20 pnp 바이폴라 정션 트랜지스터

V_{CE}는 컬렉터와 에미터 사이의 전압이고 V_{BE}는 베이스와 에미터 사이의 전압이다. 트랜지스터 전류와 전압의 관계는 다음과 같다.

$$I_E = I_C + I_B \tag{3.10}$$

$$V_{BE} = V_B - V_E \tag{3.11}$$

$$V_{CE} = V_C - V_E \tag{3.12}$$

npn BJT에서 베이스–에미터 pn접합은 순방향바이어스이다(V_{BE}=0.7 V, $V_B = V_E + 0.7$ V). 이럴 때 작은 베이스 전류($I_B << I_C$)를 가지며 큰 컬렉터 전류가 흐를 수 있고($I_C > 0$), 컬렉터-에미터 회로($V_E = V_C - V_{CE}$) 사이에서 작은 전압강하가 있을 것이다. npn 트랜지스터에서 에미터-베이스 pn접합은 반드시 순방향바이어스여야 한다($V_{BE} = -0.7$ V, 따라서 $V_B = V_E - 0.7$ V). 이 원리에 의해 작은 베이스 전류를 이용하여 큰 컬렉터 전류를 발생시킬 수 있다.

npn BJT가 어떻게 작동하는지를 이해하기 위해 베이스-에미터 접합을 고려해 보자. 이 접합은 순방향바이어스이기 때문에($V_B = V_E + 0.7$ V) 전자는 에미터 n-형 영역에서 베이스의 p-형 영역으로 이동한다. 베이스-컬렉터 접합은 역방향바이어스이기 때문에($V_B < V_C + 0.7$ V) 베

이스 영역에서부터 컬렉터 영역으로 전자의 흐름을 방해하는 공핍층이 생긴다. 그러나 베이스 영역이 매우 얇게 만들어졌고 에미터의 n-형 영역이 베이스보다 더 많은 불순물이 첨가되었기 때문에 에미터로부터의 대부분의 전자는 베이스 영역에서 정공을 다시 결합시킬 필요 없이 컬렉터 영역 쪽으로 공핍층을 지날 수 있는 충분한 운동량을 가지고 베이스 영역을 통과하며 가속한다. 통상적인 전류는 전자의 운동에 반대방향이라는 것을 기억하면서 결과는 작은 베이스 전류 I_B가 베이스로부터 에미터로 흐르며 큰 전류 I_C는 컬렉터로부터 에미터로 흐른다. 더 작은 베이스 전류가 더 큰 컬렉터 전류를 조절하게 되며, 바이폴라 정션 트랜지스터(BJT)의 기능은 전류 증폭기라 할 수 있다. 이러한 특성은 다음 방정식으로 근사적으로 설명될 수 있다.

$$I_C = \beta I_B \tag{3.13}$$

위 식은 컬렉터 전류는 트랜지스터에서 **베타**(beta, β)로 알려진 증폭 이득과 베이스 전류를 곱한 값에 비례함을 말한다. 제조업체들은 종종 β 대신 h_{FE}를 사용한다. 일반적으로 BJT는 베타의 값이 100 정도이지만, 트랜지스터 사이에서 일정치는 않다. 또한 베타의 값은 온도와 전압에 따라 변화한다. 그러므로 특별한 트랜지스터 회로는 설계할 때 정확한 관계를 가정할 수 없다.

비디오 데모 3.3은 p-n접합 다이오드와 BJT가 어떻게 작동하는지에 관한 반도체 물리를 아주 잘 설명하고 도시한다. 지금까지 교재에서의 설명이 불분명한 부분이 있다면, 반드시 이 비디오를 참고하길 바란다.

비디오 데모
3.3 트랜지스터의 작동

BJT의 베이스-컬렉터 전류 특성 때문에 전류를 증폭하거나 on/off로 전류를 스위칭할 수 있다. 이러한 on/off 스위칭은 두 가지 상태의 이진수(binary) 표현을 쉽게 나타낼 수 있기 때문에 대부분의 디지털 컴퓨터의 기본이 된다. 메카트로닉스 응용에서는 증폭기 설계보다는 주로 스위칭에 중점을 둔다. 증폭기 설계는 BJT의 더 깊은 학습을 요구하며 전기공학 마이크로 전자공학 교과서에서 다룬다.

3.4.2 공통에미터 트랜지스터 회로

에미터가 접지되고 입력전압이 베이스에 연결되면, 그림 3.21에 보여진 것처럼 **공통에미터**(common emitter) 회로가 된다. 베이스 전류가 서서히 증가함에 따라 트랜지스터의 베이스-에미터 다이오드의 전압 V_{BE}가 약 0.6 V일 때 켜진다. 이 점에서 I_C가 흐르기 시작하는데 I_B와 대략 비례한다($I_C = \beta I_B$). I_B가 더 증가하면, V_{BE}는 서서히 증가해서 0.7 V가 되지만 I_C는 기하급수로 증가한다. I_C가 증가함에 따라 R_C에 걸리는 전압강하가 증가하게 되고 V_{CE}는 접지 수준으로 강하하게 된다. 하지만 컬렉터가 완벽한 접지 수준으로 전압이 내려갈 수 없다. 그렇지 않으면 베이스-컬렉터 pn접합 또한 순방향바이어스가 되어버린다. 컬렉터-에미터 전압(V_{CE})이 최소값에 이르렀을 때를 트랜지스터가 '포화'되었다고 한다. 이 상태에 이르면 컬렉터 전류는 R_C에 의해 결정되고, I_C와 I_B 사이의 선형관계도 더 이상 유지되지 않는다.

공통에미터 트랜지스터 회로의 특징은 베이스 전류의 다른 값을 위한 컬렉터 에미터 전압 V_{CE}에 관한 컬렉터 전류 I_C를 전개하는 것에 의하여 요약될 수 있다. 그 곡선의 결과(그림 3.22 참조)는 트랜지스터에 **공통에미터 특성**(common emitter characteristics)을 설명한다. 트랜지스터는 컬렉터 전류가 흐르지 않는 **차단영역**(cutoff region), 컬렉터 전류가 베이스 전류에 비례하는 **활성영역**(active region), 충분한 베이스 전류가 있을 때 컬렉터 전류가 컬렉터 회로에 의해서만 완전히 제어되는 **포화영역**(saturation region)을 갖게 된다.

트랜지스터 스위치를 설계할 때, on 상태일 때 트랜지스터가 완전히 포화영역에 있도록 하는 것이 필요하다. 완전한 포화상태에서 V_{CE}는 최소값을 가지는데, BJT의 경우 0.2 V이다. 그래서 완전히 포화영역에 있을 때 베이스-에미터 접합은 순방향이다($V_{BE}=0.7$ V). 컬렉터로부터 에미터까지 작은 손실이 있다($V_{CE}=0.2$ V). 그리고 트랜지스터의 도선의 전압은 다음 식과 연관되어 있다.

$$V_B = V_E + 0.7\text{ V} \tag{3.14}$$

$$V_C = V_E + 0.2\text{ V} \tag{3.15}$$

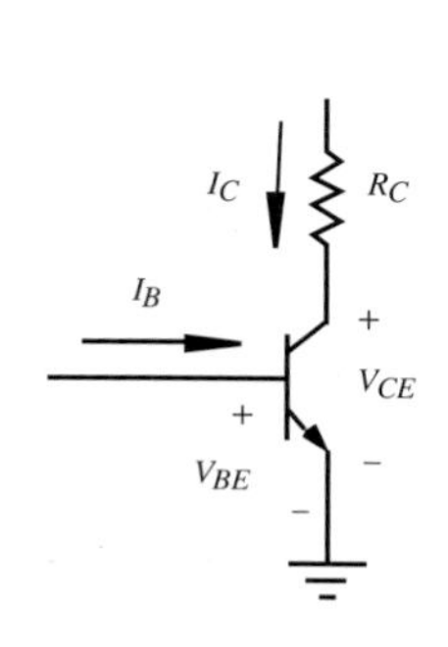

그림 3.21 공통에미터 회로

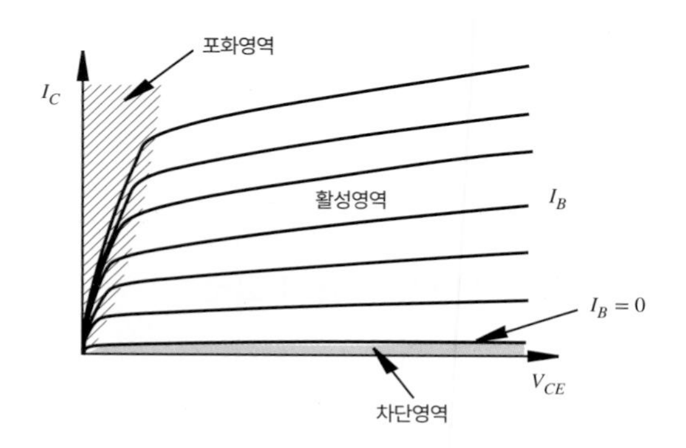

그림 3.22 공통에미터 트랜지스터의 특성곡선

예제 3.4는 어느 정도 크기의 베이스 전류와 입력전압이 트랜지스터를 포화시키는지를 결정하는 방법을 보여준다. 주어진 컬렉터 전류에 대해서, 완전히 포화되어 있을 때 그 트랜지스터에 의해서 소모되는 전력($I_C V_{CE}$)은 가장 적다. 만약 트랜지스터가 완전히 포화영역에 있지 않다면 트랜지스터는 빨리 뜨거워지며 파손될 수 있다.

예제 3.4 트랜지스터를 포화영역에서 작동하도록 만들기

2N3904는 일반적인 목적의 증폭기나 스위치로 아주 유용한 작은 신호용 트랜지스터이며 여러 회사에서 생산되고 있다. 트랜지스터 핸드북을 찾아 조사해 본다면, 전기적인 특성과 정격 그리고 포장 방식에 대한 자료를 볼 수 있을 것이다. 여기서 약간의 정보를 제공하자면

- 최고 컬렉터 전류(continuous) = 200 mA
- V_{CE}(sat) = 0.2 V
- $h_{FE} = \beta = 100$(이는 컬렉터 전류와 그 밖의 요인에 의해 달라질 수 있다)

다음의 회로에서 트랜지스터가 포화되기 위한 최소의 입력전압 V_{in}은 얼마인가?

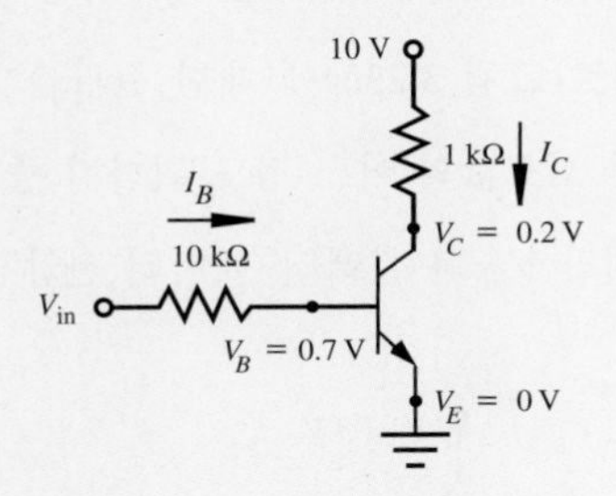

2N3904의 경우 V_{CE}(sat)가 0.2 V이므로 트랜지스터가 포화될 때 컬렉터 전류는 9.8 mA여야 한다.

$$I_C = (10\text{ V} - 0.2\text{ V})/1\text{ k}\Omega = 9.8\text{ mA}$$

DC 전류이득 h_{FE}는 약 100이므로, I_B는 $I_C/100$ 또는 0.098 mA여야 한다. $V_{BE} = 0.7$ V이므로, 베이스 전류는

$$I_B = 0.098 \text{ mA} = (V_{\text{in}} - 0.7 \text{ V})/10 \text{ k}\Omega$$

그러므로 포화영역에서 최소 요구 입력전압은

$$V_{\text{in}_{\text{min}}} = 0.98 \text{ V} + 0.7 \text{ V} = 1.68 \text{ V}$$

일반적으로 변수에서의 작은 변화를 감안하면 완전히 포화되도록 하기 위해 값을 조금 더 늘려 사용하는 것이 좋을 것이다.

실습문제

Lab 5 트랜지스터와 광전자 회로

아마도 BJT의 기능을 이해하기 위한 가장 좋은 방법은 실제 회로의 전압과 전류를 측정해 보고 그 결과를 보는 것이다. 2N3904 소신호의 트랜지스터를 사용하여 그림 3.23에 보여진 두 개의 회로를 통하여 알아본다. 또한 실습문제 Lab 5는 어떻게 트랜지스터 회로가 기능하는지에 대한 이해를 돕는 몇몇 경험을 포함한다. 첫 번째 회로(그림 3.23a)는 이 부분의 주요 주제인 공통에미터의 모습이다. 두 번째 회로(그림 3.23b)는 에미터 회로에 부가적인 저항을 추가한 것인데 소위 에미터 퇴화(에미터 디제너레이션)라고 부른다.

그림 3.24는 공통에미터 회로(그림 3.23a)에 대한 결과를 보여준다. 그림 3.24a에서 심지어 입력전압 V_{in}이 포화되기 위한 최소값의 어느 정도 위까지 증가할 때, 그 트랜지스터가 포화된 후 베이스 에미터 바이어스 전압 V_{BE}와 컬렉터-에미터 전압강하 V_{CE}가 얼마나 많이 변화하지

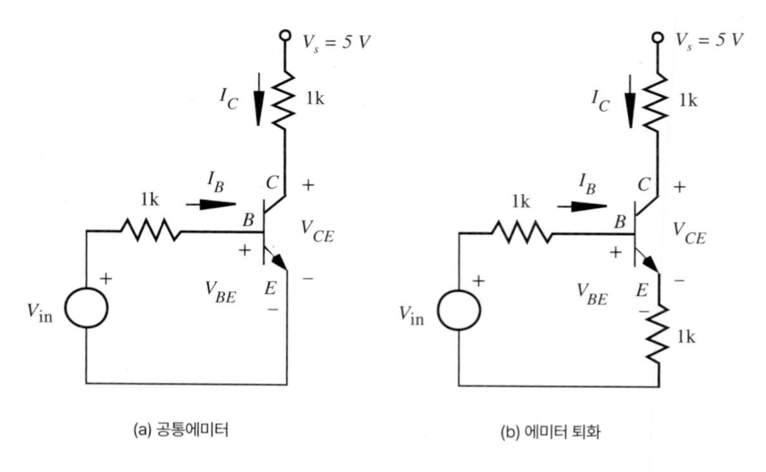

그림 3.23 트랜지스터 실험

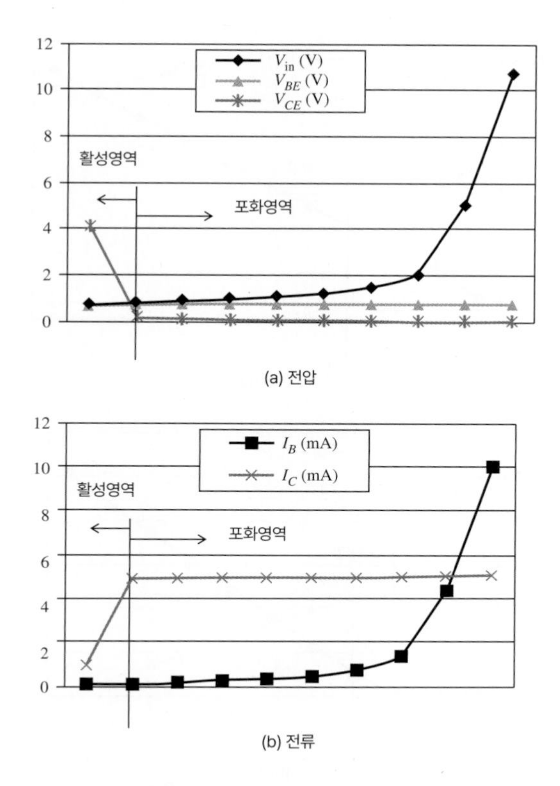

그림 3.24 공통에미터 실험 결과

않는가를 알아차리자. 그림 3.24b에서 포화시키기 위해 베이스 전류 I_B는 증가되는데, 포화영역에서 컬렉터 전류 I_C는 어떻게 증가가 안 되는지 확인하라. 예제 3.4에서 증명된 것처럼, 충분한 베이스 전류 유동을 확보함으로써(이용 가능한 입력전압을 위한 적합한 베이스 저항을 선택함으로써) 트랜지스터를 완전 포화시키는 것이 중요하다. 그러나 그 입력전압과 베이스 전류가 포화되는 데 필요한 최소한의 크기인 상태에서 상당히 증가하는 것은 컬렉터 전류에 어떠한 의미의 증가도 제공하지 않는다. 그리고 단지 베이스 에미터 회로에서 추가적인 열과 에너지 손실을 초래할 뿐이다.

그림 3.25는 에미터 퇴화 회로(그림 3.23b)의 결과를 보여준다. 그림 3.25a에서 공통에미터 회로에서처럼, 심지어 입력전압 V_{in}이 포화되기 위한 최소한의 값일 때에도 그 베이스 에미터 전방 바이어스 전압 V_{BE}와 컬렉터-에미터 전압강하 V_{CE}가 어떻게 많이 변하지 않는지 알아차리자. 그림 3.25b에서 어떻게 해서 컬렉터 전류 I_C 응답이 공통에미터 전류에서의 응답과 많이 다른지를 알아차리자. 전과 같이, 포화와 최대 컬렉터 전류는 확실히 낮은 베이스 전류에서

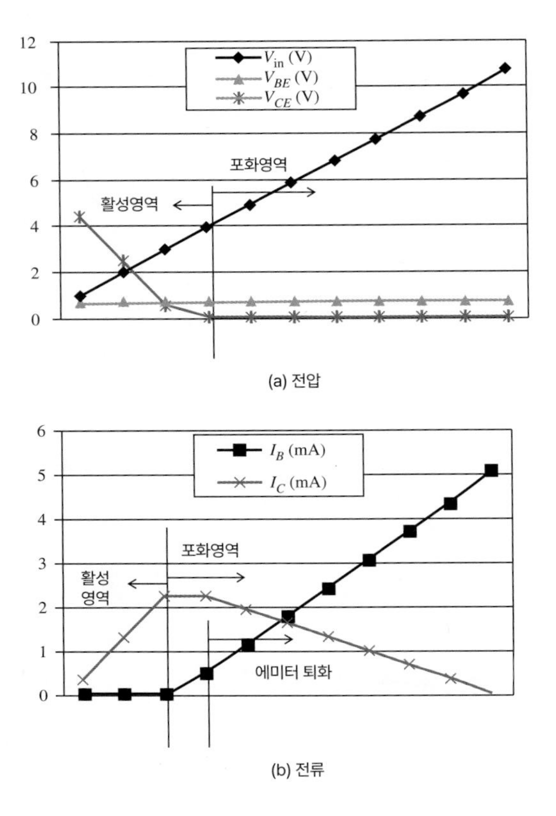

그림 3.25 에미터 퇴화 실험 결과

일어난다. 하지만 그 베이스 전류가 증가하면서 컬렉터 전류는 낮아진다. 이 효과는 **에미터 퇴화**(emitter degeneration)라고 불린다. 이것의 원인은 그 에미터 전류($I_E = I_B + I_C$)가 증가하면서 에미터 저항($I_E R_E$) 사이에서 더 큰 전압강하를 만들면서 베이스 전류가 컬렉터 전류와 더해진다. 이것은 컬렉터 저항 사이에 전압 차이를 감소시킨다. 결과적으로 적은 컬렉터 전류를 초래한다. 에미터($V_E = I_E R_E$)에서 전압은 컬렉터 공급전압 V_S에 근접하면서 컬렉터 전류는 실제로 0까지 감소한다. 컬렉터 저항 사이에 전압차가 없는 상태에서 컬렉터 전류는 흐르지 않을 것이다. 일반적인 메카트로닉스 스위칭 응용에서는 공통에미터 회로가 더 적합한데, 회로 설계변수의 넓은 영역에서 트랜지스터를 포화시키고 최대 컬렉터 전류를 쉽게 확보할 수 있도록 하기 때문이다.

3.4.3 바이폴라 트랜지스터 스위치

그림 3.26은 간단한 트랜지스터 스위치 회로를 보여준다. V_{in}이 0.7 V보다 작을 때 트랜지스터

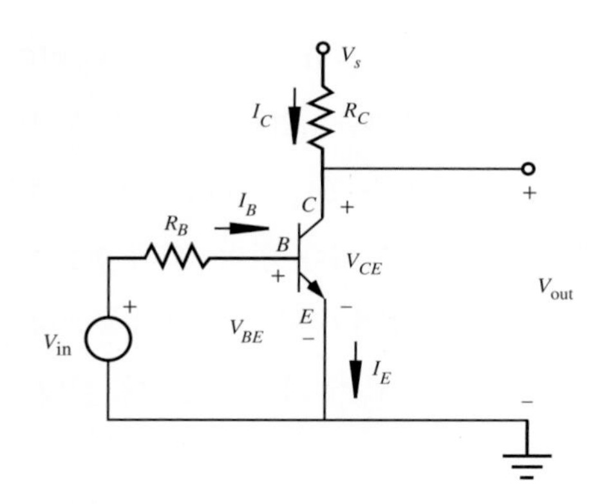

그림 3.26 트랜지스터 스위치 회로

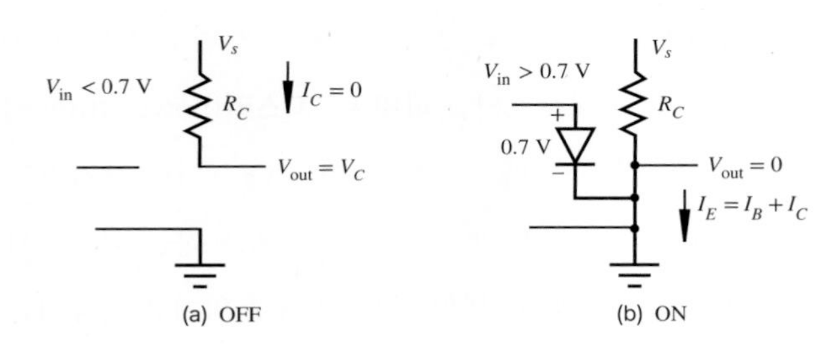

그림 3.27 트랜지스터 스위치 상태에 대한 모델

의 *BE*접합은 순방향바이어스가 아니므로($V_{BE} < 0.7$ V) 트랜지스터가 통하지 않는다($I_C = I_E = 0$). 그러므로 컬렉터에서 에미터의 회로를 높은 임피던스 회로나 실제적으로 열린 회로로 대체할 수 있다고 가정할 수 있다. 이와 같은 상태를 그림 3.27a에 나타내었으며, 트랜지스터의 **차단**(cutoff, 컷오프) 또는 OFF 상태라 한다. 차단영역에서는 R_C에서 전압강하 또는 흐르는 전류가 없으므로 출력전압 V_{out}은 V_S가 될 것이다.

*BE*접합이 순방향바이어스이면($V_{BE} = 0.7$ V) 트랜지스터가 통한다. 전류는 *CE* 회로를 통하고 V_{out}은 접지(BJT의 경우 0.2 V)에 가깝게 된다. 이러한 상태는 그림 3.27b에 나타난 순방향바이어스된 다이오드에 의해 모델링될 수 있는데, 이를 트랜지스터의 **포화**(saturated) 또는 ON 상태라 한다. 이때 트랜지스터를 포화로 하기 위해 충분한 베이스 전류가 있다고 가정한다. 이 회로에서는 *BE*접합이 다이오드처럼 작동하므로 베이스 전류를 제한하기 위해 저항 R_B가 필요하다(그림 3.26 참조). 베이스 전류와 R_B와의 관계는 다음과 같다.

$$I_B = (V_{in} - V_B)/R_B \tag{3.16}$$

이때 $V_B = V_{BE} = 0.7$ V이다. $V_{in} < 0.7$일 때, $I_B = 0$ 그리고 $V_{BE} = V_{in}$이다.

그림 3.26의 회로는 그림에서 R_C로 나타난 LED, 전기모터, 솔레노이드, 전등 또는 다른 부하를 켜고 끄는 반도체 스위치로 작용할 수 있다. 이러한 부하를 적절히 작동시키기 위해서는 수 밀리암페어 또는 수 암페어가 필요할 수 있다. 입력전압과 전류가 트랜지스터를 포화시키기에 충분할 만큼 증가했을 때 큰 컬렉터 전류가 부하 R_C에 흐르게 된다. 컬렉터 전류의 크기는 다음과 같이 부하 저항 R_C와 컬렉터 전압 V_C에 의해 결정된다. 이때 $V_C = V_{out} = 0.2$ V이다.

$$I_C = (V_s - V_C)/R_C \tag{3.17}$$

베이스-에미터 전압이 0.7 V보다 작을 때, 트랜지스터는 꺼지고 전류는 부하에 흐르지 않는다. 전력회로 응용에서 사용되는 트랜지스터를 **파워트랜지스터**(power transistor)라 하며, 많은 전류가 흐를 수 있고 많은 열을 발산시키도록 설계되어 있다. 파워트랜지스터는 I_C나 마이크로컨트롤러와 같이 출력전류가 작은 소자를 높은 전류를 필요로 하는 외부장치(예: 전기모터)와 연결하는 데 이용된다. 비디오 데모 3.4는 다양한 분야에서 스위치로 사용되는 BJT 트랜지스터에 관한 아주 훌륭한 설명자료이다.

비디오 데모

3.4 BJT 트랜지스터 스위치

기계적으로 연결을 하고 끊는 스위치 기능을 갖는 릴레이(relay)는 트랜지스터를 대체할 수 있다. 릴레이는 트랜지스터만큼 빠르게 변환할 수 없고 또한 오래 지속할 수도 없지만 사용하기가 쉽고, 직류(DC)와 교류(AC) 모두에서 사용할 수 있다. 더 많은 정보는 10.3절을 참조하라. AC 전류는 **TRIAC**(triode for alternating current: TRI+AC)를 이용하여 스위칭할 수 있다. TRIAC는 양단의 전극 외에 제3의 제어전극(게이트)를 가지고 있어 마치 삼극관(triode)처럼 전류를 제어할 수 있어서 붙여진 이름이다. TRIAC는 전도도를 제어하는 독립적인 게이트 신호를 갖는 다이오드들인 **사이리스터**(thyristor) 또는 **SCR**(silicon-controlled rectifier)에 기반한 반도체 소자이다. 더 상세한 정보는 인터넷 링크 3.1과 3.2를 참조하라.

인터넷 링크

3.1 TRIAC — 교류를 위한 트라이오드(삼극관)

3.2 사이리스터

설계예제 3.2 LED 스위치

우리의 목적은 출력전압이 0 V 또는 5 V 그리고 최고 전류값이 5 mA인 디지털 소자로 대시보드 LED를 켜고 끌 수 있도록 회로를 설계하는 것이다. LED가 환하게 켜지기 위해서는 20~40 mA가 필요하다.

LED에 충분한 전류를 공급하기 위해 소신호 트랜지스터(예: 2N3904 npn) 스위치를 사용하자. 필요한 회로는 다음과 같다.

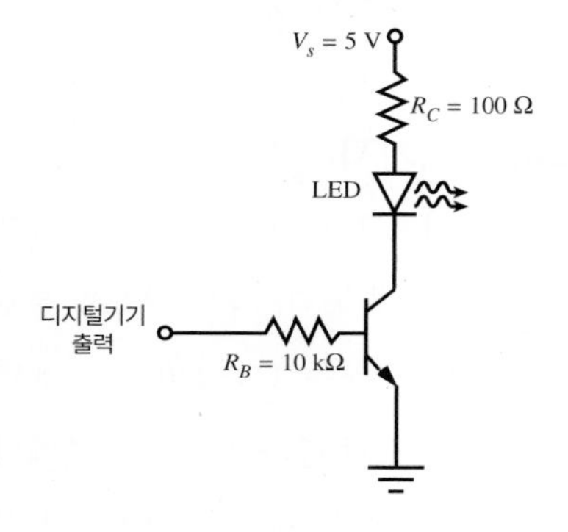

디지털 출력이 0 V일 때 트랜지스터는 차단상태가 되고 LED는 OFF 상태가 될 것이다. 디지털 출력(V_{in})이 5 V일 때 트랜지스터는 포화상태가 되고 베이스 전류는

$$I_B = (V_{in} - V_B)/R_B = (5\text{ V} - 0.7\text{ V})/10\text{ k}\Omega = 0.43\text{ mA}$$

로 규격을 만족시킨다. 100 Ω 컬렉터 저항은 LED 전류가 원하는 범위(20~40 mA) 안에서 값을 갖도록 제한한다.

$$I_C = [V_S - (V_C + V_{LED})]/R_C = (5\text{ V} - 2\text{ V} - 0.2\text{ V})/100\Omega = 28\text{ mA}$$

실습문제 Lab 5는 다양한 형태의 다이오드와 트랜지스터 회로를 배선하고 사용하는 방법에 관한 것이다. 여기에는 기본적인 트랜지스터 스위치 회로, 플라이백 보호 회로가 포함된 모터 제어 회로(비디오 데모 3.3 참조)와 광-인터럽터가 포함되어 있다.

실습 문제

Lab 5 트랜지스터와 광전자 회로

트랜지스터 스위치를 만들기 위한 가이드라인을 정리해 보자. ON이 되기 위해서는 베이스-에미터 전압(V_{BE})이 0.7 V여야 한다. 트랜지스터가 포화일 경우에 컬렉터 전류 I_C는 베이스 전

비디오 데모

3.3 트랜지스터를 이용한 모터구동

류 I_B에 의존하지 않지만 포화상태를 유지하도록 충분한 베이스 전류를 공급해야 한다. 최소 베이스 전류는 처음으로 결정된 컬렉터 전류 I_C에 의해 추정될수 있으며 $I_{B_{\min}} \approx I_C/\beta$가 적용된다. 주어진 입력전압에서 베이스 전류가 안전한 여유값을 가지고 이 값을 초과할 수 있도록 입력저항이 선택되어야 한다(예: 2~5배 크게). 이 같은 이유는 베타값이 회로와 온도 그리고 전압에 따라 다양하게 변화하기 때문이고, 부하저항이 흐르는 전류에 따라 변화할지도 모르기 때문이다. 또한 제조업체들의 규격 내에서 I_C와 I_B의 최대값을 계산하는 것은 중요하다. 전류가 너무 크다면 직렬 저항을 추가하거나 바꿀 필요가 있다.

3.4.4 바이폴라 트랜지스터의 패키지

어떤 메카트로닉스 시스템 설계를 위해 트랜지스터를 선택할 경우에 그림 3.28에 보이는 것처럼 다양한 패키지가 있는 것을 발견하게 된다. 작은 신호용 트랜지스터 패키지의 형태는 일반적으로 TO-92이고, 파워트랜지스터 모양은 TO-220이다. 표면실장(surface mount) 기술은 PCB 기판의 생산에 적합하여 사용이 크게 증가하고 있는 추세이지만, 시작품을 만들기에는 핀의 크기가 작아 브레드보드 등에서 구성하기에는 일반적으로 부적합하다. 그림 3.29와 비디오 데모 3.6은 BJT, MOSFET(전계효과 트랜지스터, 3.5절 참조), 광-인터럽터(3.4.6절 참조) 등을

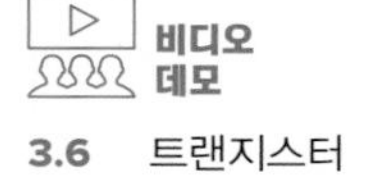

3.6 트랜지스터

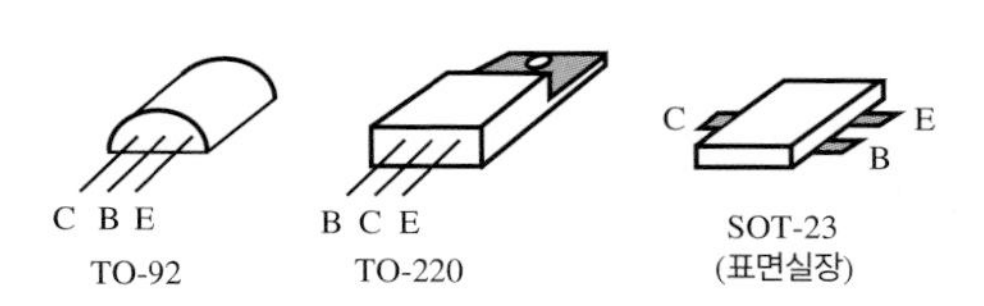

그림 3.28 바이폴라 트랜지스터 패키지

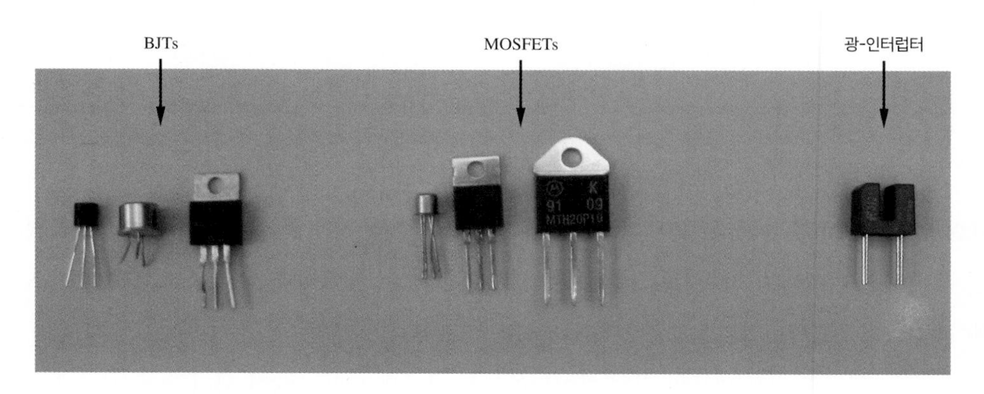

그림 3.29 다양한 일반적인 트랜지스터 패키지

포함한 다양한 트랜지스터 패키지를 소개한다.

3.4.5 달링톤 트랜지스터

그림 3.30의 개략도는 점선으로 표시된 것처럼 하나의 패키지로 되어 있는 **달링톤쌍**(darlington pair)으로 불리는 트랜지스터를 나타낸다. 이 트랜지스터 조합의 장점은 전류이득이 각 트랜지스터의 이득을 곱한 형태가 되어 10,000을 넘을 수도 있다는 점이다. 이 트랜지스터는 메카트로닉스 시스템의 전력회로에서 종종 접하게 된다.

3.4.6 광트랜지스터와 광아이솔레이터

베이스와 에미터 사이의 접합이 광다이오드처럼 작동하는(3.3.2절 참조) 특별한 트랜지스터를 **광트랜지스터**(phototransistor, 포토트랜지스터)라 한다. LED와 광트랜지스터는 종종 한 쌍으로 사용되어 LED는 빛을 만들어내고, 광트랜지스터는 빛에 응답하므로, LED와 광트랜지스터 사이에 빛을 부분적으로 또는 완전히 차단하는 물체를 찾아내는 데 사용될 수 있다(실습문제 Lab 5 참조).

Lab 5 트랜지스터와 광전자 회로

광아이솔레이터(optoisolator)는 그림 3.31에 나타난 것처럼 LED와 광트랜지스터가 약간의 거리를 두고 만들어져 있다. LED에서 방출되는 빛은 광트랜지스터에 전류를 흐르게 한다. 출력 회로는 다른 접지를 갖고 있으며 공급 전압 V_S는 원하는 출력전압에 따라 선택된다. 이 광아이솔레이터는 전기적인 연결을 통해서가 아니라 광학적으로 신호를 전하므로 입력과 출력 회로 간에 전기적으로 분리시킬 수 있는 장점이 있다. 이러한 전기적 분리의 장점 때문에 출력 회로의 소자를 망가트릴 수 있는 초과 입력으로부터 출력을 보호할 수 있다. 또한 공급원과 접지가 분리되어 있기 때문에 출력 회로에서 일어나는 어떤 진동이나 외란(disturbance)이 입력 쪽의 컨트롤 신호에 영향을 미치지 않을 것이다.

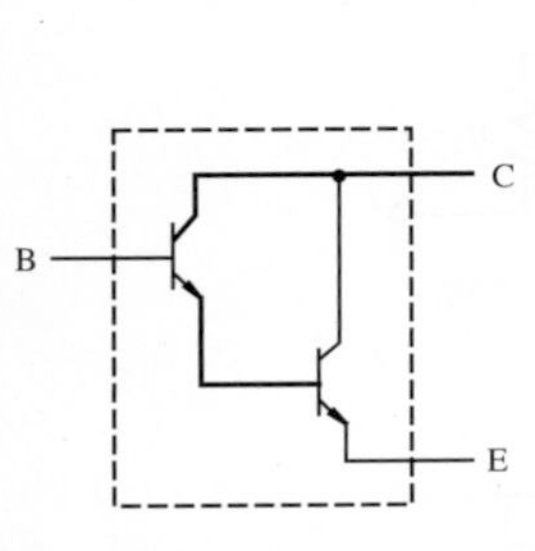

그림 3.30 달링톤쌍

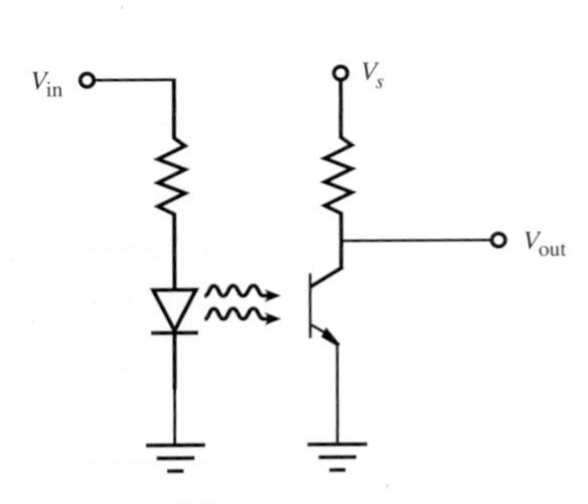

그림 3.31 광아이솔레이터

설계예제 3.3 로봇 스캐너의 각도 인식

이 설계예제는 광전자 반도체의 응용을 보여준다. 자율로봇 설계에서 장애물을 감지하기 위해 주변을 감지하는 레이저스캐닝(laser scanning) 장비를 사용하고자 한다고 가정하자. 스캐너의 헤드는 DC모터에 의해 360° 회전한다. 여기서의 문제는 스캔 헤드의 각을 어떻게 추종(tracking)하느냐 하는 것이다. 또한 컴퓨터에서 검출된 값을 사용하기 원한다면 어떻게 하겠는가?

해결책은 디지털 출력, 즉 디지털 컴퓨터로 조작할 수 있는 출력을 제공하는 센서를 사용하는 것이다. 6장에서 디지털 인터페이스에 대해 좀 더 자세히 배울 것이다. 여기서는 문제를 간단히 하기 위해 5 V 또는 디지털 출력을 내보내는 소자를 선택한다. 아래의 LED와 광트랜지스터의 쌍인 **광-인터럽터**(photo-interrupter)가 열쇠이다. 하나의 소자로 되어 있는 이 쌍은 물체에 의해 차단될 수 있는 빔을 생성한다. 그림과 같이 슬롯이 있는 원판을 스캔 헤드를 구동하는 모터 축에 부착할 수 있도록 하고, 이 슬롯이 광-인터럽터 쌍 사이의 갭을 통과할 수 있도록 설계되어야 한다. 원판의 각 슬롯은 회전하는 동안에 빛의 빔이 차단되어 디지털 펄스를 생성한다.

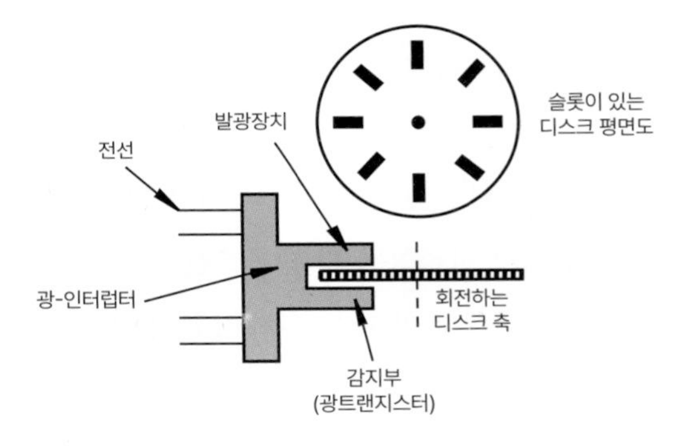

센서가 잘 작동하도록 하기 위해 슬롯이 지날 때마다 디지털 펄스를 생성해 주는 아래 그림과 같은 외부 회로를 더해야만 한다. 에미터 LED와 전류제한저항 R_1은 5 V에 의해서 구동된다. 광트랜지스터와 외부저항 R_2는 출력신호를 만들어낸다. R_2는 트랜지스터가 작동을 하지 않을 때 출력전압(V_{out})을 접지(0 V)에서 5 V로 끌어올리기 때문에 **풀업저항**(pull-up resistor)이라고 한다. 트랜지스터가 포화되었을 때 출력전압은 거의 0 V이다.

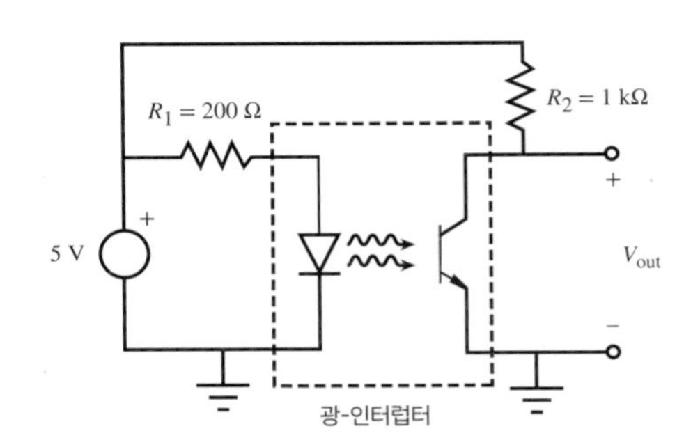

슬롯이 있는 원판이 회전함에 따라 빛이 각 슬롯을 통하게 되어 0 V를 출력하고 빛이 차단될 때 5 V를 출력한다. 이렇게 해서 결과적으로 계속되는 펄스가 생성된다. 생성된 펄스의 수는 회전각의 정도를 디지털로 나타내준다. 예를 들면 원판에 360개의 슬롯이 있다면 각 펄스는 1°에 해당된다.

3.5 전계효과 트랜지스터

지금까지 배운 것으로부터, BJT와 다른 회로요소들을 사용하여 메카트로닉스 시스템 회로를 설계할 수 있다. 이제는 가장 최근의 발명품인 **전계효과 트랜지스터**(장효과 트랜지스터, field-effect transistor) 또는 FET를 살펴보기로 하자. FET는 BJT와는 작동 이론이 다르지만 메카트로닉스 시스템에서 비슷한 기능을 한다. 또한 6장에서 살펴볼 것이지만, FET는 디지털 집적회로의 설계에서 중요한 회로요소이다.

BJT와 FET 모두 그것의 기능과 회로에 사용되는 과정에서 유사성이 있는 3-단자 소자이다. FET 상세 내용을 살펴보기 전에 일반적인 특성을 먼저 알아보자. BJT와 FET 모두 두 단자 사이에서 세 번째 단자에 가해지는 전압을 사용하여 전류를 제어함으로써 작동한다. 3.4절에서 BJT의 베이스-에미터 접합 순방향바이어스는 에미터에서 얇은 베이스 영역으로 들어가기 위하여 전하캐리어를 허용하는 것을 보았고, 컬렉터에서 전하캐리어를 끌어당기게 되며, 그 결과 매우 작은 베이스 전류가 큰 컬렉터 전류를 제어하게 된다. BJT는 전류증폭기라고 결론지을 수 있다. 이와는 반대로 FET에서는 한 개의 전극에서 나오는 전압에 의해 생성된 전기장이, 채널(channel)이라고 불리는 전류가 흐를 수 있는 좁은 영역에서 전하캐리어의 사용 가능성을 제어한다. 그러므로 FET는 상호컨덕턴스(transconductance, 트랜스컨덕턴스)라고 설명할 수 있으며, 이는 증폭기 출력전류가 입력전압에 의해 제어됨을 의미한다.

FET에서 쓰이는 명칭은 다음과 같다. **게이트**(gate)라고 불리는, FET 제어전극(control electrode)은 BJT의 베이스와 유사하다. 그러나 BJT 베이스와 달리 FET 게이트는 기판(substrate)으로 인해 절연되었기 때문에 DC 전류를 흘리지 않는다. 전도체로 전도된 채널은 게이트에 의해 제어되며, BJT 컬렉터와 유사한 **드레인**(drain)과 BJT 에미터와 유사한 **소스**(source) 사이에 위치한다. 전류는 드레인으로 흘러 들어가고, 소스에서 흘러나오고 게이트에서 조절

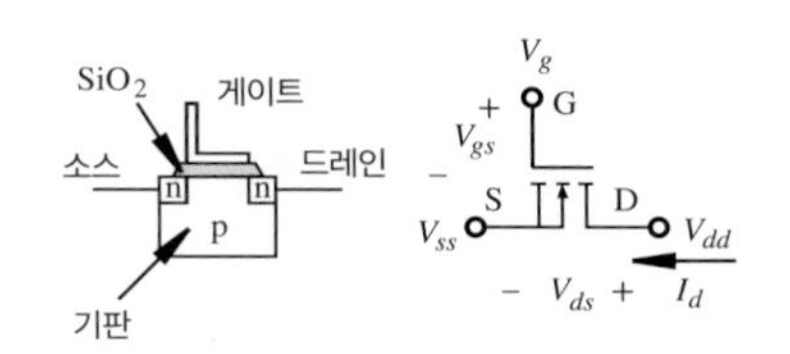

그림 3.32 n-채널 인헨스먼트-모드 MOSFET

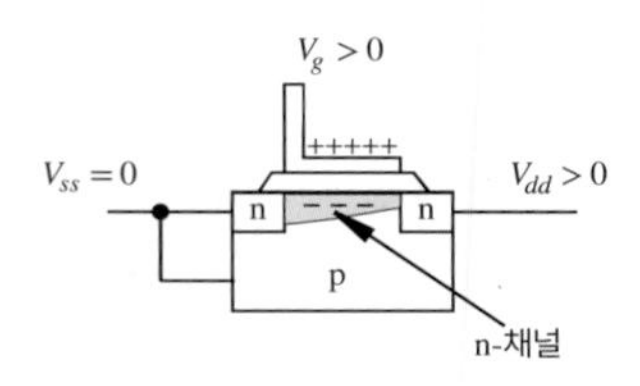

그림 3.33 인헨스먼트-모드 MOSFET n-채널 형성

된다고 생각하면 드레인, 소스, 게이트라는 개념을 이해하기 쉽다. FET는 인헨스먼트-모드(enhancement mode) **산화-금속-반도체 FET**(MOSFET, metal-oxide-semiconductor FETs), 공핍모드(depletion mode) MOSFET 그리고 **접합전계효과 트랜지스터**(JFET, junction field-effect transistors) 세 종류가 있다. 각각의 종류는 p-채널과 n-채널 변화를 이용할 수 있다. 처음으로 FET를 접하는 경우, FET들의 다른 집단과 다양성을 이해하는 데 다소 어려움을 느낄 수 있으므로, 폭넓게 접하게 될 n-채널 인헨스먼트-모드 MOSFET를 중점적으로 다룬다. n-채널 인헨스먼트-모드 MOSFET이 npn BJT와 유사성을 가지고 있다는 것을 볼 수 있을 것이다.

n-채널 인헨스먼트-모드 MOSFET의 단면도와 도식 기호가 그림 3.32에 나와 있다. 이 MOSFET은 p-형 기판, 그리고 기판과 pn접합을 형성하는 n-형 소스와 드레인을 가지고 있다. 얇은 실리콘 이산화물층이 기판으로부터 게이트를 절연시키고 있다. 그림 3.33에 나타낸 것과 같이 게이트에 양의 DC 전압이 가해졌을 때 기판에 전기장이 형성되며, 게이트는 p-형 기판에서 전자가 영향력을 가지는 좁은 층 또는 **채널**(channel)을 남겨놓고 정공을 아래쪽으로 밀어낸다. 이것을 p-형 기판에서 **n-채널**(n-channel)이 형성되었다고 말한다. 기판-소스 pn접합은 순방향바이어스가 아니기 때문에 기판은 보통 내부적으로 소스와 연결되어 있다. 도식적인 회로 기호에서(그림 3.32의 오른쪽 그림 참조) 화살표의 머리는 p-형 기판과 n-채널 사이의 방향을 가리킨다.

비디오 데모
3.1 트랜지스터의 동작 원리

다음 내용을 살펴보기 전에 비디오 데모 3.1을 다시 보자. 반도체 물리와 함께 MOSFET이 어떻게 작동하는지 아주 잘 보여준다. 다음에 이어질 내용을 이해하는 데 도움이 될 것이다.

3.5.1 전계효과 트랜지스터의 거동

n-채널 인헨스먼트-모드 MOSFET을 사용하여 MOSFET의 기능을 자세히 설명하고, BJT와 유사한 특성곡선에 대해 논의해 보자. 만약 게이트가 접지되어 있다면($V_g = 0$), 드레인 pn접합은 역방향바이어스이고 전자가 흐를 수 있는 채널을 형성하지 못하기 때문에 드레인-소스 전

류 I_d는 양의 드레인 전압 V_{dd}로부터 흐르지 않을 것이다. 이런 경우, MOSFET은 매우 큰 저항 ($\sim 10^8 \sim 10^{12}\ \Omega$)과 흡사하며, 드레인과 소스 사이로 전류는 흐르지 못한다. 이 경우를 MOSFET 이 **차단**(cutoff, 컷오프)되었다고 말한다.

$V_{gs}(V_g - V_{ss})$가 게이트-소스 **임계 전압**(threshold voltage) V_t 이상으로 서서히 증가함에 따라 n-채널이 형성되기 시작한다. V_t는 사용되는 MOSFET에 따라 다르지만 일반적인 값은 약 2 V이다. 그런 후 $V_{ds}(V_d - V_{ss})$가 0에서부터 증가함에 따라 소스에서 드레인으로 전자의 흐름을 위해 전도성이 n-채널에서 생긴다. 약속대로, 드레인 전류 I_d는 전자의 이동과 정반대방향으로 보이고 있다. 그림 3.33에서 볼 수 있듯이, 전기장은 V_g와 소스 끝단에서의 접지 사이에 차이가 커지고 V_g와 드레인 끝단의 V_{dd} 사이에 차이가 작아지기 때문에 n-채널의 미세한 형상은 드레인 근처보다 소스 가까이에서 더 넓어진다.

V_t보다 양의 V_{gs}가 커지면서 V_{ds}가 0에서부터 증가하게 되고, MOSFET의 **활성영역**으로, 또는 **저항영역**(ohmic region)으로 들어가게 된다. 이 영역에서는 V_{gs}가 점점 더 증가함에 따라 전도채널(conduction channel)이 대응하여 증가하고 MOSFET이 V_{gs}에 의해 제어되는 저항과 같은 가변저항과 유사한 기능을 나타낸다. 그러나 $V_{gs} - V_t$가 V_{dd}에 도달할 때 더 이상 MOSFET의 드레인 말단에서 전기장이 생성되지 않는다. 그러므로 n-채널의 폭은 이른바 pinch-off를 야기하며 드레인이 접근하는 최소값으로 수축한다. 이 pinch-off는 드레인 전류가 점점 더 증가하는 것을 제한하며, MOSFET은 **포화**되었다고 말한다. 포화상태에서 전류는 V_{ds}가 증가하더라도 거의 일정한 값을 갖는다. R_{on}이라고 하는 드레인-소스 저항은 포화영역에 들어서면서 작은 값(보통 5 Ω보다 작다)을 가진다.

그림 3.34는 n-채널 인핸스먼트-모드 MOSFET의 특성곡선을 보여준다. 유사한 npn BJT 곡선을 그림 3.22에서 볼 수 있다. 특성곡선을 비교함으로써 MOSFET의 포화영역은 BJT의 활성영역에 해당하므로, 따라서 이들 용어를 사용할 때는 주의가 필요하다.

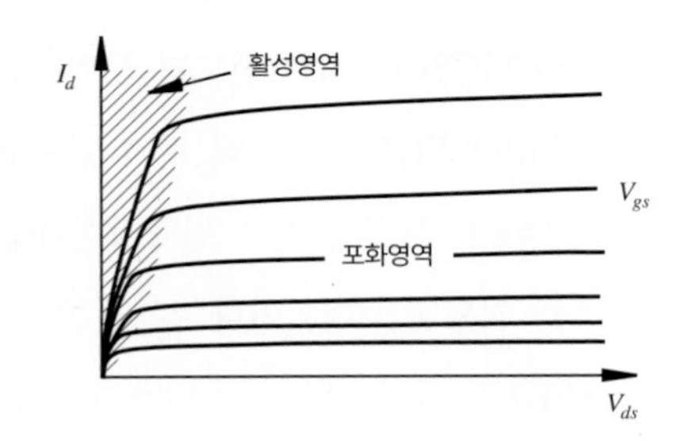

그림 3.34 n-채널 인핸스먼트-모드 MOSFET 특성 곡선

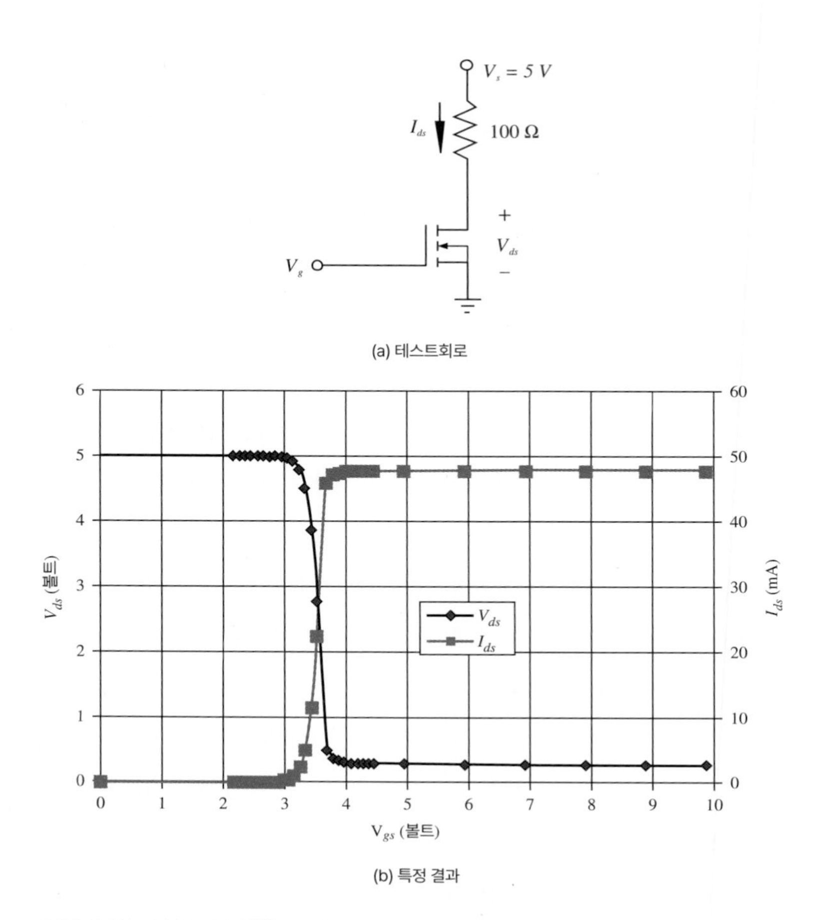

그림 3.35 MOSFET 실험

npn BJT를 공부할 때처럼, IRF620 power MOSFET를 사용하면서 실제 MOSFET 회로에서 전류와 전압 측정을 일부 살펴보자. 그 회로는 그림 3.35a에 나타나 있다. 실험을 위해 게이트 V_g(또한 게이트 소스 전압 V_{gs}이다. 왜냐하면 그 소스가 접지되어 있기 때문이다)상의 전압은 0에서 10 V까지 점차적으로 증가시켰다. 그림 3.35b는 드레인-소스 전류 I_{ds}와 드레인-소스 전압 V_{ds}의 측정 결과를 보여준다. 이 MOSFET에서 전도가 시작하는 지점($I_{ds} > 0$)에서 그 임계 전압이 약 3.5 V임을 보라. 또한 그 MOSFET가 완전히 켜져 있을 때 드레인-소스 전압 V_{ds}는 0까지 떨어지지 않는다는 것을 주목하라. 이것은 작은 전압강하($V_{ds} = I_{ds}R_{on}$)를 일으키는 장치(연습문제 3.24 참조)의 드레인-소스 저항 R_{on} 때문이다.

p-채널 인헨스먼트-모드 MOSFET의 단면도와 도식 기호가 그림 3.36에 나타나 있다. n-채널 MOSFET와 마찬가지로, 화살표의 머리는 기판-채널 pn접합의 방향을 가리킨다. 만약 소스

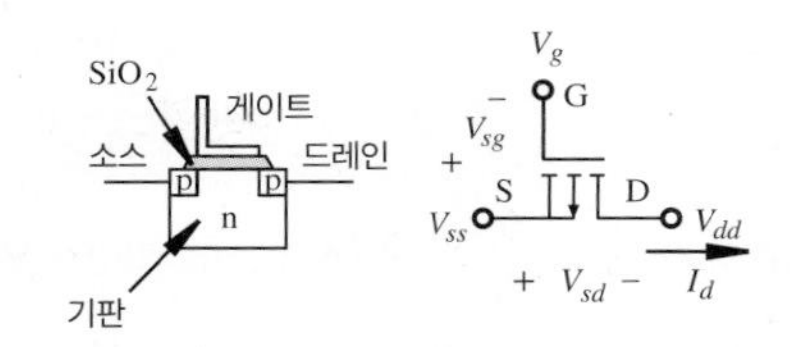

그림 3.36 p-채널 인헨스먼트-모드 MOSFET

의 관점에서 게이트가 음의 값을 가진다면($V_{sg}>0$) n-형 기판에서 전자는 반발력을 받게 되며, 게이트 바로 밑에 p-채널 전도층을 형성하게 된다. 만약 V_{sd}가 양이면, 소스에서 드레인으로 전류를 흐르게 한다. p-채널 인헨스먼트-모드 MOSFET은 pnp BJT와 유사하게 작용한다.

MOSFET는 다양한 메카트로닉스 시스템 응용에서 매우 유용하다. MOSFET는 높은 전류와 전압의 스위치로 유용하게 사용될 수 있다. 또한 회로에서 신호를 차단하거나 통하게 해주는 아날로그 스위치용으로 특별히 설계된 MOSFET도 있다. 이러한 예가 3.5.3절에 나와 있다. 또한 직류모터나 스텝모터를 구동하기 위해 사용되기도 한다. 포화영역의 평평한 특성 때문에 전류 소스로서 사용될 수 있다. MOSFET는 메모리칩이나 마이크로프로세서 등의 높은 수준의 집적회로를 구성하는 데 아주 중요하다.

MOSFET는 종종 n-채널과 p-채널의 쌍으로 만들어지며, 제작된 집적회로(ICs)는 **CMOS** (complementary metal-oxide semiconductor) 장치라 한다. n-채널과 p-채널 트랜지스터 쌍의 대칭성은 한 IC 내에 미세공정을 가능하게 해준다. 이러한 대칭성은 논리 IC의 내부를 설계하는 데도 유용하게 사용된다(6장 참조).

MOSFET은 많은 응용분야에서 광범위하게 BJT를 대체하는데, 특히 저전압 회로에서 더욱 그렇다. 그러나 BJT는 여전히 고전압 회로나 또는 고주파스위칭 전력회로에서 사용되고 있다. BJT의 진보된 형태로 MOSFET과 BJT의 장점을 동시에 가지고 있는 **IGBT**(Insulated-gate bipolar transistor)가 있다. IGBT는 MOSFET처럼 베이스의 입력전류 대신에 게이트의 전압을 이용해서 제어할 수 있다. 그래서 고전압 스위칭회로에서는 BJT가 대부분 IGBT로 대체되고 있다.

3.5.2 전계효과 트랜지스터의 기호

많은 회로에서 다양한 FET를 사용하므로, 이들의 기호를 구별할 수 있는 것도 중요하다. FET (JFET와 MOSFET)는 두 개의 다른 종류의 채널 도핑을 가지고 있고 베이스가 p-형 또는 n-

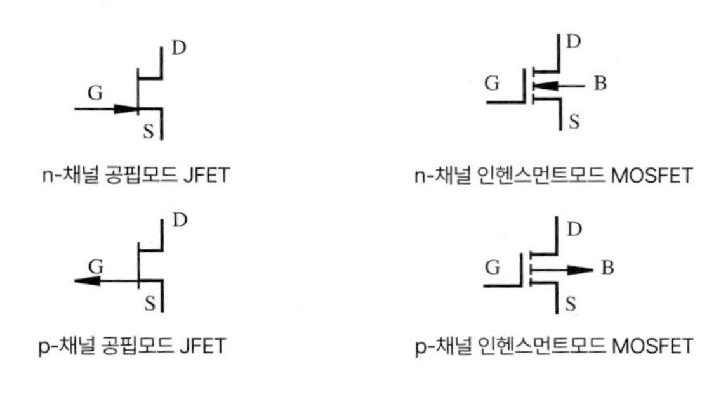

그림 3.37 전계효과 트랜지스터(FET)의 기호

형일 수 있기 때문에 여덟 종류의 FET 형태가 있다. 그중 네 가지 가장 중요한 종류의 기호가 그림 3.37에 나타나 있다. G는 게이트를 나타내고, S는 소스를, D는 드레인을, B는 채널을 형성하는 기판을 나타낸다. 구조적인 중요한 특징은 다음과 같다.

1. 게이트 또는 기판의 화살표 방향은 p-채널(화살표가 안쪽을 향함)과 n-채널(화살표가 바깥쪽을 향함)을 구별한다.
2. MOSFET에서는 게이트와 소스 사이에 떨어짐이 있지만 JFET는 없다. 이 간격은 MOSFET에서 금속산화물의 절연층을 나타낸다.
3. 소스와 드레인 사이에 잘라진 선은 인헨스먼트-모드 소자를 나타내며, 직선은 공핍-모드 소자를 나타낸다. 인헨스먼트-모드 FET는 전도를 위해서 게이트 전압이 필요하고, 공핍모드 FET는 전도도를 줄이기 위해 게이트 전압이 필요하다. JFET는 공핍모드만 있지만 MOSFET는 두 가지가 모두 있다.
4. 게이트 선은 소스 쪽에 치우쳐 있어 소스 쪽이 쉽게 구별된다. 많은 사람들이 게이트 선을 중앙에 나타내지만 이 경우 표기를 하지 않으면 소스와 드레인을 구별하기 어렵다.

MOSFET의 기판은 소스와 내부적으로 연결되어 있거나 또는 다른 단자에 연결될 수 있다. 분리된 기판 단자가 있다면 n-채널 소자일 경우 소스나 드레인보다 더 양의 값을 가지면 안 되고 p-채널 소자일 경우에는 소스나 드레인보다 더 음의 값을 가지면 안 된다. 이 단자는 항상 어딘가에 연결되어 있어야 한다[즉, '부동(floating, 플로팅)' 상태로 남겨지지 않아야 한다].

3.5.3 MOSFET의 응용

첫 번째 MOSFET 응용분야로 부하에 걸리는 전력을 스위칭하는 것을 생각할 수 있다. 이 회로는 3.4.3절에서 보여준 BJT 스위치와 유사하다. 그림 3.38에서 볼 수 있듯이 n-채널 인헨스먼트-모드 파워 MOSFET은 드레인 쪽에 부하가 사용된다. 이 MOSFET 스위치는 게이트에 전류가 흐르지 않기 때문에 설계하기 매우 쉽다. 부하로부터 전류가 전해지지 않으므로 차단된 MOSFET은 컷오프된 상태, 즉 $V_g \leq 0$이라고 확신할 수 있다. $V_g - V_t \approx V_{dd}$일 때는, 부하를 지나도 거의 완전한 전압 V_{dd}로 나오므로 MOSFET은 포화상태에 돌입한다(R_{on}이 매우 작기 때문이다). MOSFET에서의 제어변수(controlling parameter)는 게이트 전압 V_g이다. 참고로 BJT에서의 제어변수가 베이스 전류 I_B라는 것을 기억하자. BJT에서의, BJT가 포화상태가 되기 위해서는 적절한 베이스 전류를 확보해 주어야 한다. MOSFET을 사용하기 위해서는 게이트에 흐르는 전류는 필수적으로 0이어야 한다. 그러나 드레인 전류 I_d를 계산할 필요가 있고 스위칭을 할 수 있는 MOSFET을 선택하기 위하여 부하에서 원하는 전류로 만들도록 전력 소모를 계산할 필요가 있다. 또한 만약 부하가 인덕턴스가 있는 유도체라면, MOSFET이 꺼졌을 때 손상을 방지하기 위하여 플라이백(flyback) 다이오드(그림 3.38 참조)가 필요하다.

두 번째로 생각해 볼 응용은 아날로그 스위치로 MOSFET을 사용하는 것이다. 양의 아날로그 신호 V_{in}이 있고, 회로에 부하를 연결하거나 또는 전체적으로 회로를 차단하기를 원한다고 가정하자. 이것은 그림 3.39에서 보이는 바와 같은 회로에 사용하는 MOSFET의 쉬운 응용 예

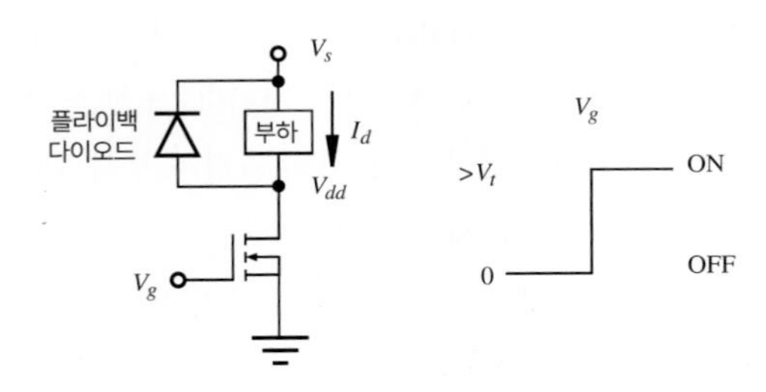

그림 3.38 MOSFET 파워 스위치 회로

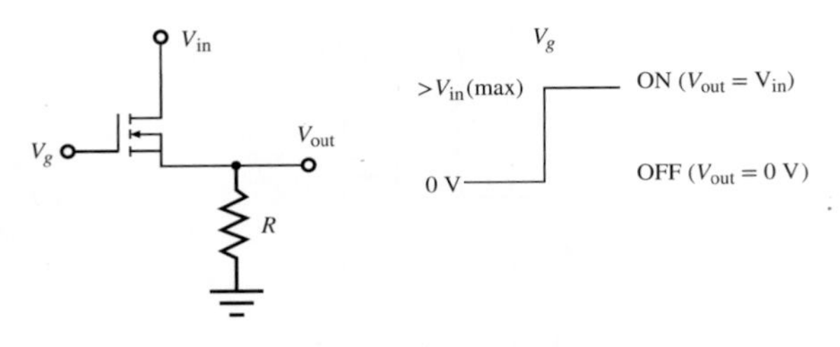

그림 3.39 MOSFET 아날로그 스위치 회로

이다. 제어신호(control signal) V_g가 0이면, MOSFET은 매우 큰 드레인-소스 임피던스(메가옴 단위)에 의해 본질적으로 R_L로 아날로그신호가 막히기 때문에 그 결과 MOSFET은 차단될 것이다. **풀다운저항**(pull-down resistor)이란 오프상태에서 접지에 V_{out} 단자를 유지하기 위해 요구된다. 제어신호 V_g가 아날로그 입력신호 V_{in}의 최대값과 임계전압(V_t)의 합보다 크면, 드레인-소스 채널은 낮은 저항을 가지며 전도될 것이고 출력신호는 입력신호를 추종하게 될 것이다($V_{out} = V_{in}$).

수업토론주제 3.8 아날로그 스위치 제한

그림 3.39에 나왔던 아날로그 스위치 회로를 살펴보자. 왜 게이트 제어신호는 아날로그신호의 최대값보다 커야 하는가?

설계예제 3.4 회로 스위치 전원

메카트로닉스 시스템 설계에서 흔하게 발생하는 문제는 전력을 시스템의 여러 곳으로 공급하는 것이다. MOSFET은 이 작업을 수행하는 데 유용한 장치이다.

상태의 변수가 둘인 이진 형태로 출력하는 회로가 있다고 가정하자. 먼저, 컬렉터는 어느 것에도 연결되어 있지 않고 차단 또는 포화상태인 npn 트랜지스터가 있다. 나중에 알게 되겠지만 이것은 디지털 디바이스의 **개방컬렉터출력**(open-collector output)을 나타낸다. 지금 알고자 하는 것은 출력트랜지스터가 켜지고 꺼지고 할 수 있느냐 하는 것이다. 또한 이것은 밀리암페어 정도의 전류만 소비된다. 그러면 부하전류를 제어하기 위해 이진 출력과 부하와의 인터페이스를 어떻게 해야 하는가? 이 문제를 해결하기 위해 n-채널 인헨스먼트-모드 MOSFET 파워트랜지스터를 사용하고자 한다. 해결방안이 아래 그림에 나와 있다. 디지털 디바이스의 등가 출력은 점선의 왼쪽 부분이고 설계하려는 부분은 점선의 오른쪽이다.

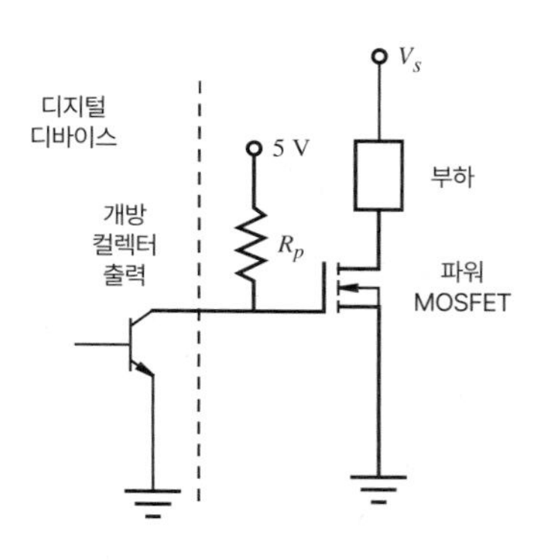

컬렉터 단자에 연결되어 있는 저항 R_p는 DC 파워소스(이 경우 +5 V)에 대해 컬렉터 회로를 '끌어올리므로' **풀업저항**(pull-up resistor)이라 한다. 출력트랜지스터가 켜 있으면 게이트에 0 V가 걸리고 꺼 있으면 5 V가 걸린다. 디지털 출력으로부터 불가능한 큰 전류를 부하에 공급하기 위해서 다른 전원인 V_s로 스위칭하기 위해 MOSFET 파워트랜지스터를 사용했다. 이 예에서 V_s는 5 V보다 작거나 같아야 함을 주의하라.

디지털 회로로 구동해야 하는 특정 부하전류와 전압이 정해지면, 제조업체 또는 공급업자 데이터를 참고하여 적당한 MOSFET을 선택하면 된다.

수업토론주제 3.9 반도체 소자의 사용

다음 소자들이 어디에 어떻게 사용되는지 경험을 통해서 예를 들어보라.

- 신호와 파워 다이오드
- 발광다이오드(LED)
- 신호와 파워트랜지스터

인터넷 링크 2.5는 이 교재에서 다룬 모든 소자 및 부품과 관련된 다양한 업체와 정보를 제공한다. 전자제품과 관련해서는 이들과 관련된 데이터를 찾거나 주문을 용이하게 하기 위해 풍부한 온라인 정보를 제공한다. 또한 인터넷 링크 3.3은 가장 큰 반도체 생산자들과 관련된 링크를 제공한다. 아울러 반도체 생산자들은 모든 종류의 집적회로와 관련된 풍부한 온라인 정보를 제공한다. 인터넷 링크 3.4는 반도체 물리학, 장치, 응용회로, 회로해석을 잘 복습할 수 있도록 하는 좋은 자료를 제공한다.

2.5 전자부품 온라인 정보와 판매회사

3.3 반도체 제조회사와 온라인 정보

3.4 회로에 대한 모든 것: Vol. III－반도체

연습문제 QUESTIONS AND EXERCISES

3.3절 접합 다이오드

3.1. 아래 회로에서 출력 파형 V_{out}을 그려보라. 이상 다이오드로 가정한다.

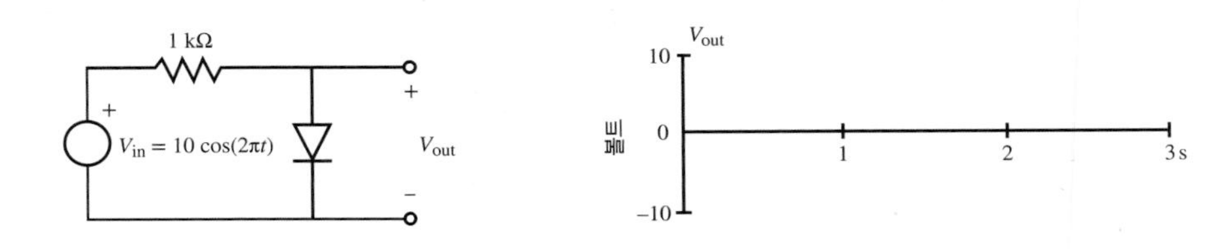

3.2. 연습문제 3.1에서 다이오드를 '실제' 근사 다이오드라 가정하고 다시 풀어보라.

3.3. $V_{in}=1.0\ \sin(2\pi t)$ V일 때, 다음의 각 회로에서의 출력 V_{out}를 축 위에 그려라. 이상 다이오드로 가정한다. 입력의 한 사이클에 대한 출력을 그려라($0 \leq t \leq 1$s).

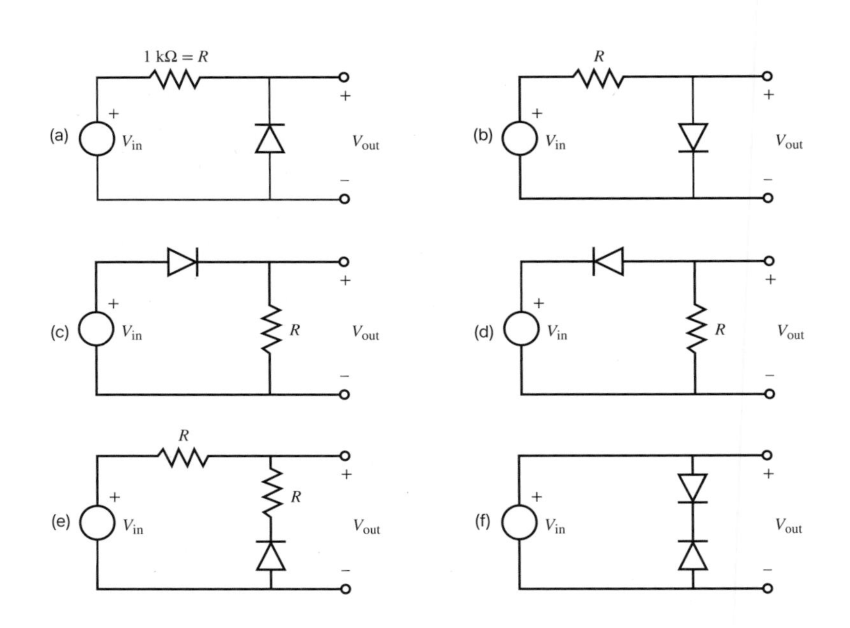

3.4. 연습문제 3.3에서 다이오드를 '실제' 근사 다이오드라 가정하고 다시 풀어보라.

3.5. 수업토론주제 3.1에 대한 정확한 답을 적어라.

3.6. 수업토론주제 3.2에 대한 정확한 답을 적어라.

3.7. 수업토론주제 3.3에 대한 정확한 답을 적어라.

3.8. 수업토론주제 3.6에 대한 정확한 답을 적어라.

3.9. 아래 회로를 **클리핑 회로**(clipping circuits)라 한다. 이상 다이오드를 가정하고 두 개의 입력 V_{in}에 관해 두 사이클에 대한 출력전압 V_{out}를 그려라.

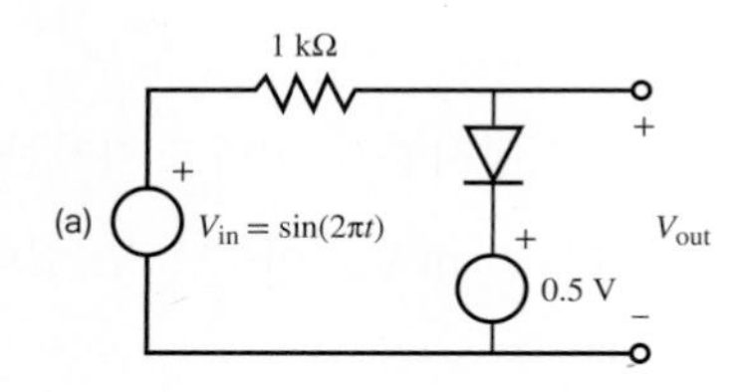

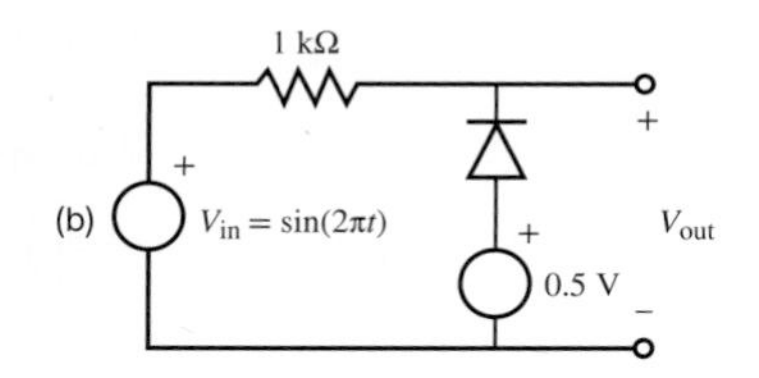

3.10. 예제 3.3의 회로에서 전류(I_1, I_2, I_3, I_4)와 전압(V_{diode})을 구하라.

3.11. 예제 3.3에서 두 개의 다이오드가 역방향바이어스되었다고 가정하고, 가정 극성을 갖는 회로에 I_1, I_4, V_{AB}(노드 B와 관련된 노드 A의 전압)를 찾아라. 전압 V_{AB}에 따라 어떤 다이오드가 극성 가정이 정확했는가?

3.12. 수업토론주제 3.4에 대한 정확한 답을 적어라.

3.13. 오른쪽 회로에서 이상 다이오드로 가정하고 $R = 1$ kΩ, $V_{in} = 10\sin(\pi t)$ V로 주어질 때, 입력의 두 주기 동안에 명시된 스케일과 함께 축 위에 출력전압 V_{out}을 그려라.

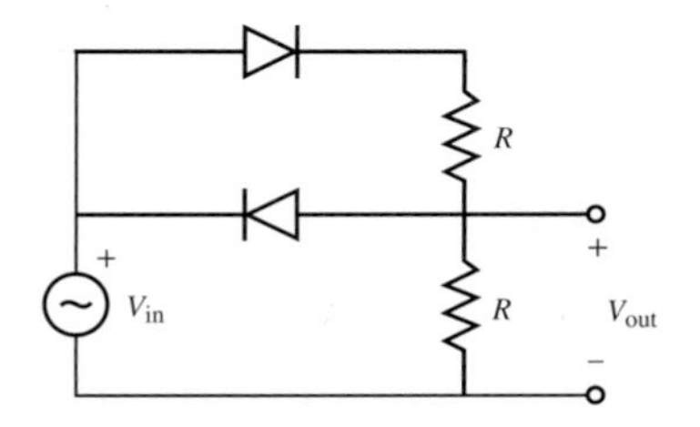

3.14. 오른쪽 회로에서 V_{out}에 대한 정상 상태값을 찾고, 커패시터 사이에 전압과 커패시터를 통 과하는 전류, 출력 저항을 지나는 전류를 구하라.

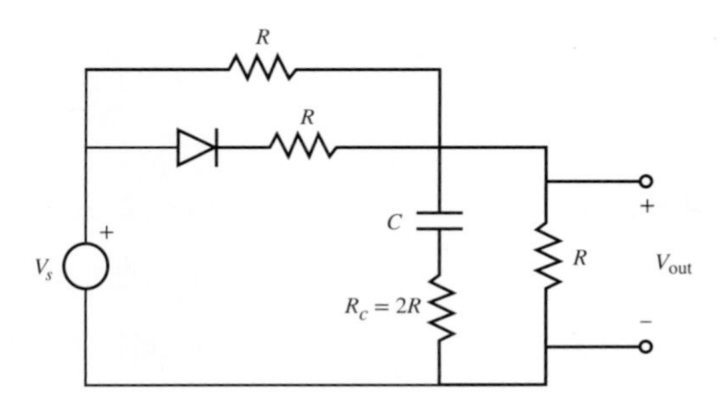

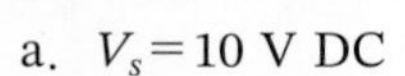

a. $V_s = 10$ V DC

b. $V_s = -10$ V DC

3.15. 수업토론주제 3.4에서 $V_{in} = 15\sin(2\pi t)$ V이고 $R_i = R_L = 1$ kΩ일 때 V_{in}과 V_{out}의 한 사이클을 그리고 명시하라. 이상 다이오드로 가정한다.

3.16. 항복 전압이 5.1 V인 이상 제너다이오드 회로가 오른쪽과 같이 주어질 때 출력전압을 그려라.

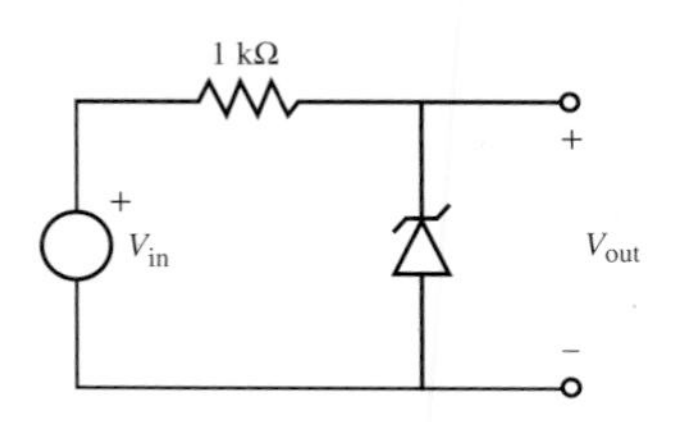

a. $V_{in}=1.0\ \sin(2\pi t)$

b. $V_{in}=10.0+\sin(2\pi t)$

3.17. 디지털 회로는 접지에 상대적인 0 V 또는 5 V의 전압을 출력할 수 있다. LED를 on 또는 off가 되도록 출력하는 회로를 설계하라.

a. LED는 순방향 전압강하가 없고 최대 50 mA를 이동시킬 수 있다고 가정한다.

b. LED는 2 V의 순방향 전압강하를 가지며 최대 50 mA를 이동할 수 있다고 가정한다.

3.4절 바이폴라 정션 트랜지스터

3.18. 아래 회로에서 트랜지스터를 포화시켜서 LED를 켜도록 하는 최소의 전압 V_{in}의 값은 얼마인가? LED의 순방향 전압은 2 V로 가정하고 트랜지스터가 포화되었을 경우에 컬렉터와 에미터 사이에 0.2 V의 전압강하가 있다고 하자.

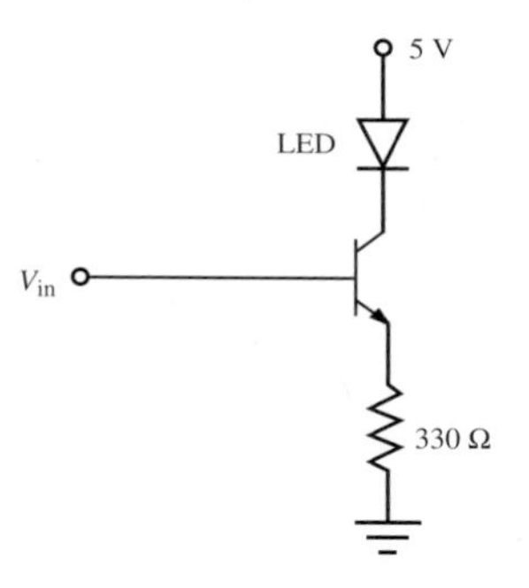

3.19. a. 다음 회로처럼 V_{in}이 주어지고, 트랜지스터의 베이스 안에 전류가 0인 경우, 회로 아래에 보이는 LED on-off 그래프를 그려라. LED의 순방향 전압은 1 V라 한다. 또한 LED가 켜졌을 때 트랜지스터는 포화상태라고 가정한다.

b. β가 100이라고 할 때, 트랜지스터가 포화상태가 되기 위해 요구되는 V_{in}의 최소값을 계산하라.

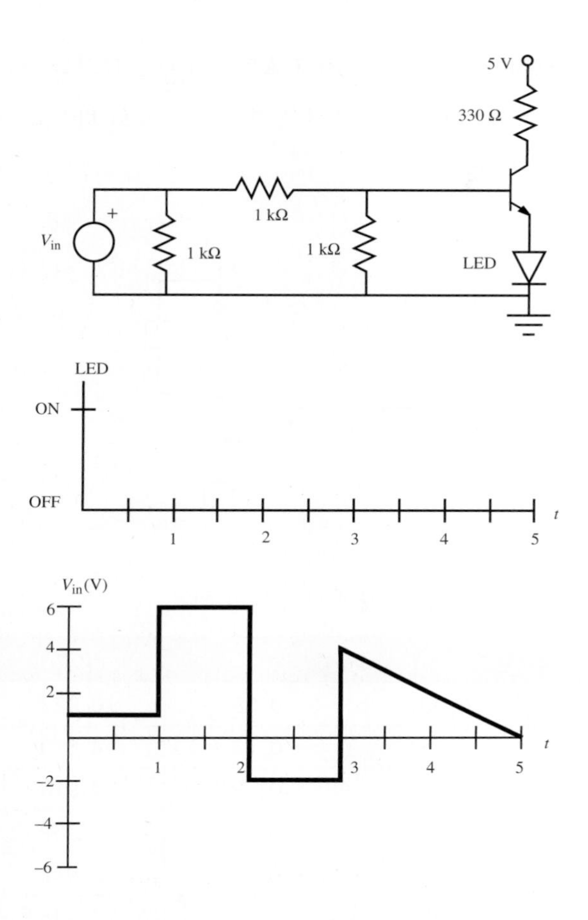

3.20. 다음 회로에서 트랜지스터가 포화상태에 놓이기 위해 요구되는 최소값 V_{in}과 출력전압 V_{out}을 구하라. 완전 포화상태에서 트랜지스터의 β값은 100이라고 가정한다.

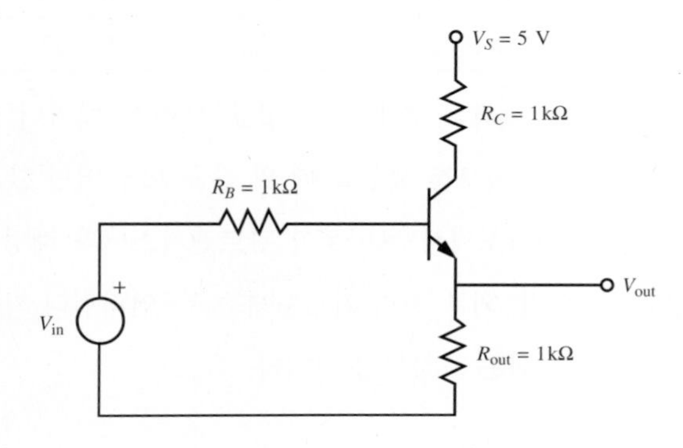

3.21. 디지털 신호(0 V=off, 5 V=on)로 제어하는 npn 파워트랜지스터를 사용한 고체 상태 스위치의 설계를 고려해 보자. 아래의 구상도에는 결정해야 하는 회로 요소에 번호가 기

재되어 있다. 인덕터는 24 V_{DC}에 전류 1 A를 요구하는 DC모터를 의미한다. 그림에서 보이는 각각의 번호가 기재된 상자를 적절한 도식 기호로 바꾸고 그 후에 가능한 완벽한 회로 요소를 명시하라.

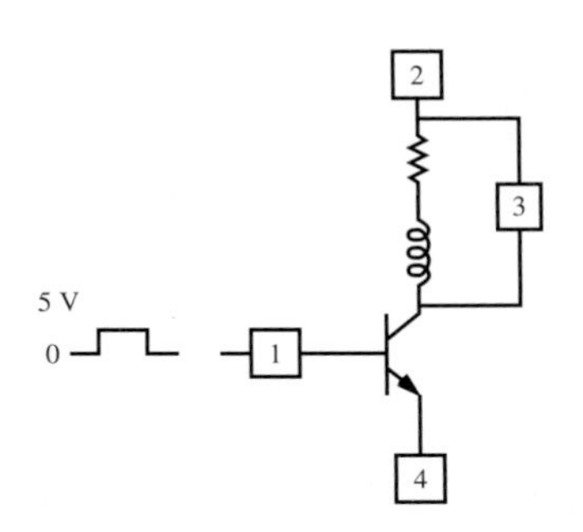

3.22. 그림 3.20에 그려진 데이터를 아래와 같이 정리했다.

V_{in} (V)	I_B (mA)	V_{BE} (V)	I_C (mA)	V_{CE} (V)
0.69	0.007	0.68	0.927	4.1
0.78	0.054	0.73	4.869	0.16
0.88	0.146	0.73	4.915	0.11
0.97	0.238	0.74	4.932	0.099
1.07	0.333	0.74	4.942	0.089
1.16	0.426	0.74	4.948	0.083
1.44	0.71	0.74	4.961	0.07
2.01	1.316	0.74	5.029	0.008
5.02	4.341	0.75	5.033	0.006
10.72	10.114	0.78	5.032	0.007

트랜지스터가 포화되기 시작하는 경계에서의 β값, 베이스-에미터 전압, 컬렉터-에미터 전압강하는 얼마인가? BJT 회로를 해석할 때 위 값을 보통 어떤 값으로 가정하는가?

3.23. 광-인터럽터는 다음의 개략도에서 보이듯이 광트랜지스터와 해당되는 LED를 포함하는 패키지로 제작되어 있다. 외부 전기 회로도에는 광-인터럽터 기능을 얻기 위해 무엇을 추가해야 하는가? 예상되는 구상도를 그려라.

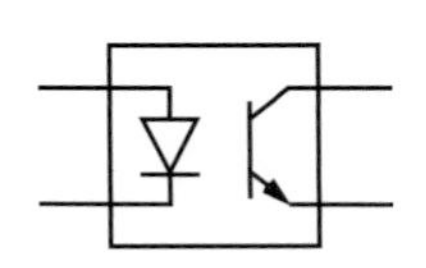

3.5절 전계효과 트랜지스터

3.24. 그림 3.35의 실험에 사용된 MOSFET에서 해당 전개도의 값으로부터 완전한 드레인 소스 저항 R_{on}을 추정하라.

3.25. npn BJT를 대신하여 n-채널 인헨스먼트-모드 파워 MOSFET을 사용하여 연습문제 3.22를 답하라.

3.26. 설계예제 3.4에서 $V_s = 15$ V라 가정하자. BJT 파워트랜지스터를 MOSFET으로 대체하고 무슨 형(npn 또는 pnp)을 사용할 것인지, 필요한 다른 부품이 있는지 정하라. 개략적인 회로도를 그리고 특성을 기술하라.

3.27. 대부분 디지털 CMOS 소자의 출력은 오른쪽 그림과 같다. 사용된 FET의 종류를 구별하라. $V_{in} = 5$ V, $V_{in} = 0$ V일 때 각 출력 V_{out}의 값을 구하라.

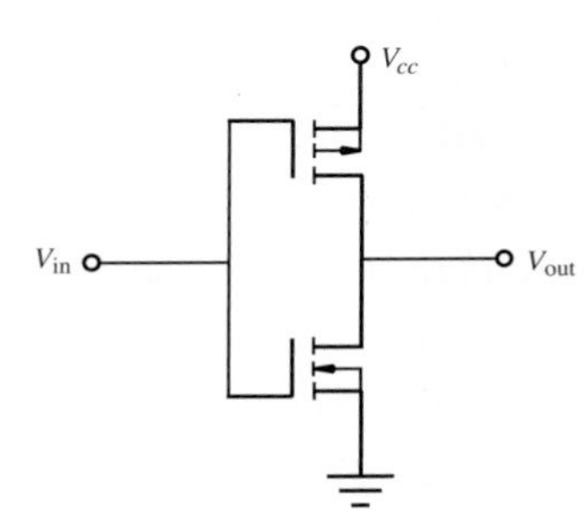

3.28. 다음 표에는 설계 프로젝트에서 사용 가능한 다양한 MOSFET이 나열되어 있다. 10 V에서 10 A를 스위칭해야 하는 조건이 있다. 요구 조건을 만족시킬 수 있는 적당한 MOSFET을 고르고 선택이 옳음을 주장하라.

MOSFET	V_{ds} (V)	R_{ds} (on) (Ω)	I_d cont (A) @ 25°C	P_d (max) (W)
IRF510	100	0.6	16	20
IRF530N	100	0.11	60	63
IRF540	100	0.077	110	150
IRF540N	100	0.052	110	94
IRF610	200	1.5	10	20

3.29. 다음의 n-채널 인헨스먼트-모드 MOSFET의 각 상태에서 임계 전압 V_t가 3 V일 때 MOSFET 작동영역을 결정하라.

a. $V_{gs} = 2$ V, $V_{ds} = 5$ V

b. $V_{gs} = 4$ V, $V_{ds} = 5$ V

c. $V_{gs} = 6$ V, $V_{ds} = 5$ V

d. $V_{gs} = -2.5$ V

참고문헌 BIBLIOGRAPHY

Bailar, J. et al., *Chemistry*, Academic Press, New York, 1978.

Gibson, G. and Liu, Y., *Microcomputers for Engineers and Scientists*, Prentice-Hall, Englewood Cliffs, NJ, 1980.

Horowitz, P. and Hill, W., *The Art of Electronics*, 3rd Edition, Cambridge University Press, New York, 2015.

Johnson, D., Hilburn, J., and Johnson, J., *Basic Electric Circuit Analysis*, 5th Edition, Prentice-Hall, Englewood Cliffs, NJ, 1995.

Lerner, R. and Trigg, G., *Encyclopedia of Physics*, VCH Publishers, New York, 1991.

Malvino, A. and Bates, D., *Electronic Principles*, 7th Edition, McGraw-Hill, New York, 2007.

McWhorter, G. and Evans, A., *Basic Electronics*, Master Publishing, Richardson, TX, 2004.

Millman, J. and Grabel, A., *Microelectronics*, 2nd Edition, McGraw-Hill, New York, 1987.

Mims, F., *Engineer's Mini-Notebook: Basic Semiconductor Circuits*, Radio Shack Archer Catalog No. 276-5013, 1986.

Mims, F., *Engineer's Mini-Notebook: Optoelectronics Circuits*, Radio Shack Archer Catalog No. 276-5012A, 1986.

Mims, F., *Getting Started in Electronics*, 3rd Edition, Master Publishing, Richardson, TX, 2003.

Rizzoni, G., *Principles and Applications of Electrical Engineering*, 5th Edition, McGraw-Hill, New York, 2005.

4 CHAPTER

시스템 응답

System Response

이 장에서는 물리시스템을 수학적으로 어떻게 모델링할 것인지, 또 입력에 대한 동적 응답을 어떻게 특성화할 것인지에 대해 설명한다. 이러한 주제는 구동기, 센서, 증폭기, 필터 등의 메카트로닉스 시스템 구성요소들의 기능을 이해하는 데 중요하다. ■

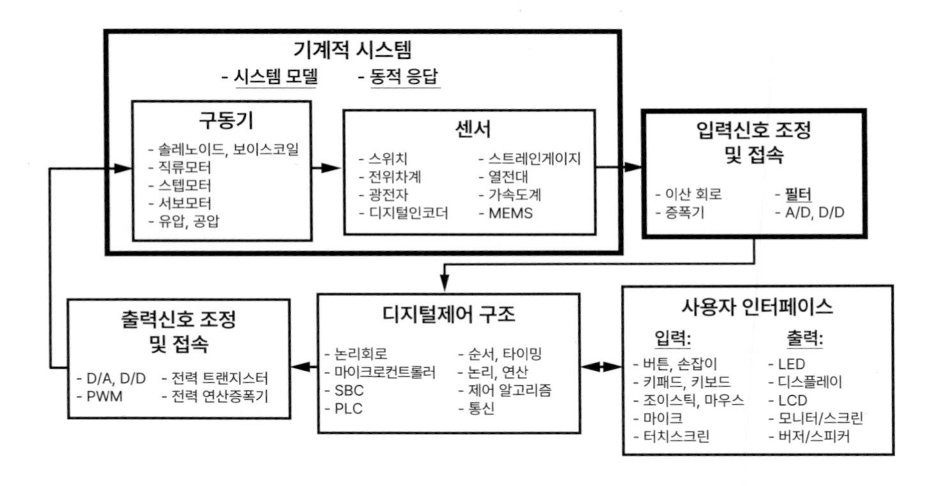

목적 · CHAPTER OBJECTIVES

이 장을 읽고, 공부하고, 논의하고, 아이디어를 적용하면 다음을 할 수 있다.

1. 좋은 계측시스템의 세 가지 특성, 즉 진폭 선형성, 위상 선형성, 적정한 대역폭을 이해한다.
2. 주기적 신호를 Fourier 급수로 표현하고, 이를 신호 스펙트럼의 성분을 나타내는 데 사용할 수 있다.

3. 계측기 대역폭과 입출력신호 스펙트럼 사이의 관계를 이해한다.
4. 영차, 일차, 이차 계측시스템 및 메카트로닉스 시스템의 동적 응답을 이해한다.
5. 계단입력과 사인파입력을 사용하여 계측시스템과 메카트로닉스 시스템의 응답특성을 해석할 수 있다.
6. 기계시스템, 전기시스템, 유압시스템의 상사성을 이해한다.

4.1 시스템 응답

메카트로닉스 시스템 또는 계측시스템의 목표출력과 실제출력 사이의 관계식은 시스템 응답 해석의 기초가 된다. 이 장에서는 특정한 입력에 대한 선형시스템의 응답 특성을 예측하는 해석기법을 배운다. 특히 메카트로닉스 시스템의 일부가 되곤 하는 계측시스템에 중점을 둔다.

1장에서 보았듯이, 계측시스템은 세 부분, 즉 변환기(transducer), 신호처리부(signal processor), 기록장치(recorder)로 구성되어 있다. 변환기는 일반적으로 물리량을 시변(time-varying) 전압인 **아날로그신호**(analog signal)로 바꾸는 장치이다. 신호처리부는 아날로그신호를 수정해 주는 부분이고, 기록장치는 신호를 저장하거나 일시적으로 디스플레이해 주는 장치이다. 측정하고자 하는 물리변수를 계측시스템의 입력이라고 한다. 변환기는 이 입력을 신호처리부에 적합한 형태로 바꾸어준다. 이 신호는 다시 신호처리부에 의해 수정된 다음 계측시스템의 출력이 된다. 보통 기록된 출력은 그림 4.1에서 보듯이 실제의 입력과 다를 수 있다. 일반적으로 입력에 제거해야 할 성분(예: 전기적 노이즈)이 들어 있지 않는 한 재생된 출력신호는 가능한 한 입력신호와 일치하는 것이 좋다.

입력을 적절히 재생하기 위해서는 만족시켜야 할 조건이 있다. 즉, 시변 입력을 잘 계측하기 위해서는 계측시스템이 다음 세 가지 기준을 만족시켜야 한다.

1. 진폭 선형성(amplitude linearity)
2. 적정한 대역폭(adequate bandwidth)
3. 위상 선형성(phase linearity)

다음 절에서 이 세 가지 기준에 대해 자세히 살펴본다.

4.2 진폭 선형성

좋은 계측시스템은 진폭 선형성의 기준을 만족시킨다. 수학적으로 진폭 선형성은 다음과 같이 표현된다.

$$V_{\text{out}}(t) - V_{\text{out}}(0) = \alpha\,[V_{\text{in}}(t) - V_{\text{in}}(0)] \tag{4.1}$$

여기서 α는 비례상수이다. 이 식은 항상 입력의 변화량에 상수를 곱한 것이 출력이 된다는 것을 의미한다. 이 식이 만족되지 않으면 진폭에 대해 선형적이지 않고, 따라서 출력을 해석하기가 매우 어려워진다. 그림 4.2는 진폭 선형성과 진폭 비선형성의 예를 보여준다. 첫 번째 예는 선형이고, $\alpha = 20$이다. 두 번째와 세 번째의 예는 비선형이고, α는 상수가 아니다. 세 번째 예에서 첫째 펄스는 20배 증가했으나 둘째 펄스는 15배 증가했다.

일반적으로 계측시스템은 정해진 입력진폭의 범위 내에서 진폭 선형성을 만족시킨다. 또한 입력의 변화율이 정해진 범위 내에 있을 때에만 선형적으로 응답한다. 이 두 번째 내용은 4.4절에서 논의할 시스템의 대역폭과 관련이 있다. 이상적인 계측시스템은 모든 입력 진폭과 주파수에 대해 진폭 선형성을 만족시킬 것이다.

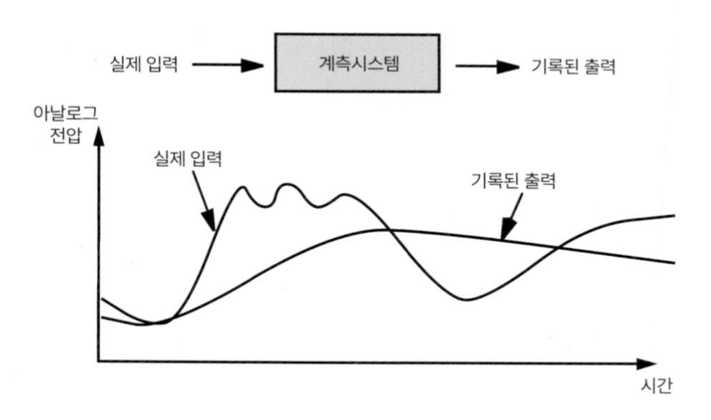

그림 4.1 계측시스템의 입력과 출력

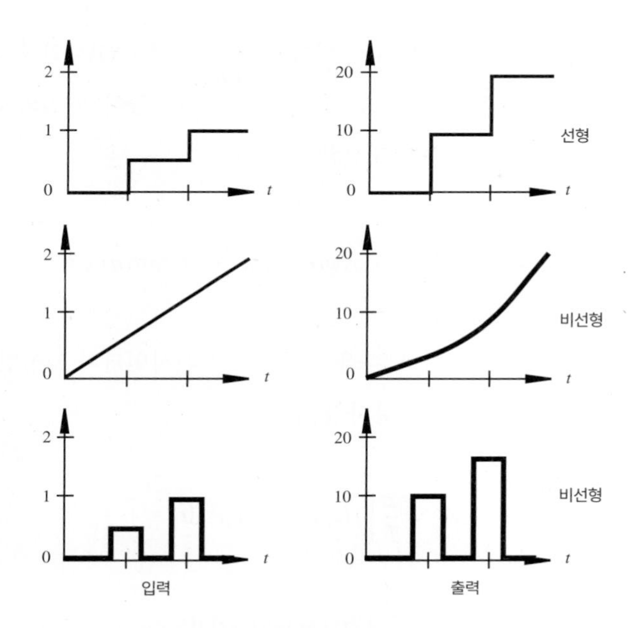

그림 4.2 진폭 선형성과 진폭 비선형성

4.3 신호의 Fourier 급수 표현

입력신호의 주파수 성분과 관계있는 대역폭과 위상 선형성의 개념을 알아보기 전에 먼저 신호를 **Fourier 급수**(Fourier series)로 표현해 보자. 주기적 신호를 Fourier 급수로 표현할 수 있는 것은 어떤 주기적 신호도 다른 진폭과 주파수를 가진 사인파와 코사인파의 무한급수로 표현할 수 있기 때문이다. 이 무한급수를 합치면 정확히 원래의 주기적 파형을 재생한다. 이것은 어떤 복잡한 신호라도 주기적 신호이면 사인파와 코사인파의 무한급수로 재구성할 수 있다는 것을 의미한다. 실제로는 유한개의 사인파와 코사인파만으로도 원래 신호를 적절히 재생할 수 있는 경우가 많기 때문에 항상 전체 무한급수가 필요한 것은 아니다.

주기적 신호에 포함된 가장 낮은 주파수 성분을 **기본주파수**(fundamental frequency) 또는 **제1 고조파**(first harmonic) ω_0로 정의하자. 이 기본주파수는 주기 T에 반비례한다. 즉,

$$\omega_0 = \frac{2\pi}{T} = 2\pi f_0 \tag{4.2}$$

여기서 f_0는 헤르츠(Hz)로 표현된 기본주파수이다. 다른 사인파와 코사인파의 주파수는 이 기본주파수의 정수배다. 즉, 제2 고조파는 $2\omega_0$, 제3 고조파는 $3\omega_0$ 등이다. 임의의 주기함수 $f(t)$는 수학적으로 다음과 같은 Fourier 급수로 표현될 수 있다.

$$f(t) = C_0 + \sum_{n=1}^{\infty} A_n \cos(n\omega_0 t) + \sum_{n=1}^{\infty} B_n \sin(n\omega_0 t) \tag{4.3}$$

여기서 상수 C_0는 신호의 직류성분이고, 다음 두 항은 각각 사인파와 코사인파의 무한급수이다. 사인항과 코사인항의 계수는 다음과 같이 정의된다.

$$A_n = \frac{2}{T}\int_0^T f(t)\cos(n\omega_0 t)\,\mathrm{d}t \tag{4.4}$$

$$B_n = \frac{2}{T}\int_0^T f(t)\sin(n\omega_0 t)\,\mathrm{d}t \tag{4.5}$$

여기서 $f(t)$는 표현하고자 하는 파형이고, T는 파형의 주기이다. 직류항인 C_0는 한 주기 동안의 평균값을 나타낸다. 따라서 다음과 같이 표현될 수 있다.

$$C_0 = \frac{1}{T}\int_0^T f(t)\,\mathrm{d}t = \frac{A_0}{2} \tag{4.6}$$

여기서 A_0는 식 (4.4)에 $n = 0$을 대입한 것이다.

식 (4.3)의 Fourier 급수 표현에서 두 개의 다른 진폭(A_n과 B_n)이 존재한다. 그러나 사인항과 코사인항은 삼각함수의 성질로부터 하나로 결합될 수 있기 때문에 다음과 같은 하나의 진폭과 위상을 갖도록 표현될 수 있다.

$$f(t) = C_0 + \sum_{n=1}^{\infty} C_n \cos(n\omega_0 t + \phi_n) \tag{4.7}$$

여기서 각 고조파의 진폭은

$$C_n = \sqrt{A_n^2 + B_n^2} \tag{4.8}$$

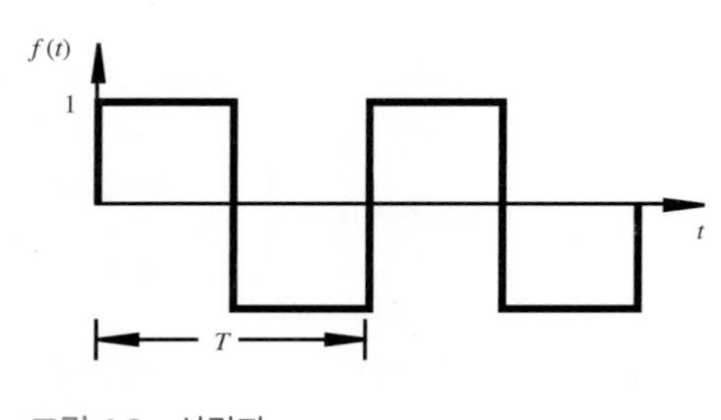

그림 4.3 사각파

으로 주어지고, 각 고조파의 위상은 다음과 같이 주어진다.

$$\phi_n = -\tan^{-1}\left(\frac{B_n}{A_n}\right) \tag{4.9}$$

Fourier 급수의 의미와 적용방법을 설명하기 위해 주기함수의 예로 그림 4.3과 같은 이상적인 사각파(square wave)를 고려해 보자. 이 사각파는 수학적으로 다음과 같이 정의된다.

$$f(t) = \begin{cases} 1 & 0 \le t < T/2 \\ -1 & T/2 \le t < T \end{cases} \tag{4.10}$$

여기서 T는 주기이다. 이 함수의 $t=0$과 $T/2$에서 불연속점이 존재한다.

식 (4.10)의 사각파에 대해 A_0를 포함한 계수 A_n은 모두 0이다(연습문제 4.5 참조). 계수 B_n은 식 (4.5)로부터 다음과 같이 얻어진다.

$$B_n = \frac{2}{T}\left(\int_0^{T/2} \sin(n\omega_0 t)\,\mathrm{d}t - \int_{T/2}^{T} \sin(n\omega_0 t)\,\mathrm{d}t\right) \tag{4.11}$$

이 적분 결과는 다음과 같다.

$$B_n = \frac{2}{T}\left(-\frac{1}{n\omega_0}[\cos(n\omega_0 t)]_0^{T/2} + \frac{1}{n\omega_0}[\cos(n\omega_0 t)]_{T/2}^{T}\right) \tag{4.12}$$

식 (4.2)를 이용하여 식 (4.12)를 계산하면

$$B_n = \frac{1}{n\pi}[-\cos(n\pi) + 1 + 1 - \cos(n\pi)] \tag{4.13}$$

이고, 이 식을 다음과 같이 쓸 수 있다.

$$B_n = \frac{2}{n\pi}[1 - \cos(n\pi)] = \begin{cases} \frac{4}{n\pi} & n: \text{홀수} \\ 0 & n: \text{짝수} \end{cases} \tag{4.14}$$

따라서 진폭이 1인 사각파의 Fourier 급수는 다음과 같이 표현된다.

$$f(t) = \frac{4}{\pi}\sin(\omega_0 t) + \frac{4}{3\pi}\sin(3\omega_0 t) + \frac{4}{5\pi}\sin(5\omega_0 t) + \cdots \tag{4.15}$$

$$f(t) = \sum_{n=1}^{\infty} \frac{4}{(2n-1)\pi}\sin[(2n-1)\omega_0 t] \tag{4.16}$$

MATLAB® *examples*

4.1 사각파의 Fourier 급수 표현

그림 4.4는 각 고조파를 점점 많이 더한 결과를 보여준다. MATLAB® examples 4.1은 이 그래프들을 실제로 어떻게 생성하는지를 보여준다. 그림 4.4의 왼편은 각각의 주파수와 진폭을 가진 개별 고조파를 보여준다. 고조파의 주파수가 증가함에 따라 진폭이 작아지는 데 주목하라. 오른편은 연속적인 고조파들을 중첩한 결과를 보여주는데, 고조파들이 더해질수록 사각파형이 개선됨을 알 수 있다. 제1, 제3, 제5 고조파를 다 더했을 때부터 사각파의 모양이 갖추어지기 시작한다. 여기에 추가적인 고조파들이 더해질수록 재생된 파형이 개선되고 더 각지게 된다. 무한개의 고조파를 다 더하게 되면 원래의 사각파가 될 것이다. 사각파와 같이 급격한 변화가 있는 불연속점을 가질 경우에 좋은 재생 파형을 얻기 위해서는 많은 고조파를 더할 필요가 있다.

그림 4.5의 위쪽은 진폭이 1이고 직류 오프셋(offset)이 1.5인 사각파를 보여준다. 이 그림은 신호를 **시간영역**(time-domain)에서 표현한 것이다. 그림 4.5의 아래쪽은 Fourier 급수의

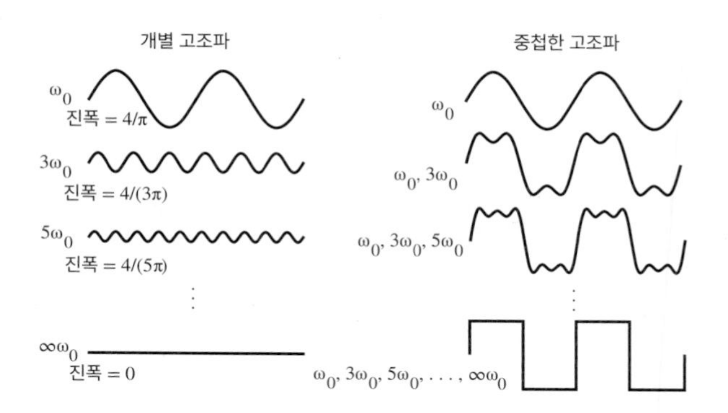

그림 4.4 사각파의 고조파 분해

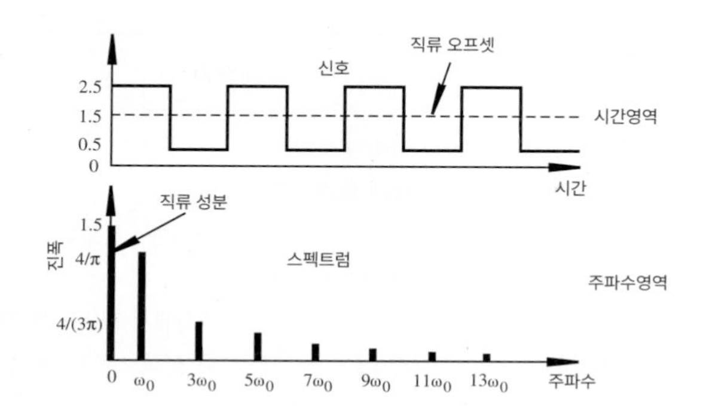

그림 4.5 사각파의 스펙트럼

진폭 대 주파수를 그린 것으로서, 신호의 **스펙트럼**(spectrum)이라고 불린다. 이 스펙트럼에서 고조파들이 막대 또는 선으로 그려지기 때문에 **선스펙트럼**(line spectrum)이라고도 불린다. 직류 오프셋은 주파수가 0인 성분임에 주목하라. 스펙트럼은 신호를 **주파수영역**(frequency-domain)에서 표현한 것이다.

Fourier 급수로 표현되는 신호의 스펙트럼을 그릴 때는 하나의 진폭으로 표현된 식 (4.7)을 이용하는 것이 편리하다. 식 (4.15)의 사각파 Fourier 급수에서 계수 A_n은 0이고, 계수 C_n은 B_n과 같다[식 (4.8) 참조]. 그림 4.5에서 각 막대는 각기 다른 진폭값을 나타낸다. 첫 번째 막대는 $C_0 = B_0 = 1.5$인 직류 오프셋을 나타내고, 두 번째 막대는 식 (4.15)의 첫 번째 항인 $C_1 = B_1 = 4/\pi$를 나타낸다. 나머지 막대는 0이 아닌 고조파 B_3, B_5, ⋯ 등을 나타낸다.

비디오 데모 4.1은 함수발생기의 여러 가지 출력신호에 대한 스펙트럼을 보여준다. 디지털 오실로스코프를 사용하면 여러 가지 전기신호에 대한 스펙트럼을 쉽게 디스플레이할 수 있다. 각진 신호, 즉 빠른 변이를 수반하는 신호는 큰 진폭의 고조파를 포함하고 있음을 관찰하라.

인터넷 링크 4.1은 신호 스펙트럼 개념이 소리와 음악이론에 어떻게 적용될 수 있는지에 대해 여러 가지 자료를 제공한다. 소리는 압력파로 구성되어 있다. 마이크는 이 압력파 신호를 전압신호로 변환함으로써 신호처리 또는 (오실로스코프상에) 디스플레이를 가능하게 한다. 서로 다른 소리의 스펙트럼 분포가 그 소리의 특성(음색)을 결정짓는다(수업토론주제 4.1 참조). 그리고 가락(음높이)은 그 소리의 기본주파수에 의해 결정되고, 소리의 세기는 그 신호의 진폭에 의해 결정된다. 비디오 데모 4.2~4.7은 이러한 개념에 대한 여러 가지 예를 보여준다. 인터넷 링크 4.2는 클라리넷이 왜 사각파와 같은 스펙트럼(그리고 음색)을 가지고 있는지에 대해 설명하고 검증한다. 비디오 데모 4.8은 기어, 스프링, 레버를 사용하여 Fourier 급수를 계산하는 기계적 컴퓨터를 보여준다.

비디오 데모

4.1 사인파, 톱니파, 사각파 신호의 스펙트럼

4.2 휘파람과 콧소리의 스펙트럼과 증폭기 포화

4.3 나팔소리의 진폭, 주파수 및 스펙트럼

4.4 기타의 고조파와 화음

4.5 피아노의 고조파와 음정 스펙트럼

4.6 피아노 건반의 고조파와 화음

4.7 소리굽쇠 파형 분석

4.8 기계적 컴퓨터 고조파 분석기

인터넷 링크

4.1 소리와 진동 원리에 대한 비디오 데모 및 온라인 자료

4.2 클라리넷의 물리학

수업토론주제 4.1 음악의 고조파

고조파에 대한 지식을 활용하여 다음 음악 현상을 설명해 보라.

- 플루트의 다(C) 음과 바이올린의 다 음이 왜 다르게 들리는가?
- 기타 연주자가 현을 퉁기기 전에 현의 중간을 손가락으로 가볍게 누르면서 하모닉스(harmonics)라는 효과음을 내고 있다. 이렇게 하면 생성되는 소리의 질이 왜 달라지는가?
- 댐퍼 페달을 아래로 밟은 상태(모든 현이 자유롭게 울릴 수 있는 상태)에서 피아노의 가온 다(C)를 칠 때, 가온 다 외의 다른 현들이 왜 진동하기 시작하는가? 어느 현이 가장 큰 진폭으로 진동하는가?

4.4 대역폭과 주파수응답

신호를 측정하기 위해 시스템을 선택할 때 신호의 스펙트럼을 알아보는 것이 중요하다. 이상적으로 계측시스템은 신호의 모든 주파수 성분을 잡아낼 수 있어야 한다. 하지만 실제의 시스템은 모든 주파수를 재생하는 능력에 한계가 있다. 서로 다른 주파수에서 계측시스템의 재생 충실도를 나타내는 데 사용되는 것은 보통 **데시벨**(decibel) 단위이다. 데시벨 단위는 로그눈금으로서, 신호가 계측시스템을 통과할 때 신호성분의 진폭 변화를 비교할 수 있게 한다. 데시벨(dB)은 다음과 같이 정의된다.

$$\mathrm{dB} = 20\log_{10}\left(\frac{A_{\mathrm{out}}}{A_{\mathrm{in}}}\right) \tag{4.17}$$

여기서 A_{in}은 특정 고조파의 입력진폭이고, A_{out}은 출력진폭이다.

그림 4.6의 그래프는 시스템에 대한 **주파수응답곡선**(frequency response curve)의 예이다. 로그-로그 눈금에 대해 그려졌을 때 이 그래프는 **Bode 선도**(Bode plot)로 알려져 있다. 이것은 입력주파수에 대해 **진폭비**(amplitude ratio) $A_{\mathrm{out}}/A_{\mathrm{in}}$을 그린 것이다. 이것은 입력신호의 어느 성분이 증폭되고 어느 성분이 감쇠되는지를 나타낸다. **대역폭**(bandwidth)이라는 용어는 시스템이 적절히 재생할 수 있는 주파수 범위를 나타내는 데 사용된다. 시스템의 대역폭은 입력이 -3 dB 이하로 감쇠되지 않는 주파수 범위로 정의된다. 그림에서 보듯이 시스템은 보통 -3 dB의 감쇠를 갖는 두 개의 주파수를 가지고 있다. 이 주파수들을 낮은 **차단주파수**(corner 또는 cutoff frequency) ω_L과 높은 차단주파수 ω_H로 정의한다. 이 두 주파수에 의해 시스템의

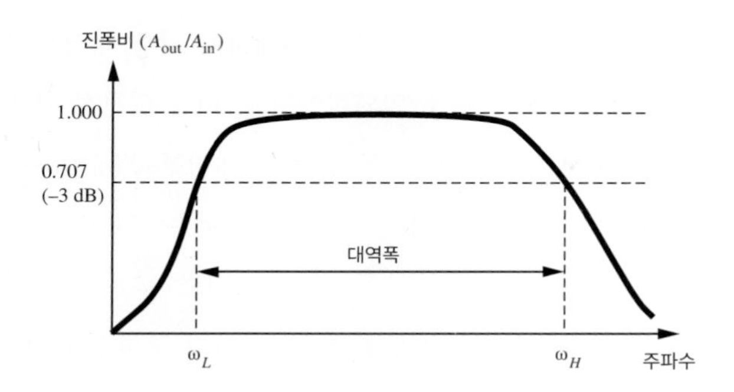

그림 4.6 주파수응답과 대역폭

대역폭은 다음과 같이 정의된다.

$$\text{대역폭} = \omega_L\text{에서 } \omega_H \text{ 사이의 주파수 범위} \tag{4.18}$$

계측시스템은 종종 낮은 주파수(즉, $\omega_L \approx 0$)에서 감쇠를 나타내지 않고, 높은 주파수에서만 진폭비 감쇠를 나타내는 경우가 있다. 이러한 시스템에서 대역폭은 0(직류성분)에서 ω_H까지의 범위로 정의된다.

−3 dB의 차단값은 출력신호 파워(power, P_{out})가 입력신호 파워(P_{in})의 반으로 줄어들 때의 데시벨 값이다.

$$\frac{P_{out}}{P_{in}} = \frac{1}{2} \tag{4.19}$$

이러한 이유로 차단주파수는 반파워점(half-power point)으로 불리기도 한다. 사인파 신호의 파워는 진폭의 제곱에 비례한다. 따라서 차단주파수에서 다음 식이 성립한다.

$$\frac{A_{out}}{A_{in}} = \sqrt{\frac{P_{out}}{P_{in}}} = \sqrt{\frac{1}{2}} \approx 0.707 \tag{4.20}$$

그러므로 차단주파수에서 신호의 진폭은 29.3%만큼(원래 신호의 70.7%로), 즉 약 −3 dB만큼 줄어든다.

$$\text{dB} = 20 \log_{10} \sqrt{\frac{1}{2}} \approx -3 \text{ dB} \tag{4.21}$$

언뜻 보기에는 어떤 범위 밖에 있는 신호성분을 배제하기 위해 대역폭을 정의하는 것이 비논리적으로 보일 수 있다. 반파워점은 다소 임의적이지만, 이를 일관성 있게 사용하게 되면 다양한 계측기와 주파수응답을 서로 비교할 수 있게 된다. 대역폭 밖에 있는 신호성분의 진폭은 3 dB 이상 감소된다. 대역폭 내에 있는 성분, 특히 차단주파수 근처에 있는 성분은 3 dB보다 작게 감소한다.

이상적인 계측시스템의 주파수응답은 0에서 무한대까지의 주파수에 대해 진폭비가 1이다. 즉, 이상적인 계측시스템은 신호의 모든 고조파를 증폭 또는 감소시키지 않고 재생한다. 하지만 실제 계측시스템은 제한된 대역폭을 가진다. 시스템의 대역폭은 전기시스템의 경우에 커패시턴스, 인덕턴스, 저항의 영향을 받고, 기계시스템의 경우에 질량, 강성도, 댐핑의 영향을 받는다. 주의 깊게 설계하여 이 파라미터들을 잘 선정하면 원하는 대역폭을 얻을 수 있다. 계측시스템을 잘 설계하게 되면 전형적인 입력신호에 대해 모든 주파수 성분을 재생할 수 있게 된다. 이럴 경우에 이 계측시스템은 높은 **충실도**(fidelity)를 갖는다고 말한다.

계측시스템을 적절히 설계하거나 선정하기 위해서는 계측시스템의 대역폭과 신호의 스펙트럼을 이해할 필요가 있다. 그림 4.7은 같은 주파수 눈금을 사용한 입력신호의 스펙트럼, 계측시스템의 주파수응답, 출력신호의 스펙트럼을 보여준다. 계측시스템은 제한된 대역폭을 가지고

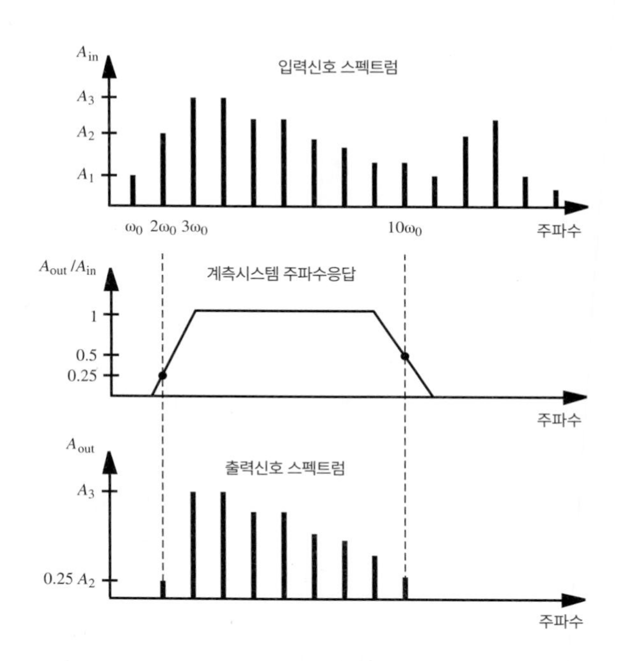

그림 4.7 계측시스템의 대역폭이 신호 스펙트럼에 미치는 영향

있어서 입력신호의 모든 주파수 성분이 만족스럽게 재생되지는 않는다. 따라서 출력신호는 입력신호와 다르다. 그림의 입력신호 스펙트럼으로부터 입력신호를 다음과 같이 쓸 수 있다.

$$V_{\text{in}}(t) = A_1 \sin(\omega_0 t) + A_2 \sin(2\omega_0 t) + A_3 \sin(3\omega_0 t) + \cdots \tag{4.22}$$

수업토론주제 4.2 제한된 대역폭을 가진 계측시스템으로 사각파 측정하기

대역폭이 0~5.1 ω_0인 계측시스템이 있다고 하자. 차단주파수 아래 고조파는 완전히 재생하고 차단주파수 위 고조파는 완전히 제거한다고 가정한다. 기본주파수 ω_0인 사각파가 이 계측시스템의 입력으로 주어질 때 입력과 출력 사이의 차이를 기술하라.

주어진 계측시스템의 주파수응답곡선으로부터 출력진폭 A_i'는 다음 식과 같이 입력진폭 A_i에 진폭비를 곱하여 얻을 수 있다.

$$A_i' = (A_{\text{out}}/A_{\text{in}})_i \times A_i \tag{4.23}$$

여기서 i는 주파수성분 번호이다. 예를 들어, 주파수 $2\omega_0$에 해당하는 $i=2$에 대해

$$A_2' = (A_{\text{out}}/A_{\text{in}})_2 \times A_2 = 0.25A_2 \tag{4.24}$$

각 주파수 성분에 식 (4.23)을 적용하여 결과적으로 얻은 스펙트럼은 맨 아래 그림과 같다. 이 출력신호를 다음과 같이 쓸 수 있다.

$$V_{\text{out}}(t) = A_2' \sin(2\omega_0 t) + A_3' \sin(3\omega_0 t) + \cdots + A_9' \sin(9\omega_0 t) + A_{10}' \sin(10\omega_0 t) \tag{4.25}$$

또는

$$V_{\text{out}}(t) = 0.25A_2 \sin(2\omega_0 t) + A_3 \sin(3\omega_0 t) + \cdots + A_9 \sin(9\omega_0 t) + 0.5A_{10} \sin(10\omega_0 t) \tag{4.26}$$

$3\omega_0$와 $9\omega_0$ 사이의 모든 주파수에 대해 $A_{\text{out}}/A_{\text{in}} = 1$이므로, $i = 3$~9에 대해 $A_i' = A_i$이다. 그리고

ω_0 주파수와 $10\omega_0$ 초과의 주파수에 대해 $A_{out}/A_{in}=0$이므로, 이 성분들은 완전히 사라지고 더 이상 출력신호에 나타나지 않는다(즉, $A'_1 = A'_{11} = A'_{12} = \cdots = 0$). $2\omega_0$와 $10\omega_0$ 주파수 성분은 아직 출력신호에 나타나지만 진폭이 부분적으로 감소되어 있다($0 < A_{out}/A_{in} < 1$).

계측시스템을 설계하거나 선택할 때, 입력신호에 존재하는 중요한 주파수 성분을 적절히 재생할 수 있도록 계측시스템의 대역폭이 충분히 클 필요가 있다. 고주파 성분을 재생하지 못하는 계측시스템은 빠른 변화가 있는 입력신호를 정확히 재생할 수 없다.

실습문제 **Lab 4** 대역폭, 필터와 다이오드

비디오 데모 **4.9** 필터(RC회로)의 주파수응답

계측시스템의 대역폭을 실험적으로 결정하기 위해서는 순수한 사인파입력을 가지고 원하는 주파수영역에서 입출력의 진폭비를 결정하는 것이 필요하다. 함수발생기의 스위프(sweep) 기능은 선택된 시간 동안 선형적으로 증가하는 주파수의 사인파함수를 만들어주기 때문에, 이 기능을 사용하면 시스템 입출력의 진폭비를 실험적으로 쉽게 구할 수 있다. **실습문제 Lab 4**에서 이 기법을 필터회로에 적용한다(**비디오 데모 4.9** 참조). 시스템 모델의 주파수응답을 이론적으로 구하는 방법은 4.10.2절에서 설명한다. 예제 4.1은 이 기법의 기초적인 내용을 간단한 RC 필터에 적용한 것이다.

수업토론주제 4.3 오디오 스피커의 주파수응답

오디오 스피커는 높은 충실도를 가지고 음악을 재생해야 한다. 인간은 20 Hz에서 20 kHz까지의 음을 들을 수 있다고 할 때, 저음, 중음, 고음 스피커의 주파수응답은 어떨 것으로 예측하는가?

예제 4.1 전기회로망의 대역폭

전기시스템의 대역폭은 2.6절에서 설명한 정상상태 교류회로 해석기법으로 쉽게 구할 수 있다. 예로서 다음 *RC*회로를 고려해 보자.

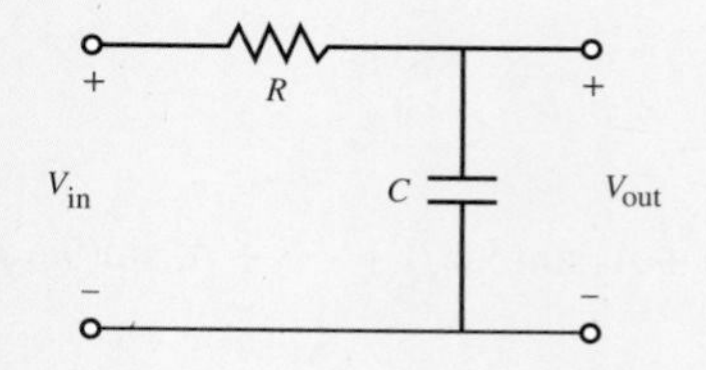

저항($Z_R = R$)과 커패시터($Z_C = 1/j\omega C$)의 복소임피던스에 대한 전압분배법칙을 사용하여 회로

망의 출력전압을 다음과 같이 쓸 수 있다.

$$V_{\text{out}} = \frac{\dfrac{1}{j\omega C}}{\dfrac{1}{j\omega C} + R} V_{\text{in}}$$

그러므로 입출력의 진폭비를 주파수의 함수로 다음과 같이 표현할 수 있다.

$$\frac{V_{\text{out}}}{V_{\text{in}}} = \frac{1}{j\omega RC + 1}$$

이 복소함수의 크기는 주파수 함수로 표현된 진폭비를 나타낸다.

$$\left|\frac{V_{\text{out}}}{V_{\text{in}}}\right| = \frac{1}{\sqrt{1 + (\omega RC)^2}}$$

회로의 차단주파수 ω_c는 다음과 같다.

$$\omega_c = \frac{1}{RC}$$

왜냐하면 $\omega = \omega_c$에서

$$\left|\frac{V_{\text{out}}}{V_{\text{in}}}\right| = \frac{1}{\sqrt{2}} = 0.707$$

이기 때문이다.

ω_c를 사용하여 진폭비를 다음과 같이 표현할 수 있다.

$$\left|\frac{V_{\text{out}}}{V_{\text{in}}}\right| = \frac{1}{\sqrt{1 + (\omega/\omega_c)^2}}$$

이 관계를 나타내는 주파수응답곡선은 다음 그림과 같다. 여기서 $\omega_r = \omega/\omega_c$이고 $A_r = |V_{\text{out}}/V_{\text{in}}|$이다. ω_r이 0으로 접근하면 A_r은 1로 접근하고, ω_r이 ∞로 접근하면 A_r은 0으로 접근한다. MATLAB® examples 4.2는 주파수응답곡선을 생성하는 방법에 대한 것이다.

MATLAB® examples
4.2 저주파통과필터

이 회로는 낮은 주파수 성분을 약간 감소시켜 통과시키고, 높은 주파수 성분을 많이 감소시켜 거의 통과시키지 않기 때문에 **저주파통과필터**(low-pass filter)로 불린다.

$$\omega_r = 0, 0.01 \ldots 2.5 \qquad A_r(\omega_r) = \frac{1}{\sqrt{1 + \omega_r^2}}$$

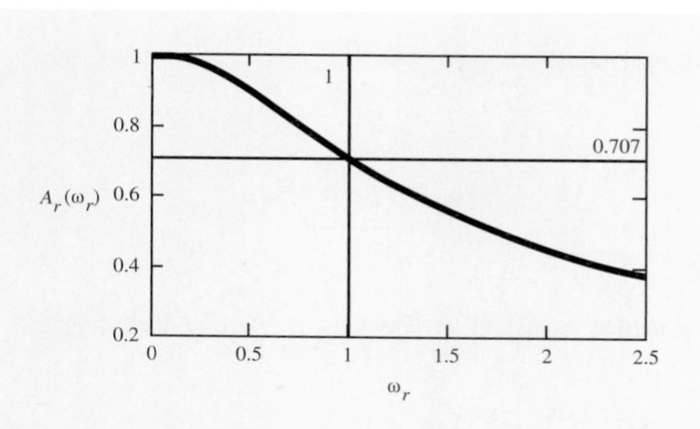

저항과 커패시터를 바꾸어 연결하면 저주파 성분를 감소시키는 **고주파통과필터**(high-pass filter)가 된다. 이 외에 유용하게 사용되는 필터로서 **노치필터**(notch filter)와 **대역통과필터**(band-pass filter)가 있다. 노치필터는 대역제거필터(band-reject filter)라고도 하는데, 어떤 좁은 대역의 주파수 성분만 심하게 감소시키고 그 외의 모든 주파수 성분을 통과시키는 필터이다. 이 필터는 신호선에서 가끔 발견되는 60 Hz의 간섭을 제거하는 데 많이 사용된다. 반면에 대역통과필터는 어떤 좁은 대역의 주파수 성분만 통과시키고 그 외의 주파수 성분을 심하게 감소시키는 필터이다. 오피앰프를 이용한 능동필터(5장 참조)나 마이크로컨트롤러를 이용한 디지털필터(7장 참조)와 같은 필터에 대한 더 많은 정보는 **인터넷 링크 4.3**에서 찾아볼 수 있다.

4.3 필터와 신호처리

4.5 위상 선형성

좋은 계측시스템의 세 번째 조건으로서 위상 선형성(phase linearity)이 있다. 위상 선형성은 계측시스템이 입력 주파수 성분 사이의 위상 관계를 얼마나 잘 유지하는가를 나타낸다.

그림 4.8에 나타낸 두 신호의 위상각(phase angle)과 시간변위(time displacement) 사이의 관계를 고려해 보자. 신호 2는 신호 1보다 지연되어 시간축에서 늦게 나타난다. 이 그림에서 두 신호 사이의 시간변위 t_d는 $T/4$이다. 여기서 T는 신호의 주기이다. 신호의 한 사이클은 2π 라디안 또는 360°이므로 신호 1과 신호 2 사이의 위상각은 다음과 같다.

$$\phi = 360\, t_d/T \text{ 도} = 2\pi\, t_d/T \text{ 라디안} \tag{4.27}$$

따라서 $t_d = T/4$일 때 위상각은 90° 또는 $\pi/2$ 라디안이다.

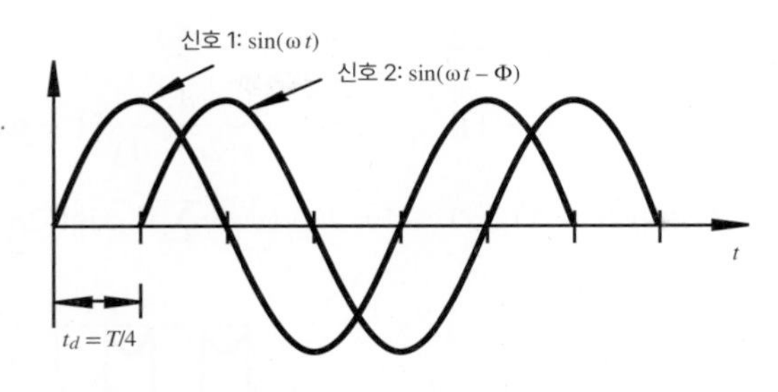

그림 4.8 위상각과 시간변위 사이의 관계

계측시스템은 입력과 출력 사이에 시간지연을 유발할 수 있다. 주어진 주파수 f(여기서 $f=1/T$)에 대해 식 (4.27)을 다음과 같이 표현할 수 있다.

$$\phi = 360f \cdot t_d \text{도} = 2\pi f \cdot t_d \text{라디안} \tag{4.28}$$

따라서 주어진 시간변위에 대해 신호의 위상차는 주파수에 따라 변한다. 입력신호는 많은 주파수 성분으로 구성되어 있을 수 있기 때문에 모든 주파수 성분이 동일한 시간변위를 가지는 것이 중요하다. 그렇지 않으면 계측시스템의 출력은 왜곡되어 나타날 수 있다. 모든 주파수 성분에 대해 동일한 시간변위 t_d가 주어질 때 다음 식이 성립해야 한다.

$$\phi = k \cdot f \tag{4.29}$$

여기서 k는 상수로서 360 t_d도 또는 $2\pi\, t_d$ 라디안이다. 그러면 모든 주파수에 대해 동일한 시간변위가 주어질 때 위상각은 주파수에 대해 선형임에 틀림없다. 시스템이 이런 식으로 작동할 때 그 시스템은 **위상 선형성**을 가지고 있다고 한다. 계측시스템에서 k는 보통 음수값을 가진다. 이것은 기록된 출력신호가 입력신호를 뒤따라가며 지연된다는 것을 의미한다.

4.6 신호의 왜곡

시스템이 진폭 선형성을 갖지 않으면 출력 주파수 성분의 진폭은 감소되어 작아진다. 결과적으로 출력은 그림 4.9에 나타낸 사각파처럼 **진폭왜곡**(amplitude distortion)으로 변형된다. 그림

$$t = 0, 0.01 \ldots 2 \qquad n = 1 \ldots 50$$

$$B_n = \frac{4}{\pi(2n-1)} \exp[-0.1(2n-1)] \qquad C_n = \frac{4}{\pi(2n-1)} \{1 - \exp[-(2n-1)]\}$$

$$F_{\text{high}}(t) = \sum_n B_n \sin[(2n-1)2\pi t] \qquad F_{\text{low}}(t) = \sum_n C_n \sin[(2n-1)2\pi t]$$

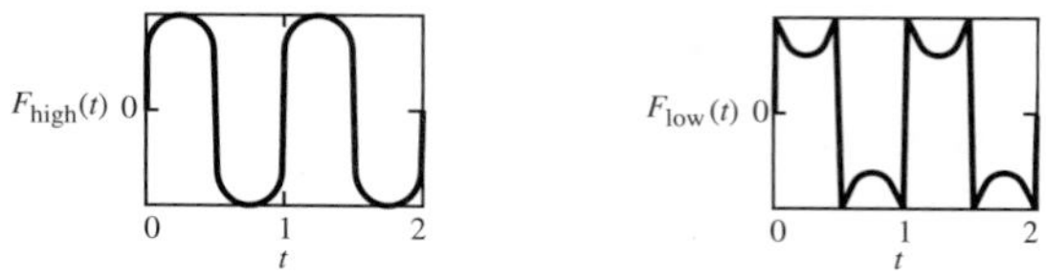

(a) 고주파신호 감쇠 (b) 저주파신호 감쇠

그림 4.9 사각파의 진폭왜곡(Mathcad로 생성)

$$t = 0, 0.01 \ldots 2 \qquad n = 1 \ldots 50$$

$$B_n = \frac{4}{\pi(2n-1)} \qquad dt_n = 0.05\{1 - \exp[-(2n-1)]\}$$

$$F_{\text{lag}}(t) = \sum_n B_n \sin[(2n-1)2\pi(t - dt_n)] \qquad F_{\text{lead}}(t) = \sum_n B_n \sin[(2n-1)2\pi(t + dt_n)]$$

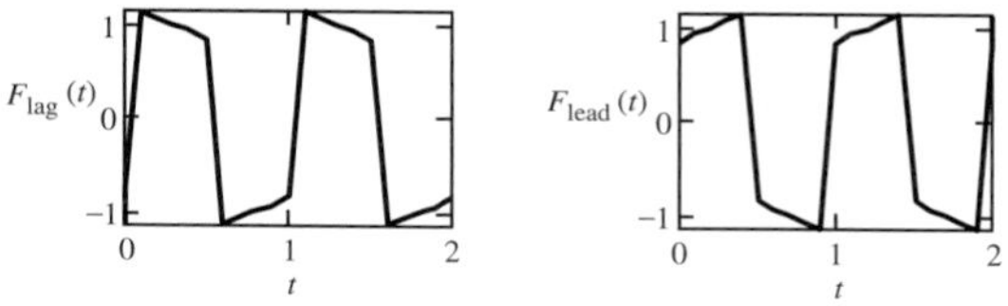

(a) 고주파신호 지연 (b) 고주파신호 앞섬

그림 4.10 사각파의 위상왜곡(Mathcad로 생성)

MATLAB® examples
4.3 진폭왜곡
4.4 위상왜곡

에서 각 고조파의 계수는 지수함수를 포함하고 있는데, 주파수에 따라 함수의 크기가 감소하거나(a), 증가하고(b) 있다. 출력의 변화(왜곡)를 주의 깊게 살펴보라. MATLAB® examples 4.3은 그림 4.9의 그래프 생성을 활용한 해석을 포함한다.

시스템이 위상 선형성을 갖지 않으면 출력 주파수 성분이 적당한 진폭을 갖더라도 서로 간에 시간이 변위되어 사각파에 대해 그림 4.10과 같은 **위상왜곡**(phase distortion)이 나타난다. MATLAB® examples 4.4는 그림 4.10의 그래프 생성을 활용한 해석을 포함한다.

높은 충실도를 갖는 계측시스템은 진폭왜곡을 방지하기 위해 진폭 선형성을 가져야 하고, 입력신호에 포함된 모든 주파수 성분을 통과시키기 위해 적절한 대역폭을 가져야 하며, 위상왜곡을 방지하기 위해 위상 선형성을 가져야 한다.

계측시스템을 설계하거나 해석할 때 시스템 성능을 예측할 수 있어야 한다. 그러기 위해서는 시스템의 모델을 구하고 수학적으로 거동을 표현할 필요가 있다. 이 장의 나머지 부분은 이러한 것을 하기 위한 시스템 해석도구에 대해 설명한다.

수업토론주제 4.4 진폭 감소에 대한 해석

그림 4.9에서 저주파나 고주파 성분의 진폭을 감소시키기 위해 다음 지수항이 사용되었다.

$$e^{-0.1(2n-1)} \text{ 과 } 1-e^{-(2n-1)}$$

이 지수항들이 어떻게 사각파를 왜곡시키는지 설명하라.
(힌트: 지수함수를 그려보고, 이들이 사각파 스펙트럼의 진폭 성분을 어떻게 변화시키는지 설명한다.)

4.7 시스템의 동적 특성

많은 계측시스템은 상수계수를 갖는 선형 상미분방정식으로 모델링될 수 있다. 많은 메카트로닉스 시스템이나 그것의 부분 시스템도 마찬가지다. 이러한 선형모델은 다음과 같은 일반형을 갖는다.

$$\sum_{n=0}^{N} A_n \frac{d^n X_{out}}{dt^n} = \sum_{m=0}^{M} B_m \frac{d^m X_{in}}{dt^m} \tag{4.30}$$

여기서 X_{out}은 출력변수, X_{in}은 입력변수이고, A_n과 B_n은 상수계수이다. N은 시스템의 **차수**(order)를 정의하고, M과는 무관하다. 미분방정식 모델을 구하는 방법은 해석하고자 하는 시스템의 형태에 따라 달라진다. 예를 들어, 기계시스템에 대해서는 Newton의 법칙과 자유물체도(free-body diagram)를 이용하고, 전기시스템에 대해서는 KVL과 KCL을 이용한다. 앞으로 보겠지만, 상수계수 A_n은 그 시스템의 물리적 성질로부터 얻어진다.

많은 전기기계시스템(electromechanical system)은 비선형적인 거동을 나타내기 때문에 선형시스템으로 모델링할 수 없다. 하지만 비선형시스템도 제한된 입력범위에서 선형적인 거동을 나타내는 경우가 많다. 이 경우에 이 범위에서 근사적인 선형 모델을 유도할 수 있다. 비선형시스템으로부터 선형모델을 유도하는 과정을 **선형화**(linearization)라고 한다.

다음 세 절에서, 식 (4.30)의 가장 단순하고 보편적인 형태인 $M=0$이고 $N=0,\ 1,\ 2$인 경우의 특성을 살펴본다. 이들을 각각 영차, 일차, 이차시스템이라 부른다.

4.8 영차시스템

식 (4.30)에서 $N=M=0$일 때 이 모델은 **영차시스템**(zero-order system)이 되고, 거동은 다음과 같이 표현된다.

$$A_0 X_{\text{out}} = B_0 X_{\text{in}} \tag{4.31}$$

또는

$$X_{\text{out}} = \frac{B_0}{A_0} X_{\text{in}} = K X_{\text{in}} \tag{4.32}$$

여기서 $K=B_0/A_0$는 상수로서 시스템의 입력과 출력 사이의 크기관계를 나타내는 **이득**(gain) 또는 **감도**(sensitivity)로 일컬어진다. 감도가 크다면 작은 입력 변화가 큰 출력 변화를 초래할 것이다. 영차시스템의 출력은 시간지연이나 신호왜곡 없이 입력을 정확히 추종한다.

영차 측정시스템의 예로서 변위측정에 사용되는 전위차계(potentiometer)가 있다. 전위차계는 내부의 와이퍼(wiper)가 저항면을 따라 움직이면 출력저항이 변하는 가변저항기이다. 그림 4.11에서 보듯이, 전위차계는 와이퍼 변위 X_{in}에 비례하는 출력전압 V_{out}을 생성한다. 이것은 다음과 같은 전압분배법칙의 결과이다.

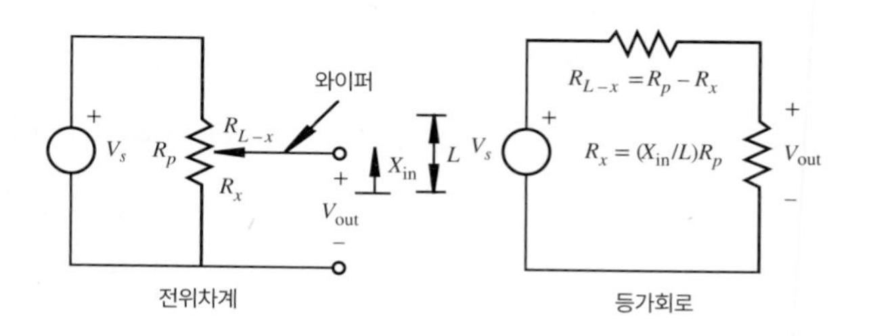

그림 4.11 변위 전위차계

$$V_{\text{out}} = \frac{R_x}{R_p} V_s = \left(\frac{V_s}{L}\right) X_{\text{in}} \tag{4.33}$$

여기서 R_x는 전위차계 도선의 저항, R_p는 전위차계의 최대저항, X_{in}은 전위차계 와이퍼의 변위, L은 와이퍼가 움직일 수 있는 최대거리이다.

수업토론주제 4.5 영차 전위차계에 대한 가정

전위차계를 영차 계측시스템으로 간주하기 위해 전위차계에 대한 어떤 근사화 가정을 해야 하는가?

종합설계예제 A.2 직류모터 전력오피앰프 속도제어기 — 전위차계 접속

아래 그림은 종합설계예제 A의 기능선도를 보여준다(1.3절 및 비디오 데모 1.6 참조). 여기서는 네모 친 부분을 자세히 살펴본다.

비디오 데모

1.6 직류모터 전력오피앰프 속도제어기

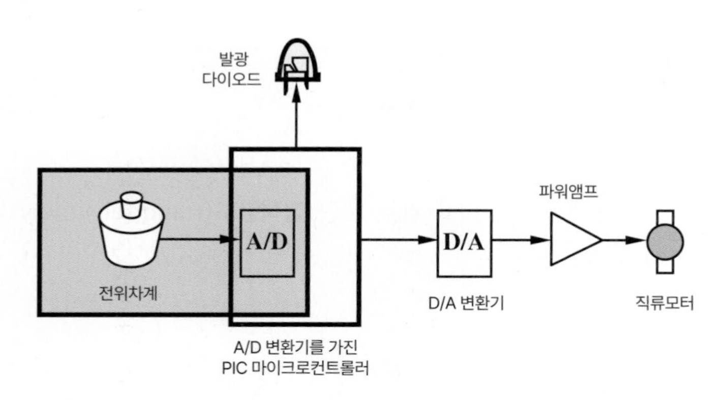

전위차계를 마이크로컨트롤러에 접속(인터페이스)하기 위해서는 아날로그 전압신호[식 (4.30) 참조]를 디지털신호로 변환해야 한다. 다행히 PIC 마이크로컨트롤러에 A/D 컨버터가 내장된 것이 있다. 이 마이크로컨트롤러를 사용하면 전압 형태의 전위차계 변위를 아래와 같은 간단한 회로를 사용하여 감지할 수 있다. 전위차계는 그림에서와 같이 연결된 세 개의 리드선을 가지고 있는데, 중간의 와이퍼 리드선이 PIC 마이크로컨트롤러의 아날로그 입력(핀 18, AN1으로 표시)에 연결된다. 와이퍼 리드선의 전압은 손잡이(knob)를 돌리면 0 V(접지)에서 5 V까지 변한다.

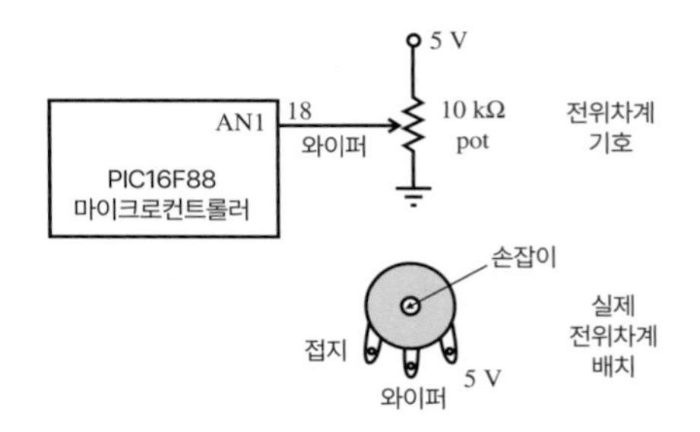

4.9 일차시스템

식 (4.30)에서 $N=1$이고 $M=0$일 때, 이 시스템을 **일차시스템**(first-order system)이라고 한다. 이 시스템의 거동은 다음과 같이 표현된다.

$$A_1 \frac{\mathrm{d}X_{\text{out}}}{\mathrm{d}t} + A_0 X_{\text{out}} = B_0 X_{\text{in}} \tag{4.34}$$

또는

$$\frac{A_1}{A_0}\frac{\mathrm{d}X_{\text{out}}}{\mathrm{d}t} + X_{\text{out}} = \frac{B_0}{A_0} X_{\text{in}} \tag{4.35}$$

영차시스템에서와 같이 우변의 계수비를 감도 또는 **정적감도**(static sensitivity)라고 한다. 즉, 정적감도는 다음과 같이 정의된다.

$$K = \frac{B_0}{A_0} \tag{4.36}$$

식 (4.35)의 좌변에 있는 계수비는 **시상수**(time constant)라는 특별한 이름을 가지고 있다. 시상수는 다음과 같이 정의된다.

$$\tau = \frac{A_1}{A_0} \tag{4.37}$$

왜 이러한 이름을 갖게 되었는지는 다음 해석을 보면 명확해진다. 시상수를 사용하여 일차시스템을 기술하면 다음과 같다.

$$\tau \frac{dX_{out}}{dt} + X_{out} = KX_{in} \tag{4.38}$$

이 식에서 X_{out}의 계수는 1임을 주목하라.

여러 가지 입력에 대해 이 시스템이 어떻게 응답하는지 알아보기 위해 이 모델에 **계단입력**(step input), 임펄스입력(impulse input), 사인파입력(sinusoidal input)과 같은 표준 입력을 적용해 본다. 계단입력은 순간적으로 0에서 상수값 A_{in}까지 변하는 것으로서, 수학적으로 다음과 같이 정의된다.

$$X_{in} = \begin{cases} 0 & t < 0 \\ A_{in} & t \geq 0 \end{cases} \tag{4.39}$$

이 입력에 대한 시스템의 출력을 이 시스템의 **계단응답**(step response)이라고 한다. 식 (4.39)에 대해 초기조건을

$$X_{out}(0) = 0 \tag{4.40}$$

으로 두고 식 (4.38)을 풀면 계단응답이 얻어진다. 미분방정식 (4.38)의 동차해를 Ce^{st} 형태로 가정하면 다음과 같은 **특성방정식**(characteristic equation)이 얻어진다.

$$\tau s + 1 = 0 \tag{4.41}$$

이 특성방정식의 근은 $s = -1/\tau$이다. 따라서 **동차해**(homogeneous solution) 또는 **과도해**(transient solution)는 다음과 같다.

$$X_{out_h} = Ce^{-t/\tau} \tag{4.42}$$

여기서 C는 나중에 초기조건을 적용하여 구할 상수이다. 계단입력에 대한 **특수해**(particular solution) 또는 **정상상태해**(steady state solution)는 다음과 같이 주어진다.

$$X_{out_p} = KA_{in} \tag{4.43}$$

일반해(general solution)는 동차해와 특수해의 합으로서 다음과 같이 주어진다.

$$X_{out}(t) = X_{out_h} + X_{out_p} = Ce^{-t/\tau} + KA_{in} \tag{4.44}$$

초기조건인 식 (4.40)을 이 식에 대입하면 다음과 같다.

$$0 = C + KA_{in} \tag{4.45}$$

따라서

$$C = -KA_{in} \tag{4.46}$$

그러므로 일차시스템에 대한 계단응답은 다음과 같이 주어진다.

$$X_{out}(t) = KA_{in}(1 - e^{-t/\tau}) \tag{4.47}$$

그림 4.12에서 보듯이, 계단응답은 점근값 KA_{in}을 향해 지수적으로 증가하는 함수이다. 이 증가율은 시상수 τ에만 의존한다. 시상수가 작을수록 응답은 빨라진다.

한 시상수 시간 후에 출력은 다음 식에서 보듯이 최종값의 63.2%에 도달한다.

$$X_{out}(\tau) = KA_{in}(1 - e^{-1}) = 0.632KA_{in} \tag{4.48}$$

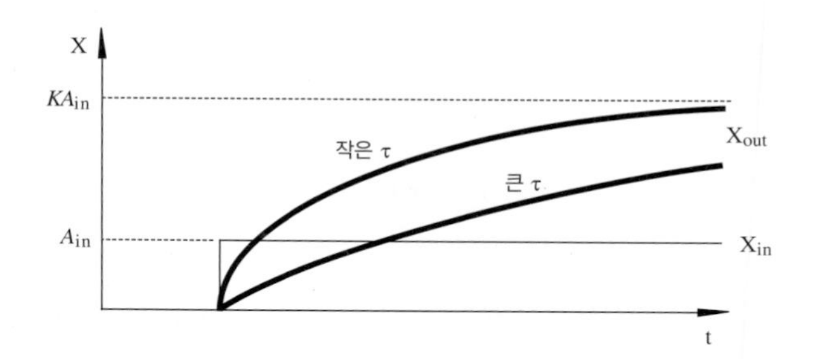

그림 4.12 일차시스템의 계단응답

네 시상수 시간에서 계단응답의 값은 다음과 같다.

$$X_{out}(4\tau) = KA_{in}(1 - e^{-4}) = 0.982KA_{in} \tag{4.49}$$

이 값은 정상상태값 KA_{in}의 98% 이상이기 때문에 일차시스템은 보통 네 시상수 시간 이내에 정상상태에 도달한다고 가정한다.

일차 계측시스템을 설계할 때, τ에 영향을 주는 것을 살펴보고 가능하다면 시상수를 줄일 필요가 있다. τ가 클수록 계측시스템이 입력신호에 응답하는 시간이 길어진다.

일차시스템의 중요한 예가 예제 4.1의 *RC*회로이다. 여기서 시상수는 $\tau = RC$이다(연습문제 4.19 참조). *RC*회로는 타이밍, 필터 및 다른 응용분야에서 많이 사용된다(예제 4.1, 6.12.3절, 예제 7.6 등). 비디오 데모 4.10은 커패시터 전압이 시간이 지남에 따라 어떻게 형성되는지를 보여주는 *RC*회로의 계단응답에 대한 것이다. 커패시터의 충전 및 방전 속력은 회로의 시상수와 직접적인 관련이 있다.

비디오 데모

4.10 RC회로의 충전과 방전

수업토론주제 4.6 RC 전기회로와 열시스템의 상사성

일차로 표현되는 RC 전기회로 시스템은 열교환(예: 열원으로부터 그리고 전도 또는 대류로부터) 및 온도 변화(내부에너지에 기인한)가 있는 어떤 일차의 열시스템과도 상사관계를 가진다. 두 시스템의 물리변수를 비교함으로써 이들의 상사관계를 자세히 설명하라(4.11절과 연습문제 4.21 참조).

4.9.1 일차시스템의 실험적 모델링

일차시스템의 특성을 파악하고 평가하기 위해 시상수 τ와 정적감도 K를 실험적으로 구하는 방법이 필요하다. K는 알고 있는 정적 입력을 가한 다음 출력을 관찰하는 정적 보정에 의해 구할 수 있다. 시상수 τ를 구하는 보편적인 방법은 시스템에 계단입력을 가하고 출력이 최종값의 63.2%에 도달하는 시간을 측정하는 것이다(식 4.48 참조). τ를 구하는 다른 방법은 다음과 같다.

식 (4.47)을 다음과 같이 다시 쓸 수 있다.

$$\frac{X_{out} - KA_{in}}{KA_{in}} = -e^{-t/\tau} \tag{4.50}$$

이 식을 간단히 하면

$$1 - \frac{X_{out}}{KA_{in}} = e^{-t/\tau} \tag{4.51}$$

양변에 자연로그를 취하면 다음과 같다.

$$\ln\left(1 - \frac{X_{out}}{KA_{in}}\right) = -\frac{t}{\tau} \tag{4.52}$$

좌변을 Z로 정의하자.

$$Z = -t/\tau \tag{4.53}$$

t에 대한 Z의 그래프를 그리면 직선이 되고 그 기울기는 다음과 같다.

$$\frac{dZ}{dt} = -\frac{1}{\tau} \tag{4.54}$$

따라서 계단응답에 대한 실험 데이터를 수집하고, t에 대한 Z의 그래프를 그리면 그림 4.13과 같은 직선이 그려진다. 이 직선의 기울기로부터 시상수 τ를 결정할 수 있다.

$$\tau = -\frac{\Delta t}{\Delta Z} \tag{4.55}$$

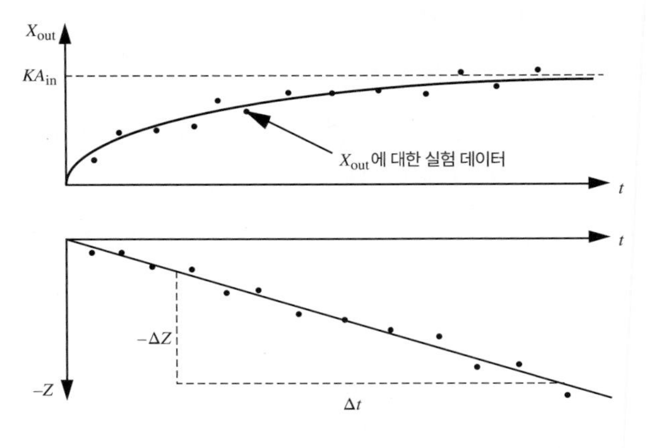

그림 4.13 실험적으로 시상수 τ 구하기

실험 데이터가 직선 형태가 아니면 일차시스템이 아님에 주목하라. 이 경우에 시스템은 고차시스템이거나 비선형시스템일 수 있다.

4.10 이차시스템

식 (4.30)에서 $N=2$이면 **이차시스템**(second-order system)이라고 한다. 이차시스템의 예로서 그림 4.14와 같은 기계적 스프링-질량-감쇠기 시스템이 있다. 자유물체도에 Newton의 운동법칙(이 경우에 $\Sigma F_x = ma_x$)을 적용하면 다음과 같은 2계 미분방정식이 얻어진다.

$$m\frac{\mathrm{d}^2x}{\mathrm{d}t^2} + b\frac{\mathrm{d}x}{\mathrm{d}t} + kx = F_{\mathrm{ext}}(t) \tag{4.56}$$

여기서 m은 질량, b는 댐핑계수, k는 스프링상수이고, x는 평형(정지)위치에서 움직인 질량의 변위이다. 여기서는 그림에서 표시한 것과 같이 아래방향을 양의 방향으로 간주한다. F_{ext}는 x 방향으로 가해진 모든 외력(입력)의 합력이다. 질량의 무게는 자유물체도에서 힘에 포함시키지 않았다. 왜냐하면 변위 x가 평형위치에서부터 측정되기 때문이다. 평형위치에서 이미 스프링은 δ만큼 늘어나 있고, 이것이 중력과 평형을 이루고 있다. 즉, $k\delta = mg$이다. 질량에 작용하는 스프링 힘(kx)은 질량변위의 반대방향으로 작용하고, 감쇠기 힘($b\,\mathrm{d}x/\mathrm{d}t$)은 질량속도의 반대방향으로 작용한다는 점에 유의하라.

4.11절에서 보겠지만, 기계적 스프링-질량-감쇠기 시스템 외의 많은 이차시스템(예: 기계적 회전시스템, 유압시스템 등)에 대한 지배방정식도 식 (4.56)과 같은 형태를 가진다.

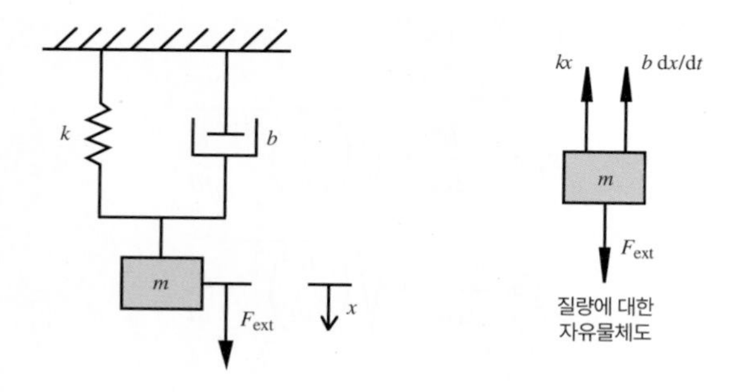

그림 4.14 기계적 이차시스템과 자유물체도

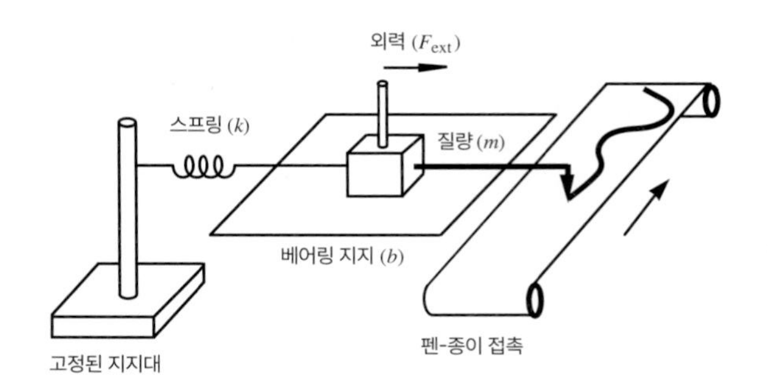

그림 4.15 이차시스템의 예로서 스트립차트 기록기

이차 계측시스템의 좋은 예로 그림 4.15와 같은 스트립차트 기록기(strip chart recorder)를 들 수 있다. 이것은 계속해서 움직이는 종이롤과 그 위에서 좌우로 움직이는 펜으로 구성되어 있다. 외력이 0일 때 중립위치에 오도록 펜 캐리지에 스프링이 달려 있다. 스트립차트 기록기는 기계적인 오실로스코프로 생각할 수 있다. 이 기록기는 디지털시대가 오기 훨씬 전부터 많은 양의 시변 데이터를 저장할 필요가 있을 때(예를 들어 나중에 분석하기 위해) 사용되어 왔다. 아직도 구식 원격 지진계나 거짓말탐지기 등에서 사용되기도 한다. 힘 F_{ext}는 전자기코일에 의해 발생되고, 전자기코일의 코어에 펜 캐리지가 부착되어 있다. 입력이 0이면 스프링에 의해 펜 캐리지가 중앙인 영점위치에 오게 된다. 펜 캐리지 베어링과 펜-종이 접촉은 댐핑 힘을 유발한다. 캐리지와 펜은 질량으로 간주될 수 있고, 여기에 힘이 작용한다고 볼 수 있다.

이차시스템의 비강제응답 특성을 알아보기 위해 $F_{ext}=0$으로 두고 미분방정식 (4.56)을 풀어보자. 특성방정식은 다음과 같다.

$$ms^2 + bs + k = 0 \tag{4.57}$$

이 이차방정식은 s에 대한 두 개의 근을 가진다.

$$s_1 = -\frac{b}{2m} + \sqrt{\left(\frac{b}{2m}\right)^2 - \frac{k}{m}} \tag{4.58}$$

$$s_2 = -\frac{b}{2m} - \sqrt{\left(\frac{b}{2m}\right)^2 - \frac{k}{m}} \tag{4.59}$$

시스템에 댐핑이 없으면(즉, $b=0$이면), 두 근은 다음과 같다.

$$s_1 = \mathrm{j}\sqrt{\frac{k}{m}} \tag{4.60}$$

$$s_2 = -\mathrm{j}\sqrt{\frac{k}{m}} \tag{4.61}$$

이때 동차해는 다음과 같이 주어진다.

$$x_h(t) = A\cos\left(\sqrt{\frac{k}{m}}\,t\right) + B\sin\left(\sqrt{\frac{k}{m}}\,t\right) \tag{4.62}$$

여기서 A와 B는 초기조건 $x(0)$와 $\mathrm{d}x/\mathrm{d}t(0)$로부터 결정되는 상수이다. 이 운동은 순수한 **비감쇠**(undamped) 진동을 나타내며, 다음과 같은 라디안 주파수를 가진다.

$$\omega_n = \sqrt{\frac{k}{m}} \tag{4.63}$$

이 주파수를 이 시스템의 **고유진동수**(natural frequency)라고 한다. 왜냐하면 스프링을 늘인 상태에서 외력 없이($F_{\mathrm{ext}}=0$) 질량을 놓으면 비감쇠시스템이 항상 이 주파수로 진동하기 때문이다.

이 시스템에 댐핑이 있고(즉, $b \neq 0$), 식 (4.58)과 (4.59)의 근호 속의 값이 0이면, 실수의 이중근을 갖게 되고 다음과 같은 과도 동차해를 가진다.

$$x_h(t) = (A + Bt)\mathrm{e}^{-\omega_n t} \tag{4.64}$$

이 해는 지수적으로 감소하는 운동을 표현하고 있다. 이러한 거동을 가진 시스템을 **임계감쇠**(critically damped) 시스템이라고 한다. 왜냐하면 이 운동은 감쇠진동 운동의 경계에 있기 때문이다. 임계감쇠를 일으키는 감쇠상수를 **임계감쇠상수**(critical damping constant) b_c라고 한다. 이 값은 근호 속이 0이 되는 b의 값이다. 즉,

$$b_c = 2\sqrt{km} = 2m\omega_n \tag{4.65}$$

감쇠시스템에 대한 **감쇠비**(damping ratio) ζ(zeta)는 다음과 같이 정의된다.

$$\zeta = \frac{b}{b_c} = \frac{b}{2\sqrt{km}} \tag{4.66}$$

이 값은 임계감쇠에 얼마나 가까이 있느냐에 대한 척도이다. 임계감쇠시스템의 감쇠비는 1이다.

고유진동수와 감쇠비의 정의를 사용하여 특성방정식의 근인 식 (4.58)과 (4.59)를 다음과 같이 쓸 수 있다.

$$s_1 = -\zeta\omega_n + \omega_n\sqrt{\zeta^2 - 1} \tag{4.67}$$

$$s_2 = -\zeta\omega_n - \omega_n\sqrt{\zeta^2 - 1} \tag{4.68}$$

시스템에 댐핑이 존재하고(즉, $b \neq 0$) 식 (4.67)과 (4.68)의 근호 속이 음수이면(즉, $\zeta < 1$), 근은 켤레복소수가 되고 과도 동차해는 다음과 같이 주어진다.

$$x_h(t) = \mathrm{e}^{-\zeta\omega_n t}[A\cos(\omega_n\sqrt{1-\zeta^2}\,t) + B\sin(\omega_n\sqrt{1-\zeta^2}\,t)] \tag{4.69}$$

이 운동은 진폭이 지수적으로 감소하는 사인파 감쇠진동을 나타낸다. 이러한 거동을 하는 시스템을 **부족감쇠**(underdamped) 시스템이라고 한다. 왜냐하면 이 경우는 임계감쇠비보다 감쇠비가 작기 때문이다($\zeta < 1$). 이 진동의 주파수를 **감쇠고유진동수**(damped natural frequency)라 하고, 다음과 같이 표현한다.

$$\omega_d = \omega_n\sqrt{1-\zeta^2} \tag{4.70}$$

시스템에 댐핑이 존재하고(즉, $b \neq 0$), 식 (4.67)과 (4.68)의 근호 속이 양수이면(즉, $\zeta > 1$), 근은 서로 다른 두 실근이 되고, 과도 동차해는 다음과 같이 주어진다.

$$x_h(t) = A\,\mathrm{e}^{(-\zeta + \sqrt{\zeta^2 - 1})\omega_n t} + B\,\mathrm{e}^{(-\zeta - \sqrt{\zeta^2 - 1})\omega_n t} \tag{4.71}$$

이 해는 지수적으로 단조감소하는 출력을 나타낸다. 이러한 특성을 갖는 시스템을 **과감쇠**(overdamped) 시스템이라고 한다. 왜냐하면 이 경우에 감쇠비는 임계감쇠비보다 크기 때문이다($\zeta > 1$).

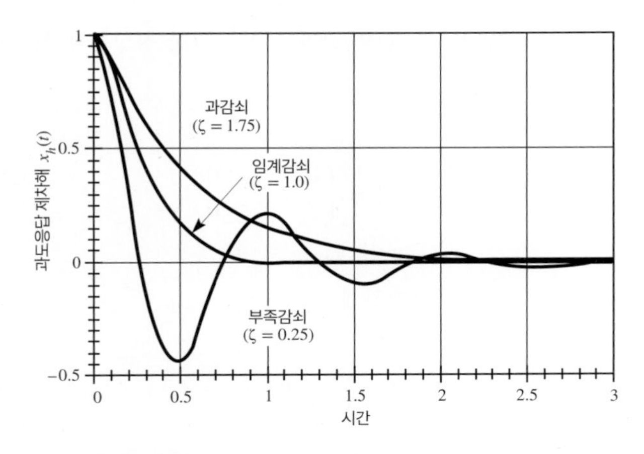

그림 4.16 이차시스템의 과도응답

이 세 가지 경우(부족감쇠, 임계감쇠, 과감쇠)에 대한 과도응답의 예를 그림 4.16에서 보여주고 있다. 이 곡선들은 $x(0)=1$에서 정지상태($\mathrm{d}x/\mathrm{d}t(0)=0$)로부터 출발했을 때 여러 가지 감쇠비에 대한 이차시스템의 비강제 운동을 나타낸다.

위의 정의에 의해 이차시스템에 대한 미분방정식의 표준형을 다음과 같이 쓸 수 있다.

$$\ddot{x} + 2\zeta\omega_n\dot{x} + \omega_n^{\,2}x = \frac{\omega_n^{\,2}}{k}F_{\mathrm{ext}} \tag{4.72}$$

식 (4.63)과 (4.66)의 정의로부터 식 (4.72)의 계수와 식 (4.56)의 계수 사이의 관계를 알 수 있다.

수업토론주제 4.7 우주공간에 있는 스프링-질량-감쇠기 시스템

지구를 돌고 있는 우주정거장 내에서 스프링−질량−감쇠기 시스템의 거동은 지상에서와 같을까 다를까? 그 이유를 설명하라. 그리고 우주정거장 내에서 스프링을 사용하여 우주비행사의 질량을 어떻게 잴 수 있을까?

4.10.1 이차시스템의 계단응답

일차시스템을 해석할 때 보았듯이, 시스템의 동특성을 알아보기 위한 중요한 입력으로서 계단입력을 사용할 수 있다. 계단응답은 갑작스런 입력 변화에 시스템이 얼마나 빨리 그리고 부드럽게 반응하는지에 대한 좋은 척도이다. 계단응답은 두 부분으로 구성되어 있다. 즉, 4.10절에서 설명한 비강제응답인 과도 동차해 $x_h(t)$와 강제입력에 대한 정상상태 특수해 $x_p(t)$로 구성되어 있다. 다음과 같은 계단입력

$$F_{\text{ext}}(t) = \begin{cases} 0 & t < 0 \\ F_i & t \geq 0 \end{cases} \tag{4.73}$$

에 대해 특수해는 식 (4.56)으로부터 명백하게

$$x_p(t) = \frac{F_i}{k} \tag{4.74}$$

로 주어진다. 그러면 계단응답의 일반해는 다음과 같이 주어진다.

$$x(t) = x_h(t) = x_p(t) \tag{4.75}$$

여기서 $x_h(t)$의 상수계수는 초기조건 $x(0)$과 $dx/dt(0)$를 이 일반해 $x(t)$에 대입하여 구해진다. 비강제시스템의 경우와 같이 감쇠비에 따라 그림 4.17과 같은 세 가지 형태의 응답이 존재한다.

그림 4.18은 부족감쇠시스템의 계단응답과 계단응답의 특성을 나타내는 여러 가지 용어의 정의를 보여준다. **정상상태값**(steady state value)은 모든 과도항이 사라진 후 도달하는 시스템의 값이다. **상승시간**(rise time)은 시스템의 출력이 정상상태값의 10%에서 90%에 도달하는 데 걸리는 시간이다. **오버슈트**(overshoot)는 정착하기 전에 정상상태값을 초과하는 양의 척도를 표시하고, 보통 정상상태값의 퍼센트로 나타낸다. **정착시간**(settling time)은 시스템의 출력이 정상상태값의 정해진 ±퍼센트 범위 내로 정착하는 데 걸리는 시간이다. 허용범위가 ±10%

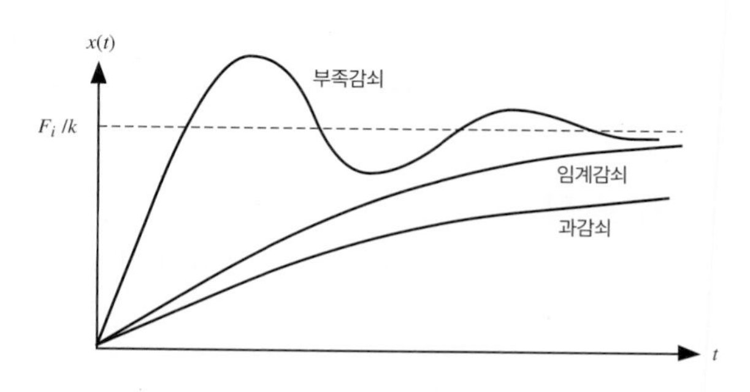

그림 4.17 이차시스템의 계단응답

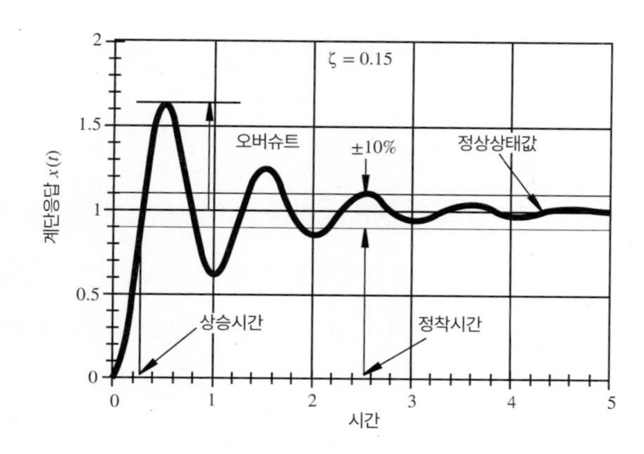

그림 4.18 부족감쇠 계단응답의 특성값

일 때의 정착시간을 그림 4.18에서 보여주고 있다. 실제로는 ±2%의 정착시간을 더 많이 사용하고 있다. 이 용어를 사용하여 여러 가지 감쇠비에 대한 이차시스템의 계단응답 특성을 나타낼 수 있다. 부족감쇠시스템은 빠른 상승시간을 가지나 오버슈트가 발생하여 정착하는 데 시간이 걸린다. 임계감쇠시스템은 오버슈트 없이 중간정도의 상승시간을 가지면서 가장 빠른 정착시간을 가진다. 과감쇠시스템은 오버슈트를 발생시키지 않지만 느린 상승시간을 가진다.

계단응답의 모양으로 시스템의 차수(order)를 구별할 수 있기 때문에 시스템의 차수를 알아낼 때 계단응답을 유용하게 사용할 수 있다. 또한 시스템이 2차일 경우에 계단응답으로부터 시스템이 부족감쇠인지, 임계감쇠인지, 과감쇠인지를 알아낼 수 있다.

수업토론주제 4.8 계측시스템의 바람직한 응답

계측시스템의 바람직한 계단응답을 그려보고 그 이유를 설명해 보라. 오버슈트는 항상 나쁜 것인가? 오버슈트는 어떤 이점을 제공하는가? 임계감쇠가 최적의 응답인가?

4.10.2 시스템의 주파수응답

선형시스템의 주파수응답(frequency response)을 구하기 위해 여러 가지 주파수의 사인파입력을 시스템에 가하고 그 출력을 구해보자. 4.10절에서 설명한 이차시스템에 대해 사인파 강제함수 입력을 다음과 같이 두자.

$$F_{ext}(t) = F_i \sin(\omega t) \tag{4.76}$$

여기서 F_i는 외력의 진폭이고 ω는 입력주파수이다.

사인파입력이 시스템에 가해지면 과도응답과 정상상태응답이 결합된 출력이 나타난다. 과도성분이 사라지게 되면 시스템의 정상상태출력에는 입력과 동일한 주파수를 가지나 위상이 달라진 사인파만 남게 된다. 이 정상상태출력을 다음과 같은 일반 형태로 표현할 수 있다.

$$x(t) = X_o \sin(\omega t + \phi) \tag{4.77}$$

여기서 X_o는 출력의 크기이고, ϕ는 입력과 출력의 위상차이다.

선형시스템의 주파수응답을 해석적으로 구하는 과정은 아래와 같다. 선형시스템은 계측시스템이나 더 일반적인 메카트로닉스 시스템의 모델이 될 수 있다. 각 단계별로 일반적인 경우에 대해 설명하고 난 다음 한 예로서 이차시스템에 적용하도록 한다.

시스템의 주파수응답을 구하는 해석적 절차

1. 초기조건을 0이라 가정하고, 즉 $x(0) = \mathrm{d}x/\mathrm{d}t(0) = 0$이라 가정하고, 시스템의 미분방정식을 Laplace 변환한다. Laplace 변환하면 미분방정식이 주파수응답과 관련이 있는 대수방정식으로 바뀐다.

이차시스템의 지배방정식 (4.72)를 다음과 같이 쓸 수 있다.

$$\frac{\mathrm{d}^2x(t)}{\mathrm{d}t^2} + 2\zeta\omega_n\frac{\mathrm{d}x(t)}{\mathrm{d}t} + \omega_n{}^2x(t) = \frac{\omega_n{}^2}{\mathrm{k}}F_{ext}(t) \tag{4.78}$$

초기조건을 0이라 가정하고 이 식의 양변을 Laplace 변환하면 다음과 같다.

$$(s^2 + 2\zeta\omega_n s + \omega_n{}^2)X(s) = \frac{\omega_n{}^2}{k}F_{ext}(s) \tag{4.79}$$

여기서 $F_{ext}(s)$와 $X(s)$는 각각 입력강제함수와 출력변위를 Laplace 변환한 것이다.

2. 입력 Laplace 변환식과 출력 Laplace 변환식의 비로부터 시스템의 **전달함수**(transfer function)를 구한다.

이 시스템에 대해 전달함수는 다음과 같다.

$$\mathrm{G}(s) = \frac{X(s)}{F_{\mathrm{ext}}(s)} = \frac{\frac{\omega_n{}^2}{k}}{(s^2 + 2\zeta\omega_n s + \omega_n{}^2)} \tag{4.80}$$

3. 고조파 입력을 모사하기 위해 전달함수의 s를 jω로 치환한다. 이 식으로부터 시스템의 주파수응답 거동을 얻을 수 있다.

이 시스템인 식 (4.80)에서 s 대신에 jω를 치환하고, 분모와 분자를 $\omega_n{}^2$으로 나누어주면 다음과 같다.

$$G(\mathrm{j}\omega) = \frac{1/k}{\left[1 - \left(\frac{\omega}{\omega_n}\right)^2\right] + \mathrm{j}\left(2\zeta\frac{\omega}{\omega_n}\right)} \tag{4.81}$$

4. 복소 전달함수의 크기(magnitude)를 구하여 입출력 사이의 **진폭비**(amplitude ratio)를 얻는다.

$$\mathrm{mag}[G(\mathrm{j}\omega)] = |G(\mathrm{j}\omega)| \tag{4.82}$$

이 시스템에 대하여 분모의 실수부와 허수부의 제곱을 더하고 이의 제곱근을 구하여 분모의 크기를 구하고, k항을 등식의 좌변으로 옮기면 다음과 같은 무차원 식을 얻을 수 있다.

$$\frac{X_o}{F_i/k} = \frac{1}{\left\{\left[1 - \left(\frac{\omega}{\omega_n}\right)^2\right]^2 + 4\zeta^2\left(\frac{\omega}{\omega_n}\right)^2\right\}^{1/2}} \tag{4.83}$$

5. 복소 전달함수의 편각(argument)을 구하여 입출력 사이의 **위상각** ϕ를 얻는다.

$$\phi = \arg[G(\mathrm{j}\omega)] = \angle G(\mathrm{j}\omega) \tag{4.84}$$

복소수의 편각은 허수부/실수부 값의 arctangent 값으로 정의되고, 분수의 편각은 분자편각 - 분모편각으로 계산되므로, 식 (4.81)로부터 이 시스템의 위상각은 다음과 같이 구해진다.

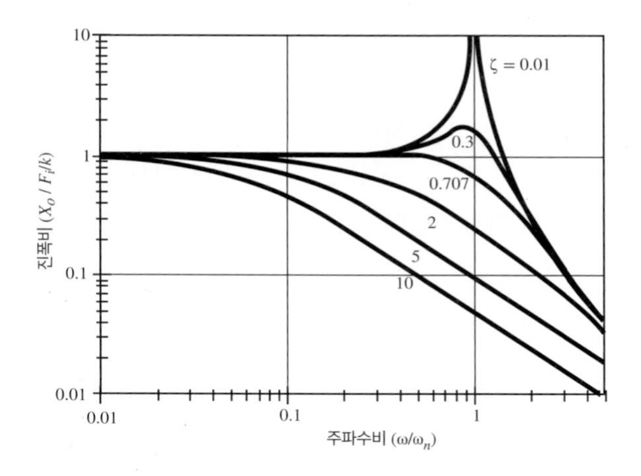

그림 4.19 이차시스템의 진폭 응답

$$\phi = 0 - \tan^{-1}\left\{\frac{2\zeta\frac{\omega}{\omega_n}}{\left[1-\left(\frac{\omega}{\omega_n}\right)^2\right]}\right\} = -\tan^{-1}\left\{\frac{2\zeta}{\frac{\omega_n}{\omega}-\frac{\omega}{\omega_n}}\right\} \tag{4.85}$$

MATLAB® examples
4.5 이차시스템의 주파수 응답

여러 가지 감쇠비 ζ에 대해 이차시스템의 주파수응답을 그리면 그림 4.19와 같다. MATLAB® examples 4.5는 이 주파수응답 생성을 활용한 해석을 포함한다. 입력주파수 ω가 고유진동수 ω_n과 같으면(즉, $\omega/\omega_n = 1$이면), **공진**(resonance)이 일어난다. 때로는 ω_n을 공진주파수(resonant frequency)라고도 한다. 고유진동수보다 작은 입력주파수에 대해(즉, $\omega/\omega_n < 1$), 진폭비는 1에 가깝다. 감쇠비 ζ는 진폭비가 약 1이 되는 주파수 범위에 영향을 준다. 좋은 계측시스템이 되기 위해서는 측정하고자 하는 주파수 범위에서 일정한 진폭비(±3 dB 이내에서)를 가져야 한다. 이차시스템에서 감쇠비가 0.707일때 가장 좋은 위상 선형성을 나타낸다.

여러 가지 감쇠비에 대한 이차시스템의 위상각을 주파수비의 함수로 그리면 그림 4.20과 같다. 위상각은 음수이고, 이것은 출력이 입력을 뒤쫓아가고 있음을 의미한다. 위상각의 크기는 0°(위상차가 없음)에서 180°(반주기의 위상차) 사이에 있다. ω가 고유진동수 ω_n(즉, $\omega/\omega_n = 1$)에 가까워지면 출력과 입력의 위상차는 90°(1/4 주기)에 가까워진다. 시스템의 감쇠비가 매우 작을 때(예: $\zeta = 0.01$), 가진(excitation) 주파수가 고유진동수를 통과하게 되면 위상차가 갑자기 180° 만큼 변하게 된다. 감쇠비가 0.707일 때 이차시스템은 가장 좋은 위상 선형성을 나타낸다.

많은 기계시스템은 근사적으로 2계 선형 상미분방정식으로 표현될 수 있다. 또한 복잡한 시

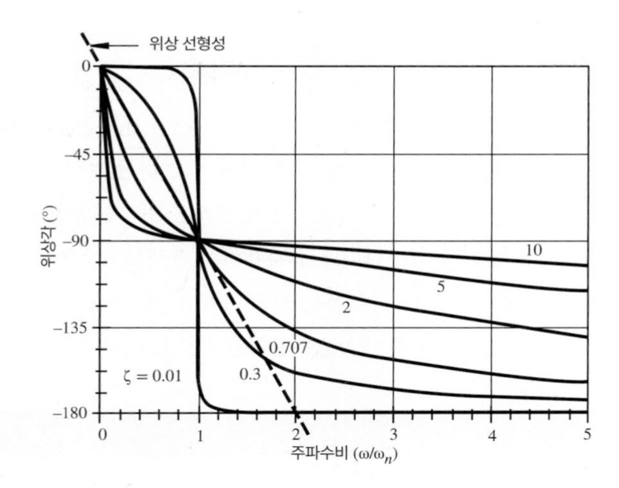

그림 4.20 이차시스템의 위상 응답

스템이나 그것의 부분 시스템도 초기의 대략적인 해석을 위해 이차시스템으로 간략화되곤 한다. 따라서 모든 엔지니어는 그림 4.19와 그림 4.20의 의미를 완전히 이해하고 있어야 한다. 비디오 데모 4.11~4.13은 이차시스템의 응답 개념을 시스템에 어떻게 적용하는지를 보여준다. 비디오 데모 4.14는 이 개념을 완전히 이해하지 못해 발생하는 실패 경우를 보여준다. 이 경우에 바람에 의해 생성되는 진동부하를 잘못 이해하고 부적절한 댐핑을 설계함으로써 결과적으로 현수교의 붕괴를 가져왔다.

비디오 데모

4.11 스프링-질량 이차시스템의 주파수응답

4.12 진자 이차시스템의 주파수응답

4.13 비틂시스템의 주파수응답과 제어

4.14 Tacoma Narrows 다리 붕괴

이차 계측시스템의 출력은 항상 진폭과 위상에서 입력과 다르다. 계측시스템을 설계할 때 가능한 한 이 영향을 최소화하도록 해야 한다. 대략적으로 말해 감쇠비가 0.707인 경우가 최적이 된다. 왜냐하면 이때 가장 넓은 주파수범위에서 가장 좋은 진폭 선형성과 위상 선형성을 가지기 때문이다. 다른 형태의 시스템(예: 설계예제 4.1의 자동차 서스펜션)을 설계할 때는 감쇠비가 0.707인 아닌 다른 값을 가질 때 더 적절할 수 있다.

일반적으로 주기적 입력이 이차시스템에 가해지면 공진, 감쇠 및 위상차가 발생한다. 시스템이 어떻게 응답할지 예측하기 위해 시스템의 주파수응답 특성을 구하는 것이 중요하다.

수업토론주제 4.9 Slinky의 주파수응답

한쪽 끝에 질량이 달려 있는 Slinky 장난감을 가지고 그림 4.19와 4.20의 주파수응답 특성을 설명해 보라.

설계예제 4.1 **자동차 서스펜션의 선정**

새 자동차의 앞 서스펜션(suspension)에 들어갈 스프링과 완충기(shock absorber)를 선정하라는 임무가 설계팀에게 주어졌다. 이 팀이 해야 할 일은 다양한 도로 조건에 대해 가장 좋은 응답을 제공하는 서스펜션을 구하는 것이다. 많은 제조업체가 제품을 영국단위(English unit)로 표시하고 있기 때문에 이 설계팀은 기꺼이 영국단위계를 사용하여 해석하기로 동의했다.

예비 해석 및 다른 팀과의 회의를 통해 서스펜션 설계를 다음 세 가지 중 하나를 선택하는 것으로 좁혔다. 이 세 가지는 스프링상수 k와 댐핑상수 b의 조합으로 이루어져 있다.

설계안	k (lbf/in)	b (lbf sec/in)
1	500	10
2	200	20
3	120	10

다양한 도로 조건에 대해 이 세 가지를 비교 평가하기 위해 설계팀은 범프(bump) 및 패인 구멍을 크기 F_0인 계단입력 힘으로 모사하고, 부드러운 범프 및 도로 굴곡을 진폭이 B_0이고 주파수가 ω인 사인파입력 힘으로 모사하기로 결정했다. 세 가지 경우에 비슷한 입력변위 수준을 유지하기 위해 다음과 같은 고정비값을 사용한다.

$$F_0/k = 6 \text{ in} \quad B_0/k = 3 \text{ in}$$

각 경우에 대해 서로 다른 속도와 범프 간격을 모사하기 위해 다음 세 주파수를 고려한다.

$$\omega_1 = 10 \text{ rad/sec} \quad \omega_2 = 20 \text{ rad/sec} \quad \omega_3 = 30 \text{ rad/sec}$$

설계팀은 한 바퀴만 고려하고 나머지 바퀴의 응답을 무시하여 1자유도 시스템으로 간주하기로 했다. 결과적인 모델은 식 (4.56)과 같은 이차시스템이다. 여기서 m은 서스펜션에 의해 지지되는 상질량(sprung mass)이고 F_{ext}는 지면으로부터 받는 힘이다. 전체 차량의 무게는 2,000 lbf이다. 따라서 바퀴 하나에서 지지되는 스프링 상질량은 전체 질량의 1/4로 가정한다.

$$m = 500 \text{ lbm} = 15.53 \text{ slugs}$$

이 단순화 모델에서 바퀴 질량과 타이어 동역학은 고려되지 않았다(수업토론주제 4.10 참조).

식 (4.63)과 (4.66)으로부터 각 경우에 대해 고유진동수 ω_n과 감쇠비 ζ를 다음 표와 같이 얻을 수 있다.

설계안	ω_n	ζ
1	19.6	0.20
2	12.4	0.62
3	9.6	0.40

각 경우에 $\zeta<1.0$이므로 서스펜션의 거동은 식 (4.69)와 같은 부족감쇠 계단응답을 나타낼 것이다.

Mathcad를 사용하여 계단응답과 사인파응답 해석을 수행한다(MATLAB® examples 4.6 참조). 설계안 1에 대해 입력변수는 다음과 같이 정의된다.

MATLAB® examples

4.6 서스펜션 설계

$$k = 500\frac{\text{lbf}}{\text{in}} \qquad b = 10\ \text{lbf}\frac{\text{sec}}{\text{in}} \qquad m = 500\ \text{lbm}$$

$$F_0 = (6\ \text{in})k \qquad B_0 = (3\ \text{in})k$$

$$\omega_1 = 10\frac{\text{rad}}{\text{sec}} \qquad \omega_2 = 20\frac{\text{rad}}{\text{sec}} \qquad \omega_3 = 30\frac{\text{rad}}{\text{sec}}$$

$$t = 0\ \text{sec}, 0.01\ \text{sec} \ldots 2\ \text{sec}$$

계단응답은 다음과 같이 주어진다(연습문제 4.29 참조).

$$\omega_n = \sqrt{\frac{k}{m}} \qquad \zeta = \frac{b}{2\sqrt{km}} \qquad \omega_d = \omega_n\sqrt{1-\zeta^2}$$

$$x(t) = \frac{F_0}{k}\left[1 - e^{-\zeta\omega_n t}\cos(\omega_d t)\right]$$

그리고 사인파응답은 다음과 같이 주어진다.

$$X_0(\omega) = \frac{\dfrac{B_0}{k}}{\sqrt{\left[1-\left(\dfrac{\omega}{\omega_n}\right)^2\right]^2 + 4\zeta^2\left(\dfrac{\omega}{\omega_n}\right)^2}} \qquad \phi(\omega) = -\text{angle}\left[\left(\frac{\omega_n}{\omega} - \frac{\omega}{\omega_n}\right), 2\zeta\right]$$

$$x(t, \omega) = X_0(\omega)[\sin(\omega t + \phi(\omega))]$$

세 가지 경우에 대한 결과는 다음과 같다.

■ **설계안 1**

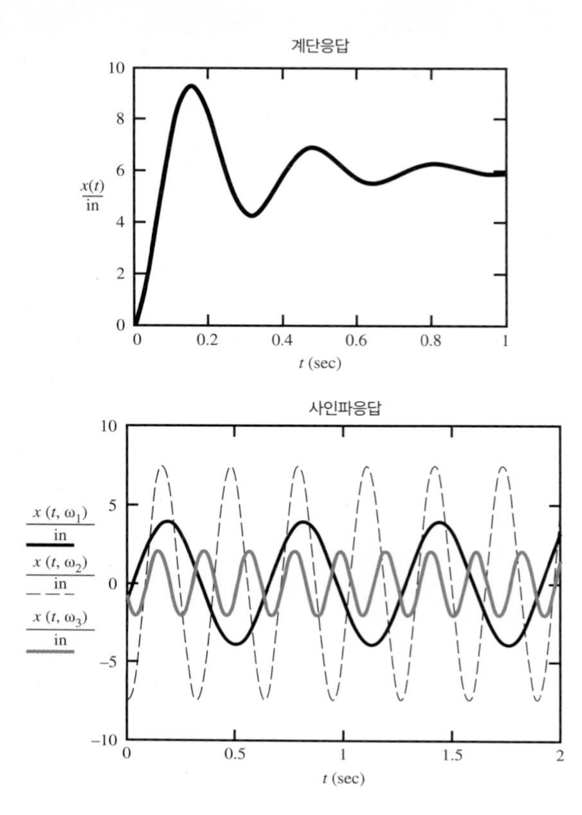
계단응답
x(t)/in
t (sec)
0
2
4
6
8
10
0.2
0.4
0.6
0.8
1
사인파응답
x (t, ω1)/in
x (t, ω2)/in
x (t, ω3)/in
−10
−5
5
0.5
1.5
2

■ **설계안 2**

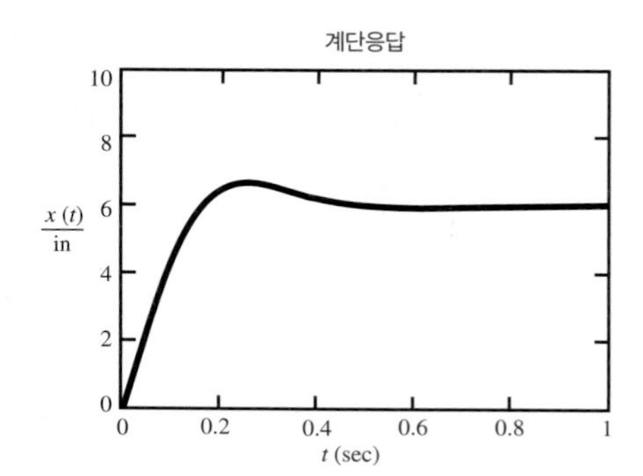
계단응답
x (t)/in
t (sec)
0
2
4
6
8
10
0.2
0.4
0.6
0.8
1

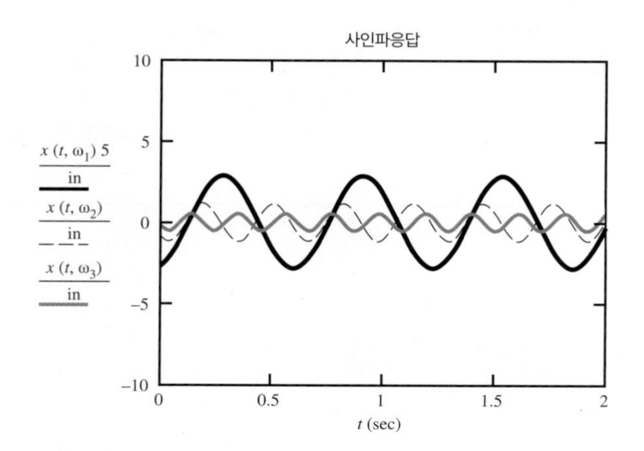

■ **설계안 3**

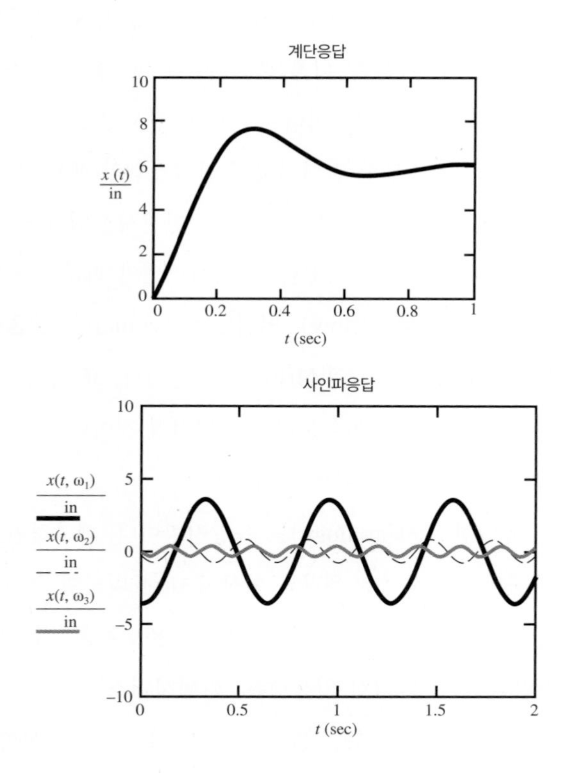

좋은 서스펜션은 운전감이 좋도록 빠른 응답(짧은 정착시간)을 가져야 하고, 승차감이 좋도록 과도한 반동(진동)이나 변위가 없어야 한다. 이러한 견지에서 설계안 2가 세 가지 가운데 가장 좋다. 설계안 2의 경우에 계단응답은 큰 반동 없이 빨리 정착하며, 사인파응답은 작은 진폭을 가지고 있다.

수업토론주제 4.10 서스펜션 설계 결과

세 가지 중에서 한 가지 결론을 이끌어내는 데 계단응답과 사인파응답 그래프가 필요했는가? 또, 설계안 1에서 사인파응답의 진폭은 왜 크며, 설계안 2의 진폭은 왜 가장 작은가? 바퀴 질량과 타이어 동역학을 시스템 모델에 포함하면 어떻게 되겠는가?

4.11 시스템 모델링과 상사성

기계시스템, 전기시스템, 유압시스템, 열시스템, 혼합시스템 등 어떤 시스템이든지 간에 입력에 대한 출력응답을 선형 상미분방정식으로 모델링할 수 있다. 이 미분방정식들은 모두 수학적으로 유사하며, 미분항 앞의 계수만이 다를 뿐이다. 이 계수들은 시스템의 물리적 파라미터를 나타낸다. 이 서로 다른 시스템의 파라미터들 사이에 상사성(analogy)이 존재한다. 예를 들어, 전기시스템의 저항은 기계시스템의 감쇠기나 유압시스템의 밸브(또는 유동제한요소)와 상사관계에 있다. 한편, 기계시스템의 질량(또는 관성)은 전기시스템의 인덕턴스나 유압시스템의 유체관성(fluid inertance)과 상사관계에 있다. 상사시스템의 파라미터와 변수를 기술하는 일반적인 용어는 **에포트**(effort), **플로우**(flow), **변위**(displacement), **운동량**(momentum), **저항**(resistance), **커패시턴스**(capacitance), **관성**(inertia) 등이다. 표 4.1은 이들과 상사관계에 있는 기계시스템, 전기시스템, 유압시스템의 물리량을 정리한 것이다. 또한 각 시스템에서 에너지 저장요소와 소모요소의 변수 관계식을 함께 정리하였다.

표에서 문제가 있는 유일한 상사(analogy)는 유압저항이다. 왜냐하면 유압저항은 상수가 아니기 때문이다. 유압저항은 일반적으로 유량과 형상에 대한 비선형 함수이다. 상사성은 열전달과 같은 다른 물리현상으로 확장될 수 있다. 열전달에서 온도차는 '에포트', 열유동은 '플로우', 열전달량은 '변위', 질량과 비열에 의한 열용량은 '커패시턴스', 전도와 대류에 의한 열저항은 '저항'에 해당한다. 하지만 열전달 및 다른 많은 물리현상들은 이차 선형 상미분방정식으로 적절히 모델링되지 않을 수 있다. 따라서 표에서와 같은 직접적인 상사관계는 성립하지 않는다.

그림 4.21은 기계시스템, 전기시스템과 유압시스템의 상사관계를 보여준다. 이 시스템들은 모두 동일한 형태의 미분방정식에 의해 표현되고 있다. 차이점은 상사 요소를 나타내는 상수 파라미터뿐이다. 따라서 한 시스템의 물리량은 다른 두 시스템의 물리량과 직접적인 상사관계

표 4.1 이차시스템 모델 사이의 상사성

고유량	기계시스템 병진	기계시스템 회전	전기시스템	유압시스템
에포트(E)	힘(F)	토크(T)	전압(V)	압력(P)
플로우(F)	속력(v)	각속력(ω)	전류(i)	부피유량(Q)
변위(q)	변위(x)	각변위(θ)	전하(q)	부피($\forall$)
운동량(p)	선운동량 ($p=mv$)	각운동량 ($h=J\omega$)	자속결합 ($I=N\Phi=Li$)	운동량/면적 ($\Gamma=IQ$)
저항(R)	댐퍼(b)	회전댐퍼(B)	저항(R)	저항(R)
커패시터(C)	스프링($1/k$)	비틂스프링($1/k$)	커패시터(C)	탱크(C)
관성(I)	질량(m)	관성모멘트(J)	인덕터(L)	관성(I)
관성에너지 저장 (특수 경우)	$F=\dot{p}$ ($F=ma$)	$T=\dot{h}$ ($T=J\alpha$)	$V=\dot{\lambda}$ ($V=L\,di/dt$)	$P=\dot{\Gamma}$ ($P=I\,dQ/dt$)
커패시터에너지 저장	$F=kx$	($T=k\theta$)	$V=(1/C)q$	$P=(1/C)\forall$
소모	$F=bv$	$T=B\omega$	$V=Ri$	$P=RQ$

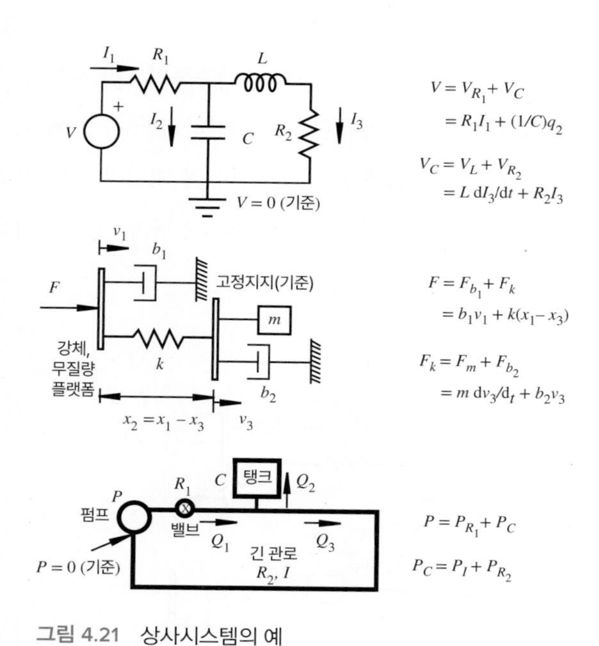

그림 4.21 상사시스템의 예

에 있다. 예를 들면, 전기시스템의 커패시터는 기계시스템의 스프링과 유압시스템의 탱크와 상사이고, 커패시터에 흐르는 전류($I_2=I_1-I_3$)는 기계시스템의 스프링 압축률($v_2=v_1-v_3$)과 유압시스템의 탱크 유입유량($Q_2=Q_1-Q_3$)과 상사이다.

상사성에 대한 지식은 다른 시스템이 어떻게 응답할 것인가를 직관적으로 알 수 있게 해주고, 시스템을 더 깊이 이해하게 한다. 예를 들어, 전기회로가 어떻게 작동할지 이해하는 데 어려움이 있을 경우 상사관계인 기계시스템을 시각화함으로써 이해할 수 있다. 이것은 특히 전기회로를 어려워하는 기계공학자들에게 도움이 될 수 있다. 또한 상사성은 다양한 시스템을 하나의 형태로 모델링하고 분석하는 틀을 제공한다. 한 형태의 시스템에 대해 해석하고 특성을 이해하게 되면 다른 형태의 시스템에 대해서도 이 결과를 직접 적용할 수 있게 된다.

디지털컴퓨터가 출현하기 전에는 여러 가지 시스템의 거동을 모사하고 해석하기 위해 아날로그컴퓨터를 사용했고, 이때 상사성이 필수적으로 활용되었다. 이때 쓰인 방법은 해석하고자 하는 물리시스템과 상사인 전기시스템을 만드는 것이었다. 즉, 더하기, 곱하기(scaling), 미분, 적분 등의 기능을 가진 아날로그컴퓨터로 상사인 전기시스템을 만들고, 전압형태의 입력을 가하여 시뮬레이션을 수행한 뒤, 모사된 물리시스템의 물리량과 상사인 전압 또는 전류 신호를 측정하는 것이었다. 예를 들어, 그림 4.21에 있는 기계시스템의 거동은 $C=c/k$, $R_1=c \cdot b_1$, $R_2=c \cdot b_2$, $L=c \cdot m$인 전기회로로부터 알아낼 수 있다. 여기서 c는 곱해지는 상수이다. 외력 $F(t)$가 주어질 때 질량 m에 작용하는 힘과 속력을 예측하기 위해서는 전기회로에 $V(t)=c \cdot F(t)$를 가하고 인덕터에 걸리는 전압과 전류를 모니터링하기만 하면 된다. 실제 기계시스템의 질량이 경험할 힘과 속력은 $F_m=(V_L/c)$과 $v_m=(I_L/c)$이 될 것이다. 디지털컴퓨터를 사용한 수치해석 시뮬레이션이 가능하기 전에는, 이 방법이 물리시스템의 거동을 시뮬레이션할 수 있는 유일한 방법이었다.

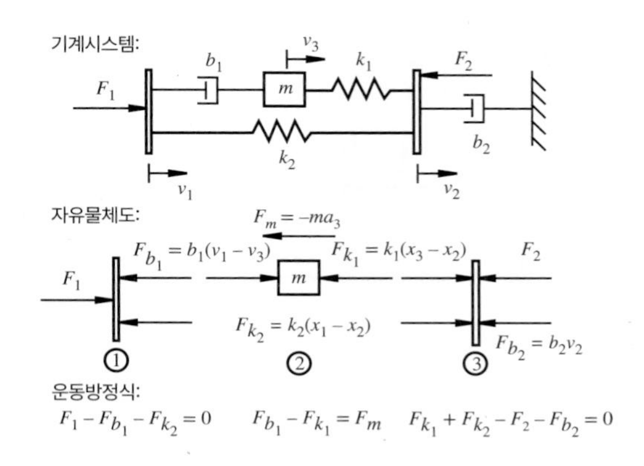

그림 4.22 기계시스템의 상사

수업토론주제 4.11 초기조건의 상사성

기계시스템의 초기 스프링 변위에 대한 전기시스템의 상사는 무엇인가? 즉, 전기시스템에서 해당 초기조건은 무엇이겠는가?

다음에는 한 형태의 시스템을 다른 형태의 상사시스템으로 변환하는 과정을 설명한다. 한 예로 그림 4.22의 기계시스템을 상사인 전기시스템으로 변환해 보자.

한 시스템을 다른 상사시스템으로 변환하는 과정

1. 시스템의 각 요소에 대해 적절한 부호를 가진 플로우와 상사 요소를 표시한다.

플로우에 주어진 부호는 요소에 작용하는 에포트의 방향과 관련이 있다. 예를 들어, 그림 4.22에서 부하 F_1은 속력 v_1의 방향으로 작용하므로 그것의 플로우는 v_1이다. 하지만 부하 F_2는 v_2의 반대방향으로 작용하므로 그것의 플로우는 $-v_2$이다. 스프링과 감쇠기에 대해 힘이 압축에 의해 발생한다고 가정하면, b_1에 대한 플로우는 (v_1-v_3)이고, k_1에 대한 플로우는 (v_3-v_2)이다. 상사시스템에 대한 물리량은 표 4.1을 이용하여 직접 대입하면 얻어진다. 이 예에 대한 전체 플로우와 상사는 다음 표에 정리되어 있다.

기계요소	기계플로우	전기플로우	전기요소
F_1	v_1	I_1	V_1
b_1	v_1-v_3	I_1-I_3	R_1
m	v_3	I_3	L
k_1	v_3-v_2	I_3-I_2	C_1
k_2	v_1-v_2	I_1-I_2	C_2
b_2	v_2	I_2	R_2
F_2	$-v_2$	$-I_2$	V_2

2. 각 노드(node)에서 기계시스템에 대해서는 운동방정식($\Sigma F=ma$)을, 전기시스템에 대해서는 KVL 루프 방정식을 사용하여 시스템 방정식을 유도한다.

예로서 그림 4.22의 자유물체도와 시스템 방정식을 참조해 보자. 질량이 없는 강체에 대해서는 $\Sigma F=0$ 형태의 식이 성립한다. 왜냐하면 질량을 0으로 가정하기 때문이다. 질량이 m이면 $\Sigma F=ma$ 형태의 식이 성립한다. 이 경우에 다른 방법으로서 관성항(ma)을 그

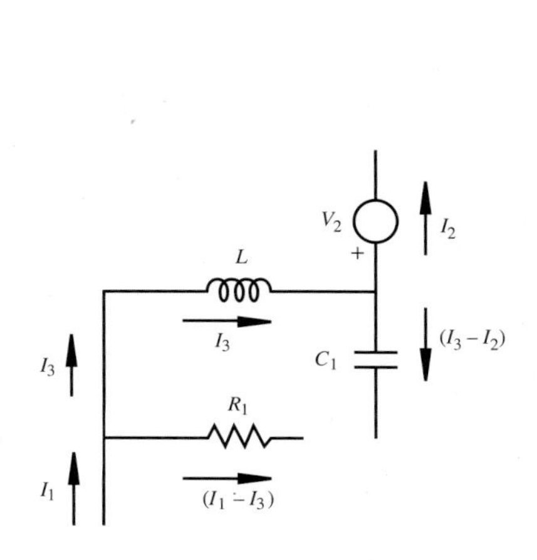

그림 4.23 상사 개략도의 시작

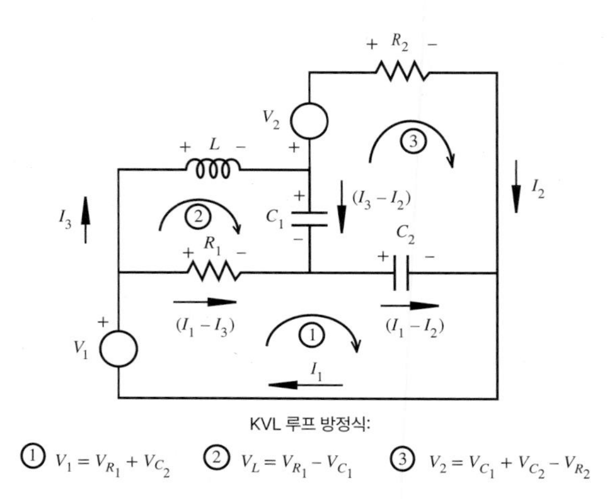

그림 4.24 상사 전기시스템의 예

림 4.22에서와 같이 관성력($F_m = -ma$)으로 간주할 수 있다. 그러면 운동방정식은 다시 $\Sigma F = 0$의 형태가 된다.

3. 하나의 요소를 선택하여 플로우를 기준으로 상사 개략도를 그리기 시작한다. 아무 요소나 상관없지만 시스템의 임베디드(embedded) 요소(즉, 이것의 플로우가 다른 많은 요소에 영향을 주는 것)로부터 시작하는 것이 좋다.

예를 들어, 그림 4.23과 같이 인덕터 L(질량 m)로 시작하여 이것의 플로우(I_3)와 관계되는 다른 요소로 계속 가지를 치며 나간다. 개략도를 그려가면서 자유물체도(FBD) 또는 KVL 방정식과 요소의 플로우 관계식을 보강해 나가면 된다. 완성된 상사 전기회로는 그림 4.24와 같다.

4. 상사시스템 방정식으로 그래프를 확인한다.

예를 들어, KVL 루프방정식은 자유물체도의 운동방정식과 같은 형태이다(그림 4.22와 4.24 참조).

수업토론주제 4.12 계측시스템의 물리적 특성

관성, 커패시턴스와 댐핑은 거의 모든 계측시스템에 존재한다. 이러한 특성은 때로는 바람직할 수도 있고, 때로는 바람직하지 않을 수도 있다. 기계요소, 전기요소 혹은 유압요소를 포함하는 계측시스템의 예를 생각해 보고, 시스템의 물리적 특성 변화에 따른 장점과 단점을 논의해 보라. 또, 이러한 특성을 어떻게 변화시킬 수 있는지 설명하라.

QUESTIONS AND EXERCISES 연습문제

4.2절 진폭 선형성

4.1. 계측시스템의 입력(V_{in})과 출력(V_{out}) 사이에 다음과 같은 관계식이 성립한다면, 이 시스템은 선형인가 비선형인가?

a. $V_{out}(t) = 5\ V_{in}(t)$

b. $V_{out}(t)/V_{in}(t) = 5t$

c. $V_{out}(t) = V_{in}(t) + 5$

d. $V_{out}(t) = V_{in}(t) + V_{in}(t)$

e. $V_{out}(t) = V_{in}(t) \times V_{in}(t)$

f. $V_{out}(t) = V_{in}(t) + 10t$

g. $V_{out}(t) = V_{in}(t) + \sin(5)$

4.3절 신호의 Fourier 급수 표현

4.2. $f(t) = 5\ \sin(2\pi t)$로 표현되는 파형에 대해 Fourier 급수를 구하고, 기본주파수(Hz 단위)를 구하라.

4.3. 미국의 가정용 표준 AC 전압에 대한 Fourier 급수를 구하고, 기본주파수(rad/sec 단위)를 구하라.

4.4. 식 (4.7)~(4.9)는 식 (4.3)과 같다는 것을 보여라.

4.5. 식 (4.10)으로 정의된 사각파에 대해 Fourier 급수의 계수 A_n은 0임을 보여라.

4.6. 반(half)사인파 펄스열로 된 신호의 Fourier 급수는 수학적으로 다음과 같이 표현된다.

$$V(t) = \frac{1}{\pi} + \frac{\sin(2\pi t)}{2} - \frac{2}{\pi}\left[\frac{\cos(4\pi t)}{1 \cdot 3} + \frac{\cos(8\pi t)}{3 \cdot 5} + \frac{\cos(12\pi t)}{5 \cdot 7} + \cdots\right]$$

컴퓨터를 이용하여 다음에 해당하는 $V(t)$를 그려라.

a. DC 성분 + 제1 고조파

b. DC 성분 + 처음 10개 고조파(어떤 조화진동의 진폭은 0임에 유의)

c. DC 성분 + 파형을 잘 재현하는 데 필요하다고 생각되는 만큼의 많은 고조파

4.4절 대역폭과 주파수응답

4.7. 계측시스템의 주파수응답이 그림과 같이 주어져 있다. 여기서 수직축은 선형 눈금이다.

a. 이 계측시스템의 대역폭은 얼마인가?

b. 입력신호(V_{in})는 주기가 1초인 사각파이고, 입력신호의 최대값과 최소값 차이(peak-to-peak)는 2 V라고 한다. 이 계측시스템의 정상상태 출력 $V_{out}(t)$를 구하라. 사각파 $V_{in}(t)$에 대해 식 (4.15)와 (4.16)으로 주어진 Fourier 급수 표현을 사용하라.

c. $t=0$에서 2초 사이의 출력을 컴퓨터로 그려라.

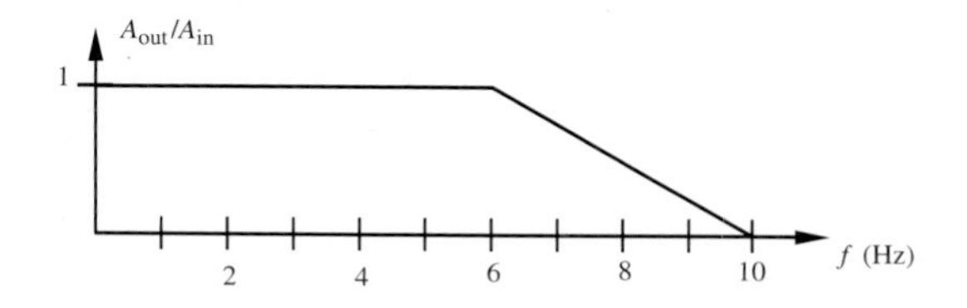

4.8. $R=1$ kΩ이고 $C=1$ μF인 RC 저주파통과필터가 있다.

a. 이 필터의 대역폭은 얼마인가?

b. 입력신호 $V_{in}(t)$는 주기가 1초인 사각파이고, 입력신호의 최대값과 최소값 차이는 2 V라고 한다. 이때 필터의 출력을 구하라. 사각파 $V_{in}(t)$에 대해 식 (4.15)와 (4.16)으로 주어진 Fourier 급수 표현을 사용하라.

c. $t=0$에서 2초 사이의 출력을 컴퓨터로 그려라.

4.9. $R=100$ kΩ일 때 연습문제 4.8을 다시 풀어라.

4.10. 주파수응답이 다음과 같은 시스템이 있다. 이 시스템의 대역폭(Hz 단위)을 구하라.

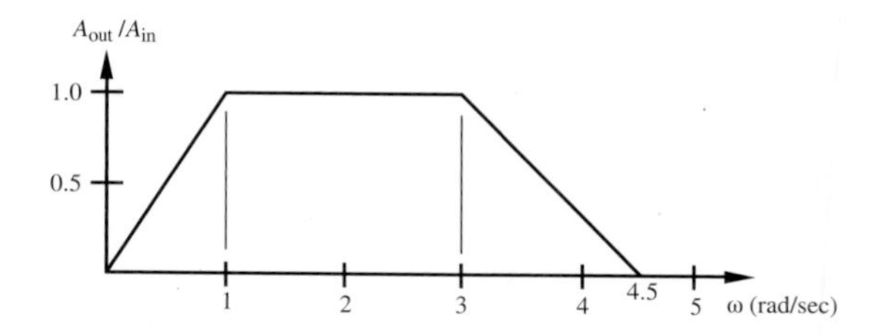

4.11. $\omega=1$ rad/sec인 다음과 같은 신호가 있다.

$$F(t) = \sum_{n=1}^{5} n \sin(n\omega t)$$

a. 신호의 주파수범위는 얼마인가?

b. $F(t)$의 스펙트럼을 그려라.

c. 연습문제 4.10의 주파수응답을 가진 계측시스템에 의해 이 신호를 측정한다고 가정할 때, 이 시스템의 출력 스펙트럼을 그려라.

4.12. 고주파통과필터에 대한 주파수응답을 구하고 그려라(예제 4.1 참조). 또한 차단주파수를 구하라.

4.13. 예제 4.1의 저주파통과필터에서 입력과 출력전압 사이의 위상각을 유도하라. 그리고 0에서 차단주파수×2.5 사이의 주파수범위에서 위상각을 그려라.

4.14. 수업토론주제 4.2를 자세히 풀어보라.

4.6절 신호의 왜곡

4.15. 사각파의 Fourier 급수 표현인 식 (4.15)와 (4.16)으로부터, 처음 20개 고조파를 사용한 근사적 사각파를 그려라. 그리고 진폭을 1/4로 줄인 처음 세 고조파로 사각파를 그려라. 마지막으로 처음 세 고조파의 진폭은 그대로 두고 나머지 17개 고조파의 진폭은 1/4로 줄여 20개 고조파의 합을 그려라. 낮은 고조파와 높은 고조파의 진폭 영향에 관해 어떤 결론을 내릴 수 있는가?

4.16. 수업토론주제 4.4의 지수항에 대한 주파수응답 곡선을 그려라.

4.8절 영차시스템

4.17. 단순한 정적 스프링저울은 영차시스템의 한 예이다. 여기서 입력은 측정될 질량이고 출력은 보정된 스프링변위이다. 이 경우에 저울의 이득 또는 감도는 무엇인가?

4.18. 일반적으로 오실로스코프는 영차 측정시스템으로 가정한다. 왜 그렇게 가정할 수 있는가? 이 가정은 언제 오차를 유발하는가?

4.9절 일차시스템

4.19. 예제 4.1의 저주파통과필터회로에 대한 일차 미분방정식으로부터 시상수, 차단주파수, 대역폭의 관계를 구하라. 이 미분방정식의 종속변수는 무엇인가? 진폭 A_i인 계단입력전

압이 가해질 때 출력전압 $V_{out}(t)$를 시간의 함수로 표현하라. 처음에 커패시터는 방전되었다고 가정하라.

4.20. 앞의 3.3.1절 그림 3.10b에 있는 LR 회로를 해석하라. 시간의 흐름에 따른 전류 변화에 대한 미분방정식을 유도하라. 그리고 전류 소멸률에 대한 시상수를 구하라.

4.21. 간단한 유리구근 온도계(glass bulb thermometer)는 일차시스템의 한 예이다. 여기서 입력은 주위 온도(T_{in})이고, 출력은 구근 내의 액체 온도(T_{out})이다. 이 액체가 팽창하여 눈금을 읽게 한다. 대류 열전달률은 유체의 내부에너지 변화율과 같다는 기본 열전달 원리로부터 시스템 방정식을 유도하고, 이 방정식을 표준형으로 표현하라. 또 시상수를 구하라. 그리고 열전달 파라미터와 유체 성질을 RC회로의 전기적 파라미터와 관련지어 보라(연습문제 4.19 참조). 시스템 방정식은 유체질량(m), 비열(c), 구근의 표면적(A)과 열전달계수(h)를 포함해야 한다.

4.22. 시스템으로부터 다음과 같은 데이터를 수집했다. 이 시스템을 일차라고 가정하는 것이 타당할까? 그렇다면 이 시스템의 시상수는 얼마인가? 또, 정적감도의 근삿값을 구하라.

t	$X_{out}(t)$
0.0	0.0
0.1	1.4
0.2	2.3
0.3	3.0
0.4	3.6
0.5	4.1
0.6	4.2
0.7	4.6
0.8	4.7
0.9	4.8
1.0	4.9

4.10절 이차시스템

4.23. 이차시스템에서 감쇠고유진동수는 고유진동수보다 더 클까 아니면 더 작을까? 그 이유를 설명하라.

4.24. 다음 종류의 이차시스템 예에 대한 개략도를 그리고 시스템 방정식을 구하라.

a. 기계적 회전시스템

b. 전기시스템

c. 유압시스템

4.25. 4.10.2절에서 설명한 절차를 따라 표준형으로 표현된 일차시스템에 대해 진폭비와 위상 관계식을 유도하라. MATLAB® examples 4.7은 그 결과를 보여준다.

MATLAB® *examples*

4.7 일차시스템의 주파수 응답

4.26. $F_{ext}(t) = 20\ \sin(0.75t)$ N, $m = 10$ kg, $k = 12$ N/m이고 $b = 10$ Ns/m인 스프링-질량-감쇠기 시스템에 대해 정상상태 사인파응답 $x(t)$를 구하라.

4.27. 아래 그림은 질량 m인 플로터 머리부와 강성도 k인 탄성벨트로 구성된 스트립차트 기록시스템을 보여준다.

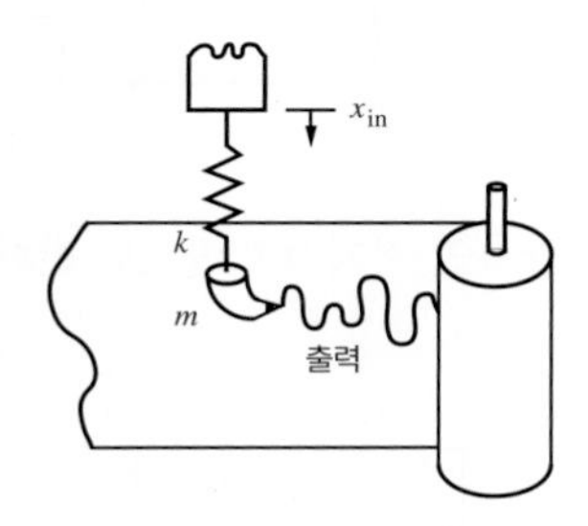

입력변위 x_{in}은 스프링으로 펜머리와 기계적으로 연결되어 있다. 스프링상수 k는 32.4 N/m이고 펜머리의 질량은 0.10 kg이다. 주어진 변위입력에 대한 펜의 운동방정식을 유도하라. 펜과 종이 사이의 댐핑계수는 10 Ns/m로 가정한다. 그리고 입력변위가 아래와 같이 주어질 때 4.10.2절의 절차에 따라 정상상태 출력변위의 크기와 위상각을 구하라. 입출력 변위의 차이와 입출력 위상각의 차이를 설명하라.

a. $x_{in} = 0.05\ \sin(10t)$

b. $x_{in} = 0.05\ \sin(1{,}000t)$

c. $x_{in} = 0.05\ \sin(10{,}000t)$

4.28. 수업토론주제 4.7에 대한 완전한 답을 구하라.

4.29. 설계예제 4.1에서 계단응답 $x(t)$의 식을 구하라.

4.30. 수업토론주제 4.10에 대한 완전한 답을 구하라.

4.11절 시스템 모델링과 상사성

4.31. 커패시터의 에너지 저장식을 이용하여 직경 D, 유체높이 h인 원통탱크의 커패시턴스에 대한 식을 유도하라. 원통탱크의 바닥에서 유체가 공급되고 있고, 유체의 비중량은 γ이다.

4.32. 관성의 에너지 저장식을 이용하여 길이 L, 단면적 A인 직관의 유체관성(밀도 ρ)에 대한 식을 유도하라. 유체를 둘러싸고 있는 검사체적에 $F=ma$를 적용하는 것으로부터 시작하라.

4.33. 다음의 병진 기계시스템을 상사인 전기시스템으로 변환하라.

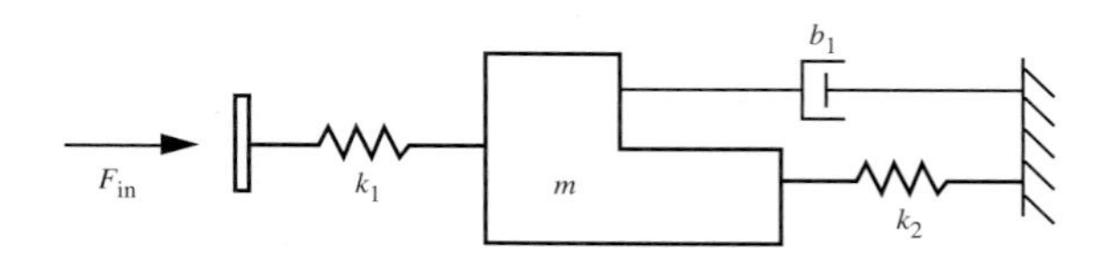

4.34. 다음의 병진 기계시스템을 상사인 전기시스템으로 변환하라.

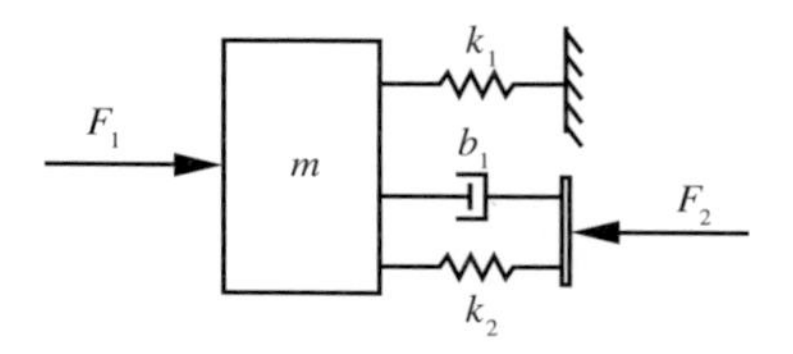

4.35. 다음의 전기시스템을 상사인 유압시스템으로 변환하라.

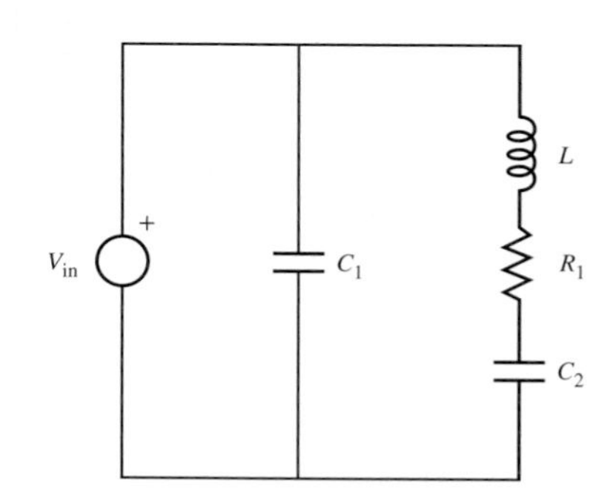

4.36. 다음의 전기회로를 상사인 기계시스템으로 변환하라.

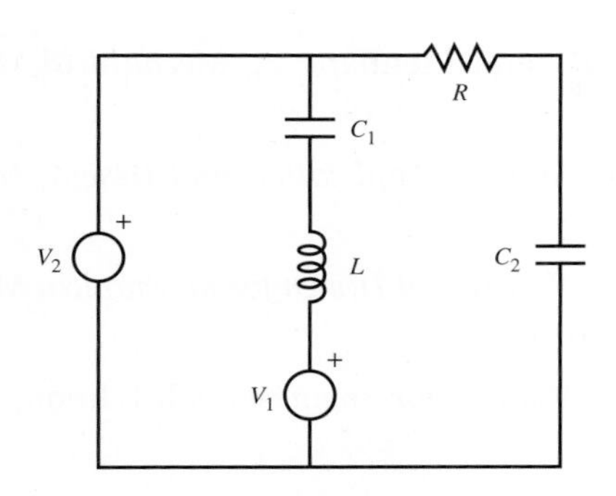

4.37. 다음의 병진 기계시스템에서 각 노드에 대한 자유물체도를 그리고, 각 요소에 대한 플로우를 나열하라. 그리고 모든 요소와 플로우를 표시한 상사 전기시스템을 그려라.

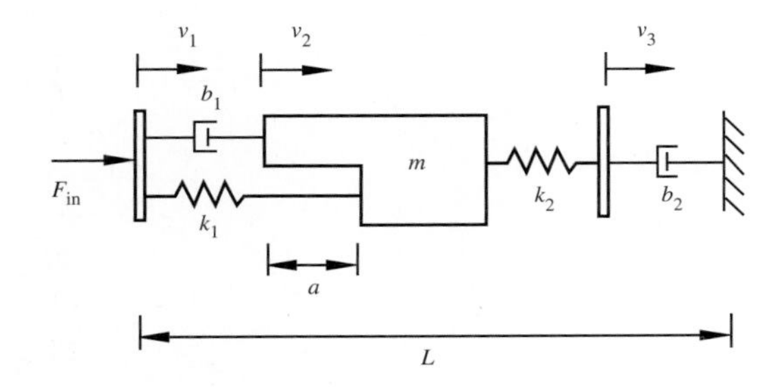

4.38. 다음의 3자유도 기계시스템에 대해 각 구성요소의 자유물체도를 그리고, 모든 외력과 모멘트를 주의 깊게 표시하라. 자유물체도에서 위치변수의 기준위치를 반드시 표시하라. 그리고 구성요소의 자유물체도로부터 직접 운동방정식을 구하라.

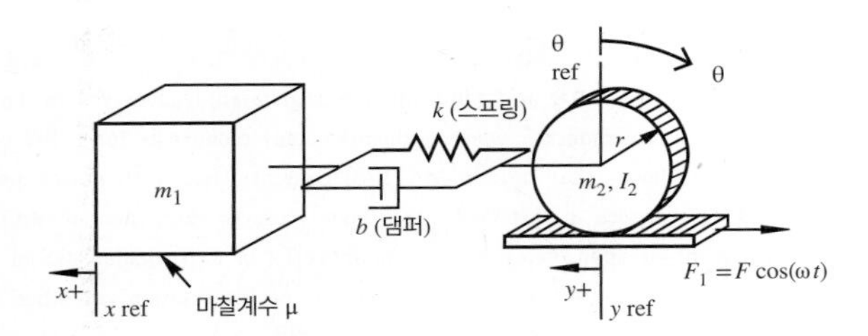

참고문헌 BIBLIOGRAPHY

Beckwith, T., Marangoni, R., and Lienhard, J., *Mechanical Measurement*, 6th Edition, Pearson, New York, 2006.

Doebelin, E., *Measurement Systems Application and Design*, McGraw-Hill, New York, 1990.

Figliola, R. and Beasley, D., *Theory and Design for Mechanical Measurements*, 5th Edition, John Wiley, New York, 2010.

Holman, J. P., *Experimental Methods for Engineers*, 8th Edition, McGraw-Hill, New York, 2011.

Ross, S., *Introduction to Ordinary Differential Equations*, 3rd Edition, John Wiley, New York, 1980.

Shearer, J., Murphy, A., and Richardson, H., *Introduction to System Dynamics*, Addison-Wesley, Reading, MA, 1971.

Thomson, W., *Theory of Vibration with Applications*, 5th Edition, Pearson, New York, 1997.

5 CHAPTER

연산증폭기를 이용한 아날로그 신호처리

Analog Signal Processing Using Operational Amplifiers

이 장에서는 메카트로닉스 시스템의 구성요소들을 접속할 때 중요한 역할을 하는 연산증폭기에 대해 설명한다. ■

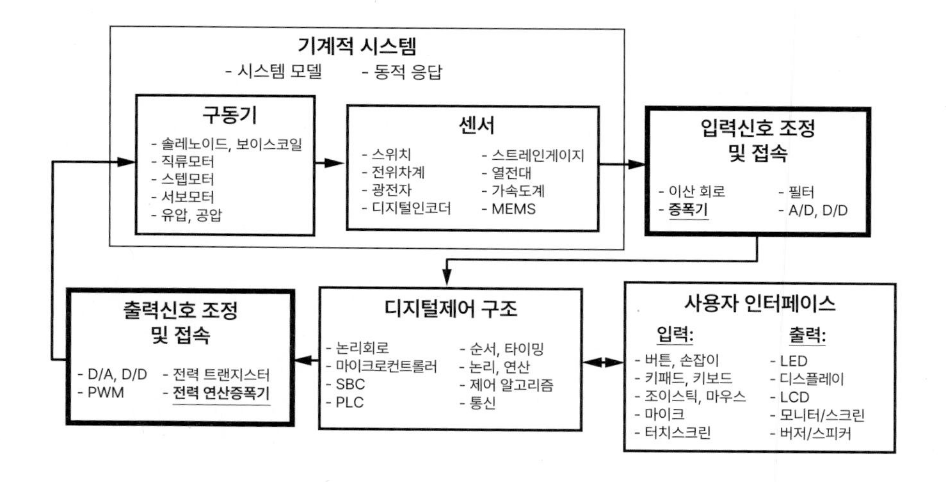

목적 · CHAPTER OBJECTIVES

이 장을 읽고, 공부하고, 논의하고, 아이디어를 적용하면 다음을 할 수 있다.

1. 선형 증폭기의 입출력 특성을 이해한다.
2. 회로해석에서 이상적인 연산증폭기 모델을 사용하는 방법을 이해한다.
3. 연산증폭기회로를 설계하는 방법을 안다.
4. 반전증폭기, 비반전증폭기, 합산기, 차동증폭기, 계기증폭기, 적분기, 미분기, 샘플홀드 증

폭기를 설계할 수 있다.

5. ‘실제’ 연산증폭기의 특성과 한계를 이해한다.

5.1 서론

사실상 전기회로는 모든 메카트로닉스 시스템과 계측시스템에 존재하기 때문에, 엔지니어에게 있어 전기신호의 수집과 처리에 대한 기본적인 이해는 필수적이다. 일반적으로 전기신호는 물리량(예: 온도, 변형률, 변위, 유량)을 전류나 전압으로(보통 후자) 바꾸는 변환기(transducer)로부터 온다. 변환기 출력은 보통 연속이고 시변인 **아날로그신호**(analog signal)로 나타난다.

가끔 변환기 신호는 우리가 원하는 형태로 주어지지 않을 때가 있다. 그 신호는

- mV 크기로 너무 작을 수 있다.
- 전자기 간섭에 의해 ‘노이즈(noise)’를 많이 포함할 수 있다.
- 좋지 못한 변환기 설계나 설치에 의해 잘못된 정보를 포함할 수 있다.
- 변환기와 계측기 설계에 기인한 직류 오프셋을 가질 수 있다.

이러한 문제점의 많은 부분은 해결될 수 있다. 즉, 적절한 아날로그 신호처리(signal processing)를 통해 원하는 신호정보를 추출할 수 있다. 가장 단순하면서도 가장 보편적인 신호처리 형태는 전압신호의 크기를 증가시키는 증폭(amplification)이다. 다른 신호처리 형태로는 신호의 반전, 미분, 적분, 더하기, 빼기, 비교 등이 있다.

아날로그신호는 디지털신호와 아주 다르다. 디지털신호는 이산적이고 유한개의 상태 또는 값을 가진다. 컴퓨터와 마이크로프로세서는 디지털신호를 요구하기 때문에 컴퓨터를 이용하여 측정하거나 제어할 때에는 아날로그신호를 디지털신호로 변환(A/D 변환)해야 한다. 이 장은 신호처리회로의 설계와 해석을 포함한 아날로그 신호처리의 기본요소를 다룬다. 연산증폭기는 이러한 많은 회로의 소자로 사용되는 집적회로(integrated circuit)이다. 6장에서는 디지털회로에 중점을 두고, 8장에서는 아날로그신호를 컴퓨터와 같은 디지털장치에서 처리할 수 있는 신호형태로 변환하는 것을 다룬다.

5.2 증폭기

많은 사람들이 증폭기를 연구하고 기술하는 데 그들의 평생을 보내곤 했다. 따라서 단 몇 페이지에 이 주제를 완전히 다루기를 기대할 수는 없다. 하지만 증폭기의 두드러진 특징을 살펴보고, 집적회로를 사용하여 증폭기를 어떻게 설계하는지를 알아보려고 한다.

이상적인 **증폭기**(amplifier)는 신호에 포함된 여러 성분의 위상관계를 변화시키지 않고 신호의 진폭만 증가시킨다. 증폭기를 선정하거나 설계할 때 증폭기의 크기, 비용, 동력소모, 입력임피던스, 출력임피던스, 이득, 대역폭 등을 고려해야 한다. 증폭기의 물리적 크기는 증폭기를 만드는 데 사용된 부품에 달려 있다. 1960년대 이전에는 동력소모가 크고 열방출이 많은 진공관 증폭기가 보편적이었다. 휴대용 장비임에도 크고 무거웠으며 잦은 전지 교체가 요구되었다. 전하 캐리어가 반도체 물질을 통해 이동하는 **고상**(solid state) 기술의 출현은 부피가 큰 진공관 기술을 대체했다. 진공관 기술은 저압 기체로 채워진 큰 관을 통해 전자를 흐르게 하는 것이다. 오늘날 고체 트랜지스터와 집적회로는 증폭기 설계에 커다란 변화를 가져와 작고 잘 작동되는 증폭기를 만들어냈다. 이러한 증폭기는 상대적으로 적은 전력을 소모하고, 충전지로 작동하는 휴대용 장비를 쉽게 만들 수 있게 해주었다.

일반적으로 그림 5.1에 표시한 것처럼 증폭기는 접지 기준의 입력전압과 출력전압을 가진 2포트(2-port) 장치로 모델링할 수 있다. 증폭기의 전압 **이득**(gain) A_v는 입력전압과 출력전압의 진폭비로 다음과 같이 정의된다.

$$V_{\text{out}} = A_v V_{\text{in}} \tag{5.1}$$

일반적으로는 진폭 선형성을 갖는, 즉 모든 주파수에 대해 일정한 이득을 갖는 증폭기를 원한다. 하지만 의도적으로 특정 주파수만 증폭하여 필터 효과를 갖는 증폭기를 설계할 수도 있다.

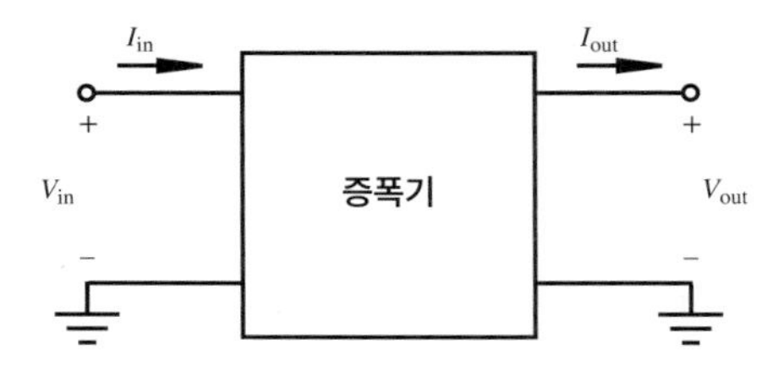

그림 5.1 증폭기 모델

이러한 경우 출력특성은 증폭기 대역폭과 해당 차단주파수에 의해 좌우된다.

증폭기의 입력임피던스 Z_{in}은 입력전류에 대한 입력전압의 비로 정의된다.

$$Z_{in} = V_{in}/I_{in} \tag{5.2}$$

대부분의 증폭기는 입력신호에서 작은 전류를 끌어오도록 하기 위해 큰 입력임피던스를 갖도록 설계된다.

출력임피던스 Z_{out}은 출력전류에 대한 출력전압 강하의 비로 정의된다.

$$Z_{out} = \Delta V_{out}/\Delta I_{out} \tag{5.3}$$

대부분의 증폭기는 출력전류의 변화에 대해 출력전압의 변화가 작도록 하기 위해 매우 작은 출력임피던스를 갖도록 설계된다.

입출력임피던스에 대한 설명은 2.4절을 참조하라. 증폭기의 입력임피던스는 전압계의 입력임피던스와 비슷하고, 증폭기의 출력임피던스는 전압원의 출력임피던스와 비슷하다.

5.3 연산증폭기

연산증폭기(operational amplifier) 또는 **오피앰프**(op amp)는 많은 내부 트랜지스터, 저항, 커패시터로 이루어진, 저가이면서 다양한 용도로 쓸 수 있는 집적회로이다. 오피앰프는 외부의 다른 소자들과 결합하여 다양한 신호처리회로를 만들 수 있다. 오피앰프는 다음과 같은 응용회로를 구성하는 기본소자이다.

- 증폭기(amplifier)
- 적분기(integrator)
- 합산기(summer)
- 미분기(differentiator)
- 비교기(comparator)

- A/D 변환기(A/D converter)와 D/A 변환기(D/A converter)
- 능동 필터(active filter)
- 샘플홀드 증폭기(sample and hold amplifier)

이어지는 절에서 응용회로에 대해 설명한다. 오피앰프라는 이름은 여러 가지 연산을 수행할 수 있는 이 소자의 능력으로부터 유래한 것이다.

5.4 연산증폭기의 이상적 모델

그림 5.2는 이상적인 오피앰프의 기호와 단자의 명칭을 보여준다. 이상적인 오피앰프는 차동입력(differential input)과 단일 출력을 가지며 무한대의 이득값을 가진 증폭기이다. 두 입력은 ∞ 기호를 가진 **반전입력**(inverting input)과 +기호를 가진 **비반전입력**(noninverting input)으로 구성되어 있다. ∞ 기호는 이득이 무한대인 이상적인 오피앰프임을 표시하기 위해 종종 사용된다. 전압은 모두 공통접지를 기준으로 하고 있다. 오피앰프는 보통 +15 V와 −15 V의 외부 전원공급을 요구하는 **능동소자**(active device)이다. 일반적으로 회로도에서 오피앰프의 외부 전원 연결은 표시되지 않는다. 오피앰프는 능동소자이기 때문에 오피앰프의 출력전압과 전류는 반전단자(inverting terminal)와 비반전단자에 인가되는 값보다 더 클 수 있다.

그림 5.3에서 보듯이, 보통 오피앰프회로는 출력에서 비반전입력 쪽으로의 **피드백**(feedback)을 포함한다. 소위 이러한 **폐루프**(closed-loop) 형상에 의해 증폭기는 안정화되고 이득은 제어된다. 오피앰프회로에 피드백이 존재하지 않으면 **개루프**(open loop) 형상이라고 한다. 이 형상은 무한 이득에 의해 상당한 불안정성을 유발하기 때문에 거의 사용되지 않는다. 피드백의 유용성은 이어지는 절에 제시되는 예를 통해 명확히 알 수 있다.

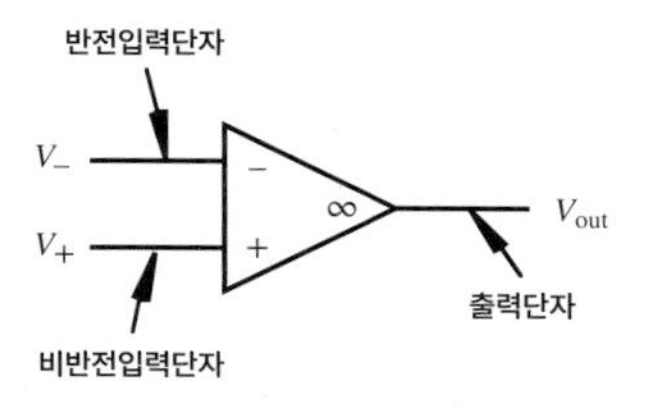

그림 5.2 오피앰프의 기호와 명칭

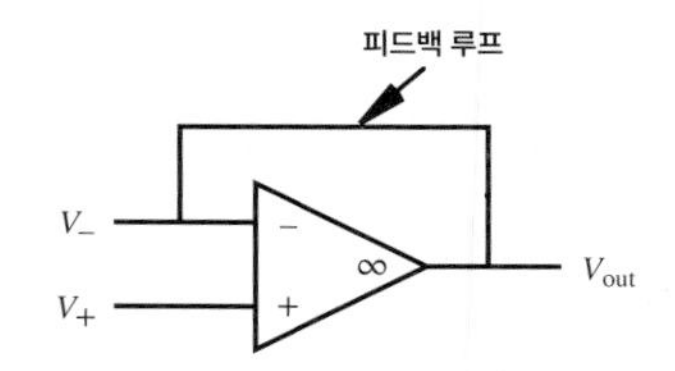

그림 5.3 오피앰프 피드백

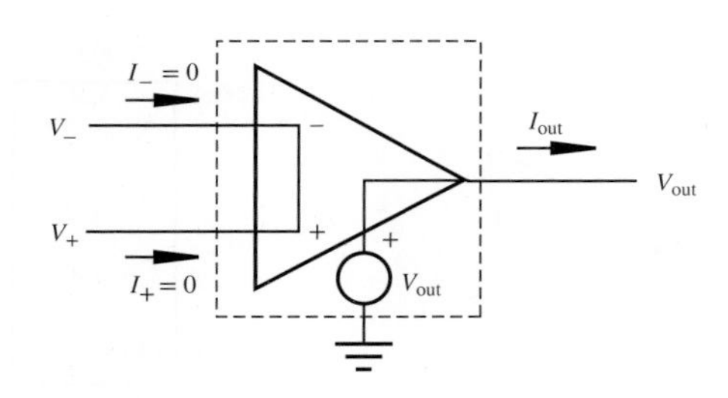

그림 5.4 오피앰프 등가회로

그림 5.4는 오피앰프회로를 해석하는 데 도움을 줄 수 있는 이상적인 모델을 보여준다. 이 모델은 이상적인 오피앰프에 대한 다음과 같은 가정에 기초한 것이다.

1. 두 입력단자에서 임피던스는 무한대이다. 그러므로 입력회로로부터 흘러 들어오는 전류는 0이다. 즉,

$$I_+ = I_- = 0 \tag{5.4}$$

2. 이득은 무한대이다. 따라서 입력전압차는 0이어야 한다. 그렇지 않으면 출력은 무한한 값을 갖게 된다. 그림 5.4에서 두 입력을 단락한 것은 이것을 보여주기 위함이다. 즉,

$$V_+ = V_- \tag{5.5}$$

비록 두 입력을 단락했을지라도 두 입력 사이에 전류는 흐르지 않는다고 가정한다.

3. 출력임피던스는 0이다. 따라서 출력전압은 출력전류의 영향을 받지 않는다.

V_{out}, V_+, V_-는 모두 공통접지에 기준을 두고 있음에 주목하라. 또한 안정한 선형 거동을 위해 출력과 반전입력 사이에 피드백이 있어야 한다는 점에 주의한다.

이러한 가정과 모델은 논리적이지 않고 혼란스럽게 보일 수 있다. 그러나 이러한 가정과 모델은 음의 피드백을 가진 회로에 사용된 실제 오피앰프의 거동을 아주 비슷하게 표현하고 있다. 이 이상적인 모델의 도움으로, Kirchhoff의 법칙과 Ohm의 법칙만 있으면 오피앰프회로를 완전하게 해석할 수 있다.

실제 오피앰프는 보통 8핀 이중정렬패키지(DIP, dual in-line package) 형태의 집적회로

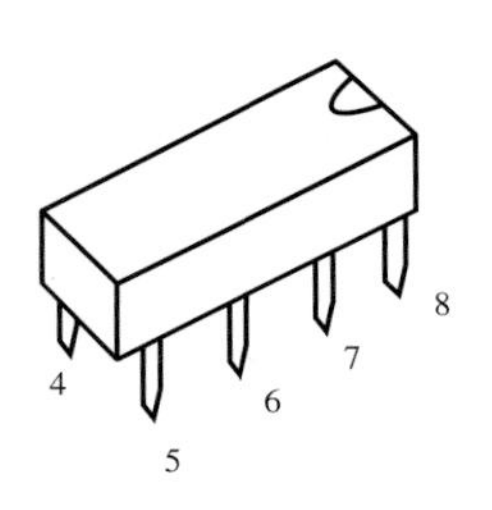

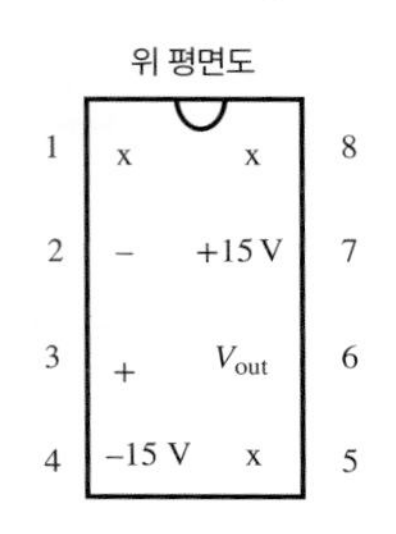

그림 5.5 741 오피앰프의 핀 배치

(IC, integrated circuit) 칩(chip)으로 되어 있다. 많은 IC 제조업체에서 생산되는 범용 오피앰프로 741로 표시된 것이 있다. 그림 5.5는 741 오피앰프의 핀 배치를 보여준다. 모든 IC에서와 같이 칩의 한쪽 끝에 동그랗게 파인 자국이 있고, 핀 번호는 이 자국을 중심으로 왼편에서부터 반시계방향으로 1번부터 매겨나간다. 741 계열의 오피앰프에서 2번 핀은 반전입력, 3번 핀은 비반전입력, 6번 핀은 출력이고, 4번과 7번 핀은 외부 전원공급을 위해 있다. 1번, 5번, 8번 핀은 보통 연결하지 않는다. 그림 5.6은 National Semiconductor사의 741 IC에 대한 내부 회로 설계를 보여준다. 이 회로는 하나의 실리콘칩상에 쉽게 제조될 수 있는 트랜지스터, 저항, 커패시터로 구성되어 있다. 사용자에게 가장 중요한 사항은 외부에 연결될 소자에 영향을 주는 회로의 입력과 출력 부분이다.

비디오 데모

5.1 집적회로

5.2 집적회로의 제조과정

5.3 칩 제조공정

5.4 CPU 제조방법

집적회로의 제조과정은 매우 복잡하고 고가의 장비를 필요로 한다. **비디오 데모 5.1**은 IC의 여러 가지 패키지 형태를 보여주며, **비디오 데모 5.2~5.4**는 IC의 기본적인 제조공정을 보여준다. 다행히 수요가 워낙 많기 때문에 IC가 적절한 가격으로 팔릴 수 있다.

다른 IC 제조업체가 만든 오피앰프는 내부 설계가 다를 수 있다. 그리고 입력임피던스, 대역폭과 전력소모율이 크게 다를 수 있다. 어떤 것은 단일출력(단극성) 전원공급만 요구하는 것도 있다. 741이 널리 사용되지만, Texas Instruments사에서 만든 TL071도 널리 사용되고 있다. TL071의 핀 배치는 741과 동일하나 FET입력을 사용하고 있어 더 큰 입력임피던스(10 MΩ)와 더 넓은 대역폭을 가지고 있다.

인터넷 링크

5.1 μA741 오피앰프 데이터시트

5.2 TL071 FET 입력 오피앰프 데이터시트

IC 제조업체는 각 소자에 대한 모든 정보를 **데이터시트**(data sheet)라는 문서로 제공하고 있다. **인터넷 링크 5.1**과 **5.2**에서 741과 TL071에 대한 데이터시트를 찾아볼 수 있다. 데이터시트에 익숙하지 않은 상태에서 이것을 처음 보면 매우 복잡하게 보인다. 하지만 여기에는 해당 소자를 사용하는 데 필요한 모든 정보가 체계적으로 담겨 있다. 유용한 정보로는 소자의 핀 배치

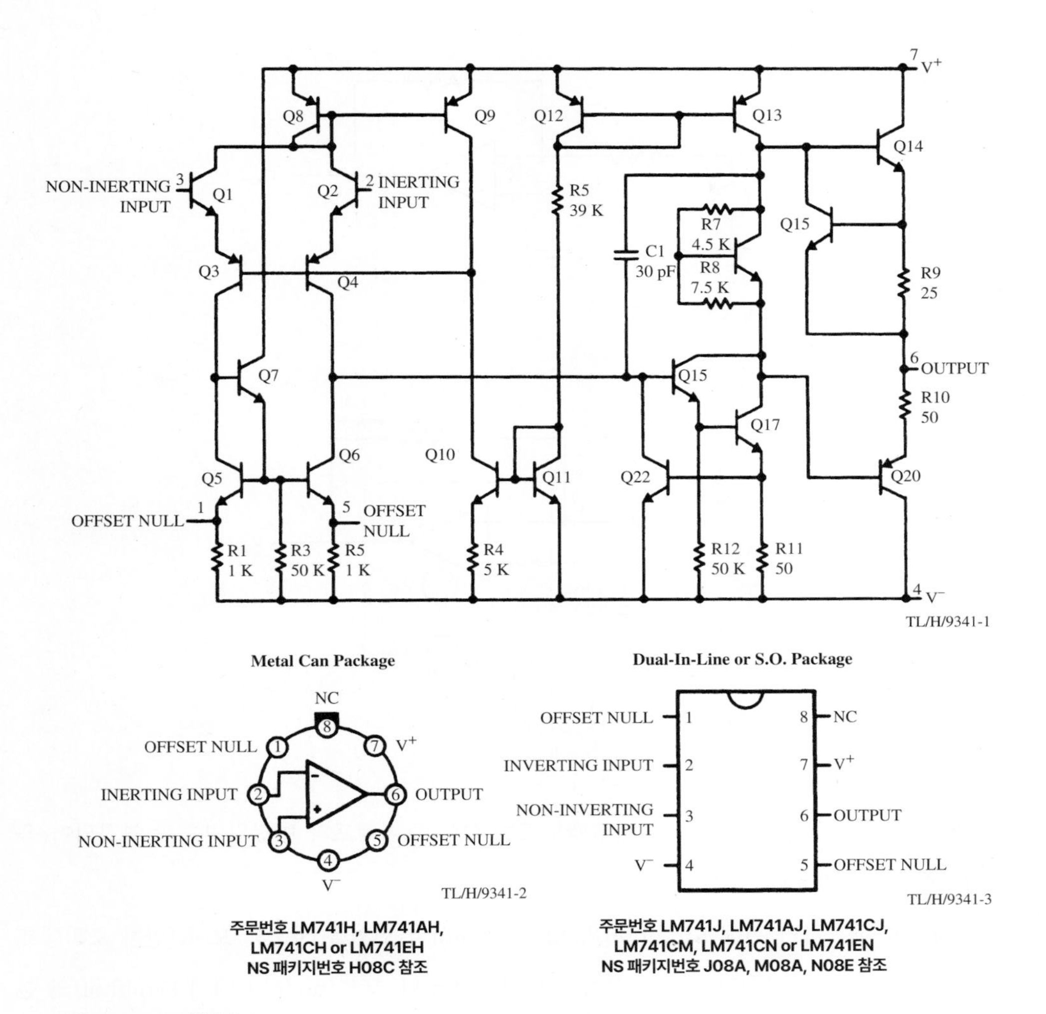

그림 5.6 741 내부구조
출처 National Semiconductor, Santa Clara, CA

(예: 그림 5.5 참조), 입출력 전압 및 전류 사양, 전압원 요구조건, 임피던스 등이 있다. 이 장의 마지막 절인 5.14절에서 데이터시트의 활용에 대해 소개한다.

5.5 반전증폭기

반전증폭기(inverting amplifier)는 그림 5.7과 같이 두 개의 외부저항을 연결하여 구성된다. 이름이 의미하듯이, 이 회로는 입력전압의 부호를 바꾸고(즉, 반전하고) 증폭한다. 저항 R_F를 사

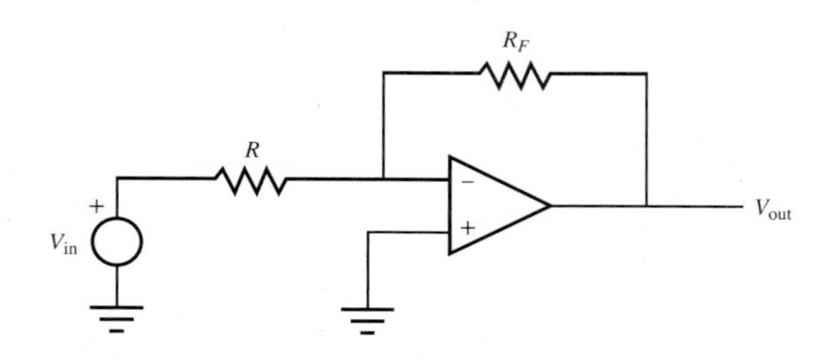

그림 5.7 반전증폭기

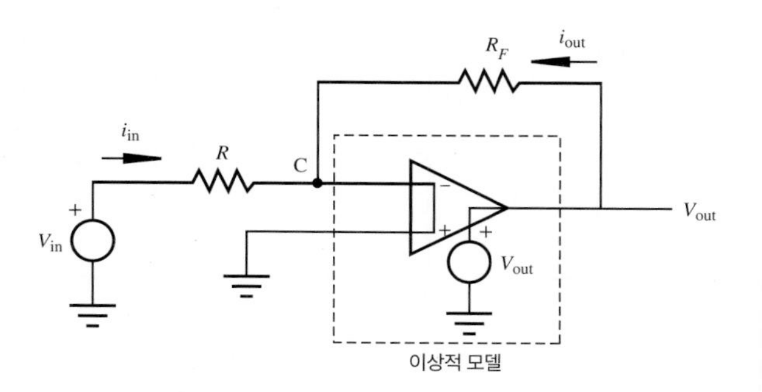

그림 5.8 반전증폭기의 등가회로

용하여 피드백루프를 형성한다. 이 피드백루프는 항상 오피앰프의 반전입력으로 연결되어 음의 피드백루프를 이룬다.

이 회로를 해석하기 위해 Kirchhoff의 법칙과 Ohm의 법칙을 사용해 보자. 먼저 오피앰프를 그림 5.8의 점선 사각형과 같이 이상적인 모델로 바꾼다. 노드(node) C에서 Kirchhoff의 전류법칙을 적용하고, 입력단자에서 오피앰프 내부로 전류가 흐르지 않는다는 가정 1을 이용하면 다음과 같은 식을 얻을 수 있다.

$$i_{in} = -i_{out} \tag{5.6}$$

또한 이상적인 모델에서 두 입력은 단락되어 있다고 가정하기 때문에 C에서의 전위는 접지전위와 같다. 즉,

$$V_C = 0 \tag{5.7}$$

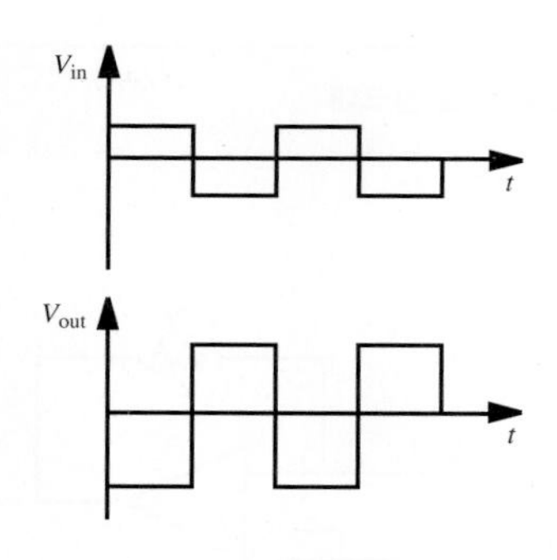

그림 5.9 신호 반전의 예

저항 R에 걸리는 전압은 $V_{in} - V_C = V_{in}$이므로, Ohm의 법칙으로부터

$$V_{in} = i_{in}R \tag{5.8}$$

이고, 저항 R_F에 걸리는 전압은 $V_{out} - V_C = V_{out}$이므로

$$V_{out} = i_{out}R_F \tag{5.9}$$

이다. 식 (5.6)을 식 (5.9)에 대입하면 다음 식을 얻는다.

$$V_{out} = -i_{in}R_F \tag{5.10}$$

식 (5.10)을 식 (5.8)로 나누면 다음과 같은 입출력 관계식을 얻을 수 있다.

$$\frac{V_{out}}{V_{in}} = -\frac{R_F}{R} \tag{5.11}$$

그러므로 증폭기의 전압이득은 단순히 외부저항 R_F와 R에 의해 결정되며 항상 음의 값을 갖는다. 이 회로를 반전증폭기라 부르는 이유는 이 회로가 입력신호의 극성을 바꾸기 때문이다. 입력신호의 극성을 바꿈으로써 주기신호일 경우에는 180°의 위상차를 유발한다. 예를 들어, 그림 5.9와 같은 사각파 V_{in}이 이득이 −2인 반전증폭기에 연결되어 있으면 출력 V_{out}은 반전되어 증폭된다. 그 결과로 출력의 위상은 입력의 위상과 180° 어긋나며 진폭은 두 배가 된다.

수업토론주제 5.1 오피앰프회로의 부엌 싱크대

다음 오피앰프회로를 고려해 보자.

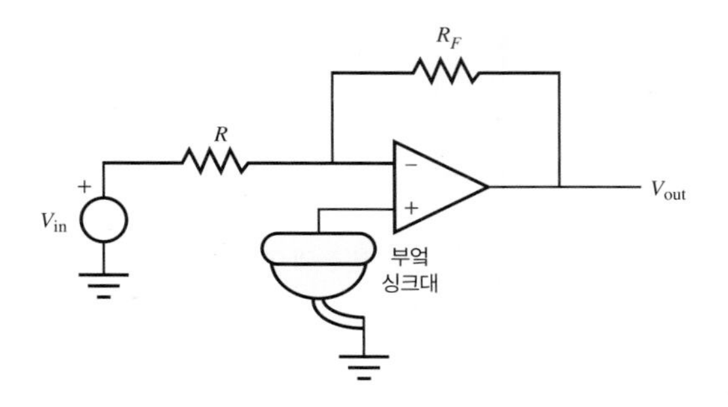

오피앰프의 비반전입력에 연결된 부엌 싱크대의 영향은 무엇인가?

5.6 비반전증폭기

비반전증폭기(noninverting amplifier)의 회로도는 그림 5.10과 같다. 이름이 의미하듯이 이 회로는 입력전압의 부호를 바꾸지 않고 증폭한다. 여기서도 증폭기의 전압이득을 구하기 위해 Kirchhoff의 법칙과 Ohm의 법칙을 적용한다. 앞 절에서와 같이 오피앰프를 그림 5.11의 점선 사각형과 같은 이상적인 모델로 교체한다.

노드 C에서 전압은 V_{in}이다. 왜냐하면 반전입력과 비반전입력의 전압이 같기 때문이다. 저항 R에 Ohm의 법칙을 적용하면

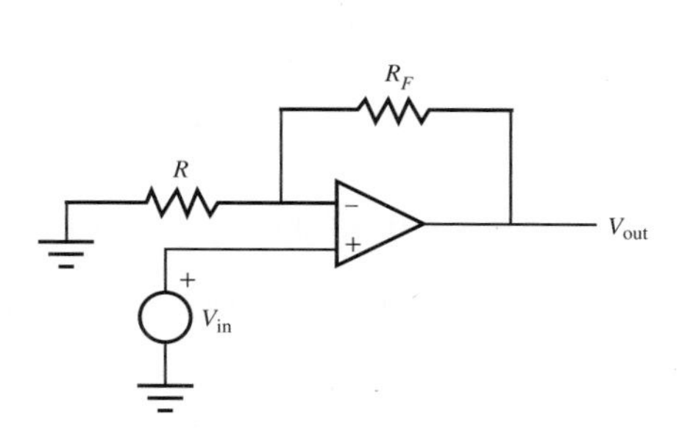

그림 5.10 비반전증폭기

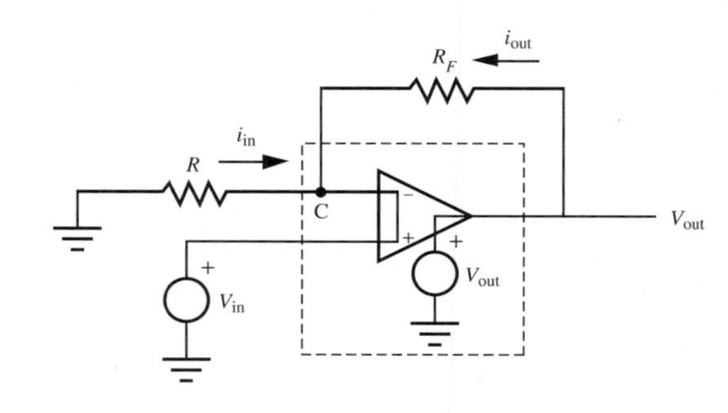

그림 5.11 비반전증폭기의 등가회로

$$i_{\text{in}} = \frac{-V_{\text{in}}}{R} \tag{5.12}$$

이고, 저항 R_F에 Ohm의 법칙을 적용하면 다음과 같다.

$$i_{\text{out}} = \frac{V_{\text{out}} - V_{\text{in}}}{R_F} \tag{5.13}$$

식 (5.13)을 V_{out}에 대해 풀면 다음과 같다.

$$V_{\text{out}} = i_{\text{out}} R_F + V_{\text{in}} \tag{5.14}$$

노드 C에 KCL을 적용하면

$$i_{\text{in}} = -i_{\text{out}} \tag{5.15}$$

이므로, 식 (5.12)를 다음과 같이 쓸 수 있다.

$$V_{\text{in}} = i_{\text{out}} R \tag{5.16}$$

식 (5.14)와 (5.16)을 사용하여 다음과 같은 전압이득을 얻을 수 있다.

$$\frac{V_{\text{out}}}{V_{\text{in}}} = \frac{i_{\text{out}} R_F + V_{\text{in}}}{V_{\text{in}}} = \frac{i_{\text{out}} R_F + i_{\text{out}} R}{i_{\text{out}} R} = 1 + \frac{R_F}{R} \tag{5.17}$$

그러므로 비반전증폭기는 1보다 큰 양의 이득을 가진다. 비반전증폭기는 회로의 한 부분을 다른 부분과 격리시키고자 할 때, 즉 전류를 크게 흘려보내지 않으면서 전압을 전달하고자 할 때 유용하게 사용된다.

만약 그림 5.10에서 $R_F = 0$이고 $R = \infty$이면 이 회로를 그림 5.12와 같이 나타낼 수 있고, 이 회로를 **버퍼**(buffer)라고 한다. 또한 $V_{\text{out}} = V_{\text{in}}$이므로 **추종기**(follower)라고도 한다. 버퍼는 높은 입력임피던스와 낮은 출력임피던스를 가진다. 이 회로는 전압원에 부하를 주지 않으면서 전압신호를 전달하는 응용분야에서 유용하게 사용된다. 오피앰프의 높은 입력임피던스로 인해

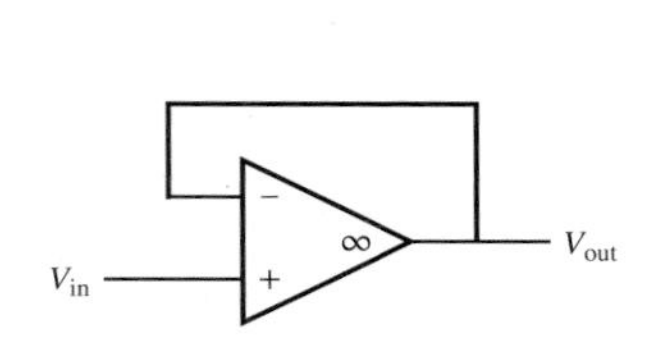

그림 5.12 버퍼 또는 추종기

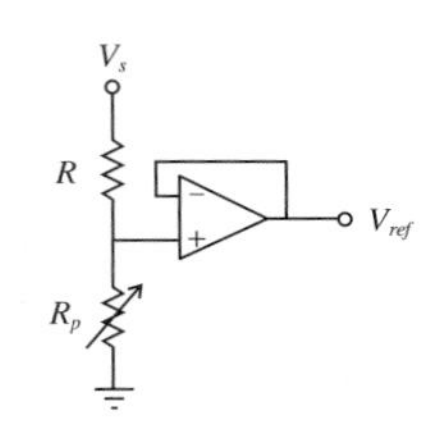

그림 5.13 추종기 기준전압

전압 입력단자를 회로의 다른 부분과 효과적으로 **격리**(isolates)시킬 수 있다. 그림 5.13은 전압분배기를 사용하여 더 큰 전압원(V_s)으로부터 안정된 기준전압(V_{ref})을 생성하는 유용한 추종기회로를 보여준다. 여기서 전위차계 저항(R_p)을 변화시켜 넓은 범위의 전압을 생성할 수 있다. 추종기가 그 자리에 없으면 전압분배기 출력은 회로 혹은 장치에 직접 연결되고 따라서 기준전압은 회로 혹은 장치에 흐르는 전류의 양에 따라 변할 것이다. 하지만 추종기를 연결하면 이러한 문제는 발생하지 않는다. 추종기가 부하 또는 변하는 전류에 연결되어 있다 할지라도 추종기의 입력임피던스가 크기 때문에 기준전압은 변하지 않기 때문이다. 실습문제 Lab 6은 저항회로에서 전류에 영향을 주지 않으면서 전압을 전달하는 이러한 특성을 보여준다.

Lab 6 연산증폭기회로

수업토론주제 5.2 양의 피드백

그림 5.12에서 V_{in}이 반전입력에 연결되고 피드백이 비반전입력에 연결되면 이상적으로 버퍼 증폭기의 출력은 어떻게 될까?

수업토론주제 5.3 양의 피드백의 예

비디오 데모

5.5 기타 고조파 피드백 설명

5.6 Jimi Hendrix … 피드백의 달인

양의 피드백의 좋은 예로서, Jimi Hendrix가 그의 전자기타를 증폭 스피커 가까이로 가져가곤 할 때의 효과를 들 수 있다. 이 기술의 효과를 설명하고, 물리적으로 무슨 일이 일어나는지를 설명하라. 비디오 데모 5.5는 현의 고조파(진동 모드)를 강하게 하는 데 어떻게 양의 피드백이 사용될 수 있는지를 보여주며, 비디오 데모 5.6은 매우 독특하고 인상적인 Jimi의 연주 스타일을 보여준다.

수업토론주제 5.4 추종기 없는 전압분배기

그림 5.13의 전압분배 추종기에서 저항값의 선택에 따라 어떤 효과가 있겠는가? 그리고 추종기 없이 기준전압을 다른 회로 또는 장치에 전류 공급을 위해 사용한다면 어떤 일이 발생할지 자세히 설명하라.

종합설계예제 A.3 직류모터 전력오피앰프 속도제어기 — 전력증폭 모터 드라이버

아래 그림은 종합설계예제 A의 기능선도를 보여준다(1.3절과 비디오 데모 1.6 참조). 여기서는 굵은 선 사각형 부분을 자세히 살펴본다.

비디오 데모

1.6 직류모터 전력오피앰프 속도제어기

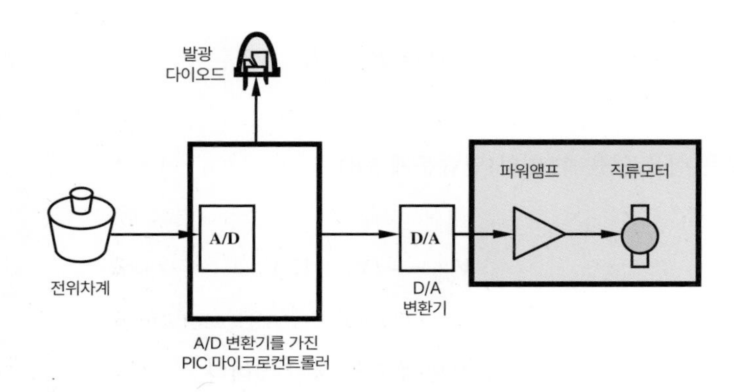

D/A 변환기는 전위차계(potentiometer) 위치에 비례하는 전압을 출력한다. 하지만 D/A 변환기 출력전류는 제한되어 있어 모터를 구동하기에는 부족하다. 비반전증폭기 형태로 구성된 전력오피앰프 회로를 사용하면 모터를 구동하기에 충분한 전류를 공급할 수 있다. 사실 전력오피앰프는 D/A 변환기와 모터 사이에서 버퍼(buffer) 역할을 한다. 아래의 회로는 소자들과 이들의 연결 상태를 보여준다. 회로에서 보듯이, OPA547은 표준 ±15 V 전원 대신 ±9 V 전원을 사용한다. 비디오 데모 1.6에서 실험실의 표준 전원 또는 직렬연결한 두 개의 9 V 건전지로부터 어떻게 ±9 V를 생성할 수 있는지를 보여준다. 식 (5.17)의 입력저항을 10 kΩ, 피드백저항을 1 kΩ으로 하면 전력증폭회로의 이득(gain)은 1.1이다. 즉, D/A 변환기의 전압은 크게 증폭되지 않으나, 모터에 큰 전류를 공급할 수 있다. 충분한 전류를 공급하도록 설계된 오피앰프 소자를 전력오피앰프(power op amp)라고 한다. OPA547은 이러한 전력오피앰프 소자 중 하나이다. 더 자세한 정보는 인터넷 링크 1.4~1.6을 참조하라.

인터넷 링크

1.4 종합설계예제 부품 리스트

1.5 Digikey 전자부품 공급업체

1.6 Jameco 전자부품 공급업체

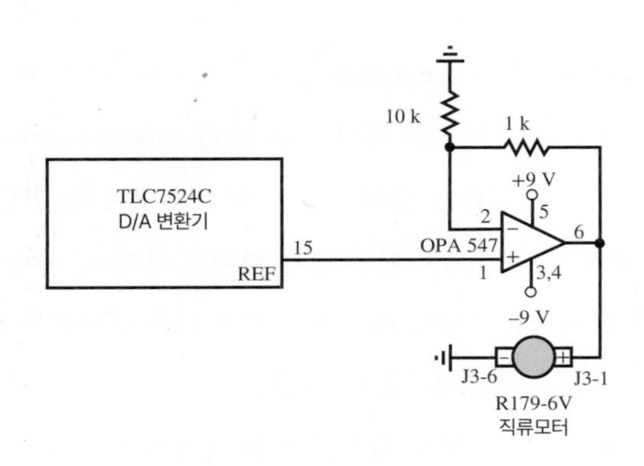

5.7 합산기

그림 5.14와 같은 **합산기**(summer) 오피앰프회로는 아날로그신호를 더할 때 사용된다. 이 회로에서

$$R_1 = R_2 = R_F \tag{5.18}$$

이면 다음과 같은 식을 얻을 수 있다(연습문제 5.8).

$$V_{\text{out}} = -(V_1 + V_2) \tag{5.19}$$

따라서 이 회로의 출력은 입력의 합에 음의 부호를 붙인 것이다.

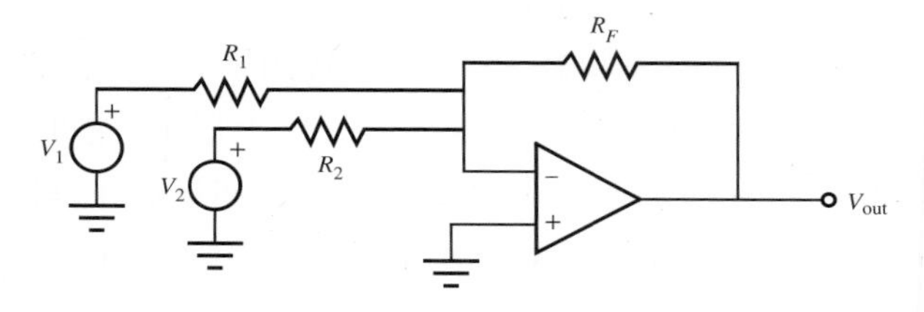

그림 5.14 합산기 회로

5.8 차동증폭기

Lab 6 연산증폭기회로

그림 5.15와 같은 **차동증폭기**(difference amplifier) 회로는 두 아날로그신호의 차이를 구할 때 쓰인다(실습문제 Lab 6 참조). 이 회로를 해석할 때 **중첩**(superposition)의 원리를 사용할 수 있다. 중첩의 원리란 여러 개의 입력이 선형시스템(예: 오피앰프회로)에 가해질 때 그 응답은 각각의 입력을 가했을 때의 응답을 모두 더한 것과 같다는 것이다. 구체적으로, 입력이 이상적인 전압원일 때 한 전압원에 의한 응답을 해석하기 위해 다른 전압원을 단락시킨다. 어떤 입력이 전류원으로 주어지면 그것은 개방회로로 대체한다.

그림 5.15의 회로를 해석하는 첫 번째 단계는 V_2를 효과적으로 접지된 R_2 단락회로로 대체

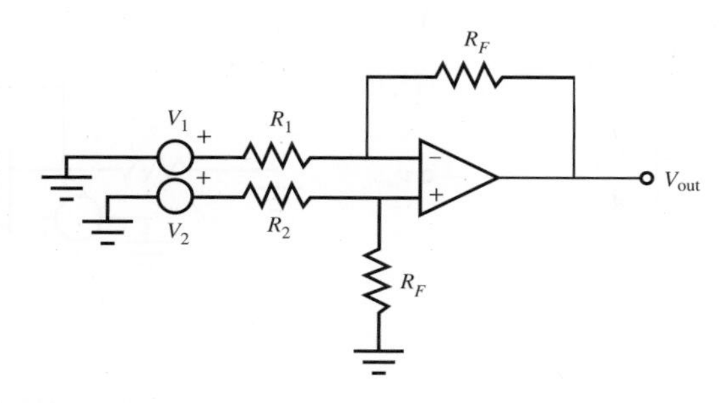

그림 5.15 차동증폭기 회로

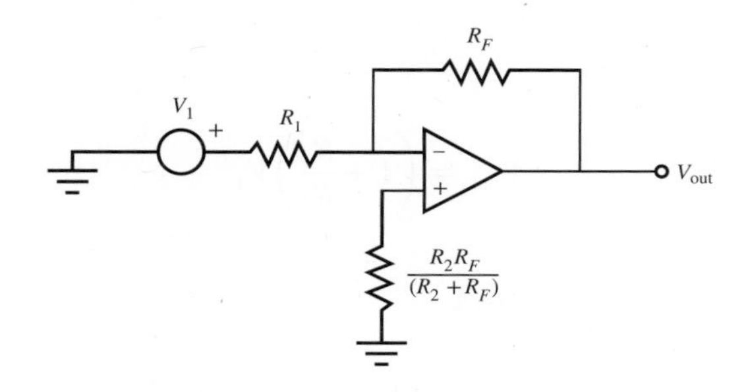

그림 5.16 V_2를 단락한 차동증폭기

하는 것이다. 그러면 그림 5.16에서 보는 바와 같이 반전증폭기가 된다(그림 5.7과 수업토론주제 5.1 참조). 따라서 식 (5.11)로부터 입력 V_1에 의한 출력은 다음과 같다.

$$V_{\text{out}_1} = -\frac{R_F}{R_1}V_1 \tag{5.20}$$

그림 5.15의 회로를 해석하기 위한 두 번째 단계는 V_1을 그림 5.17a와 같이 효과적으로 접지된 R_1 단락회로로 대체하는 것이다. 이 회로는 그림 5.17b의 회로와 등가이다. 등가회로에서 입력전압은 다음과 같다.

$$V_3 = \frac{R_F}{R_2 + R_F}V_2 \tag{5.21}$$

여기서 V_2는 저항 R_2와 R_F에 대한 전압으로 나뉜다.

그림 5.17b의 회로는 비반전증폭기(그림 5.10 참조)이다. 그러므로 입력 V_2에 의한 출력은

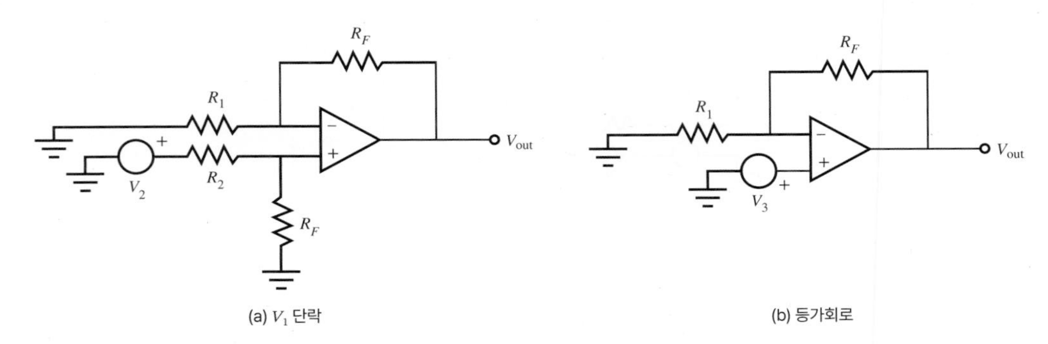

그림 5.17 V_1을 단락한 차동증폭기

식 (5.17)로부터 다음과 같이 주어진다.

$$V_{out_2} = \left(1 + \frac{R_F}{R_1}\right) V_3 \tag{5.22}$$

식 (5.21)을 이 식에 대입하면 다음과 같다.

$$V_{out_2} = \left(1 + \frac{R_F}{R_1}\right)\left(\frac{R_F}{R_2 + R_F}\right) V_2 \tag{5.23}$$

중첩의 원리에 의해 전체 출력 V_{out}은 각 입력에 대한 출력의 합과 같다. 즉,

$$V_{out} = V_{out_1} + V_{out_2} = -\left(\frac{R_F}{R_1}\right) V_1 + \left(1 + \frac{R_F}{R_1}\right)\left(\frac{R_F}{R_2 + R_F}\right) V_2 \tag{5.24}$$

$R_1 = R_2 = R$이면 출력전압은 입력전압의 차를 증폭한 것이 된다. 즉,

$$V_{out} = \frac{R_F}{R}(V_2 - V_1) \tag{5.25}$$

이 결과는 오피앰프 특성, KCL, Ohm의 법칙을 사용해서도 구할 수 있다(연습문제 5.10).

5.9 계기증폭기

5.8절에서 설명한 차동증폭기는 낮은 임피던스원(source)에 대해서는 적절할 수 있다. 하지만 높은 출력임피던스원에 대해서는 입력임피던스가 너무 낮을 수 있다. 더욱이 입력신호가 매우 작고 노이즈를 포함하고 있으면 차동증폭기는 만족스러운 차동신호를 제공하지 못할 수 있다. 이러한 문제점을 해결할 수 있는 것이 **계기증폭기**(instrumentation amplifier)이다. 계기증폭기는 다음과 같은 특징을 갖는다.

- 매우 높은 입력임피던스
- 큰 **공통성분제거비**(CMRR, common mode rejection ration). CMRR은 공통성분이득에 대한 차동성분이득의 비이다. **차동성분이득**(difference mode gain)은 두 입력신호의 차에 대한 증폭계수이고, **공통성분이득**(common mode gain)은 두 입력의 평균에 대한 증폭계수이다. 이상적인 차동증폭기에 대한 공통성분이득은 0이고, 따라서 CMRR은 무한대이다. 공통성분이득이 0이 아니면, 0이 아닌 동일한 두 입력에 대한 출력은 0이 아니다. 두 입력에 공통으로 존재하는 노이즈 등을 제거하기 위해서는 공통성분이득을 최소화하는 것이 바람직하다.
- 노이즈가 존재하는 환경에서 작은 신호를 증폭하는 능력은 종종 차동출력 센서신호처리를 위해 요구된다.
- 넓은 이득 범위에 대한 일정한 대역폭

계기증폭기는 모놀리식(monolithic) IC(예: Analog Devices의 524와 624, National Semiconductor의 LM 623)로 시중에서 구할 수 있다. 이들은 이득을 조절하기 위해 하나의 외부저항을 사용한다. 이 이득은 단순한 차동증폭기의 이득보다 더 크고 더 안정적이다.

계기증폭기는 값싼 오피앰프와 정밀한 저항을 사용하여 그림 5.18과 같이 구성될 수 있다. 이 회로를 두 부분으로 나누어 해석해 보자. 왼쪽의 두 오피앰프는 각각의 입력을 따로 증폭하는 고임피던스 증폭기 단계를 형성한다. 이 단계는 중간 크기의 CMRR을 갖는다. 출력 V_3와 V_4는 오른쪽 오피앰프회로에 입력으로 제공된다. 오른쪽 오피앰프회로는 전체 CMRR을 최대화하기 위해 전위차계 R_5를 연결한 차동증폭기이다.

먼저 V_3와 V_4를 V_1과 V_2로 나타내기 위해 회로의 왼쪽 부분에 KCL과 Ohm의 법칙을 적용

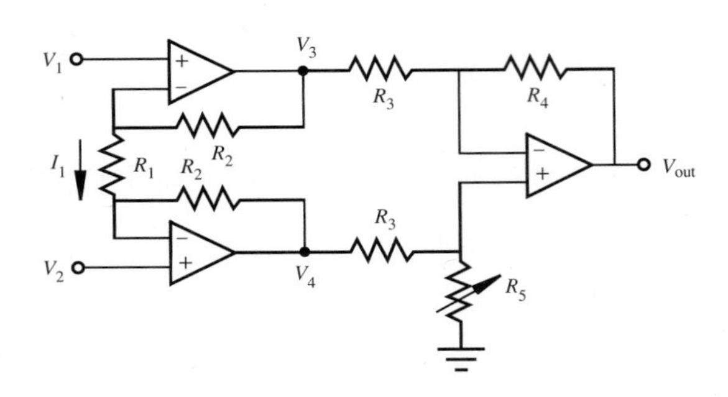

그림 5.18 계기증폭기

해 보자. 이상적인 오피앰프라고 가정하면 전류 I_1은 R_1을 지나 피드백저항 R_2를 통해 흐르게 된다. 피드백저항 R_2에 Ohm의 법칙을 적용하면 다음과 같다.

$$V_3 - V_1 = I_1 R_2 \tag{5.26}$$

그리고

$$V_2 - V_4 = I_1 R_2 \tag{5.27}$$

R_1에 Ohm의 법칙을 적용하면 다음과 같은 식을 얻는다.

$$V_1 - V_2 = I_1 R_1 \tag{5.28}$$

V_3와 V_4를 V_1과 V_2로 나타내기 위해 식 (5.28)을 I_1에 대해 풀고 이를 식 (5.26)과 (5.27)에 대입한다. 그러면 다음 두 식을 얻을 수 있다.

$$V_3 = \left(\frac{R_2}{R_1} + 1\right) V_1 - \frac{R_2}{R_1} V_2 \tag{5.29}$$

그리고

$$V_4 = -\frac{R_2}{R_1} V_1 + \left(\frac{R_2}{R_1} + 1\right) V_2 \tag{5.30}$$

회로의 오른쪽 부분을 해석하면 다음과 같은 식을 얻을 수 있다(연습문제 5.12).

$$V_{out} = \frac{R_5(R_3 + R_4)}{R_3(R_3 + R_5)} V_4 - \frac{R_4}{R_3} V_3 \tag{5.31}$$

식 (5.29)와 (5.30)의 V_3와 V_4를 식 (5.31)에 대입하면 출력 V_{out}을 입력전압 V_1과 V_2로 나타낼 수 있다. $R_5 = R_4$를 가정하면 다음과 같은 결과를 얻는다.

$$V_{out} = \left[\frac{R_4}{R_3}\left(1 + 2\frac{R_2}{R_1}\right)\right](V_2 - V_1) \tag{5.32}$$

계기증폭기의 설계목적은 공통성분이득을 최소화하기 위해 CMRR을 최대화하는 것이다. 공통성분 입력 $V_1 = V_2$에 대해 출력전압은 식 (5.32)로부터 $V_{out} = 0$이 된다. 따라서 $R_5 = R_4$일 때 공통성분이득은 0이고 CMRR은 무한대이다. 실제로는 저항을 정확히 일치시킬 수 없다. 또한 회로의 온도가 변하면 저항의 불일치는 더욱 커질 수 있다. 전위차계 R_5를 사용함으로써 설계자는 R_4와 R_5의 불일치를 최소화할 수 있고, 결국 최대의 CMRR을 얻을 수 있다.

개별 소자의 저항일치 문제는 레이저로 다듬은 저항으로 만들어진 모놀리식 계기증폭기를 사용하면 피할 수 있다. 이 계기증폭기는 개별 소자로는 얻을 수 없는 매우 높은 CMRR을 가진다. 뿐만 아니라 적절한 외부저항 R_1을 선정하여 이득을 조절할 수도 있다.

5.10 적분기

반전증폭기의 피드백저항을 커패시터로 교체하면, 그림 5.19와 같은 **적분기**(integrator)회로를 얻을 수 있다. 반전증폭기 해석의 식 (5.9)를 커패시터의 전압과 전류 사이의 관계식인 다음 식으로 대체한다.

$$\frac{dV_{out}}{dt} = \frac{i_{out}}{C} \tag{5.33}$$

이 식을 적분하면 다음과 같다.

$$V_{out}(t) = \frac{1}{C}\int_0^t i_{out}(\tau)\, d\tau \tag{5.34}$$

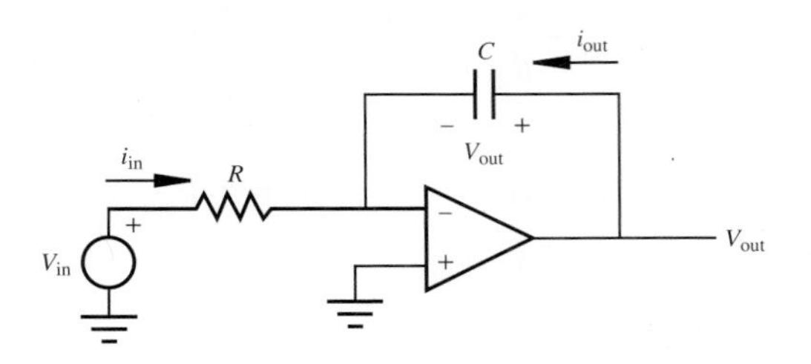

그림 5.19 이상적인 적분기

여기서 τ는 적분변수이다. $i_{out} = -i_{in}$이고 $i_{in} = V_{in}/R$이므로

$$V_{out}(t) = -\frac{1}{RC}\int_0^t V_{in}(\tau)\,d\tau \tag{5.35}$$

그러므로 출력신호는 입력신호를 적분한 값에 음의 상수값을 곱한 것이다.

수업토론주제 5.5 적분기 거동

직류전압을 이상적인 적분기의 입력에 인가하면 출력은 시간에 따라 어떻게 변할까? 사인파입력에 대한 출력은 어떻게 될까? 사인파입력에 작은 직류 오프셋이 더해지면 어떻게 될까?

더 실제적인 적분기회로는 그림 5.20과 같다. 피드백 커패시터와 병렬로 연결된 저항 R_s를 **분로저항**(shunt resistor)이라고 한다. 분로저항의 목적은 회로의 저주파 이득을 제한하는 데 있다. 이것은 비록 작은 직류 오프셋을 가진 입력이라도 시간에 따라 적분하면 결국은 오피앰프를 포화시키기 때문에 필요하다(5.14절과 수업토론주제 5.8 참조). 적분기는 적분값이 오피

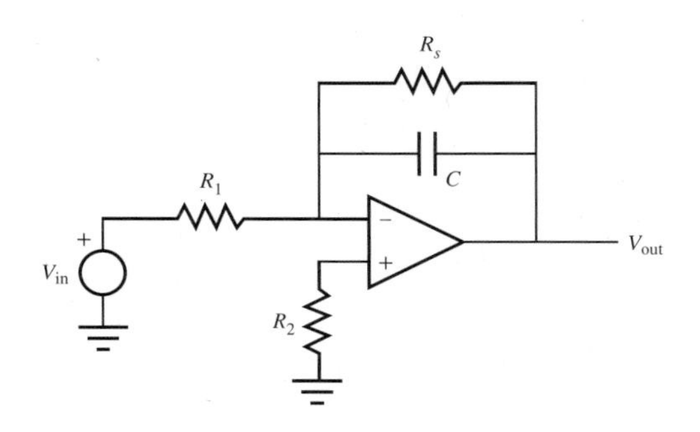

그림 5.20 개선된 적분기

앰프의 최대 출력전압 이내에 있을 때만 유용하다. 대략적으로 말해, R_s는 $10R_1$보다 커야 한다.

R_s와 C를 포함하는 피드백 회로의 임피던스와 주파수응답 때문에 그림 5.20의 회로는 일정한 주파수 범위에서만 적분기로 작동한다. 저주파수 영역에서 이 회로는 반전증폭기처럼 작동한다. 왜냐하면 매우 낮은 주파수에서 C의 임피던스가 크기 때문에 피드백루프의 임피던스는 대략 R_s가 되기 때문이다. 매우 높은 주파수($f >> 1/R_1C$)에서 R_1C 전류 경로는 저주파통과필터이므로 출력은 0으로 감소한다(4.4절의 예제 4.1 참조). 오피앰프의 제한된 대역폭은 높은 고주파수에서 한 요인이 될 수 있다(5.14절 참조). 실습문제 Lab 6과 비디오 데모 5.7은 적분기 응답이 서로 다른 주파수에서 어떻게 변하는지를 보여준다.

Lab 6 연산증폭기회로

비디오 데모

5.7 서로 다른 주파수에서의 오피앰프 적분기회로

입력바이어스 전류(input bias current, 5.14.1절의 A 항목 참조)에 의한 직류 오프셋은 R_2에 의해 최소화될 수 있다. R_2는 대략 입력저항과 분로저항을 병렬연결한 저항값으로 선정해야 한다.

$$R_2 = \frac{R_1 R_s}{R_1 + R_s} \tag{5.36}$$

이렇게 선정하는 이유는 반전단자로 흘러드는 입력바이어스 전류는 R_1과 R_s로 흐르는 전류의 결과이고, 비반전단자로 흘러드는 입력바이어스 전류는 R_2를 통해 흐르기 때문이다. 바이어스 전류에 의해 생성된 두 전압이 같다면 출력에 아무런 영향을 미치지 않을 것이다.

5.11 미분기

반전증폭기의 입력저항을 커패시터로 교체하면 그림 5.21과 같은 **미분기**(differentiator)회로가 얻어진다. 반전증폭기 해석의 식 (5.8)을 커패시터의 전압과 전류 사이의 관계식인 다음 식으로 대체한다.

$$\frac{\mathrm{d}V_{\text{in}}}{\mathrm{d}t} = \frac{i_{\text{in}}}{C} \tag{5.37}$$

$i_{\text{in}} = -i_{\text{out}}$이고 $i_{\text{out}} = V_{\text{out}}/R$이므로

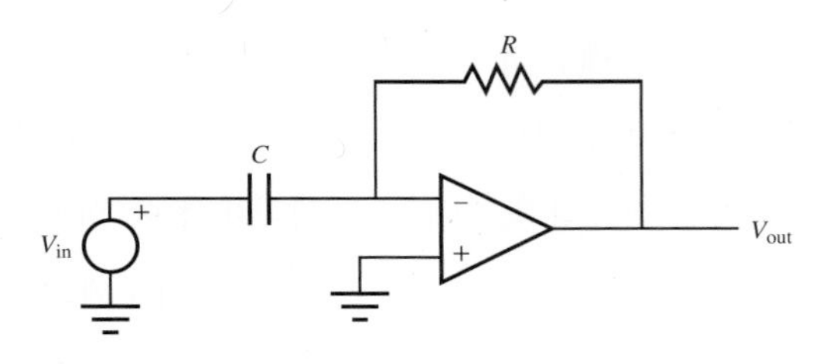

그림 5.21 미분기

$$V_{out} = -RC\frac{\mathrm{d}\,V_{in}}{\mathrm{d}t} \tag{5.38}$$

그러므로 출력신호는 입력신호를 미분한 값에 음의 상수값을 곱한 것과 같다.

신호처리에서 미분을 사용하면 입력신호의 노이즈를 확대하여 출력에 나타내기 때문에 주의해야 한다. 미분기는 빠르게 변하는 노이즈를 증폭하게 된다. 반면에 적분은 노이즈를 평활하게 하는 영향이 있으므로 적분기에서는 노이즈가 큰 문제를 일으키지 않는다.

수업토론주제 5.6 미분기의 개선

그림 5.21에 있는 미분기회로의 개선책을 추천해 보라. 입력신호에 있는 고주파 노이즈의 영향을 생각해 보라.

수업토론주제 5.7 적분기와 미분기의 응용

미분기와 적분기의 다양한 응용에 대하여 생각해 보라. 미분방정식을 어떻게 아날로그컴퓨터로 풀 수 있는지 고려해 보라. 또한 톱니파신호를 어떻게 사각파신호로 변환하는지, 또 위치센서신호와 속도센서신호를 어떻게 처리하는지도 생각해 보라.

5.12 샘플홀드회로

샘플홀드회로(sample and hold circuit)는 아날로그/디지털 변환(8장 참조)에서 디지털신호로 변환 중인 아날로그신호를 안정화하는 데 널리 사용된다. 샘플홀드회로는 그림 5.22와 같이 전

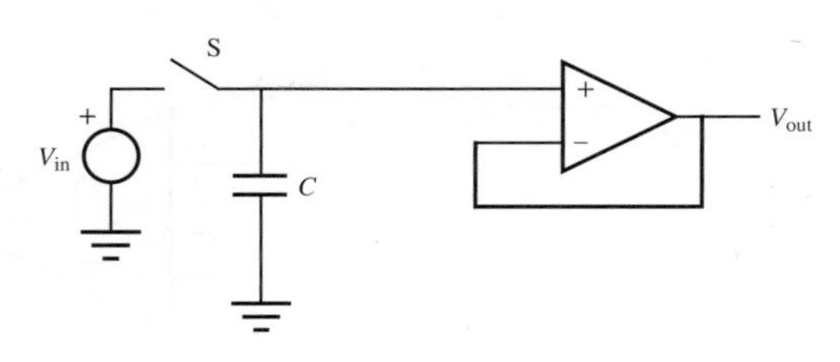

그림 5.22 샘플홀드회로

압을 유지시키는 커패시터와 전압추종기로 구성되어 있다. 스위치 S를 닫으면

$$V_{out}(t) = V_{in}(t) \tag{5.39}$$

이다. 스위치를 열면, 추종기가 거의 전류를 흘려보내지 않기 때문에 커패시터 C는 마지막으로 샘플링한 값에 해당하는 입력전압을 유지시켜 준다. 즉,

$$V_{out}(t - t_{sampled}) = V_{in}(t_{sampled}) \tag{5.40}$$

여기서 $t_{sampled}$는 스위치를 마지막으로 연 순간의 시간을 표시한다. 가끔 입력전압원 V_{in}에서 빠지는 전류를 최소화하기 위해 스위치의 V_{in} 쪽에 오피앰프 버퍼를 사용하기도 한다.

이 회로에서 사용되는 커패시터 종류(2.10.1절 참조)는 중요하다. 폴리스티렌이나 폴리프로필렌 형태와 같은 저누설 커패시터가 좋다. 전해 커패시터는 누설이 많아서 좋지 않다. 왜냐하면 이 누설로 인해 '홀드' 기간 동안 출력전압이 떨어지기 때문이다.

5.13 비교기

그림 5.23과 같은 **비교기**(comparator) 회로는 한 신호가 다른 신호보다 큰지를 결정할 때 사용된다. 비교기는 피드백이 없는 오피앰프회로의 한 예로서 무한 이득을 가지고 있다. 그 결과 오피앰프는 **포화**(saturation)된다. 포화란 출력이 양의 최대값이나 음의 최소값을 유지하는 것을 의미한다. 비디오 데모 4.2는 증폭기 포화의 한 예를 보여준다. 이 데모에서 오디오 증폭기는 마이크에서 오는 음파 출력의 위아래 부분을 잘라버리고(clipping) 있다.

비디오 데모

4.2 휘파람과 콧소리의 스펙트럼과 증폭기 포화

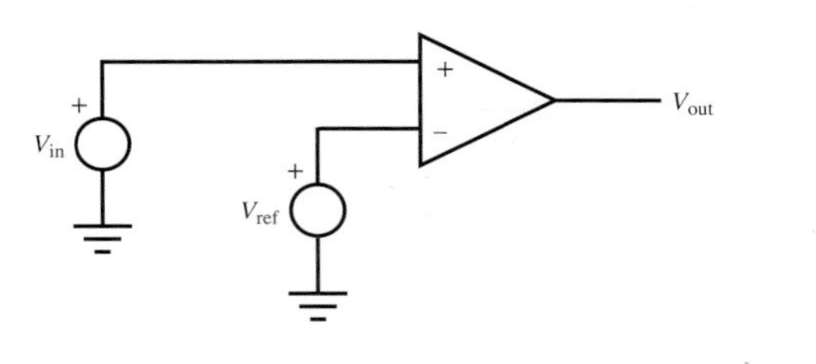

그림 5.23 비교기

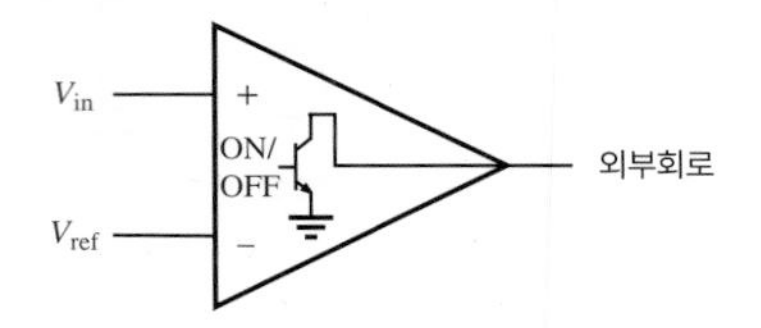

그림 5.24 비교기의 개방컬렉터 출력

어떤 오피앰프는 포화되어 비교기로 작동하도록 특수하게 설계되어 있다. 비교기의 출력은 다음과 같이 정의된다.

$$V_{out} = \begin{cases} +V_{sat} & V_{in} > V_{ref} \\ -V_{sat} & V_{in} < V_{ref} \end{cases} \tag{5.41}$$

여기서 V_{sat}는 비교기의 포화전압이고, V_{ref}는 입력전압 V_{in}을 비교하는 기준전압이다. 양의 포화전압은 양의 전원전압보다 약간 작고, 음의 포화전압은 음의 전원전압보다 약간 크다.

어떤 비교기(예: LM339)는 **개방컬렉터출력**(open-collector output)을 가지고 있다. 개방컬렉터출력에서 출력상태는 차단(cutoff) 또는 포화 시에 작동하는 출력트랜지스터에 의해 제어된다. 그림 5.24에 표시한 이 형태의 출력을 개방컬렉터출력이라고 하는 이유는 출력트랜지스터의 컬렉터가 내부에 연결되어 있지 않고 외부 전력회로를 요구하기 때문이다. $V_{in} > V_{ref}$일 때, 출력트랜지스터는 ON(포화)이고, 출력은 접지된다. $V_{in} < V_{ref}$이면 출력트랜지스터는 OFF(차단)이고, 출력은 회로로부터 개방된다.

5.14 실제의 오피앰프

실제의 오피앰프는 이상적인 오피앰프와 비교하여 특성에서 약간의 차이가 있다. IC와 익숙해지는 가장 좋은 방법은 제조업체에서 제공하는 데이터북(data book)의 사양을 검토해 보는 것이다. 오피앰프 및 다른 아날로그 IC에 대한 자세한 설명은 제조업체가 발행하는 선형(linear) 데이터북에서 찾을 수 있다. 오피앰프의 데이터시트에서 찾을 수 있는 중요한 파라미터들은 다음 절에서 설명한다.

이상적인 연산증폭기 모델이 제시하듯이, 실제 오피앰프는 매우 높은 입력임피던스를 가지고 있다. 그래서 입력단에서 아주 작은 전류가 소모된다. 동시에 입력단 사이에 아주 작은 전압이 발생한다. 실제 오피앰프의 입력임피던스는 무한대가 아니며, 그 크기가 오피앰프의 중요한 단자특성이 된다.

실제 오피앰프의 다른 중요한 단자특성은 증폭기로부터 얻을 수 있는 최대 출력전압이다. 비반전증폭기에서 이득이 100이 되도록 외부저항을 연결한 오피앰프회로를 생각해 보자. 입력이 1 V이면 출력은 100 V가 될 것이다. 하지만 큰 부하임피던스를 가진 실제 경우에 있어서, 전압출력은 오피앰프의 전원전압보다 1.4 V 정도 낮아진다. 따라서 ±15 V의 전원이 공급되면 최대전압은 대략 13.6 V 정도이고, 최저전압은 −13.6 V 정도이다. 이 범위를 넘어서는 전압을 구동하려고 하면, 포화가 발생하여 최대 출력전압에서 잘리게(즉, 클리핑하게) 된다. **비디오 데모 4.2**는 증폭기 포화의 영향을 보여주는 좋은 예이다. 이 비디오 끝부분에서 휘파람소리 음파가 증폭기 포화에 의해 클리핑되고(잘리고) 있다. 비디오의 스펙트럼에서 볼 수 있듯이, 클리핑된 음파의 모서리에 의해 고주파 성분이 많이 추가된다. 이 클리핑된 음파를 다시 스피커로 보내면 녹음된 원래 휘파람 소리와 매우 달라진다.

실제 오피앰프의 다른 중요한 두 가지 특성은 계단응답과 관련된 것이다. 증폭기회로에 계단입력을 가하면 출력에 계단출력이 나올 것으로 기대한다. 하지만 그림 5.25에 표시한 것처럼 출력은 무한히 빨리 변할 수 없기 때문에 램프 형태의 출력을 얻는다. 오피앰프의 계단응답을 정량화하기 위해 다음과 같은 두 개의 파라미터가 정의된다.

- 슬루율(slew rate): 출력전압에 대해 가능한 최대 시간변화율

$$SR = \frac{\Delta V}{\Delta t} \tag{5.42}$$

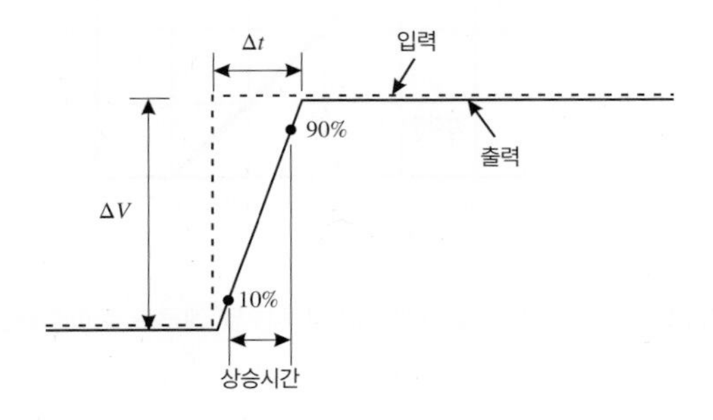

그림 5.25 계단응답에 대한 슬루율의 영향

- 상승시간(rise time): 출력전압이 최종값의 10%에서 90%로 증가하는 데 걸리는 시간. 상승시간은 구체적인 부하와 입력 파라미터에 대해 제조업체로부터 주어진다.

실제 오피앰프의 또 다른 중요한 특성은 주파수응답이다. 이상적인 오피앰프는 무한대의 대역폭을 가진다. 하지만 실제 오피앰프는 유한한 대역폭을 가진다. 이 대역폭은 외부 소자에 의해 결정되는 이득의 함수이다. 이득에 대해 대역폭의 의존성을 정량화하기 위해 **이득대역폭곱**(GBP, gain bandwidth product)을 정의한다. 오피앰프의 GBP는 개루프이득과 그 이득에서의 대역폭을 곱한 것이다. GBP는 넓은 범위의 주파수에 대해 일정하다. 왜냐하면 그림 5.26에서 보듯이, 전형적인 오피앰프에 대해 개루프이득과 주파수 사이의 선형적인 log-log 관계식이 성립하기 때문이다. 오피앰프의 이득이 입력신호의 주파수에 따라 어떻게 감소하고 있는지 주목하라. 고품질의 오피앰프일수록 더 큰 GBP를 가진다. 개루프이득은 피드백이 없는 오피앰프의 특성이고, 폐루프이득은 피드백이 있는 오피앰프회로의 총이득이다. 폐루프이득은 항상 오피앰프의 개루프이득에 의해 제한된다. 예를 들면, 폐루프이득 100을 가진 비반전증폭기에 대해 대역폭은 그림 5.26에서 보여주듯이, 대략 0~10,000 Hz이다. 개루프이득곡선이 처음으로 폐루프이득을 제한하기 시작하는 주파수를 **강하주파수**(fall-off frequency)라고 한다. 회로의 이득이 증가하면 대역폭이 줄어든다. 따라서 응용분야에서 작은 대역폭을 요구한다면(예: 저주파 응용), 신호의 감소나 왜곡 없이 더 큰 이득을 사용할 수 있게 된다.

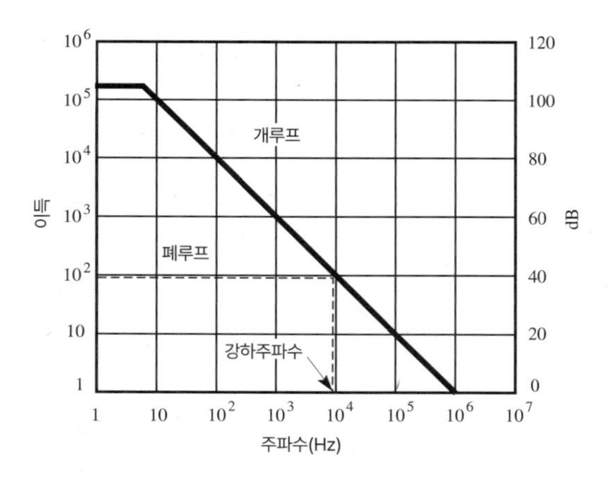

그림 5.26 전형적인 오피앰프의 개루프 및 폐루프 주파수응답

5.14.1 오피앰프 데이터시트에 있는 중요한 파라미터들

실제 오피앰프의 특성을 기술하는 데 필요한 파라미터의 대부분을 여기에서 설명한다. 이 파라미터들은 오피앰프회로를 설계하거나 사용하는 데 중요하다.

A. 입력 파라미터

- 입력전압(input voltage, V_{icm}): 이것은 입력과 접지 사이에 인가할 수 있는 최대 입력전압이다. 일반적으로 이 전압은 전원전압과 같다.
- 입력오프셋 전압(input offset voltage, V_{io}): 이것은 출력전압이 0이 되도록 하기 위해 한 입력을 0 V로 유지한 상태에서 다른 한 입력단자에 가해야 하는 전압이다. 이상적인 오피앰프에 대해 입력오프셋전압은 0이다.
- 입력바이어스 전류(input bias current, I_{ib}): 이것은 출력전압이 0일 때 두 입력으로 흘러드는 전류의 평균값이다. 이상적인 경우에 두 입력전류는 0이다.
- 입력오프셋 전류(input offset current, I_{io}): 이것은 출력전압이 0일 때 두 입력 전류의 차이다.
- 입력전압 범위(input voltage range, V_{cm}): 이것은 동일한 전압을 두 입력에 가할 수 있는 공통성분 입력전압의 허용범위이다.
- 입력저항(input resistance, Z_i): 이것은 한 입력을 접지하고 다른 입력에서 측정한 저항이다.

B. 출력 파라미터

- 출력저항(output resistance, Z_{oi}): 이것은 오피앰프 출력회로의 내부저항(즉, 오피앰프 안으로 보이는 저항)이다.
- 출력단락회로 전류(output short circuit current, I_{OSC}): 이것은 오피앰프가 부하에 전달할 수 있는 최대 출력전류이다.
- 출력전압 스윙(output voltage swing, $\pm V_{omax}$): 이것은 포화나 클리핑(clipping) 없이 오피앰프가 제공할 수 있는 피크－피크 사이의 최대 출력전압폭이다.

C. 동적 파라미터

- 개루프 전압이득(open loop voltage gain, A_{OL}): 이것은 외부 피드백이 없을 때 오피앰프

의 차동입력전압과 출력전압 사이의 비이다.

- 대신호 전압이득(large signal voltage gain): 이것은 출력을 0에서 정해진 전압까지 구동하는 데 필요한 입력전압의 변화량과 최대 전압스윙의 비이다.
- 슬루율(slew rate, SR): 이것은 전압이득이 1인 오피앰프회로에서 계단입력에 대한 출력전압의 시간변화율이다.

D. 기타 파라미터

- 최대 전원전압(maximum supply voltage, $\pm V_s$): 이것은 오피앰프를 구동하는 데 허용된 최대량의 전압과 음의 전압이다.
- 전원전류(supply current): 이것은 전원으로부터 오피앰프로 흐르는 전류이다.
- 공통성분제거비(common mode rejection ratio, CMRR): 이것은 동일한 신호가 두 입력에 들어올 때 이 신호를 제거하는 오피앰프의 능력을 나타내는 척도이다. 이것은 공통성분이득에 대한 차동성분이득의 비로서 보통 데시벨(dB)로 나타낸다.
- 채널분리(channel separation): 747 오피앰프 IC와 같이 하나의 패키지 안에 두 개 이상의 오피앰프가 들어 있으면 보통 **혼신**(cross-talk)이 존재한다. 한 오피앰프에 입력신호를 가하면, 물리적 연결이 없다 할지라도 다른 오피앰프에 유한한 출력신호를 생성하는 것이 혼신이다.

5.1 741 오피앰프 데이터시트

5.2 TL071 FET 입력 오피앰프 데이터시트

Lab 6 연산증폭기회로

이 파라미터들에 대한 데이터는 보통 IC 제조업체에서 제공하는 선형 데이터 북(linear data book)에 주어져 있다. 그림 5.27은 National Semiconductor사의 LM741 데이터시트를 옮겨 놓은 것이다. 이것은 최대 정격부와 전기적 특성부로 나뉘어 있다. 이 데이터시트는 보통 제조업체에서 주어지는 것의 전형적인 형태이다. 그림 5.28은 TL071의 주파수응답 특성을 보여준다. 이 그래프도 오피앰프 데이터시트에서 흔히 볼 수 있는 전형적인 것이다. 인터넷 링크 5.1과 5.2에서 741과 TL071에 대한 전체 데이터시트를 찾아볼 수 있다. 실습문제 Lab 6에서는 여러 가지 입력에 대해 오피앰프회로가 어떻게 응답하는지를 이해하는 데 데이터시트의 파라미터와 정보가 얼마나 중요한지를 살펴볼 수 있다.

오피앰프회로에 대한 경험이 많을수록 오피앰프의 성능에 영향을 미치는 많은 파라미터의 중요성에 관심을 가질 필요가 있다.

Absolute Maximum Ratings

If Military/Aerospace specified devices are required, please contact the National Semiconductor Sales Office/ Distributors for availability and specifications.

(Note 5)

	LM741A	**LM741E**	**LM741**	**LM741C**
Supply Voltage	±22V	±22V	±22V	± 18V
Power Dissipation (Note 1)	500 mW	500 mW	500 mW	500 mW
Differential Input Voltage	±30V	±30V	±30V	± 30V
Input Voltage (Note 2)	±15V	±15V	±15V	± 15V
Output Short Circuit Duration	Continuous	Continuous	Continuous	Continuous
Operating Temperature Range	–55°C to + 125°C	0°C to + 70°C	–55°C to + 125°C	0°C to + 70°C
Storage Temperature Range	–65°C to + 150°C	–65°C to + 150°C	–65°C to + 150°C	–65°C to + 150°C
Junction Temperature	150°C	100°C	150°C	100°C
Soldering Information				
N-Package (10 seconds)	260°C	260°C	260°C	260°C
J- or H-Package (10 seconds)	300°C	300°C	300°C	300°C
M-Package				
Vapor Phase (60 seconds)	215°C	215°C	215°C	215°C
Infrared (15 seconds)	215°C	215°C	215°C	215°C

See AN-450 "Surface Mounting Methods and Their Effect on Product Reliability" for other methods of soldering surface mount devices.

ESD Tolerance (Note 6)	400V	400V	400V	400V

Electrical Characteristics (Note 3)

Parameter	Conditions	LM741A/LM741E			LM741			LM741C			Units
		Min	Typ	Max	Min	Typ	Max	Min	Typ	Max	
Input Offset Voltage	$T_A = 25°C$										
	$R_S \le 10k\Omega$					1.0	5.0		2.0	6.0	mV
	$R_S \le 50\Omega$		0.8	3.0							mV
	$T_{AMIN} \le T_A \le T_{AMAX}$										
	$R_S \le 50\Omega$			4.0							mV
	$R_S \le 10k\Omega$						6.0			7.5	mV
Average Input Offset Voltage Drift				15							μV/°C
Input Offset Voltage Adjustment Range	$T_A = 25°C, V_S = \pm 20V$	±10				±15			±15		mV
Input Offset Current	$T_A = 25°C$		3.0	30		20	200		20	200	nA
	$T_{AMIN} \le T_A \le T_{AMAX}$			70		85	500			300	nA
Average Input Offset Current Drift				0.5							nA/°C
Input Bias Current	$T_A = 25°C$		30	80		80	500		80	500	nA
	$T_{AMIN} \le T_A \le T_{AMAX}$			0.210			1.5			0.8	μA
Input Resistance	$T_A = 25°C, V_S = \pm 20V$	1.0	6.0		0.3	2.0		0.3	2.0		MΩ
	$T_{AMIN} \le T_A \le T_{AMAX}$, $V_S = \pm 20V$	0.5									MΩ
Input Voltage Range	$T_A = 25°C$							±12	±13		V
	$T_{AMIN} \le T_A \le T_{AMAX}$				±12	±13					V
Large Signal Voltage Gain	$T_A = 25°C, R_L \ge 2\ k\Omega$										
	$V_S = \pm 20V, V_O = \pm 15V$	50									V/mV
	$V_S = \pm 15V, V_O = \pm 10V$				50	200		20	200		V/mV
	$T_{AMIN} \le T_A \le T_{AMAX}$										
	$R_L \ge 2\ k\Omega$										
	$V_S = \pm 20V, V_O = \pm 15V$	32									V/mV
	$V_S = \pm 15V, V_O = \pm 10V$				25			15			V/mV
	$V_S = \pm 15V, V_O = \pm 2V$	10									V/mV

그림 5.27 오피앰프 데이터시트의 예

출처 National Semiconductor, Santa Clara, CA

Electrical Characteristics (Note 3) (Continued)

Parameter	Conditions	LM741A/LM741E			LM741			LM741C			Units
		Min	Typ	Max	Min	Typ	Max	Min	Typ	Max	
Output Voltage Swing	$V_S = \pm 20V$										
	$R_L \geq 10k\Omega$	±16									V
	$R_L \geq 2k\Omega$	±15									V
	$V_S = \pm 15V$										
	$R_L \geq 10k\Omega$				±12	±14		±12	±14		V
	$R_L \geq 2k\Omega$				±10	±13		±10	±13		V
Output Short Circuit Current	$T_A = 25°C$	10	25	35		25			25		mA
	$T_{AMIN} \leq T_A \leq T_{AMAX}$	10		40							mA
Common-Mode Rejection Ratio	$T_{AMIN} \leq T_A \leq T_{AMAX}$										
	$R_S \leq 10k\Omega$, $V_{CM} = \pm 12V$				70	90		70	90		dB
	$R_S \leq 50k\Omega$, $V_{CM} = \pm 12V$	80	95								dB
Supply Voltage Rejection Ratio	$T_{AMIN} \leq T_A \leq T_{AMAX}$										
	$V_S = \pm 20V$, to $V_S = \pm 15V$										
	$R_S \leq 50k\Omega$	86	96								dB
	$R_S \leq 10k\Omega$				77	96		77	96		dB
Transient Response	$T_A = 25°C$, Unity Gain										
Rise Time			0.25	0.8		0.3			0.3		μS
Overshoot			6.0	20		5			5		%
Bandwidth (Note 4)	$T_A = 25°C$,	0.437	1.5								MHz
Slew Rate	$T_A = 25°C$, Unity Gain	0.3	0.7			0.5			0.5		V/μS
Supply Current	$T_A = 25°C$,					1.7	2.8		1.7	2.8	mA
Power Consumption	$T_A = 25°C$,										
	$V_S = \pm 20V$		80	150							mW
	$V_S = \pm 15V$					50	85		50	85	mW
LM741A	$V_S = \pm 20V$										
	$T_A = T_{AMIN}$			165							mW
	$T_A = T_{AMAX}$			135							mW
LM741E	$V_S = \pm 20V$										
	$T_A = T_{AMIN}$			150							mW
	$T_A = T_{AMAX}$			150							mW
LM741	$V_S = \pm 15V$										
	$T_A = T_{AMIN}$					60	100				mW
	$T_A = T_{AMAX}$					45	75				mW

Note 1: For operation at elevated temperatures, these devices must be derated based on thermal resistance, and T_j max. (listed under "Absolute Maximum Ratings"). $T_j = T_A + (\theta_{jA} P_D P)$.

Thermal Resistance	Cordip (J)	DIP (N)	HO8 (H)	SO-8 (M)
θ_{jA} (Junction to Ambient)	100°C/W	100°C/W	170°C/W	195°C/W
θ_{jC} (Junction to Case)	N/A	N/A	25°C/W	N/A

Note 2: For supply voltages less than ±15V, the absolute maximum input voltage is equal to the supply voltage.

Note 3: Unless otherwise specified, these specifications apply for $V_S = \pm 15V$, $-55°C \leq V_A + 125°C$ (LM741/LM741A). For the LM741C/LM741E, these specifications are limited to $0°C \leq T_A + 70°C$

Note 4: Calculated value from: BW (MHz) = 0.35/Rise time(μs)

Note 5: For military specifications see RETS741X for LM741 and RETS741AX for LM741A.

Note 6: Human body model, 1.5 kΩ in series with 100pF.

그림 5.27 오피앰프 데이터시트의 예 (계속)

출처 National Semiconductor, Santa Clara, CA

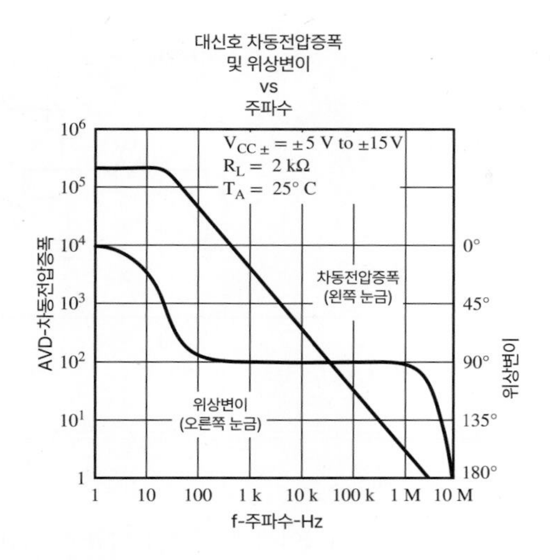

그림 5.28 TL071 FET입력 오피앰프

출처 Texas Instruments, Dallas, TX

수업토론주제 5.8 실제 적분기의 거동

적분기가 실제 오피앰프로 만들어졌다면 출력은 이상적인 적분기의 출력과 어떻게 달라지겠는가? 수업토론주제 5.5를 상기하며 이 문제를 생각해 보라.

예제 5.1 오피앰프회로에서 저항 크기 선정

이상적인 오피앰프로 실험실에서 다음 두 오피앰프회로를 만들면 두 회로는 동일한 이득을 가질 것이다. 이상적으로 각 회로는 −2의 이득을 가질 것이다. 하지만 실제에서 위쪽 회로는 좋지 않은 설계이며 제대로 작동하지 않을 수 있다. 그 이유는 오피앰프의 출력단락회로 전류 사양으로부터 찾을 수 있다. 그림 5.27로부터 LM741에 대한 이 값은 25 mA임을 알 수 있다. 이 값은 출력이 낼 수 있는 최대 전류이다. 그러나 회로를 보면 출력전류는 $V_{out}/2\ \Omega$이다. $V_{out} = -2V_{in} = -10$ V이므로 출력전류는 5 A가 된다! 5 A는 이 오피앰프가 낼 수 있는 전류보다 훨씬 큰 값이다. 이 문제를 해결하기 위해 그림의 아래 회로와 같이 더 큰 저항을 사용할 수 있다. 이 경우에 출력전류는 5 mA(10 V/2 kΩ)로서 오피앰프 사양 내에 있다.

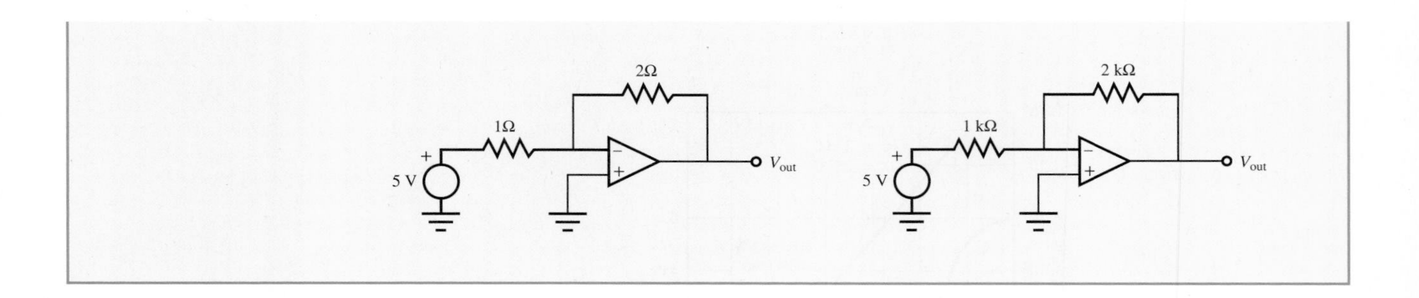

설계예제 5.1 **인공수족의 근육제어**

인공장치를 인간의 몸에 접합하는 것은 엔지니어에게 가장 흥미롭고 도전적인 문제 중 하나이다. 이 문제는 재료, 유체, 전자, 제어, 역학 등의 분야에서 많은 의학적 그리고 공학적 어려움을 안고 있다. 예로서, 인공심장, 투석기, 인공고관절, 삼투성 피부이식, 인공망막 등을 생각해 보라. 개량된 첨단제품을 개발한다면 생체공학에서 더 중요한 응용분야를 찾을 수 있을 것이다. 연산증폭기에 대한 우리의 지식을 활용할 수 있는 한 가지 중요한 문제를 고려해 보자.

착용자의 생각에 따라 제어될 수 있는 인공수족(의수, 의족 등)을 설계한다고 하자. 초기의 인공수족은 완전히 수동적이거나, 다른 근육과 접합하여 다소 기계적으로 제어되는 것이었다. 하지만 새로운 시도로서, 생각에 따라 제어되는 수족을 생각할 수 있다. 여기에 두 가지 가능성, 즉 신경제어와 근육제어가 있을 수 있다. 신경제어는 아직까지 기술적으로 완전히 해결하지 못한 신경계를 전기적으로 자극해야 하는 문제점을 안고 있다. 반면에 근육 제어는 실현이 가능하다. 근육이 자극을 받아 움직이거나 수축되면 피부 밑 근육에 있는 전해질의 작은 움직임으로부터 피부 표면에 작은 전압을 유도하는 전기장이 형성된다. 이 전압은 매우 낮다. 그렇지 않으면 우리가 서로 닿을 때 서로에게 전기적 충격을 가할 것이다. 이 전압은 수 마이크로볼트에서 수 밀리볼트 정도이고, 다른 생체신호와 섞여 있을 수 있다. 문제는 이 작은 전압신호를 감지하고 분리해 낸 다음, 인공수족에 부착되어 있는 전기모터 등을 구동할 수 있는 신호로 변환하는 것이다. 여기서 문제는 다음과 같이 요약된다: 근육으로부터 생성된 피부표면의 전위를 전기모터와 같은 구동기를 제어하는 입력신호로 사용하는 메카트로닉스 시스템을 어떻게 설계할 것인가?

어떻게 접근할 것인지 개략적으로 살펴보자. 먼저 특수한 표면전극을 가지고 피부전위를 구해야 한다. 다음에는 이 신호를 증폭하고, 또 원치 않는 노이즈 성분을 제거하고 정확한 주파수응답을 얻기 위해 필터링한다. 그런 다음 이 신호를 제어전략에 사용하기에 알맞은 형태로 변환한다. 마지막으로 큰 전류를 필요로 하는 전기모터를 구동한다. 이제 이 모든 것을 수행할 설계 능력을 가지고 있다. 피부의 전위를 감지하는 변환기를 살펴보면서 시작해 보자.

생체조직에 발생하는 전기장은 전자이동에 의해서가 아니라 전해질의 전하분리에 의해 야기된다. 따라서 피부의 전압을 측정하기 위해서는 피하전해질의 이온전류를 전자시스템의 전자전류로 변환하는 변환기가 필요하다. 은-염화은 전극이 이러한 성질을 가지고 있다. 그래서 염화은 전극을 도체 겔(gel)로 피부에 연결하면 그 위치에서의 신체 전압을 감지할 수 있다. 전압의 크기는 피하근육의 수축량에 달려 있다. 이 전압이 바로 우리가 관심 있어 하는 근육신호이다. 남아 있는 문제는 전극이 기껏해야 수 밀리볼트의 매우 작은 신호를 생성한다는 것이다. 또한 상당한 크기의 60 Hz 배경 노이즈와 다른 신호들이 근육신호를 불명확하게 한다는 것이다. 더욱이 전극은 높은 임피던스를 가지고 있다.

이것은 근육수축에 의해 생성되는 생체 전압신호를 추출하는 데 필요한 높은 입력임피던스, 높은 공통성분제거비 및 이득을 제공할 수 있는 계기증폭기가 사용될 수 있는 응용분야이다. 다음 그림은 근전(EMG, electromyogenic)검출기의 전치증폭기(preamplifier) 단계를 보여준다. 그림의 소자들은 10 MΩ의 입력임피던스, 60 dB 이상의 CMRR, 125 이상의 이득을 생성하도록 선정되어야 한다. 두 능동(차동) 전극 1과 전극 2는 근육 위에 아주 가까이 설치된다는 것을 주목하라. 세 번째 전극은 접지기준전압을 위한 것이다. 이 회로로부터 성공적으로 EMG 신호를 얻을 수 있다.

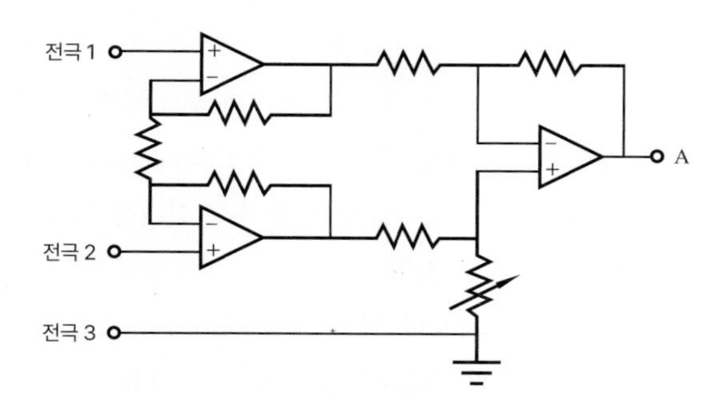

계기증폭기를 선택한 이유는 두 전극(전극 1과 전극 2)에 공통으로 존재하는 노이즈를 줄이고, 두 전극 신호의 작은 차이를 감지해 낼 수 있기 때문이다. 계기증폭기는 두 전극에 존재하는 전자기간섭에 의한 60 Hz 공통성분 노이즈와 다른 신호를 제거해 준다. 하지만 운동인공물(motion artifact)이라고 불리는 어떤 것이 전극과 생체조직 사이에 상대운동에 의해 발생할 수 있다. 상대운동은 두 번째 단계의 증폭기를 포화시키기에 충분한 전압을 생성할 수 있다. 운동인공물의 주파수는 보통 EMG 신호 대역폭의 낮은 쪽 끝에 위치한다. 그러므로 2 Hz의 고주파통과필터를 두 번째 단계의 증폭기 입력에 설치하여 이 운동인공물을 제거할 수 있다. 신호 A는 계기증폭기 회로의 출력이고, 신호 B는 오피앰프 기반 필터의 출력이다. 필터회로는 RC 필터와 비반전증폭기의 조합이다. 오피앰프 피드백루프에 있는 커패시터는 관심 밖의 고주파에서 이득을 제한하는 역할을 한다.

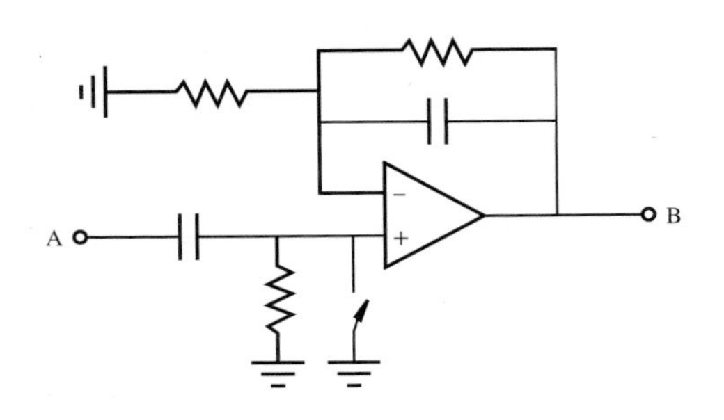

오실로스코프에서 관찰되는 EMG 신호(신호 B)는 일반적으로 다음 그림과 같다. 여기서 큰 진폭 버스트(burst)는 근육의 수축 부분에 해당한다.

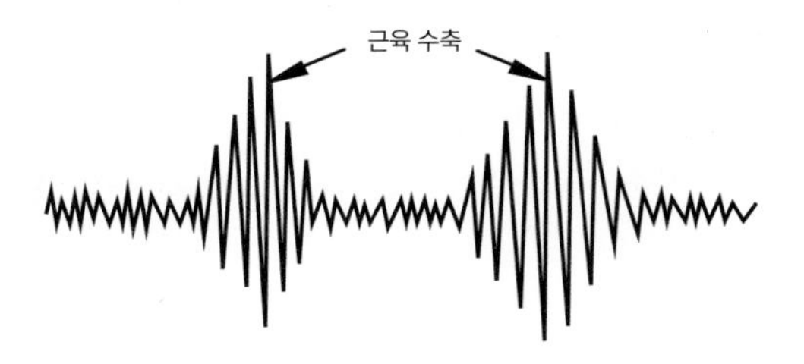

이 신호는 수 Hz에서 250 Hz 사이의 성분을 가진 고주파 신호이다. 이 신호를 제어용 신호로 만들기 위해 이 신호로부터 0 V와 최대진폭 사이의 포락선(envelope) 신호를 추출한다. 이것은 정류기와 저주파통과필터를 사용하여 달성할 수 있다. 보통의 실리콘 다이오드는 이 신호를 정류하는 데 사용할 수 없다. 왜냐하면 보통의 실리콘 다이오드는 0.7 V의 켜짐전압(turn-on voltage)이 필요한데, 이 전압이 입력신호의 전압보다 훨씬 크기 때문이다. 신호가 매우 작기 때문에 이상적인 다이오드의 거동과 더 가까운 **정밀정류기**(precision rectifier) 회로를 사용해야 한다(다음 그림 참조).

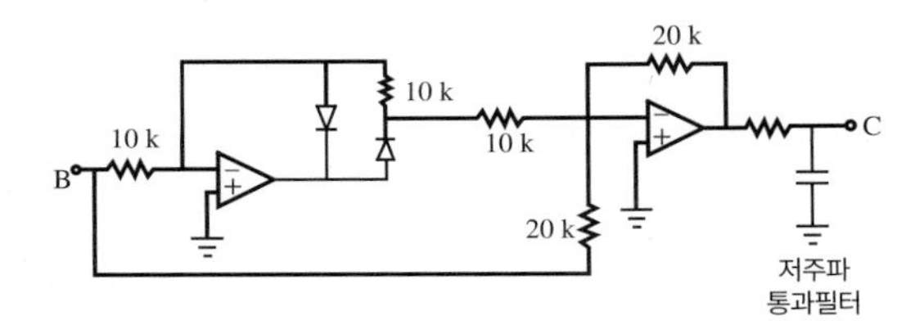

정밀정류기에 의해 정류된 EMG 신호와 저주파통과필터를 지나온 신호는 아래 그림과 같다. 저주파통과필터를 지나온 신호는 기본적으로 정류된 신호의 포락선이다. 이제 비교기에 입력할 신호가 준비되었다(아래 그림 참조). 비교기는 2진 제어신호(신호 D)를 생성하는데, 근육이 수축되면 on 신호를, 근육이 이완되면 off 신호를 만들어낸다. 설계자 또는 사용자는 원하는 감도

를 위해 전위차계를 이용하여 기준전압을 조정할 수 있다.

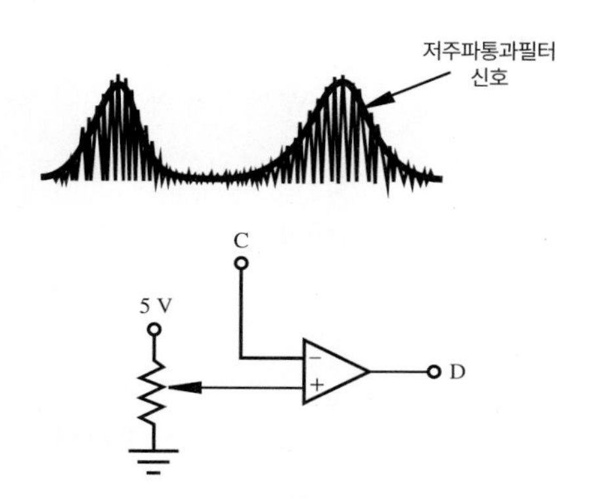

다음 그림에서 볼 수 있듯이, 비교기의 출력은 전력트랜지스터회로의 입력으로 들어가 모터의 전류를 제어하게 된다.

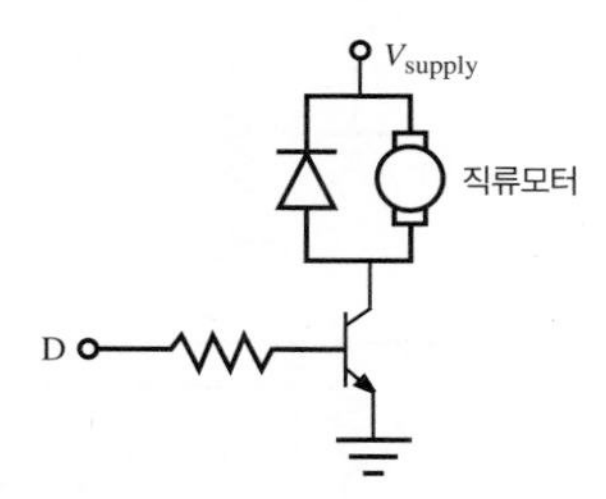

요약해 보면, 이 설계예제에서 아날로그신호를 처리하기 위해 여러 가지 오피앰프회로를 사용했다. 노이즈를 포함하는 매우 낮은 수준의 신호를 추출하는 것과, 여러 가지 아날로그 신호처리 방법과 그리고 기계적 동력을 제어하는 구동기와의 접속에 대해 예시했다. 이 예제에서는 EMG 신호를 2진 제어신호로 바꾸어, 예를 들어 인공팔꿈치를 작동하는 직류모터를 개폐제어(on-off control)하도록 하고 있다. 이와 유사한 문제에 대한 더 철저하고 자세한 해를 11.4절에서 설명하고 있는데, EMG 신호가 산업용 로봇을 제어하는 데 사용된다.

수업토론주제 5.9 양방향 EMG 제어기

설계예제 5.1에서 EMG 신호를 이용하여 모터를 개폐제어했다. 불행히도 이 제어기는 관절의 한 방향 운동만 제어할 수 있다. 양방향 운동을 제어하기 위해서는 설계를 어떻게 바꾸어야 하는지 논의해 보라.

연습문제 QUESTIONS AND EXERCISES

5.5절 반전증폭기

5.1. 1/4 W의 저항(즉, 파괴되지 않고 1/4 W까지의 에너지를 소모하는 저항)을 사용하여 반전오피앰프회로를 설계했다. 입력전압이 5 V일 때 다음과 같은 이득을 얻기 위한 입력저항과 피드백저항의 최소값은 얼마인가?

a. 1

b. 10

5.2. 다음의 오피앰프회로에서 출력전압 V_{out}을 I(전류원에서 제공)와 저항값의 함수로 표현하라. 이상적인 오피앰프 거동을 가정한다.

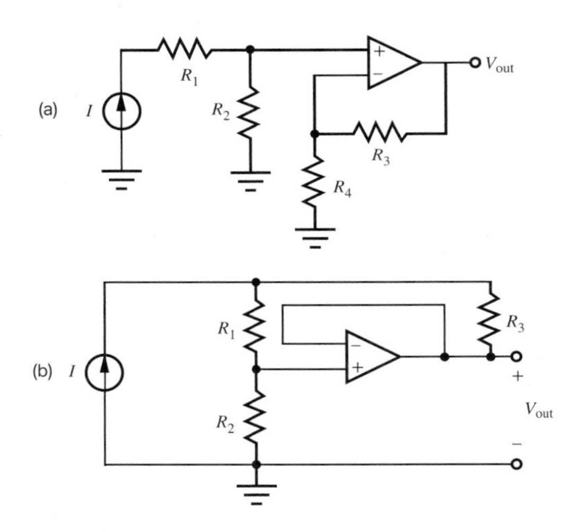

5.6절 비반전증폭기

5.3. 그림 5.10에서 저항 R_F를 단락($R_F=0$)으로 교체했을 때 이 회로의 이득은 얼마인가?

5.4. 다음 회로에서 $R_1=R_2=R_3=1\ \text{k}\Omega$, $V_1=10$ V, $V_2=5$ V일 때 V_{out}을 구하라. 이상적인 오피앰프 거동을 가정한다.

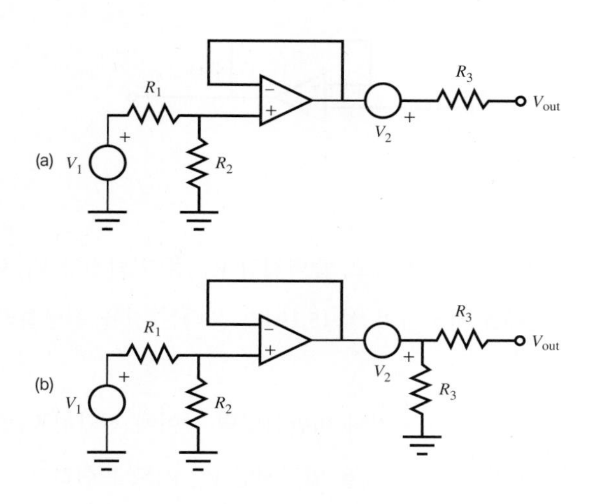

5.5. 다음 회로에서 I_4를 V_{in}, R_1, R_2, R_3, R_4로 표현하라. 이상적인 오피앰프 거동을 가정한다.

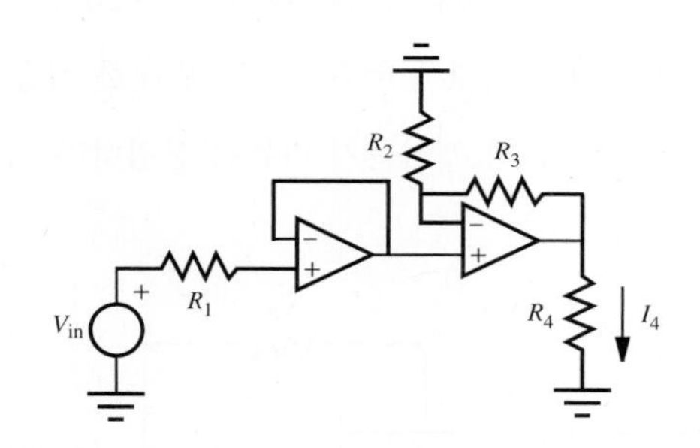

5.6. 다음 회로에서 I_{out_1}과 V_{out_2}를 V_1, V_2, R로 표현하라.

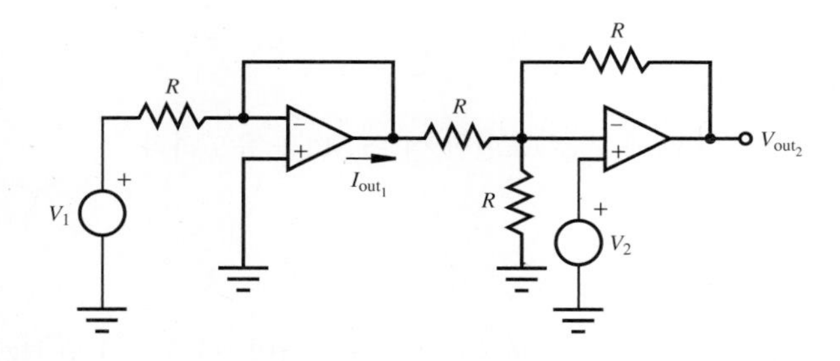

5.7. 다음 회로에서 왜 $V_{out} \neq V_{in}$인지 설명하라.

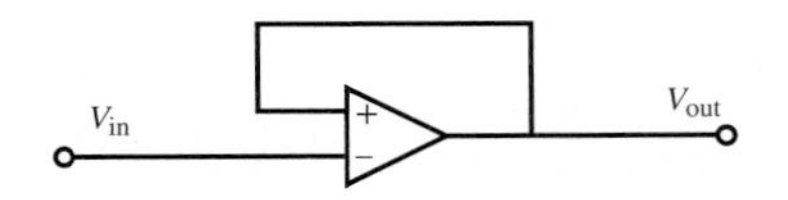

5.7절 합산기

5.8. 그림 5.14의 합산기회로를 해석하고, 출력전압 V_{out}을 입력전압 V_1, V_2와 저항 R_1, R_2, R_F로 표현하라. 이 결과를 사용하여 식 (5.19)가 옳다는 것을 증명하라. 모든 과정을 기술하고 설명하라.

5.9. 그림 5.14의 합산기회로에서 접지와 비반전입력 사이에 전압원 V_3를 삽입했다. 이 경우에 $R_1 = R_2 = R_F$일 때 출력전압 V_{out}을 입력전압 V_1, V_2로 표현하라.

5.8절 차동증폭기

5.10. 중첩의 원리를 사용하지 않고 차동증폭기에 대한 식 (5.24)를 유도하라.

5.11. 중첩의 원리를 이용하여 다음 회로에서 출력전압에 대한 식을 구하라. 그리고 왜 이 회로를 **레벨쉬프터**(level shifter)라고 하는지 이유를 설명하라.

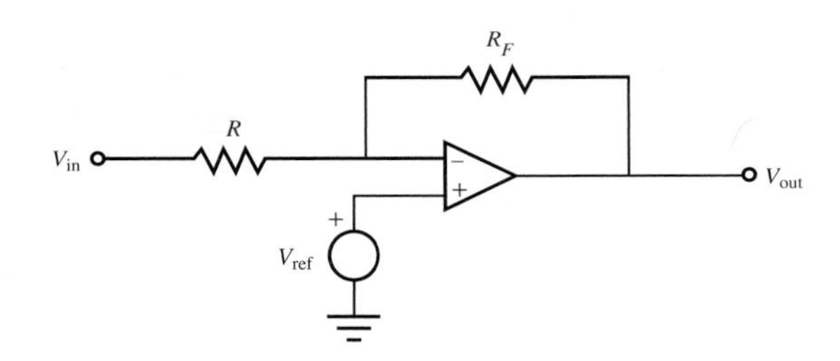

5.9절 계기증폭기

5.12. 그림 5.18에서 V_{out}을 V_3와 V_4로 표현한 식 (5.31)을 유도하라.

5.10절 적분기

5.13. 수업토론주제 5.5에서 진폭이 1 V이고 직류오프셋이 0.1 V인 100 Hz의 사인파입력이 주어질 때 출력을 구하고 그래프로 그려라. 5주기 동안의 출력을 그려라.

5.11절 미분기

5.14. 다음 오피앰프회로에서 주어진 $V_{in}(t)$에 대해 $V_{out}(t)$를 구하라.

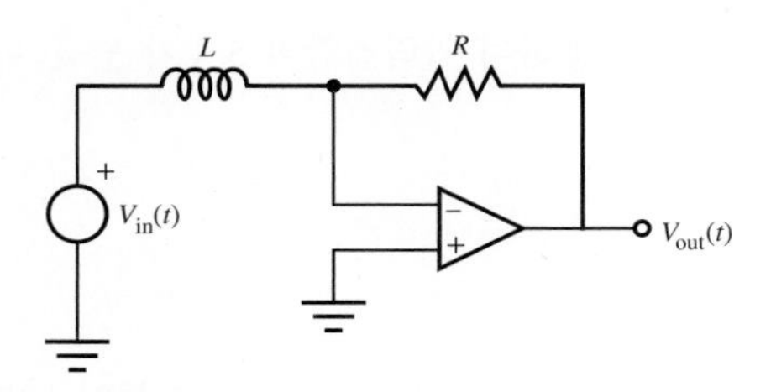

5.15. 입력전압과 출력전압을 0으로 가정하고, 또 오피앰프로 흘러 들어오는 두 입력전류가 같다고 가정하고 식 (5.36)을 유도하라.

5.16. 아래의 입력파형을 사용하여 다음 각 오피앰프회로(a~d)에 대한 출력파형을 그려 라. 이상적인 오피앰프 거동을 가정한다.

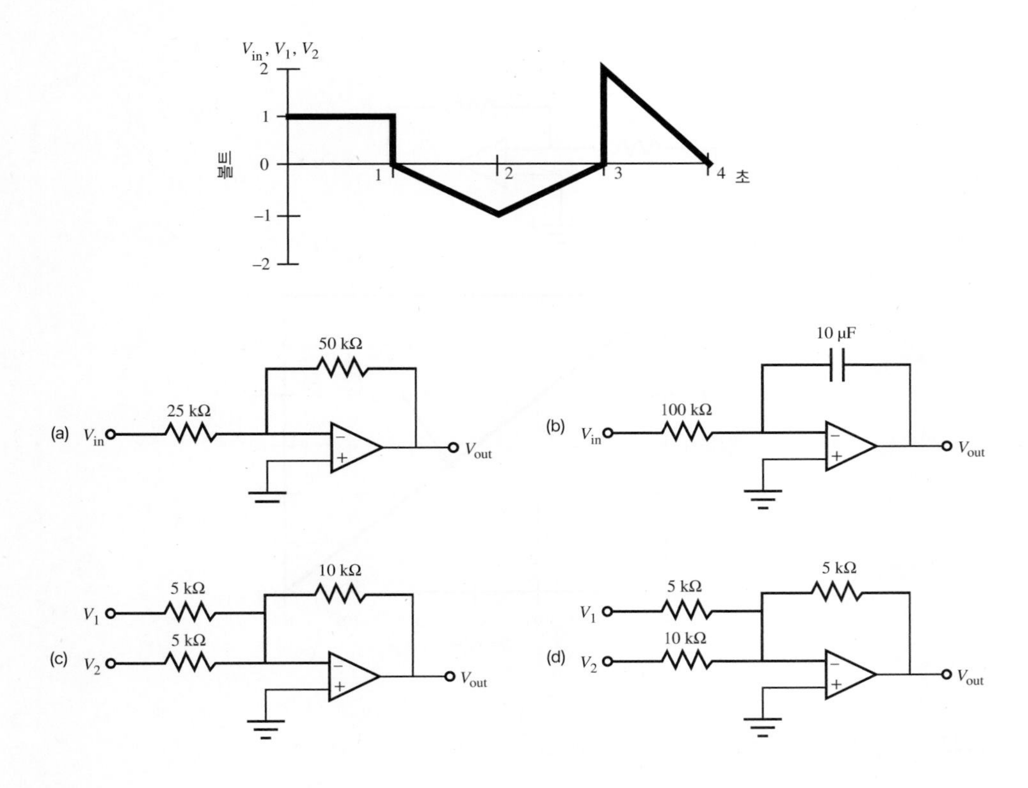

5.13절 비교기

5.17. 표준출력(개방컬렉터가 아님) 비교기를 사용하여 입력전압이 5 V가 넘을 때 LED를 켤 수 있는 회로를 설계하라.

5.18. 개방컬렉터출력 비교기를 사용하여 입력전압이 5 V가 넘을 때 LED를 켤 수 있는 회로를 설계하라.

5.14절 실제의 오피앰프

5.19. 실제 오피앰프의 단락회로 출력전류가 10 mA일 때 이득이 10이고 최대출력전압이 10 V인 반전오피앰프회로를 설계하기 위해 요구되는 피드백저항의 최소값을 계산하라.

5.20. 예제 5.1의 두 번째 회로에 대해 생각해 보자. 출력전압에서 이득 2를 최대한 얻으면서 인가할 수 있는 입력전압의 최대값(5 V 이상)은 얼마인가?

5.21. 오피앰프회로와 오피앰프 개루프이득곡선이 다음과 같이 주어져 있다. $R_F = 20\ \text{k}\Omega$이고 $R = 2\ \text{k}\Omega$일 때 이 회로의 강하주파수를 구하라.

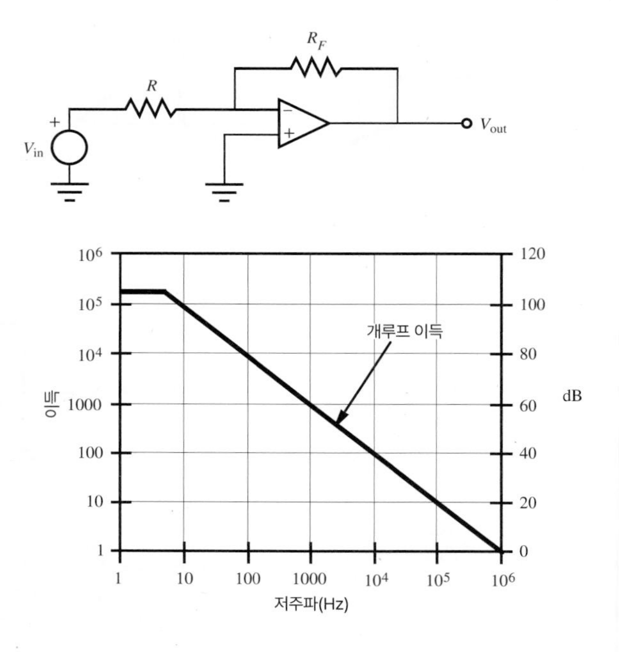

5.22. 수업토론주제 5.8에 대한 완전한 답을 구하라.

BIBLIOGRAPHY 참고문헌

Coughlin, R. and Driscoll, F., *Operational Amplifiers and Linear Integrated Circuits*, 6th Edition, Prentice Hall, Englewood Cliffs, NJ, 2001.

Horowitz, P. and Hill, W., *The Art of Electronics*, 3rd Edition, Cambridge University Press, New York, 2015.

Johnson, D., Hilburn, J., and Johnson, J., *Basic Electric Circuit Analysis*, 2nd Edition, Prentice Hall, Englewood Cliffs, NJ, 1984.

McWhorter, G. and Evans, A., *Basic Electronics*, Master Publishing, Richardson, TX, 2004.

Mims, F., *Engineer's Mini-Notebook: Op Amp IC Circuits*, Radio Shack Archer Catalog No. 276-5011, 1985.

Mims, F., *Getting Started in Electronics*, 3rd Edition, Master Publishing, Richardson, TX, 2003.

Texas Instruments, *Linear Circuits Data Book, Volume 1—Operational Amplifiers*, Dallas, TX, 1992.

6 CHAPTER

디지털 회로
Digital Circuits

이 장은 메카트로닉스 시스템에서의 논리, 디스플레이, 순차배열, 타이밍 및 그 외의 다른 기능 등에 사용되는 디지털 전자장치에 관해 소개한다. 이 장에 소개되는 기본사항은 메카트로닉스 시스템 제어에 사용되는 디지털 부품과 시스템의 기능을 이해하는 데 중요하다. ■

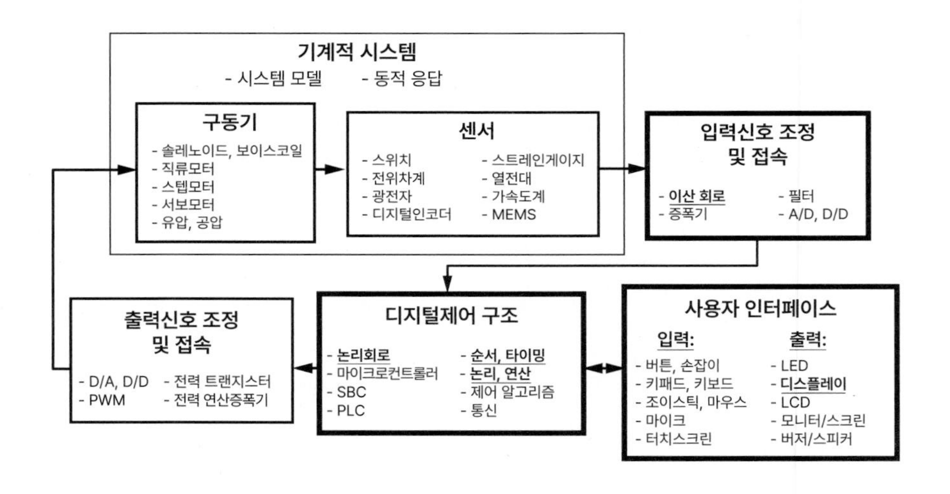

목적 · CHAPTER OBJECTIVES

이 장을 읽고, 공부하고, 논의하고, 아이디어를 적용하면 다음을 할 수 있다.

1. 디지털신호를 정의할 수 있다.
2. 2진수와 16진수가 디지털 데이터를 코딩하는 데 어떻게 쓰이는지 이해한다.
3. 다양한 논리게이트의 특성을 안다.

4. 조합논리와 순차논리의 차이를 안다.
5. 디지털회로의 타이밍선도를 그릴 수 있다.
6. 논리회로를 분석하는 데 부울 수학을 이용할 수 있다.
7. 논리회로망을 설계할 수 있다.
8. 데이터를 저장하기 위해 다양한 플립플롭을 이용할 수 있다.
9. TTL과 CMOS 논리장치의 차이를 이해할 수 있다.
10. TTL과 CMOS 장치 간의 인터페이스를 구성하는 방법을 안다.
11. 다양한 계수(counting) 응용에 카운터를 이용할 수 있다.
12. LED 디스플레이를 이용하여 수치 데이터를 표시하는 방법을 안다.

6.1 서론

연속적으로 변하는 아날로그신호와 달리 디지털신호는 특정 레벨이나 상태로 존재하며 이산화(discrete)시키는 과정에서 신호의 레벨을 변화시킨다. 그림 6.1에서 아날로그신호와 디지털신호를 나타냈다. 대부분의 디지털신호는 하이(high)와 로우(low)의 두 상태를 갖는다. 이 두 상태 시스템은 모든 디지털장치 설계에 초석이 되는 부울(Boolean) 논리와 이진법을 쓴다.

디지털장치는 디지털 입력을 하나나 그 이상의 디지털 출력으로 변환한다. 이 기기는 기능에 따라서 **조합논리**(combinational logic)와 **순차논리**(sequential logic) 장치로 분류된다. 두 분류의 차이는 신호의 타이밍에 근거한다. 순차논리장치는 입력신호의 타이밍, 또는 순차적인 신호의 입력이 출력을 결정하는 중요한 역할을 한다. 이는 입력신호의 순간적인 값에 따라 출

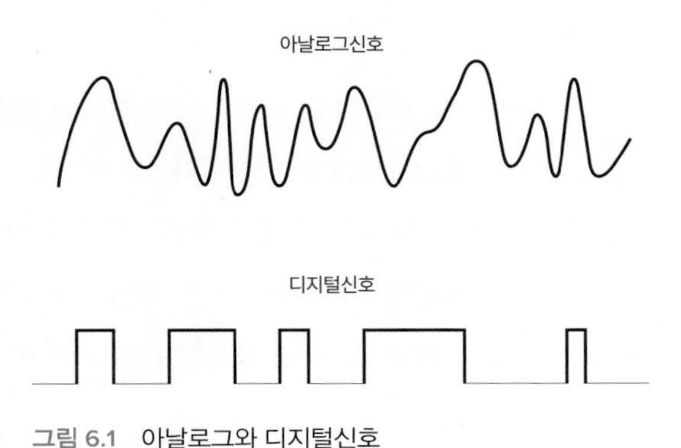

그림 6.1 아날로그와 디지털신호

력이 변하는 조합논리장치와는 다르다.

다양한 디지털장치를 소개하기 전에 우선 이진법과 디지털계산에서의 2진수의 응용에 관해 알아본다. 다음으로 논리표현과 조작을 위한 수학적 기본인 부울대수(Boolean algebra)에 관해 다룬다. 마지막으로 다양한 조합논리와 순차논리장치, 그리고 그 응용에 관해 논의한다.

6.2 디지털 표현

우리는 10을 베이스로 하는 10진법에 익숙하게 자라왔다. 수체계의 **베이스**(base)는 자릿수(digit)를 표현하기 위한 모든 각 심벌의 수를 나타낸다. 10진수에서 심벌은 0, 1, 2, 3, 4, 5, 6, 7, 8, 9로 모두 10개이다. 10진수에서 각 자릿수는 다음과 같이 10의 거듭제곱 형태로 이루어진다.

$$d_{n-1} \cdots d_3 d_2 d_1 d_0 = d_{n-1} \cdot 10^{n-1} + \cdots + d_2 \cdot 10^2 + d_1 \cdot 10^1 + d_0 \cdot 10^0 \tag{6.1}$$

여기서 n은 자릿수의 숫자이고 각 자릿수의 d_i는 10개의 심벌 중 하나이다. 가장 큰 10의 거듭제곱수는 자릿수의 숫자 n보다 1 작은 $(n-1)$임을 명심하라. 예를 들면 10진수 123은 다음과 같이 전개된다.

$$123 = 1 \times 10^2 + 2 \times 10^1 + 3 \times 10^0 \tag{6.2}$$

소수(fraction)는 10의 음의 거듭제곱에 대한 자릿수가 $(d_{-1}, d_{-2}, \cdots)$의 형태로 포함되어 표현될 수 있다.

컴퓨터와 같은 디지털장치에서 수를 표현하고 조작하기 위해서는 **이진법**(binary number system)이라고 하는 2를 베이스로 하는 수체계를 이용한다. 그 이유는 디지털장치의 작동이 ON(또는 포화 상태)과 OFF(또는 차단 상태) 두 상태를 바꾸는 트랜지스터에 기초하기 때문이다. 2진수 시스템에서는 이 두 상태를 1(ON)과 0(OFF)으로 나타낸다. 2진수에서 자릿수는 십진법처럼 베이스의 거듭제곱과 관련이 있다. 2진수는 다음과 같이 전개된다.

$$(d_{n-1}\ldots d_3d_2d_1d_0)_2 = d_{n-1}\cdot 2^{n-1} + \cdots + d_2\cdot 2^2 + d_1\cdot 2^1 + d_0\cdot 2^0 \tag{6.3}$$

여기서 각 숫자 d_i는 두 개의 심벌 0과 1 중 하나이다. ( ) 끝의 아래 첨자 2는 이 숫자가 보통 우리가 생각하는 10진수가 아니라 2진수임을 의미한다. 식 (6.3)의 한 예로서 2진수 1101은 다음과 같이 전개된다.

$$1101_2 = 1\cdot 2^3 + 1\cdot 2^2 + 0\cdot 2^1 + 1\cdot 2^0 = 8_{10} + 4_{10} + 1_{10} = 13_{10} \tag{6.4}$$

2진수의 자릿수는 또한 **비트**(bits)로 불리며 첫 번째와 마지막 번째 비트는 특별한 이름이 있다. 첫 번째 또는 가장 왼쪽 비트는 2의 가장 큰 거듭제곱을 나타내기 때문에 **최상위 비트**(MSB, most significant bit)로 알려져 있다. 마지막 번째 또는 가장 오른쪽 비트는 2의 가장 작은 거듭제곱을 나타내서 **최하위 비트**(LSB, least significant bit)로 알려져 있다. 8비트로 구성된 한 개의 그룹을 1 **바이트**(byte)라 한다.

일반적으로 어떤 베이스를 갖는 수의 값은 다음과 같이 전개되고 계산될 수 있다.

$$(d_{n-1}\ldots d_3d_2d_1d_0)_b = (d_{n-1}\cdot b^{n-1} + \cdots + d_2\cdot b^2 + d_1\cdot b^1 + d_0\cdot b^0) \tag{6.5}$$

여기서 b는 베이스이며, n은 자릿수의 숫자를 나타낸다. 종종 하나의 베이스체계에서 다른 베이스체계로 바꿀 필요가 있다. 식 (6.5)는 임의의 베이스에서 베이스를 10으로 바꾸는 과정을 제시한다. 10을 베이스로 하는 수를 다른 베이스를 갖는 수로 바꾸기 위해서는 10진수를 바꾸고자 하는 베이스로 계속 나눈 다음 각 나눗셈마다 나머지를 기록한다. 각각의 나머지를 역순으로 왼쪽에서 오른쪽으로 쓴 그 숫자가 새로운 베이스로 구성된 숫자를 나타낸다. 표 6.1은 10진수 123을 2진수로 변환하는 과정을 보여준다. 식 (6.3)을 이용하면 10진수의 값이 2진수로 변환한 결과값과 일치함을 증명할 수 있다.

2진수 연산은 10진수 연산과 비슷한 방법으로 실행한다. 예제 6.1은 그 유사성을 보여준다. 비디오 데모 6.1은 구슬을 각 비트로 사용한 2진 연산기계와 값을 저장하기 위한 나무로 된 토글(toggle) 스위치를 나타낸다. 이 데모는 어떻게 2진 연산과 비트캐리(bit-carry) 작업이 이루어지는가를 잘 보여준다.

비디오 데모

6.1 구슬과 나무 토글 스위치를 사용한 2진 연산 기계

표 6.1 10진수-2진수 변환

연속적 분할	나머지	
123/2	1	LSB
61/2	1	
30/2	0	
15/2	1	
7/2	1	
3/2	1	
1/2	1	MSB
결과	1111011	

예제 6.1 **2진수 연산**

이 예제는 10진수의 덧셈 및 곱셈과 2진수의 덧셈 및 곱셈 사이의 유사성을 보여준다. 두 개의 1비트를 더할 때(1+1), 다음의 상위 비트로 캐리(carry)가 1이고 그 합은 0임을 주의하라. 아래의 덧셈 예제에서는 1이 첫 번째 비트에서 두 번째로, 두 번째 비트에서 세 번째 비트로 이동하는 것을 보인다.

$$
\begin{array}{r}
9 \\
\underline{+\,3} \\
12
\end{array}
\qquad
\begin{array}{r}
11 \\
1001 \\
\underline{+\,0011} \\
1100
\end{array}
\qquad
\begin{array}{r}
9 \\
\underline{\times\,3} \\
27
\end{array}
\qquad
\begin{array}{r}
1001 \\
\underline{\times\,0011} \\
1001 \\
+\,1001 \\
+\,0000 \\
\underline{+\,0000} \\
11011
\end{array}
$$

2진수는 길어서 쓰거나 표시하기가 번거로우므로 종종 그 대안으로서 **16진법**(hexadecimal number system, 베이스가 16)이 쓰인다. 표 6.2는 2진수와 10진수에 상응하는 16진수 심벌을 나타낸다. 알파벳 A부터 F까지는 9보다 큰 수를 나타내기 위해 사용한다.

2진수를 16진수로 바꾸기 위해서는 최하위 비트부터 네 자릿수씩 그룹으로 나눈 후 각 그룹에 상응하는 16진수로 바꾼다. 예를 들면 다음과 같다.

표 6.2 16진수 심벌과 상응하는 값

2진수	16진수	10진수	2진화 10진수
0000	0	0	00000000
0001	1	1	00000001
0010	2	2	00000010
0011	3	3	00000011
0100	4	4	00000100
0101	5	5	00000101
0110	6	6	00000110
0111	7	7	00000111
1000	8	8	00001000
1001	9	9	00001001
1010	A	10	00010000
1011	B	11	00010001
1100	C	12	00010010
1101	D	13	00010011
1110	E	14	00010100
1111	F	15	00010101

$$123_{10} = 0111\ 1011_2 = 7B_{16} \tag{6.6}$$

다른 유효한 표현방법은 2진수를 8진수(베이스가 8)로 나타내는 것이다. 2진수를 8진수로 바꾸기 위해서는 최하위 비트부터 세 자릿수씩 그룹으로 나눈 후 각 그룹에 상응하는 8진수로 바꾼다. 예를 들면 다음과 같다.

$$123_{10} = 001\ 111\ 011_2 = 173_8 \tag{6.7}$$

수업토론주제 6.1 멍청한 수

왜 엉뚱한 공학자들은 가끔 핼러윈(OCT 31)과 크리스마스(DEC 25)를 혼동하는가?

숫자뿐만 아니라 영숫자(alphanumeric)도 디지털(이진) 형태인 **아스키코드**(ASCII codes)

를 이용하여 나타낼 수 있다. 아스키코드는 American Standard Code for Information Interchange의 줄임말이다. 아스키코드는 모든 영숫자를 표시하는 7비트 코드이다. 7비트 코드는 주로 8비트형의 바이트 단위로 저장된다. 각각의 영숫자는 고유의 코드가 있다. 몇 가지 예시 코드는 다음과 같다.

$$\begin{aligned} A&: 0100\ 0001 = 41_{16} = 65_{10} \\ B&: 0100\ 0010 = 42_{16} = 66_{10} \\ 0&: 0011\ 0000 = 30_{16} = 48_{10} \\ 1&: 0011\ 0001 = 31_{16} = 49_{10} \end{aligned}$$

6.1 아스키코드

모든 아스키코드가 인터넷 링크 6.1에 정리되어 있다.

2진화 10진수(BCD, binary coded decimal)는 숫자의 입력과 출력에 흔히 쓰이는 또 다른 디지털 표현방식이다. BCD를 이용하면 한 자리의 10진수를 표현하기 위해 4비트가 필요하다. BCD는 10진수를 2진수 형태로 표현하는 쉬운 방법이지만 4비트가 표현할 수 있는 16(2^4)개의 상태 중 10개의 상태만 쓰기 때문에 여러 자리의 숫자를 저장하거나 전송하는 데에는 비효율적이다. 10진수를 BCD로 바꾸기 위해서는 각 10진수 자릿수를 4비트 코드로 모으면 된다. 예를 들면 다음과 같다.

$$123_{10} = 0001\ 0010\ 0011_{\text{bcd}} \tag{6.8}$$

이것은 다음과 같은 2진수 표현과 다름을 주목하라.

$$123_{10} = 0111\ 1011_2 \tag{6.9}$$

표 6.2는 10진수 00~15 사이의 모든 수에 대응하는 10진수 및 16진수와 BCD와의 관계를 나타낸다.

수업토론주제 6.2 컴퓨터 마술

어떻게 디지털 컴퓨터는 그 구조와 연산이 단순한 비트(0과 1) 조작에 기초하여 복잡한 연산을 수행할 수 있는가?

6.3 조합논리와 논리계열

조합논리장치는 수학적 논리에 근거하여 2진수 입력을 2진수 출력으로 바꾸는 디지털장치이다. 조합논리장치의 기본적인 연산기능, 개략적인 연산기호, 대수식이 표 6.3에 나와 있다. 이러한 장치는 입력으로부터 하나의 출력으로 신호의 흐름을 제어하기 때문에 **논리게이트**(logic gates)라 불린다. 디지털장치의 입력이나 출력에 있는 작은 원은 신호반전을 의미한다. 즉, 0은 1이 되고 1은 0이 된다. 예를 들면 **NAND**와 **NOR** 게이트는 각각 출력이 반전된 AND와 OR 게이트이다. 그래서 출력에 원이 있다. 각 장치의 **진리표**(truth table)는 표의 오른쪽에 나타나 있다. 다음 표 6.3에서 진리표는 각 장치의 모든 입력 조합과 그것의 출력을 표시하는 간결한 방법이다. 보통 입력 조합은 입력 수에 상응하는 2진수의 오름차순으로 쓰여진다(예: 두 개의 입력

표 6.3 조합논리 연산

게이트	동작	부호	식	진리표
반전기 (INV, NOT)	반전신호 (보수)		$C = \overline{A}$	A C 0 1 1 0
AND 게이트	AND 논리		$C = A \cdot B$	A B C 0 0 0 0 1 0 1 0 0 1 1 1
NAND 게이트	반전 AND 논리		$C = \overline{A \cdot B}$	A B C 0 0 1 0 1 1 1 0 1 1 1 0
OR 게이트	OR 논리		$C = A + B$	A B C 0 0 0 0 1 1 1 0 1 1 1 1
NOR 게이트	반전 OR 논리		$C = \overline{A + B}$	A B C 0 0 1 0 1 0 1 0 0 1 1 0
XOR 게이트	배타적 OR 논리		$C = A \oplus B$ $= A \cdot \overline{B} + \overline{A} \cdot B$	A B C 0 0 0 0 1 1 1 0 1 1 1 0
버퍼	출력신호 전류증폭		$C = A$	A C 0 0 1 1

인터넷 링크

6.2 '논리적' 조합논리 온라인 시뮬레이터

에 대해 00, 01, 10, 11). **인터넷 링크 6.2**는 논리게이트를 다양한 형태의 끌어놓기(drag-and-drop)와 연결을 시도함으로써 논리조합회로가 어떻게 작용하는지를 알 수 있게 하는 온라인 디지털회로 시뮬레이터를 제공한다.

표준 AND, NAND, OR, NOR, XOR 게이트는 오직 두 개의 입력을 갖지만 그 이상의 입력도 가능하다. 다수 입력 **AND** 게이트의 경우에는 오직 모든 입력이 1일 때 출력이 1이며 그 외에는 모두 0이다. **OR** 게이트의 경우에는 오직 모든 입력이 0일 때 출력이 0이며 그 외에는 모두 1이다. **XOR** 게이트의 경우에는 모든 입력이 0이거나 모든 입력이 1일 때 출력이 0이며 그 외에는 모두 1이다. 논리함수를 나타내는 데 쓰이는 대수적 심벌은 OR 논리의 plus(+), AND 논리의 dot(·), **NOT** 논리의 반전을 나타내는 overbar($\overline{X}$)이다.

버퍼(buffer)는 디지털 상태를 변경하지 않고 출력에 가해지는 전류를 증가시키는 데 쓰인다. 이것은 하나의 출력으로부터 다수의 장치를 구동하길 원할 때 중요하다. 일반적인 디지털 게이트는 제한된 **팬아웃**(fan-out)을 갖고 있다. 이는 디지털 게이트의 출력으로 구동할 수 있는 비슷한 디지털 입력의 최대 수가 제한됨을 의미한다(6.11.3절 참조). 버퍼는 더 많은 출력전압을 제공함으로써 팬아웃 한계를 극복하도록 도와준다.

비디오 데모

5.1 집적회로

5.2 집적회로 제조공정 과정

5.3 칩 제조공정

5.4 CPU 제조 과정

표 6.3에 있는 모든 게이트는 트랜지스터, 저항, 다이오드 등이 하나의 실리콘칩으로 구성되는 **집적회로**(IC, integrated circuits)로 생산된다. **비디오 데모 5.1**은 여러 종류의 IC 패키지의 형태를 보여주고, **비디오 데모 5.2~5.4**는 IC 제조공정의 모든 기본적인 과정을 묘사하고 보여준다.

디지털 집적회로는 두 가지 계열이 있다. 하나는 트랜지스터-트랜지스터 논리(transistor-transistor logic) 또는 **TTL**로 부르며, 다른 하나는 상보형 MOS(complementary metal oxide semiconductor) 또는 **CMOS**라 부른다. 전압 레벨은 입력과 출력에서 **logic low**(0)와 **logic high**(1)로 정의된다. 논리 레벨의 범위는 장치 계열에 따라 다르다. 설계자는 다른 형태의 디지털 집적장치를 섞어서 사용할 때 주의해야 한다. 이는 다른 형태의 디지털장치에는 팬아웃이 허용되는 수와 그들을 섞어서 사용하는 방법의 영향을 받는 특정한 전류원과 소모(sink) 특징이 있기 때문이다. TTL과 CMOS 계열은 6.11절에서 자세히 설명한다.

예제 6.2 **조합논리**

논리도에서 어떻게 신호 표현과 값을 결정하는지를 보자. 다음은 논리회로의 예이다.

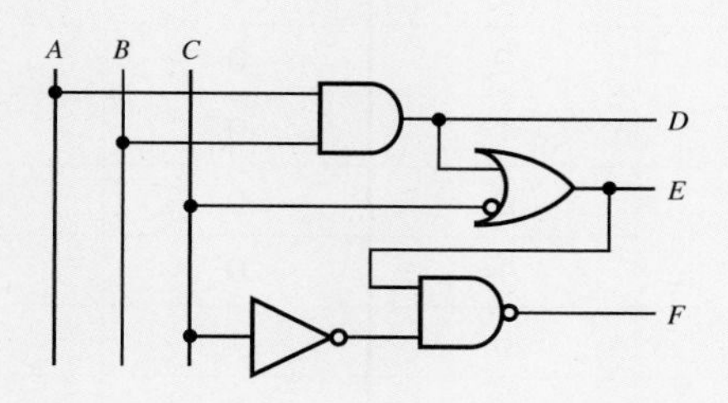

신호 A, B, C는 입력이고, D, E, F는 출력이다. 각 신호는 하이(1) 또는 로우(0)가 될 수 있다. 논리회로를 분석할 때에는 회로의 모든 신호에 대해 논리표현을 쓰는 것으로 시작한다. 신호 D는 단순히 신호 A와 B의 AND 조합이기 때문에 가장 간단하다.

$$D = A \cdot B$$

신호 E는 신호 D와 신호 C를 반전한 신호가 OR 게이트에 입력되므로,

$$E = D + \overline{C}$$

이것은 다시 다음과 같이 정리할 수 있다.

$$E = (A \cdot B) + \overline{C}$$

마지막으로 신호 F는 신호 E와 신호 C를 반전한 신호의 NAND 조합이다.

$$F = \overline{E \cdot \overline{C}}$$

NAND 게이트가 신호 E와 $\overline{C}$의 AND 조합의 출력을 반전하기 때문에 표현 $E \cdot \overline{C}$ 전체에 대해 반전 표시를 하는 것에 주목하라.

논리회로의 기능을 나타내는 다른 표현방법은 다음과 같이 진리표에 모든 가능한 입력과 출력을 요약하는 것이다. 각 출력값은 논리표현으로부터 얻을 수 있다. 예를 들면 입력조합 $A=0$, $B=0$, $C=0$에 대해 $D=0 \cdot 0=0$, $E=0+\overline{0}=0+1=1$, $F=\overline{1 \cdot \overline{0}}=\overline{1 \cdot 1}=\overline{1}=0$이다.

A	B	C	D	E	F
0	0	0	0	1	0
0	0	1	0	0	1
0	1	0	0	1	0
0	1	1	0	0	1
1	0	0	0	1	0
1	0	1	0	0	1
1	1	0	1	1	0
1	1	1	1	1	1

논리표현과 진리표에 익숙해졌을 때 손쉬운 방법으로 빠르게 진리표를 작성할 수 있다. 예를 들면 D는 A와 B의 AND 조합이므로 D는 단지 A가 1이고 B가 1일 경우에만 1이고, 그 외의 경우에 D는 0이다. 따라서 A와 B가 모두 1일 경우를 제외하고는 D열을 0으로 빠르게 채울 수 있다. 마찬가지로 E열도 OR 조합이므로 D가 1이거나 $\overline{C}$가 1(즉, $C=0$)이면 출력은 1이다. 다른 해석 방법으로는 E는 D가 0이고 동시에 $\overline{C}$가 0(즉, $C=1$)일 경우에만 0이다. F는 E가 1이고 $\overline{C}$가 1(즉, $C=0$)일 경우 0(1이 반전되므로)이다.

6.4 타이밍선도

복잡한 논리회로를 분석하기 위해 종종 타이밍선도(timing diagram)를 그리는 것이 도움이 된다. 이것은 회로에 대한 시간에 따른 입력과 출력 레벨을 동시에 보여준다. 타이밍선도는 입력값과 이에 대한 출력의 가능한 모든 조합을 나타내고 입력-출력 관계를 도식적으로 요약해 준다. 실례로서 그림 6.2와 그림 6.3에 AND와 OR 게이트의 타이밍선도가 그려져 있다. 다중입력 디지털 오실로스코프와 논리분석기(logic analyzers)는 디지털 회로의 타이밍선도를 표시하는 기능이 있다.

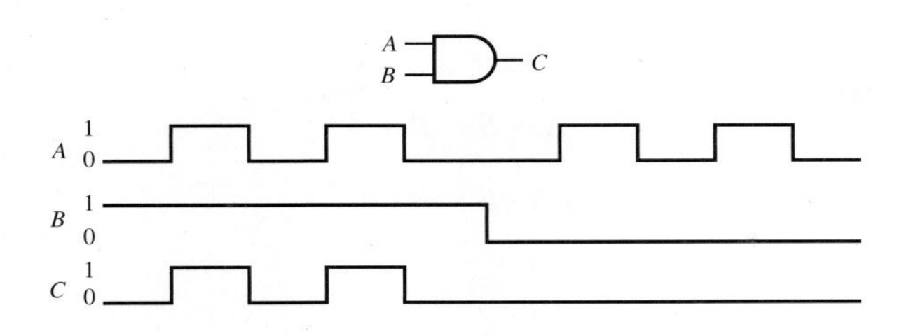

그림 6.2 AND 게이트 타이밍선도

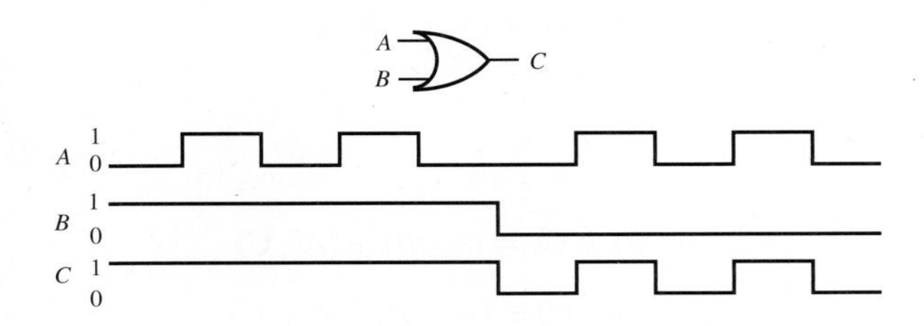

그림 6.3 OR 게이트 타이밍선도

6.5 부울대수

논리회로의 수학적 표현을 나타내는 데 있어, 이진 논리식을 표현하고 단순화하는 데 부울대수(Boolean algebra)를 아는 것은 매우 중요하다. 기본적인 부울법칙과 항등식이 아래에 나와 있다. 기호 위의 선(bar)은 신호의 반전을 의미하는 부울연산의 NOT을 의미한다.

부울대수 법칙과 항등식

기본법칙

OR	AND	NOT
$A + 0 = A$	$A \cdot 0 = 0$	
$A + 1 = 1$	$A \cdot 1 = A$	$\overline{\overline{A}} = A$ (이중 반전)
$A + A = A$	$A \cdot A = A$	
$A + \overline{A} = 1$	$A \cdot \overline{A} = 0$	

(6.10)

교환법칙

$$A + B = B + A \tag{6.11}$$

$$A \cdot B = B \cdot A \tag{6.12}$$

결합법칙

$$(A + B) + C = A + (B + C) \tag{6.13}$$

$$(A \cdot B) \cdot C = A \cdot (B \cdot C) \tag{6.14}$$

분배법칙

$$A \cdot (B + C) = (A \cdot B) + (A \cdot C) \tag{6.15}$$

$$A + (B \cdot C) = (A + B) \cdot (A + C) \tag{6.16}$$

그 외 중요한 항등식

$$A + (A \cdot B) = A \tag{6.17}$$

$$A \cdot (A + B) = A \tag{6.18}$$

$$A + \left(A \cdot B\right) = A + B \tag{6.19}$$

$$(A + B) \cdot \left(A + \overline{B}\right) = A \tag{6.20}$$

$$(A + B) \cdot (A + C) = A + (B \cdot C) \tag{6.21}$$

$$A + B + \left(A \cdot \overline{B}\right) = A + B \tag{6.22}$$

$$(A \cdot B) + (B \cdot C) + \left(\overline{B} \cdot C\right) = (A \cdot B) + C \tag{6.23}$$

$$(A \cdot B) + (A \cdot C) + \left(\overline{B} \cdot C\right) = (A \cdot B) + \left(\overline{B} \cdot C\right) \tag{6.24}$$

DeMorgan의 법칙(DeMorgan's Laws)은 긴 부울식(Boolean expression)을 다시 정리하거나 간단히 하는 데 또는 AND와 OR 게이트를 서로 바꾸어 표현하는 데 중요하다.

$$\overline{A + B + C + \cdots} = \overline{A} \cdot \overline{B} \cdot \overline{C} \cdot \cdots \tag{6.25}$$

$$\overline{A \cdot B \cdot C \cdot \cdots} = \overline{A} + \overline{B} + \overline{C} + \cdots \tag{6.26}$$

이 식들의 양변을 반전시키고 식 (6.10)의 이중 NOT 법칙을 적용하면 다음 형태의 DeMorgan

의 법칙을 쓸 수 있다.

$$A + B + C + \cdots = \overline{\overline{A} \cdot \overline{B} \cdot \overline{C} \cdot \cdots} \tag{6.27}$$

$$A \cdot B \cdot C \cdot \cdots = \overline{\overline{A} + \overline{B} + \overline{C} + \cdots} \tag{6.28}$$

진리표는 항등식을 증명하는 데 매우 요긴하다. 예를 들면 식 (6.19)의 정당함을 보이기 위해 모든 입력 조합에 대해 항등식의 각 항을 검증하는 다음과 같은 진리표를 작성할 수 있다.

A	$\overline{A}$	B	$\overline{A} \cdot B$	$A + (\overline{A} \cdot B)$	$A + B$
1	0	0	0	1	1
1	0	1	0	1	1
0	1	0	0	0	0
0	1	1	1	1	1

항등식의 양변이 모든 입력 조합에 대해 같기 때문에 항등식은 맞다고 할 수 있다.

예제 6.3 **부울식의 간소화**

부울법칙과 항등식을 이용하여 다음 식을 간단하게 하라.

$$X = (A \cdot B \cdot C) + (B \cdot C) + (\overline{A} \cdot B)$$

우선 이 식을 결합법칙과 기본법칙 $Z \cdot 1 = Z$를 이용하여 다시 정리한다.

$$X = A \cdot (B \cdot C) + 1 \cdot (B \cdot C) + (\overline{A} \cdot B)$$

이 식에서 $(B \cdot C)$항이 있는 항을 분배법칙을 이용하여 다음과 같이 정리한다.

$$X = (A + 1) \cdot (B \cdot C) + (\overline{A} \cdot B)$$

$A + 1 = 1$이고 $1 \cdot (B \cdot C) = B \cdot C$이기 때문에 다음과 같이 된다.

$$X = (B \cdot C) + (\overline{A} \cdot B)$$

또한 결합법칙과 분배법칙을 사용하여 B항을 끄집어내면 다음과 같다.

$$X = B \cdot (C + \overline{A})$$

원래의 식에서는 일곱 번이었던 연산 횟수가 마지막 식에서 세 번으로 줄었음을 알 수 있다. 이 것은 회로를 구성하는 데 필요한 게이트의 수를 줄이기 때문에 매우 중요하다.

6.6 논리회로망의 설계

실제 공학문제에 조합논리를 응용하는 예로서 간단한 가정용 보안시스템 회로를 설계하라는 임무가 주어졌다고 가정하자. 만약에 누군가 문이나 창문을 통해 집에 침입하거나, 집주인이 없을 때 집 안에서 물체가 움직이면 경고음이 울리길 바랄 것이다. 또 어떤 경우에는 사용자가 경고시스템의 일부분이 동작하지 않길 바랄 것이다. 창이나 문에 침입과 움직임을 감지하는 센서가 있다고 가정하자. 이 보안시스템의 목적을 달성하기 위해 사용자에 의해 제어될 수 있는 두 개의 스위치를 사용하는 조합논리 제어기를 설계하고자 한다.

다음의 절차는 이러한 유형의 문제를 풀기 위한 디지털회로의 설계를 용이하게 한다.

1. 문장 형태로 문제를 정의한다.
2. 부울식으로 변환할 수 있는 준논리(quasi-logic) 문장을 쓴다.
3. 부울식을 쓴다.
4. 가능하면 부울식을 간단하게 하고 최적화한다.
5. 필요한 논리게이트 IC 요소의 수를 최소화하기 위해 회로를 AND, NAND, OR, 또는 NOR 중 한 종류의 게이트로 구현하도록 노력한다.
6. 회로의 전자 구현을 위한 논리개략도를 그린다.

위의 각 단계를 다음 절의 안전자물쇠 예에 적용해 본다.

6.6.1 문장형태의 문제 정의

주어진 문제를 위해 시스템이 어떻게 동작해야 할지를 생각하여 일련의 문장으로 표현함으로써 논리 설계를 시작하자. 우리는 경보시스템이 집 안 센서들의 특정 조합에 대해 높은 경고음을 내주길 원한다. 또한 다음의 세 가지 작동상태 중 하나를 선택할 수 있게 해주길 원한다.

1. 창이나 문이 침입받았을 때만 경고음이 울리는 작동상태. 이 상태는 거주자가 잠자고 있을 때 유효한 상태이다.
2. 창이나 문이 침입받거나 집 안에 움직임이 감지될 때 경고음이 울리는 작동상태. 이 상태는 거주자가 외출 중일 때 유효한 상태이다.
3. 경고음이 울리지 않는 해제상태. 이 상태는 일상적인 가사활동 중에 유효한 상태이다.

이 시점에서 회로의 입력과 출력을 나타내는 부울변수를 정의해야 한다. 다음의 부울변수는 보안시스템 논리 설계에 사용될 것이다.

- A: 문과 창 센서의 상태
- B: 움직임 센서의 상태
- Y: 경고음을 내게 하는 데 사용되는 출력
- $C\,D$: 사용자가 다음과 같이 정의된 작동상태를 선택할 수 있는 2비트 코드

$$C\,D = \begin{cases} 0\,1 & \text{작동상태 } 1 \\ 1\,0 & \text{작동상태 } 2 \\ 0\,0 & \text{작동상태 } 3 \end{cases}$$

시스템의 입력은 A, B, C, D이며 출력은 Y이다. A, B, Y 신호에 대해 **정논리**(positive logic)를 가정한다. 즉, 1일 때 작동 또는 ON을 의미하고 0일 때 해제 또는 OFF를 의미한다고 가정한다.

6.6.2 준논리문의 작성

문장으로 되어 있는 문제를 논리문과 유사한 문장으로 바꾼다. 보안시스템의 준논리문(quasi-logic statements)은 다음과 같다.

> A가 하이이고(*and*) 코드 C D가 0 1이면 경보장치를 작동하라($Y=1$). 또는(*or*) A나(*or*) B가 하이이고(*and*) 코드가 1 0이면 경보장치를 작동하라.

부울식을 쓰는 데 도움이 되는 이탤릭체(또는 고딕체)의 준부울(quasi-Boolean) 연산자를 주목하라.

6.6.3 부울식의 작성

준논리문에 근거하여 부울식을 쓴다. 능동제어코드 0 1에 대한 논리곱 1을 얻기 위해 $\overline{C} \cdot D$로 표현한다. 역으로 능동제어코드 1 0에 대한 논리곱 1을 얻기 위해 $C \cdot \overline{D}$로 표현한다. 이것에 기초하여 완성된 보안시스템의 부울식은 다음과 같다.

$$Y = A \cdot \left(\overline{C} \cdot D\right) + (A + B) \cdot \left(C \cdot \overline{D}\right) \tag{6.29}$$

경보장치는 식 $A \cdot (\overline{C} \cdot D)$가 1이거나 식 $(A + B) \cdot (C \cdot \overline{D})$가 1이면 경보음을 울릴 것이다($Y=1$). 그 외의 경우에는 경보음을 울리지 않을 것이다($Y=0$). 첫 번째 식은 오직 A가 1이고 C가 0 그리고 D가 1일 때에만 1일 것이다. 두 번째 식은 오직 C가 1 그리고 D가 0이고 A나 B가 1일 때 1일 것이다.

이 문제에서는 C와 D항의 다른 제어코드 조합을 이용한 진리표를 참조하면 식 (6.29)를 간단하게 할 수 있다.

C	D	$(\overline{C} \cdot D)$	$(C \cdot \overline{D})$
0	0	0	0
1	0	0	1
0	1	1	0

제어코드 조합에서 $(\overline{C} \cdot D) = D$이고 $(C \cdot \overline{D}) = C$임을 주목하라. 상황 C $D=1$ 1을 허용하지 않는다면(연습문제 6.23 참조) 식 (6.29)는 다음과 같이 간단하게 될 수 있다.

$$Y = (A \cdot D) + (A + B) \cdot C \tag{6.30}$$

6.6.4 AND 구현

일단 부울식이 간단해지면 모든 연산을 적절한 형태의 게이트(즉, AND 또는 OR)로 바꾸기 위해 결과식을 더 조작한다. 그 이유는 논리게이트의 경우 논리입력 수와 IC 핀 수에 따라 하나의 집적회로 칩(논리 IC)에 4, 6 또는 8개의 그룹으로 묶을 수 있기 때문이다. 그러므로 한 형태의 게이트를 모두 이용함으로써 사용하는 총 칩의 개수를 줄일 수 있다. 한 게이트 형태로부터 다른 형태로 바꾸는 것은 De Morgan의 법칙을 연속적으로 사용함으로써 쉽게 이루어진다. 보안 시스템의 예에서 각각의 OR 게이트를 AND 게이트로 바꾸기 위해 식 (6.27)을 적용함으로써 모두 AND 게이트로 구현할 수 있다. 식 (6.30)에서 변환을 시작한다.

$$Y = (A \cdot D) + (A + B) \cdot C \tag{6.31}$$

먼저 우변항의 두 번째 OR 게이트식 A+B를 다음과 같이 바꾼다.

$$Y = (A \cdot D) + (\overline{\overline{A} \cdot \overline{B}}) \cdot C \tag{6.32}$$

이제 다른 하나의 OR 연산이 남아 있다. 다시 식 (6.30)의 OR 게이트를 AND 게이트로 바꾸고 각 식을 반전시켜 게이트를 바꾼 후 전체 식을 다시 반전시킨다.

$$Y = \overline{\overline{A \cdot D} \cdot \overline{(\overline{\overline{A} \cdot \overline{B}}) \cdot C}} \tag{6.33}$$

6.6.5 회로도의 작성

이제 AND 게이트와 인버터를 사용하여 식 (6.33)의 최종 부울식으로부터 각 식을 하나씩 연결하여 그림 6.4에 보이는 것처럼 한 번에 하나씩 연결해 나가면 비교적 쉽게 회로를 그릴 수 있다. 이때 부울식과 대응되는 논리회로에 관련식을 표시하는 것이 좋다. 이는 논리 구성에서 실수를 방지하거나 찾는 데 도움을 준다.

이 경우에는 총 네 개의 AND 게이트와 6개의 인버터가 필요하기 때문에 회로는 두 개의 IC로 구성할 수 있다. 하나는 네 개의 AND 게이트를 갖고 있는 quad AND 게이트 IC(예: 7408)이고 하나는 6개의 인버터를 갖고 있는 hex inverter IC(예: 7404)이다. 식 (6.30) 또한 단 두 개의 OR 게이트와 두 개의 AND 게이트가 필요하기 때문에 두 개의 IC로 구성할 수 있다. 이

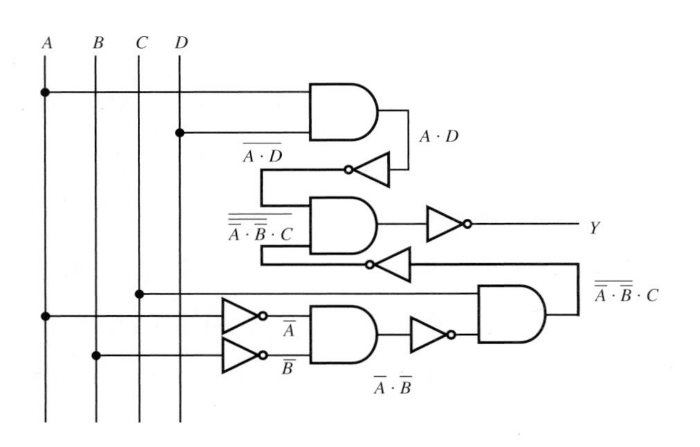

그림 6.4 보안시스템의 AND 구현 개략도

경우는 AND 게이트만으로 칩의 숫자가 줄어들지 않았으나, 좀 더 복잡한 부울식은 위의 절차를 거침으로써 IC의 수를 줄일 수 있다.

제시된 해는 원하는 논리를 제공하기 위해 집적회로를 이용했기 때문에 '하드웨어 해'라고 한다. 다른 방법으로는 마이크로컨트롤러에 프로그램을 이용하여 논리를 구현하는 방법이 있다. 이 방법은 소프트웨어 해라고 하며 7.5.2절의 예제 7.5에서 설명한다.

수업토론주제 6.3 일상의 논리

일상적으로 사용하는 장치 중에 제어 목적으로 논리를 이용하는 장치의 목록을 작성해 보자. 각각에 대해 어떤 논리가 적용되었는지 설명해 보자.

6.7 진리표로부터 부울식 구하기

논리 문제를 문장으로 표현하고 그다음 준논리문을 작성한 6.6.1절과 6.6.2절의 대안으로 가끔은 진리표로부터 완전한 입력과 출력 조합을 표현하는 것이 편리하다. 이런 경우에 진리표에 작성된 논리를 수행할 수 있는 부울식을 바로 구할 수 있는 두 가지 방법이 있다. 두 가지 방법 모두 다음에 설명되어 있고, 이것의 응용 예를 살펴보고자 한다.

첫 번째 방법은 **곱의 합 방법**(sum-of-products method)으로 알려져 있다. 이것은 입력의 조합을 가지고 곱의 합으로 출력을 표현할 수 있다는 사실에 기초한다. 예를 들어 세 개의 입력 A, B, C와 하나의 출력 X가 있다고 하면 곱의 합은 입력 항이 곱의 형태를 취하기 위해 AND로 연결되고, 이 논리곱 항은 출력 X를 부울합으로 정의하기 위해 OR로 연결된다. 다음 식은 곱의 합이 무엇인지 보여주는 예이다.

$$X = (\overline{A} \cdot B \cdot C) + (\overline{A} \cdot \overline{B} \cdot C) + (A \cdot B \cdot \overline{C}) \tag{6.34}$$

진리표의 모든 행이 곱을 이루고 결과가 1일 때 곱의 합 방법을 이용하면 완벽한 논리표를 작성할 수 있다. 결과가 1인 행의 경우 이들의 곱은 1임을 명심해야 한다. 이렇게 되기 위해서는 행에서의 값이 0인 입력은 곱에서 반전시켜야 한다. 다른 조합은 결과가 0이기 때문에 값이 1인 모든 입력 조합을 곱의 형태로 표현함으로써 진리표의 논리를 완전하게 구현한다.

두 번째 방법은 **합의 곱 방법**(product-of-sums method)으로 알려져 있다. 이것은 출력을 입력의 조합을 포함하는 합의 곱으로 표현할 수 있다는 사실에 기초한다. 예를 들어 세 개의 입력 A, B, C와 하나의 출력 X가 있다고 하면 합의 곱은 입력 항이 합의 형태를 취하기 위해 OR로 연결되고 이 논리합 항은 출력 X를 부울곱으로 정의하기 위해 AND로 연결되는 부울식이 된다. 다음 식은 합의 곱이 무엇인지 보여주는 예이다.

$$X = (\overline{A} + B + C) \cdot (\overline{A} + \overline{B} + C) \cdot (A + B + \overline{C}) \tag{6.35}$$

진리표의 모든 행이 논리합을 이루고 결과가 0일 때 합의 곱 방법을 이용하면 완벽한 논리표를 작성할 수 있다. 결과가 0인 행의 경우 이들의 합은 0임을 명심해야 한다. 이렇게 하기 위해서는 행에서의 값이 1인 입력은 합에서 반전시켜야 한다. 다른 조합은 결과가 1이 되기 때문에 값이 0인 모든 입력 조합을 합의 형태로 표현함으로써 진리표의 논리를 완전하게 구현하게 된다.

예제 6.4 **곱의 합과 합의 곱**

이진 연산을 수행함에 있어 가장 간단한 연산은 두 개의 최하위 비트(LSB)를 더하여 합비트와 캐리비트를 얻는 것이다. 두 개의 비트를 더하기 위한 네 개의 가능한 조합은 다음과 같다.

$$\begin{array}{ccccc} & & & 1 & C \\ 0 & 0 & 1 & 1 & A \\ \underline{+0} & \underline{+1} & \underline{+0} & \underline{+1} & \underline{+B} \\ 0 & 1 & 1 & 0 & S \end{array}$$

여기서 마지막 열은 논리연산에서 사용되는 용어이다. 두 개의 입력비트는 A와 B로 표현되고, 두 입력비트의 합은 S로, 캐리비트는 C로 표현된다. 표에서의 네 번째 열과 같이 $(1+1)$인 경우에만 캐리비트가 1이 된다. 그 외의 경우는 캐리비트가 0이 된다.

이 연산의 진리표는 다음과 같다.

A	*B*	*S*	*C*
0	0	0	0
0	1	1	0
1	0	1	0
1	1	0	1

곱의 합과 합의 곱을 이 결과(S와 C)에 적용하여 이 두 방법이 어떻게 다른지 보여주고자 한다.

식 (6.34) 다음의 설명 절차에 따라서 적용하면 곱의 합 방법이 출력 S에 적용되어 다음을 얻게 된다.

$$S = (\overline{A} \cdot B) + (A \cdot \overline{B})$$

여기서 곱(AND) 항은 S가 1인 둘째와 셋째 행을 나타낸다.

식 (6.35) 다음의 설명 절차에 따라서 적용하면 합의 곱 방법이 출력 S에 적용되어 다음을 얻게 된다.

$$S = (A + B) \cdot (\overline{A} + \overline{B})$$

여기서 합(OR) 항은 S가 0인 첫째와 넷째 행을 나타낸다.

곱의 합 방법이 출력 C에 적용되어 다음을 얻었다.

$$C = (A \cdot B)$$

여기서 곱(AND) 항은 C가 1인 넷째 행을 나타낸다.

합의 곱 방법이 출력 C에 적용되어 다음을 얻었다.

$$C = (A + B) \cdot (A + \overline{B}) \cdot (\overline{A} + B)$$

여기서 합(OR) 항은 C가 0인 첫째, 둘째, 셋째 행을 나타낸다.

하나의 행만이 1의 출력값을 가지므로 곱의 합은 출력 C에 적용하기 더 쉬웠다는 것에 주목하라. 그 출력 결과들을 주어진 진리표와 비교하면서 각각 시험함으로써 모든 출력표현을 평가할 수 있다(연습문제 6.31 참조).

합의 곱 방법을 출력 S에 그리고 곱의 합 방법을 출력 C에 적용하면 최소의 게이트를 갖는 회로(연습문제 6.32 참조)를 얻을 수 있다.

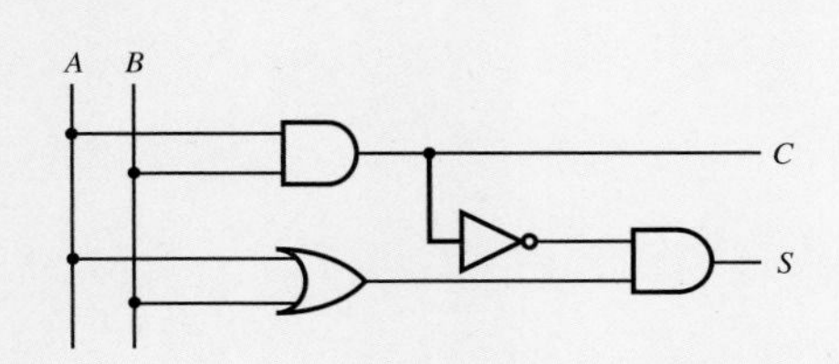

이 회로는 최하위 두 개 비트의 합에 적용되기 때문에 **반가산기**(half adder)로 알려져 있다. 상위 비트들은 추가 입력으로서 하위 비트의 캐리를 필요로 하며 이 회로는 **전가산기**(full adder)로 불린다(연습문제 6.34 참조).

수업토론주제 6.4 곱의 합과 합의 곱의 등가

오직 합의 곱 결과만을 이용하여 예제 6.4의 S와 C에 대한 논리회로를 그려보라. 그리고 곱의 합 결과를 이용하여 마찬가지로 논리회로를 그려보라. 위의 회로와 자신이 그린 회로를 비교하라. 또한 곱의 합과 합의 곱이 같음을 보여라.

곱의 합과 합의 곱 방법의 대안으로 Karnaugh 매핑이 있다. 이 방법은 진리표를 통해서 가장 간단한 부울식을 얻는다. 인터넷 링크 6.3에서 그 방법을 보여주고 예제를 제공한다.

6.3 Karnaugh 매핑

6.8 순차논리

조합논리장치는 입력 타이밍에 무관하게 입력값의 상태에 의해 출력이 결정된다. 이와는 달리 **순차논리**(sequential logic) 장치는 타이밍 또는 입력신호의 순차적 배열이 중요하다. 이 부류의 장치는 플립플롭, 카운터, 단안정 멀티바이브레이터, 래치, 마이크로프로세서와 같이 좀 더 복잡한 것들이다. 순차논리장치는 대개 독립된 트리거(trigger) 신호가 한 상태에서 다른 상태로 천이(transition)할 때 입력신호에 응답한다. 트리거 신호는 일반적으로 **클록**(clock, CK) 신호라 불린다. 클록 신호는 주기적인 사각파나 비주기적 펄스의 집합이다. 그림 6.5는 클록 펄스와 관련된 에지 용어를 그림으로 보여준다. 여기서 화살표는 상태의 천이가 일어나는 에지(edges)를 표시하기 위해 사용된다. **상승에지트리거**(positive edge-triggered) 장치는 low-to-high(0 to 1) 천이에서 작동하고 **하강에지트리거**(negative edge-triggered) 장치는 high-to-low(1 to 0) 천이에서 작동한다. 이 주제는 플립플롭을 다루는 6.9.1절에서 다시 언급한다.

6.9 플립플롭

디지털 데이터는 비트의 형태로 저장되기 때문에 컴퓨터의 임의접근메모리(RAM, random access memory) 같은 디지털 메모리장치는 두 이진상태를 저장하거나 스위칭하는 수단이 필요하다. **플립플롭**(flip-flop)은 이런 기능을 수행할 수 있는 순차논리장치다. 플립플롭은 오직 두 개의 안정한 출력상태, 1(high)과 0(low)을 갖기 때문에 **쌍안정**(bistable) 소자라고도 불린다. 이것은 외부의 입력신호가 그 상태를 바꿀 때까지 특정한 출력상태에 머무르는(즉, 비트를 저장하는) 성질을 갖고 있다. 이것이 디지털 컴퓨터에서의 모든 반도체 정보저장 및 처리장치의 기본이 된다. 사실 플립플롭은 거의 모든 디지털장치의 중요한 많은 기본 기능을 수행한다.

그림 6.6은 가장 기본적인 플립플롭인 **RS 플립플롭**(RS flip-flop)을 개략적으로 보여준다. S

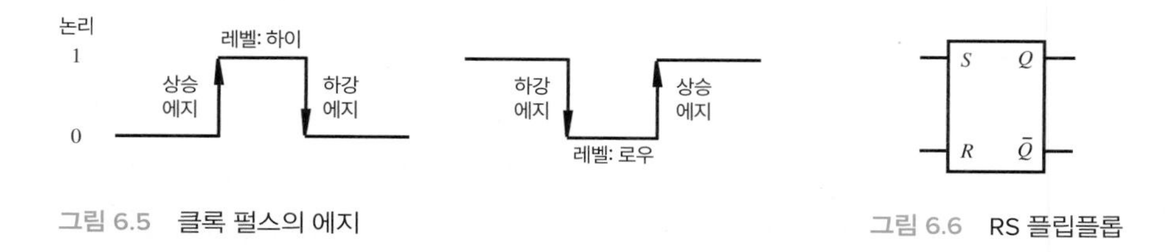

그림 6.5 클록 펄스의 에지

그림 6.6 RS 플립플롭

는 셋(set) 입력, R은 **리셋**(reset) 입력, Q와 $\overline{Q}$는 **상보출력**(complementary outputs)이다. 대부분의 플립플롭은 하나의 출력과 이것의 반전 신호인 NOT 출력을 갖는다. RS 플립플롭은 다음 규칙으로 동작한다.

1. 입력 S와 R이 모두 0으로 있는 한 플립플롭의 출력은 변하지 않는다.
2. S가 1이고 R이 0일 때 플립플롭은 $Q=1$ 그리고 $\overline{Q}=0$으로 셋된다.
3. S가 0이고 R이 1일 때 플립플롭은 $Q=0$ 그리고 $\overline{Q}=1$로 리셋된다.
4. S와 R에 동시에 1을 적용하는 것은 출력을 예측할 수 없기 때문에 '허락되지 않는다'(NA, not allowed).

진리표는 플립플롭의 기능을 나타내는 귀중한 도구이다. 기본 RS 플립플롭의 진리표가 표 6.4에 나타나 있다. 첫행은 플립플롭이 마지막의 셋 또는 리셋값을 그대로 유지하고 있는 메모리 상태를 보여준다. Q_0는 지정된 입력 조건이 주어지기 전 출력 Q의 값이다. 1은 논리 하이(high)이고 0은 논리 로우(low)이다. 마지막 행의 NA는 그 행의 입력 조건이 허락되지 않는다는 것을 의미한다. $S=1$, $R=1$인 입력 조건의 적용을 배제했기 때문에 실질적인 설계에서 RS 플립플롭은 거의 쓰지 않는다. NA 제약을 피하는 좀 더 융통성 있는 플립플롭이 다음에 소개될 것이다.

어떻게 플립플롭과 다른 순차논리회로가 작동하는지 이해하기 위해서는 그림 6.7a에 나타낸 RS 플립플롭의 내부 설계를 검토할 필요가 있다. 이것은 NAND 게이트의 출력으로부터 입력으로의 귀환을 갖는 조합논리게이트로 구성되어 있다. 그림 6.7b는 NAND 게이트를 지날 때의 매우 짧은 전파지연(propagation delay)의 영향을 받는 다양한 신호의 타이밍을 나타낸다. 신호 R의 0으로부터 1로의 천이 직후 아래쪽의 NAND 게이트의 입력은 0이고 Q는 아직도 1이다.

표 6.4 RS 플립플롭의 진리표

입력		출력	
S	R	Q	$\overline{Q}$
0	0	Q_0	$\overline{Q}_0$
1	0	1	0
0	1	0	1
1	1	NA	

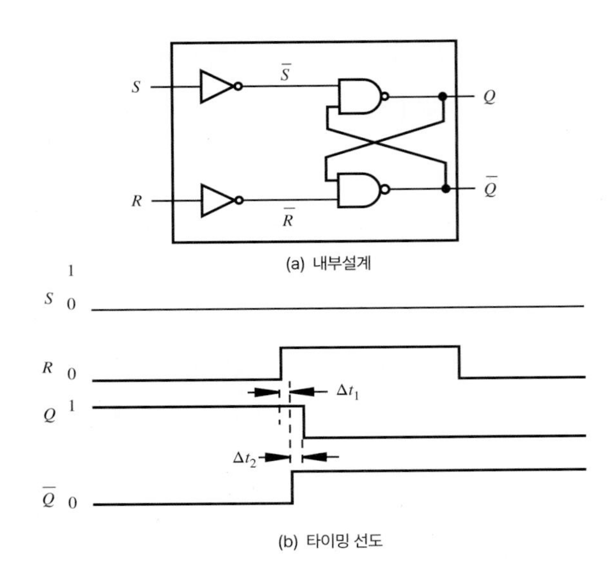

그림 6.7 RS 플립플롭의 내부 구조와 타이밍

이것은 아주 작은 전파지연 Δt_1 후 $\overline{Q}$를 1로 바꾼다. 위쪽의 NAND 게이트의 귀환은 아주 작은 지연 Δt_2 후 Q를 0으로 만든다. 이제 플립플롭은 리셋되고 R이 0에 되돌아온 후에도 이 상태로 남아 있게 된다. 셋 작동도 유사한 방법으로 작동한다. 전파 지연 Δt_1과 Δt_2는 보통 나노초(nanosecond) 또는 피코초(picosecond) 범위이다. 모든 순차논리장치의 동작은 귀환과 전파지연에 따라 변할 수 있다.

6.9.1 플립플롭의 트리거링

많은 플립플롭이 **클록**에 의해 동작한다. 즉 주어진 '클록' 신호는 장치의 출력상태 변화를 제어하거나 동기화한다. 그러므로 마이크로프로세서와 같은 복잡한 회로는 모든 시스템 변화가 공통 클록 신호에 의해 트리거되도록 설계되어 있다. 클록 펄스에 의해 상태의 변화가 제어되기 때문에 이것을 **동기화**(synchronous) 동작이라고 한다. 많은 동기형 플립플롭의 출력이 클록 펄스의 상승에지(positive edge)나 하강에지(negative edge)에 따라 변화가 이루어진다. 이런 플립플롭을 **에지트리거**(edge-triggered) 플립플롭이라고 한다. 상승에지트리거는 플립플롭의 클록 입력단에 작은 삼각형 기호로 나타낸다(그림 6.8a 참조). 하강에지트리거는 플립플롭의 클록 입력단에 작은 동그라미와 삼각형 기호로 나타낸다(그림 6.8b 참조).

에지트리거 RS 플립플롭의 작동은 다음 규칙에 따라 동작한다.

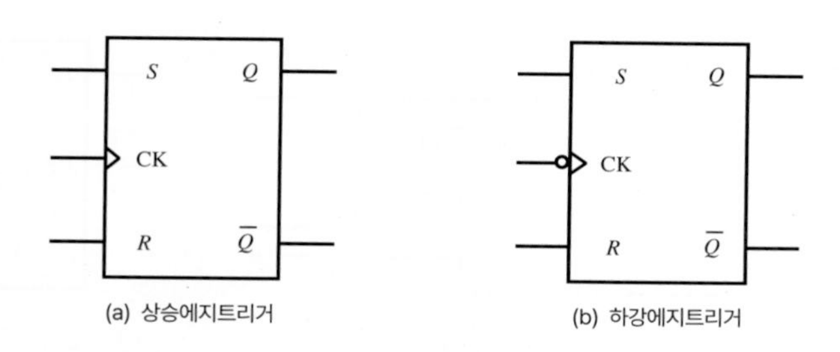

그림 6.8 에지트리거 RS 플립플롭

1. 클록 에지를 만났을 때 S와 R이 둘 다 0이면 출력상태는 변하지 않는다.
2. 클록 에지를 만났을 때 S는 1이고 R은 0이면 출력은 1로 **셋**된다. 출력이 이미 1이면 변화가 없다.
3. 클록 에지를 만났을 때 S는 0이고 R이 1이면 출력은 0으로 **리셋**된다. 출력이 이미 0이면 변화가 없다.
4. 클록 에지를 만났을 때 S와 R이 둘 다 1인 경우는 허용되지 않는다.

표 6.5는 상승에지트리거 RS 플립플롭(그림 6.8a)의 진리표이다. 클록(CK) 열에 있는 위로 향한 화살표 ↑는 0으로부터 1로 변하는 상승에지트리거를 나타낸다. 마지막에서 두번째 행에 있는 NA는 입력 상태가 허락되지 않는다는 것을 의미한다. 상승에지로의 전환이 없는 한 S와 R의 값은 표 마지막 행에 X 심벌로 나타나 있는 것과 같이 출력에 영향을 주지 않는다. 타이밍 선도의 한 예가 그림 6.9에 나와 있다. 클록 신호의 첫 번째 상승에지에서 $R=1$이고 $S=0$일 때 출력은 리셋($Q=0$)된다. 두 번째 상승에지에서 $S=1$이고 $R=0$일 때 출력은 셋($Q=1$)이 된다.

위에서 설명한 방식의 에지트리거에 따르지 않는 특별한 장치도 있다. 이러한 장치의 중요

표 6.5 상승에지트리거 RS 플립플롭의 진리표

S	R	CK	Q	$\overline{Q}$
0	0	↑	Q_0	$\overline{Q}_0$
1	0	↑	1	0
0	1	↑	0	1
1	1	↑	NA	
X	X	0, 1, ↓	Q_0	$\overline{Q}_0$

그림 6.9 상승에지트리거 RS 플립플롭의 타이밍선도

그림 6.10 래치

표 6.6 래치 진리표

D	CK	Q	$\overline{Q}$
0	1	0	1
1	1	1	0
X	0	Q_0	$\overline{Q}_0$

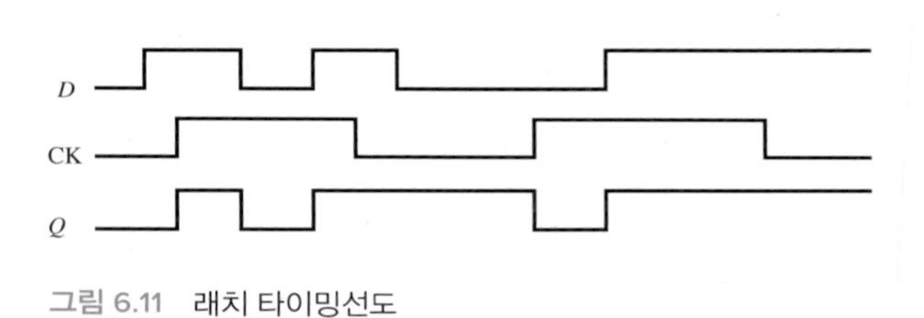

그림 6.11 래치 타이밍선도

한 한 예가 **래치**(latch)이다. 래치의 대략적인 심벌이 그림 6.10에 나와 있다. 출력 Q는 CK가 하이로 있는 한 입력 D를 따른다. 하강에지가 발생할 때(즉, CK가 로우로 될 때) 플립플롭의 출력은 하강에지에서 D가 갖고 있던 값을 저장(latch)하고 그 값이 출력으로 유지된다. 클록이 하이로 있을 때는 출력이 입력을 따르므로 이때를 래치가 **트랜스페어런트**(transparent)하다고 한다. 이 래치는 상승레벨트리거(positive-level-triggered) 장치라 한다. 래치의 진리표는 표 6.6에, 타이밍선도의 예는 그림 6.11에 나타냈다. 출력 Q가 어떻게 해서 클록 레벨이 하이(CK=1)인 동안에 입력 D의 값에 따르는지를 주목하라. 진리표 마지막 행의 X는 CK가 로우일 때 D 값은 출력에 영향을 주지 않는다는 것을 나타낸다.

6.9.2 비동기화 입력

플립플롭은 동시에 있는 다른 입력보다 우선하는 프리셋과 클리어 기능을 가진다. 이들의 영향

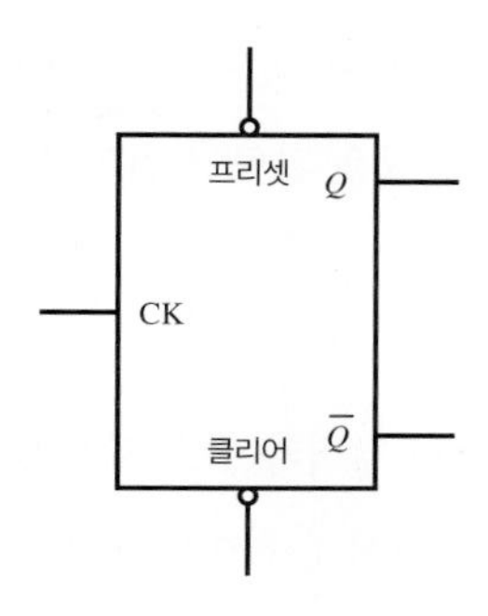

그림 6.12 프리셋과 클리어 플립플롭 기능

은 언제든 작용하기 때문에 **비동기화 입력**(asynchronous inputs)이라 부른다. 이것은 클록 신호에 트리거되지 않는다. **프리셋**(preset) 입력은 플립플롭의 출력 Q를 하이(1) 상태로 셋하거나 초기화하는 데 쓰인다. **클리어**(clear) 입력은 플립플롭의 출력 Q를 로우(0) 상태로 클리어시키거나 리셋(reset)하는 데 쓰인다. 그림 6.12에 보이는 것처럼 비동기화 입력에 있는 반전 부호를 나타내는 동그라미는 비동기 입력신호가 로우에서 활성화됨을 보여준다. 이런 입력을 **액티브로우**(active low) 입력이라 한다. 프리셋과 클리어는 동시에 선언할 수 없다. 이러한 플립플롭의 상태를 설정하기 위해서는 전원을 넣은 후 두 입력 중 하나를 사용해야 한다. 그렇지 않으면 전원을 넣을 때 플립플롭의 출력 상태는 알 수 없거나 제조사에서 정해진 값으로 나온다.

6.9.3 D 플립플롭

데이터 플립플롭으로 부르기도 하는 **D 플립플롭**(D flip-flop)은 클록 펄스의 에지에서 출력 Q에 저장되거나 나타나는 단일 입력 D를 가지고 있다. 상승에지트리거 D 플립플롭은 그림 6.13에 나타나 있다. 그리고 이것의 진리표는 표 6.7에 주어져 있다. 래치와는 다르게 D 플립플롭은 트랜스페어런트하지 않다. 출력은 적절한 클록 에지(이 경우에는 위로 향한 화살표 ↑로 표시되는 상승에지)가 트리거될 때에만 변한다.

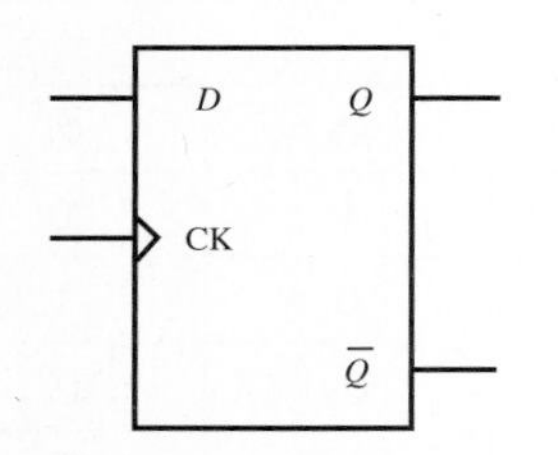

그림 6.13 상승에지트리거 D 플립플롭

표 6.7 상승에지트리거 D 플립플롭의 진리표

D	CK	Q	$\overline{Q}$
0	↑	0	1
1	↑	1	0
X	0, 1, ↓	Q_0	$\overline{Q}_0$

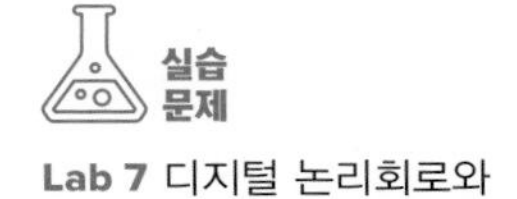

Lab 7 디지털 논리회로와 래치 기능

실습문제 Lab 7에서는 래치와 D 플립플롭의 두 기능이 어떻게 차이가 나는지 조사한다. 또한 논리게이트를 다루고 논리회로의 입력을 위한 스위치가 어떻게 연결되는지를 보인다.

6.9.4 JK 플립플롭

JK 플립플롭(JK flip-flop)은 J가 S(set) 입력과 같고 K가 R(reset) 입력과 같은 RS 플립플롭과 유사하다. 가장 큰 차이점은 J와 K가 동시에 하이(high)가 될 수 있다는 것이다. 이때 출력은 **토글**(toggle)된다. 이것은 출력이 반대의 상태로 전환되는 것을 의미한다(즉, 1은 0이, 0은 1이 된다). 하강에지트리거 JK 플립플롭의 개략도와 진리표가 그림 6.14와 표 6.8에 각각 나타나 있다. 진리표의 첫 두 행은 플립플롭의 출력을 초기화할 때 쓰이는 프리셋과 클리어를 설명하고 있다. 이러한 초기화 특성은 두 입력이 로우(low)에서만 활성화되고 그 외의 경우에는 작동하지 않음을 명심하라. 세 번째 행은 프리셋팅과 클리어링을 동시에 할 수 없음을 보여준다. 아래

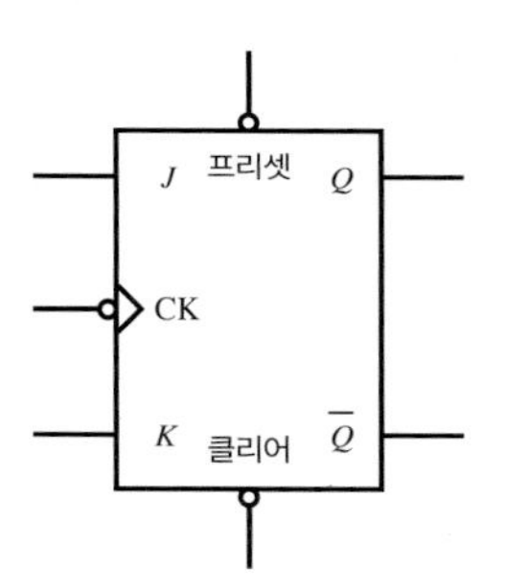

그림 6.14 하강에지트리거 JK 플립플롭

표 6.8 하강에지트리거 JK 플립플롭의 진리표

$\overline{\text{Preset}}$	$\overline{\text{Clear}}$	CK	J	K	Q	$\overline{Q}$
0	1	X	X	X	1	0
1	0	X	X	X	0	1
0	0	NA				
1	1	↓	0	0	Q_0	$\overline{Q}_0$
1	1	↓	1	0	1	0
1	1	↓	0	1	0	1
1	1	↓	1	1	$\overline{Q}_0$	Q_0
1	1	0, 1, ↑	X	X	Q_0	$\overline{Q}_0$

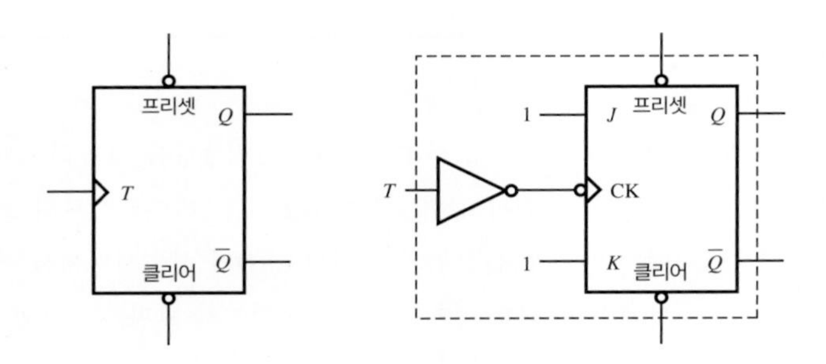

그림 6.15 상승에지트리거 T 플립플롭

표 6.9 상승에지트리거 T 플립플롭의 진리표

T	$\overline{\text{Preset}}$	$\overline{\text{Clear}}$	Q	$\overline{Q}$
↑	1	1	$\overline{Q}_0$	Q_0
0	1	1	Q_0	$\overline{Q}_0$
1	1	1	Q_0	$\overline{Q}_0$
↓	X	X	Q_0	$\overline{Q}_0$
X	0	1	1	0
X	1	0	0	1

로 향한 화살표 ↓는 클록 신호의 하강에지를 나타낸다. 이때 출력이 변한다. 마지막 행은 하강에지가 없을 때의 플립플롭의 메모리 기능을 보여준다.

JK 플립플롭은 다양한 응용분야가 있다. 모든 플립플롭은 적당한 외부 결선에 의해 JK 플립플롭을 연결시킴으로써 쉽게 구성할 수 있다. **T 플립플롭**[T(toggle) flip-flop]은 아주 좋은 예이다. 상승에지트리거 T 플립플롭에 대한 심벌과 동일한 기능을 하는 JK 플립플롭 회로가 그림 6.15에 있다. T 플립플롭은 트리거될 때마다 단순히 출력을 토글시킨다(즉, 1을 0으로, 0을 1로 변화시킨다). 프리셋과 클리어 기능은 T 입력 하나만으로는 출력값을 초기화할 수 없기 때문에 출력을 직접 제어하기 위해 필요하다. 진리표가 표 6.9에 나와 있다.

예제 6.5 **플립플롭 회로 타이밍선도**

다음의 타이밍선도에 보인 것과 같이 입력으로서 RS, T, JK 플립플롭을 포함하는 순차논리회로가 주어질 때 디지털 출력 D, E, F는 그림과 같다. 신호 D, E, F는 타이밍선도의 초기에 로우였다고 가정하자. C의 상승에지에서 어떻게 신호 D가 갱신되고, D의 상승에지에서 어떻게 신호 E가 갱신되며, C의 하강에지에서 어떻게 신호 F가 갱신되는지 검토해 보자.

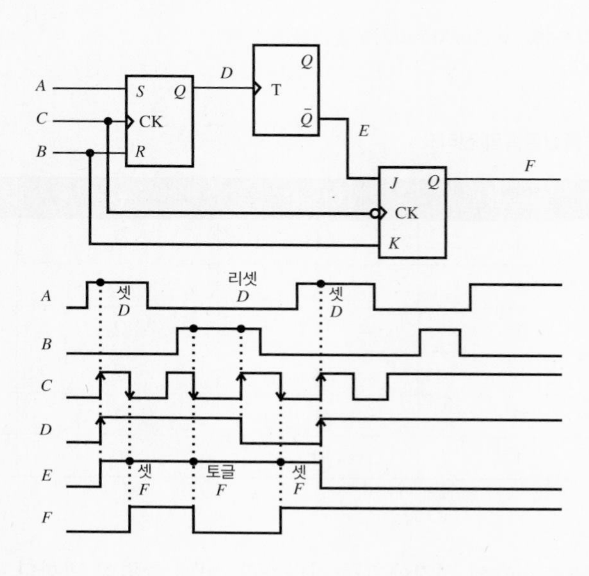

수업토론주제 6.5 **JK 플립플롭 타이밍선도**

하강에지트리거 JK 플립플롭의 모든 기능을 나타내는 타이밍선도를 구성하라.

수업토론주제 6.6 **컴퓨터 메모리**

플립플롭에 대해 알고 있는 지식을 이용해서 어떻게 컴퓨터의 램(RAM)이 작동하는지 토론해 보자. 처음 컴퓨터를 켤 때 램에 일어나는 작동상태가 무엇이라고 생각하는가?

6.10 플립플롭의 활용

지금까지 많은 종류의 플립플롭이 있음을 알아보았다. 다음 절에서는 기능 단위로서의 플립플롭의 많은 활용 예에 대해 알아보겠다.

6.10.1 스위치 디바운싱

기계적 스위치가 열리거나 닫힐 때 기계적 바운싱(bouncing)이나 전기적 아크에 의해 짧은 전류의 진동현상이 있다. 이 현상을 **스위치바운스**(switch bounce)라 부른다. 그림 6.16에 보이는 것과 같이 스위치를 한 번 닫을 때 수밀리초 동안에 여러 번의 전압천이를 일으킨다. 비디오 데모 6.2는 스위치바운스가 오실로스코프상에서 어떻게 시각화되는지를 보여준다. 비디오 데모 6.2에서의 스위치의 경우에 스위치를 '연결(make)'하는 동안에 일어나는 바운스(기계적인 바운스와 전기적인 바운스가 모두 일어남)가 스위치를 '끊는(break)' 동안에 일어나는 바운스(전기적인 바운스만 일어남)보다 많다. 비디오 데모 6.3은 고전압 스위치가 열리거나 닫힐 때 일어나는 아크현상의 극적인 예를 나타낸다. 이 경우에 전원공급선이 큰 격리 스위치에 의해 차단되고, 이 과정에서 매우 큰 아크가 형성된다.

6.2 스위치바운스
6.3 고전압 격리 스위치

그림 6.17과 같은 순차논리회로는 스위치바운스에 의해 발생하는 다중전압천이가 없는 출력을 제공할 수 있다. 스위치가 접점 B와의 접촉을 끊을 때 신호의 바운스가 B선에서 발생한다. 스위치가 접점 B에서 A로 움직일 때 짧은 시간 지연이 있다. 그리고 스위치가 접점 A와 접촉할 때 신호의 바운스가 A선에서 발생한다. 그러나 스위치 디바운서(debouncer) 회로의 피드백과 논리를 이용하게 되면 Q의 출력은 로우(0 V)에서 하이(5 V)로의 단일천이만 가지게 된다(즉, 바운스가 없는 출력이 된다). 이 회로는 단일 플립플롭과 매우 유사하게 동작한다(수업토론주제 6.7 참조).

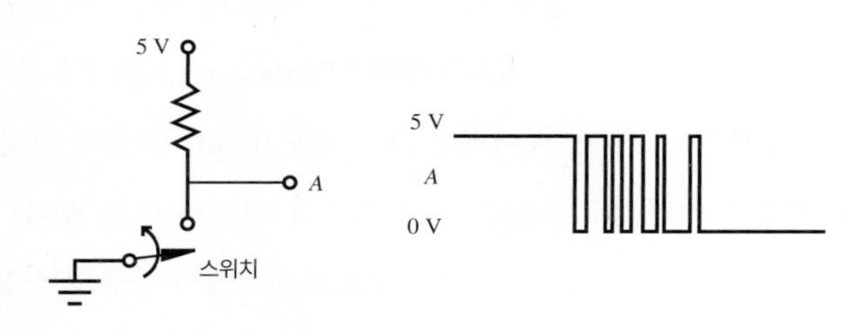

그림 6.16 스위치바운스

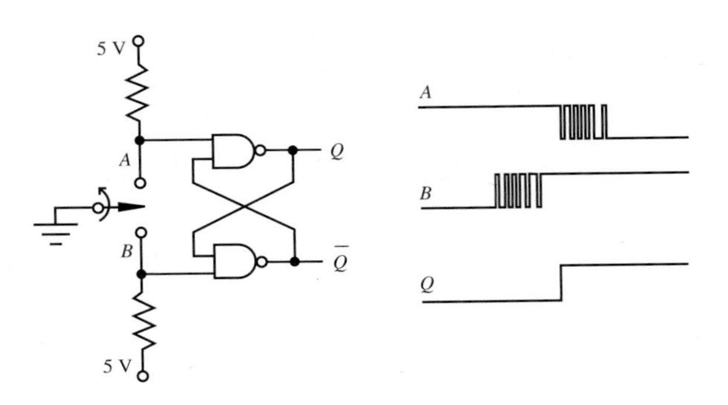

그림 6.17 스위치 디바운스 회로

수업토론주제 6.7 스위치 디바운서 동작

스위치가 접점 B로부터 접점 A로 움직일 때 그림 6.17에 있는 두 개의 NAND 게이트의 입력과 출력을 살펴보고 타이밍선도를 그려라. 또한 RS 플립플롭을 이용하여 디바운서에 관한 등가회로를 구성하라.
힌트: 그림 6.7에 보인 게이트 스위치 지연을 고려하라.

그림 6.17에서 보여진 스위치는 SPDT(single-pole, double-throw) 스위치로 명명된다(9.2.1절 참조). SPDT 스위치는 세 개의 리드를 가진다. 6.12.2절에서는 단 두 개의 리드만 가진 SPST(single-pole, single-throw) 스위치를 디바운스하기 위한 회로를 소개한다. 또한 수업토론주제 7.9는 마이크로컨트롤러 소프트웨어가 어떻게 직접 스위치 입력을 디바운스할 수 있는지를 검토한다. 이러한 검토는 설계가 마이크로컨트롤러를 이용해 이루어진다면 매우 효과적인 방안이 된다.

6.10.2 데이터 레지스터

그림 6.18은 하강에지트리거 D 플립플롭을 이용하여 네 개의 데이터 선으로부터 네 개의 AND 게이트 출력으로 데이터를 보내는 4비트 **데이터 레지스터**(data register)를 보여준다. 이것은 두 단계를 거쳐서 동작을 수행한다. 첫째, 데이터값 D_i는 로드(load) 신호의 하강에지에서 플립플롭의 출력 Q로 옮겨진다. 그러면 읽기(read) 선의 펄스가 데이터 D_i를 AND 게이트의 레지스터 출력 R_i에 제공한다. 데이터 레지스터는 마이크로프로세서에서 산술 계산을 하기 위해 데이터를 일시적으로 갖고 있을 때 쓰인다. 데이터 레지스터는 더 많은 비트를 저장하기 위해 직렬로 연결할 수 있다.

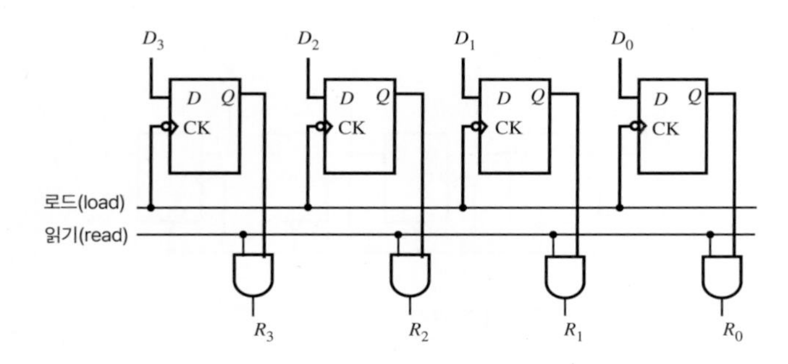

그림 6.18 4비트 데이터 레지스터

6.10.3 이진 카운터와 주파수 분배기

그림 6.19는 네 개의 하강에지트리거 토글 플립플롭을 순차적으로 연결한 4비트 **이진 카운터**(binary counter)를 보여준다. 타이밍선도가 처음 10개의 입력 펄스에 대해 주어진다. 네 개의 출력비트 B_i는 2진수 카운팅 시퀀스에 따라 변한다. 즉, 0($B_3B_2B_1B_0=0000$)으로부터 1($B_3B_2B_1B_0=0001$), ⋯, 15($B_3B_2B_1B_0=1111$)까지 카운트한 다음 다시 0으로 돌아간다. 이 회로는 **주파수 분배기**(frequency divider)로도 쓰일 수 있다. 출력 주파수는 입력 펄스 열 주파수의 1/2이기 때문에 출력 B_0는 절반의 카운터 출력이 된다. B_1, B_2, B_3는 각각 1/4, 1/8, 1/16의 출력이 된다.

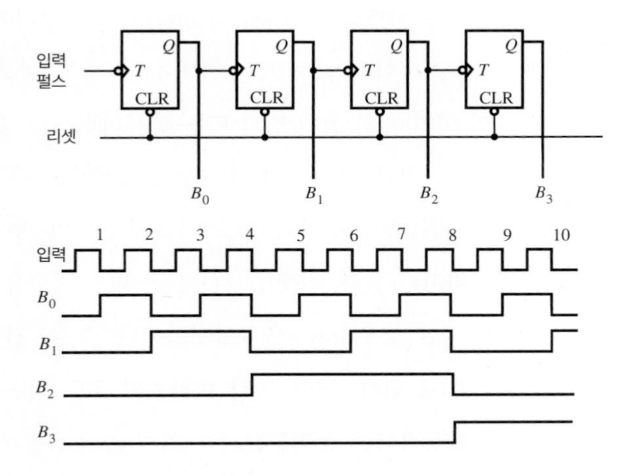

그림 6.19 4비트 이진 카운터

6.10.4 직렬과 병렬 인터페이스

그림 6.20과 6.21은 직렬과 병렬데이터 간의 변환을 가능케 하는 플립플롭 회로를 보여준다. **직**

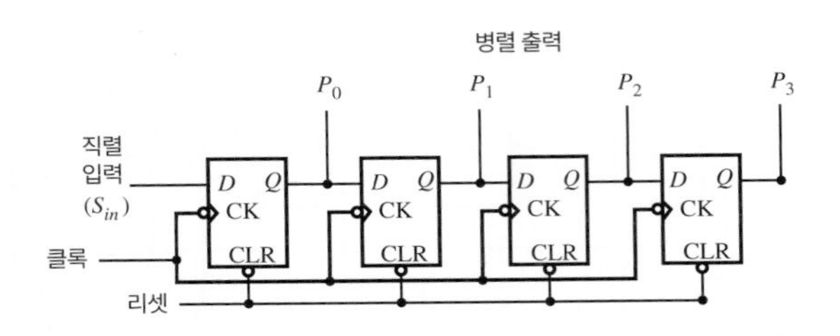

그림 6.20 직렬-병렬 변환기

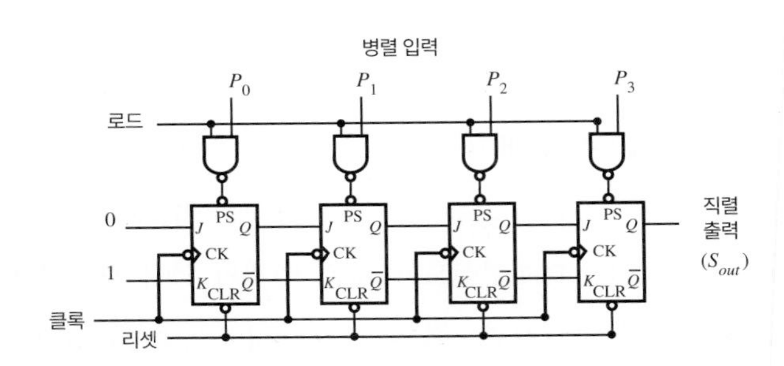

그림 6.21 병렬-직렬 변환기

렬 데이터(serial data)는 하나의 데이터 선에서 발생하는 비트 시퀀스(sequence of bits) 또는 펄스 열(train of pulses)로 이루어진다. **병렬 데이터**(parallel data)는 하나의 세트로 되어 있는 데이터 선에 동시에 병렬로 발생하는 비트의 집합(set of bits)으로 구성되어 있다. 이러한 회로는 여러 개의 비트로 저장된 2진수 데이터가 직렬(한 번에 1비트가 한 개의 선을 통함) 또는 병렬(한 번에 모든 비트의 그룹이 여러 개의 선의 집합 또는 컴퓨터버스를 통함)로 보내지거나 받는 직렬 인터페이스에서 유용하다. 직렬-병렬 변환기는 D 플립플롭의 하강에지트리거를 이용하고 병렬-직렬 변환기는 JK 플립플롭의 하강에지트리거를 이용한다. 두 회로에서 직렬 입력 또는 출력은 **클록** 신호에 동기화되어 있다. **리셋**(reset) 선은 비트 집합을 로드하기 전에 플립플롭을 지우는 데 쓰인다. **리셋** 선은 로우(low)에서 활성화된다. 즉, 이 선이 로우일 때 플립플롭이 지워지고 출력 Q가 로우(0)로 된다. 병렬-직렬 변환기의 **로드** 선은 데이터를 NAND 게이트를 통해 전달하고 로우에 활성화되는 플립플롭의 프리셋(preset)을 이용하여 플립플롭의 데이터 선에 있는 값을 저장한다. **로드**(load) 선이 하이가 되고 병렬비트(P_i)가 하이(1)가 되면 각각의 플립플롭은 프리셋되어 하이(1) 출력 Q를 초래한다. 그림은 4비트 변환기를 보여주는데, 플립플롭을 직렬로 연결하면 더 큰 수의 비트를 다룰 수 있다.

수업토론주제 6.8 직렬과 병렬 데이터 간의 변환

그림 6.20과 그림 6.21을 참조하여 직렬과 병렬 데이터 간 변환 회로의 기능을 자세히 설명하라. 또한 직렬 전송의 **보레이터**(baud rate)는 변환기의 클록 속도와 어떤 관계가 있는가?

수업토론주제 6.9 논리장치의 일상적인 사용

일상에서 사용하는 조합 및 순차논리장치에 관해 토론해 보자. 각각에 대해 논리장치의 용도와 그것이 어떤 형태인지(조합 또는 순차) 분류해 보자.

6.11 TTL과 CMOS 집적회로

지금까지 디지털신호, 부울대수, 디지털 논리 표현식, 논리장치에 관해 논했고 이제 다양한 디지털 기능을 구현할 수 있는 상용 집적회로의 특성에 관해 논의하려고 한다. *TTL*과 *CMOS*로 불리는 두 계열의 논리장치가 있다. *TTL*은 **트랜지스터-트랜지스터 논리**(transistor-transistor logic) 장치를 나타내고 **CMOS**(complementary metal-oxide semiconductor)는 상보형 MOS 장치를 나타낸다. 일반적으로 조합 또는 순차 논리회로는 각 계열 또는 두 계열을 혼합해서 회로를 구성할 수 있다. 그러나 두 계열의 집적회로를 혼합해서 바르게 사용하기 위해서는 두 계열의 전자적 특성 차이를 이해해야만 한다.

3장에서 TTL 논리를 구성하는 양극접합트랜지스터와 CMOS 논리를 구성하는 MOSFET에 관해 설명했다. 디지털장치의 두 계열의 상태는 특정한 허용범위 안에서 발생하는 전압 레벨에 의해 정의된다. 이 두 계열에 대한 상태와 전압은 그림 6.22에 나타냈다. CMOS 장치는 TTL과는 다르게 3 V에서 18 V 사이의 전원을 공급받을 수 있지만, 비교를 위해 두 계열 모두 직류 전원 5 V에 의해 작동된다고 가정한다. TTL 디지털 입력에서 **논리 0**(logic zero) 또는 **로우**(*L*, low)는 0.8 V보다 작은 값으로 정의되고, **논리 1**(logic one) 또는 **하이**(*H*, high)는 2.0 V보다 큰 값으로 정의된다. TTL 장치의 디지털 출력은 보통 로우가 0에서 0.5 V 사이이고 하이가 2.7 V에서 5 V 사이이다. 논리 0과 논리 1 상태 사이의 입력전압 0.8 V에서 2.0 V는 입력상태가 정의되지 않는 사각지대(dead zone)이다. CMOS 디지털 입력에서 논리 0(logic zero) 또는 로우

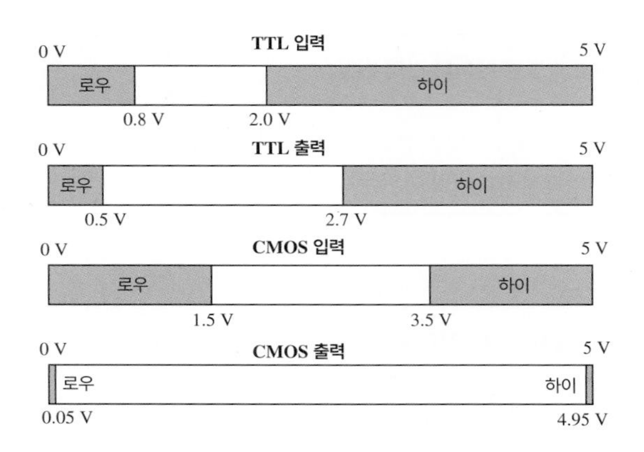

그림 6.22 TTL과 CMOS의 입력 및 출력 레벨

(L)는 1.5 V보다 작은 값으로 정의되고 논리 1(logic one) 또는 하이(H)는 3.5 V보다 큰 값으로 정의된다. CMOS 장치의 디지털 출력은 보통 로우가 0에서 0.05 V 사이이고 하이가 4.95 V에서 5 V 사이이다. 입력전압 1.5 V에서 3.5 V는 입력상태가 정의되지 않는 사각지대이다.

디지털장치를 연결할 때 전압 레벨을 이해해야 하는 것은 물론 장치의 입력, 출력 전류특성을 아는 것도 중요하다. 중요한 특성은 출력이 하이일 때 장치가 **발생**(source, produce)할 수 있는 전류의 양과 출력이 로우일 때 장치가 **소모**(sink, draw)할 수 있는 전류의 양이다. 디지털 장치 제조업자의 데이터시트(data sheets)에서 이러한 특성의 전류 발생여력은 I_{OH}로 표시되거나 "high level output current"로 표시되어 있으며, 전류 소모능력은 I_{OL}로 표시되거나 "low level output current"로 표시되어 있다. TTL과 CMOS 장치의 데이터시트 예가 이 절의 마지막 부분에 나온다.

이제 TTL과 CMOS 장치의 등가출력회로에 대하여 알아보자. 그림 6.23을 참조하면 TTL 논리는 두 개의 출력트랜지스터 중 하나에 순방향바이어스를 해줌으로써 상태를 바꾼다. 이 출력회로는 두 개의 양극접합 트랜지스터가 전원과 접지 사이에 쌓여 있어서 **토템폴**(totem pole) 구조라고 한다. 위쪽의 트랜지스터가 순방향으로 바이어스되고 아래쪽의 트랜지스터가 꺼지면 출력은 하이이다. 저항, 트랜지스터, 다이오드가 실제 출력전압을 3.4~4 V 정도로 떨어지게 한다. 아래의 트랜지스터가 순방향으로 바이어스되고 위의 트랜지스터가 꺼지면 출력은 로우이다. TTL 장치는 출력이 하이이면 전류를 발생하고 출력이 로우이면 전류를 소모한다. 소모하거나 발생하는 전류의 양은 TTL 계열에 따라 다르다. TTL 장치의 출력이 다른 TTL 장치의 입력에 연결되면 출력이 하이나 로우에 상관없이 계속 전력을 소모한다.

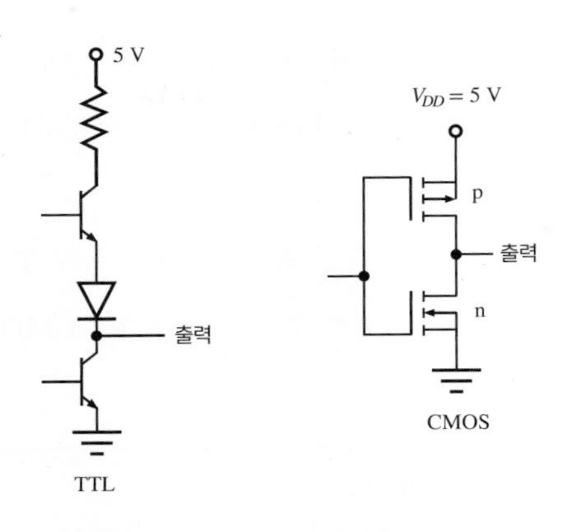

그림 6.23 TTL과 CMOS 출력 회로

CMOS 논리 IC는 출력에 p-형과 n-형의 개선된 모드 MOS(enhancement-mode MOS) 트랜지스터인 상호보완적인 쌍을 갖고 있다. 따라서 이름을 **상보형 MOS**(CMOS, complementary MOS)라고 한다. 그림 6.23에 있는 CMOS 출력 회로를 참조하면 출력단의 입력신호가 하이이면 p-형 트랜지스터(위)는 꺼지고 n-형 트랜지스터(아래)는 켜진다. 따라서 출력은 로우이다. 입력이 로우일 때 위의 트랜지스터는 켜지고 아래의 트랜지스터는 꺼진다. 따라서 출력은 하이이다. 출력에 부하가 연결되어 있으면 출력이 하이일 때 장치는 전류를 발생시키고, 출력이 로우이면 장치는 전류를 소모한다. MOSFET 게이트는 절연되어 있어서 CMOS 장치는 상태 간의 스위칭이나 부하가 연결되어 있을 때에만 전력을 소모한다. 그러므로 CMOS와 TTL의 큰 차이는 TTL 장치는 항상 전력을 필요로 한다는 점이다(수업토론주제 6.10 참조).

다음 이유 때문에 TTL보다 CMOS가 권장된다.

- 출력에 부하가 연결되어 있지 않거나 다른 CMOS 장치에 연결되어 있을 때 CMOS는 출력의 논리 레벨 변화에만 전력이 필요하다. 그러므로 CMOS는 전력이 제한적인 건전지로 작동하는 응용에 유용하다.
- CMOS의 광범위 전력공급(3~18 V)은 설계 융통성을 제공하고 덜 정류된 전원의 사용을 허용한다.

CMOS의 단점은 다음과 같다.

- CMOS는 내부 보호 다이오드 때문에 정적(static) 방전에 민감하다. CMOS를 다루거나 조립할 때 보호패키징(packaging)과 정적 방전이 필요하다. 그렇지 않으면 쉽게 손상된다.
- CMOS는 아주 적은 입력전류를 필요로 하지만 출력전류도 TTL에 비해 작다. 이것이 큰 TTL 팬아웃(fan-out)이나 다른 고전력 장치를 구동하는 CMOS 능력을 제한한다.

수업토론주제 6.10 TTL과 CMOS 전력 소모

그림 6.23은 TTL과 CMOS 장치의 출력 회로를 보여준다. 이 회로를 연구해 보고, 왜 TTL 장치는 다른 TTL 장치와 연결할 때 출력 레벨을 유지하기 위해 전력이 필요하고 CMOS 장치는 다른 CMOS 장치와 연결할 때 전력이 필요하지 않은지 알아보라.

6.11.1 제조업자 IC 데이터시트 사용하기

제조업자들은 제조하는 모든 장치의 **데이터시트**(data sheet)를 포함하는 **데이터북**(data books)을 제공한다. 데이터시트는 설계 시 필요한 장치의 내부 개략도, 핀 배치, 최대출력, 동작조건, 전기 또는 스위칭 특성 등 모든 정보를 담고 있다. TTL 데이터북에서 쓰는 라벨링 체계(labeling system)는 보통 AAxxyzz 형태이다. 여기서 AA는 제조업자 표식에 쓰는 접두사(SN: TI와 기타, DM: National Semiconductor), xx는 군용(xx=54)과 산업용(xx=74), y는 다른 내부 설계를 나타내며[문자표시 없음(no letter): 표준(standard) TTL; L: 저전력 소모(low power dissipation); H: 고전력 소모(high power dissipation); S: Schottky형태; AS: 고급(advanced) Schottky; LS: 저전력(low power) Schottky; ALS: 고급 저전력(advanced low power) Schottky], zz는 데이터북에 있는 순번이다. Schottky 장치는 빠른 스위칭 속도를 갖고 있으며 전력을 덜 소모한다. CMOS 장치는 40XXB 시리즈와 74CXX 시리즈가 있다. 후자의 핀 배치가 TTL 74XX와 같다. 또한 다른 속도와 전원 특성이 있는 다양한 74CXX 계열이 있다. 이것은 74HCXX(고속 CMOS), 74ACXX(고성능 CMOS), 그리고 74HCTXX와 74ACTXX(TTL 임계치를 갖는 고속 CMOS) 등이다.

인터넷 링크

6.4 74LS00 TTL QUAD NAND 데이터시트

그림 6.24~6.26은 TTL 데이터북에서 볼 수 있는 정보를 표시한 것이다. 74LS00 QUAD NAND IC를 예로 들어 여기에 표시했다. 인터넷 링크 6.4에서는 풍부한 정보를 제공하는 데이터시트를 제공한다. 다른 게이트와 유사하게 내부 설계는 트랜지스터, 저항, 다이오드로 구성

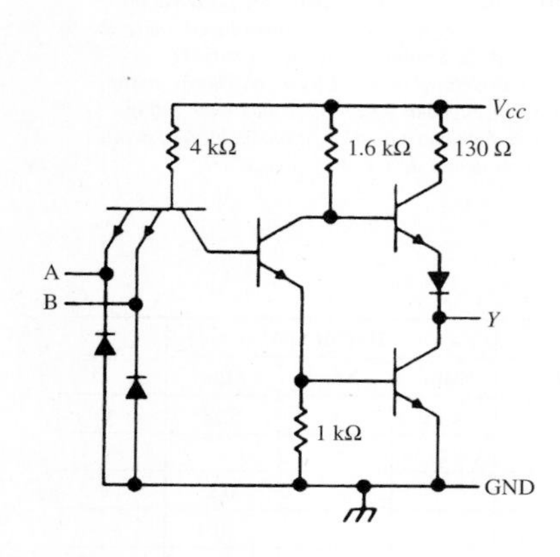

그림 6.24 NAND 게이트 내부 설계
출처 Texas Instruments, Dallas, TX.

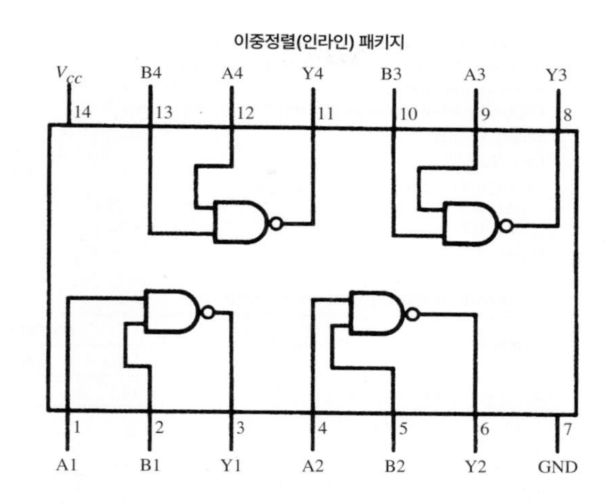

그림 6.25 QUAD NAND 게이트 IC 핀 연결
출처 National Semiconductor, Santa Clara, CA.

되어 실리콘칩 위에 집적회로(IC)로 쉽게 제조될 수 있다. 이 IC는 브레드보드에 장착하기 쉬운 핀 연결을 갖는 **이중정렬패키지**(DIP, dual in-line package) 또는 제조용 회로보드에 표면장착납땜이 용이한 **소윤곽패키지**(SOP, small outline package)의 형태로 제조된다. 이 IC의 핀 연결(AKA 핀배치)은 그림 6.25에 나타냈다. 이 특정한 IC는 하나의 실리콘칩에 네 개의 NAND 게이트를 갖고 있으므로 QUAD NAND 게이트라 불린다. 모든 논리게이트는 V_{cc}와 접지(GND)핀을 통해 전원을 공급하여 활성화된다. 내부의 양극성접합 트랜지스터의 컬렉터(collector)와 연결된 V_{cc} 핀(여기서 'cc'는 아래 첨자)은 5 V를 필요로 한다. 앞에서 언급한 것처럼 그림 6.26에서 중요한 두 인자는 전류원과 소모(sinking) 용량이다. TTL-LS NAND 게이트의 출력 전류원 한계(IOH)는 −0.4 mA이고 출력 전류소모 한계(I_{IH})는 8 mA이다. 일반적으로는 장치의 입력전류는 양(positive)이다. TTL 장치는 보통 제공할 수 있는 전류보다 더 많은 전류를 소모할 수 있다.

수업토론주제 6.11 NAND 마술

그림 6.24에 있는 NAND 게이트 회로가 앞에서 다룬 기본적인 트랜지스터 회로보다 더 복잡하지만, 이것이 NAND 논리가 됨을 이해해 보자.

Absolute Maximum Ratings (Note)

If Military/Aerospace specified devices are required, please contact the National Semiconductor Sales Office/Distributors for availability and specifications.

Supply Voltage	7V
Input Voltage	7V
Operating Free Air Temperature Range	
DM54LS and 54LS	–55°C to + 125°C
DM74LS	0°C to + 70°C
Storage Temperature Range	–65°C to + 150°C

Note: *The "Absolute Maximum Ratings" are those values beyond which the safety of the device cannot be guaranteed. The device should not be operated at these limits. The parametric values defined in the "Electrical Characteristics" table are not guaranteed at the absolute maximum ratings. The "Recommended Operating Conditions" table will define the conditions for actual device operation.*

Recommended Operating Conditions

Symbol	Parameter	DM54LS00			DM74LS00			Units
		Min	Nom	Max	Min	Nom	Max	
V_{cc}	Supply Voltage	4.5	5	5.5	4.75	5	5.25	V
V_{IH}	High Level Input Voltage	2			2			V
V_{IL}	Low Level Input Voltage			0.7			0.8	V
I_{OH}	High Level Output Current			–0.4			–0.4	mA
I_{OL}	Low Level Output Current			4			8	mA
T_A	Free Air Operating Temperature	–55		125	0		70	°C

Electrical Characteristics over recommended operating free air temperature range (unless otherwise noted)

Symbol	Parameter	Conditions		Min	Typ (Note 1)	Max	Units
V_I	Input Clamp Voltage	V_{CC} = Min, I_I = –18 mA				–1.5	V
V_{OH}	High Level Output Voltage	V_{CC} = Min, I_{OH} = Max, V_{IL} = Max	DM54	2.5	3.4		V
			DM74	2.7	3.4		
V_{OL}	Low Level Output Voltage	V_{CC} = Min, I_{OL} = Max, V_{IH} = Min	DM54		0.25	0.4	V
			DM74		0.35	0.5	
		I_{OL} = 4 mA, V_{CC} = Min	DM74		0.25	0.4	
I_I	Input Current @ Max Input Voltage	V_{CC} = Max, V_I = 7V				0.1	mA
I_{IH}	High Level Input Current	V_{CC} = Max, V_I = 2.2V				20	μA
I_{IL}	Low Level Input Current	V_{CC} = Max, V_I = 0.4V				–0.36	mA
I_{OS}	Short Circuit Output Current	V_{CC} = Max (Note 2)	DM54	–20		–100	mA
			DM74	–20		–100	
I_{CCH}	Supply Current with Outputs High	V_{CC} = Max			0.8	1.6	mA
I_{CCL}	Supply Current with Outputs Low	V_{CC} = Max			2.4	4.4	mA

Switching Characteristics at V_{CC} = 5V and T_A = 25°C (See Section 1 for Text Waveforms and Output Load)

Symbol	Parameter	R_L = 2 kΩ				Units
		C_L = 15 pF		C_L = 50 pF		
		Min	Max	Min	Max	
t_{PLH}	Propagation Delay Time Low to High Level Output	3	10	4	15	ns
t_{PHL}	Propagation Delay Time High to Low Level Output	3	10	4	15	ns

그림 6.26 DM74LS00 NAND 게이트 IC 데이터시트

출처 National Semiconductor, Santa Clara, CA.

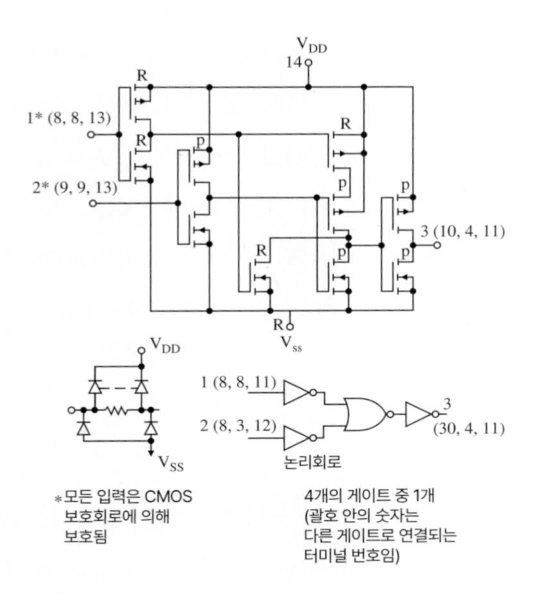

그림 6.27 CMOS 4011B NAND 게이트 내부 설계

출처 Texas Instruments, Dallas, TX.

STATIC ELECTRICAL CHARACTERISTICS

CHARACTERISTIC	CONDITIONS			LIMITS AT INDICATED TEMPERATURES (°C)							UNITS
	V_O (V)	V_{IN} (V)	V_{DD} (V)	–55	–40	+85	+125	+25 Min.	+25 Typ.	+25 Max.	
Quiescent Device Current, I_{DD} Max.	–	0.5	5	0.25	0.25	7.5	7.5	–	0.01	0.25	mA
	–	0.10	10	0.5	0.5	15	15	–	0.01	0.5	
	–	0.15	15	1	1	30	30	–	0.01	1	
	–	0.20	20	5	5	150	150	–	0.02	5	
Output Low (Sink) Current, I_{OL} Min.	0.4	0.5	5	0.64	0.61	0.42	0.36	0.51	1	–	mA
	0.5	0.10	10	1.6	1.5	1.1	0.9	1.3	2.6	–	
	1.5	0.15	15	4.2	4	2.8	2.4	3.4	6.8	–	
Output High (Source) Current, I_{OH} Min.	4.6	0.5	5	–0.64	–0.61	–0.42	–0.36	–0.51	–1	–	
	2.5	0.5	5	–2	–1.8	–1.3	–1.15	–1.6	–3.2	–	
	9.5	0.10	10	–1.6	–1.5	–1.1	–0.9	–1.3	–2.6	–	
	13.5	0.15	15	–4.2	24	–2.8	–2.4	–3.4	–6.8	–	
Output Voltage: Low-Level, V_{OL} Max.	–	0.5	5	0.05				–	0	0.05	v
	–	0.10	10	0.05				–	0	0.05	
	–	0.15	15	0.05				–	0	0.05	
Output Voltage: High-Level, V_{OH} Min.	–	0.5	5	4.95				4.95	5	–	
	–	0.10	10	9.95				9.95	10	–	
	–	0.15	15	14.95				14.95	15	–	
Input Low Voltage, V_{IL} Max.	4.5	–	5	1.5				–	–	1.5	v
	9	–	10	3				–	–	3	
	13.5	–	15	4				–	–	4	
Input High Voltage, V_{IH} Min.	0.5, 4.5	–	5	3.5				3.5	–	–	
	1.9	–	10	7				7	–	–	
	1.5, 13.5	–	15	11				11	–	–	
Input Current, I_{IN} Max.		0.18	18	±0.1	±0.1	±1	±1	–	$\pm 10^{25}$	± 0.1	mA

그림 6.28 CMOS 4011B NAND 게이트 IC 데이터시트

출처 Texas Instruments, Dallas, TX.

6.5 4011B CMOS QUAD NAND 데이터시트

그림 6.27과 6.28은 CMOS 데이터북에서 얻을 수 있는 정보의 한 예를 보여준다. 4011B QUAD NAND IC를 예로 들어 표시했다. 인터넷 링크 6.5에서는 모든 관련된 데이터시트를 제공한다. CMOS 출력은 두 개의 보완적인 FET로 구성되어 있고 최고 출력은 전원공급 전압(보통은 5 V)이고 최저 출력은 접지(ground)이다. 양의 전원공급 전압은 V_{DD}(내부 MOSFET의 드레인)로 표시하고 보통 접지가 되는 낮은 쪽 전압을 V_{SS}(내부 MOSFET의 전원공급)로 표시한다. 그림 6.28에서 CMOS NAND는 5 V 전원으로 작동하고 1 mA의 전류를 소모하거나 또는 공급할 수 있다.

6.11.2 디지털 IC 출력 구성

TTL 장치에는 세 가지 형태의 출력회로가 사용된다. 가장 일반적인 것이 그림 6.23과 6.24에 보이는 것같이 두 개의 저항을 전원과 접지(ground) 사이에 연결하는 **토템폴** 구성이다. 두 번째 형태의 출력회로는 **개방컬렉터출력**(open-collector output)이다. 이 구성은 그림 6.29에 보이는 것과 같이 출력상태를 발생하기 위해 전원에 외부 **풀업저항**(pull-up resistor)을 연결한다. 출력트랜지스터가 포화될 때(ON) V_{out}이 로우이고, 출력트랜지스터가 차단될 때(OFF) V_{out}이 하이이다. 이런 출력을 갖는 장치는 7401, 7403, 7405, 7406이 있다. 세 번째 형태의 출력회로는 부가적인 입력신호가 세 번째 출력 상태를 제어하는 **3상태 출력**(tristate output)이다. 활성화되면 세 번째 출력상태는 연결된 회로로부터 효과적으로 출력을 차단하는 고출력임피던스를 발생시킨다. 이것은 한 번에 오직 하나의 출력만이 작동하도록 한 선으로부터 다중 장치를 접속할 수 있게 해준다.

일부 CMOS 장치는 그림 6.23과 6.27에 있는 것과 같이 완전한 CMOS 출력 단계를 갖지 않고 TTL 개방컬렉터출력과 유사한 **개방드레인출력**(open-drain output)을 갖는다.

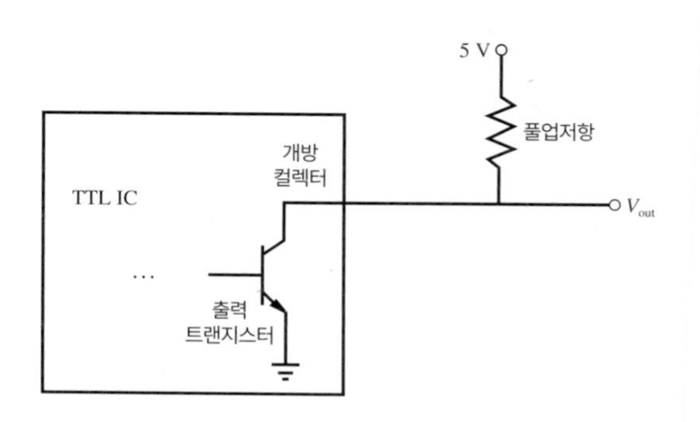

그림 6.29 풀업저항을 이용한 개방컬렉터출력

수업토론주제 6.12 LED 구동

출력 형태가 토템폴이냐 개방컬렉터냐에 따라 그리고 그 장치가 LED를 통해 전류를 소모하느냐 아니면 공급하느냐에 따라 TTL 디지털장치를 이용해서 LED를 구동하는 세 가지 방법이 있다. 세 가지 가능한 출력회로를 그려보라. 이 세 가지 회로 중 어느 것이 정(positive) 논리[즉, 그 장치의 출력이 하이(HI)이면 LED가 ON되고 출력이 로우(LOW)이면 LED가 OFF]를 보이는가? 이 세 가지 회로 각각에 대해 전류를 공급하는지 소모하는지를 나타내라. 어느 회로가 LED를 가장 밝게 할 것인가? 그 이유는 무엇인가?

6.11.3 TTL과 CMOS 장치의 연결

같은 계열 간 또는 다른 계열 간의 장치를 연결하는 경우가 있다. TTL 장치를 다른 TTL 장치나 CMOS 장치에 연결하거나 CMOS 장치를 다른 CMOS 장치나 TTL 장치에 연결할 경우를 생각해 보자. 디지털 시스템을 설계할 때, 한 계열(TTL 또는 CMOS)의 장치를 쓰도록 권장하지만 가끔 다른 계열의 장치를 연결해야 하는 경우가 있다.

그림 6.30은 TTL 장치를 다른 조합의 디지털 IC들과 어떻게 연결하는지를 보여준다. TTL 장치의 출력은 로우일 때 전류를 소모(sink)하고, 하이일 때 전류를 제공(source)한다. TTL 로우 소모 전류(I_{OL})는 다중의 TTL 입력과 연결할 때의 한계요소다. 하나의 TTL 출력은 10개의 표준 TTL 입력이나 40개의 저전력 Schottky(LS) TTL 입력을 작동시킬 수 있다. TTL 출력은 절연된 게이트 입력 때문에 정상상태의 전류를 끌어당기지 않으므로 쉽게 CMOS와 연결할 수 있다. TTL 출력을 CMOS 입력에 연결할 때 단지 전압만 일치시키면 된다. 그림 6.22를 참조해

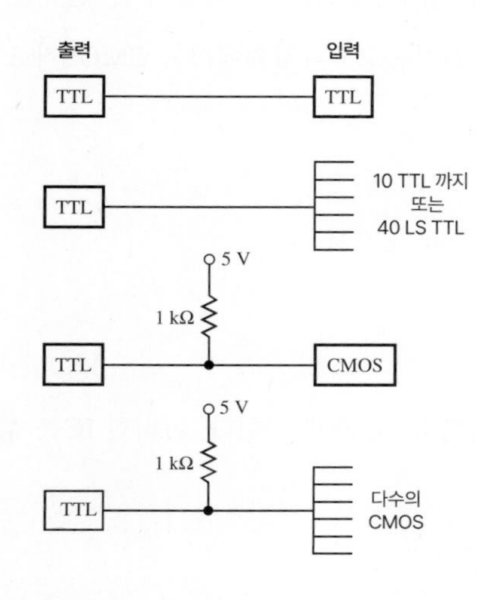

그림 6.30 TTL을 다른 디지털장치에 연결

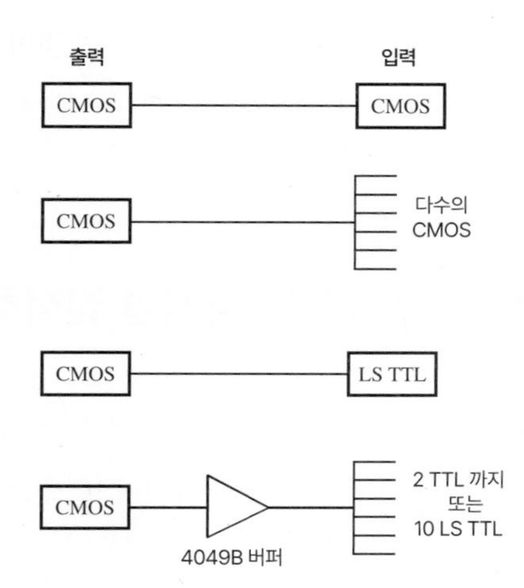

그림 6.31 CMOS를 다른 디지털장치에 연결

보면 TTL의 로우 출력이 CMOS의 로우 입력과 일치하기 때문에 괜찮다. 그러나 TTL의 하이는 2.7 V까지 낮을 수 있기 때문에 CMOS 입력 기준인 3.5 V에 일치시키기에는 충분하지 않을 수 있다. 그림 6.30에 보이는 것같이 TTL 출력에 풀업저항을 연결하면 CMOS 입력 기준인 3.5 V 이상으로 증가시킬 수 있다. TTL 로우 소모 전류(I_{OL})를 초과하지 않게 풀업저항은 충분히 큰 것(예: 1 kΩ)을 사용해야 한다. 전력 소모가 염려된다면 풀업저항을 더 큰 것으로 해도 된다.

그림 6.31은 CMOS 장치를 다른 조합의 디지털 IC들과 어떻게 연결하는가를 보여준다. CMOS 장치의 입력단이 절연되어 있기 때문에 입력단에서 전류를 제공하거나 소모하지 않는다. 그러므로 CMOS 장치는 다중의 CMOS 입력부와 연결할 수 있다. CMOS 장치가 5 V 전원(V_{DD})으로 구동되고 TTL 장치를 구동하기 위해 사용된다면, CMOS 장치는 TTL 입력을 구동하기에 충분한 전류를 제공하므로 CMOS 하이는 문제가 되지 않는다. 그러나 CMOS 로우는 하나의 LS TTL 입력을 구동하기에 충분한 전류를 소모할 수 있다. CMOS 4049 버퍼는 두 개의 표준 TTL 입력이나 대략 10개의 LS TTL 입력에 충분한 팬아웃을 제공하는 데 쓰일 수 있다.

7.9절에서 TTL과 CMOS 입력 및 출력을 다른 다양한 형태의 장치에 어떻게 연결하는가에 대한 부가적인 방법을 제공한다. 비록 이것이 PIC 마이크로컨트롤러에 관련된 내용이지만 이것은 임의의 TTL이나 CMOS 장치에 적용될 수 있다. 포함된 내용은 센서, 스위치, 키보드, Schmitt 트리거(Schmitt trigger), 전력 트랜지스터 그리고 릴레이 등에 연결하는 것이다.

요약하면, 단 하나의 논리계열의 IC를 사용할 때 TTL의 경우에는 팬아웃이 10개 이하(CMOS는 더 많이)이면 전압 레벨과 전류 구동에 관해 고려할 필요가 없다. 일반적으로 스위칭 시에는 출력이 거의 접지로부터 양의 전원값으로 변하지만 스위칭이 없는 한은 전류를 소모하지 않기 때문에 CMOS를 사용하는 것이 더 좋다. 그러나 고주파영역에서는 CMOS가 TTL 회로와 거의 같은 전력을 요구한다.

6.12 특수목적의 디지털 집적회로

이 절에서는 디지털 설계에서 유용한 특수 목적의 중요한 IC에 관해 논한다. 이러한 IC는 십진 카운터, Schmitt 트리거, 555 타이머 IC가 포함된다.

6.12.1 십진 카운터

6.10.3절에서는 이진 카운팅을 하는 데 쓰이는 플립플롭 회로에 관해 알아보았다. **십진 카운터**(decade counter)라 불리는 다른 일반적인 카운터는 7490 IC를 이용하여 구성할 수 있다(연습문제 6.52 참조). 이것은 하강에지트리거 카운터이며, 출력은 4비트로 이루어진 2진화 10진수(BCD, binary coded decimal)로 십진 계수 응용에 유용하다. 표 6.10은 0부터 9까지의 카운터 증가를 보여주는 4비트 출력시퀀스를 보여준다. 그림 6.32에서 십진 카운터의 입력과 네 개의 출력에 대한 타이밍선도를 보여주고 있다. 카운터의 출력 사이클이 1001(9_{10}) 다음에 0000(0_{10})으로 되돌아감에 주목하라.

그림 6.33에 보이는 것처럼 BCD 카운터는 10의 거듭제곱을 세기 위해 직렬로 연결할 수 있

표 6.10 7490 십진 카운터 BCD 코딩

십진 카운터	BCD 출력			
	D	*C*	*B*	*A*
0	0	0	0	0
1	0	0	0	1
2	0	0	1	0
3	0	0	1	1
4	0	1	0	0
5	0	1	0	1
6	0	1	1	0
7	0	1	1	1
8	1	0	0	0
9	1	0	0	1
0	0	0	0	0

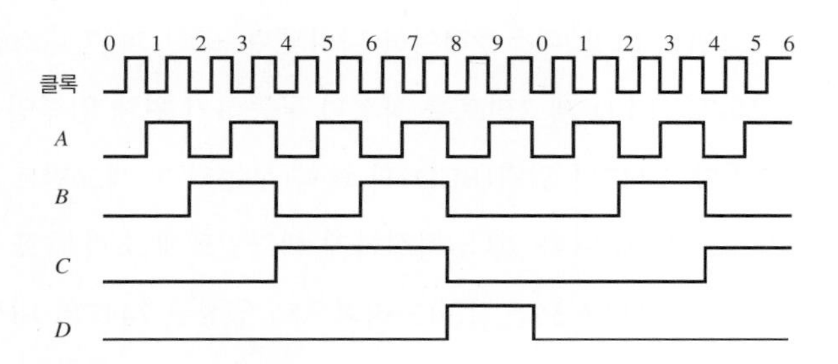

그림 6.32 십진 카운터 타이밍선도

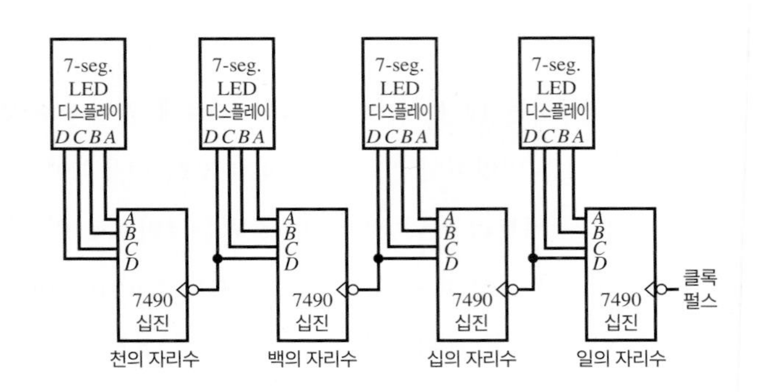

그림 6.33 직렬로 연결된 십진 카운터

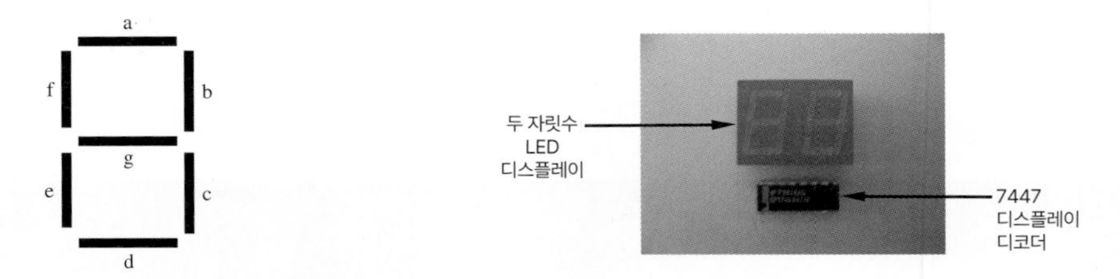

그림 6.34 7-세그먼트 LED 디스플레이

그림 6.35 두 자릿수 LED 디스플레이와 7447 디스플레이 디코더

다. 출력 D는 두 번째 7490의 클록(clock) 입력으로 쓰인다. 그래서 0부터 99까지 세기 위해서 두 개를 직렬로 연결한다. 카운터를 직렬로 더 연결하면 더 큰 10의 거듭제곱으로 영역을 확장할 수 있다. 7490은 다목적 IC로 다양한 방법으로 연결해서 쓸 수 있다. 예로서 이진 카운터, 2로 나누는 카운터, 4로 나누는 카운터 등이 있다. 인터넷 링크 6.6은 7490에 관련된 모든 데이터시트를 제공한다. 데이터시트는 이 카운터를 다양한 형태로 연결해 사용하는 설명서를 제공한다.

6.6 7490 십진 카운터 데이터시트

6.7 7447 7-세그먼트 디스플레이 디코더 데이터시트

BCD 출력을 보기 위한 간단한 장치는 7447 BCD-to-seven-segment 디코더에 의해 구동되는 7-세그먼트 LED 디스플레이다(그림 6.34 참조). 그림 6.35는 0부터 99까지의 수를 표시할 수 있는 두 개의 7-세그먼트 LED 디스플레이를 나타낸다. 또한 7447 디스플레이 디코더 IC가 사진으로 보여진다. 7447은 LED 세그먼트를 적절히 구동하기 위해 입력인 네 개의 BCD 비트를 7비트 코드로 변환한다. 7447의 입력(BCD)과 출력(부논리 7-세그먼트 LED 코드)의 관계를 설명하는 작동표가 표 6.11에 나와 있다. 적절하게 세그먼트에 숫자를 표시함으로써 이 표의 몇몇 행을 증명할 수 있다. 그림 6.36은 조합논리회로로 구성된 7447의 내부 설계를 보여준다. 인터넷 링크 6.7은 7447에 관련된 모든 데이터시트를 제공한다.

표 6.11 7447 BCD-to-7-세그먼트 디코더

십진수	입력				출력						
	D	C	B	A	$\bar{a}$	$\bar{b}$	$\bar{c}$	$\bar{d}$	$\bar{e}$	$\bar{f}$	$\bar{g}$
0	0	0	0	0	0	0	0	0	0	0	1
1	0	0	0	1	1	0	0	1	1	1	1
2	0	0	1	0	0	0	1	0	0	1	0
3	0	0	1	1	0	0	0	0	1	1	0
4	0	1	0	0	1	0	0	1	1	0	0
5	0	1	0	1	0	1	0	0	1	0	0
6	0	1	1	0	1	1	0	0	0	0	0
7	0	1	1	1	0	0	0	1	1	1	1
8	1	0	0	0	0	0	0	0	0	0	0
9	1	0	0	1	0	0	0	0	1	0	0

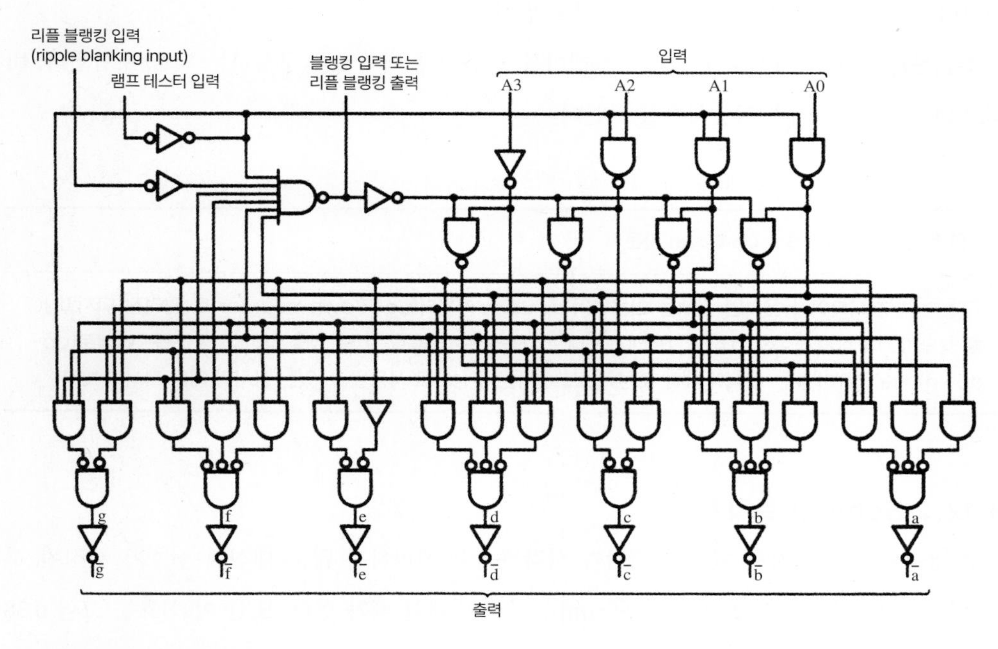

그림 6.36 7447 내부 설계도

출처 National Semiconductor, Santa Clara, CA.

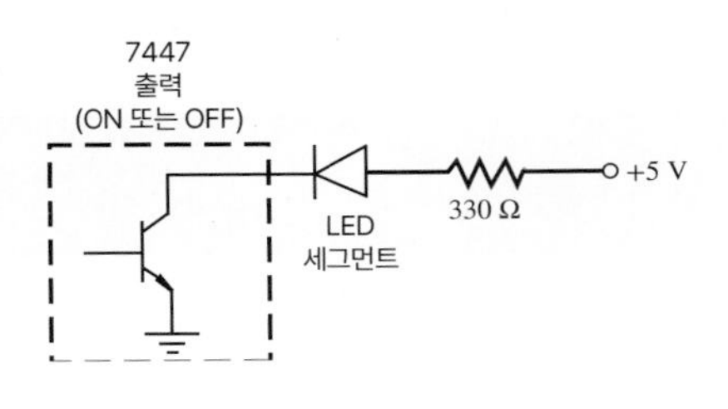

그림 6.37 7447 출력 회로

만약에 7447 디코더 드라이버가 7-세그먼트 LED 디스플레이에 잘 연결되었다면 카운터의 출력은 쉽게 볼 수 있는 숫자 형태로 표시될 것이다. 디코더 드라이버는 세그먼트 LED에 전류를 공급해서가 아니라 그림 6.37에 보이는 것처럼 전류를 소모해서 LED를 작동하는 것에 주목하라. 7447의 출력은 개방컬렉터출력이다. 저항과 LED 세그먼트가 7447의 각각의 출력에 연결된다. 그러므로 7447의 출력이 로우(low, 0)일 때 전류가 접지로 흘러 LED가 ON(즉, LED가 켜짐)된다. 디코더 드라이버로 흐르는 전류를 제한하기 위해 세그먼트에 직렬로 연결된 330 Ω 저항이 사용되어 세그먼트가 손상되는 것을 방지한다.

실습문제 Lab 8은 LED 숫자 디스플레이를 위한 카운터회로를 구성하는 것을 포함한다. 비디오 데모 6.4는 마지막 작동회로를 보인다.

실습 문제
Lab 8 디지털회로-카운터와 LED 디스플레이

비디오 데모
6.4 555 타이머에 의해 구동되는 10진 카운터와 디스플레이 회로

수업토론주제 6.13 Up-Down 카운터

TTL 논리 핸드북이나 온라인 검색을 이용하여 **up-down 카운터**(up-down counter)로 알려진 디지털 IC를 찾으라. 이 장치가 2진, 16진, 10진 카운터로 사용될 수 있음을 알 수 있을 것이다. 위 또는 아래로(up-down) 카운팅해야 하는 목적에 대해 토론해 보고, 다른 구성으로 사용될 수 있는 장치의 예를 제시해 보자.

6.12.2 Schmitt 트리거

어떤 응용에서는 디지털 펄스의 에지가 사각파처럼 예리하지 않고 대신에 신호가 한정된 시간 동안에 0에서 5 V로 변하는 램프(ramp) 신호 형태일 때가 있다. 또한 이 신호는 그림 6.38에 보이는 것처럼 잡음이 섞여 있을 수 있다. Schmitt 트리거(Schmitt trigger)는 그림에 보이는 것처럼 임계치(threshold) 히스테리시스(hysteresis) 효과를 이용하여 잡음이 섞인 이런 신호를 에지가 예리한 펄스로 바꾸는 장치다. 출력은 입력이 상위 임계값을 넘을 때 하이(high)가 되고 입력값이 하위 임계값 이하로 떨어질 때까지 하이 상태를 유지한다. 로우(low)와 하이

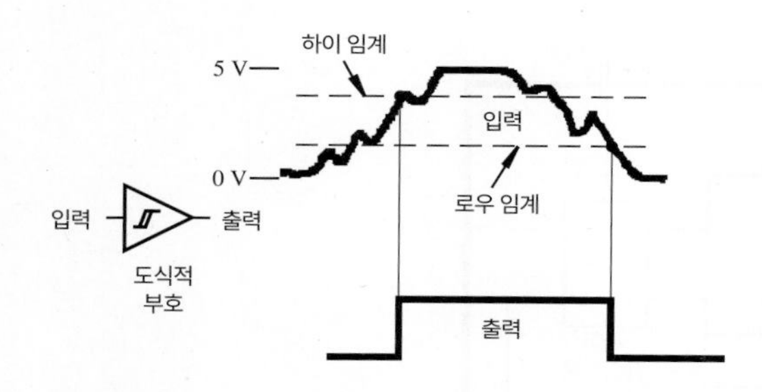

그림 6.38 Schmitt 트리거의 입력과 출력

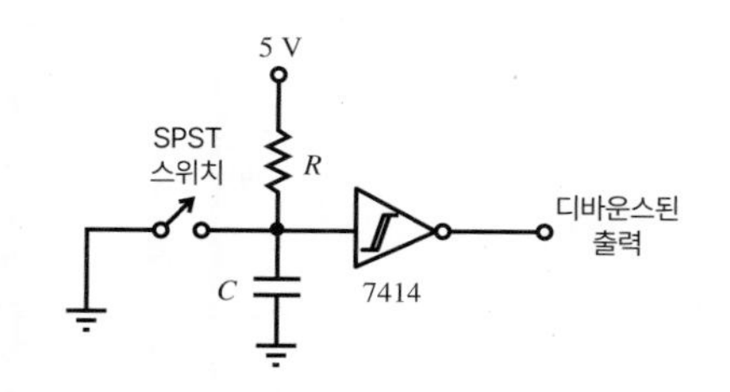

그림 6.39 Schmitt 트리거 SPST 디바운스 회로

임계값의 히스테리시스는 출력에서의 예리한 에지를 초래한다. 보통 6개의 Schmitt 트리거가 단일 IC에 들어 있다(예: LM7414 Hex Schmitt Trigger Inverter). 비디오 데모 6.5는 Schmitt 트리거가 어떻게 작동하며 얼마나 유용한가를 충분히 보여주고 설명한다.

비디오 데모
6.5 Schmitt 트리거

6.10.1절에서는 세 개의 리드를 가진 SPDT 스위치를 디바운스하는 데 이용될 수 있는 회로를 소개했다. 이 회로는 두 개의 리드만을 가진 SPST 스위치로부터의 신호를 디바운스하는 데 사용할 수 없다. 일반적으로 쓰이는 다양한 푸시버튼 스위치가 있다(더 자세한 정보는 9.2.1절 참조). 그림 6.39는 SPST 스위치를 디바운스하는 데 사용되는 Schmitt 트리거 RC회로를 나타낸다. 7414의 출력단에 반전을 의미하는 작은 원이 표시되어 있으므로 7414는 Schmitt 트리거 인버터이고 출력은 입력을 반전하게 됨을 의미한다. 그림에서 보여진 것처럼 스위치가 열리면(open) 커패시터는 5 V까지 충전되어 7414의 출력은 로우가 된다. 스위치가 닫히면(close) 커패시터는 접지와 단락되어 7414의 출력은 하이가 된다. 커패시터값에 따라 커패시터 전압은 스위치의 첫 번째 접촉(닫힘) 시 7414의 하위 임계값 이하에서도 방전된다. 임계값 이상이면 바운싱이 발생하고 스위치가 계속해서 닫혀 있음에 따라 커패시터는 결국 방전하게 된다. 스위치가 열릴 때 커패시터는 충전을 다시 시작한다. 스위치가 순간적으로 열릴 때 발생하는 스위치 바운스는 충전을 방해한다. 커패시터의 충전값이 7414의 상위 임계값을 넘어설 때 출력은 다시 로우로 된다. 이때 신호는 깨끗해지고 바운스는 제거되어 출력이 펄스로 된다.

6.12.3 555 타이머

555 IC는 다양한 타이밍에 관계된 작업을 수행하기 때문에 '타임 머신(time machine)'으로 알려져 있다. 이것은 디지털과 아날로그 회로로 구성되어 있다. 그림 6.40에 핀 이름과 번호가 표시된 555 IC의 블록 선도가 나와 있다. 555 IC에 대한 두 가지 형태의 패키지와 핀 배치를 그림 6.41에서 보인다. 제조업자들은 일반적으로 *Linear* 데이터북의 특수기능 부분에 555 IC(예: TI

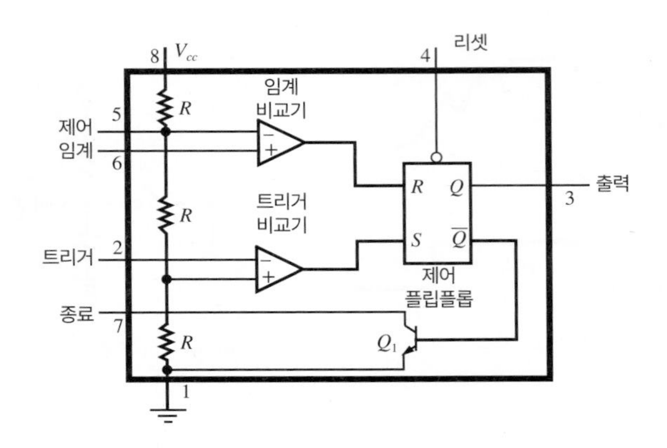

그림 6.40 555 IC의 블록선도

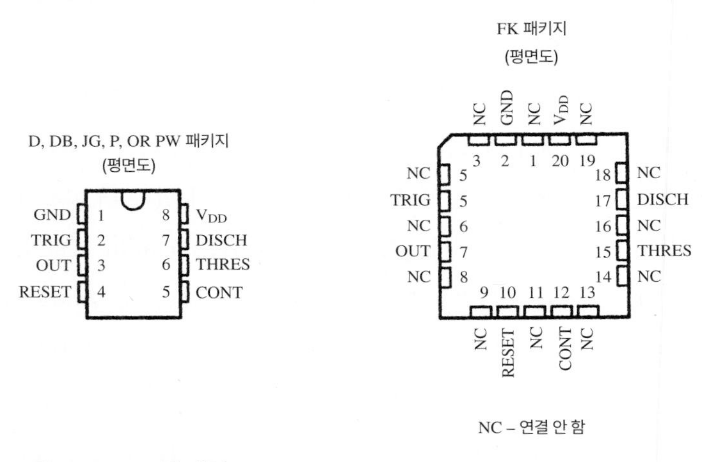

그림 6.41 555 핀 배치
출처 Texas Instruments, Dallas, TX.

인터넷 링크

6.8 NE555 타이머 데이터시트

의 NE555)를 정리해 놓는다. 인터넷 링크 6.8은 555 IC에 관한 모든 데이터시트를 제공한다. 555의 응용으로는 바운스제거 스위치(bounce-free switches), 직렬 타이머(cascaded timers), 주파수 분할기(frequency dividers), 전압제어 발진기(voltage-controlled oscillators), 펄스 발생기(pulse generators), LED 발광기(LED flashers) 등 많은 유용한 회로가 있다.

555 IC로 쉽게 구성할 수 있는 회로는 그림 6.42에 보이는 **단안정 멀티바이브레이터**(monostable multivibrator)이다. 이것은 555에 외부저항과 커패시터를 추가함으로써 구성된다. 이 회로는 트리거 신호를 받으면 원하는 지속시간을 갖는 단일 펄스를 발생시킨다. 그러므로 이것은 **원숏**(one-shot)이라고도 불린다. 저항-커패시터 조합의 시정수(time constant)는 펄스의 발생 시간을 결정한다. 그림 6.43을 참조하면 작동 순서는 다음과 같다: 회로에 전원이 들어오

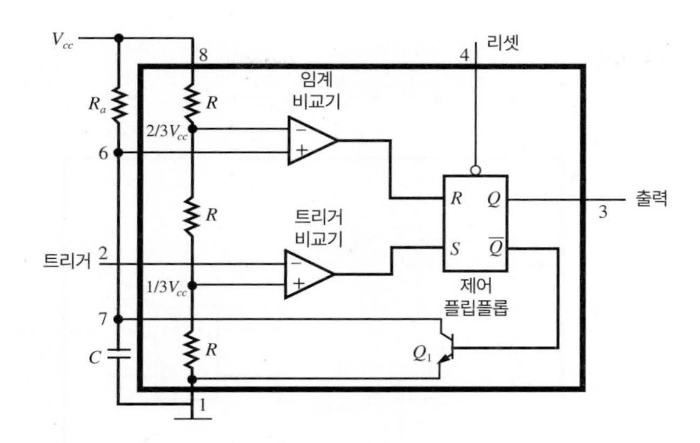

그림 6.42 단안정 멀티바이브레이터(원숏)

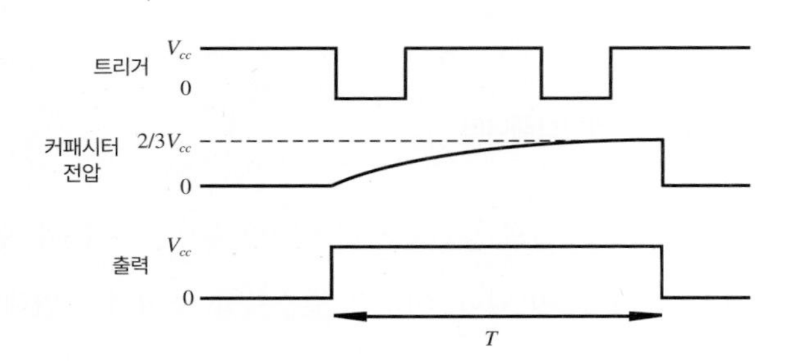

그림 6.43 원숏 타이밍

거나 리셋(reset)이 작동되면 출력은 로우($Q=0$)가 되고 트랜지스터 Q_1은 포화(ON)되어 커패시터 C는 단락된다. 그리고 두 비교기(comparator)의 출력은 로우(low)가 된다. 트리거 펄스가 V_{cc}의 1/3 이하로 내려가면 트리거 비교기는 하이(high)가 되고 플립플롭을 세팅(setting)한다. 이제 출력은 하이($Q=1$)가 되고 트랜지스터 Q_1은 차단되고 커패시터는 시정수 $\tau=R_aC$에 따라 충전(charge)된다. 시정수는 커패시터 전압이 완전 충전되었을 때의 값 V_{cc}의 63.2%에 도달하는 데 걸리는 시간이다(4.9절 참조). 커패시터 전압이 V_{cc}의 2/3에 도달하면 임계값 비교기가 플립플롭을 리셋한다(출력 Q가 0으로 됨). 그리고 다시 커패시터의 전압을 방전한다. 출력이 하이일 때 트리거 신호가 들어오면 영향을 주지 않는다. 펄스의 길이는 대략 다음에 의해 주어진다(연습문제 6.55 참조).

$$\Delta T \approx 1.1 R_a C \tag{6.36}$$

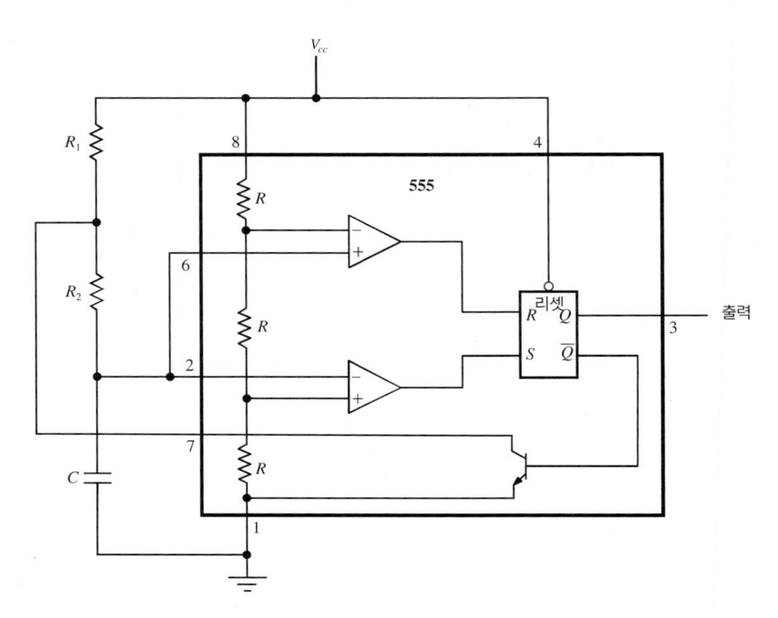

그림 6.44 비안정 멀티바이브레이터

555 원숏 회로의 대용으로 TTL 계열의 74xxx 시리즈는 원숏으로 쓰일 수 있는 장치를 포함하고 있다. 예를 들면 74121과 74123이 있다. 이것은 펄스폭을 조절하기 위해 외부 저항과 커패시터를 필요로 한다.

555 타이머를 이용해 구성할 수 있는 또 다른 중요한 회로는 사각파형 발생기 또는 오실레이터(oscillator)라고 불리기도 하는 **비안정 멀티바이브레이터**(astable multivibrator)이다. 이 회로의 구성도는 그림 6.44에 보인다. 이 회로에 전원을 연결하면 직렬연결된 저항 R_1과 R_2를 통해 시정수 $(R_1+R_2)C$의 값으로 커패시터 C가 충전된다. 커패시터 C의 전압이 $(2/3)V_{cc}$에 도달하면 플립플롭이 리셋되고 시정수 R_2C의 값으로 저항 R_2를 통해 커패시터 C를 방전하는 방전 트랜지스터로 작동한다. 커패시터 C의 전압이 $(1/3)V_{cc}$로 떨어지면 플립플롭은 사이클이 반복되도록 설정된다. 그 결과는 반복적이고 규칙적인 펄스로 구성된 신호가 된다.

그림 6.45는 커패시터 전압(VC)과 출력신호(Q)가 비안정 멀티바이브레이터의 사이클이 반복될 때 시간에 따라 어떻게 변하는지를 보여준다. 4.9절에서의 시정수 $\tau=RC$를 가진 일차시스템의 RC회로는 스텝입력 V_{cc}에 대한 출력으로 다음과 같이 충전된다.

$$V_C(t) = V_{cc}\left(1 - e^{\frac{-t}{RC}}\right) \tag{6.37}$$

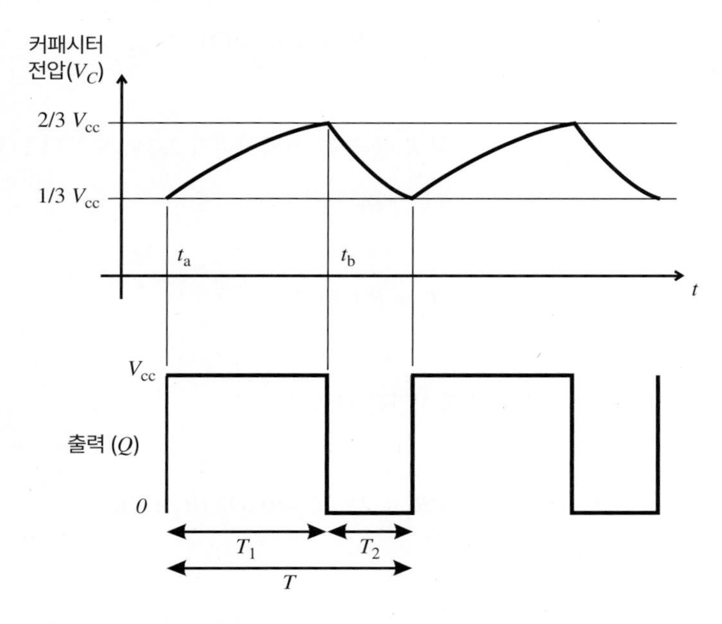

그림 6.45 비안정 멀티바이브레이터의 커패시터 전압과 출력신호

직렬저항 R_1과 R_2를 통해 커패시터가 0 V로부터 $2/3V_{cc}$까지 충전하는 데 걸리는 시간은 다음과 같다.

$$\frac{2}{3}V_{cc} = V_{cc}\left(1 - e^{\frac{-t_b}{(R_1+R_2)C}}\right) \tag{6.38}$$

이 방정식의 해는 다음과 같이 구해진다.

$$t_b = -(R_1 + R_2)C\ln\left(\frac{1}{3}\right) \tag{6.39}$$

마찬가지로 0 V로부터 $1/3V_{cc}$까지 충전하는 데 걸리는 시간은 다음과 같다.

$$t_a = -(R_1 + R_2)C\ln\left(\frac{2}{3}\right) \tag{6.40}$$

따라서 출력이 하이(high)인 동안에 직렬 저항 R_1과 R_2를 통해 커패시터가 $1/3V_{cc}$로부터 $2/3V_{cc}$까지 충전하는 데 걸리는 시간은 다음과 같다.

$$T_1 = t_b - t_a = (R_1 + R_2)C\ln(2) \quad (6.41)$$

마찬가지로 출력이 로우인 동안 직렬저항 R_2를 통해 커패시터가 $2/3V_{cc}$로부터 $1/3V_{cc}$까지 방전하는 데 걸리는 시간은 다음과 같다(연습문제 6.57 참조).

$$T_2 = R_2C\ln(2) \quad (6.42)$$

따라서 펄스 사이클의 한 주기에 대한 총시간은 다음과 같고

$$T = T_1 + T_2 = \ln(2)(R_1 + 2R_2)C \approx 0.693\,(R_1 + 2R_2)C \quad (6.43)$$

사이클 주파수는 다음과 같다.

$$f = \frac{1}{T} = \frac{1}{\ln(2)(R_1 + 2R_2)C} \approx \frac{1.443}{(R_1 + 2R_2)C} \quad (6.44)$$

거의 대칭적인 사각파를 얻기 위해서는 온(ON)과 오프(OFF)의 펄스폭 시간인 T_1과 T_2가 가능한 한 같게 만들어져야 한다. 이것은 R_1의 저항값보다 훨씬 더 큰 R_2 저항값을 선정함으로써 가능하다(수업토론주제 6.14 참조).

수업토론주제 6.14 비안정 사각파 발생기

그림 6.44에서의 회로를 가지고 거의 대칭적인 사각파 출력을 얻기 위해서는 어떻게 해야 하는가? 이러한 시도에서 잠재적인 문제가 있는가? 또한 전원이 회로에 공급되기 전에 커패시터가 일부 충전된다면 회로의 출력에 어떤 영향을 미치는가?

6.13 집적회로 시스템 설계

대부분의 디지털 설계 응용에서 필요한 기능을 만들기 위해 다양한 상용 집적회로(ICs)가 빌딩 블록(building blocks)으로 사용된다. 상상 가능한 거의 모든 디지털 기능을 수행할 수 있는 수

많은 IC가 시장에 존재한다. 각각의 기능을 명시한 데이터시트가 있는 IC의 리스트는 온라인 상에서 또는 제조업자의 TTL 또는 논리 데이터북에 있다. 설계예제 6.1에서 제시한 디지털 타코미터(tachometer)는 몇 개의 상용 IC를 이용한 디지털 설계의 해답을 제시한다. 인터넷 링크 6.9에서는 디지털전자공학의 기초, 논리장치, 회로해석 및 설계, 응용에 관한 복습을 할 수 있도록 우수한 자료를 제공한다.

6.9 인터넷 링크에 관한 모든 것: Vol. IV–디지털

설계예제 6.1 **디지털 타코미터**

우리의 목적은 축의 회전 속도를 측정하고 표시하는 시스템을 설계하는 것이다. 회전 속도를 측정하는 간단한 방법은 주어진 시간 안에 축의 회전수를 세는 것이다. 측정된 숫자는 축의 회전 속도와 직접적으로 비례한다.

축의 회전을 감지하는 수많은 센서가 있다. 자장, 광학, 또는 기계적인 원리를 이용하여 축의 특징을 검출하는 근접(proximity) 센서가 하나의 예이다. 광센서로서 LED 포토트랜지스터(phototransistor) 쌍을 사용하고 축 위에 작은 반사 테이프를 붙인다. 매 회전마다 이 테이프에서 반사된 빛은 광센서를 통과하고 7414 Schmitt 트리거 인버터는 계수(counting) 회로에 단일 펄스 출력을 내보낸다. 다음 그림은 센서와 신호처리회로를 보여준다.

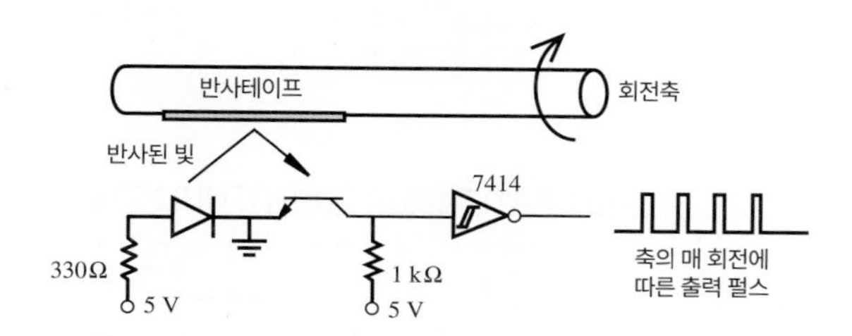

이제 우리는 일정 시간 T 동안에 펄스를 세고 표시할 수 있는 회로가 필요하다. 이어지는 그림은 필요한 모든 요소를 보여준다. 7490 십진 카운터(decade counter)는 펄스를 세고 주어진 시간 주기 T 후에 발생하는 신호 R의 하강(negative)에지에서 리셋된다. 주기 T는 555 발진 회로의 외부에 연결된 저항-커패시터의 조합에 의해 정해진다. 만약에 측정 시간 T 동안에 계수가 9를 넘으면 총계수를 하기 위해 여분의 7490이 직렬로 연결되어야 한다. 카운터 리셋 바로 전에 출력은 신호 L의 짧은 신호에 의해 활성화(enable)되는 7475 데이터 래치(data latch)에 의해 저장된다. 래치(latch)는 카운터가 새로운 계수 사이클을 시작하는 동안에 이전에 센 계수를 유지하는 데 필요하다. 두 개의 74123 원숏 중의 하나는 길이 Δt의 래치 펄스 L을 발생하기 위해 클록 신호 CK에 의해 상승(positive)에지에서 트리거된다. 계수의 정확도를 유지하기 위해 래치와

리셋 펄스의 길이는 작아야만($\Delta t << T$) 한다(수업토론주제 6.15 참조). 래치 펄스의 끝단(trailing) 에지는 하강에지에서 트리거되는 두 번째 원숏을 트리거하고 카운터에 지연된 리셋 펄스 R을 발생시킨다. 7447 LED 디코더(decoder)와 구동기(driver)는 래치된 BCD 카운트를 LED 디스플레이를 위한 7-segment 신호로 변환한다. 디스플레이는 정해진 시간 T 동안에 발생한 펄스의 숫자를 표시한다.

분당 회전수로 표시되는 축의 속도는 다음과 같이 표시된 펄스 숫자와 관련이 있다.

$$\text{rpm} = \frac{\text{펄스 수}/\text{ppr}}{T} 60$$

여기서 ppr은 센서에 의해 발생하는 한 회전당 펄스의 숫자이다(즉, 1은 한 조각의 반사테이프를 나타낸다).

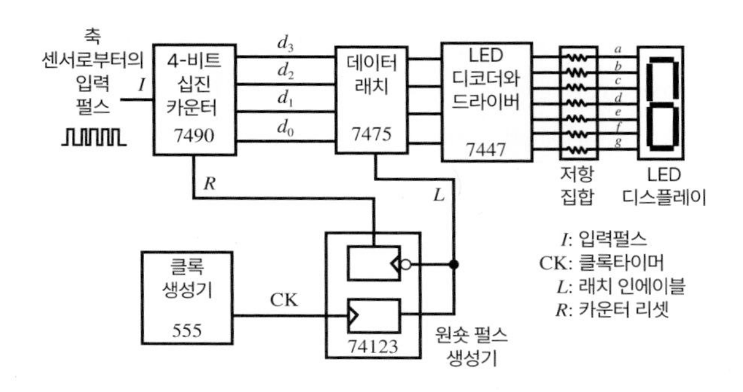

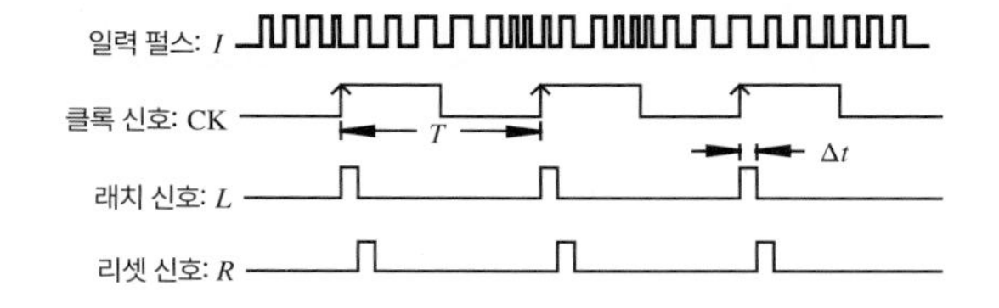

수업토론주제 6.15 디지털 타코미터의 정확도

설계예제 6.1에서 Δt의 선택이 디지털 타코미터에 의해 표시되는 숫자의 정확도에 어떤 영향을 미치는가?

수업토론주제 6.16 디지털 타코미터의 래치 타이밍

설계예제 6.1의 디지털 타코미터 회로에서 예상되는 하나의 잠재적인 문제는 카운터가 입력 펄스에 의해 증가하고 있는 바로 그 순간에 래치 신호가 발생할 때 일어날 수 있다. 왜 그런지 설명하라. 이 문제는 논리게이트를 이용하여 래치 신호가 발생하는 동안에 입력 펄스를 차단하면 해결할 수 있다. 이를 위해 어떤 회로를 추가해야 하는가?

수업토론주제 6.17 디지털 설계 시의 기억장치와 바이패스(bypass) 커패시터의 사용

디지털 시스템 안에 있는 전력 공급선을 가로질러 하나 또는 그 이상의 기억용량이 큰 탄탈럼(tantalum) 또는 **전해저장**(electrolytic storage) 커패시터(예: 10~100 μf)를 사용하거나 각각의 IC에 전력을 공급하기 위해 V_{cc}와 접지 사이에 소형의 세라믹 바이패스 또는 디커플링 커패시터(예: 0.1 μf)를 사용하는 것이 일반적이다. 그 이유는 무엇인가?

설계예제 6.2 특수 IC를 이용한 부하전력의 디지털 제어

설계예제 3.4에서 메카트로닉스 시스템의 주변장치로 이산장치 전력구동기를 소개했다. 큰 반도체 제조업자들은 릴레이 구동기(relay drivers), 램프 구동기(lamp drivers), 모터 구동기(motor driver), 솔레노이드 구동기(solenoid driver) 같은 여러 응용에서 메카트로닉스 설계자들에게 많은 도움을 주는 특수 IC를 제공한다. 이 장에서는 원하는 디지털 제어 출력을 얻기 위해 어떻게 논리회로를 설계하는지 배웠다. 이러한 출력은 기계적인 동력을 제어하기 위해 주변전력장치에 연결될 수 있다. 주변 전력의 요구사항은 매우 다양하며 광범위하게 융통성을 가진 인터페이스용 IC를 필요로 한다. 더 나아가 특수한 인터페이스용 IC는 개별 장치를 사용해서는 설계가 어려운 곳에 쉽게 사용할 수 있는 부가 장점을 제공한다. 예를 들면 출력에서의 단락 회로 보호(short circuit protection), 잡음(glitch) 없는 전력스위칭, 유도플라이백(inductive flyback) 보호, 역과도전류(negative transient) 보호 등을 들 수 있다.

예를 들어 디지털 출력이 8개의 개별 장치를 제어하기 위해 8비트 버스가 이용되는 상황을 생각해 보자. 주변장치로 좋은 것은 National Semiconductor사의 DP7311 octal 래치 장치다. 이 장치는 LED, 모터, 센서, 솔레노이드, 릴레이 등을 구동하기 위해 각 출력이 최대 30 V의 작동전압에서 직류 100 mA까지의 전류를 공급할 수 있다. 이것은 IC 자체의 전류보다 더 높은 전류를 제어할 수 있는 고전류의 외부 이산 구동기와 연결되었을 때 외부 풀업(pull-up)저항이 필요한 개방컬렉터출력을 갖고 있다. 두 경우의 가능한 예를 생각해 보자.

첫 번째 응용 예는 high-side(전원과 컬렉터 사이의 부하) 스위칭을 위한 고전류 바이폴라파워트랜지스터 구동기의 전형적인 출력(8개 중 하나)을 보이고 있다. 데이터 입력(data in) 선은 하이(high)에서 활성(active)화되고 클리어(CLR)와 스트로브(STR)는 로우(low)에서 활성화된다. 래치는 CLR이 로우일 때 클리어되고(출력이 off됨), 데이터 입력값은 STR이 로우일 때 래치된다.

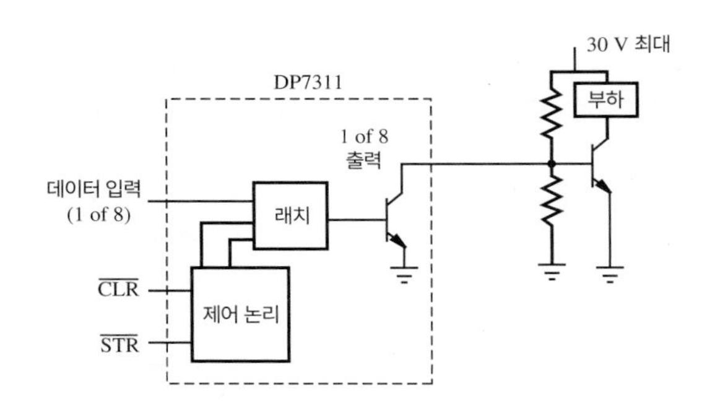

또 다른 고전류 n-채널 MOSFET 설계가 다음과 같이 나타난다.

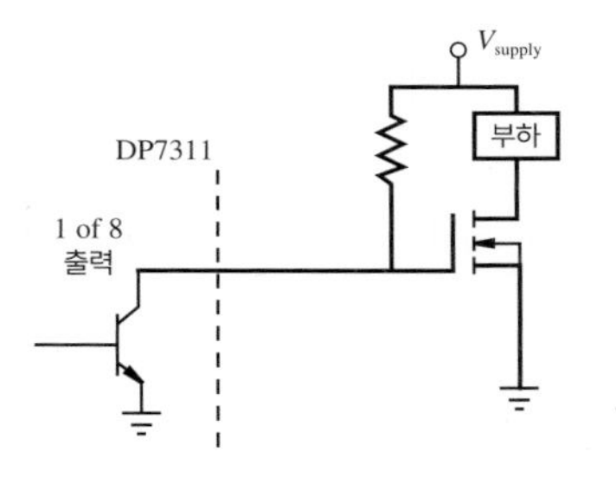

6.13.1 IEEE 표준 디지털 기호

디지털 입력과 출력 상태를 나타내는 IEEE 표준 기호가 그림 6.46에 나와 있다. 디지털 회로를 그리거나 읽을 때 이 기호를 숙지하고 있는 것이 중요하다. IC 제조업체의 TTL 데이터북에서 이러한 기호를 자주 볼 수 있을 것이다.

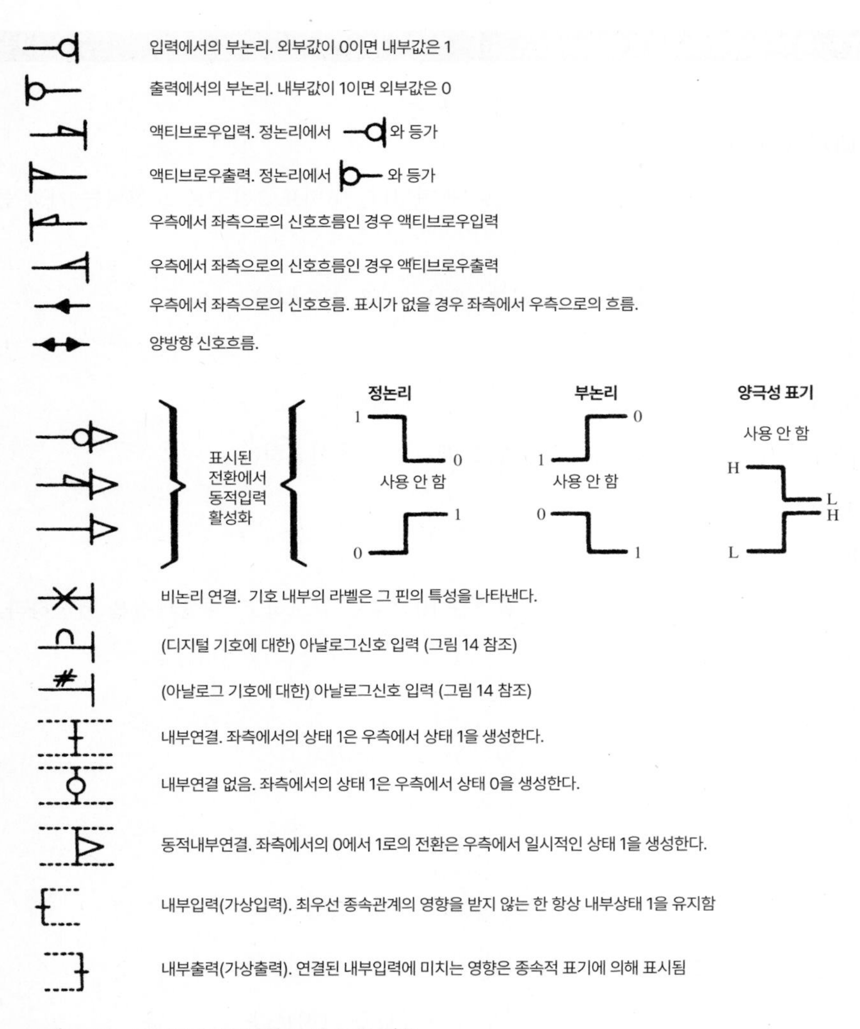

그림 6.46 디지털 IC에 대한 IEEE 표준 기호

연습문제 QUESTIONS AND EXERCISES

6.2절 디지털 표현

6.1. 컴퓨터에서 정수는 때때로 16비트로 표현된다. 16비트 2진수로 표현되는 가장 큰 10진수 정수는 얼마인가?

6.2. 다음의 10진수를 2진수로 표현하고, 계산과정을 서술하라.

a. 128

b. 127

6.3. 다음의 10진수를 16진수로 표현하고, 계산과정을 서술하라.

a. 128

b. 127

6.4. 다음의 2진수 연산을 행하고 그 결과를 10진수로 검토하고, 계산과정을 서술하라.

a. 1101＋1001

b. 1101－1001

c. 1101×1001

d. 111＋111

e. 111×111

6.3절 조합논리와 논리계열

6.5. 다음 논리표현을 구현하는 논리회로의 개략도를 그려보라.

a. $\overline{A} + \overline{B}$

b. $\overline{A} \cdot \overline{B}$

6.6. 하나의 NAND 게이트를 이용하여 INVERTER를 만들고 개략도를 그려보라.

6.7. 다음의 각 회로에 대해 간략화된 부울식을 쓰고 진리표를 작성하라. 0＝low＝0 V, 1＝high＝5 V로 가정한다.

힌트: 트랜지스터가 어떻게 작동하는지에 기초하여 준논리문(6.6.1절과 6.6.2절 참조) 또는 진리표를 먼저 작성한다. 차단 또는 포화상태에서도 동작하는 이상적인 트랜지스터를 가정한다.

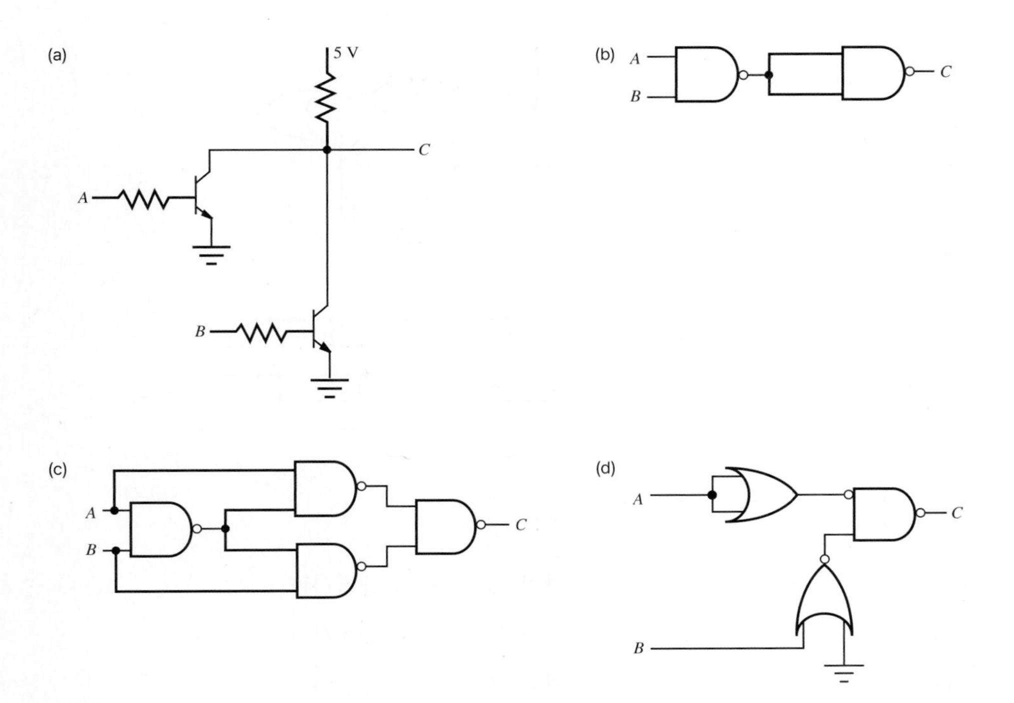

6.4절 타이밍선도

6.8. NOR 게이트의 모든 기능을 보이는 타이밍선도를 그려보라.

6.9. XOR 게이트의 모든 기능을 보이는 타이밍선도를 그려보라.

6.10. 예제 6.2의 진리표 결과를 보이는 타이밍선도를 그려보라.

6.5절 부울대수

6.11. 다음 논리표현의 결과를 구하라.

a. $\overline{1 \cdot \overline{0}} + 1 \cdot (0 + 1) + \overline{\overline{0}} \cdot (1 + \overline{0})$

b. $A \cdot \overline{B} + A \cdot (A + B)$

6.12. 다음 조합논리회로의 결과 X를 간단한 부울 표현식으로 나타내라. 또한 타이밍선도를 완성하라.

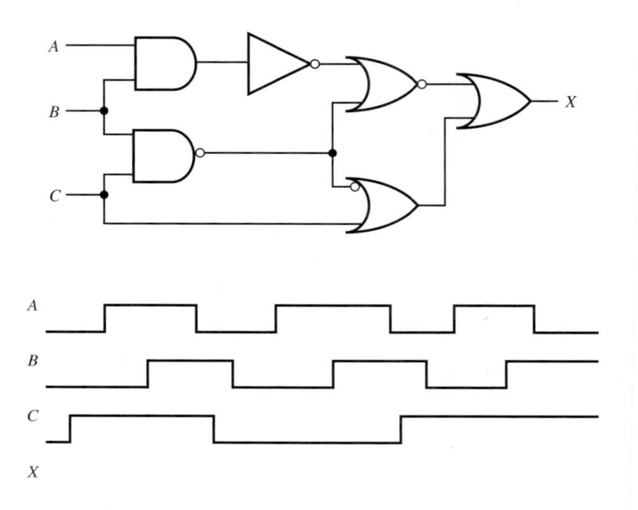

6.13. 기본적인 부울대수 법칙을 이용하여 식 (6.19)를 증명하라.

6.14. 기본적인 부울대수 법칙을 이용하여 식 (6.20)을 증명하라.

6.15. 기본적인 부울대수 법칙을 이용하여 식 (6.21)을 증명하라.

6.16. 진리표를 이용하여 식 (6.22)가 맞다는 것을 확인하라.

6.17. 진리표를 이용하여 식 (6.23)을 증명하라.

6.18. 다음 부울 정리가 맞음을 증명하라.

$AB + AC + \overline{B}C = AB + \overline{B}C$

6.19. 다음 부울 항등식이 맞는지 틀린지 밝히라.

a. $(A \cdot B) + (B \cdot C) + (\overline{B} \cdot C) = (A \cdot B) + \overline{C}$

b. $A \cdot B \cdot C = \overline{A + B + C}$

c. $(A \cdot B) + (B \cdot C) + (\overline{B} \cdot C) = (A \cdot B) + C$

6.20. 두 신호 A와 B에 대해 De Morgan의 법칙[식 (6.25)와 (6.26)]이 성립한다는 것을 진리표를 이용하여 증명하라.

6.21. 다음에 보이는 회로는 **멀티플렉서**(multiplexer)다. 진리표를 작성하고 출력 X에 대한 부울 표현을 구하라. 또한 왜 이 회로를 멀티플렉서라고 하는지 설명하라.

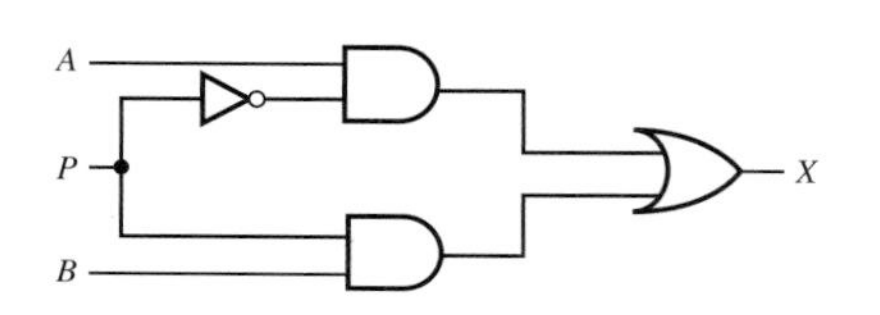

6.22. 아래의 회로에서 출력 X를 표현하는 가장 간단한 부울식을 구하고 간단화된 등가회로도를 그려보라.

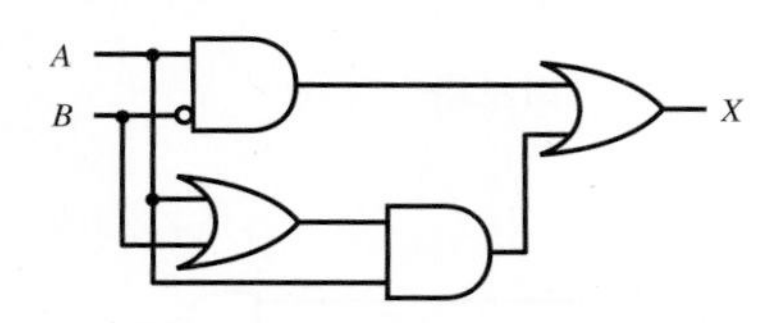

6.23. 6.6.3절에서 유도된 부울 표현식을 이용해 간략화한 보안시스템의 경우 입력상태 $CD =$ 11이 오작동을 초래한다면 경보시스템이 다른 상황에서는 어떻게 반응하는지 설명하라.

6.6절 논리회로망의 설계

6.24. 예제 6.3에 있는 간략화한 부울식을 모두 AND(all-AND) 그리고 모두 OR(all-OR) 논리로만 표현하라. AND 게이트와 OR 게이트는 하나의 IC당 네 개의 게이트가 있고 인버터는 하나의 IC당 6개의 게이트가 있다. 처음 식과 두 가지 변형된 식을 IC로 구현하려고 할 때 각각 몇 개의 IC가 필요한가?

6.25. 식 (6.30)을 OR 게이트만으로 구현하고 회로도를 그려보라.

6.26. 10진수 0부터 9까지 표시하는 4비트 BCD input DCBA를 이용하여 7-세그먼트 LED 디스플레이의 세그먼트 c를 구동하는 논리회로를 설계하고 그려보라. 이 논리회로는 아래 보이는 구동 회로에 사용될 것임에 유의한다.

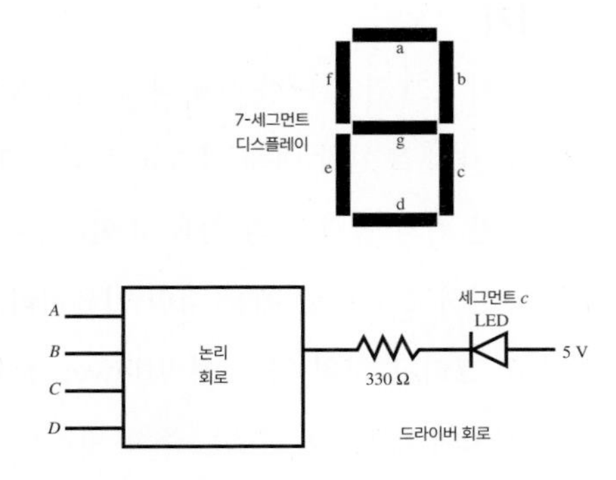

6.27. 다음의 부울식을 NAND 게이트와 인버터만 이용하여 동일한 회로를 그려보라.

$$X = \overline{A} \cdot B \cdot C + (A + B) \cdot \overline{C}$$

여기서 NAND 게이트는 두 개의 입력을 가지고 있다. 게이트를 변환하기 전에 먼저 부울 표현식을 간단하게 하지 말라. 그 식을 있는 그대로 변환하라.

6.28. 다음에 있는 회로의 간략화한 부울식을 구하라. 그리고 2-input NOR 게이트와 인버터만을 이용하여 동일한 회로를 그려보라.

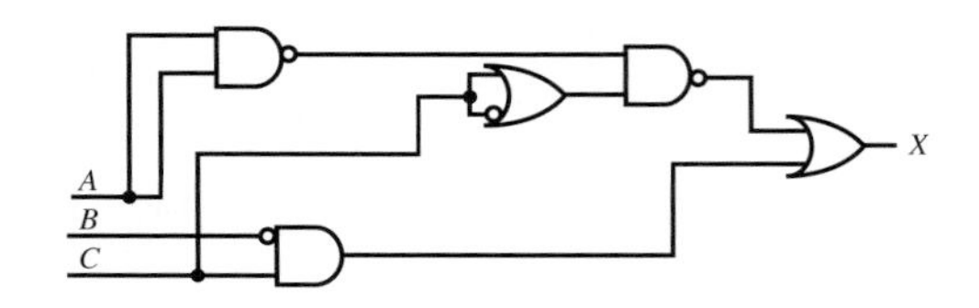

NOR 게이트는 각각 두 개의 입력을 가진다.

6.29. 간단한 자동차 문과 안전벨트 버저(buzzer) 시스템의 논리회로를 설계하라. 센서는 문과 안전벨트 착용상태에 따라 디지털신호를 발생시킨다고 가정한다. 신호 A는 문이 잠겼을 때 하이(high) 신호 상태이고, 신호 B는 안전벨트를 착용했을 때 하이 신호상태이며, 신호 C는 시동 스위치가 작동상태에 있을 때 하이 신호상태이다. 여러분의 회로는 하이 상태일 때 버저를 작동하거나 끌 수 있도록 출력신호 X를 발생시킬 수 있어야 한다. 버저는 차의 시동이 걸려 있고 문이 열렸거나 또는 안전벨트를 착용하지 않았을 때 울려야 한다. 부울식을 쓰고, 논리회로를 그리고, 진리표를 작성하라. 그리고 모든 기능을 보이는 타이밍선도를 그려라.

6.7절 진리표로부터 부울식 구하기

6.30. 곱의 합 방법을 이용하여 문제 6.21의 간단한 부울식의 결과 X를 유도하라.

6.31. 예제 6.4의 S와 C 각각의 네 가지 표현에 대해 진리표를 검증함으로써 맞는지 확인하라.

6.32. 예제 6.4의 논리회로가 주어진 합의 곱과 곱의 합을 표현하기에 맞는지 검증하라.

6.33. 수업토론주제 6.4에 대한 완전하고 철저한 해를 정리 기록하라.

6.34. 입력으로 두 합비트 A_i와 B_i 그리고 하위 차수 캐리(lower order carry) C_{i-1}을 가진 **전가산기** 회로를 설계하고 그려라(예제 6.4 참조). 출력 합비트 S_i와 캐리비트 C_i에 대한 모든 경우의 진리표와 곱의 합 부울식을 구하라.

6.9절 플립플롭

6.35. 표 6.8의 모든 행의 결과를 나타내고 있는 수업토론주제 6.5에 대해 답하라.

6.36. 프리셋(preset)과 클리어(clear) 입력단이 있는 하강에지트리거 T 플립플롭의 진리표를 작성하라.

6.37. 프리셋과 클리어 입력단이 있는 하강에지트리거 D 플립플롭의 진리표와 타이밍선도를 작성하라.

6.38. 다음 회로의 타이밍선도를 완성하라.

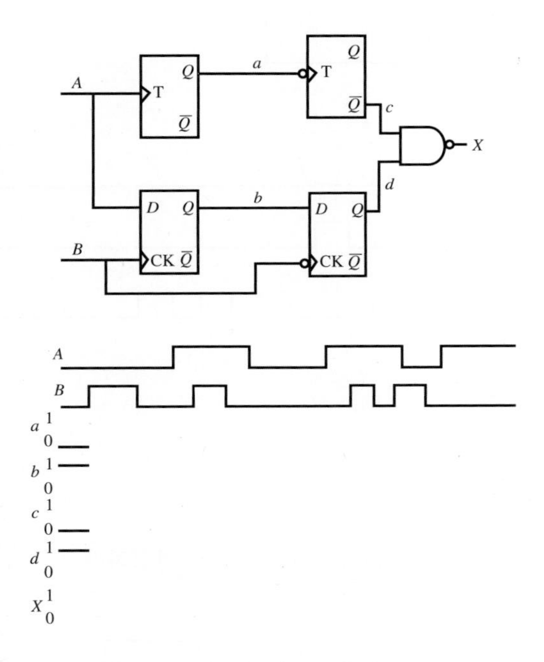

6.39. 다음 회로를 이용하여 타이밍선도(회로 아래 참조)를 완성하라.

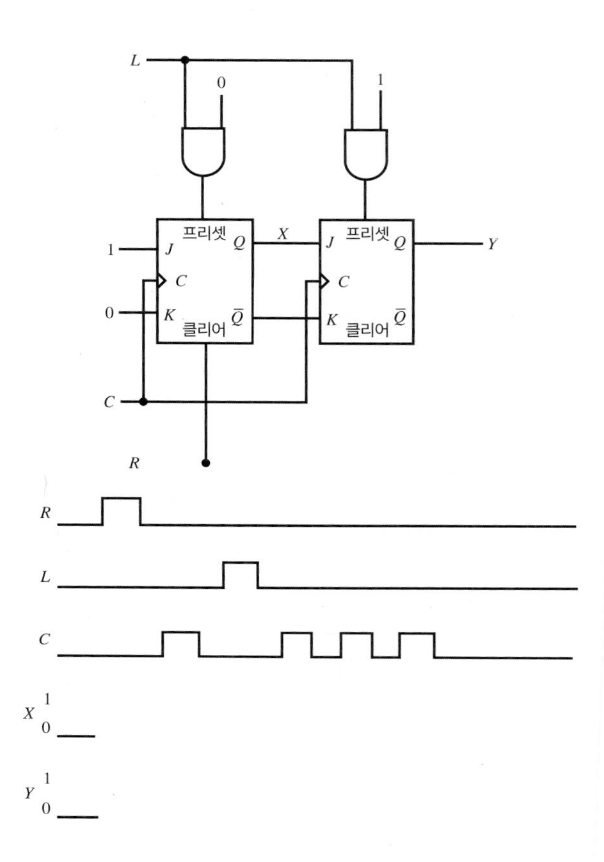

6.40. 다음 회로에 대한 타이밍선도(회로 아래 참조)를 완성하라.

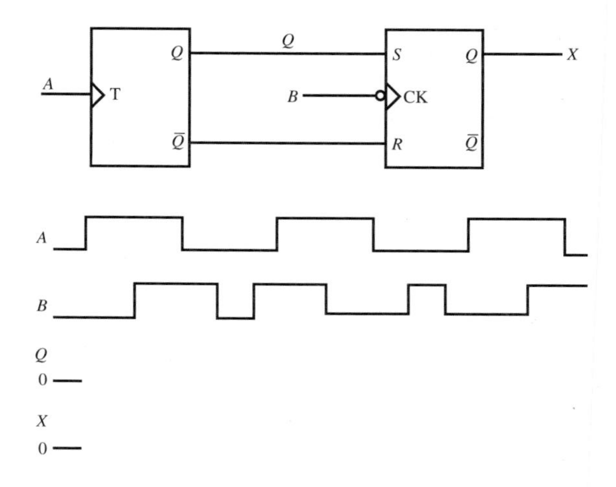

6.10절 플립플롭의 활용

6.41. 수업토론주제 6.7에 대해 완전하고 철저한 해를 정리 기록하라.

6.42. 하나의 디지털장치의 이네이블 펄스(enable pulse)가 우선 하이(high)가 될 때 네 개의 이진 센서(binary sensor, 하이 또는 로우값만을 나타내는 센서)로부터의 데이터를 저장하는 회로를 설계하라. 이네이블 입력은 평소에 로우이며 펄스는 1초 동안 하이 상태임을 가정한다.

6.43. 그림 6.20에서 보이는 4비트의 스트링으로 구성된 니블(nibble)이 최상위 비트인 MSB로부터 출발해서 1011로 전환되는 모든 과정에 대한 타이밍선도를 그려라.

6.44. 그림 6.21에서 보이는 4비트의 스트링으로 구성된 니블이 최상위 비트인 MSB로부터 출발해서 1011로 전환되는 모든 과정에 대한 타이밍선도를 그려라.

6.45. JK 플립플롭을 사용하여 입력 클록 신호 주파수의 반이 되는 클록 신호를 발생시키는 회로를 설계하라. 만약에 입력 클록 신호가 비대칭(asymmetric)이면 출력 클록 신호 또한 비대칭인지 판단하라.

6.46. 광-인터럽트와 같이 평소엔 로우이고 활성화되면 임의의 아주 짧은 시간에 하이 신호를 발생하는 디지털센서를 가지고 있다. 이 센서로부터의 출력신호를 획득하여 리셋 신호를 보낼 때까지 획득한 신호를 유지하게 하는 회로를 설계하라.

6.47. 바운스가 없는(bounce-free) NO 버튼(자세한 설명은 9.2.1절 참조)이 먼저 눌리고 버튼에서 손을 뗄 때 카운터를 증가시키고, 버튼이 먼저 눌렸을 때 스위치가 내려가는 SPDT 스위치의 상태를 저장하는 순차 논리회로를 설계하라. 바운스가 제거된 버튼과 카운터는 규격품으로 구입할 수 있고 설계할 필요가 없다고 가정한다. SPDT 스위치가 스위치바운스를 나타낸다고 가정할 경우 구한 회로도를 그리고 타이밍선도를 보여라.

6.11절 TTL과 CMOS 집적회로

6.48. 수업토론주제 6.12에 대해 완전하고 철저한 답을 정리 기록하라.

6.49. 디지털 설계에서 74LS00 NAND 게이트와 4011B NAND 게이트를 서로 연결해야만 한다. 이 작업을 적절하게 하기 위한 회로의 개략도를 그려보라.

6.50. 왜 CMOS 장치의 출력으로부터 큰 TTL 팬아웃을 가질 수 없는가?

6.12절 특수목적의 디지털 집적회로

6.51. 6.7절에서 언급한 합의 곱이나 곱의 합 방법을 사용하여 표 6.11의 $\bar{c}$와 $\bar{e}$의 출력란의 부울식을 유도하라. 가장 작은 수의 형태로 가져올 수 있는 방법을 사용하라. 마지막으로 표현된 식을 더 간단히 할 필요는 없다.

6.52. TTL 데이터 책자에 있는 정보를 이용하여 BCD 출력을 갖는 7490 십진 카운터의 완전한 개략도를 그려라. 다음에 있는 타이밍선도의 네 개의 R라인을 이용한 리셋(reset) 기능을 포함하라. 또한 타이밍선도를 완성하라.

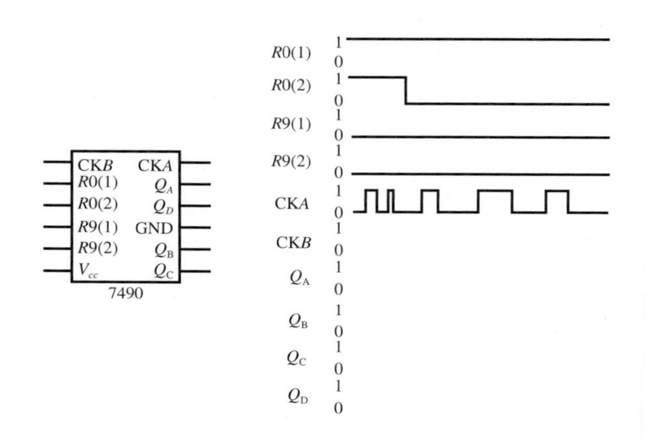

6.53. 십진 카운터와 그림 6.19에 있는 4비트 이진 카운터는 어떻게 다른가?

6.54. 0과 5 V 사이에서 작동하는 Schmitt 트리거가 있다. 하위 임계값은 1 V이고 상위 임계값은 4 V로 가정하라. 다음에 주어진 입력신호가 Schmitt 트리거에 입력된다면 다음과 같은 각 신호의 한 주기 동안의 Schmitt 트리거 출력신호를 그려보라.

a. $2.5+1.0\sin(2\pi t)$ V

b. $2.5+2.0\sin(2\pi t)$ V

c. $1.5+1.5\sin(2\pi t)$ V

d. $3.0+1.5\sin(2\pi t)$ V

6.55. 저항과 커패시터의 함수를 이용하여 원숏 회로의 정확한 펄스폭(pulse width)을 결정하라[식 (6.36) 참조].

6.56. 1 Hz 클록 신호를 발생시키는 555 발진기를 설계하고 개략도를 그려보라.

6.57. 식 (6.42)를 유도하기 위한 상세한 수학적 유도과정을 보여라.

6.58. 수업토론주제 6.14에 대해 완전하고 철저한 해를 정리 기록하라.

6.13절 집적회로 시스템 설계

6.59. 수업토론주제 6.16에 대해 완전하고 철저한 해를 정리 기록하라.

6.60. 디지털 핸드북에 있는 74LS90 십진 카운터를 찾아보라. 핸드북에 있는 정보를 이용하여 100번의 디지털 사건(digital event)이 일어난 이후에 LED를 켜는 회로를 설계하라. 단, 회로는 개략적으로 설계하라. 십진 카운팅에 필요한 IC 입력코드의 세부도를 포함하라.

6.61. 문제 6.47에서 설계한 회로 또는 수업에서 제공된 회로에서 SPDT 스위치의 바운스가 효과가 있는지 여부를 확인하라. 또한 NO버튼에 의해 바운스 제거(bounce-free)가 안되면 회로는 여전히 작동하는가? 작동하지 않으면 이런 문제를 다루기 위해 설계를 어떻게 수정해야 하는가?

6.62. 사람들이 동전을 밀어 넣는 동전 슬롯(slot)이 있다. 동전의 바닥 부분은 항상 슬롯의 바닥 부분을 따라 미끄러진다. 사람들이 십 원짜리, 백 원짜리, 오백 원짜리 동전을 슬롯에 넣는다. 광학센서가 있고 슬롯을 통과하는 동전을 감지하기 위해 센서를 어느 위치에든 설치할 수 있다. 광학센서의 광이 끊어지면 센서의 출력은 하이(high)이고 그렇지 않으면 로우(low)이다. 십 원짜리 동전이 통과하면 빨간색 LED를 켜고, 백 원짜리 동전이 통과하면 노란색 LED를 켜고, 오백 원짜리 동전이 통과하면 녹색 LED를 켜는 시스템을 설계하라.

6.63. 연습문제 6.62를 성공적으로 해결했다고 가정하고, 슬롯을 통과하는 십 원짜리, 백 원짜리, 오백 원짜리 동전의 개수를 셀 수 있도록 설계를 확장하라.

참고문헌 BIBLIOGRAPHY

Horowitz, P. and Hill, W., *The Art of Electronics*, 3rd Edition, Cambridge University Press, New York, 2015.

Mano, M., *Digital Logic and Computer Design*, Prentice-Hall, Englewood Cliffs, NJ, 1979.

McWhorter, G. and Evans, A., *Basic Electronics, Master Publishing*, Richardson, TX, 2004.

Mims, F., *Getting Started in Electronics*, 3rd Edition, Master Publishing, Richardson, TX, 2003.

Mims, F., *Engineers Mini-Notebook: 555 Circuits*, Radio Shack Archer Catalog No. 276-5010, 1984.

Mims, F., *Engineer's Mini-Notebook: Digital Logic Circuits*, Radio Shack Archer Catalog No. 276-5014, 1986.

Stiffler, A., *Design with Microprocessors for Mechanical Engineers*, McGraw-Hill, New York, 1992.

Texas Instruments, *Operational Amplifiers and Comparators*, Volume B, Dallas, TX, 1995.

Texas Instruments, *TTL Linear Circuits Data Book*, Volume 3, Dallas, TX, 1992.

Texas Instruments, *TTL Logic Data Book*, Dallas, TX, 1988.

7 CHAPTER

마이크로컨트롤러 프로그래밍과 인터페이스

Microcontroller Programming and Interfacing

이 장에서는 마이크로컨트롤러의 프로그래밍과 인터페이스를 학습한다. 또한 여러 입출력 장치들도 소개한다. ■

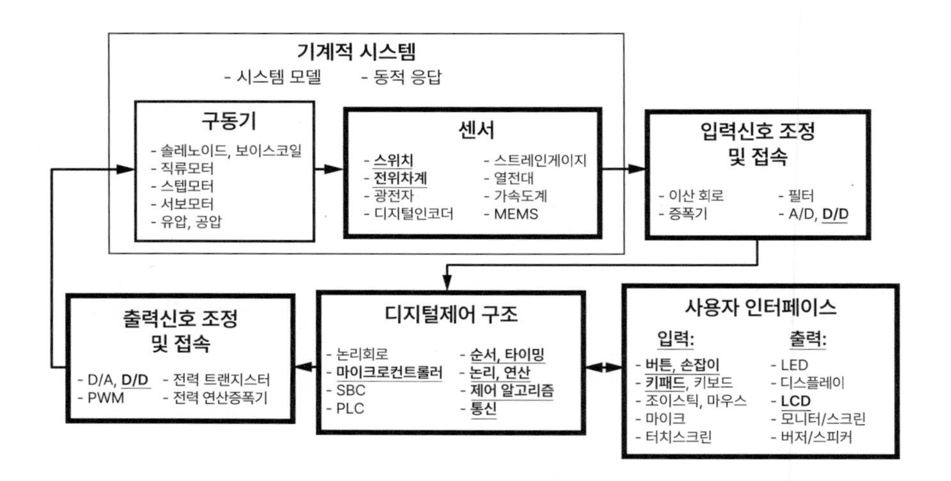

목적 · CHAPTER OBJECTIVES

이 장을 읽고, 논의하고, 공부하고, 아이디어를 적용하면 다음을 할 수 있다.

1. 마이크로프로세서, 마이크로컴퓨터, 마이크로컨트롤러의 차이점을 이해한다.
2. 마이크로컴퓨터와 마이크로컨트롤러에 관련된 용어를 안다.
3. 마이크로컨트롤러의 구조와 동작원리를 이해한다.
4. 어셈블리어 프로그래밍의 기본 개념을 이해한다.

5. PicBasic Pro와 아두이노 C 같은 고급 프로그래밍 언어의 기초를 이해한다.
6. PIC 마이크로컨트롤러와 아두이노 프로토타입 보드를 제어할 수 있는 프로그램을 작성할 수 있다.
7. 마이크로컨트롤러를 입출력장치에 인터페이스할 수 있다.
8. 마이크로컨트롤러 기반의 메카트로닉스 시스템을 설계할 수 있다.
9. 시제품 제작, 프로그램 작성을 도와주고 마이크로컨트롤러 기반 시스템을 디버깅할 수 있는 실제적인 고려사항을 인식한다.
10. 마이크로컨트롤러 기반 시스템에 대한 적절한 전원을 선택할 수 있다.

7.1 마이크로프로세서와 마이크로컴퓨터

6장에서 살펴보았던 여러 가지 디지털 회로는 집적회로(IC)에 들어 있는 논리 게이트와 플립플롭(flip-flop)을 연결함으로써 원하는 조합 및 순차 논리를 만들어낼 수 있게 한다. 이 방법은 몇몇의 논리 IC를 선정하여 구현되는 **하드웨어**(hardware) 구현방법으로서 일단 보드로 제작되면 미리 설계된 특정 기능만 수행하게 된다. 따라서 이 기능을 바꾸려면 재설계가 필요하고 하드웨어 회로가 수정되어야 한다. 이는 단순한 설계 절차에서는 만족된다[6.6절의 보안 시스템이나 설계예제 6.1과 같은 디지털 타코미터(tachometer)]. 그러나 많은 입력과 출력의 매우 복잡한 관계로 이루어진 각종 메카트로닉스 시스템의 제어 문제에서 완전한 하드웨어에 의존하여 구현하는 방법은 비현실적이다. 따라서 좀 더 바람직한 디지털 논리 구현방법은 **소프트웨어**(software) 해법을 구현할 수 있는 마이크로프로세서 기반 시스템을 이용하는 것이다. 여기서 소프트웨어는 입력신호를 얻고 제어 출력을 만들 때 필요한 논리와 연산을 수행하기 위한 명령어로 구성된 순서적 프로그래밍을 말한다. 소프트웨어 해법의 장점은 하드웨어 수정 없이 메카트로닉스 시스템의 기능을 변경하기 위한 프로그램 수정이 매우 간단하다는 것이다.

마이크로프로세서(microprocessor)는 산술, 논리, 통신, 제어 기능을 하는 디지털 회로를 가진 VLSI(very large scale integration)이다. 이것은 인터페이스와 메모리칩 같은 다른 부품과 함께 PCB(Printed Circuit Board)에 장착되어 조립되면 **마이크로컴퓨터**(microcomputer) 또는 **싱글보드 컴퓨터**(single-board computer)라고 불린다. 마이크로프로세서를 이용한 전형적인 마이크로컴퓨터의 구조는 그림 7.1에 제시되었다.

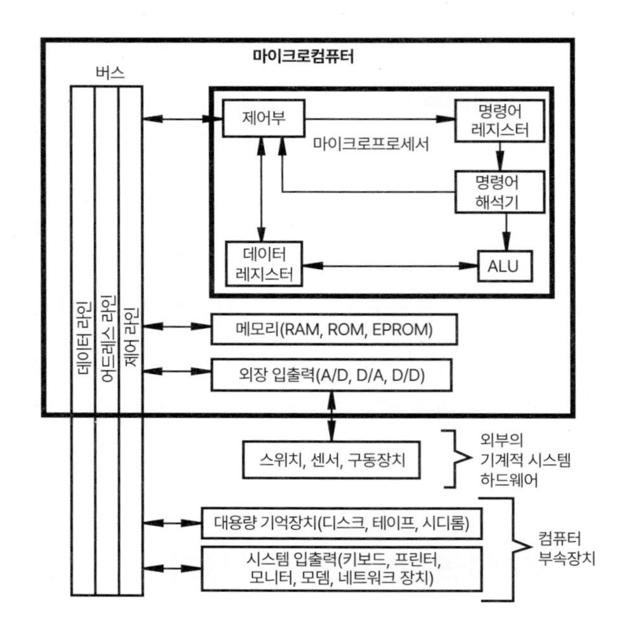

그림 7.1 마이크로컴퓨터의 구조

마이크로프로세서는 종종 **CPU**(central processing unit) 또는 **MPU**(microprocessor unit)라고도 불리는데, 시스템의 주요 계산과 제어 연산이 일어나는 곳이다. CPU 내에 있는 **ALU**(arithmetic logic unit)는 이진의 **워드**(word)로 되어 있는 데이터에 대한 수학적 연산을 수행한다. 여기서 워드는 8, 16, 32 또는 64비트 길이인 데이터의 기본 연산 단위를 의미한다. 명령어 해석기(instruction decoder)는 제어부(control unit)에 의해 순차적으로 메모리로부터 가져와 명령어 레지스터(instruction register)에 저장된 명령어를 해석하는 역할을 한다. 각각의 명령어는 일련의 비트 집합으로서 CPU 데이터 레지스터(data register)의 워드에 저장된 데이터에 대해 이진 덧셈이나 논리 연산을 하도록 ALU에 내리는 지령이다. ALU에서 연산된 결과는 다시 데이터 레지스터에 보관되었다가 제어부에 의해 메모리로 전송된다.

버스(bus)는 공유 통신으로 사용하는 라인의 집합이며 컴퓨터의 중추신경과 같은 역할을 한다. 이 버스에 의해 데이터, 어드레스, 제어 신호가 버스에 몰려 있는 모든 시스템 장치와 공유된다. 이러한 장치 각각이 가지고 있는 버스 컨트롤러(bus controller)에 의해 서로 정보를 보내기도 하고 받기도 한다. 데이터, 어드레스, 제어 라인에 의해 주소가 지정된 특정 장치의 데이터에 접근할 수 있다. **데이터 라인**(data lines)은 시스템 내의 메모리, CPU 또는 입출력 소자 내의 데이터 레지스터에 워드데이터를 주고받는 데 사용된다. 각 소자는 조합 논리의 주소판독기를 가지고 있어 **어드레스 라인**(address lines)은 어드레스 코드를 식별하여 소자를 활성화/비활성화한다. **제어 라인**(control lines)은 다음 절에서 다룰 읽기/쓰기 신호, 시스템 클록 신호, 인터럽트와 같은 시스템 제어 신호를 전달하는 데 사용한다.

CPU 동작의 핵심은 메모리에 데이터를 저장하거나 가져오는 작업이다. 메모리에는 **ROM**(read-only memory), **RAM**(random-access memory), **EPROM**(erasable-programmable ROM) 등이 있다. ROM은 데이터의 영구 저장에 사용되며 CPU는 데이터를 읽을 수는 있지만 적을 수는 없다. ROM의 데이터는 유지하는 데 전기가 필요 없으므로 전원이 제거되어도 데이터는 보존되므로 비휘발성(nonvolatile) 메모리라 불린다. 반면에 RAM은 전원이 유지될 경우에만 데이터를 쓰거나 읽을 수 있으며 전원이 제거되면 내용이 지워지므로 휘발성(volatile) 메모리라 불린다. RAM에는 크게 **SRAM**(static RAM)과 **DRAM**(dynamic RAM)이 있는데, SRAM은 데이터를 플립플롭에 저장하므로 전원이 공급되는 동안은 데이터가 유지된다. 반면에 DRAM은 커패시터에 데이터가 저장되므로 전하의 누설 때문에 주기적으로 리프레시(refresh)시켜야 데이터가 보존된다. EPROM에 저장된 데이터는 EPROM IC 상부에 있는 투과창에 자외선을 투과시키면 지울 수 있으므로 다시 데이터를 써 넣을 수 있는 EPROM이다. EPROM의 또 다른 형태는 **EEPROM**(electrically erasable ROM)으로서 자외선을 사용할 필요 없이 데이터를 전기적으로 지울 수도 있고 다시 쓸 수도 있는 특징이 있다. RAM은 휘발성이므로 데이터를 영구히 보관할 때에는 ROM, EPROM, EEPROM, 자기 디스크, 테이프, 광학식 CD-ROM과 같은 대용량 저장용 주변장치에 저장한다.

마이크로프로세서의 통신은 주로 버스에 몰려 있는 입출력 주변장치를 통해 이루어진다. 외부입출력 주변장치는 키보드, 프린터, 디스플레이, 네트워크 장치 등이 있다. 특히 메카트로닉스 응용 시스템의 경우에는 스위치, 센서, 구동기 등을 접속할 수 있는 A/D(analog-to-digital), D/A(digital-to-analog), D/D(digital I/O) 등이 여기에 해당된다.

CPU에서 수행될 수 있는 명령은 **기계어**(machine code)라고 하는 이진코드로 정의된다. 명령어와 이에 해당하는 기계어 코드는 마이크로프로세서에 따라 다르다. 각 명령어는 고유의 이진 문자열로 표시할 수 있으며, 어떤 레지스터에 어떤 수를 더한다든지 특정 메모리 위치의 값을 이동시키는 것과 같이 아주 하위의 기본 작업을 하도록 정의되어 있다. 마이크로프로세서는 **어셈블리어**(assembly language)를 이용하여 프로그램을 작성할 수 있는데, 이는 각 명령에 해당하는 니모닉(mnemonic) 명령을 가진다(예컨대, ADD는 어떤 수를 레지스터에 더하라는 명령이고, MOV는 레지스터의 값을 임의의 기억장소로 옮기라는 의미다). 그러나 마이크로프로세서가 이러한 명령을 수행하려면 **어셈블러**(assembler)라고 불리는 변환소프트웨어를 이용하여 기계어로 변환해야만 한다. 마이크로프로세서에서 사용되는 명령의 세트가 작은 경우에는 **RISC**(reduced instruction-set computer) 마이크로프로세서라 한다. RISC 마이크로프로세서는 설계 및 생산비용이 저렴하고 대개 속도가 빠르다. 그러나 명령어의 수가 제한되므로 복잡한 알고리즘을 프로그래밍할 때에는 단계 수가 증가한다.

특정 마이크로프로세서에 대한 기계어를 생성할 수 있는 BASIC 또는 C와 같은 컴파일러가 제공된다면 프로그램은 BASIC이나 C와 같은 고급언어로도 작성될 수 있다. 이러한 고급언어를 사용하면 학습과 사용이 쉽고, 프로그램이 에러를 찾아서 수정하는 **디버그**(debug) 작업도 용이하며, 다른 작업자가 봐도 쉽게 이해할 수 있다는 장점이 있다. 단점은 어셈블리어로 잘 짜여진 프로그램에 비해 프로그램 메모리 용량이나 실행속도가 비효율적이라는 것이다.

7.2 마이크로컨트롤러

마이크로프로세서는 두 갈래로 진화하고 있는 중이다. 한 갈래는 개인용 컴퓨터와 워크스테이션의 CPU로의 발전이며 이 경우 최대 관건은 빠른 연산 속도와 큰 워드 크기(32 또는 64비트)이다. 또 하나의 갈래는 메카트로닉스 시스템에 적용하기에 적합하도록 하나의 집적회로에 특별한 회로와 기능을 포함시킨 **마이크로컨트롤러**(microcontroller)로의 진화이다. 이것은 마이크로프로세서와 메모리, 입출력 장치 및 기타 인터페이스 장치를 한 패키지에 집적시킨 것이다. 어떤 의미로는 하나의 칩에 구현된 마이크로컴퓨터라고 볼 수 있다. 대표적인 마이크로컨트롤러는 Microchip PIC(이 책에서 설명), 아두이노 보드에 사용되는 Atmel ATmega가 있다. 많은 반도체 회사들이 다양한 마이크로컨트롤러 제품을 제공한다. 도움이 될 만한 상용모델의 목록은 **인터넷 링크 7.2**에 나와 있다. 마이크로컨트롤러는 종종 **MCU**(microcontroller units) 혹은 μC라고 불린다.

인터넷 링크

7.1 마이크로컨트롤러 온라인 자원과 제조사

7.2 상용 마이크로컨트롤러 목록

인터넷 링크 7.1은 다양한 마이크로컨트롤러 온라인 자원과 제조사를 제공한다. 풍부한 정보가 온라인으로 제시되며 이는 제조사들이 고속 및 대용량 메모리 그리고 더 많은 기능을 제공하는 제품을 출시할 때마다 지속적으로 변화된다. 이 분야의 개발에서 추구하는 주요 목표는 저가성, 범용성, 프로그램 용이성, 소형화이다. 이 마이크로컨트롤러는 크기가 작으면서도 여러 기능이 포함돼 있으므로 시스템에 장착되어 원하는 제어 기능을 할 수 있는 점이 메카트로닉스 시스템에 매우 적절한 선택이 된다.

마이크로컨트롤러는 가전, 오락기, 통신장비, 자동차, 항공기, 완구, 사무기기 등에 널리 사용되고 있다. 이러한 응용 사례는 여러 가지 입력에 대한 일종의 지능적인 제어를 구현한 것들이다. 예를 들어, 전자레인지에 사용되는 마이크로컨트롤러는 패널의 사용자 입력을 모니터링하면서 적절한 때 그래픽 디스플레이를 갱신하며, 조리 기능과 타이밍을 제어하는 역할을 한다. 자동차의 경우 많은 마이크로프로세서가 여러 가지 부시스템(subsystem)을 제어하고 있는데, 운행 제어, ABS 브레이크, 점화 제어, 무선도어잠금(keyless entry), 환경 제어, 공기 및 연료 유량 제어 등이다. 복사기는 복사지를 자동공급하기 위하여 구동장치를 제어하고, 지면을 스캔하기 위하여 광센서를 사용하고, 네트워크 연결을 통하여 데이터를 주고받으며, 메뉴를 따라서 수행되는 사용자 인터페이스를 제공한다. 강아지 로봇 완구는 장애물 충돌, 머리 쓰다듬기, 주변 밝기, 음성명령 등의 주위환경을 인식하기 위한 여러 센서가 장착되어 있다. 이러한 정보를 바탕으로 마이크로컨트롤러는 짖고 앉고 걷는 동작을 할 수 있는 구동기를 제어한다. 이와 같은 강력하고 흥미로운 장치는 모두 마이크로컨트롤러와 그 안에서 돌아가는 소프트웨어에 의해 구현된다.

그림 7.2는 전형적인 마이크로컨트롤러의 블록선도이다. 이 그림에는 마이크로컨트롤러에 인터페이스될 수 있는 대표적인 외부장치 목록도 나와 있다. 마이크로컨트롤러에 내장된 내부장치는 CPU, RAM, ROM, 디지털 입출력 포트, 직렬통신 인터페이스, 타이머, A/D 변환기, D/A 변환기 등이 있다. CPU는 ROM에 저장된 소프트웨어를 수행하고 여러 장치를 제어한다. RAM은 수행하는 프로그램의 설정값과 데이터를 저장한다. ROM은 영구히 보존할 데이터와

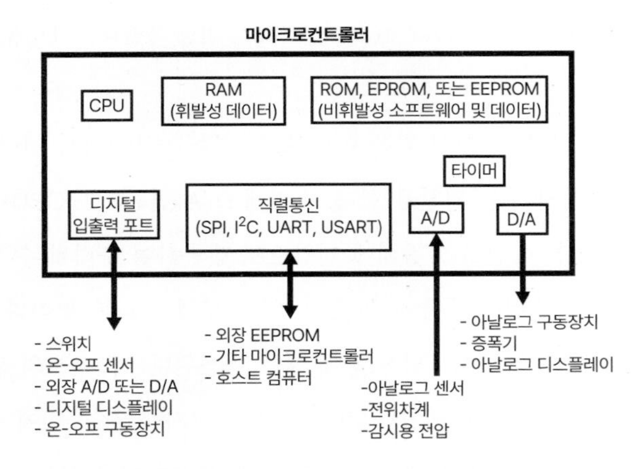

그림 7.2 일반적인 마이크로컨트롤러가 지원할 수 있는 기능

프로그램을 저장하는 데 사용된다. 프로그램과 영구 보존 데이터는 칩 제조업체에 의해 ROM에 기록될 수도 있고 EPROM 또는 EEPROM의 형태로 사용자에 의해 기록될 수 있다. ROM에 영구적으로 보관된 소프트웨어는 **펌웨어**(firmware)라고도 불린다. 마이크로컨트롤러 제조업체는 적절한 프로그래밍 장치를 제공함으로써 컴파일된 기계어 코드 파일을 PC의 직렬통신 포트로부터 마이크로컨트롤러에 내장된 EEPROM으로 통하는 특수 핀으로 직접 전송할 수 있다. 이 핀들 대부분은 프로그래밍이 끝나면 다른 일반 핀으로도 겸용으로 사용할 수 있다. 추가적인 EEPROM은 프로그램이 수행될 때 생성되고 수정되는 설정값과 변수를 보관하는 데 사용할 수 있다. EEPROM은 비휘발성이므로 마이크로컨트롤러의 전원이 꺼졌다 다시 켜져도 지워지지 않고 쓸 수 있다.

디지털 I/O **포트**(ports)는 마이크로컨트롤러 칩의 외부핀을 통해 이진 데이터를 입력하거나 출력할 수 있게 한다. 이 핀을 통해 스위치나 on-off 센서의 상태를 읽어들일 수 있고 on-off 타입의 구동기를 작동할 수 있으며 디지털 디스플레이장치를 제어하며 외부의 A/D 변환기나 D/A 변환기와 인터페이스할 때 사용되기도 한다. 또한 I/O 포트는 여러 가지 기능을 실현하기 위해 다른 마이크로컨트롤러와 신호를 송수신할 때에도 사용될 수 있다. 마이크로컨트롤러의 직렬 포트는 프로토콜이 맞는 다른 외부장치와의 직렬통신으로 사용한다. 예로 마이크로컨트롤러에서 사용될 큰 용량의 데이터를 저장할 수 있는 외부 EEPROM을 들 수 있다. 이 EEPROM의 데이터는 다른 마이크로컨트롤러와 공유할 수도 있고 보드에 장착된 상태에서 컴퓨터에서 내려받은 프로그램을 저장받을 수도 있다. 직렬통신에는 다양한 하드웨어 표준과 프로토콜이 있는데, SPI(serial peripheral interface), I^2C(interintegrated circuit), 범용비동기 수신/송신기 UART(universal asynchronous receiver-transmitter), USART(universal synchronous-asynchronous receiver-transmitter), 범용직렬버스(USB, Universal Serial Bus) 등이 지원된다.

A/D 변환기는 외부의 센서 등에서 받은 아날로그 전압을 CPU에서 처리하고 저장할 수 있도록 디지털값으로 변환시켜 주는 역할을 한다. 반면에 D/A 변환기는 CPU에서 계산한 디지털값을 모터 증폭기 등과 같은 아날로그 장치에 전압으로 변환하여 출력될 수 있도록 해준다. 8장에서 A/D, D/A 변환기에 관련된 응용에 대해 좀 더 자세히 살펴볼 것이다. 내장 타이머는 시간 지연과 정확한 시간 간격의 이벤트 발생 등에 자주 이용된다(예: 센서의 값을 읽기).

마이크로컴퓨터의 RAM이 대개 메가나 기가 단위의 크기를 갖는 것에 비해 마이크로컨트롤러는 대개 1 Kbyte에서 수십 Kbyte까지 프로그램 메모리를 제공한다. 또한 마이크로컨트롤러의 클록 속도는 마이크로컴퓨터(MHz 범위 대 GHz 범위)보다 느리다. 어떤 응용분야에서는 만족할 만한 속도와 메모리에 마이크로프로세서가 못 미치는 경우도 있다. 다행히 마이크로컨트롤러 제조업체는 다양한 성능의 마이크로프로세서를 제공한다. 또한 마이크로컨트롤러의 더 많은 메모리나 I/O 사양이 필요할 때에는 추가적으로 외부에 RAM, EEPROM 칩, 외부 A/D, D/A 변환기, 마이크로컨트롤러 등의 장치를 추가함으로써 확장시킬 수 있다.

지금부터는 저가에 사용이 간편하며 많은 자료를 쉽게 구할 수 있고 제품에서 매우 널리 채용되고 있는 Microchip사의 PIC 마이크로컨트롤러를 집중적으로 학습하겠다. 7.7절에서는 취미용 및 공학교육계에서 PIC 프로그래밍의 대안으로서 널리 사용되는 아두이노 프로토타입 보드를 소개할 것이다. Microchip사가 마이크로컨트롤러 제품군에 공통적으로 사용하고 있는 **PIC**는 'Peripheral Interface Controller', 즉 주변장치 인터페이스 제어기의 약자이다. 마이크로칩은 매우 다양한 종류의 저가형 PIC군을 공급하고 있다. 제품의 분류는 IC의 물리적 크기인 footprint, 유용한 I/O 핀의 수, 프로그램과 데이터를 저장할 수 있는 EEPROM과 RAM의 용량, A/D, D/A 변환기 기능 내장 등에 의해 나뉠 수 있다. 당연히 더 큰 용량과 기능의 마이크로컨트롤러는 가격이 비쌀 것이다. Microchip사의 전체 제품군에 대한 상세한 정보는 www.microchip.com에서 찾을 수 있다(인터넷 링크 7.3 참조). 이 장에서는 EEPROM 플래시 메모리가 내장된 8비트 마이크로컨트롤러인 **PIC16F84**를 자세하게 학습할 것이다. 이 제품은 A/D, D/A 변환기나 직렬통신이 내장되어 있지 않지만 13개의 디지털 I/O를 가지고 있어서 처음 마이크로컨트롤러를 접할 때 가격이 저렴하고 배우기 쉬운 장점이 있다. 일단 하나의 마이크로컨트롤러의 인터페이스와 프로그램을 배우고 나면 다른 특징과 프로그램 옵션을 갖는 제품으로도 쉽게 확장할 수 있기 때문이다.

7.3 Microchip사

PIC16F84가 좋은 또 다른 이유는 대다수 PIC 마이크로컨트롤러가 PIC16F84와 상위호환성과 핀 호환성을 가진다는 것이다. 예제는 PIC16F84A, PIC16F88, PIC16F819, PIC16F1827을 포함한다. 이 세 가지(또는 다른) 마이크로컨트롤러는 PIC16F84를 모방하여 형성될 수 있으며, PIC16F84에서 학습한 모두가 직접적으로 이것과 다른 대부분의 Microchip 마이크로컨트롤러에 적용될 수 있다. 그러면 84A, 88, 819, 1827을 84와 구별할 수 있는 차이점은 무엇인가? 첫 번째로, 이 세 가지 마이크로컨트롤러는 빠른 클록 속도에서 동작할 수 있다(즉, 84A, 88, 819는 20 MHz까지, 1827은 32 MHz까지). 88, 819, 1827은 더 많은 입출력 라인을 가지고 있으며, 내부 발진기(외부 구성요소 없이 클럭 신호를 제공할 수 있음)를 가지고 있고 더 많은 메모리와 부가적인 소프트웨어적으로 구성이 가능한 기능을 가진다(예: 보드상의 비교기와 펄스폭변조 발생기). 88, 819, 1827 역시 디지털 신호보다 연속적으로 변하는 출력전압을 발생시키는 아날로그 센서와 PIC와 연결될 수 있는 소프트웨어로 구성이 가능한 A/D 변환기를 포함한다. 또한 1827은 PIC에서 계산된 디지털 값에 기반한 가변 전압(예: 파워앰프를 통해 모터의 속도를 제어하기 위해)을 출력하기 위해 D/A 변환기도 포함한다.

수업토론주제 7.1 자동차용 마이크로컨트롤러

마이크로컨트롤러에 의해 제어되고 있는 자동차의 부시스템을 나열하라. 각각의 경우 마이크로컨트롤러로의 입력이 무엇이고 출력이 무엇인지를 찾아내고 소프트웨어의 역할과 기능이 무엇인지 조사하고 토의하라.

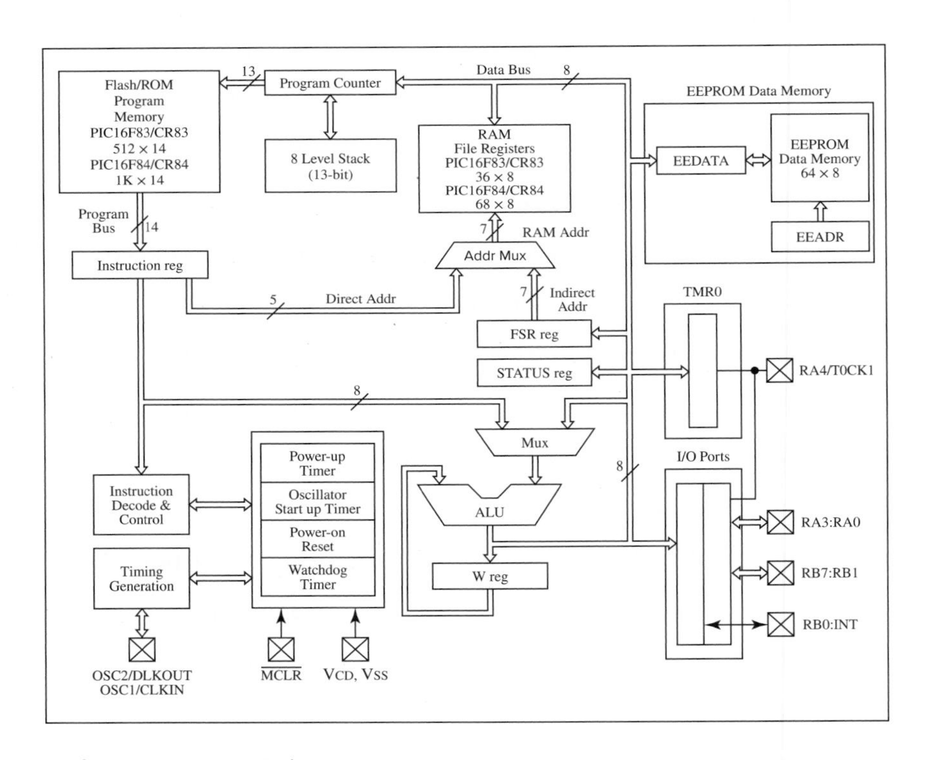

그림 7.3 PIC16F84 블록선도

출처 Microchip Technology, Inc., Chandler, AZ.

7.3 PIC16F84 마이크로컨트롤러

PIC16F84 마이크로컨트롤러의 블록선도는 그림 7.3에 도시되어 있다. 이 그림은 제조업자의 데이터시트에 마이크로컨트롤러의 상세한 특징, 기능, 특성과 함께 제공된다. PIC16F8X의 데이터시트는 Microchip사의 데이터 북이나 PDF 파일 형태로 웹사이트에서 구할 수 있다(인터넷 링크 7.4 참조). PIC16F84는 8비트 CMOS 마이크로컨트롤러로서 1,792바이트의 플래시 EEPROM 프로그램 메모리와 68바이트의 RAM 데이터 메모리 그리고 64바이트의 비휘발성 EEPROM 데이터 메모리를 가지고 있다. 기계어의 명령어가 14비트로 정의되어 있어 이 1,792바이트의 프로그램 메모리는 14비트 워드로 나뉘어 있다. 그러므로 EEPROM은 1024(1 k)의 명령어를 저장할 수 있다. PIC16F84의 클록 속도는 최대 10 MHz까지 가능하지만 주로 4 MHz로 사용한다.

7.4 Microchip PIC16F84 데이터시트

프로그램이 PIC로 컴파일되어 다운로드될 때, 프로그램은 일련의 이진 기계어 명령 코드로 플래시 프로그램 메모리에 저장된다. 이 명령은 메모리로부터 순차적으로 가져와서 명령어 레지스터(instruction register)에 보관되고 곧바로 수행된다. 각 명령어의 동작에 해당하는 하드웨어 논리 회로가 칩 내부에 구현되어 있다. 예를 들어 한 명령어는 RAM 또는 EEPROM의 어떤 값을 **W레지스터**(W register) 또는 **누산기**(accumulator)라고 부르는 **워킹 레지스터**(working register)에 로딩하는 일을 한다면 다음 명령은 ALU에게 다른 값과 이 W레지스터의 값을 더하는 것이 될 것이다. 또한 그다음 명령은 더한 값을 다시 메모리로 저장시키는 것이 될 것이다. 하나의 명령이 4개의 클록 주기마다 수행되기 때문에 PIC16F84는 연산하기, 입력값 읽기, 메모리 값을 읽고 쓰기 등의 작업을 매우 빠르게 수행한다. 4 MHz의 클록 속도에서 한 명령어를 1마이크로초에 수행하므로 1초에 백만 개의 명령어를 수행할 수 있다. 이 마이크로컨트롤러가 8비트라고 하는 것은 모든 데이터 버스의 크기가 8비트이고 데이터의 처리와 저장 및 읽기가 바이트 단위로 진행되기 때문이다.

PIC에는 **워치독 타이머**(watch-dog timer)라는 매우 유용한 타이머가 있다. 이 카운트다운 타이머는 일단 동작시켜 놓으면 수행되고 있는 프로그램에 의해 초기화가 되어야 한다. 만일 프로그램이 이 타이머가 0에 도달할 때까지 초기화를 못하면 자동적으로 PIC를 초기화시켜 버린다. 이 기능은 마이크로프로세서가 매우 중대한 제어에 응용될 때 소프트웨어가 원하지 않는 무한루프에 빠져버릴 경우에 자동으로 PIC를 초기화시켜 무한루프를 빠져나올 수 있게 한다.

RAM은 데이터를 저장할 수 있는 공간을 제공할 뿐만 아니라 **파일 레지스터**(file registers)

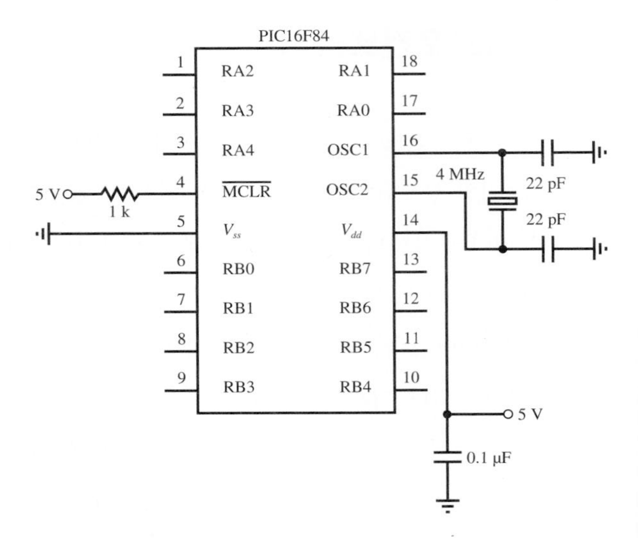

그림 7.4 PIC16F84의 핀 아웃과 필요한 외부 부품

라 불리는 특수목적용 바이트 영역의 집합을 지원한다. 이 레지스터의 각 비트는 기능을 설정하거나 마이크로컨트롤러의 상태를 표시하는 용도로 사용된다. 이 레지스터 중 일부는 다음에 설명한다.

PIC16F84의 패키지는 그림 7.4의 핀 구조(pin schematic) 또는 핀 아웃(pin-out)과 같은 18핀 DIP IC로 되어 있다. 또한 그림의 회로는 PIC가 기본적으로 동작하기 위한 최소의 외부 부품을 보여준다. 그림 7.5는 그림 7.4의 구성도가 실제 부품으로 브레드보드에 조립된 모습을 보여준다. 표 7.1은 각 핀의 식별자(identifier)와 그 설명을 보여준다. RA0에서 RA4까지의 5핀은 디지털 I/O핀으로서 전부 **PORTA**라고 부르며, RB0에서 RB7까지의 8핀 역시 디지털 I/O핀으로서 전부 **PORTB**라고 한다. 그래서 전부 13개의 I/O선을 가지고 있는데, 각각은 소프트웨어적으로 입력과 출력을 자유자재로 지정할 수 있으므로 **양방향**(bidirectional)선이라고 한다. PORTA와 PORTB라는 식별자 자체는 I/O핀의 인터페이스를 담당하는 파일 레지스터의 이름이다. PIC의 모든 레지스터는 8비트로 되어 있지만 PORTA는 5개의 LSB(least significant bit)만이 의미를 갖는다.

대부분의 마이크로컨트롤러와 마찬가지로 PIC의 중요한 기능 가운데 하나는 **인터럽트**(interrupt)를 처리할 수 있는 기능이다. 인터럽트는 정해놓은 입력의 상태가 변화하면 발생한다. 인터럽트가 발생하면 정상적 프로그램 수행이 일시 중지되고 인터럽트 처리를 위해 만들어 놓은 프로그램의 일부가 수행된다. 이것은 7.6절에서 좀 더 상세하게 다룬다. PIC16F84는 RB0

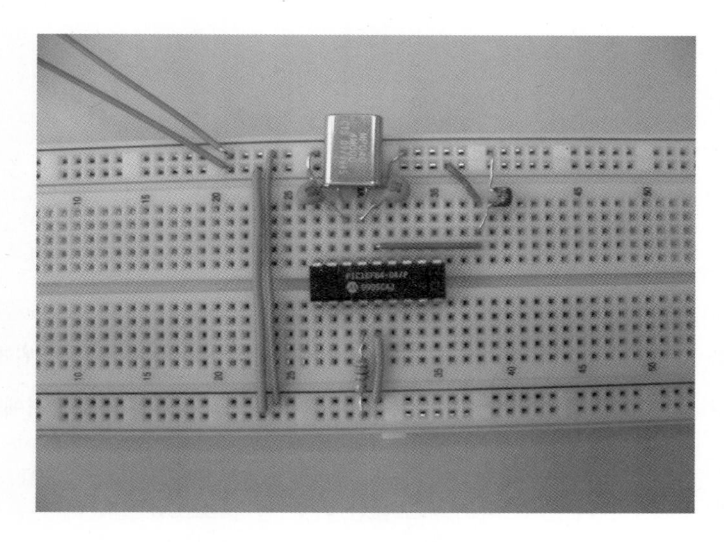

그림 7.5 브레드보드에서 PIC16F84의 요구 부품
© David Alciatore

표 7.1 PIC16F84 핀의 명칭과 설명

핀 식별자	설명
RA[0–4]	5비트 양방향 입출력(PORTA)
RB[0–7]	8비트 양방향 입출력(PORTB)
V_{ss}, V_{dd}	전원 그라운드(*ss*: source) 및 양전압(*dd*: drain)
OSC1, OSC2	크리스털 발진기 입력
$\overline{\text{MCLR}}$	마스터 클리어(active low)

와 RB4에서 RB7까지의 핀을 인터럽트 입력으로 설정할 수 있다.

전원과 접지는 PIC의 V_{dd}와 V_{ss} 핀에 각각 연결된다. 여기서 *dd*와 *ss*는 PIC가 CMOS로 구성되어 있기 때문에 MOS 트랜지스터의 드레인과 소스에서 따온 첨자이다. 전압레벨은(예: $V_{dd}=5$ V, $V_{ss}=0$ V) DC 전원 공급장치나 배터리(예: 4개의 AA배터리를 직렬로 또는 9 V 전자를 전압 레귤레이터에 연결)를 사용하여 인가한다. $\overline{\text{MCLR}}$(master clear)핀은 active low이며(핀이 low일 때 동작) 리셋 기능을 제공한다. 이 핀을 접지에 연결시키면 PIC가 리셋되며, EEPROM에 저장된 프로그램 동작이 다시 처음부터 시작된다. 그러므로 정상적 동작에서는 그림 7.4와 같이 풀업저항을 통해 이 핀을 항상 high로 유지시켜야 한다. 만일 이 핀을 연결하지 않은(floating) 상태로 놔두면 칩이 불규칙하게 스스로 리셋이 걸리는 일이 발생한다. 만일 수

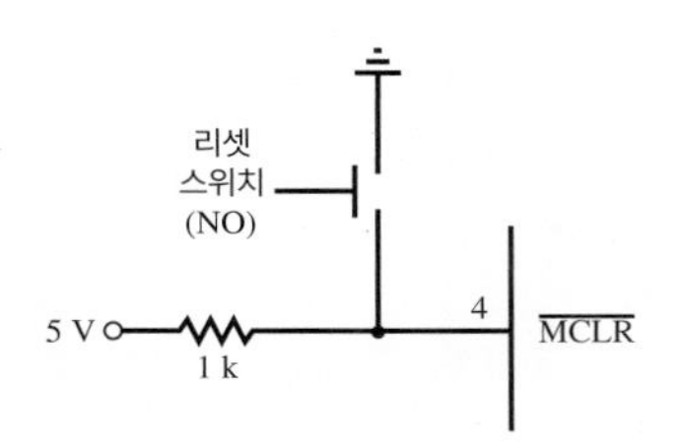

그림 7.6 리셋 스위치 회로

동 리셋 기능을 PIC 회로설계에 추가하려면 그림 7.6과 같이 NO 푸시 버튼 스위치를 추가하면 된다. 이 스위치를 누르면 접지와 연결되므로 곧바로 PIC가 리셋되지만 평상시에는 high를 유지하게 된다.

PIC의 **클록**(clock)은 외부 RC회로를 포함한 외부 클록 소스를 연결하거나 또는 수정 발진자(cristal)와 같은 여러 방법에 의해 제어될 수 있다. 그림 7.4의 경우는 저렴하면서도 주파수가 안정적이며 정확한 수정 발진자 클록을 사용하고 있다. 그림 7.4에서처럼 클록 주파수는 4 MHz의 수정 발진자를 OSC1과 OSC2단에 연결하여 결정되며 각각의 단자에 22 pF의 커패시터를 통해 접지한다.

7.4 PIC 프로그래밍

마이크로컨트롤러를 메카트로닉스 시스템에서 사용하려면 소프트웨어를 작성하고 시험을 거쳐서 ROM에 저장해야 한다. 대개 소프트웨어는 PC에서 작성되고 컴파일되어 마이크로컨트롤러의 ROM에 기계어로 다운로드한다. 만일 프로그램이 어셈블리어로 작성되었다면 **크로스 어셈블러**(cross-assembler)라는 소프트웨어가 있어야 해당 마이크로컨트롤러 기계어를 생성할 수 있다. 어셈블러는 PC 자체의 마이크로프로세서용 기계어를 생성하는 소프트웨어를 칭하며, 다른 마이크로프로세서용 기계어를 생성하는 것은 크로스 어셈블러라 한다.

특정 마이크로컨트롤러의 어셈블리어 프로그램을 시험하고 디버깅하는 다양한 개발도구 소프트웨어들을 사용할 수 있다. 그 도구 중 하나가 **시뮬레이터**(simulator)인데 PC상에서 마이크로컨트롤러의 코드를 수행시켜 볼 수 있는 기능을 제공한다. 대부분의 프로그래밍 오류는 PC상에서 시뮬레이션하는 동안 찾아지고 수정될 수 있다. 또 다른 개발 도구는 **에뮬레이터**(emulator)인데, 메카트로닉스 시스템의 마이크로컨트롤러와 PC를 연결하는 하드웨어다. 이것은 리본 케이블을 통해 대상 시스템의 보드와 PC를 연결하고 있다. 센서, 구동기, 제어 회로 등이 장착되어 있는 실제 메카트로닉스 시스템의 마이크로컨트롤러 자리에 연결되어 프로그램이 다운로드되고 실행될 수 있다. 이 에뮬레이터는 PC의 모니터상에서 시스템에 장착된 상태의 마이크로컨트롤러 프로그램의 수행과정을 관찰하고 제어할 수 있으며 각 파일 레지스터의 값을 살펴볼 수도 있고 곧바로 수정할 수도 있다.

PIC16F84를 프로그래밍하기 위한 어셈블리어는 총 35개 명령어로 되어 있다. 이 명령 집합을 해당 마이크로컨트롤러의 **명령어 집합**(instruction set)이라 한다. 모든 브랜드의 마이크로컨트롤러군은 고유한 명령어 집합을 가지고 있다. 표 7.2는 PIC16F84의 모든 명령어 집합과 그 간단한 설명을 나열한 것이다. 각각의 명령은 **니모닉**(mnemonic)과 피연산자(operand) 나열로 구성된다. 이 피연산자에는 값이 대입될 것인데, f, d, b, k는 각각 파일 레지스터 주소, 연산 결과의 저장위치(0: W레지스터, 1: 파일 레지스터), 비트 번호(0~7), 상수(0과 255 사이의 수)를 의미한다. 많은 명령이 누산기에 해당하는 W레지스터를 지칭하고 있음을 알 수 있다. 이 CPU 레지스터는 연산과의 비교를 위해 임시로 데이터를 저장한다. 처음에는 테이블에 나열된 니모닉과 설명이 난해하게 보일 수 있으나 용어와 표기 규칙과 기능을 비교하다 보면 곧 이해하기 쉬워질 것이다. 예제 7.1에서는 약간의 명령어를 소개한다. 예제 7.2에서는 어떻게 완전한 어셈블리어 프로그램을 구성하는지를 보여준다.

명령어에 대한 더 자세한 설명과 예제는 Microchip의 웹사이트에서 PIC16F8X의 데이터 시트를 참조하라(인터넷 링크 7.4 참조).

7.4 Microchip PIC16F84 데이터시트

표 7.2 PIC16F84 명령어 집합

니모닉과 피연산자	읽는 법
ADDLW k	Add literal and W
ADDWF f, d	Add W and f
ANDLW k	AND literal with W
ANDWF f, d	AND W with f
BCF f, b	Bit clear f
BSF f, b	Bit set f
BTFSC f, b	Bit test f, skip if clear
BTFSS f, b	Bit test f, skip if set
CALL k	Call subroutine

(계속)

표 7.2 PIC16F84 명령어 집합 (계속)

니모닉과 피연산자	읽는 법
CLRF f	Clear f
CLRW	Clear W
CLRWDT	Clear watch-dog timer
COMF f, d	Complement f
DECF f, d	Decrement f
DECFSZ f, d	Decrement f, skip if 0
GOTO k	Go to address
INCF f, d	Increment f
INCFSZ f, d	Increment f, skip if 0
IORLW k	Inclusive OR literal with W
IORWF f, d	Inclusive OR W with f
MOVF f, d	Move f
MOVLW k	Move literal to W
MOVWF f	Move W to f
NOP	No operation
RETFIE	Return from interrupt
RETLW k	Return with literal in W
RETURN	Return from subroutine
RLF f, d	Rotate f left 1 bit
RRF f, d	Rotate f right 1 bit
SLEEP	Go into standby mode
SUBLW k	Subtract W from literal
SUBWF f, d	Subtract W from f
SWAPF f, d	Swap nibbles in f
XORLW k	Exclusive OR literal with W
XORWF f, d	Exclusive OR W with f

예제 7.1 **어셈블리어의 명령어 항목**

용어와 명명법을 이해하기 위해 몇 가지 어셈블리어 명령어의 예제와 설명을 수록하였다.

BCF f, b
(*BCF*는 "bit clear f"라고 읽는다.)
파일 레지스터 *f*의 *b*번째 비트를 0으로 만든다.
여기서 *b*번째는 0(LSB)에서 7(MSB)까지를 말한다.

예를 들어 *BCF PORTB, 1*은 PORTB의 비트 1을 low로 만드는 명령이다(여기서 PORTB는 파일 레지스터 PORTB의 어드레스를 가지고 있는 상수이다). 만일 PORTB의 원래 값이 16진수 FF(2진수 11111111)라고 한다면 수행 후에는 16진수 FC(2진수 11111101)가 될 것이다. 또한 PORTB의 원래 값이 16진수 A8(2진수 10101000)이라고 한다면 수행 후에는 아무런 변화가 없을 것이다.

MOVLW k
(*MOVLW*는 "move literal to W"라고 읽는다.)
상수 *k*값을 누산기(W레지스터)에 넣는다.

예를 들어 *MOVLW 0xA8*은 16진수 A8을 W레지스터에 쓰는 명령이다. 어셈블리어에서 16진수는 *0x*라는 접두어를 붙여야 한다.

RLF f, d
(*RLF*는 "rotate f left"라고 읽는다.)
파일 레지스터 *f*의 비트를 1비트 왼쪽으로 이동시킨다.
연산 결과를 *d*가 1이면 *f*에 다시 저장하고 0이면 W에 저장한다.
수행 후 LSB 비트는 0으로 채워지고 MSB의 값은 없어진다.

예를 들면 PORTB의 원래 값이 16진수 1F(2진수 00011111)라고 한다면 수행 후에는 16진수 3E(2진수 00111110)가 될 것이다.

SWAPF f, d
(*SWAPF*는 "swap nibbles in f"라고 읽는다.)

니블을 반 바이트 또는 4비트라고 할 때 파일 레지스터의 상위 니블과
하위 니블을 교환하라는 명령어이고
연산 결과를 *d*가 1이면 *f*에 다시 저장하고
0이면 W에 저장한다.

예로서 16진수 10번지 주소의 메모리에 16진수 AB가 저장되어 있을 때 *SWAPF 0x10*, 0을 수행하면 16진수 BA가 W레지스터에 저장될 것이다. SWAPF 16진수 10, 1을 수행하면 16진수 10번지의 값이 16진수 AB로부터 16진수 BA로 바뀌게 된다.

예제 7.2 어셈블리어 프로그래밍 예제

이 예제의 목표는 사용자가 푸시 버튼을 누르면 LED가 켜지고 떼면 꺼지는 어셈블리어 프로그램을 작성하는 것이다. 또한 버튼을 일정 횟수만큼 계속적으로 누르고 떼기를 반복하면 두 번째 LED가 켜진다. 이 예제에 필요한 하드웨어는 아래 그림과 같다.

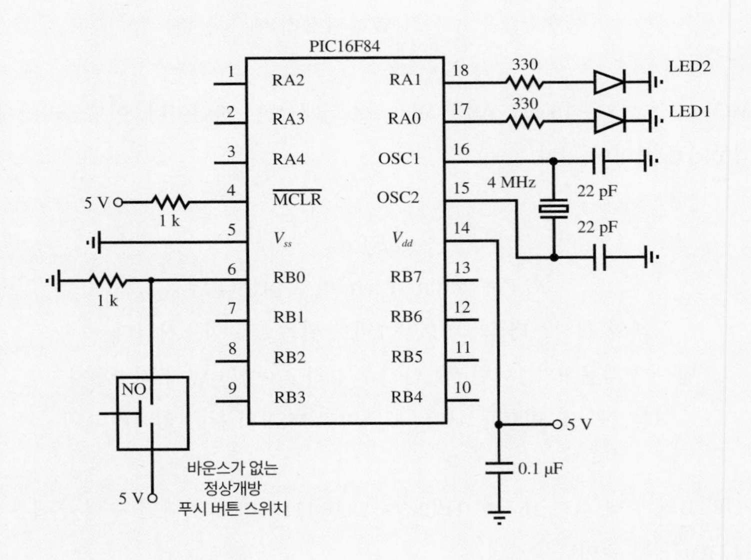

푸시 버튼은 한 번 눌렀다 뗄 때 바운스(bounce) 현상이 없어 단일 펄스가 생성된다고 가정한다(푸시 버튼을 누를 때는 신호가 high, 떼면 low).

원하는 작업을 수행하는 어셈블리어 코드는 다음과 같이 설명할 수 있다. 어셈블리어에서 세

미콜론(;) 뒤에 나오는 문장은 코멘트 또는 주석(remark)으로 인식된다. 코멘트는 해당 코드의 역할을 분명하게 표기하고자 사용한다. 어셈블러는 16진의 기계어를 생성할 때 이 코멘트를 무시한다. 프로그램 중 list … target까지의 네 줄은 어셈블러 지시자(directive)로서 프로세서의 명칭과 나중에 사용하게 될 상수를 선언하는 것이다. 상수를 equ 지시자를 이용하여 선언하면 숫자를 직접 사용하는 것보다 이해하기 쉽고 나중에 쉽게 변경할 수 있다. 어셈블리어에서는 상수나 주소를 적을 때 16진수에 0x 접두사를 붙여 나타낸다.

다음 두 줄의 코드에서 movlw로 시작하는 코드는 상수 target값을 W레지스터에 넣고, 그 값을 다시 count 번지에 넣는다. 이 target값(0x05)이 앞으로 감소되어 0x00에 도달하게 될 것이다. 다음의 코드는 SFR(special function register)인 PORTA와 TRISA를 초기화함으로써 LED를 구동하는 RA0와 RA1 핀을 출력으로 동작하도록 한다. 이러한 레지스터는 서로 다른 메모리 뱅크에 위치하고 있으므로, 프로그램에서 bsf 및 bcf 명령문이 필요하다. 따라서 bsf와 bcf로 STATUS의 RP0 비트를 0과 1로 바꾸고 있다. 모든 대문자는 상수 주소나 값으로서 프로세서의 종류에 따라 달라지며 p16f84.inc에 선언되어 있다. TRISA는 PORTA의 해당 비트를 0으로 만들면 출력으로 설정되고 1로 바꾸면 입력으로 설정시키는 역할을 한다.

메인 루프에서 RB0핀의 상태를 검사하기 위해 btfss(파일 레지스터에서 비트 테스트. 만일 비트가 세트이면 다음 명령어를 생략한다)와 btfsc(파일 레지스터에서 비트 테스트. 만일 비트가 클리어이면 다음 명령어는 생략한다)를 사용하고 있다. goto문으로 만들어지는 루프를 돌면서 연속적으로 RB0를 검사하는 구조를 가지고 있다. begin과 wait가 goto로 구성된 루프의 시작점이다. 만일 버튼 스위치가 눌려지면 RB0핀이 high가 되고 btfss에 의해 다음 goto begin문을 점프하게 되므로 LED1이 켜지게 된다. 그후 goto wait에서 계속 루프를 돌고 있다가 버튼 스위치를 놓으면 RB0핀이 low가 되고 btfcs에 의해 다음 goto wait문을 점프하게 되므로 LED1이 꺼지게 된다.

스위치가 떨어지고 LED1이 꺼지고 난 후 decfsz(decrease file register, skip if zero. 파일 레지스터의 값을 1씩 줄이고 그 결과가 0이면 다음 명령어를 점프한다) 명령어를 수행한다. 그러므로 decfsz는 count를 1씩 줄여나가며 count가 0이 되기 전에는 goto begin에 의해 begin 라벨로 돌아가게 한다. 이 동작은 메인 루프의 시작에서 다시 스위치가 눌릴 때까지 기다리게 한다. 그러나 count가 0이 되면 decfsz는 goto begin 명령을 점프하게 하고 LED2를 켠다. 마지막의 goto begin 명령은 다시 메인 루프의 시작으로 보내는 역할을 한다.

```
; bcount.asm (program file name)

; Program to turn on an LED every time a pushbutton switch is pressed and turn on
; a second LED once it has been pressed a specified number of times

; I/O:
; RB0: bounce-free pushbutton switch (1:pressed, 0:not pressed)
```

```
; RA0: count LED (first LED)
; RA1: target LED (second LED)

; Define the processor being used
list p=16f84
include <p16F84.inc>

; Define the count variable location and the initial countdown value
count equ 0x0c                          ; address of countdown variable
target equ 0x05                         ; number of presses required

; Initialize the counter to the target number of presses
movlw target                            ; move the countdown value into the
                                        ; W register
movwf count                             ; move the W register into the count memory
                                        ; location

; Initialize PORTA for output and make sure the LEDs are off
bcf STATUS, RP0                         ; select bank 0
clrf PORTA                              ; initialize all pin values to 0
bsf STATUS, RP0                         ; select bank 1
clrf TRISA                              ; designate all PORTA pins as outputs
bcf STATUS, RP0                         ; select bank 0

; Main program loop
begin

        ; Wait for the button to be pressed
        btfss PORTB, 0
        goto begin

        ; Turn on the count LED1
        bsf PORTA, 0

wait
        ; Wait for the button to be released
        btfsc PORTB, 0
        goto wait

        ; Turn off the count LED1
        bcf PORTA, 0

        ; Decrement the press counter and check for 0
        decfsz count, 1
        goto begin       ; continue if countdown is still > 0

        ; Turn on the target LED2
        bsf PORTA, 1

        goto begin       ; return to the beginning of the main loop

        end              ; end of instructions
```

수업토론주제 7.2 0까지 감소

예제 7.2의 *decfsz*는 5에서 0까지 count를 감소시켜 나간다. 그런데 count가 처음에 0(0x00)이라면 하나 감소될 때 count의 값이 255(0xFF)가 되고 다음에는 254(0xFE)가 될 것이다. 그 프로그램의 동작과 LED 디스플레이에 어떤 영향이 있겠는가? 0까지 감소한 후에도 프로그램이 정상동작을 하기 위해서는 무슨 코드를 추가해야 하는가?

어셈블리어로 프로그램을 작성하는 것은 처음에는 매우 어려울 것이고 디버그가 어려운 에러를 유발할 수 있다. 다행히도 PIC 프로그램에 더욱 사용자친화적인 고급언어의 컴파일러를 구할 수 있다. 이 장에서 다루고자 하는 고급언어가 바로 **PicBasic Pro**이다. PicBasic Pro 컴파일러는 microEngineering Labs사(**인터넷 링크 7.5** 참조, www.melabs.com)에서 구할 수 있다. PicBasic Pro는 어셈블리어보다 배우고 사용하기 훨씬 쉽다. 이것은 PIC의 모든 기능을 쉽게 접근할 수 있도록 해주며 여러 가지 응용에 필요한 풍부하고 다양한 함수를 제공한다. PicBasic Pro는 PIC 마이크로컨트롤러를 사용한 유명한 개발보드인 Basic Stamp(Parallax사)의 제어에도 호환성을 가지고 있다. 또한 PIC를 위한 C 컴파일러도 제공한다(**인터넷 링크 7.6** 참조). PicBasic Pro는 입문수준의 프로그래밍으로 좋은 선택이 될 수 있으며, C는 연산능력이 집중되는 프로젝트에 좀 더 적합하다.

인터넷 링크

7.5 마이크로 엔지니어링 실험

7.6 PIC를 위한 C 컴파일러

7.7 Microchip PIC 마이크로컨트롤러 자료

PIC와 이와 관련된 제품의 추가적인 정보는 **인터넷 링크 7.7**을 참조하라. 문헌, 액세서리, PicBasic Pro 등에 대한 다양하고 유용한 웹 페이지와 제조자 링크를 제공한다.

7.7절에서는 아두이노 프로토타입 보드와 C 프로그래밍 언어를 소개한다. 아두이노 접근법은 PicBasic Pro와 PIC 마이크로컨트롤러 프로그래밍의 좋은 대안이 될 수 있다.

7.5 PicBasic Pro

PIC 프로그램은 **PicBasic Pro**라고 불리는 Basic 형태로 작성할 수 있다. 이 PicBasic Pro 컴파일러는 이 프로그램을 어셈블리어와 동등한 코드를 생성시키고, 이를 16진의 기계어 코드(hex code)로 변환시킨 후 PC에 장착된 프로그래밍 장치를 통해 PIC의 플래시 EEPROM으로 직접 다운로드할 수 있다. 일단 프로그램이 다운로드되고 그림 7.4와 같이 주변 부품이 적절하게 연결된 상태에서는 전원만 공급되면 프로그램이 수행된다.

7.8 PicBasic Pro 매뉴얼

PicBasic Pro의 기능을 모두 다루지는 못하겠지만 기본적 프로그램의 원리를 소개하고 프로그램 명령문을 간략하게 요약 설명하며 몇 개의 예제를 선보일 것이다. 여기서 다루는 예제보다 고도의 기능을 필요로 하는 프로그램을 작성하고자 하는 경우에는 이 장에서 제공하는 자료 외에 PicBasic Pro 컴파일러 매뉴얼에서 구할 수 있을 것이다(**인터넷 링크 7.8** 참조). BASIC, C, C++ 또는 FORTRAN 등과 같은 프로그램 언어를 한 번도 공부한 적이 없는 사람에게는 7.5.1절이 조금 어려울지 모르나, 뒤이어 나오는 예제를 읽어나가면 개념을 명확하게 이해할 수 있을 것이다.

7.5.1 PicBasic Pro 프로그래밍 기초

PicBasic Pro의 기초를 설명하기 위해 매우 쉬운 예제에서 출발한다. 프로그램의 목표는 회로에 전원이 들어오면 1초 동안 LED가 켜지고 다음 1초 동안은 LED가 꺼지는 동작을 무한히 반복하는 것이다. 이 동작을 하는 프로그램의 이름을 지금부터 flash.bas라 하자. 필요한 하드웨어는 그림 7.7에 주어졌다. RA2핀은 전류제한 저항을 통해 LED에 전류를 공급하는 출력으로 사용된다. 프로그램의 처음 2라인은 프로그램의 이름과 목적을 기술한 코멘트이다. **코멘트 행**(comment lines)은 항상 처음에 생략기호 9를 붙인다. 생략기호 이후의 어떤 문자도 코멘트로 간주되어 컴파일러가 무시해 버린다. mainloop라는 라벨은 Goto 명령에 의해 프로그램이 다시 돌아올 수 있는 위치를 지정하는 역할을 한다. High PORTA.2라는 명령은 RA2핀을 high

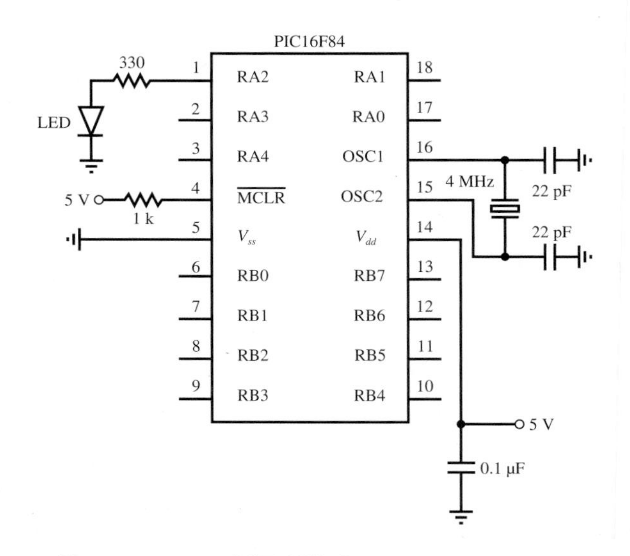

그림 7.7 flash.bas 예제를 위한 회로도

로 만들기 때문에 LED가 켜지도록 한다. Pause 명령은 주어진 수에 해당하는 밀리초 동안 다음 라인의 수행을 지연시킨다(1,000인 경우 1,000 ms, 즉 1초가 된다). Low PORTA.2라는 명령은 RA2핀을 low로 만들기 때문에 LED가 꺼진다. 다음의 Pause 명령은 다음 명령을 수행하기 전에 1초 동안 지연시킨다. Goto mainloop 명령은 다시 프로그램이 mainloop 라벨로 돌아가 새로운 사이클을 시작하게 만들어 프로그램이 무한히 돌아가도록 한다. 마지막 라인의 End 명령은 프로그램이 종료하도록 한다. 이 예제의 경우 전원이 종료될 때까지 절대로 End 명령에 도달하지 못하지만 항상 프로그램은 End로 끝내도록 하는 것이 안전하다.

```
' flash.bas
' Example program to flash an LED once every two seconds
mainloop:
       High PORTA.2                    ' turn on LED connected to pin RA2
       Pause 1000                      ' delay for one second (1000 ms)

       Low PORTA.2                     ' turn off LED connected to pin RA2
       Pause 1000                      ' delay for one second (1000 ms)

       Goto mainloop                   ' go back to label "mainloop" and repeat
                                       ' indefinitely

End
```

실습문제 Lab 9에서는 flash.bas와 같은 간단한 프로그램을 수행하는 방법을 알아본다. 이 실험은 PicBasic Pro 프로그램과 컴파일 입문 그리고 PIC상에서 PC로부터 플래시 메모리로 실행 코드를 다운로드할 수 있는 PIC 배선 회로 단계를 포함한다.

Lab 9 PIC 마이크로컨트롤러 프로그래밍—I부

단순한 예제인 flash.bas에서 보았듯이 PicBasic Pro 프로그램은 순차적으로 수행되는 일련의 명령어로 구성된다. 프로그래머는 PicBasic Pro의 문법에 익숙해져야 하지만 어셈블리어 프로그램에 비해 배우고 디버깅하는 것이 쉽다. 생략기호 뒤에 나오는 **코멘트**(comments)는 어떤 줄의 코드 내용과 목적을 설명하도록 프로그램 내의 어디라도 붙일 수 있다. 사용자가 정의할 수 있는 라벨, 변수명, 상수명을 **식별자**(identifier)라고 부른다(예를 들어, 지난 예제의 mainloop). 이러한 식별자는 첫 번째 자리의 숫자 사용을 제외하고 글자의 조합으로 표현할 수 있다. 또한 PicBasic Pro에 의해 예약된 단어와 식별자는 달라야 한다(예컨대, High와 Low 같은 경우). 식별자의 길이는 제한이 없으나 PicBasic Pro가 처음 32자 이상은 무시한다. PicBasic Pro에서는 대소문자 구별이 없으므로 라벨, 변수명, 명령문 등에서 대소문자를 마음대로 혼합하여 쓸 수 있다. 예로서 PicBasic Pro에서 High는 HIGH 또는 high와 등가이다. 그

러나 프로그램의 가독성(readability)을 향상하기 위해 일관성을 유지할 필요가 있다. 이 장의 예제에서 보는 바와 같이 모든 라벨과 변수는 소문자로 표기하고 명령문은 첫 글자만 대문자로 하며 모든 레지스터나 상수는 대문자로만 표기했다.

어떤 경우에는 예제의 버튼 스위치를 누를 때 count를 증가시키는 것과 같이 값을 기억해야 할 필요가 있다. PicBasic Pro는 새로운 변수를 선언할 수 있는 기능이 있다. 그 **변수**(variable)를 선언하는 문법은 다음과 같다.

```
name Var type
```
(7.1)

여기서 name은 식별자로서 변수의 이름을 의미하고 type은 해당 변수의 크기 및 형을 표기한다. 형은 비트(0 또는 1)를 선언할 때는 **비트**(BIT)로 하고 0에서 255(2^8-1)까지 8비트의 양의 정수를 나타낼 때는 **바이트**(BYTE)를 0에서 65,535($2^{16}-1$)까지 16비트(2바이트)의 양의 정수를 나타낼 때 **워드**(WORD)로 사용된다. 다음 몇 개의 라인은 변수의 선언과 값을 할당하는 명령이다.

```
my_bit Var BIT
my_byte Var BYTE
my_bit = 0
my_byte = 187
```

다음과 같이 Var은 I/O핀이나 바이트 변수 내의 특정 비트를 나타내는 식별자의 선언에도 사용할 수 있다.

```
name Var byte.bit
```
(7.2)

예를 들어, 다음은

```
led Var PORTB.0
lsb Var my_byte.0
```

led를 RB0의 상태로 lsb를 변수 my_byte의 0번 비트를 표시하는 데 사용하였다.

또 다른 변수의 형은 **배열**(array)이며 수의 집합 또는 벡터를 저장할 수 있다. 배열의 문법은 다음과 같다.

```
name Var type[size]
```
(7.3)

여기서 type은 변수의 형(BIT, BYTE, WORD)을 나타내며 size는 배열 내의 **요소**(element)의 수를 나타낸다. 배열 내의 특정 요소는 다음과 같은 문법으로 참조할 수 있다.

```
name[i]
```
(7.4)

여기서 i는 참조하고자 하는 요소의 인덱스이다. 배열의 요소는 0에서 size-1까지 인덱스를 참조할 수 있다. 예를 들어 values Var byte[5]는 5바이트의 배열을 선언한 것이고 각 요소는 모두 values[0], values[1], values[2], values[3], values[4]이다.

상수(constant)를 선언할 때는 변수에서처럼, 같은 문법[식 (7.1)]을 사용하되 Var 대신 Con을 사용하고 type 자리에 값을 적어 넣는다. 프로그램 중에 값을 표기할 때 16진수는 $를 2진수는 %를 앞에 붙여 적는다. 접두문자가 없는 경우는 10진수로 간주된다. 예를 들어, 다음은 변수와 상수의 선언을 보여주며 할당된 값은 모두 같다.

```
number Var BYTE
CONSTANT Con 23
number = 23
number = CONSTANT
number = %10111
number = $17
```

보통 상수나 계산 결과는 무부호, 즉 0과 양수라고 가정하지만 Sin과 Cos 같은 특정 함수는 MSB가 숫자의 부호를 나타내는 데 사용되어 다른 바이트형을 사용해야 한다. 이 경우 바이트는 −127과 127 사이의 수로 정의될 수 있을 것이다. 표 7.3에는 PicBasic Pro에서 사용되는 기본 **수학 연산자**(mathematical operator)와 함수가 나와 있다. 더 자세한 연산자와 함수와 그

표 7.3 PicBasic Pro의 수학 연산자와 함수

수학 연산자와 함수	설명
A + B	A와 B를 더하라.
A - B	A에서 B를 빼라.
A * B	A와 B를 곱하라.
A / B	A를 B로 나누라.
A // B	A를 B로 나눈 나머지
A << n	A 값을 왼쪽으로 n 비트 이동시켜라.
A >> n	A 값을 오른쪽으로 n 비트 이동시켜라.
COS A	A의 코사인 값
A MAX B	A와 B 중 최대값
A MIN B	A와 B 중 최소값
SIN A	A의 사인값
SQR A	A의 루트값
A & B	A와 B의 각 비트의 AND 값
A | B	A와 B의 각 비트의 OR 값
A ^ B	A와 B의 각 비트의 Exclusive OR 값
~A	A의 각 비트의 NOT 값

예제는 PicBasic Pro 컴파일러 매뉴얼을 참조하라.

정해진 비트 길이의 변수(예: BYTE와 WORD)로 정수 계산을 할 때는, 절삭과 오버플로 에러를 체크해야 한다. 위에서 지적한 바와 같이, 각각의 변수 형식은 주어진 범위 내에서 숫자만 저장할 수 있다(예: BYTE 변수를 위한 0~255). 만약 식을 변수에 할당하고자 하거나 식의 값이 변수로 할당된 최대값을 넘는다면 에러가 발생할 것이다. 이것을 **오버플로**(overflow)라고 한다. **절삭**(truncation)은 정수 나눗셈에서 발생한다. 정수 나눗셈 계산이 분수로 주어지면 나눗셈의 나머지(소수 부분)는 버려진다. 간혹 절삭의 영향은 식에서 항을 재정리함으로써 최소화되거나 무시될 수 있어서 나눗셈은 적당한 시간 내에 수행될 수 있다. 이러한 원리는 실습문제 Lab 11과 함께 자세하게 소개되어 있다.

실습 문제

Lab 11 PIC를 통한 펄스폭 변조방식의 전동기 속도 제어

PicBasic Pro에는 I/O핀의 입력과 출력을 읽고 쓰고 처리하는 여러 명령어가 준비되어 있다. I/O핀을 참조할 때는 다음과 같은 문법을 사용한다.

$$\texttt{port\_name.bit} \tag{7.5}$$

여기서 port_name은 PORTA나 PORTB와 같은 포트의 이름이고 bit는 0과 7 사이의 수로 서 몇 번째 비트인지를 지정한다. 예를 들어, RB1핀을 지칭하려면 PORTB.1이라고 표현하면 된다. 포트의 어떤 핀이 출력이라고 지정됐다면 PORTB.1 = 1과 같은 식으로 0 또는 1을 지정하면 원하는 출력을 얻을 수 있다. 또한 어떤 핀이 입력으로 설정된 경우 value = PORTA.2라는 식으로 핀의 상태를 읽어낼 수 있다. 또한 포트의 모든 비트를 한꺼번에 다음과 같은 명령으로 설정할 수도 있다.

$$\texttt{port\_name = constant} \tag{7.6}$$

여기서 constant는 2진수, 16진수 또는 10진수로 표시되는 0에서 255 사이의 수이다. 예를 들어 PORTA = %00010001은 PORTA.0과 PORTA.4만 1로 만드는 명령이다. PORTA의 경우 세 개의 상위 비트는 사용하지 않기 때문에 PORTA = %10001이라고 해도 무방하다.

PORTA와 PORTB의 비트의 I/O를 설정하려면 **TRISA**와 **TRISB**라는 특수 레지스터를 조작해야 한다. 접두어 TRIS는 3상태 게이트(tristate gate)를 의미하며 해당 핀을 입력으로 할지 출력으로 할지를 결정할 수 있다. PIC16F84의 내부 입출력 회로는 7.9절에서 인터페이스를 공부할 때 다룬다. TRIS의 비트가 high(1)이면 해당 PORT핀은 입력으로 간주되고 TRIS의 비트가 low(0)이면 해당 PORT핀은 출력으로 설정된다. 예를 들어, TRISB = %01110000이란 명령은 RB4, RB5, RB6은 입력이 되고 나머지는 출력이 되는 것이다. 전원이 켜지면 기본적으로 모든 TRIS의 비트는 1로 초기화되므로(TRISA, TRISB가 모두 $FF 또는 %11111111) PORTA와 PORTB는 전부 입력이 된다. 따라서 사용자의 프로그램을 초기화할 때 요구에 맞게 다시 지정해야 한다.

식 (7.5)에 표시한 바와 같은 문법을 바이트 변수의 개개 비트에도 적용할 수 있다. 예를 들어 다음과 같이 선언된 경우,

```
my_byte Var byte
my_array Var byte[10]
```

my_byte.3 = 1은 my_byte의 비트 3을 1로 설정하는 것이고 my_array[9].7 = 0은 my_array의 마지막 요소의 마지막 비트를 0으로 정하는 것이다. 변수 내 모든 비트를 대입문에서 값 또는 표현을 할당함으로써 설정할 수 있다.

`variable = expression` (7.7)

예를 들어,

```
my_byte = 231
my_array[2] = my_byte - 12
```

어떤 언어를 막론하고 논리비교 명령과 분기, 루프, 반복을 수행하는 명령은 매우 중요한 특징이다. PicBasic Pro는 If . . . Then . . . Else . . . 명령 구조 내에서 논리식이 수행되는데, 논리비교가 수행되어 결과가 참이면 Then 이후의 명령이 수행되고, 거짓이면 Else 이후의 것이 수행된다. PicBasic Pro에서 사용되는 **논리비교연산자**(logical comparison operator)는 표 7.4에 수록되어 있다. 적절한 괄호와 함께 **And**, **Or**, **Xor**(exclusive Or) 그리고 **Not**은 논리적 비교에서 사용되는 부울식을 만들 때 사용된다. 예제 7.3을 비롯한 예제들은 논리식을 설명하고 있다.

표 7.4 PicBasic Pro 논리비교연산자

연산자	설명
= or ==	같다.
<> or !=	같지 않다.
<	작다.
>	크다.
<=	같거나 작다.
>=	같거나 크다.
&&	두 개의 명제가 모두 참일 때 실행
||	두 개의 명제 중 하나라도 참일 때 실행
~	각 비트 값을 반전시킨다.
^^	두 개의 명제가 exclusive OR 관계일 때 실행

예제 7.3 PicBasic Pro의 부울식

다음과 같은 PicBasic Pro 명령은 RB0에 연결된 스위치가 high가 되거나 RB1에 연결된 스위치가 low가 되며 바이트 변수 count가 10 이하일 때 RA0에 연결된 트랜지스터에 의해 모터가 켜지도록 하는 것이다.

```
If (((PORTB.0 = 1) Or (PORTB.1 = 0)) And (count <= 10)) Then
   High PORTA.0
```

앞의 예제 flash.bas에서와 같이 루프를 구성하는 가장 간단한 방법이 라벨과 goto 명령을 이용하는 것이다. 그 외에도 PicBasic Pro는 For . . . Next와 While . . . Wend 명령 구조를 이용한 루프의 반복이 가능하다. 이 구문은 이후의 여러 예제를 통해 더욱 상세하게 다룰 것이다.

표 7.5에는 PicBasic Pro의 모든 명령어와 그 설명을 수록하였다. 좀 더 완벽하고 상세한 명령의 예제와 그 인자 및 변수에 대한 설명은 microEngineering사의 웹사이트(인터넷 링크 7.8 참조)에서 구할 수 있는 PicBasic Pro 컴파일러 매뉴얼에서 찾을 수 있다. 표 7.5에서 명령어는 대문자로, 명령어에 붙는 인자 또는 변수는 소문자로 표기되어 있다. 또한 중괄호({. . .})에 들어 있는 명령어의 인자는 선택적이라는 의미이다. 이제까지 설명한 기능과 연산자 그리고 테이블에 수록된 모든 명령어는 표 7.2에 나와 있는 아주 제한적인 어셈블리어로 구현된 것들이다. PicBasic Pro는 암호와 같은 어셈블리어를 사용하는 대신 좀 더 사용자친화적인 고급언어의 편리함을 제공한다.

7.8 PicBasic Pro 매뉴얼(온라인, PDF 파일)

표 7.5 PicBasic Pro(version: 3.0)의 명령어 요약

선언문	설명
@ assembly statement	어셈블리 언어 코드 라인 삽입
ADCIN channel, var	내장된 아날로그-디지털 변환기를 읽어라(단, 내부값이 1일 때).
ARRAYREAD array_var, {max_length, label,} [item. . .]	배열(문자열)을 구문분석하고 변수를 채워라.
ARRAYWRITE array_var, {max_length, label,} [item. . .]	변수와 상수를 배열(문자열)로 전송하라.

(계속)

표 7.5 PicBasic Pro(version: 3.0)의 명령어 요약 (계속)

선언문	설명
ASM . . . ENDASM	하나 이상의 명령문으로 구성된 어셈블리 언어코드 섹션을 삽입하라.
BRANCH index, [label1{, label2, . . .}]	인덱스를 기반으로 라벨로 건너뛰는 goto 문을 수행하라.
BRANCHL index, [label1{, label2, . . .}]	코드 메모리상에서 현재 페이지 밖에 있는 라벨로 분기하라(2K 이상의 ROM 프로그램이 있는 PIC).
BUTTON pin, down_state, auto_repeat_delay, auto_repeat_rate, countdown_variable, action_state, label	핀 상태값을 읽고, 디바운스(지연기능 사용) 및 자동 반복(단, 루프 내에서 사용)기능을 수행하라.
CALL assembly_label	어셈블리 언어 서브루틴을 호출하라.
CLEAR	모든 변수를 0으로 리셋하라.
CLEARWDT	감시 타이머를 클리어하라.
COUNT pin, period, var	한 주기 동안 핀에서 발생하는 펄스수를 계산하라.
DATA {@ location,} constant1 {, constant2, . . .}	칩 내부 EEPROM의 초기 내용을 정의하라(EEPROM 문장과 동일하게).
DEBUG item1 {, item2, . . .}	고정된 전송속도로 핀에 비동기 직렬 출력을 수행하라.
DEBUGIN {timeout, label,} [item1{, item2, . . .}]	고정된 전송속도로 핀으로부터 비동기 직렬 입력을 수행하라.
DISABLE	ON INTERRUPT 및 ON DEBUG 처리를 비활성화하라.
DISABLE DEBUG	ON DEBUG 처리를 비활성화하라.
DO {UNTIL condition} {WHILE condition} statement. . . LOOP {UNTIL condition} {WHILE condition}	명령문 블록을 반복적으로 실행하라.
DISABLE INTERRUPT	ON INTERRUPT 처리를 비활성화하라.
DTMFOUT pin, {on_ms, off_ms,} [tone1 {, tone2, . . .}]	핀에 터치톤을 생성하라.
EEPROM {@ location,} constant1 {, constant2, . . .}	온칩 EEPROM의 초기 내용을 정의하라(DATA 문과 동일).
ENABLE	ON INTERRUPT 및 ON DEBUG 처리를 활성화하라.
ENABLE DEBUG	ON DEBUG 처리를 활성화하라.
ENABLE INTERRUPT	ON INTERRUPT 처리를 활성화하라.
END	실행을 중지하고 저전력 모드로 진입하라.
ERASECODE block	코드 메모리 블록을 삭제하라.
EXIT	현재 블록 구조를 종료하라.
FOR count = start TO end {STEP {−} inc} {body statements} NEXT {count}	선언문 개수가 고정된 증분으로 증가함에 따라 명령문을 반복적으로 실행하라.

FREQOUT pin, on_ms, freq1 {, freq2}	핀 하나에 최대 2개의 주파수를 생성하라.
GOSUB label	지정된 라벨에서 PicBasic 서브루틴을 호출하라.
GOTO label	지정된 라벨에서 계속 실행하라.
HIGH pin	핀 출력값을 high로 설정하라.
HPWM channel, duty_cycle, frequency	하드웨어에 펄스폭변조 신호를 출력하라.
HSERIN {parity_label,} {time_out, label,} [item1 {, item2, . . .}]	(하드웨어 직렬 포트가 있는 경우)하드웨어 비동기 직렬을 입력하라.
HSERIN2 {parity_label,} {time_out, label,} [item1 {, item2, . . .}]	하드웨어 비동기 직렬 두 번째 포트를 입력하라.
HSEROUT [item1 {, item2, . . .}]	(하드웨어 직렬 포트가 있는 경우)하드웨어 비동기 직렬을 출력하라.
HSEROUT2 [item1 {, item2, . . .}]	하드웨어 비동기 직렬 두 번째 포트를 출력하라.
I2CREAD data_pin, clock_pin, control, {address,} [var1 {, var2, . . .}] {, label}	외부 I^2C 직렬 EEPROM 장치에서 바이트를 읽어라.
I2CWRITE data_pin, clock_pin, control, {address,} [var1 {, var2, . . .}] {, label}	외부 I^2C 직렬 EEPROM 장치에서 바이트를 써라.
IF log_comp THEN label	조건부로 라벨로 이동하라.
IF log_comp THEN true_statement	조건부로 선언문을 실행하라.

IF log_comp {AND/OR log_comp. . .} THEN
true_statement. . .
{ELSEIF Comp {AND/OR log_comp. . .}
THEN true_statement. . .}
{ELSE
false_statement. . .}
ENDIF
	명령문 블록을 조건부로 실행하라.

INPUT pin	핀을 입력으로 설정하라.
LCDIN {address,} [var1 {, var2, . . .}]	LCD(액정 디스플레이)에서 RAM을 읽어라.
LCDOUT item1 {, item2, . . .}	LCD에 문자를 표시하라.
LET var = value	할당문(변수에 값을 할당).
LOOKDOWN value, [const1 {, const2, . . .}], var	값에 대한 상수 테이블을 검색하라.
LOOKDOWN2 value, {test} [value1 {, value2, . . .}], var	값에 대한 상수/변수 테이블을 검색하라.
LOOKUP index, [const1 {, const2, . . .}], var	테이블에서 상수 값을 가져오라.
LOOKUP2 index, [value1 {, value2, . . .}], var	테이블에서 상수/변수 값을 가져오라.
LOW pin	핀 출력을 낮게 설정하라.
NAP period	선택한 시간 동안 프로세서 전원을 꺼라.

(계속)

표 7.5 PicBasic Pro(version: 3.0)의 명령어 요약 (계속)

선언문	설명
ON DEBUG GOTO label	디버그가 활성화된 경우 모든 선언문 이후 레이블에서 PicBasic 디버그 서브루틴을 실행하라.
ON index GOSUB label {,label. . .}	GOSUB를 계산하라.
ON INTERRUPT GOTO label	인터럽트가 감지되면 레이블에서 PicBasic 서브루틴을 실행하라.
OUTPUT pin	핀을 출력으로 설정하라.
OWIN pin, mode,[item. . .] {,label}	1선 입력
OWOUT pin, mode,[item. . .] {,label}	1선 출력
PAUSE period	지정된 수 밀리초 지연하라.
PAUSEUS period	지정된 수 마이크로초 지연하라.
PEEK address, var	레지스터에서 바이트를 읽어라.
PEEKCODE address, var	코드 공간에서 바이트를 읽어라.
POKE address, var	레지스터에 바이트를 써라.
POKECODE {@address,} value{,value. . .}	장치를 프로그래밍할 때 코드 공간에 바이트를 써라.
POT pin, scale, var	접지에 직렬 커패시터로 핀에 연결된 가변저항 소자 또는 전위차계의 저항을 읽어라.
PULSIN pin, state, var	핀의 펄스 폭을 측정하라.
PULSOUT pin, period	핀에 펄스를 생성하라.
PWM pin, duty, cycles	펄스 폭 변조(PWM) 펄스 트레인을 핀으로 출력하라.
RANDOM var	의사 난수를 생성하라.
RCTIME pin, state, var	핀의 펄스 폭을 측정하라.
READ address, var	온칩 EEPROM에서 바이트를 읽어라.
READCODE address, var	코드 메모리에서 단어를 읽어라.
RESUME {label}	인터럽트 처리 후 실행을 계속하라.
RETURN	마지막으로 실행된 GOSUB 다음 선언문을 실행하라.
REVERSE pin	출력 핀을 입력으로 만들거나 입력 핀을 출력으로 설정하라.
SELECT CASE var CASE expr1 {, expr. . .} statement. . . CASE expr2 {, expr. . .} statement. . . {CASE ELSE statement. . .} END SELECT	값에 따라 명령문을 조건부로 실행하라.
SERIN pin, mode, {timeout, label,} {[qual1, qual2, . . .],} {item1 {, item2, . . .}}	비동기 직렬 입력하라(Basic Stamp 1 스타일).

SERIN2 data_pin {\flow_pin} , mode, {parity_label,} {timeout, label,} [item1 {, item2, . . .}]	비동기 직렬 입력하라(Basic Stamp 2 스타일).
SEROUT pin, mode, [item1 {, item2, . . .}]	비동기 직렬 출력하라(Basic Stamp 1 스타일).
SEROUT2 data_pin {\flow_pin} , mode, {pace,} {timeout, label,} [item1 {, item2, . . .}]	비동기 직렬 출력하라(Basic Stamp 2 스타일).
SHIFTIN data_pin, clock_pin, mode, [var1 {\bits1} {, var2{\bits2}, . . .}]	동기식 직렬 입력
SHIFTOUT data_pin, clock_pin, mode, [var1 {\bits1} {, var2{\bits2}, . . .}]	동기식 직렬 출력
SLEEP period	지정된 시간(초) 동안 프로세서 전원을 꺼라.
SOUND pin, [note1, duration1 {, note2, duration2, . . .}]	지정된 핀에서 톤이나 백색 잡음을 생성하라.
STOP	프로그램 실행을 중지하라.
SWAP var1, var2	두 변수의 값을 교환하라.
TOGGLE pin	출력 핀의 상태를 변경하라.
USBIN end_point, buffer, count_var, label	USB 입력
USBINIT	USB를 초기화하라.
USBOUT end_point, buffer, count, label	USB 출력
USBSERVICE	USB 서비스 루프
WHILE condition statement. . . WEND	조건이 true인 동안 명령문 블록을 실행하라.
WRITE address, value	온칩 EEPROM에 바이트를 써라.
WRITECODE address, value	코드 메모리에 단어를 써라.
XIN data_pin, zero_pin, {timeout, label,} [var1 {, var2, . . .}]	외부 X-10 유형 장치로부터 데이터를 수신하라.
XOUT data_pin, zero_pin, [house_code1\key_ code1{\repeat1} {, house_code2\key_code2{\repeat2, . . .}}]	외부 X-10 유형 장치로 데이터를 송신하라.

7.5.2 PicBasic Pro 프로그래밍 예제

이 절에서는 PIC16F84로 해결할 수 있는 일련의 문제를 제시하고 PicBasic Pro의 적용을 살펴볼 것이다. 나아가서 7.8절과 7.9절에서는 다양한 입출력 장치와 PIC와의 인터페이스를 더 심도 있게 다룰 것이다. 7.10절에서는 설계 절차에 대한 방법론적인 접근을 소개하여 새로운 마이크로컨트롤러 기반의 메카트로닉스 시스템을 설계할 때 하드웨어와 연계된 소프트웨어를 작성할 수 있는 능력을 배양할 것이다.

예제 7.4 어셈블리어 대신에 PicBasic Pro로 구현한 예제 7.2

목표는 예제 7.2와 같이 사용자가 버튼을 누르면 LED가 켜지고 떼면 꺼지는 어셈블리어 프로그램을 작성하는 것이다. 또한 버튼을 일정 횟수만큼 계속해서 누르고 떼기를 반복하면 두 번째 LED가 켜지도록 하는 것이다. 예제 7.2에서 이 문제에 대한 어셈블리어 프로그램을 작성하였는데, 여기서는 동등한 PicBasic Pro 프로그램을 작성할 것이다. 프로그램의 여러 부분에 대한 기능을 설명하는 코멘트가 있어서 이해하기 쉬울 것이다.

Do . . . Loop 구문은 첫 번째 스위치가 눌리거나 풀리는 동안 프로그램을 대기하도록 한다. 이 루프는 계속 순환되며 스위치가 특정 상태에 있는 동안은 아무것도 수행하지 않는 다. 대개의 경우, 루프를 통해 매시간 실행되는 Do와 Loop 라인 사이에는 명령어가 있을 수 있지만 여기서는 필요가 없다.

my_라는 접두어는 count나 button이 **예약어**(reserved words)이기 때문에 중복을 피하기 위해 식별자를 선언할 때 my_count나 my_button과 같은 식으로 사용한다. 예약어는 PicBasic Pro에서 사용하는 명령어, 선언된 상수, 수학적 및 논리적 함수의 이름을 말하며 이 단어는 식별자로 선언할 수 없다.

PicBasic Pro 프로그램의 count가 처리되는 과정이 어셈블리어와 근본적으로 차이가 나는 부분이다. 여기서는 count를 증가시켜 나가며 목표값에 도달했는지를 검사하지만, 어셈블리어의 경우는 count를 감소시켜 0에 도달하는지를 검사했었다. 또 다른 차이는 PicBasic Pro에서는 메모리의 처리가 매우 간단하기 때문에 변수의 주소를 지정할 필요나 메모리 뱅크를 설정하거나 누산기(W레지스터)로 값을 넣고 뺄 필요가 없다. 이러한 작업은 PicBasic Pro 컴파일러가 자동적으로 수행한다.

```
' bcount.bas
' Program to turn on an LED every time a pushbutton switch is pressed, and
' turn on a second LED once it has been pressed a specified number of times

' Define variables and constants
my_count      Var      BYTE     ' number of times switch has been pressed
TARGET        Con      5        ' number of switch presses required

' Define variable names for the I/O pins
my_button     Var      PORTB.0
led_count     Var      PORTA.0
led_target    Var      PORTA.1

' Initialize the counter and guarantee the LEDs are off
my_count = 0
Low led_count
Low led_target

begin:
      ' Wait for the button to be pressed
```

```
    Do While (my_button == 0)
        ' Keep looping while the button is up (not pressed)

    Loop

    ' Turn on the count LED now that the switch has been pressed
    High led_count

    ' Wait for the button to be released
    Do While (my_button == 1)
        ' keep looping while the button is down (pressed)

    Loop

    ' Turn off the count LED and increment the counter now that the switch
    ' has been released
    Low led_count
    my_count = my_count + 1

    ' Check if the target has been reached; and if so, turn on the target LED
    If (my_count >= TARGET) Then
            High led_target

    EndIf

Goto begin
End
```

만일 어셈블리어 프로그램과 비교한다면 PicBasic Pro가 작성하고 이해하기 쉽다는 것을 알 수 있다. 프로그램이 복잡한 경우 그 차이가 더 뚜렷할 것이다. PicBasic Pro로 간단하게 해결할 수 있는 문제가 변수 및 배열의 관리, 복잡한 연산, 논리비교, 반복 순환, 인터럽트 처리, 특수 함수 등의 구현에서 어셈블리어를 사용하면 매우 어려워질 것이다.

그러나 PicBasic Pro를 사용함에 따른 단점은 큰 EEPROM의 프로그램 메모리가 소요된다는 것이다. 앞의 예제의 경우 어셈블리어의 경우 17워드가 소요되지만 같은 기능을 구현해도 PicBasic Pro는 39워드가 필요하다. 이는 PicBasic Pro와 같은 고급언어를 사용함에 따른 필연적 희생이라고 할 수 있다. 다행히도 저가의 PIC16F84로 1024워드까지 사용할 수 있으므로 좀 더 복잡한 내용도 프로그램이 가능하다. 더욱이 다른 PIC 마이크로컨트롤러 제품군은 더 큰 메모리를 제공하며 가격은 저가이면서 용량이 큰 제품들이 속속 개발되고 있는 추세이다.

수업토론주제 7.3 ProBasic Pro와 어셈블리어의 비교

프로그램의 기능 관점에서 예제 7.2의 어셈블리어 프로그램 코드와 예제 7.4의 PicBasic Pro 프로그램을 비교하고 토의하라. 각 프로그램 기능에서 차이점을 설명하라.

수업토론주제 7.4 어셈블리어 명령에 해당하는 PicBasic Pro 명령어

예제 7.1에 나오는 어셈블리어 명령과 동등한 PicBasic Pro 코드를 작성하라.

예제 7.5 가정용 보안 시스템을 위한 PicBasic Pro 프로그램

6.6절에서 소개되었던 보안 시스템을 제어하는 PicBasic Pro 프로그램은 다음 코드와 같다. 6.6절로 되돌아가서 문제를 재검토하라. 프로그램 내의 코멘트는 코드가 어떻게 동작하는지를 설명해 준다. 또한 프로그램의 가독성을 높이기 위해 탭, 공란, 빈 줄, 괄호, 코멘트, 변수명을 이용하여 적절한 서식을 만들어 놓았다. 이러한 서식과 기능을 모두 제거해도 프로그램 수행에는 아무 영향이 없지만 이해하기 매우 어려운 프로그램이 될 것이다. 다음 그림은 PIC의 적용에 필요한 하드웨어를 보여준다.

문과 창문의 센서는 문과 창이 닫혀 있을 때 켜지는 정상개로(normal open: NO) 스위치라고 가정하였다. 이 두 센서는 5 V에 풀업(pull-up) 저항을 통해 직렬로 연결되어 둘 중 하나만 열려도 신호 A가 high가 된다. 신호 A가 low를 유지하려면 둘 다 닫혀 있어야 한다. 이러한 구성은 하드웨어적 결선으로 AND 게이트를 구현하였으므로 **와이어드 AND**(wired-AND)라고 부른다.

운동감지기(motion detector)는 운동이 검출되었을 때 신호 B를 high로 만든다. SP-DT(single-pole, double-throw) 스위치는 2비트 코드 C D를 만들 때 사용된다. 그림에서와 같이 두 개의 스위치 모두 정상폐로(normal closed: NC) 위치에 있는 경우는 코드 C D가 00이 된다. Y가 high인 경우 트랜지스터의 베이스에 정방향 바이어스가 걸리기 때문에 알람 버저가 울리게 된다. Y가 high인 경우 1 k의 베이스 저항은 출력 전류를 약 5 mA(5 V/1 kΩ)로 제한하여 PORTA핀의 출력 전류 사양인 20 mA 이하가 되도록 한다(7.9.2절 참조).

```
' security.bas

' PicBasic Pro program to perform the control functions of the home security
' system presented in Section 6.6

' Define variables for I/O port pins
door_or_window      Var      PORTB.0      ' signal A
motion              Var      PORTB.1      ' signal B
c                   Var      PORTB.2      ' signal C
d                   Var      PORTB.3      ' signal D
alarm               Var      PORTA.0      ' signal Y

' Define constants for use in IF comparisons
OPEN                Con      1      ' to indicate that a door OR window is open
DETECTED            Con      1      ' to indicate that motion is detected
```

```
' Make sure the alarm is off to begin with
Low alarm

' Main polling loop
always:
    If ((c = 0) And (d = 1)) Then              ' operating state 1 (occupants sleeping)
        If (door_or_window = OPEN) Then
            High alarm
        Else
            Low alarm
        EndIf
    ElseIf ((c = 1) And (d = 0)) Then          ' operating state 2 (occupants away)
            If ((door_or_window = OPEN) Or (motion = DETECTED)) Then
                High alarm
            Else
                Low alarm
            EndIf
    Else                                       ' operating state 3 or NA (alarm disabled)
        Low alarm
    EndIf
Goto always ' continue to poll the inputs

End
```

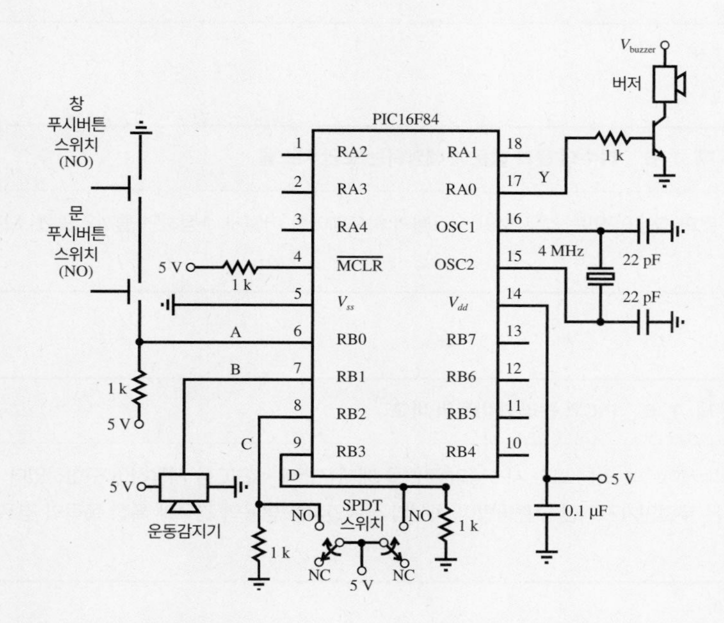

앞의 프로그램에서 변수 및 상수의 정의, 서식, 코멘트 등을 생략해도 수행에는 문제가 없지만, 결과 코드는 읽고 이해하기가 어려워진다. 그 결과는 다음과 같은 코드가 될 것이다.

```
Low PORTA.0
always: If PORTB.2=0 And PORTB.3=1 Then
```

```
If PORTB.0==1 Then
High PORTA.0
Else
Low PORTA.0
EndIf
ElseIf PORTB.2==1 And PORTB.3==0 Then
If PORTB.0==1 Or PORTB.1==1 Then
High PORTA.0
Else
Low PORTA.0
EndIf
Else
Low PORTA.0
EndIf
Goto always
End
```

컴파일러가 자동으로 서식과 코멘트를 무시하기 때문에 서식을 빼버려도 별로 장점이 없다. 또한 변수와 상수의 선언은 컴파일된 기계어 코드의 용량에 차이를 가져오지 않기 때문에 이러한 선언을 적절하게 사용하여 프로그램의 가독성을 높이는 것이 바람직하다.

수업토론주제 7.5 다수의 문과 창문에 해당하는 보안 시스템

하나 이상의 문과 창문이 있는 경우 보안 시스템의 하드웨어를 어떻게 수정하면 될까? 또한 소프트웨어를 고쳐야 하는가?

수업토론주제 7.6 PIC와 논리 게이트의 비교

6.6절의 논리 게이트에 의한 보안 시스템의 구현을 예제 7.5에서 PIC를 사용하여 구현하였다. 각각의 접근방법의 장단점은 무엇인가? 어떤 구현방법이 최선의 선택인지를 범용의 경우와 특정 목적의 경우로 나누어 판단하라.

수업토론주제 7.7 가정용 보안 시스템 설계 결함

예제 7.5의 가정용 보안 시스템 설계는 결함이라고 생각되는 특징이 있다. 도둑이 문이나 창문을 열어 경보를 울리면 열린 문이나 창을 닫아서 경보를 멈출 수 있다. 왜 이것이 일부 사용자에게는 설계 결함으로 간주될 수 있는가? 시스템의 기능을 향상시키기 위해 어떤 변화가 있을 수 있는가?

예제 7.6 **전위차계 값의 그래픽 디스플레이**

이 예제는 전위차계(potentiometer)의 저항값을 측정하여 몇 개의 LED에 스케일링된 2진수로 표시하도록 설계된 프로그램을 살펴보는 것이다. 이 코드는 PicBasic Pro의 전위차계 또는 가변 저항의 저항값을 간접적으로 읽어들일 수 있는 Pot 명령을 사용할 것이다. 이에 필요한 하드웨어 회로도와 pot.bas라는 프로그램이 다음에 제시되어 있다.

회로도에서 보는 바와 같이 전위차계의 와이퍼는 RA3핀에 연결되어 있고 전위차계의 한쪽 리드는 직렬의 커패시터를 통해 접지되어 있다. 나머지 한쪽은 아무 연결도 되어 있지 않다.

PORTB의 RB0에서 RB7까지의 핀은 전류제한 저항과 직렬로 접지된 LED에 각각 연결되어 있다. 이 핀 중 어느 하나라도 high가 되면 해당 LED가 켜지게 된다. 이 8개의 LED는 전위차계의 회전각도에 해당하는 2진수를 표시하게 된다. 그러므로 LED가 표시할 수 있는 값은 0과 255 사이이다. 이 프로그램에서는 PORTB=value라는 할당 명령을 이용하여 디스플레이를 갱신하며, 여기서 value는 전위차계에서 읽어들인 값을 가지고 있는 바이트(8비트) 변수이다. 이 할당 명령은 PORTB의 RB0에 측정된 저항값의 LSB를 RB7에 MSB를 표시하게 한다.

RA2핀에 붙어 있는 LED는 프로그램의 수행을 알려주는 테스트 LED이다. 프로그램이 수행될 때 이 LED가 깜박거린다. 프로그램 수행을 알리는 표시장치를 두는 것은 바람직하며 특히 디버깅 작업에 유익하다. LED가 깜박이는 것을 보면 PIC에 적당한 전원이 공급되고 있고 주변 회로가 정상이며 프로그램이 잘 로드되어 적절한 순환 반복 작업을 수행하고 있는 것을 알 수 있다. 이 예제는 매우 간단하기 때문에 프로그램의 논리와 처리에 에러의 소지가 별로 없다. 그러나 복잡한 논리, 분기, 반복, 인터럽트를 포함하는 난도가 높은 프로그램의 경우 완벽하게 디버깅되기 전까지는 예상치 못한 문제가 발생하거나 비정상적으로 종료되는 현상이 생기곤 한다. LED가 점멸하지 않는 것은 프로그램의 이상을 의미한다.

Pot 명령의 문법은 다음과 같다.

```
Pot pin, scale, var
```

여기서 pin은 입력핀의 식별자이고 scale은 1과 255 사이의 수로서 전위차계와 직렬 커패시터의 최대 시상수(time constant)를 조정하며, var은 Pot 명령의 결과가 리턴되는 값을 저장하기 위한 바이트 변수의 이름이다. scale을 어떻게 정하는지는 PicBasic Pro 매뉴얼에 자세히 소개되어 있으니 참조하도록 하자. 전위차계의 저항이 최소(0 Ω)일 때 var값이 0이 되고, 최고일 때 값이 최대가 된다(scale을 적절하게 조정하며 255). 5 kΩ의 전위차계와 0.1 μF 직렬 커패시터의 경우 적절한 scale값은 200이다.

이 예제의 경우 TRISB = %00000000이라는 명령은 PORTB의 모든 핀을 출력으로 설정하여 전위차계의 값을 PORTB = value라는 명령으로 곧바로 출력하게 한다. 앞의 예제에서 High나

Low 명령을 사용할 때는 TRIS 레지스터를 설정할 필요 없이 명령어 자체가 출력 설정을 자동적으로 수행하는 기능이 포함되어 있었다. PORTB = value는 모든 PORTB 출력을 바이트 변수 value에서 해당되는 비트값을 설정한다.

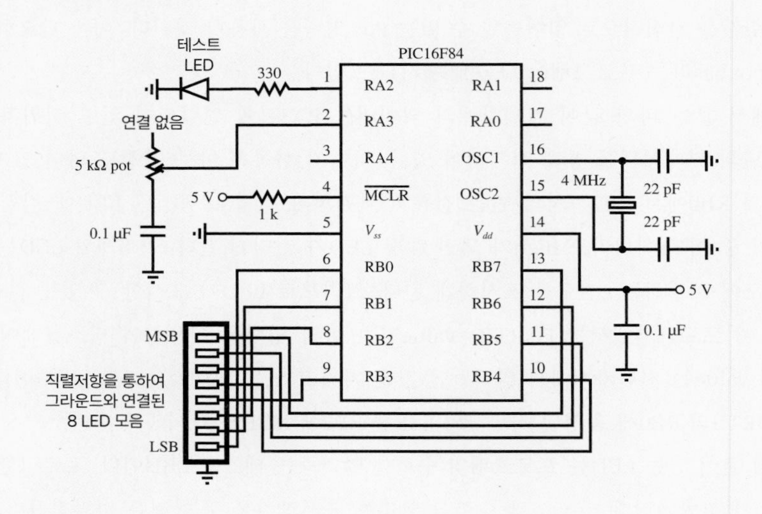


```
' pot.bas

' Graphically displays the scaled resistance of a potentiometer using a set of
'  LEDs corresponding to a binary number ranging from 0 to 255.

' Define variables, pin assignments, and constants
value      Var      BYTE            ' define an 8 bit (byte) variable capable of
                                    '  storing numbers between 0 and 255
test_led Var        PORTA.2         ' pin to which a test LED is attached (RA2)
pot_pin  Var        PORTA.3         ' pin to which the potentiometer and series
                                    '  capacitor are attached (RA3)
SCALE      Con      200             ' value for Pot statement scale factor

' Define the input/output status of the I/O pins
TRISB = %00000000                  ' designate all PORTB pins as outputs

mainloop:
      High test_led                     ' turn on the test LED

      Pot pot_pin, SCALE, value         ' read the potentiometer value
      PORTB = value                     ' display the binary value graphically
                                        ' with the 8 PORTB LEDs (RB0 through RB7)

      Pause 100                         ' wait one tenth of a second
      Low test_led                      ' turn off the test LED as an indication
                                        ' that the program and loop are running
      Pause 100                         ' wait one tenth of a second

Goto mainloop  ' continue to sample and display the potentiometer value and blink
               ' the test LED

End
```

이 예제에서는 PicBasic Pro 고유의 Pot 명령을 이용하여 저항값을 어떻게 읽는지를 살펴보았다. 이 외에도 PicBasic Pro는 Button, Freqout, Lcdout, Lookdown, Lookup Pwm, Serin, Serout, Sound와 같은 고급 명령어를 제공하여 몇 줄의 코드만으로 고기능의 프로그램을 작성할 수 있도록 한다. 비디오 데모 7.1은 이 예제로부터 하드웨어와 소프트웨어를 실제로 증명할 수 있다. 8개의 LED는 시각적으로 회전하는 손잡이(전위차계) 각도의 위치를 제공한다.

비디오 데모

7.1 전위차계 입력과 2진 표현

수업토론주제 7.8 Pot는 어떻게 동작하는가?

예제 7.6에서 사용했던 PicBasic Pro는 전위차계의 저항값을 디지털 I/O핀을 이용하여 측정하였다. Pot 명령어는 저항값을 효율적으로 디지털값으로 변환하는 A/D 변환기의 역할을 한 것처럼 보인다. 어떻게 PicBasic Pro에서 이것이 가능하였다고 생각하는가? 힌트: RC회로의 계단파 응답과 하나의 핀을 출력으로 사용하다 다시 입력으로 사용하는 것에서 유추해 보라.

수업토론주제 7.9 소프트웨어 디바운스

6.10.1절과 6.12.2절에서는 스위치 디바운스를 회로로 구현하였다. 이 방법은 별도의 부품과 배선이 필요하기 때문에 하드웨어 해법이라 불린다. 만일 PIC의 입력장치로서 스위치가 사용된다면 이 디바운스를 소프트웨어 방식으로 구현할 수 있다. 스위치가 PIC와 한 가닥 선으로 연결됐다고 할 때 디바운스를 하는 PicBasic Pro 코드를 작성하라. PicBasic Pro에는 Button이라는 명령이 있어 디바운스를 해결할 수 있지만 여기서는 좀 더 기본적인 명령을 사용하기를 바라는 것이다.

설계예제 7.1 PIC로 7-세그먼트 디지털 디스플레이를 구동하기 위한 옵션

7-세그먼트 LED를 사용하여 10진수를 표시하는 PIC 적용 예가 많이 있을 것이다. 주로 표시하고자 하는 것은 계산 결과나 스위치를 누른 횟수와 같은 카운트값이 될 것이다. 가장 간단한 방법은 7-세그먼트의 7개 핀을 PIC의 7개 출력핀에 연결하는 것이다. 이 방법은 숫자를 제대로 표시하기 위한 적절한 세그먼트의 on/off 상태를 PIC의 소프트웨어가 디코드하여 결정하는 것이다. 그림과 같이 세그먼트마다 기호를 붙이고 PORTB와 각각 연결되었다. 각 세그먼트가 5 V 전원과 전류 제한 저항을 통해 연결되었다고 하면 다음과 같은 초기화 코드를 프로그램의 앞부분에 삽입해야 한다.

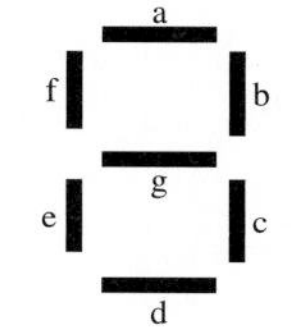

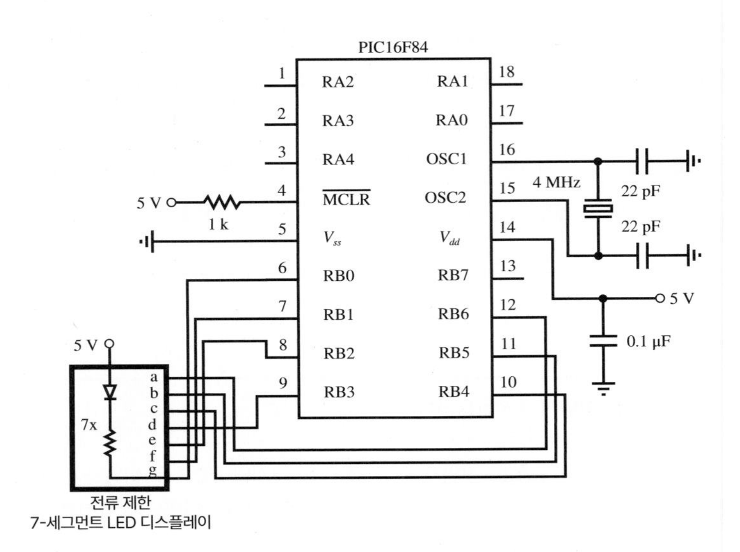


```
' Declare variables
number Var BYTE              ' digit to be displayed (value assumed to be from 0
                             ' to 9)
pins Var BYTE[10]            ' an array of 10 bytes used to store the 7-segment
                             ' display codes for each digit

' Initialize I/O pins
TRISB = %00000000            ' designate all PORTB pins as outputs (although, pin 7 is
                             ' not used)

' Segment codes for each digit where a 0 implies the segment is on and a 1 implies
' it is off, because the PIC sinks current from the LED display
'          %gfedcba                display
pins[0] = %1000000                 ' 0
pins[1] = %1111001                 ' 1
pins[2] = %0100100                 ' 2
pins[3] = %0110000                 ' 3
pins[4] = %0011001                 ' 4
pins[5] = %0010010                 ' 5
pins[6] = %0000011                 ' 6
pins[7] = %1111000                 ' 7
pins[8] = %0000000                 ' 8
pins[9] = %0011000                 ' 9
```

나머지 프로그램은 주기적인 폴링(polling)으로 디스플레이를 갱신하는 것이다. **서브루틴**(subroutine)이 바로 이런 용도로 사용하기 적합하다. 서브루틴은 일정한 기능을 하는 한 블록의 코드로서 프로그램의 여러 곳에서 불러서 수행이 가능하다. 코드에서 선언된 number라는 바이트 변수를 이용하여 이 변수에 저장된 값을 표시하는 서브루틴은 다음과 같다.

```
' Subroutine to display a digit on a 7-segment LED display. The value of the
' digit must be stored in a byte variable called "number." The value is assumed
' to be less than 10; otherwise, all segments are turned off to indicate an error.
display_digit:
        If (number < 10) Then
                PORTB = pins[number]    ' display the digit
        Else
                PORTB = %1111111                ' turn off all 7 segments
        EndIf
Return
```

프로그램 내의 어디서든지 number 변수에 값을 지정하고 서브루틴을 호출하면 7-세그먼트에 숫자가 표시될 것이다. 예를 들어 다음 명령은 숫자 8을 표시할 것이다.

```
number = 8
Gosub display_digit
```

앞에서의 방법은 PIC의 출력핀 7개를 소요한다. PIC16F84는 전부 13개의 I/O핀을 가지고 있기 때문에 이것은 다른 입출력 기능 추가에 큰 제약을 줄 수 있다. 이 문제를 개선하기 위해 7447과 같은 7-세그먼트 디코더 IC를 사용하여 사용 출력핀 수를 줄이는 설계도 가능하다. 이 설계는 다음 회로와 같이 4개의 출력핀만 필요하다.

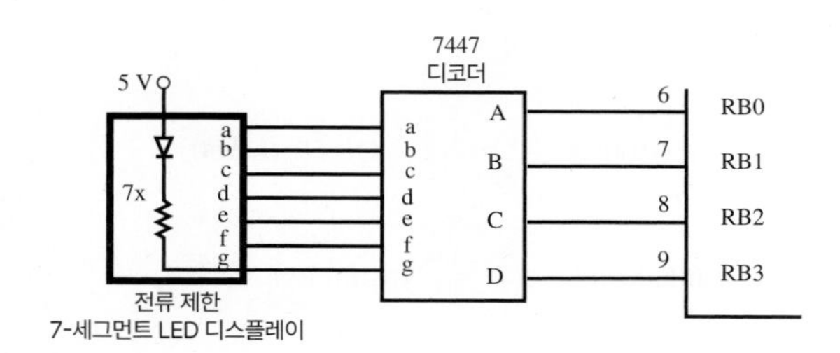

이 경우 pins라는 배열이 필요 없고 RB0에서 RB3까지의 핀에 대한 출력 설정만 필요하다. 위의 서브루틴은 다음과 같이 고쳐 쓸 수 있다.

```
display_digit:
        If (number < 10) Then
                PORTB = (PORTB & $F0) | number      ' display the digit
        Else
                PORTB = (PORTB & $F0) | $F          ' turn off all segments
        EndIf
Return
```

PORTB에 대한 할당 명령은 **로직 마스크**(logic mask)를 사용하여 다른 프로그램 명령에서 별도로 설정해 놓았을 수 있는 PORTB의 상위(MSB) 4비트에 영향을 주지 않도록 배려하고 있으며 number의 2진수 값을 7-세그먼트 디스플레이 드라이버에 출력되는 PORTB의 하위(LSB) 4비트에 적어 넣는다. 논리 마스크는 어떤 2진수 내의 원하는 몇몇 비트가 바뀌지 않도록 보호하면서 그 외 비트의 변화를 허용하는 일련의 비트 문자열이다. 비트 연산자인 AND(&)와 OR(|)가 마스크 계산에 사용되었다. PORTB & $F0는 상위 4비트의 값을 유지하면서 하위 4비트를 0으로 지우는 연산이다. 예를 들어 PORTB의 현재값이 %11011001이라면 PORTB & $F0는 다음과 같은 결과를 보여준다.

```
%11011001        (PORTB)
    &
%11110000        ($F0)
    =
%11010000        (PORTB & $F0)
```

이 결과와 number를 OR연산을 함으로써 하위의 4비트가 number값의 해당 4비트로 교체되는 것이다. 예를 들면, 만약 number의 값이 7(%0111)이면, PORTB & $F0는 다음과 같은 결과를 보여준다.

```
%11010000        (PORTB & $F0)
    |
%00000111        (number)
    =
%11010111        ((PORTB & $F0) | number)
```

주지하다시피 PORTB의 4개의 MSB는 변하지 않고 4개의 LSB는 number의 2진값으로 변화되었다.

Else 구문에 $F(15)는 7-세그먼트를 모두 꺼버리는 디코더 IC 입력이다.

만일 4개의 I/O핀조차도 없는 상태에서 숫자를 디스플레이하고자 한다면 reset과 count 핀을 가지고 있는 7490 카운터 I/C를 사용할 수 있다. reset핀이 high active라고 가정했을 때 이 핀을 high로 할 때 카운트값은 0이 된다. count 입력핀은 에지트리거형(edge triggered) 방식이므로 이 예제에서는 상승에지트리거든 하강에지트리거든 상관이 없다. 다음과 같이 이 설계에는 두 개의 PIC 입력핀만을 사용하고 있다.

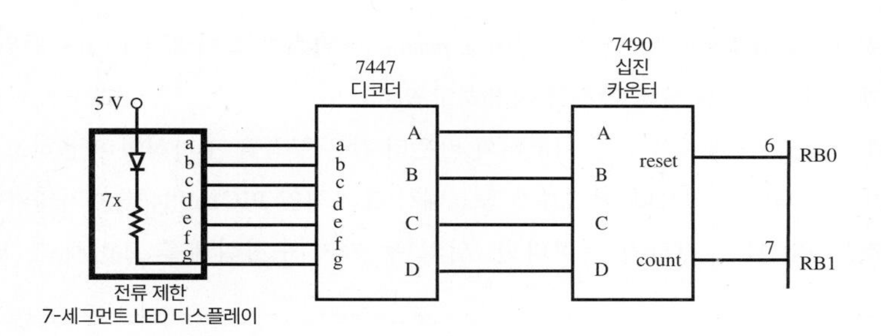

이 경우 RB0와 RB1핀만 출력으로 설정하고 새로운 서브루틴에서 사용할 카운터 변수 i를 선언하면 된다. 또한 두 개의 핀에 대한 식별자를 다음과 같이 선언한다.

```
i        Var        BYTE          ' counter variable used in For loop
reset    Var        PORTB.0       ' signal to reset the counter to 0
count    Var        PORTB.1       ' signal to increment the counter by 1
```

서브루틴은 다음과 같이 수정된다.

```
display_digit:
        Pulsout reset, 1                ' send a full pulse to reset the counter
                                        ' to zero

        If (number < 10) Then
        ' Increment the counter "number" times to display the appropriate
        ' digit
        For i = 1 To number
                Pulsout count, 1        ' send a full pulse to increment the
                                        '  counter

        Next i
    Else
        ' Increment the counter 15 times to clear the display (all segments
        '  off)
        For i = 1 To 15
                Pulsout count, 1        ' send a full pulse to increment the
                                        '  counter

        Next i
    EndIf
Return
```

여기서 PicBasic Pro의 *Pulsout* 명령은 각 제어핀에 펄스를 내보내기 위해 사용되고 있다. 이 명령의 구문은

```
Pulsout pin, period
```

여기서 *pin*은 PORTB.0과 같은 핀 식별자이고 *period*는 펄스의 길이로서 10 ms 단위이다. 그러므로 위 예제에서는 10 ms 폭의 펄스를 사용하고 있다.

이 예제에서 뒤의 두 가지 설계는 디코더와 카운터 같은 부품을 추가하여 사용하고 있다. 만일 보드의 사이즈에 제약은 없으나 저가화가 중요해서 추가적인 PIC16F84를 추가하거나 더 많은 I/O 핀을 갖는 PIC를 선정하지 못한다면, 뒤의 두 가지 수정설계를 고려해 볼 만하다.

수업토론주제 7.10 고속 계수

설계예제 7.1의 세 번째 옵션에서 원하는 수를 표시하기 위해 이 수에 도달할 때까지 카운터를 증가시켰다. 이 카운터의 중간값을 디스플레이에서 볼 수 있는가? 왜 그런가?

실습 문제

Lab 10 PIC 마이크로컨트롤러 프로그래밍—II부

비디오 데모

7.2 555 타이머를 이용한 16진 계수기와 스위치 디바운스용 데이터 플립플롭

7.3 소프트웨어 디바운스의 16진 계수기

실습문제 Lab 10은 설계예제 7.1에서 몇 가지 기능을 제공하기 위한 부품 결선과 소프트웨어 자성 기법을 보여준다. 이 실험은 0부터 F까지의 모든 16진 숫자의 표시를 나타냄으로써 설계예제의 기능까지 확장한다. 비디오 데모 7.2와 7.3은 실습문제 Lab 10에서 수행한 두 가지 다른 설계를 보여준다. 첫 번째 해는 푸시 버튼의 입력신호를 디바운스하기 위한 데이터 래치와 함께 555 타이머 회로를 사용하는 것이고, 두 번째 해는 지연을 두어 소프트웨어적으로 스위치의 디바운스를 처리하는 것이다.

7.6 인터럽트 사용

예제 7.5에서 살펴보았던 보안 시스템 프로그램은 센서를 체크하여 출력을 갱신하는 목표를 실현하기 위해 **폴링**(polling) 방식을 사용하고 있다. 이 방식은 모든 처리가 메인 프로그램 루프에 일어나기 때문에 프로그램의 흐름을 따라가기가 용이하다. 마이크로컨트롤러의 파워가 들어와 있는 한 무한의 루프를 돌고 있다. 그러나 좀 더 복잡한 응용에는 루프가 수행되는 시간이 너무 길어서 폴링이 적합하지 않다. 루프가 길어지면 입력을 충분히 자주 체크하는 게 불가능하다. 개선 방법으로는 인터럽트를 사용하는 방법이 있다.

인터럽트 구동 방식의 프로그램에서는 몇몇 입력이 인터럽트로 지정된 특수 입력 라인에 연결된다. 이 입력 중 하나라도 상태 변화가 발생되면 마이크로컨트롤러는 처리하고 있던 정상 작업을 일시적으로 중지하고 **인터럽트 서비스 루틴**(interrupt service routine)이라 불리는 서브루틴을 처리하게 된다. 인터럽트 서비스 루틴의 맨 마지막에서 원래의 작업으로 복귀하게 된다. 일반적으로 폴링 루프가 충분하게 빠르다면 인터럽트에 비해 쉽기 때문에 폴링을 많이 사용한다. 그러나 긴 프로그램 루프 동작 중 많은 기능을 수행하기가 어려우며 입력 변경에 대한 수작업 검사를 자주 하지 않으려는 상황에서는 인터럽트가 매우 유용할 수 있다.

인터럽트를 동작시키려면 PIC 내의 두 개의 특수 레지스터를 적절하게 초기화해야 한다. 이 레지스터는 옵션 레지스터(**OPTION_REG**)와 인터럽트 컨트롤 레지스터(**INTCON**)이다. OPTION_REG의 각 비트의 정의는 다음과 같다. 최하위 비트, 즉 비트 0(b_0)는 맨 오른쪽에 위치하고 최상위 비트, 즉 비트 7(b_7)은 맨 왼쪽에 위치하고 있음에 주의하라.

$$\text{OPTION\_REG} = \%b_7b_6b_5b_4b_3b_2b_1b_0$$

bit 7: $\overline{\text{RBPU}}$: PORTB pull-up enable bit
1 = PORTB pull-ups are disabled
0 = PORTB pull-ups are enabled
bit 6: Interrupt edge select bit
1 = Interrupt on rising edge of signal on pin RB0
0 = Interrupt on falling edge of signal on pin RB0
bit 5: T0CS: TMR0 clock source select bit
1 = External signal on pin RA4
0 = Internal instruction cycle clock (CLKOUT)
bit 4: T0SE: TMR0 source edge select bit
1 = Increment on high-to-low transition of signal on pin RA4
0 = Increment on low-to-high transition of signal on pin RA4
bit 3: PSA: prescaler assignment bit
1 = Prescaler assigned to the Watchdog timer (WDT)
0 = Prescaler assigned to TMR0
bits 2, 1, and 0:
3-bit value used to define the prescaler rate for the timer features

Value	TMR0 Rate	WDT Rate
000	1 : 2	1 : 1
001	1 : 4	1 : 2
010	1 : 8	1 : 4
011	1 : 16	1 : 8
100	1 : 32	1 : 16
101	1 : 64	1 : 32
110	1 : 128	1 : 64
111	1 : 256	1 : 128

다음과 같은 onint.bas 예제에서 OPTION_REG는 $FF, 즉 %11111111로 설정되어 있다. 7비트를 low로 한 것은 PORTB에 풀업이 걸리도록 설정한 것이고, 6비트를 high로 한 것은 RB0 핀을 포지티브 에지에서 인터럽트를 발생하도록 한 것이다. PORTB가 풀업으로 설정되면 RB0를 접지와 연결하는 스위치와 같이 풀다운을 하는 입력이 들어오기 전까지는 평상시에는 high를 유지한다. 0비트에서 5비트까지는 타이머를 설정할 때 사용하는 비트이다.

레지스터(INTCON)에 대한 정의는 다음과 같다.

```
bit 7: GIE: global interrupt enable bit
     1 = Enables all unmasked interrupts
     0 = Disables all interrupts
bit 6: EEIE: EE write complete interrupt enable bit
     1 = Enables the EE write complete interrupt
     0 = Disables the EE write complete interrupt
bit 5: TOIE: TMRO overflow interrupt enable bit
     1 = Enables the TMRO interrupt
     0 = Disables the TMRO interrupt
bit 4: INTE: RBO interrupt enable bit
     1 = Enables the RBO/INT interrupt
     0 = Disables the RBO/INT interrupt
bit 3: RBIE: RB port change interrupt enable bit (for pins RB4 through RB7)
     1 = Enables the RB port change interrupt
     0 = Disables the RB port change interrupt
bit 2: TOIF: TMRO overflow interrupt flag bit
     1 = TMRO has overflowed (must be cleared in software)
     0 = TMRO did not overflow
bit 1: INTF: RBO interrupt flag bit
     1 = The RBO interrupt occurred
     0 = The RBO interrupt did not occur
bit 0: RBIF: RB port change interrupt flag bit
     1 = At least one of the signals on pins RB4 through RB7 has changed state (must be
         cleared in software)
     0 = None of the signals on pins RB4 through RB7 has changed state
```

다음의 onint.bas 예제에서는 INTCON이 $90, 즉 %10010000으로 설정되어 있다. 인터럽트가 가능(enable)하기 위해서는 7비트를 1로 해야 하고 RB0핀에 대한 인터럽트를 체크하기 위해서는 4비트를 1로 설정해야 한다. 0비트와 1비트는 프로그램 수행 중에 인터럽트 상태(status)를 검사하기 위한 비트이다. 만일 PORTB의 RB4에서 RB7까지의 변화를 감지하는 인터럽트도 사용하려면 이 인터럽트를 가능하게 하는 3비트를 1로 만들어야 한다. 이 경우 INTCON은 $88, 즉 %10001000이 될 것이다. RB0와 RB4-7에 관한 인터럽트를 모두 사용하려면 INTCON의 설정값은 $98, 즉 %10011000이 될 것이다. PORTB는 RB0와 RB4-7핀이 인터럽트 기능을 제공하지만 PORTA는 인터럽트 기능이 없다. 6, 5, 2비트는 좀 더 고급 용도에서 사용할 것이며 이 예제에서는 사용하지 않는다.

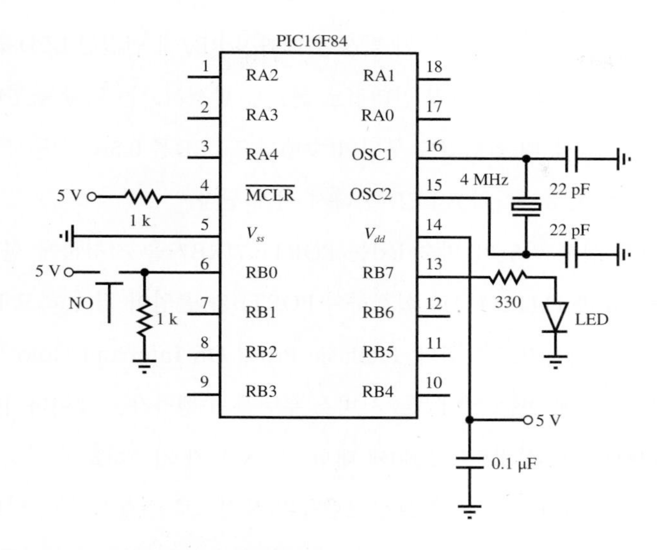

그림 7.8 인터럽트 예제의 회로도

다음의 onint.bas라는 간단한 예제는 인터럽트의 사용에 관한 내용이다. 이에 대한 회로도는 그림 7.8에 보여주고 있다. 이 프로그램의 기능에 대한 상세한 설명은 다음과 같다.

```
' onint.bas

' This program turns on an LED and waits for an interrupt on PORTB.0. When RB0
' changes state, the program turns the LED off for 0.5 seconds and then resumes
' normal execution.

led      var    PORTB.7                 ' designate pin RB7 as "led"

         OPTION_REG = $FF               ' disable PORTB pull-ups and detect positive
                                        '  edges on interrupt
         On Interrupt Goto myint        ' define interrupt service routine location
         INTCON = $90                   ' enable interrupts on pin RB0

' Turn LED on and loop until there is an interrupt
mainloop:
         High led
Goto mainloop

' Interrupt handling routine
Disable                                 ' disable interrupts until the Enable
                                        ' statement appears

myint:
         Low led                        ' turn LED off
         Pause 500                      ' wait 0.5 seconds
         INTCON.1 = 0                   ' clear interrupt flag
         Resume                         ' return to main program
Enable                                  ' allow interrupts again

End                                     ' end of program
```

onint.bas 프로그램은 외부 인터럽트가 발생할 때까지 RB7에 연결된 LED를 점등한다. RB0에 연결된 노멀 오픈(NO) 버튼 스위치 인터럽트 신호를 발생시키는 역할을 한다. 이 핀의 상태가 low에서 high로 변화할 때 인터럽트 루틴이 수행되고 LED를 0.5초 소등시킨다. 그 후 프로그램 주도권이 메인 루프로 돌아가고 LED를 다시 켜게 된다.

프로그램 첫 번째 실행 라인의 변수 led는 PORTB.7(RB7)을 지칭하게 한다. 다음 라인은 OPTION_REG를 $FF(%11111111)로 설정하여 PORTB가 풀업이 되게 하고 RB0의 인터럽트가 포지티브 에지를 발생시키도록 한다. PicBasic Pro의 On Interrupt Goto 명령은 인터럽트가 발생되면 라벨 myint에 있는 인터럽트 서비스 루틴을 수행하라는 것이다. INTCON 레지스터는 $90(%10010000)으로 설정되어 RB0에 대한 인터럽트가 가능하도록 설정하였다.

mainloop 라벨로 시작하는 세 줄은 프로그램을 반복적으로 실행시키며, 인터럽트를 기다리는 동안 프로그램 실행을 유지한다. 이 루프는 RB7에 연결된 LED를 항상 점등시킨다. 이 루프는 인터럽트 발생만 제외하고는 영원히 돌아가기 때문에 **무한 루프**(infinite loop)라고도 불린다. 그런데 PicBasic Pro는 한 명령이 끝난 다음에만 인터럽트를 검사하기 때문에 라벨과 Goto 사이에 High led와 같은 유효한 명령을 꼭 넣어야 한다.

이 프로그램의 마지막 부분은 인터럽트 서비스 루틴이다. 여기서 Disable과 Enable은 짝으로 사용하여 인터럽트를 메인 루프로 돌아갈 때까지 체크하지 않도록 하는데 Disable은 라벨 앞쪽에 있어야 하고 Enable은 Resume 다음에 와야 한다. 인터럽트 서비스 루틴은 RB0에 인터럽트가 발생하여 이 루틴으로 프로그램 주도권을 넘기면 수행을 시작한다. myint라는 라벨에 있는 Low led 명령은 RB7을 low로 하여 LED를 소등한다. 다음의 Pause 문은 LED가 소등된 상태에서 0.5초 동안 시간을 지연시키는 역할을 한다. 다음 라인은 인터럽트 플래그를 지우기 위해 INTCON.1비트를 0으로 설정한다. RB0핀에 의해 인터럽트가 발생하면 인터럽트 플래그가 자동으로 1이 되는데 다음의 인터럽트를 받기 위해서는 인터럽트 서비스 루틴을 빠져나가기 전에 이 플래그를 다시 0으로 만들어야 한다. myint 루틴의 맨 마지막 줄인 Resume은 프로그램의 주도권을 다시 메인 루틴으로 넘겨 인터럽트가 발생했던 지점으로 복귀하게 한다. 실습문제 Lab 9에서는 이 절에서 주어진 개념과 예제를 탐구한다.

실습문제
Lab 9 PIC 마이크로컨트롤러 프로그래밍— I 부

PicBasic Pro는 인터럽트를 매우 효율적으로 처리하지 못하며, 코드가 혼동되기 쉽다는 지적이 있다. 앞에서 언급한 것처럼, PicBasic Pro는 각 명령문이 실행된 후에만 인터럽트 입력 변경을 확인하므로, 명령문이 장시간 실행되는 동안(예를 들어, Pause와 Sound 명령문이 길게 지속되는 경우) 인터럽트가 감지되지 않는다. 하드웨어 인터럽트는 인터럽트를 더 자연스럽

게 처리하는 마이크로컨트롤러나 다른 프로그래밍 언어를 사용할 때 매우 효과적일 수 있으며, PicBasic Pro 소프트웨어 인터럽트는 일반적으로 피해야 한다. 대신, 단순 폴링 루프를 사용하는 것이 종종 더 쉽고 더 좋다. 예외적으로 많은 순차 함수를 수행하는 긴 프로그램 루프가 있고 루프 실행 중 언제든지 해당 동작을 인터럽트할 수 있어야 하는 상황에서는(예를 들어, 사용자가 단추를 누를 때) PicBasic Pro 인터럽트 기능이 매우 유용할 수 있다.

7.7 아두이노 플랫폼

이 책은 초판 이후로 PIC 컨트롤러와 PicBasic Pro 프로그래밍을 강조하고 있다. 이렇게 선택한 이유는 몇 가지가 있다. 우선, Microchip PIC 컨트롤러는 매우 광범위하며, 많은 상용버전이 있다. 또한 PicBasic Pro는 다른 선택 대비 프로그래밍이 낯선 학생에게 가장 배우고 이해하기 쉽다. 그러나 최근에 아두이노 보드와 C언어에 기반한 프로그래밍 언어 지원이 매우 일반적이 되었고, 많은 온라인 자원과 제품군을 지원하면서 아두이노 환경이 배우고 사용하기 쉬워졌다. 그러므로 이 책은 이 방식을 추구하려는 개발자를 지원하기 위한 간략한 아두이노 개요 및 소개와 더불어 유용한 예제와 자료를 추가한다.

아두이노는 Atmel 마이크로컨트롤러 기반의 프로토타입 보드와 무료 Java 기반 통합 개발 환경(IDE)으로 구성된 오픈소스 프로토타입 플랫폼으로서, 보드와의 인터페이스가 용이하고 C 기반 프로그래밍 언어를 사용하여 프로그래밍할 수 있다. 모든 종류의 부가 장치를 프로그래밍할 수 있는 기능을 추가하는 많은 무료 소프트웨어 라이브러리가 있다. 아두이노 커뮤니티는 규모가 크며, 따라 하기 쉽고 접근하기 쉬운 방식으로 제공되는 자습서 및 예제 코드 형태로 상당한 온라인 지원을 제공한다. 예를 들어 아두이노 코드 및 예제가 포함된 저렴한 제품(센서류, 부가 모듈, 구동기 등)도 많이 있으므로 설계에 기능을 추가하거나, 빠르게 시작하고 실행할 수 있다. 아두이노의 경험은 내장형 제어 및 인공지능이 포함된 지능형 프로젝트를 만들고 싶어 하는 자작(DIY) 애호가에게 가능한 것을 혁명적으로 바꿔 놓았다. 또한 사용자는 간단한 프로젝트를 시작하거나 신속한 구현을 위해 많은 전자공학, 프로그래밍 혹은 공학적 배경지식이 필요하지 않다.

아두이노 IDE 소프트웨어는 아두이노 웹사이트(인터넷 링크 7.9 참조)에서 무료로 다운받을 수 있다. IDE는 프로그램을 생성 및 컴파일하거나 보드에 전원을 공급하는 USB 케이블을 통

7.9 아두이노 웹사이트

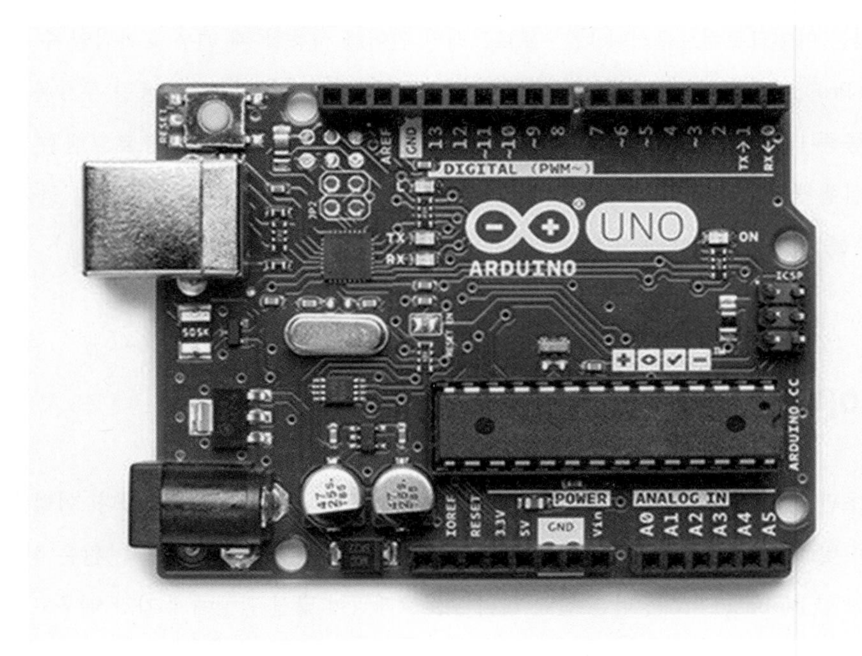

그림 7.9 아두이노 UNO
© 2017 Arduino

해 아두이노 보드에 업로드하는 데 사용된다. 또한 IDE는 업로드된 프로그램이 실행되는 동안 아두이노 보드와 통신하거나 메시지를 받아서 디스플레이에 표시하고 감시한다. USB 케이블에서 공급되는 최대전류는 USB2.0의 경우 500 mA이며, USB 3.0의 경우 900 mA이고, 더 큰 전류가 필요하거나 프로젝트가 컴퓨터에 연결되어 있지 않은 상태로 실행되기를 원하는 경우에는 어댑터를 사용한다.

크기, 속도, 메모리 용량 및 기능에 따라서 다양한 아두이노 보드를 선택할 수 있는데, 가장 일반적으로는 그림 7.9의 아두이노 UNO가 사용된다. UNO는 인쇄회로기판 위에 온보드 마이크로컨트롤러를 프로그래밍하고 전원을 공급하거나 인터페이스를 위한 모든 소자를 포함하여 프로젝트를 손쉽게 수행한다. 보드는 20 MHz Atmel사의 ATmega328P 8비트 마이크로컨트롤러(14개 디지털 입출력, 6개 아날로그 입력 및 32 KB 플래시 메모리와 2KB RAM)를 포함한다. 또한 보드에는 USB 인터페이스, 전압 레귤레이터, 클럭 수정 발진기, 몇 개의 LED 표시기, 프로젝트 실습을 위한 LED 및 메인 보드의 기능을 확장할 수 있는 아두이노 차폐 보드를 삽입하거나 보드에 쉽게 연결할 수 있는 헤더 스트립이 포함되어 있다. 상용화된 저렴한 차폐용 소자가 확장 I/O, 센서, 모터 접속 및 구동, 무선통신, 셀룰러 통신(cellular communication) 등에 이용가능하다. 또 다른 일반 아두이노 보드로는 아두이노 MEGA가 있으며, 확장 프로세서(ATmega2560) 및 증가된 I/O핀(총 54개), 다양한 기능(많은 PWM 핀과 아날로그 입력, 네 개의 직렬통신 채널)을 포함한다. 자세한 아두이노 보드 목록과 사양 비교는 **인터넷 링크 7.10**에 나와 있다.

7.10 아두이노 보드 사양

7.11 아두이노 언어 참조 가이드

7.12 아두이노 라이브러리

7.13 Vilros 아두이노 Uno Ultimate 스타터 키트 + LCD

7.14 Jeremy Blum 아두이노 튜토리얼 비디오

7.15 아두이노 웹사이트 튜토리얼

아두이노 프로그램은 C-기반 언어로 되어 있고, 이런 프로그램을 '스케치(Sketch)'라고 한다. 스케치는 setup()과 loop(), 두 함수를 포함한다. setup 함수는 아두이노가 켜지거나 리셋될 때 한 번 동작한다. Setup 함수는 변수나 상수를 선언하거나 초기화할 때, I/O핀을 입력과 출력으로 정의할 때, 기타 사용자가 단 한 번 초기화하는 작업을 수행하고자 할 때 사용된다. setup 함수가 완료되면, loop 함수가 소환되거나 아두이노가 꺼지거나 리셋될 때까지 무한 루프에서 동작을 반복한다. 전체적인 프로그램 언어 참조 가이드는 **인터넷 링크 7.11**에서 이용할 수 있다. 이는 모든 프로그래밍 구조, 기능, 이용가능한 변수 타입을 요약 정리하고, 전체적인 문서 및 각 특징과 관련된 예제를 제공한다. 또한 언어의 기본적인 기능을 확장하기 위한 부가적인 소프트웨어 라이브러리도 제공한다. 요약 정리 및 예제를 포함한 전체 문서는 **인터넷 링크 7.12**에 있다. 몇몇 라이브러리는 LCD나 LED 디스플레이, 서보 및 스테핑 모터와 같은 소자 제어를 용이하게 한다. 무선 연결, 인터넷 및 다양한 표준 직렬 인터페이스를 통해 다른 구성요소와의 통신을 용이하게 하는 다른 부분도 있다. 또한 데이터 관리 및 고급 계산 및 제어 수행에 유용한 라이브러리가 있다.

아두이노 언어와 환경을 익히는 가장 좋은 방법은 다양한 튜토리얼을 해보는 것이다. Vilros Ultimate Starter Kit + LCD(**인터넷 링크 7.13** 참조)와 같은 초보자 키트를 사용하는 것도 도움이 된다. 키트에 포함된 소자로는, 아두이노 UNO Rev3 보드와 USB 케이블, 브레드보드, UNO와 브레드보드 홀더, 점퍼선, 저항, 다이오드, 트랜지스터, LED, 푸시버튼 스위치, 온도 센서, 태양전지, 버저, 직류모터, 소형 RC 서보모터, 릴레이, 납땜 전 핀 헤더 및 LCD, 튜토리얼 책자 등이 있다. 이것은 다양한 종류의 소형 메카트로닉스 및 취미 프로젝트를 시작하는 데 필요한 모든 것을 포함한다. 튜토리얼 책자도 우수하다. 모든 연습문제를 해보고 포함된 모든 코드를 공부하면 아두이노 언어와 환경에 관해 알아야 할 대부분의 내용을 알 수 있다. 튜토리얼 책자 또한 흥미롭다. 뿐만 아니라, 아두이노 학습을 위한 많은 책자와 온라인 자료들이 나와 있다. Jeremy Blume의 유튜브 강좌도 훌륭하다. 이는 **인터넷 링크 7.14**에서 찾을 수 있다. Jeremy는 또한 "Exploring Arduino"(참고문헌 참조)라고 하는 유용한 참고서도 가지고 있다. 아두이노 웹사이트 또한 **인터넷 링크 7.15**의 튜토리얼 섹션에서 매우 유용한 예제를 제공한다. (예제 서브메뉴 아래) Arduino IDE의 파일 메뉴 아래에 있는 코드 예제에 대한 많은 카테고리가 있는데, 이는 전형적인 프로젝트에서 일반적으로 필요한 다양한 작업의 출발점으로 유용하다. 아두이노의 C 기능을 어떻게 사용하는가에 대한 예제는 온라인 참조 가이드(**인터넷 링크 7.11**)에 나와 있다. 모든 예제와 온라인 도움말로 충분하지 않다면 아두이노 온라인 기술 포럼을 방문하여 질문에 대한 답변을 검색하거나 새로운 질문을 게시할 수 있다(**인터넷 링크 7.16** 참조).

인터넷 링크

7.8 PicBasic Pro 컴파일러 매뉴얼

7.11 아두이노 언어 참조 가이드

7.16 아두이노 기술 지원과 질문을 위한 온라인 포럼

표 7.6은 PicBasic Pro와 아두이노 C로 작성된 일반적인 마이크로컨트롤러 소프트웨어 작업의 예를 보여준다. 또한 이 표는 PicBasic Pro 프로그램(이 장에 나온 예제들)을 아두이노 C로 변환하거나 그 반대 작업을 하고자 할 때, 코드 번역을 위한 가이드로 사용될 수 있다. 이러한 측면에서 온라인 PicBasic Pro 컴파일러 매뉴얼(**인터넷 링크 7.8**)과 아두이노 C 언어 참조 가이드(**인터넷 링크 7.11**)는 유용할 수 있다. 이 장에서는 Microchip PIC 마이크로컨트롤러와 PicBasic Pro를 주로 다루지만, 다른 프로그래밍 언어와 다른 마이크로컨트롤러 플랫폼을 익힐수록 모든 언어와 마이크로컨트롤러에서 프로그래밍이 매우 유사함을 알게 될 것이다. 또한 접속 및 동작 원리와 관련된 많은 개념이 하드웨어 플랫폼과 상관없이 매우 유사하다. PiCBasic Pro와 아두이노 C 사이의 코드의 유사성에 관한 예를 예제 7.7에서 볼 수 있다.

표 7.6 아두이노-PicBasicPro 코드 변환 예

<table>
<tr><th>아두이노 코드</th><th>PicBasic Pro 등가코드</th></tr>
<tr><td>Comments/Remarks:
<code>/* A multiple-line comment is</code>
<code>   bracketed like this */</code>
<code>// Here' s a single-line comment</code>
<code>... code ... // end-of-line remark</code></td><td>Code Structure, Comments/Remarks:
<code>' A multiple-line comment is</code>
<code>'   bracketed like this</code>
<code>' Here' s a single-line comment</code>
<code>... code ... ' end-of-line remark</code></td></tr>
<tr><td>Code Structure:
<code>// Declare global variables</code>
<code>...</code>
<code>// Define and initialize pins and special</code>
<code>//   features</code>
<code>void setup() {</code>
<code> ...</code>
<code>}</code>
<code>// Infinite loop run continuously</code>
<code>void loop() {</code>
<code> ....</code>
<code> // Call subroutine/function</code>
<code> my_function();</code></td><td>Code Structure:
<code>' Declare global variables</code>
<code>...</code>
<code>' Define and initialize pins and special</code>
<code>'   features</code>
<code>...</code>
<code>' Infinite loop run continuously</code>
<code>Do While (1)</code>
<code> ....</code>
<code> ' Call subroutine/function</code>
<code> Gosub my_function</code>
<code> ...</code>
<code>Loop</code></td></tr>
</table>

...
}
// Define function
void my_function(void) {
  ...
}
	
	End
	' Define function
	my_function:
	  ...
	Return

Digital Input/Output and Logic:
const int buttonPin = 2;
const int ledPin = 13;
void setup() {
  pinMode(ledPin, OUTPUT);
  pinMode(buttonPin, INPUT);
}
// Turn on the LED if the button is down
if (digitalRead(buttonPin) == HIGH)
  digitalWrite(ledPin, HIGH);
else
  digitalWrite(ledPin, LOW);
	Digital Input/Output and Logic:
	buttonPin Var PORTA.3
	ledPin Var PORTB.7
	' These commands are not required
	' (done by High/Low commands or default)
	' Output ledPin
	' Input buttonPin
	' Turn on the LED if the button is down
	If (buttonPin == 1) Then
	  High ledPin
	Else
	  Low ledPin
	EndIf

Using a Function or Subroutine:
const int ledPin = 13;
short i;
void setup() {
    pinMode(ledPin, OUTPUT);
}
blink_led();   // blink the LED once
// Blink the LED 5 times
for (i=1; i<=5; i++)
  blink_led();
// Function to blink an LED
void blink_led() {
  digitalWrite(ledPin, HIGH);
  delay(500);
  digitalWrite(ledPin, LOW);
  delay(500);
}
	Using a Function or Subroutine:
	ledPin Var PORTB.7
	I Var BYTE
	Gosub blink_led ' blink the LED once
	' Blink the LED 5 times
	For I = 1 to 5
	  Gosub blink_led
	Next I
	' Subroutine to blink an LED
	blink_led:
	  High ledPin
	  Pause 500
	  Low ledPin
	  Pause 500
	Return

Analog Input and Scaling:
int x_raw;
int x_scaled;
x_raw = analogRead(A0);
// Scale raw value from 0-1023 to 0-255
// range
	Analog Input and Scaling:
	x_raw Var WORD
	x_scaled Var BYTE
	Adcin 0, x_raw
	' Scale raw value from 0-1023 to 0-255 range
	x_scaled = x_raw / 4 ' scale from 10 bits to 8

(계속)

표 7.6 아두이노-PicBasicPro 코드 변환 예 (계속)

아두이노 코드	PicBasic Pro 등가코드

x_scaled = map(x_raw, 0, 1023, 0, 255);
// Limit the scaled value to within a range
x_scaled = constrain(x_scaled, 0, 255);	

LCD Output (countdown timer):
#include <LiquidCrystal.h>
short i;
LiquidCrystal lcd(2, 3, 4, 5, 6, 7);
void setup() {
    lcd.begin (16, 2);
}
// Display countdown from 10 to 0 on the LCD
for (i=10; i>0; i--) {
  /* Clear the lcd and display the countdown
      text and value */
  lcd.clear();
  lcd.print("count down:");
  // move cursor to 2nd row, 2nd col
  lcd.setCursor(1, 1);
  lcd.print(i);
  delay(1000);   // pause for 1 second
}
// Clear LCD
lcd.clear();
	LCD Output (countdown timer):
	i Var BYTE
	' Wait for LCD to power up
	Pause 500
	' Display countdown from 10 to 0 on the LCD
	For i = 10 To 0
	  ' Clear the LCD and display the countdown
	  ' text and value
	  Lcdout $FE, 1, "count down: "
	  Lcdout $FE, $C0, " ", Dec i
	  Pause 1000; ' pause for 1 second
	Next i
	' Clear the LCD
	Lcdout $FE, 1

Keypad Serial Interface and Compound Logic:
// Define variables
byte key_val;   // button value
byte number;   // value changed by buttons
// Define keypad button codes
const byte key1=0x30;
const byte key2=0x31;
const byte key3=0x32;
void setup() {
  /* Initialize serial communication
    (receiving on pin 0) */
  Serial.begin(2400);
}
// Keypad processing loop
while (true) { // do always (infinite loop)
  // Wait for a keypad button to be pressed
  while (Serial.available() == 0);
	Keypad Serial Interface and Compound Logic:
	' Define variables
	key_pin Var PORTB.0 ' input pin
	key_val Var BYTE ' button value
	key_mode Con 0 ' selects 2400 baud
	number Var BYTE ' value changed by buttons
	' Define keypad button codes
	key1 Con $30
	key2 Con $31
	key3 Con $32
	' Keypad processing loop
	Do While (1) ' do always (infinite loop)
	  ' Wait for a keypad button to be pressed
	  ' and read the value
	  Serin key_pin, key_mode, key_val
	
	 ' Perform the appropriate function

```
  // Read the keypad value from the buffer
  key_val = Serial.read();
 // Perform the appropriate function
  if ((key_val == key1) && (number > 0)) {
    // decrement
    number--;
  }
  else if (key_val == key2) {
    // reset
    number = 0;
  }
  else if ((key_val == key3) &&
    (number < 255)){
    // increment
    number++;
  }
  // Call a function to process the number
  process_display();
}
// Define function
void process_display (void) {
  ...
}
```

```
  If ((key_val = key1) And (number > 0)) Then
    ' decrement
    number = number . 1
  ElseIf (key_val = key2) Then
    ' reset
    number = 0

   ElseIf ((key_val = key3) And
    (number < 255)) Then
    ' increment
    number = number + 1
  EndIf
  ' Call a subroutine to process the number
  Gosub process_display
Loop
End
' Define function
process_display:
  ...
Return
```

Servomotor Control:

```
#include <Servo.h>

// Define variables
const int servoPin=9;
const int sensorPin=2;
Servo myServo;
int ang;    // servo angle

// Initialize I/O pins
void setup() {
  pinMode(sensorPin, INPUT);
  myServo.attach(servoPin);
}

/* Continually sweep over the full servo range
checking a digital sensor every
15 degrees */
void loop() {
  // Start in the 0 degree servo position
```

Servomotor Control:

```
' Servo duty cycle info:
' position (degrees) = pulse width (ms) =
'   duty cycle (%) = Hpwm 0-255 value
' 0 degrees = 1 ms = 5% = 13
' 90 degrees = 1.5 ms = 7.5% = 19
' 180 degrees = 2 ms = 10% = 25
servoFreq Con 50    ' 1/(20ms) = 50Hz

' Define variables
dutyCycle Var BYTE
servoPin Var PORTB.0  ' RB0 (pin 9 set to CCP1)
sensorPin Var PORTA.3
duty_cycle Var BYTE   ' servo angle

' Initialize pins
Input sensorPin;
' Output servoPin  ' not required (done by Hpmw)

' Continually sweep over the full servo range
```

(계속)

표 7.6 아두이노-PicBasicPro 코드 변환 예 (계속)

아두이노 코드	PicBasic Pro 등가코드
myServo.write(0);	' checking a digital sensor every 15 degrees
// Wait for the servo to go to	Do While (1) ' do always (infinite loop)
// (or return to) the 0 position	
delay(1000)	
for (ang=15; ang<=180; ang+=15) {	' Start in the 0 degree servo position
myServo.write(ang);	Hpwm 1, 13, servoFreq
delay(500); // wait 0.5s for servo to move	' Wait 1s for the servo to go
	' to (or return to) 0 position
// Read the sensor and react accordingly	Pause 1000
if (digitalRead(sensorPin) == HIGH)	
sensor_react();	For dutyCycle = 13 To 25 ' step = 1 = 15 deg.
}	Hpwm 1, dutyCycle, servoFreq
}	' Can use PULSOUT instead to get finer control
	Pause 500 ' wait 0.5s for servo to move
// Process the sensor detect event	' Read the sensor and react accordingly
void sensor_react() {	If (sensorPin) Then Gosub sensorReact
// Do something here	Next dutyCycle
}	Loop
	End
	' Process the sensor detect event
	sensorReact:
	' Do something here
	Return
Sending a Song to a Speaker:	*Sending a Song to a Speaker:*
// Define note pitches (in Hz)	' Define note pitches (in Hz)
// (can put in "pitches.h" instead	NOTE_C Con 262
// with #include "pitches.h"):	NOTE_D Con 294
#define NOTE_C 262	NOTE_E Con 330
#define NOTE_D 294	NOTE_G Con 392
#define NOTE_E 330	
#define NOTE_G 392	' Define variables
	speakerPin Var PORTB.0
// Define variables	buttonPin Var PORTA.3
const int speakerPin=9;	n Var BYTE
const int buttonPin=2;	i Var BYTE
const int n=30; // number of notes	
int i;	' Song notes
	n = 30 ' number of notes
// Song notes	notes Var WORD[30]
int notes[] = { NOTE_E, NOTE_D, NOTE_C,	' Note . the compact Arraywrite function works

```
NOTE_D, NOTE_E, NOTE_E, NOTE_E, 0,
NOTE_D, NOTE_D, NOTE_D, 0,
NOTE_E, NOTE_G, NOTE_G, 0,
NOTE_E, NOTE_D, NOTE_C, NOTE_D,
NOTE_E, NOTE_E, NOTE_E, NOTE_E,
NOTE_D, NOTE_D, NOTE_E, NOTE_D,
NOTE_C, 0 };

// Song note durations (in ms)
int durations[] = { 500, 500, 500,
500, 500, 500, 500, 500,
500, 500, 500, 500,
500, 500, 500, 500,
500, 500, 500, 500,
500, 500, 500, 500,
500, 500, 500, 500,
1500, 500 };

// Initialize I/O pins
void setup() {
    pinMode(speakerPin, OUTPUT);
    pinMode(buttonPin, INPUT);
}
// Play "Mary Had a Little Lamb" while
// button down
void loop() {
  if (digitalRead(buttonPin) == HIGH) {
    for (i=0; i<n; i++) {
      tone (speakerPin, notes[i], durations[i]);
      // Add slight pause (50 ms) between notes
      delay (50);
    }
  }
}
```

```
'   only for BYTE variables
notes[0]=NOTE_E : notes[1]=NOTE_D
notes[2]=NOTE_C : notes[3]=NOTE_D

notes[4]=NOTE_E : notes[5]=NOTE_E
notes[6]=NOTE_E : notes[7]=0
notes[8]=NOTE_D : notes[9]=NOTE_D
notes[10]=NOTE_D : notes[11]=0
notes[12]=NOTE_E : notes[13]=NOTE_G
notes[14]=NOTE_G : notes[15]=0
notes[16]=NOTE_E : notes[17]=NOTE_D
notes[18]=NOTE_C : notes[19]=NOTE_D
notes[20]=NOTE_E : notes[21]=NOTE_E
notes[22]=NOTE_E : notes[23]=NOTE_E
notes[24]=NOTE_D : notes[25]=NOTE_D
notes[26]=NOTE_E : notes[27]=NOTE_D
notes[28]=NOTE_C : notes[29]=0

' Song note durations (in ms)
durations Var WORD[30]
durations[0]=500 : durations[1]=500
durations[2]=500 : durations[3]=500
durations[4]=500 : durations[5]=500
durations[6]=500 : durations[7]=500
durations[8]=500 : durations[9]=500
durations[10]=500 : durations[11]=500
durations[12]=500 : durations[13]=500
durations[14]=500 : durations[15]=500
durations[16]=500 : durations[17]=500
durations[18]=500 : durations[19]=500
durations[20]=500 : durations[21]=500
durations[22]=500 : durations[23]=500
durations[24]=500 : durations[25]=500
durations[26]=500 : durations[27]=500
durations[28]=1500 : durations[29]=500

' Initialize I/O pins
' Output speakerPin    '  not necessary
Input buttonPin

' Play "Mary Had a Little Lamb" while button
down
Do While (buttonPin)
```

(계속)

표 7.6 아두이노-PicBasicPro 코드 변환 예 (계속)

아두이노 코드	PicBasic Pro 등가코드
	For i = 0 To n-1 Freqout speakerPin, durations[i], notes[i] ' could use the Sound command instead ' Add slight pause (50 ms) between notes Pause 50; Next i Loop

예제 7.7 가정용 보안 시스템 예제의 아두이노 C 버전

예제 7.5는 6.6절의 가정용 보안 시스템 예를 위한 PicBasic Pro 해법을 보여주었다. 여기서는 표 7.6에 나온 코드 변환 가이드에 따라 PicBasic Pro 코드를 아두이노 C로 등가변환하는 것을 살펴본다. 다음은 학생이 따라 해 볼 수 있도록 충분히 주석처리를 한 아두이노 C코드이다.

```
// security.c
// Arduino C program to perform the control functions of the home security
//   system presented in Section 6.6

// Define global variables for I/O pin numbers
const byte c_pin=1;                // signal C
const byte d_pin=2;                // signal D
const byte door_or_window_pin=3;   // signal A
const byte motion_pin=4;           // signal B
const byte alarm=5;                // signal Y
// Define global variables to store input pin values
bool c;
bool d;
bool door_or_window;
bool motion;

// Define global constants for use in IF comparisons
const bool OPEN=HIGH;         // to indicate that a door OR window is open
const bool DETECTED=HIGH;     // to indicate that motion is detected

// Initialize I/O pins status and values
void setup() {
  // Define status for each I/O pin
  pinMode(c_pin, INPUT);
  pinMode(d_pin, INPUT);
  pinMode(door_or_window_pin, INPUT);
  pinMode(motion_pin, INPUT);
  pinMode(alarm, OUTPUT);

  // Make sure the alarm is off to begin with
  digitalWrite(alarm, LOW);
}
```

```
// Main polling loop
void loop() {
  c = digitalRead(c_pin);
  d = digitalRead(d_pin);
  door_or_window = digitalRead(door_or_window_pin);
  motion = digitalRead(motion_pin);

  if ((c == 0) && (d == 1)) {          // operating state 1 (occupants sleeping)
    if (door_or_window == OPEN)
      digitalWrite(alarm, HIGH);
    else
      digitalWrite(alarm, LOW);
  }
  else if ((c == 1) && (d == 0)) {     // operating state 2 (occupants away)
    if ((door_or_window == OPEN) || (motion == DETECTED))
      digitalWrite(alarm, HIGH);
    else
      digitalWrite(alarm, LOW);
  }
  else                                 // operating state 3 or NA (alarm disabled)
    digitalWrite(alarm, LOW);
}
```

위에 있는 아두이노 C 코드와 예제 7.5의 PicBasic Pro 코드가 얼마나 유사한지 서로 비교해 보라. 실제 차이는 미묘한 구문 정도이다. 아두이노 변수 타입인 bool은 Picbasic Pro의 BIT 변수 타입과 유사한 부울변수임을 유의하라. Bool 변수는 1(HIGH) 또는 0(LOW)만 가질 수 있다. 또 다른 차이는 Goto 라벨 점프나 Do-While 루프 없이 폴링 루프를 자동적으로 생성하기 위해 반복적으로 소환되는 loop( ) 함수이다.

콜로라도주립대학에서는 최근 몇 년 동안 3학년 수준의 메카트로닉스 과목에서 마이크로컨트롤러 기반의 프로젝트를 수행하고 있다. 이 과목이 PIC에 집중되어 있음에도, 매해 상당수의 학생들이 아두이노를 사용하였다. 몇백 개의 우수한 프로젝트 비디오 데모가 인터넷 링크 7.17에 올라와 있다. 최근 들어, 가장 인상적인 프로젝트의 최종 보고서와 마이크로컨트롤러 코드(PIC와 아두이노 C) 및 비디오를 게시하였다. 이러한 예제는 비슷한 규모와 복잡도를 갖는 프로젝트를 수행하기 원하는 학생 혹은 취미연구자에게 유용할 수 있다. 또한 인터넷 링크 7.18에 과거 학생들이 사용한 모든 부품 목록을 제시하였다. 이것은 이와 비슷한 과제를 수행함에 있어 어떤 타입의 소자가 상업적으로 사용가능하며, 어디에서 합리적인 가격으로 구매할 수 있는지를 알 수 있는 훌륭한 자원이 된다.

인터넷 링크

7.17 PIC 마이크로컨트롤러 학생 설계 프로젝트

7.18 과거 학생들에 의해 사용된 부품

7.8 주요 PIC 주변장치와의 인터페이스

이 절에서는 두 종류의 PIC 주변장치와의 인터페이스를 소개하고자 한다. 첫 번째 장치는 숫자를 입력받을 수 있는 12버튼 키패드이다. 그다음은 사용자에게 메시지나 숫자를 표시할 수 있게 하는 액정 표시기(LCD)이다. 기타 유용한 주변장치에 대한 자세한 정보는 온라인에서 알아볼 수 있다(인터넷 링크 7.20 참조).

인터넷 링크

7.20 PIC I/O 인터페이스 소자와 액세서리

7.8.1 숫자 키패드

그림 7.10은 일반적인 4행 3열 12버튼 **키패드**(keypad)를 보여준다. 그림 7.11은 상용 키패드 두 개의 사진을 보여준다. 하나는 리본 전선 인터페이스의 12키이고 다른 것은 각 선이 연결될 수 있는 땜납 구멍을 가진 16키이다. 각 키에는 정상 오픈(NO) 푸시 버튼이 장착되어 있어 키를 누르면 스위치가 닫힌다. 그림 7.12는 PIC16F84에 인터페이스된 키패드의 회로도이다. 표준 키패드는 7핀 헤더의 리본 케이블에 연결되어 있다. 그림 7.12와 같이 각 행에 해당하는 하나씩의 핀과 각 열에 해당하는 하나씩의 핀이 있어 모두 7핀이 된다.

네 개의 행(1행, 2행, 3행, 4행)에 해당하는 핀은 입력으로 설정된 RB4~RB7까지로 각각 연결되어 있다. 7.9.1절에서 살펴본 바와 같이 소프트웨어 설정에 의해 내부 풀업을 사용할 수 있으므로 외부에 별도 풀업저항을 달 필요가 없다. 세 개의 열(1열, 2열, 3열)은 출력으로 설정된

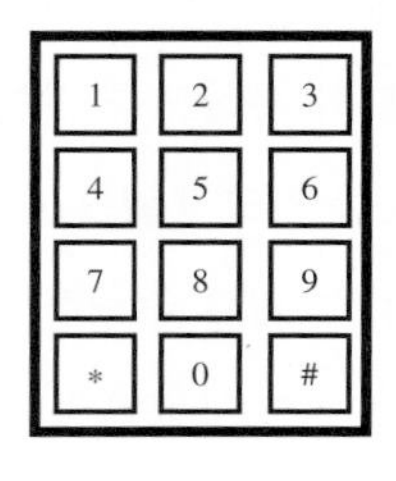

그림 7.10 숫자 키패드

그림 7.11 12키 및 16키의 숫자 키패드 사진
© David Alciatore

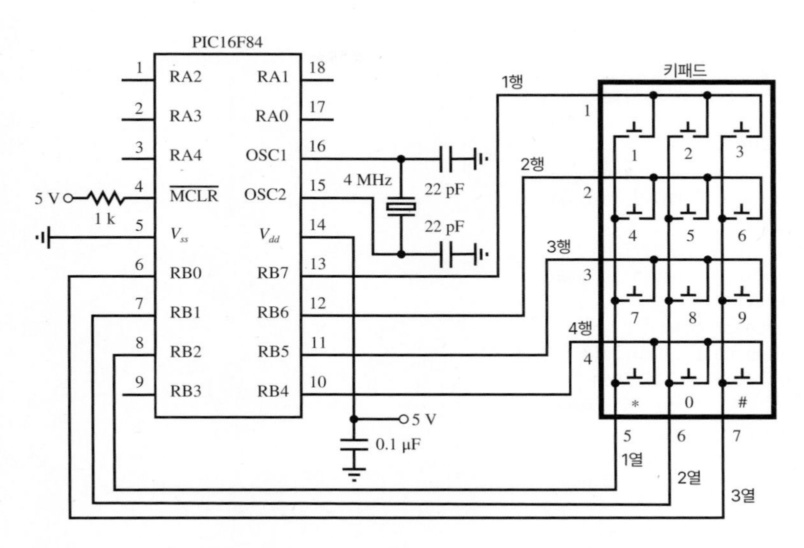

그림 7.12 숫자 키패드 회로와 PIC 인터페이스

RB0~RB2까지 각각 연결되어 있다. 다음의 PicBasic Pro 코드는 초기화 코드와 폴링을 통한 키패드 입력을 처리하는 전형적 구성을 보여준다. 각 열은 한 번에 하나씩 low로 출력을 하면서 행을 읽어서 키 스위치가 눌려졌는지 폴링을 한다. 예를 들어 1열만 low인 상태에서 1번 키가 눌려졌다면 1행만 low가 되고 나머지 행은 high일 것이며 이것으로 1번 키가 눌렸다는 것을 알 수 있다. 각 키에 해당하는 If문 블록 안에 있는 코멘트 자리에 각 키가 눌렸을 때 처리하고자 하는 명령을 삽입할 수 있다.

```
' Pin assignments
row1 Var PORTB.7
row2 Var PORTB.6
row3 Var PORTB.5
row4 Var PORTB.4
col1 Var PORTB.2
col2 Var PORTB.1
col3 Var PORTB.0

' Disable PORTB pull-ups
OPTION_REG = $FF

' Initialize the I/O pins (RB7:RB4 and RB3 as inputs and RB2:RB0 as outputs)
TRISB = %11111000

' Keypad polling loop
mainloop:
        ' Check column 1
        Low col1 : High col2 : High col3
        If (row1 == 0) Then
```

```
                ' key 1 is down
        EndIf
        If (row2 == 0) Then
                ' key 4 is down
        EndIf
        If (row3 == 0) Then
                ' key 7 is down
        EndIf
        If (row4 == 0) Then
                ' key * is down
        EndIf
        ' Check column 2
        High col1 : Low col2 : High col3
        If (row1 == 0) Then
                ' key 2 is down
        EndIf
        If (row2 == 0) Then
                ' key 5 is down
        EndIf
        If (row3 == 0) Then
                ' key 8 is down
        EndIf
        If (row4 == 0) Then
                ' key 0 is down
        EndIf
        ' Check column 3
        High col1 : High col2 : Low col3
        If (row1 == 0) Then
                ' key 3 is down
        EndIf
        If (row2 == 0) Then
                ' key 6 is down
        EndIf
        If (row3 == 0) Then
                ' key 9 is down
        EndIf
        If (row4 == 0) Then
                ' key # is down
        EndIf
' Continue polling

Goto mainloop

End
```

Lab 11 PIC에 의한 펄스폭 변조(PWM) 전동기 속도 제어

실습문제 Lab 11은 숫자판으로부터의 입력을 받아들이는 방법과 결선방법을 탐구한다. 이 경우에 숫자판의 세 개의 키는 DC모터의 동작을 제어하는 데 사용된다. 비디오 데모 7.5는 실제로 예시의 동작을 보여준다.

비디오 데모

7.5 키패드 입력에 의한 DC모터의 펄스폭변조(PWM) 속도제어

7.8.2 LCD 디스플레이

중점적으로 설명하고자 하는 또 하나의 주변장치는 Hitachi사의 44780 기반의 **LCD**(liquid

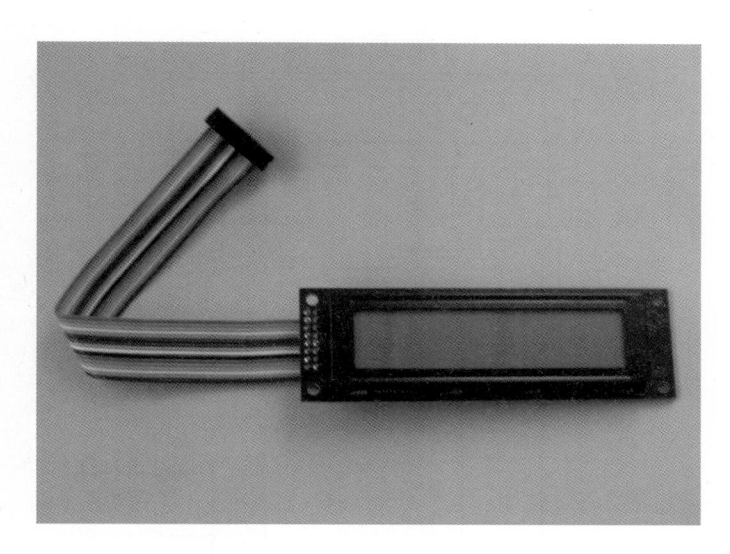

그림 7.13 LCD 사진
© David Alciatore

crystal display)이다. LCD는 다양한 모양과 크기를 가지고 있으면서 행수와 행당 표시할 수 있는 문자수가 다르다. 표준형으로 구할 수 있는 LCD의 행당 문자수와 행수는 8×2, 16×1, 16×2, 16×4, 20×2, 24×2, 40×2, 40×4 등이 있다. 상용 20×2 LCD의 예가 그림 7.13에 나와 있다. 이는 그림 7.14 상단의 회로도로 설명된다. LCD의 용도는 가정용 전열기, 전자레인지, 디지털시계 등의 디스플레이와 같이 주로 사용자에게 필요한 메시지와 정보를 표시해 주는 것이다. 또한 복사기나 프린터의 설정 변경과 옵션 선택과 같은 구조적인 입력 메뉴에도 많이 사용된다.

80문자 이하의 LCD 디스플레이(40 × 4를 제외한 모든 사양)는 14핀에 의해 제어가 가능하다. 이 핀들의 이름과 설명은 표 7.7에 제시하였다. PicBasic Pro는 LCD 디스플레이를 제어할 수 있는 Lcdout이라는 간단한 명령을 제공한다. 80문자 이상의 LCD 디스플레이(40 × 4)는 16핀에 의해 제어되고 핀의 할당이 다르기 때문에 Lcdout은 사용이 불가능하다. 14핀의 LCD는 4 또는 8데이터 라인으로 제어가 가능하다. PicBasic Pro는 두 경우를 모두 지원하지만 필요한 I/O핀을 최소화하기 위해 4데이터 라인을 권장한다. 그림 7.14는 4데이터 라인 버스에 권장하는 인터페이스를 나타낸다. 디스플레이로 명령과 데이터는 DB4에서 DB7을 통해 전달되고, DB0에서 DB3(핀 7에서 10)은 사용하지 않는다. RA4핀은 오픈 드레인 출력이므로(7.9절 참조) 5 V와 풀업저항을 통해 연결되어 있다. 전위차계가 V_{ee}와 연결되어 디스플레이의 배경과 전경

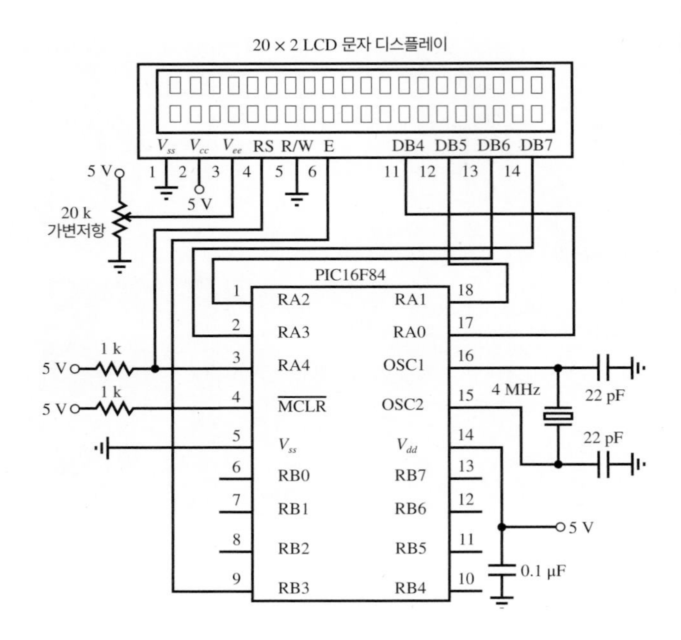

그림 7.14 LCD PIC 인터페이스

표 7.7 LCD의 핀 설명

핀	기호	설명
1	V_{ss}	그라운드 기준
2	V_{cc}	전원(5 V)
3	V_{ee}	기준 조정 전압
4	RS	레지스터 설정(0: 설명 입력, 1: 데이터 입력)
5	R/W	읽기/쓰기 상태(0: LCD에 쓰기, 1: LCD RAM으로부터 읽기)
6	E	실행 신호
7~14	DB0~DB7	데이터 버스 라인

의 대비(contrast)를 조정할 수 있도록 한다. RS, R/W, E 라인은 PicBasic Pro가 디스플레이와 통신할 때 자동적으로 제어한다. LCD 디스플레이에 관련된 상세 정보와 독자적인 인터페이스 프로그래밍 기법은 온라인에서 찾아볼 수 있다(**인터넷 링크 7.20** 참조).

인터넷 링크

7.20 PIC I/O 인터페이스 장치와 유용한 액세서리

그림 7.14의 회로와 같은 인터페이스는 PicBasic Pro에서 제공하는 Lcdout 명령으로 제어가 가능하다. 가장 간단한 명령어 형태는 Lcdout text이며(즉, Lcdout "Hello world"), 여기서 text는 문자열 상수이다. 이 명령은 단순 문자 이외에도 다양한 디스플레이 및 커서 제어가

가능하여 여러 형태의 숫자와 데이터를 출력할 수 있게 해준다. 이 옵션에 대한 상세 정보는 PicBasic Pro 컴파일러 매뉴얼상에서 Lcdout 명령문의 설명을 참조하라. 여기서는 이러한 명령과 표시 형식을 간단한 예를 통해 살펴본다. 만일 x가 바이트 변수이고 현재 123값을 가지고 있다고 하면 아래와 같은 명령은

```
Lcdout $FE, 1, "Current value for x:", $FE, $C0, " ", DEC x
```

디스플레이를 지우고 다음과 같은 두 라인의 결과를 출력할 것이다.

```
Current value for x:
 123
```

$FE는 다음 항목이 명령어라는 것을 표시하는 코드 워드이다. 이 예제에서 명령어 1은 화면을 지우라는 것이고 $C0는 다음 라인의 시작으로 커서를 이동하라는 명령이다. 접두어 DEC는 다음 수를 ASCII 코드가 아닌 10진수로 표시하라는 것이다. 비디오 데모 7.6은 Lcdout문의 예제 증명으로서 이때 표시숫자는 For 루프에 의해 증가한다.

7.6 LCD 디스플레이

종합설계예제 C.2 직류모터 위치와 속도제어기 — 키패드와 LCD 인터페이스

뒤의 그림은 이 장에서 가장 강조하는 부분으로서 종합설계예제 C(1.3절과 비디오 데모 1.8 참조)의 기능도를 보여준다.

비디오 데모
1.8 DC모터 위치와 속도 제어기

그 뒤에 이어지는 구성도는 이 설계부의 부품과 결선을 나타낸다. Paladin Semiconductor사에서 나온 PDN1144 키패드 디코더라 불리는(인터넷 링크 7.21 참조) 유용한 특수 IC는 키패드의 키누름을 모니터링하고 그것을 직렬 인터페이스를 통해 PIC로 전송하기 위해 사용된다. 이 장치에 관한 자세한 정보는 데이터시트(인터넷 링크 7.22 참조)에서 찾을 수 있다. 키누름 정보를 모니터링하고 정보를 전송하는 기능 외에 PDN1144는 버저가 그림처럼 연결되어 있으면 사용자에게 오디오 피드백을 제공한다. 비프(beep) 신호는 트랜지스터가 온/오프됨에 따라 버저를 진동시킨다. 버저와 병렬인 LED는 키패드 버튼이 눌러질 때 시각적 신호를 제공한다. LCD는 그림 7.14에 주어진 것과 같이 PicBasicPro 상태의 편리한 사용을 가능하게 하게 하는 표준 방식으로 결선되어 있다: Lcdout. 그러나 PIC16F88이 사용되면 결선에서 두 가지 차이가 있음에 유의하라. PIC16F84와 다르게 PIC16F88은 RA4가 오픈 드레인 출력이 아니므로 3번 핀에 풀업저항이 필요 없다. 또한 4번 핀에도 풀업저항이 필요 없는데, 이 핀이 PIC16F88에서 부가적인 I/O핀(RA5)으로 구성될 수 있기 때문에, 사용되

인터넷 링크
7.21 Paladin Semiconductor사
7.22 PDN1144 키패드 디코더

지 않아서 플로팅 상태로 두어도 문제가 없다(PIC16F84에서는 MCLR 특성 때문에 마이크로컨트롤러의 리셋을 막기 위해 high 상태를 유지해야 한다).

아래의 설명은 키패드로부터 입력을 받아들이고, LCD에 메뉴 방식 사용자 인터페이스를 표시하기 위해 설계된 PicBasic Pro 코드의 일부이다. 나머지 코드는 종합설계예제 C.3에 제시될 것이다. '메인' 루프의 첫 번째 줄의 Serin 명령은 PDN1144로부터 전송되어 오는 키누름 데이터를 기다린다. If문의 설정은 사용자 선택에 기초한 적절한 서브루틴을 보낸다. 더 자세한 사항은 종합설계예제 C.3에서 설명한다. 이 설계에서 LCD 동작에 중요한 두 개의 라인은 메인 루프 앞에 있는 ANSEL=0과 Pause 500이다. ANSEL=0 라인은 PIC가 사용되는 경우(PIC16F88), PORTA와 PORTB 디지털 I/O핀이 다른 용도[아날로그-디지털(A/D) 변환기]로 사용되기 때문에 필요하다. ANSEL을 0으로 세팅하면 선택가능한 A/D 특성을 비활성화하여 해당 핀을 Lcdout 명령에 의해 디지털 I/O로 적절하게 사용할 수 있도록 한다. Pause 500 라인은 LCD에 전원이 처음 인가되고, LCD가 완전히 활성화되어 적절한 동작을 할 수 있도록 준비하는 약간의 시간을 위해 필요하다. 만약 준비가 되기 전에 LCD에 명령이 주어지면 오동작이 될 수 있다.

```
' Turn off A/D converters (thereby allowing use of pins for I/O)
ANSEL = 0
' Define I/O pin name
key_serial Var PORTB.0              ' keypad serial interface input
' Declare Variables
key_value Var BYTE                  ' code byte from the keypad

' Define constants
key_mode Con 0                      ' 2400 baud mode for serial connection to keypad.
key_1 Con $30                       ' hex code for the 1-key on the keypad
key_2 Con $31                       ' hex code for the 2-key on the keypad
key_3 Con $32                       ' hex code for the 3-key on the keypad

' Wait 1/2 second for the LCD to power up
Pause 500
' Wait for a keypad button to be pressed (i.e., polling loop)
Gosub main_menu                     ' display the main menu on the LCD

main:
                                    Serin key_serial, key_mode, key_value
                                    If (key_value = key_1) Then
                                        Gosub position
                                    ElseIf (key_value = key_2) Then
                                        Gosub speed
                                    ElseIf (key_value = key_3) Then
                                        Gosub adjust_gains
EndIf
Goto main           ' continue polling keypad buttons
End ' end of main program

' Subroutine to display the main menu on the LCD
main_menu:
        Lcdout $FE, 1, "Main Menu:"
        Lcdout $FE, $C0, "1:pos. 2:speed 3:gain"
Return
```

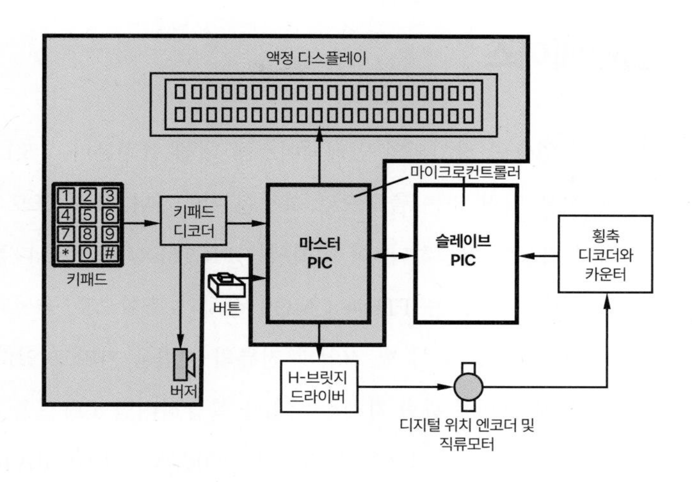
액정 디스플레이
마이크로컨트롤러
키패드
키패드 디코더
마스터 PIC
슬레이브 PIC
횡축 디코더와 카운터
버튼
버저
H-브릿지 드라이버
디지털 위치 엔코더 및 직류모터

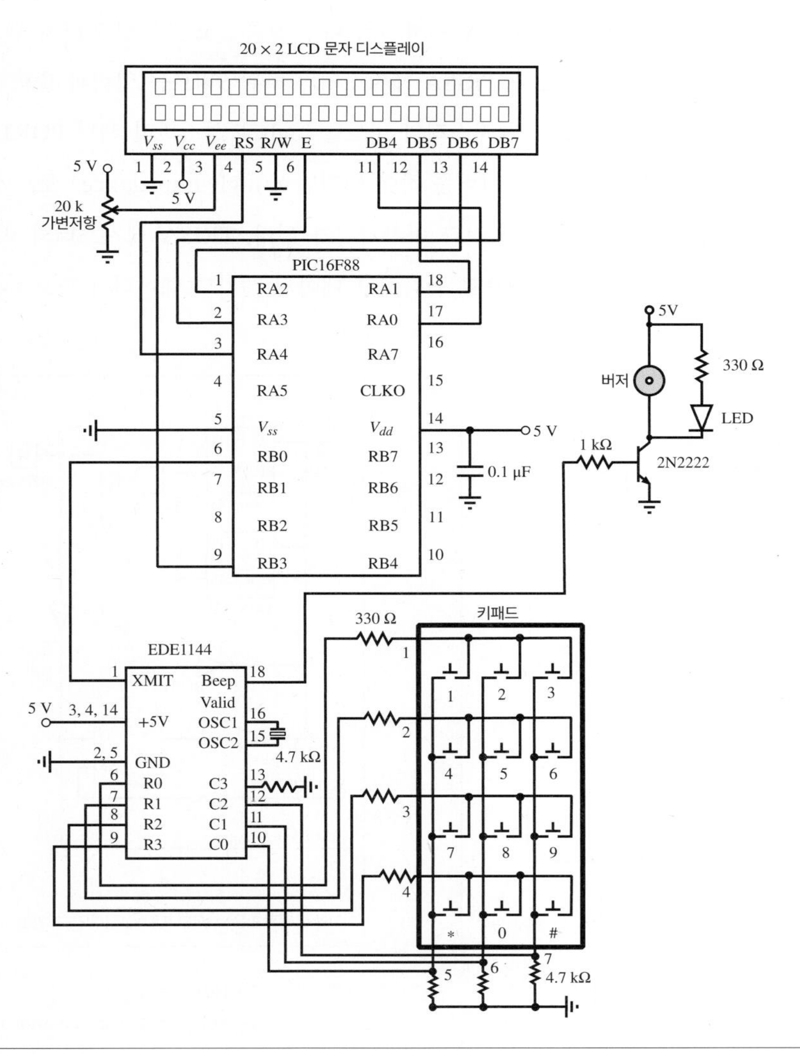
20 × 2 LCD 문자 디스플레이
Vss Vcc Vee RS R/W E DB4 DB5 DB6 DB7
5 V
20 k 가변저항
PIC16F88
RA2 RA1
RA3 RA0
RA4 RA7
RA5 CLKO
Vss Vdd
RB0 RB7
RB1 RB6
RB2 RB5
RB3 RB4
0.1 μF
5V
330 Ω
버저
LED
1 kΩ
2N2222
키패드
EDE1144
XMIT Beep
Valid
+5V OSC1
OSC2
GND
R0 C3
R1 C2
R2 C1
R3 C0
3, 4, 14
2, 5
4.7 kΩ

7.9 PIC의 인터페이스

이 절에서는 PIC와 다양한 입출력 장치와의 인터페이스에 대해 살펴본다. 7.5.1절에서 보았듯이 소프트웨어적으로 각 핀은 입력 또는 출력으로 설정이 가능하다. 또한 포트의 핀은 PIC의 부가적 기능핀으로 겸하여 사용이 가능하다. 이 절에서는 PIC16F84의 서로 다른 입출력 핀의 내부 전기회로를 살펴볼 것이다. 포트는 TTL과 CMOS 장치의 조합으로 구성되어 있고 다른 장치와 인터페이스될 때 반드시 고려해야 할 전압과 전류의 제한을 가지고 있다. 상세한 TTL과 CMOS 출력과 오픈 드레인 출력에 관한 자세한 사항을 복습하려면 6.11절을 참조하라.

우선 각 포트의 구조와 기능을 개별적으로 살펴보자. PORTA는 RA0~RA4핀으로 명명된 5비트 크기의 래치(latch)이다. RA0~RA3핀까지의 내부 블록선도는 그림 7.15와 같고 RA4핀의 블록선도는 그림 7.16에 주어졌다. TRISA 레지스터의 하위 5비트는 입력과 출력 설정을 위한 5비트 크기의 래치이다. TRISA 레지스터의 비트를 high로 설정하면 해당 PORTA핀은 입력으로 동작하고 CMOS의 출력 드라이버는 하이 임피던스(high impedance) 모드가 되어 근본적으로 이 부분을 회로에서 제거한 것과 마찬가지가 된다. TRISA 레지스터의 비트를 low로 설정하면 해당 PORTA 핀은 출력으로 동작하고 데이터 래치의 데이터가 핀으로 출력된다.

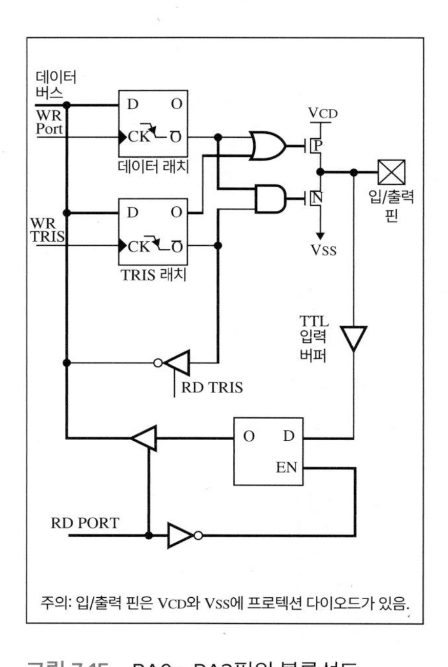

그림 7.15 RA0~RA3핀의 블록선도
출처 Microchip Technology, Inc., Chandler, AZ.

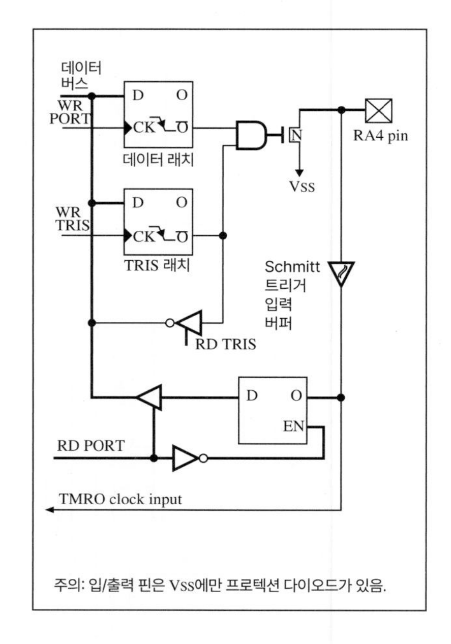

그림 7.16 RA4핀의 블록선도
출처 Microchip Technology, Inc., Chandler, AZ.

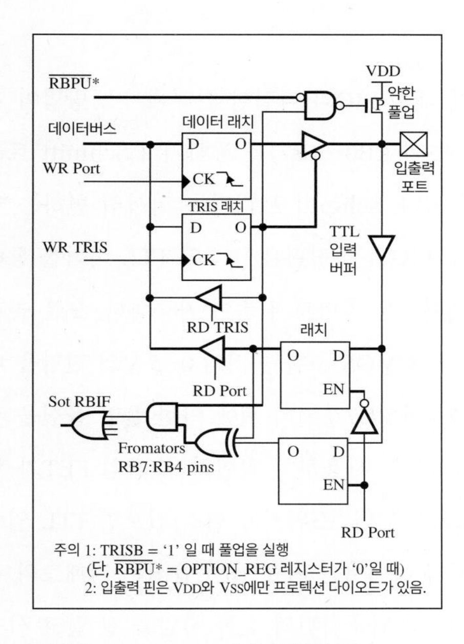

그림 7.17 RB4~RB7핀의 블록선도
출처 Microchip Technology, Inc., Chandler, AZ.

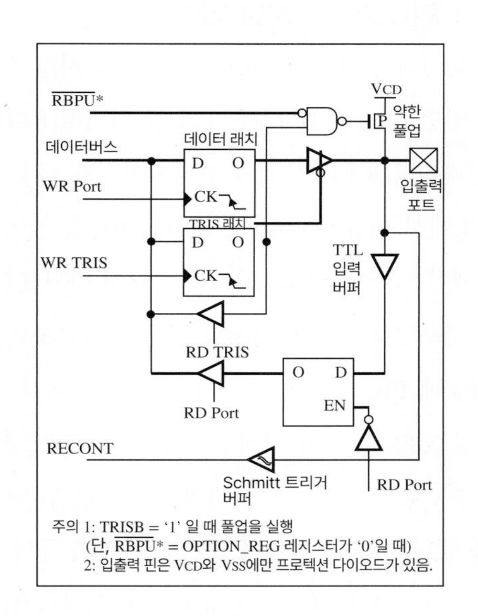

그림 7.18 RB0~RB3핀의 블록선도
출처 Microchip Technology, Inc., Chandler, AZ.

이때 PORTA 레지스터를 읽으면 핀의 값을 확인할 수 있다. RA4는 Schmitt 트리거(Schmitt trigger) 입력버퍼를 가지고 있어 서서히 변하는 입력의 에지에서 트리거될 수 있다는 점이 약간 다르다(6.12.2절 참조). 또한 RA4의 출력이 오픈 드레인으로 구성되어 있으며 별도의 부품(즉, 전원으로 연결되는 풀업저항)이 있어야 출력 회로를 완성시킬 수 있다.

PORTB는 8비트폭의 양방향 포트이다. 이 포트의 데이터 방향을 결정하는 레지스터가 TRISB이다. 그림 7.17은 RB4~RB7핀까지의 회로도이며, 그림 7.18은 RB0~RB3핀까지의 것을 보여준다. TRISB의 어느 비트라도 high가 되면 3상태(tristate)의 게이트를 하이 임피던스 상태로 만들어 출력 드라이버를 동작하지 못하게 만든다. TRISB의 어느 비트라도 low가 되면 해당되는 핀에 데이터 래치의 내용을 출력시킨다. 또한 PORTB의 모든 포트핀은 **약한 풀업**(weak pull-up) FET를 가지고 있다. 이 FET는 $\overline{\text{RBPU}}$라 불리는 한 개의 로우 액티브 비트로 제어된다. 이 비트가 low가 되면 FET가 약한 풀업저항과 같은 역할을 하게 된다. 이 풀업은 해당 포트핀이 출력으로 설정되면 자동으로 해제된다. $\overline{\text{RBPU}}$는 7.6절에서 설명한 바와 같이 OPTION_REG를 통해 소프트웨어적으로 설정이 가능하다.

7.9.1 PIC로의 디지털 입력

그림 7.19에는 다양한 형태의 부품과 디지털 소자에 대한 PIC의 적절한 인터페이스 방법이 제시되어 있다. 모든 I/O핀은 TTL 입력버퍼(RA0~RA3과 RB0~RB7)를 통하거나 Schmitt 트리거 입력버퍼(RA4)로 입력 인터페이스가 구성되어 있다. Schmitt 트리거는 서서히 변하는 입력신호에서 내잡음성(noise immunity)을 높여준다. PIC의 입력핀은 내부의 TTL 버퍼를 통해 인터페이스되므로 오픈 콜렉터 방식이 아닌 TTL 게이트는 곧바로 접속이 가능하다. 오픈 콜렉터의 경우는 외부의 풀업저항이 필요하다. 5 V 전원의 CMOS 소자는 거의 0~5 V의 전압을 내기 때문에 PIC 입력을 직접 구동시킬 수 있다. RB0에서 RB7까지의 핀에 약한 풀업 옵션을 사용하면 7.8절과 같이 기계적 스위치나 키패드의 입력으로 사용하기 적합하다. 풀업 FET가 입력을 5 V로 유지하다가 스위치가 닫히면 입력이 low가 된다. 스위치가 열려 있으면 TTL 입력은 대개 high로 떠 있기는 하지만 확실한 동작을 하기 위해서는 FET 풀업 옵션은 키패드와 같은 외부장치 인터페이스에 유용하다. 결론적으로 PIC의 입출력핀의 전류 사양을 잘 알고 사용해야 한다는 것이다. PIC16F84의 경우는 핀당 최대 25 mA 싱크 전류를 허용하고 PORTA 전체는 최대 80 mA이며 PORTB는 최대 150 mA까지 허용한다.

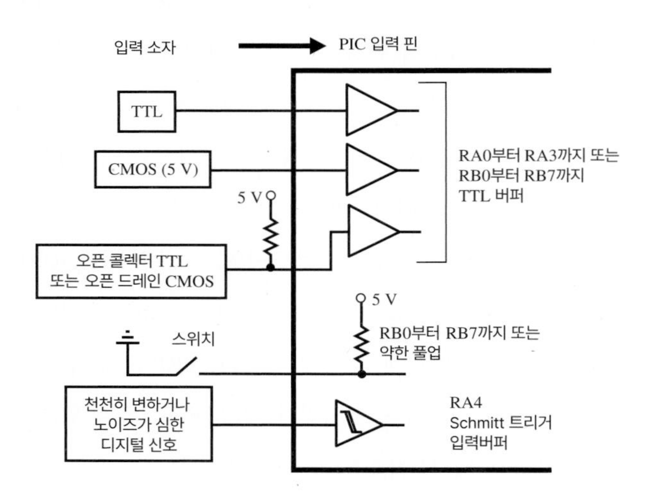

그림 7.19 입력장치와의 인터페이스 회로

7.9.2 PIC로부터의 디지털 출력

그림 7.20은 PIC로부터의 출력을 어떻게 여러 타입의 부품과 디지털 소자와 적절하게 인터페이스하는지 보여준다. RA0~RA3핀까지는 전부 CMOS 출력 드라이버를 가지고 있고, RA4는

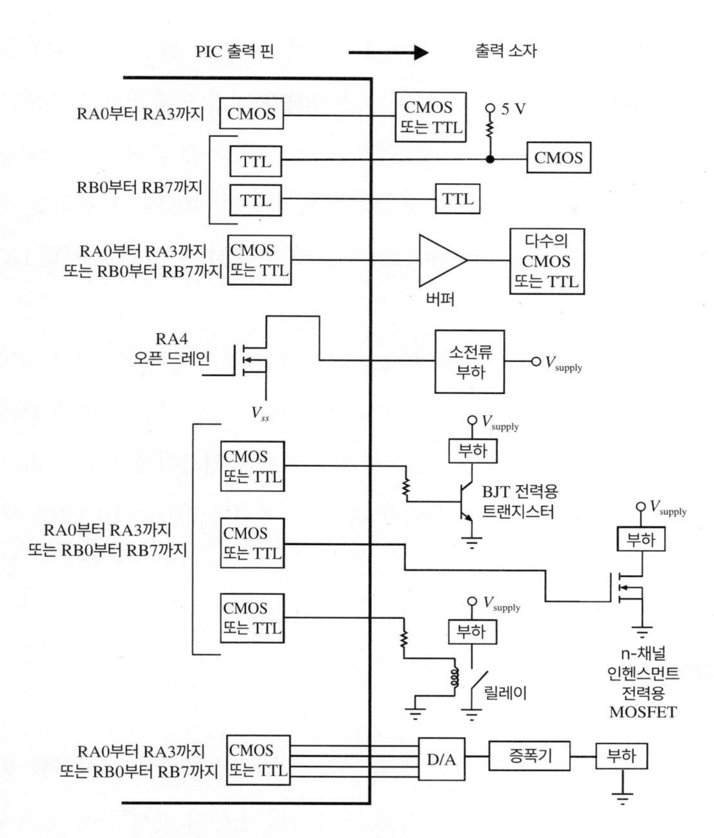

그림 7.20 출력장치와의 인터페이스 회로

오픈 드레인 출력이다. RB0~RB7까지는 TTL 버퍼의 출력 드라이버이다. PORTA 전체는 최대 50 mA 그리고 PORTB의 전체는 최대 100 mA까지 전류를 공급하며 핀당 최대 출력 전류는 20 mA이다. 출력핀 혹은 PORT 전류가 한계에 도달하지 않도록 항상 적절한 전류제한 저항을 마이크로컨트롤러 출력회로(즉, LED, 트랜지스터 베이스, 릴레이 권선, 스피커 등)에 포함해야 한다. 하나 혹은 그 이상의 출력핀에서 너무 많은 전류를 사용하면, PORT의 다른 핀에서 사용할 수 있는 전류가 제한된다. 부가적인 출력회로가 PIC와 연결될 때, PORT의 전류제한을 초과하면 현재 동작하는 소자의 기능에 예기치 못한 손실이 발생할 수 있다.

CMOS 출력은 하나의 CMOS나 TTL 소자를 직접 구동할 수 있다. TTL 출력은 TTL 소자 하나를 직접 구동할 수 있으나 CMOS 소자 구동에는 적절한 전압 레벨을 출력하기 위해 풀업 저항이 필요하다. 다수의 CMOS나 TTL 소자를 구동하기 위해서는 팬아웃(fan-out)에 맞는 충분한 전류를 흘리기 위해 외부에 버퍼를 사용해야 한다. RA4는 오픈 드레인 출력이므로, 외부 전원이 필요하다. RA4가 high이고 출력핀이 V_{ss}에 접지되면 부하에 소전류가 스위치 on되고, RA4가 low이고 출력이 개방 회로이면 부하는 스위치가 꺼짐을 유의하라. 트랜지스터, 전력용 트랜지스터, 릴레이 등과 인터페이스할 때, 적절한 인터페이스를 위해서 요구되는 전류 사양을 반드시 고려해야 한다. 만약 PIC가 D/A 변환기를 포함하면, 아날로그 부하는 직접 구동할 수 있는 앰프와 같이 사용될 수 있다. 반면에 그림과 같이 외부 D/A IC가 디지털 I/O 포트로 사용될 수 있다.

Lab 11 PIC에 의한 펄스폭 변조(PWM) 전동기 속도 제어

대전류 부하를 제어하는 PIC 디지털 출력을 사용하는 경우에 전력용 MOSFET가 실습문제 Lab 11에서 DC모터의 전력을 스위치하기 위해 사용된다. 실제 전압은 매우 빠르게 온/오프된다. 모터의 속도를 변화시키기 위해 온/오프 시간의 비율[**듀티사이클**(duty cycle)]이 변화한다. 이것을 **펄스폭변조**(pulse-width modulation)라 한다(자세한 정보는 10.5.3절 참조).

7.10 직렬통신

마이크로컨트롤러가 상호 간, 혹은 다른 호환 가능한 디지털장치와 데이터를 통신할 수 있게 하는 많은 표준 프로토콜이 있다. 이 프로토콜은 데이터 통신이 개별 클록 신호에 의해 동기화되는지 여부에 기초하여 **비동기식**(asynchronous) 또는 **동기식**(synchronous)으로 분류된다. 비동기 통신은 별도의 공유 클록 신호로 동기화되지 않는다. 대신에 데이터는 일정한 **Baud 속도**(baud rate)로(bits/sec) 전송되거나 수신된다. 직렬통신을 위한 일반적인 표준 프로토콜은 **RS-232**(구형 PC), **USB**(Universal Serial Bus, 범용 직렬버스, 모든 최신 컴퓨터 및 주변기기의 표준), **UART**(Universal, Asynchronous Receiver/Transmitter, 범용비동기수신/송신기) 등이 있다. 대부분의 마이크로컨트롤러는 UART 프로토콜을 포함하는 직렬통신을 위해 하드웨어와 소프트웨어를 지원한다. 통신을 위한 소자는 데이터가 한 소자에서 다른 소자로 한 번에 한 비트씩(즉, 직렬로) 동일한 Baud 속도로 전송 혹은 수신한다. 양방향 통신은 각각의 송신선(TX) 및 수신선(RX)으로 하거나, 혹은 단일선상에서 한 번에 한 방향으로 발생한다. PicBasic Pro의 Serin과 Serout 명령은 이러한 타입의 직렬통신을 사용한다(예제 7.8 참조).

동기 직렬통신은 소자 간 데이터 전송을 동기화하기 위해 클록 신호를 공유한다. 일반적인 두 가지 동기형 통신 프로토콜은 **SPI**(Serial Peripheral Interface, 직렬주변접속)와 **I²C**(Inter-Integrated Circuit, 'eye squared see' 또는 'eye two see'라고 발음)이다. SPI 프로토콜은 소위 full-duplex 모드라고 불리는 동시 양방향 통신이 가능하다. 소자 상호 간 데이터 전송을 동기화하는 분리형 직렬 클록 라인(SCLK)이 존재한다. 마스터 소자는 임의의 슬레이브(slave) 소자와 통신이 가능하다. 각각의 슬레이브와 연결된 분리형 슬레이브-선택 라인(SS)을 통한 통신을 위해 특수한 슬레이브가 정의된다. 마스터와 모든 슬레이브 소자가 공유하는 분리형 마스터-출력/슬레이브-입력(MOSI) 및 마스터-입력/슬레이브-출력(MISO) 라인으로 양방향 통신이 발생한다. 데이터는 임의의 속도로 전송되며, 모든 것이 클록 신호에 의해 동기화되므로(그래서 동기화라 명명), 속도가 일정할 필요가 없다. PicBasic Pro 명령인 Shiftin과 Shiftout이 SPI 직렬통신을 사용한다.

I^{2}C 프로토콜은 더 복잡한 표준이지만 대신 더 유연하여, 모든 연결소자와 공유되는 두 선을 통한 버스(bus) 기반의 통신을 사용하여 복수의 소자 상호 간 양방향 통신을 가능하게 한다. I^{2}C 통신의 직렬 데이터선(SDA)과 직렬 클록선(SCL)은 모두 양방향이다. 통신 시작 시 마스터 소자는 어떤 슬레이브 소자와 통신할지 슬레이브의 고유주소를 전송하여 결정한다. 그러면 슬레이브는 마스터로부터 신호를 전송 혹은 수신한다. 슬레이브는 통신을 개시할 수 없고, 단지 마스터로부터 요청에 응답만 할 수 있다. SDA와 SCL 라인은 모두 오픈 드레인 출력이므로 외부 전압원과 풀업저항이 필요하다. PicBasic Pro 명령인 I2cread와 I2cwrite는 다른 I^{2}C 소자와 I2C 통신을 가능하게 한다.

동기 직렬통신의 다른 형태로는 소위 **one-wire** 링크가 있는데, 한 선을 통해 통신속도와 데이터를 모두 전송한다. 데이터를 보낼 때 초기 펄스가 전송되는데, 펄스폭은 들어오는 비트가 전송되는 속도를 나타낸다. 데이터는 한 번에 한 비트씩 전송된다. PicBasic Pro 명령인 Owin과 Owout은 PIC가 one-wire-호환 소자와의 통신을 가능하게 한다.

직렬통신의 다양한 형태를 사용한 프로그래밍 예제를 인터넷 링크 7.17의 'serial communication'에서 찾을 수 있다. 예제 7.8은 마이크로컨트롤러 간의 데이터 전송에 직렬통신을 어떻게 사용하는지에 관한 좋은 예이다. 비디오 데모 7.6에 예제의 동영상이 나와 있다. 예제를 시작하기 전에 동영상을 보는 것이 도움이 될 수 있다. 직렬통신을 포함한 다양한 분야의 프로그래밍 과제와 연관된 부가적인 예제는 인터넷 링크 7.17에서 찾을 수 있다.

인터넷 링크

7.17 학생 프로젝트용 자료 페이지

비디오 데모

7.6 PIC A/D 변환, 직렬통신 및 LCD 출력

예제 7.8 PIC A/D 변환, 직렬통신 및 LCD 메시지 전송

이 예제는 A/D 변환, 직렬통신 및 LCD 메시지 전송을 위해 PicBasic Pro를 어떻게 사용하는지를 보여준다. 또한 이 예제는 두 PIC 소자 간 통신방법과 PIC와 아두이노 보드 간 어떻게 통신하는지도 포함한다. 아래의 기능도는 시스템 소자와 함께 정보의 흐름도 나타낸다. "Receiver PIC"는 푸시 버튼을 누르는 것을 대기한다. 누르면, 핸드셰이크(handshake) 라인이 "Sender PIC"로 하여금 A/D 변환기를 통해 전위차계 값을 읽고, 그 디지털 값을 Receiver PIC에 다시 직렬전송하여 LCD에 값을 나타낸다. 두 PIC는 사용자에게 동작이 정상적인지를 표시하는 상태표시 LED를 가지고 있다. 사실 이 예제의 모든 작업은 하나의 마이크로컨트롤러로 수행 가능하지만, 이러한 작업이 예제와 같이 수행 가능함을 보일 수 있다(즉, 마이크로컨트롤러가 다른 작업을 위해 사용 중이거나 다양한 소자와 연결되어 있으면서 다수의 마이크로컨트롤러가 필요하고, 많은 수의 I/O핀이 필요한 경우).

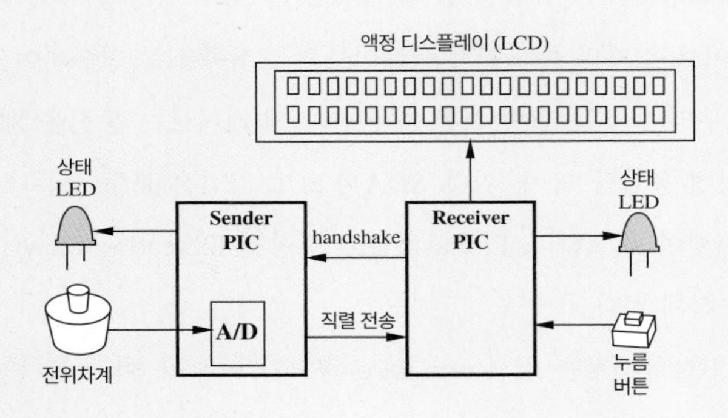

인터넷 링크

7.11 PIC를 프로그래밍하는 방법

7.17 PIC16F88 코드 템플릿

아래는 전체 시스템을 위한 자세한 회로 구성도와 PIC16F88이 사용된 Receiver PIC와 Sender PIC를 위한 PicBasic Pro 코드를 보여준다. 코드는 적절하게 주석처리가 되어 있어서 비디오 데모 7.6에 있는 동영상을 처음 시청한 학생도 쉽게 논리를 이해할 수 있다. 두 프로그램 모두 인터넷 링크 7.17에 있는 PIC16F88 코드 템플릿에서 작성되었고, 인터넷 링크 7.11에 설명된 대로, 구성 매개변수의 자동 정의와 내부 클럭 속도의 사양이 포함되어 있다.

Receiver PIC Code:

```
' receiver.bas

' Code for the receiver PIC in an example illustrating A/D conversion,
'   hand shaking, serial communication, and LCD output

' Define nondefault configuration settings (from the PIC16F88 code template)

#CONFIG
    __CONFIG _CONFIG1, _INTRC_IO & _PWRTE_ON & _MCLR_OFF & _LVP_OFF
#ENDCONFIG
```

```
' Set the internal oscillator frequency to 8 MHz
DEFINE OSC 8
OSCCON.4 = 1
OSCCON.5 = 1
OSCCON.6 = 1

' Turn off the A/D converters
ANSEL = 0

' Define variables and constants
led            Var      PORTA.6        ' LED attached to pin RA6
sample_button  Var      PORTB.4        ' button attached to pin RB4
hand_shake     Var      PORTB.6        ' handshake line on pin RB6
serial         Var      PORTB.0        ' serial communication through pin RB0
pot_value      Var      BYTE           ' POT value received from sender PIC
baud_rate      Con      2              ' 9600 baud-rate mode for serial communication

' Blink the LED three times to indicate the PIC is running
Gosub Blink : Gosub Blink : Gosub Blink

' Wait 1/2 sec for the LCD to power up, and clear the LCD
Pause 500
Lcdout $FE, 1

' Make sure the handshake line is off initially
Low hand_shake

' Main program loop
start:
        ' Wait for the button to be pressed
        Do While (sample_button == 0) : Loop

        ' Handshake with the sender PIC and receive the POT value serially
        High hand_shake                       ' signals the sender PIC to send
        Serin serial, baud_rate, pot_value    ' wait for and receive POT value
        Low hand_shake

        ' Display the received POT value on the LCD and blink the LED
        Lcdout $FE, 1, "POT value = ", DEC pot_value
        Gosub Blink
Goto start

End     ' end of main program (not required since never reached)

' Subroutine to blink the LED on and off once
Blink:
        High led        ' turn on the LED
        Pause 250       ' wait 1/4 second
        Low led         ' turn off the LED
        Pause 250       ' wait 1/4 second
Return
```

Sender PIC Code:

```
' sender.bas

' Code for the sender PIC in an example illustrating A/D conversion,
```

```
' hand shaking, serial communication, and LCD output

' Define nondefault configuration settings (from the PIC16F88 code template)
#CONFIG
    __CONFIG _CONFIG1, _INTRC_IO & _PWRTE_ON & _MCLR_OFF & _LVP_OFF
#endconfig

' Set the internal oscillator frequency to 8 MHz
Define OSC 8
OSCCON.4 = 1
OSCCON.5 = 1
OSCCON.6 = 1

' Setup the A/D converter
ANSEL = 0       ' turn off all A/D converters
ANSEL.0 = 1     ' turn on the AN0 (pin 17) A/D converter

' Define variables and constants
led             Var         PORTA.2             ' LED attached to pin RA2
hand_shake      Var         PORTA.1             ' Sender
serial          Var         PORTB.0             ' serial communication through pin RB0
pot_value       Var         Byte                ' POT value sent to recevier PIC
baud_rate       Con         2                   ' 9600 baud-rate mode for serial communication

' Blink the LED three times to indicate the PIC is running
Gosub Blink : Gosub Blink : Gosub Blink

' Main program loop
start:
        ' Wait for the sender to set the handshake line high
        Do While (hand_shake == 0) : Loop

        ' Read the POT value and send it serially to the receiver PIC
        Adcin 0, pot_value
        Serout serial, baud_rate, [pot_value]

        ' Blink the LED to indicate the value was sent
        Gosub Blink
Goto start

End ' end of main program (not required since never reached)

' Subroutine to blink the LED on and off once
Blink:
        High led        ' turn on the LED
        Pause 250       ' wait 1/4 second
        Low led         ' turn off the LED
        Pause 250       ' wait 1/4 second
Return
```

아래는 C 언어로 구현한 아두이노 Receiver 코드로서, 아두이노 보드와 PIC 간의 직렬통신이 얼마나 쉽고 비슷한지 보여준다. 아래의 코드와 위의 PIC Receiver 코드를 비교하여 유사점과 차이점을 확인한다.

Arduino Receiver Code:

```
// Arduino_receiver.c

// Code for an Arduino version of the receiver PIC in an example illustrating
// A/D conversion, hand shaking, serial communication, and LCD output

// NOTE: Be sure to disconnect the pin 0 (RX) line before re-programming the Arduino
// NOTE: Select "Serial Monitor" under the "Tools" menu to see the printed messages

// Define global variables and constants
const byte led=13;
const byte sample_button=12;
const byte hand_shake=11;
byte pot_value=0;

// The setup function runs once when you press reset or power the board
void setup() {
  // Initialize pin I/O status
  pinMode(led, OUTPUT);
  pinMode(sample_button, INPUT);
  pinMode(hand_shake, OUTPUT);

  // Open serial communication for write read on pin 0 (RX)
  Serial.begin(9600);
  Serial.println("Serial communication initiated.");
```

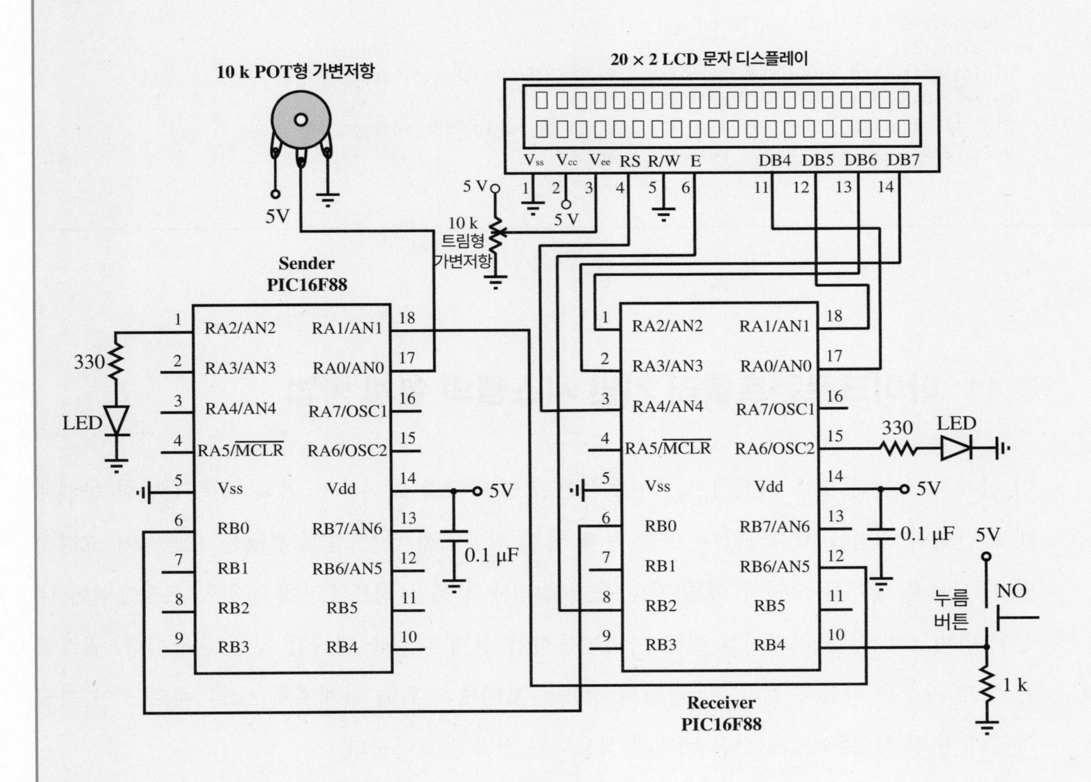

```
  // Blink the LED three times to indicate the Arduino is running
  blink(); blink(); blink();

  // Make sure the handshake line is off initially
  digitalWrite(hand_shake, LOW);
}

// Main program loop
void loop() {
  // Wait for the button to be pressed
  while (digitalRead(sample_button) == LOW);
  Serial.println("  button pressed");

  // Handshake with the sender PIC and receive the POT value serially
  digitalWrite(hand_shake, HIGH); // signals the sender PIC to send
  // Wait for serial data to arrive
  while (Serial.available() == 0);
  // Read serial data
  pot_value = Serial.read();
  digitalWrite(hand_shake, LOW);

  // Display the received POT value on the serial monitor and blink the LED
  Serial.print("POT value = ");
  Serial.println(pot_value, DEC);
  blink();
}

// Subroutine to blink the LED on and off once
void blink() {
  digitalWrite(led, HIGH); // turn the LED on (HIGH is the voltage level)
  delay(250);              // wait for a second
  digitalWrite(led, LOW);  // turn the LED off by making the voltage LOW
  delay(250);              // wait for a second
}
```

7.11 마이크로컨트롤러 기반 시스템의 설계 방법

Lab 11 PIC에 의한 펄스폭 변조(PWM) 전동기 속도 제어

이 장에서 소개된 모든 예제에서는 기초적인 코딩 구조를 보여주기 위해 매우 간단한 문제에 대해 간략한 해법을 제시하였다. 또한 문제 설정 단계에서 많은 설계 결정을 포함하여 고려하였다. 새로운 설계를 고안할 때 초기의 문제 설정에서 응용 하드웨어에 장착할 프로그램이 내장된 마이크로컨트롤러까지를 망라한 방법론적인 설계 과정을 따라갈 것을 권장한다. 권장하는 설계 과정은 다음과 같다. 각 과정의 적용을 보여주기 위해 설계예제 7.2를 예로 들어 기술하였다. 또한 실습문제 Lab 11은 예제에 적용되는 절차를 보여준다.

1. **문제 정의.** 원하는 장치의 기능을 설명하는 단어로 문제를 서술한다(즉, 장치는 무슨 용도인가?).
2. **기능 다이어그램 작도.** 설계의 주요 구성요소를 나타내고 이들이 어떻게 연결되는지 보여주는 블록 선도를 그린다. 각 구성요소는 내부에 라벨 또는 도형을 가진 사각형으로 주어진다(즉, 클립아트 이미지). 요소의 연결을 단선으로 사용하고(포함된 선의 개수는 무시), 신호 흐름의 방향을 나타내는 화살표 방향을 포함한다.
3. **입출력 요구사항 확인.** 요구되는 입출력의 형식과 마이크로컨트롤러에 의해 수행될 때, 어떤 기능이 필요한지 리스트를 작성한다. 디지털 입력과 출력, A/D 변환기, D/A 변환기 그리고 직렬 포트를 포함하여 필요한 입출력선 형식의 숫자를 확인해야 한다.
4. **적절한 마이크로컨트롤러 모델 선정.** 전 단계에서 확인한 입출력의 종류와 수를 근거로 칩이 제공하는 자원이 충분한 하나 또는 그 이상의 마이크로컨트롤러를 선택한다. 또 다른 영향 인자는 예상되는 필요 데이터와 프로그램 메모리 용량이다. 만일 프로그램이 매우 복잡하고 원하는 응용 시스템에 많은 데이터 메모리 저장이 필요하면 대용량 메모리의 마이크로컨트롤러를 선택한다. 만일 여러 개의 PIC가 요구된다면(입출력 또는 메모리 제약으로 인해), PIC는 간단한 핸드셰이킹(예로서, 어떤 일을 수행하기 전에 다른 PIC가 high로 진행되는 신호를 기다리고, 수행이 종료되면 또 다른 신호는 되돌려진다.) 또는 직렬통신을 위한 PicBasic Pro의 Serout과 Serin 문을 사용함으로써 I/O 라인을 통해 서로 통신이 가능하다(즉, PIC 상호 간에 데이터 공유). 유용한 모델과 용량에 대한 목록은 제조사 인쇄물을 참조하라. PIC 마이크로컨트롤러 제품의 Microchip 전체 라인 정보는 온라인에서 찾아볼 수 있다(인터넷 링크 7.23 참조, 재프로그래밍이 가능한 플래시 메모리 마이크로컨트롤러의 라인은 www.microchip.com에 수록되어 있다).

7.23 Microchip 칩 PIC 플래시 제품군

5. **필수 인터페이스 회로의 확인.** 적절한 인터페이스 회로를 구성하기 위해 7.9절의 마이크로컨트롤러의 입출력 회로의 사양과 사용방법을 참조하여 필요하면 풀업저항, 버퍼, 트랜지스터, 릴레이, 증폭기 등의 사용을 검토한다. 또한 많은 디지털 입출력 라인이 필요하여 충분한 I/O핀을 제공하지 못하는 경우 많은 양의 접속을 적은 수의 핀으로 연결하는 몇 가지 방법이 있다. 그중 하나는 시프트(shift) 레지스터(예: 74164, 74594, 74595는 출력으로, 74165, 74597은 입력으로)를 사용하는 것이다. 이 방법은 아주 적은 PIC의 I/O핀(래치가 있으면 3핀, 없으면 2핀)으로 8비트 레지스터의 데이터를 직렬 비트 전송으로 8핀 입출력 포트로 보내기도 하고 받아들이기도 할 수 있다. 또 다른 I/O 포트 확장 방법

은 멀티플렉스 프로그램이 가능한 I/O 포트를 사용하는 것이다(예: Intel사의 82C55A programmable peripheral interface 또는 PPI). 이 타입의 소자는 하나의 I/O 포트를 몇 개의 I/O 포트로 전환하면서 사용할 수 있도록 해준다. Intel사의 82C55A는 5개의 제어 라인과 8개의 데이터 라인을 사용하여 24개의 설정 가능한 범용 I/O를 제공한다.

6. **프로그램 언어 선택.** 프로그램 코드는 어셈블리어나 고급언어인 C나 PicBasic Pro로 작성할 수 있다. 프로그래밍에 익숙하지 않다면 PicBasic Pro를 권장한다. C는 복잡한 계산, 알고리즘 또는 데이터구조의 해가 요구될 때 좋은 선택이 될 수 있다. PicBasic Pro는 부호 및 부동소수점 변수를 지원하지 않는다. C는 대형 프로젝트에 더 적합한데, 함수가 전달된 인자(argument)를 수신하고 로컬 변수를 사용할 수 있어서 효율적으로 나뉠 수 있어야 한다. PicBasic Pro는 C-타입 함수를 지원하지 않으며, 오직 전역변수를 접근하는 서브루틴으로 분기할 수 있다. PIC를 위한 C컴파일러는 인터넷 링크 7.6에 설명되어 있다. 아두이노 프로토타입 보드는 C로 프로그래밍된다. 자세한 설명은 7.7절을 보라. 어셈블리 언어는 극단적으로 빠른 속도가 요구되거나 메모리용량이 한정될 때에만 필요하다.

인터넷 링크
7.6 PIC를 위한 C 컴파일러

7. **회로도 작도.** 소요되는 부품, 입출력 회로 그리고 그것을 연결하는 결선이 포함된 상세 회로도를 그린다. 만일 PIC16F84를 사용한다면 그림 7.4의 회로가 좋은 출발점이 될 수 있다.
8. **프로그램 흐름도 작도.** **흐름도**(flowchart)는 소프트웨어의 요구 기능에 대한 도식적인 표현이다. 그림 7.21에 표시된 구성 블록을 이용하여 흐름도를 작성할 수 있다. 흐름제어(flow control) 블록을 이용하여 goto문이나 For . . . Next, While . . . Wend와 같은 loop의 종착 라벨을 설정할 수 있다. 기능(fuctional) 블록은 어떤 작업을 처리하기 위한 하나 또는 몇 개의 명령을 나타낸다. 결정(decision) 블록은 논리 결정을 표현한다. 설계 예제 7.2는 전형적인 흐름도가 어떻게 구성되는지를 보여준다.
9. **코드 작성.** 원하는 기능을 수행하기 위한 코드를 작성하여 소프트웨어에 흐름도의 내용을

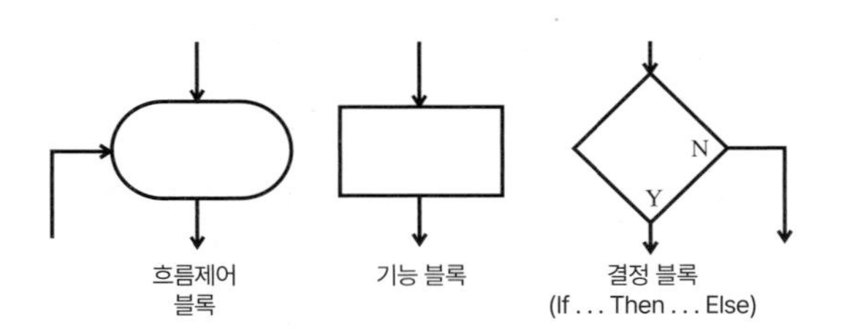

그림 7.21 소프트웨어 흐름도의 구성 블록

구현한다. 코드를 점진적으로 작성하고 테스트하되, 한 번에 조금씩 작성하여 테스트한다. 이러한 접근방식은 "divide and conquer"라고 불리며, 거대한 프로젝트를 다루기 쉬운 소작업으로 분할함으로써 과제 전체에 의해 혼란스러워지거나 압도되는 것을 막는다.

10. **시스템 구축 및 시험.** 코드를 컴파일하여 기계어 코드로 만들고 결과 16진 파일을 마이크로컨트롤러로 다운로드한다. 이 작업은 제조사가 제공하는 프로그래밍 장치를 이용한다(예: microEngineering Lab사의 U2 programmer 혹은 Microchips사의 직렬통신 프로그래밍 툴인 PicStart Plus). 인터넷 링크 7.24는 MPLAB software와 PicStart Plus programmer를 이용하여 코드를 생성하고, 컴파일하고 다운로드하기 위한 상세 절차의 목록을 제시한다. 또한 이 절차는 실습문제 Lab 9에서도 주어진다. 아두이노 같은 프로토타입 보드가 사용되는 경우에는(7.7절 참조), 마이크로컨트롤러에 코드를 컴파일하고 다운로드하는 과정이 한 단계가 되어 매우 쉬워진다. 코드를 다운로드한 후 마이크로컨트롤러와 인터페이스 회로 소자를 포함하는 시스템 하드웨어를 결합한다. 그리고 마이크로컨트롤러와 그 주변 회로를 포함한 시스템의 하드웨어를 조립한다. 원하는 기능을 완벽하게 시험한다.

인터넷 링크

7.24 PIC 프로그래밍 방법

실습 문제

Lab 9 PIC 마이크로컨트롤러 프로그래밍—I부

기능을 하나씩 추가할 때마다 추가기능을 점검하는 식으로 9단계와 10단계를 점진적으로 반복할 것을 권장한다. 예를 들어, 우선 하나의 입력을 읽고 처리할 수 있는 것을 확인하고 나머지 입력을 점진적으로 테스트하며, 그 후에 출력기능을 점검한다. 즉, 한 번의 시도로 완벽한 전체 프로그램을 작성하려고 해서는 안 된다.

전원 선택까지 고려한 마이크로컨트롤러 기반 시스템의 설계, 구축 및 시험에 관한 제안은 7.12절을 참조하라.

설계예제 7.2 작동형 보안장치의 PIC 솔루션

몇 년 전에 콜로라도주립대학의 Introduction to Mechatronics and Measurement Systems 강의에서 흥미로운 프로젝트를 내준 적이 있다. 인터넷 링크 7.25는 이 과정에서 사용하는 일반 프로젝트 기술을 보여준다. 인터넷 링크 7.26은 여기서 설명된 조합보안장치 프로젝트를 위한 특수한 지침을 제시한다. 또한 실습문제 Lab 15는 진행 프로젝트를 소개하고, 배터리 사용 및 릴레이와 트랜지스터, 납땜 그리고 다른 실제적인 고찰을 다룸으로써 막강한 PIC 프로젝트에 대한 기

인터넷 링크

7.25 PIC 기반 수업 설계 프로젝트 설명

7.26 조합보안장치 프로젝트 설명

Lab 15 마이크로컨트롤러 기반 설계 프로젝트

술 정보를 제시한다.

지금부터는 방금 소개한 설계과정을 간단한 설계에 적용하는 법을 제시한다. 이 프로젝트의 흥미로운 부분이 문제를 해결하기 위해 참가자들이 보여주었던 창의성이기 때문에 학생들의 솔루션을 예로 들어 설명하고자 한다.

1. **문제 정의.** 이 프로젝트의 목표는 PIC16F84 마이크로컨트롤러를 보안용 디지털키 잠금장치의 설계에 사용하는 것이다. 이 장치의 요구사항은 여러 스위치의 조합으로 비밀키를 누르고 또 하나의 버튼으로 키누름을 처리하며, LED와 버저로 비밀키의 성공 여부를 알리고, 디지털 디스플레이로 부정확한 비밀번호의 시도를 나타내며 최종적으로 구동기를 구동하여 잠금 기능을 수행한다. 여기서 보여주는 간단한 설계에서는 세 개의 토글 스위치를 이용하여 8개의 조합이 가능하도록 한다.
2. **기능 다이어그램 작성.** 아래 그림은 기초 설계예제의 주된 구성요소를 나타낸다.

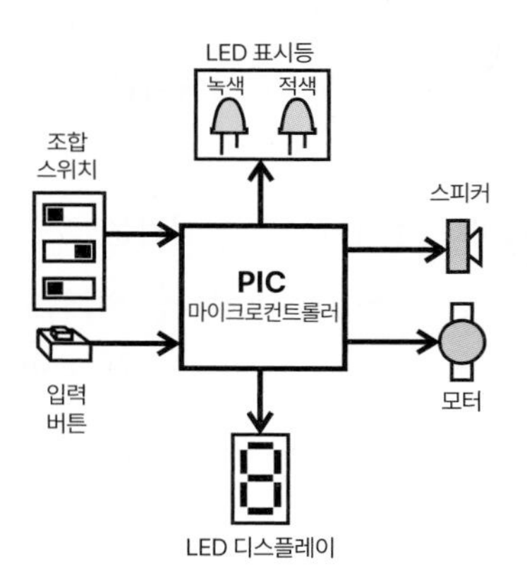

3. **I/O 요구조건 확인.** 이 문제의 모든 입력과 출력은 디지털이다.

   입력:
   - 비밀키누름을 위한 세 개의 스위치
   - 확인키에 해당하는 푸시버튼키

   출력:
   - 비밀키의 상태를 표시하는 두 개의 LED
   - 한 개의 7-세그먼트 LED 디지털 디스플레이
   - 한 개의 소형 스피커
   - 한 개의 소형 DC모터
4. **적절한 마이크로컨트롤러 모델 선정.** 만일 설계예제 7.1과 같이 7-세그먼트를 네 개의 디지

털 출력으로 구동한다면 필요한 디지털 I/O의 수는 12가 된다. 이는 요구되는 유일한 I/O이다(즉, A/D, D/A 또는 직렬 포트는 불필요하다). PIC16F84는 13개의 디지털 I/O 핀을 제공하므로 이 문제 해결에 적합하다.

5. **필수 인터페이스 회로의 확인.** 설계예제 7.1과 같이 7-세그먼트를 4디지털 출력으로 구동하려면 7447 인터페이스가 필요하다. PicBasic Pro의 컴파일러 매뉴얼의 Sound 명령의 설명에서 권장한 바와 같이 작은 오디오 스피커는 커패시터를 직렬로 달면 직접 구동이 가능하다. **인터넷 링크 7.27**은 필요에 따라 마이크로컨트롤러로 오디오를 제작하기 위해 트랜지스터와 고주파 통과필터를 어떻게 사용하는지 보여준다. **비디오 데모 7.8**은 오디오 신호를 증폭하기 위해 오디오 앰프 회로를 어떻게 사용하는지 보여준다. 그러나 PIC는 소형 모터를 직접 구동할 만한 전류를 공급할 수 없기 때문에 모터와 연결된 전력용 트랜지스터의 바이어스를 주는 데 디지털 출력을 사용한다. Schmitt 트리거 입력과 오픈 드레인 출력을 갖는 RA4만 사용하지 않을 것이다.

인터넷 링크

7.27 마이크로컨트롤러로 고음량 오디오를 쉽게 제작하는 방법

비디오 데모

7.8 LM386 오디오 앰프 회로를 만드는 방법

6. **프로그램 언어 결정.** 이 예제에서는 PicBasic Pro를 사용할 것이다. 고급언어를 사용하는 것이 메모리 용량과 속도의 제한이 없다면 항상 유리할 것이다.
7. **회로도 작도.** 다음 그림은 소요되는 부품과 회로를 보여준다. 서로 다른 기능에 어떤 I/O핀을 사용하는지는 문제가 되지 않지만 가급적 기능에 따라 구성해야 한다.

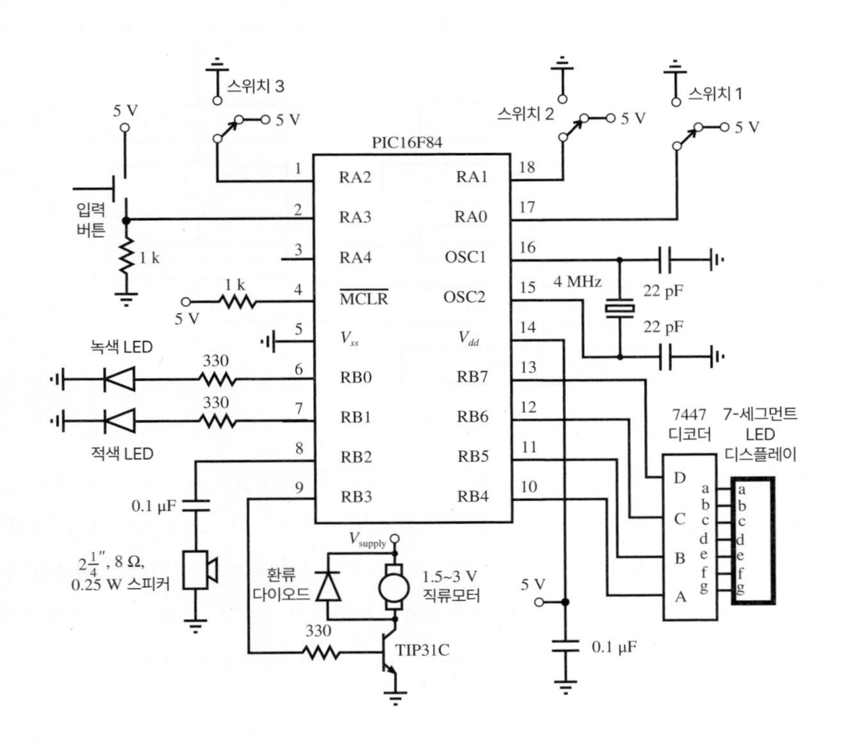

8. 프로그램 흐름도 작도. 아래 흐름도는 원하는 기능을 수행하는 데 필요한 논리와 흐름을 보여준다. 프로그램은 스위치 상태를 검사하다가 버튼 스위치가 눌리면 스위치의 상태를 저장된 비밀키와 비교한다. 만일 비밀키 조합과 일치한다면, 초록색 LED와 DC모터가 켜지고 켜진 상태를 버튼을 뗄 때까지 유지한다. 만일 비밀키가 틀리면 적색 LED가 켜지고 버저가 3초 동안 울리며 디지털 디스플레이의 실패 시도수를 1 증가시킨다. 또한 비밀키 조합과 일치한다면 그동안의 실패 시도수를 0으로 만든다.

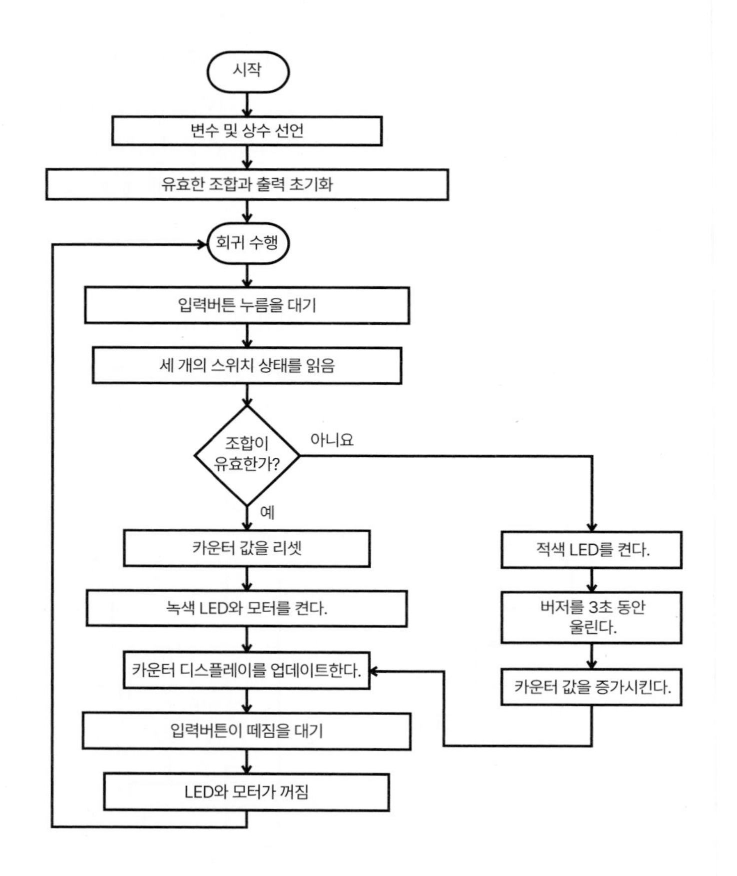

9. 코드 작성. 프로그램 흐름도의 논리와 흐름을 PicBasic Pro 코드로 구현한다. 복수개의 Pic Basic Pro 명령을 한 줄에 쓸 때는 콜론(:)으로 분리한다(예: 다수의 Low 명령). 또한 긴 명령어는 첫 줄의 맨 마지막에 언더 스코어(_)를 붙여서 다음 줄까지 연이어서 사용할 수 있다(예: 긴 If 명령). 바이트 변수 number_invalid는 0~9까지의 값만 가질 수 있기 때문에 하위 4비트만 디스플레이 디코더에서 필요한 2진화 10진수(BCD)를 나타낸다.

```
' project.bas
' This program checks the state of three switches when a pushbutton switch is
' pressed and compares the switch states to a prestored combination. If the
' combination is valid, a green LED and a DC motor turn on and stay on while the
' pushbutton switch is held down. If the combination is invalid, a red LED turns
' on, a buzzer sounds for 3 seconds, and the displayed digit (representing the
' number of failed attempts) increments by one. When a valid combination is
' entered, the counter display resets to zero.
' Declare all variables
switch_1 Var PORTA.0    ' first combination switch
switch_2 Var PORTA.1    ' second combination switch
switch_3 Var PORTA.2    ' third combination switch
enter_button Var PORTA.3        ' combination enter key
green_led Var PORTB.0  ' green LED indicating a valid combination
red_led Var PORTB.1             ' red LED indicating an invalid combination
speaker Var PORTB.2             ' speaker signal for sounding an alarm
motor Var PORTB.3               ' signal to bias the motor power transistor
a Var PORTB.4                   ' bit 0 for the 7447 BCD input
b Var PORTB.5                   ' bit 1 for the 7447 BCD input
c Var PORTB.6                   ' bit 2 for the 7447 BCD input
d Var PORTB.7                   ' bit 3 for the 7447 BCD input
combination Var BYTE            ' stores the valid combination in the 3 LSBs
number_invalid Var BYTE         ' counter used to keep track of the number of bad
                                ' combinations

' Initialize the valid combination and turn off all output functions
combination = %101                      ' valid combination (switch 3:on, switch
                                        ' 2:off, switch 1:on)
Low green_led : Low red_led             ' make sure the LEDs are off
Low motor                               ' make sure the motor is off
Low a : Low b : Low c : Low d           ' display zero on the digit display
number_invalid = 0                      ' reset the number of invalid combinations
                                        ' to zero

' Beginning of the main polling loop
mainloop:

        ' Wait for the enter button to be pressed
        If (enter_button == 0) Then mainloop

        ' Read switches and compare their states to the valid combination
        If ((switch_1 == combination.0) AND (switch_2 == combination.1)_
             AND (switch_3 == combination.2)) Then
                ' Turn on the green LED
                High green_led

                ' Turn on the motor
                High motor

                ' Reset the combination attempt counter
                number_invalid = 0

        Else

                ' Turn on the red LED
                High red_led
```

```
            ' Sound the alarm
            Sound speaker, [80,100]

            ' Increment the combination attempt counter and check for overflow
            number_invalid = number_invalid + 1

            If (number_invalid > 9) Then
                  number_invalid = 0
            EndIf
      EndIf

      ' Update the invalid combination attempt counter digit display
       a = number_invalid.0 : b = number_invalid.1 : c = number_invalid.2
       d = number_invalid.3

      ' Wait for the enter button to be released
      loop2: If (enter_button == 1) Then loop2

      ' Turn off the LEDs and the motor
      Low green_led : Low red_led
      Low motor

' Loop back to the beginning of the polling loop to continue the process
Goto mainloop
End       ' end of program
```

10. **시스템 구축 및 시험.** 상세한 회로도와 프로그램을 가지고 있기 때문에 나머지 작업은 제작과 시험이다. 처음으로 시스템을 시험할 때는 코드의 두 번째 부분은 코멘트 처리를 하여[코멘트 부호(apostrophy)를 일시적으로 비활성화하려고 선택된 코드 앞에 위치시킴으로써] 나머지 부분을 분리하여 시험할 수 있도록 한다. 예를 들어 비밀키누름과 초록 LED를 테스트하기 위해 모터 구동, 버저, 카운터, 디지털 디스플레이 관련 코드를 코멘트 처리할 수 있다. 이 방법으로 프로그래밍된 PIC가 보드에 장착될 때 기본 I/O와 프로그램의 논리가 잘 동작한다는 것을 확인할 수 있다. 그래서 추가 기능을 한 번에 하나씩 더해서 완벽한 프로그램을 만들어갈 수 있다. 모든 버그가 없어질 때까지 첫 번째 시제품(prototype)은 납땜 없는 브레드보드를 사용할 것을 권장한다. 그 후 완성된 제품화가 필요하면 PCB를 제작할 수도 있다.

강의 프로젝트로 이 설계 문제를 내주었을 때 3~4명으로 구성된 30개 그룹이 창의적으로 고유한 설계를 제시하였다. 더욱 흥미로운 설계는 벽 금고로서, 직접 벽체를 제작하고 전면에 세 개의 전등 스위치와 푸시버튼 스위치를 두었다. 외관상 실내의 조명을 켜고 끄는 스위치처럼 보이지만 스위치가 적절한 조합으로 설정되고 푸시버튼을 누르면 스프링으로 닫혀 있던 금고문이 솔레노이드의 동작으로 열리게 된다. 또 다른 설계는 로켓 발사장치이다. 이 설계는 스위치의 조합이 맞았을 때 For . . . Next에 Sound 명령을 사용하면 재미있는 음향효과가 나오고 디지털 디스플레이가 카운트다운을 시작한다. 카운트가 0이 되면 릴레이가 연료를 점화하여 수백 피트를 상승할 수 있는 모형 로켓이 발사되고 낙하산으로 피드백된다. 이 시연은 건물 밖 캠퍼스 운동장에서 전체 수강생들과 관심 있는 관중 앞에서 이루어졌다. 가장 인기가 많았던 설계는 사진과 같은 Beer-Bot라고 하는 작품이다. 이 장치는 비밀키가 맞으면 액체를 한 잔 배출하고 모터와 랙 앤 피니온(rack and pinion) 장치로 하부의 컵받침이 앞으로 빠져나온다. 이때 이 행정(travel)의 끝점은 리미트 스위치를 사용하였다. 스프링 스위치는 적절한 무게의 유리컵을 넣으면 컵을 감지할 수 있다. 스프링 스위치가 감지되면 컵받침은 들어가고 밀폐된 저장통의 액체를 빼기 위해 펌프가 동작한다. 액체가 어떤 레벨에 도달하면 상부에 나와 있는 두 개의 전극 사이에 회로가 형성된다. 이때 펌프는 꺼지고 컵받침이 즐거운 노래와 함께 앞으로 나온다. 비디오 데모 7.9는 실제 Beer-Bot의 실연을 보여주고, 인터넷 링크 7.17은 다른 학생들의 설계 프로젝트 해법의 다양한 영상 실연을 제시한다. 이 클립은 2001년부터 콜로라도주립대학의 최상위 일부 학생들의 프로젝트를 보여준다.

7.9 Beer-Bot: 유량 공급 시스템

7.17 마이크로컨트롤러 학생 설계 프로젝트 시연

©David Alciatore

다음 세 개의 종합설계예제(A, B, C)에서 완벽한 하드웨어와 소프트웨어 솔루션이 주어진다. 솔루션의 다양한 부분에 관한 자세한 사항은 책을 통해 제시된다. 제시된 다양한 솔루션 부분에 대한 참고가 되는 종합설계예제의 항목을 참조하라. 종합설계예제 프로젝트를 구성하는 모든 전기 부품과 소자에 관한 정보는 인터넷 링크 1.4에서 정보를 검색하면 얻을 수 있다.

1.4 종합설계예제 요소

종합설계예제 A.4 직류모터 전력오피앰프 속도제어기 — 전체 솔루션

비디오 데모

1.6 전력오피앰프에 의한 직류모터 속도제어기

아래의 그림은 종합설계예제 A를 위한 기능 다이어그램을 보여준다(1.3절 및 비디오 데모 1.6 참조). 여기에는 이 문제해결을 위한 전체 솔루션이 포함된다. 몇 가지 상세한 사항은 종합설계예제 A.2(전위차계 인터페이스), A.3(전력증폭기 모터 드라이버), A.5(D/A 변환기)에 제시된다.

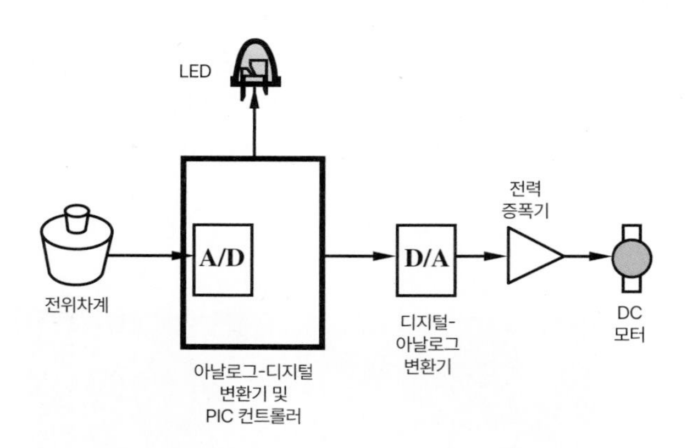

인터넷 링크

7.28 TLC7524C D/A 변환기

PIC16F88을 위한 전체 회로도와 소프트웨어 목록은 아래에 나와 있다. 코드에 주석을 달았기 때문에 기능 다이어그램과 회로도와 관련된 로직을 수행할 수 있다. TLC7524C D/A 변환기에 관한 특수한 정보는 인터넷 링크 7.28에서 구할 수 있다.

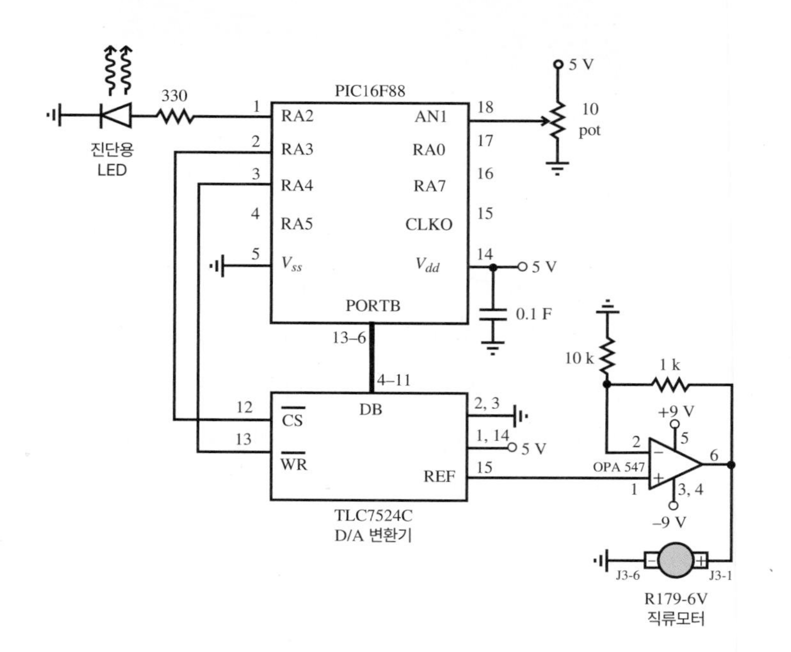

```
' poweramp.bas (PIC16F88 microcontroller)

' Design Example
' Power amp motor driver controlled by a potentiometer

' A potentiometer is attached to an A/D input in the PIC. The PIC
' outputs the corresponding voltage as a digital word to a TI TLC7524
' external D/A converter, which is attached to a TI OPA547 power-op-amp
' circuit. The amplifier circuit can provide up to 500 mA of current
' to a DC motor (e.g., R179-6V-ENC-MOTOR)

' Configure the internal 8MHz internal oscillator
DEFINE OSC 8
OSCCON.4 = 1 : OSCCON.5 = 1 : OSCCON.6 = 1

' Turn on and configure AN1 (the A/D converter on pin 18)
ANSEL.1 = 1 : TRISA.1 = 1
ADCON1.7 = 1            ' have the 10 bits be right-justified
DEFINE ADC_BITS 10      ' AN1 is a 10-bit A/D

' Define I/O pin names
led Var PORTA.2         ' diagnostic LED
da_cs Var PORTA.3       ' external D/A converter chip select (low: activate)
da_wr Var PORTA.4       ' external D/A converter write (low: write)

' Declare Variables
ad_word Var WORD        ' word from the D/A converter (10 bits padded with 6 0's)
ad_byte Var BYTE        ' byte representing the pot position

' Define constants
blink_pause Con 200     ' 1/5 second (200 ms) pause between LED blinks

' Initialize I/O
TRISB = 0               ' initialize PORTB pins as outputs
High da_wr              ' initialize the A/D converter write line
Low da_cs               ' activate the external D/A converter

' Main program (loop)

main:
     ' Read the potentiometer voltage with the A/D converter
     Adcin 1, ad_word
     ' Scale the A/D word value down to a byte
     ad_byte = ad_word/4

     ' Send the potentiometer byte to the external D/A
     PORTB = ad_byte
     Low da_wr
     Pauseus 1   ' wait 1 microsec for D/A to settle
     High da_wr

     ' Blink the LED to indicate voltage output
     Gosub blink

Goto main    ' continue polling the potentiometer

End   ' end of main program

' Subroutine to blink the speed control indicator LED
blink:
```

```
        Low led
        Pause blink_pause
        High led
        Pause blink_pause
    Return
```

종합설계예제 B.2 스텝모터 위치와 속도제어기 — 전체 솔루션

비디오 데모

1.7 스텝모터 위치와 속도제어기

아래의 그림은 종합설계예제 B(1.3절과 비디오 데모 1.7 참조)에 관한 기능 다이어그램을 보여준다. 여기서 이 문제에 관한 완벽한 해답을 얻을 수 있다.

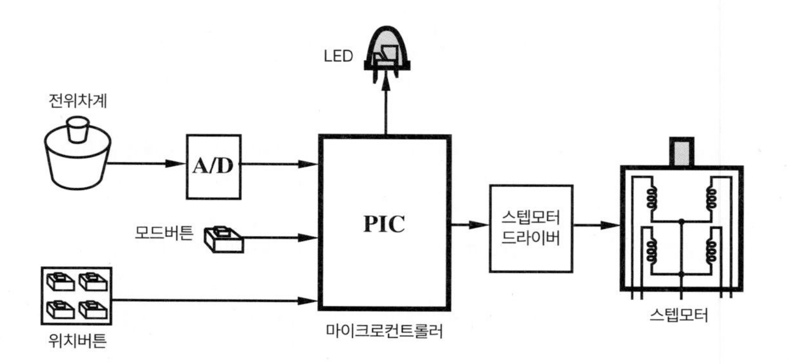

인터넷 링크

7.29 PDN1200 유니폴라 스텝모터 드라이버

아래에 회로도와 소프트웨어 목록이 나와 있다. 코드에는 주석이 달려 있어 기능 다이어그램과 회로도와 관련된 로직을 수행할 수 있다. PDN1200이라 불리는 Paladin Semiconductor사(인터넷 링크 7.29 참조)로부터 나온 유용한 특수 IC는 스텝모터를 위한 적절한 코일 시퀀스를 생성하는 데 사용된다(종합설계예제 B.3 참조).

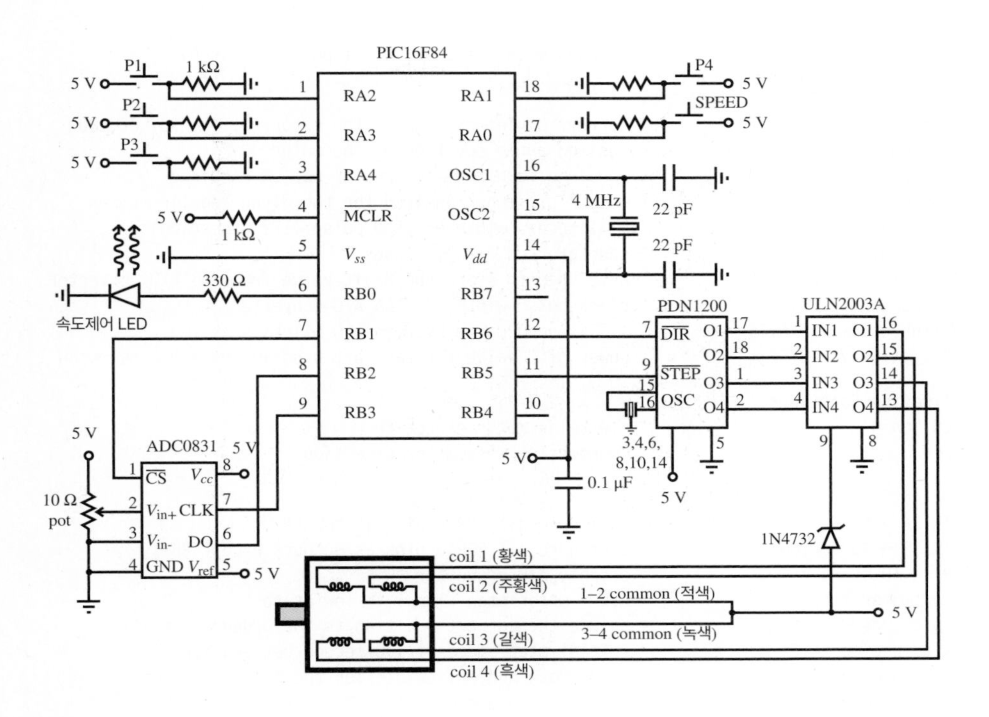


```
' stepper.bas (PIC16F84 microcontroller)

' Design Example
' Position and Speed Control of a Stepper Motor

' Four pushbutton switches are used to index to four different
' positions (0, 45, ' 90, and 180 degrees). Another pushbutton switch
' is used to toggle in and out of speed control mode (indicated by
' an LED). When in speed control mode, a potentiometer is used to
' control the speed. When to the right of the center position,
' the motor is turned CW at a speed proportional to the pot position.
' The motor turns CCW for pot positions to the left of center. The pot
' position is read from an external A/D converter (National
' Semiconductor ADC0831). The PIC retrieves the bits from the A/D
' converter via a clock signal generated by the PIC. The stepper
' motor is controlled via an Paladin Semiconductor PDN1200 unipolar
' driver IC and a ULN2003A Darlington driver.

' Define I/O pin names
led Var PORTB.0             ' speed control indicator LED
AD_start Var PORTB.1        ' A/D converter conversion start bit
                            ' (must be held low during A/D conversion)
AD_data Var PORTB.2         ' A/D converter data line
                            ' (for serial transmission of data bits)
AD_clock Var PORTB.3        ' A/D converter clock signal (400 kHz maximum)
P1 Var PORTA.2              ' position 1 NO button (0 degrees)
P2 Var PORTA.3              ' position 2 NO button (45 degrees)
P3 Var PORTA.4              ' position 3 NO button (90 degrees)
P4 Var PORTA.1              ' position 4 NO button (180 degrees)
SPD Var PORTA.0             ' speed control NO button to toggle speed control mode
motor_dir Var PORTB.6       ' stepper motor direction bit (0:CW 1:CCW)
```

```
motor_step Var PORTB.5        ' stepper motor step driver (1 pulse = 1 step)

' Declare Variables
motor_pos Var BYTE            ' current angle position of the motor (0, 45, 90, or 180)
new_motor_pos Var Byte        ' desired angle position of the motor
delta Var BYTE                ' required magnitude of angular motion required
num_steps Var BYTE            ' number of steps required for the given angular motion
step_period Var BYTE          ' millisecond width of step pulse (1/2 of period)
i Var Byte                    ' counter used for For loops
AD_value Var BYTE             ' byte used to store the 8-bit value from the A/D converter
AD_pause Var BYTE             ' clock pulse width for the A/D converter
blink_pause Var BYTE          ' millisecond pause between LED blinks
bit_value Var BYTE            ' power of 2 value for each bit used in the A/D conversion

' Define Constants
CW Con 0                      ' clockwise motor direction
CCW Con 1                     ' counterclockwise motor direction

' Initialize I/O and variables
TRISA = $FF                   ' configure all PORTA pins as inputs
TRISB = %00000100             ' configure all PORTB pins as outputs except RB2
High AD_start                 ' disable A/D converter
Low motor_step                ' start motor step signal in low state
motor_pos = 0                 ' assume the current position is the 0 degree position
step_period = 10              ' initial step speed (1/100 second between steps)
AD_pause = 10                 ' 10 microsecond pulsewidth for the A/D clock
blink_pause = 200             ' 1/5 second pause between LED blinks

' Blink the speed control LED to indicate start-up
Gosub blink : Gosub blink

' Wait for a button to be pressed (i.e., polling loop)
main:

        If (P1 == 1) Then
                ' Move motor to the 0 degree position
                new_motor_pos = 0
                Gosub move
        ElseIf (P2 == 1) Then
                ' Move motor to the 45 degree position
                new_motor_pos = 45
                Gosub move
        ElseIf (P3 == 1) Then
                ' Move motor to the 90 degree position
                new_motor_pos = 90
                Gosub move
        ElseIf (P4 == 1) Then
                ' Move motor to the 180 degree position
                new_motor_pos = 180
                Gosub move
        ElseIf (SPD == 1) Then
                ' Enter speed control mode
                Gosub speed

        EndIf
Goto main....  ' continue polling buttons

End ' end of main program

' Subroutine to blink the speed control indicator LED
```

```
blink:

        High led
        Pause blink_pause
        Low led
        Pause blink_pause

Return
' Subroutine to move the stepper motor to the position indicated by motor_pos
' (the motor step size is 7.5 degrees)

move:
      ' Set the correct motor direction and determine the required displacement
      If (new_motor_pos > motor_pos) Then
          motor_dir = CW
          delta = new_motor_pos - motor_pos
      Else

          motor_dir = CCW
          delta = motor_pos - new_motor_pos
      EndIf

      ' Determine the required number of steps (given 7.5 degrees per step)
      num_steps = 10*delta / 75

      ' Step the motor the appropriate number of steps
      Gosub move_steps

      ' Update the current motor position
      motor_pos = new_motor_pos

Return

' Subroutine to move the motor a given number of steps (indicated by num_steps)
move_steps:
      For i = 1 to num_steps
          Gosub step_motor

      Next

Return

' Subroutine to step the motor a single step (7.5 degrees) in the motor_dir
' direction
step_motor:
      Pulsout motor_step, 100*step_period          ' (100 * 10microsec = 1 millisec)
      Pause step_period
      ' Equivalent code:
          ' High motor_step
          ' Pause step_period
          ' Low motor_step
          ' Pause step_period

Return

' Subrouting to poll the POT for speed control of the stepper motor
speed:

      ' Turn on the speed control LED indicator
      High LED
```

```
        ' Wait for the SPEED button to be released
        Gosub button_release

        ' Polling loop for POT speed control
        pot_speed:
            ' Check if the SPEED button is down

        If (SPD == 1) Then
            ' Wait for the SPEED button to be released
            Gosub button_release

            ' Turn off the speed control LED indicator
            Low led

            ' Assume the new position is the new 0 position
            motor_pos = 0

            ' Exit the subroutine
            Return
        EndIf

        ' Sample the POT voltage via the A/D converter
        Gosub get_AD_value

        ' Adjust the motor speed and direction based on the POT value and
        '   step the motor a single step.
        '   Enforce a deadband at the center of the range
        '   Have the step period range from 100 (slow) to 1 (fast)
        If (AD_value > 150) Then
            motor_dir = CW
            step_period = 100 - (AD_value - 150)*99/(255 - 150)
            Gosub step_motor
        ElseIf (AD_value < 100) Then
                motor_dir = CCW
                step_period = 100 - (100 - AD_value)*99/100
                Gosub step_motor
            EndIf
        EndIf

    ' Continue polling
    goto pot_speed

    Return ' end of subroutine, but not reached (see the SPD If statement above)

    ' Subroutine to wait for the speed control button to be released
    button_release:
        Pause 50     ' wait for switch bounce to settle
        Do While (SPD == 1) : Loop
        Pause 50     ' wait for switch bounce to settle
    Return

    ' Subroutine to sample the POT voltage from the A/D converter
    ' The value (0 to 255) is returned in the variable AD_value and corresponds
    ' to the original 0 to 5V analog voltage range.
    get_AD_value:
        ' Initialize the A/D converter
        Low AD_clock              ' initialize the clock state
        Low AD_start              ' enable the A/D converter
        Gosub pulse_clock         ' send initialization pulse to A/D clock
```

```
        ' Get each converted bit from the A/D converter (at 50 kHz)
        bit_value = 128            ' value of the MSB
        AD_value = 0
        For i = 7 To 0 Step -1     ' for each bit from the MSB to the LSB
            '  Output clock pulse
            Gosub pulse_clock
            AD_value = AD_value + AD_data*bit_value
            bit_value = bit_value / 2
        Next i

        ' Disable the A/D converter
        High AD_start
Return

' Subroutine to send a pulse to the A/D clock line
pulse_clock:
        Pulsout AD_clock, 1 : PauseUS 10   ' 20 microsecond pulse
Return
```

종합설계예제 C.3 직류모터 위치와 속도제어기 — 직렬 인터페이스의 전체 솔루션

다음의 그림은 종합설계예제 C에 관한 기능 다이어그램을 보여준다(1.3절과 비디오 데모 1.8 참조). 여기서 이 문제에 대한 완전한 해법이 주어진다. 이 해법은 두 개의 PIC 마이크로컨트롤러를 사용하는 것이다. 주 PIC는 시스템 기능의 대부분을 제어하기 때문에 “마스터(master)” PIC라 한다. 두 번째 PIC는 마스터 PIC 명령에 따라 간단하게 정보만 제공해 주기 때문에 “슬레이브(slave)” PIC라 한다.

1.8 직류모터 위치와 속도제어기

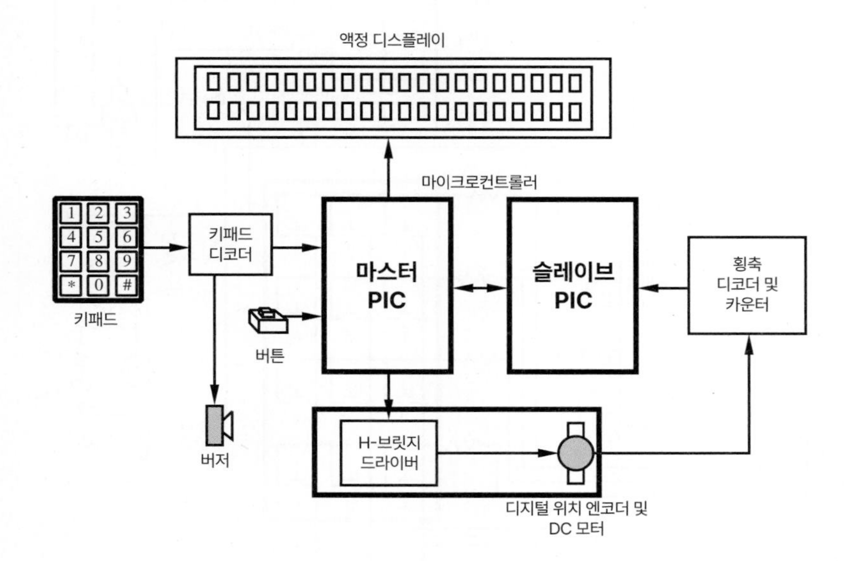

회로도와 소프트웨어 목록이 아래에 나와 있다. 코드에는 주석이 달려 있어 기능 다이어그램과 회로도와 관련된 로직을 수행할 수 있다. 두 가지 소프트웨어 목록이 있다. 하나는 키패드를 모니터링하고(종합설계예제 C.2 참조), LCD에 메뉴-구동 사용자 인터페이스를 제공하고(종합설계예제 C.2 참조), 또 모터를 구동하는(종합설계예제 C.4, C.5 참조) 마스터 PIC(PIC16F88)용이다. 다른 리스트는 전동기축상의 디지털 엔코더 센서를 모니터링하고, 마스터 PIC에 위치 정보를 전송하는 슬레이브 PIC(PIC16F84)용이다.

설계의 다른 구성요소를 포함하는 종합설계예제와 상세사항은 이 교재를 통해 찾을 수 있다. 이 해법은 직렬 인터페이스를 사용하는 여러 PIC 간 통신 기법의 좋은 예이다. 통신 수행을 위해 설계된 특수 코드는 마스터 PIC 코드의 서브루틴과 슬레이브 PIC 코드의 메인 루프 내의 get_encoder

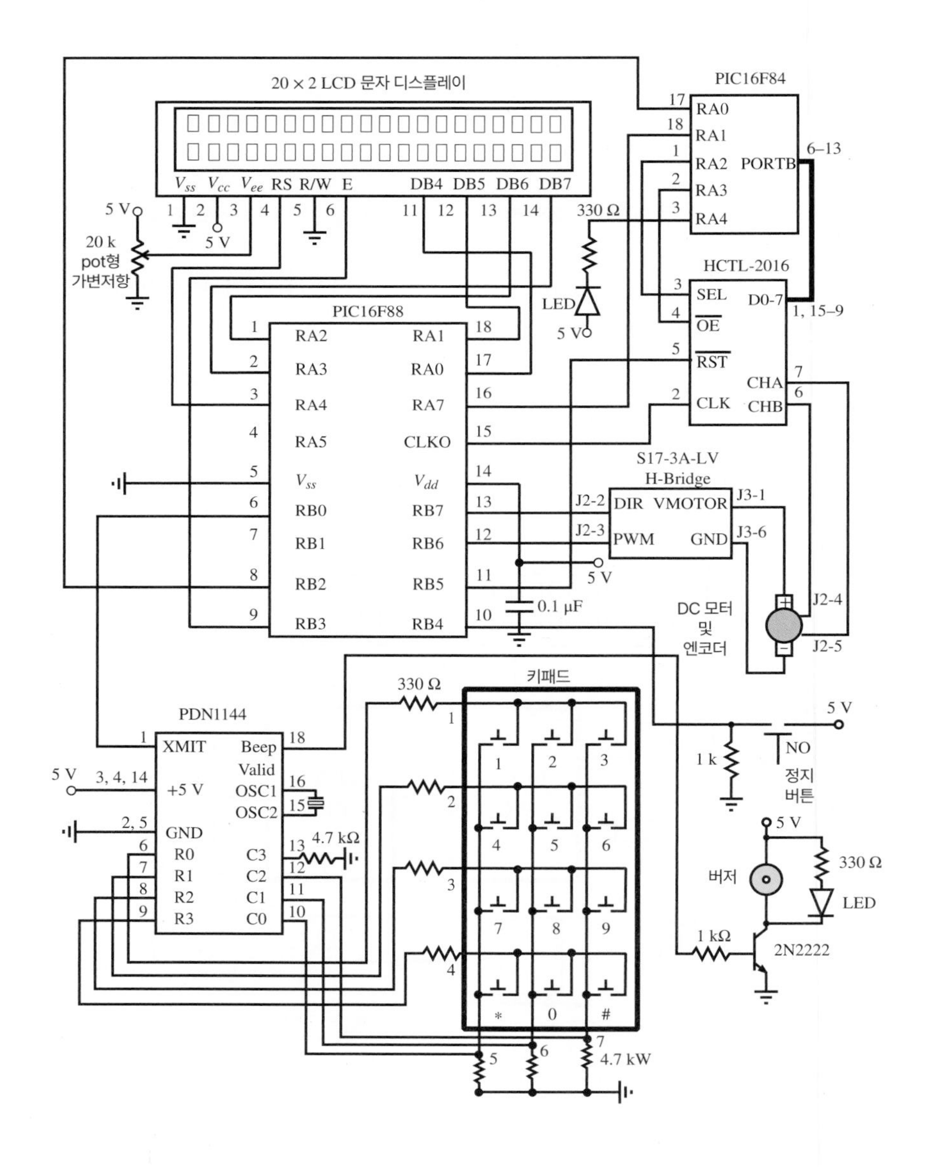

서브루틴에서 알 수 있다. I/O선은 데이터가 전송될 때 마스터 PIC가 슬레이브 PIC에 명령함으로써 간단히 high 또는 low로 설정된다. 그러면 두 번째 I/O선은 표준 직렬통신 프로토콜에 따라서 데이터를 수신한다.

master PIC code:

```
' dc_motor.bas (PIC16F88 microcontroller)

' Design Example
' Position and Speed Control of a DC Servomotor.

'    The user interface includes a keypad for data entry and an LCD for text
'    messages. The main menu offers three options: 1 - position control,
'    2 - speed control, and 3 - position control gain and motor PWM control.
'    When in position control mode, pressing a button moves to indexed positions
'    (1 - 0 degrees, 2 - 45 degrees, 3 - 90 degrees, and 4 - 180 degrees). When
'    in speed control mode, pressing 1 decreases the speed, pressing 2 reverses
'    the motor direction, pressing 3 increases the speed, and pressing 0 starts
'    the motor at the indicated speed and direction. The motor is stopped with
'    a separate pushbutton switch. When in gain and PWM control mode,
'    pressing 1/4 increases/decreases the proportional gain factor (kP)
'    and pressing 3/6 increases/decreases the number of PWM cycles sent
'    to the motor during each control loop update.

'    Pressing the "#" key from the position, speed, or gain menus returns control
'    back to the main menu. Paladin Semiconductor's PDN1144 keypad encoder is used to
'    detect when a key is pressed on the keypad and transmit data (a single byte per
'    keypress) to the PIC16F88. Acroname's R179-6V-ENC-MOTOR servomotor is
'    used with their S17-3A-LV H-bridge for PWM control. A second PIC (16F84),
'    running dc_enc.bas, is used to communicate to an Agilent HCTL-2016
'    quadrature decoder/counter to track the position of the motor encoder.
'    The 16F88 communicates to the 16F84 via handshake (start) and serial
'    communication lines.

' Configure the internal 8MHz internal oscillator
DEFINE OSC 8
OSCCON.4 = 1 : OSCCON.5 = 1 : OSCCON.6 = 1
' Turn off A/D converters (thereby allowing use of pins for I/O)
ANSEL = 0

' Define I/O pin names
key_serial Var PORTB.0        ' keypad serial interface input
motor_dir Var PORTB.7         ' motor H-bridge direction line
motor_pwm Var PORTB.6         ' motor H-bridge pulse-width-modulation line
stop_button Var PORTB.4       ' motor stop button
enc_start Var PORTB.2         ' signal line used to start encoder data transmission
enc_serial Var PORTA.7        ' serial line used to get encoder data from the 16F84
enc_rst Var PORTB.5           ' encoder counter reset signal (active low)

' Declare Variables
key_value Var BYTE            ' code byte from the keypad
motor_pos Var Word            ' current motor position in degrees
new_motor_pos Var Word        ' desired motor position (set point) in degrees
error Var Word                ' error magnitude between current and desired positions
motor_speed Var BYTE          ' motor speed as percentage of maximum (0 to 100)
motion_dir Var BIT            ' motor direction (1:CW/Forward 0:CCW/Reverse)
```

```
on_time Var WORD            ' PWM ON pulse width
off_time Var WORD           ' PWM OFF pulse width
enc_pos Var WORD            ' motor encoder position (high byte and low byte)
i Var Byte                  ' counter variable for For loops
kp Var BYTE                 ' proportional gain factor position control
pwm_cycles Var BYTE         ' # of PWM pulses sent during the position control loop

' Define constants
key_mode Con 0              ' 2400 baud mode for serial connection to keypad
key_1 Con $30               ' hex code for the 1-key on the keypad
key_2 Con $31               ' hex code for the 2-key on the keypad
key_3 Con $32               ' hex code for the 3-key on the keypad
key_4 Con $34               ' hex code for the 4-key on the keypad
key_5 Con $35               ' hex code for the 5-key on the keypad
key_6 Con $36               ' hex code for the 6-key on the keypad
key_7 Con $38               ' hex code for the 7-key on the keypad
key_8 Con $39               ' hex code for the 8-key on the keypad
key_9 Con $41               ' hex code for the 9-key on the keypad
key_star Con $43            ' hex code for the *-key on the keypad
key_0 Con $44               ' hex code for the 0-key on the keypad
key_pound Con $45           ' hex code for the #-key on the keypad
CW Con 1                    ' motor clockwise (forward) direction
CCW Con 0                   ' motor counterclockwise (reverse) direction
pwm_period Con 50           ' period of each motor PWM signal cycle (in microsec)
                            '    (50 microsec corresponds to 20kHz)
enc_mode Con 2              ' 9600 baud mode for serial connection to the encoder IC

' Initialize I/O and variables
TRISB.6 = 0                 ' configure H-bridge DIR pin as an output
TRISB.7 = 0                 ' configure H-bridge PWM pin as an output
motion_dir = CW             ' starting motor direction: CW (forward)
motor_pos = 0               ' define the starting motor position as 0 degrees
motor_speed = 50            ' starting motor speed = 50% duty cycle
kp = 50                     ' starting proportional gain for position control
pwm_cycles = 20             ' starting # of PWM pulses sent during the
                            '    position control loop
Low motor_pwm               ' make sure the motor is off to begin with
Low enc_start               ' disable encoder reading to begin with
Gosub reset_encoder         ' reset the encoder counter

' Wait 1/2 second for the LCD to power up
Pause 500

' Wait for a keypad button to be pressed (i.e., polling loop)
Gosub main_menu             ' display the main menu on the LCD
main:
      Serin key_serial, key_mode, key_value
      If (key_value = key_1) Then
           Gosub reset_encoder
           Gosub position
      ElseIf (key_value = key_2) Then
           motor_speed = 50       ' initialize to 50% duty cycle
           Gosub speed
      ElseIf (key_value = key_3) Then
           Gosub adjust_gains
      EndIf
Goto main        ' continue polling keypad buttons

End ' end of main program
```

```
' Subroutine to display the main menu on the LCD
main_menu:
      Lcdout $FE, 1, "Main Menu:"
      Lcdout $FE, $C0, "1:pos. 2:speed 3:gain"
Return

' Subroutine to reset the motor encoder counter to 0
reset_encoder:
      Low enc_rst          ' reset the encoder counter
      High enc_rst         ' activiate the encoder counter
Return

' Suroutine for position control of the motor
position:
' Display the position control menu on the LCD
      Lcdout $FE, 1, "Position Menu:"
      Lcdout $FE, $C0, "1:0 2:45 3:90 4:180 #:<"

      ' Wait for a keypad button to be pressed
      Serin key_serial, key_mode, key_value

      ' Take the appropriate action based on the key pressed
      If (key_value == key_1) Then
          new_motor_pos = 0
      ElseIf (key_value == key_2) Then
          new_motor_pos = 45
      ElseIf (key_value == key_3) Then
          new_motor_pos = 90
      ElseIf (key_value == key_4) Then
          new_motor_pos = 180
      ElseIf (key_value == key_pound) Then
          Gosub main_menu
          Return
      Else
          Goto position
      EndIf

      ' Position control loop
      Do While (stop_button == 0)          ' until the stop button is pressed
          ' Get the encoder position (enc_pos)
          Gosub get_encoder

          ' Calculate the error signal magnitude and sign and set the motor direction
          ' Convert encoder pulses to degrees. The encoder outputs 1230 pulses
          ' per 360 degrees of rotation
          motor_pos = enc_pos * 36 / 123
          If (new_motor_pos >= motor_pos) Then
            error = new_motor_pos - motor_pos
            motor_dir = CW
          Else
            error = motor_pos - new_motor_pos
            motor_dir = CCW
          EndIf

          ' Set the PWM duty cycle based on the current error
          If (error > 20) Then             ' use maximum speed for large errors
          motor_speed = kp
          Else
              ' Perform proportional position control for smaller errors
              motor_speed = kp * error / 20
```

```
        EndIf

        ' Output a series of PWM pulses with the speed-determined duty cycle
        Gosub pwm_periods               ' calculate the on and off pulse widths
        For i = 1 to pwm_cycles
            Gosub pwm_pulse             ' output a full PWM pulse
        Next i

        ' Display current position and error on the LCD
        Lcdout $FE, 1, "pos:", DEC motor_pos, " error:", DEC error
        Lcdout $FE, $C0, "exit: stop button"
    Loop

Goto position          ' continue the polling loop
Return                 ' end of subroutine, not reached (see the #-key If above)

' Subroutine to get the encoder position (enc_pos) from the counter
get_encoder:

    ' Command the PIC16F84 to transmit the low byte
    High enc_start

    ' Receive the high byte
    SERIN enc_serial, enc_mode, enc_pos.HighBYTE

    ' Command the PIC16F84 to transmit the high byte
    Low enc_start

    ' Receive the low byte
    SERIN enc_serial, enc_mode, enc_pos.LowBYTE
Return

' Subroutine to calculate the PWM on and off pulse widths based on the desired
' motor speed (motor_speed)
pwm_periods:
    ' Be careful to avoid integer arithmetic and
    ' WORD overflow [max=65535] problems
    If (pwm_period >= 655) Then
        on_time = pwm_period/100 * motor_speed
        off_time = pwm_period/100 * (100-motor_speed)
    Else
        on_time = pwm_period*motor_speed / 100
        off_time = pwm_period*(100-motor_speed) / 100
    EndIf
Return

' Subroutine to output a full PWM pulse based on the data from pwm_periods
pwm_pulse:
    ' Send the ON pulse
    High motor_pwm
    Pauseus on_time
    ' Send the OFF pulse
    Low motor_pwm
    Pauseus off_time
Return

' Subroutine for speed control of the motor
speed:
    ' Display the speed control menu on the LCD
    Gosub speed_menu
```

```
        ' Wait for a keypad button to be pressed
        Serin key_serial, key_mode, key_value

        ' Take the appropriate action based on the key pressed
        If (key_value == key_1) Then
            ' Slow the speed by 10%
            If (motor_speed > 0) Then               ' don't let speed go negative
                motor_speed = motor_speed - 10
            EndIf
        ElseIf (key_value == key_2) Then
            ' Reverse the motor direction
            motion_dir = ~motion_dir
        ElseIf (key_value == key_3) Then
            ' Increase the speed by 10%
            If (motor_speed < 100) Then             ' don't let speed exceed 100
                motor_speed = motor_speed + 10
            EndIf
        ElseIf (key_value == key_pound) Then
            Gosub main_menu
            Return
        ElseIf (key_value == key_0) Then
            ' Run the motor until the stop button is pressed
            Gosub run_motor
        Else
            ' Wrong key pressed
            Goto speed
        EndIf

Goto speed       ' continue the polling loop
Return           ' end of subroutine, not reached (see the #-key If above)

' Subroutine to display the speed control menu on the LCD
speed_menu:
        Lcdout $FE, 1, "speed:", DEC motor_speed, " dir:", DEC motion_dir
        Lcdout $FE, $C0, "1:- 2:dir 3:+ 0:start #:<"
Return

' Subroutine to run the motor at the desired speed and direction until the
'    stop button is pressed. The duty cycle of the PWM signal is the
'    motor_speed percentage
run_motor:
        ' Display the current speed and direction
        Lcdout $FE, 1, "speed:", DEC motor_speed, " dir:", DEC motion_dir
        Lcdout $FE, $C0, "exit: stop button"

        ' Set the motor direction
        motor_dir = motion_dir

        ' Output the PWM signal
        Gosub pwm_periods                   ' calculate the on and off pulse widths

        Do While (stop_button == 0)         ' until the stop button is pressed
           Gosub pwm_pulse                  ' send out a full PWM pulse
        Loop

        ' Return to the speed menu
        Gosub speed_menu
Return

' Subroutine to wait for the stop button to be pressed and released
```

```
' (used during program debugging)
button_press:
      Do While (stop_button == 0) : Loop        ' wait for button press
      Pause 50                                  ' wait for switch bounce to settle
      Do While (stop_button == 1) : Loop        ' wait for button release
      Pause 50                                  ' wait for switch bounce to settle
Return

' Subroutine to allow the user to adjust the proportional and derivative
' gains used in position control mode
adjust_gains:
      ' Display the gain values and menu on the LCD
      Gosub gains_menu

      ' Wait for a keypad button to be pressed
      Serin key_serial, key_mode, key_value

      ' Take the appropriate action based on the key pressed
      If (key_value == key_1) Then
          ' Increase the proportional gain by 10%
          If (kp < 100) Then
              kp = kp + 10
          EndIf
      ElseIf (key_value == key_4) Then
          ' Decrease the proportional gain by 10%
          If (kp > 0) Then                  ' don't allow negative gain
              kp = kp - 10
          EndIf
      ElseIf (key_value == key_3) Then
          ' Increase the number of PWM cycles sent each position control loop
          pwm_cycles = pwm_cycles + 5
      ElseIf (key_value == key_6) Then
          ' Decrease the number of PWM cycles sent each position control loop
          If (kp > 5) Then                  ' maintain positive number of pulses
              pwm_cycles = pwm_cycles - 5
          EndIf
      ElseIf (key_value == key_pound) Then
          Gosub main_menu
          Return
      Else
          Goto adjust_gains
      EndIf

Goto adjust_gains          ' continue the polling loop
Return                     ' end of subroutine, not reached (see the #-key If above)

' Subroutine to display the position control gain, the number of PWM
' cycles/loop, and the adjustment menu on the LCD
gains_menu:
      Lcdout $FE, 1, "kp:", DEC kp, " PWM:", DEC pwm_cycles
      Lcdout $FE, $C0, "1:+P 4:-P 3:+C 6:-C #:<"
Return
```

slave PIC code:

```
' dc_enc.bas (PIC16F84 microcontroller)

' Design Example
' Position and Speed Control of a dc Servomotor.
```

```
' Slave program to send encoder data, upon request, to the a PIC16F88
' microcontroller running dc_motor.bas

' Define I/O pin names and constants
enc_start Var PORTA.0          ' signal line used to start encoder data transmission
enc_serial Var PORTA.1         ' serial line used to send encoder data to the 16F88
enc_sel Var PORTA.2            ' encoder data byte select (0:high 1:low)
enc_oe Var PORTA.3             ' encoder output enable latch signal (active low)
led Var PORTA.4                ' diagnostic LED (open drain output: 1:OC, 0:ground)
enc_mode Con 2                 ' 9600 baud mode for serial connection to encoder IC
blink_pause Con 200            ' 1/5 second (200 ms) pause between LED blinks

' Turn off the diagnostic LED
High led

' Wait to ensure the PIC16F88 is initialized
PAUSE 500

' Initialize I/O signals
High enc_oe                    ' disable encoder output
Low enc_sel                    ' select the encoder counter high byte initially
                               ' (to prevent transparent latch on low byte)

' Blink the LED to indicate proper operation
Gosub blink : Gosub blink : Gosub blink

' Main loop
start:
      ' Wait for the start signal from the PIC16F88 to go high
      Do While (enc_start == 0) : Loop

      ' Enable the encoder output (latch the counter values)
      Low enc_oe

      ' Send out the high byte of the counter
      SEROUT enc_serial, enc_mode, [PORTB]

      ' Wait for the start signal from the PIC16F88 to go low
      Do While (enc_start == 1) : Loop

      ' Send out the low byte of the counter
      High enc_sel
      SEROUT enc_serial, enc_mode, [PORTB]

      ' Disable the encoder output
      High enc_oe
      Low enc_sel
goto start     ' wait for next request

End            ' end of main program (not reached)

' Subroutine to blink the diagnostic LED on and back off again
blink:

      Low led
      Pause blink_pause
      High led
      Pause blink_pause

Return
```

수업토론주제 7.11 부논리 LED

종합설계예제 C.3에서 슬레이브 PIC 코드의 blink 서브루틴은 왜 부논리를 사용하였는가(즉, Low는 LED를 켜고, High는 LED를 끈다)?

7.12 실제적인 고려사항

실습문제

Lab 9 PIC 마이크로컨트롤러 프로그래밍—I부

Lab 10 PIC 마이크로컨트롤러 프로그래밍—II부

Lab 11 PIC를 이용한 펄스폭변조 모터 속도제어

인터넷 링크

7.24 PIC 프로그램 방법

이 장을 통해 마이크로컨트롤러 기반의 시스템을 어떻게 제어하고 설계하는지를 알았다. 일반적으로 '현실 세계'와 마찬가지로, 실제로 회로를 구축하고 소프트웨어를 구현한다고 해서 작업이 항상 완벽하게 작동되지는 않는다. 실습문제 Lab 9에서 Lab 11까지는 필수적으로 완성시키기 위한 일부 기술을 개발할 수 있는 경험을 제공한다. 복잡한 마이크로컨트롤러 기반 시스템 설계에서 제공할 수 있는 가장 좋은 조언은 7.11절에 소개된 순차 설계의 절차를 따르는 것이다. 이 절 또한 사용자가 사용하는 특정 개발 시스템에 대한 자세한 절차를 가지고 수행하는 데 도움을 준다. 인터넷 링크 7.24는 Microcode Studio와 microEngineering Lab사의 U2 programmer 또는 MPLAB과 Microchip사의 PicStart Plus programmer를 사용하여, PicBasic Pro로 프로그래밍된 Microchip PIC 마이크로컨트롤러를 작동시키는 데 필요한 절차를 자세히 제공한다. 7.7절에서 아두이노 프로토타입 보드와 프로그래밍 방법을 소개했다.

7.12.1 PIC 프로젝트 디버깅 절차

소프트웨어를 **디버깅**(debugging)하고 PIC 회로를 검사할 때 다음과 같은 체크리스트와 조언 항목은 도움이 될 수 있다.

1. 프로젝트에 대한 전체 코드를 작성하고 테스트하기 전에 항상 먼저 필요한 모든 구성요소와 배선이 PIC를 실행할 수 있도록 알맞은 위치에 있는지 확인하여 PIC에 아주 간단한 프로그램(즉, 7.5.1절의 flash.bas 프로그램)으로 시작한다.
2. PIC가 제대로 작동하는 것을 확인했으면, 일단 점차적으로 코드의 일부를 추가하여 한 번에 하나씩 기능적 구성요소를 테스트한다. 달리 이야기하면, 각 모듈에 독립적으로 소프트웨어를 작성하고 테스트한다(즉, 이것이 올바르게 작동할 것이라고 기대하면서 전체

프로그램을 한꺼번에 작성하지 말자는 것이다).

3. 실행 중일 때 프로그램 내의 상태 및 위치를 표시하는 LED를 사용하여 입력과 출력의 상태를 나타낸다.
4. PIC의 입출력핀의 특징을 정확하게 알고 있어야 한다. 7.9절을 참고하여 각각의 핀이 어떻게 다른 목적으로 사용되는지를 참고한다.
5. PicBasic Pro 명령은 프로세서 전체를 점유할 수도 있다는 것을 알아야 한다(일례로 한 라인에서 SOUND라는 명령어가 도달하지 않았거나 처리되지 않는 경우 그 명령어는 동작하지 않는다).
6. 만약 내부 발진기가 없는 PIC를 사용하는 경우(PIC16F84), 그 회로는 적당한 클록 크리스탈과 커패시터 소자를 구성해야 한다. 만일 내부 발진기가 있는 PIC를 사용한다면(PIC16F88), 내부 초기화 코드를 포함하는지를 확인한다(인터넷 링크 7.30의 PIC16F88용 코드 템플릿 참조).
7. PIC 코드를 다운로드할 때는 발진기, 타이머 그리고 선택된 핀 기능을 올바르게 정의할 수 있도록 신중하게 모든 비트 구조를 설정해야 한다. 이는 수동으로 PIC를 재설정하거나(인터넷 링크 7.24에 설명된 것처럼) 인터넷 링크 7.31에서 설명된 대로 코드 내에서 모든 설정을 정의할 수 있다.
8. 2.10.2절의 모델링 회로 권장사항을 모두 따른다.
9. 중요한 절차나 세부사항을 놓치는 것을 방지하기 위해 언제나 인터넷 링크 7.24의 PIC 프로그래밍 절차를 따른다.

인터넷 링크

7.24 PIC 프로그램 방법

7.30 PIC16F88 코드 템플릿

7.31 코드의 비트 구성 설정

7.32 과거 학생들에 의한 학습

더 많은 PIC 기반 시스템의 디버깅 정보는 인터넷 링크 7.32에서 확인할 수 있는데 이것은 과거 콜로라도주립대학의 메카트로닉스 수업을 수강한 많은 학생들에 의해 작성된 "lessons learned"의 요약본이다. 또한 부가적인 디버깅과 문제해결 방법은 일반적인 만능기판, 회로 및 프로토타입 제작 시의 주의점과 함께 2.10.2절에 나와 있다. 2.10.6절에는 전자파를 어떻게 제한하고 해결하는지, 7.12.4절에는 마이크로컨트롤러 프로젝트 설계 및 프로토타입 제작과 관련하여 나와 있다.

7.12.2 마이크로컨트롤러 프로젝트에 대한 전원 공급 옵션

PIC 및 기타 부수적인 디지털 집적회로에 필요한 DC 전원을 제공하는 방법에는 여러 가지가

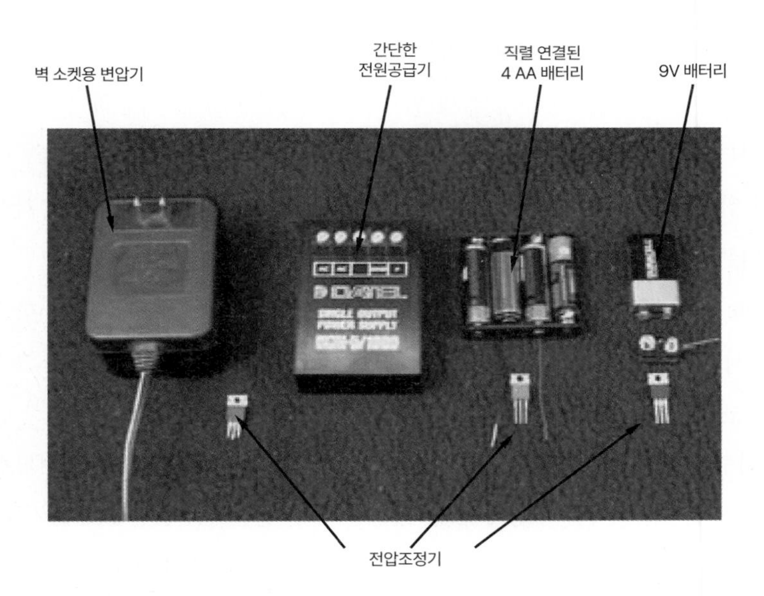

그림 7.22 저가용 전원 공급 장치
© David Alciatore

있다. 만약 구동 전압이 디지털 회로의 전압과 일치하면 현재 수요가 공급 용량을 초과하지 않은 경우 구동기는 같은 DC 공급 장치로서 구동될 수 있다. 여기서 정전압 DC 5 V가 요구되는 TTL 디지털 IC를 사용하는 것으로 가정한다. 만약 CMOS 레벨의 칩만 사용한다면 DC 전압의 제한은 좀 더 적어진다.

그림 7.22는 5 V 공급을 위한 몇 가지 저가격의 옵션을 나타낸다. 이들과 다른 옵션도 포함된다.

1. 5 V 레귤레이터로서 6 V, 9 V, 12 V 벽 소켓용 변압기(wall transformer)
2. AC 입력과 5 V 정전압 출력을 가지는 간단한(potted) 전원공급기
3. 5 V 레귤레이터를 위한 네 개의 직렬 연결된 AA 배터리(6 V)
4. 5 V 레귤레이터를 위한 9 V 배터리
5. 5 V 레귤레이터를 위한 재충전 가능한 배터리(또는 직렬 연결된 배터리)
6. 전 기능 계측용 전원 공급 장치

전원 공급에 대한 다른 대안으로서 컴퓨터 전원 공급 장치나 특히 큰 전류가 요구될 때는 대용량 배터리가 포함된다(차량용 납축전지).

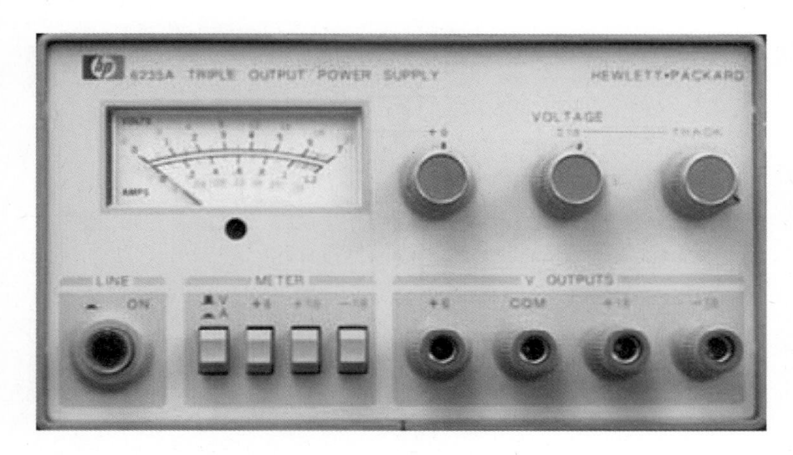

그림 7.23 전 기능 계측용 전원 공급기의 예
© David Alciatore

벽 소켓용 변압기(6 V, 9 V, 12 V)는 전류를 범위 한도까지 올려주며 반드시 출력전압을 제어하기 위해서는 5 V 레귤레이터가 사용되어야 한다. 벽 소켓용 변압기의 전류 한도를 초과하지 않기 위해(마진을 넉넉히 가지기 위해) 회로와 구동기의 최고 전류가 고려되어야 한다. 단순한 전원 공급 장치 또한 AC 입력과 정격 전류 범위 내에서 하나 이상의 정전압 출력을 제공한다. 5 V의 출력이 제공되면 레귤레이터는 필요치 않다. 네 개의 AA 배터리는 6 V가 5 V 레귤레이터로 출력되도록 직렬로 연결된다. 9 V 배터리 역시 5 V 레귤레이터와 연결될 수 있다. 배터리 사용은 휴대가 가능하다는 장점이 있지만 충분한 전류를 공급하지 못할 수도 있다. 7.12.3절은 더 많은 배터리 타입의 전원 공급 장치와 각각의 특징을 설명한다. 일반적으로 모터 또는 솔레노이드뿐만 아니라 대전류 LED 같은 구동기는 상당한 양의 전류를 요구한다. 따라서 사용자는 전원 공급이 충분한지 사용 전에 반드시 점검해야 한다(충분할 것이라고 단순하게 가정하면 안 된다). 반면에 디지털 회로의 경우는 적은 전류를 필요로 한다.

그림 7.23은 전 기능 계측기용 전원 공급기의 한 가지 예를 보여준다. 이 특수한 모델(HP6235A)은 세 개의 가변 출력전압을 제공하는 3중 출력 공급기로서 독립적으로 각각의 정격 전류를 가지고 있다. 전 기능 계측기용 전원 공급기는 손쉬운 솔루션을 제공하지만 비싸고 무거우며 휴대가 불가능하다.

5 V용 단순 전원 공급기와 조절 가능한 계측기용 전원 공급기를 제외하고 전압 레귤레이터는 출력전압을 5 V로 다운시키는 과정이 필요하다. 만일 전체 시스템이 CMOS라면 DC 전압 조정은 필요하지 않다. 표준 7805 5 V 정전압 레귤레이터와 그 사용방법이 그림 7.24에 설

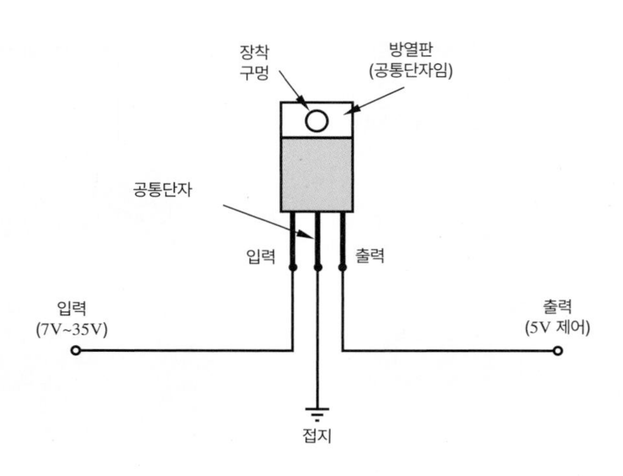

그림 7.24 7805 전압 레귤레이터의 연결

명되어 있다. 전원 공급기와 시스템 사이에 반드시 공통접지가 있어야 한다. 방열판에 장착 구멍이 쉽게 공통접지에 연결될 수 있게 되어 있다. 또한 전원 공급기 입력과 출력단에 감결합(decoupling) 커패시터 또는 바이패스 커패시터가 있어야 하는데, 용량값을 제작사들이 제공하는 예시 회로에서 추천하는 값으로 사용하여 전압 리플을 저감하고 더 안정된 출력전압을 유지해야 한다.

선형 전압 레귤레이터 사용 시 만약 입력에서 출력까지 전압강하가 크거나 상당한 전류가 흐르면, 레귤레이터에서 많은 전력이 소비되어 매우 고온이 될 수 있음을 주의해야 한다. 이때는 열을 방출하기 위한 방열판이나 방열판으로 부는 팬이 필요할 수 있다. 전압 레귤레이터가 너무 뜨거워지면 고장이 날 수 있다. 이러한 열 문제에 대응하는 방안은 전압원을 프로젝트 전압 요구사양에 가깝게 근접시킴으로써 전압 레귤레이터에서 많은 전압강하가 필요하지 않도록 하는 것이다. 더 좋은 방법은 다양한 전압 요구사항 각각에 적합한 전압원을 사용하는 것이다. 예를 들어, 디지털 회로에는 5 V에 가까운 전압원을 사용하고, 이와 다른 전압레벨을 요구하는 고전력 소자(예를 들어, 모터)에는 좀 더 정교하게 제어되는 전압원과 전압 레귤레이터를 사용한다. 또 다른 방법은, 전압을 더 효율적으로 낮출 수 있는 전압 레귤레이터 혹은 직류-직류 변환기(즉, '선형성'을 이용한 전압 레귤레이터 대신 '스위칭' 방식을 이용한 벅 변환기)를 사용하는 것이다. 비디오 데모 7.10과 7.11에서 이 주제를 잘 다루고 있다.

비디오 데모

7.10 스위치 모드 전원 공급기 튜토리얼: 직류-직류 벅 컨버터

7.11 벅 컨버터 대 선형 전압 조정기: 실제 비교

표 7.8에 각 전원 공급 장치의 전류 정격, 사이즈, 가격을 비교해 놓았다. 그림 7.25는 밀폐형 전원 공급기 사양서의 예이다. 설계에 있어 요구되는 파워를 선택할 때 사양 확인은 중요한 요

표 7.8 5 V 전원 공급기 옵션 요약

장비	전류 범위	크기	비용
실험용 전원	1 ~ 5 A	대	매우 비싸지만(~ $1,000) 다양한 기능
개방형 또는 밀폐형 소형 전원	1 ~ 10 A	중	약간 비쌈($20~100)
벽 소켓용 변압기	1 A	소	저렴
9 V 배터리	100 mA	소	저렴
4 AA 배터리	100 mA	소	저렴
2차 전지	7.12.3절 참조	소	중간

그림 7.25 밀폐형 전원 공급기 사양의 예

소이며 특히 전류정격이 중요하다(여기서는 2.5 A).

7.12.3 배터리 특성

이 절은 전원으로서 적절한 배터리 선택에 중요한 조건, 고려사항 및 규격의 일부를 설명한다. 배터리의 가장 중요한 특징은(정격 전압 외) **암페어-시 용량**(amp-hour capacity)이다. 이것은

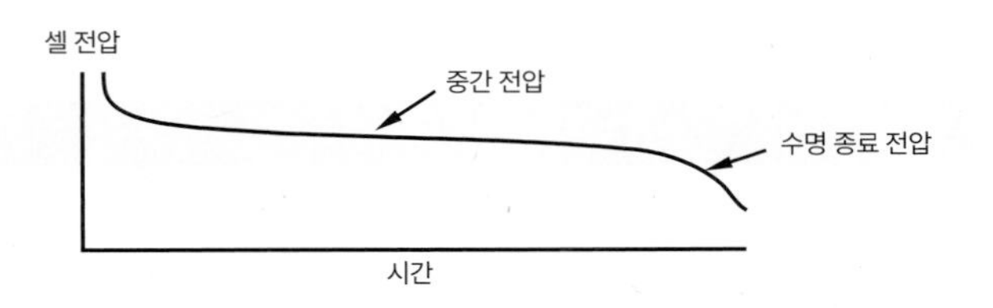

그림 7.26 배터리 방전 곡선의 예

배터리가 수명을 다하기 전 1시간 동안 제공할 수 있는 전류량으로 정의된다. 배터리가 보낼 수 있는 전류는 배터리 **등가 직렬 저항**(equivalent series resistance)으로 제한되고 이 등가 직렬 저항은 '이상적인 전압원'과 함께 직렬로 구성된다. 부하 전류와 등가 직렬 저항의 곱은 전압 강하가 되고 이것은 배터리 유효전압을 떨어뜨린다. 게다가 내부 저항으로 생긴 전력 손실은 높은 전류에서 상당한 열 발생을 초래할 수도 있다.

배터리는 **셀**(cell)과 전압과 전류를 공급하기 위한 전기적 회로로 구성되어 있다. 셀은 큰 전류와 높은 전압을 위해 직렬과 병렬이 결합되어 있는 구조로 연결되어 있으며 셀 전압은 화학적 성분 차이에 따라 배터리 타입마다 각각 다르다. **1차 셀 배터리**(primary cell batteries)는 재충전이 불가하고 1번만 사용할 수 있다. 자주 사용하지 않는 장치나 매우 낮은 드레인 전류를 사용하는 경우는 1차 전지를 사용하는 것이 알맞다. **2차 셀 배터리**(secondary cell batteries)는 재충전할 수 있으므로 재사용이 가능하다. 매일 사용하는 장치나 높은 드레인 전류를 사용하는 소자에 알맞다.

배터리 방전 곡선(battery discharge curve)은 출력전압의 안정도를 판별하는 데 중요하다. 그림 7.26은 일반적인 배터리 방전 그래프이다. 실제적으로는 긴 수명을 나타내는 넓은 수평 특성을 요구한다.

다음은 설계자가 메카트로닉 설계를 위한 에너지원을 선택할 경우 반드시 고려해야 하는 요소이다.

- 부하에서 요구되는 전압
- 부하에서 요구되는 전류
- 시스템 듀티사이클
- 가격
- 크기와 무게(특정한 에너지)

■ 재충전 능력의 요구

표 7.9에서처럼 셀의 화학적 성질은 개방 회로 전압을 결정한다. 여러 개의 셀이 직렬 혹은 병렬로 연결된 채 팩으로 구성되어 다양한 전압이나 전류정격을 제공한다. 직렬로 연결하면 높은 전압이 발생하고, 병렬로 연결하면 전류정격을 높일 수 있다. 병렬 연결 시 좋은 성능을 위해서는 셀 전압이 일치되면서 이 상태를 유지할 수 있어야 한다.

표 7.9 각종 배터리의 특성

종류	개방전압	분류	일반적인 암페어-시 용량	내부저항(Ω)
9 V (대형 건전지)	9 V	일차전지	0.30 @ 1 mA 0.15 @ 10 mA	35
9 V 알카라인	9 V	일차전지	0.60 @ 25 mA	2
9 V 리튬	9 V	일차전지	1.0 @ 25 mA	18
알카라인 D	1.5 V	일차전지	17.1 @ 25 mA 0.95 @ 80 mA	0.1
알카라인 C	1.5 V	일차전지	7.9 @ 25 mA	0.2
알카라인 AA	1.5 V	일차전지	2.7 @ 25 mA	0.4
알카라인 AAA	1.5 V	일차전지	1.2 @ 25 mA	0.6
BR-C 리튬 다공성 마이크로섬유	3 V	일차전지	5.0 @ 5 mA	
CR-V3 리튬망간	3 V	일차전지	3.0 @ 100 mA	
니켈카드뮴 D	1.3 V	이차전지	4.0 @ 800 mA 3.5 @ 4 A	0.009
니켈카드뮴 9 V	8.1 V	이차전지	0.1 @ 10 mA	0.84
납축전지 D	2.0 V	이차전지	2.5 @ 25 mA 2.0 @ 1 A	0.006
니켈메탈하이드라이드 AAA	1.2 V	이차전지	0.55 @ 200 mA	
니켈메탈하이드라이드 AA	1.2 V	이차전지	1.3 @ 200 mA	
니켈메탈하이드라이드 C	1.2 V	이차전지	3.5 @ 200 mA	
니켈메탈하이드라이드 D	1.2 V	이차전지	7.0 @ 200 mA	
니켈메탈하이드라이드 9 V	8.4 V	이차전지	0.13 @ 200 mA	
ML2430 리튬망간	3 V	이차전지	0.12 @ 300 mA	
리튬이온	3.6 V	이차전지	0.76 @ 200 mA	

높은 피크 전류가 요구되는 장치는 납축전지와 니켈카드뮴(NiCd) 전지가 알맞다. 만약 긴 충전 시간이 요구되는 장치에는 알카라인 배터리가 적당하다. 배터리는 메카트로닉스 시스템 설계에서 가장 무거운 부분이 될 수 있으므로, 매우 가벼운 리튬이온이나 리튬폴리머 전지가 매우 적당하기 때문이다. 리튬 전지는 모든 종류의 배터리 중에서 단위 무게당, 단위 부피당 가장 높은 에너지를 제공한다.

대부분의 재충전 가능한 배터리는 수백 번 이상의 충/방전 사이클에서도 잘 작동한다. 이것은 1차 전지에 비해 가격이 상당히 고가이다. 니켈-메탈-하이드라이드(NiMH) 배터리는 최고의 성능을 위해서는 충전하기 전에는 완전 방전이 되어야 한다. 니켈카드뮴 배터리는 'memory' 작용의 영향을 받을 수 있는데 이것은 시간이 지날수록 배터리 용량을 줄어들게 한다. 이는 배터리가 단지 일부분만 방전하고 다시 완충되는 과정이 반복됨으로써 야기되는 현상이다.

종종 최상의 배터리 성능을 위해서는 자주 완전 방전시켜야 한다. 배터리에 대한 더 좋은 자료는 인터넷 링크 7.33, 7.34에서 구할 수 있다. 또한 인터넷 링크 7.35는 배터리를 효율적으로 사용하는 데 유용한 정보를 제공한다.

인터넷 링크

7.33 배터리 대학

7.34 배터리 정보 제공 페이지

7.35 배터리와 전력 시스템에 관련된 모든 회로

배터리를 대신하는 에너지 저장장치로서 **슈퍼커패시터**(supercapacitor) 또는 **울트라커패시터**(ultracapacitor)가 있는데, 배터리처럼 화학적인 방식 대신에 전기장을 이용하여 에너지를 저장한다. 일반적인 슈퍼커패시터는 유사한 크기의 배터리만큼의 에너지를 저장할 수는 없지만, 넓은 온도범위에서 효율적으로 동작할 수 있는 장점이 있다. 또한 일반 배터리보다 자가방전율이 훨씬 높음에도 불구하고(즉, 미사용 시 에너지가 더 빨리 소모됨) 슈퍼커패시터는 훨씬 더 긴 충/방전 사이클 동안 성능을 유지할 수 있다. 슈퍼커패시터는 일반적으로 큰 전력용량을 가지고 있어서 커패시터 전하가 변할 때 전압이 가변되지만, 높은 전류를 받거나 공급할 수 있다. 이러한 특징은 어느 정도 조절될 수 있지만 제한사항으로서 작용하고, 저장된 에너지의 일부분은 사용될 수 없다. 슈퍼커패시터는 배터리와 달리 중금속을 포함하지 않으므로 가격적으로 유리하고, 환경친화적인 해결책이 된다. 배터리가 높은 에너지 용량을 가지는 것에 반해 슈퍼커패시터는 높은 전력용량을 가지기 때문에, 두 가지 특성을 모두 요하는 전기자동차 응용에서는 두 기술을 혼합하는 것이 적절할 수 있다. 배터리는 큰 에너지 용량을 제공하므로 장시간 동작이 가능하고(즉, 엔진이 동작하지 않을 때 헤드라이트나 액세서리에 전력을 공급하고, 장시간 가동 중지 후 엔진 시동을 위한 충분한 에너지를 저장), 슈퍼커패시터는 필요시 순간적으로 높은 첨두 전류를 제공하거나 이를 향상시킬 수 있다(시동, 빠른 가속, 회생 제동 등).

7.12.4 프로젝트 시제품 및 설계에 대한 기타 고려사항

기본적인 시제품 회로의 조립 및 문제해결을 위한 조언에 대해서는 2.10.2절을 참고하라. 전자파 문제를 제한하고 해결하는 방법은 2.10.6절에 나와 있다. PIC 마이크로컨트롤러의 디버깅 회로에 관한 조언은 7.12.1절에서 얻을 수 있다. 시제품을 제작하고 설계하는 데 유용한 또 다른 제안이 있다.

- IC를 주문할 때 DIP(dual in-line packages)인지 PDIP(plastic dual in-line package)인지, 또는 SOIC(small-outline integrated circuit)가 아닌지, 축소형 표면실장 패키지(즉, SSOP)가 아닌지를 확실히 해야 한다. DIP칩은 브레드보드나 견본기판에 적용하기에 좋으며 표면 실장 IC는 PCB나 특별한 납땜 장치를 요구한다.
- 전원 공급 장치가 전체 설계된 회로에 충분한 전류를 공급할 수 있는지 확인해야 한다. 만일 필요하다면, 신호와 전력 회로용 전원 공급 장치는 분리하여 사용한다.
- 브레드보드의 사용은 신뢰가 다소 떨어지므로 주의 깊게 사용해야 하며 기판이 회로 내에서 커패시턴스로 작용할 수도 있다. 하드웨어의 직접 결선과 납땜용 범용기판 또는 PCB의 신뢰가 더 좋다(더 많은 정보는 2.10.4절 참조). 시제품을 납땜하기 위해서는 모든 IC의 소켓을 사용하고, 납땜 동안에 손상을 가하지 말고 IC의 교체를 용이하게 한다. 만일 브레드보드로 작업을 한다면 납땜기판을 위해 이중으로 부품(가능한 경우라면)을 사용하기를 권한다(즉, 기판 납땜 시 잘못되거나 손상을 입은 경우가 아니면 시제품 작업에서 부품을 분해해서는 안 된다).
- 내부 커패시터(예: 배터리, 벽면 변압기, 고정 전압원)를 사용하지 않았다면, 출력 전류 스파이크 동안 전압 스윙을 최소화하기 위해서는 전원선에서 메인파 워선과 접지선에 스토리지 커패시터를 사용한다(예: 10~100 μf 탄탈 혹은 알루미늄 전해 타입). 또한 각 IC칩이 전압 및 전류 스파이크를 흡수하도록 하기 위해 전원선과 접지선에 '바이패스'나 '감결합(decoupling)' 커패시터를 사용한다(예: 0.1 μf 세라믹 타입). 또한 정류에 의한 전압 및 전류 스파이크의 영향을 감소시키기 위해 직류 모터의 리드선 양단에 바이패스 커패시터나 필터 커패시터를 사용한다(10.4절 참조).
- 접지와 전자기 간섭을 고려한다(EMI). 2.10.6절에서 다양한 EMI를 감소시키는 방법을 제시했다. 특별히 광격리기(optoisolator)를 사용하거나 단일점 접지, 접지 패널, 동축 또는 트위스트 쌍 케이블(twisted pair cables), 감결합 커패시터를 쓰는 방법이 있다.

- IC칩의 플로팅을 금지한다(특히 CMOS 소자). 즉 모든 핀을 신호 또는 전원 또는 접지에 연결해야 된다. 일례로 플로팅되어 있는 마이크로컨트롤러의 리셋핀은 그 자체만으로도 리셋이 될 수 있다. 즉 핀 상태가 불확실하도록 플로팅해서는 안 되며 액티브 high 동작이나 low 동작을 위해서는 반드시 5 V나 접지에 연결해야 한다.
- 디지털 회로에서 스위칭 바운스(bounce)될 가능성을 인식하고 이를 제거하기 위해 디바운스(debounce) 회로를 사용하거나 소프트웨어를 사용하여 제거해야 한다(6.10.1절 참조).
- 모터, 솔레노이드, 또는 스위칭 장치를 적용하는 큰 인덕턴스 장치에는 플라이백 다이오드를 사용한다(3.3절 참조).
- 큰 출력 전류가 요구되는 디지털 출력에서는 버퍼나 라인 드라이버 그리고 인버터를 사용한다.
- 잡음이 가미된 모든 디지털 입력에는 Schmitt 트리거(6.12.2절 참조)를 사용한다(예: 홀 효과 근접 센서나 포토 인터럽트).
- 바이어스의 곤란함과 에미터 부궤환을 피하기 위해(3.4.2절 참조) 트랜지스터를 공통에미터 회로로 구성한다(즉 부하를 트랜지스터 상부에 연결한다).
- 디지털 IC(예: PIC16F84에 RA4핀)의 오픈 컬렉터나 오픈 드레인 출력 장치는 신중하게 다룬다(6.11.2절 참조).
- 가역 DC모터의 경우, 직접 회로를 구성하는 대신에 상용 H-브리지 드라이버 재고품을 사용한다. 더 많은 정보는 10.5.3절에 있다.

프로젝트 계획과 설계를 위한 기타 조언은 11.4절을 보라. 마이크로컨트롤러에 기반한 프로젝트를 수행하는 학생들에게 도움이 될 만한 많은 사례와 온라인 자료들이 나와 있다.

QUESTIONS AND EXERCISES 연습문제

7.4절 PIC 프로그래밍

7.1. 수업토론주제 7.2에 대한 전 과정의 완전한 해답을 작성하라.

7.5절 PicBasic Pro

7.2. LED가 0.5 Hz로 점멸하는 어셈블리어 프로그램을 작성하라. 이 프로그램을 적용할 회로의 회로도를 그려라.

7.3. 푸시 버튼을 누르는 동안 LED가 1 Hz로 점멸하는 PicBasic Pro 프로그램을 작성하라. 이 프로그램을 적용할 회로의 회로도를 그려라.

7.4. PicBasic Pro의 Pot 명령과 기능적으로 동등한 PicBasic Pro 프로그램을 작성하라(수업토론주제 7.8 참조).

7.5. RB0핀에 소프트웨어 디바운스 기능을 부여하는 PicBasic Pro 서브루틴을 작성하라(수업토론주제 7.9 참조). 푸시 버튼은 스위치가 눌러졌다가 떼어질 때를 기다리는 형태이며, 스위치바운스는 무시한다.

7.6. 6장의 설계예제 6.1의 기능을 구현하기 위한 PicBasic Pro 프로그램을 작성하라.

7.7. 대부분의 마이크로컨트롤러는 D/A 변환기를 가지고 있지 않지만 단일 디지털 I/O핀으로 정도가 낮은 형태로 구현할 수 있다. RC회로에 가변 펄스폭의 출력을 내보냄으로써 이 기능을 낼 수가 있다. 더 많은 정보는 PicBasic Pro 컴파일러 메뉴얼에서 PWM문에 대한 문서를 참조하라. RA0핀을 사용하여 0 5 V의 일정한 전압을 출력하는 PicBasic Pro 서브루틴을 작성하라. 이 전압은 0 255까지의 digital_value라는 변수에 비례하여 설정되고 대략 설정 전압을 1초 정도 유지하도록 작성한다.

7.8. 예제 7.5의 보안 시스템에 대해, 만약 알람의 작동을 해지시킨 뒤 도둑이 열려진 문이나 창문을 닫는다면 어떤 일이 일어날지 설명하라. 연관된 모든 동작 상태를 고려하라. 어떻게 하면 설계가 감지되는 한계를 극복할 수 있도록 향상시킬 수 있는가?

7.6절 인터럽트 사용

7.9. 예제 7.9에서 제시한 보안 시스템에 인터럽트 방식을 채용한 PicBasic Pro 프로그램을 작성하라.

7.7절 아두이노 플랫폼

7.10. 설계예제 7.2의 PicBasic Pro를 위한 아두이노 C 프로그램을 작성하라.

7.11. 연습문제 7.13의 질문을 위한 아두이노 C 프로그램을 작성하라.

7.12. 연습문제 7.14의 질문을 위한 아두이노 C프로그램을 작성하라.

7.8절 주요 PIC 주변장치와의 인터페이스

7.13. 전위차계의 값을 % 단위로 LCD에 디스플레이하는 PicBasic Pro 프로그램을 작성하라. 단, 표시 메시지는 X를 0에서 100까지의 전위차례값이라 할 때 pot value = X% 형식으로 표시한다. 이 프로그램을 적용할 회로의 회로도를 그려라.

7.14. 사용자가 숫자 키패드로 여러 자리(최대 5자리)의 수를 입력할 수 있는 PicBasic Pro 프로그램을 작성하라. #키를 엔터키로 사용하고 숫자 입력이 완료되면 2줄의 LCD에 표시된다. 첫 번째 숫자는 첫 줄에 나타나고 두 번째 숫자는 두 번째 줄에 표시되며, 그다음 숫자를 입력하면 그 전의 숫자는 첫째 줄로 이동하게 된다. 이 프로그램을 적용할 회로의 회로도를 그려라.

7.15. 그림 7.14에서 왜 1 k 저항이 5 V에서 RA4로 접속되었는지 그 이유를 설명하라. 이 인터페이스가 LCD의 V_{ee}핀에 RA4가 직접 연결되는 것과는 어떻게 다른가(저항이 없거나 5 V 연결)?

7.11절 마이크로컨트롤러 기반 시스템의 설계 방법

7.16. 연습문제 6.47에서 언급된 문제를 풀기 위해 7.9절에 나온 절차를 적용하라. 상세하게 모든 절차를 수행하라. 소프트웨어상에서 가능한 한 많은 일을 처리하라(즉 플립플롭을 사용하는 대신에).

7.17. 연습문제 6.61의 변경된 조건으로 연습문제 7.15를 풀어라.

7.18. PIC16F84와 두 개의 7447 디스플레이 디코더(설계예제 7.1 참조)를 사용하여 세 개의 버튼 스위치로 조정되는 2자리 카운터 프로그램을 PicBasic Pro로 작성하라. 세 개의 버튼 중 하나는 리셋이고 또 하나는 값을 1씩 증가시키고 나머지 하나는 1씩 감소시킨다. 카운트가 10보다 작다면 첫 번째 디지트는 깜박거리게 된다. 값이 증가하여 99가 넘으면 다시 0이 되고 0 이하로 감소되는 것은 허용하지 않는다. 각 키에 대해 디바운스를 고려하여 여러 번 눌리는 일이 없도록 유의한다. 7.9절의 설계과정을 사용하여 설계하고

각 단계의 결과를 작성하라.

7.19. Microchip사의 웹사이트를 방문하여 최소한 디지털 I/O의 16라인과 2개의 A/D 변환기를 갖는 DIP 패키지로 사용 가능한 플래시 메모리 PIC 마이크로컨트롤러를 선정하라. 이 요구조건에 맞는 가장 저렴한 모델을 선택하고, 적정 가격과 I/O핀의 개수, A/D 변환기의 개수(그들의 분해능력에 따라), 패키지상의 전체 핀의 개수를 목록으로 작성하라.

7.20. 종합설계예제 A의 모든 기능을 나타내는 상세한 흐름도를 작성하라.

7.21. 종합설계예제 B에 대한 메인 프로그램(상세 서브루틴은 불포함)의 기능을 나타내는 흐름도를 작성하라.

7.22. 종합설계예제 B에서 move 서브루틴의 모든 기능을 나타내는 상세한 흐름도를 작성하라. move_steps와 step_motor 서브루틴에 대한 상세 사항을 포함하라.

7.23. 종합설계예제 B에서 speed 서브루틴의 모든 기능을 나타내는 자세한 흐름도를 작성하라. get_AD_value 서브루틴에 대한 상세한 사항을 포함하라.

7.24. 종합설계예제 C에서 position 서브루틴의 모든 기능을 나타내는 상세 흐름도를 작성하라. get-encounter 서브루틴에 대한 세부 사항도 포함하라.

7.25. 종합설계예제 C에서 slave PIC 코드의 모든 기능을 나타내는 상세 흐름도를 작성하라.

참고문헌 BIBLIOGRAPHY

Arduino website, www.arduino.cc, 2016.

Blum, J., *Exploring Arduino*, Wiley, Indianapolis, IN, 2013.

Gibson, G. and Liu, Y., *Microcomputers for Engineers and Scientists*, Prentice Hall, Englewood Cliffs, NJ, 1980.

Herschede, R., "Microcontroller Foundations for Mechatronics Students," master's thesis, Colorado State University, summer 1999.

Horowitz, P. and Hill, W., *The Art of Electronics*, 3rd Edition, Cambridge University Press, New York, 2015.

Microchip Technology, Inc., www.microchip.com, 2016.

Microchip Technology, Inc., *PIC16F8X Data Sheet*, Chandler, AZ, 1998.

Microchip Technology, Inc., *MPASM User's Guide*, Chandler, AZ, 1999.

Microchip Technology, Inc., *MPLAB User's Guide*, Chandler, AZ, 2000.

microEngineering Labs, Inc., www.melabs.com, 2016.

microEngineering Labs, Inc., *PicBasic Pro Compiler*, Colorado Springs, CO, 2013.

Motorola Technical Summary, "MC68HC11EA9/MC68HC711EA9 8-bit Microcontrollers," document number MC68HC11EA9TS/D, Motorola Advanced Microcontroller Division, Austin, TX, 1994.

Peatman, J., *Design with Microcontrollers*, McGraw-Hill, New York, 1988.

Predko, M., *Programming and Customizing PICmicro Microcontrollers*, 3rd Edition, McGraw-Hill, New York, 2007.

Stiffler, A., *Design with Microprocessors for Mechanical Engineers*, McGraw-Hill, New York, 1992.

Texas Instruments, *TTL Linear Data Book, Dallas*, TX, 1992.

Texas Instruments, *TTL Logic Data Book, Dallas*, TX, 1988.

8 CHAPTER

데이터수집

Data Acquisition

이 장은 아날로그신호와 디지털신호 사이의 변환에 관련된 개념을 소개한다. 이것은 메카트로닉스 시스템에서 디지털회로나 장치를 아날로그 부품과 연결할 때 중요하다. 또한 National Instruments사의 LabVIEW 소프트웨어와 함께 가상계기장치의 개념을 소개한다. ■

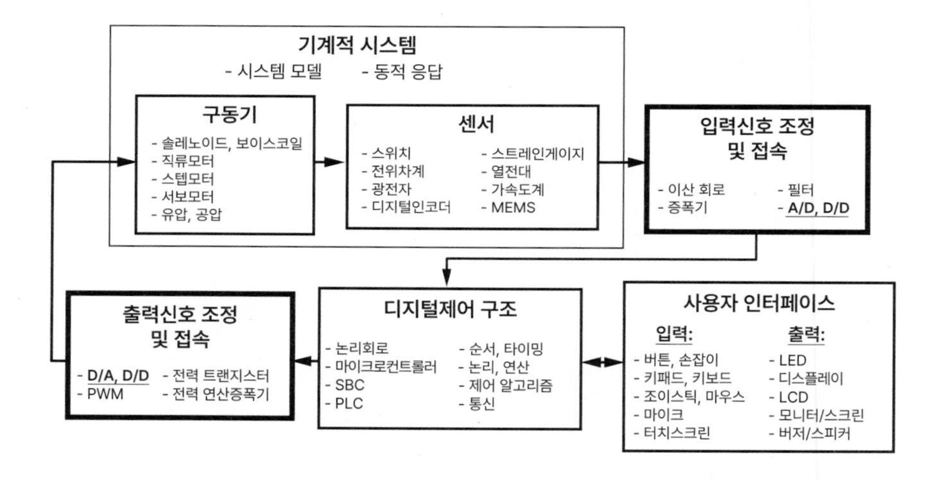

목적 · CHAPTER OBJECTIVES

이 장을 읽고, 공부하고, 논의하고, 아이디어를 적용하면 다음을 할 수 있다.

1. 디지털 처리를 위해 어떻게 신호를 샘플링하는지 이해한다.

저자들은 이 장을 편집하는 데 자료협조 및 지원을 아끼지 않은 National Instruments사(Austin TX)의 Jim Cahow에게 감사드린다.

2. 디지털화된 데이터를 어떻게 부호화하는지 이해한다.
3. A/D 변환기의 중요 요소를 안다.
4. 어떻게 A/D와 D/A 변환기가 작동하는지 이해하고 그 한계를 인식한다.
5. 데이터수집과 제어를 위해 상용화된 유용한 하드웨어와 소프트웨어 도구를 파악한다.
6. LabVIEW 프로그래밍과 데이터수집의 기초를 이해한다.
7. 샘플링률의 영향과 음악 샘플링에 관한 분해능을 이해한다.

8.1 서론

마이크로프로세서, 마이크로컨트롤러, 단일기판 컴퓨터(single board computer), 개인용 컴퓨터는 오늘날 메카트로닉스와 계측시스템에 광범위하게 쓰이고 있다. 그리고 공학자들이 이런 장치를 이용하여 주위 환경으로부터 적절한 정보와 아날로그데이터를 어떻게 직접 얻을 수 있는가를 이해하는 것의 중요성이 점점 더 커지고 있다. 예를 들면 그림 8.1에 보이는 센서에서 발생하는 아날로그신호를 생각해 보자. 종이 위에 물리적 방법으로 신호를 그리는 차트기록기(chart recorder)와 같은 아날로그 장치로 신호를 기록할 수 있다. 또는 오실로스코프에 신호를 나타낼 수 있다. 다른 방법은 마이크로프로세서나 컴퓨터를 이용하여 데이터를 저장하는 것이다. 이 과정을 컴퓨터 **데이터수집**(data acquisition)이라 부른다. 그리고 이것은 데이터를 매우 간단하게 저장할 수 있게 해주며(자기, 광학, 플래시 미디어 대 긴 종이뭉치를 비교해 보라), 데이터의 정확도를 증가시키고, 실시간 제어시스템에 쓸 수 있도록 해주며, 사건이 발생하고 아주 오랜 후에도 데이터를 처리할 수 있도록 해준다.

아날로그데이터를 디지털회로나 마이크로프로세서로 입력하기 위해서는 아날로그데이터를

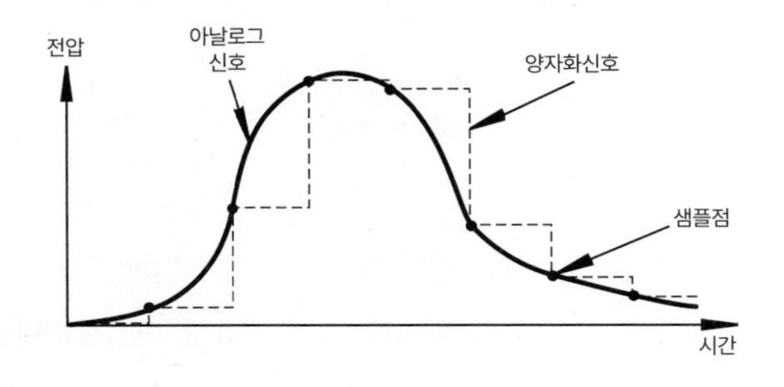

그림 8.1 아날로그신호와 샘플링된 값

디지털 처리장치에서 호환 가능한 값으로 변경해야 한다. 그 첫 번째 순서는 어느 특정 시점에서 신호를 이산화(discrete)된 값으로 평가하는 것이다. 이 과정을 **샘플링**(sampling)이라 부른다. 그리고 그 결과는 그림 8.1에 나타낸 것과 같이 각 샘플에 대응하는 이산값(discrete value)으로 이루어진 **양자화신호**(digitized signal)이다. 그래서 양자화신호는 아날로그신호의 근삿값의 배열이다. 샘플링이 일관되고 미리 정해진 샘플링간격에 따라 이루어지면 각 샘플이 일어나는 시간을 따로 기록할 필요가 없다. 샘플링된 데이터의 집합은 데이터 배열(연속되는 수)을 이룬다. 그리고 이들은 더 이상 연속적이지는 않지만 원래의 아날로그신호를 정확히 표현할 수 있다.

중요한 질문은 정확한 표현을 얻기 위해 신호를 얼마나 빨리 또는 얼마나 자주 샘플링해야 하느냐이다. 경험이 부족한 사람의 대답은 "될 수 있는 한 빨리"일 것이다. 이 대답의 문제점은 특별히 제작된 고속 하드웨어가 필요하다는 것과 데이터를 저장하기 위한 대용량의 컴퓨터 기억장치가 필요하다는 것이다. 좀 더 나은 대답은 신호의 주요 정보를 잃지 않는 범위 내에서 주어진 문제에 적합한 최소의 샘플링률을 선택하는 것이다.

샘플링 정리(sampling theorem) 또는 **Shannon의 샘플링 정리**(Shannon's sampling theorem)라 불리는 이론에 의하면, 신호에 포함된 모든 주파수 성분을 얻기 위해서는 신호에 있는 최대 주파수 성분의 최소 두 배 이상의 속도로 신호를 샘플링해야 한다. 즉, 아날로그신호를 충실히 표현하려면 디지털 샘플은 다음의 주파수 f_s로 수집되어야 한다.

$$f_s > 2f_{\max} \tag{8.1}$$

여기서 $f_{\max}$는 아날로그 입력신호에 있는 가장 큰 주파수 성분의 주파수이다. f_s는 **샘플링률**(sampling rate)이라 하며 최소로 필요한 샘플링률($2f_{\max}$)을 **Nyquist률**(Nyquist rate)이라 한다. 적당한 항까지 전개되는 Fourier 급수를 이용하여 신호를 근사화했다면, 최대 주파수 성분은 최고 조화(harmonic) 주파수가 된다. 디지털 샘플의 시간 간격은 다음과 같다.

$$\Delta t = 1/f_s \tag{8.2}$$

예를 들면 샘플링률이 5,000 Hz이면 샘플 간의 시간 간격은 0.2 ms이다.

만약에 신호를 최대 주파수 성분의 두 배보다 작게 샘플링하면 **엘리어싱**(aliasing)이 발생한다. 그림 8.2는 규칙적으로 샘플링된 아날로그 사인파를 보여준다. 원래 신호의 10주기 동

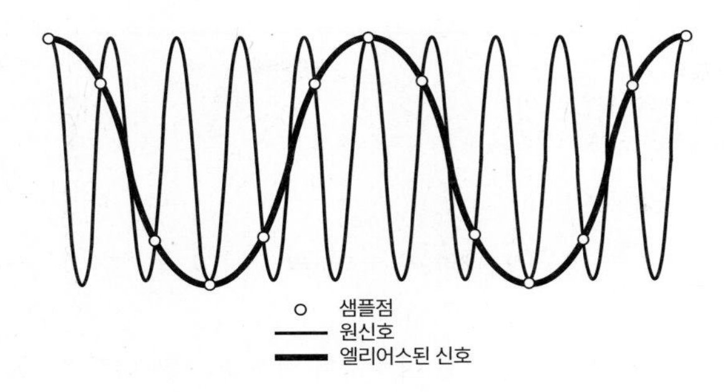

그림 8.2 엘리어싱

안 12개의 샘플이 얻어졌다. 그러므로 샘플링 주파수는 $1.2f_0$이다. 여기서 f_0는 원래 신호의 주파수이다. 샘플링 주파수가 $2f_0$보다 크지 않기 때문에 원래 신호의 주파수를 정확히 얻을 수 없다. 더구나 샘플링된 신호의 외견상의 주파수는 그림처럼 $0.2f_0$로 보인다(10개의 원신호의 사이클 동안 두 개의 엘리어스된 신호의 사이클이 보임). 이것을 '착시(phantom)' 주파수로 생각할 수 있지만 이것은 원신호의 실제 주파수의 엘리어스(alias)이다. 그러므로 언더샘플링(undersampling)은 오차를 유발할 뿐만 아니라 가상의 정보를 만들어낸다! 비디오 데모 8.1은 사인파에 적용된 샘플링률, Nyquist률 그리고 엘리어싱의 개념을 보여준다. 비디오 데모 8.2는 엘리어싱의 흥미로운 시각적인 예를 제공한다.

비디오 데모

8.1 샘플링률, Nyquist률 그리고 엘리어싱

8.2 소리굽쇠(tuning fork)의 초저속운동의 비디오 엘리어싱

4장에 소개된 Fourier 분할법(Fourier decomposition method)은 임의의 아날로그신호의 주파수 성분을 구하는 수단이다. 주파수 성분으로서 신호를 표시하면 대역폭을 쉽게 알 수 있고 샘플링 정리를 올바로 적용할 수 있다.

수업토론주제 8.1 마차 바퀴와 샘플링 정리

샘플링 정리와 그에 대한 영향을 서부 영화에서 달리는 마차의 회전하고 있는 바퀴를 촬영한 옳은 데이터 장면과 옳지 않은 데이터 장면과 연관 지어 생각해 보자. 카메라의 셔터는 셔터 속도가 샘플링률인 샘플링 장치로 간주될 수 있다. 일반적으로 샘플링률은 사람의 눈에 깜빡거림 없는 영상을 제공하기 위해 30 Hz를 쓰고 있다. 영화에서 빠르게 회전하고 있는 마차 바퀴를 보고 있다면 어떻게 보이겠는지 생각해 보고 그 이유를 토론해 보자.

예제 8.1 **샘플링 정리와 엘리어싱**

다음의 함수를 고려해 보자.

$$F(t) = \sin(at) + \sin(bt)$$

두 정현함수의 합에 관한 삼각함수의 정리를 이용하여 함수 $F(t)$를 다음과 같이 곱의 형태로 다시 쓸 수 있다.

$$F(t) = \left[2\cos\left(\frac{a-b}{2}t\right)\right] \cdot \sin\left(\frac{a+b}{2}t\right)$$

인터넷 링크

8.1 맥놀이주파수

비디오 데모

8.3 유사한 주파수 신호를 섞은 맥놀이 주파수

만약 주파수 크기 a와 b가 비슷하면 [ ] 안에 든 항은 오른쪽 항에 비해 아주 작은 주파수를 갖는다. 그러므로 [ ] 부분의 항은 더 큰 주파수를 갖는 정현파의 크기를 변조한다. 그 결과로 생긴 파는 주파수가 비슷한 두 파가 더해질 때 광학, 역학, 음향학에서 일반적으로 일컬어지는 **맥놀이 주파수**(beat frequency)이다. 맥놀이주파수의 더 많은 정보와 오디오 예는 인터넷 링크 8.1과 비디오 데모 8.3을 참조하라.

부적절한 샘플링에 의한 엘리어싱을 보여주기 위해, 파형이 서로 다른 두 개의 주파수로 샘플링된 파형이 다음 그림과 같이 주어져 있다. a와 b를 다음과 같이 선택했다고 가정하자.

$$a = 1\ \text{Hz} = 2\pi\frac{\text{rad}}{\text{sec}} \qquad b = 0.9a$$

$F(t)$를 적절하게 샘플하려면 샘플링률은 신호에서 가장 큰 주파수의 두 배 이상이 되어야 한다.

$$f_s > 2a = 2\ \text{Hz}$$

그러므로 샘플들의 시간 간격은 다음과 같아야 한다.

$$\Delta t = \frac{1}{f_s} < 0.5\ \text{sec}$$

첫 번째 데이터는 0.01초의 시간 간격(100 Hz 샘플링률)으로 그려서 파형이 잘 나타나고 있다. 두 번째 데이터는 파형의 최대 주파수의 두 배(2 Hz)보다 작은 0.75초의 시간 간격(1.33 Hz 샘플링률)으로 그려졌다. 그러므로 신호가 과소샘플링되어(undersampled) 엘리어싱이 발생했다. 샘플링된 파형은 원래 파형과 전혀 다른 것으로, 이 파형의 최대 주파수는 그림에서 10초 동안에

약 4회의 사이클이 되므로 약 0.4 Hz 정도로 보인다.

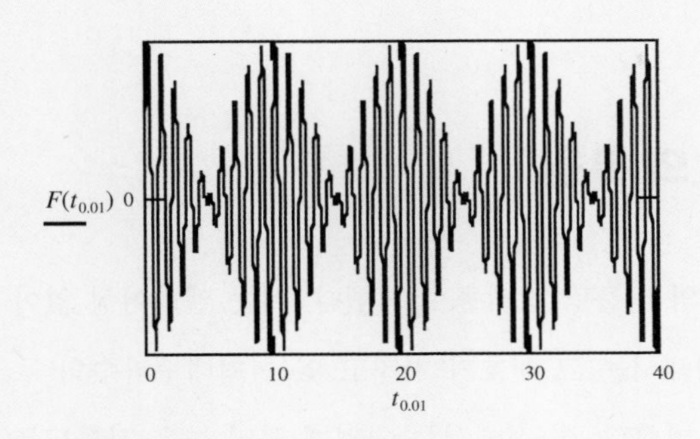

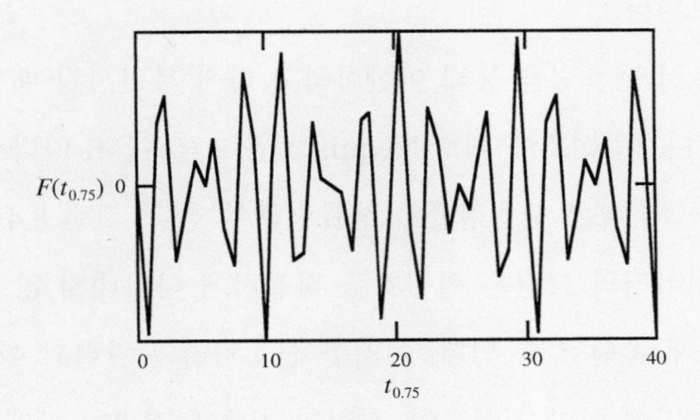

여러분은 두 파형 중에 어느 것도 완벽하지 않다고 주장할 수 있다. 그러나 첫 번째 그림은 두 번째와 다르게 아날로그신호의 모든 주파수 정보를 가지고 있다. MathCAD를 이용하면 MATLAB® examples 8.1에서 보인 파형을 생성하여 분석할 수 있으며, 다른 샘플링률의 영향을 손쉽게 확인할 수 있다.

MATLAB® examples

8.1 샘플링 정리, 엘리어싱, 맥놀이주파수

Lab 12 데이터수집

수업토론주제 8.2 맥놀이(beat) 신호의 샘플링

예제 8.1에 있는 신호를 적절하게 표현하기 위한 최소 샘플링 주파수는 얼마인가?

8.4 데이터수집 실험

8.5 LabVIEW 데이터수집과 음악 샘플링

8.6 소리와 음악(오디오에 한함)에 관한 샘플링률과 그 영향

8.7 음악의 샘플링률과 분해능 효과

실습문제 Lab 12에서는 사인파 신호와 악기로부터의 음향을 디지털화할 때 다른 샘플링률에 따른 효과를 살펴본다. 비디오 데모 8.4와 8.5는 그 결과를 보여준다. 오디오만으로 이루어진 비디오 데모 8.6과 비디오 데모 8.7은 다양한 음조와 녹음 음반에 대한 샘플링률에 따라 어떠한 영

8.2 Nyquist-Shannon 샘플링 정리

8.3 음악, 소리, 진동에 대한 시연

향을 받는지를 보여준다. 다양한 음악, 소리, 진동 개념에 대한 더 많은 비디오 데모는 인터넷 링크 8.3을 보라.

8.2 샘플 신호의 복원

8.1절에서는 Shannon의 샘플링 정리를 소개했다. 이는 엘리어싱 없이 샘플링된 아날로그신호를 정확히 나타내기 위해서는 그 신호가 가지고 있는 최대주파수의 두 배인 Nyquist률 이상으로 샘플링해야 함을 의미한다. 이 절에서는 어떻게 하면 높은 정확도를 가지고 아날로그신호를 복원할 수 있는지를 보인다.

연속신호의 한 예로서 샘플링을 통해 이산화하고 다시 복원시킬 때 그림 8.3은 1 Hz의 사인파형을 15사이클 보인다. 이 신호에 대한 Nyquist률은 2 Hz이다. 따라서 엘리어싱이 없는 형태를 위해서는 2 Hz보다 더 빠른 샘플링률로 샘플링해야 한다. 그림 8.4는 2.1 Hz에서 샘플링한 결과이다. 샘플링된 데이터의 그림은 원신호를 적절하게 나타내지 않지만, 샘플링된 데이터로부터 원신호가 정확하게 복원될 수 있다. 이러한 신호처리와 관련된 이론은 이 책의 범위를 벗어나지만 인터넷 링크 8.2에 나타나 있으며, 관련된 기술과 결과가 아래에 나와 있다.

샘플링된 데이터 집합으로부터 연속적인 아날로그신호를 복원하는 데 사용되는 기술은 **싱크복**

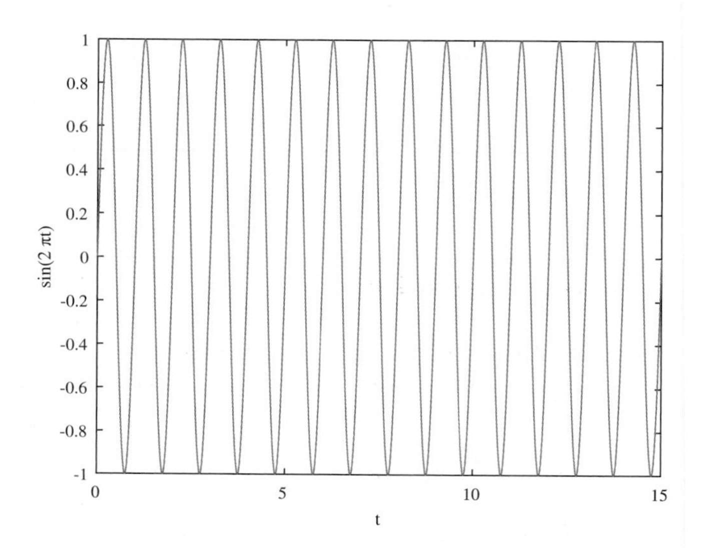

그림 8.3 샘플링되는 원래의 정현파형

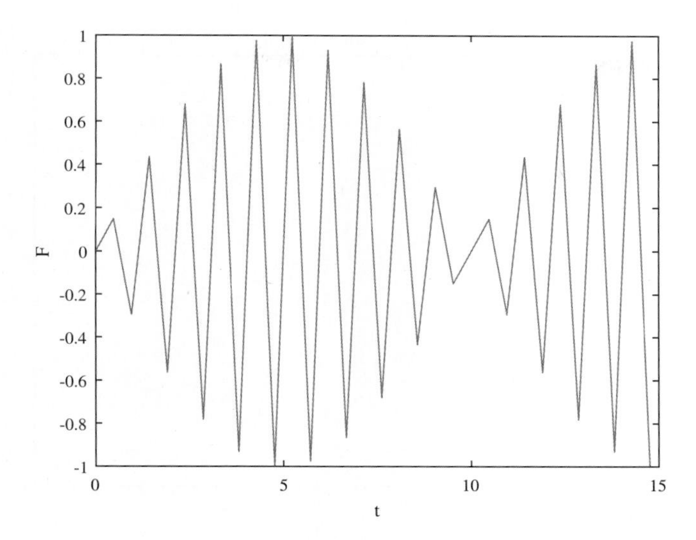

그림 8.4 Nyquist률보다 약간 더 빠르게 샘플된 정현파형 신호

원필터(sinc reconstruction filter)라고 부른다. 복원을 수행하는 데 사용되는 식은 다음과 같다.

$$f(t) = \sum_{i=0}^{N_s} F_i \cdot \text{sinc}\left(\pi \cdot \frac{(t - t_i)}{\Delta t}\right) \tag{8.3}$$

여기서 $f(t)$는 복원된 아날로그신호이며, 이는 고정된 시간 간격 Δt만큼 떨어진 시각 t_i(즉, $t_i = i\Delta t$, 여기서 $i = 0$에서 N_s)에서의 기록된 $N_s + 1$회의 샘플인 F_i에 기초한다. 싱크(sinc)함수는 다음과 같이 정의된다.

$$\text{sinc}(x) = \frac{\sin(x)}{x} \tag{8.4}$$

식 (8.3)에 나타난 π의 비율을 가진 싱크함수는 그림 8.5와 같다. 싱크함수에서의 매개변수(argument) πt가 0일 때 싱크함수의 크기가 1임에 주목하라. 이것은 그림 8.5에 나타나며, 미적분학에서의 로피탈(l'Hopital) 정리를 이용하여 증명된다. 단위 크기 1은 평가시간 t가 샘플링시간 t_i일 때 샘플링된 F_i를 계산하게 한다. 이 경우에 모든 다른 샘플링(F_j, 여기서 $j \neq i$)은 싱크함수의 매개변수가 π의 정수배이기 때문에(샘플링이 고정된 시간 간격 Δt만큼 떨어지기 때문에) 합에서 제외된다. 여기서 사인(sin)과 싱크(sinc) 값은 둘 다 0이다[그림 8.5에서 t의 정수값일 때 0을 지나는(zero-crossing) 것을 보라]. 평가시간 t가 샘플시간 t_i에 있지 않을 때 식

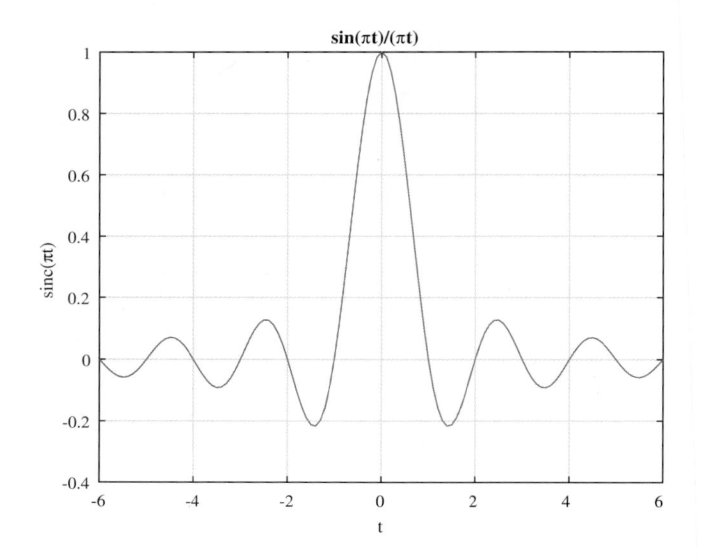

그림 8.5 싱크(sinc) 파형

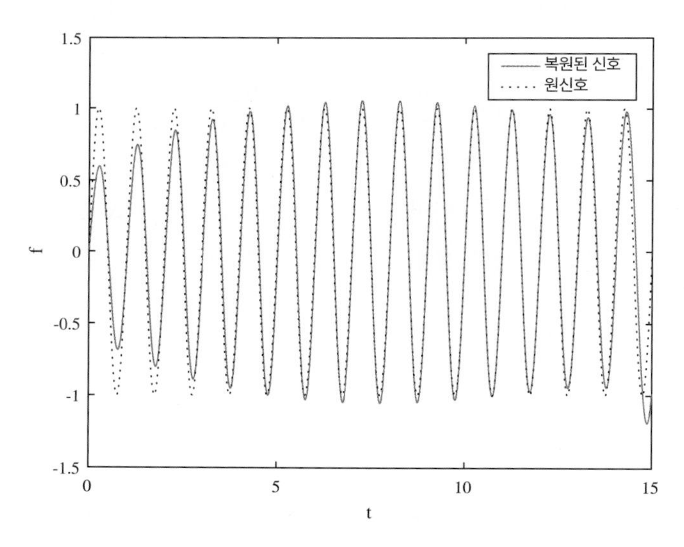

그림 8.6 원래의 신호와 복원된 신호의 비교

(8.3)에 의해 주어진 모든 샘플링의 싱크가중평균(sinc-weighted average)의 결과값은 놀라울 정도로 높은 정확도(high fidelity)를 가지고 원래의 신호로 재생된다. 수학적 증명은 인터넷 링크 8.2를 보라.

8.2 Nyquist-Shannon 샘플링 정리

식 (8.3)에서의 싱크필터(sinc filter)를 그림 8.4의 샘플링된 데이터에 적용하면 그림 8.6에서 보이는 복원된 연속적인 아날로그신호를 얻게 된다. 복원된 신호가 그림의 중간부분 전반의 구간에서 원래의 아날로그신호와 얼마나 잘 일치하는지를 주목하라. 단지 신호가 갑자기 시작하고 끝나며, 끝점 밖 샘플링이 없을 때 샘플링의 시작과 끝점에서는 일치도가 좋지 않다.

관심구간의 양쪽에 충분한 샘플링값이 있다고 가정하면, 임의의 주파수 성분을 가진 임의의 아날로그신호는 높은 정확도를 가지고 위에서 보여준 것과 유사한 형태로 복원시킬 수 있다. 그럼에도 불구하고 싱크필터는 더 적절하게 시작과 끝점을 다루기 위해 수정될 수 있다(이것은 제한된 도입의 범위를 넘는다). MATLAB® examples 8.2는 위의 그림을 그리는 데 사용되는 해석을 포함한다. 다른 더 복잡한 함수를 가진 복원기술을 시험해 보기 위해 파일을 쉽게 편집할 수 있다.

MATLAB® examples

8.2 싱크복원 필터를 사용한 샘플링된 신호의 복원

8.3 양자화 이론

이 절에서는 샘플링된 아날로그 전압을 디지털 형태로 변환하는 데 필요한 과정을 알아본다. 아날로그/디지털 변환[analog-to-digital(A/D) conversion]이라고 불리는 이 과정은 개념적으로 양자화와 코딩의 두 단계 과정이다. **양자화**(quantizing)는 연속적인 아날로그 입력을 이산(discrete) 출력 상태의 데이터 집합으로 변환하는 것으로 정의한다. **코딩**(coding)은 각각의 출력 상태에 디지털 코드나 숫자를 부여하는 것이다. 그림 8.7은 어떻게 연속적인 전압 구역 각각이 고유한 코드가 부여된 이산 출력 상태로 나뉘는가를 보여준다. 각각의 출력 상태는 전체 전압의 세부범위를 나타낸다. 계단 형태의 신호는 주어진 전압 구간에 걸쳐 발생하는 선형 램프(ramp) 형태의 아날로그신호를 샘플링해서 얻어진 디지털신호의 상태를 표현하고 있다.

아날로그/디지털 변환기[analog-to-digital(A/D) converter]는 아날로그 전압을 디지털 코드로 변환하는 전자 장치이다. A/D 변환기의 출력은 마이크로컨트롤러나 컴퓨터 같은 디지털 장치와 바로 연결된다. A/D 변환기의 **분해능**(resolution)은 아날로그 입력값을 디지털 근삿값으로 변환하는 데 쓰인 비트(bit)의 수로 나타낸다. 가능한 상태 N의 수는 변환기 출력의 비트 조합의 수와 같다. 즉,

$$N = 2^n \tag{8.5}$$

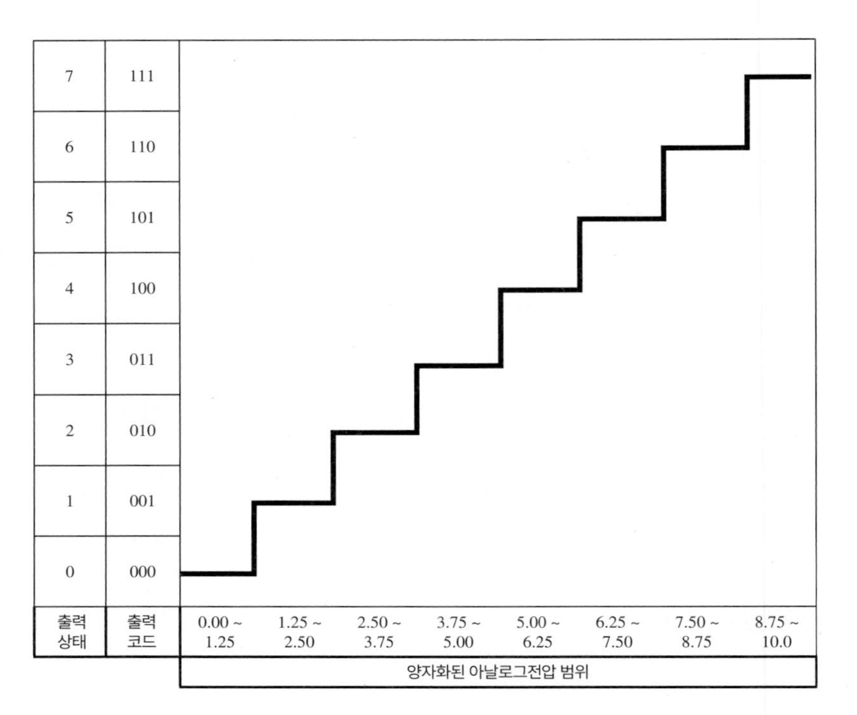

그림 8.7 아날로그/디지털 변환

여기서 n은 비트의 수이다. 그림 8.7에 있는 예에서 3비트 장치는 첫 번째 열에 있는 것처럼 2^3 또는 8개의 출력 상태가 있다. 출력 상태는 일반적으로 0부터 $(N-1)$까지 순차적으로 표시된다. 각 출력 상태에 따른 코드열이 두 번째 열에 있다. 대부분의 상용 A/D 변환기는 출력을 각각 256, 1024, 4096 상태로 분해하는 8, 10, 12비트 변환기가 주종이다.

아날로그 양자화 과정에서 발생하는 아날로그 **판별점**(decision points)의 수는 $(N-1)$이다. 그림 8.7에서 판별점은 1.25 V, 2.50 V, ⋯, 8.75 V에서 생긴다. 때때로 **코드폭**(code width)이라 불리는 **아날로그 양자화 크기**(analog quantization size) Q는 A/D 변환기의 전 범위를 출력 상태의 수 N으로 나눈 값으로 정의한다.

$$Q = (V_{\max} - V_{\min})/N \tag{8.6}$$

이것은 변환기가 분해해 낼 수 있는 아날로그신호의 변화량이다. 비록 분해능은 A/D 변환기의 출력 비트의 수로 정의되지만, 때로 아날로그 양자화 크기에 의해 정의되기도 한다. 이 예제에서 아날로그 양자화 크기는 10/8 V = 1.25 V이다. 이것은 디지털화된 신호의 크기가 최대 1.25 V

의 오차를 가질 수 있음을 뜻한다. 따라서 A/D 변환기는 1.25 V의 범위 이내의 전압을 같은 아날로그 전압으로 분해한다.

비디오 데모 8.7은 샘플링률과 A/D 변환기의 분해능이 디지털화된 음악의 정확성에 어떻게 영향을 미치는지를 보여준다.

비디오 데모

8.7 음악의 샘플링률과 분해능 효과

수업토론주제 8.3 실험실에서의 A/D 변환

왜 대부분의 실험실에서 측정하는 것은 12비트 A/D 변환기이면 충분한가?

8.4 아날로그/디지털 변환

8.4.1 서론

디지털 처리를 위해 아날로그 전압 신호를 적절히 변환하기 위해서는 다음의 하드웨어 요소가 적절하게 선택되어야 하며 보통 다음과 같은 순서로 쓰인다.

1. 버퍼증폭기
2. 저역통과필터
3. 샘플/홀드 증폭기
4. 아날로그/디지털 변환기
5. 컴퓨터

그림 8.8에 A/D 변환에 필요한 장치의 배열과 각각의 출력을 표시했다. 버퍼증폭기(buffer amplifier, 5.6절 참조)는 입력(즉, 입력으로부터의 미소한 전류 및 전력)으로부터 출력을 격리시키는 역할을 하며 A/D 변환기의 총입력전압 범위에 가깝지만 초과하지 않는 범위의 신호를 제공한다. 저역통과필터(low-pass filter)는 신호에 있는 엘리어싱을 유발할지도 모르는 불필요한 고주파 신호를 없애는 데 필요하다. 이 필터는 주로 **반엘리어싱필터**(antialiasing filter)로 언급된다. 저역통과필터의 차단주파수(cut-off frequency)는 샘플링률의 1/2보다 크면 안된다. 샘플/홀드 증폭기(sample and hold amplifier, 5.12절 참조)는 A/D 변환기의 짧은 변환

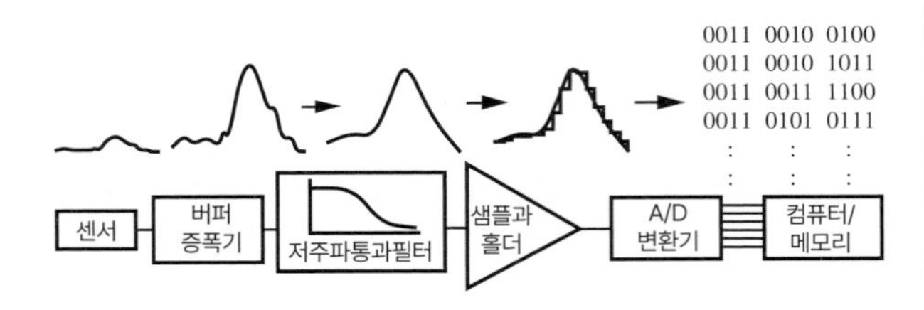

그림 8.8 A/D 변환에 쓰이는 장치

그림 8.9 대표적인 데이터수집 하드웨어(NI cDAQ-9172)
© David Alciatore

동안에 고정된 입력값(순간 샘플로부터)을 유지하기 위한 것이다. A/D 변환기는 시스템과 신호에 적합한 분해능과 아날로그 양자화 크기를 고려하여 선택해야 한다. 컴퓨터는 데이터를 저장하고 처리하기 위해 A/D 변환기 시스템과 적절하게 연결되어야 한다. 또한 모든 데이터를 저장하기 위해 컴퓨터는 충분한 기억 장치와 영구적인 저장 장치를 갖고 있어야 한다.

위에서 설명한 A/D 시스템은 데이터수집 카드(DAC or DAQ, data acquisition cards) 또는 모듈로 불리는 다양한 상용 제품으로 개발되었다. 그림 8.9는 대표적인 데이터수집 하드웨어의 한 예이다. 이것은 다양한 응용에 유용하도록 여러 개의 플러그인(plug-in) 모듈을 가진 멀티슬롯(multi-slot) USB 섀시(chassis)로 되어 있다. 인터넷 링크 8.4는 판매처와의 연결과 판매 중인 다양한 제품에 관한 정보를 제공한다.

8.4 데이터수집 제품 관련 실시간 정보와 판매처

이러한 데이터수집 카드와 모듈은 각 제품의 특성을 쉽게 이용할 수 있도록 보통 C++, Visual Basic 같은 다양한 고급언어 인터페이스(high-level language interface)를 지원한다. 또한 신호를 수집 및 처리하고, 출력하기 위한 DAC 모듈을 프로그래밍하는 데 사용이 보다 용이하도록 한 응용 소프트웨어들은 그래픽적인 인터페이스를 제공한다. National Instruments

사의 LabVIEW 소프트웨어가 그 한 예이다(인터넷 링크 8.5와 보다 상세하게는 8.6절 참조). 상용 DAC 시스템을 이용해 메카트로닉스 시스템 또는 실험 장비와 PC 간의 신호를 인터페이스하는 것은 사용자가 구성한 프로그램으로부터 함수를 호출하거나 그래픽 인터페이스에서 아이콘을 클릭하여 드래깅(dragging)하는 정도로 간단하다. 실습문제 Lab 12는 외부 전압 신호를 샘플링하고 저장하기 위한 LabVIEW 소프트웨어를 사용하는 기본적인 방법을 보여준다. 비디오 데모 8.5는 이러한 과정의 모든 단계를 보여주며, 8.7절에서 상세 내용을 설명한다.

인터넷 링크

8.5 National Instrument사의 LabVIEW 소프트웨어

실습 문제

Lab 12 데이터수집

비디오 데모

8.5 LabVIEW 데이터수집과 음악의 샘플링

A/D 변환기 외에 상용화된 DAC 시스템은 보통 이진 입출력(TTL 호환), D/A 변환, 카운터/타이머 기능, 제한적인 신호 처리 회로 등 그 밖의 다양한 입력/출력 기능을 제공한다. DAC 시스템을 구입할 때 알아야 할 중요한 기능은 A/D 및 D/A 분해능(사용된 비트의 수) 그리고 최대 샘플링률이다. 이런 기능은 컴퓨터 제어 응용에서 정확도와 신뢰도에 영향을 미치는 아주 중요한 요소이다. 그림 8.10은 PC의 USB 포트에 연결될 수 있는 비교적 저렴한 데이터수집 및 제어 모듈의 한 예이다. 이것의 내부 구조는 장치에 그려져 있는 블록선도가 보여준다. 이 모듈의 기능에는 초당 20,000 샘플링을 처리할 수 있는 두 개의 16비트 A/D 변환기, 두 개의 16비트 D/A 변환기, 8개의 디지털 I/O 라인, 32비트 카운터/타이머가 포함되어 있다. 또한 오디오, 전원공급기, 디지털멀티미터 기능을 포함하며, 모두 소형이면서 호환 가능한 USB 장치를 통해 접속된다.

아날로그/디지털 변환 과정에서 변환 결과의 정확도를 논할 때, 작지만 유한한 시간 간격

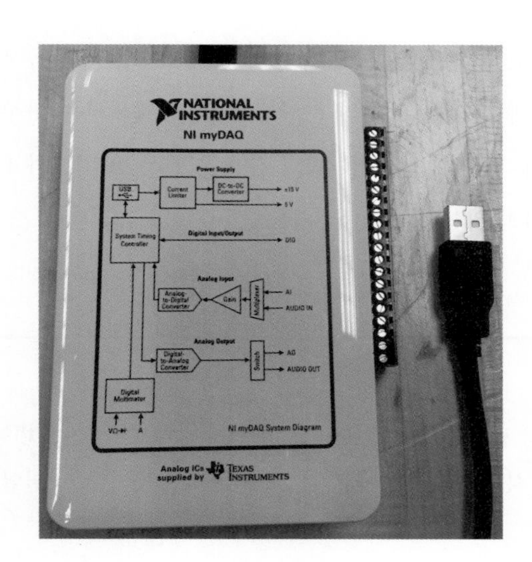

그림 8.10 USB DAC 모듈(NI myDAC)
© David Alciatore

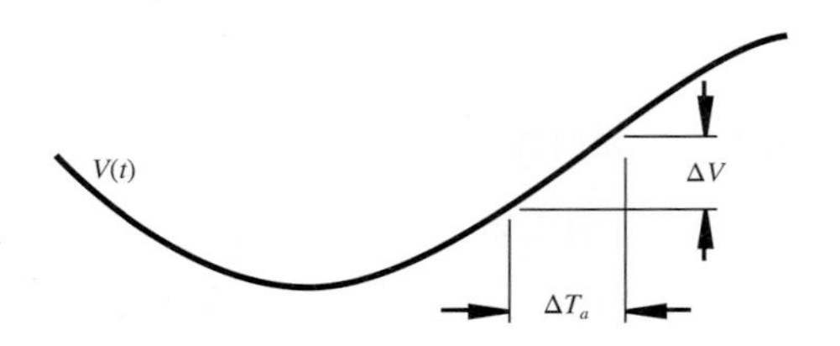

그림 8.11 A/D 변환 간격시간

(time interval)의 크기를 반드시 고려해야 한다. **정착시간**(settling time)으로도 불리는 **변환시간**(conversion time)은 변환기의 회로설계, 변환 방법, 하드웨어 설계 시에 사용된 부품의 속도에 따라 변한다. 아날로그신호는 연속적으로 변하기 때문에, 변환이 일어나는 샘플링 시간창(sample time window) 내에서 신호의 불확실성(uncertainty)이 디지털 값의 불확실성에 영향을 미친다. 이것이 A/D 입력에 샘플/홀더 증폭기가 없다면 특별히 유의해야 할 부분이다. 샘플링의 **간격시간**(aperture time)은 시간 창의 크기로 정의되며, 이는 이 시간 간격 동안에 발생할 수 있는 입력 변화에 의한 디지털 출력의 오차와 관련이 있다. 입력신호의 크기에 대한 간격시간과 불확실성의 관계가 그림 8.11에 보인다. 간격 시간 ΔT_a 동안에 입력신호는 ΔV만큼 변한다. 여기서 ΔV는 다음과 같다.

$$\Delta V \approx \frac{\mathrm{d}V(t)}{\mathrm{d}t}\Delta T_a \tag{8.7}$$

앞에서 Nyquist률 또는 그 이상의 률로 샘플링한 신호는 올바른 주파수 성분을 가지고 있다는 결론을 얻었다. 그러나 정확한 크기의 분해능을 얻기 위해서는 아주 작은 간격시간을 갖는 A/D 변환기를 사용해야 한다(예제 8.2 참조). 간격 시간은 10비트와 12비트 분해능에서는 보통 나노초(nanosecond) 범위이다.

예제 8.2 **간격시간**

A/D 변환기의 입력으로서 정현파 신호 $A\sin(\omega t)$가 있다. 신호의 시간에 대한 변화율 $A\omega\cos(\omega t)$는 최대값 $A\omega$를 갖는다. 식 (8.7)을 이용하면 간격 시간 ΔT_a 동안 입력전압의 최대 변화는 다음과 같다.

$$\Delta V = A\omega\Delta T_a$$

디지털 출력값의 불확실성을 제거하기 위해 ΔV가 아날로그 양자화 크기보다 크지 않아야 한다.

$$\Delta V < \frac{2A}{N}$$

여기서 $2A$는 충전압 범위이고 N은 출력 상태의 수이다. 이 제한하에서 ΔV는 다음과 같다.

$$\Delta V = \frac{2A}{N}$$

그러므로 샘플/홀드 증폭기가 사용되지 않고 있다면 간격시간은 다음과 같다.

$$\Delta T_a = \frac{\Delta V}{A\omega} = \frac{2}{N\omega}$$

신호를 10비트 분해능으로 변환하길 원한다고 가정하자. 이것은 출력 상태의 수가 2^{10}(1,024)임을 의미한다. 만약 이 신호가 10 kHz 대역폭을 가진 음성(마이크로폰으로부터)이라면 ΔT_a는 다음보다는 작아야 한다.

$$\Delta T_a = \frac{2}{N\omega} = \frac{2}{1024(2\pi \cdot 10{,}000)} = 3.2 \times 10^{-8} = 32 \text{ nsec}$$

이것은 1/[2(10 kHz)] = 50 μs의 필요한 최소 샘플링 간격보다도 아주 짧은 간격시간이다. 저해상도 변환기의 경우에도 필요한 샘플 주기(50,000 ns)보다 아주 짧은 간격시간(32 ns)이 필요하다.

8.4.2 아날로그/디지털 변환기

A/D 변환기를 설계하는 방법에는 여러 가지 원리가 있다. 즉, 축차근사, 플래시 또는 병렬부호화(parallel encoding), 단일경사 또는 이중경사 적분(single-slope and dual-slope integration), 개폐용 커패시터(switched capacitor), 델타 시그마(delta sigma) 등이다. 상용 설계에서 처음의 두 방법이 일반적으로 쓰이므로 이것에 대해 생각해 보자. **축차근사**(successive approximation) A/D 변환기는 상대적으로 빠르고 값싸기 때문에 아주 광범위하게 쓰인다. 그림 8.12에 보이는 것처럼 이것은 귀환(feedback) 루프에서 D/A 변환기(DAC)를 사용한다. DAC는 다음 절에서 언급할 것이다. 시작 신호(start signal)가 들어오면 샘플/홀드(S&H) 증폭기가 아날로그 입력신호를 래치한다. 그러면 제어부가 근사적으로 계산된 디지털 값이 D/A

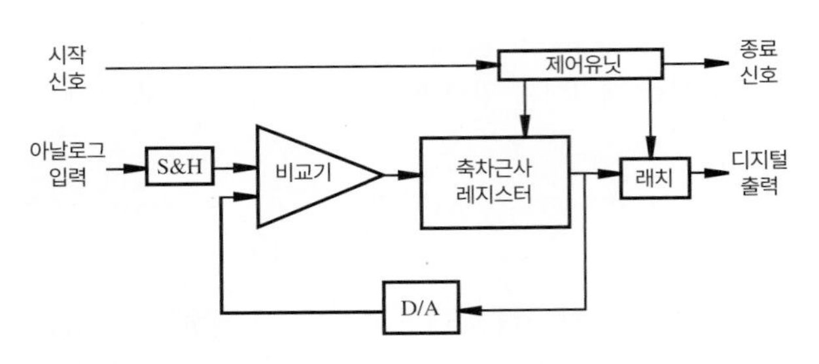

그림 8.12 축차근사 A/D 변환기

변환기에 의해 아날로그 값으로 변환하고 비교기에 의해 아날로그 입력과 비교하는 반복 과정을 시작한다. D/A 출력이 아날로그 입력과 같아지면 제어부에 의해 종료 신호(end signal)가 만들어지고 출력에서 올바른 디지털 값이 나온다.

만약 n이 A/D 변환기의 분해능이라면 변환을 완료하기 위해서는 n단계가 걸린다. 좀 더 구체적으로 이야기하면, 입력은 내림차순으로 되어 있는 A/D 변환기의 전 범위(FS, full-scale) 값의 이진수 열(1/2, 1/4, 1/8, ⋯, $1/2^n$)의 표준 값에 비교된다. 제어장치가 우선 레지스터의 다른 비트는 모두 0으로 하고 최상위 비트(MSB, most significant bit)를 활성화시킨다. 그리고 비교기는 아날로그 입력에 대해 DAC의 출력과 비교한다. 만약 아날로그 입력이 DAC 출력을 초과하면 MSB는 on 상태(high)로 둔다. 그렇지 않으면 0으로 리셋(reset)한다. 이 과정이 하위 비트에 계속 적용된다. n번째의 비교 과정이 지나면 변환기는 최하위 비트(LSB, least significant bit)로 이동한다. 그러면 DAC의 출력은 아날로그 입력에 대해 가장 근사화된 디지털 값을 만들어 낸다. 이 과정은 LSB에서 끝나며 제어 장치가 변환의 끝이라는 'end of conversion' 종료 신호를 발생시킨다.

예로서 4비트 축차근사 과정이 그림 8.13에 시각적으로 도시되어 있다. MSB는 1/2 FS이다. 그런데 이 경우에는 입력신호보다 MSB가 크다. 그러므로 MSB는 0이 된다. 두 번째 비트는 1/4 FS이고, 이는 입력신호보다 작으므로 두 번째 비트는 1이 된다. 세 번째 비트는 FS의 1/4+1/8이지만 이 값이 아직도 아날로그 입력신호보다 작으므로 세 번째 비트를 1로 한다. 네 번째 비트는 FS의 1/4+1/8+1/16이고 이 값이 입력신호보다 크다. 그러므로 네 번째 비트는 off되고 변환 작업은 끝난다. 디지털 값은 0110이다. 더 높은 분해능을 가진 작업은 더 정확한 값을 얻을 수 있다.

n비트 연차근사식 A/D 변환기는 $n\Delta T$의 변환 시간이 필요하다. 여기서 ΔT는 D/A 변환기와 제어 장치의 사이클 시간이다. 8, 10, 12비트 연차 A/D 변환기의 일반적인 변환 시간 범위

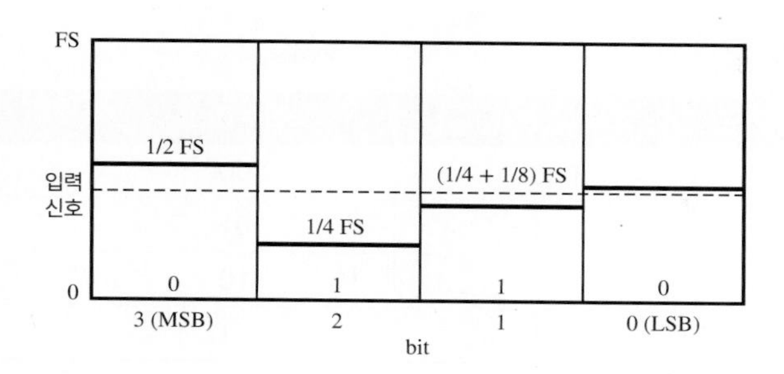

그림 8.13 4비트 축차근사 A/D 변환

는 1 μs부터 100 μs 사이이다.

수업토론주제 8.4 A/D 변환기의 선택

설계자들은 왜 12비트나 더 높은 분해능을 갖는 변환기를 선택하지 않고 10비트 변환기를 선택하는가?

가장 빠른 A/D 변환기는 **플래시 변환기**(flash converter)로 알려져 있다. 그림 8.14에 보이는 것과 같이 이것은 신호의 다양한 레벨을 인식하기 위해 병렬로 이루어진 비교기로 구성되어 있다. 래치의 출력은 조합논리에 필요한 이진 출력으로 쉽게 변환될 수 있는 코드 형태로 되어 있다. 그림 8.14에 있는 플래시 변환기는 네 가지 출력 상태의 분해능을 갖는 2비트 변환기이다. 표 8.1은 입력전압의 범위가 0 V에서 4 V라고 가정한 비교기 출력 코드와 이에 대응하는 각 상태의 이진 출력을 보여준다. 전압 범위는 그림 8.14에 보이는 것과 같이 V_{min}과 V_{max} 전원 전압에 의해 정해진다(이 예에서는 0 V와 4 V이다). 코드 변환기는 간단한 조합논리 회로이다. 2비트 변환기를 예로 들면 코드 비트 G_i와 이진 비트 B_i(연습문제 8.12)의 관계는 다음과 같다.

$$B_0 = G_0 \cdot \overline{G}_1 + G_2 \tag{8.8}$$

$$B_1 = G_1 \tag{8.9}$$

분해능을 올리려면 더 많은 저항, 비교기, 래치를 간단히 추가하면 된다. 조합논리코드 변환기는 축차근사 변환기와는 달리 분해능을 높이기 위해 변환에 필요한 시간을 증가시킬 필요가 없다.

여러 개의 아날로그신호가 A/D 변환기의 입력단에서 다중화(multiplex)되면 하나의 A/D

표 8.1 2비트 플래시 변환기의 출력

상태	코드 ($G_2G_1G_0$)	2진수 (B_1B_0)	전압 범위
0	000	00	0~1
1	001	01	1~2
2	011	10	2~3
3	111	11	3~4

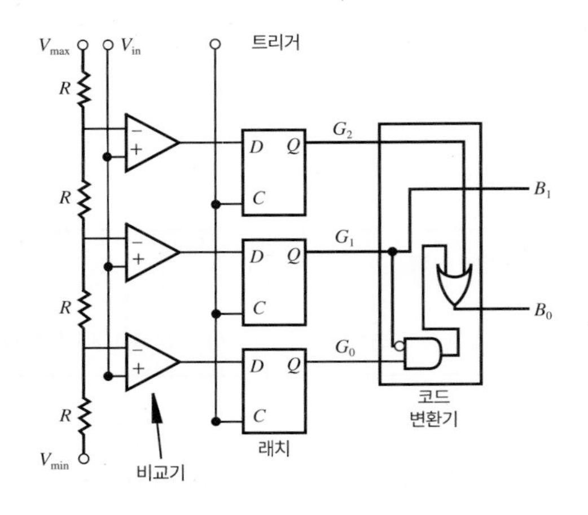

그림 8.14 A/D 플래시 변환기

변환기로 여러 개의 신호를 선택적으로 디지털화할 수 있다. 아날로그 **멀티플렉서**(multiplexer)는 트랜지스터 또는 릴레이와 제어신호를 이용하여 다중의 아날로그 입력을 간단히 스위칭한다. 이것은 시스템 설계 가격을 상당히 줄일 수 있다. A/D 변환기를 선택하는 데 있어 가격 이외의 또 다른 중요한 요인은 입력전압의 범위(input voltage range), 출력 분해능(output resolution), 변환 시간(conversion time)이다.

8.5 디지털/아날로그 변환

종종 디지털 값을 아날로그 전압으로 바꾸는 A/D 변환의 역과정이 필요하다. 이것을 **디지털/아날로그 변환**[digital-to-analog(D/A) conversion]이라고 한다. DAC라고 불리는 D/A 변환기는 컴퓨터나 다른 디지털장치를 외부 아날로그회로와 장치에 연결할 수 있게 해준다.

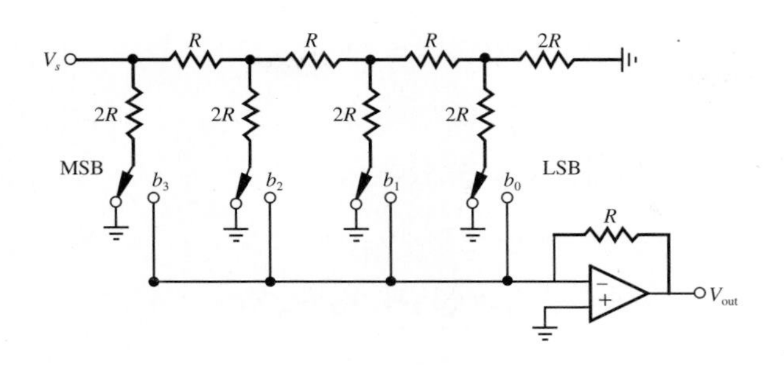

그림 8.15 4비트 사다리형 저항 D/A 변환기

D/A 변환기의 가장 간단한 형태는 그림 8.15에 보이는 것과 같은 반전합산(inverting summer) 연산증폭기(operational amplifier)에 사다리형 저항회로망(resistor ladder network)을 연결한 것이다. 이 특별한 변환기는 4비트 *R*-2*R* 사다리형 저항회로망으로 단 두 개의 정밀한 저항값(*R*과 2*R*)만이 필요하다. DAC의 디지털 입력은 비트 b_0, b_1, b_2, b_3를 나타내는 4비트 이진수이다. 여기서 b_0는 최하위 비트(LSB)이고 b_3는 최상위 비트(MSB)이다. 회로에 있는 각 비트는 연산증폭기의 반전 입력과 접지(ground) 사이의 스위치를 제어한다. 어떻게 아날로그 출력전압 V_{out}이 입력 이진수와 관계있는지를 이해하려면 네 개의 다른 입력 조합 0001, 0010, 0100, 1000을 분석해야 한다. 그리고 임의의 4비트 이진수에 대해 중첩의 원리를 적용해야 한다.

이진수가 0001이면 b_0 스위치가 연산증폭기(op amp)에 연결되고, 다른 비트 스위치들은 접지에 연결된다. 그림 8.16에 이 결과 회로를 나타냈다. 연산증폭기의 비반전 입력이 접지에 연결됐기 때문에 반전 입력 또한 접지(virtual ground)에 연결되어 있다. 노드 V_0와 접지 사이의 등가저항은 *R*인데 이는 두 개의 2*R*이 병렬로 연결됐기 때문이다. 그러므로 V_0는 같은 저항값 *R*의 두 개가 직렬로 연결되어 V_1의 전압 분배의 결과 다음과 같은 관계가 있다.

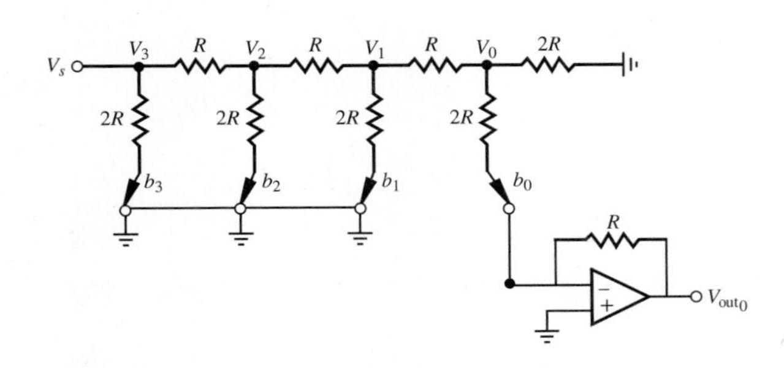

그림 8.16 디지털 입력 0001일 때의 4비트 사다리형 저항 D/A 변환기

$$V_0 = \frac{1}{2}V_1 \quad (8.10)$$

같은 방법으로 다음과 같은 관계를 얻을 수 있다.

$$V_1 = \frac{1}{2}V_2\text{과 } V_2 = \frac{1}{2}V_3 \quad (8.11)$$

그러므로

$$V_0 = \frac{1}{8}V_3 = \frac{1}{8}V_s \quad (8.12)$$

V_0는 다음과 같은 이득(gain)을 갖는 반전 증폭 회로의 입력전압이다.

$$-\frac{R}{2R} = -\frac{1}{2} \quad (8.13)$$

그러므로 이진 입력 0001에 대한 아날로그 출력전압은 다음과 같다.

$$V_{\text{out}_0} = -\frac{1}{16}V_s \quad (8.14)$$

이와 유사하게 입력 0010에 대해서도 다음과 같이 구할 수 있다(연습문제 8.17부터 8.19까지).

$$V_{\text{out}_1} = -\frac{1}{8}V_s \quad (8.15)$$

입력 0100에 대해서는

$$V_{\text{out}_2} = -\frac{1}{4}V_s \quad (8.16)$$

그리고 입력 1000에 대해서는 다음과 같다.

$$V_{\text{out}_3} = -\frac{1}{2}V_s \quad (8.17)$$

입력 이진수를 포함한 모든 비트의 조합에 대한 출력은 중첩의 원리를 이용하여 구할 수 있다.

$$V_{\text{out}} = b_3 V_{\text{out}_3} + b_2 V_{\text{out}_2} + b_1 V_{\text{out}_1} + b_0 V_{\text{out}_0} \tag{8.18}$$

만약에 V_s가 10 V이면 0000(0)에서 1111(15)까지 16개의 값을 갖는 4비트 이진 입력에 대해 출력범위는 0 V에서 (−15/16)10 V이다. 양의 출력전압을 출력하기 위해 음의 기준 전압(negative reference voltage) V_s가 쓰인다. 양 또는 음의 기준 전압은 양 또는 음의 출력 중 어느 하나만의 **단극**(unipolar) 출력을 얻는다. 음의 값에서 양의 값까지의 범위를 갖는 **양극**(bipolar) 출력은 회로의 모든 접지 기준점을 V_s와 부호가 반대인 기준 전압으로 바꾸면 된다.

수업토론주제 8.5 양극 4비트 D/A 변환기

V_s = 10 V 그리고 접지 기준점이 −10 V로 대체되면 4비트 D/A $R-2R$ 사다리형 회로망에 적용되는 각 이진 입력에 대한 출력전압은 얼마인가?

종합설계예제 A.5 직류모터 전력오피앰프 속도제어기 — D/A 변환기 인터페이스

다음 그림은 진하게 표시된 부분을 통해 종합설계예제 A의 기능 블록도를 보여준다(1.3절과 비디오 데모 1.6 참조).

1.6 직류모터 전력오피앰프 속도제어기

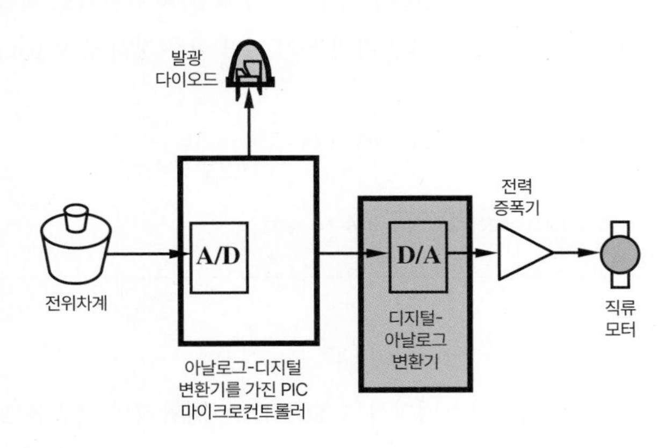

인터넷 링크

7.28 TLC7524 D/A 변환기

이 회로 설계 시 사용된 D/A는 외부형 8비트 TLC7524 변환기이다. 장치에 대한 상세한 정보는 인터넷 링크 7.28의 데이터시트에서 확인된다. 다음 그림에서 보이듯이 PIC는 두 개의 제어 라인과 8개의 데이터 라인(전체 PORTB 레지스터)을 통해 D/A 변환기와 인터페이스한다. 제어 라인 중 하나는 D/A 변환기를 활성화시키기 위해 사용되는 칩 선택 단자(chip select pin)이다. 다른 하나는 변환을 수행하고 출력전압을 업데이트하고자 할 때 D/A에게 신호를 알리기 위한 쓰기 라인(line)이다. 두 라인 모두 로우에서 활성화되는 'active low'이다.

PIC 출력을 초기화하고 D/A 변환기를 활성화하는 데 필요한 코드는 다음과 같다.

```
da_cs Var PORTA.3        ' external D/A converter chip select (low:activate)
da_wr Var PORTA.4        ' external D/A converter write (low: write)
TRISB = 0                ' initialize PORTB pins as outputs
High da_wr               ' initialize the A/D converter write line
Low da_cs                ' activate the external D/A converter
```

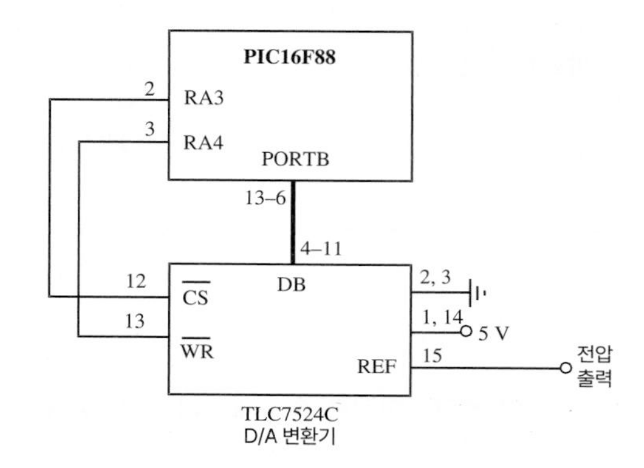

D/A 변환기로부터 전압출력을 업데이트하는 데 필요한 코드가 다음과 같다. 전압은 바이트 변수(**ad_byte**)로 조정된(scaled) 값이 PIC에 저장된다. 그 값은 0(0 V와 일치)에서 255(5 V와 일치) 사이에서 결정된다. 전체 바이트(모두 8비트)는 PORTB를 통해 D/A 변환기로 병렬로 전송된다. 쓰기가 비활성화되기 전에 변환이 완성되도록 하기 위해 쓰기 명령 이후 잠시 중지(pause)됨에 유의하라.

```
' Send the potentiometer byte to the external D/A
PORTB = ad_byte
Low da_wr
Pauseus 1         ' wait 1 microsec for the D/A to settle
High da_wr
```

그림 8.17은 메카트로닉스 제어시스템에서 A/D와 D/A 변환기의 역할을 보여준다. 센서(예: 열전쌍)로부터의 아날로그 전압 신호는 디지털 값으로 바뀐다. 컴퓨터는 제어에 이 값을 이용

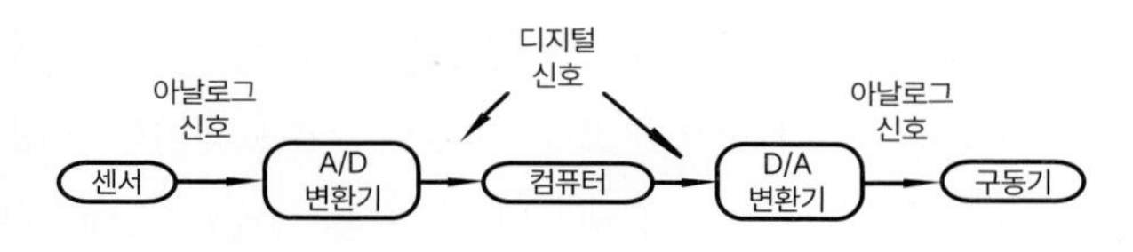

그림 8.17 컴퓨터 제어 하드웨어

한다. 그리고 컴퓨터는 제어 대상 시스템에 변화를 주기 위해 구동기(actuator, 예: 전기모터)에 아날로그신호를 출력한다. 이 주제는 다음 절과 11장에서 보다 상세하게 다룬다. 센서와 구동기는 다음 두 개 장의 주제이다.

수업토론주제 8.6 오디오 CD 기술

CD(compact disk)는 디지털 형태로 음악(아날로그신호)을 저장한다. 이것은 어떻게 이루어지는가? 어떻게 디지털 데이터가 당신이 들을 수 있는 음악으로 재생되는가? 가청 주파수가 20 Hz에서 20 kHz라고 주어질 때 적절한 샘플링 주파수는 얼마인가? 음악이 압축 없이(예를 들어 MP3가 아닌 WAV 파일로) 저장된다고 가정할 때 이 샘플링률을 이용하면 45분간의 음악을 생성하기 위해 몇 비트가 저장되어야 하는가? 인터넷 링크 8.6에 나타난 보상 구조나 복잡한 에러보정 없이 미가공(raw) 데이터로 저장된다고 가정한다.

인터넷 링크

8.6 오디오 CD 정보 형태

수업토론주제 8.7 디지털 기타

디지털 기타는 MIDI 신호를 디지털 합성기(synthesizer)에 보내는 부가 장치가 있는 표준 전자 기타다. MIDI는 디지털 악기용 인터페이스(Musical Instrument Digital Interface)의 약자다. MIDI 신호는 음악 악보에 대한 크기와 주파수 정보 코드를 갖고 있는 디지털 바이트(bytes)로 이루어져 있다. 어떤 시스템 장치들이 이런 작업을 하기 위해 필요한가?

8.6 가상 계측, 데이터수집 및 제어

가상 계측기(virtual instruments)는 종래의 계측기 기능을 수행하기 위해 데이터수집 하드웨어와 소프트웨어가 장착된 PC로 구성된다. 오실로스코프와 파형 생성기와 같은 독립형 계측기는 강력하지만 매우 비싸고 때때로 제한적이다. 사용자는 보통 계측기 기능을 확장하거나 개별 주문제작을 할 수 없으며 계측기상의 손잡이나 버튼, 내장회로, 사용자 편의 기능은 모두 계측기에 특화되어 있다. 가상 계측기는 비싸지 않으면서도 다목적용으로의 대안을 제공한다.

소프트웨어는 가상 계측기의 가장 중요한 요소이다. 이 소프트웨어는 특정 프로세스가 요구하는 과정을 설계하고 통합함으로써 사용자 애플리케이션을 개발하는 데 사용된다. 또한 사용자와 응용 목적에 가장 적합한 사용자 인터페이스를 개발할 수 있게 한다. NI사의 LabVIEW 소프트웨어(인터넷 링크 8.5 참조)는 가상 계측기를 개발하기 위해 특수하게 설계된 사용자 지향형(easy-to-use) 애플리케이션 개발환경의 한 가지 예이다. LabVIEW는 아주 다양한 하드웨어와 다른 소프트웨어로 쉽게 연결할 수 있는 강력한 특성을 제공한다.

인터넷 링크

8.5 National Instrument사의 LabVIEW 소프트웨어

LabVIEW의 가장 강력한 특성 중 하나는 그래픽적인 프로그램 환경이다. 그래픽 형태의 사용자 인터페이스는 사용자가 계측 프로그램을 구동하고, 선택된 하드웨어를 제어하고, 수집된 데이터를 분석하고, 또한 그 결과를 그래픽적으로 PC상에 모두 표시하도록 설계될 수 있다. 누구나 전통적인 계측기의 제어 패널을 모사(emulate)하기 위한 손잡이(knob), 버튼, 다이얼, 그래프 등을 포함하는 가상의 전면 패널을 개인성향에 맞게 제작할 수 있고, 사용자 테스트 패널을 개발하거나 처리 과정의 제어 및 조작을 시각적으로 표시할 수 있다. 그림 8.18은 쉽게 제작될 수 있는 그래픽적인 사용자 인터페이스의 한 예를 보여준다. 그림 8.19는 사용자 인터페이스를 개발하고 신호의 수집과 분석 및 디스플레이 기능을 수행하기 위해 사용되는 블록선도를 나타낸다. LabVIEW는 사용자 애플리케이션과 인터페이스 제작을 위해 단순히 스크린상의 아이콘을 끌어당기고(drag), 집어넣고(drop), 연결(connect)하도록 조작하기 때문에 시각적인 프로그래밍 환경(visual programming environment)으로 알려져 있다. 따라서 컴퓨터 프로그램 기술은 요구되지 않는다. 이 장에서의 LabVIEW 예제들은 가장 최근의 LabView로부터의 결과와는 다소 다를 수도 있지만 개념과 처리과정은 유사하다는 데 주목하라.

가상 계측과 데이터수집 기능에 더해 LabVIEW는 모델 기반의 제어시스템 설계를 위한 여러 가지 도구(tool)를 제공한다. 이러한 도구는 데이터수집을 통해 **시스템을 모델링**(system identification이라 불리는 일련의 과정)하고, 시스템 제어기를 설계하고, 시스템이 다양한 제어입력에 어떤 응답을 보이는지 시뮬레이션하고, 실시간 제어를 위해 하드웨어에 제어기를 내장하는 데 유용하다. 비디오 데모 8.8은 단순한 DC모터 시스템을 위한 속도제어기를 개발하는 데 이러한 도구를 사용하는 방법을 보여준다. LabVIEW는 DC모터에 제어신호를 전송하고 타코미터(tachometer)로부터 귀환된 신호를 확보함으로써 모션 결과를 모니터링하는 데 사용된다. 비디오 데모 8.9는 그 과정의 개별적인 단계를 보다 상세하게 보여준다. 제어이론의 기본개념은 11.3절에서 설명한다.

비디오 데모

8.8 National Instruments사의 DC모터 데모

8.9 National Instruments사의 LabVIEW DC모터 제어기 설계

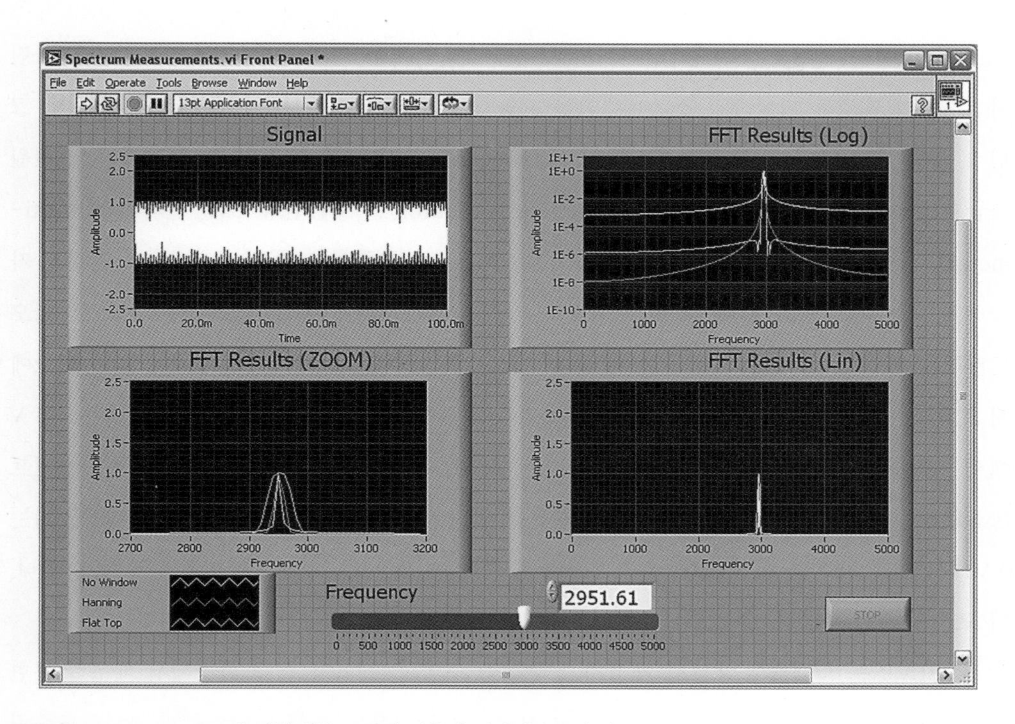

그림 8.18 LabVIEW에 의한 상용 그래픽 사용자 인터페이스의 예
contributed by David Alciatore

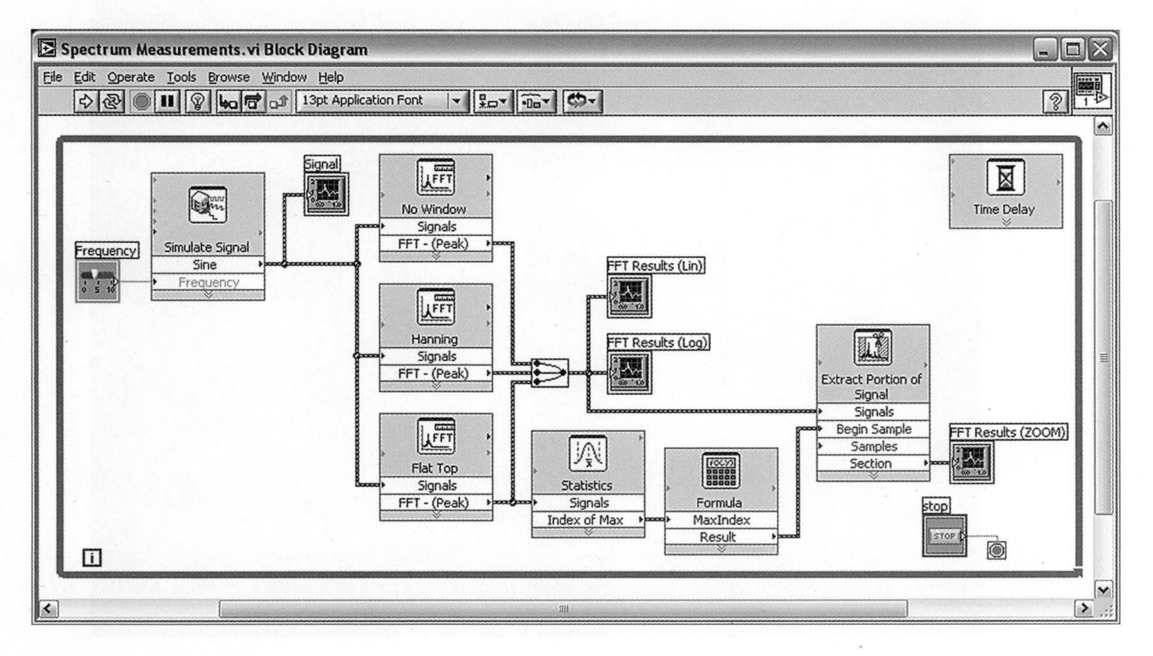

그림 8.19 LabVIEW 블록선도 예
contributed by David Alciatore

또한 NI사는 시제품, 전원공급, 전기회로 내에서의 측정을 위해 유용한 실습 플랫폼을 가진 사전 프로그래밍된 가상측정 소프트웨어를 제공한다. 이 플랫폼은 NI ELVIS라고 불리며, 그림 8.20에 나와 있다. 이것은 브레드보드(breadboards), 커넥터(connector) 인터페이스, 전원공급기(power supplies), 함수발생기(function generator)를 포함한다. 또한 멀티미터(multimeter), 함수발생기, 다양한 전원공급기, 오실로스코프를 포함하는 가상 계측기와의 연결을 가능하게 하는 컴퓨터 인터페이스도 포함한다. 멀티미터는 저항, 커패시턴스, 인덕턴스, 다이오드뿐만 아니라 AC와 DC의 전압 및 전류를 측정하는 데 사용된다. 함수발생기는 200 mHz에서 5 MHz까지의 정현(sine)파, 삼각파, 사각파를 출력할 수 있다. 이러한 파형의 크기는 −5 V에서 5 V까지의 오프셋(offset)을 가지면서 0에서 10.0 V_{pp}까지 조절될 수 있다. 주파수 스위프(sweep)는 요구하는 주파수 범위, 스텝, 간격을 입력함으로써 생성된다. 다양한 전원공급기는 0 V에서 12 V 사이의 전압, 양과 음의 전압을 출력할 수 있으며, 전압 스위프를 조절할 수 있다. 이 모든 특징이 나타나 있는 오실로스코프용 소프트웨어가 그림 8.21에서 보여진다.

NI ELVIS는 학생들이 회로를 제작하고 측정할 수 있는 교육용 실습 환경에서 매우 유용한 플랫폼이다. NI ELVIS는 이 책에서 언급된 실험실습에 사용된 플랫폼으로 현재 콜로라도주립

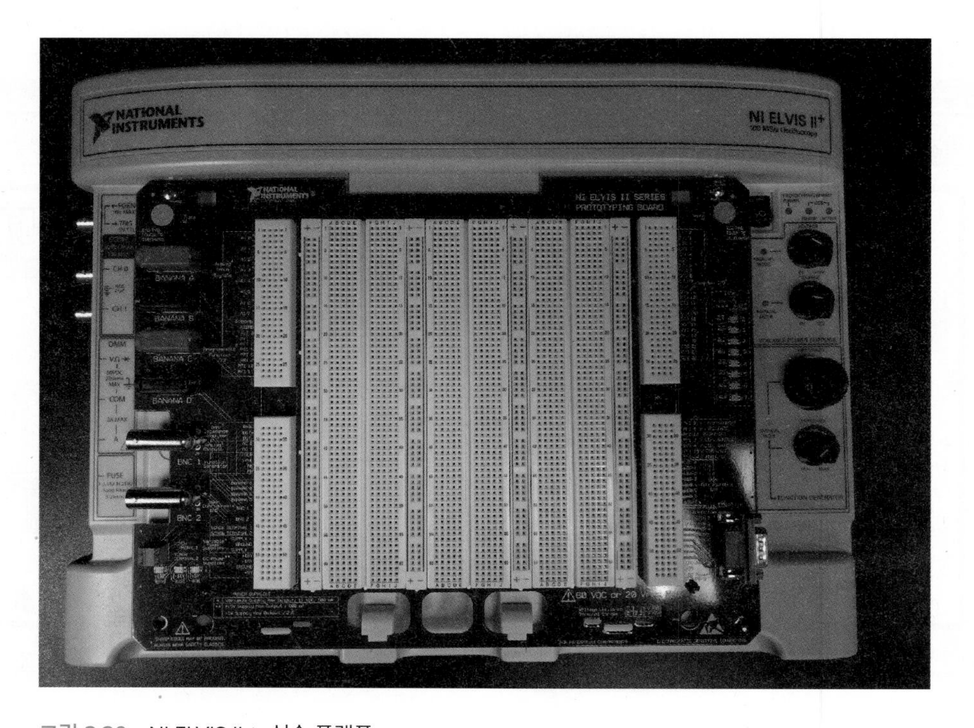

그림 8.20 NI ELVIS II+ 실습 플랫폼
© David Alciatore

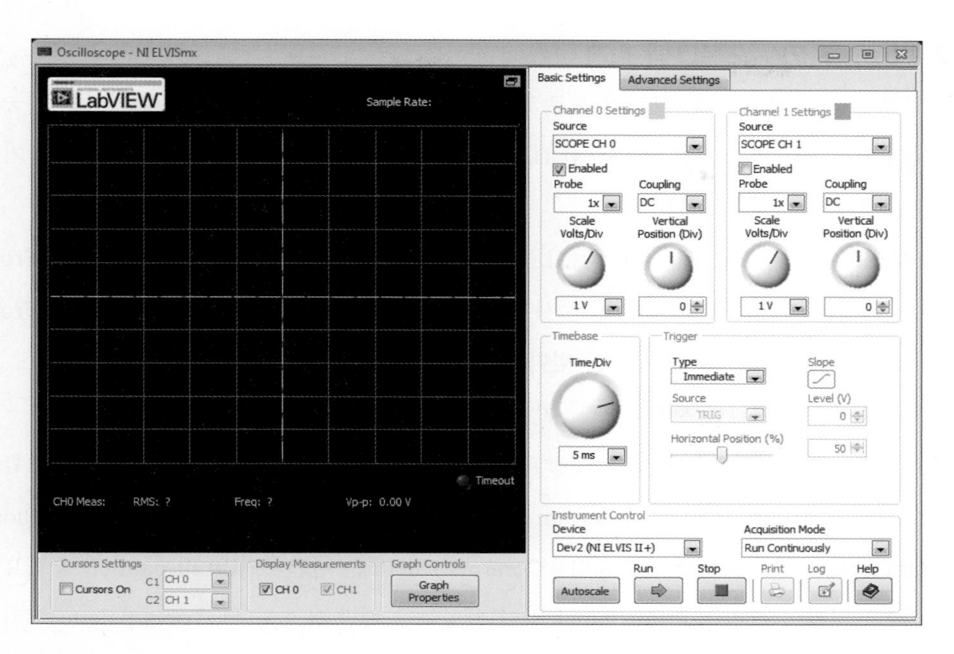

그림 8.21 NI ELVIS 가상 오실로스코프
contributed by David Alciatore

대학에서 메카트로닉스 수업을 통해 학생들이 실제 이용하고 있다. NI ELVIS의 다양한 특징에 대한 비디오 시연은 비디오 데모 8.10에서 온라인을 통해 볼 수 있다. 도움을 주는 힌트와 조언에 관한 자료는 인터넷 링크 8.7에 있다. 이 비디오는 NI ELVIS 하드웨어와 가상 계측 소프트웨어를 제공한다. 또한 회로에서의 전압과 전류를 어떻게 측정하는지, 회로에 어떻게 전원을 공급하는지, AC 신호를 함수발생기를 통해 어떻게 발생시키는지, 회로에서 측정된 AC 신호를 오실로스코프에서 어떻게 나타내는지를 보여준다.

8.10 NI ELVIS 실습용 플랫폼과 가상 계측기

8.7 NI ELVIS 실습용 플랫폼에 대한 유용한 정보

8.7 실제적인 고려사항

이 절은 아날로그신호를 샘플링하고 나타내기 위한 LabVIEW 소프트웨어와 USB 데이터수집 모듈을 사용하는 데 필요한 상세한 절차를 소개한다. 또한 오디오신호를 샘플링하고, 나타내고, 재생하기 위한 특정한 툴을 소개한다. 자세한 소개는 소프트웨어가 실제 어떻게 사용되는지를 보이기 위해 특정한 USB 데이터수집 모듈인 NI USB 6009에서 제공된다. 실습문제 Lab 12에서는 훨씬 더 상세한 것을 제공하고 샘플링률의 영향을 살펴본다.

Lab 12 데이터수집

8.7.1 LabVIEW 프로그램 소개

LabVIEW는 사용자 지향형 그래픽 프로그램 환경으로 되어 있다. 데이터수집을 위한 기능이 많이 내장되어 있으며 상용화된 다양한 DAC 카드 및 모듈과 잘 작동된다. LabVIEW의 기본적인 주요 사항은 아래와 같다.

LabVIEW에는 주요한 두 개의 창(그림 8.22와 8.23 참조)인 **Block Diagram** 창과 **Front Panel** 창이 있다. Block Diagram 창은 사용자가 작성하는 그래픽 프로그램을 포함하고 Front Panel 창은 사용자 인터페이스를 포함한다. 사용자 인터페이스는 제어파라미터를 입력하고 프로그램을 실행하고 결과를 시각화한다(예: 파형의 그림).

Palettes라고 불리는 추가 창은 내장된 LabVIEW 기능인 라이브러리(library)를 포함한다. **Functions** palette는 Block Diagram 창에서 사용되는 블록 라이브러리이다(이는 Block Diagram 창이 활성화될 때만 유효하다). **Controls** palette는 전면패널(front pannel)에 필요한 함수 라이브러리이다(이는 Front Panel 창이 활성화될 때만 유효하다). **Tools** palette는 커서(cursor)의 기능을 수정하는 데 사용된다. 각각의 다양한 도구는 각각의 다양한 기능을 수행하는 데 사용된다. 예를 들면 **connect wire** 는 블록을 연결하는 데 사용되고 **operate value** 는 제어값(아래에서 설명)을 변화시키는 데 사용된다. 대신에 **automatic tool selection**

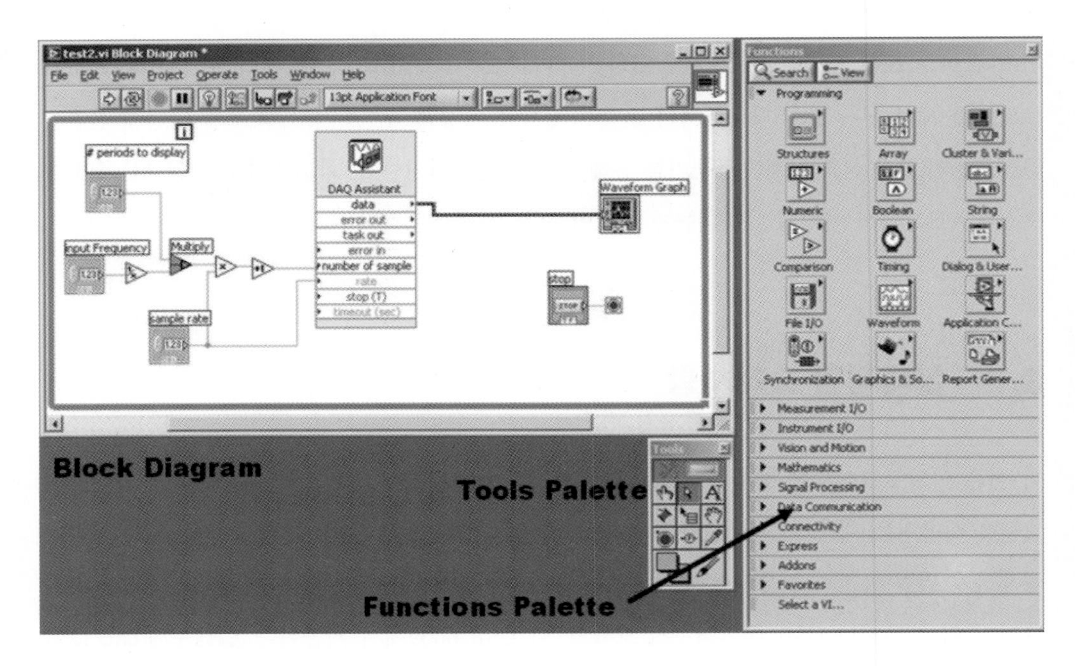

그림 8.22 블록선도의 예

contributed by David Alciatore

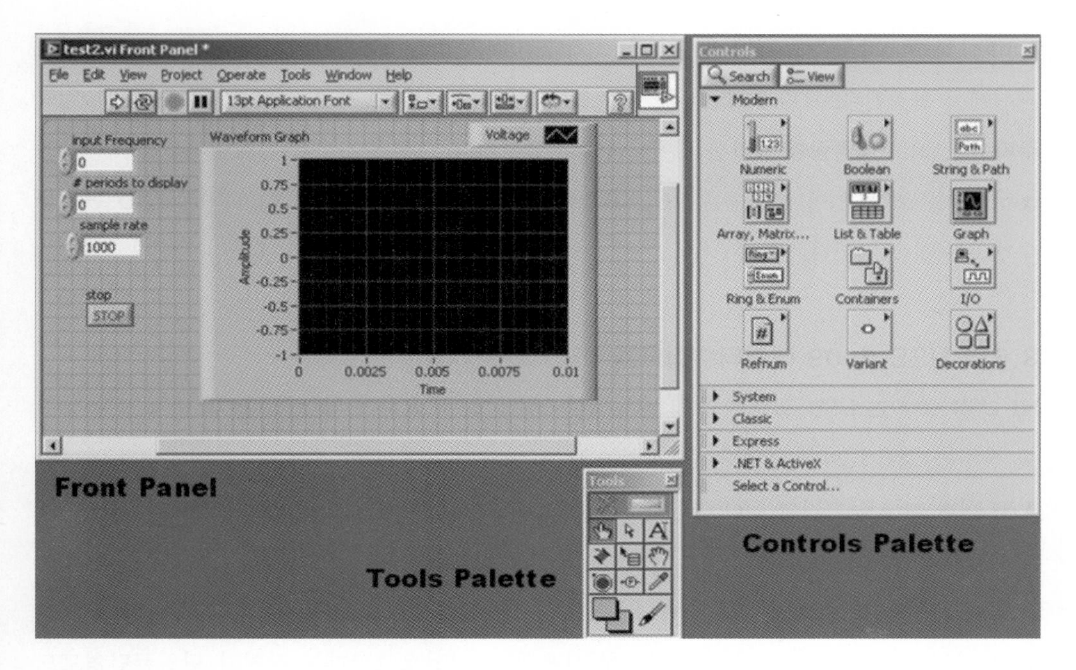

그림 8.23 전면패널의 예
contributed by David Alciatore

은 커서의 위치에 따라서 자동적으로 tool이 변화된다.

LabVIEW VI("브이아이"로 발음) 파일은 객체들 간의 연결로 **objects**(또는 blocks)를 구성한다. Objects에는 **nodes**와 **terminals**의 두 가지 형태가 있다. Nodes는 데이터수집모듈 디지털신호를 얻거나, 그 데이터들을 곱하거나, 신호처리하는 기능을 수행한다. Terminals는 블록선도와 전면패널 사이의 연결부이다. 전면패널의 모든 것은 블록선도상의 terminals로 나타난다. 모든 객체는 그 기능을 결정하는 입력, 출력과 파라미터를 가진다. 예를 들면 아날로그/디지털 변환 블록은 입력(하드웨어 입력)으로서 아날로그신호, 출력으로서 디지털신호를 가지고 샘플링률과 같은 파라미터를 가진다. A/D 변환블록의 출력은 terminal에 해당하는 파형 (waveform)을 그래픽으로 표시하는 블록에의 입력이 될 수 있다. 블록의 파라미터들은 다른 방법으로 설정될 수 있다. 한 가지 방법은 블록에 대한 속성(properties) 창을 열어서(우측 클릭하면서 속성을 선택함) 파라미터 값을 입력하는 것이다. 몇몇 파라미터들은 다른 파라미터와는 독립적으로 변화하지 않으며(예: 블록의 구성이나 모드를 정의하는 파라미터) 단지 속성창 안에서만 설정될 수 있다. 다른 것과는 독립적으로 설정될 수 있는 파라미터들(A/D 변환기의 샘플링률과 샘플링 개수)은 입력으로 사용하도록 설정될 수 있다. 이것은 **constant** 또는

control terminal을 사용하게 한다. Constant는 block diagram에서 설정되고 control은 전면패널에서 설정된다. 그림 8.22는 왼쪽에 #으로 분류된 **표시하는 기간**(periods to display), **입력주파수**, 그리고 **샘플링률**에 관한 제어블록을 포함시킨다. 그림 8.23은 전면패널에서의 대응하는 controls를 보인다. 이 그림들은 NI USB 6009 DAC 모듈을 사용하여 VI 파일이 A/D 변환을 수행하는 것을 보인다.

8.7.2 USB 6009 데이터수집모듈

NI USB 6009는 USB 포트를 통해 컴퓨터와 연결되는 대표적인 외장형 데이터수집 모듈이다. 이 장치는 그림 8.24에 보인다. 이 장치는 D/A 변환, 디지털 I/O, 카운터/ 타이머뿐만 아니라 A/D 변환 기능도 가진다. I/O 라인은 탈착 가능한 스크류 단자(screw terminal)에 전선(16-28 AWG)과 연결된다.

표 8.2와 8.3에 보이는 대로 스크류 단자 1~16은 아날로그 I/O에 사용되고, 단자 17~32는 디지털 I/O와 카운터/타이머 기능에 사용된다. 아날로그단자는 장치가 단일끝단형모드(single-ended mode, RSE로도 알려짐) 또는 차동모드(differential mode) 중 어느 모드에 연결되느냐에 따라 다르다는 것을 주의하라. 단일끝단형모드에서는 양의 전압신호가 AI 단자에 연결되고 음의 전압 또는 접지신호는 GND 단자에 연결된다. 이 모드는 2개의 단자를 사용해서 8개의 아날로그입력(AI0-AI7)을 가능하게 한다. 이 모드에서의 최대 전압 범위는 −10V~10V

그림 8.24 스크류 단자를 가진 컴퓨터에 연결된 USB 6009
©David Alciatore

표 8.2 USB 2009의 아날로그(1-16) 및 디지털(17-32) 핀 할당

모듈	터미널	신호, 싱글엔드형 모드	신호, 차동모드
	1	GND	GND
	2	AI 0	AI 0+
	3	AI 4	AI 0−
	4	GND	GND
	5	AI 1	AI 1+
	6	AI 5	AI 1−
	7	GND	GND
	8	AI 2	AI 2+
	9	AI 6	AI 2−
	10	GND	GND
	11	AI 3	AI 3+
	12	AI 7	AI 3−
	13	GND	GND
	14	AO 1	AO 0
	15	AO 2	AO 1
	16	GND	GND

모듈	터미널	신호
	17	P0.0
	18	P0.1
	19	P0.2
	20	P0.3
	21	P0.4
	22	P0.5
	23	P0.6
	24	P0.7
	25	P1.0
	26	P1.1
	27	P1.2
	28	P1.3
	29	PFI0
	30	+2.5 V
	31	+5V
	32	GND

표 8.3 USB 2009의 신호 설명

신호명	참고	방향	기술
GND	—	—	**접지** – 싱글엔드형 AI(아날로그입력) 측정에 대한 기준점. 차동모드 측정, AO(아날로그출력)전압, I/O 커넥터에서의 디지털 신호, +5 VDC 공급전압, +2.5 VDC 참조전압 등에 대한 바이어스 전류 복귀점
AI 〈0..7〉	Varies	입력	**아날로그입력 채널 0에서 7 까지** – 싱글엔드형 측정 시에는 각 신호가 아날로그입력 전압 채널이 됨. 차동형 측정 시에는 AI 0과 AI 4가 차동 아날로그입력 채널 0의 양과 음의 입력이 됨. 다음 신호의 쌍들은 차동입력 채널: 〈AI 1, AI 5〉, 〈AI 2, AI 6〉, 〈AI 3, AI 7〉
AO 0	GND	출력	**아날로그 채널 0 출력** – AO 채널 0의 출력전압 제공
AO 1	GND	출력	**아날로그 채널 1 출력** – AO 채널 1의 출력전압 제공
P1.〈0..3〉 P0.〈0..7〉	GND	입력 또는 출력	**디지털 I/O 신호** – 각 신호를 입력 또는 출력으로 설정할 수 있음
+2.5 V	GND	출력	**+2.5 V 외부 기준점** – 래핑백 테스터에 대한 기준점 제공
+5 V	GND	출력	**+5 V 전력 소스** – 200 mA까지의 전력 공급을 위한 +5 V 공급단자
PFI 0	GND	입력	**PFI 0** – 이 핀은 디지털 트리거 또는 이벤트 카운터 입력으로 설정됨

이다. 차동모드는 더 큰 전압 범위를 얻는 데 사용된다. 이 모드는 GND를 기준으로 해서 AI+와 AI− 사이의 차이를 측정한다. −20 V에서 20 V 전압 범위에 이를 수 있지만 접지를 기준으로 한 한 개의 핀(AI+ 또는 AI−)상에서의 최대 전압은 ±10 V이다. 차동모드는 단일끝단형모드보다 한 개 더 많은 선을 사용하며,이 모드에서는 4개의 아날로그입력만이 가능하다.

차동모드와 단일끝단형모드 사이의 또 다른 차이점은 아날로그입력의 분해능이다. 차동모드는 14비트의 분해능을 가지는 반면 단일끝단형모드는 13비트의 분해능을 가진다.

아날로그입력 변환기의 형태는 축차근사형이고, 샘플링률은 초당 48,000 샘플(kS/s)이다. 이 장치는 각각의 입력으로 다중화되는 아날로그/디지털 변환기를 포함한다.

8.7.3 VI 생성과 음악 샘플링

이 예제는 LabVIEW 버전 8.0에 기초하지만 이전 또는 이후 버전과 상당히 호환된다. 또한 USB 6009가 이미 장치와 함께 온 소개서에 따라서 컴퓨터와 연결되어 있다고 가정한다.

Blank VI 파일 열기

1. Start > Programs > National Instruments > LabVIEW 8.0 > LabVIEW로 LabVIEW를 시작한다.
2. 새로운 프로젝트를 시작하기 위해 Blank VI를 클릭한다. Block Diagram 창과 Front Panel 창이 나타난다. 만일 한 개만 열린다면 Windows 메뉴에서 Show Block Diagram 또는 Show Front Panel을 클릭한다. 몇 개의 다른 작은 창이 함께 열릴 수도 있다.
3. 만일 열리지 않으면 Functions palette를 연다. View 메뉴 아래의 Block Diagram 창으로부터 Functions palette를 열기 위해 Function palette를 클릭한다.

Node blocks 생성하기

1. Functions palette로부터 Measurement I/O > NI-DAQmx를 선택한다. Block Diagram 상에서의 DAQ Assist 아이콘을 끌어당긴다. DAQ Assistant 창이 나타난다.
2. USB 6009 장치를 컴퓨터에 연결한다. 녹색 불이 깜박이기 시작한다. DAQ Assistant 창으로부터 Analog Input > Voltage > ai0 > Finish를 선택한다. 만일 ai0가 나타나지 않으면 사용가능한 아날로그입력 채널을 나타내는 "Dev 1(USB-6009)" 다음의 plus를 누른다.
3. DAQ Assistant block의 특성을 나타내는 새로운 창이 열린다.

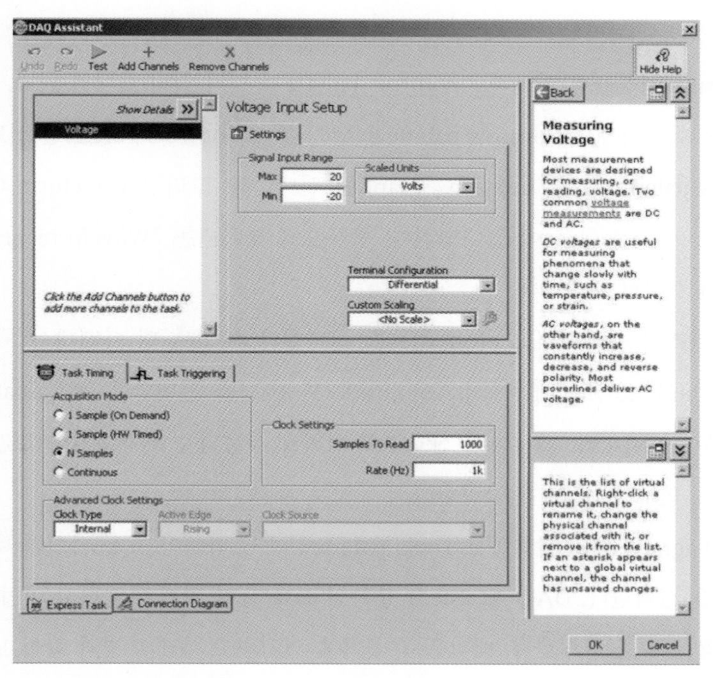

contributed by David Alciatore

4. Settings 아래의 입력 크기와 요구된 양자화 크기에 기초한 Signal Input Range에 대한 최대값과 최소값을 설정한다.
5. Settings 아래의 Terminal Configuration을 RSE(single-ended mode)로 설정한다.
6. Task Timing 탭 아래 데이터수집모드를 N 샘플까지 설정한다. 배선 선도(wiring diagram)는 창의 바닥에 있는 Connection Diagram 탭을 선택함으로써 보여지며, 적절한 범위(max ≤ 10과 min ≥ -10)가 선택된다.
7. DAQ Assistant 속성 창을 닫기 위해 Ok를 선택한다. 나중에 DAQ Assistant 블록상에서 우클릭하면 열린다.

Terminal blocks 생성하기

1. Tools palette(또는 자동 아이콘)로부터 와이어 스풀 아이콘 을 선택한다. DAQ Assistant 블록 위에 있는 rate 입력(블록 측면에 있는 화살표)을 우클릭한다. 그리고 create>control을 선택한다. 블록으로 분류되는 rate는 DAQ Assistant 블록에 연결된 전선으로 나타내야 한다.
2. Number of samples 입력에 대한 제어를 위해 이것을 반복한다. 이 두 가지 제어는 Front

Pannel 창에서 나타날 것이다.

3. Front Pannel 창을 활성화하고 controls palette가 열려 있지 않다면 연다. Front Pannel 창 View 메뉴 아래의 Controls palette를 열기 위해 Controls Palette를 선택한다.
4. Controls palette로부터 modern>graph를 선택한다. 그리고 Waveform Graph 아이콘을 Front Pannel 창 위에 끌어당긴다. 블록으로 분류되는 "Waveform graph"는 Block Diagram 창에서 나타난다.
5. 그래프 위에서 우클릭하고 properties를 선택한다. Scales 탭 아래에서 제일 위에 있는 풀-다운(pull-down) 메뉴에서 Amplitude(Y-axis)를 선택한다. Autoscale을 선택해제하고 DAQ Assistant 블록에서 신호입력 범위로 사용되는 최대값과 최소값을 설정한다. 속성 창을 닫기 위해 Ok를 클릭한다.
6. Block Diagram 창을 선택하고 Tools palette상에서 와이어 스풀 아이콘 (또는 자동아이콘)을 선택한다. DAQ Assistant 블록의 data 출력 위를 클릭하고 이어서 Waveform Graph 블록 위를 클릭한다. 배선은 두 블록을 연결하고 아래의 창과 같이 보여야 한다.

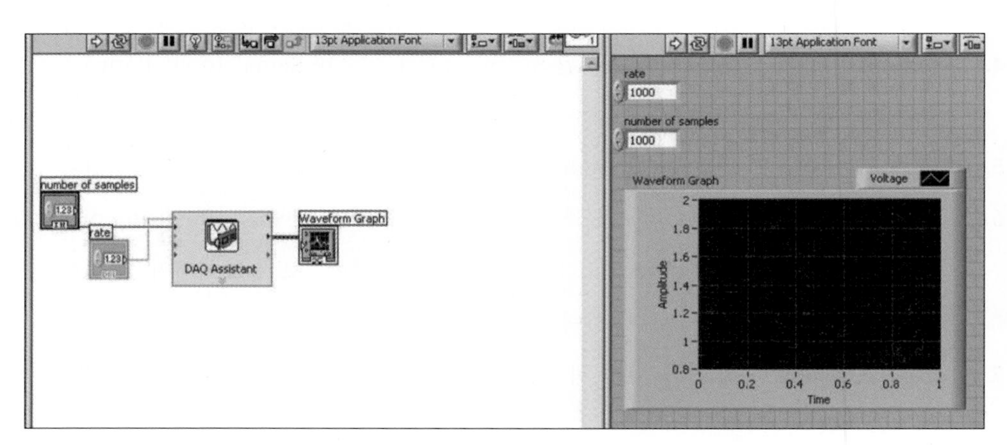

contributed by David Alciatore

아날로그 신호 샘플링하기

1. 아날로그신호를 USB 6009에 연결시킨다. 양(positive)의 부분은 스크류 단자 2(screw terminal 2, AI0)에 연결된다. 음(negative)의 부분은 스크류 단자 1(GND)에 연결된다.
2. Front Pannel 창을 선택하고 operate value 아이콘을 Tools palette(또는 자동아이콘)로부터 선택한다.

3. Rate와 number of samples를 적절한 값으로 설정한다.
4. Operate 메뉴 아래의 프로그램을 실행시키기 위해 run을 선택한다. 파형은 Waveform Graph상에서 나타난다. 파형의 그림은 파형 위에서 우클릭하고 Data Operations > Export Simplified Image…를 선택하면 파일로 저장된다.

음악 샘플링하기

1. 오디오 장치의 출력(예: 증폭기로부터의 스피커 선 또는 MP3 플레이어의 헤드폰 선)을 USB 6009의 입력에 연결한다.
2. 엘리어싱 없이 모든 오디오 주파수를 획득하기 위해 44,000 kHz[표준 고충실도 (high-fidelity) 음악의 샘플링률]를 선택하라. 사람의 청력은 일반적으로 20 Hz에서 20 kHz 범위로 제한되기 때문에 40,000(Shannon의 샘플링 정리)보다 더 작거나 같으면 엘리어싱(나쁜 충실도)을 초래한다.
3. Play Waveform을 블록선도에 추가한다. 이는 Functions palette인 Programming, Graphics and Sound, Sound, Output에서 보여진다. Configuration dialog 창이 나타나면 OK를 누른다. Play Waveform 블록의 data 입력을 DAQ Assistant 블록의 data 출력에 연결한다. DAQ Assistant의 timeout 입력을 위한 상수값을 생성하는데(이는 rate 입력에 대한 제어를 생성하는 데 사용된 같은 방법을 사용) 30으로 설정한다(letter 아이콘은 Tools palette로부터 선택되는 데 필요하다). 30까지 timeout을 설정한 것은 저장되는 음악이 30초까지 허락된다는 것이다. 블록선도는 다음 그림과 같이 보여진다.

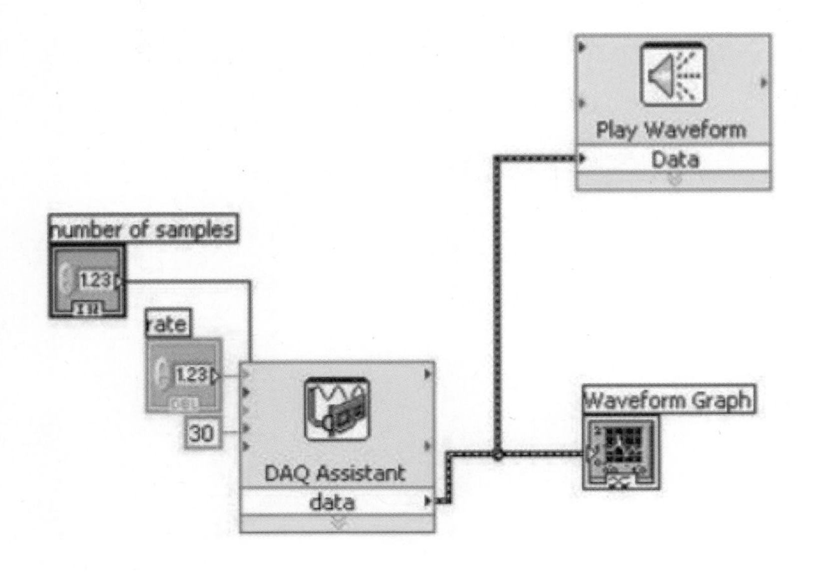

4. 음악을 샘플링하고 저장된 파형을 들어보자.

비디오 데모

8.5 LabVIEW 데이터수집 및 음악 샘플링

8.7 음악의 샘플링률과 분해능의 영향

비디오 데모 8.5는 여러 가지 샘플링률로 샘플링된 음악의 재생을 포함하는 과정에서의 모든 단계를 보여준다. 비디오 데모 8.7은 더 자세하게 샘플링의 영향을 보여주고 감소한 분해능의 영향도 보여준다. LabVIEW의 다양한 측면을 다루는 우수한 온라인 사용지침서가 인터넷 링크 8.8에 보인다.

인터넷 링크

8.8 LabVIEW 그래픽 프로그래밍 온라인 코스

QUESTIONS AND EXERCISES 연습문제

8.1절 서론

8.1. 왜 디지털 컴퓨터나 마이크로프로세서에 열전쌍, 스트레인 게이지, 가속도계 등과 같은 센서를 직접 연결하는 게 불가능한가?

8.2. 오디오 트랙의 대역폭이 15 kHz라고 가정하면 오디오 CD에 저장되어 있는 트랙을 최대로 충실히 수치화하기 위해 필요한 최소 샘플링률은 얼마인가?

8.3. 다음과 같은 소스로부터 오는 원래 신호를 디지털화하려고 한다.

a. 방 안의 온도를 감지하는 열전쌍

b. 스테레오 앰프의 출력

위의 각 경우에서 최소 샘플링 주파수는 얼마인가? 자신이 정한 모든 가정을 기술하라.

8.4. 함수 $V(t) = \sin(t) + \sin(2t)$의 Nyquist 주파수의 1/3, 2/3, 2, 10배의 시간 간격을 가지고 2주기 동안의 그래프를 그려라. 결과에 대해 논하라.

8.5. 예제 8.1에 샘플 간격이 0.5초, 1초, 10초일 때 함수의 그래프를 그려라. 샘플링 정리를 이용하여 결과를 설명하라.

8.6. 수업토론주제 8.2에 대한 완전하고 철저한 답안을 작성하라.

8.2절 샘플 신호의 복원

8.7. 8.2절에서 소개한 싱크(sinc) 복원 기술을 예제 8.1의 비트(beat)신호에 적용하라. 신호의 최대주파수의 2.5배로 2박자 주파수 사이클을 샘플링하라. 정확히 묘사된 비트신호와 샘플링된 신호 그리고 복원된 파형을 그려라.

8.3절 양자화 이론

8.8. −5 V에서 5 V 범위에서 작동하는 12비트 A/D 변환기가 있다. 일반적으로 변화를 감지하기 위해 입력전압은 얼마만큼 변화해야 하는가?

8.9. 신호가 ±5 V 범위에 있고 이 신호를 아날로그 양자화 크기 5 mV로 측정하고자 한다. 이 작업을 수행하기 위해 A/D 변환기의 최소분해능은 얼마로 해야 하는가?

8.10. 0에서 10 V 범위에서 작동하는 8비트 A/D 변환기를 이용하여 아날로그 센서의 전압을 측정하려고 한다. 센서값이 다음과 같을 때 디지털 출력 코드는 어떻게 되는가?

a. 0.0 V

b. 1.0 V

c. 5.0 V

d. 7.5 V

8.4절 아날로그/디지털 변환

8.11. 샘플링률이 5 kHz로 동작하는 12비트 A/D 변환기를 이용하여 10초 동안의 센서 신호를 저장하기 위해서는 얼마의 컴퓨터 메모리 바이트(byte)가 필요한가?

8.12. 표 8.1의 진리표를 이용하여 식 (8.6)과 (8.7)을 유도하라.

8.13. 입력신호가 2.25 V이고 입력 범위가 −5 V부터 5 V일 때 5비트 변환기에 대해 그림 8.14와 유사한 그래프를 그려라.

8.14. 메카트로닉스 설계자들이 8비트에서 10비트 그리고 12비트 A/D 변환기로 옮길 때, 데이터수집시스템(data acquisition system) 설계 시 발생하는 문제는 무엇인가?

8.15. Microchip사 웹사이트(www.microchip.com)를 방문하여 MCP32X 시리즈 A/D 변환기의 사양(specifications)을 찾아라. 분해능이 얼마인가? 아날로그 값을 2진수로 변환하기 위해 어떤 아키텍처(architecture)를 사용하는가?

8.16. 인터넷을 이용하여 National Semiconductor사(www.national.com)의 ADC0800 8비트 A/D 변환기의 사양을 찾아보라. 최대 샘플링률과 변환 방법이 무엇인지 알아보라. 또한 입력과 출력 각각을 정의하라.

8.5절 디지털/아날로그 변환

8.17. 식 (8.15)를 증명하라.

8.18. 식 (8.16)을 증명하라.

8.19. 식 (8.17)을 증명하라.

8.20. 수업토론주제 8.5에 대한 완전하고 철저한 답안을 작성하라.

8.21. 수업토론주제 8.6에 대한 완전하고 철저한 답안을 작성하라.

BIBLIOGRAPHY 참고문헌

Datel Intersil, *Data Acquisition and Conversion Handbook*, Mansfield, MA, 1980.

Gibson, G. and Liu, Y., *Microcomputers for Engineers and Scientists*, Prentice Hall, Englewood Cliffs, NJ, 1980.

Horowitz, P. and Hill, W., *The Art of Electronics*, 3rd Edition, Cambridge University Press, New York, 2015.

O'Connor, P., *Digital and Microprocessor Technology*, 2nd Edition, Prentice Hall, Englewood Cliffs, NJ, 1989.

9 CHAPTER

센서

Sensors

이 장에서는 메카트로닉스 시스템 설계에 중요하게 사용될 수 있는 다양한 센서에 대해 기술하고자 한다. ■

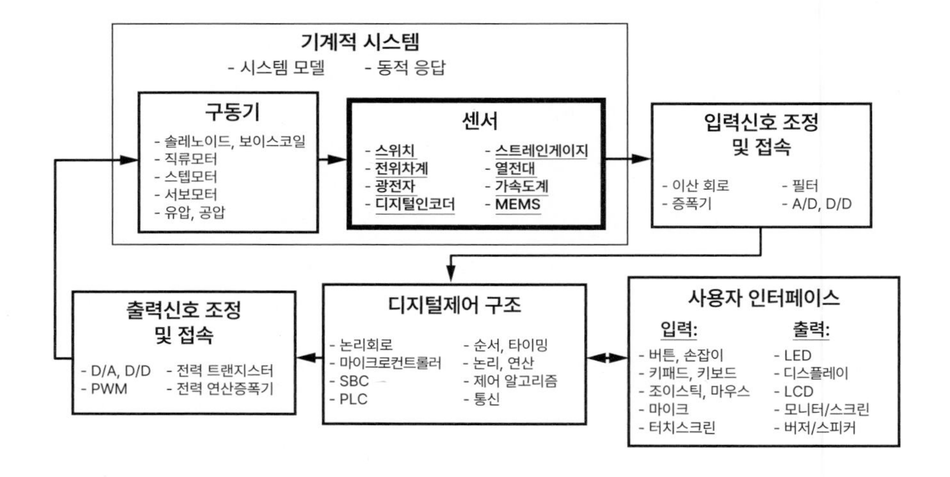

목적 · CHAPTER OBJECTIVES

이 장을 읽고, 공부하고, 논의하고, 아이디어를 적용하면 다음을 할 수 있다.

1. 근접센서, 스위치, 전위차계, 선형 가변차동변압기(LVDT), 광엔코더, 스트레인게이지, 로드셀, 열전대, 가속도센서 등과 같은 간단한 기전 센서의 기본원리를 이해한다.
2. 디지털 엔코더에서 선형 또는 회전 위치 정보를 어떻게 이진코드로 변환하는지 설명할 수 있다.

3. 역학의 기본이론을 적용하여 단일 스트레인게이지와 스트레인게이지 로제트의 데이터를 해석할 수 있다.
4. 열전대를 이용한 정확한 온도계측 방법을 배운다.
5. 가속도 계측과 가속도센서의 주파수응답을 안다.
6. 초소형기전시스템(MEMS)을 이해한다.

9.1 서론

센서(sensor)는 어떤 물리량의 크기를 감지하고 이를 메카트로닉스 또는 계측시스템에서 처리될 수 있는 신호로 변환하는 요소라고 할 수 있다. 센서의 능동적 구성요소를 흔히 **변환기**(transducer)라 부른다. 어떤 시스템을 감시하거나 제어하고자 할 때 위치, 거리, 힘, 변형, 온도, 진동, 가속도 등과 같은 물리량을 측정하기 위해 센서가 필요하다. 이러한 다양한 물리량을 계측하기 위한 디바이스와 관련된 기술을 다음 절에서부터 설명할 것이다.

센서나 변환기 자체를 설계할 때에는 항상 계측하고자 하는 물리량과 연관된 물리 또는 화학법칙을 필요로 한다. 부록 B에 센서나 변환기의 설계에 유용한 많은 물리 법칙과 원리를 요약했다. 또한 몇 개의 응용 예도 함께 제시했다. 이 목록은 어떤 물리량의 측정 방법을 찾고자 하는 변환기 설계자에게 유용할 것이다. 실제로 모든 변환기는 하나 또는 그 이상의 이러한 원리를 바탕으로 동작한다.

인터넷 링크 9.1에 다양한 상용 센서와 변환기의 온라인 자료와 제조사가 링크되어 있다. 인터넷은 메카트로닉스 분야의 최신 상품을 찾을 수 있는 아주 좋은 자원이다. 새로운 기술 향상과 진보가 끊임없이 이어지는 센서에서 특히 인터넷은 매우 유용하다.

9.1 센서 온라인 자료 및 공급자

9.2 위치와 속도 측정

위치(position)는 메카트로닉스 시스템에서 전기적인 양(즉, 전압, 전류, 저항 등)을 제외하면 가장 자주 측정하게 된다. 왜냐하면 어떤 시스템의 거동을 제어하기 위해서는 일반적으로 그 시스템의 각 부분이 어디에 위치하고 있는가를 알아야 할 필요가 있기 때문이다. 9.2.1절은 위치센서의 부분집합이라 할 수 있는 물체가 행정의 한계위치에 근접 또는 도달했는가를 감지하기 위한 근접센서와 리밋스위치에 관해 기술한다. 9.2.2절은 회전과 선형 위치를 값싸게 측정할 수 있는 전위차계에 대해 설명한다. 9.2.3절은 선형 변위를 정밀하게 측정할 수 있는 아날로그 디바이스인 선형가변차동변압기(LVDT)를 기술한다. 마지막으로 9.2.4절은 위치를 디지털 형태로 측정하여 컴퓨터나 다른 디지털 시스템에 인터페이스가 용이한 디지털 엔코더에 대해 설명한다.

많은 응용분야에서 축을 중심으로 회전하는 운동을 제어하거나 측정할 필요가 자주 있기 때문에[예: 로봇관절, 수치제어(NC) 선반이나 밀링 기계의 운동축, 모터, 발전기 등], 회전위치센서가 직선위치센서보다 더 일반적이다. 또한 직선운동은 보통 회전운동으로부터 쉽게 변환될 수 있기 때문에(예: 벨트, 기어, 또는 휠 메커니즘) 직선운동 기계에서도 회전위치센서를 사용할 수 있다.

속도 측정은 알고 있는 일정한 시간 간격으로 위치를 연속적으로 측정하고 이 위치 값의 시간변화율을 계산하여 얻을 수 있다. 타코미터(tachometer)는 회전축에 대해 이러한 원리를 적용한 속도센서의 일례이다.

9.2.1 근접센서와 스위치

근접센서(proximity sensor)는 어떤 물체에 센서가 접근하면(대개의 경우 실제로 접촉하지 않음) 센서의 상태나 아날로그 신호가 변화하는 요소로 구성되어 있다. 자기, 커패시턴스, 인덕턴스, 초음파, 와전류(eddy current), 광전효과 등을 기초로 한 다양한 근접센서가 존재한다. 이러한 센서에 대한 더 많은 정보와 용례가 인터넷 링크 9.2에서부터 9.4까지 나와 있다. 비디오 데모 9.1은 자기방식 근접센서의 응용 예를 보여준다.

9.2 Hall 효과 센서

9.3 커패시턴스형 근접센서

9.4 인덕턴스형 근접센서

9.1 PID 속도제어기에 사용된 자기 픽업 타코미터

9.2 적외선 센서와 스텝퍼 모터로 자동화된 실험 쥐 운동기구

광전식 근접센서가 많이 사용되며, **포토에미터-디텍터**(photoemitter-detector) 쌍이 광선의 반사나 끊어짐을 이용하여 물체를 비접촉으로 감지한다. 에미터에는 레이저 또는 집광된 LED가, 디텍터에는 광트랜지스터(phototransistor)와 광다이오드(photodiode)가 주로 사용된다. 다양한 형태의 포토에미터-디텍터 쌍이 그림 9.1에 예시되어 있다. 대향(opposed)과 후향반사(retroreflective) 모드 배열의 센서는 물체가 광선을 차단하는 것을 이용한 것이며, 근접(proximity) 모드 배열의 센서는 물체 자체가 광선을 반사하는 원리를 이용한 것이다. 비디오 데모 9.2는 근접센서 구성에 대한 흥미로운 학생 프로젝트 예를 보여준다. 근접센서와 리밋스위치(limit switch)는 물체의 존재를 감지하거나(예: 공중화장실 앞에 있는 사람), 움직이는 물

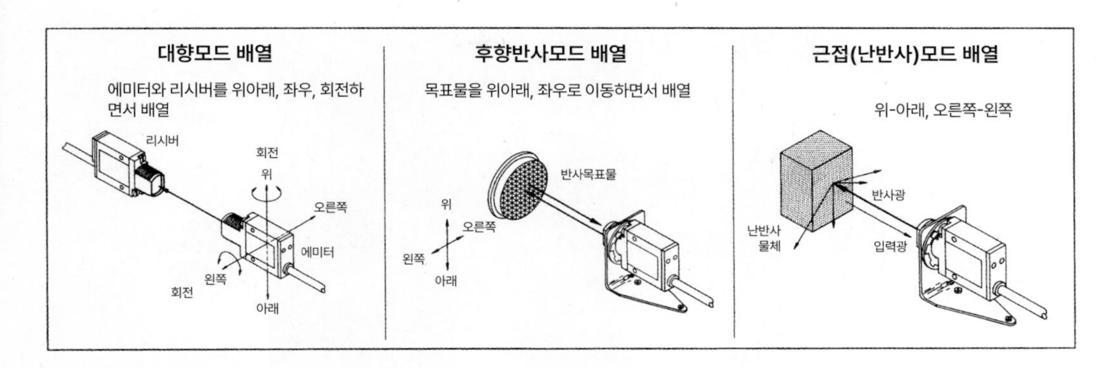

그림 9.1 포토에미터-디텍터 쌍의 다양한 구성
출처 Banner Engineering, Minneapolis, MN.

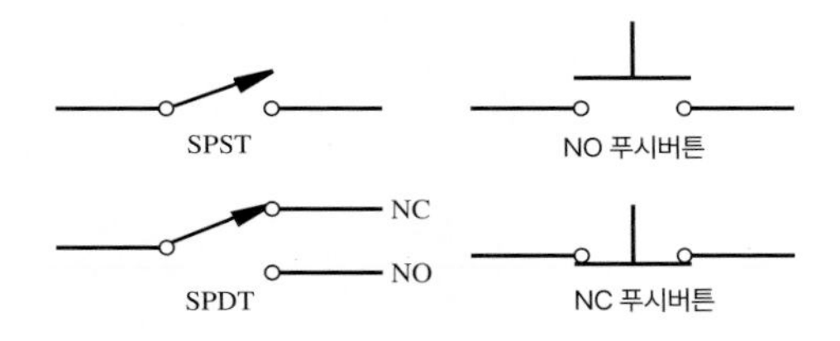

그림 9.2 스위치

체의 수를 세거나(예: 컨베이어 벨트 위를 지나는 물체), 운동 기구의 범위를 제한하는(예: 슬라이더나 조인트의 행정 한계) 곳에 주로 사용된다.

스위치는 푸시버튼 또는 레버형 마이크로스위치(micro-switch) 등과 같이 다양한 형태가 존재한다. 모든 스위치는 회로 내 연결을 개폐하기 위해 사용된다. 그림 9.2에서 보는 바와 같이 스위치는 **폴**(pole, P)과 **스로**(throw, T)의 수 그리고 스위치의 기준 상태가 **NO**(normally open)인지 아니면 **NC**(normally closed)인지에 따라 구분된다. 폴은 스위치에서 연결을 끊거나 이어주는 레버와 같은 기구 요소이고 스로는 각 폴에 해당하는 접점을 말한다. SPST 스위치는 단일 연결을 개폐해 주는 싱글 폴(SP), 싱글 스로(ST) 디바이스이다. SPDT 스위치는 두 개의 스로 위치 사이를 하나의 폴이 왕복한다. 스위치의 폴과 스로는 다양한 형태가 존재하지만, 이와 같은 용어로 쉽게 이해될 수 있다. 그림 9.3과 비디오 데모 9.3은 다양한 형태의 스위치를 쓰임새와 함께 보여준다. 비디오 데모 9.4는 바이메탈 코일(9.4.2절 참조)이 일정량 회전했을 때 NO 수은 스위치(mercury switch)가 에어컨과 히터를 켜고 끄는 재미있는 예를 보여준다. 스위치에 사용된 용어는 기전 릴레이에도 마찬가지로 적용된다(10.5.4절 참조).

비디오 데모
9.3 스위치
9.4 바이메탈과 수은 스위치를 이용한 온도조절기

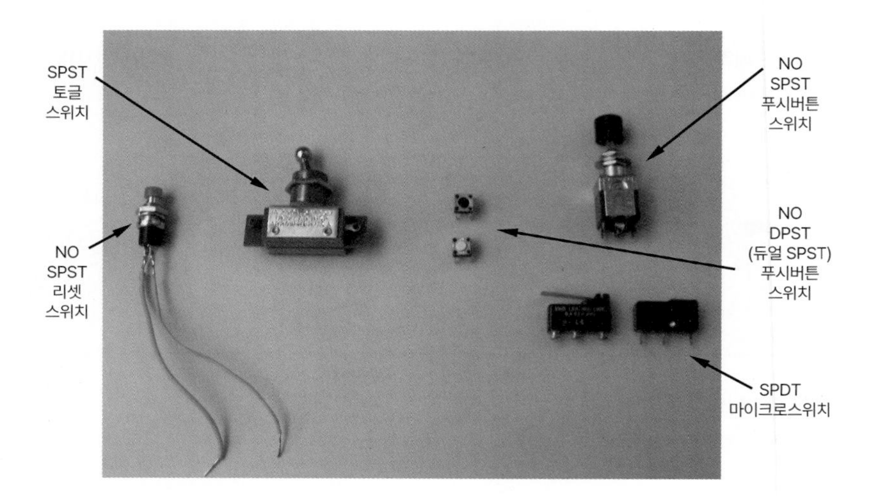

그림 9.3 다양한 형태의 스위치 사진
©David Alciatore

수업토론주제 9.1 가정용 3방향 스위치

가정용 3방향 스위치는 한 등을 두 곳에서 켜고 끌 수 있도록 해준다(계단의 아래와 위에 설치된 스위치가 좋은 예일 것이다). 참고로 여기서 3방향이란 각 스위치가 가지고 있는 접점 수(3)를 나타내는 것이지 스위치의 개수(2)를 나타내는 것이 아니다. 3방향 스위치는 SPDT 종류의 하나이다. 교류 전력선을 두 개의 스위치에 어떻게 연결하면 하나의 등을 두 장소에서 원하는 대로 켜고 끌 수 있을지 개략도를 그려보자.

기계적 스위치가 개폐되는 스위칭 동작 동안 큰 전압의 갑작스런 변화에 의해 새로운 상태가 안정화되기 이전에 많은 수의 끊어짐과 이어짐이 반복되는 스위치바운스(bounce) 현상이 일어난다. 이때 스위치가 디지털 회로에 연결이 되어 있다면, 원하지 않는 비트가 포함될 위험이 크기 때문에 반드시 6.10.1절에서 기술된 것과 같은 디바운스(debounce) 회로를 사용해야 한다.

9.2.2 전위차계

회전형 **전위차계**(potentiometer 또는 pot)는 각도를 측정할 수 있는 가변저항 디바이스이다. 이것은 하나의 저항체와 이와 접촉하고 있는 와이퍼로 구성되어 있으며, 접촉점이 움직임에 따라 와이퍼와 저항체의 한쪽 끝 도선 사이의 저항값이 회전변위에 비례하여 변화한다. 그림 9.4는 전형적인 회전형 전위차계의 형태와 내부구조 개략도를 보여준다. 그림 9.5는 두 가지 형태

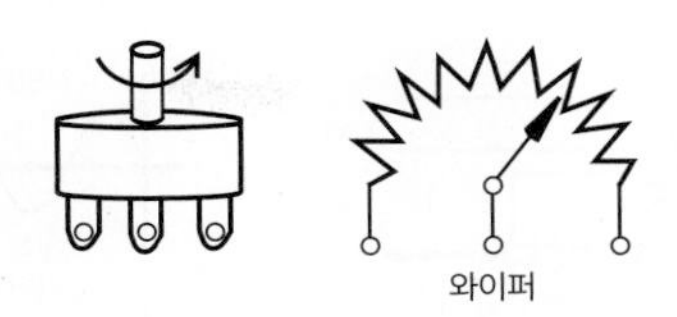

그림 9.4 전위차계

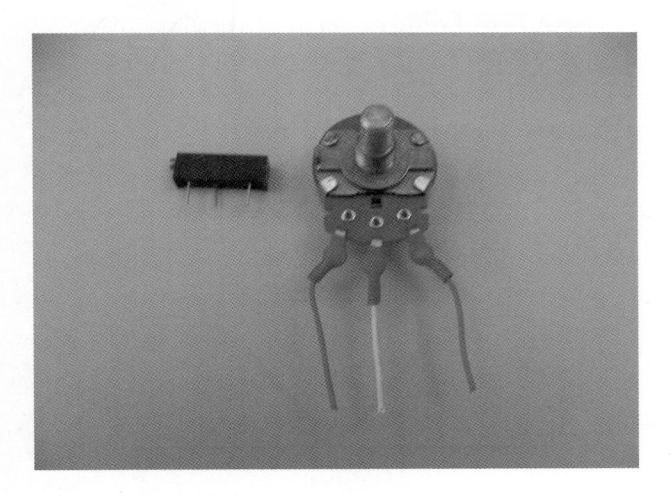

그림 9.5 트림폿과 회전형폿의 사진
©David Alciatore

의 일반적인 전위차계를 보여준다. 왼쪽에 있는 것은 **트림폿**(trim pot)이라 불린다. 이것은 왼쪽 면에 작은 스크루가 있어서 스크루 드라이버로 돌려서 저항을 정밀하게 조정할 수 있다. 오른쪽에 있는 것은 회전손잡이를 가지고 있어서 사용자가 쉽게 저항을 변화시킬 수 있는 전형적인 회전형 폿이다. 전위차계는 간단한 전압분배(voltage divider) 회로 형태이기 때문에 저항의 변화는 입력변위에 직접 비례하는 출력전압을 생성하도록 만들 수 있다. 이 관계식은 4.8절에서 유도되었다. 선형 전위차계 또한 존재하며 주로 슬라이더 형태이다(즉, 오디오 믹서의 슬라이더). 이들은 선형 변위를 측정하는 것 외에는 회전형 전위차계와 동일한 방식으로 동작한다.

9.2.3 선형가변차동변압기(LVDT)

선형가변차동변압기(LVDT, linear variable differential transformer)는 선형변위를 측정하는 변환기다. 그림 9.6에서 보는 바와 같이, LVDT는 주권선과 종권선 그리고 이동할 수 있는 철심으로 구성되어 있다. 이것의 기능은 일차코일 전압에 대응하여 이차코일에 전압이 유도되는 변

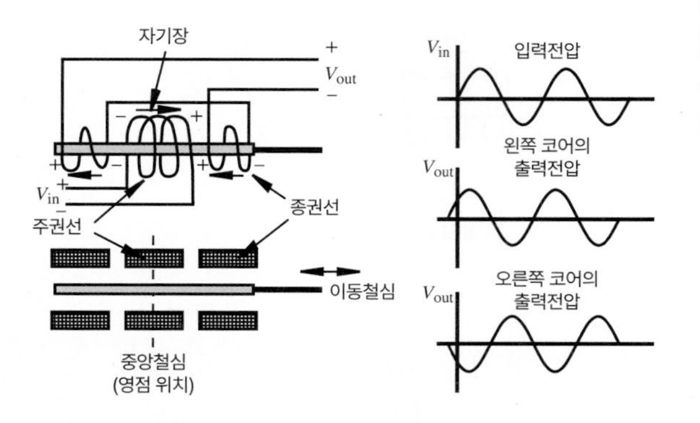

그림 9.6 선형가변차동변압기(LVDT)

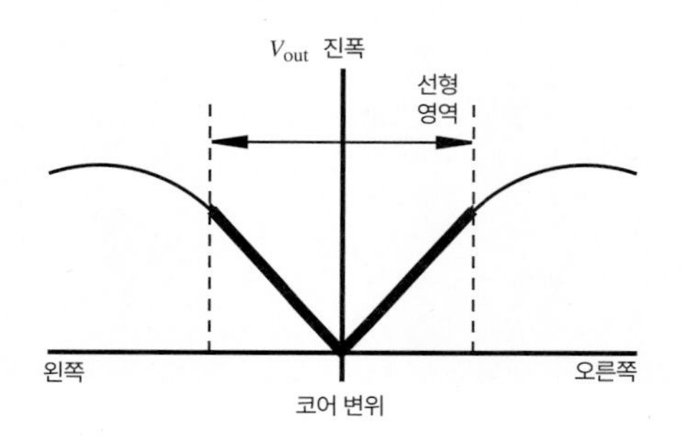

그림 9.7 LVDT의 선형 영역

압기와 매우 유사하다. LVDT는 반드시 AC 신호로 구동되어야만 하며 이에 대응하여 이차코일에 AC 응답이 얻어진다. 철심의 위치는 이차코일의 응답을 측정하여 얻을 수 있다.

그림처럼 두 개의 이차코일이 방향을 반대로 하여 직렬로 연결하면 출력신호는 철심 운동의 크기와 방향을 포함하게 된다. 그림 9.6은 두 개의 서로 다른 철심의 위치에서 일차 교류전압 V_{in}와 출력신호 V_{out}을 보여준다. 각 코일에 유도되는 전압의 진폭이 같고 180°의 위상차를 갖는 철심의 위치인 중간점이 존재하며, 이때 영점(null)의 출력신호가 발생한다. 철심이 영점 위치에서 움직임에 따라 출력진폭이 그림 9.7과 같이 영점 근처의 선형 영역에서 움직임의 크기에 비례하여 증가하게 된다. 따라서 이 영역 내에서 출력진폭을 측정함으로써 철심의 변위를 쉽고 정확하게 측정할 수 있다. 이때 인덕턴스 때문에 입출력 전압에 위상차가 살짝 존재할 수 있으나 우리는 전압의 크기에만 관심이 있기 때문에 상관없다. **인터넷 링크 9.5**는 철심 변위에 따라 LVDT의 출력전압이 어떻게 변화하는지를 재미있는 애니메이션으로 보여준다.

인터넷 링크

9.5 LVDT 기능에 대한 애니메이션

철심변위의 방향을 결정하기 위해 이차코일을 그림 9.8과 같은 검파(demodulation) 회로에

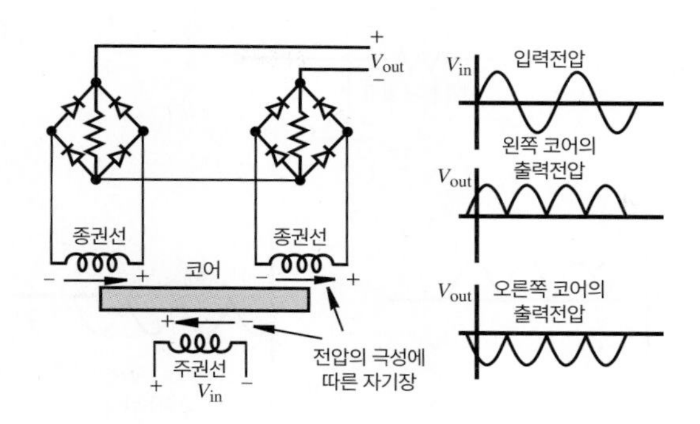

그림 9.8 LVDT의 검파 회로

연결할 수 있다. 이 회로에서 다이오드 브릿지 회로가 철심이 영점 위치의 오른편이냐 왼편이냐에 따라 양 또는 음의 정류(rectified)된 사인파를 생성한다(수업토론주제 9.2 참조).

수업토론주제 9.2 LVDT 검파 회로

그림 9.8에서 보여준 검파 회로에서 서로 다른 철심의 위치(영점, 영점의 왼쪽과 오른쪽)에 따라 다이오드를 통과하는 전류를 추적하고 왜 출력전압이 그림과 같은 거동을 보이는지 설명해 보자.
힌트: 3.3.1절을 참조한다. 이때 다이오드는 이상 모델(ideal model)로 가정한다. 또한 철심이 영점 혹은 중심위치에 있을 때 왜 출력이 0이 되는지를 설명하자.

그림 9.9에서 보인 바와 같이, 정류된 신호를 저역통과(low-pass) 필터에 통과시켜 철심 위치에 따른 스무드화된 신호로 변환할 수 있다. 이 저역통과필터의 차단주파수(cutoff frequency)를 결정할 때 정류된 신호의 고주파는 필터링하지만 철심 운에 관련된 주파수 성분이 필터링되지 않도록 주의해야 한다. 가진주파수는 시간에 따라 변화하는 변위를 잘 나타내기 위해 철심 운동에서 예상되는 최대 주파수의 적어도 10배 이상이 되도록 선택을 하는 것이 일반적이다.

인터넷 링크 9.5에 보여준 상용 LVDT는 원통형으로 직경, 길이, 행정에 따라 여러 가지가 있다. 보통 이들은 변위에 비례하는 직류전압을 생성하는 내부회로를 내장하고 있다.

LVDT의 장점은 선형범위 내에서의 높은 정확도와 아날로그 출력신호가 일반적으로 증폭을 필요로 하지 않는다는 것이다. 또한 다른 센서(예: 전위차계, 엔코더, 반도체 디바이스 등)에 비해 넓은 범위에 걸쳐 온도에 덜 민감하다. 그러나 LVDT는 운동범위와 주파수응답이 제한적이라는 단점이 있다. 전체적인 주파수응답은 철심 질량에 따른 관성과 필터의 차단주파수, 일차

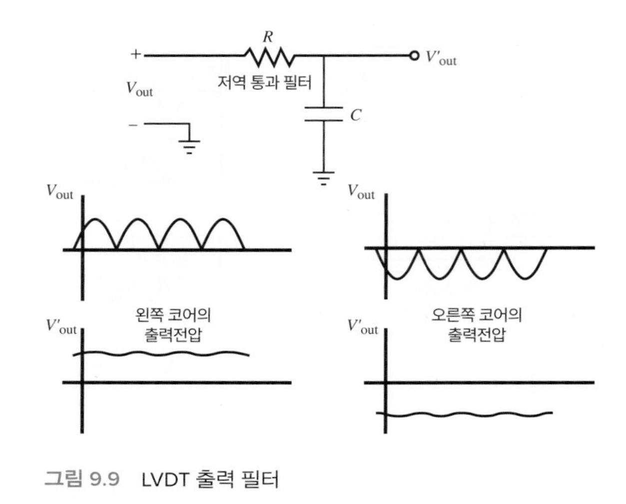

그림 9.9 LVDT 출력 필터

가진주파수의 선택에 따라 제한을 받는다.

수업토론주제 9.3 LVDT 신호 필터링

시간에 따라 변화하는 철심의 변위 스펙트럼이 주어졌을 때 일차 가진주파수의 선택이 어떤 영향을 미치는지를 논해 보자. 또한 변위를 가장 잘 표현하는 출력을 만들어내기 위해 저역통과필터가 어떻게 설계되어야 하는지 논해 보자.

리졸버(resolver)는 LVDT와 아주 유사하게 작동하는 아날로그 회전형 위치 센서이다. 이것은 일차 권선을 가진 회전축(회전자, rotor)과 90°의 위상차를 가진 두 개의 이차 권선이 감겨 있는 고정된 하우징(고정자, stator)으로 구성되어 있다. 일차코일에 교류 신호가 가해졌을 때 회전축 각도의 사인과 코사인에 비례하는 교류전압이 이차코일에 유도된다. 이와 같이 삼각함수 값을 바로 출력하는 장점 때문에 리졸버는 마이크로프로세서 없이 위치의 삼각함수 값이 필요한 응용분야에 유용하게 쓰인다.

비디오 데모
9.5 보이스코일
9.6 자왜 위치 센서

자기 원리를 기초로 하는 또 다른 형태의 선형변위 센서에는 **보이스코일**(voice coil)과 **자왜**(magnetostrictive) 위치 변환기가 있다. 비디오 데모 9.5와 9.6은 이 두 가지 종류의 변환기에 대한 예와 어떻게 작동하는가를 보여준다.

9.2.4 디지털 광엔코더

디지털 광엔코더(digital optical encoder)는 운동을 디지털 펄스열로 변환하는 디바이스이다. 단일 비트의 수를 세거나 비트의 조합을 디코딩(decoding)함으로써 펄스를 상대 또는 절대 위치 측정값으로 변환할 수 있다. 엔코더는 선형과 회전형이 있고, 회전형이 더 일반적이다. 회전형 엔코더는 두 가지 형태로 제조된다. 회전축의 특정 위치 각각에 대해 유일한 디지털 워드가 할당되어 있는 절대엔코더(absolute encoder)와 축이 회전함에 따라 디지털 펄스를 발생시켜서 축의 상대위치를 측정할 수 있는 증분엔코더(incremental encoder)가 있다. 그림 9.10과 같이, 대부분의 회전형 엔코더는 트랙 형태로 반경 방향의 패턴이 사진기술로 감광된 유리 또는 플라스틱 코드 디스크로 구성되어 있다. 반경 방향의 선이 포토에미터-디텍터 쌍 사이의 광선을 단속함으로써 디지털 펄스가 발생된다. 디지털 엔코더는 광 대신에 자기(즉, Hall 센서를 사용하여) 또는 인덕턴스 센서로 만들어질 수 있다.

비디오 데모 9.7은 소형 디지털엔코더의 내부 구성품을 설명한다. 이 경우 얇은 철판에 스탬

비디오 데모
9.7 엔코더 구성요소

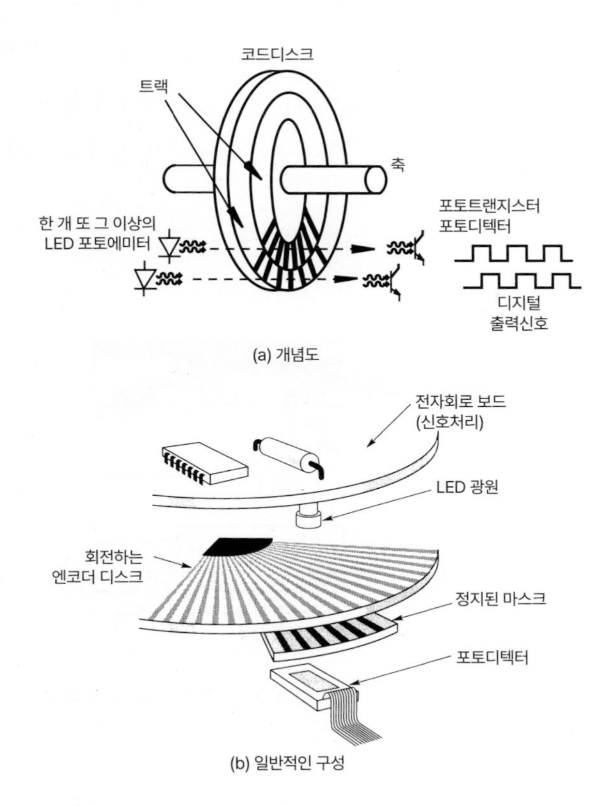

그림 9.10 광엔코더의 구성요소
출처 Lucas Ledex Inc., Vandalia, OH

비디오 데모

9.8 엔코더와 연관된 컴퓨터 마우스

9.9 Adept 로봇의 엔코더 구성요소

1.1 Adept One 로봇 시연(8.0 MB)

1.2 Adept One 로봇의 내부설계 및 구성(4.6 MB)

1.5 DC모터와 압전 잉크젯헤드를 가진 잉크젯 프린터 구성요소

핑 방법으로 코드디스크가 만들어져 있다. 비디오 데모 9.8과 9.9는 두 개의 재미있는 엔코더 적용 예(컴퓨터 마우스와 산업용 로봇)를 보여준다. 비디오 데모 1.1과 1.2를 보면 어떻게 로봇이 작동하는지, 어떻게 엔코더가 로봇 내부 설계에 반영되어 있는지 알 수 있다. 비디오 데모 1.5는 가격이 중요한 문제가 되어 주문형 디자인이 필요한 또 다른 엔코더 응용 예를 보여준다.

절대엔코더(absolute encoder)의 광디스크는 축의 회전각을 N개의 서로 다른 위치로 구분하는 디지털 워드가 발생되도록 설계되었다. 예를 들어, 8개의 트랙(track)이 있으면 이 엔코더는 $2^8 = 256$개의 서로 다른 위치 또는 1.406° ($360^\circ/256$)의 각 분해능을 가질 수 있다. 절대엔코더에서 가장 많이 쓰이는 부호해독 방식은 그레이코드와 자연이진코드(natural binary code)이다. 절대엔코더의 동작을 예시하기 위해 간단한 4트랙(4비트) 엔코더에 대해 그레이코드와 자연이진코드의 디스크 트랙 패턴을 그림 9.11과 9.12에 나타냈다. 선형 패턴과 이와 관련된 타이밍 다이어그램은 포토디텍터가 코드 디스크상의 원형 트랙이 축과 함께 회전함에 따라 측정된 것이다. 각각의 코드 방식에 따른 출력 비트 코드는 표 9.1에 정렬되었다.

절대엔코더의 축이 회전함에 따라 코드 값이 변화할 때 이진코드는 다수의 비트가 동시에 변화할 가능성이 있는 반면에, **그레이코드**(gray code)는 단 하나의 비트만이 변화하도록 설계되었다. 이러한 영향은 그림 9.11과 9.12, 표 9.1의 마지막 두 칸에서 분명히 볼 수 있다. 그레이코드에서 코드 값이 변화할 때 불확실성은 단지 카운트 하나에 불과하나 이진코드는 불확실성이 다수의 비트에 걸쳐 있다.

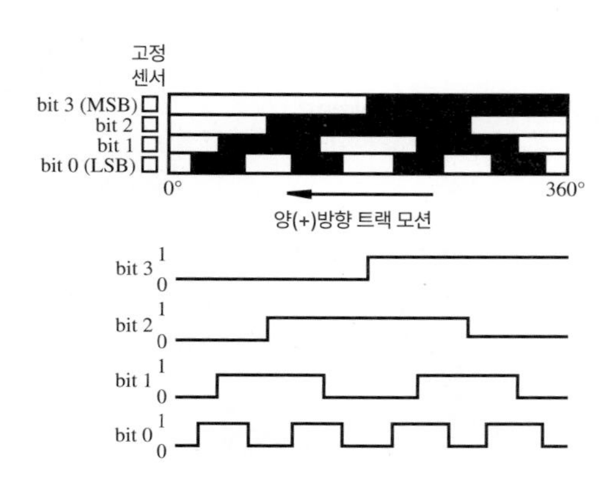

그림 9.11 4비트 그레이코드 절대엔코더의 디스크 트랙 패턴

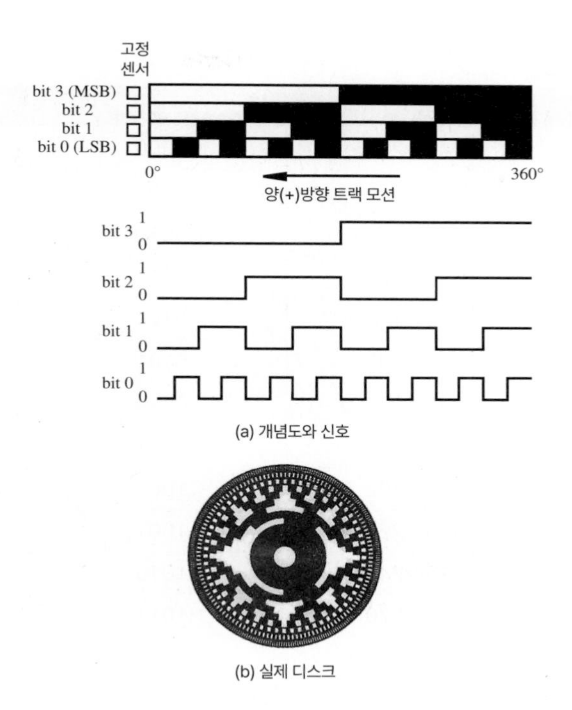

(a) 개념도와 신호

(b) 실제 디스크

그림 9.12 4비트 자연이진 절대엔코더의 디스크 트랙 패턴
출처 Parker Compumotor Division, Rohnert Park, CA.

수업토론주제 9.4 엔코더의 이진코드 문제

4비트 이진코드와 그레이코드 절대엔코더 각각에서 카운트 불확실성의 최대값은 얼마겠는가? 4비트 이진코드 절대엔코더에서 카운트 불확실성의 최대값은 십진코드로 변환했을 때 어떤 값에서 어떤 값으로 천이할 때 발생하는가?

그레이코드는 불확실성을 최소화하는 데이터를 제공해 주고 이진코드는 컴퓨터나 다른 디지털 회로에 직접 인터페이스할 수 있는 장점이 있기 때문에, 그레이코드에서 이진코드로 변환할 수 있는 회로가 있으면 좋을 것이다. 그림 9.13은 배타적 OR 게이트(XOR)를 활용한 이러한 기능을 수행하는 간단한 회로를 보여준다. 이진 비트(B_i)와 그레이 비트(G_i) 사이의 부울(Boolean) 관계는 다음과 같다.

표 9.1 4비트 그레이코드와 자연이진코드

십진수	회전 범위(°)	이진코드($B_3B_2B_1B_0$)	그레이코드($G_3G_2G_1G_0$)
0	0~22.5	0000	0000
1	22.5~45	0001	0001
2	45~67.5	0010	0011
3	67.5~90	0011	0010
4	90~112.5	0100	0110
5	112.5~135	0101	0111
6	135~157.5	0110	0101
7	157.5~180	0111	0100
8	180~202.5	1000	1100
9	202.5~225	1001	1101
10	225~247.5	1010	1111
11	247.5~270	1011	1110
12	270~292.5	1100	1010
13	292.5~315	1101	1011
14	315~337.5	1110	1001
15	337.5~360	1111	1000

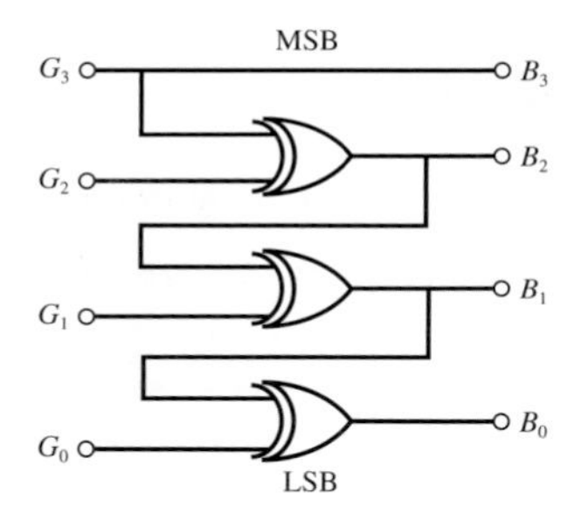

그림 9.13 그레이코드에서 이진코드로의 변환

$$\begin{aligned} B_3 &= G_3 \\ B_2 &= B_3 \oplus G_2 \\ B_1 &= B_2 \oplus G_1 \\ B_0 &= B_1 \oplus G_0 \end{aligned} \tag{9.1}$$

N 비트(즉, 위의 예는 $N=4$)의 어떤 수를 그레이코드에서 이진코드로 변환할 때 이진코드와

그레이코드의 최상위비트(MSB)는 서로 항상 같고($B_{N-1}=G_{N-1}$), 다른 비트에 대해서는 이진비트는 인접 그레이코드 비트의 배타적 OR의 조합이다($B_i=B_{i+1}\oplus G_i$ for $i=0 \sim N-2$). 이와 같은 패턴은 위의 4비트 예에서 쉽게 알 수 있다[식 (9.1)].

수업토론주제 9.5 그레이코드에서 이진코드로의 변환

표 9.1의 마지막 두 칸을 적용하여 식 (9.1)의 타당성을 조사해 보자.

증분엔코더[incremental encoder, 때때로 **상대엔코더**(relative encoder)로 불림]는 절대엔코더보다 설계가 용이하다. 이것은 두 개의 트랙과 채널 A와 B로 불리는 두 개의 출력을 발생시키는 센서로 구성되어 있다. 축이 회전함에 따라 펄스 열이 축의 회전속도에 비례하는 주파수로 이 채널에 발생되며, 두 신호 사이의 위상차로 회전 방향을 알 수 있다. 코드디스크 패턴과 출력신호 A와 B의 예가 그림 9.14에 도시되어 있다. 펄스의 수를 세고 디스크의 분해능을 알면 회전각을 측정할 수 있다. A와 B 채널은 어느 채널이 앞서가고 있는가를 가지고 회전 방향을 결정하는 데 이용된다. 두 채널 신호는 서로 1/4 주기 위상차를 가지고 있으며 이를 **직각위상 신호**(quadrature signals)라 부른다. 보통 INDEX라 불리는 세 번째 채널은 한 회전당 한 개의 펄스를 생성하는데, 이는 회전수를 세는 데 유용하다. 이것은 또한 홈 위치(home position), 영점 위치(zero position) 등과 같은 기준점을 정의하는 데 유용하다.

그림 9.14a는 채널 A와 B에 해당하는 서로 다른 두 개의 트랙을 보여준다. 그러나 더욱 일반

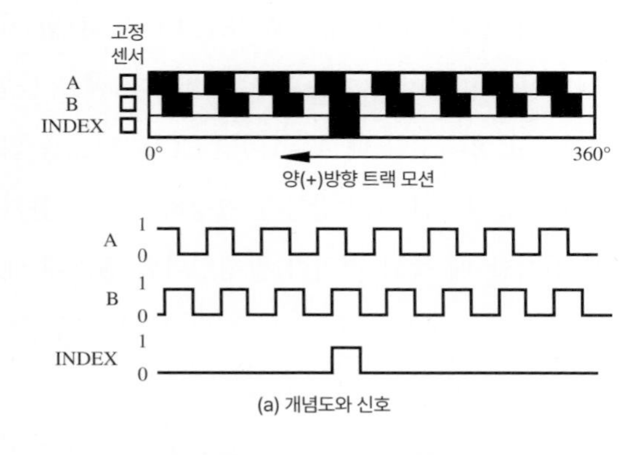

(a) 개념도와 신호

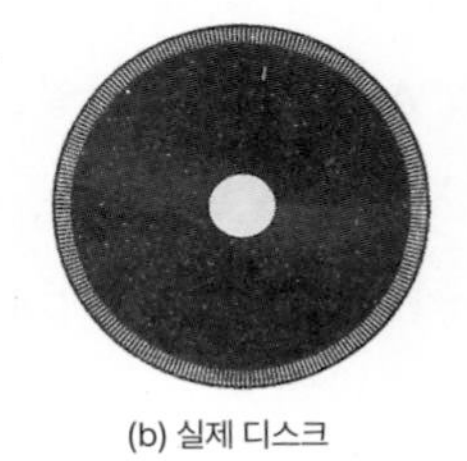
(b) 실제 디스크

그림 9.14 증분엔코더 디스크 트랙 패턴
출처 Parker Compumotor Division, Rohnert Park, CA.

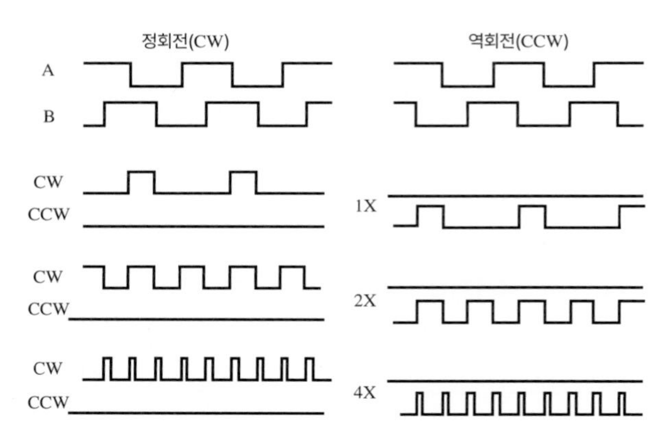

그림 9.15 직각위상에 의한 방향 감지와 분해능 증가

적인 형태는 단일 트랙에 A와 B 센서가 1/4 주기만큼 떨어져 설치되어 있어서 같은 신호 패턴을 발생시키는 것이다(그림 9.14b와 비디오 데모 9.7 참조). 단일 트랙 코드 디스크의 제조가 더욱 간단하고 저렴하다.

비디오 데모
9.7 엔코더 구성요소

직각위상 신호 A와 B는 그림 9.15와 같이 회전 변위와 방향을 만들어내기 위해 부호 해독된다. 펄스열은 회전방향이 시계 방향(CW)이냐 반시계 방향(CCW)이냐에 따라 두 개의 출력선(CW과 CCW) 중 하나에 실려 나온다. 순차논리회로를 사용한 A와 B의 디코딩 천이로부터 서로 다른 분해능을 가진 세 개의 출력펄스를 얻을 수 있다: 1X, 2X, 4X. 1X 분해능의 경우는 A, B 중 하나의 신호가 음의 에지로 천이할 때 출력을 만들어내기 때문에 한 사이클당 한 펄스가 발생한다. 2X 분해능은 A 또는 B 신호의 매 양 또는 부 에지 천이에서 펄스가 발생해서 나타나게 된다. 4X 분해능의 경우는 A, B 두 펄스 모두에 대해 각 에지가 천이할 때마다 한 펄스를 발생시켜 1X의 경우보다 네 배 높은 분해능을 얻게 된다. 회전방향(CW 또는 CCW)은 한 신호의 에지가 천이하는 동안에 또 다른 신호의 레벨이 무엇인지를 기준으로 결정된다. 예를 들면 1X 모드에서 A=↓일 때 B=1이면 CW를 의미하고, B=↓일 때 A=1이면 CCW 펄스를 의미한다. 만일 A 또는 B 중 단일 출력채널만을 가지고 있다면, 회전방향을 결정하는 것은 불가능하다. 또한 단일 신호의 경우, 신호의 에지가 천이할 때 축의 떨림이 발생한다면 펄스에 에러가 포함될 가능성이 있다(수업토론주제 9.6 참조).

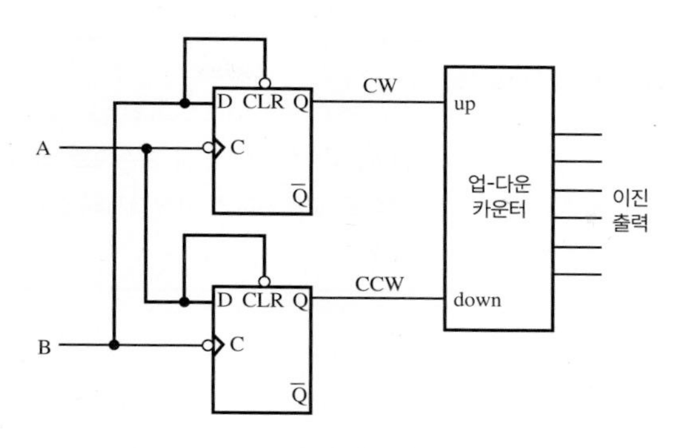

그림 9.16 1X 직각위상 디코더 회로

수업토론주제 9.6 1X 엔코더의 축 떨림

1X 직각위상 디코더 회로에 연결된 증분엔코더가 진폭이 대략 1X 직각위상 펄스폭과 같은 작은 회전 진동을 받고 있다. 이러한 진동 중에 CW와 CCW 신호선 모두에 많은 펄스가 관측되지만 실제 업-다운 카운터에는 출력의 변화가 관측되지 않는다. 왜 이런 현상이 일어나는지 설명해 보라.

그림 9.16은 직각위상 신호의 특정 부 에지(negative edge)에서 펄스의 생성과 카운팅을 하여 1X의 분해능을 달성하기 위한 회로를 보여준다. D 플립플롭은 축이 시계 방향 또는 반시계 방향으로 돌고 있는지를 알아내고, 이 정보가 업-다운 카운터(up-down counter)를 구동하기 위해 사용되어 엔코더 회전에 따른 현재의 펄스 수를 유지할 수 있게 해준다. 1X 분해능에 대해 감지된 에지 외에, 회로를 적당히 설계함에 따라 2X와 4X의 분해능을 만들어낼 수 있다. 이와 같은 직각위상 디코더 회로는 독립된 여러 개의 부품으로 만들어질 수도 있으나 단일 IC로도 존재한다(예: Arago Technologies의 HCTL-2016). 직각위상 디코딩은 마이크로컨트롤러에서 소프트웨어 형태로 만들어질 수도 있다(연습문제 9.11).

증분엔코더는 절대엔코더보다 저렴한 가격에 높은 분해능을 얻을 수 있지만 상대운동만을 측정할 수 있으며 절대위치를 직접 제공해 주지는 못한다. 증분엔코더는 리밋스위치와 함께 사용되어 리밋스위치에 의해 정의된 홈 위치를 기준으로 한 절대 위치를 얻을 수 있다. 절대엔코더는 기준위치를 설정하는 것이 실제적으로 불가능한 경우에 많이 사용된다.

수업토론주제 9.7 엔코더를 가진 로봇팔

관절에 절대엔코더를 가진 로봇팔에 전원이 공급될 때 로봇은 베이스를 기준으로 팔이 어디에 위치하고 있는가를 정확히 알 수 있다. 만일 절대엔코더가 증분엔코더로 교체된다면 마찬가지의 결과가 얻어질까? 그렇지 않다면 로봇의 홈 또는 기준위치를 어떻게 설정할 수 있을까?

종합설계예제 C.4 직류모터 위치와 속도제어기 — 디지털 엔코더 인터페이스

비디오 데모
1.8 DC모터 위치 및 속도제어기

아래 그림은 종합설계예제 C(1.3절과 비디오 데모 1.8 참조) 중에서 지금 내용과 관련이 있는 것을 강조한 기능도를 보여준다.

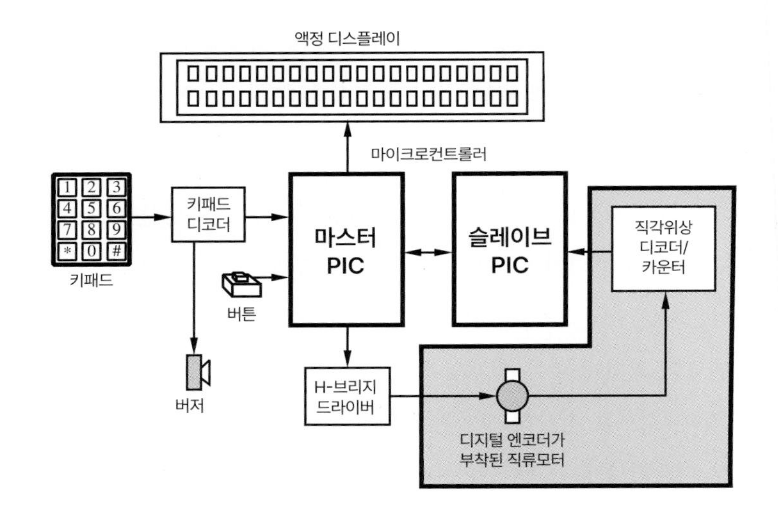

다음 그림은 슬레이브 PIC로부터 디지털엔코더의 위치를 읽기 위해 필요한 모든 부품과 이들 간의 결선을 보여준다. 이 설계에서 상용 직각위상 디코더/카운터 IC인 HCTL-2016이 주요 부품이다. 이 부품에 대한 상세정보는 인터넷 링크 9.6에 있는 데이터시트를 통해 얻을 수 있다. HCTL-2016이 동작하기 위해서는 클록 신호가 필요하다. 이 설계에서 이 신호는 마스터 PIC의 클록 출력으로부터 얻어진다. 마스터 PIC는 또한 영점을 잡기 위해 엔코더 카운터를 적당한 때에 $\overline{\text{RST}}$ 라인을 통해 리셋한다. 디지털 엔코더의 직각위상 신호(채널 A와 B) 또한 HCTL-2016에 연결된다. HCTL-2016이 16비트 카운터를 가지고 있으며 8비트인 PORTB를 통해 슬레이브 PIC에 인터페이스되었기 때문에, 데이터는 한 번에 한 바이트씩 가져와야 한다. 아래 배선도에서 PIC의 PORTB와 HCTL-2016의 D0-7을 연결하는 두꺼운 선은 다중선임을 의미한다(이 경우는 8개의 선을 가진 케이블). SEL 핀

인터넷 링크
9.6 HCTL-2017 직각위상 디코더/카운터

은 현재 어떤 바이트가 읽히고 있는가를 표시하기 위해 사용된다. 마지막으로, $\overline{\text{OE}}$핀은 엔코더 값을 PIC가 읽기 전에 잠가 놓기 위해 사용된다.

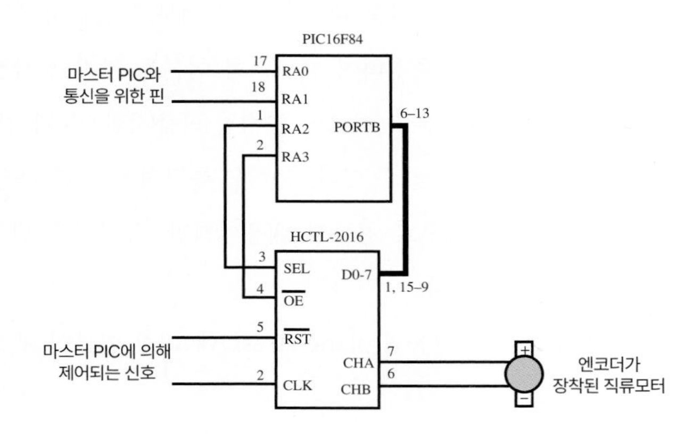

아래 보여준 것은 슬레이브 PIC 코드이며, 디지털 엔코더 위치를 감시하고 마스터 PIC에서 데이터를 요구할 때 이를 전달해 주는 기능을 한다. 양 PIC에 대한 코드 전문은 종합설계예제 C.3에 표현했다. PIC 사이의 직렬통신 또한 그곳에서 기술했다.

```
' Define I/O pin names and constants

enc_start Var PORTA.0       ' signal line used to start encoder data transmission
enc_serial Var PORTA.1      ' serial line used to transmit encoder data
enc_sel Var PORTA.2         ' encoder data byte select (0:high 1:low)
enc_oe Var PORTA.3          ' encoder output enable latch signal (active low)
enc_mode Con 2              ' 9600 baud mode for serial communication

' Main loop
start:
      ' Wait for the start signal from the master PIC to go high
      While (enc_start = 0) : Wend

      ' Enable the encoder output (latch the counter values)
      Low enc_oe

      ' Send out the high byte of the counter
      SEROUT enc_serial, enc_mode, [PORTB]

      ' Wait for the start signal from the master PIC to go low
      While (enc_start = 1) : Wend

      ' Send out the low byte of the counter
      High enc_sel
      SEROUT enc_serial, enc_mode, [PORTB]

      ' Disable the encoder output
      High enc_oe
      Low enc_sel

goto start ' wait for next request
```

9.3 응력과 변형률 측정

기계요소에서 응력(stress)의 측정은 안전하중 내에 있는지 여부를 알고자 할 때 매우 중요하다. 응력과 변형률 측정은 힘(변형률을 측정하여 재료역학 이론을 가지고 간접 계산함), 압력(유연한 다이아프램의 변형을 측정함), 온도(재료의 열팽창을 측정함) 등과 같은 다른 물리량을 간접 측정하기 위한 방법으로도 이용될 수 있다. 응력을 측정하기 위한 가장 일반적인 변환기는 전기저항 스트레인게이지이다. 앞으로 공부할 내용이지만, 응력값은 변형률값의 측정을 통해 고체역학의 원리를 응용하여 얻는다.

기본적인 응력-변형률의 관계와 평면응력(plane stress)에 대한 이론이 부록 C에 요약되어 있다.

9.3.1 전기저항 스트레인게이지

기계요소에서 변형률을 실험적으로 측정하는 가장 일반적인 변환기는 그림 9.17과 같은 접착식 금속포일(bonded metal foil) **스트레인게이지**(strain gage)이다. 이것은 얇은 플라스틱 배면재(보통 폴리이미드) 위에 그리드 형태로 증착된 얇은 금속포일(보통 콘스탄탄)로 구성되어 있다. 그리드형의 포일은 양 끝단 큰 금속 패드에 연결되어 있고, 리드선의 납땜이 쉽게 접착될 수 있도록 보통 구리가 도포되어 있다. 전체 게이지는 보통 5~15 mm 정도로 아주 작다.

기계요소의 표면에서 변형률을 측정하기 위해서는 대개 에폭시(epoxy)나 시아노아크릴레이트(cyanoacrylate) 등과 같은 접착제를 가지고 게이지를 요소의 표면에 접착시킨다. 배면제는 포일게이지를 다루기 쉽게 해주며, 기계요소 표면과 금속포일 사이에 전기절연 상태를 유지시켜 주고, 접착을 좋게 해준다. 리드선은 게이지의 납땜 탭에 결합되어 있다. 기계요소에 하중이

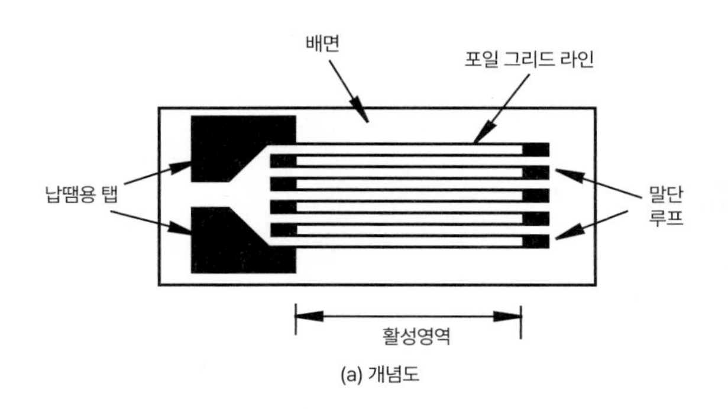

(a) 개념도

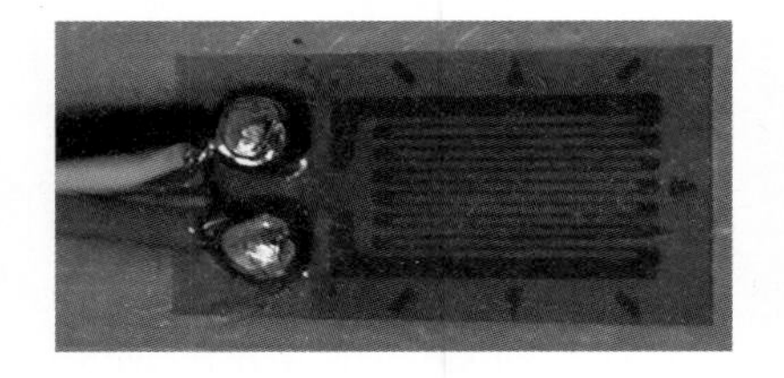

(b) 실제
(*Courtesy of Measurements Group Inc., Raleigh, NC*)

그림 9.17 금속포일 스트레인게이지의 구조

걸리면 금속포일의 전기저항이 예측 가능한 양으로 변화하며, 이 저항 변화를 정확히 측정한다면 요소 표면의 변형률을 결정할 수 있다. 이러한 변형률 측정은 표면에서 응력상태를 결정할 수 있게 해주며, 대부분의 경우 측정 방향에서 최대 응력값을 가진다. 설계자가 하중을 받고 있는 요소의 중요 부위에 대한 응력을 알면 유한요소법 등을 통한 해석 결과를 검증할 수 있으며, 응력 수준이 재료의 안전한계(예: 항복응력) 내에 있는지를 검증할 수 있다. 그러나 한 가지 짚고 넘어가야 할 점은 스트레인게이지의 크기가 유한하기 때문에 실제 측정 결과는 게이지에 해당하는 작은 면적에 걸친 평균값을 반영한다는 것이다. 따라서 응력 변화율이 큰 곳(예: 응력집중)을 측정하는 것은 부정확한 결과를 가져올 수 있다.

스트레인게이지를 가지고 실험적으로 응력 해석을 하는 것과 해석적 또는 수치적인 방법(예: 유한요소법)으로 응력 해석을 하는 것 모두 기계 부품을 신뢰성 있게 설계하는 데 있어 중요하다. 즉, 두 가지 방법 모두 대체 방법이 아닌 상호 보완 관계로 고려되어야만 한다. 유한요소해석법은 기계요소의 제조 상태나 하중이 인가된 상태를 모델링하는 데 있어 물성치나 경계조건 등에 많은 가정을 포함하게 된다. 마찬가지로, 스트레인게이지 측정은 요소 표면 위의 부정확한 접착이나 정렬, 온도 효과의 미보상 등으로 인한 부정확성을 포함하고 있을 수 있다. 또한 스트레인게이지 측정은 공간이나 접근 방법 등의 제약이 따르는 경우 어느 특정 부위만을 체크할 수밖에 없을 것이다.

스트레인게이지를 가지고는 쉽게 측정되지만 유한요소법으로 모델링하기가 어려운 예는 기계요소가 조립되어 복잡한 하중과 경계조건이 동시에 존재할 경우 흔히 나타난다. 이러한 영향은 해석적 또는 수치적 방법으로 모델링하여 올바른 결과를 도출해 내기는 쉽지 않다.

실험적으로 응력을 측정하는 것은 보통 하중이 인가되기 전에 많은 스트레인게이지의 설치를 필요로 하는 경우가 많다. 변형률 실험치는 보통 자동화된 데이터 획득시스템(data acquisition system)을 통해 얻어진다. 변형률 데이터는 서로 다른 하중 조건에서 응력으로 변환될 수 있고, 이 응력값은 수치해석 또는 유한요소 결과와 비교될 수 있다.

스트레인게이지가 변형률을 측정하기 위해 어떻게 이용되는지 이해하기 위해서는, 먼저 금속포일이 변형될 때 저항값이 어떻게 변화하는지를 살펴보아야 한다. 게이지의 활성 부분에 있는 서로 연결된 금속포일 그리드 선(그림 9.17a 참조)은 그림 9.18에 도시한 것과 같이 하나의 사각형 도체로 근사될 수 있다. 이때 전체 저항은 다음과 같이 주어지며

$$R = \frac{\rho L}{A} \tag{9.2}$$

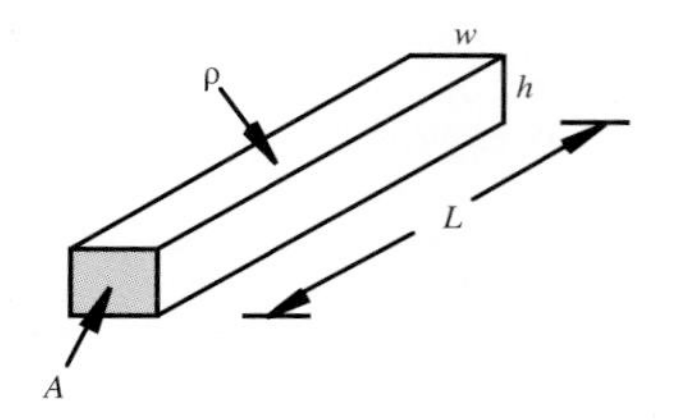

그림 9.18 사각형 도체

ρ는 금속포일의 저항률(resistivity), L은 그리드 선의 전체 길이, A는 그리드 선의 단면적을 나타낸다. 게이지의 끝부분 루프와 납땜 탭은 포일선에 비해 훨씬 큰 단면적을 가지고 있기 때문에 게이지 저항에 미치는 영향은 무시될 수 있다.

저항이 변형하에 어떻게 변화하는지를 보기 위해 식 (9.2)의 미분을 취할 필요가 있다. 미분을 간단히 하기 위해 먼저 자연 로그를 취하면 다음과 같다.

$$\ln R = \ln \rho + \ln L - \ln A \tag{9.3}$$

이를 미분하면 다음과 같이 도체의 물성치와 기하학적 모양의 변화에 따른 저항의 변화에 관한 식을 얻을 수 있다.

$$\mathrm{d}R/R = \mathrm{d}\rho/\rho + \mathrm{d}L/L - \mathrm{d}A/A \tag{9.4}$$

이 식에서 각 항의 부호는 다음을 뜻한다: 저항률과 길이가 증가하면 도체의 저항이 증가하며 ($\mathrm{d}R > 0$), 단면적이 증가하면 저항이 감소한다. 도체의 단면적은 아래와 같아서

$$A = wh \tag{9.5}$$

단면적의 미분항은 다음과 같다.

$$\frac{\mathrm{d}A}{A} = \frac{w \cdot \mathrm{d}h + h \cdot \mathrm{d}w}{w \cdot h} = \frac{\mathrm{d}h}{h} + \frac{\mathrm{d}w}{w} \tag{9.6}$$

푸아송비(Poisson's Ratio)의 정의로부터(부록 C 참조),

$$\frac{dh}{h} = -\nu\frac{dL}{L} \tag{9.7}$$

$$\frac{dw}{w} = -\nu\frac{dL}{L} \tag{9.8}$$

따라서

$$\frac{dA}{A} = -2\nu\frac{dL}{L} = -2\nu\varepsilon_{axial} \tag{9.9}$$

여기서 ε_{axial}은 도체의 축방향 변형률이다(부록 C 참조). 도체가 인장될 때($\varepsilon_{axial} > 0$) 단면적은 감소하며($dA/A < 0$), 저항이 증가한다.

식 (9.9)를 이용하면, 식 (9.4)는 다음과 같이 표현된다.

$$dR/R = \varepsilon_{axial}(1 + 2\nu) + d\rho/\rho \tag{9.10}$$

ε_{axial}으로 이 식 전체를 나누면 다음과 같다.

$$\frac{dR/R}{\varepsilon_{axial}} = 1 + 2\nu + \frac{d\rho/\rho}{\varepsilon_{axial}} \tag{9.11}$$

오른편의 처음 두 항, 1과 2υ은 길이의 증가와 단면적의 감소에 따른 저항의 변화를 나타낸다. 마지막 항, $(d\rho/\rho)/(\varepsilon_{axial})$은 재료의 **압전저항효과**(piezoresistive effect)를 나타내며, 이는 변형률에 따라 재료의 저항률이 얼마나 변화하는가를 나타낸다. 이 항은 대부분의 금속포일 스트레인게이지의 작동범위 내에서 일정한 값을 가진다.

상용화된 스트레인게이지의 규격은 보통 식 (9.11)의 오른편 항을 나타내는 상수인 **게이지인자**(gage factor) **F**를 포함한다. 이 인자는 변형률에 대한 게이지 저항 변화와 관련된 게이지의 재료 특성을 나타낸다.

$$F = \frac{\Delta R/R}{\varepsilon_{axial}} \tag{9.12}$$

그러므로 저항 R과 게이지인자 F를 알고 있는 게이지가 기계요소 표면에 접착되고 하중이 인가되었을 때, 게이지의 변형률 ε_{axial}을 간단히 게이지의 저항 변화 ΔR을 측정함으로써 결정할 수 있다.

$$\varepsilon_{\text{axial}} = \frac{\Delta R/R}{F} \tag{9.13}$$

이 게이지의 변형률은 게이지의 긴 축(그리드) 방향으로 하중하에 있는 요소 표면이 겪는 변형률이다.

접착식 금속포일 스트레인게이지에 대해 게이지인자 F는 주로 2이며, 게이지 저항 R은 120 Ω이다. 스트레인게이지 공급자는 또한 끝부분 루프와 그리드 선의 횡방향 변형에 의한 저항 변화치인 게이지에 대한 **횡방향 민감도**(transverse sensitivity)를 함께 표시한다. 접착식 금속포일 스트레인게이지의 횡방향 민감도는 대개 1% 정도이다. 이 수치는 횡방향 변형에 대한 게이지의 민감도를 예측 가능하게 해준다. 게이지의 측정 축과 직교하는 방향인 횡방향 민감도가 1%인 게이지가 축방향으로 50 με(50×10^{-6}, "50 마이크로스트레인"이라 읽음), 횡방향으로 100 με의 변형률을 받는다면 50 με이 아니고 51 με(50 + 1% of 100)이 측정될 것이다.

예제 9.1 **스트레인게이지의 저항 변화**

게이지인자가 2.0인 120 Ω 스트레인게이지가 100 με(100×10^{-6})의 변형률을 측정하기 위해 사용된다면, 무부하 상태에서 부하 상태로 변화할 때 얼마만큼의 게이지 저항 변화가 발생하겠는가?

식 (9.12)는 다음을 나타내므로

$$\Delta R = R \cdot F \cdot \varepsilon$$

저항 변화는 아래와 같다.

$$\Delta R = (120\ \Omega)(2.0)(0.000100) = 0.024\ \Omega$$

수업토론주제 9.8 스트레인게이지의 압전저항 효과

게이지인자가 2.0인 전형적인 금속포일 스트레인게이지에 대해 단면적과 길이의 변화에 따른 영향과 비교하여 압전저항의 영향이 얼마나 크겠는가?

9.3.2 휘스톤브릿지를 이용한 저항 변화의 측정

스트레인게이지를 이용하여 변형률을 실험적으로 정확히 측정하기 위해서는 저항의 작은 변화를 정확히 측정할 수 있어야 한다. 작은 저항 변화를 정확히 측정하기 위해 사용되는 가장 일반적인 회로는 직류 전압에 의해 구동되며, 네 개의 저항 네트워크로 구성된 휘스톤브릿지(Wheatstone bridge)이다. 단순한 전압분배기와 비교하여 휘스톤브릿지의 장점은 다음과 같다. 정밀한 영점을 설정하기 쉬우며, 온도 보상이 가능하고, 더 높은 민감도와 정밀도를 제공해 준다. 휘스톤브릿지의 동작 모드는 **정적평형모드**(static balanced mode)와 동적비평형모드(dynamic unbalanced mode) 두 개로 구분될 수 있다. 정적평형모드를 그림 9.19에 예시했다. 정적평형모드에 대해 R_2와 R_3는 정밀저항, R_4는 저항치를 표시할 수 있는 정밀스케일을 가지고 있는 정밀전위차계(가변저항) 그리고 R_1은 측정 대상인 스트레인게이지의 저항이다. 브릿지가 평형이 되게 하기 위해 가변저항이 노드 A와 B 사이의 전압이 0이 될 때까지 조정된다. 평형상태에서는 A와 B에서의 전압이 같아야만 하며, 다음 관계가 성립한다.

$$i_1R_1 = i_2R_2 \tag{9.14}$$

또한 A와 B 사이의 고입력임피던스 전압계(Hi Z VM)는 전류를 흘리지 않는다고 가정할 수 있기 때문에

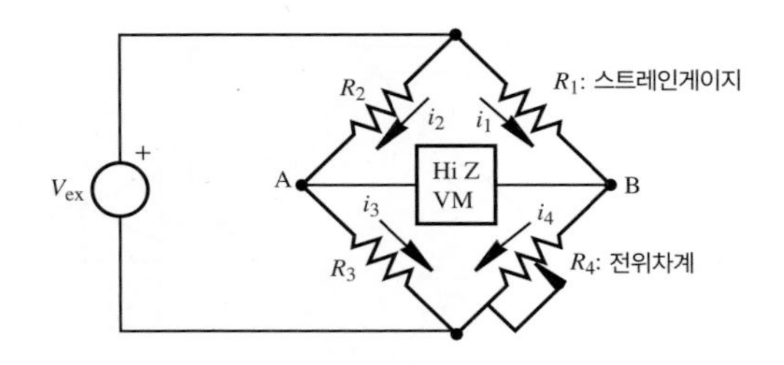

그림 9.19 정적평형 브릿지 회로

$$i_1 = i_4 = \frac{V_{ex}}{R_1 + R_4} \tag{9.15}$$

$$i_2 = i_3 = \frac{V_{ex}}{R_2 + R_3} \tag{9.16}$$

여기서 V_{ex}는 브릿지에 작용하는 직류 전압으로 **구동전압**(excitation voltage)이라 불린다. 이러한 관계를 식 (9.14)에 대입하고 정리하면 다음과 같다.

$$\frac{R_1}{R_4} = \frac{R_2}{R_3} \tag{9.17}$$

R_2와 R_3의 값을 정확히 알고 R_4의 값을 기록한다면 미지의 저항 R_1은 다음 식으로 정확히 계산할 수 있다.

$$R_1 = \frac{R_4 R_2}{R_3} \tag{9.18}$$

이 결과는 구동전압 V_{ex}와 무관함을 주목하라(수업토론주제 9.9 참조).

이상과 같이 정적평형모드 동작은 미지의 저항을 측정하는 데 사용될 수 있으나, 보통 평형작업은 저항의 변화를 측정하기 위한 준비단계로 사용된다. **동적편향조작**(dynamic deflection operation)에서(그림 9.20 참조), 다시 스트레인게이지를 나타내는 R_1과 전위차계를 나타내는 R_4를 가지고 먼저 출력전압이 없어질 때까지 R_4를 조정하여 브릿지의 평형을 맞춘다. 그런 다음, 기계요소에 부하가 인가될 때 발생하는 스트레인게이지 저항 R_1의 변화는 출력전압의 변화로부터 결정될 수 있다. 출력전압은 각 저항을 지나는 전류의 항으로 다음과 같이 표현할 수 있다.

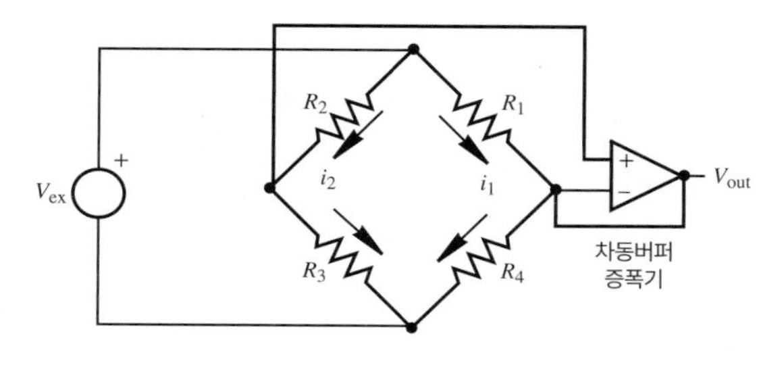

그림 9.20 동적비평형 브릿지 회로

$$V_{\text{out}} = i_1R_1 - i_2R_2 = -i_1R_4 + i_2R_3 \tag{9.19}$$

그리고 구동전압은 같은 전류 항으로 다음과 같은 관계를 가지고 있다.

$$V_{\text{ex}} = i_1(R_1 + R_4) = i_2(R_2 + R_3) \tag{9.20}$$

이 식으로부터 전류 항을 제거하면 다음과 같은 결과를 얻는다.

$$V_{\text{out}} = V_{\text{ex}}\left(\frac{R_1}{R_1 + R_4} - \frac{R_2}{R_2 + R_3}\right) \tag{9.21}$$

브릿지가 평형을 이룰 때 V_{out}는 0이고, R_1은 알려진 값을 가진다. 스트레인게이지가 변형됨에 따라 R_1값이 변할 때, 식 (9.21)을 사용하여 이 전압 변화 ΔV_{out}와 저항 변화 ΔR_1 관계를 설명할 수 있다. 이 관계를 찾기 위해 R_1을 새로운 저항 $R_1 + \Delta R_1$으로, V_{out}를 출력편향전압 ΔV_{out}으로 치환하자. 그러면 식 (9.21)은 다음과 같이 변화한다.

$$\frac{\Delta V_{\text{out}}}{V_{\text{ex}}} = \frac{R_1 + \Delta R_1}{R_1 + \Delta R_1 + R_4} - \frac{R_2}{R_2 + R_3} \tag{9.22}$$

이 식을 재정리하면, 저항 변화와 측정한 출력전압 사이의 원하는 관계를 얻을 수 있다.

$$\frac{\Delta R_1}{R_1} = \frac{\dfrac{R_4}{R_1}\left(\dfrac{\Delta V_{\text{out}}}{V_{\text{ex}}} + \dfrac{R_2}{R_2 + R_3}\right)}{\left(1 - \dfrac{\Delta V_{\text{out}}}{V_{\text{ex}}} - \dfrac{R_2}{R_2 + R_3}\right)} - 1 \tag{9.23}$$

출력전압 변화 ΔV_{out}를 측정함으로써 식 (9.23)으로부터 게이지 저항 변화 ΔR_1을 결정할 수 있으며, 따라서 식 (9.13)으로부터 게이지 변형률을 결정할 수 있다. 그림 9.20에 보여준 차동버퍼증폭기(differential buffer amplifier)는 작은 저항 변화에 따른 작은 전압 변화에도 높은 입력임피던스(즉 브릿지에 영향을 안 줌)와 높은 이득을 제공한다.

휘스톤브릿지는 스트레인게이지에만 국한되지 않고 저항 변화를 수반하는 어떠한 센서값을 측정할 때도 사용될 수 있다. 예를 들면 서미스터의 온도에 따른 저항 변화, 광저항(photoresistor)의 광도에 따른 저항 변화, 저항 변화를 이용하는 압력계와 가속도계 그리고 작용압력과 변형에 따라 저항이 변화하는 전도성 잉크를 사용하는 저가형 힘센서(force sensor)와 유연센서(flex sensor) 등에 사용될 수 있다. 이러한 센서는 관심 있는 물리량을 측정하기 위해 저항 변화를 이용하며, 스트레인게이지에서와 같이 휘스톤브릿지가 효과적으로 사용될 수 있다. 또한 저항 대신 커패시터나 인덕터를 배치한 휘스톤브릿지는 이러한 효과에 의존하는 센서의 커패시턴스나 인덕턴스 변화를 측정하기 위해 사용될 수 있다(즉, 일부 위치센서, 근접센서 그리고 가속도계). 이러한 형태의 브릿지에는 DC 전압 대신 적당한 주파수의 AC 구동전압이 사용되며, 센서값의 변화는 출력신호의 크기와 위상 변화를 측정하여 결정된다.

수업토론주제 9.9 휘스톤브릿지 구동전압

휘스톤브릿지를 가지고 저항 변화를 측정할 때 구동전압의 크기가 미칠 수 있는 좋지 않은 영향에 대해 토의해 보자.

그림 9.21은 스트레인게이지가 브릿지 회로와 멀리 떨어져 있을 때 리드선의 영향을 보여준다. 그림 9.21a는 스트레인게이지로부터 브릿지 회로까지 2선 연결을 보여준다. 이러한 구성에서는 각 리드선 저항 R' 이 브릿지의 스트레인게이지 분기선 저항에 더해진다. 이때 리드선의 온도가 변화하면 브릿지 분기선의 저항에 변화가 발생하게 된다. 이와 같은 영향은 리드선이 길어서 온도 변화가 있는 환경에 노출될 경우 아주 중요하게 취급되어야 한다. 그림 9.21b는 이와 같은 문제를 해결할 수 있는 3선 연결을 보여준다. 이와 같은 구성으로 동일한 리드선 저항이 브릿지의 인접 분기선에 더해져서 리드선 저항 변화의 영향이 서로 동일하게 된다. 세 번째 리드선은 고입력임피던스 전압측정회로에 연결되어, 무시할 만한 양의 전류가 흐르기 때문에 영향을 무시할 수 있다. 이 세 개의 선은 보통 작은 리본케이블 형태로 되어 있어서 동일한 온

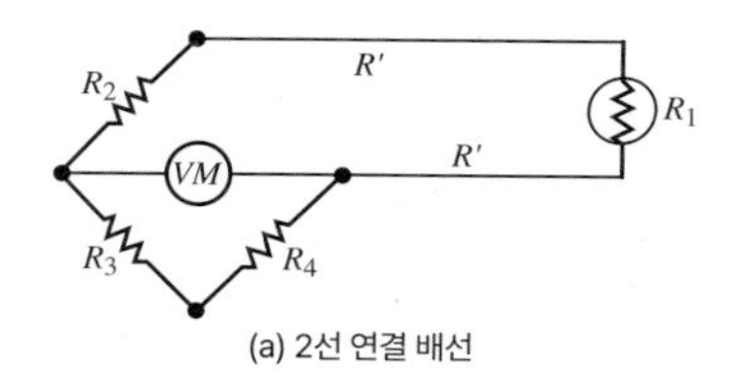

(a) 2선 연결 배선

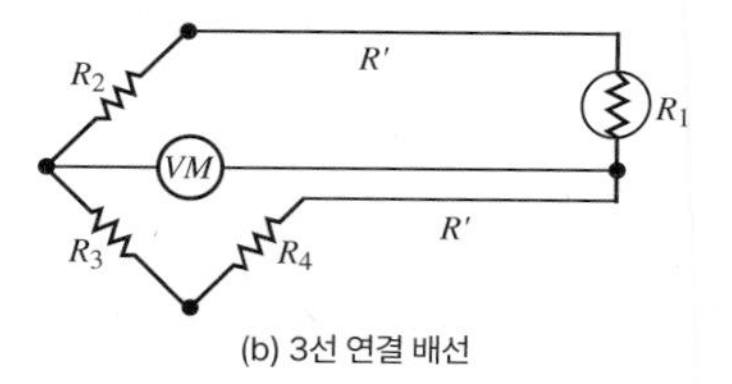

(b) 3선 연결 배선

그림 9.21 1/4 브릿지 회로의 리드선 영향

그림 9.22 3선 연결로 설치된 실제 게이지
출처 Courtesy of Measurements Group Inc., Raleigh, NC

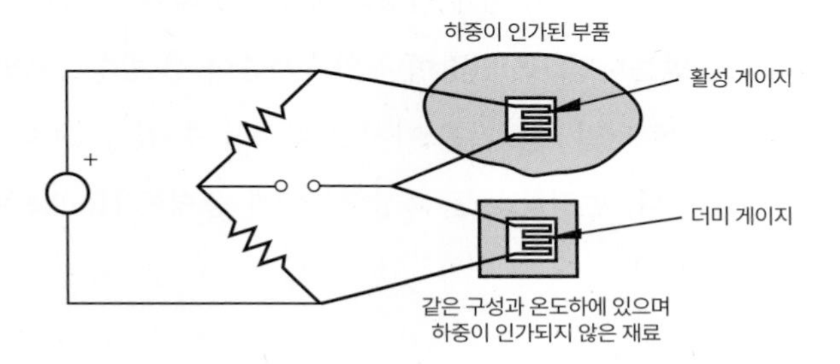

그림 9.23 1/2 브릿지 회로에서 더미 게이지를 이용한 온도 보상

도 변화에 노출되게 하며, 동시에 유도커플링(inductive coupling)에 의한 전자기간섭을 최소화해 준다. 그림 9.22는 3선 연결로 실제 설치된 게이지를 보여준다.

수업토론주제 9.10 3선 브릿지에서 브릿지 저항

그림 9.21b에 보여준 3선 브릿지 구성이 변형이 없는 상태에서 평형($V_O = 0$)을 이루기 위해서는 브릿지 저항 R_4가 어떤 값을 가져야 하는가?
힌트: 식 (9.21)을 사용하고 $R_2 = R_3$라 가정한다.

리드선 온도의 영향 외에, 스트레인게이지 아래 부품의 온도 변화가 큰 저항 변화의 원인이 될 수 있으며, 이는 측정오차를 가져올 수 있다. 이러한 영향을 없앨 수 있는 편리한 방법은 네 개의 브릿지 중 두 개에 스트레인게이지를 포함하는 1/2 브릿지 회로를 사용하는 것이다(그림 9.23 참조). 상부 분기에 있는 게이지는 하중하에 있는 요소 표면 위의 변형을 측정하기 위해 사용되는 능동 게이지이다. 두 번째 '더미(dummy)' 게이지는 요소와 성분이 같은 무부하의 샘플에 설치된다. 만일 이 샘플이 실제 요소와 인접해 있어서 같은 온도를 유지한다면, 온도에 의한 저항 변화는 브릿지 회로의 인접 분기선이기 때문에 서로 상쇄된다. 그러므로 브릿지는 능동 게이지의 변형률에 대해서만 비평형전압을 발생시킬 것이다.

9.3.3 스트레인게이지를 이용한 서로 다른 응력상태의 측정

기계요소는 복잡한 모양을 가지거나 때로는 복잡한 하중조건을 받을 수 있다. 이러한 경우에 요소의 임의의 점에서 주응력의 방향을 예측하는 것은 쉽지 않다. 그러나 많은 경우 기하학적 모양과 하중조건이 단순하여 주응력축이 쉽게 결정되며, 응력상태를 측정하는 것이 어렵지 않다.

어떤 요소가 단축하중을 받는다면(즉, 인장이나 압축하중이 한 방향으로만 작용), 요소의 응력상태는 하중방향으로 설치된 단일 게이지를 가지고 결정될 수 있다. 그림 9.24는 인장상태에 있는 바의 응력상태를 보여준다. 변형률 ε_x를 측정함으로써 응력은 Hooke의 법칙으로 다음과 같이 구할 수 있다(부록 C 참조).

$$\sigma_x = E\varepsilon_x \tag{9.24}$$

바(bar)의 축응력 σ_x는 다음과 같이 주어진다.

$$\sigma_x = \frac{P}{A} \tag{9.25}$$

여기서 A는 바의 단면적이다. 그러므로 바에 작용하는 힘 P는 스트레인게이지 측정으로 다음

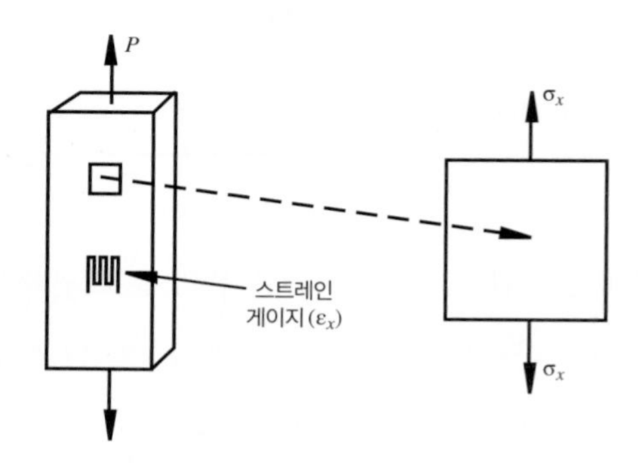

그림 9.24 단축 응력상태하의 바

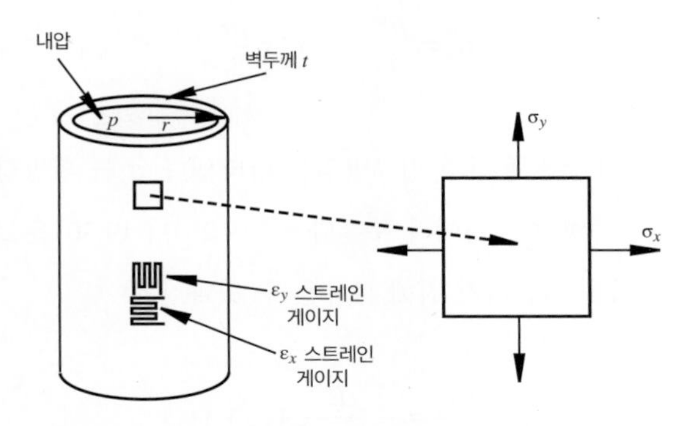

그림 9.25 얇은 벽 압력탱크의 쌍축 응력상태

과 같이 결정될 수 있다.

$$P = AE\varepsilon_x \tag{9.26}$$

요소가 쌍축으로 하중이 걸려 있다면(즉, 직각방향으로 두 개의 인장 또는 압축하중이 작용), 요소의 응력상태는 응력방향으로 정렬된 두 개의 스트레인게이지를 가지고 결정될 수 있다. 그림 9.25는 압력탱크와 응력상태를 보여준다. 변형률 ε_x와 ε_y를 측정함으로써 탱크 쉘의 응력은 이차원으로 확장된 Hooke의 법칙으로 결정될 수 있다.

$$\varepsilon_x = \frac{\sigma_x}{E} - \nu\frac{\sigma_y}{E} \tag{9.27}$$

$$\varepsilon_y = \frac{\sigma_y}{E} - \nu\frac{\sigma_x}{E} \tag{9.28}$$

이 식을 응력성분으로 다시 정리하면

$$\sigma_x = \frac{E}{1-\nu^2}(\varepsilon_x + \nu\varepsilon_y) \tag{9.29}$$

$$\sigma_y = \frac{E}{1-\nu^2}(\varepsilon_y + \nu\varepsilon_x) \tag{9.30}$$

얇은 벽을 가진 압력용기(즉, $t/r < 1/10$)에 대한 이론적 응력은 다음과 같이 주어진다.

$$\sigma_x = \frac{pr}{t} \qquad \sigma_y = \frac{pr}{2t} \tag{9.31}$$

여기서 p는 내압, t는 벽두께, r은 용기의 평균반경을 나타낸다. σ_x는 횡방향 또는 후프응력이라 부르고, σ_y는 축방향 또는 종방향 응력이라 부른다. 식 (9.29)나 (9.30)은 스트레인게이지의 측정을 바탕으로 용기의 압력을 계산하기 위해 사용될 수 있다. 즉

$$p = \frac{t\sigma_x}{r} = \frac{tE}{r(1-\nu^2)}(\varepsilon_x + \nu\varepsilon_y) \tag{9.32}$$

$$p = \frac{2t\sigma_y}{r} = \frac{2tE}{r(1-\nu^2)}(\varepsilon_y + \nu\varepsilon_x) \tag{9.33}$$

각각의 식은 이상적인 얇은 벽 압력용기에서 오차가 배제된 올바른 압력측정 결과를 가져다준다. 이 예에서 스트레인게이지는 최종적으로 압력변환기로서 역할을 한다.

단축과 쌍축하중에 대해 우리는 요소의 주응력방향을 이미 알고 있다. 즉 응력의 크기를 결정하기 위해서는 하나 또는 두 개의 게이지를 각각 필요로 한다. 그러나 대부분의 기계설계의 경우처럼 하중이 더욱 복잡하거나 기하학적 형태가 더욱 복잡한 경우에는, 그림 9.26과 같이 서로 다른 세 방향에 설치된 세 개의 게이지를 사용해야 한다. 이와 같이 여러 개의 스트레인게이지를 모아놓은 것을 **스트레인게이지 로제트**(strain gage rosette)라 한다. 단일 배면재 위의 작은 면적 안에 두 개 또는 그 이상의 그리드 형태로 정확하게 방향이 정렬된 다양한 종류의 상용 로제트가 존재한다. 그림 9.27은 다양한 모양과 크기를 갖는 단일 게이지와 로제트 등을 보여준다.

평면응력의 일반적인 상태를 측정하기 위한 가장 일반적인 로제트 형태를 그림 9.28에서 보

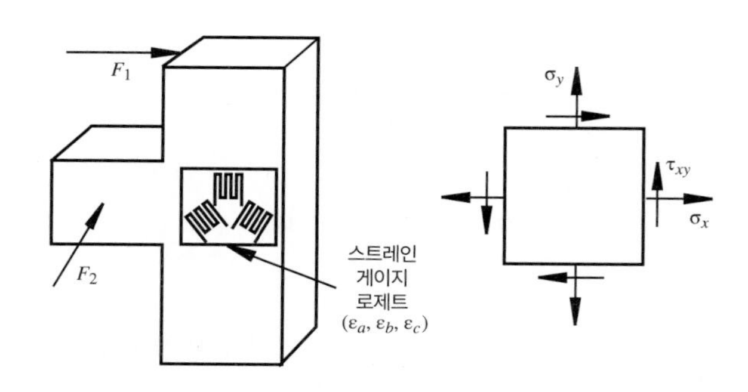

그림 9.26 기계요소 표면상 평면응력의 일반적인 상태

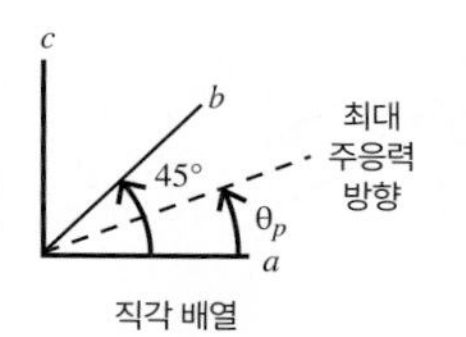

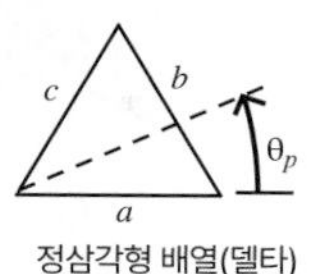

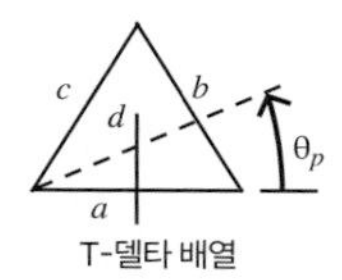

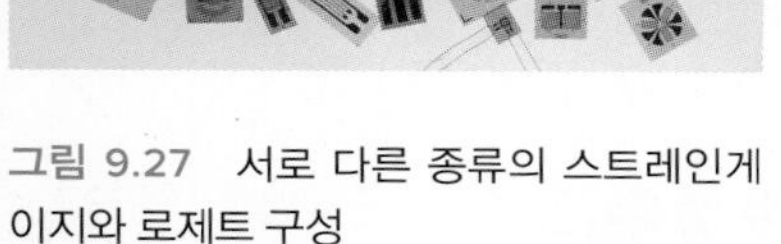

그림 9.27 서로 다른 종류의 스트레인게이지와 로제트 구성
출처 Courtesy of Measurements Group Inc., Raleigh, NC

그림 9.28 가장 일반적인 스트레인게이지 로제트의 구성

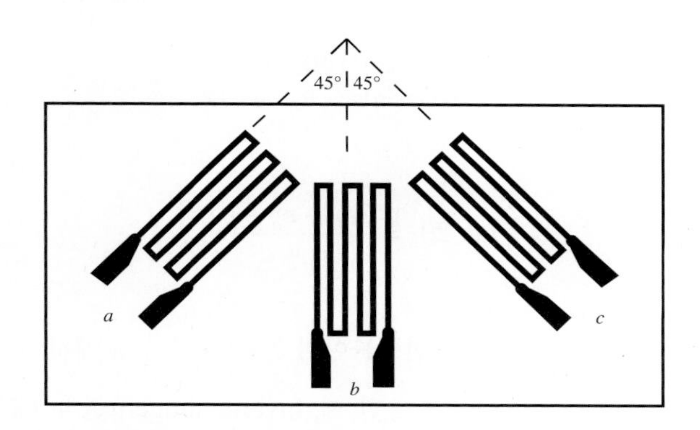

그림 9.29 직각 스트레인게이지 로제트

여주며, 각 그리드를 문자로 이름 붙인 단일 선으로 표시했다. 이 중 직각 스트레인게이지가 가장 일반적인 형태이며, 각 스트레인게이지가 45° 씩 위치해 있다(그림 9.29 참조). 그림 9.30은 상용화된 3-게이지 로제트 몇 가지를 보여준다.

고체역학의 이론을 이용한다면, 그림 9.28에 보여준 로제트 형태의 하나를 사용하여 세 개의 변형률을 동시 측정함으로써 주응력의 크기와 방향을 직접 결정할 수 있다. 직각 로제트에 대한 주응력의 방향과 크기는 다음과 같으며

$$\sigma_{\max,\min} = \frac{E}{2}\left[\frac{\varepsilon_a + \varepsilon_c}{1-\nu} \pm \frac{1}{1+\nu}\sqrt{2(\varepsilon_a - \varepsilon_b)^2 + 2(\varepsilon_b - \varepsilon_c)^2}\right] \tag{9.34}$$

$$\tau_{\max} = \frac{E}{2(1+\nu)}\sqrt{2(\varepsilon_a - \varepsilon_b)^2 + 2(\varepsilon_b - \varepsilon_c)^2} \tag{9.35}$$

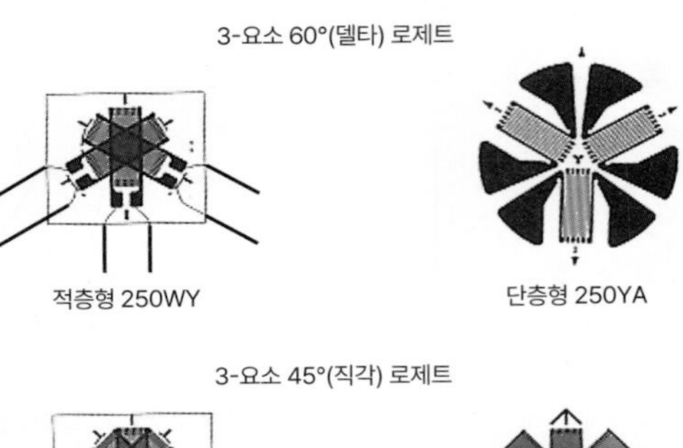

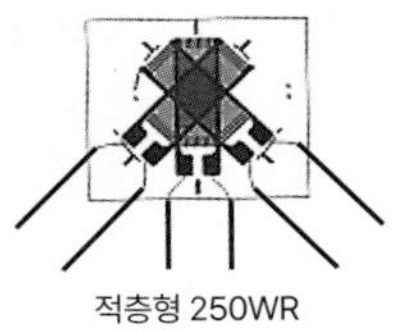

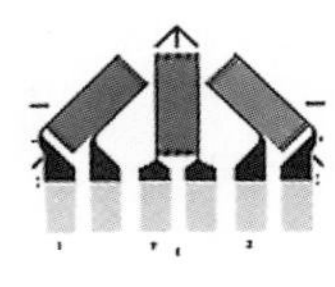

그림 9.30 다양한 3-게이지 상용 로제트
출처 Measurements Group Inc., Raleigh, NC.

$$\tan 2\theta_p = \frac{2\varepsilon_b - \varepsilon_a - \varepsilon_c}{\varepsilon_a - \varepsilon_c} \tag{9.36}$$

여기서 ε_a, ε_b, ε_c는 로제트에서 각 방향의 변형률이며 θ_p는 게이지 'a'에서 주응력방향까지의 각도이다. θ_p를 계산하기 위해 식 (9.36)을 사용할 때, inverse tangent를 4사분면에 대응될 수 있는 함수이어야 한다. 즉, 분자가 양수이면[$\varepsilon_b > (\varepsilon_a + \varepsilon_c)/2$], $2\theta_p$가 1 또는 2사분면에 존재하여 $0 < \theta_p < 90^\circ$가 된다. 아니면, $2\theta_p$가 3 또는 4사분면에 존재하여 $-90^\circ < \theta_p < 0$이 된다.

등각(델타) 로제트에 대한 관계식은 다음과 같다.

$$\sigma_{\text{max, min}} = \frac{E}{3}\left[\frac{\varepsilon_a + \varepsilon_b + \varepsilon_c}{1-\nu} \pm \frac{1}{1+\nu}\sqrt{2(\varepsilon_a - \varepsilon_b)^2 + 2(\varepsilon_b - \varepsilon_c)^2 + 2(\varepsilon_c - \varepsilon_a)^2}\right] \tag{9.37}$$

$$\tau_{\text{max}} = \frac{E}{3(1+\nu)}\sqrt{2(\varepsilon_a - \varepsilon_b)^2 + 2(\varepsilon_b - \varepsilon_c)^2 + 2(\varepsilon_c - \varepsilon_a)^2} \tag{9.38}$$

$$\tan 2\theta_p = \frac{\sqrt{3}(\varepsilon_c - \varepsilon_b)}{2\varepsilon_a - \varepsilon_b - \varepsilon_c} \tag{9.39}$$

식 (9.39)에서 분자가 양수이면($\varepsilon_c > \varepsilon_b$), $2\theta_p$가 1 또는 2사분면에 존재하여 $0 < \theta_p < 90^\circ$가 된다. 아니면 $2\theta_p$가 3 또는 4사분면에 존재하여 $-90^\circ < \theta_p < 0$가 된다.

네 개의 게이지를 가지고 있는 T-델타 로제트에 대한 관계식은 다음과 같다.

$$\sigma_{\max,\min} = \frac{E}{2}\left[\frac{\varepsilon_a + \varepsilon_d}{1-\nu} \pm \frac{1}{1+\nu}\sqrt{(\varepsilon_a - \varepsilon_d)^2 + \frac{4}{3}(\varepsilon_b - \varepsilon_c)^2}\right] \tag{9.40}$$

$$\tau_{\max} = \frac{E}{2(1+\nu)}\sqrt{(\varepsilon_a - \varepsilon_d)^2 + \frac{4}{3}(\varepsilon_b - \varepsilon_c)^2} \tag{9.41}$$

$$\tan\ 2\theta_p = \frac{2(\varepsilon_c - \varepsilon_b)}{\sqrt{3}(\varepsilon_a - \varepsilon_d)} \tag{9.42}$$

식 (9.42)에서 분자가 양수이면($\varepsilon_c > \varepsilon_b$), $2\theta_p$가 1 또는 2사분면에 존재하여 $0 < \theta_p < 90^\circ$가 된다. 아니면 $2\theta_p$가 3 또는 4사분면에 존재하여 $-90^\circ < \theta_p < 0$이 된다.

실습문제 Lab 13은 변형률을 측정하기 위해 상용 스트레인게이지와 로제트를 어떻게 사용하여 계측하는가를 보여준다. 이 계측은 예측되는 이론적 결과와 비교하기 위한 응력을 계산하기 위해 사용되었다. 비디오 데모 9.10은 실험 시연을 보여주며, 인터넷 링크 9.7은 이론적 결과와 함께 이 분석 내용을 포함하는 PDF 파일을 가리키며, 비디오 데모 9.11은 분석 결과에 대해 논한다.

Lab 13 스트레인게이지

비디오 데모

9.10 스트레인게이지 로제트 실험

9.11 스트레인게이지 로제트 실험 분석 토의

인터넷 링크

9.7 스트레인게이지 로제트 실험 분석

수업토론주제 9.11 스트레인게이지의 접착 영향

요소에 접착된 스트레인게이지가 측정하고 있는 응력에 영향을 주겠는가? 만일 그렇다면 얼마나 영향을 주겠는가? 어떤 경우에 이러한 영향이 중요하겠는가?

9.3.4 로드셀을 이용한 힘의 측정

로드셀(load cell)은 힘을 측정하기 위해 사용되는 센서이다. 이것은 내부에 유연한 부재요소와 그 표면 위에 부착된 여러 개의 스트레인게이지로 구성되어 있다. 유연한 부재요소의 모양은 스트레인게이지의 출력이 작용력과 용이하게 관련을 맺을 수 있도록 설계되어 있다. 로드셀은 보통 브릿지 회로에 연결되어 하중에 비례하는 전압을 발생시킨다. 단축 힘을 측정하기 위한 두 개의 상용 로드셀이 그림 9.31에 보이고 있다. 로드셀의 적용 예는 시편에 작용하는 힘을 측정하기 위해 상용화된 실험실용 재료시험기이다. 로드셀은 하중계로도 이용되며, 때때로 구조물에서 힘을 감시하기 위한 기계구조물의 부품으로 포함되기도 한다.

(a) *Courtesy of MTS Systems Corp., Minneapolis, MN*

(b) *Courtesy of Transducer Techniques, Temecula, CA*

그림 9.31 일반적인 축 로드셀

설계예제 9.1 **외부 골격고정기를 위한 스트레인게이지 로드셀**

정형외과 생체역학은 골격시스템의 하중 분석, 생체조직의 역학적 성질을 파악하기 위한 공학적 접근 그리고 어떤 조직이 파괴되었을 때 이를 대체하기 위한 적당한 시스템의 선택방법 등을 연구하는 학문 분야이다. 이것은 보건의료 분야에서 가장 성장하는 산업 중 하나이며, 생물과 의학 분야에 관심이 있는 공학도에게 많은 기회를 제공해 준다. 또한 이식재료의 선택, 신체가 열악한 환경하에 있을 때의 내구강도, 생체재료에 견고하게 부착해야만 하는 공학재료의 기계설계 등과 같은 많은 흥미로운 공학설계 문제가 존재한다. 대체관절의 예는 지금까지 가장 성공적인 설계 가운데 하나이며, 아마도 스테인리스강 첨가물로 교체된 관절을 가지고 생활하는 사람을 주위에서 이미 어렵지 않게 볼 수 있을 것이다.

가장 흥미로웠던 것 중 하나는 심하게 뼈가 부서져 고통을 받고 있는 환자의 수족에 걸리는 하중분석 연구에 참여한 것이었다. 사람이 다리뼈에 다중골절을 입었을 때, 단순한 석고나 유리섬유 깁스의 적용만으로는 뼈가 빠른 시간 안에 다시 개조되고 치유되게 하기에는 충분치 않다. 뼈는 살아 있는 조직이어서 끊임없이 개조 또는 교체된다. 실제로 응력의 작용은 이러한 치유과정을 촉발하고 건강한 뼈를 유지하는 데 중요한 역할을 한다. 일례로, 무중력상태의 우주공간에서 오랜 기간을 보낸 우주인은 중력에 의한 응력작용의 부족으로 인해 뼈의 손실을 경험하게 된다.

심하게 골절된 뼈를 치유하기 위한, 재미있는 생체역학적 발명품들이 자주 만들어지고 있다. 이 중 하나가 외부 골격고정기이다. 아래 그림에서 보는 바와 같이 이것은 신체의 외부에 놓이는 바 구조물과 뼈 조각에 구멍을 뚫어 고정을 시킨 스테인리스강으로 만들어진 핀으로 구성되어 있다. 이 바 구조물에 핀이 고정되어 있으며, 전체 구조물이 뼈조직이 치유될 때까지 사람이나 동물이 걸을 때 발생하는 신체의 하중을 지탱해 준다.

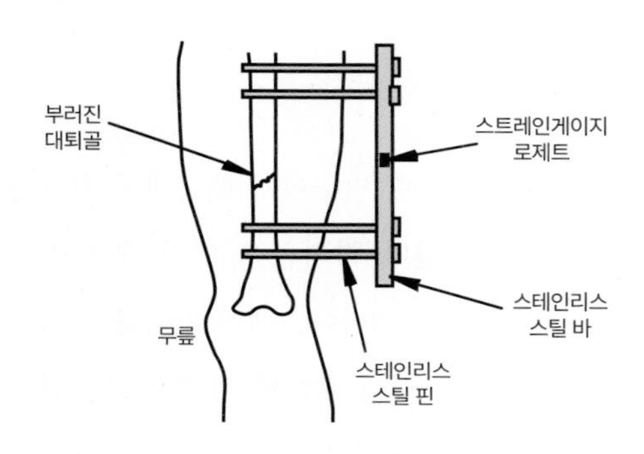

이 구조물의 설계에서 중요한 문제 중 하나는 환자가 걸을 때 고정기에 하중이 어떻게 작용하는가이다. 이러한 정보는 고정기의 크기를 결정하기 위해 필요하다. 즉 고정기는 너무 많이 변형되어서도 안 되고 뼈의 치유를 방해할 정도로 너무 강해서도 적당치 않다. 치유과정의 가장 두드러진 특징 중 하나는 빠른 치유를 위해서는 아주 적은 양의 상대운동이 필요하다는 것이다. 모든 응력이 뼈로부터 제거되고 상대운동이 일어나지 않으면 뼈는 치유되지 않을 것이다. 그러나 너무 지나친 상대운동 또한 치유를 방해할 것이다.

검증 연구를 위해 하중을 측정할 때, 골격고정기의 일부로서 로드셀을 설계하여 보행 중의 복잡한 하중분포를 감시할 필요가 있다. 우리는 부러진 다리를 지지하고 있는 스테인리스 바에 걸리는 하중분포에 관심이 있다. 걷는 중에 뼈에 걸리는 하중은 상당히 복잡하여 축응력, 굽힘응력, 비틀림응력이 모두 존재한다.

로드셀의 설계목적은 걷는 중에 축, 굽힘, 비틀림 하중을 쉽고 신뢰성 있게 측정하는 것이다. 세 개의 직각 스트레인게이지 로제트를 90°씩 떨어지게 설치하면 이러한 목적을 달성할 수 있다. 각 로제트의 가운데(b) 게이지(그림 9.29 참조)는 바의 축에 정렬되어야 한다.

각 로제트에서 주응력이 계산되면 축, 굽힘, 비틀림 응력이 결정될 수 있다. 축방향 주응력은 두 방향에서 축하중과 굽힘하중을 결정하는 데 이용될 수 있다. 각 로제트에서 최대전단응력은 비틀림하중을 결정하기 위해 평균화될 수 있다. 결론적으로 9개의 스트레인게이지(3로제트)는 축하중, 굽힘하중, 비틀림하중을 동시 측정할 수 있게 해준다.

이와 같은 9개의 스트레인게이지는 게이지 브릿지 회로에 연결되어야 한다. 브릿지의 아날로그 출력은 실시간 응력분포를 얻기 위해 적당한 샘플링 주파수로 디지털화될 수 있다.

수업토론주제 9.12 골격고정기용 스트레인게이지의 샘플링률

보통 사람의 보속으로 가정한다면 설계예제 9.1에 제시된 골격고정기용 스트레인게이지에 적당한 샘플링률은 어느 정도인가?

9.4 온도 측정

온도는 많은 공학시스템에서 아주 중요한 변수이기 때문에 공학도는 이를 측정하기 위한 기본 방법에 익숙해야만 한다. 온도센서는 빌딩, 화학공장, 엔진, 운송차량, 가정전기용품, 컴퓨터, 온도를 감시하고 제어해야 하는 많은 다른 디바이스에서 찾아볼 수 있다.

많은 물리적 현상이 온도와 관련이 있기 때문에 압력, 체적, 전기저항, 변형률 등을 측정한 후 이러한 관련성을 이용하여 변환함으로써 온도를 간접 측정할 수 있다. 온도를 표현하기 위한 온도 스케일은 다음과 같은 것이 있다.

- 섭씨(℃): 상대온도에 대한 일반적인 SI단위
- 켈빈(K): 열역학적 절대온도에 대한 표준 SI단위. 도 심벌(°)이 없음에 주의
- 화씨(°F): 상대온도에 대한 영국단위계
- 랭킨(°R): 열역학적 절대온도에 대한 영국단위계

이 스케일 사이의 관계식은 다음과 같이 정리된다.

$$T_C = T_K - 273.15 \tag{9.43}$$

$$T_F = (9/5)T_C + 32 \tag{9.44}$$

$$T_R = T_F + 459.67 \tag{9.45}$$

여기서 T_C는 섭씨온도, T_K는 켈빈온도, T_F는 화씨온도, T_R은 랭킨온도를 나타낸다.

이어지는 절에서 온도 측정을 위해 가장 많이 사용되는 디바이스를 소개한다. 액체봉입유리 온도계, 바이메탈스트립, 전기저항온도계, 서미스터, 열전대 등이 포함된다. 또한 반도체업체

들이 생산하는 많은 종류의 IC 온도센서가 있다. 인터넷 링크 9.8에 있는 LM35가 전형적인 예이다. 이러한 IC 센서는 측정 온도에 따른 전압 또는 디지털값을 직접 출력하기 때문에 마이크로컨트롤러에 응용할 때 매우 편리하다. IC 온도센서의 동작원리는 pn 정션 실리콘의 순방향바이어스 전압이 온도에 직접 비례하는 사실에 기초한다. IC 온도센서의 허용온도 범위(예: LM35의 경우 -40℃에서 110℃)는 다른 온도센서보다 넓지는 않지만 저가이고 비교적 정확하다.

9.8 LM35 IC 온도센서

9.4.1 액체봉입유리온도계

간단한 비전기적인 온도측정 디바이스 중 하나는 액체봉입유리온도계(liquid-in glass thermometer, 간단히 유리온도계라 칭함)이다. 이것은 대부분 유리용기에 상대적으로 팽창과 수축을 하는 알코올이나 수은을 작동유체로 사용한다. 고온측정 범위는 보통 600°F 정도이다. 액체 높이를 읽을 때 서로 다른 값을 읽을 수 있기 때문에 조심해야 한다. 측정이 눈으로 이루어지기 때문에 그리고 작동유체의 꼭대기에 오목한 면이 존재하기 때문에 측정을 매우 주의 깊고 일정하게 해야 한다.

9.4.2 바이메탈스트립

단순한 제어시스템에 사용되는 또 다른 비전기적인 온도측정 디바이스 중 하나가 **바이메탈스트립**(bimetallic strip)이다. 그림 9.32에 보이는 바와 같이, 이것은 서로 다른 열팽창계수를 가진 두 개 또는 다수의 금속층으로 구성되어 있다. 스트립은 그림처럼 직선모양일 수도 있고, 좀 더 작은 설계를 위해 코일형태를 띤 것도 있다(비디오 데모 9.4에서 보여준 오래된 온도조절장치). 이러한 층은 서로 영구적으로 접착되어 있기 때문에 구조물이 온도 변화가 있을 때 변형하게 된다. 이것은 두 금속층 간의 열팽창 차이에 의해서 발생한다. 처짐 δ는 스트립의 온도와 연관을 맺을 수 있다. 바이메탈스트립은 가정용품과 산업용 온도조절기에 사용되어 스트립의 기계적 운동이 전기 접촉을 형성하거나 끊어서 가열 또는 냉각시스템을 on-off하는 데 사용된다.

9.4 바이메탈스트립과 수은 스위치를 가진 온도조절장치

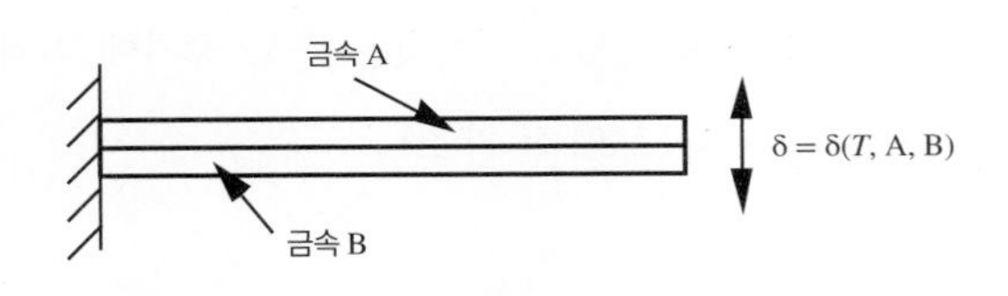

그림 9.32 바이메탈스트립

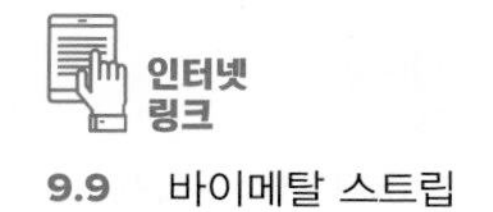

9.9 바이메탈 스트립

바이메탈스트립이 어떻게 온도에 변형되는지에 대한 더 많은 그림과 비디오 데모를 보려면 인터넷 링크 9.9를 참조하라.

9.4.3 전기저항온도계

저항온도디바이스(RTD, resistance temperature device)는 세라믹이나 유리코어 둘레에 금속와이어를 감아서 밀폐시켜 만들어진다. 금속와이어의 저항은 온도에 따라 증가한다. 저항-온도 관계는 보통 다음과 같은 선형식으로 근사된다.

$$R = R_0[1 + \alpha(T - T_0)] \tag{9.46}$$

여기서 T_0는 기준온도, R_0는 기준온도에서의 저항, α는 보정상수이다. 민감도(dR/dT)는 $R_0\alpha$이다. 기준온도는 보통 물의 빙점이다(0℃). RTD에 사용되는 가장 일반적인 금속은 높은 융점, 산화에 대한 저항성, 예측 가능한 온도 특성, 안정된 보정값 등의 이유로 백금(platinum)이 사용된다. 전형적인 백금 RTD의 작동범위는 −220℃에서 750℃이다. 값이 싼 니켈과 구리 형태도 존재하지만 유효범위가 작다.

서미스터(thermistor)는 저항이 온도에 따라 지수함수적으로 변화하는 반도체디바이스이며 다양한 모양과 크기의 프로브 형태로 존재한다. 이것의 저항-온도 관계는 보통 다음과 같이 표현된다.

$$R = R_0\, e^{\left[\beta\left(\frac{1}{T} - \frac{1}{T_0}\right)\right]} \tag{9.47}$$

여기서 T_0는 기준온도, R_0는 기준온도에서의 저항, β는 재료의 **특성온도**(characteristic temperature)라 불리는 보정상수이다. 잘 보정된 서미스터는 전형적인 RTD 정확도(± 0.3℃)보다 더 좋은 0.01℃ 내 혹은 이보다 더 정확할 수 있다. 그러나 서미스터는 RTD보다 훨씬 좁은 작동범위를 가지고 있다. 식 (9.47)에서 온도가 올라가면 서미스터의 저항은 내려감에 주의하라 [즉, 음의 온도계수(또는 NTC)를 가지고 있다]. 이것은 온도 증가에 따라 저항도 증가하는 일반적인 금속도체와 매우 다른 특성이다(2.2.1절 참조).

9.4.4 열전대

접촉하고 있는 두 개의 서로 다른 종류의 금속은(그림 9.33 참조) 정션의 온도에 비례하는 전압을 발생시키는 열전기적 정션을 형성한다. 이것은 **Seebeck 효과**(Seebeck effect)로 알려져 있다.

전기회로는 항상 폐루프를 형성해야 하기 때문에 열전기적 정션(thermoelectric junction)은 쌍으로 형성되어야 하며, 이러한 디바이스를 **열전대**(thermocouple)라 한다. 이것을 그림 9.34과 같이 두 개의 정션을 가지고 있는 열전기회로로 나타낼 수 있다. 여기서 우리는 서로 다른 온도 T_1과 T_2에서 정션을 이루고 있는 금속 A와 B의 선을 가지고 있으며, 이로 인한 전위차 V를 측정할 수 있다. 열전대 전압 V는 금속 A와 B의 성질과 정션의 온도 T_1과 T_2의 차에 의해 결정된다. 즉, 열전대 전압은 정션의 온도차에 직접 비례한다.

$$V = \alpha(T_1 - T_2) \tag{9.48}$$

여기서 α는 **Seebeck 계수**(Seebeck coefficient)라 한다. 이 절의 뒤에 가서 보겠지만, 전압과 온도차의 관계는 정확하게 선형이 아니다. 그러나 작은 온도범위에서는 α는 거의 일정하다.

Peltier와 Thomson 효과라 알려진 2차적인 열전기 효과가 존재하며, 이는 열전대 회로에 흐르는 전류에 관련이 있다. 그러나 이들은 보통 Seebeck 효과와 비교할 때 무시할 수 있다. 그러나 열전대 회로에서 전류의 양이 커지면 이러한 효과는 무시할 수 없게 된다. Peltier 효과는 한 접점으로 들어가서 다른 정션으로 나가는 전류흐름 및 열흐름과 관련이 있다. 이러한 효과는 **열전냉각기**(TEC, thermoelectric cooler) 또는 냉장고의 기본 원리가 되기도 한다.

온도를 측정하기 위해 열전대 회로를 올바르게 설계하려면 이들의 응용과 관련된 기본 법칙을 이해할 필요가 있다. 열전대 거동에 관한 5개 기본 법칙의 개념을 도시하기 위한 그림과 함께 다음에 설명한다.

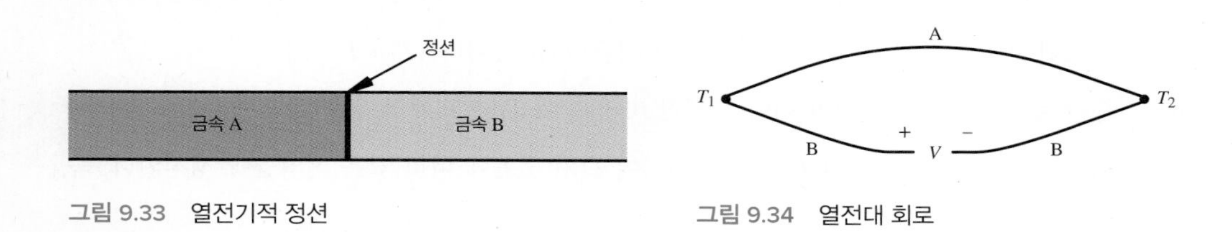

그림 9.33 열전기적 정션

그림 9.34 열전대 회로

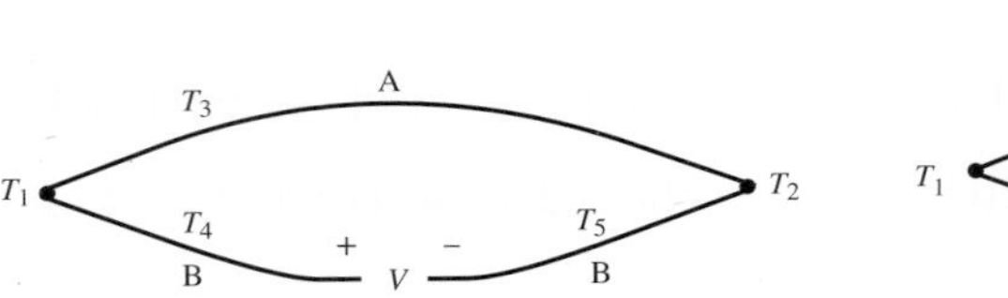

그림 9.35 리드선 온도의 법칙

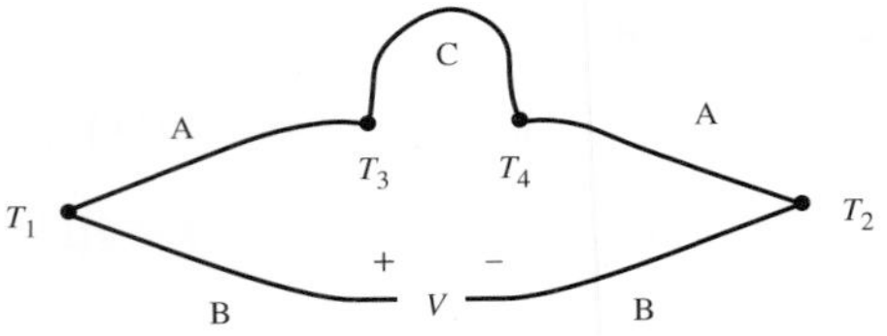

그림 9.36 중간 리드선 금속의 법칙

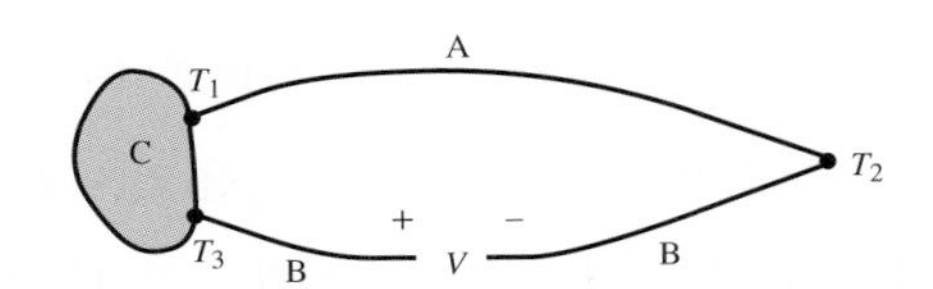

그림 9.37 중간 정션 금속의 법칙

1. **리드선 온도의 법칙.** 두 개의 서로 다른 금속으로 구성된 회로에서 두 정션에 의한 열전 전압(thermoelectric voltage)은 단지 정션의 온도 T_1과 T_2에만 관련이 있다. 그림 9.35에 예시한 바와 같이, 정션으로부터 떨어져 있는 리드선의 온도(T_3, T_4, T_5)는 측정전압에 영향을 미치지 않는다. 그러므로 리드선을 주위 환경에서 차단시키려 노력할 필요가 없다.
2. **중간 리드선 금속의 법칙.** 그림 9.36에 예시한 바와 같이 열전대를 구성하는 회로에 도입된 세 번째 금속 C는 두 개의 새로운 정션(A-C와 C-A)이 같은 온도($T_3 = T_4$)에 있는 한 최종 전압에는 영향을 미치지 않는다. 이 법칙의 결과로, 두 개의 새로운 정션을 발생시키는 전압측정 디바이스가 최종 전압에 영향을 미치지 않으면서 열전대 회로에 삽입될 수 있다.
3. **중간 정션 금속의 법칙.** 그림 9.37에 예시한 바와 같이 만일 세 번째 금속이 사용되어 두 개의 새로운 정션(A-C와 C-B)을 발생시킨다면, 두 새로운 정션이 같은 온도하에 있는 한($T_1 = T_3$) 측정전압은 영향을 받지 않는다. 그러므로 납땜 혹은 용접 접합이 써모정션(thermojunction)을 이루는 한 측정전압에 미치는 이들의 영향은 없다. 만일 T_1과 T_3가 다르면 C에서 측정된 전압은 두 온도의 평균이 될 것이다[$(T_1 + T_3)/2$].
4. **중간 온도의 법칙.** 그림 9.38에 예시한 바와 같이 T_1과 T_3에서 정션 쌍은 두 개의 정션 쌍이 같은 온도범위(T_1에서 T_2, T_2에서 T_3)에 걸쳐 있음에 따라 같은 전압을 발생시킨다. 즉,

$$V_{1/3} = V_{1/2} + V_{2/3} \tag{9.49}$$

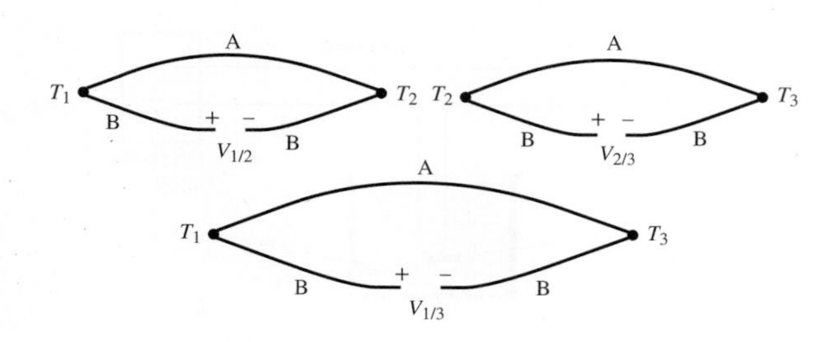

그림 9.38 중간 온도의 법칙

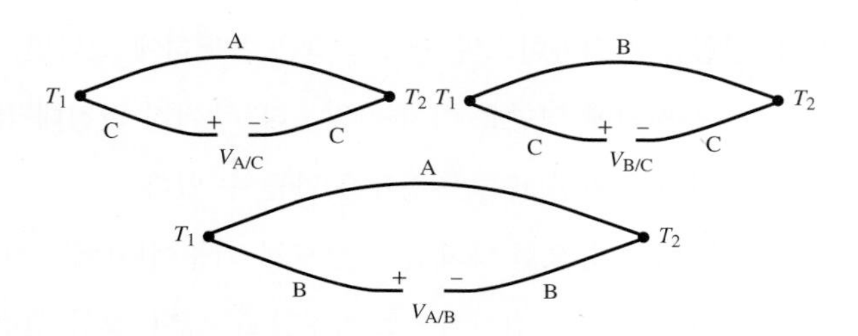

그림 9.39 중간 금속의 법칙

이 식은 다음과 같이 해석될 수 있다. T_3에 상대적으로 측정한 온도 T_1에 의한 전압은 T_2에 상대적으로 측정한 T_1과 T_3에 상대적으로 측정한 T_2의 합전압과 같다. 이 결과를 이용하면, 어떤 기준정션을 사용하여 고정된 기준온도를 기초로 하는 미지의 온도를 정확하게 측정할 수 있다(아래에 설명).

5. **중간 금속의 법칙.** 그림 9.39에 예시한 바와 같이 두 금속 A와 B에 의해 발생된 전압은 각 금속(A와 B)이 세 번째 금속(C)에 대해 상대적으로 발생시키는 전압의 합과 같다.

$$V_{A/B} = V_{A/C} + V_{C/B} = V_{A/C} - V_{B/C} \tag{9.50}$$

이 결과는 기준 금속을 사용하여 다른 금속을 보정하기 위한 이론적 기초가 된다.

열전대 측정을 위한 표준 구성을 그림 9.40에서 보여준다. 이것은 금속 C로 만들어진 단자를 가진 전압측정 디바이스에 연결된 두 종류의 금속 와이어 A와 B로 구성되어 있다. 기준정션이 사용되어 한 정션에 대한 기준온도가 설정되기 때문에 나머지 정션에서 기준에 대한 정확한 온도측정이 보장된다. 편리한 기준온도는 증류된 물과 얼음의 혼합물을 가지고 정확하게 설정과

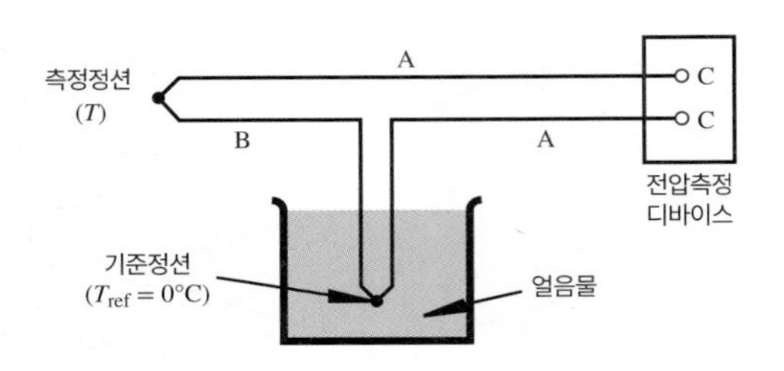

그림 9.40 열전대 측정의 표준 구성

유지가 용이한 0℃이다. 전압측정 디바이스의 단자가 같은 온도하에 있다면, 중간 리드선 금속 법칙에 의해 단자금속 C가 측정치에 영향을 미치지 않는다. 주어진 열전대 금속과 기준온도에 대해 측정전압을 온도로 변환하기 위한 표준 측정표를 만들 수 있다.

얼음 혼합물을 대신할 수 있는 중요한 대체물은 반도체 기준이며(예: 서미스터), 고체물리학의 원리를 기반으로 하여 기준온도를 전기적으로 설정할 수 있다. 보통 열전대 계측시스템에는 이러한 기준 디바이스가 포함되어 있어 외부 기준온도의 필요성을 제거해 준다. 비디오 데모 9.12는 정밀한 열전대 온도계측에 사용될 수 있는 상용디지털온도계에 대해 설명한다.

비디오 데모 **9.12** 디지털온도계를 가진 열전대

그림 9.41은 두 개의 기준정션 구성을 보여주며, 이것은 리드선의 독립적인 선택을 가능하게 해준다. 구리는 구하기 쉽고, 전압계 단자는 일반적으로 구리이기 때문에 새로운 정션을 추가하지 않아도 되어 좋은 선택이다.

그림 9.42는 **서모파일**(thermopile)에 대한 구조를 보여준다. 이것은 N개의 정션 쌍의 조합으로 구성되어 N배의 전압신호를 발생시킨다. 그림의 예에서는 최종 전압이 단일 열전대의 전압에 비해 세 배가 될 것이다. 측정정션(그림에서 온도 T인 부분)이 서로 다른 온도에 있다면 출력은 이 온도들의 평균값이 될 것이다.

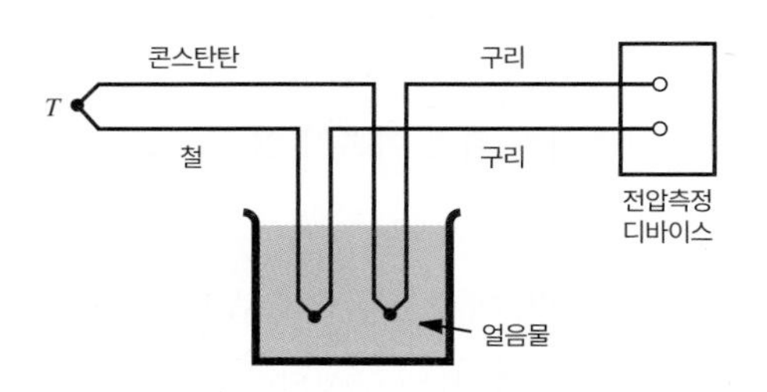

그림 9.41 원하는 금속의 리드와이어 사용하기

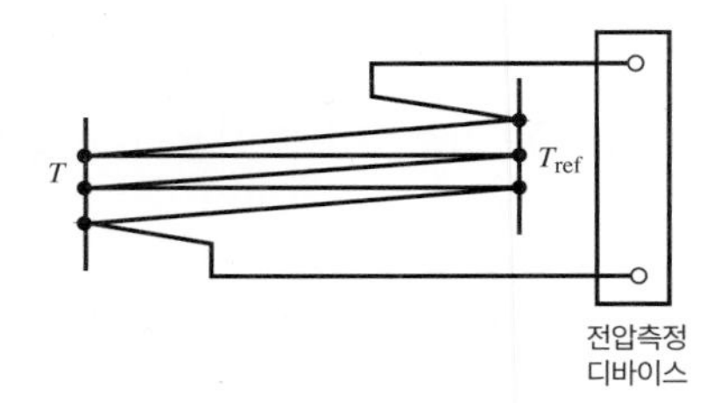

그림 9.42 서모파일

예제 9.2 비표준 기준을 가진 열전대 구성

표준 2-정션 열전대 구성을 풍동 내의 온도측정을 위해 사용하고 있다. 기준정션이 10℃의 일정한 온도로 유지되고 있다. 우리는 단지 0℃를 기준으로 작성된 열전대 표를 가지고 있다. 표의 일부가 아래에 제시되어 있다. 측정정션이 100℃에 노출되어 있을 때 측정전압이 얼마가 되는지 결정해 보자.

정션 온도(℃)	출력전압(mV)
0	0
10	0.507
20	1.019
30	1.536
40	2.058
50	2.585
60	3.115
70	3.649
80	4.186
90	4.725
100	5.268

이 예제에 중간온도 법칙을 적용하면 다음과 같은 식을 쓸 수 있다.

$$V_{100/0} = V_{100/10} + V_{10/0}$$

우리가 구하고자 하는 것은 $V_{100/10}$(기준정션이 10℃에 있을 때 100℃ 온도에 대한 측정전압)이다. 나머지 전압 $V_{100/0}$과 $V_{10/0}$은 모두 0℃를 기준으로 하므로 표에서 구할 수 있다. 따라서

$$V_{100/10} = V_{100/0} - V_{10/0} = (5.268 - 0.507)\ \text{mV} = 4.761\ \text{mV}$$

가장 일반적으로 사용되는 6개의 열전대는 알파벳 E, J, K, R, S, T로 표시한다. 0℃를 기준정션으로 보정된 온도는 비선형적으로 나타나며, 다항식으로 근사화될 수 있다. 표 9.2에 각 형태에 대한 정션 금속쌍, 열전기적 극성, 상용 컬러코드, 작동범위, 정확도, 다항식의 차수와 계

표 9.2 열전대 데이터

	Type E	Type J	Type K	Type R	Type S	Type T
금속 쌍	Chromel(+) and constantan(−)	Iron(+) and constantan(−)	Chromel(+) and alumel(−)	87% platinum, 13% rhodium(+) and platinum(−)	90% platinum, 10% rhodium(+) and platinum(−)	Copper(+) and constantan(−)
컬러 코드	Purple	Black	Yellow	Green	Green	Blue
작동 범위	−100~1,000℃	0~760℃	0~1,370℃	0~1,000℃	0~1,750℃	−160~400℃
정확도	±0.5℃	±0.1℃	±0.7℃	±0.5℃	±0.1℃	±0.5℃
근사 민감도 (mV/℃)	0.079	0.054	0.042	0.012	0.011	0.049
다항식 차수	9	5	8	8	9	7
c_0	0.104967	−0.0488683	0.226585	0.263633	0.927763	0.100861
c_1	17,189.5	19,873.1	24,152.1	179,075.	169,527.	25,727.9
c_2	−282,639.	−218,615.	67,233.4	-4.88403×10^{7}	-3.15684×10^{7}	−767,346.
c_3	1.26953×10^{7}	1.15692×10^{7}	2.21034×10^{6}	1.90002×10^{10}	8.99073×10^{9}	7.80256×10^{7}
c_4	-4.48703×10^{8}	-2.64918×10^{8}	-8.60964×10^{8}	-4.82704×10^{12}	-1.63565×10^{12}	-9.24749×10^{9}
c_5	1.10866×10^{10}	2.01844×10^{9}	4.83506×10^{10}	7.62091×10^{14}	1.88027×10^{14}	6.97688×10^{11}
c_6	-1.76807×10^{11}	—	-1.18452×10^{12}	-7.20026×10^{16}	-1.37241×10^{16}	-2.66192×10^{13}
c_7	1.71842×10^{12}	—	1.38690×10^{13}	3.71496×10^{18}	6.17501×10^{17}	3.94078×10^{14}
c_8	-9.19278×10^{12}	—	-6.33708×10^{13}	-8.03104×10^{19}	-1.56105×10^{19}	—
c_9	2.06132×10^{13}	—	—	—	1.69535×10^{20}	—

출처 G. Burns, M. Scroger, and G. Strouse, "Temperature-Electromotive Force Reference Functions and Tables for the Letter-Designated Thermocouple Types Based on the ITS-90," NIST Monograph 175, April 1993.

ANSI 표기법	합금(일반명 또는 상품명)
JP	Iron
JN, EN, or TN	Constantan, Cupron, Advance
KP or EP	Chromega, Tophel, T_1, Thermokanthal KP
KN	Alomega, Nial, T_2, Thermokanthal KN
TP	Copper
RN or SN	Pure Platinum
RP	Platinum 13% Rhodium
SP	Platinum 10% Rhodium

Trade Names: Advance T–Driver Harris Co., Chromega and Alomega–OMEGA Engineering, Inc., Cupron, Nial and Tophel–Wilbur B. Driver Co., Thermokanthal KP and Thermokanthal KN–The Kanthal Corporation.

ANSI LETTER DESIGNATIONS–Currently thermocouple and extension wire is ordered and specified by an ANSI letter designation. Popular generic and trade name examples are Chromega/Alomega–ANSI Type K: Iron/Constantan–ANSI Type J: Copper/Constantan–ANSI Type T: Chromega/Constantan–ANSI Type E: Platinum/Platinum 10% Rhodium–ANSI Type S: Platinum/Platinum 13% Rhodium–ANSI Type R. The position and negative legs are identified by letter suffixes P and N, respectively, as listed in the tables.

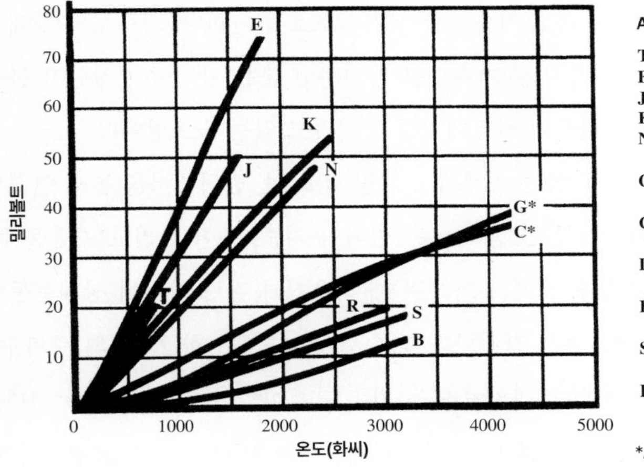

ANSI 심벌

T	Copper vs. Constantan
E	Chromega vs. Constantan
J	Iron vs. Constantan
K	Chromega vs. Alomega
N*	Omegalloy® (Nicrosil-Nisil)
G*	Tungsten vs. Tungsten 26% Rhenium
C*	Tungsten 5% Rhenium vs. Tungsten 26% Rhenium
D*	Tungsten 3% Rhenium vs. Tungsten 25% Rhenium
R	Platinum 13% Rhodium vs. Platinum
S	Platinum 30% Rhodium vs. Platinum
B	Platinum 30% Rhodium vs. Platinum 6% Rhodium

*ANSI 심벌 아님

그림 9.43 열전대 타입과 특성

출처 OMEGA Engineering Inc., Stamford, CT.

수 등이 표시되어 있다. 표에서 계수를 사용한 다항식의 일반적인 형태는 아래와 같고

$$T = \sum_{i=0}^{9} c_i V^i = c_0 + c_1 V + c_2 V^2 + c_3 V^3 + c_4 V^4 + c_5 V^5 + c_6 V^6 + c_7 V^7 + c_8 V^8 + c_9 V^9 \quad (9.51)$$

V는 볼트로 측정된 열전전압, T는 0℃를 기준정션으로 가정하고 측정한 섭씨 단위의 정션온도이다. 그림 9.43은 몇 개의 상용화된 열전대에 대한 민감도곡선이다. 온도와 전압 관계를 정확하게 나타내기 위해 9차 다항식을 사용하지만, 이 관계는 Seebeck 효과에 따라 예측되는 바와 같이 선형에 가깝다. MATLAB® examples 9.1은 표 9.2에 있는 다항식 계수를 어떻게 사용하여 열전대 전압측정으로부터 온도를 계산할 수 있는지 보여준다.

MATLAB® *examples*

9.1 열전대 계산

9.5 진동과 가속도 측정

가속도계(accelerometer)는 어떤 모션(즉, 비디오 게임기나 스마트폰의 흔들림 감지), 진동(즉, 회전기계), 충격 이벤트(즉, 자동차 에어백의 전개)에 의한 속도 변화율, 즉 가속도를 측정하기 위해 설계된 센서이다. 정적인 가속도를 정확히 측정할 수 있는 가속도계는 또한 자세(즉, 로봇이나 차량의 경사각도, 스마트폰의 가로/세로 모드를 결정하기 위한)를 측정하기 위해 사용되기도 한다. 가속도계는 일반적으로 어떤 물체나 구조물에 기계적으로 부착되어 가속도를 측정한다. 가속도계는 한 축 방향의 가속도를 감지하며 직각 방향으로는 영향을 받지 않는다. 스트레인게이지, 압전소자(9.5.1절에서 기술), 커패시티브 요소(즉, 9.7절에 기술된 MEMS IC 가속도계) 등이 가속도계의 감지부를 구성하고 가속도를 전기신호로 변환한다. 가속도 측정의 간단한 예로서 비디오 데모 9.13은 바운스에 따른 가속도를 감지하고 불을 깜빡이는 장난감 볼을 보여준다. 이것의 가속도 감지 요소는 단순히 쇠막대기를 둘러싸고 있는 스프링이다.

비디오 데모 9.13 바운싱 볼 가속도계

가속도계의 설계는 측정대상인 진동하는 물체에 스프링, 감쇠기, 변위센서를 통해 연결된 질량에 대한 관성효과를 기본 원리로 한다. 그림 9.44는 변위의 기준, 용어 그리고 자유물체도와 함께 가속도계의 구성요소를 보여준다. 물체가 가속될 때 하우징과 질량 사이에 상대운동이 발생하게 된다. 변위변환기는 이 상대운동을 감지한다. 가속도계를 모델링한 2차계의 주파수응답 분석을 통해 변위변환기 출력과 물체의 절대위치 또는 가속도 사이의 관계를 얻을 수 있다.

가속도계의 주파수응답을 결정하기 위해 먼저 자유물체도에서 보여준 힘을 표현해야 한다. 이를 위해 진동질량(seismic mass)과 물체 사이의 상대변위 x_r을 다음과 같이 정의하자.

$$x_r = x_o - x_i \tag{9.52}$$

이것은 진동질량과 하우징 사이의 변위변환기에 의해 측정된다. 그러므로 스프링 힘은

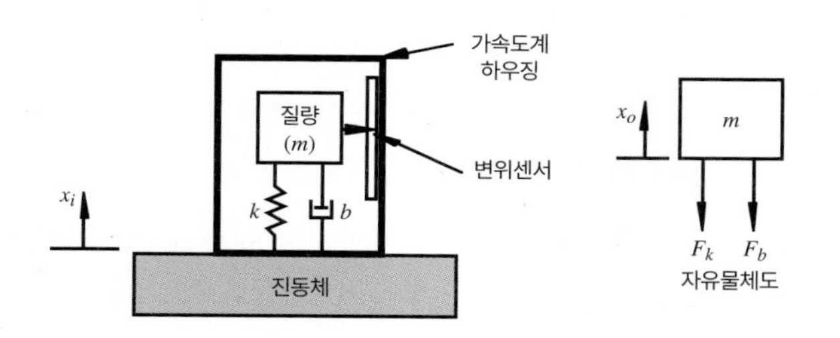

그림 9.44 가속도계 변위기준과 자유물체도

$$F_k = k(x_o - x_i) = kx_r \tag{9.53}$$

로 표현될 수 있으며 감쇠력은 다음과 같이 표현된다.

$$F_b = b(\dot{x}_o - \dot{x}_i) = b\dot{x}_r \tag{9.54}$$

Newton의 제2법칙을 적용하면 진동질량에 대한 운동방정식은 다음과 같다.

$$\sum F_{\text{ext}} = m\ddot{x}_o \tag{9.55}$$

$$-F_k - F_b = m\ddot{x}_o \tag{9.56}$$

자유물체도에서 힘은 기준방향 x_o에 대해 반대방향에 있기 때문에 이 방정식에서 음의 부호를 가진다. 식 (9.53)과 (9.54)를 대입하면 결과는 다음과 같다.

$$-kx_r - b\dot{x}_r = m\ddot{x}_o \tag{9.57}$$

상대변위 x_r이 다음과 같으므로

$$x_r = x_o - x_i \tag{9.58}$$

$\ddot{x}_o$를 다음으로 대치할 수 있다.

$$\ddot{x}_o = \ddot{x}_r + \ddot{x}_i \tag{9.59}$$

그러므로 식 (9.57)을

$$-kx_r - b\dot{x}_r = m(\ddot{x}_r + \ddot{x}_i) \tag{9.60}$$

으로 쓸 수 있으며, 다시 정리하면 다음과 같다.

$$m\ddot{x}_r + b\dot{x}_r + kx_r = -m\ddot{x}_i \tag{9.61}$$

이 2차 미분방정식은 측정된 상대변위 x_r과 입력변위 x_i 사이의 관계를 나타낸다. 4.10절의 2차계에 대한 분석에서와 같이 이 식은

$$\ddot{x}_r + 2\zeta\omega_n\dot{x}_r + \omega_n^2 x_r = -\ddot{x}_i \tag{9.62}$$

으로 표현되며, 여기서 고유진동수는

$$\omega_n = \sqrt{\frac{k}{m}} \tag{9.63}$$

감쇠비는 다음과 같다.

$$\zeta = \frac{b}{2\sqrt{km}} \tag{9.64}$$

수업토론주제 9.13 가속도계에서 중력의 영향

가속도계에 대한 자유물체도와 결과적인 운동방정식은 중력에 의한 외력을 포함하지 않는다. 이유를 설명하라.

주파수응답 해석을 위해 입력변위를 삼각함수로 가정하자.

$$x_i(t) = X_i \sin(\omega t) \tag{9.65}$$

시스템이 선형이기 때문에 결과적인 출력변위 또한 같은 주파수이고 위상이 다른 삼각함수로 나타난다.

$$x_r(t) = X_r \sin(\omega t + \phi) \tag{9.66}$$

4.10.2절에 보인 절차에 따라 주파수응답의 진폭비에 대한 분석 결과는

$$\frac{X_r}{X_i} = \frac{(\omega/\omega_n)^2}{\left(\left[1 - \left(\frac{\omega}{\omega_n}\right)^2\right]^2 + 4\zeta^2\left(\frac{\omega}{\omega_n}\right)^2\right)^{1/2}} \tag{9.67}$$

이며(연습문제 9.27) 위상각은 다음과 같다.

$$\phi = -\tan^{-1}\left(\frac{2\zeta(\omega/\omega_n)}{1 - \left(\frac{\omega}{\omega_n}\right)^2}\right) \tag{9.68}$$

출력변위 신호 x_r과 입력가속도의 관계를 구하기 위해 식 (9.65)를 미분하면 다음과 같다.

$$\ddot{x}_i(t) = -X_i\omega^2 \sin(\omega t) \tag{9.69}$$

입력가속도의 진폭은 다음과 같음을 주지하라.

$$X_i\omega^2 \tag{9.70}$$

식 (9.67)을 다시 정리하면

$$H_a(\omega) = \frac{X_r\omega_n^2}{X_i\omega^2} = \frac{1}{\left(\left[1 - \left(\frac{\omega}{\omega_n}\right)^2\right]^2 + 4\zeta^2\left(\frac{\omega}{\omega_n}\right)^2\right)^{1/2}} \tag{9.71}$$

$H_a(\omega)$는 비 $(X_r\omega^2{}_n)/(X_r\omega^2)$을 주파수 ω의 함수로 나타내기 위해 사용되었다. 그림 9.45와 9.46은 진폭비와 위상각 관계를 서로 다른 감쇠비에 따라 보여준다[식 (9.68)].

$H_a(\omega)$의 분모는 입력가속도의 진폭 $X_i\omega^2$이며, 분자는 출력변위의 진폭 X_r과 고유진동수 $\omega^2{}_n$의 제곱과의 곱이다. 그러므로 측정된 출력변위의 진폭에 대한 입력가속도의 진폭의 관계를 다음과 같이 구할 수 있다.

$$X_r = \left(\frac{1}{\omega_n^2}\right) H_a(\omega)(X_i\omega^2) \tag{9.72}$$

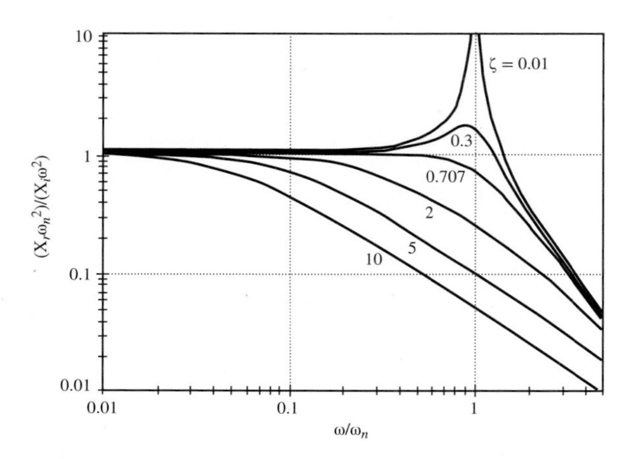

그림 9.45 이상적인 가속도계의 진폭응답

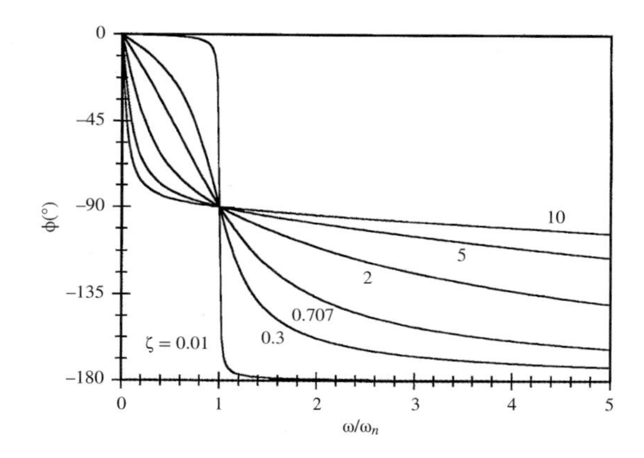

그림 9.46 이상적인 가속도계의 위상응답

따라서 입력가속도 진폭은 다음과 같이 표현될 수 있다.

$$(X_i\omega^2) = \frac{X_r\omega_n^2}{H_a(\omega)} \tag{9.73}$$

가속도계를 넓은 주파수 영역에 걸쳐 $H_a(\omega)$가 거의 1이 되도록 설계한다면, 입력가속도의 진폭은 상수인자 ω_n^2에 비례하는 상대변위의 진폭항으로 직접 주어진다.

$$(X_i\omega^2) = (\omega_n^2)X_r \tag{9.74}$$

그림 9.45에서 보는 바와 같이 ζ가 0.707이고 고유진동수 ω_n이 가능한 한 클 때 진폭비가 1이 되는 주파수범위가 가장 넓다. 또한 그림 9.46에서 분명히 보듯이 ζ가 0.707일 때 시스템에 대한 위상이 가장 좋은 선형성을 가지고 있다. 진동질량을 작게 하거나 스프링상수를 크게 하면 고유진동수를 크게 할 수 있다. 이것은 상용화된 일반 가속도계와 같이 아주 작은 패키지 안에 쉽게 내장될 수 있다.

식 (9.74)는 센서의 대역폭 내의 모든 주파수 성분 ω에 대해 적용될 수 있다. 대역폭 내의 여러 주파수 성분으로 구성된 임의의 입력신호가 주어졌다면, 각 주파수 성분은 식 (9.74)에 따라 출력신호에 반영될 것이다. 따라서 모든 주파수 성분에 의한 최종 가속도는 다음 식과 같이 측정된 최종 상대변위에 직접적인 관계를 가지게 된다.

$$\ddot{x}_i(t) = \omega_n^2 x_r(t) \tag{9.75}$$

가속도를 측정하기 위해 사용된 스프링-질량-감쇠기와 같은 구성을 가지고 가속도 대신 변위를 측정할 수 있도록 설계할 수도 있다. 이러한 형태의 디바이스를 **진동계**(vibrometer)라 부른다. 식 (9.67)에 주어진 진폭비는 입력과 출력변위 사이의 필요한 관계를 제공한다. 가속도계의 분석에서 한 것처럼 변위비를 다음과 같이 정의할 수 있다.

$$H_d(\omega) = \frac{X_r}{X_i} \tag{9.76}$$

그림 9.47은 주파수에 대한 진폭비 관계를 서로 다른 감쇠비값에 대해 나타내고 있다. 위상각 관계는 가속도계의 경우와 같다(그림 9.46 참조). 입력변위 진폭 X_i는 측정된 상대변위 진폭 X_r과 다음의 관계가 있다.

$$X_i = \frac{X_r}{H_d(\omega)} \tag{9.77}$$

넓은 주파수 영역에 걸쳐 $H_d(\omega)$가 거의 1이 되도록 진동계를 설계한다면 입력변위 진폭은 상대변위 진폭에 의해 직접적으로 주어진다.

$$X_i = X_r \tag{9.78}$$

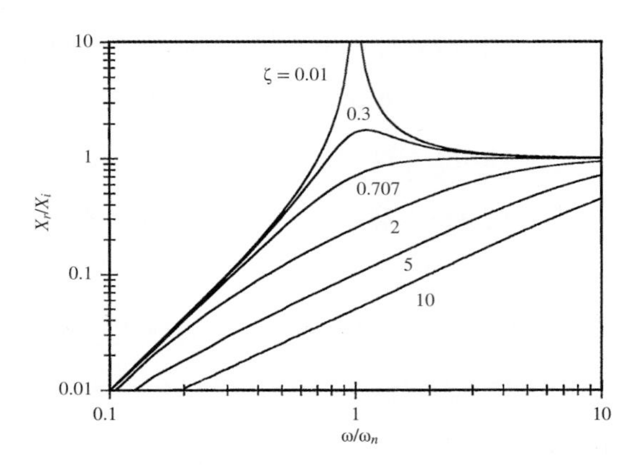

그림 9.47 진동계의 진폭응답

그림 9.47에서 보는 바와 같이, 감쇠비 ζ가 0.707이고 고유진동수 ω_n이 가능한 한 작을 때(따라서 ω/ω_n이 클 때) 진폭비가 1이 되는 주파수 영역이 최대로 크게 된다. 고유진동수는 큰 진동질량과 작은 스프링상수를 선택하면 작게 만들 수 있다. 이것은 지진 중에 지구의 변위를 측정하는 지진계의 크기가 매우 큰 이유를 설명해 준다.

9.5.1 압전형 가속도계

최고 품질의 가속도계는 변형하게 되면 양단에 전하극성을 띠는 **압전결정체**(piezoelectric crystal)를 이용해 제작된다. 반대로, 압전재료에 전기장을 반복적으로 작용시키면 변형이 유발된다. 그림 9.48a에 예시한 바와 같이 압전형 가속도계는 하우징 안에 스프링으로 지지된 질량에 접착된 압전결정체로 구성되어 있다. 이 중 예압된 스프링의 목적은 질량과 압전결정체가 항상 접촉을 유지하게 하기 위함이며, 이렇게 했을 때 전체 시스템의 수명이 늘어나게 된다. 그림 9.48b는 상용화된 압전형 가속도계를 보여준다. 스프링과 결정의 고유한 감쇠 성질 외에 때때로 추가 감쇠기가 채용되기도 한다(예: 하우징을 오일로 채움). 지지하고 있는 물체가 가속도를 받게 되면 관성에 의해 케이스와 질량 사이에 상대변위가 발생한다. 이 결과로 발생하는 압전결정체의 변형률은 압전효과에 의해 결정체 도막 사이에 전하를 유발한다. 압전결정체를 사용하는 가속도계는 외부 전원 공급이 불필요하다. 또한 가속도계는 단지 설치된 방향의 가속도만 측정한다는 것을 반드시 염두에 두어야 한다(즉, 스프링, 질량, 결정체를 잇는 축).

압전재료는 크기에 비해 비교적 큰 출력을 발생시킨다. 자연에서 생성된 압전재료에는 로셸염(Rochelle salt), 전기석(tourmaline), 수정(quartz) 등이 있다. 몇몇 결정체는 강한 전기장

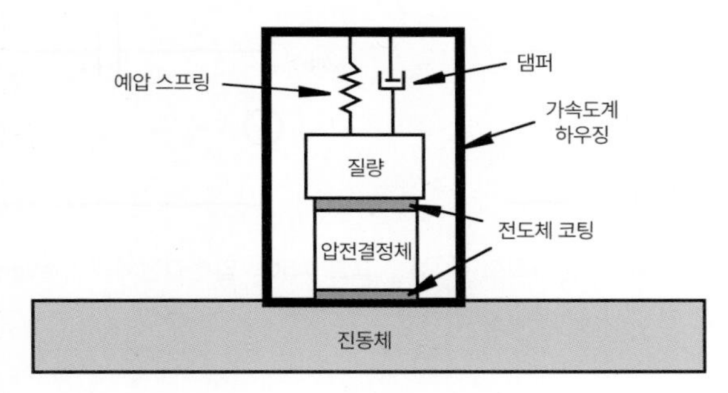

(a) 개념도

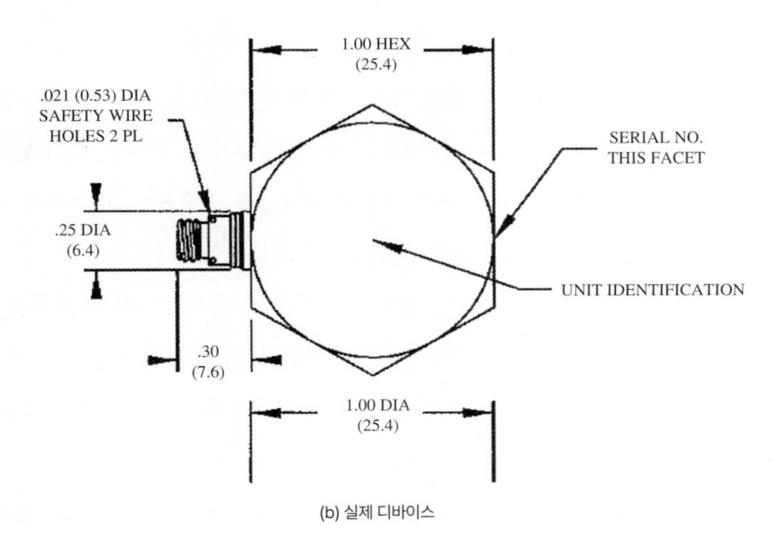

(b) 실제 디바이스

그림 9.48 압전형 가속도계의 구조
출처 Endevco, San Juan Capistrano, CA

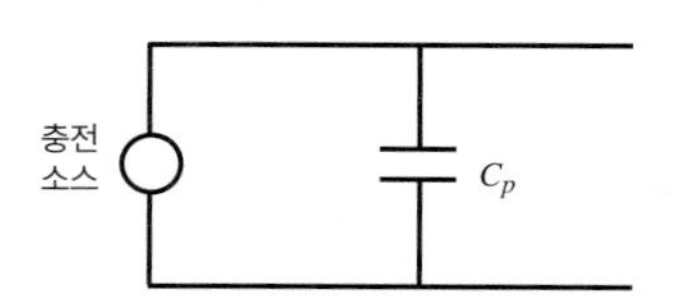

그림 9.49 압전결정체의 등가회로

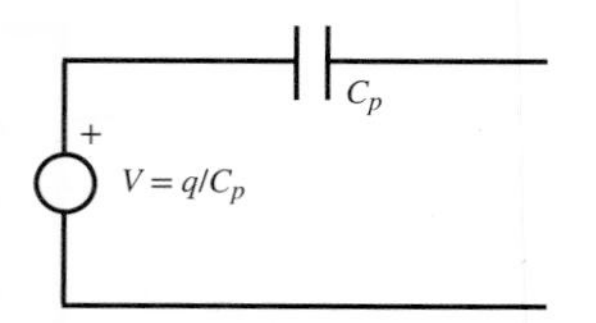

그림 9.50 압전결정체의 Thevenin 등가회로

내에서 가열과 서랭을 반복하는 인공적인 방법으로 극성화시킬 수 있어서 압전성질을 띠게 할 수 있다. 이러한 재료는 티탄산바륨(baium titanate), 지르콘산납(lead zirconate, PZT), 티탄산납(lead titanate), 메타니오븀산납(lead metaniobate) 등이 있다. 이러한 강유전성(ferro-electric) 세라믹은 제조할 때 감도를 조절할 수 있기 때문에 더 많이 쓰인다.

압전결정체에 대한 간단한 등가회로는 그림 9.49와 같다. 즉 결정체는 축전기와 축전판 양단에 결정체의 변형에 비례하는 전하를 발생시키는 전하소스 q로 모델링할 수 있다. Thevenin 등가회로로 가속도계를 나타내면(그림 9.50 참조), 개회로전압 V는 보통 피코쿨롱(picocoulomb) 범위인 전하를 보통 피코페럿(picofarad) 범위인 축 전용량으로 나눈 것과 같다.

$$V = \frac{q}{C_p} \tag{9.79}$$

가속도계의 감도는 전하출력 대 하우징의 가속도의 비로서, pC/g, (rms pC)/g, 또는 (peak pC)/g 단위로 표현되며, 여기서 g는 중력가속도이다. 가속도계의 출력은 **전하증폭기**(charge amplifier)에 연결되어 결정체의 전하를 측정 가능한 전압으로 변환한다. 대부분의 가속도계는 특정한 전하증폭기에 대해 millivolts/g 단위로 보정된다.

일반적으로 압전형 가속도계는 변형률의 변화를 감지해서 힘의 변화를 측정하기 때문에 가속도가 일정하거나 천천히 변화하면 측정할 수 없다. 그러나 이 센서는 진동과 충격 같은 동적인 운동에 대해서는 뛰어난 측정능력을 가지고 있다. 저주파에서의 응답은 일반적으로 전하증폭기의 낮은 차단주파수에 의해 더욱 제한을 받는다. 차단주파수는 몇 Hz 수준 정도이다. 고주파에서의 응답은 가속도계의 기계적 특성에 따라 변화한다. 가속도계의 동적 특성범위는 몇 Hz 정도의 저주파에서부터 다음 식으로 주어지는 공진주파수의 수분의 1 정도인 보통 kHz 범위의 고주파까지 걸쳐 있다.

$$f_n = \frac{1}{2\pi}\sqrt{\frac{k}{m}} \tag{9.80}$$

압전형 가속도계의 전형적인 주파수응답곡선이 그림 9.51에 도시되어 있다. 압전형 가속도계는 또한 다른 가속도계(즉, 9.7절에 기술된 MEMS 기술을 이용한 IC 가속도계)에 비해 훨씬 튼튼하며 큰 온도범위에서 동작한다.

수업토론주제 9.14 가속도계의 주파수응답에서 진폭 이상현상

그림 9.51에서 출력진폭은 10,000 Hz 근처에서 왜 양의 dB 값을 가질까? 이러한 이상현상은 무엇 때문에 발생하며 측정정밀도에 어떤 영향을 미칠까?

실습문제 Lab 14는 회전형 장비에서 진동을 측정하기 위해 가속도계를 사용하는 방법을 보여준다. 어떤 시스템에서 베어링의 건전상태는 진동신호의 스펙트럼을 조사함으로써 결정될 수 있다. 이와 같은 것을 베어링서명(signature)분석이라 한다. 비디오 데모 9.14는 실험시연을 보여주며, 인터넷 링크 9.10과 9.11은 몇 가지 예제를 연결해 준다. 롤러베어링의 스크래치와 마모는 진동스펙트럼에서 고주파 성분을 만들어낸다.

Lab 14 가속도계를 이용한 진동측정

9.14 가속도계를 이용한 베어링서명분석 실험

9.10 양호한 베어링의 베어링서명분석 결과

9.11 불량한 베어링의 베어링서명분석 결과

수업토론주제 9.15 압전 음향

압전형 마이크로폰은 어떻게 작동할까? 압전형 버저는 어떻게 동작할까?

9.6 압력과 유량 측정

압력측정에 사용되는 대부분의 기술은 변위나 처짐을 측정하여 보정과 이론적 관계를 통해 압력으로 변환하는 방식이다. 이와 같은 압력센서의 한 종류는 중력장에서 유체의 변위를 측정하여 정압 또는 압력차를 측정하는 기압계(manometer)이다. 또 다른 종류로는 탄성요소의 처짐을 측정하여 압력과 관계를 맺는 방식인 다이어프램(diaphragm), 벨로우(bellow), 또는 튜브 등이 있다. 또 다른 종류는 압력에 대해 압전재가 변형하는 것을 감지하여 동압을 측정할 수 있

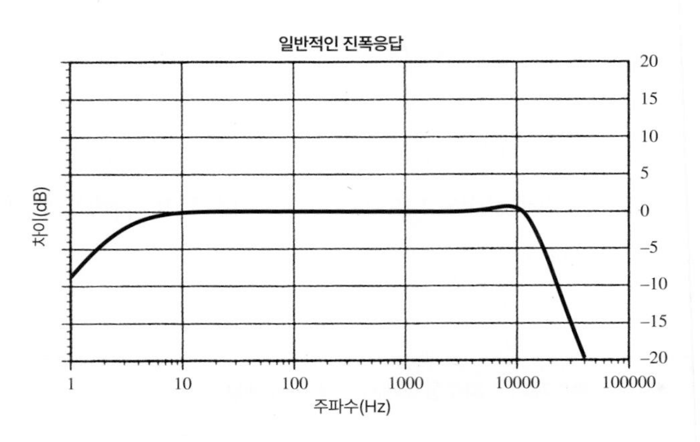

그림 9.51 압전형 가속도계의 주파수응답
출처 Endevco, San Juan Capistrano, CA

는 압전형 압력 변환기다. 이러한 기술과 또 다른 기술에 대한 참고문헌이 이 장 끝에 제시되어 있다. 인터넷 링크 9.12 또한 아주 유용한 자료이다.

인터넷 링크

9.12 압력측정기술과 장비
9.13 유량측정기술과 장비

가스와 액체의 유량을 측정하는 방법 또한 많은 기술이 존재한다. 피토 튜브(pitot tube)는 움직이는 유체의 압력차를 측정한다. 벤투리(venturi)와 오리피스(orifice) 미터는 유동의 장애에 따른 압력강하측정을 기본으로 한다. 터빈유량계(turbine flow meter)는 유동 내에 있는 임펠러의 회전속도를 측정하여 유량을 감지한다. 코리올리유량계(Coriolis flow meters)는 회전진동 내의 U-tube를 통과하는 질량유량을 측정한다. 열선유속계(hot wire anemometer)는 전류가 흐르는 열선(hot wire)의 저항 변화를 감지한다. 와이어의 온도와 저항은 움직이는 유체로 전달되는 열량의 함수이다. 열전달계수는 유량의 함수이다. 레이저도플러유속계(LDVs, laser doppler velocimeters)는 움직이는 유체 내에 부유하는 입자로부터 산란되는 레이저 빛의 주파수 변화를 감지한다. 많은 유체역학 교과서는 다양한 유량측정기술을 다룬다. 이러한 기술과 다른 다양한 기술에 대한 참고문헌이 이 장 뒷부분에 제시되어 있다. 인터넷 링크 9.13 또한 아주 유용한 자료이다.

9.7 반도체 센서와 미세기전 디바이스

반도체전자설계와 생산기술의 광범위한 출현은 전자신호를 처리하는 방법을 많이 변화시켰다. 집적회로를 제조하기 위해 개발된 많은 기술은 **미세기전**(MEM, microelectromechanical) 디바이스라 불리는 새로운 종류의 반도체 센서와 액추에이터 설계에 채용되고 있다. 1980년에 반도체 기술을 이용하여 실리콘을 부식하여 기계적 작용에 반응하는 첫 번째 MEM 센서가 고안되었다. 이것은 아주 작은 실리콘 막대 모양으로 더 작은 스트레인게이지가 그 위에 부착되어 있으며, 끝단에 질량이 부착되어 가속도가 작용하면 막대가 변형되고 스트레인게이지가 가속도의 크기를 감지하도록 설계되었다. 스트레인게이지와 막대는 반도체 제조를 위해 실리콘을 가공하는 기존의 방법을 응용하여 한 조각의 실리콘을 부식하여 제조되었다. MEM 가속도계는 현재 자동차의 에어백시스템을 제어하는 데 쓰이고 있다. MEM 센서의 또 다른 성공적인 적용 예를 들면 자동차타이어 압력감시시스템(TPMS, tire pressure monitoring systems), 비디오게임기, TV 컨트롤러, 모바일 전자제품(스마트폰과 카메라)의 모션과 자세를 측정하기 위한 가속도계와 자이로 등이다.

집적회로(IC)는 포토레지스트 리소그래피 레이어링(photoresist lithographic layering), 노광(light exposure), 제어된 화학에칭(chemical etching), 증착(vapor deposition), 도핑(dopping) 등의 일련의 과정으로 만들어진다(비디오 데모 5.3과 5.4 참조). 화학에칭공정은 매우 중요하여 미세가공(micromachining)이라 알려진 작은 디바이스 제조에 사용되는 기본 기술이다. 주의 깊게 설계된 마스크의 사용과 화학 배스에 침전하는 과정을 거쳐 미소 크기의 가속도계, 정전모터(static electric motor), 유압 또는 가스구동모터 등이 제조될 수 있다.

비디오 데모
5.3 칩 제조공정
5.4 CPU 제조방법

반도체 센서는 도핑된 실리콘과 갈륨아세나이드(gallium arsenide)의 다양한 전자기적 성질과 서로 다른 환경하에서 다양하게 작용하는 반도체의 성질을 기초로 설계된다. 다음 목록은 다양한 MEM 센서의 기초가 되는 몇몇 반도체 성질을 요약한 것이다.

- 고정된 실리콘과 유연한 실리콘 사이의 커패시턴스 변화는 자세, 경사, 혹은 가속도를 측정하는 데 사용될 수 있다(즉, MEMS IC 가속도계).
- 저항 변화와 변형 관계를 의미하는 도핑된 실리콘의 압전저항(pizoresistive) 특성은 반도체 스트레인게이지와 압력센서의 기초가 된다.
- 기본적으로 Hall 효과로 볼 수 있는 도핑된 실리콘의 자기적 특성은 외부의 자장에 의해 콜렉터의 전류를 조절할 수 있는 반도체 자기 트랜지스터의 기본이 된다.
- 전자기파와 핵 입자 방사는 반도체의 전기적 효과를 변화시키며, 빛의 색 감지센서와 다른 방사열 감지기의 기본이 된다.
- 반도체의 열적 성질은 서미스터, 열전도율센서, 습도센서, IC 온도센서의 기본이 된다.

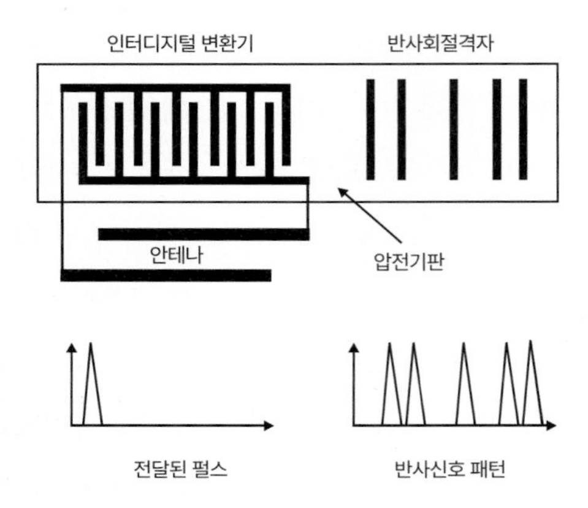

그림 9.52 표면음향파 응답기 디바이스

표면음향파(SAW, surface acoustic wave) 디바이스는 MEM 센서의 중요한 한 종류이다. SAW는 평평한 압전기판에 침착된 금속패턴으로 구성된다. 이 패턴은 그림 9.52와 같이 인터디지털 변환기(IDT, Interdigital Transducers)와 반사커플러 회절격자(reflection coupler gratings)를 형성한다. 인터디지털 변환기에 작용하는 입력신호는 압전기판에 변형을 유발해 표면으로 전파되는 음향파를 만들어낸다. 역으로 SAW파는 IDT에 전압을 유도하여 출력신호를 만들어낼 수 있다.

그림 9.52는 무선인식시스템에서 SAW의 전형적인 응용 예를 보여준다. 송신기가 펄스신호를 내보내면 안테나를 통해 SAW 수동소자에 의해 수신된다. 결과적인 SAW파는 반사회절격자 내의 고유한 간극에 대응되는 펄스 패턴으로 반영된다. 이 펄스는 같은 안테나를 통해 리시버로 재송신되어 SAW 디바이스의 인지 여부를 알 수 있게 해준다. 이 소자는 고속도로요금소에서 트랜시버 아래를 통과하는 차량을 인식하는 데 많이 사용된다.

SAW 소자는 또 지연선(delay lines), 주파수필터(frequency filter) 그리고 다양한 센서 등에 응용된다. 이 소자의 기능은 SAW 전파(propagation)와 공진(resonance), IDT와 반사회절격자의 간극과 패턴의 영향을 받는다.

수많은 다양한 반도체센서의 개발과 함께 공학자들은 센서와 신호처리회로를 함께 집적하여 변환기, 신호처리, A/D 변환기, 프로그램가능메모리, 인터페이스 회로, 마이크로프로세서 등을 모두 포함하는 하이브리드회로(hybrid circuit)를 만들기 시작했다. 이러한 것이 집적회로로 통합된 패키지를 **미세기전시스템**(MEMS, microelectromechanical system) 또는 **미세측정시스템**(MMS, micromeasurement system)이라 부른다. MEMS IC 센서는 작고, 정확하고, 다른 디바이스와 직접 인터페이스할 수 있는 적합한 출력(즉, 디지털 또는 증폭된 선형전압)을 만들어주기 때문에 전통적인 분산 측정시스템에 많은 장점이 있다. 분산 미세측정시스템은 미래의 메카트로닉 시스템 설계에 더욱더 많이 사용될 것으로 보인다.

연습문제 QUESTIONS AND EXERCISES

9.2절 위치와 속도 측정

9.1. 그림 9.3에 있는 각 스위치에 대한 개략도를 그려라.

9.2. 5 V 전원과 저항을 가지고 스위치가 열려 있을 때 low, 닫혀 있을 때 high 디지털신호를 주는 SPDT 스위치의 배선을 보여라.

9.3. 5 V 전원과 저항을 가지고 부논리(negative logic or active low)로 작동하는 마이크로프로세서용 리셋 신호를 줄 수 있는 NO 푸시버튼 스위치의 배선을 만들어보자. 버튼이 눌러졌을 때만 low 신호가 발생되어야 한다.

9.4. DPDT 스위치의 개략도를 그려보고 두 개의 분리된 회로를 on-off하기 위해 어떻게 배선해야 할지 보여라.

9.5. 수업토론주제 9.1에 대한 완벽한 답안을 작성해 보자.

9.6. 수업토론주제 9.2에 대한 완벽한 답안을 작성해 보자.

9.7. 수업토론주제 9.3에 대한 완벽한 답안을 작성해 보자.

9.8. 서투르게 제작된 4비트 이진코드 절대엔코더를 사용하고 있다. 엔코더가 코드 3과 4 부근에서 회전함에 따라 몇 개의 잘못된 값이 출력되고 있다. 포토 센서와 코드디스크의 정렬이 문제라면 3에서 4로 천이되는 과정에 어떤 코드의 출력이 가능하겠는가?

9.9. 수업토론주제 9.4에 대한 완벽한 답안을 작성해 보자.

9.10. 코드디스크가 1,000개의 반경라인을 가지고 있다면 2X 직각위상 디코더를 가진 2-채널 엔코더의 각분해능은 얼마인가?

9.11. 그림 9.16의 기능을 위한 PicBasic 프로그램을 작성하라.

9.12. 수업토론주제 9.5에 대한 완벽한 답안을 작성해 보자.

9.3절 응력과 변형률 측정

9.13. 식 (9.9)를 사각형 도체가 아닌 원형 도체에 대해 유도하라.

9.14. 직경이 0.25인치인 강봉의 축방향으로 새로운 실험용 스트레인게이지가 부착되었다. 게이지에서 120 Ω의 저항이 측정되었고 강봉에 500 lb의 인장이 작용하였을 때 게이지 저항이 0.01 Ω 증가했다. 게이지인자가 얼마인가?

9.15. 수업토론주제 9.8에 대한 완벽한 답안을 작성해 보자.

9.16. 탄성계수가 200 GPa이고 직경이 10 mm인 강봉이 축하중으로 50 kN의 인장을 받고 있다. 게이지인자가 2.115이고 저항이 120 Ω인 스트레인게이지가 봉의 축방향으로 부착되어 있다면, 무부하상태와 비교하여 얼마의 게이지 저항 변화가 발생하겠는가? 스트레인게이지가 휘스톤브릿지의 한 지선(R_1)에 연결되어 있고 나머지는 모두 기준저항($R_2 = R_3 = R_4 = 120\ \Omega$)에 연결되어 있다면 변형상태에서 브릿지의 출력전압(V_{out})은 입력전압의 함수로 어떻게 표현되겠는가? 봉에 작용하는 응력은 얼마겠는가?

9.17. 수업토론주제 9.10에 대한 완벽한 답안을 작성해 보자.

9.18. 3선 리드 연결의 장점과 온도보상 더미게이지 연결의 장점을 모두 가지는 휘스톤브릿지 회로의 배선을 그려보자.

9.19. 로드셀에 사용된 스트레인게이지 브릿지는 에너지를 소비한다. 왜 그런가? 게이지 350 Ω과 120 Ω에 대해 같은 저항의 암을 가진 브릿지 회로가 10 V로 구동될 때 소비되는 전력과 비교하라. 게이지에 의한 가열이 문제가 된다면 어떤 전략을 취해야 할까? 이러한 방법을 채용할 때 다른 문제점은 무엇인가?

9.20. 온도에 따른 리드와이어의 저항 영향을 줄이기 위해 3선 연결을 사용하는 경우, 리드와이어의 감도가 떨어지는 탈감현상이 일어날 수 있다. 리드와이어 저항의 크기가 정상 게이지 저항의 0.1%를 넘어서면 심각한 오차가 발생할 수 있다. 22AWG 리드선(0.050 Ω/m)과 표준 120 Ω게이지를 가정하면 리드선이 얼마나 길 때 탈감현상이 나타나겠는가?

9.4절 온도 측정

9.21. J형 열전대의 다항식 함수를 그리거나 평가하여 근사적인 감도를 mV/℃ 단위로 구하라.

9.22. T형 열전대의 다항식 함수를 그리거나 평가하여 근사적인 감도를 mV/℃ 단위로 구하라.

9.23. J형 열전대가 0℃ 기준온도를 가지고 표준 2-정션 열전대 구성(그림 9.40 참조)으로 사용된다면, 200℃의 온도에 대해 얼마의 전압이 측정될까?

9.24. J형 열전대가 100℃ 기준온도를 가지고 표준 2-정션 열전대 구성(그림 9.40 참조)으로 사용된다면, 30 mV의 측정전압은 얼마의 측정온도에 대응될까?

9.25. 기준온도가 100℃가 아니고 11℃일 때 문제 9.24를 다시 풀라.

9.26. 고정된 0℃ 기준을 가지고 J형 열전대를 사용할 때, 측정온도가 10℃에서 120℃로 변화할 때 전압눈금은 얼마만큼 변화할까?

9.5절 진동과 가속도 측정

9.27. 식 (9.67)을 유도하라.

9.28. 어떤 가속도계가 50 g의 진동질량, 5,000 N/m의 스프링상수, 30 Ns/m의 감쇠계수를 갖도록 설계되었다. 가속도계가 변위 $x_{\text{in}}(t) = 5\ \sin(100t)$ mm를 겪는 물체에 부착되어 있을 때 다음 물음에 답하라.

a. 물체의 실제 가속도 진폭

b. 진동질량과 가속도계 하우징 사이의 정상상태 상대변위의 진폭

c. 가속도계에 의해 측정된 가속도 진폭

d. 하우징에 대한 진동질량의 정상상태 상대변위의 시간에 대한 함수[$x_r(t)$].

9.29. 스프링-질량-감쇠기형의 진동계가 1 kg 질량, 2 N/m 스프링상수, 2 Ns/m 감쇠계수를 가지고 설계되었다. 물체의 입력변위가 $x_{\text{in}}(t) = 10\ \sin(1.25t)$ mm로 주어질 때 질량의 정상상태 변위 $x_{\text{out}}(t)$를 결정하라.

BIBLIOGRAPHY 참고문헌

Beckwith, T., Marangoni, R., and Lienhard, J., *Mechanical Measurements*, 6th Edition, Pearson, New York, 2006.

Burns, G., Scroger, M., and Strouse, G., "Temperature-Electromotive Force Reference Functions and Tables for the Letter-Designated Thermocouple Types Based on the ITS-90," NIST Monograph 175, April 1993.

Complete Temperature Measurement Handbook and Encyclopedia, vol. 28, Omega Engineering, Stamford, CT, 1992.

Dally, J. and Riley, W., *Experimental Stress Analysis*, 3rd Edition, McGraw-Hill, New York, 1991.

Doeblin, E., *Measurement Systems Application and Design*, 4th Edition, McGraw-Hill, New York, 1990.

Figliola, R., and Beasley, D., *Theory and Design for Mechanical Measurements*, 5th Edition, John Wiley, New York, 2010.

Gardner, J., *Microsensors: Principles and Applications*, John Wiley, New York, 1994.

Hauptmann, P., *Sensors, Principles and Applications*, Carl Hanser Verlag, 1991.

Holman, J., *Experimental Methods for Engineers*, 8th Edition, McGraw-Hill, New York, 2011.

Janna, W., *Introduction to Fluid Mechanics*, Brooks/Cole Engineering Division, Monterey, CA, 1983.

Kovacs, G., *Micromachined Transducers Sourcebook*, WCB/McGraw-Hill, New York, 1998.

Measurements Group Education Division, "Strain Gage Based Transducers: Their Design and Construction," Measurements Group, Raleigh, NC, 1988.

Measurements Group Education Division, "Student Manual for Strain Gage Technology," Measurements Group, Raleigh, NC, 1991.

Miu, D., *Mechatronics: Electromechanics and Contromechanics*, Springer-Verlag, New York, 1993.

Pallas-Areny, R. and Webster, J., *Sensors and Signal Conditioning*, 2nd Edition, John Wiley, New York, 2000.

Proceedings of the Sixth UK Mechatronics Forum International Conference, C5—Novel Sensors and Actuators session, Skovde, Sweden, 1998.

Sze, S., *Semiconductor Sensors*, John Wiley, New York, 1994.

Walton, J., *Engineering Design: From Art to Practice*, pp. 117-119, West Publishing, St. Paul, MN, 1991.

White, F., *Fluid Mechanics*, 7th Edition, McGraw-Hill, New York, 2010.

10 CHAPTER

구동기
Actuators

이 장에서는 메카트로닉스 시스템 설계에 중요하게 사용될 수 있는 다양한 구동기에 대해 기술한다. ■

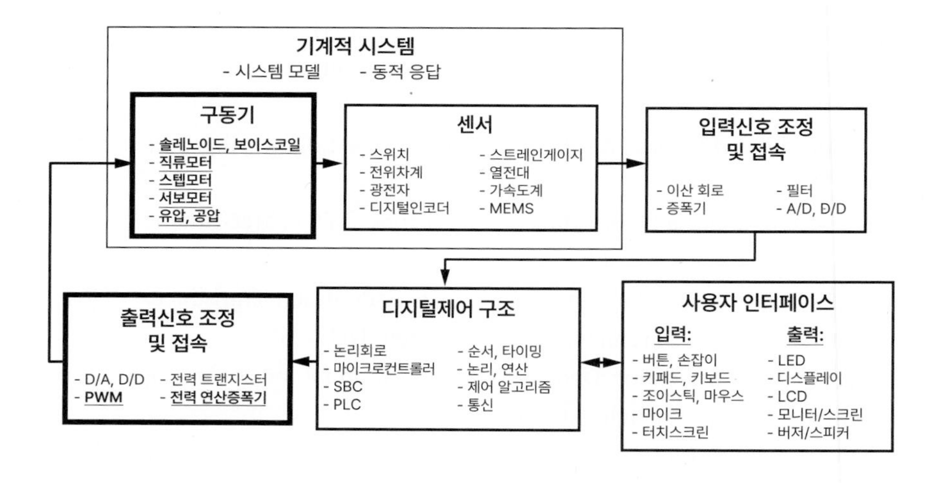

목적 · CHAPTER OBJECTIVES

이 장을 읽고, 논의하고, 공부하고, 아이디어를 적용하면 다음을 할 수 있다.

1. 솔레노이드, 직류모터, 교류모터, 유압, 공압 등 다양한 종류의 구동기에 대한 기본원리를 확인할 수 있다.
2. 직권, 분권, 복권, 영구자석, 스텝 직류모터의 차이를 이해한다.
3. 스텝모터를 제어하기 위한 회로 설계방법을 이해한다.

4. 메카트로닉스 응용을 위해 모터를 선정할 수 있다.
5. 유압 및 공압시스템에 사용할 구성요소를 구별하고 설명할 수 있다.

10.1 서론

대부분의 메카트로닉스 시스템은 몇몇 종류의 운동 또는 작용을 포함한다. 이러한 운동 또는 작용은 단일원자부터 커다란 관절형 구조물까지 어떠한 것에도 적용될 수 있다. 이것은 가속도와 변위를 발생시키는 힘과 토크에 의해 만들어진다. **구동기**(actuators)는 이러한 운동을 생성시키기 위해 사용되는 장치이다.

이 책에서는 지금까지 전자부품과 센서 그리고 이들과 관련된 신호와 신호처리에 초점을 맞추어왔다. 이러한 모든 것은 특정한 일련의 기계적 동작을 만들어내기 위해 필수적이다. 센서 입력은 메카트로닉스 시스템이 얼마나 잘 작동되고 있는지를 측정하며, 개루프 또는 피드백제어는 특정 작용이 일어나도록 제어하는 데 사용된다. 우리가 배운 많은 전자 지식은 이러한 정보를 다양한 방법으로 조작하고 통신하는 데 필요하다. 구동기는 선형과 회전 변위 같은 물리적 변화를 발생시킨다. 또한 이러한 변화와 관련된 속도와 파워 등을 조절해 준다. 구동기를 설계조건에 부합하도록 얼마나 잘 선정하는가는 전체 설계에서 창의성의 척도이다. 이 장은 가장 중요한 구동기 중 솔레노이드, 전기모터, 유압실린더, 유압로터리모터, 공압실린더를 다룬다. 시적 표현을 빌리자면, 이 장은 '고무바퀴가 길을 만나는 곳'이라 할 수 있다. 인터넷 링크 10.1은 다양한 상용 구동기와 연관 장비 업체와 온라인 자료 링크를 제공한다.

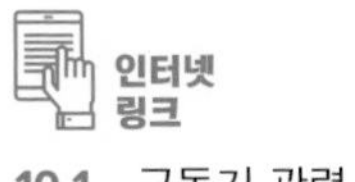

10.1 구동기 관련 온라인 자료 및 업체

10.2 전자기 원리

많은 구동기는 전자기력에 의해 운동을 발생시킨다. 도체 내의 전류가 자장 내에서 움직이면 전류와 자장의 방향과 직각으로 힘이 발생한다. **Lorentz의 힘의 법칙**(Lorentz's force law)은 도체 내의 전류와 도체에 작용하는 힘 그리고 외부 자장과의 관계를 벡터로 다음과 같이 설명해 준다.

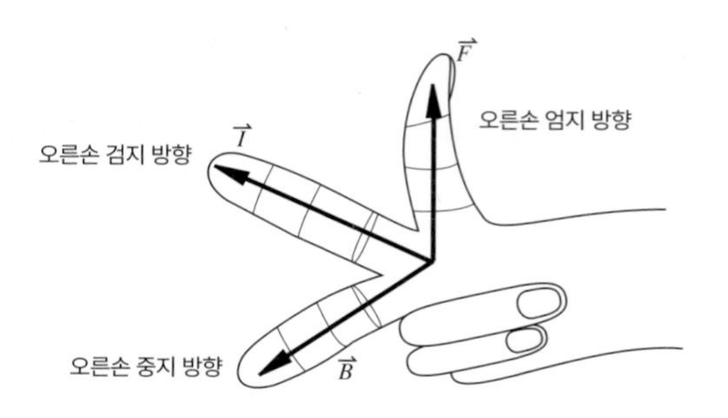

그림 10.1 자력에 대한 오른손 법칙

$$\vec{F} = \vec{I} \times \vec{B} \tag{10.1}$$

여기서 $\vec{F}$는 힘벡터(도체의 단위길이당), $\vec{I}$는 전류벡터, $\vec{B}$는 자장벡터이다. 그림 10.1은 이들 벡터 사이의 관계와 오른손 법칙을 표시한다. **오른손 법칙**(right-hand rule)에서 오른손의 검지는 전류 방향, 중지는 자장 방향을 나타내며, 엄지(검지와 중지와 직교)는 힘의 방향을 표시한다. 오른손 법칙을 적용하는 또 다른 방법은 오른손 손가락이 벡터 $\vec{B}$에서 $\vec{I}$를 향하도록 말아 쥐는 것이다. 그러면 엄지손가락 방향이 $\vec{F}$ 벡터 방향을 가리키게 된다.

구동기 설계에 중요한 또 다른 전자기 효과는 코일 내에서 자장 세기의 증대에 관한 것이다. 2장에서 인덕터를 논할 때 코일을 통과하는 자속(magnetic flux)은 코일을 통과하는 전류와 코일을 감은 수에 비례한다고 배웠다. 비례상수는 코일 내 재료의 투자율(permeability)의 함수이다. 재료의 투자율은 자속이 얼마나 쉽게 재료에 침투할 수 있느냐를 나타내는 특성치이다. 철은 공기보다 수백 배의 투자율을 가지고 있다. 그러므로 철심에 감긴 코일은 코어가 없는 같은 코일에 비해 수백 배의 자속을 유지할 수 있다. 우리가 다루게 될 대부분의 전자기 디바이스는 자속을 증가시키기 위해 다양한 종류의 철심을 사용한다. 또한 코어 주위의 자속이 변화할 때 유도되는 와전류(eddy current)를 줄이기 위해 코어는 보통 코일축 방향과 평행한 절연된 철판을 적층하여 만들어진다. Faraday의 유도 법칙(Faraday's law of induction)의 결과로 발생하는 와전류는 효율을 떨어뜨리고 코어 가열의 원인이 된다.

10.3 솔레노이드와 릴레이

그림 10.2와 같이 **솔레노이드**(solenoid)는 코일과 **전기자**(armature)라 불리는 움직일 수 있는 철심으로 이루어져 있다. 코일에 전류가 가해질 때 코어는 코어 사이의 공극(air gap)을 줄임으로써 자속쇄교수(flux linkage)를 증가시키는 방향으로 움직이게 된다. 가동코어(movable core)는 보통 전류가 차단되었을 때 코어가 되돌아갈 수 있도록 스프링이 장착되어 있다. 발생되는 전자기력은 근사적으로 전류의 제곱에 비례하고 공극길이의 제곱에 반비례한다. 솔레노이드는 가격이 저렴하고, 주로 on-off 동작에 응용된다. 이들은 주로 가전제품(예: 세탁기 밸브), 사무기기(예: 복사기), 자동차(예: 도어 래치, 시동 솔레노이드), 핀볼머신(예: 프런저, 범퍼), 공장자동화에 이용된다. 비디오 데모 10.1에서 10.3까지는 솔레노이드를 창의적으로 이용한 학생 프로젝트 예를 보여준다.

비디오 데모

10.1 매직 피아노
10.2 자동 멜로디카
10.3 LED 분수 시스템
10.4 릴레이와 트랜지스터 스위칭 회로의 비교

릴레이(relay)는 전기 도선 사이의 기계적 접촉을 제어하는 데 사용되는 일종의 솔레노이드이다. 솔레노이드에 대한 작은 전압입력으로 릴레이의 접촉을 통해 큰 전류를 제어할 수 있다. 이것은 전원스위치와 기전 제어요소로 많이 응용된다. 릴레이는 파워트랜지스터와 유사한 기능을 수행하지만, 필요한 경우 훨씬 큰 전류를 스위칭할 수 있다. 릴레이는 기계적 접촉으로 동작하고 전압 바이어스를 필요로 하지 않기 때문에 AC, DC 파워 모두 스위칭할 수 있다. 또한 릴레이를 사용하면 입출력 간에 공통접지를 가지고 있는 공통에미터 트랜지스터 회로와는 달리 입력회로와 출력회로를 완전히 단절시킬 수 있다. 릴레이는 전기적으로 단절되어 있기 때문에 출력회로에서 발생할 수 있는 노이즈, 유도전압, 접지폴트 등을 최소화할 수 있다. 반면에 트랜지스터는 릴레이보다 훨씬 짧은 스위칭 시간을 가지고 있다. 또한 릴레이는 접촉부와 기계부품을 포함하기 때문에 마모가 빠르다. 비디오 데모 10.4는 릴레이와 트랜지스터가 서로 다른 스

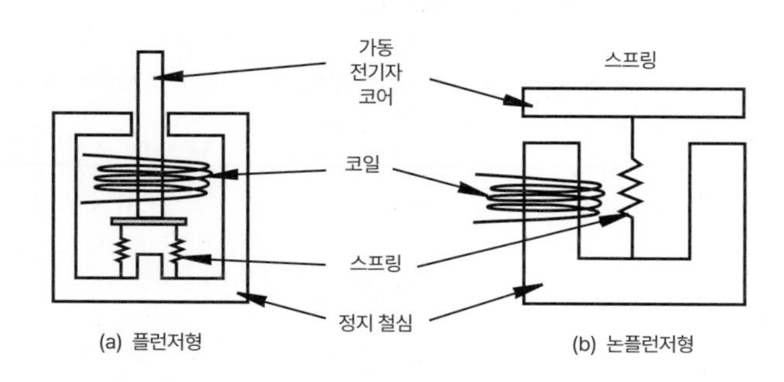

그림 10.2 솔레노이드

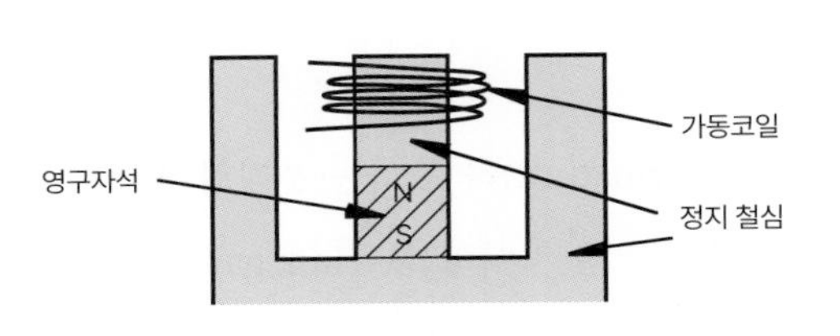

그림 10.3 보이스코일

그림 10.4 보이스코일의 철심과 코일 사진
© David Alciatore

위칭 속도에 어떻게 응답하는지를 시연해 준다.

그림 10.3과 같이 **보이스코일**(voice coil)은 영구자석과 철심에 의해 강화된 자장 내에서 움직이는 코일로 이루어져 있다. 그림 10.4는 센서 또는 구동기로 사용될 수 있는 상용 보이스코일의 코일과 철심을 보여준다. 구동기로 사용될 때 코일에 작용하는 힘은 코일의 전류에 직접 비례한다. 코일은 보통 오디오 스피커의 다이어프램, 유압비례밸브, 컴퓨터 디스크드라이브의 읽기-쓰기 헤드 등과 같은 움직이는 하중에 부착된다. 선형 응답성과 양방향운동 능력 때문에 보이스코일은 솔레노이드보다 제어응용에 더욱 많이 쓰이고 있다.

비디오 데모

10.5 컴퓨터 하드드라이브와 보이스코일

10.6 컴퓨터 하드드라이브 트랙 추적 데모

10.7 컴퓨터 하드드라이브 트랙 추적을 보여주는 초저속 비디오 클립

비디오 데모 10.5와 10.6은 컴퓨터 디스크드라이브에서 보이스코일이 읽기-쓰기용 헤드의 피봇운동을 위해 어떻게 기능하고 있는지 보여준다. 비디오 데모 10.7은 특수 고속카메라로 촬영되어 보이스코일 운동의 속도와 정밀도를 극적으로 보여주는 초저속동영상 클립이다. 읽기-쓰기 헤드는 다음 트랙으로 이동하기 전에 완전히 멈추게 된다. 실시간(즉, 비디오 데모 10.6)으로 본다면 이 운동은 너무 빨라서 정말 흐릿하게 보일 것이다.

수업토론주제 10.1 솔레노이드, 보이스코일, 릴레이의 예

일반적인 가정용품과 자동차 디바이스 중에 솔레노이드, 보이스코일, 릴레이가 쓰이는 예의 목록을 만들어 보자. 이들이 그러한 예에 사용된 이유를 생각해 보자.

10.4 전기모터

전기모터는 거의 모든 기전시스템에서 볼 수 있는, 지금까지 가장 널리 쓰이는 구동기이다. 전기모터는 기능과 전기적 구성방법에 의해 분류될 수 있다. 기능적 분류는 모터가 사용되는 방법에 의해 이름이 주어지는 방식이다. 기능적 분류의 예는 토크, 기어, 서보, 계측서보(instrument servo), 스텝모터 등이 있다. 일반적으로, 파워를 전달하고 위치를 제어하기 위해 어떤 종류의 모터를 사용할지 결정하기 위해서는 모터의 전기적 설계에 대한 어느 정도의 지식이 필요하다. 그림 10.5는 공학적으로 많이 사용되는 전기모터의 구조에 따른 분류를 보여준다. 이들의 차이는 모터의 권선(winding)과 회전자(rotor) 설계에 기인하며, 이에 따라 매우 다양한 작동 특성을 나타낸다. 전기모터의 가격 대 성능비는 끊임없이 향상되어 가전제품에서 자동차에 이르기까지 대부분의 기전시스템에 응용이 확대되어 가는 추세이다. AC 유도모터는 산업계와 대형가전제품 등에서 특히 중요하다. 사실 AC 유도모터는 때때로 산업의 일꾼(workhorse)이라 불린다. 비디오 데모 10.8~10.11은 몇몇 모터의 예와 어떻게 기능하는지를 보여준다. 더 많은 정보는 인터넷 링크 10.2를 참조하라.

그림 10.6은 전형적인 전기모터의 구성요소와 구조를 보여준다. 고정된 바깥 하우징을 **고정자**(stator)라 하며, 반경 방향으로 설치된 자화된 폴(pole)을 지지하고 있다. 이러한 폴은 영구자석 또는 적층된 철심에 감긴 **필드코일**(field coil)이라 불리는 와이어코일로 구성된다. 고정자

비디오 데모

10.8 AC 유도모터(단상)

10.9 소프트 시동장치를 가진 양수기용 AC 유도모터

10.10 빌딩공조유닛용 AC 유도모터의 가변주파수 드라이브

10.11 유도모터의 동작 원리

인터넷 링크

10.2 AC 유도모터

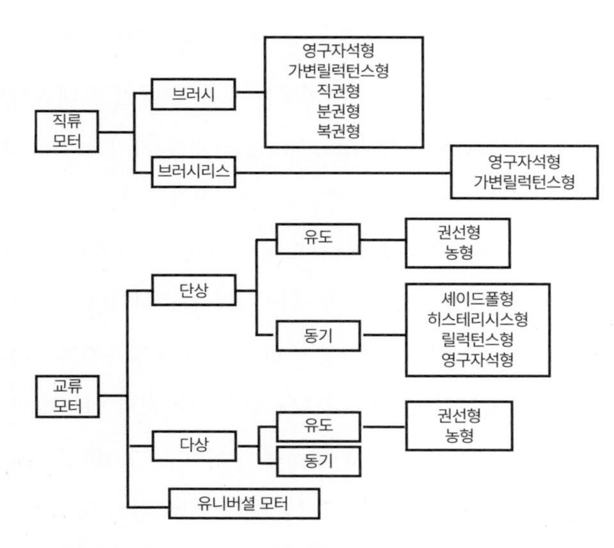

그림 10.5 전기모터의 구조에 따른 분류

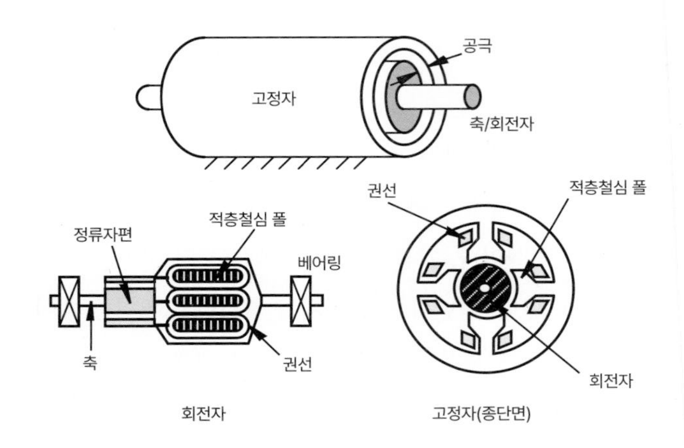

그림 10.6 모터의 구조와 용어

폴은 반경방향의 자장을 구성하기 위한 것이다. 철심은 투자율을 증가시킴으로써 코일 내의 자장을 강화시킨다. 코일을 적층(laminated)하는 목적은 도체 내에 유도되는 와전류의 영향을 줄이기 위함이다(수업토론주제 10.2 참조). 모터에서 돌아가는 부분인 회전자는 베어링에 의해 지지되는 회전축, 전기자 권선이라 부르는 도체 코일, 권선에 의해 생성된 필드를 강화하는 철심으로 구성된다. 회전자와 고정자 사이에는 **공극**(air gap)이 존재해서 자장이 상호작용을 한다. 대부분의 **직류모터**(DC motors)에서 회전자는 보통 전기자 권선에 전류를 공급하거나 이 전류의 방향을 제어해 주는 **정류자**(commutator)를 포함한다. 정류자가 있는 모터에는 **브러시**(brush)가 존재하여 회전하고 있는 정류자편(commutator segments)에 전기적 접촉을 유지시켜 준다. 초기의 모터에서 브러시는 구리선으로 된 억센 솔로 만들어져 정류자를 쓸고 있는 형태로 되어 있었기 때문에 브러시라 불렸으나, 현재는 보통 고체인 그래파이트(graphite)로 만들어서 더 넓은 접촉면적과 자기윤활(self-lubricating)능력을 가지고 있다. 브러시는 일반적으로 정류자와의 연속적인 접촉을 유지하기 위해 스프링이 장착되어 있다.

브러시 모터의 장점은 센서와 제어회로가 필요 없는 단순함에 있다. 그러나 브러시는 마찰에 의한 드래그를 유발해서 하중에 전달되는 토크를 약간 감소시키며, 브러시와 정류자 사이의 저항은 에너지 손실과 열을 발생시키기도 한다. 또한 브러시와 정류자가 적절히 동작해야 하기 때문에 최대속도에 한계가 존재한다. 그래파이트의 경우 브러시의 마모에 의해 먼지가 발생한다. 그리고 계속 사용하려면 마모된 브러시를 교체해 주어야 한다. 비디오 데모 10.12는 소형 브러시 영구자석 직류모터와 이것의 분해된 모습을 보여주어 모터의 다양한 구성부품과 기능을 알 수 있게 해준다. 이 모터는 브러시로 황동 탭을 가지고 있다.

비디오 데모
10.12 직류모터 구성부품

브러시리스(brushless) 직류모터는 회전자에 자석을 가지고 있고 고정자에 회전하는 전류장을 가지고 있다. 회전자의 영구자석은 정류기의 필요성을 제거해 준다. 대신 고정자 코일의 직류전류를 회전축에 설치된 근접센서(보통 Hall 센서)의 출력에 맞추어 스위칭해 주어야 한다. 비디오 데모 10.13과 10.14는 브러시리스 직류모터의 두 가지 예를 보여준다. 비디오 데모 10.15는 브러시리스 모터의 동작원리에 대한 매우 훌륭한 설명과 동영상을 보여준다. 브러시리스 모터의 한 가지 장점은 브러시의 마모에 따른 유지보수 필요성이 없다는 것이다. 또한 브러시에 의한 마찰 드래그가 없다. 따라서 이 모터는 브러시 모터보다 훨씬 효율적이고 조용하게 동작한다. 또한 회전자 권선과 철심이 없기 때문에 회전자관성이 매우 작아서 제어가 훨씬 용이하고 응답성이 좋다. 회전자에 코일이 없어서 I^2R 발열이 없기 때문에 회전자의 열배출 문제 또한 없다. 브러시가 없음에 따른 또 다른 장점은 기계적 정류에 따른 아크 발생이 없다는 것이다. 그리고 브러시리스 모터는 EMI 발생이 적어 폭발가스 등이 존재하는 환경에 좀 더 적합하다. 브러시리스 모터의 한 가지 결점은 브러시 모터보다 복잡해서 센서와 제어회로의 필요성 때문에 가격이 비싸다는 것이다.

비디오 데모

10.13 컴퓨터 팬에 사용된 브러시리스 직류모터

10.14 브러시리스 직류모터 기어 펌프

10.15 브러시리스 직류모터의 동작원리

10.16 직류모터와 스텝모터의 예

그림 10.7은 상용화된 완전히 조립된 모터의 예를 보여준다. 맨 위 그림에서 왼쪽의 모터는 기어헤드(gearhead) 감속기(speed reduction unit)가 부착된 교류유도모터(ac induction motor)이다. 오른쪽의 모터는 2상 스텝모터(two-phase stepper motor)이다. 모터는 보통 표준 고정 브래킷(mounting bracket)을 가진 표준크기로 만들어지며, 모터의 규격을 나타내는 명찰(nameplate)을 가지고 있다. 맨 아래 그림은 영구자석 회전자형 스텝모터의 내부구조를 보여준다. 비디오 데모 10.16은 상용 직류모터와 스텝모터의 또 다른 예를 보여준다.

(a) 교류유도모터와 스텝모터

(b) 영구자석형 스텝모터의 부품

그림 10.7 상용모터의 예(Courtesy of Oriental Motor, Torrance, CA)

수업토론주제 10.2 와전류

변화하는 자장 내의 도체에 유도되는 와전류의 발생 원인을 설명해 보자. 모터 회전자의 철심은 보통 적층되어 있다. 가장 바람직한 적층 방향은 어떻게 되겠는가?

전기모터의 토크는 고정자 자장과 전기자 전류의 상호작용 또는 고정자 자장과 전기자 자장의 상호작용에 의해 발생한다. 두 원리 중 첫 번째부터 살펴보자. 그림 10.8은 6개의 전기자 권선을 가진 직류모터를 보여준다. 권선에서 전류가 흐르는 방향이 그림에 표시되어 있다. 식 (10.1)의 결과로 고정된 고정자 자장과 전기자 권선의 전류 사이의 상호작용에 의해 시계 방향으로 토크가 발생된다. 이러한 토크 방향은 오른손 법칙을 자장과 전류의 방향에 적용하면 얻어질 수 있다. 회전자가 회전할 때에도 토크를 유지하기 위해 자장에 대한 전기자 전류의 공간적 배열이 유지되어야만 한다. 정류자는 이러한 역할을 전기자 권선 전류를 적당한 순서에 의해 스위칭함으로써 수행한다.

그림 10.9는 정류자의 예를 보여준다. 이것은 도체와 절연물체가 순서대로 설치되어 있는 링 형태이며, 각 정류자편에는 회전자 권선이 연결되어 있다. 전류는 브러시가 정류자 표면을 미끄러지면서 권선으로 전달된다. 그림에 보여준 위치에서 전류는 시계 방향에서는 권선 A, B, C로 흐르고, 반시계 방향에서는 F, E, D 순서로 흐른다.

그림에 보여준 위치에서 회전자가 1회전의 1/6만큼 회전했을 때 권선 C와 F 내의 전류는 방향이 전환된다. 브러시가 회전하는 정류자 위를 미끄러짐에 따라 이와 같은 과정이 순서적으로

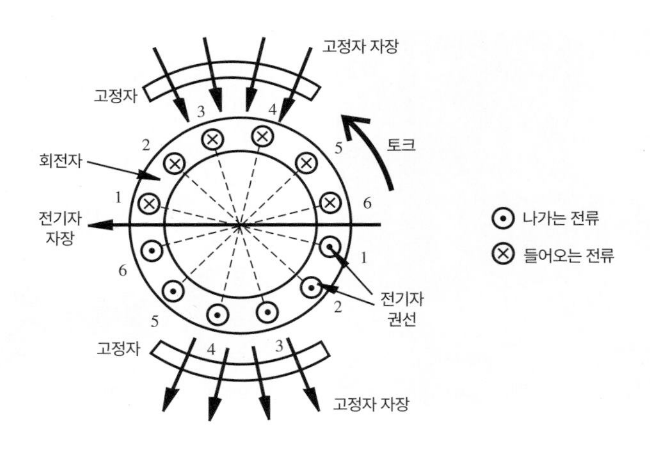

그림 10.8 전기모터의 자장-전류 상호작용

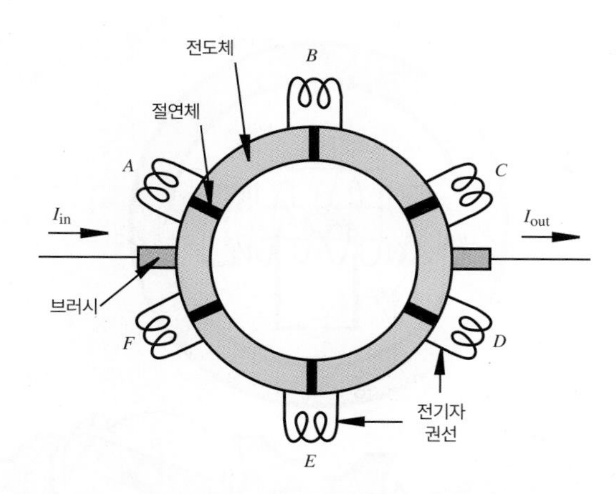

그림 10.9 6개의 권선과 정류자를 가진 전기모터

계속된다. 권선이 적당히 구성되어 있다면, 정류자는 고정자 자장에 대한 전류의 일정한 공간적 배열을 유지할 수 있게 해주어서 일정한 방향의 토크를 얻을 수 있다.

전기모터가 토크를 발생시키는 또 다른 방법은 회전자와 고정자 자장의 상호작용에 의한 것이다. 토크는 같은 폴은 서로 밀치고 다른 폴은 당기는 성질에 의해 발생된다. 그림 10.10은 이러한 동작원리를 간단한 2-폴 직류모터로 예시한다. 고정자 폴은 영구자석 또는 직류가 흐르는 코일에 의해 고정된 자장을 형성한다. 회전자의 권선은 자장 방향이 변화되도록 정류된다. 변화하는 회전자 자장과 고정된 고정자 자장의 상호작용은 축에 토크를 발생시켜서 회전운동을 만들어낸다. 회전자가 위치 (i)에 있다면, 오른쪽 브러시는 정류자편 A에 접촉하고 왼쪽 브러시는 B에 접촉하여, 회전자에 그림과 같은 자극을 가지도록 전류를 흘려준다. 회전자 자극은 고정자 자극과 같기 때문에 시계 방향의 회전자 운동을 유발하는 토크가 발생한다. 위치 (ii)에서는 고정자 폴과 반대인 회전자 폴을 잡아당겨 시계 방향 운동을 도와준다. 위치 (iii)과 (v) 사이에는 정류자 접촉이 스위치되어 회전자 전류의 방향이 변화하고, 자장의 방향이 변화한다. 위치 (iv)에서는 두 브러시가 일시적으로 접촉을 상실하게 되고 일시적으로 토크가 없는 상황이 되지만 회전자는 모멘텀 때문에 회전을 계속한다. 위치 (v)에서는 회전자 내의 뒤집힌 자장이 다시 고정자 자장을 밀어내어 시계 방향의 토크와 운동이 계속된다.

수업토론주제 10.3 모터에서 자장 간의 상호작용

그림 10.8에서 전기자에 의한 자장이 모터 토크 발생에 어떻게 작용하는가?

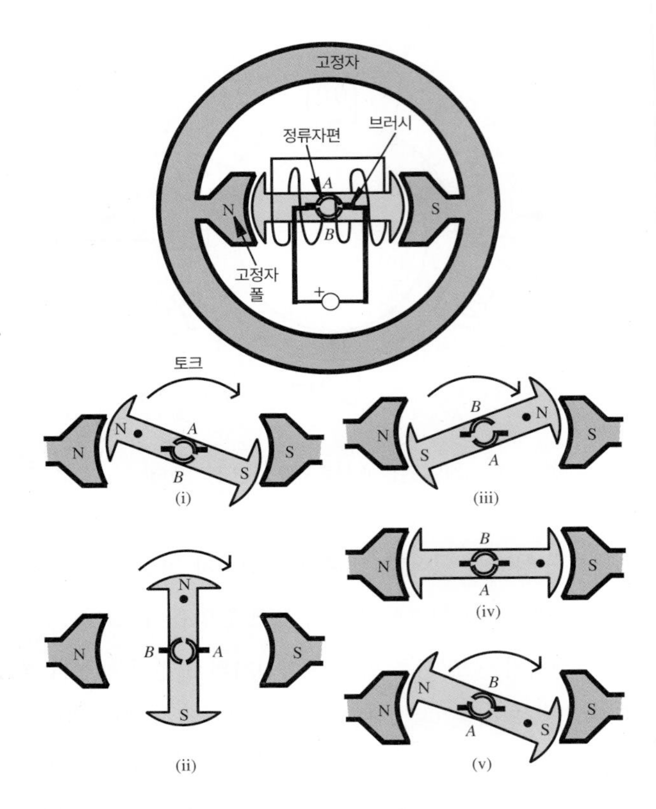

그림 10.10 전기모터의 자장 간 상호작용

그림 10.10에 보여준 간단한 2-폴 설계에 따른 문제는 모터가 우연히 위치 (iv), 즉 브러시가 정류자 갭 위에 있지 않으면 시동이 안 된다는 것이다. 이러한 문제는 모터에 더 많은 폴과 정류자편을 추가하여 스위칭을 중복시키도록 설계하여 피할 수 있다. 이렇게 함으로써 브러시는 스위칭 중에도 항상 두 개의 정류자편에 접촉이 이루어지게 된다(**비디오 데모 10.12**와 수업토론 주제 10.4 참조). 당연히 우리는 전원이 켜졌을 때 모터의 위치에 상관없이 자력으로 기동이 되기를 바랄 것이다.

비디오 데모
10.12 직류모터 구성 부품

이러한 간단한 모델에 대해 살펴보지 않은 또 다른 문제점은 **역기전력**(back emf)과 유도전류이다. 회전자 권선이 고정자의 자장을 자르면서 회전함에 따라 역기전력이 회전자에 걸리는 전압의 반대방향으로 유도된다. 또한 정류자가 전류의 방향을 스위치할 때 전류방향 변화를 방해하는 전압이 유도된다.

교류모터(AC motors)의 작동원리는 자장 간의 상호작용 면에서는 유사하지만, 정류는 필요치 않다. 이것은 교류전압과 고정자 하우징 둘레의 코일 배열에 따라 자장이 고정자 둘레를 회전하기 때문이다. **비동기 교류모터**(asynchronous AC motors)의 회전자 권선에는 외부 전압이 공급되지 않고, 고정자 주위에 회전하는 자장에 의해 전압이 유도된다. 회전자는 유도를 가능하게 하는 회전 자장[**슬립**(slip)이라 불림]보다 낮은 속도로 회전하며, 이 때문에 비동기(asynchronous)라 불린다. 이와 같은 동작원리 때문에 비동기모터는 때때로 **유도기**(induction machines)라 불린다. 반면에 **동기 교류모터**(synchronous AC motors)는 회전자 권선에 정류자 대신에 **슬립링**(slip rings)을 가지고 전원이 공급된다. 슬립링의 브러시는 일정하고 끊임이 없는 접촉을 유지하여 고정자 자장과 같은 속도로 회전하는 회전자 권선의 자장을 만들어낸다. 이러한 자장의 상호작용에 의해 회전자는 고정자 자장과 같은 속도로 돌게 된다. 동기라는 말은 이 때문이다.

수업토론주제 10.4 Radio Shack 모터 해부하기

값이 비싸지 않은 1.5~3 V 직류모터(예: Radio Shack Catalog No. 273-223)를 구매해서 분해해 보자. 브러시, 정류자편, 권선, 적층된 회전자 폴, 고정자 자석 등을 구분해 보자. 고정자 영구자석에 의해 형성된 자장을 그려보자. 서로 다른 정류자 위치에 따라 회전자 권선 내 전류의 방향을 결정해 보자. 자장-자장과 자장-전류의 상호작용에 의해 발생하는 토크의 방향을 결정해 보자. 이 모터에서 어느 효과가 더욱 강력히 작용할까?

인터넷 링크 10.3은 다양한 모터와 기어모터 그리고 변압기의 기본원리를 잘 보여주는 그림과 애니메이션을 제공해 준다.

10.3 전기모터 그림과 애니메이션

10.5 직류모터

직류모터는 다른 종류의 모터에 비해 뛰어난 토크-속도 특성 때문에 수많은 공학설계에 사용된다. 직류모터속도는 부드럽게 제어될 수 있으며, 대부분의 경우 역방향회전이 가능하다. 직류모터는 높은 토크 대 회전자관성비를 가지고 있기 때문에 응답속도가 매우 빠르다. 또한 모터에 의해 발전된 에너지가 손실저항으로 보내지는 **다이내믹제동**(dynamic braking)이나 모터에 의해 발전된 에너지가 직류전원공급기에 보내지는 **회생제동**(regenerative braking)이 가능하여 빠른 정지와 고효율이 요구되는 곳에 사용될 수 있다.

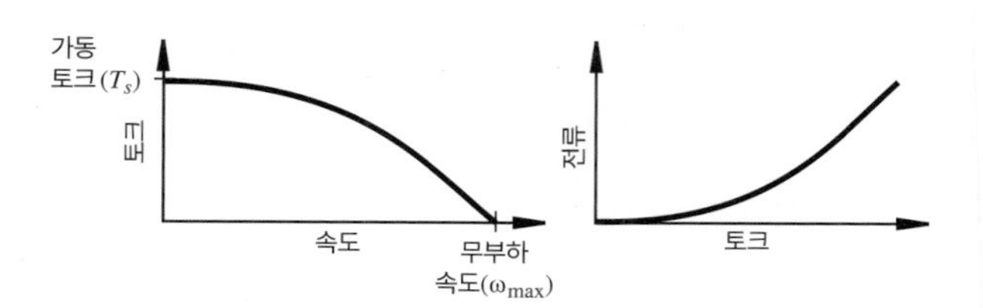

그림 10.11 모터의 토크-속도 선도

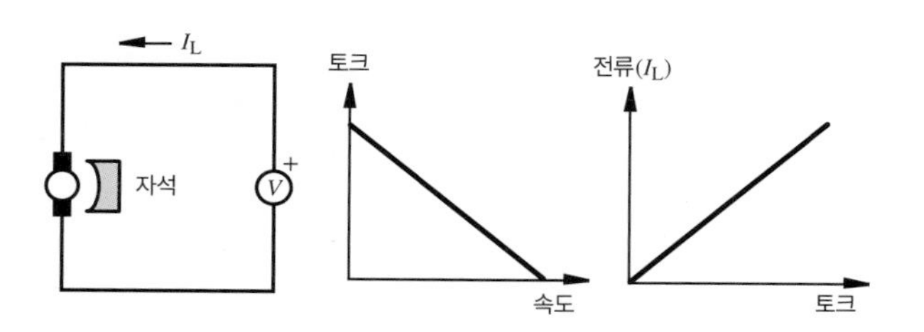

그림 10.12 직류 영구자석 모터의 개략도와 토크-속도 선도

그림 10.11은 정격전압에 대해 서로 다른 속도에서 낼 수 있는 토크를 표시하는 **토크-속도 선도**(torque-speed curve)를 보여준다. 모터에 의해 얻고자 하는 토크가 주어지면 **전류-토크 선도**(current-torque curve)는 정격전압하의 필요한 전류의 양을 결정하는 데 사용될 수 있다. 경험적으로 모터는 저속에서 큰 토크를 발생시키며 큰 전류를 필요로 한다. **기동토크**(starting torque) 또는 **스톨토크**(stall torque) T_s는 기동 또는 과부하와 관계되는 정지상태에서 모터가 발생시킬 수 있는 최대 토크이다. **무부하속도**(no-load speed) ω_{max}는 모터에 작용하는 하중이나 토크가 없을 때[즉, 자유운전(free running) 상태] 얻을 수 있는 최대의 연속적인 속도이다.

고정자 자장을 형성하는 방법에 따라 직류모터는 네 종류, 즉 영구자석(permanent magnet), 분권(shunt-wound), 직권(series-wound), 복권(compound wound)으로 나뉜다. 각 종류에 대한 전기적 개략도, 토크-속도 선도, 전류-토크 선도를 그림 10.12에서 10.15까지 나타내었다. 그림에서 V는 직류전원 공급, I_A는 회전자 권선의 전류, I_F는 고정자 권선의 전류, I_L은 직류전원공급장치에 의해 공급된 전체 부하전류(load current)이다.

영구자석모터[permanent magnet (PM) motors, 그림 10.12 참조]의 고정자계는 영구자석에 의해 발생해서 외부 전원이나 I^2R 발열이 없다(비록 회전자 권선은 외부 전력이 필요하고 따라서 I^2R 발열을 겪지만). PM 모터는 영구자석에 의한 자장 강도가 매우 크기 때문에 다른 등가의 직류모터보다 가볍고 작다. 영구자석의 반경 방향폭은 대략 등가의 권선에 의한 폭의 1/4

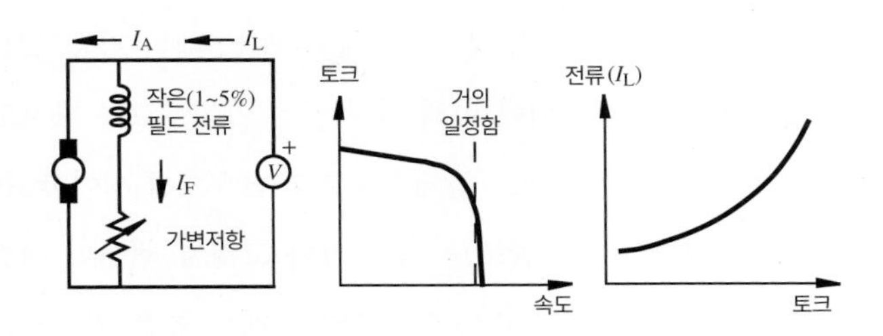

그림 10.13 직류 분권모터의 개략도와 토크-속도 선도

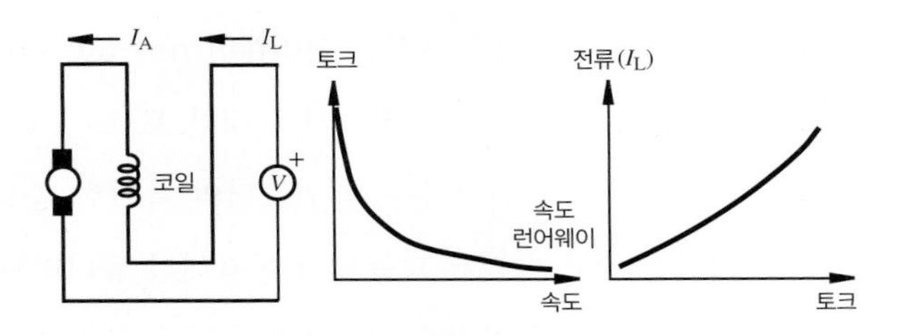

그림 10.14 직류 직권모터의 개략도와 토크-속도 선도

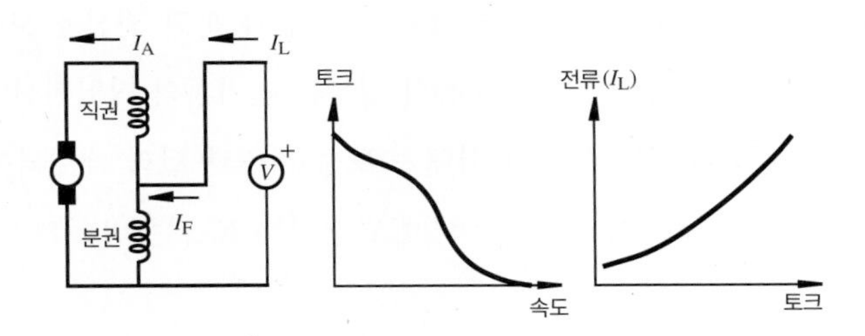

그림 10.15 직류 복권모터의 개략도와 토크-속도 선도

정도이다. PM 모터는 전류와 자장의 방향이 회전자에서만 변화하면 되기 때문에 공급전압의 방향을 전환하면 쉽게 역회전을 얻을 수 있다. PM 모터는 토크-속도 관계의 선형성 때문에 컴퓨터제어 응용분야에 이상적이다. 구동기의 응답이 선형일 때 시스템 분석이 아주 용이하기 때문에 구동기의 설계는 항상 쉬워진다. 모터가 센서를 이용한 위치나 속도제어를 위해 사용되면 이를 **서보모터**(servomotors)라 부른다. PM 모터는 정격전력(rated power)이 보통 5 hp (3,728 W)로 제한되기 때문에 주로 작은 동력을 필요로 하는 곳에 사용된다. PM 직류모터는 브러시, 브러시리스 또는 스텝형으로 존재할 수 있다.

분권모터(shunt motors, 그림 10.13 참조)는 같은 전원으로 고정자와 전기자 권선이 병렬로 연결되어 있다. 전체 부하전류는 전기자와 고정자 전류의 합이다. 분권모터는 넓은 범위의 부하에 대하여 일정한 속도 특성을 나타내며, 정격토크에 비해 1.5배의 기동토크(정지상태에서의 최대 토크)를 가지고 있고, 다른 직류모터에 비해 가장 낮은 기동토크를 가지고 있으며, 고정자계 권선에 전위차계를 직렬로 연결하여 쉽고 경제적으로 가변속도를 제어할 수 있다.

직권모터(series motors, 그림 10.14 참조)는 전기자와 고정자 권선이 직렬로 연결되어 있어서 전기자와 고정자에 흐르는 전류가 같다. 직권모터는 매우 높은 기동토크 특성을 나타내며, 부하에 따른 속도 변동이 크고, 하중이 작을 때 매우 높은 속도를 얻을 수 있다. 실제 대형 직권모터는 갑자기 부하가 없어질 때(예: 벨트 구동에서 벨트가 벗겨졌을 때) 고속에서의 동역학적 힘에 의해 갑자기 파괴될 수도 있다. 이러한 현상을 **런어웨이**(run-away)라 한다. 이것은 모터에 부하가 유지되는 한 문제가 되지 않는다. 직권모터에 대한 토크-속도 선도는 쌍곡선 모양이어서 넓은 영역에 걸쳐 동력이 거의 일정하다. 직권모터의 특별한 종류로 **유니버설 모터**(universal motor)가 있다. 이것은 직류와 교류 모두에서 동작해서 유니버설이라는 이름이 붙었다. 유니버설 모터는 포터블 파워툴이나 가정용 전기제품에 자주 쓰인다. 이에 관한 더 많은 정보와 예는 인터넷 링크 10.4와 비디오 데모 10.17을 참조하라.

10.4 유니버설 모터

비디오 데모

10.17 유니버설 모터의 동작원리

10.18 직류모터의 동작원리

복권모터(compound motors, 그림 10.15 참조)는 직권과 분권 권선을 모두 가지고 있어서 두 종류의 복합적인 특성을 나타낸다. 부하전류의 일부는 전기자와 직렬권선에 흐르고, 나머지 전류는 분권에만 흐르게 된다. 복권모터의 최대 속도는 직권과 달리 제한되어 있으나, 속도조절능력은 분권에 비해 떨어진다. 복권모터에 의해 발생되는 토크는 비슷한 크기의 직권모터보다 어느 정도 낮다.

영구자석모터와 달리 분권, 직권, 복권모터에서 전극이 바뀔 때 회전방향은 변화하지 않는 것에 주의해야 한다(즉, 이 모터들은 역회전이 불가능함). 이러한 이유는 같은 전원에 의해 고정자와 전기자의 권선이 구동됨에 따라 고정자와 전기자의 극성이 모두 변화하기 때문이다. 비디오 데모 10.18은 이러한 다양한 직류모터가 어떻게 동작하는지를 매우 잘 보여준다.

10.5.1 직류모터의 전기적 방정식

그림 10.16에서 보이는 바와 같이, 모터의 전기자를 한 위치에 고정시키고 임피던스 미터로 테스트할 때, 모터 임피던스는 인덕턴스 L과 직렬로 연결된 저항 R로 모델링될 수 있다. 그러나 전기자가 회전함에 따라 역기전력은 반대방향의 전압 V_{emf}가 전기자 권선에 유도된다. 역기전력은 모터의 회전속도 ω(rad/sec)에 비례한다.

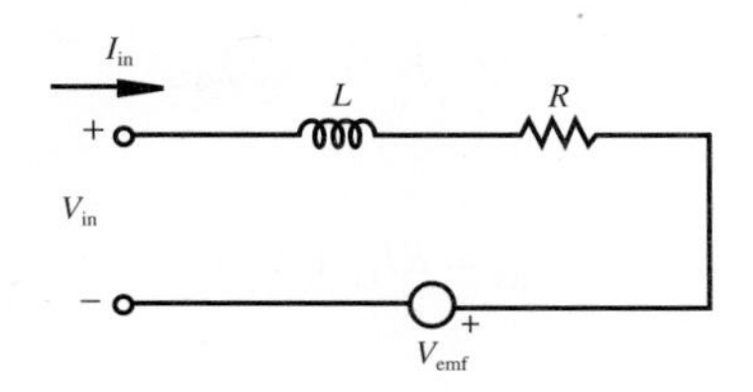

그림 10.16 모터 전기자의 등가회로

$$V_{emf} = k_e \omega \tag{10.2}$$

여기서 k_e는 모터의 **전기상수**(electrical constant)라 한다.

전기자에 공급된 전압을 V_{in}이라 하면 모터에 대한 전기적 방정식은 다음과 같다.

$$V_{in} = L\frac{dI_{in}}{dt} + RI_{in} + k_e \omega \tag{10.3}$$

10.5.2 PM 직류모터의 동역학 방정식

영구자석(PM) 모터가 매우 중요하면서도 가장 이해하고 분석하기 쉬우므로 그 지배방정식을 더욱 자세히 살펴보자. 고정자계와 전기자 전류의 상호작용에 의해 PM 직류모터에 발생한 토크는 전기자 전류에 직접적으로 비례한다.

$$T = k_t I_{in} \tag{10.4}$$

여기서 k_t는 모터의 **토크상수**(torque constant)로 정의된다. PM 모터의 전기상수 k_e와 토크상수 k_t는 매우 중요한 변수이며, 이들은 대부분 제조사의 규격표에 표시된다. 시스템의 동역학이 고려되었을 때 모터의 토크 T는 다음과 같이 주어진다.

$$T = (J_a + J_L)\frac{d\omega}{dt} + T_f + T_L \tag{10.5}$$

여기서 J_a와 J_L은 전기자와 부착된 하중의 극관성모멘트(polar moment of inertia)이며, T_f는 회전과 반대의 마찰토크(공기저항에 따른 드래그 포함), T_L은 하중에 따른 부하토크이다.

모터가 전원공급장치에 연결되었을 때 회전자는 정상상태 운전조건이 될 때까지 가속될 것이다. 정상상태에서 식 (10.3)은 다음과 같이 쓸 수 있다.

$$V_{\text{in}} = RI_{\text{in}} + k_e\omega \tag{10.6}$$

정상상태에서 식 (10.5)로부터 모터토크는 마찰과 부하토크와 평형을 이룸을 알 수 있다.

식 (10.4)를 I_{in}에 대해 풀고 식 (10.6)에 대입하면 다음이 얻어지고

$$V_{\text{in}} = \left(\frac{R}{k_t}\right)T + k_e\omega \tag{10.7}$$

이 식을 모터토크에 대해 풀면 다음과 같은 관계가 얻어진다.

$$T = \left(\frac{k_t}{R}\right)V_{\text{in}} - \left(\frac{k_e k_t}{R}\right)\omega \tag{10.8}$$

이 방정식은 고정된 공급전압에 대해 PM 직류모터의 토크-속도 선도가 선형임을 예측하게 해준다.

그림 10.17은 영구자석 직류모터에 대한 토크-속도 선도와 파워-속도 선도를 보여준다. 토크-속도 관계가 선형이기 때문에 토크는 기동토크 T_s와 무부하속도 $\omega_{\max}$를 가지고 다음과 같이 표현될 수 있다.

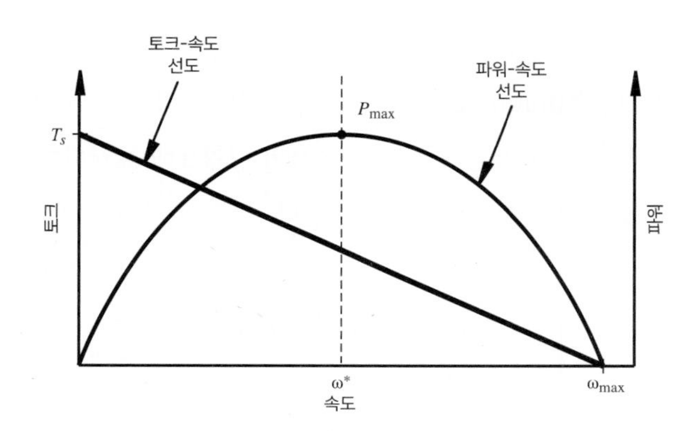

그림 10.17 영구자석 직류모터의 특성

$$T(\omega) = T_s\left(1 - \frac{\omega}{\omega_{\max}}\right) \tag{10.9}$$

무부하속도는 부하토크가 없을 때($T_L = 0$) 모터의 정상상태속도이다. 이 속도에서 모터토크는 마찰토크와 균형을 이루어야 한다(즉, $T = T_f$). 식 (10.8)과 (10.9)를 비교하면, 스톨토크와 무부하속도 사이의 관계를 다음과 같이 얻을 수 있다.

$$T_s = \left(\frac{k_t}{R}\right)V_{\text{in}} \tag{10.10}$$

$$\omega_{\max} = \frac{T_s R}{k_e k_t} \tag{10.11}$$

식 (10.9)로부터 서로 다른 속도에서 모터에 의해 전달된 파워는 다음과 같이 표현할 수 있다.

$$P(\omega) = T\omega = \omega T_s\left(1 - \frac{\omega}{\omega_{\max}}\right) \tag{10.12}$$

모터의 최대 출력파워는 다음과 같은 속도에서 발생한다.

$$\frac{dP}{d\omega} = T_s\left(1 - \frac{2\omega}{\omega_{\max}}\right) = 0 \tag{10.13}$$

이 식을 속도에 대해 풀면,

$$\omega^* = \frac{1}{2}\omega_{\max} \tag{10.14}$$

따라서 영구자석모터가 최대 출력파워를 갖도록 구동하기 위한 최적 속도는 무부하속도의 절반이다.

전기와 토크상수 외에 제조사들은 보통 전기자 저항 R을 규격에 표시한다. 이 값은 식 (10.4)와 (10.10)을 사용하여 **스톨전류**(stall current) I_s를 결정하는 데 유용하다.

$$I_s = \frac{V_{\text{in}}}{R} \tag{10.15}$$

전류에 대한 이 식은 모터가 회전하고 있지 않을 때에만 유효하다. 그렇지 않으면 회전자 전류가 회전자 권선에 유도된 역기전력의 영향을 받는다. 스톨전류는 주어진 공급전압에 대해 모터에 흐를 수 있는 최대 전류이다.

10.5.3 PM 직류모터의 전기제어

모터제어의 가장 간단한 형태는 단지 구동전압만을 조정하는 개루프제어(open loop control)이다. 이때 모터의 구동속도와 토크는 모터의 특성과 하중에 의해 결정된다. 그러나 대부분의 관심 있는 문제들은 전압이 자동으로 조절되어 원하는 운동을 만들어낼 수 있는 일종의 자동제어를 필요로 한다. 이것을 **폐루프**(closed-loop) 또는 **피드백제어**(feedback control)라 하며, 출력치를 피드백하기 위한 토크나 속도센서를 필요로 한다. 센서로부터 피드백된 실제 출력은 **설정값**(set point)이라 부르는 원하는 값과 계속적으로 비교된다. 제어기는 모터의 출력이 설정값에 가깝게 가도록 능동적으로 전압을 조절한다. 전자속도 제어시스템에는 두 가지 형태가 존재한다: 선형증폭기(linear amplifiers)와 펄스폭변조기(pulse width mudulators). 두 시스템 모두 잘 동작하도록 설계할 수 있지만, 펄스폭변조 제어기가 여러 가지 이점을 가지고 있다. 즉 펄스폭변조 제어기는 동작이 가장 효율적인(파워 손실이 최소화) 차단주파수와 포화상태 사이에서 바이폴라 파워트랜지스터나 FET를 빠르게 on/off 구동한다. 선형 파워증폭기를 사용하는 서보증폭기는 성능은 만족할 만하지만, 트랜지스터의 선형영역에서 동작하기 때문에 많은 열손실이 발생한다. 선형파워 증폭기를 사용하는 상용 서보증폭기를 볼 수도 있겠지만, **펄스폭변조**(PWM, pulse-width modulation) 증폭기의 낮은 파워, 설계의 용이성, 소형, 저가 등의 장점 때문에 이것에 초점을 맞추어 논의를 진행하고자 한다.

PWM 증폭기의 원리가 그림 10.18에 보이고 있다. 직류전압이 빠른 고정주파수 f를 가지고 두 값(즉, ON, OFF) 사이에서 스위칭되고 있다. 이 주파수는 주로 1 kHz 이상이다. 'ON'에 해당하는 하이(high)값이 고정주기 T 내에서 펄스폭 t 동안 유지된다. 즉

$$T = \frac{1}{f} \tag{10.16}$$

결과적인 비대칭파형은 ON 시간과 파형의 전체 주기 사이의 비로 정의되는 **듀티사이클**(duty cycle)로 이루어지며, 이는 보통 퍼센트로 표시된다.

$$\text{듀티사이클} = \frac{t}{T}100\% \tag{10.17}$$

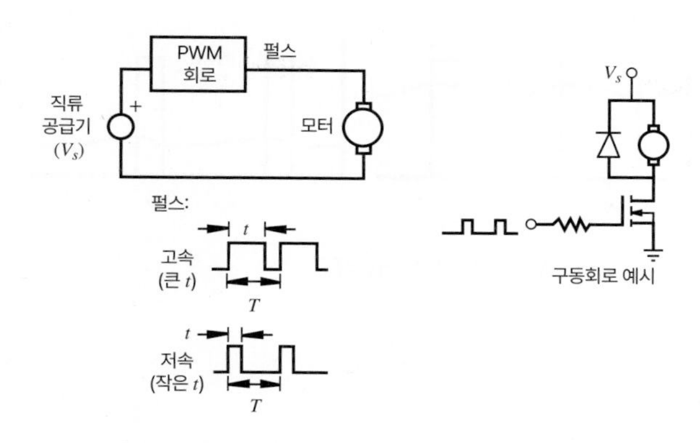

그림 10.18 직류모터의 펄스폭변조

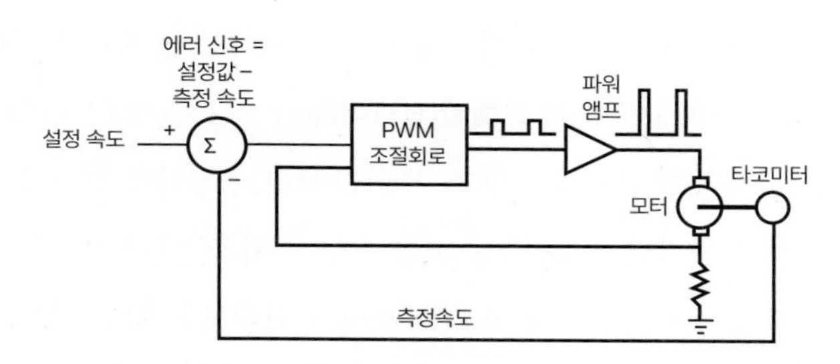

그림 10.19 PWM 속도피드백제어

듀티사이클이 제어기에 의해 변화함에 따라 모터에 흐르는 평균 전류가 변화하여 출력단의 토크와 속도가 변화된다. 모터의 속도제어를 위해 사용되는 것은 공급전압의 값이 아니라 주로 듀티사이클의 변화에 의한 것이다. 10.7절에 표준 RC 서보모터 제어에 PWM 신호가 어떻게 사용되는지 기술되어 있다. **실습문제 Lab 11**에서는 직류모터의 속도를 변화시키기 위해 PWM 신호가 어떻게 사용되는지를 탐구한다. 이 탐구의 최종결과는 **비디오 데모 7.5**에 예시되어 있다.

실습 문제

Lab 11 PIC를 이용한 PWM 모터 속도제어

비디오 데모

7.5 키패드 입력에 따른 직류모터의 PWM 속도제어

직류모터에 대한 PWM 속도피드백제어의 블록선도는 그림 10.19에 나와 있다. 전압 타코미터가 모터속도에 선형적으로 비례하는 출력을 발생시킨다. 이것은 원하는 속도설정치(수동으로 설정되거나 컴퓨터로 설정되는 또 다른 전압)와 비교된다. 오차와 모터전류가 펄스폭변조 레귤레이터에 의해 감지되어 펄스폭이 변조된 사각파를 출력으로 내보낸다. 이 신호는 모터를 구동하기 위한 적당한 수준으로 증폭된다.

PWM 모터제어에서 전기자에 걸리는 전압이 빠른 속도로 스위칭되며, 모터를 통과하는 전류는 모터의 인덕턴스와 저항의 영향을 받는다. 스위칭 속도가 빠르기 때문에 결과적인 전류는 그림 10.20과 같이 평균치 주위에서 작은 변동만 나타나게 된다. 듀티사이클이 커질수록 평균

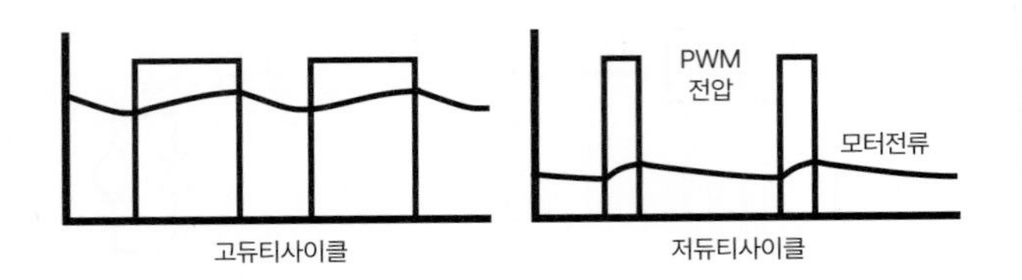

그림 10.20 PWM 전압과 모터전류

전류도 커지고 모터속도도 증가한다.

10.5.4 직류모터의 양방향 제어

직류모터의 회전방향을 바꾸려면 모터에 작용하는 전압의 극성을 바꿔서 전류의 방향을 역전시켜야만 한다. 그림 10.21에 도시한 **H-브릿지**(H-bridge) 회로를 통해 이와 같은 일을 할 수 있다. 'H'라는 이름은 회로의 모양에서 나왔고, 모터는 H의 수평선에 위치하고 네 개의 스위치(Q_1~Q_4)는 H의 수직선에 위치한다. Q_1부터 Q_4는 수동 스위치, 릴레이, 혹은 트랜지스터가 사용될 수 있으며, 원하는 방향으로 모터에 전류를 보내기 위해서는 항상 쌍으로 켜져야만 한다. 스위치 Q_1과 Q_3가 ON이고 Q_2와 Q_4는 OFF이면 전류는 왼쪽에서 오른쪽으로 흐르고 모터는 정방향으로 회전한다(그림에서 굵은 실선). 반대로 스위치 Q_2와 Q_4가 ON이고 Q_1과 Q_3는 OFF이면 전류는 오른쪽에서 왼쪽으로 흐르고 모터는 역방향으로 회전한다(그림에서 점선).

그림 10.22는 pnp와 npn BJT 트랜지스터로 어떻게 H-bridge 회로를 만드는지 보여준다.

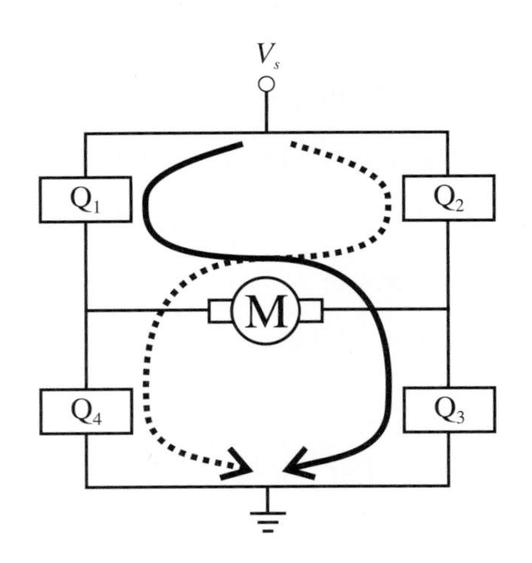

그림 10.21 H-브릿지 회로-방향 제어

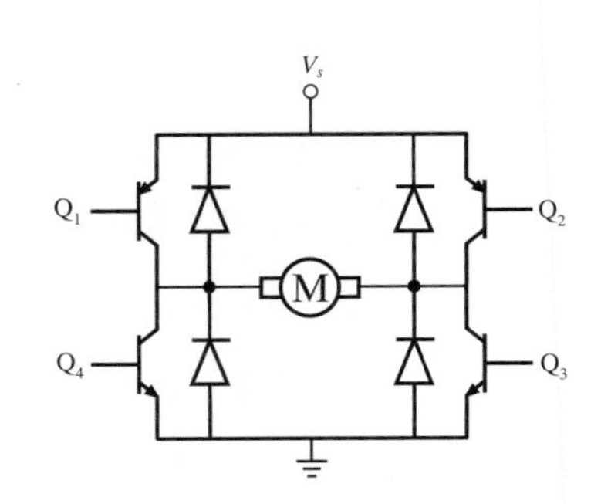

그림 10.22 플라이백 보호회로를 가진 BJT H-브릿지

BJT 트랜지스터 대신에 MOSFET이 사용될 수도 있다(설계예제 10.1 참조). 그림 10.22에서 위쪽 두 개(Q_1과 Q_2)는 베이스에 low 신호를 줄 때 스위치 ON되는 pnp 트랜지스터이다(3.4.1절 참조). 아래쪽 두 개는 베이스에 high 신호를 줄 때 스위치 ON되는 npn 트랜지스터이다. 그림 10.21에서 정방향 전류를 만들기 위해서는 Q_1은 low(ON), Q_3는 high(ON), Q_2는 high(OFF), Q_4는 low(OFF)로 세팅해야 한다. 반대로 역방향 전류를 만들기 위해서는 Q_1은 high(OFF), Q_3는 low(OFF), Q_2는 low(ON), Q_4는 high(ON)로 세팅해야 한다. 네 개의 다이오드는 플라이백 전압을 보호하기 위해 사용되었다(3.3.1절과 수업토론주제 10.5 참조). H-bridge 트랜지스터가 있으면 트랜지스터를 적절히 on-off하고 원하는 듀티를 조절해서 PWM 속도제어(10.5.3절)가 용이하게 구현될 수 있다.

수업토론주제 10.5 H-bridge 플라이백 보호

그림 10.22의 다이오드 네 개는 모터 전압이 스위치 OFF될 때 플라이백 전압으로부터 보호해 준다(3.3.1절 참조). 트랜지스터 Q_1과 Q_3가 ON이 되어 전류가 정방향으로 흐를 경우를 고려해 보자. 만약 다이오드가 그 위치에 없다면 트랜지스터가 모두 스위치 OFF될 때 어떤 일이 일어나겠는가? 다이오드가 있을 때는 어떻게 다르겠는가? 트랜지스터가 스위치 OFF될 때 모터전류의 경로 변화가 어떻게 되겠는가?

그림 10.23은 트랜지스터 대신에 릴레이로 H-bridge 회로를 구성하는 방법을 보여준다. 여기서 두 개의 DPDT 릴레이가 사용되고 있다. 릴레이에도 공통으로 적용되는 스위치에 대한 용어는 9.3.1절을 참조하라. 그리고 릴레이가 어떻게 동작하는지, 어떻게 사용되는지에 대한 더 많은 정보는 10.3절을 참조하라. 그림 10.23의 DPDT 설계에 대한 하나의 대안은 그림 10.21에

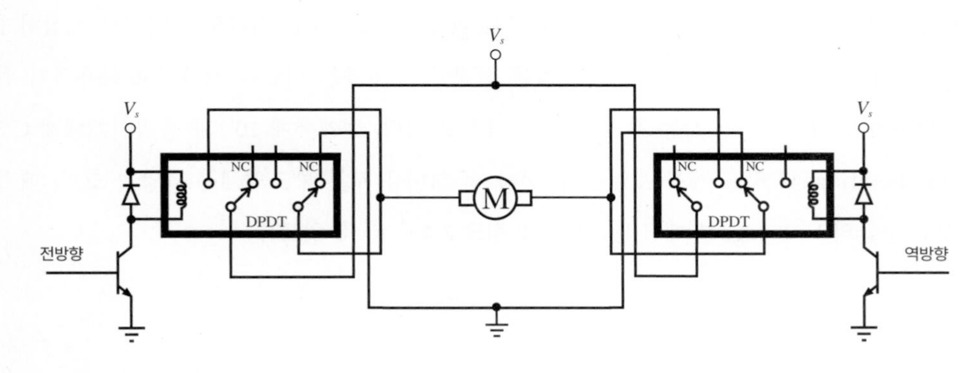

그림 10.23 DPDT 릴레이 H-브릿지

있는 각 스위치(Q_1~Q_4)에 하나씩 네 개의 SPST 릴레이를 사용하는 것이지만 두 개의 DPDT 가 더 싸고 공간을 덜 필요로 한다. 그림 10.23에서 두 개의 릴레이는 비활성화상태로 폴이 NC 스로 위치에 있다. 이 상태에서는 모터에 전압이 가해지지 않으며 따라서 회전하지 않는다. 전류가 DPDT 스위치의 코일에 보내지면 두 개의 스로 접촉이 NC 위치에서 NO 위치로 전환된다. 왼쪽 릴레이가 활성화되면(오른쪽은 비활성화) 전압이 모터의 왼쪽 편에 가해지고 오른쪽 편은 그라운드가 되어 전류가 왼쪽에서 오른쪽으로 흐르고 모터는 정방향으로 회전한다. 오른쪽 릴레이가 활성화되면(왼쪽은 비활성화) 전압이 모터의 오른쪽 편에 가해지고 왼쪽 편은 그라운드가 되어 전류가 오른쪽에서 왼쪽으로 흐르고 모터는 역방향으로 회전한다. 'forward', 'reverse' 신호는 모터의 방향을 제어하기 위해 사용된다. 릴레이 코일에 릴레이를 스위치하기에 충분한 전류를 흘려주기 위해 트랜지스터가 사용된다. 큰 전류가 필요 없는 소형 릴레이에서는 디지털 신호(즉, 마이크로컨트롤러 출력)가 릴레이를 스위치하기에 충분한 전류를 공급해 줄 수도 있다(트랜지스터 도움 없이). 그렇지 않다면 트랜지스터가 필요한 수준의 전류로 상승시켜 줘야 한다. 릴레이 코일 사이의 다이오드는 플라이백 보호를 위해 사용되었다. 그림 10.22에 보여준 플라이백 보호는 릴레이 H-bridge 설계에도 같이 사용될 수 있다.

릴레이는 하나의 쉬운 해답을 제공해 준다. 또한 릴레이 코일과 모터회로에 별도의 전원과 그라운드가 사용되었을 때 제어회로(릴레이 코일에 연결된)와 모터회로(심각한 잡음과 전류 스파이크가 포함된) 사이의 전기적 절연이라는 이점을 제공한다. 그러나 릴레이는 고속으로 스위칭할 수 없다는 단점을 가지고 있어서 PWM 속도제어에는 사용되기 어렵다. 또한 릴레이는 기계적 디바이스로 클릭킹 소리와 마모, 수많은 사용 후에는 파손을 수반한다. 그러나 단지 정역회전만 필요하고 PWM 속도제어가 필요 없으며, 클릭킹 소리와 장기간 신뢰성이 중요하지 않을 때는 좋은 선택이 될 수 있다.

개별 릴레이와 트랜지스터를 사용하여 H-bridge를 만드는 대신 하나의 패키지로 세심하게 설계된 상용 H-bridge를 사용하는 것도 좋은 선택이다. 이들은 비교적 저가이고 사용하기 쉬우며 단순한 인터페이스와 각종 부가 기능을 가지고 있다. 설계예제 10.1과 종합설계예제 C.5가 상용 H-bridge의 사용 예를 보여준다. 전자 및 취미용 로봇 제조업체는 다양한 크기, 패키지, 파워 등급의 H-bridge를 제공한다(인터넷 링크 2.4와 10.10 참조).

2.4 전기 부품의 온라인 자료와 제조사

10.10 취미용 로봇 온라인 제조사

설계예제 10.1 직류모터를 위한 H-bridge 드라이브

개별 제어 및 파워용 소자를 이용하여 서보모터 드라이브 회로를 설계하고 제작할 수 있으나 메카트로닉 설계에서 돈과 시간을 크게 아낄 수 있는 다양한 집적회로가 존재한다. 일례로 National Semiconductor가 만드는 모션제어용 모노리식 칩을 사용하여 편리하게 직류모터 드라이빙 회로를 제작할 수 있다. 직류모터나 스텝모터를 구동하기 위해 설계된 3 A, 55 V 용량의 LMD15200 H-bridge IC를 고려해 보자. 이것은 전류방향 제어, 과전류와 과열 감지, 펄스폭변조, 다이내믹 제동 기능을 가지고 있다. 이것의 기능도가 다음 그림에 있다.

기능도

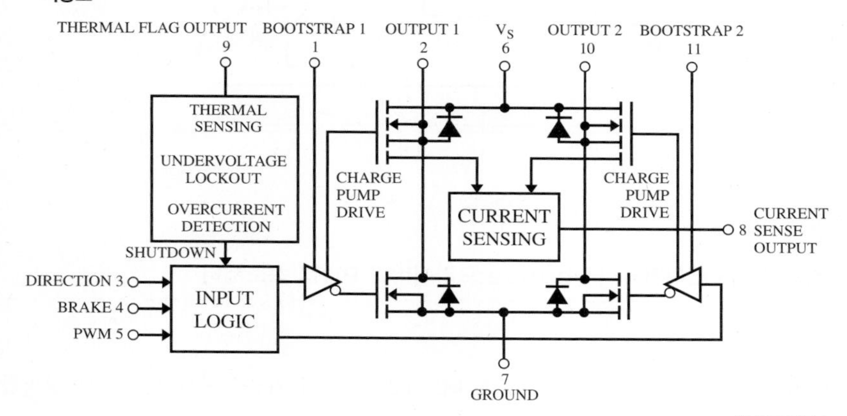

기능도와 주문정보

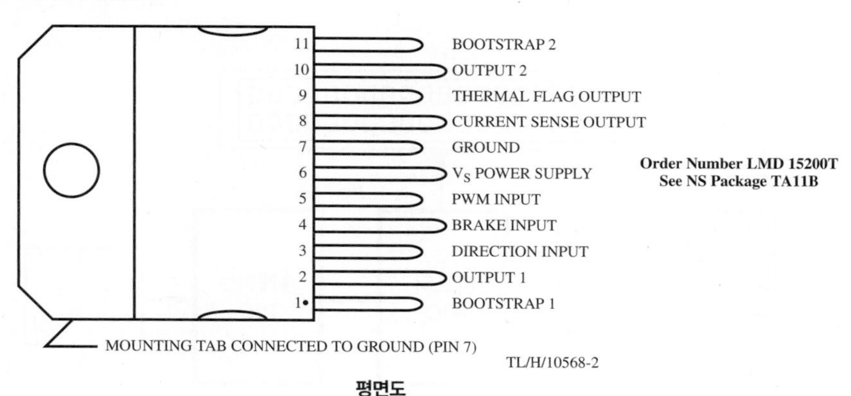

평면도

(Courtesy of National Semiconductor Inc., Santa Clara, CA)

이 설계는 파워 MOSFET을 이용하고 있고, 트랜지스터 사이에 발생하는 큰 비정상 역전류를 억제하기 위한 플라이백 보호용 다이오드를 가지고 있다. 모터의 폴은 Output 1과 Output 2에 연결된다. 공급전압은 55 V까지 가능하다. 외부 디지털 신호를 가지고 방향, 제동, 펄스폭변조 등을 제어할 수 있다. 또한 온도센서가 있어서 170℃를 초과하면 출력을 차단한다.

속도제어기 설계를 위한 완벽한 블록선도가 아래 그림에 있다. 속도설정값이 전위차계나 입력전압값에 의해 설정된다. 모터의 속도를 측정하기 위해 직각위상(quadrature) 타코미터가 부착되었다. National Semiconductor의 펄스폭변조 IC인 LM3524D가 편리하게 사용되어 H-bridge 모터제어기의 입력을 구동하고 있다.

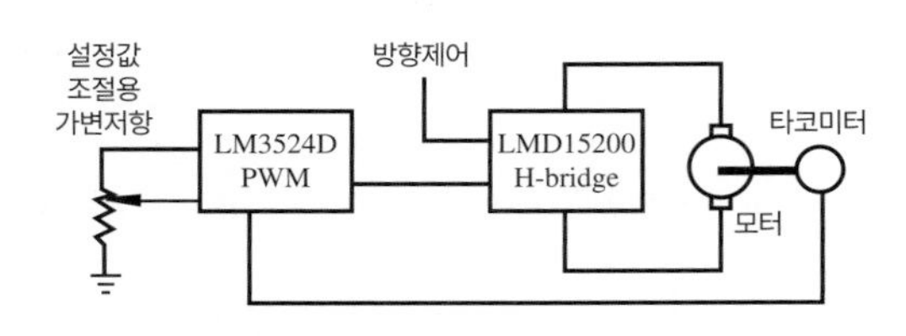

종합설계예제 C.5 직류모터 위치와 속도제어기 — H-bridge 드라이버와 PWM 속도제어

비디오 데모
1.8 직류모터 위치와 속도제어기

아래 그림은 종합설계예제 C(1.3절과 비디오 데모 1.8 참조)의 기능도에서 이곳에서 설명할 부분을 강조하여 보여준다.

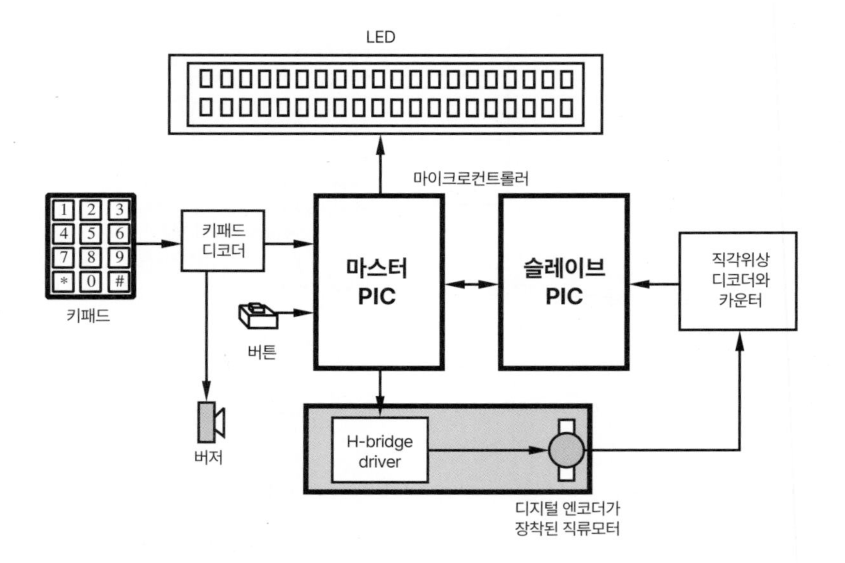

전체 설계 가운데 이 부분에 필요한 회로가 아래 그림에 주어졌다. 상용부품인 S17-3A-LV H-bridge가 넓은 전류용량과 선택된 모터와의 호환성 때문에 선정되었다. 이것은 또한 상당히 넓은 영역에서 PWM 듀티사이클과 모터속도 사이에 상당히 선형에 근접한 특성을 가지고 있다. H-bridge와 모터에 대한 자세한 사항은 인터넷 링크 10.4에서 찾아볼 수 있다. H-bridge에 들어가는 두 개의 입력은 모터가 시계 방향 또는 반시계 방향으로 회전하는지를 결정하는 방향 라인과 적당한 듀티사이클을 통해 모터의 속도를 제어하는 PWM 라인이다.

10.4 S17-3A-LV H-bridge

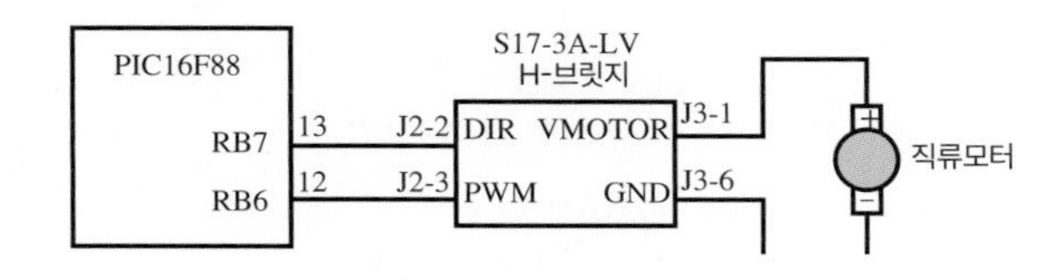

원하는 속도로 모터를 돌리기 위한 코드가 아래에 주어졌다. 서브루틴 pwm_period는 원하는 모터속도에 비례하는 듀티사이클을 만들어내기 위한 펄스폭을 계산한다. 서브루틴 pwm_pulse는 선정된 속도로 모터가 계속 회전하도록 run_motor에 의해 연속적으로 수행된다. 코드에 있는 코멘트들은 좀 더 자세한 내용을 설명해 준다.

```
' Define I/O pin names
motor_dir Var PORTB.7        ' motor H-bridge direction line
motor_pwm Var PORTB.6        ' motor H-bridge pulse-width-modulation line

' Declare Variables
motor_speed Var BYTE         ' motor speed as percentage of maximum (0 to 100)
motion_dir Var BIT           ' motor direction (1:CW/Forward 0:CCW/Reverse)
on_time Var WORD             ' PWM ON pulse width
off_time Var WORD            ' PWM OFF pulse width
pwm_cycles Var BYTE          ' # of PWM pulses sent during the position control loop

' Define constants
pwm_period Con 50            ' period of each motor PWM signal cycle (in microsec)
                             ' (50 microsec corresponds to 20kHz)

' Initialize I/O and variables
TRISB.6 = 0                  ' configure H-bridge DIR pin as an output
TRISB.7 = 0                  ' configure H-bridge PWM pin as an output
motion_dir = CW              ' starting motor direction: CW (forward)
motor_speed = 50             ' starting motor speed = 50% duty cycle
Low motor_pwm                ' make sure the motor is off to begin with

' Subroutine to run the motor at the desired speed and direction until the
'   stop button is pressed. The duty cycle of the PWM signal is the
'   motor_speed percentage
run_motor:
    ' Set the motor direction
    motor_dir = motion_dir
```

```
    ' Output the PWM signal
    Gosub pwm_periods            ' calculate the on and off pulse widths
    While (stop_button == 0)  ' until the stop button is pressed
        Gosub pwm_pulse  ' send out a full PWM pulse
    Wend
Return

'Subroutine to calculate the PWM on and off pulse widths based on the desired
' motor speed (motor_speed)
pwm_periods:
    ' Be careful to avoid integer arithmetic and
    ' WORD overflow [max=65535] problems
    If (pwm_period >= 655) Then
        on_time = pwm_period/100 * motor_speed
        off_time = pwm_period/100 * (100-motor_speed)
    Else
        on_time = pwm_period * motor_speed / 100
        off_time = pwm_period * (100-motor_speed) / 100
    Endif
Return

' Subroutine to output a full PWM pulse based on the data from pwm_periods pwm_pulse:
    ' Send the ON pulse
    High motor_pwm
    Pauseus on_time

    ' Send the OFF pulse
    Low motor_pwm
    Pauseus off_time
Return
```

10.6 스텝모터

스텝모터(stepper motor)라는 특별한 형태의 직류모터는 영구자석 또는 가변자기저항형 직류모터이다. 방향 회전, 정밀한 각도 증분, 정확한 운동이나 속도 프로파일의 반복, 뛰어난 영속(zero speed) 유지토크(holding torque), 디지털제어의 용이성 등의 특성을 가지고 있다. 이것은 디지털제어기에서 발생되는 디지털펄스 구동신호에 따라 **스텝**(steps)이라 불리는 정확한 각도 증분만큼 움직일 수 있다. 펄스의 수와 속도가 모터축의 위치와 속도를 제어한다. 일반적으로, 스텝모터는 1회전당 스텝 수를 12, 24, 72, 144, 180, 200 등을 가지도록 만들어져서 스텝당 30°, 15°, 5°, 2.5°, 2°, 1.8° 등의 축각도 증분을 가지게 된다. 또한 **마이크로-스텝핑**(micro-stepping) 회로를 이용하면 회전당 보통 10,000 steps/rev상의 훨씬 더 많은 스텝 수를 가지게 된다.

스텝모터는 두 개의 동력원이나 극성을 스위칭할 수 있는 동력원을 필요로 하는 **바이폴라**(bipolar)형과 단일의 동력원을 필요로 하는 **유니폴라**(unipolar)형이 존재한다. 이들은 직류전류소스에 의해 구동되며, 모터의 회전에 따라 적당한 순서로 코일을 구동하기 위한 디지털회로를 필요로 한다. 제어를 위해 피드백센서는 항상 필요하지는 않지만, 엔코더나 다른 형태의 위치센서의 사용은 정확성을 높여준다. 피드백 없이 동작하는 시스템(즉, 개루프모드)의 장점은 폐루프제어시스템이 필요 없다는 것이다. 일반적으로, 스텝모터는 1 hp(746 W) 이하의 출력을 내며, 따라서 큰 힘을 필요로 하지 않는 위치제어에 많이 쓰인다. 비디오 데모 9.2와 10.19는 스텝모터의 재미있는 적용 예를 보여준다.

비디오 데모

9.2 IR 센서와 스텝모터로 만들어진 실험취용 자동 운동기구

10.19 다기능 슬롯머신

일반 상용 스텝모터는 많은 폴을 가지고 있어서 많은 회전자의 평형위치를 가진다. 영구자석형 스텝모터의 경우, 고정자는 권선을 가진 폴이고 회전자 폴은 영구자석으로 만들어져 있다. 서로 다른 고정자 권선의 조합을 구동하여 회전자를 다른 위치로 이동하거나 정지시킨다. **가변자기저항**(variable reluctance) 스텝모터는 영구자석이 아닌 강자성체 회전자를 가지고 있다. 고정자와 회전자 사이의 자기저항을 최소화하는 방향으로 운동과 정지가 이루어진다. 가변자기저항 모터는 작은 회전자 관성에 따른 빠른 동특성의 장점을 가지고 있다. 영구자석 모터는 **디텐트토크**(detent torque)라 불리는 잔류토크가 작은 장점을 가지고 있다.

회전자가 어떻게 미소 스텝 단위로 움직이는가를 이해하기 위해 그림 10.24와 같은 네 개의 고정자 폴과 영구자석 회전자를 가지는 간단한 설계 예를 살펴보자. 스텝 0에서 반대 극성의 폴이 마주하여 서로 당기기 때문에 회전자는 평형상태에 있게 된다. 고정자 폴의 자성이 변화하지 않는다면 회전자는 이 위치에 정지하고 있을 것이며, **유지토크**(holding torque) 값 이하의 토크를 견디게 될 것이다. 폴의 자성이 그림처럼 변화한다면(스텝 0에서 스텝 1으로), 토크가 회전자에 작용하여 시계 방향으로 90° 회전하여 그림에서 새로운 평형위치로 주어진 스텝 1

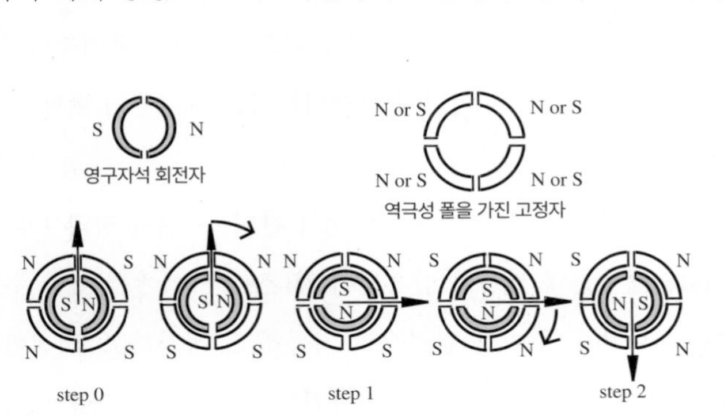

그림 10.24 스텝모터의 스텝 순서

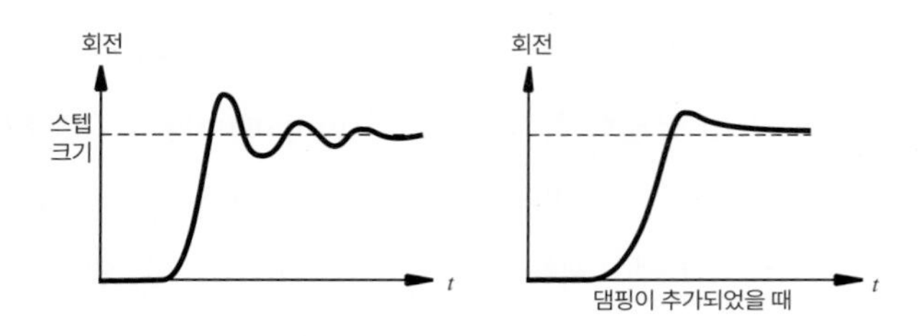

그림 10.25 단일 스텝의 동적 응답

의 상태를 이루게 된다. 폴의 자성이 다시 그림처럼 변화하면(스텝 1에서 스텝 2로), 회전자가 토크를 받게 되어 스텝 2까지 구동된다. 이와 같이 폴의 자성을 연속적으로 변화시키면, 모터는 시계 방향으로 연속적으로 평형위치를 찾아 회전하게 된다. 또한 폴 구동 순서에 따라 회전 방향이 결정되는 것을 알 수 있다. 반시계 방향 운동은 위와 반대방향으로 폴을 구동함으로써 얻어질 수 있다. 모터토크는 폴과 회전자의 자장의 강도와 직접 관련이 있다.

빠른 기동과 정지, 빠른 가감속, 또는 큰 하중이나 하중 변동이 심한 경우 회전자와 부착된 하중의 동적 응답을 주의 깊게 고려해야만 한다. 회전자와 하중의 관성 때문에 회전운동이 원하는 스텝 수 이상을 초과할 수 있다. 또한 한 스텝씩 기계시스템을 구동하는 스텝모터는 그림 10.25와 같이 스텝이 증가함에 따라 과소감쇠(underdamped) 응답 특성을 나타낸다. 예를 들어 기계적 마찰, 점성 등에 의해 시스템의 감쇠가 증가하면 그림 10.25와 같이 진동이 줄어드는 방향으로 응답이 나타난다. 그러나 이상적인 감쇠값이 선택되었어도 모터가 주어진 위치로 정착되기 위해서는 시간을 필요로 하며, 이 시간은 스텝 수와 감쇠 정도에 따라 변화한다. 또한 모터에 필요한 토크는 감쇠가 증가할수록 커짐에 주의해야 한다. 비디오 데모 10.20은 상당히 큰 크기의 스텝에 대해 전형적인 과소감쇠 2차계 특성을 가지는 스텝모터의 응답을 보여준다. 이것은 또한 스텝률이 변함에 따라 응답이 어떻게 변화하는지를 보여준다. 비디오 데모 10.21은 고속 스텝률에서 스텝응답의 효과가 어떻게 반감되는지를 보여주기 위해 중속회전하는 모터의 슬로모션 장면을 보여준다.

비디오 데모

10.20 스텝모터의 스텝응답과 공명을 통한 가속

10.21 중속응답에 대한 고속비디오 클립

스텝모터의 토크-속도 특성은 보통 그림 10.26과 같이 두 개의 영역으로 나뉜다. **고정스텝모드**(locked step mode)에서는 회전자가 감속되어 각 스텝 사이에 정지할 수도 있다. 이 영역에서는 모터가 스텝을 잃어버림 없이 순간적으로 기동하고, 정지하고, 역전할 수 있다. **슬루잉모드**(slewing mode)에서는 속도가 너무 빨라서 간적인 시동이나 정지, 역전을 할 수 없다. 회전자가 이 모드에 들어가기 위해서는 천천히 가속되어야만 하며, 이 모드에서 벗어나기 위해서는

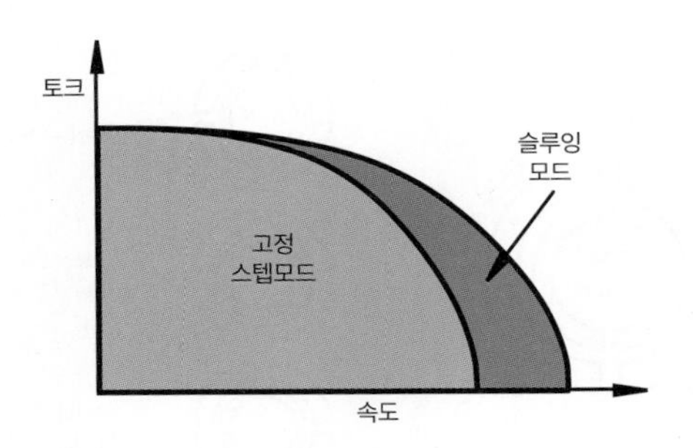

그림 10.26 스텝모터의 토크-속도 선도

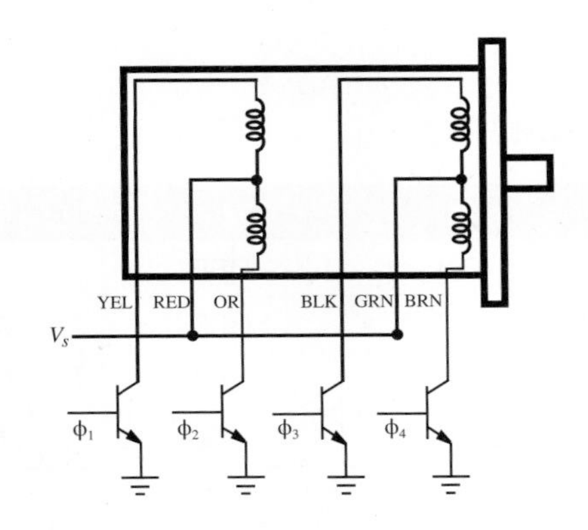

그림 10.27 표준 유니폴라 스텝모터의 필드코일 개략도

천천히 감속되어야만 한다. 슬루잉모드 내에서 회전자는 고정자계의 회전과 동기가 되며, 스텝 사이에 정지하지 않는다. 그림에서 이 영역들 사이의 곡선은 슬루잉 없이 서로 다른 속도에서 낼 수 있는 최대 토크를 나타낸다. 스루잉모드 영역의 경계를 형성하는 곡선은 서로 다른 속도에서 스텝모터가 낼 수 있는 최대 토크의 절댓값을 나타낸다.

유니폴라 스텝모터의 필드코일의 개략도가 그림 10.27에 주어졌다. 외부 파워트랜지스터를 적당히 on, off하여 폴의 자성을 순서적으로 제어한다. 그림 10.27에 있는 개략도는 모터에 연결된 6개의 배선을 보여준다. 두 번째와 다섯 번째 배선은 그림처럼 보통 외부에서 공급되지만 제조사들이 때때로 이들을 모터 내부에서 연결해 버리는 경우가 있으며, 이때는 외부 배선이 5개가 된다. 그림에 표시된 와이어 컬러는 대부분의 제조사가 따르는 표준이다. 그림 10.27은 6개 배선을 가지는 유니폴라 스텝모터에 사용되는 공통적인 컬러코드를 보여준다: 노랑(코일 1), 빨강(1/2 common), 오렌지(코일 2), 검정(코일 3), 녹색(3/4 common), 갈색(코일 4). 또 다른 일반적인 6-배선 컬러 규칙은 다음과 같다: 녹색(코일 1), 하양(1/2 common), 파랑(코일 2),

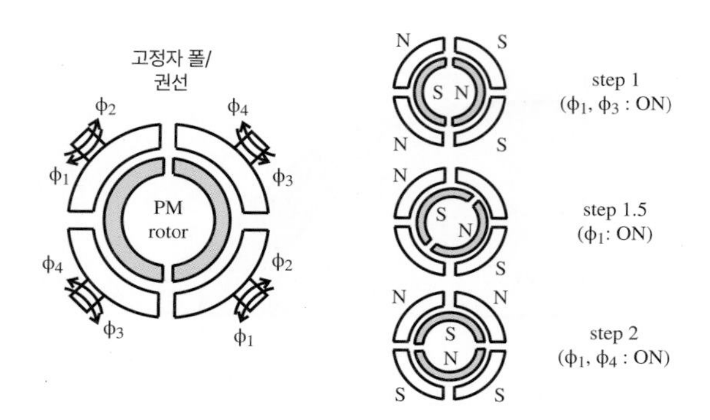

그림 10.28 유니폴라 스텝모터의 예시

표 10.1 유니폴라 전 스텝 위상 순서

	스텝	ϕ_1	ϕ_2	ϕ_3	ϕ_4
CW	1	ON	OFF	ON	OFF
↓	2	ON	OFF	OFF	ON
CCW	3	OFF	ON	OFF	ON
↑	4	OFF	ON	ON	OFF

빨강(코일 3), 하양(3/4 common), 검정(코일 4). 5-배선 유니폴라 스텝에 대한 일반적인 컬러 규칙은 다음과 같다: 빨강(코일 1), 녹색(코일 2), 검정(common), 갈색(코일 3), 하양(코일 4). 만일 설명서가 없는 모터를 사용하게 되거나 컬러 규칙을 모른다면 배선을 알아내는 테스트 방법이 있다(**인터넷 링크 10.5** 참조. 이 웹 페이지에서의 코일 3-2-1-4는 이 책의 코일 1-2-3-4 또는 ϕ_1-ϕ_2-ϕ_3-ϕ_4에 해당한다).

10.5 스텝모터의 배선을 알아내는 방법

그림 10.28은 4상 유니폴라 스텝모터의 구조와 스텝핑 순서를 보여준다. 이것은 두 개의 폴을 가진 영구자석 회전자와 두 개의 상보권선(complementary windings, 예: 맨 위의 왼쪽 폴에 반대방향으로 감긴 ϕ_1과 ϕ_2)이 감긴 각 네 개의 폴을 가진 고정자로 구성되어 있다. 표 10.1은 전 스텝(fullstep) 모드에서 모터가 진행해야 할 스텝의 순서를 보여준다. 여기서 4상 중 두 개는 ON이며, 따라서 모든 고정자 폴이 구동된다. 표 10.2는 반-스텝핑(half stepping)에 대한 위상의 순서를 나타내며, 여기서는 각 스텝 사이에 단 한 위상만이 ON이며, 따라서 두 고정자 폴만이 구동된다. 모터의 분해능 또는 스텝 수는 반-스텝 모드(8 steps/rev, 45°)가 전 스텝 모드(4 steps/rev, 90°)보다 두 배로 크지만, 정지토크와 구동토크는 두 값 사이에서 교대로 변화

표 10.2 유니폴라 반-스텝 위상 순서

	스텝	ϕ_1	ϕ_2	ϕ_3	ϕ_4
CW	1	ON	OFF	ON	OFF
↓	1.5	ON	OFF	OFF	OFF
	2	ON	OFF	OFF	ON
	2.5	OFF	OFF	OFF	ON
CCW	3	OFF	ON	OFF	ON
↑	3.5	OFF	ON	OFF	OFF
	4	OFF	ON	ON	OFF
	4.5	OFF	OFF	ON	OFF

한다. 스텝 수를 높이는 또 다른 테크닉은 **마이크로-스텝핑**(micro-stepping)이라 불리는 것이며, 이는 위상전류가 단지 ON/OFF로 스위칭되는 것이 아니라 수분의 1로 제어되어 폴 사이에 더욱 많은 자기적 평형위치를 만들어낸다. 이 방법에서는 실제로 잘게 자른 사인파를 사각파 대신에 공급한다. 가장 일반적인 상용 스텝모터는 전 스텝 모드에 200 steps/rev의 분해능을 가지는 것이며, 이를 때때로 1.8° (360° /200) 스텝이라 한다. 마이크로-스텝핑 모드에서는 10,000 또는 더 높은 분해능이 가능하다.

그림 10.29는 바이폴라 스텝모터와 올바른 순서로 스위치 on, off해야 하는 외부 파워트랜지스터의 개략도를 보여준다. 네 개의 선이 모터에 연결되어 있으며 이는 5개 또는 6개의 배선이 있는 유니폴라 스텝과 쉽게 구분된다. 이 선들은 제조사에 의해 개략도와 맞추어 색깔로 구분되어 있다. 그림 10.29는 바이폴라 스텝모터에 사용되는 가장 일반적인 색깔 규칙이다: 코일 A를 위한 빨강(+)과 회색(−), 코일 B를 위한 노랑(+)과 검정(−).

표 10.3은 전 스텝 상태에서 바이폴라 스텝모터를 진행시키기 위한 위상 순서를 나타낸다. 이 표는 유니폴라 스텝과 같지만(표 10.1 참조), 트랜지스터가 하나만 사용되는 대신 두 개의 트랜지스터가 세트로 같이 ON, OFF 상태로 스위치됨에 유의하라. 이러한 트랜지스터 구성을 H-bridge라 한다(10.5.4절 참조). 트랜지스터를 쌍으로 스위칭함으로써 전류의 방향을 바꿀 수 있다. 예를 들면 스텝 1에서 트랜지스터 1과 4가 ON이고 트랜지스터 2와 3이 OFF이다. 이것은 코일 A에 파워를 전방 방향으로 공급하여 양의 전류를 만들어준다($I_A > 0$). 유사하게 스텝 1에서 트랜지스터 5와 8이 ON이고 트랜지스터 6과 7이 OFF이며 코일 B에 양의 전류를 만들어준다($I_B > 0$). 스텝 2에서는 트랜지스터 5와 8이 OFF이고 6과 7이 ON이며 코일 B에 역방향

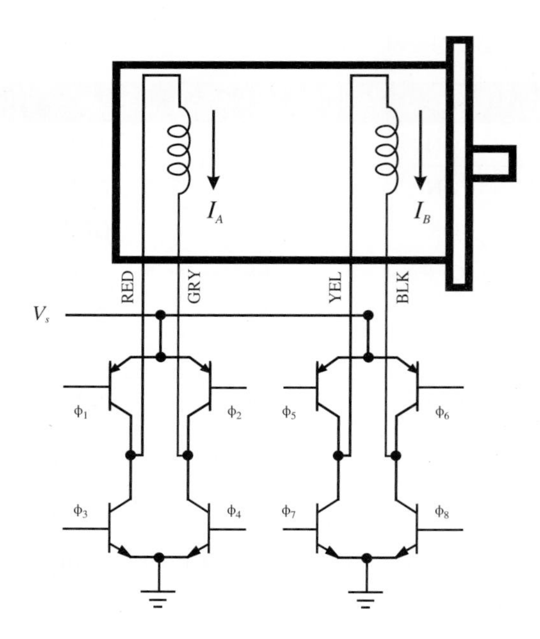

그림 10.29 표준 바이폴라 스텝모터의 필드코일 개략도

표 10.3 바이폴라 전 스텝 상태의 위상 순서

	스텝	ϕ_1과 ϕ_4	ϕ_2과 ϕ_3	ϕ_5과 ϕ_8	ϕ_6과 ϕ_7
CW	1	ON	OFF	ON	OFF
↓	2	ON	OFF	OFF	ON
CCW	3	OFF	ON	OFF	ON
↑	4	OFF	ON	ON	OFF

전류를 공급한다($I_B < 0$). 표 10.4는 반-스텝핑에 대한 위상 순서를 보여준다. 유니폴라 모터와 같이 반-스텝 위치에서 한 개의 코일만이 활성화되기 때문에 유지토크의 절반만 발생된다.

그림 10.30은 실제 스텝모터의 구조와 폴의 기하학적 모양, 코일 연결을 자세히 보여준다. 이러한 특별한 스텝모터는 4상 유니폴라 모터 또는 2상 바이폴라 모터로 연결될 수 있다. 그림 10.31은 각 50개의 톱니가 두 개로 분리된 회전자로, 한쪽은 N극 다른 쪽은 S극으로 자화되어 있다. 이러한 종류의 스텝모터는 PM 스텝퍼(회전자에 PM을 가진)와 가변자기저항 스텝퍼(PM 회전자와 고정자 폴 모두에 다수의 치형이 투영된)의 특징이 조합되었기 때문에 때로는 **하이브리드 동기 스텝퍼**(hybrid synchronous stepper)라 불린다. 비디오 데모 10.22는 이러한 형태의

비디오 데모
10.22 스텝모터와 사용법

표 10.4 바이폴라 반-스텝 상태의 위상 순서

	스텝	ϕ_1과 ϕ_4	ϕ_2과 ϕ_3	ϕ_5과 ϕ_8	ϕ_6과 ϕ_7
CW	1	ON	OFF	ON	OFF
↓	1.5	ON	OFF	OFF	OFF
	2	ON	OFF	OFF	ON
	2.5	OFF	OFF	OFF	ON
CCW	3	OFF	ON	OFF	OFF
↑	3.5	OFF	ON	OFF	OFF
	4	OFF	ON	ON	OFF
	4.5	OFF	OFF	ON	OFF

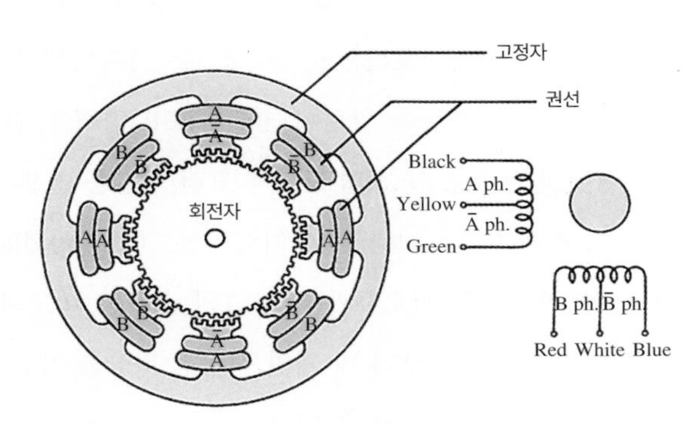

그림 10.30 전형적인 스텝모터의 회전자와 고정자 구조
출처 Oriental Motor, Torrance, CA

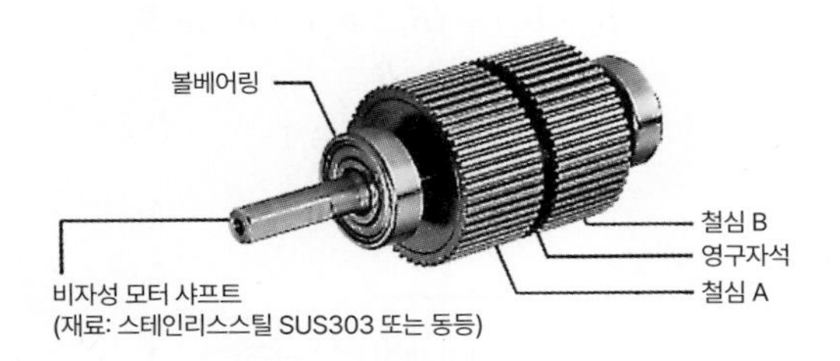

그림 10.31 실제 스텝모터의 회전자
출처 Oriental Motor, Torrance, CA

스텝모터가 어떻게 작은 스텝 사이즈를 만들어내는지에 대해 매우 훌륭한 설명과 시연을 보여준다.

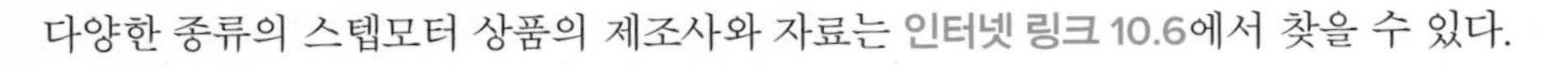

다양한 종류의 스텝모터 상품의 제조사와 자료는 인터넷 링크 10.6에서 찾을 수 있다.

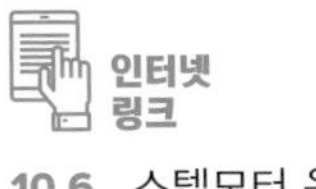

10.6 스텝모터 온라인 자료

10.6.1 스텝모터의 드라이브 회로

유니폴라 스텝모터의 전 스텝 모드 회전을 얻기 위해 폴에 적당한 위상을 가진 신호를 가할 수 있는 드라이브 회로는 그림 10.32의 회로요소를 사용하여 쉽고 경제적으로 제작할 수 있다. 유사한 드라이브 회로를 단일 IC(예: Paladin사의 PDN1200, Signetics사의 SAA1027 또는 Allegro Microsystems의 UCN 5804B) 형태로 구입할 수 있다. 개별 회로는 7414 Schmitt 트리거버퍼, 74191 업-다운 카운터, 7486 배타적 OR 게이트 등이 사용된다. Schmitt 트리거(6.12.2절 참조)는 원신호에 노이즈와 작은 변동이 존재할 때 매우 빠른 상승-하강 시간을 가진 잘 정의된 사각파 제어신호를 만들어낸다. Schmitt 트리거는 잡음을 제거하며, 방향(CW/CCW), 초기화(RESET), 단일 스텝(STEP) 입력을 날카로운 사각파 신호로 변화시킨다. 업-다운 카운터와 XOR 게이트 네 개를 이용하면 적당한 위상을 가진 모터구동 신호를 순서대로 발생시킬 수 있다. 이러한 네 개의 디지털신호(ϕ_1, ϕ_2, ϕ_3, ϕ_4)는 파워트랜지스터의 베이스에 연결되어 각 모터코일을 구동하여 회전운동을 만들어낸다. STEP 입력에 받아들여진 사각파는 CW/CCW 입력에 따라 결정된 방향으로 전 스텝 모드의 모터 회전을 발생시킨다.

카운터의 최하위 출력비트 B_0와 B_1 두 개에 대한 타이밍선도(timing diagram)와 위상제어 신호가 그림 10.33에 제시되어 있다. 이 신호들과 표 10.1의 순서를 비교해 보면 서로 같음을 알 수 있을 것이다. 두 개의 카운터 비트로부터 네 개의 적당한 위상을 가진 출력을 만들어내는 부울식은 AND-OR-NOT과 XOR으로 얻어질 수 있다.

$$\begin{gathered}\phi_1 = \overline{\phi_2} = \phi_2 \oplus 1 \\ \phi_2 = (B_0 \cdot \overline{B_1}) + (\overline{B_0} \cdot B_1) = B_0 \oplus B_1 \\ \phi_3 = B_1 \\ \phi_4 = \overline{B_1} = B_1 \oplus 1\end{gathered} \tag{10.18}$$

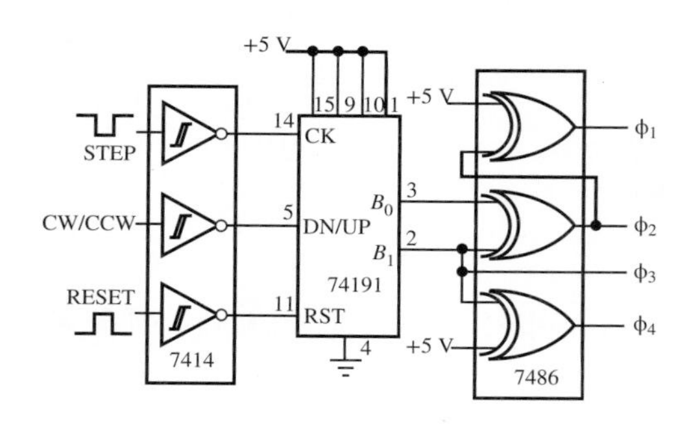

그림 10.32 유니폴라 스텝모터의 전 스텝 드라이브 회로

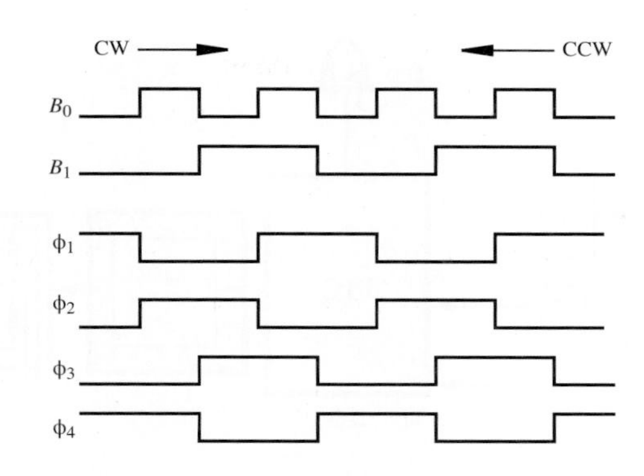

그림 10.33 전 스텝 유니폴라 스텝모터 드라이브 회로의 타이밍선도

이 표현은 그림 10.33에 주어진 타이밍선도에서 서로 다른 시간에 각각의 신호값을 따져보면 타당성을 확인할 수 있다(수업토론주제 10.6 참조). XOR로 부울식을 나타내는 목적은 단일 IC(quad XOR 7486)를 사용하여 로직을 수행할 수 있기 때문이다. 그렇지 않으면 AND, OR, NOT 표현을 위해 세 개의 IC가 필요할 것이다.

수업토론주제 10.6 스텝모터 로직

그림 10.33의 타이밍선도에 대한 진리표를 작성하고 식 (10.18)을 확인하라. 또한 Φ_2에 대해 sum-of-product와 product-of-sum이 같음을 보여라.

종합설계예제 B.3 스텝모터 위치와 속도제어기 — 스텝모터 드라이버

아래 그림은 종합설계예제 B(1.3절과 비디오 데모 1.7 참조) 중에서 이곳에서 설명할 부분을 강조 표시한 기능도이다.

1.7 스텝모터 위치와 속도제어기

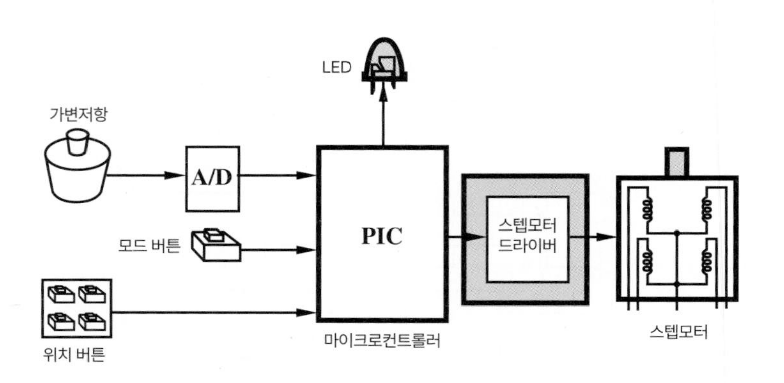

아래 그림은 또한 PIC로부터 스텝모터를 구동하기 위한 모든 부품과 내부결선을 보여준다. 상용 스텝모터 드라이버 칩인 Paladin사의 PDN1200이 이 설계의 메인 부품이다. 이 부품에 대한 자세한 정보는 인터넷 링크 7.29에 있는 데이터시트를 보면 알 수 있다. 모터를 구동하기 위해 PIC로부터 단 두 개의 신호만 필요하다: 방향과 스텝선. 매번 하나의 펄스가 펄스선을 통해 보내질 때마다 스텝모터가 방향선에서 지시된 방향으로 한 스텝씩 회전한다. 보통의 스텝모터 코일에 충분한 양의 전류를 보내주기 위해 ULN2003A와 PDN1200이 함께 필요하다. 더 자세한 정보를 원한다면 PDN1200 데이터시트를 참조하라.

인터넷 링크

7.29 PDN1200 유니폴라 스텝모터 드라이버

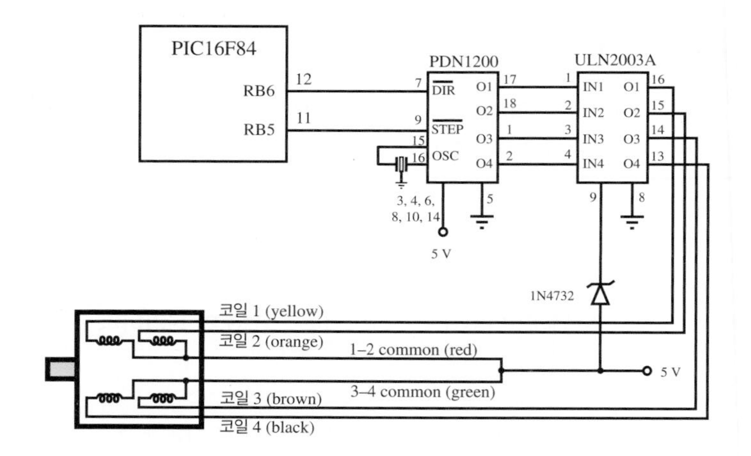

모터를 구동하기 위한 코드가 아래에 나와 있다. move 서브루틴은 먼저 사용자가 선택한 new_motor_pos 변수 값에 따라 필요한 운동의 크기와 방향을 결정한다. 이 값은 현재 모터위치(motor_pos)와 비교된 후 운동방향과 필요한 스텝 수를 계산하기 위해 사용된다. 다음에 서브루틴 move_steps는 서브루틴 step_motor의 도움을 받아 모터에 펄스를 보내고 모터가 회전하게 만든다. 회전속도는 이전에 설정된 step_period의 함수이다.

```
' Define I/O pin names
motor_dir Var PORTB.6          ' stepper motor direction bit (0:CW 1:CCW)
motor_step Var PORTB.5         ' stepper motor step driver (1 pulse = 1 step)

' Define Constants
CW Con 0                       ' clockwise motor direction
CCW Con 1                      ' counterclockwise motor direction

' Subroutine to move the stepper motor to the position indicated by motor_pos
'   (the motor step size is 7.5 degrees)
move:
     ' Set the correct motor direction and determine the required displacement
     If (new_motor_pos > motor_pos) Then
         motor_dir = CW
         delta = new_motor_pos - motor_pos
     Else
         motor_dir = CCW
         delta = motor_pos - new_motor_pos
     EndIf

     ' Determine the required number of steps (given 7.5 degrees per step)
     num_steps = 10 * delta / 75

     ' Step the motor the appropriate number of steps
     Gosub move_steps

     ' Update the current motor position
     motor_pos = new_motor_pos
Return

' Subroutine to move the motor a given number of steps (indicated by num_steps) move_steps:
     For i = 1 to num_steps
         Gosub step_motor
     Next
Return

' Subroutine to step the motor a single step (7.5 degrees) in the motor_dir direction
step_motor:
     Pulsout motor_step, 100 * step_period ' (100 * 10 microsec = 1 millisec)
     Pause step_period
     ' Equivalent code:
     ' High motor_step
     ' Pause step_period
     ' Low motor_step
     ' Pause step_period
Return
```

10.7 RC 서보모터

정밀하고 간단한 위치 또는 속도제어를 필요로 하는 작은 규모의 프로젝트를 위해서는 취미용 **RC 서보모터**(RC servomotors)가 좋은 선택이 될 수 있다. 이러한 예가 그림 10.34에 있다. 여

그림 10.34 전형적인 RC 서보모터
© David Alciatore

기서 'RC'란 말은 모델 비행기, 자동차, 보트를 'radio control' 혹은 'remote control'하기 위해 개발되었기 때문에 생긴 말이다. 이러한 것은 스로틀, 조종익면, 조향링크, 방향타 등의 위치를 유지시켜 주기 위해 필요한 작고 가벼운 모터를 필요로 한다.

RC 서보모터는 내부의 여러 구성요소로 이루어져 있다: 소형 직류모터, 속도를 줄이고 토크를 증가시키기 위한 기어감속기, 축 위치를 측정하기 위한 전위차계, 모터의 폐루프제어를 위한 회로(11.3절 참조). RC 서보모터는 색으로 구분된 세 개의 리드선을 가지고 있다: 파워(빨강), 그라운드(검정 또는 갈색), 제어(하양, 오렌지, 또는 노랑). 공급전압은 주로 5 V 근처이다. 제어선은 펄스폭변조(PWM) 형태의 제어 위치를 표시하기 위해 사용된다. 제어선의 디지털펄스폭은 표 10.5에 기초한 위치명령을 나타낸다. 신호의 듀티는 on 대 off 시간의 비율로 정의된다. 그림 10.35에서 듀티사이클은 $\Delta t/T \cdot 100\%$로 정의되며, Δt는 펄스폭, T는 보통 20 ms인 펄스사이클의 주기이다. 각위치는 표 10.5에 보여준 값과 관련된 펄스폭에 선형 적으로 비례하여 변화한다. RC 서보모터의 PWM은 듀티사이클이 모터에 공급되는 평균 전압을 효과적으로 변화시켜 속도를 제어하는 직류모터의 PWM 속도제어와 매우 다르다(10.5.3절 참조). 아두이노

표 10.5 RC 서보모터 위치

펄스폭(ms)	듀티사이클	각위치
1	5%	−90°
1.25	6.25%	−45°
1.5	7.5%	0°
1.75	8.75%	45°
2	10%	90°

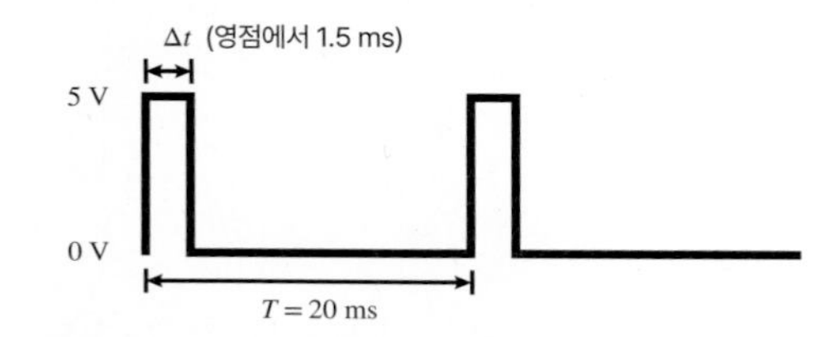

그림 10.35 RC 서보 PWM

와 PIC 마이크로컨트롤러 코드 예제를 7.7절의 표 7.6에 있는 "Servomotor Control"에서 찾아 볼 수 있다.

RC 서보는 원하는 위치로 이동하거나 그 위치를 유지하기 위해 설계되었다. 현재 위치와 명령 위치 사이의 오차가 클수록 모터는 오차를 줄이기 위해 더 빨리 움직인다. 이를 비례제어(proportional control, 더 많은 정보는 11.3.3절 참조)라 한다. RC 서보의 운동범위는 보통 180°이나 더 넓은 범위도 존재한다. 운동범위에 상관없이 1.5 ms의 펄스폭은 항상 운동범위의 중심을 나타낸다(0°). 새 위치로 이동하는 동안 PWM 펄스를 지속적으로 보내줘야 한다. 펄스 사이클이 20 ms이기 때문에 펄스는 보통 50 Hz(1/[20 ms]) 주파수로 보내진다. 모터가 명령 위치에 이르면 더 이상 펄스를 보낼 필요가 없다. 하지만 외부 힘이나 토크가 출력축을 움직이기에 충분할 정도로 크다면 위치를 유지하기 위해 펄스를 계속 보내야만 한다.

RC 서보는 비교적 저가이고, 종류도 다양하며, 제어가 용이하고, 큰 전압을 필요로 하지 않아서 위치제어가 필요한 소규모 메카트로닉스 프로젝트에 많이 사용된다. 취미애호가를 위한 가게나 작은 규모의 로봇 공급자(**인터넷 링크 10.10**)로부터 다양한 크기와 토크 등급의 서보모터를 구할 수 있다. 또한 생산자에 상관없이 호환되는 표준설치 하드웨어도 공급하고 있다. 그림 10.34에서 보여준 출력단은 연결부품을 쉽게 부착할 수 있도록 많은 설치용 구멍을 가지

10.10 취미용 로봇 온라인 공급자

고 있다.

펄스폭이 모터의 위치가 아닌 속도를 제어하는 **연속회전 RC 서보**(continuous-rotation RC servo) 또한 존재한다. 1.5 ms의 펄스폭('영위치')은 무회전, 1.5 ms보다 작은 펄스폭은 시계방향(CW) 운동, 이보다 큰 펄스폭은 반시계 방향(CCW) 운동을 만들어낸다. 모터의 속도는 이 영위치 펄스폭에서 벗어난 정도에 비례한다. 연속회전서보는 이 영위치가 항상 1.5 ms에서 정확히 나타나지 않을 수 있기 때문에 이를 정밀조절할 수 있는 트림폿을 가지고 있다.

비디오 데모

10.23 서보와 사용법

비디오 데모 10.23은 이 절의 모든 내용을 아주 잘 요약해서 보여준다.

10.8 모터 선정

특정 공학적 응용을 위해 모터를 선정할 때에는 속도범위, 토크-속도 변화, 양방향 회전, 듀티사이클, 기동토크, 파워 등을 포함해 많은 요소와 규격을 고려해야 한다. 설계자가 모터를 선정하고 크기를 결정할 때 고려해야 하는 이러한 내용이 다른 문제와 함께 다음에 설명되어 있다. 다음에 배우겠지만, 토크-속도 선도는 모터의 성능에 대한 많은 의문에 답할 수 있는 중요한 정보를 제공해 준다. 토크-속도 선도는 모터에 정격전압이 가해졌을 때 서로 다른 속도에서 낼 수 있는 토크를 나타낸다. 그림 10.36은 스텝모터에 대한 토크-속도 선도의 예를 보여주며, 그림 10.37은 서보모터에 대한 토크-속도 선도의 예를 보여준다. 이 그림은 모터제조사의 규격서에서 뽑은 예시이다.

설계자가 모터를 선정할 때 고려할 수 있는 몇몇 중요한 의문사항은 다음과 같다.

- 모터의 기동과 가속이 충분히 빠를 것인가? **기동토크**(starting torque)라 불리는 영속(zero speed)에서의 토크는 모터가 회전을 시작할 때 수반해야만 하는 토크이다. 외부 도움 없이 자체 기동해야 하는 시스템은 모터가 마찰과 부하에 따른 토크를 극복하는 데 충분한 토크를 발생시켜야만 한다.

  어떤 순간에 모터와 하중의 가속도는 다음과 같이 주어진다.

$$\alpha = (T_{\mathrm{motor}} - T_{\mathrm{load}})/J \tag{10.19}$$

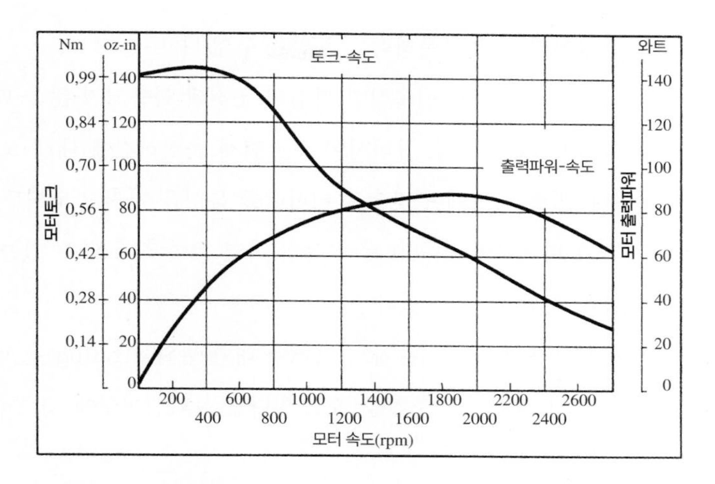

그림 10.36 전형적인 스텝모터의 성능 곡선
출처 Aerotech, Pittsburgh, PA

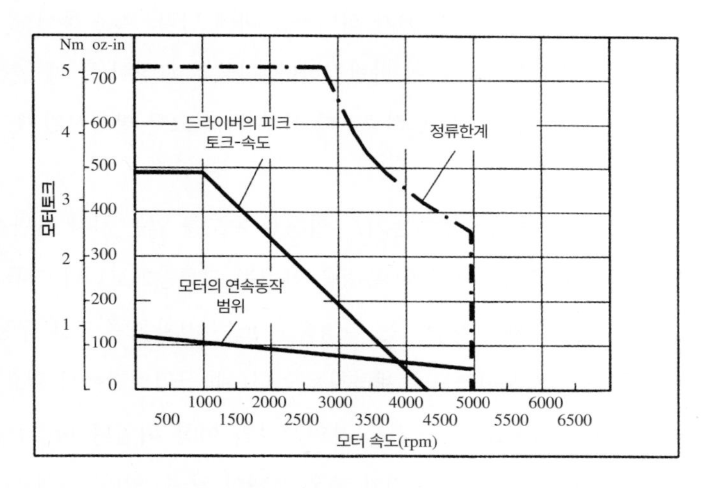

그림 10.37 전형적인 서보모터의 성능 곡선
출처 Aerotech, Pittsburgh, PA

여기서 α는 rad/sec^2 단위의 각가속도, T_{motor}는 모터에 의한 토크, T_{load}는 부하에 의해 소비되는 토크, J는 모터 회전자와 하중의 전체 극관성모멘트이다. 모터와 부하토크의 차가 시스템의 가속도를 결정짓는다. 모터토크가 부하토크와 같을 때 시스템은 정상상태 동작 속도에 도달한다.

- **모터의 최대 속도가 얼마인가?** 토크-속도 선도에서 0 하중점은 모터가 도달할 수 있는 최대 속도를 나타낸다. 이 속도에서는 모터가 어떠한 토크도 받을 수 없음을 주의해야 한

다. 모터에 부하가 걸리면 최대 무부하속도를 얻을 수 없다.

- **듀티사이클이 얼마인가?** 모터가 연속적인 작업의 운전에 사용되지 않을 때 시스템의 작동주기를 반드시 고려해야만 한다. 듀티사이클은 전체 운전시간에 대해 모터가 on인 시간의 비로 정의된다. 만일 시스템이 낮은 듀티사이클 특성을 가지고 있다면 이와 같은 속도주기를 만족시키고 반복적인 on-off 동작 동안 과열 없이 작동할 수 있는 더욱 낮은 파워의 모터가 선정되어야만 할 수도 있다.
- **부하가 얼마만큼의 파워를 필요로 하는가?** 모터에 대한 파워율(rating)은 매우 중요한 규격 중 하나이다. 부하의 파워 요구조건을 알고 있다면 듀티사이클에 기초하여 적당한 파워의 모터를 선정해야만 한다.
- **어떠한 동력원이 존재하는가?** 직류모터를 쓸지, 아니면 교류모터를 쓸지는 매우 중요한 결정사항이다. 또한 배터리 파워가 사용된다면 배터리 특성이 부하조건과 맞아야 한다.
- **하중의 관성이 얼마인가?** 식 (10.19)가 의미하는 바에 따라, 빠른 동적 응답을 위해서는 회전자와 하중의 관성 J가 작은 것이 바람직하다. 하중의 관성이 클 때 높은 가속도를 얻을 수 있는 유일한 방법은 정상상태 하중보다 아주 큰 토크를 발생시킬 수 있는 사이즈의 모터를 선정하는 것이다.
- **하중이 일정한 속도로 구동되어야 하는가?** 일정한 속도를 얻는 가장 간단한 방법은 매우 넓은 부하토크 범위에서 일정한 속도 특성을 가지는 교류동기모터나 직류분권모터를 선정하는 것이다. 스텝모터와 서보모터는 일정속도 또는 정확한 속도로 구동될 수 있지만 가격이 비싸지며 아주 큰 사이즈는 존재하지 않는다(예: 산업현장에서 필요한 큰 사이즈).
- **정확한 위치와 속도제어가 요구되는가?** 불연속적인 이산 위치나 미소증분운동 방식의 위치제어가 필요한 경우에는 스텝모터가 좋은 선택이 될 수 있다. 스텝모터는 쉽게 회전시켜 이산 위치에 정지시킬 수 있다. 이것은 또한 스텝속도를 조절하는 방법으로 넓은 속도범위에서 작동된다. 스텝모터는 센서가 필요 없는 개루프제어로 작동할 수 있다. 그러나 만일 스텝모터를 너무 빠르게 구동하려 하거나 부하토크가 너무 크면, 모터가 슬립되거나 원하는 스텝 수만큼 회전하지 않을 수 있다. 따라서 엔코더와 같은 센서를 채용하여 모터가 원하는 위치에 도달되었는지를 확인할 필요가 있을 수 있다.

 복잡한 운동과 정밀한 위치나 속도 프로파일이 필요한 경우(예: 기계가 미리 프로그래밍된 궤적을 따라 운동해야 하는 자동화작업) 서보모터가 사용될 수 있다. 서보모터는 직류, 교류, 또는 브러시리스 직류모터 등이 위치센서(예: 디지털엔코더)와 결합된 것이다.

서보모터는 센서입력을 처리하고 증폭된 전압과 전류를 발생시켜 모터를 원하는 프로파일로 운동시킬 수 있는 모터드라이브(motor drive) 등에 의해 구동된다. 이것은 센서 피드백이 존재하기 때문에 **폐루프제어**(closed-loop control)라 한다. 서보모터는 일반적으로 스텝모터보다 고가이지만 더욱 빠른 응답 특성을 가지고 있다. 비디오 데모 10.24는 상용 서보모터 시스템의 일반적인 구성품을 보여주며, 인터넷 링크 10.7은 모션제어 제품의 제조사와 자료를 링크해 준다.

10.24 서보모터시스템
10.25 부호언어머신
10.26 자동센싱 보철물

작은 규모의 로봇이나 취미 수준의 프로젝트에서는 RC 서보가 좋은 선택이다. RC 서보는 가변저항(축의 각도를 측정)과 PWM 신호에 의한 위치제어 피드백 회로가 매립된 작은 DC모터이다. 더 많은 정보는 10.7절을 참조하라. 비디오 데모 10.25와 10.26은 RC 서보를 사용한 재미있는 학생 프로젝트를 보여준다.

10.7 모터와 모터제어기 온라인 자료와 제조사

- **트랜스미션 또는 기어박스가 필요한가?** 보통 하중은 저속에서 동작하고 큰 토크를 필요로 하는 경향이 있다. 모터는 고속에서 낮은 토크로 동작하기 때문에 모터의 출력과 하중의 조건을 맞추어주기 위해 감속 트랜스미션(기어박스 또는 벨트드라이브)이 필요하다. **기어모터**(gear motor)라는 말이 이러한 모터와 기어박스의 조합을 지칭하는 데 사용된다.

트랜스미션이 사용될 때 모터 측에서 관찰한 하중의 유효관성 또한 다음과 같이 변화한다.

$$J_{eff} = J_{load}\left(\frac{\omega_{load}}{\omega_{motor}}\right)^2 \tag{10.20}$$

여기서 J_{eff}는 모터 측에서 관찰한 하중의 유효극관성모멘트이다. 이 관성과 모터회전자의 관성을 합하면 식 (10.19)(즉, $J = J_{motor} + J_{eff}$)를 이용하여 가속도를 계산할 수 있다. 식 (10.20)에 있는 속도비를 트랜스미션의 **기어비**(gear ratio)라 부른다. 이것은 보통 두 개의 (보통 기어를 쓰기 때문에 기어의 이 수로 결정되는) 정수 숫자의 비로 나타내진다. 이 기어비는 $N : M$ 형태로 쓰이며, N 대 M이라고 읽는다. 이것은 부하의 M 회전을 얻기 위해서는 모터의 회전이 N만큼 필요하다는 뜻이다. 이때 속도는 다음과 같은 관계를 가진다.

$$\omega_{load} = (M/N)\omega_{motor} \tag{10.21}$$

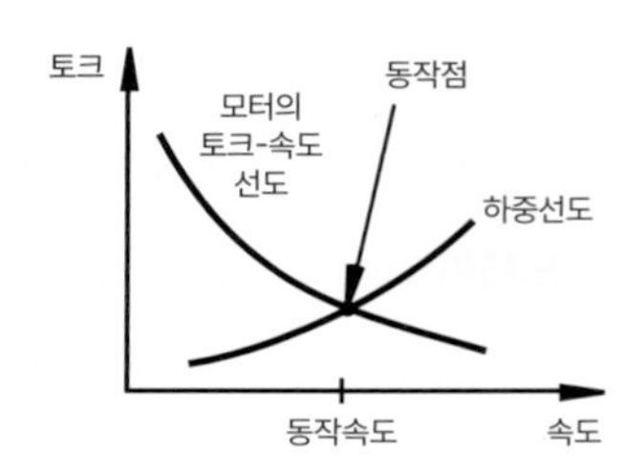

그림 10.38 모터의 동작속도

- **모터의 속도-토크 선도가 하중과 잘 매치되는가?** 모터에 의해 구동되는 하중이 **하중선도**(load line)라 부르는 잘 정의된 토크-속도 관계를 가지고 있다면, 비슷한 토크-속도 특성을 갖는 모터를 선정하는 것이 현명하다. 이와 같은 경우에 모터토크는 넓은 속도범위에 대해 부하토크와 잘 부합되어 모터전압에 작은 변화만을 주어 속도를 용이하게 제어할 수 있다.
- **모터의 토크-속도 선도와 하중선도가 주어졌다면 동작속도는 얼마가 되겠는가?** 그림 10.38에 보이는 바와 같이, 주어진 모터선도와 잘 정의된 하중선도에 대해 시스템은 고정된 동작점(operating point)에 정착될 것이다. 동작점은 스스로 조절되는 특성이 있다. 즉, 저속에서 모터토크가 부하토크를 초과하면 시스템은 가속되어 동작점에 이를 것이고, 고속에서는 부하토크가 모터토크를 초과하여 속도가 동작점으로 낮아지게 된다. 동작속도는 모터에 공급되는 전압을 조절함에 따라 능동적으로 변화될 수 있으며, 이때 모터의 토크-속도 특성도 따라서 변화하게 된다.
- **모터를 역전시킬 필요가 있는가?** 모터의 구조와 제어기 때문에 역회전이 불가능한 경우가 있으므로 양방향 회전이 필요한 경우 주의해야 한다.
- **크기와 무게의 제한이 있는가?** 선정된 모터가 필요보다 크기가 크고 무거운 경우가 있으므로 설계 단계에서 주의를 기울여야 한다.

작은 규모의 응용이나 취미 수준의 프로젝트에서는 움직이는 부품의 마찰이 중요한 요소이며, 베어링이나 마찰면, 구름접촉, 또는 정렬이 살짝 어긋난 조인트를 모델링하거나 예측하기 매우 어렵기 때문에 모터의 크기를 결정하기 매우 어렵다. 더 대규모의 정밀한 공학시스템에서는 마찰이 거의 무시될 수 있기 때문에 가속도와 하중조건에 따라 사이즈를 결정할 수 있다. 그러나 작은 규모의 프로젝트에서는 때때로 시행착오방법이 효과적으로 사용되며 필요보다 큰 사이즈로 안전하게 선정하면 된다. 다행히 작은 규모의 모터는 그리 비싸지 않다.

수업토론주제 10.7 모터의 크기 정하기

필요보다 큰 모터를 선정하지 않는 것이 왜 중요한지 응용 예를 가지고 생각해 보자.

수업토론주제 10.8 전기모터의 예

주위의 가전제품과 자동차에서 서로 다른 모터의 종류를 찾아보고 목록을 만들어보자. 찾아낸 모터의 종류가 왜 이곳에 쓰였는지 생각해 보고 토의해 보자.

10.9 유압장치

유압시스템은 배관과 피스톤 내의 고압의 유체를 기계 또는 기전밸브를 가지고 제어하여 매우 큰 하중을 움직일 수 있도록 설계된 장치이다. 그림 10.39에 보인 유압시스템은 고압유체를 만들어내는 펌프, 유속과 압력을 제어하기 위한 밸브, 호스나 파이프로 구성된 배분시스템 그리고 선형 또는 회전형의 구동기로 이루어져 있다. 그림의 점선 안에 포함된 기반구조는 일반적으로 한 번에 여러 개의 유압밸브-구동기 서브시스템을 구동하기 위해 사용된다.

유압**펌프**(pump)는 보통 전기모터(예: 용량이 큰 교류유도모터)나 내연기관으로 구동된다. 중장비(예: 건설장비, 산업기계)에 사용하는 유체의 압력은 1,000 psi(6.89 MPa)에서 3,000 psi

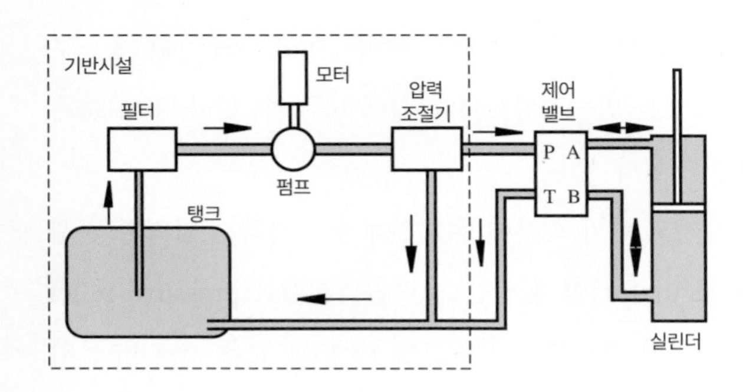

그림 10.39 유압시스템 구성요소

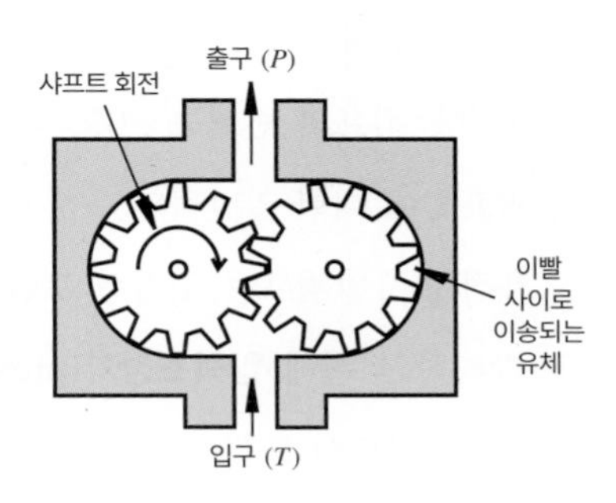

그림 10.40 기어펌프

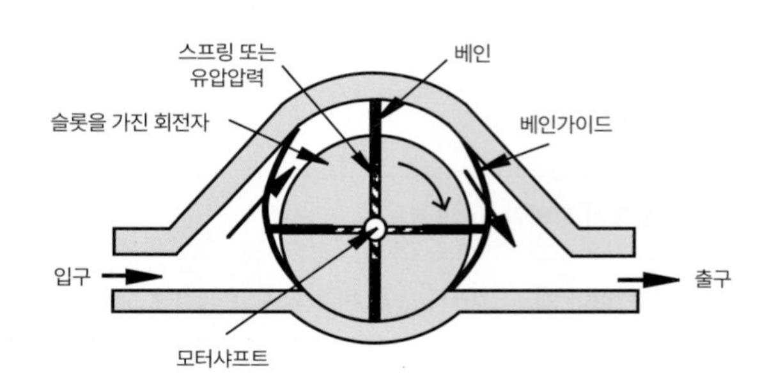

그림 10.41 베인펌프

(20.7 MPa) 범위이다. 유압 유체는 다음과 같은 특성을 갖는 것이 사용된다: 움직이는 기계요소(예: 피스톤과 실린더 사이)의 마모를 방지하기 위해 윤활 특성이 좋을 것, 부식에 대한 저항성이 좋을 것, 빠른 응답을 위해 비압축성일 것. 대부분의 유압펌프는 **용적식**(positive displacement)이다. 이것은 펌프의 각 사이클 또는 회전당 고정된 양의 유체를 공급함을 뜻한다. 유압 시스템에서 사용되는 세 가지 주요한 용적형 펌프는 기어펌프, 베인펌프, 피스톤펌프이다. 하우징 둘레와 기어의 이빨 사이 공간으로 유체를 옮기는 **기어펌프**(gear pump)의 예가 그림 10.40에 나와 있다. 기어 이가 실링을 제공해 주어 유체가 입구에서 출구로 기어가 회전함에 따라 토출된다. 비디오 데모 10.27과 10.28은 여러 가지 형태의 기어펌프를 보여주고 설명해 준다.

비디오 데모
10.27 기어펌프
10.28 유압기어펌프

그림 10.41은 로터 슬롯으로 안내되는 베인과 베인가이드(vane guide) 사이로 유체가 옮겨지는 **베인펌프**(vane pump)의 예를 보여준다. 베인가이드는 하우징의 한 측면에서 다른 쪽으로 베인을 지지하며, 유체가 지날 수 있는 구조로 되어 있다. 일정한 모터속도에 대한 토출량은 축을 하우징에 대해 수직으로 움직임에 따라 변화한다.

그림 10.42는 **피스톤펌프**(piston pump)의 예를 보여준다. 실린더 블록이 입력축에 의해 회전하며, 축에 대해 각도를 가지고 고정된 **경사판**(swash plate)의 슬롯에 따라 피스톤이 앞뒤로 구동하게 된다. 피스톤이 입구 매니폴드(manifold)에서 유체를 빨아들이고 출구 매니폴드로 밀어낸다. 펌프의 변위는 고정 경사판의 각도를 변화시킴으로써 쉽게 바꿀 수 있다. 표 10.6은 각 펌프형에 대한 일반적인 특성을 나열한 것이다.

용적형 유압펌프는 고정된 토출량을 가지고 있기 때문에 설계한계를 초과하는 압력의 발생을 방지하기 위해 **압력조정기**(pressure regulator)라 불리는 압력릴리프밸브(pressure relief valve)가 반드시 포함되어야 한다. 가장 간단한 압력조정기는 그림 10.43과 같은 스프링-볼의 배열이다. 압력에 의한 힘이 스프링 힘을 초과할 때 유체가 탱크로 회수되어 압력이 더 이상 증

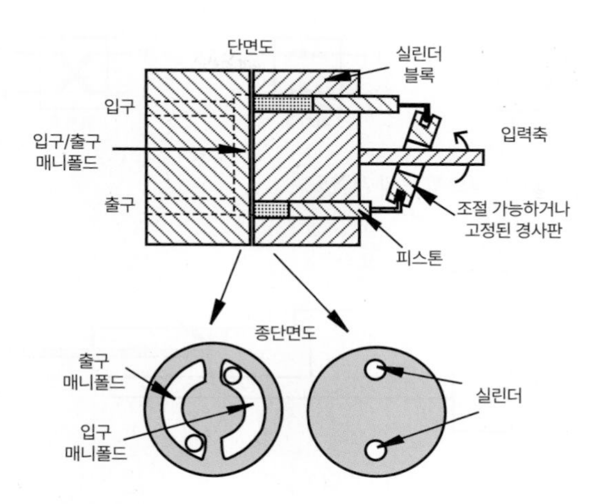

그림 10.42 경사판 피스톤펌프

표 10.6 펌프 특성 비교

펌프 형태	변위	압력(psi)	가격
기어	고정	2,000	저
베인	가변	3,000	중
피스톤	가변	6,000	고

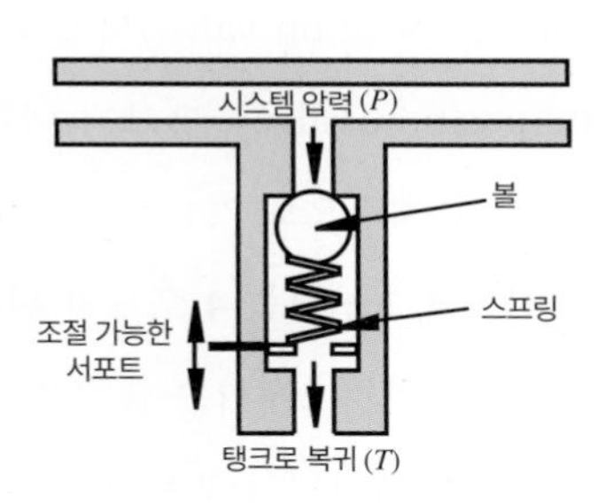

그림 10.43 압력조정기

가하는 것을 방지한다. 임계압력 혹은 **크래킹압력**(cracking pressure)은 보통 스프링의 압축 길이를 변화시켜서 조절한다.

10.9.1 유압밸브

두 가지 형태의 유압밸브가 존재한다: 유량과 압력을 조절하기 위해 개폐 위치 내의 어느 곳이

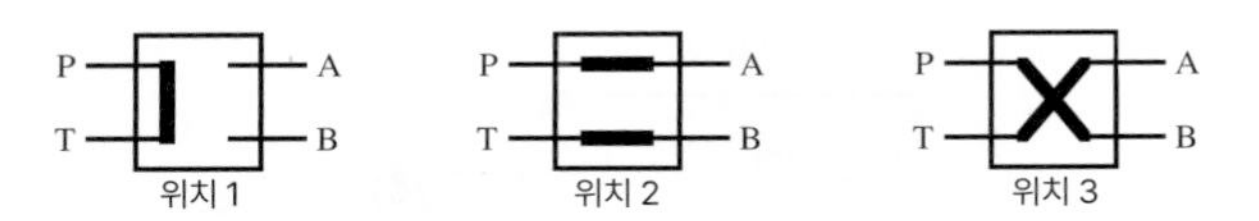

그림 10.44 4/3 밸브의 개략도

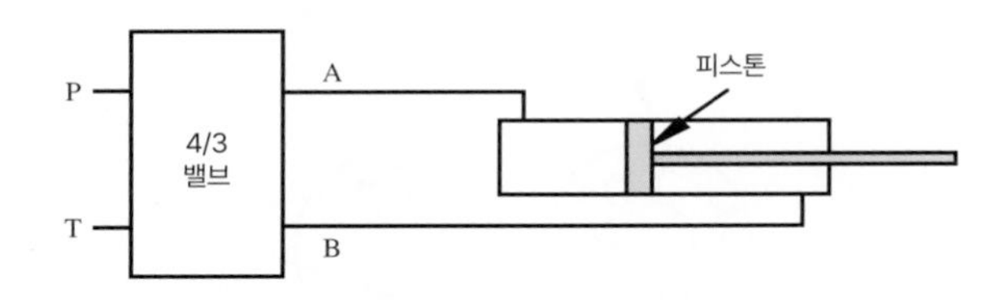

그림 10.45 복동유압실린더

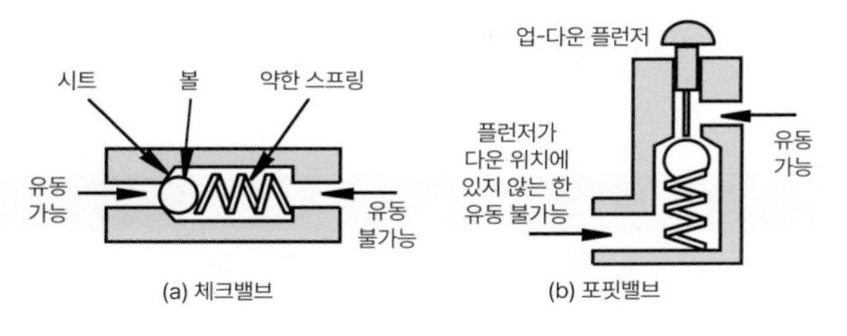

그림 10.46 체크밸브와 포핏밸브

나 위치가 가능한 **무한위치밸브**(infinite position valve)와 보통 개/폐 두 위치와 같이 이산 위치만이 가능한 **유한위치밸브**(finite position valve). 밸브에 대한 입구와 출구를 **포트**(ports)라 부른다. 유한위치밸브는 일반적으로 x/y 호칭으로 기술되는데, x는 포트의 수, y는 위치의 수를 나타낸다. 예를 들면 그림 10.44와 같은 4/3 밸브는 4 포트와 위치 3을 가지는 밸브이다. 위치 1에서는 시스템 압력이 탱크로 회수되며, 위치 2에서는 출력포트 A가 가압되고 포트 B가 탱크에 연결되며, 위치 3에서는 출력포트 B가 가압되고 포트 A가 탱크에 연결된다. 그림 10.45에서와 같이, 이러한 특별한 밸브는 복동유압실린더(double-acting hydraulic cylinder)를 제어하는 데 유용하다. 즉, 포트 A와 B가 실린더의 양끝에 연결되어 압력을 피스톤의 서로 반대편에 가하고 제거한다. 위치 1에서는 압력이 탱크로 배출되기 때문에 실린더는 움직이지 않는다. 위치 2에서는 압력이 피스톤의 왼쪽에 가해지기 때문에 실린더가 오른쪽으로 움직인다. 위치 3에서는 압력이 피스톤의 오른쪽에 가해지기 때문에 실린더가 왼쪽으로 움직인다.

고정위치밸브의 일반적인 형태로 체크밸브, 포핏밸브, 스풀밸브, 로터리밸브 등이 있다. 그림 10.46은 **체크밸브**(check valve)와 **포핏밸브**(poppet valve)를 보여준다. 체크밸브는 한 방향

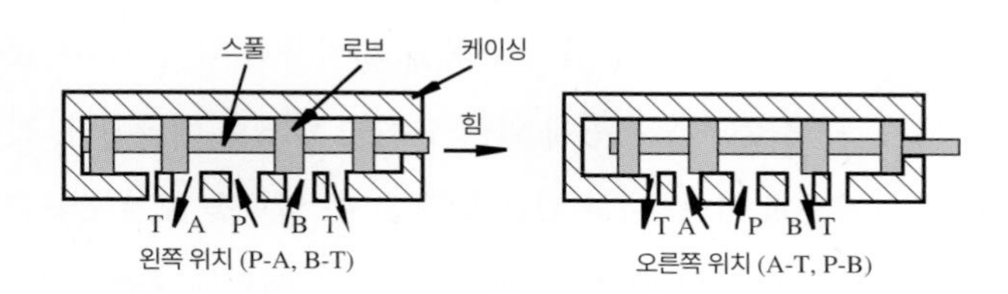

그림 10.47 스풀밸브

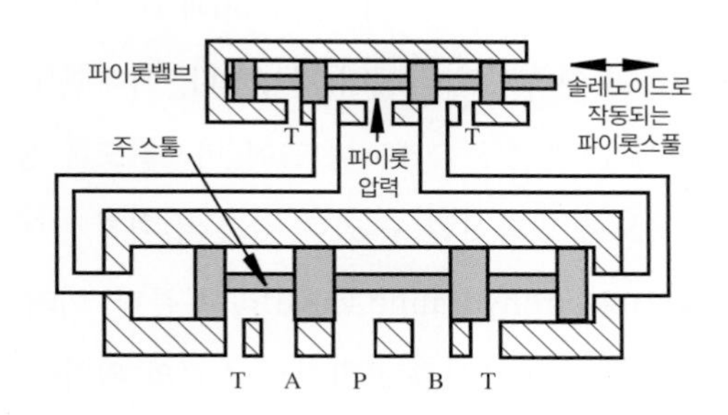

그림 10.48 파이롯 구동식 스풀밸브

유동만을 허용한다. 포핏밸브는 역유동을 허용하기 위해 강제로 개방할 수 있는 기구가 부착된 첵밸브의 일종이다.

그림 10.47과 같이, **스풀밸브**(spool valve)는 다수의 포트를 가진 실린더 내에 다단의 로브(lobes)가 부착된 실린더 스풀로 구성되어 있다. 스풀을 앞뒤로 움직여서 하우징 내에 입력과 출력 포트를 가진 스풀로브 사이의 공간을 적당히 배열하는 방법으로 고압의 유체를 시스템의 서로 다른 도관에 유도할 수 있다. 스풀에 작용하는 정압에 의한 힘은 로브의 양 내면에 항상 반대로 작용하기 때문에 균형을 이룬다. 따라서 위치를 유지하기 위해 더 이상의 힘이 필요하지 않다. 왼쪽 위치에서 포트 A가 가압되고 포트 B는 탱크로 배출된다. 이 위치에서 오른쪽 위치, 즉 포트 B가 가압되고 포트 A가 탱크에 배출되는 위치로 변화시키려면 스풀에 일정한 힘을 가해야 한다. 스풀을 움직이기 위해서는 유동을 모멘텀 변화와 관련된 동유체력(hydrodynamic force)을 극복하는 데 필요한 축방향 힘만 솔레노이드나 수동제어레버를 가지고 가하면 된다.

큰 동유체력이 발생하는 스풀밸브의 설계에서, 그림 10.48과 같이 **파이롯밸브**(pilot valve)가 추가된다. 파이롯밸브는 **파이롯압력**(pilot pressure)이라 불리는 낮은 압력과 매우 낮은 유속으로 작동되므로 작은 힘으로 구동될 수 있다. 파이롯밸브는 파이롯압력을 주 스풀의 어느 한쪽으로 유도하여 주 스풀의 로브 면에 작용하는 압력에 의해서 발생되는 힘은 주 밸브를 구동시킬 만큼 충분히 크다. 파이롯밸브의 역할은 파이롯스풀에 작용하는 솔레노이드에 의한 힘을 증폭하는 것이다. 그림에서 파이롯스풀은 완전히 왼쪽에 위치하고 있어서 파이롯압력이 주 스풀의 왼쪽에 작용하게 되며, 주 스풀의 오른편에 있는 유체는 탱크로 배출된다. 결과적으로, 주 스풀은 완전히 오른쪽에 위치하게 된다. 이와 같은 동작은 주 압력을 포트 B에 전달하고 포트 A는 탱크로 배출하게 된다. 비디오 데모 10.29는 파이롯밸브가 어떻게 증폭된 유압력을 발생시키는지 보여준다.

비디오 데모

10.29 파이롯밸브 유압증폭기 장면

지금까지의 스풀밸브에 대한 논의는 단 두 위치, 즉 on과 off에만 국한되었었다. **비례밸브**(proportional valve)를 사용하면 연속적인 작동이 가능하다. 비례밸브는 스풀의 한쪽을 기계적 또는 전기적 입력(예: 레버나 가변전류 솔레노이드)에 비례하도록 움직여서 유량을 변화시키며, 따라서 구동기의 힘과 속도를 변화시킬 수 있다. 스풀의 위치가 전기 솔레노이드로 제어될 때 비례밸브를 **전기유압밸브**(electrohydraulic valve)라 부른다. 이러한 밸브는 피드백이 없는 개루프제어에 쓰일 수 있으나, 자주 센서를 포함시켜 스풀의 위치나 구동기의 출력을 감시하기도 한다. 센서와 제어 회로를 갖추고 있는 비례밸브를 보통 **서보밸브**(servo valve)라 부른다. 전기유압밸브는 보통 솔레노이드가 파이롯스풀을 구동하고 다시 주 스풀의 위치가 제어되는 파이롯 구동 방식으로 되어 있다. 파이롯스풀은 피드백스프링이 붙은 단일 솔레노이드나 서로 반대로 작동하는 두 개의 솔레노이드 세트로 구동된다. 솔레노이드 전류는 아날로그 또는 디지털 제어기가 연결된 증폭기에 의해 제어될 수 있다.

10.9.2 유압구동기

가장 일반적인 유압구동기는 가압된 유체에 의해 구동되는 피스톤으로 구성된 단순한 **실린더**(cylinder)이다. 그림 10.49와 같이 실린더는 압력에 의해 한 위치에 놓이고 스프링이나 자중에 의해 또 다른 위치로 피드백할 수 있게 만들어진 **단동식**(single acting)과 압력으로 피스톤을 양방향으로 구동할 수 있는 **복동식**(double acting)이 있다. 그림 10.50과 같이 선형구동기는 여러 곳에 사용되어 매우 다양한 운동을 만들어낼 수 있다. 유압식 승강기에서는 실린더 운동이 승강기를 직접 구동한다. 시저잭(scissor jack)은 수평방향의 작은 선형운동을 수직방향의 큰

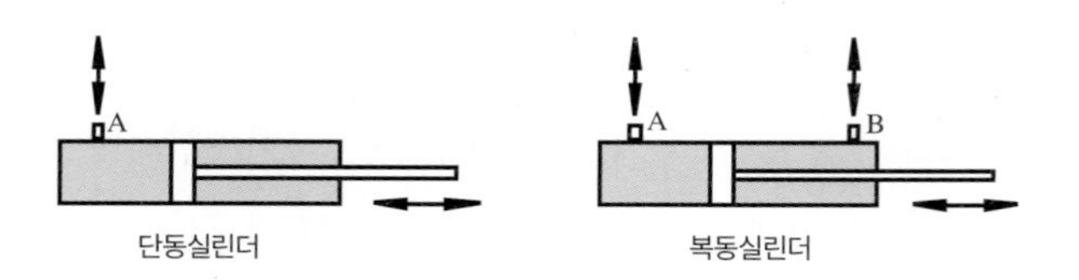

그림 10.49 단동식 실린더와 복동식 실린더

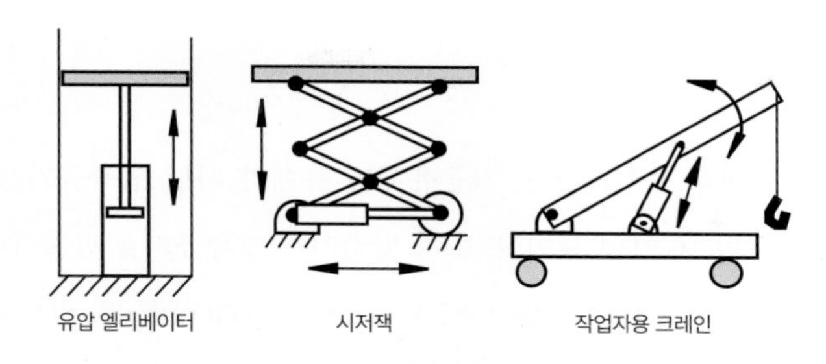

그림 10.50 유압실린더와 피스톤에 의해 구동되는 메커니즘의 예

선형운동으로 변환시킨다. 크레인에서 실린더의 선형운동은 피봇 붐의 회전운동을 만들어낸다. 회전운동은 또한 로터리구동기를 가진 유압시스템으로 직접 얻어질 수도 있다.

기어모터(gear motor)라 불리는 로터리구동기는 단순히 기어펌프의 반대 작용으로(그림 10.40 참조) 압력이 가해지면 기어가 연결된 축에 회전력이 발생한다.

수업토론주제 10.9 복동식 실린더에 의해 발생되는 힘

주어진 시스템 압력에 대해 복동식 실린더에 의해 발생되는 힘은 구동되는 방향에 따라 달라지겠는가? 각 방향의 힘은 어떻게 결정되겠는지 토의해 보자.

유압시스템은 아주 작은 구동기를 가지고 매우 큰 힘을 만들어낼 수 있다는 장점이 있다. 이들은 또한 저속에서 정밀한 제어가 가능하며 실린더의 행정에 연관된 정해진 운동한계가 존재한다. 유압시스템의 단점은 많은 기반시설(고압펌프, 탱크, 배관라인)을 필요로 하며, 유체 누설의 가능성이 존재하여 깨끗한 환경이 요구되는 곳에서는 적당하지 않고, 고압에 따른 위험성이 있고(예: 라인의 급작스런 이탈), 유지보수가 까다롭다는 것이다. 이러한 단점 때문에 전기모터가 일반적으로 우선적인 선택이 된다. 그러나 매우 큰 힘을 요구하는 대형 시스템인 경우, 유압시스템만이 유일한 선택이 될 수 있다. 인터넷 링크 10.8은 유압 부품과 시스템 제조사 및 온라인 자료를 링크해 준다.

인터넷 링크

10.8
HydraulicValves.org(밸브, 펌프, 모터, 실린더 제조사와 정보)

10.10 공압

공압시스템은 유압시스템과 유사하지만, 작동유체로 유체가 아닌 압축공기를 사용한다. 공압시스템의 구성요소가 그림 10.51에 보이고 있다. 압축기는 압축공기를 만들어내기 위해 사용되며, 유압시스템보다 훨씬 낮은 70~150 psi(482 kPA~1.03 MPa) 정도의 압력을 주로 사용한다. 낮은 작동압력 때문에 공압은 유압보다 훨씬 작은 힘을 가지고 있다.

유입공기가 압축된 후(그림 10.51 참조), 공기처리유닛(air treatment unit)에서 초과 습기와 열이 제거된다. 필요에 따라 고압의 유체를 계속 공급해 주는 유압펌프와 달리 압축기는 많은 양의 압축공기를 제때 공급할 수 없다. 따라서 많은 양의 압축공기는 탱크나 저장용기(reservoir)에 저장되어야 한다. 시스템에 공급되는 작동압력은 압력조정기에 의해 저장용기의 압력보다 훨씬 작게도 제어될 수 있다. 저장용기는 압력을 감지하는 스위치가 장치되어 있어서 압력이 기준치 이하로 떨어지면 압축기가 작동한다. 제어밸브나 구동기는 유압시스템과 거의 유사하게 작동하지만, 유체가 탱크로 돌아오는 대신에 공기는 단순히 대기로 방출된다. 공압시스템은 항상 새로운 공기를 가지고 작동하는 일종의 개방시스템이며, 유압시스템은 같은 오일이 순환하는 폐쇄시스템이다. 이것은 공압시스템에서 피드백을 위한 배관망의 필요성을 제거해 준다. 공압시스템의 또 다른 장점은 공기는 오일과 달리 자기윤활기능이 없지만 오일보다 훨씬 '깨끗'하다는 것이다.

많은 공학 관련 시설에서와 같이 압축공기의 공급원이 쉽게 접근 가능하다면, 공압구동기는 좋은 선택이 될 수 있다. 복동식 또는 단동식 공압실린더는 두 개의 잘 정의된 끝점 사이를 적은 힘으로 선형운동을 해야 하는 응용분야에서 이상적이다. 공기는 압축성이기 때문에 공압 실

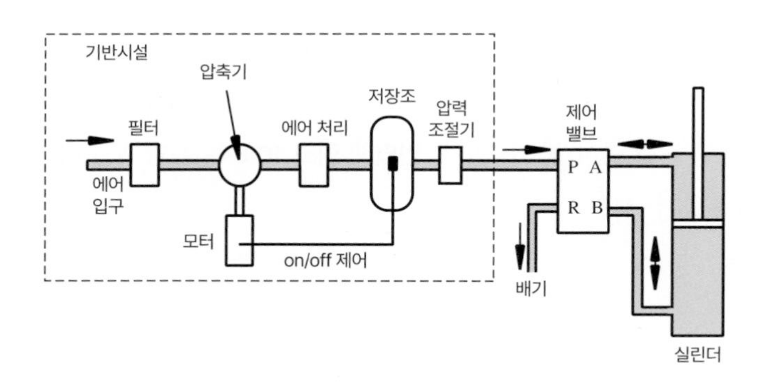

그림 10.51 공압시스템 구성요소

린더는 일반적으로 끝점 사이의 정확한 운동을 필요로 하는 곳, 특히 부하가 변하는 경우에는 사용하지 않는다. 비디오 데모 10.30은 다양한 형태의 공압실린더 시연을 보여주며, 비디오 데모 10.31은 공압시스템으로 구동되는 재미있는 기구의 예를 보여준다. 공압시스템 구성요소와 산업적 응용 예는 비디오 데모 10.32에서 보여준다.

공압시스템의 또 다른 장점은 기반시설이 고압저장탱크로 교체가 가능하다는 것이다. 이와 같은 탱크는 전기시스템에서 배터리와 유사하여 이동 가능한 공압시스템을 가능하게 해준다 [예: 공압으로 구동되는 보행로봇(walking robot)]. 이러한 예에서는 용기의 용량이 시스템의 작동범위를 제한한다.

비디오 데모

10.30 다양한 형태와 크기의 공압실린더

10.31 공압을 이용한 바이오메카닉 운동기구

10.32 공압시스템 구성요소와 응용 예

연습문제 QUESTIONS AND EXERCISES

10.3절 솔레노이드와 릴레이

10.1. 솔레노이드는 저항과 직렬연결된 인덕터로 모델링될 수 있다. 24 V의 솔레노이드를 구동하기 위해 디지털 출력을 사용하는 시스템의 회로를 설계하라.

10.5절 직류모터

10.2. 전기모터와 솔레노이드 등이 있으면 왜 주위의 전자회로가 영향을 받는가?

10.3. PM 직류모터의 스톨토크와 무부하속도를 안다고 했을 때, 모터가 낼 수 있는 최대 파워는 얼마일까?

10.4. PM 직류모터의 규격이 아래와 같다. 10 V의 전압이 작용할 때 무부하속도, 스톨전류, 스톨토크, 최대 파워를 구하라.

- 토크상수 = 0.12 Nm/A
- 전기상수 = 12 V/1,000 RPM
- 전기자 저항 = 1.5 Ω

10.5. 설계예제 10.1에서 H-bridge IC가 전류센서 출력을 가지고 있다는 것을 안다면, 이 IC를 가지고 직류모터의 토크제어를 하기 위한 블록선도를 그려라(힌트: H-bridge 회로의 전류센서 출력핀은 1 A에 대해 377 mA의 전류를 발생시킨다. 이 출력을 전압으로 변환하고 LM3524D와 같은 PWM 칩의 입력으로 사용하자. LM3524D에 토크를 조절하기 위한 전위차계를 추가한다).

10.6절 스텝모터

10.6. 그림 10.32와 같은 전 스텝 구동회로에 대해 신호 B_0, B_1, ϕ_1, ϕ_2, ϕ_3, ϕ_4를 추가하여 아래의 타이밍선도를 완성하라. 표 10.1을 사용하여 원하는 모션이 발생하는지 확인하라.

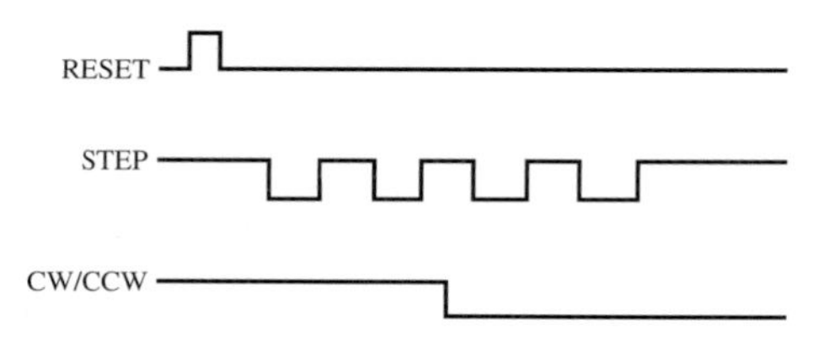

10.7. 수업토론주제 10.6에 대한 완벽한 답안을 작성해 보자.

10.8. 유니폴라 스텝모터의 전 스텝 구동회로가 몇몇 제조사에 의해 단일칩으로 생산된다. 인터넷에서 스텝모터 드라이브를 찾아보고, 회로의 개략도를 그린 후 스텝모터에 어떻게 연결되어야 할지 표시해 보라.

10.9. 어떤 설계자가 기어박스가 붙은 스텝모터를 사용하여 인덱싱이 되는 콘베이어벨트에서 1 mm의 선형 분해능과 10 cm/s의 최대 속도를 얻고자 한다. 기어박스는 3:1의 기어비를 가진 감속기이며, 콘베이어는 기어박스의 출력축에 부착된 10 cm 직경의 드럼에 의해 구동된다. 스텝모터에 필요한 최소 분해능은 얼마인가? 또한 이 분해능을 가지고 최대 속도를 얻기 위해서는 얼마나 빠른 스텝속도가 요구되는가?

10.8절 모터 선정

10.10. 다음과 같은 각각의 응용 예에서 어떤 형의 모터가 사용되어야 좋은 선택이겠는가? 선택한 이유를 간단히 설명하라.

a. 로봇팔 관절
b. 실링팬(ceiling fan, 천장형 선풍기)
c. 전기트롤리(electric trolley)
d. 원형 톱
e. NC 밀링머신
f. 전기크레인
g. 디스크드라이브 헤드 구동기
h. 디스크드라이브 모터
i. 자동차의 와이퍼 모터
j. 산업용 컨베이어 모터
k. 세탁기
l. 빨래 건조기

10.11. 영구자석 모터는 기어박스를 통해 하중이 연결된다. 회전자와 하중의 극관성모멘트가 각각 J_r, J_l이고, 기어박스가 모터에서 하중으로 $N:M$의 감속비를 가지고 있고($N>M$), 모터의 기동토크가 T_s, 무부하속도가 ω_{max}이다. 또한 부하토크는 속도에 비례한다($T_l=k\omega$).

a. 하중이 걸려 있을 때 모터가 낼 수 있는 최대 가속도는 얼마인가?

b. 모터와 하중의 정상상태 속도는 얼마인가?

c. 시스템이 정상상태 속도의 95%에 도달하기까지 얼마의 시간이 걸리겠는가?

10.9절 유압장치

10.12. 수업토론주제 10.9에 대한 완벽한 답안을 작성해 보자.

10.13. 1,000 psi의 유체압력을 가지고 1인치 내경을 가진 단동식 실린더가 낼 수 있는 최대 힘은 얼마인가?

10.14. 어떤 기계가 1 cm 내경의 단동식 실린더를 가지고 2,000 N의 힘을 내야 한다. 시스템에 필요한 최소 압력은 몇 MPa인가?

10.10절 공압

10.15. 공압시스템을 설계하려면 공압밸브를 사용해야 할 것이다. 100 psi의 압력을 다룰 수 있는 특정 공압밸브를 찾아보고 디지털 시스템에 인터페이스하기 위한 개략도를 그려보라.

10.16. 압력원으로 2,000 psi의 스쿠바탱크를 사용하여 100 lbf의 힘을 낼 수 있는 공압시스템을 복동식 실린더를 사용하여 설계하고 있다. 시스템에 필요한 요소를 블록선도 형태로 나타내라. 각 요소의 규격을 가능한 한 자세히 나타내라.

BIBLIOGRAPHY 참고문헌

Kenjo, T., *Electric Motors and Their Controls*, Oxford Science Publications, Oxford, England, 1994.

Khol, R., editor, "Electrical & Electronics Referral Issue," *Machine Design*, v. 57, n. 12, May 30, 1985.

McPherson, G., *An Introduction to Electrical Machines and Transformers*, 2nd Edition, John Wiley, New York, 1990.

National Semiconductor Corporation, "National Power ICs Databook," 2900 Semiconductor Drive, P.O. Box 58090, Santa Clara, CA 95052.

Norton, R. L., *Design of Machinery*, 3rd ed., McGraw-Hill, New York, 2003.

Shultz, G. P., *Transformers and Motors*, Macmillan, Carmel, IN, 1989.

Westbrook, M. H., and Turner, J. D., *Automotive Sensors*, Institute of Physics Publishing, Philadelphia, 1994.

Williamson, L., "What You Always Wanted to Know About Solenoids," *Hydraulics and Pneumatics*, September, 1980.

11 CHAPTER

메카트로닉스 시스템 — 제어체계와 사례연구

Mechatronic Systems—Control Architectures and Case Studies

이 장에서는 메카트로닉스 시스템의 디지털제어 체계의 요약을 제공하고 PID 제어의 개념 소개와 메카트로닉스 시스템 설계에 관한 세 가지 사례를 제시한다. ■

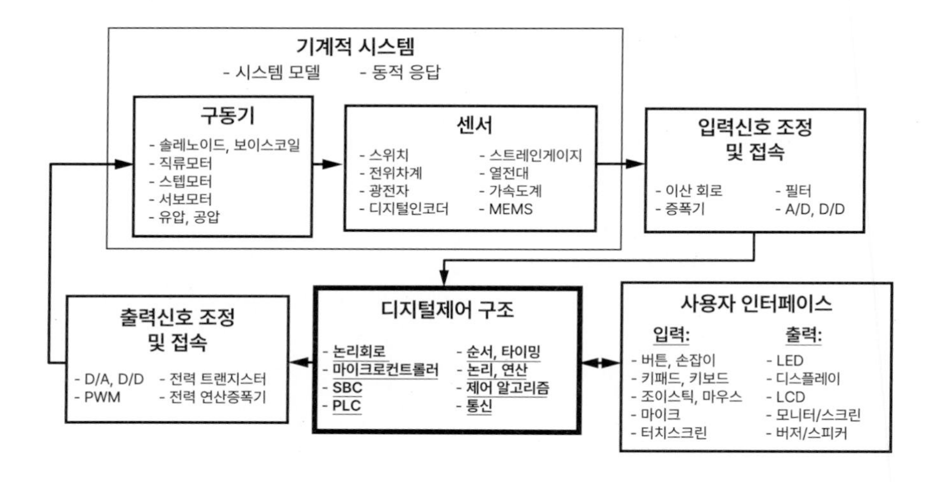

목적 · CHAPTER OBJECTIVES

이 장을 읽고, 공부하고, 논의하고, 아이디어를 적용하면 다음을 할 수 있다.

1. 오늘날 많은 공학 설계가 메카트로닉스 설계로 분류되는 이유를 안다.
2. 메카트로닉스 시스템 설계 시 제어 가능한 체계를 숙지한다.
3. 피드백 제어시스템의 기본 원리를 이해한다.
4. 메카트로닉스 시스템의 제한된 사양에 따른 다양한 설계를 살펴본다.

5. 래더 논리를 사용한 프로그래밍 가능한 논리 제어기(PLC)의 기초를 이해한다.
6. 항공우주, 자동차, 가전제품이 메카트로닉스 시스템이라는 사실을 파악한다.

11.1 서론

앞에 제시된 여러 장에 걸쳐 기계 장치, 센서, 신호처리, 전자 회로를 하나의 메카트로닉스 시스템으로 통합하는 기반을 살펴보았다. 각 장을 학습하면서 점점 어려운 메카트로닉스 설계예제를 추가하여 이론과 해석을 실제 적용문제에 연결하도록 도와주면서 관련된 지식과 설계기술을 확장할 수 있었다. 기계 장치, 센서, 신호처리, 전자 회로를 첨단의 메카트로닉스 시스템으로 완벽히 통합하려면 마이크로프로세서 기반의 제어시스템을 추가해야 한다. 7장에서는 마이크로컨트롤러 프로그래밍과 인터페이스의 기초에 대해 살펴보았다. 이 장에서는 메카트로닉스 시스템 설계에 유용한 다른 제어체계를 소개한다. 그리고 세 가지 완벽한 메카트로닉스 시스템에 대한 사례 연구로서 근전성 제어의 로봇팔, 비정상적인 환경에서의 움직임을 위한 관절형 보행 로봇, 동전 계수기를 제시한다. 이러한 프로젝트는 콜로라도주립대학의 메카트로닉스 프로젝트라는 교과목에서 수행했던 것들이다. 최종적으로 메카트로닉스 시스템에 관한 시야를 넓히기 위해 다양한 산업에서의 여러 가지 사례를 보여준다.

11.2 제어체계

많은 메카트로닉스 시스템은 확정적(deterministic) 관계를 갖는 복수의 입출력을 가지고 있다. 설계자는 단순한 개루프 제어에서 복잡한 폐루프제어까지의 광범위한 제어체계에서 선택해야 한다. 제어의 구현은 하나의 오피앰프를 사용하는 것처럼 간단한 것에서 복잡한 병렬 마이크로프로세서를 프로그래밍하는 것까지 다양할 것이다. 여기서는 메카트로닉스 시스템을 설계함에 있어 기본적인 제어 문제 접근의 단계를 설명한다.

11.2.1 아날로그 회로

여러 간단한 메카트로닉스 설계는 아날로그 입력신호를 기반으로 하는 특별한 구동기 출력을 필요로 한다. 어떤 경우는 원하는 제어 효과를 얻으려면 오피앰프와 트랜지스터로 구성된 아날로그 신호처리 보드가 필요하다. 오피앰프는 아날로그 덧셈, 뺄셈, 적분, 미분 등의 수학 연산과 비교를 수행하는 데 사용할 수 있다. 또한 구동기의 선형 제어를 위한 증폭기로도 사용할 수 있다. 아날로그 제어기는 마이크로프로세서 기반 시스템에 비해 설계가 단순하고 구현이 쉬우며 가격이 저렴하다.

11.2.2 디지털 회로

만일 메카트로닉스 설계에서 입력신호가 디지털이거나 유한한 세트의 상태로 변환될 수 있다면, 조합 또는 순차 논리의 제어기를 쉽게 구현할 수 있다. 가장 단순한 설계는 몇 가지 디지털 칩을 이용하여 디지털 제어기를 만드는 것이다. 복잡한 부울 함수를 하나의 I/C에 구현하려면 **PAL**(programmable array logic)과 **PLA**(programmable logic array) 같은 특수디지털 소자를 이용하면 된다. PAL과 PLA는 많은 게이트와 프로그램 장치에 의해 결선을 바꿀 수 있는 도체의 그리드가 내장되어 있다. 일단 프로그래밍되면 설계된 입력과 출력 간에 부울 함수가 구현된다. PAL과 PLA는 많은 논리 IC로 구현된 복잡한 조합 또는 순차 논리 회로에 대응할 수 있는 대안이라 할 수 있다.

프로그래밍 가능한 논리 게이트 소자의 또 다른 형태는 **FPGA**(field-programmable gate array)이다. PAL 또는 PLA와 마찬가지로 FPGA는 넓은 영역의 논리 기능을 가능하게 하고 재구성이 가능한 매우 많은 게이트를 내장한다. FPGA는 메모리, I/O 포트, 연산 기능 그리고 마이크로컨트롤러에서나 가능한 다른 기능을 가지기 때문에 PAL과 PLA는 차이가 있다. 더욱이 일반 FPGA는 상당히 정교한 기능을 가진 고급 소프트웨어(예: VHDL)로 프로그래밍한다. 비디오 데모 11.1은 간단한 장치 제어용 FPGA 개발 시스템의 예를 보여준다.

비디오 데모
11.1 FPGA로 제어되는 탁구 조교

때로는 단일 IC에 유일한 기능만 제공하는 **ASIC**(application specific integrated circuit)로 설계하면 더 경제적일 수 있다. 논리함수, 메모리, 계산, 신호처리와 다른 디지털 및 아날로그 기능은 단일 ASIC에 탑재시켜 경제성을 도모할 수 있다. 제조를 위한 설계 및 장치가 고가일 수도 있겠지만 대량생산에 대응하는 경우 ASIC가 장기적으로 더 저렴할 수 있다. 또한 ASIC은 집적 시 사이즈가 작아지고 전력소모가 적다는 장점이 있다.

11.2.3 PLC

PLC(programmable logic controller, 프로그래머블 논리제어기)는 아날로그나 디지털장치를 인터페이스하여 제어하는 특수한 산업용 제어기이다. PLC는 산업용 제어에 적용되기에 적합한 소수의 명령어로 동작한다. 이 명령을 프로그래밍할 때에는 주로 시스템의 입력(예: 스위치, 센서, 사용자 입력 등)과 출력(예: 모터, 밸브, 펌프, 조명 등) 간의 연결과 논리를 도식적으로 표현하는 **래더 논리**(ladder logic)를 사용한다. PLC는 산업 제어와 산업현장을 염두에 둔 프로그래밍 방법이다. 그러므로 프로그램이 매우 유연하면서도 사용하기 쉽고 매우 신뢰성이 높으며 외부의 간섭에 매우 강인하다. 또한 통상적으로 공장에서 가혹한 환경(예: 오물, 먼지, 진동, 전력불안정, 극단적 온도 등)에서 동작하도록 설계된다.

그림 11.1에 래더 논리 다이어그램을 정의하고 생성에 사용되는 심벌, 표기 및 기본 구조가 주어졌다. PLC의 프로그래밍은 제조자에 의해 제공되는 요소를 사용자가 그래프적으로 끌어다 놓아서 다이어그램을 구축하는 단순 사안이다. 그림에서 보면, 래더의 **레일**(rail)은 파워(왼쪽)와 접지(오른쪽)를 나타내고, **가로대**(rung)는 전류의 출력 장치로 흘러가는 경로를 나타낸다. **입력**(input)은 보통 **정상개로**(NO, normally open) 또는 **정상폐로**(NC, normally closed) 릴레이 심벌로 표현되는 스위치나 근접 센서가 된다. 입력은 가로대에서 여러 논리 기능을 나타내도록 직렬 또는 병렬로 정렬된다. **출력**(output)은 가로대의 오른쪽에 포함되며 가로대의 왼쪽

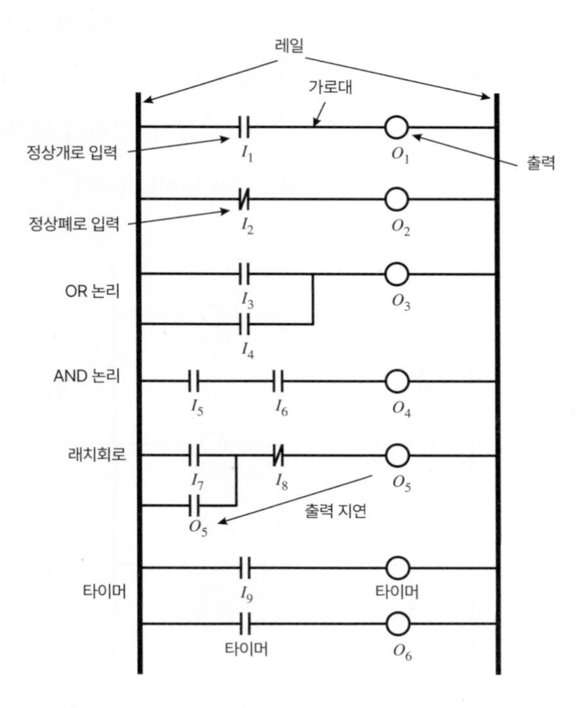

그림 11.1 래더 논리 심벌과 기본 동작

에 있는 입력 릴레이가 폐회로가 될 때 전류가 흐른다. 출력은 모터, 히터, 전구, 솔레노이드 또는 다른 제어 장치가 될 수 있다. 출력 상태는 래더에서 다른 가로대를 제어하기 위해 입력 릴레이로도 사용될 수 있다. 타이머와 카운터와 같은 특수 구조는 연속 사건의 순차, 정지 및 재기동을 가하는 데에도 유용하다.

그림 11.1에서 출력 O_1은 NO 입력 I_1이 닫힐 때에만 전류가 흐른다. I_2가 열렸을 때 I_2는 NC 입력이 되고 출력 O_2는 오프된다. NO 입력 I_3가 닫히거나 NO 입력 I_4가 닫힐 때에 출력 O_3에 전류가 흐른다. 출력 O_4에는 NO 입력 I_5가 닫히고 NO 입력 I_6가 닫힐 때에만 전류가 흐른다. O_5 가로대는 **래칭 회로**(latching circuit)라 한다. NO 입력 I_7이 닫힐 때 트리거된다(즉, O_5에 전류가 흐른다). 또한 한번 트리거가 되면 NC 입력 I_8이 열릴 때까지는 입력 I_7이 개방상태로 간다 하더라도 출력에는 전류가 흐르게 된다. 이는 출력신호를 첨가된 입력[**출력 릴레이**(output relay)라고 함]과 트리거 입력 I_7과 OR 결합함으로써 얻을 수 있다. 출력 ON 상태가 2차 입력(I_8)에 의해 리셋될 때까지 유지(저장)되기 때문에 **래치**라는 용어가 사용된다. 마지막 두 개의 가로대는 타이머가 어떻게 사용되는지를 보여준다. NO 입력 I_9이 닫히면, 타이머는 동작한다. 타이머가 프로그래밍된 기간에 도달하면 타이머 입력은 닫히고 출력 O_6에는 전류가 흐른다.

그림 11.2는 모터나 복동식 공압 또는 유압 실린더가 트리거 사건에 의해(즉, 근접 센서에 의해 검출되어 컨베이어 벨트로 전달하는 부품) 전후진하는 곳에서의 일반적인 조립라인의 래더 로직의 예를 나타낸다. 리미트 스위치 또는 센서가 각 방향에서 구동기의 요구되는 이동의 끝점을 검출한다. 사건의 순차가 주어졌는데, 즉 NO '트리거' 입력이 닫히면 구동기는 전향 방향으로 구동된다. 래칭 회로는 이 전향운동을 NC 'end limit detect' 신호가 상태를 바꿀 때까

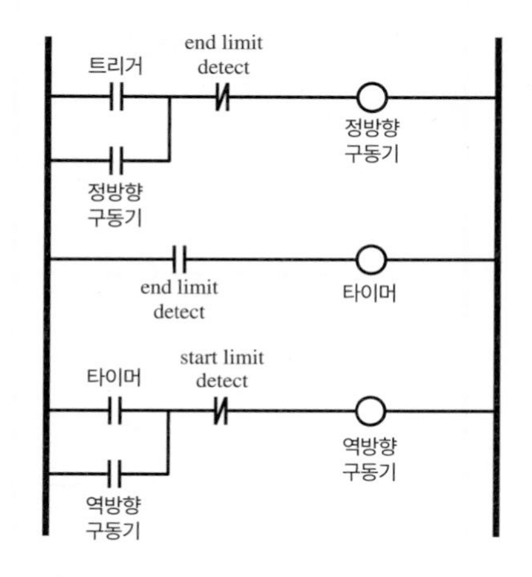

그림 11.2 래더 논리 모터 제어 사이클의 예시

지 유지시킨다. 이는 첫 번째 가로대에 있는 NC 'end limit detect' 입력을 오픈시키고 두 번째 가로대에 있는 NO 'end limit detect' 입력을 닫아 타이머를 기동한다. 타이머가 설정된 시간에 도달하면 세 번째 가로대는 트리거되고 구동기는 NC 'start limit detect' 신호가 검출될 때까지 역으로 동작한다. 요약하면 트리거될 때 구동기는 이동 끝점이 검출될 때까지 전향으로 움직이다가 구동기가 출발 위치로 되돌아오기 전에 시스템은 정지하게 된다.

비디오 데모

11.2 래더 논리의 PLC

11.3 PLC 초기방식 기기

비디오 데모 11.2는 PLC 개발 시스템의 예를 제시하고, 수위를 제어하기 위해 래더 논리가 어떻게 사용되는지 증명하고, 비디오 데모 11.3은 PLC를 이용한 흥미진진한 학생 프로젝트를 보여준다. 인터넷 링크 11.1은 각종 온라인 자원과 PLC 제품 제조사의 링크를 제공하며 인터넷 링크 11.2는 각종 PLC 토픽에 관련한 우수한 지침서를 제공한다.

인터넷 링크

7.1 마이크로컨트롤러 온라인 공급원과 제조사

11.1 PLC 온라인 공급원과 제조사

11.2 PLC 지침서

11.3 DSP 공급원과 판매자

11.2.4 마이크로컨트롤러와 DSP

단일 IC에 마이크로컴퓨터를 내장시킨 **마이크로컨트롤러**(microcontroller)는 메카트로닉스 시스템에 쉽게 장착이 가능한 소형의 탄력적 제어 플렛폼을 제공한다. 마이크로컨트롤러는 넓은 범위의 제어 업무가 수행될 수 있도록 프로그램이 가능하다. 일반적인 마이크로컨트롤러 설계는 고급 프로그램 언어(예: C 또는 Basic) 또는 어셈블리 언어의 지식과 디지털 및 아날로그 소자와 인터페이스 경험을 요구한다. 배경 정보와 예제에 관련해서는 7장을 참조하라. 인터넷 링크 7.1은 각종 온라인 공급원과 마이크로컨트롤러 제조사에 대한 링크를 제공한다.

단일 IC형의 마이크로컴퓨터 소자의 또 다른 형태는 **DSP**(digital signal processor)이다. DSP는 마이크로컨트롤러와 비슷한 기능을 가지지만 일반적으로 고속 부동 소수점 계산에 적합하다. DSP는 고속의 디지털 필터, 누적 합산이 중요한 통신, 오디오/비디오, 제어 응용에 적합하다. 인터넷 링크 11.3은 각종 온라인 공급원과 제조사 링크를 제공한다.

11.2.5 싱글보드 컴퓨터

적용 대상이 크기에는 제약이 없고 일반적 마이크로컨트롤러의 용량에 비해 더 많은 기능과 자원을 요구하는 경우에는 **싱글보드 컴퓨터**(single-board computer)가 좋은 대안이 될 수 있다. 대부분의 싱글보드 컴퓨터는 RAM이 충분하며 C와 같은 고급언어로 프로그램을 작성할 수 있는 컴파일러가 제공된다. 또한 싱글보드 컴퓨터는 개인용 컴퓨터와 쉽게 인터페이스 가능하고, 자체 운영체제(예: Raspberry Pi 보드)로 독립적으로 작동할 수 있다. 이 장점은 싱글보드 컴퓨터의 메모리에 소프트웨어를 다운로드할 수 있으므로 설계 개발 단계에서 시험과 디버깅에 매우 유리하다.

미니컨트롤러(minicontroller)라는 용어는 마이크로컨트롤러와 싱글보드 컴퓨터의 중간 장치의 또 다른 분류에 해당된다. 예로서, Handyboard와 Basic Stamp, 아두이노(7.7절 참조)가 있다. 이러한 보드는 마이크로컨트롤러와 외부 소자 간 인터페이스가 더욱 용이한 주변 구성요소들을 포함한다. 인터넷 링크 11.4는 싱글보드 컴퓨터와 미니컨트롤러 제품에 대한 링크를 제공한다.

인터넷 링크

11.4 싱글보드 컴퓨터와 미니컨트롤러 온라인 공급원과 판매자

11.2.6 개인용 컴퓨터

대규모 메카트로닉스 시스템의 경우 데스크톱이나 랩톱 **개인용 컴퓨터**(PC, personal computer)는 적절한 제어 플랫폼으로 적용이 가능하다. 마이크로컨트롤러나 싱글보드 컴퓨터에 익숙하지 않은 사람들의 경우 매우 매력적인 선택이 될 것이다. PC는 상용적인 플러그인 타입의 데이터 획득 카드나 모듈을 사용하여 센서나 구동기에 쉽게 인터페이스할 수 있다(8.4절 참조). 이 카드는 제공되는 소프트웨어 드라이버를 사용하면 표준의 고급언어 컴파일러 또는 개발환경으로 프로그램이 가능하다. 특히 이 방법은 쉽고 편리하기 때문에 양산이나 소형화가 관심사항이 아니고 빠른 개발이 필요한 R&D 시험이나 제품 개발 연구실의 장비로 널리 사용되고 있다.

11.3 제어 이론 소개

비디오 데모

10.3 컴퓨터 하드드라이브 트랙 추적 시연

10.4 컴퓨터 하드드라이브 트랙 검사의 초저속 모션

메카트로닉스 시스템 설계 시 신속한 응답으로 출력(예: 모터 축의 속도 및 위치)을 정확하게 제어해야 한다. 비디오 데모 10.3에 아주 효과적인 위치제어가 주어졌는데 여기서 컴퓨터 하드드라이브를 읽고 기록하는 헤드는 놀라운 속도와 정확도로 제어된다(초저속 재생 장치는 비디오 데모 10.4 참조). 정확한 제어를 위해 센서(예: 타코미터 또는 인코더)에 의한 피드백을 사용할 필요가 있다. 요구 입력신호[**설정값**(set point)이라고도 함]로부터 피드백 신호값을 뺌으로써 응답의 오차를 측정할 수 있다. 오차 신호에 의해 결정되는 연속적인 시스템 입력 명령 신호 변화에 의해 시스템 응답을 향상시킬 수 있다. 이것을 **피드백**(feedback) 또는 **폐루프제어**(closed-loop control)라 한다. 이 장에서는 피드백 제어시스템 설계의 기초 소개를 목표로 한다.

제어시스템 설계의 이론과 실행은 매우 복잡할 수 있으며 익숙하지 않은 난해한 수학적 기법과 소프트웨어 툴을 포함할 수도 있다. 그러나 제어시스템 설계에 대한 접근을 이해하는 것은 매우 중요한데, 첫째로는 응용의 가치를 이해하는 것이며 두 번째로는 (후속 교과과정을 통해) 제어분야에 대해 더 많은 학습에 대한 욕구를 일으키는 것이다. 이어 세부 절에서는 기초적이지만 중요한 DC모터의 속도제어의 예를 통해 피드백 제어의 개념을 탐구한다.

학습을 더 진행하기 전에 비디오 데모 11.4와 11.5를 참조하라. 이는 다양한 제어시스템 논제를 나타내는 두 가지 실험을 증명해 준다. 이러한 예는 사용자가 이 장에 주어진 자료와 더 관련짓도록 도와줄 것이다. 비디오 데모 11.4는 대부분의 제어시스템에서 기본이 되는 일련의 비례-적분-미분(PID) 제어의 설명을 위한 매우 좋은 과제이다. 제어시스템의 개념과 응용에 대한 추가적인 비디오 데모는 인터넷 링크 1.4와 11.7에서 찾아볼 수 있다.

비디오 데모

11.4 기계 시스템의 계단 응답의 PID 제어

11.5 역직립 진자와 선형 카트 모션의 평형

인터넷 링크

1.4 로보틱스 비디오 시연

11.7 제어시스템 시연

11.3.1 DC모터 전기자 제어

대부분의 메카트로닉스 시스템과 연계된 중요한 전자기 장치는 영구자석 또는 계자 제어형 DC 모터다. 메카트로닉스 시스템 응용에서 모터의 출력 위치, 속도 또는 토크를 설계 사양과 부합시키기 위해 주의를 요하는 제어가 필요하다. 이것은 피드백 제어가 요구되는 좋은 예이다. 모든 메카트로닉스 시스템에서 첫 번째 문제는 모터의 모델링이다. 물리적 시스템의 모델을 보통 **플랜트**(plant)라 한다. 이 용어는 제어 이론의 전개 초창기에 주 응용이 화학'공장(plants)'의 프로세스 제어였던 사실에서 비롯한다. 그러고 나서 요구된 출력(특정 입력)을 추종하는 제어기의 설계 변수 선정을 위해 선형 피드백 해석 문제를 적용한다. 제어기 설계를 하기 전에 모터(시스템 모델)에 적절한 수학적 모델을 만들어야만 한다.

DC모터의 응답을 결정하는 기본 방정식은 10.5절에서 제시했지만 여기서는 더욱 구체적인 분석을 다룬다. DC모터는 자장에서 회전하여 출력 토크와 각속도를 생성하는 인덕턴스 L과 저항 R로 구성된 전기자를 가진다. 모터 구조로 인해 각속도에 비례하는 역기전력(전압)이 고정자 자계를 통해 움직이는 전기자 권선에 의해 발생한다. 그림 11.3은 주요 시스템을 보여준다. 전기자 축은 토크 T를 관성 I_L과 댐핑 c를 가진 부하에 전달한다. 모터 전기자 또한 관성을 가지는데, 이를 전기자와 부하의 관성의 총모멘트라 한다.

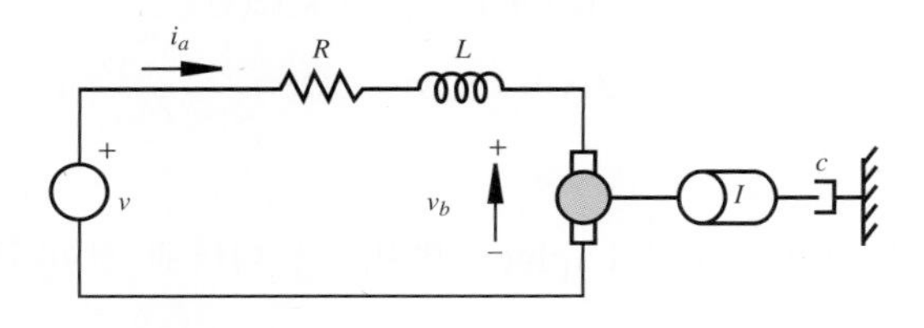

그림 11.3 전기자 제어 DC모터

전기자 제어형 DC모터의 모델은 모터의 토크 T가 전기자 전류 i_a에 비례한다고 가정한다.

$$T(t) = k_t i_a(t) \tag{11.1}$$

그리고 역기전력 또는 전압은 모터 속도에 비례한다.

$$\nu_b(t) = k_e \omega(t) \tag{11.2}$$

여기서 k_t와 k_e는 제조사로부터 제공되는 모터 설계 시 도출된 변수이다. 만약 시스템의 기계부를 자유롭게 다이어그램 설정할 수 있고 Kirchhoff의 전압 법칙을 전기부에 적용할 수 있다면 모터의 전기적·기계적 특성을 명확히 정의하는 연계된 두 개의 미분방정식을 나타낼 수 있다.

$$\nu(t) = i_a R + L\frac{\mathrm{d}i_a}{\mathrm{d}t} + k_e \omega \tag{11.3}$$

$$I\frac{\mathrm{d}\omega}{\mathrm{d}t} = T - c\omega = k_t i_a - c\omega \tag{11.4}$$

결합은 i_a와 ω를 통해 발생한다.

고급 엔지니어링 시스템 분석에서 Laplace 변환은 수식을 단순화하기 위해 일반적으로 사용되고, 결과를 해석하는 데 도움을 준다. 수학적 변환은 방정식을 보다 다루기 쉽게 변환한다. Laplace 변환의 중요한 이점은 상미분 방정식을 대수 방정식으로 변환할 수 있다는 것이다. 4.10.2절의 1단계 절차에서 설명한 바와 같이 변수는 시간 대신 복소 변수 s가 되고, 미분은 s의 멱(powers)이 된다. 식 (11.3)과 (11.4)의 두 미분 방정식을 Laplace 변환하면 s 영역에서 대수식으로 변환되며 이는 다음과 같다.

$$V(s) = (Ls + R)I_a(s) + k_e \Omega(s) \tag{11.5}$$

$$Is\Omega(s) = k_t I_a(s) - c\Omega(s) \tag{11.6}$$

대문자는 고유의 시간 영역 함수를 Laplace 변환으로 나타낸 것이다(예: $\Omega(s)$는 $\omega(t)$의 Laplace 변환이다).

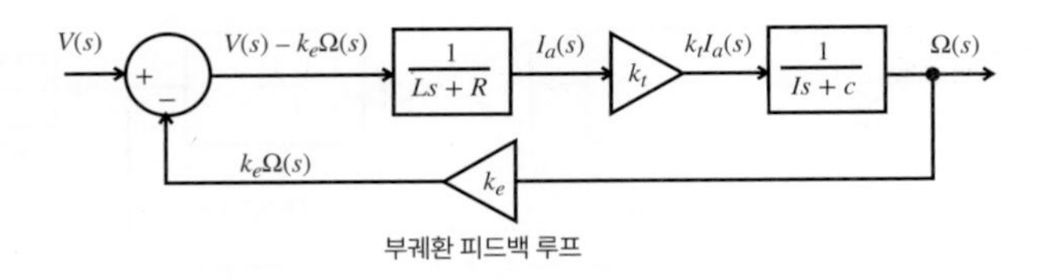

그림 11.4 DC모터 시스템(플랜트)을 위한 블록선도

시스템 방정식[식 (11.5)와 (11.6)]의 Laplace 변환 형태는 시스템(그림 11.4 참조)에서 신호 흐름을 표현하는 모터의 **블록선도**(block diagram)를 작성하는 데 사용된다. 식의 항은 방정식이 어떤 연관이 있는지를 알 수 있는 다이어그램에서 주어진다. 한편 역기전력[$k_e\Omega(s)$ 항]은 부궤환 피드백 루프에서 실제 나타나며 비록 이 값을 정확하게 시스템 설계에 반영하지는 않는다 하더라도 모터의 속도를 안정화시키게 된다.

제어기 설계에서 중요한 단계는 시스템의 **전달함수**(transfer function)로 알려진 플랜트의 입출력 관계를 나타내는 것이다. 식 (11.5)와 (11.6)을 이용하면 다음을 얻을 수 있다.

$$\frac{\Omega(s)}{V(s)} = \frac{k_t}{(Is + c)(Ls + R) + k_e k_t} = G(s) \tag{11.7}$$

전달함수 $G(s)$는 모터의 출력속도 $\Omega(s)$와 입력전압 $V(s)$의 관계를 나타낸다. 이 다항식은 분모에 s가 있으며 **특성방정식**(characteristic equation)으로 알려져 있다. 이 다항식의 근은 시스템의 응답을 예측하도록 한다. 모터 시스템의 특성방정식은 2차식이므로, 2차 응답에 관한 지식이 있다면 스텝 입력전압에 대한 각속도 응답을 이해하는 데 도움이 될 것이다.

11.3.2 개루프 응답

일반적으로 전달함수는 시스템의 응답에 관한 많은 것을 내포한다. s는 복소수이며, 전달함수는 DC모터의 응답을 해석할 경우에 매우 중요한 요소인 극점(분모 다항식의 근이 0인 s의 값, 즉 특성방정식의 근)을 가진다. **극점**(poles)은 임의의 외란 또는 입력으로 제어할 수 없는 출력의 증가를 야기하는 모터의 안정도에 큰 영향을 끼친다. 실제로 복소 평면에서 극점의 위치를 조사하는 것은 시스템의 안정 여부를 알려준다. 또 입력전압의 명령이 변화함에 따라 모터 출력의 진동 여부를 결정한다. 이 경우 해석에 있어서 **Matlab** 소프트웨어 툴은 매우 유용한 방법을 제시한다. 특히 Matlab은 극점을 쉽게 찾을 수 있으며 모터의 계단응답에 있어서 다양한 입

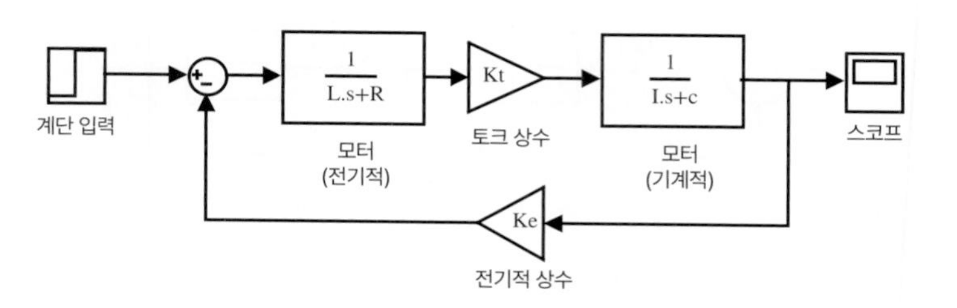

그림 11.5 Simulink 모델 블록선도

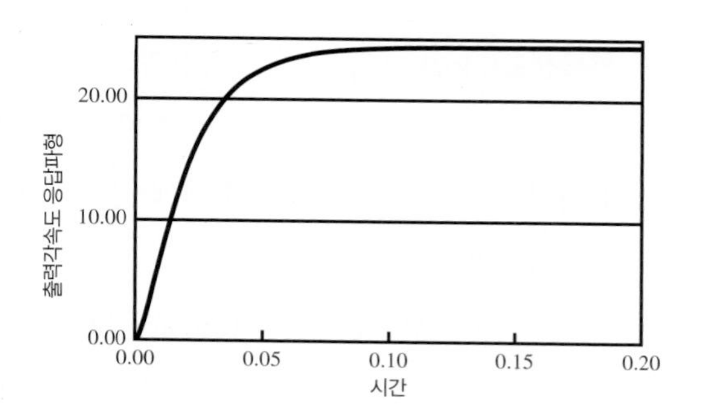

그림 11.6 계단 입력전압에 대한 각속도 출력

력값에 대한 응답을 결정할 수 있다. 특성방정식의 계수는 모터의 변수에 의해서만 결정되며 시스템의 응답을 결정하는 데 중요하다. 4장에서 0차, 1차, 2차, 고차 시스템을 구분했고 각 응답의 특성도 규명했다. 따라서 시스템의 차수를 조사함으로써 응답의 패턴을 예상할 수 있다.

예로서, 전기자 제어 방식의 DC모터의 응답을 계산해 보자. 이것은 변수 조정, 계단 입력 적용, 응답의 구획을 선정하여 Matlab의 **Simulink** 모델을 설정하면 매우 쉽게 해결할 수 있다. Matlab과 Simulink를 사용하고 적용할 수 있는 기법을 학습하기 위한 훌륭한 지침서는 **인터넷 링크 11.5**와 **11.6**에서 얻을 수 있다. 그림 11.5의 블록선도 모델에서 전기적·기계적 전달함수를 분리할 수 있다. 그림 11.6은 단위계단 입력전압이 인가될 때 각속도의 출력을 나타낸다.

인터넷 링크

11.5 Matlab과 Simulink 지침서와 학습 자료

11.6 Matlab과 Simulink에 대한 제어 지침서

출력 각속도는 계단 입력에 대해 응답시간을 가지며 점근적으로 특성방정식의 2차 특성에 따른 최종값에 도달한다. 이 응답은 시스템에 피드백이 적용되지 않은 전 동기의 응답에 대한 개루프 응답이다(내부 역기전력의 존재는 제외). 더 짧은 상승 시간, 일부 제한된 오버슈트 그리고 진동 없는 설계 특성에 맞게 응답을 변화시키는 피드백 제어기가 이 장의 목표이다.

11.3.3 DC모터의 피드백 제어

모터를 더 효과적으로 제어하기 위해 출력을 모니터링하고 출력을 피드백하기 위한 센서(이 경우, 속도 측정용 타코미터)를 추가하고 이 값과 요구되는 속도 입력과 비교하여 이 비교값으로 출력 응답을 향상시키는 제어 알고리즘을 적용해야 한다. 그림 11.7은 블록선도 형태의 피드백 제어시스템을 보여준다. 입력은 요구되는 모터 속도이며 출력은 실제 모터 속도(예: 타코미터에 의해 측정되는)이다. 오차 신호는 이 신호들의 차이다.

$$\text{오차 신호} = \text{입력} - \text{출력} \tag{11.8}$$

제어기는 명령 신호(예: 모터 전압)를 오차 신호에 대한 응답으로 시스템 또는 플랜트(예: 모터)로 변화시킨다.

메카트로닉스 시스템을 위한 제어기 설계에는 기교와 기술이 포함된다. 제어기를 설계하는 일반적인 단계는 다음과 같다.

1. 제어 행위를 선택한다. 예로서, 이 절차를 설명한다. 그러나 일반적인 경우 비례 제어기법으로 시작하는데 여기서는 오차 신호 크기에 비례하여 입력을 조정한다. 그러고 나서 오차 신호의 적분과 미분에 비례하는 적분 및 미분 제어 기법은 요구되는 출력의 사양을 보다 더 만족시키도록 추가될 수 있다.
2. 폐루프 시스템이 안정한지를 복소 s-평면에서 극점의 위치로 확인한다. 오른쪽 반평면에 위치한 임의의 극점(양의 실수)은 시스템을 불안정하게 한다.
3. 정상상태 응답이 설계 사양을 만족시키는지 확인한다.
4. 과도 응답이 설계 조건을 만족시키는지 확인한다.
5. 다양한 입력으로 시험을 행하여 전체 메카트로닉스 시스템의 특성을 확인한다.

일반 제어기는 여러 형태로 주어지지만 대부분의 산업 응용에서는 **PID**(비례-적분-미분) 제

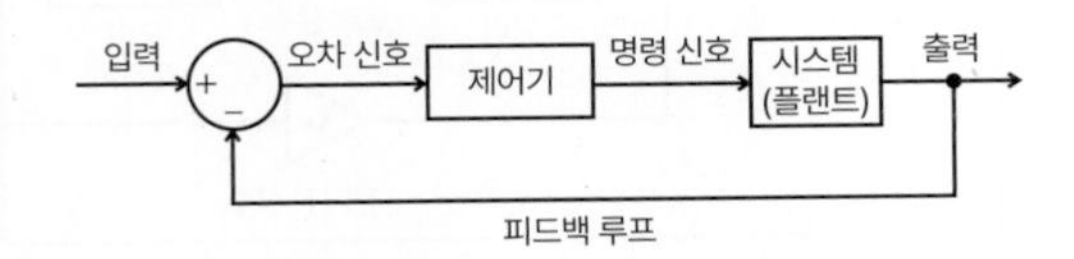

그림 11.7 일반 피드백 제어시스템

어기를 사용한다. 여기서 오차 신호가 $e(t)$로 표현될 때 PID 제어기의 수학적 형태는 다음과 같다.

$$명령\ 신호 = K_p e(t) + K_d \frac{\mathrm{d}}{\mathrm{d}t} e(t) + K_i \int e(t)\mathrm{d}t \tag{11.9}$$

여기서 K_p는 비례 이득이며, K_d는 미분 이득, K_i는 적분 이득이다. 비례 제어는 제어 신호가 오차에 비례하기 때문에 가장 직관적이다. 오차가 클수록 보상하는 효과도 커진다. 큰 비례 이득은 빠른 응답을 얻지만 큰 오차에 대해서는 정정해야 하는 출력도 크다. 특히 시스템에 댐핑이 거의 없는 경우 오버슈트와 진동을 일으킬 수 있다. 미분 이득은 오차 신호의 변화율에 응답한다. 이는 오차의 변화가 너무 빠를 때 보정을 수행하여 오버슈트의 크기를 제한한다. 미분 제어 기법은 시스템의 응답을 둔화시키는 특성이 있다. 적분 이득은 시간에 걸쳐 오차를 합함으로써 정상상태 오차를 제거한다. 오차가 요구값의 한쪽에 오래 머물수록 더 큰 출력 보상이 적분 이득의 결과로 이루어진다. **비디오 데모 11.4**는 DC 서보모터 시스템의 위치제어의 적용으로 세 가지 제어 행위에 대해 각각의 효과를 설명하고 증명한다.

비디오 데모
11.4 기계시스템의 계단응답의 PID 제어

PID 제어기의 이득 변수의 선택은 설계 시 매우 중요한 부분이며 이득을 선택함에 있어 도움이 되는 다양한 해석적이고 경험적인 방법이 존재한다. 제어기 설계는 정정 시간, 오버슈트, 정상상태오차, 상승 시간 등(상세한 정보는 4장의 그림 4.18 참조)의 중요한 판별조건으로 결정된다. 만약 제어기 설계에 관해 해석적 탐구방법을 원하면 제어를 주제로 하는 교재를 참고하자(예: 참고문헌의 Ogata 또는 Palm).

모델에 기초한 해석적 설계의 한 가지 대안은 가상실험을 통한 PID 이득의 상호 복합적인 조정방법이다. 이는 전기자 제어 DC모터의 속도제어 예로 설명될 수 있다. PID 피드백 제어기로 구성된 모터 모델의 완성된 Simulink 모델이 그림 11.8에 주어졌다. 입력은 속도의 계단 변화이다. 이 PID 제어기의 비례, 미분, 적분 이득은 Simulink 소프트웨어에서 쉽게 조절될 수

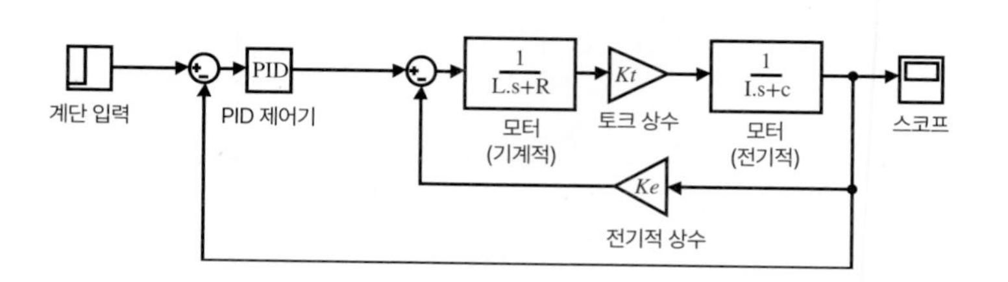

그림 11.8 PID 제어기를 가진 예제 모터의 Simulink 모델

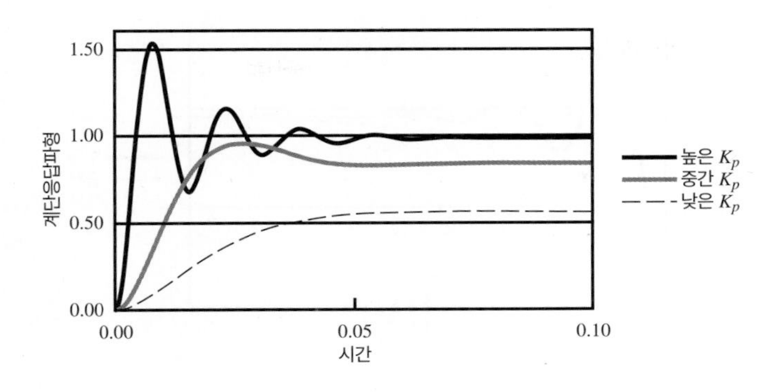

그림 11.9 여러 비례 이득에 대한 효과

있고 출력계단응답의 결과는 순간적으로 계산되고 표시된다. 이것은 사용자가 반복실험에서 신속하게 다양한 이득의 조합으로 시험할 수 있도록 해준다.

가상실험에서 반복 설계하는 경우 PID 이득을 가변할 수 있는 첫 번째 좋은 방법은 상승 시간이 과도한 오버슈트나 진동 없이 가장 빠를 때까지 점진적으로 비례 이득(K_p)을 증가시키는 것이다. 그림 11.9는 다양한 비례 이득의 값에 대한 계단응답의 결과를 보여준다. 적은 이득에서는 응답이 느리고, 정상상태에서 상당한 오차(즉, 최종값은 요구된 최종 속도 1.0에 근접하지 않음)가 초래된다. 큰 비례 이득에서는 응답은 빠르지만 응답에서 상당한 오버슈트와 진동이 발생한다.

비례 이득을 조정한 후, 오버슈트와 진동을 제한하기 위해 미분 이득을 추가할 수 있다. 간혹 전체 이득을 제한하기 위해 미분 이득이 시스템에 추가됨에 따라 비례 이득은 감소시킬 필요가 있다. 그림 11.10은 다양한 미분 이득값에 대한 계단응답의 결과를 나타낸다. 적은 이득에서는 오버슈트와 진동이 여전히 존재한다. 높은 미분 이득에서는 오버슈트나 진동이 존재하지 않지만 응답은 매우 느리다.

대부분의 시스템에서 비례 그리고 미분 이득만으로는 계단응답 시 출력 응답은 정상상태 오차(즉 출력은 요구된 값에 정확히 도달하지 못함)를 나타낸다. 모터속도 제어 예(그림 11.10 참조)에서 그 이유가 분명해진다. 명령 신호는 오차 신호의 함수이기 때문에 모터 명령 신호(그림 11.7 참조)는 정상상태에서 일정 속도를 유지하기 위해 0이 되어서는 안 된다. 단지 비례 제어만으로는(미분 항은 정상상태에서는 0임을 유의하라) 모터 명령 신호가 전동기를 지속적으로 회전하도록 제어기의 오차 신호가 0이 되기 어렵다. 적분 이득은 제어기가 이러한 제약을 극복하고 오차가 0이 되도록 한다. 적분 항은 시간에 걸쳐 오차를 누적하고, 또 긴 오차를 지속하게

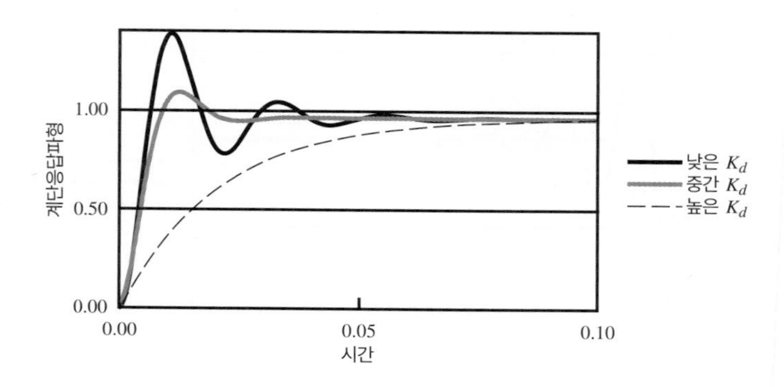

그림 11.10 다양한 미분 이득에 대한 효과

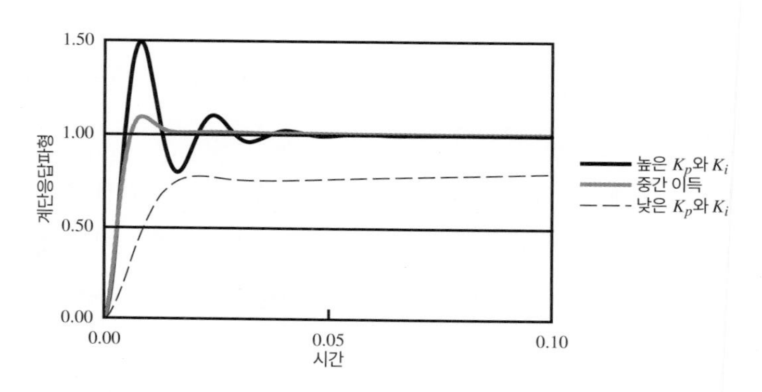

그림 11.11 다양한 적분 이득에 따른 효과

하는 명령 신호에 더 큰 보정값을 더한다. 그림 11.11은 다양한 적분 이득값에 대한 계단응답 결과를 나타낸다. 높은 이득에서는 오차가 매우 빨리 감소하지만 오버슈트는 적분 이득이 존재하지 않을 경우 보다 커지게 된다. 낮은 적분 이득에서는 오차가 천천히 줄어들지만 결과적으로는 0이 된다. 중간 이득에 대한 곡선은 매우 양호한 계단응답을 나타낸다. 이 경우 매우 적은 오버슈트와 거의 진동이 없으며 출력은 정상상태 오차 없이 빠르게 정상상태에 도달한다.

11.3.4 제어기의 경험적 설계

해석적으로 시스템을 설계하기가 불가능하거나 어려울 경우, 실제 시스템에 시험을 행함으로써 제어기를 설계하는 기술이 있다. 앞에서 설명한 가상실험에 관한 절차 중 하나는 이득을 반복적으로 조정하는 것이다. 또한 모델이 다양한 입력에 대해 시스템의 응답을 해석함으로써 근사화되는 경우 자동적으로 시스템 확인을 수행할 수 있는 유용한 툴이 있다. 그러면 다른 소프트웨어 툴의 도움으로 제어기 설계가 가능하다. 비디오 데모 8.8은 소프트웨어 툴의 예제가 간

비디오 데모

8.8 National Instrument사의 DC모터 데모

단한 DC모터 시스템용 속도 제어기의 개발에 어떻게 적용되는지를 보여준다. 비디오 데모 8.9는 방법에서 더 많은 배경과 상세한 예시를 제공한다.

비디오 데모

8.9 National Instrument사 LabVIEW DC모터 제어기 설계

간혹 산업에서 PID 제어기를 조정하는 간단하고도 경험적인 방법은 **Ziegler-Nichols**(Z-N) 방식이다(참고문헌 Palm 참조). Z-N 방식은 제어된 조건에서 시스템의 계단응답을 관측함으로써 적용된다. 관측에 따르면 PID 이득은 최소 오버슈트와 진동으로 시스템의 빠른 응답을 제공하기 위해 선택된다.

s 영역에서 표현되는 PID 제어기는 다음과 같이 표현할 수 있다.

$$G_{\text{controller}}(s) = K_p + \frac{K_i}{s} + K_d s \qquad (11.10)$$

여기서 K_p, K_i, K_d는 비례, 적분, 미분 이득이다. Z-N 방식을 사용하여 제어기는 보통 다음과 같이 표현된다.

$$G_{\text{controller}}(s) = K_p(1 + \frac{1}{T_i s} + T_d s) \qquad (11.11)$$

여기서 T_i는 리셋 시간, T_d는 미분 시간이다.

Z-N 방식을 적용하기 위해서는 비례 제어 기능만으로 시작하라(T_i=무한대, $T_d=0$). 그리고 K_p를 관측된 출력의 진동이 억제될 때까지 0에서부터 증가시킨다(비감쇄). 진동 결과에서 주기를 관측하여 P_{cr}로 명기하고 또 그 경우 이득값을 임계 이득 K_{cr}이라 한다. K_p는 인수에 의해 줄어들고 $K_i(T_i)$, $K_d(T_d)$는 표 11.1에 할당된 값으로 선택한다. Ziegler와 Nichols는 제어기 타입을 선택함에 있어서 이러한 할당값으로 양호한 시스템 응답을 얻을 수 있음을 증명했다. I 성분은 시스템의 차수를 증가시켜 시스템을 불안정하게 할 수 있으며 D 성분은 시스템을 안정화시키는 경향이 있어 K_p를 약간 증가시킬 수 있기 때문에 K_p는 PI 제어기에서는 P 제어기보

표 11.1 Ziegler-Nichols의 추천 이득

제어기	K_p	T_i	T_d
P	$0.5\ K_{cr}$	무한대	0
PI	$0.45\ K_{cr}$	$P_{cr}/1.2$	0
PID	$0.6\ K_{cr}$	$P_{cr}/2$	$0.125 P_{cr}$

다 작으며 PID 제어기에서는 크다는 것에 유의하라.

간혹 Z-N 이득값은 설계 시작 시에만 유용하므로 요구된 설계 특성을 얻기 위해서는 이득(즉, K_p, K_i, K_d 변수의 미세조정)을 조정할 필요가 있다. 이는 다소의 시행착오를 요한다.

11.3.5 제어기 구현

앞 절에서 모든 것이 가상으로 실행되었는데 여기서 물리 시스템은 수학적 모델로 표현되었다. 실제 물리 시스템에서 PID 제어기를 구현하기 위해 모델은 실제 하드웨어로 대체되고 제어기는 아날로그 회로 또는 디지털 소프트웨어로 운용되는 마이크로프로세서로서 구성되어야 한다. 5장에서는 연산 증폭기를 사용하여 비례 이득, 적분기, 미분기, 가산기, 차동 회로 구성방법을 다루었다. 이러한 회로는 아날로그 제어기로 빌딩블록으로 제공될 수 있다. 그림 11.12는 아날로그 PID 제어기를 구성하기 위해 도식적으로 다양한 회로가 조합될 수 있는 방법을 제시한다. 각 제어 동작은 오피앰프 회로 성분값을 적절히 선택함으로써 이득(K_p, K_i, K_d)을 결정할 수 있다.

오피앰프에 기초한 아날로그 제어기의 또 다른 대안은 마이크로프로세서에 기반한 시스템의 소프트웨어로 생성될 수 있는 디지털 제어기이다(예: 마이크로컨트롤러). 디지털 제어시스템은 새로운 제어를 수행하기 위해 시간의 이산적인 합을 필요로 하기 때문에 아날로그 제어기와 차이가 있다. 각 업데이트 기간 동안 센서 신호가 획득되고, 제어기 출력은 계산되며, 제어기 신호가 출력된다. 제어 루프 기간에 상응하는 시간 지연은 시스템의 응답에 영향을 끼친다. 이 효과는 수학적인 시스템의 모델에 대해 설명되어야만 하며, 이 모델은 시스템응답을 정확히 예측하고 지능적으로 제어 변수의 선택이 가능하도록 시스템의 수학적 모델로 규명되어야 한다. 연속적인 s-영역을 이산적인 표현으로 변환하는 z-변환의 개념은 그러한 시스템을 모델링하고 해석하는 것을 가능하게 해준다. 만약 이 과제를 더 학습하기를 원한다면 현대 제어 이론에 관

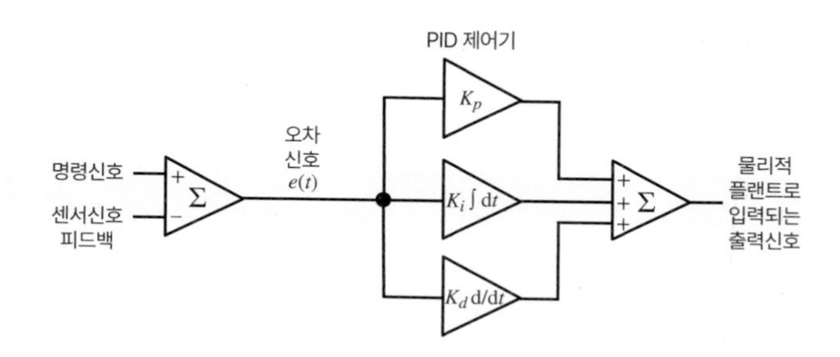

그림 11.12 오피앰프 회로로 구성한 아날로그 PID 제어기

한 책(이 장 마지막에 있는 참고문헌 중 Ogata 또는 Palm)을 참조하라.

디지털 제어기를 구현하기 위해서는 미분과 적분이 이산화되어야 한다. 만약 연속적인 오차 신호의 샘플이 e_1, e_2, e_3, ⋯, e_{i-1}, e_i, e_{i+1}, ⋯으로 주어지면 다음 식으로 적분의 근사화를 얻을 수 있다.

$$I_i = I_{i-1} + \Delta t\, e_i \tag{11.12}$$

여기에서 $I_0 = 0$과 Δt는 제어 루프의 사이클 시간이다. 미분은 유한한 차분 근사화로 할 수 있다. 예를 들면,

$$D_i = (e_i - e_{i-1})/\Delta t \tag{11.13}$$

보통 디지털 필터는 위치 신호에서 바람직하지 않은 고주파 잡음 효과를 최소화하기 위해 이 계산식의 적용을 필요로 한다(수업토론주제 11.1 참조). 예시인 제어 루프 주기의 코드는 아래와 같다.

```
error_previous = 0
integral = 0
control_loop:
        Gosub get_set_point_value     ' acquire set_point value
        Gosub get_sensor_value        ' acquire sensor_value

        error = sensor - set_point
        integral = integral + error*DT
        derivative = (error - error_previous)/DT

        output = KP*error + KI*integral + KD*derivative
        Gosub send_output_to_system   ' update command signal

        error_previous = error
Goto control_loop
```

코드의 사이클 시간 DT는 이전 루프 업데이트 이후의 경과 시간을 측정하여 마이크로컨트롤러 내장 하드웨어 타이머 기능을 사용하여 확인할 수 있다. 그렇지만 이렇게 하면 약간의 '오버헤드(overhead)'가 루프 사이클에 추가되어, (고성능 애플리케이션에서 바람직하지 않을 수도 있는) 사이클 시간이 약간 느려진다. 대안으로서, 미리 루프 사이클 시간을 측정한 다음 최

종 구현에서 DT값을 쉽게 변경할 수 없게 기록하는 하드 코딩(hard coding)을 수행한다. 이 측정은 마이크로컨트롤러 타이머를 사용하여 수행할 수 있으며 루프의 시작 부분에서 타이머를 시작하고 끝에서 중지한다. 많은 루프 사이클이 실행되는 데 걸리는 시간을 측정한 후, 총시간을 사이클 수로 나눔으로써 수동으로도 수행할 수 있다.

수업토론주제 11.1 미분 필터링

식 (11.13) 아래에 기술된 것처럼 미분 계산은 간혹 필터링이 되어야 한다. 이를 위한 한 가지 방법은 직전의 미분 계산값의 평균을 취하는 것이다(즉, running 평균을 취한다). 그러한 시도의 효과는 무엇이며, 이를 얻기 위한 예시 코드는 어떻게 수정될 수 있는가?

11.3.6 결론

비디오 데모

8.8 National Instruments사의 DC모터 데모

8.9 National Instruments사 LabVIEW DC모터 제어기 설계

인터넷 링크

11.7 제어시스템 시연

이 절에서는 제어 이론의 아주 간략한 개요를 다루었다. 비록 이 과제는 위와 같이 적은 분량에서 충분히 다룰 수는 없지만 주요 개념에 대한 최소한의 기본적인 이해는 얻을 수 있다. 이 과제에 대한 상세 정보를 원한다면 전문 참고서(그리고 교과학습)의 도움을 얻기 바란다.

모델링, 해석 그리고 제어기 설계에 도움이 되는 많은 소프트웨어 툴이 있다. 앞에서는 Matlab과 Simulink를 가상실험과 설계에 사용했다. 8장에서 소개되었던 LabVIEW 소프트웨어 역시 이러한 작업에 도움이 되는 툴을 제공한다. 비디오 데모 8.8과 8.9는 LabVIEW에 의한 모델링 기법으로 제어기 설계의 전 과정을 제시한다. 각종 부가적인 제어시스템의 비디오 실연은 인터넷 링크 11.7에서 얻을 수 있다. 제어 이론의 응용에 관한 이해 수준을 더욱 향상시키기 위해 이 비디오들을 복습하자.

11.4 사례연구

과거 프로젝트 해법의 사례는 훌륭한 학습자료가 된다. 앞선 문제해결자들의 실수나 설계과정, 모범사례로부터 많은 것을 배울 수 있다. 콜로라도주립대학의 기계 및 의료생체공학과 3학년 수준에서 요구되는 메카트로닉스 과목에서 셀 수 없이 많은 학생팀들이 본 강좌의 프로젝트 요구사항을 충족하기 위해 독특한 마이크로컨트롤러 기반의 메카트로닉스 시스템을 설계하고 구현했다. 프로젝트를 위한 지침은 인터넷 링크 7.12에 나와 있다. 모든 팀은 특정 부품을 반드시 사용해야 하지만(출력 디스플레이, 오디오, 사용자 입력, 센서, 액추에이터, 기계장치 및 마이크로컨트롤러), 프로젝트 개념은 자유롭게 선택할 수 있다. 이러한 접근법은 수년 동안 매우 다양하고 창의적인 과제로 귀결되었고, 대부분이 뛰어난 사례 연구 대상이다. 2001년 이후로 매 학기 가장 우수한 프로젝트의 데모와 해설을 비디오로 녹화했고, 다른 사람이 즐기고 도움받도록 온라인상에 게시했다. 비디오는 인터넷 링크 7.14에서 볼 수 있다. 몇 가지 더 좋은 프로젝트 비디오는 전체 마이크로컨트롤러 코드와 학생들의 최종보고서에 의해 보충되었다. 이러한 비디오나 지원자료를 시청함으로써 많은 것을 배울 수 있다. 최종보고서의 요구사항 중 하나는 중요한 교훈점을 요약해서 적는 것인데, 그들이 직면했던 문제점이나 해결방법 그리고 미래 학생들에게 주는 충고(예를 들어 과제 전이나 과제 수행 중에 알았으면 좋았을 것) 등을 적는다. 인터넷 링크 7.19에 학생들에게 도움이 될 만한 다양한 영역에서의 교훈이 요약되어 있다. 또한 인터넷 링크 7.22에는 비싸지는 않지만 과거 학생들에 의해 성공적으로 사용된 프로젝트 부품 목록이 나와 있다. 이러한 자료는 현재와 미래의 학생들에게 유용하다.

인터넷 링크

7.12 PIC 기반 강좌 설계 프로젝트 해설

7.14 PIC 마이크로컨트롤러 학생 설계 프로젝트

7.19 과거 학생들에 의한 학습

7.22 과거 학생들에 의해 사용된 부품

이 절의 나머지 부분에서는 과거 메카트로닉스와 연관된 강좌나 연구 프로젝트에서 수행된 세 가지 사례 연구를 다룬다. 이 프로젝트는 최근 것은 아니어서 몇몇 설계 과정이나 하드웨어 선택은 최신이 아닐 수 있으나 관련 정보나 교훈은 여전히 유효하다.

11.4.1 근전기 제어 로봇팔

이 사례 연구는 인공팔의 근육 유전자 제어를 다루는 설계예제 5.1의 연속이다. 여기서는 더욱 상세히 다룰 것이며 제어는 로봇팔로 대치하여 적용한다. 7.10절에 제시된 마이크로컨트롤러 기반의 시스템 설계 절차에 따라 문제를 단계별로 제시한다. 이 사례 연구는 아날로그 회로, 탁상용 컴퓨터 및 표준 직렬 인터페이스를 포함하는 장치 간의 인터페이스와 통신을 위한 PIC 마이크로컨트롤러 사용기법에 관한 좋은 예이다. 비디오 데모 11.6은 실제로 완성된 제품을 설명한다. 아래에 제시된 정보에 더 익숙해지기 위해 먼저 비디오를 시청해도 무방하다.

비디오 데모

11.6 EMG 생체 신호에 의해 제어되는 로봇

1. 문제 정의

이 프로젝트의 목표는 로봇팔의 제어 신호로서 인간의 이두근으로부터 근전압(myoelectric)을 사용하는 시스템을 설계하는 것이다. 그림 11.13에서와 같이 이 프로젝트는 세 단계로 나뉠 수 있다: 데이터 수집, 분류, 구동.

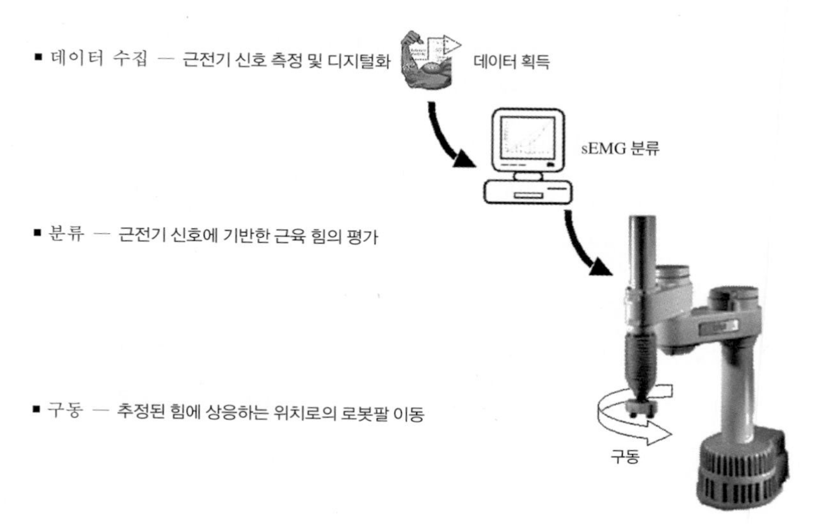

그림 11.13 EMG 로봇 프로젝트 구성
© David Alciatore

근전기 신호(myoelectric signal) 또는 **표면 근전도**(sEMG, surface electromyograms)는 이온이 근육 세포 안으로 들어가거나 나올 때 근육 수축에 의해 생성된다. 힘줄이 근육 수축을 초기화하기 위해 신호를 보낼 때 이온의 '활성 전위'는 근육의 길이를 따라 이동한다. 이 이온의 흐름은 수축성 근육의 피부 표면에 있는 Ag-AgCl 전극에 전류로 변환될 수 있다. 일반적으로 더 큰 수축성은 더 높은 sEMG 신호의 크기로 측정된다. 그러나 수축성이 일정함에도 불구하고 sEMG 신호는 아주 불규칙하게 될 수 있다.

연구는 전형적인 sEMG 신호가 다음과 같은 특성을 가진다는 것을 보여준다.

크기	0~5 mV
주파수 범위	0~500 Hz
주요 주파수 범위	50~150 Hz

위에서처럼 sEMG 신호는 밀리볼트 범위로 매우 작다. 사실 피부 표면의 전기적 노이즈는 주 신호의 크기보다 더 클 수 있다. 노이즈가 발생할 수 있는 세 가지 주파수 범위가 있다.

a. 0~10 Hz: 저주파 동작 인공물(예: 신호선의 흔들림)

b. 60 Hz: 회선 잡음(예: 가전제품)

c. >500 Hz: 고주파 잡음(예: 전극과 피부 사이의 운동)

2. 기능 다이어그램 작성

그림 11.14는 시스템에 요구된 구성요소 간의 정보 흐름을 묘사한 블록선도이다. sEMG 신호를 디지털화하기 전에 A/D 변환기(상세 사항은 8장 참조)의 전체 입력 범위의 이점을 얻기 위해 증폭되어야 한다. 그러나 신호를 오피앰프로 전달시키기가 쉽지 않다. 만약 그렇게 했다면, 노이즈 역시 증폭될 것이며 노이즈와 sEMG 신호를 구분하는 것이 불가능할 것이다. 따라서 A/D 변환에 앞서 노이즈를 걸러낸 후 신호를 증폭할 필요가 있다. 이 데이터 수집 단계를 **신호 조절**(signal conditioning)이라 한다.

신호가 증폭되고 노이즈가 제거되면 A/D 변환이 준비된 것이다. 그러면 디지털화된 신호는 sEMG 데이터의 분석으로 추정된 근육 힘이 내장되어 있는 PC로 전송된다. 추정된 힘은 인터페이스 회로를 거쳐 로봇팔로 전송된다. 그러고 나서 팔은 추정된 힘과 일치하는 위치로 움직

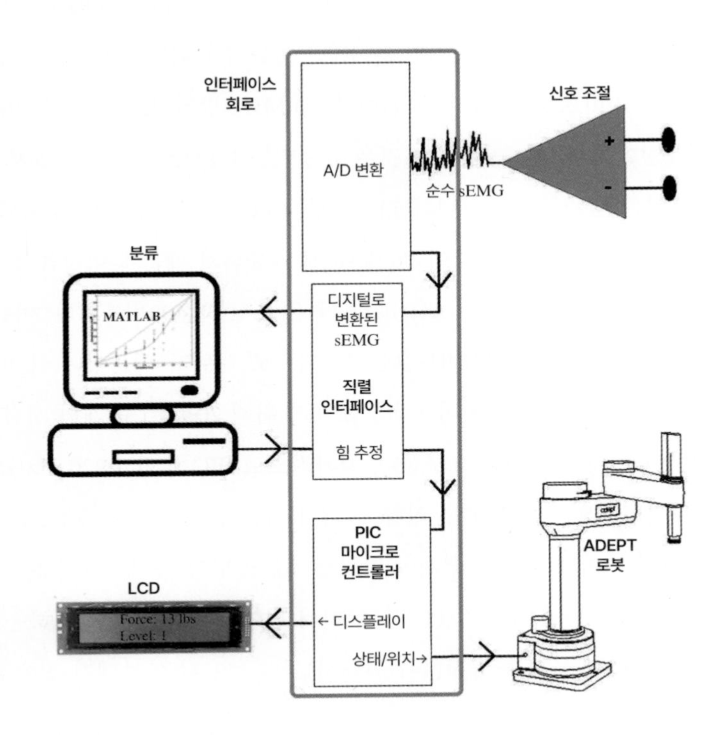

그림 11.14 EMG 로봇 시스템 개요

© David Alciatore

여진다. 예로서 로봇팔이 정지된 점은 0도일 것이다. 최대 수축값에서 로봇팔은 최대의 각도를 가질 것이다. 그리고 중간의 수축 레벨에서 로봇팔은 중간 각도로 맞춰질 것이다. 로봇팔을 DC나 스텝모터로 구성할 수 있다고 하더라도 이 프로젝트에서는 AdeptOne-MV 로봇팔을 이용했다. 이러한 형태의 로봇은 주로 산업용(예: 조립라인 작업)으로 쓰이지만 인공팔의 좋은 실험 모델로 이용된다.

3. I/O 조건 확인과 4. 적절한 마이크로컨트롤러 모델의 선정

비록 단일 마이크로컨트롤러가 창의적인 프로그래밍에 사용될 수 있지만 두 개의 마이크로컨트롤러가 문제를 간략화하는 데 사용될 수 있다. 하나의 마이크로컨트롤러는 A/D 변환을 수행하고 디지털 신호를 PC로 보내는 데 사용된다. 또 다른 마이크로컨트롤러는 PC와 로봇팔 간의 인터페이스로 사용된다. A/D 마이크로컨트롤러에 대해서는 1,000 Hz 이상의 샘플링 비율을 가진 아날로그 입력을 가져야 한다는 기본 제약이 있다(이유는 샘플링 이론에서 필터링된 후 500 Hz인 신호의 가장 높은 주파수 성분의 적어도 두 배 이상 샘플링이 필요하기 때문이다). 어떤 A/D 기능을 가진 임의의 PIC가 이 조건을 충족시킨다 하더라도 PIC16F819로 선택한다. 아날로그 입력을 가지는 임의의 PIC의 두드러진 차이점은 그들의 분해능이다. 어떤 것은 8비트 또는 12비트이나 대부분은 10비트(16F819와 동일)이다. 20 MHz 발진기로서 PIC는 약 50 kHz에서 10비트값으로 샘플링할 수 있다. 명백히 이것은 요구되는 1 kHz의 상위에 있게 된다. 그러나 이 과정의 제약 요인은 샘플링률이 아니라 디지털값을 PC로 전송하는 데 소요되는 시간이다. 직렬 커뮤니케이션을 위한 편리한 기능이 PicBasic에 제공되기 때문에 이것을 통신프로토콜로 선택했다. PIC용 가장 빠른 표준 직렬 보드(baud)율은 초당 38,400비트이다. 이유는 데이터의 각 바이트는 8비트로 제한되고 각 10비트값은 2바이트로 나뉘기 때문이다(각 바이트에 시작과 정지 비트를 더한다). 따라서 각 10비트값을 보내기 위해 20비트(두 개의 시작 비트+두 개의 정지 비트+2바이트)의 데이터를 요구한다. 결과적으로 PIC는 단 1,920 Hz(초당 38,400비트/20비트)에서 디지털값으로 보내질 수 있다. 그러나 이와 같이 일정한 흐름으로 데이터를 전송하는 것은 수신단의 데이터 오류를 쉽게 유발할 수 있다. 만약 송신기와 수신기의 클록이 조금이라도 동기에서 어긋난다면 수신기(PC)는 데이터 바이트가 시작과 정지하는 곳에서 경로를 이탈할 수 있다. 이러한 문제를 방지하기 위해서는 각각의 값을 보내기 전에 PicBasic에서 작은 지연을 고려해 준다.

매 100 ms마다 PC는 바로 앞 단계 100 ms의 데이터에 근거한 근육힘을 추정한다. 또 추정된 힘은 '저장된다'. 예를 들어, 0~5 lb로 추정된 힘은 0에 할당하고 5~10 lb로 추정된 힘은 1에 할당하고 그다음 계속 할당한다. 저장된 숫자는 로봇팔의 위치와 직접적으로 일치한다. 매 100 ms마다, PC는 2바이트를 직렬 포트로 보낸다: 추정된 힘과 저장된 숫자. PC와 로봇팔과 인터페이스하고 LCD에 정보를 표시하기 위해 PIC16F876이 선택되었다. PIC를 선택할 때 우선적으로 고려해야 하는 요인은 I/O의 수이다. 한 입력이 직렬 통신을 위해 필요하고, 6개의 I/O가 LCD 인터페이스에 요구되며, 5개의 출력은 Adept 로봇의 인터페이스용으로 사용되고 하나의 출력은 LED 상태를 위해 사용된다. 비록 많은 PIC 모델이 이 13개의 I/O를 처리한다고 하더라도 향후 업그레이드로 사용되는 22개의 I/O 16F876이 요구된다.

5. 필요한 인터페이스 회로 확인

신호조절 회로(signal conditioning circuit)는 작은 sEMG 신호를 증폭해야 하고 디지털화에 앞서 노이즈를 필터링해야 한다. 계기용 증폭기의 주된 용도는 노이즈 저감용으로 사용될 뿐만 아니라 증폭용으로도 사용된다. 5.9절에서 설명한 바와 같이 계기용 증폭기는 오피앰프의 두 입력의 각 단에 오피앰프로 버퍼링된 차동 증폭기이다. 버퍼 오피앰프는 노이즈를 제거하는 차동 증폭기(높은 CMRR을 가짐)의 능력을 향상시키는 높은 입력임피던스를 제공한다. 측정해야 할 전압차는 이두근에 위치한 두 전극의 차이이다. 근육 기능의 전위가 이두근을 아래로 움직임에 따라 첫 번째 전극은 원심 전극에 대해 양이 될 것이다. 역으로 기능의 전위가 이두근을 계속 내리면 두 번째 전극은 더 큰 양의 값을 가지게 될 것이다(물론 첫 번째 전극은 두 번째에 대해 음이 될 것임을 의미한다). 이론적으로 주변 노이즈는 동시에 전극에 도달하게 되어 노이즈로 인한 두 전극 사이의 전압 차이는 0이 된다.

노이즈를 더 제거하기 위해 고역통과 필터와 저역통과 필터가 적용된다. 10 Hz의 고역통과 필터는 인공물의 움직임과 DC 오프셋을 줄일 것을 요구한다. 약 500 Hz 정도의 저역통과 필터는 고주파 노이즈를 줄이게 된다. A/D 변환에 앞선 저역통과 필터는 엘리어싱을 방지하기 위해 중요하다. 불행하게도 60 Hz 선 노이즈는 sEMG 신호의 중간 주파수 범위에 있어 이 범위의 주파수를 제거하기 위해 노치필터의 사용이 바람직하지 않게 된다. 다행히도 계기용 증폭기는 이러한 선 노이즈를 충실히 제거할 수 있다.

0~5 V 입력 범위가 A/D 변환에 이용된다. 이 범위의 sEMG 크기를 확실히 하기 위해 두 개 이상의 구성요소가 신호조절 회로에 추가된다: 전파 정류기와 조정 가능한 이득. 즉, 전파 정류기는 신호의 절대치에 접근한다. sEMG 신호는 바이폴라(즉, 양과 음 둘 다 가능)이기 때문에

전파 정류기를 통해 지나가는 신호는 완전한 양임을 확실히 해준다. 결국 조정 가능한 이득은 신호의 크기에 영향을 미치는 모든 것, 즉 개별적인 차이뿐 아니라 전극 크기, 기하학적 및 위치적으로 차이점을 설명하는 데 유용하다. 신호조절 회로의 이득을 조정함으로써 약 5 V의 최대 전압 크기를 얻을 수 있다(예를 들어 최대 수축 레벨에서).

실행되는 대부분의 **직렬 통신**(serial communication)의 프로토콜은 **RS-232**이다. 예로서, 이 프로토콜은 +3 V와 +25 V 사이는 논리 0인 반면 −3 V와 −25 V 사이는 논리 1이다. PIC는 음의 출력을 낼 수 없기 때문에(또한 몇몇의 PC 직렬 포트가 5 V 미만의 값으로 읽는 오류가 발생될 수 있으므로) Maxim의 MAX232(그림 11.15 참조)와 같은 RS-232급의 변환기 칩을 사용하는 것은 좋은 방법이다. 이러한 칩은 TTL/CMOS 레벨의 신호를 RS-232급의 신호로 바꾸어주고 반대로도 동작한다. 또한 신호를 역으로도 가능하게 해준다는 사실도 주지하자. 예로서 5 V 입력이 주어질 때 출력은 약 −8 V가 된다. 0 V가 주어지면 +8 V가 된다.

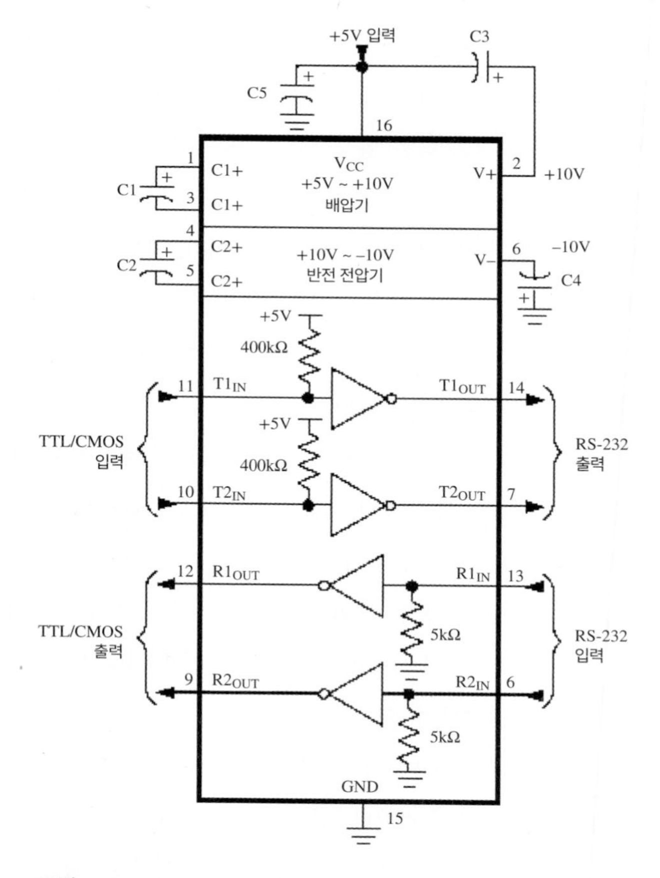

그림 11.15 MAX232급 변환기

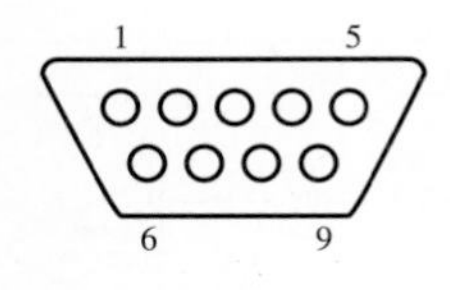

그림 11.16 직렬 포트

표 11.2 직렬 포트 핀

핀 번호	설명
2	데이터 수신
3	데이터 송신
5	접지

이 칩들은 5 V 전원공급과 접지를 이용하여 출력을 공급할 수 있다. 이것은 **충전펌핑**(charge pumping)이라는 기술을 이용한 것으로 커패시터에 전압을 저장하여 증폭하는 방법이다.

PicBasic의 Serout 명령의 변수 중 하나는 모드(mode)이다. 보드율에 따라서 이 변수는 직렬 데이터가 참(true) 또는 역(inverted)으로의 구동인지를 규명한다. 여기서 RS-232급의 변환기 칩을 사용하므로 칩이 자동으로 신호를 반전시키기 때문에 참이 사용된다. 로봇/LCD 인터페이스를 위해 PC로부터의 MAX232 칩은 RS-232 출력을 TTL 레벨의 신호로 변환할 뿐만 아니라 A/D 변환기 PIC의 TTL 출력을 RS-232 레벨의 신호로 변환하는 데 사용된다.

그러나 USB와 더 빠른 다른 인터페이스가 직렬 포트를 불필요하게 해줌에도 불구하고 대부분의 PC는 아직도 DB9 직렬 포트(그림 11.16 참조)를 가지고 있다. 비록 이 DB9 포트는 9개의 핀을 가지고 있지만 이 교재의 용도로는 그중 세 개만 필요하다. 다른 핀은 정규 데이터의 흐름을 돕는 **핸드셰이킹**(handshaking)용이다. 이 교재의 목적을 위해 꼭 필요한 핀이 표 11.2에 주어졌다. 2번 핀은 PC가 디지털화된 sEMG 신호를 받는 곳이며 3번 핀은 추정된 힘과 bin 수를 인터페이스 PIC로 보낸다(두 경우 모두 MAX232 칩을 거친다).

6. 프로그램 언어 결정

PicBasic Pro가 사용된다. PicBasic Pro에 의해 제공되는 직렬 통신과 LCD 인터페이스 명령은 아주 유용하다.

7. 회로도 작성

그림 11.17은 회로 신호 조절을 위한 회로도이다. 첫 번째 단은 주어진 저항의 값으로 이득 939의 계기용 증폭기이다. 다음 단은 버퍼 오피앰프에 의한 간단한 *RC* 필터이다. 만약 버퍼 오피앰프가 포함되지 않는다면 다음 단의 저항은 필터(임피던스와 함께)의 **부하**(load)가 되어 동작을 변화시킨다. 즉, 단순한 *RC* 필터 동작이 아니게 된다. 다음 단은 **능동필터**(active filter, 오피

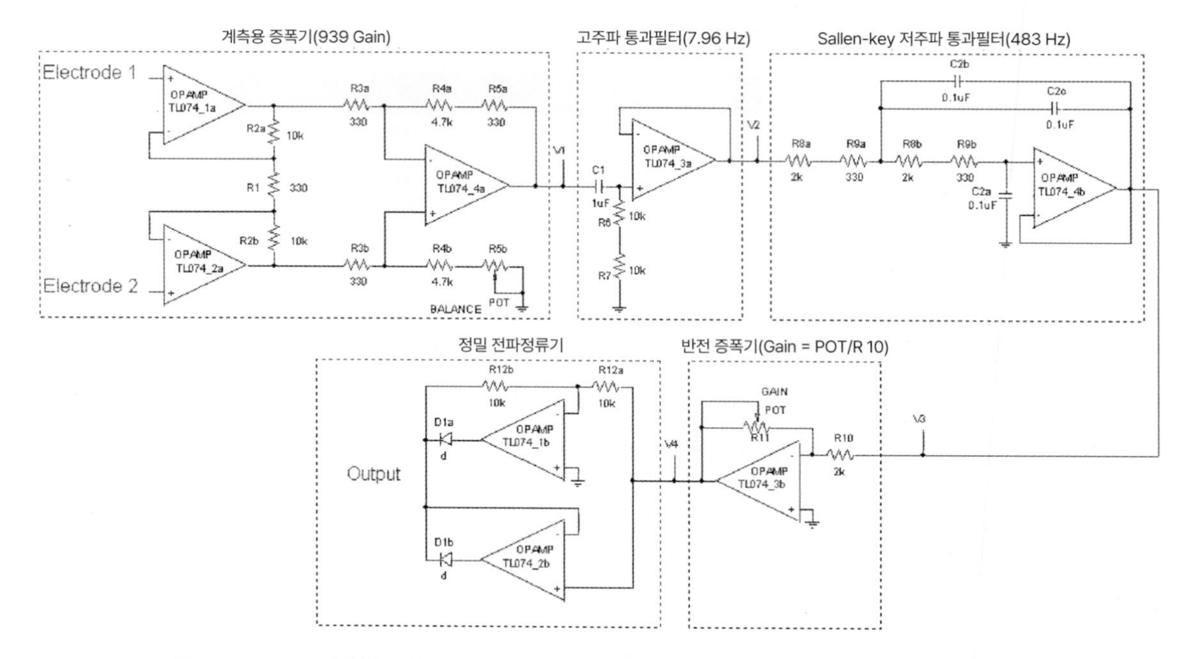

그림 11.17 EMG 로봇 신호조절 회로 다이어그램

앰프의 피드백 이용)의 일종인 **2극 Sallen-Key**(two-pole Sallen-Key) 저역통과필터이다. 전 과정은 아날로그필터 설계에 의해 수행될 수 있지만, 능동필터는 수동필터(*RC* 필터)보다 강인하며 부가 '극점(pole)'(*RC* 필터는 단일 필터)은 바람직하지 않은 주파수를 더 효과적으로 감쇄시킨다. 다음 단은 시스템의 전체 이득을 조절하는 데 쓰이는 전위차계인 피드백 저항을 가진 반전 오피앰프 증폭기이다. 마지막 단은 정밀한 전파 정류기이다. 이것은 다이오드를 켜는 데 순방향바이어스가 필요 없기 때문에 아주 간단한 디자인의 정밀한 전파 정류기이다.

sEMG 신호가 이 회로를 통과한 후 반전 증폭기의 전위차계 설정으로 8~483 Hz의 대역통과필터와 전파 정류기로 대략 1,000배 증폭된다. 이 회로를 더욱 강인하게 하는 설계는 온라인 상에서 무료로 **PCB**(printed circuit board) 레이아웃 프로그램을 사용할 수 있는 PCB123을 이용하는 브레드보드를 사용하기보다는 주문제작형 PCB 사용이 일반적이다(**인터넷 링크 11.8** 참조). 그림 11.18은 PCB용 소프트웨어로 제작된 배선과 납땜 패드를 보여준다. 그림 11.19는 부품이 납땜된 PCB 조립의 모습이다. **인터넷 링크 11.9**는 PCB 제작에 필요한 모든 과정을 설명하는 자료를 제시한다. PCB와 납땜에 관련된 더 많은 정보는 2.10.3절을 참조하라.

11.8 상용 PCB 설계를 위한 PCB123 소프트웨어

11.9 PCB 공정 단계의 예

이 예제에서 사용된 칩은 단 네 개의 JFET 오피앰프와 두 개의 TL074s뿐이다. 이 오피앰프는 약 ±5~±18 V의 광범위한 범위에서 동작한다. 시스템을 이동용으로 하기 위해서는 두 개

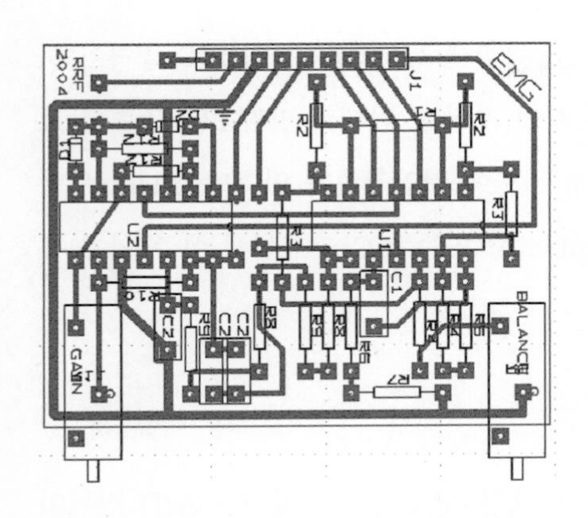

그림 11.18 EMG 로봇 신호조절 회로 PCB 외형

그림 11.19 EMG 로봇 신호조절 회로 사진

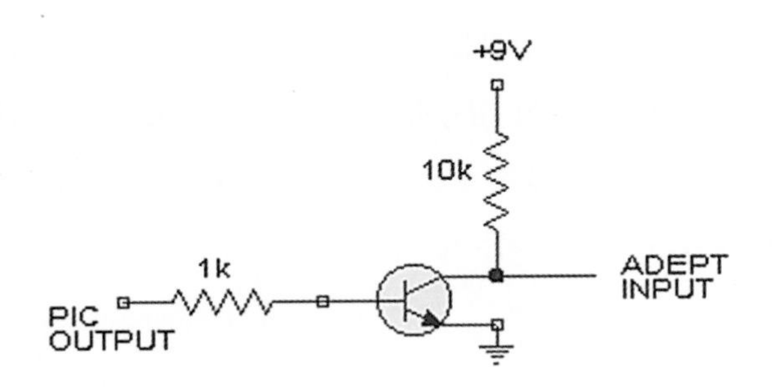

그림 11.20 Adept 인터페이스 회로의 EMG 로봇 PIC

의 9 V 배터리가 필요하다. 더욱이 전압조정기는 PIC를 구동하기에 필요한 +5 V가 사용될 수 있다.

신호조절 회로의 출력은 PIC16F819의 아날로그 핀에 연결한다. PIC16F84와 같은 PIC 칩의 동작을 위한 회로보다는 단지 아날로그 입력과 디지털 핀에서 MAX232 칩의 TTL 입력으로 연결되는 배선이 필요하다. 배선을 MAX232에 해당되는 RS-232 출력을 PC 직렬 포트에 있는 2번 핀과 연결한다. 마찬가지로 배선은 직렬 포트의 3번 핀에서 MAX232칩상의 RS-232의 입력과 연결된다. 해당되는 TTL 출력은 16F876 인터페이스 PIC의 디지털 핀과 연결된다. LCD를 PIC에 연결하기 위한 샘플 결선도는 그림 7.13에 주어졌다.

Adept 로봇의 입력 포트에 논리 1을 주기 위해 최소한 9 V가 필요하다. PIC의 PORT A 출력 각각에서 트랜지스터와 분리된 전원(오피앰프를 동작시키기 위한 양의 전압원과 같은)은 전압상승을 초래한다. 그림 11.20의 회로도는 각각의 PORT A 핀과 해당되는 Adept 입력핀과의 요구되는 인터페이스를 보여준다. 회로가 인버터로 동작함에 유의하라. 만약 PIC 출력이 하이이면 트랜지스터는 포화되어 Adept 입력은 영전위로 될 것이다. 반대로 만약 PIC 출력이 로우이면 트랜지스터는 오프되고 전류도 0이 된다. 10 k 저항에 전압강하가 없다면 Adept 입력은 9 V가 될 것이다. 이 부(negative)의 논리는 Adept 코드(또는 PIC 코드에서 아주 쉽게)를 나타낸다.

8. 프로그램 흐름도 작성

그림 11.21의 흐름도는 A/D 변환기 PIC의 동작을 나타낸다. 변수를 초기화하고 A/D 변환이 어떻게 수행되는지 정의한 후에 A/D 변환은 계속 샘플링하고 직렬핀을 통해 데이터를 내보내는 간단한 루프이다.

그림 11.22는 인터페이스 PIC의 동작을 묘사한 흐름도를 보여준다. 이 PIC는 직렬핀상의 2바이트를 받는 것을 기다리고(추정된 힘과 bin 수) 그 값을 LCD에 표시하며, PORT A상의 bin 수를 출력한다. 이 PIC는 LCD에 정보를 표시하는 것보다 직렬/병렬 변환기가 더 필수적이다. 병렬값은 Adept 로봇에 의해 읽히는 값이다.

9. 코드 작성

PIC는 8비트 프로세서이므로 8비트를 넘는 정수(255+) 값은 두 개 또는 그 이상의 레지스터에 저장되어야 한다. PIC16F819는 10비트 A/D 변환을 수행하기 때문에 그 결과는 ADRESL

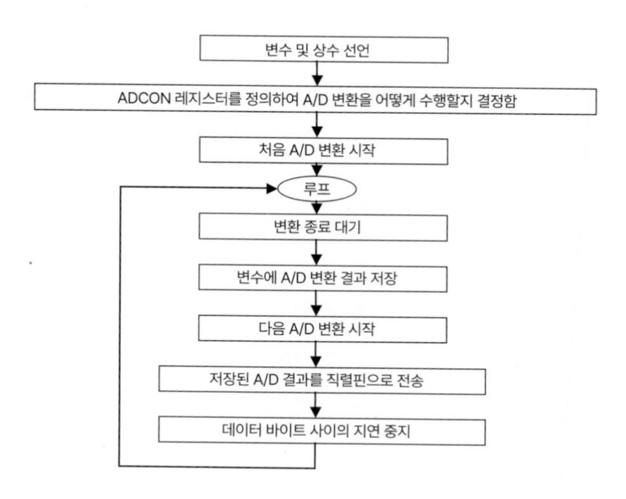

그림 11.21 EMG 로봇 A/D 변환기 PIC 흐름도

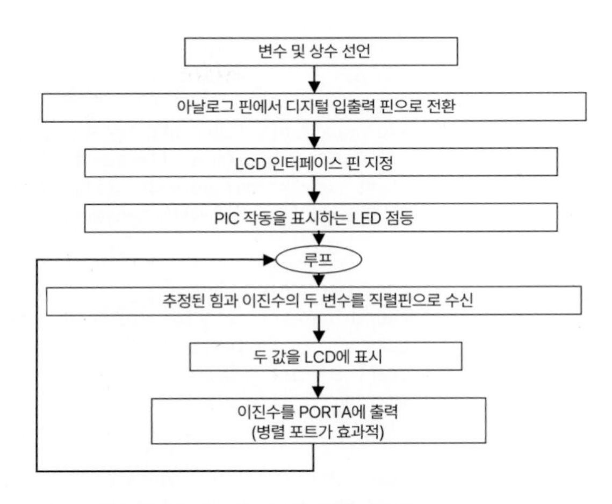

그림 11.22 EMG 로봇 인터페이스 PIC 흐름도

과 ADRESH의 두 개의 레지스터에 저장된다. 하나는 결과를 어떻게 '자리매김하는지'를 결정한다. 8개의 최하위 비트(LSB)는 한 레지스터에 있거나 8개의 최상위 비트(MSB)가 하나의 레지스터에 있게 된다. 나머지 두 비트는 0으로 채워진다. 자리수 정렬, 변환 그리고 변환과 변환의 초기화 그리고 다른 A/D 변수는 ADCON0과 ADCON1 레지스터(상세 사항은 PIC16F819 데이터시트 참조)로 정의된다. A/D 변환기 PIC를 위한 코드는 아래에 주어졌다.

```
'*****************************************************************
'* Name     : ADC.BAS                                           *
'* Version  : 2.0                                               *
'* Notes    : PIC16f819                                         *
'*          : Reads analog value, serially sends binary result  *
'*****************************************************************
DEFINE OSC 20             ' 20MHz crystal

' Initialize variables
ADC_LSB Var BYTE          ' 8 LSB of the 10 bit A/D conversion
ADC_MSB Var BYTE          ' 2 MSB of the 10 bit A/D conversion (in bits 0 & 1)
i       Var BYTE          ' looping variable
serMode Con 6             ' baud rate of serial;    84=9600 bps
                          '                         32=19200 bps
                          '                          6=38400 bps

' Setup A/D registers
ADCON0 = %10000000        ' TAD=32Tosc, A/D pin=RA0
ADCON1 = %10001110        ' Right justified (8 LSB are in ADRESL, 2 MSB are in ADRESH)

' Configure I/O ports
TRISA = %11111111         ' PORTA is all inputs
TRISB = 0                 ' PORTB is all outputs
```

```
LED Var PORTB.3                   ' Status LED
ADC_pin Var PORTA.0               ' A/D pin
SERIAL_pin Var PORTB.4            ' Serial out pin
ADC_on Var ADCON0.0               ' A/D on/off bit (turn off to save power)
ADC_go Var ADCON0.2               ' A/D Go/Done bit (manually set to 1 to
                                  ' start conversion; automatically is reset
                                  ' to 0 when finished with conversion)

initialize:
  ADC_on = 1                      ' turn the ADC channel on
  Pause 250                       ' let things settle a bit (probably not necessary)
  High LED                        ' turn on LED to indicate ADC in process
  ADC_go = 1                      ' start the 1st A/D conversion
  Gosub getADC                    ' wait until it's done

main:
  ADC_go = 1                      ' start the next A/D conversion
  Gosub sendADC                   ' send the data while doing the A/D conversion
  Pauseus 126                     ' pause 126 us (results in 1500 Hz sampling rate)
  Gosub getADC                    ' get the results of the A/D conversion
Goto main                         ' do it forever

getADC:
  Do While (ADC_go == 1)          ' wait until the conversion is done
  Loop                            ' (should already be done, because SEROUT takes a while
  ADC_MSB = ADRESH                ' save 2 most sig. bits (padded w/ 0s)
  ADC_LSB = ADRESL                ' save 8 least sig. bits
Return

sendADC:
  Serout2 serial_pin, serMode, [ADC_MSB]          ' send the MSB (padded with six 0s)
  Serout2 serial_pin, serMode, [ADC_LSB]          ' send LSB
Return

End
```

인터페이스 PIC를 위한 대부분의 코드(아래 참조)는 DEFINE 문이 가장 확실하다. DEFINE은 PicBasic Pro에서 미리 결정한 요소들을 바꾸는 데 사용된다. 예로서, PicBasic Pro는 4 MHz 클록과 LCD에 사용되는 특별한 여러 개의 IC 핀을 가정한다. 20 MHz 발진과 LCD를 위한 다른 핀 배열을 사용하기 때문에 새로운 변수의 DEFINE이 요구된다. DEFINE OSC 20의 표기는 PicBasic이 더 빠른 클록 속도를 내기 위해 시간에 민감한 명령(예: Pause, Serin, Lcdout)을 변화시키도록 한다. 만약 이 작업을 하지 않는다면 이 모든 명령은 5배 빨라지거나 아무 일도 수행하지 않게 된다.

```
'****************************************************************
'* Name      : PC2PIC.bas                                       *
'* Version   : 2.0                                              *
'* Notes     : PIC16F876                                        *
```

```
'*          : Reads two values from serial pin, displays them   *
'*          : on an LCD, and converts one of the values to a // *
'*          : value on PORTA                                    *
'*******************************************************************

' Be sure to set Configure | configuration bits | oscillator - HS
' before programming (if using 20Mhz osc)

ADCON1 = %11000110              ' turning all of porta to digital
TRISA = %00000000               ' turning all of porta to outputs

DEFINE OSC      20              ' 20 MHz oscillator
DEFINE LCD_DREG PORTB           ' LCD data port
DEFINE LCD_BITS 4               ' 4 parallel data bits
DEFINE LCD_DBIT      0          ' data bits on PORTB.0 -> PORTB.3
DEFINE LCD_RSREG     PORTC      ' Register Select (RS) port
DEFINE LCD_RSBIT     6          ' RS on PORTC.6
DEFINE LCD_EREG      PORTC      ' Enable (E) port
DEFINE LCD_EBIT      7          ' Enable on PORTC.7
DEFINE LCD_LINES     2          ' 40X2 LCD Display
DEFINE LCD_COMMANDUS 3000       ' command delay time (us) found
                                ' experimentally 3000
DEFINE LCD_DATAUS 75            ' data delay time (us)  found experimentally 75

LED         Var    PORTB.7      ' Status LED
serin_pin   Var    PORTB.6      ' serial in pin

i           Var    BYTE         ' looping variable
command     Var    BYTE         ' 1st byte received from serial pin
force       Con    BYTE         ' 2nd byte received from serial pin
mode        Con    6            ' serial mode (6=38400 baud)

Lcdout $FE, 1                   ' clear LCD
For i = 1 to 8                  ' flash the status LED
      High LED
      Pause 100
      Low LED
      Pause 100
Next i

PORTA = 0
Pause 1000
High LED
Pause 500
'''''''''''''''''''''''''''''''''''''''''''''

'       EMG             |     Force: ## lbs
'Signal Strength        |     Level: #
'''''''''''''''''''''''''''''''''''''''''''''

Lcdout $FE, 128, "        EMG         | Force: lbs"
Lcdout $FE, 192, "Signal Strength     | Level: "

main:
      Serin2 serin_pin, mode, [command, force] ' get 2 serial values

      Lcdout $FE, 128 + 31, #force
      Lcdout " "
```

```
        Lcdout $FE, 192 + 31, #command
        Lcdout " "

        'Convert serial value to parallel value on portA (for ADEPT robot)
        PORTA = command

    Goto main
```

10. 시스템 제작과 시험

어떤 시스템이든지 특히 복잡한 시스템에서는 각 부분의 검사가 중요하다. 시스템을 동작 가능한 가장 작은 부분으로 분리하여, 예측한 대로 수행하는지를 확인하기 위해 입력과 출력을 검사하라. 예로서, 신호조절 회로에서 전파정류기에 사인파를 입력한 경우 출력신호가 정류되는지를 확인함으로써 전파정류기를 시험할 수 있었다. 또한 각각의 필터는 스위프(sweep) 주파수를 가하여 컷오프 주파수에서 크기가 입력 크기의 70.7%가 되는지를 확인함으로써 검사되었다.

모든 PIC에서 PIC가 켜져 있는지, 어느 기능을 수행하는지를 표시하는 상태 LED를 추가하는 것은 좋은 방법이다. 고장 점검을 하는 동안 검사 추적을 위해 코드상의 다른 점에서 상태 LED의 점멸상태 이용은 매우 유용하다. LCD는 진단 메시지를 표시하고 변수에 저장된 값을 표시하기 때문에 디버깅 코드에서 매우 유용하다.

PIC와 PC 사이의 직렬 통신은 터미널 프로그램을 이용하여 테스트할 수 있다. 윈도우 프로그램에 내장된 터미널 프로그램인 하이퍼터미널(hyperterminal)은 직렬 포트로부터 읽고 쓰기를 가능하게 해준다. PIC가 보내거나 수신되기를 예측하는 형식과 일치시키기 위해 포트 설정(보드율)의 구체화를 확실히 해야 한다.

비디오 데모

11.6 EMG 생체 신호에 의해 제어되는 로봇

예제는 시스템의 각 요소에 대해 주어지지만 요점은 모든 것을 차근차근 구성하고 테스트하는 것이다.

동작 시스템의 예시가 비디오 데모 11.6에 주어졌다.

11.4.2 동전 계수기의 메카트로닉스 설계

이 절에서는 다음과 같은 설계 문제에 대한 해답을 소개하고자 한다. 여러 가지 미국 동전이 섞여 있는 무더기를 한 줄로 정렬하여, 각각의 동전 금액을 식별하는 센서 배열로 보내는 전자 기계인 동전 계수기를 설계하는 것이다. 센서의 출력은 동전의 수와 총액을 계산하여 결과를 사용자에게 다중(multiplexed)으로 디스플레이하는 회로에 인터페이스되어 있다.

대학교 3학년 메카트로닉스 과목에서 80명을 4명씩 그룹으로 나누어서 이 설계 목표를 부여했더니 절반 이상의 팀이 6주의 설계 기간 후 성공적인 해답을 내놓았다. 모든 그룹은 동전 정렬 작업과 동전 수를 디스플레이하는 데 성공했다. 단일 디스플레이에 계수와 동전 금액을 멀티플렉싱하는 것은 창의적 디지털 논리 설계가 필요한 매우 어려운 목표였기 때문에 모든 그룹이 성공하지는 못했다. 재설계 기간을 추가했다면 대부분이 성공했을 것이다. 이 문제는 정답이 따로 없고 설계하는 사람 수만큼 다양한 설계가 나올 수 있다.

이 문제는 두 개의 중요한 요인을 가진다. 동전을 직렬로 정렬하여 센서 배열에 세우는 작업을 하는 메커니즘 설계와 센서의 데이터를 받아 동전의 수와 금액을 계산하여 표시하는 전자계산 회로 부분이다. 대개의 팀이 메커니즘 설계와 전자 회로 부분을 나누어 작업을 진행했다. 기계 공작과 설계에 대한 경험과 관심을 가진 학생들은 전자-기계적인 동전 정렬 방식 설계에, 전자 회로 관한 과목을 많이 수강하고 좋아하는 학생들은 센서와 카운터 설계에 집중했다. 모든 설계 프로젝트의 경우와 마찬가지로 전체 설계에서 관심이 있는 분야가 다르게 마련이다. 무엇보다 중요한 것은 책임의 부여와 의사소통, 문서화, 서로 다른 부시스템 간의 호환성 유지이다. 무엇보다 강조하고 싶은 것은 설계 과정에서 팀 내의 협력과 의사소통이 설계 그 자체만큼이나 중요하다.

기계요소 설계는 한 무더기의 다양한 동전을 받아들일 수 있는 통과 동전을 각각 분리하고 동전을 식별하여 계산을 위한 디지털 신호를 출력할 센서에 공급하는 메커니즘이 있다. 기존의 동전 선별기를 참조하여 많은 학생은 원형 홈에 의해 개개 동전을 빼내는 경사 회전 디스크 방식의 설계를 했다. 그림 11.23은 한 무더기의 동전을 정렬하는 메커니즘 설계의 예를 보여준다. 세 가지 중 두 가지(그림 11.23a와 11.23c) 접근 방법은 DC모터를 이용하여 동전을 받아들이는 홈이 파진 디스크를 회전시키는 것이다. 디스크가 회전하면 동전은 센서가 배열된 직선 홈으로 굴러 들어간다. 대부분의 설계는 DC모터와 연속으로 회전하는 디스크 형태로 설계되었다. 다른 설계(그림 11.23b 중 하나)는 진동하는 경사 낙하장치와 파친코(pachinko)와 같은 기계적 배열을 이용하고 있다. 각각의 동전이 분리되면 경사 낙하장치를 지나 센서 배열이 장착된 사각 관으로 굴러 들어간다.

사람들은 동전의 금액을 시각과 촉각으로 판별하지만 자동화 장치는 잘 설계된 센서 시스템이 필요하다. 동전의 크기, 중량, 두께가 금액에 따라 차이가 난다. 설계를 단순화하기 위해 모든 그룹은 동전의 직경을 판별하는 센서를 광트랜지스터와 LED의 조합으로 설계했다. 이 광센서 쌍을 세심하게 배치시켜 신호의 조합이 서로 다른 동전 가격에 대해 유일하도록 해준다

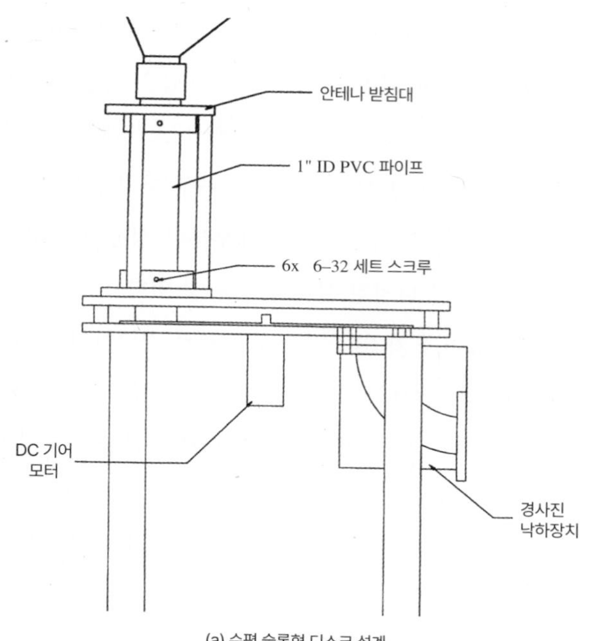

(a) 수평 슬롯형 디스크 설계

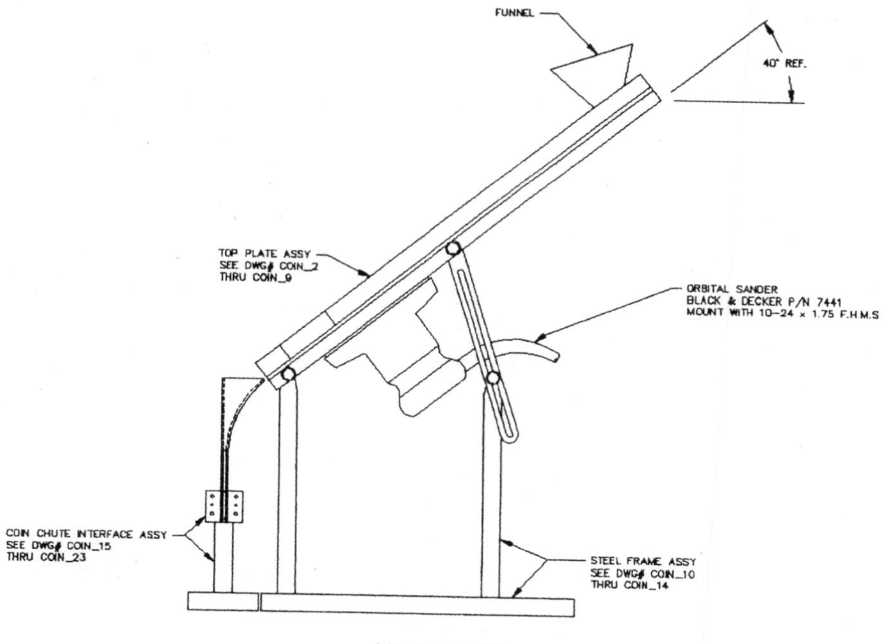

(b) 'pachinko' 설계

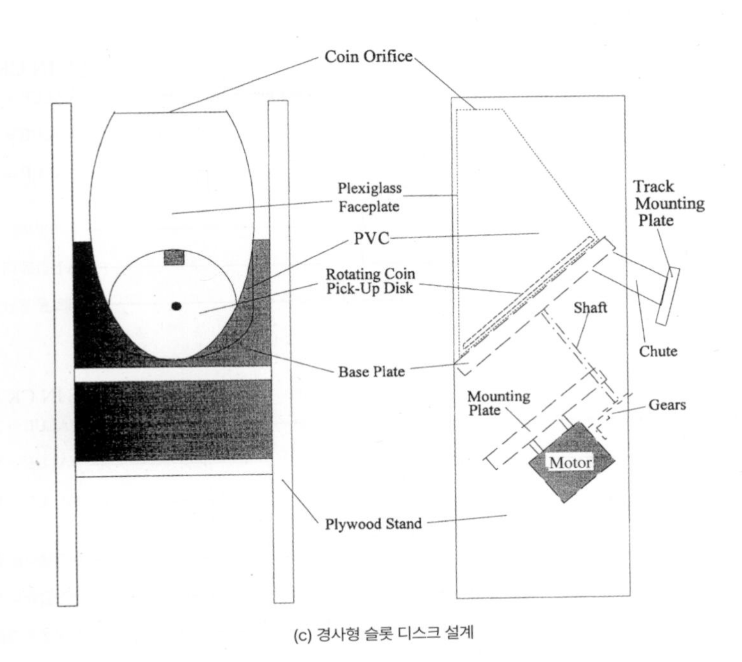

(c) 경사형 슬롯 디스크 설계

그림 11.23 동전 계수기 메커니즘의 예시

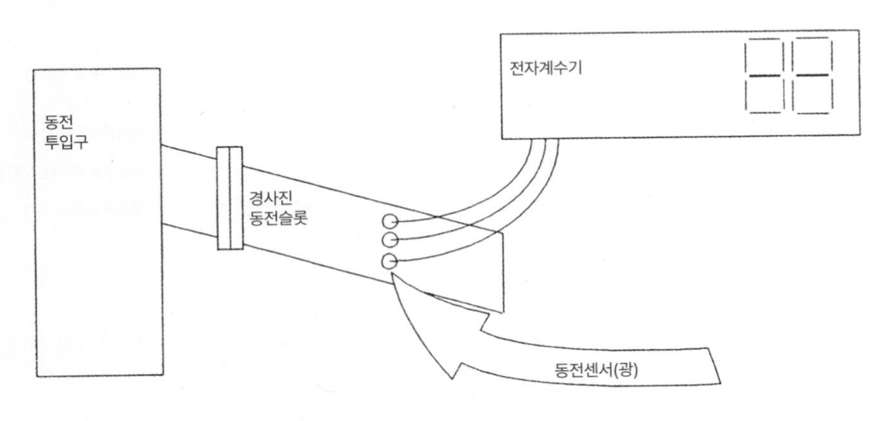

그림 11.24 센서 배열과 낙하장치 설계

(그림 11.24 참조). 이 프로젝트에서는 동전의 확실한 구별을 위해 1센트, 5센트, 25센트 동전으로 종류를 제한했다. 동전이 슬롯을 부드럽게 굴러 내려온다는 가정하에 동전의 직경은 이들을 구별해 내는 가장 중요한 성질이다. 이러한 전제하에 가장 큰 25센트는 모든 센서를 변화시키고 1센트는 하나의 센서만 동작시킨다. 또한 센서로부터의 신호는 펄스로서 그 폭이 동전의 직경과 속도를 의미한다. 이러한 펄스는 판별과 계수에서 동기화가 복잡하기 때문에 동시에 시

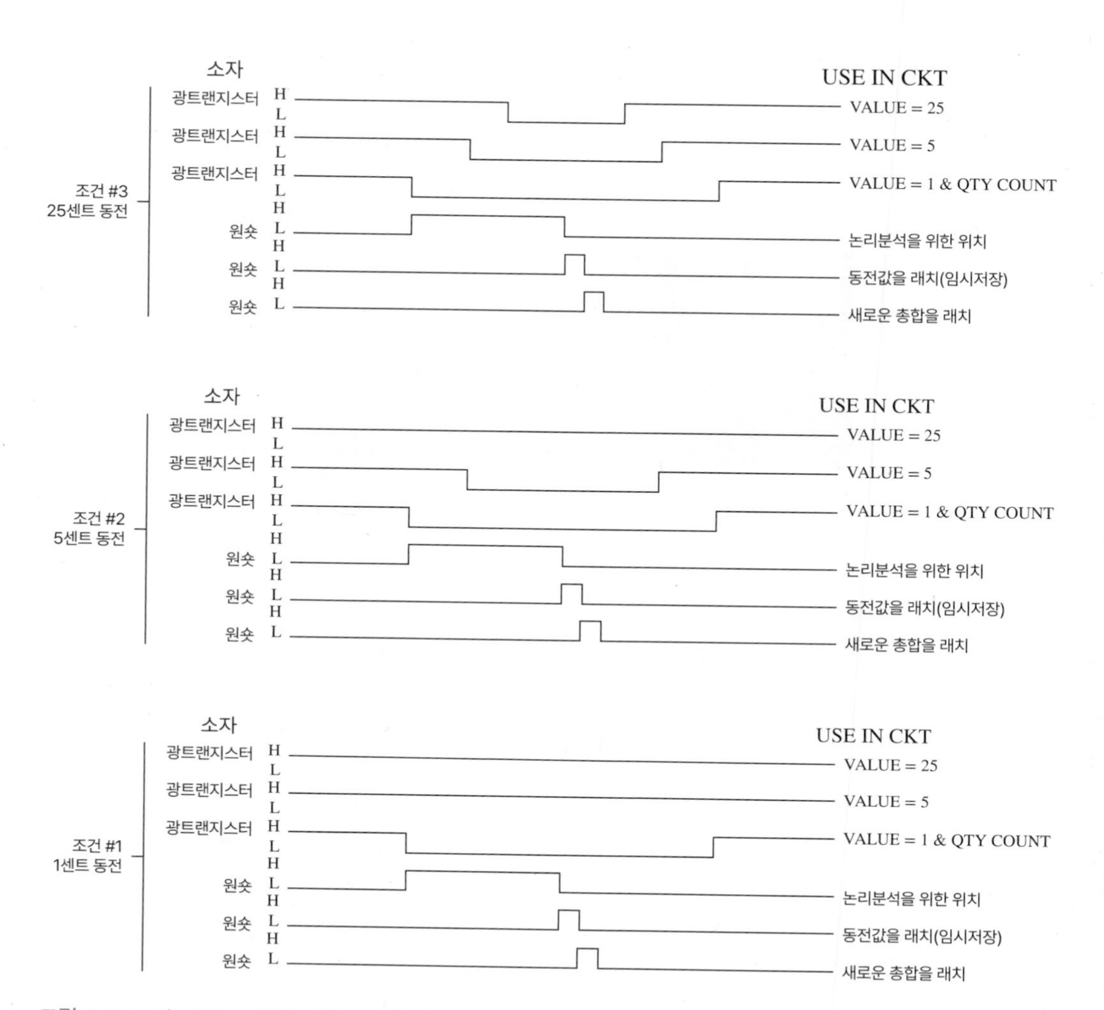

그림 11.25 서로 다른 동전에 대한 TTL 출력

작하고 동시에 끝나지 않는다(그림 11.25 참조). 센서 출력은 7404 Schmitt 트리거를 이용하여 TTL 신호로 변환하여 회로의 계산부와 신호를 통일시킨다.

센서는 동전의 크기와 속도에 따라 서로 다른 시작 시간과 폭을 갖는다. 이 현상에 대해 동전을 정확하게 식별하기 위해 세심한 주의가 요구된다. 만일 센서로부터의 TTL 신호가 동기화되었다면 서로 다른 동전에 대한 부울식을 다음과 같이 간단하게 표현할 수 있다.

$$X = A \cdot B \cdot C \tag{11.14}$$

$$Y = A \cdot B \cdot \overline{C} \tag{11.15}$$

$$Z = A \cdot \overline{B} \cdot \overline{C} \tag{11.16}$$

여기서 C는 최상위, B는 중간, A는 최하위 센서의 출력을 나타내고 X는 25센트, Y는 5센트, Z는 1센트의 통과를 의미한다.

이 프로젝트가 주어진 시점에 아직 마이크로컨트롤러 프로그래밍과 인터페이싱을 배우지 못한 학생들은 TTL IC를 사용하여 해를 구해야 할 것이다. 동전을 판별하고 통과 동전의 금액에 따른 디스플레이값의 증가를 위해서는 조합과 순차 논리가 필요하다. 이 문제를 여러 그룹에서 해결할 때 많은 방법이 제시되었다. 그림 11.26과 11.27은 동전 계수와 디스플레이를 위한 학생 두 그룹이 설계한 회로도이다. 이 회로의 출력은 현재까지의 동전 수와 누적 금액을 표시하기 위한 디스플레이에 전달된다.

수업토론주제 11.2 동전 계수기 회로

그림 11.26은 학생 그룹에서 작성한 동전 계수기의 전자 회로이다. 이 설계는 동전의 값과 그 전까지의 합계를 더하기 위해 원숏(one-shot) 래치를 사용하고 있다. 동전이 1센트인지 5센트인지 25센트인지를 판별하는 첫 번째 절반 회로의 입력 부분에 오류가 있다. 오류는 회로의 조합 논리 부분이다. 그림 11.25의 타이밍도를 살펴보고 논리 회로가 동전 선별을 올바르게 못한다는 것을 확인하라.

비록 그 논리 회로 부분이 수정된다 하더라도 원숏 펄스의 폭은 고정되어 있는데 동전이 얼마나 빨리 지나가느냐에 따라 센서 펄스의 폭이 바뀌기 때문에 설계는 여전히 타이밍 문제를 가지고 있다. 다음은 동전이 1센트인지 5센트인지 25센트인지를 정확하게 판별하는 순차 논리이다. 타이밍도를 그려서 이 설계가 신뢰성이 있음을 검증하라. S_{low}, S_{middle}, S_{high}, B, C, L, R, X, Y, Z 신호를 타이밍도에 추가하라. 그림 11.25에서 각 동전의 광트랜지스터 입력신호를 참조하라.

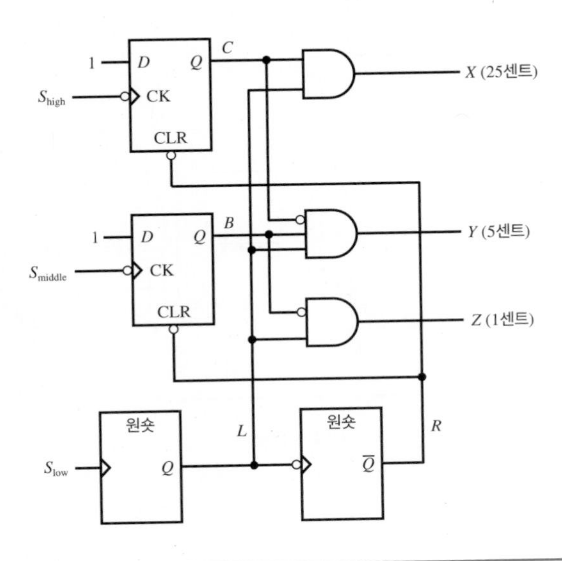

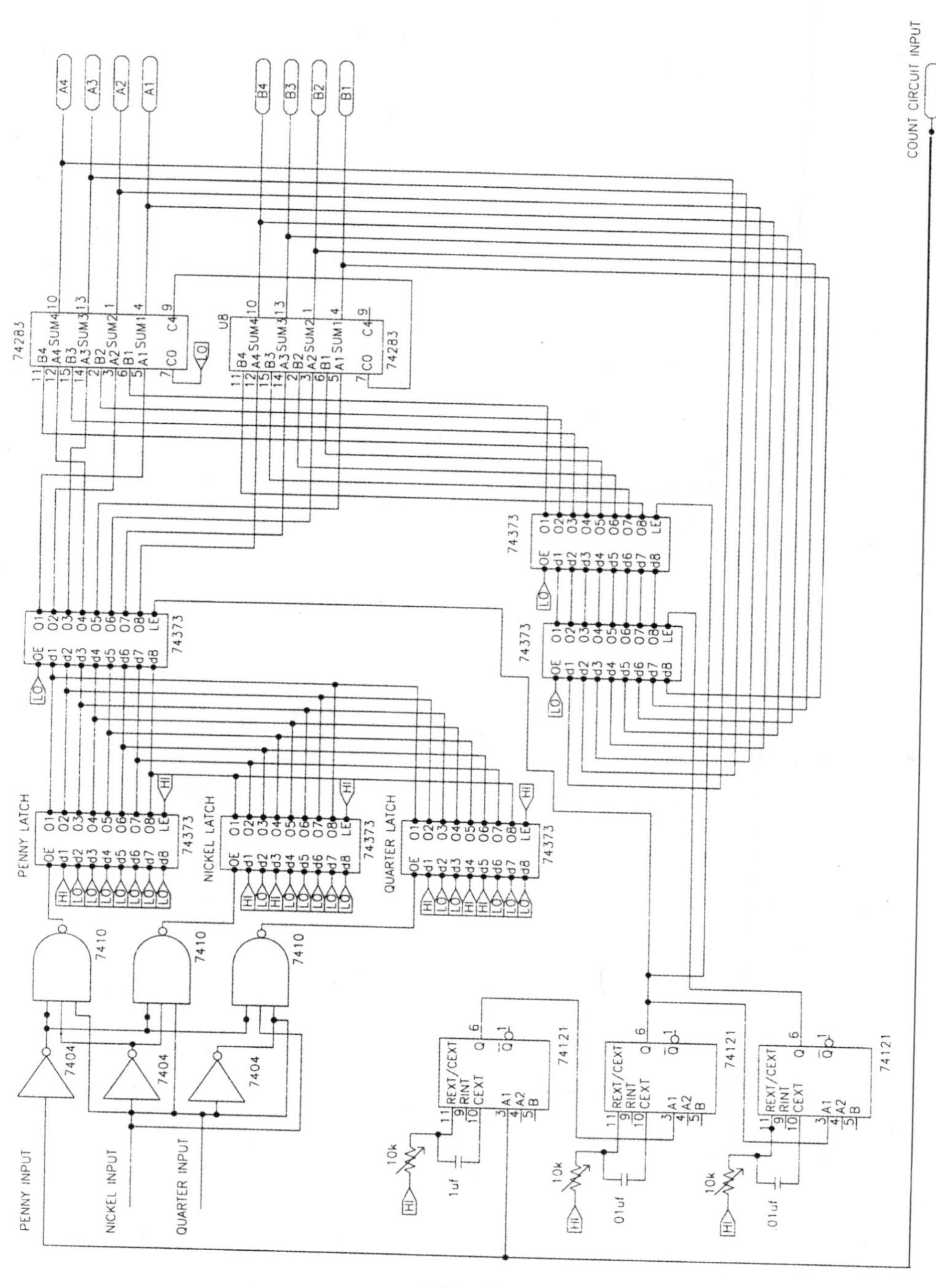
COUNT CIRCUIT INPUT
PENNY INPUT
NICKEL INPUT
QUARTER INPUT
PENNY LATCH
NICKEL LATCH
QUARTER LATCH
74373
74283
U8
7410
7404
74121
10k
1uf
01uf

(a) 회로 전반부

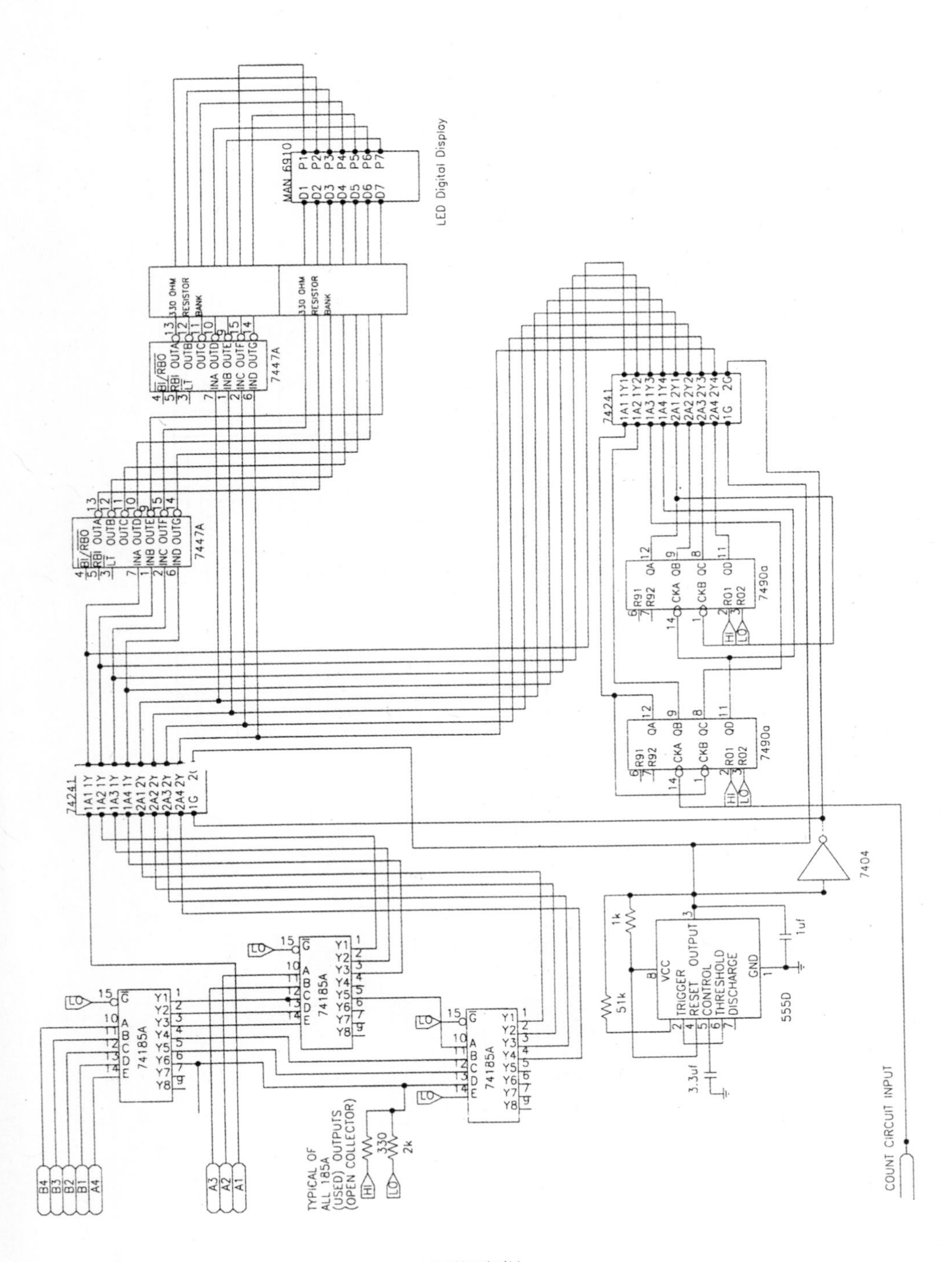

(b) 회로 후반부

그림 11.26 계수기 설계 1

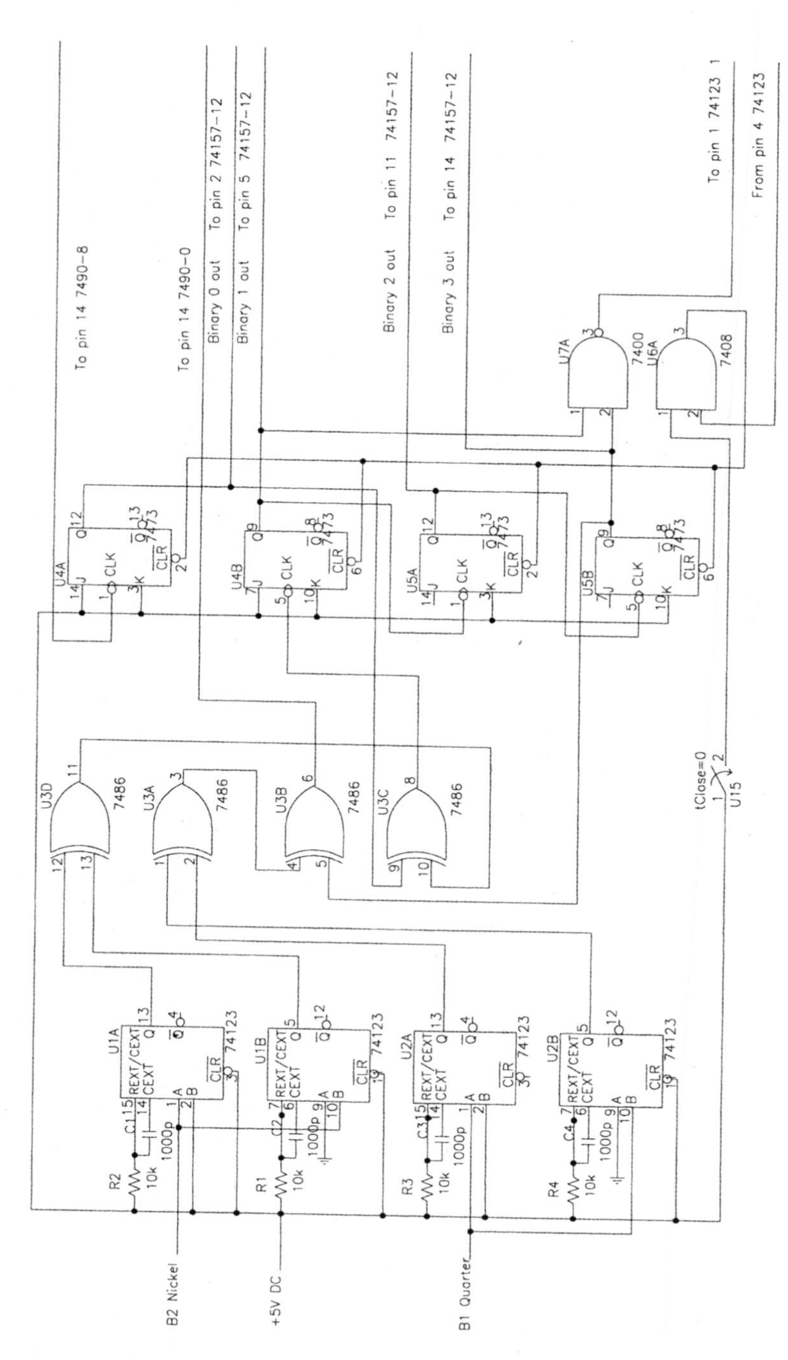

(a) 회로 전반부

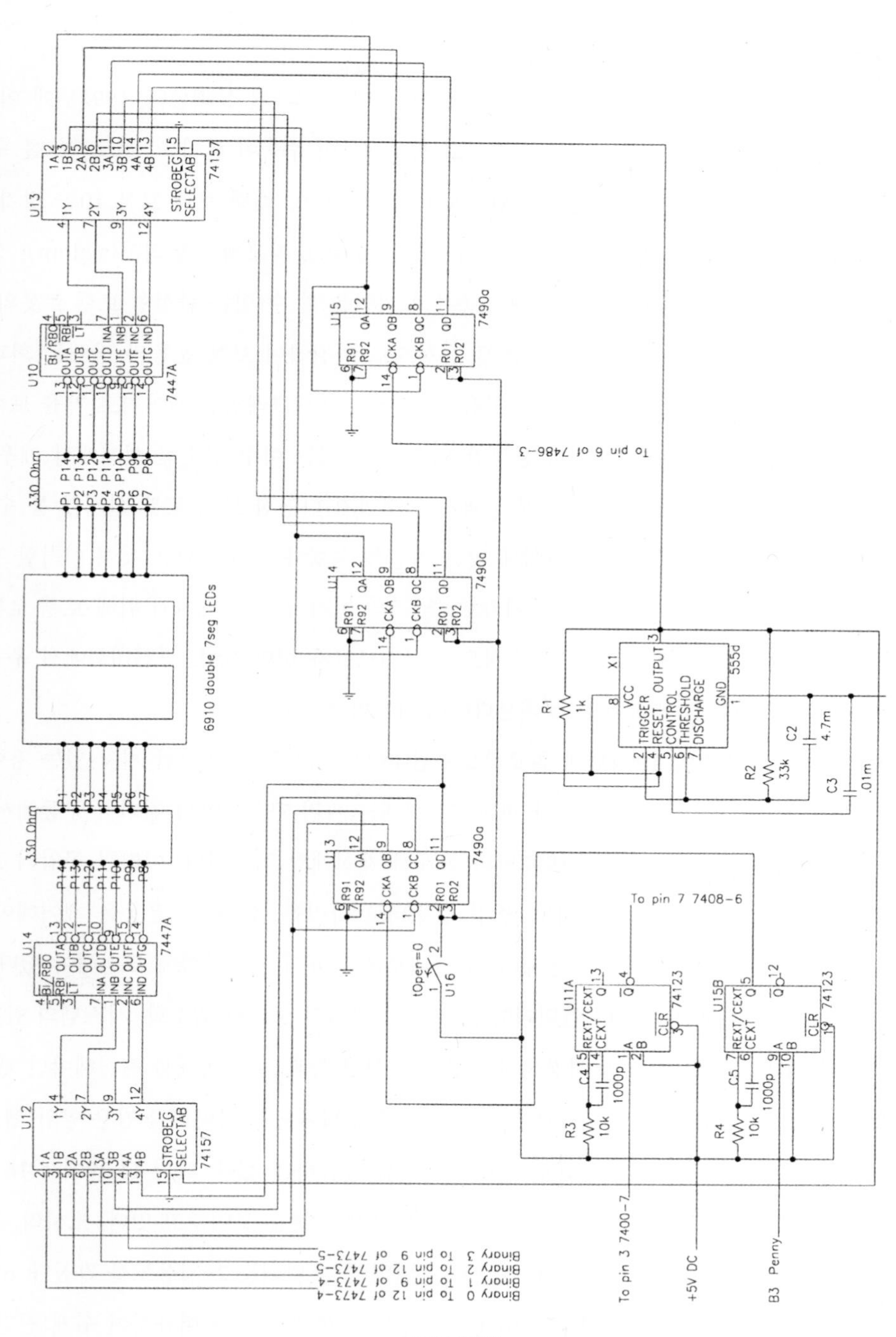

(b) 회로 후반부

그림 11.27 계수기 설계 2

11.4.3 보행 로봇의 메카트로닉스 설계

이 절에서는 관절형 보행 로봇의 설계에 대한 메카트로닉스 설계를 살펴본다. 1994년에 이 교재를 사용한 메카트로닉스 개론 교과목을 마치고 학부생들이 주축이 되어 이 프로젝트를 수행했다. 1987년에는 미국 자동차공학협회(SAE)에서 협찬을 받아 매년 보행 로봇 10종 경기 대회를 개최했다. 여러 대학에서 팀을 구성하여 부딪히기(dash), 지그재그 달리기(slalom), 장애물 피하기, 균열 통과하기 등과 같은 열 가지 종류의 시연을 할 수 있는 관절형 보행 로봇의 설계에 참여했다. 행사의 절반은 스위치 박스를 유선으로 연결하여 보행 운동과 장애물 회피를 심사하는 것이었다. 나머지 행사는 인간의 도움 없이 미리 프로그래밍된 제어기로 자율 보행을 하는 것이었다. 수년간에 걸쳐 몇 개의 동작만 완수할 수 있는 아주 단순한 설계에서 매우 창의적이고 정교하여 모든 관문을 충분하게 통과하는 것까지 다양한 보행 로봇 설계를 볼 수 있었다. 설계 개념이 결실을 맺어 실제 사양에 맞는 기능을 수행하는 것을 보는 것이 이러한 경진대회의 흥미와 재미일 것이다. 여기서는 메카트로닉스의 여러 일면을 보이기 위해 보행 로봇의 다양한 설계보다는 그중 하나의 예를 집중적으로 살펴보고자 한다. SAE 경진대회에서 우승했던 세 가지의 서로 다른 보행 로봇을 살펴본다(그림 11.28 참조).

첫 번째 사례 연구로서, 1994년에 콜로라도주립대에서 학생들이 제작한 재치 있는 용어의 Airratic이라는 보행 로봇을 소개하고자 한다. 이 설계는 과거 7년 동안의 전기적 구동에서 혁신적으로 또 최초로 공압을 사용한 1992년의 설계를 재설계한 작품이다. 이러한 공압의 도입으로 학생들은 고압의 공압을 저장하고, 공압 실린더로 다리를 움직이는 운동을 제어해야 하며, 공압을 제어하고 각 구동기를 구동해야 하는 새로운 종류의 제약사항에 도전해야 했다. 그 외에도 공압 제어시스템과 컴퓨터 인터페이스, 로봇의 크기와 중량의 최소화, 시스템의 안전성 확보, 장애물 회피를 위한 센서, 대회장에서 적응능력 향상 등과 같은 과제를 해결해야만 했다.

공압을 동력으로 하는 것으로 설계했기 때문에 로봇에 탑재되는 화이버를 감은 공압 탱크를 선정하여 각 다리를 움직이는 실린더에 공압 에너지를 공급하게 했다. 그림 11.29에서 16개의 복동 실린더가 장착된 용접된 알루미늄 관절 구조의 보행 로봇을 보여주고 있다. 모서리 네 개의 다리는 각각 3-자유도를 가지고 있고 정면과 후면의 중앙 다리는 2-자유도를 가진다. 6개의 다리의 기구적 설계는 제어 알고리즘이 16개의 실린더의 협조 제어를 이용하여 쉽게 전진, 후진, 게걸음, 대각선 주행을 구현할 수 있으며 몸 전체를 올리고 내릴 수 있도록 배려하고 있다. 각 다리는 축 방향 실린더가 있어서 다리의 연장과 수축이 가능하도록 했다. 10개의 나머지 실린더는 수평면상에서 서로 다른 패턴으로 다리의 위치를 결정하는 역할을 한다.

(a) "Lurch" — Scotch yoke mechanism 다리 설계(1989)

(b) "Airachnid" — 최초의 공압식 설계(1992)

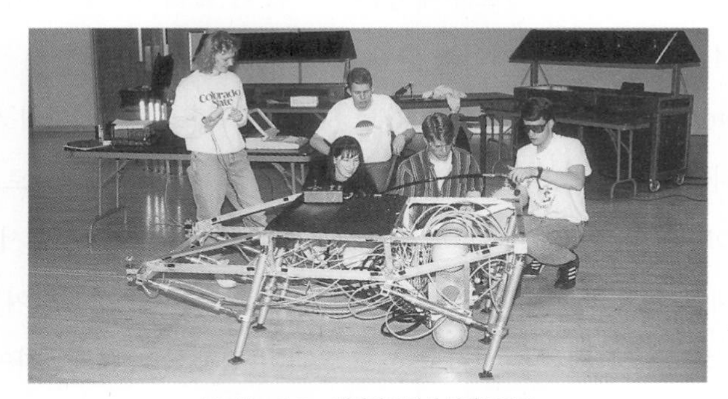

(c) "Airratic" — 개선된 공압식 설계(1994)

그림 11.28 콜로라도주립대학 학생들이 설계한 보행 로봇

정역학적 안정조건으로는 로봇이 항상 최소 세 개의 다리로 지지되어야 하며, 이동을 위해서는 6개의 다리가 필요하다. 대부분의 보행 동작은 그룹 1, 그룹 2의 세 다리씩 두 조의 운동에 의해 이루어진다. 그림 11.30은 협조 운동(기계의 전진 운동)의 한 종류인 제어 코드를 위한

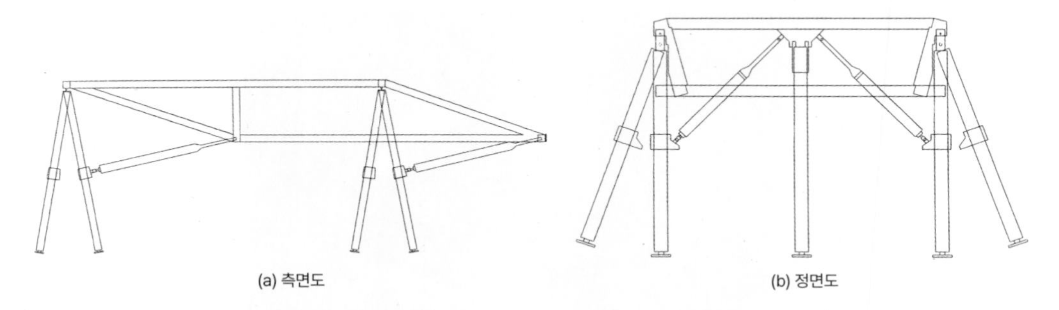

그림 11.29 알루미늄 프레임과 직선왕복 공기압 구동다리

흐름도를 보여주고 있다.

컴퓨터로 제어되는 솔레노이드 밸브를 사용한 16개의 공압 실린더를 조율하는 제어시스템이 핵심이다. 그림 11.31과 같이 각 솔레노이드는 실린더의 한쪽으로 탱크로부터의 공기를 넣고 다른 쪽의 배출공기를 빼내는 스위칭 작업을 수행한다. 각 솔레노이드에 장착된 니들 밸브를 사용하여 실린더의 속도를 수동으로 조정할 수 있다.

그림 11.30의 흐름도의 복잡도를 고려해 보면 마이크로프로세서 기반의 제어가 가능하다는 것을 판단할 수 있다. 각 운동에 대한 흐름도도 이와 유사할 것이며 운동을 조율하고 제어하는 프로그램을 작성하는 데 많은 도움을 준다. 탑재 컴퓨터는 출력 포트의 신호를 3상태인 버팅 버퍼인 74373을 통해 각 솔레노이드 밸브를 제어한다. 그림 11.32에서 보는 바와 같이 두 개의 8비트 포트를 이용하여 실린더의 협조 제어를 위한 18비트 정보를 제공한다.

제어기로는 Motorola사의 68HC811E2 EVM 8비트 마이크로프로세서의 싱글보드 컴퓨터를 선정했다. 이 컴퓨터는 128 K의 RAM과 외부 PC나 랩톱 컴퓨터에서 제어프로그램을 다운로드할 수 있는 64 K의 ROM 에뮬레이터(pseudo-ROM)를 가지고 있다. 이 보드에서 30개의 I/O가 제공되나 로봇 제어에 필요한 48비트로 사용하기 위해 멀티플렉서를 사용하여 확장했다. 컴퓨터에서 고급언어인 C로 프로그램을 작성하고 시험을 하기 위해서는 컴파일하여 Motorola EVM 보드로 다운로드한다. 이 방법은 제어 전략의 수정과 센서와 구동기 간 동작 점검 등을 쉽게 할 수 있어 개발단계에서 매우 유용하게 사용할 수 있다.

또한 다양한 보행 동작뿐만 아니라 두 개의 반사형(retrospective) 광 센서를 사용하여 피드백 제어를 하고 있다. 이 센서는 로봇 회전 플랫폼에 장착되어 전면의 일정 부분을 스캐닝할 수 있다. 디지털 인코더는 두 센서의 측정량에 해당되는 위치 정보를 제공해 준다. 센서 정보는 I/O 버스를 통해 마이크로프로세서가 읽을 수 있고, 이 정보로 충돌 회피 제어를 수행한다.

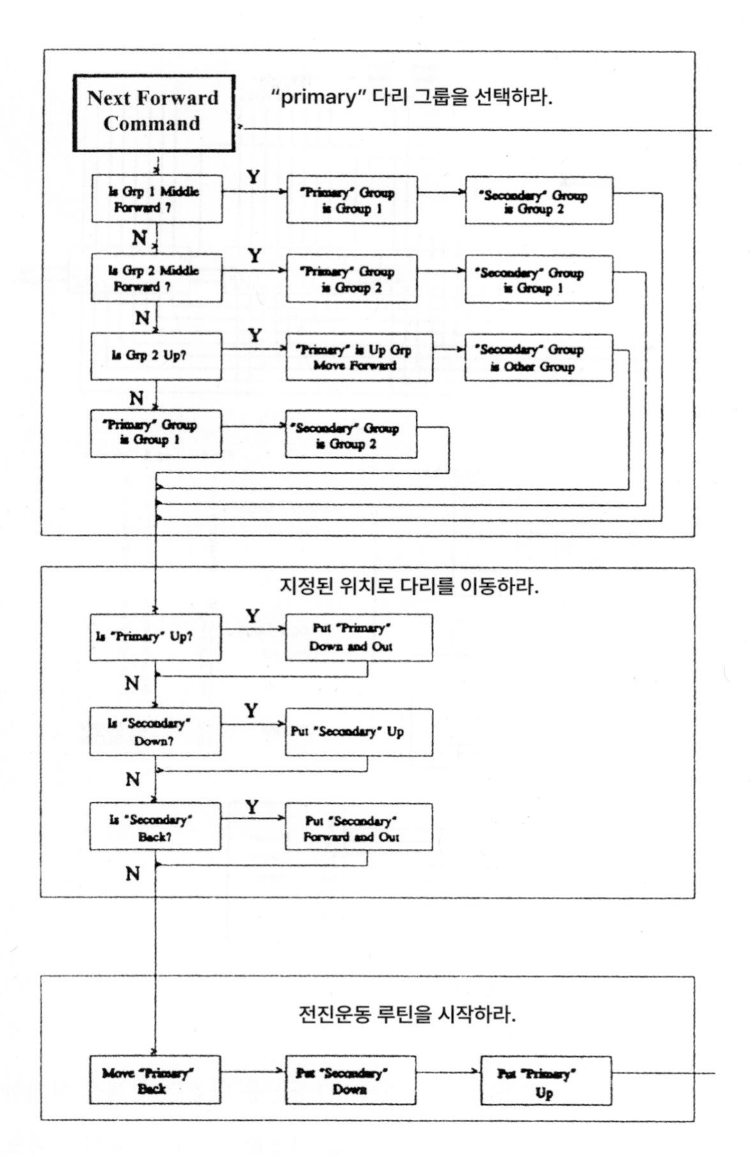

그림 11.30 전진운동 루틴의 흐름도

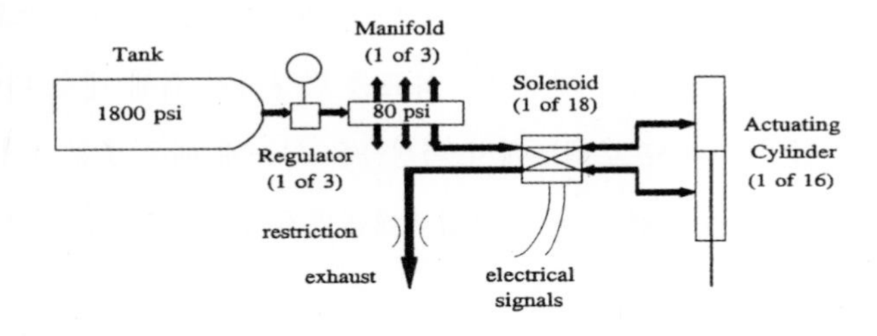

그림 11.31 공기압시스템

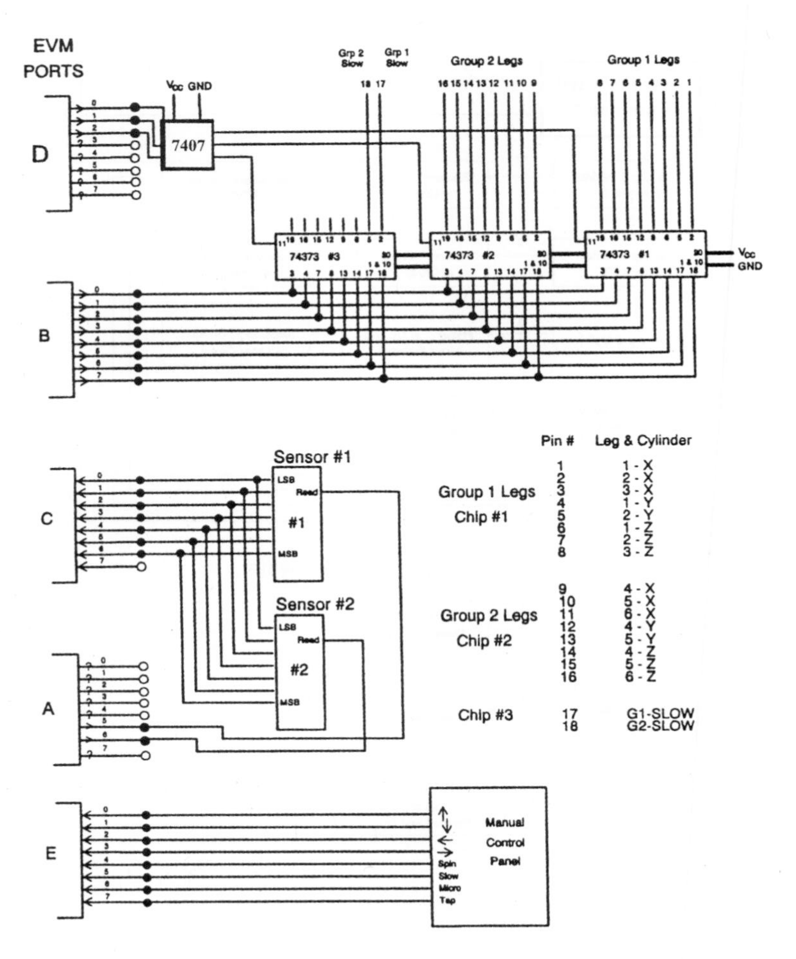

그림 11.32 컴퓨터 포트와 I/O 보드

결론적으로, 1994 SAE 보행 로봇 10종 경기에서 1등상을 받았던 학생이 설계한 메카트로닉스 시스템을 살펴보았다. 이 시스템은 작동에 공압을 사용했고 광학식 센서를 피드백으로 사용했으며 수동이나 자율 주행의 제어기로서 마이크로 컴퓨터를 탑재했다. 이와 같은 프로젝트는 완성까지 매우 긴 시간을 투자해야 한다. 이 프로젝트는 8개월이란 기간이 소요되었었다. 이러한 복잡한 메커니즘을 설계하고 직접 제작하고 목표를 달성하기 위해 계속 디버깅하는 가운데 많은 경험을 얻을 수 있었다. 이 프로젝트에서 학생들은 성공에 매우 흥분되어 로봇이 춤을 추도록 프로그램을 작성했다. 이러한 기쁨이 관람객에게까지 전해져서 결승에서 춤판이 벌어지기도 했다.

11.5 다양한 메카트로닉스 시스템 목록

우리 주변에서 항상 마주치는 메카트로닉스 시스템을 열거하면서 이 책의 결론을 내고자 한다. 오늘날의 거의 대부분의 공학 시스템을 메카트로닉스로 분류할 수 있을 것이다.

- 에어백 안전시스템, ABS 브레이크 시스템, 원격 자동도어록, 크루즈 제어, 안정성 및 견인력 제어, 사고 회피, 하이브리드차 전력관리 및 기타 차량용 시스템
- NC 밀링, NC 선반, 래피드프로토타입핑(rapid prototyping) 시스템과 같은 생산자동화 장비
- 복사기, 팩스기, 스캐너 등과 같은 사무자동화 기기
- MRI 장비, 인체투시(anthroscopic) 측정 장치, 초음파 탐침(probe)과 같은 의료진단 장비
- 오토 포커스 카메라, VCR, CD/DVD 플레이어, 캠코더 등과 같은 정밀 AV 가전제품
- 레이저 프린터, 하드디스크헤드 제어시스템, 테이프 드라이브의 자동 로딩 이젝트 장치 등과 같은 컴퓨터 주변장치
- 용접로봇, AGV(automatic guided vehicle), NASA의 화성탐사 로봇과 같은 로봇
- 항법제어 구동기, 랜딩기어 시스템, 조정석 제어, 계기 등과 같은 항공기의 부시스템 제어
- 차고 개폐장치, 보안시스템, HVAC 제어와 같은 가정용 부속시스템
- 세탁기, 식기세척기, 자동 얼음제조기, 냉장고 등과 같은 가전제품
- 변속 드릴, 디지털 토크렌치 등과 같은 최신 작업공구
- 재료시험기, 자동차 충격시험용 더미인형 등과 같은 실험실용 장치
- 전력선 통신제어 바코드 또는 RF-ID 연동 컨베이어 제어시스템과 같은 공장자동화시스템
- 수동 또는 반자동의 유압식 크레인과 같은 건설장비
- 자동 라벨링기, CCD 카메라를 이용한 검사기와 같은 반도체 제조장치
- 비디오게임, 가상현실 장치의 입력시스템

연습문제 QUESTIONS AND EXERCISES

11.1. 수업토론주제 11.1에 대한 전체적이고 완벽한 자료를 작성하라.

11.2. 앞에 나열된 다양한 메카트로닉스 시스템에 필요한 전자 회로, 센서, 구동기를 기술하라.

11.3. 앞에 나열된 다양한 메카트로닉스 시스템을 위한 제어체계를 추천하고, 그 이유를 설명하라.

11.4. 수업토론주제 11.2에 대한 전체적이고 완벽한 자료를 작성하라.

11.5. 수업토론주제 11.2에서 살펴본 순서 논리 회로와 동등한 기능을 갖는 PicBasic Pro 프로그램을 작성하라.

참고문헌 BIBLIOGRAPHY

Bolton, W., *Mechatronics*, 5th ed., Prentice Hall, Englewood Cliffs, NJ, 2013.

Ogata, K., *Modern Control Engineering*, 5th ed., Prentice Hall, Englewood Cliffs, NJ, 2009.

Palm, W., *Modeling, Analysis, and Control of Dynamic Systems*, 2nd ed., John Wiley, New York, 1999.

A APPENDIX

측정의 기초

Measurement Fundamentals

목적 · APPENDIX OBJECTIVES

이 부록을 읽고, 공부하고, 논의하고, 아이디어를 적용하면 다음을 할 수 있다.

1. SI단위를 정의하고, 이를 이용하여 계산을 할 수 있다.
2. 측정한 데이터에 의미를 부여하는 데 통계의 개념을 어떻게 이용하는지 안다.
3. 측정에 관련된 오차를 계산할 수 있다.

A.1 단위계

측정시스템을 설계하고 해석하여 사용하는 작업은 측정하고자 하는 대상 물리량에 사용되는 일관성 있는 **단위계**(system of units)를 세심하게 이해하는 것에서부터 출발한다. 단위계를 정의하려면 다른 물리량을 정의할 때 기본이 되는 기본 물리량의 단위를 선택해야 한다. 질량, 길이, 시간, 온도, 전류, 분자량, 광도 등이 **기본단위**(base units)를 구성한다. 메카트로닉스 시스템과 관계된 물리량을 측정할 때 사용되는 다른 물리량은 위의 7가지 기본 물리량의 조합으로 정의된다.

수업토론주제 A.1 기본단위의 정의

비록 우리 모두가 기본단위와 관련된 직관적 지식을 가지고 있다 할지라도 일상용어로 그것을 정의하기는 어렵다. 길이를 정의해 보라. 아마 여러분이 정의한 길이의 동의어를 사용하게 될 것이다. 또한 다른 단위도 정의해 보라. 간단한 일상용어로는 전부 표현하기가 어려울 것이다.

이 7개의 물리량, 즉 질량, 길이, 시간, 온도, 전류, 분자량, 광도에 대한 기본단위는 킬로그램, 미터, 초, 켈빈, 암페어, 몰, 칸델라이다. 이러한 단위가 프랑스의 국제단위계(Le Systeme International d'Unites)에서 나온 **SI**(International System of Units)단위계의 기본단위를 형성한다.

킬로그램(kilogram)은 표준 물질에 의해 정의된 유일한 단위이다. 비디오 데모 A.1의 정보에 따르면 2018년에 바뀌었다. 이것은 파리의 Bureau des Poids et Mesures의 실험실에서 백금과 이리듐의 합금으로 표준 무게추가 만들어졌다. 불행하게도 킬로그램이라는 명칭은 접두어 kilo를 포함하기 때문에 혼란을 일으킬 수 있다. 그램이 표준이 아니라 킬로그램이 표준이다.

비디오 데모
A.1 kg 재정의

미터(meter)는 크립톤(krypton) 86원자의 $2p_{10}$과 $5d_5$ 전자 준위에서 발생하는 파장의 1,650,763.73배에 해당하는 길이로 정의된다. 이 원자적 표준은 1873년 Maxwell에 의해 제안되었으나 1960년까지는 구현되지 못했다. 그 이전까지 미터의 정의는 킬로그램과 마찬가지로 백금-이리듐 합금의 표준 막대길이로 정의되었다. 실제 현재 사용되는 단위는 원래 정의로부터 고의로 벗어나 표준 막대와 다른 정의를 만들어 사용하고 있다. 1983년에 정의된 또 다른 길이의 표준은 진공 중에서 빛이 1/299,792,458초 동안 이동한 길이이다.

초(second)는 기저상태의 세슘(cesium) 133원자가 그라운드에서 두 개의 하이퍼파인(hyper-fine) 레벨 사이로 전이할 때 발생하는 방사능 주기의 9,192,631,770배의 기간으로 정의된다. 그 전에 사용하던 정의는 평균태양초(mean solar second)로서 지구 자전시간의 1/86,400로 정의되었다. 이 정의는 1년에 지구 자전시간이 1~2초 정도 달라지기 때문에 정확도에 한계가 있다.

열역학적 절대온도의 단위는 **켈빈**(kelvin)이다. 켈빈온도는 절대온도 0인 0 K가 있으며 그 이하의 온도는 존재하지 않는다. 이 온도에서 모든 분자운동이 정지한다는 오해를 많이 하고 있지만 사실은 분자 에너지가 최소화되는 온도이다. 온도에 대해 표준 교정(calibration)점은 **섭씨**(celsius)온도와도 일관성을 유지하는 273.16 K인 물의 삼중점이다. 비록 켈빈 척도가 절대온도 0과 삼중점을 기준으로 정의되었지만 추가적으로 다른 물질의 비등점과 융점에 의해 다시 정의될 수 있다. 이러한 점은 온도 계측 장치의 교정에 매우 유용하게 사용되고 있다. 켈빈온도와 섭씨온도는 다음과 같은 관계를 가진다.

$$T_C = T_K - 273.15 \tag{A.1}$$

여기서 T_K는 켈빈온도이고 T_C는 도로 표시된 섭씨온도(℃)이다. 물의 삼중점은 273.16 K에 해당하는 0.01℃이다. 섭씨온도는 종종 **섭씨눈금**(centigrade scale)이라고 불리는데, 이는 물의 빙점 0℃와 비등점 100℃를 100등분하여 사용하기 때문이다. 온도의 증분(ΔT)은 켈빈과 섭씨가 같다($\Delta T_C = \Delta T_K$).

암페어(ampere)는 길이가 무한대이고 단면적이 매우 작은 두 개의 전도체를 진공 속에서 1 m 간격으로 평행하게 놓았을 때 단위 미터당 2×10^{-7} N의 힘이 발생할 때의 전류로 정의된다. 그러나 이 방법은 다른 기본단위를 기반으로 정의되어 있어 매우 어려운 측정 문제를 내포한다. 따라서 다른 기본단위의 오차는 암페어 측정오차에 반영된다.

몰(mole)은 0.012 kg의 탄소 12(^{12}C)에 들어 있는 원자 수만큼의 원자를 포함하는 물질의 양으로 정의된다.

칸델라(candela)는 광도(luminous intensity)를 나타내는 단위로서 백금의 빙점온도와 101,325 N/m^{2}의 압력하에서 흑체(black body) 1/600,000 m^{2}의 면적에서 수직으로 나오는 빛의 강도를 말한다.

A.1.1 SI단위의 세 종류

SI단위는 기본단위, 유도단위, 보충단위의 세 종류로 나뉜다. 표 A.1에 SI 기본단위와 그 기호를 나열했다.

유도단위(derived unit)는 기본단위의 대수적 조합으로 표현된다. 대부분의 알려진 물리량은 이 유도단위로 정의된다. 이 유도단위의 일부 예가 표 A.2에 기호와 함께 나와 있다. 여러 개의 유도단위는 고유한 이름과 기호를 갖는데 기본단위보다 간략해지기 때문에 기본단위처럼 다른 유도단위를 정의할 때도 이것이 사용된다. 이것을 **보충단위**(supplemental units)라 하는데 표 A.3에 제시했다.

종종 기본, 유도, 보충단위 앞에 **접두어**(prefix)를 붙여 큰 수의 범위를 표현하는 경우가 있

표 A.1 SI 기본단위

수량	명칭	기호
길이	미터	m
질량	킬로그램	kg
시간	초	s
전류	암페어	A
열역학적 온도	켈빈	K
물질의 양	몰	mol
광도	칸델라	cd

표 A.2 기본단위에 근거한 SI단위의 표현 예시

수량	명칭	표기
면적	미터의 제곱	m^2
부피	미터의 세제곱	m^3
속력	초당 미터	m/s
가속도	초의 제곱당 미터	m/s^2
질량 밀도	미터의 세제곱당 킬로그램	kg/m^3
전류 밀도	미터의 제곱당 암페어	A/m^2

표 A.3 특별한 SI 표현(보충단위)

수량	명칭	기호	표기
주파수	헤르츠	Hz	1/s
힘	뉴턴	N	$kg \cdot m/s^2$
압력, 응력	파스칼	Pa	$N/m^2 = kg/m \cdot s^2$
에너지, 일	줄	J	$N \cdot m = kg \cdot m^2/s^2$
전력	와트	W	$J/s = kg \cdot m^2/s^3$
전하	쿨롱	C	$A \cdot s$
전압	볼트	V	$W/A = kg \cdot m^2/A \cdot s^3$
커패시턴스	패럿	F	$C/V = s^4A^2/m^2kg$
저항	옴	Ω	$V/A = m^2kg/s^3A^2$
컨덕턴스	지멘스 또는 옴	S 또는 Ω	$1/\Omega = s^3A^2/m^2kg$
자기장	테슬라	T	$N/A \cdot m = kg/s^2A$
자속	웨버	Wb	$T \cdot m^2 = m^2kg/s^2A$
인덕턴스	헨리	H	$V \cdot s/A = m^2kg/s^2A^2$

다. 접두어는 10의 지수승의 단위로 표현되어 과학적 표현에 유용하다. 접두어의 이름과 기호는 표 A.4에 나와 있다.

표 A.4 단위 접두어

이름	기호	수량	이름	기호	수량
요타	Y	10^{24}	데시	d	10^{-1}
제타	Z	10^{21}	센티	c	10^{-2}
엑사	E	10^{18}	밀리	m	10^{-3}
페타	P	10^{15}	마이크로	μ	10^{-6}
테라	T	10^{12}	나노	n	10^{-9}
기가	G	10^{9}	피코	p	10^{-12}
메가	M	10^{6}	펨토	f	10^{-15}
킬로	k	10^{3}	아토	a	10^{-18}
헥토	h	10^{2}	젭토	z	10^{-21}
데카	da	10	욕토	y	10^{-24}

예제 A.1 단위의 접두어

1억 2,500만 와트의 파워는 다음과 같이 표현된다.

125,000,000 W 또는 125 MW

고도의 전자공학에서 사용하는 아주 짧은 시간은 다음과 같이 표현된다.

5.27×10^{-13} s 또는 0.527 ps

수업토론주제 A.2 SI 접두어의 일반적 사용

표 A.4에 나열된 접두어 각각에 대해 값을 표현하기 위해 접두어가 일반적으로 많이 사용하는 물리량의 예를 생각해 보자.

A.1.2 변환계수

영국식 단위는 미국에서 아직까지도 많이 사용하고 있다. 표 A.5는 영국식과 SI단위 간의 변환

계수를 보여준다.

표 A.5 SI 변환계수에 대한 유용한 영어

물리량	영국식 단위	SI단위
길이	1 in	2.540 cm
	1 ft	0.3048 m
	1 mi(마일)	1.609 km
질량	1 lbm(파운드 질량)	0.4536 kg
힘	1 lbf(파운드 힘)	4.448 N
온도	화씨 온도(T_F)	$T_k = 5/9 \cdot (T_F - 32) + 273.15$
압력	1.lb/in^2(psi)	6.895×10^3 Pa
	1 atm	1.013×10^5 Pa
전력	1 Btu/h	0.2929 W
	1 hp	745.7 W
자기장	1 가우스	1.000×10^{-4} 테슬라

수업토론주제 A.3 SI단위의 물리적 감각

SI단위에 대한 물리적 감각을 높이기 위해 각 단위에 대한 구체적인 예를 기억해 두면 좋다. 다음의 각 항목은 우리 주변의 일상적인 것들인데 각각의 적절한 SI단위와 개략적 값을 적어보라.

- 보통 사람의 발 길이
- 도시 한 블록의 길이
- 2리터 콜라병의 질량
- 평균적인 성인의 질량
- 2리터 콜라병을 들기 위한 힘
- 평균적인 성인 체중이 저울에 가하는 힘
- 사람의 체온
- 쾌적한 실내 온도
- 대기의 압력
- 공기압시스템에서 사용하는 공기의 압력
- 일반 백열전구에 의해 방출되는 파워
- 일반 자동차에 의해 발생되는 최대 파워

A.2 유효숫자

숫자 데이터를 처리할 때는 언제나 정확도와 정밀도 그리고 서로 다른 표현을 염두에 두어야 한다. 또한 측정한 데이터를 가지고 계산을 합리적으로 하고자 할 때는 10진수를 적절한 자릿수를 가지고 표현해야 한다.

어떤 숫자에서 유효자릿수(significant digit) 또는 **유효숫자**(significant figure)는 확신을 갖고 알고 있는 수를 말한다. 측정값이 N 자릿수이고 유효자리 $N-1$을 알면 한 자리 수는 추정한 값이 된다. 예를 들어 압력계기의 다이얼을 읽어 4.85 Pa라고 적었다고 하자. 여기서 4와 8은 분명하고 5는 대략의 보간으로 읽었다면 관찰자는 어느 정도 추정을 하고 있는 셈이다. 만일 숫자가 0으로 시작한다면 이 0은 유효숫자가 아니고 단지 소수점 자리를 맞추기 위한 것이다(예제 A.2 참조).

오늘날 디지털 컴퓨터가 데이터 처리에 널리 사용되고 있는데 12자리의 계산 결과 중 유효숫자는 오직 세 자리라는 것을 명심해야 한다. 나머지 자리는 모두 의미가 없다.

예제 A.2 유효숫자

다음은 여러 경우에 대한 유효숫자와 유효자릿수를 보여준다.

수	유효숫자의 수	유효자릿수 표기
50.1	3	5, 0, 1
0.0501	3	5, 0, 1
5.010	4	5, 0, 1, 0

예제 A.3 과학적 표기

다음은 과학적 표기에 대한 유효숫자를 보여준다. 예제 A.2의 숫자들의 표기이다.

과학적 표기법의 수	유효숫자의 수
5.01×10^{1}	3
5.01×10^{-2}	3
5.010×10^{0}	4

수학적 계산은 유효숫자가 서로 다른 수가 조합될 때 여러 문제를 유발할 수 있다. 따라서 계산 결과에 적절한 유효숫자가 유지되는지 반올림(round off)되는지를 잘 따져봐야 한다. 만일 N유효수로 절사(truncate)하려 한다면 N자리 오른쪽의 모든 수를 버려야 한다. 만일 버려지는 부분이 N자리의 절반이 넘는다면 자릿수를 1만큼 증가시킨다. 만일 N자리의 절반보다 작으면 그대로 놔둔다. 만일 정확하게 자리의 절반이 되면 짝수의 경우 N자리를 그대로 유지하며 홀수라면 N자리에 1을 증가시킨다. 이 규칙을 적용할 때 일관성을 유지하는 것이 매우 중요하다.

덧셈을 할 때 가장 부정확한 수의 소수점 이하의 유효숫자를 파악하고 나머지 수는 이 유효숫자보다 한 자리 늘린 값만 유지하고 모두 절사시킨다. 그다음에 모든 수를 더하고 그 결과를 가장 부정확한 수의 유효자릿수로 반올림한다. 다음 예제 A.4는 이 과정을 잘 보여준다.

예제 A.4 덧셈과 유효숫자

다음 수를 더하려고 한다.

$$
\begin{array}{r}
5.0365 \\
+1.04 \\
+6.09314 \\
\hline
\end{array}
$$

가장 부정확한 수 1.04의 소수점 이하의 유효숫자는 2이므로 다른 수의 소수점 이하를 세 자리로 절사한다.

$$
\begin{array}{r}
5.036 \\
+1.04 \\
+6.093 \\
\hline
\end{array}
$$

이 덧셈 결과는 다음과 같다.

$$12.169$$

가장 부정확한 수의 유효숫자가 두 자리이므로 소수점 두 자리로 반올림하면 결과는 다음과 같다.

$$12.17$$

두 수를 뺄셈할 때 부정확한 수의 소수점 이하의 유효숫자를 파악하고 나머지 수를 이 유효자리에 맞추어 반올림시킨다. 그다음에 두 수를 빼면 그 결과는 부정확한 수의 유효자릿수가 되는 과정을 다음 예제 A.5에서 볼 수 있다.

예제 A.5 뺄셈과 유효숫자

다음 수를 빼려고 한다.

$$\begin{array}{r} 8.59320 \\ -1.04 \\ \hline \end{array}$$

가장 부정확한 수 1.04의 소수점 이하 유효숫자가 2이므로 다른 수의 소수점 이하를 두 자리로 반올림하고 뺄셈을 한다.

$$\begin{array}{r} 8.59 \\ -1.04 \\ \hline \end{array}$$

그 결과는 다음과 같다.

$$7.55$$

곱셈과 나눗셈을 할 때는 가장 부정확한 수의 유효숫자보다 하나 많은 자리에서 반올림한다. 계산을 한 후 계산 결과를 예제 A.6과 같이 가장 부정확한 수의 유효숫자에 맞춘다.

예제 A.6 곱셈과 나눗셈의 유효숫자

곱셈과 나눗셈 문제가 다음과 같이 주어졌다.

$$(1.03)(51.7946)(3.01)/(695.01)(7001.59)$$

1.03과 3.01보다 유효숫자가 하나 많도록 나머지 수를 반올림한다.

$$(1.03)(51.79)(3.01)/(695.0)(7002.)$$

이 계산 결과에 세 자리의 유효숫자를 유지시키면 다음과 같다.

$$0.0000330 = 3.30 \times 10^{-5}$$

A.3 통계

실험 측정으로부터 얻은 일련의 데이터를 처리하고자 할 때 데이터를 합리적이고 체계적인 방법으로 다루어야 한다. 이를 적절하게 시행하기 위한 모델과 규칙을 제공하는 것이 **통계**(statistics)라는 분야이다.

종종 일련의 방대한 데이터를 특징짓고 잘 표현할 수 있는 하나 또는 몇 개의 수를 구할 필요가 생긴다. 첫 번째 단계는 관심 데이터의 범위를 결정짓는 **극단값**(extreme value)에 해당하는 최소값과 최대값을 찾는 것이다. 그다음에 양쪽 극단값 내부에서 데이터가 어떻게 분포되는가에 관심을 갖게 된다. 이 분포를 도식적으로 잘 표현한 것이 **히스토그램**(histogram)인데 데이터를 분류(sorting)하고 전 구간을 작은 구간으로 쪼개고 각 구간에 대한 데이터 개수를 구하여 그릴 수 있다. 표 A.6에 나열된 실험 데이터에 대한 히스토그램은 그림 A.1에 도시되어 있다.

히스토그램 전 구간을 작은 구간으로 쪼개고 각 구간에 대한 데이터 개수를 구한 것을 **도수**(frequency)라 한다. 히스토그램은 그림 A.2와 같이 개략적인 모양을 정규(normal), 기운(skewed), 이봉(binormal), 균등(uniform)분포 등으로 분류할 수 있다. 정규분포는 평균값 부근에 전형적인 통계 데이터의 분포를 나타낸다. 기운분포는 데이터가 평균의 한쪽으로 치우쳐 분포된 경우이다. 이봉분포는 서로 다른 평균을 갖는 두 가지 데이터가 합쳐졌을 때 나오는 분포이다. 균등분포는 완전한 무작위 데이터를 사용하는 경우이다.

히스토그램을 작성하려면 많은 데이터를 가지고 있어야 한다. 통계학에서는 히스토그램의 데이터 특성을 몇 개의 수로 표시할 수 있는 규칙을 제공한다. 가장 중요한 통계학적 척도는 **산술평균**(arithmetic mean)이라 할 수 있는데, 통상적으로는 **평균**(average, mean)으로 불린다. 평균은 $\bar{x}$라고 표현하고 각 데이터 x_i를 합하고 데이터 개수 N으로 나누어 구한다.

표 A.6 실험 데이터

실험 순서	값
1	25.5
2	42.1
3	36.4
4	32.1
5	15.6
6	38.6
7	55.3
8	29.1
9	32.1
10	34.0
11	35.0

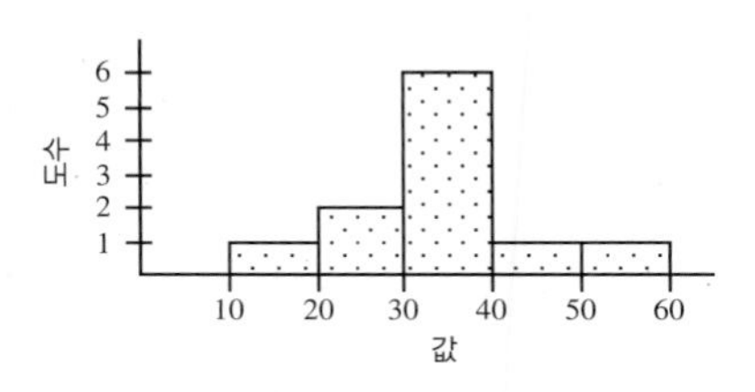

그림 A.1 실험 데이터의 히스토그램

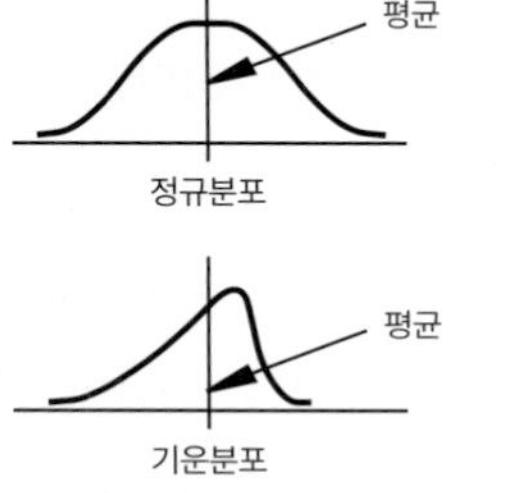

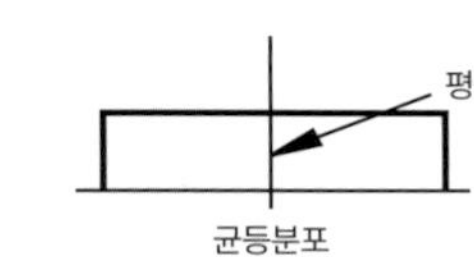

그림 A.2 데이터의 분포

$$\bar{x} = \frac{\sum_{i=1}^{N} x_i}{N} \tag{A.2}$$

또 다른 데이터군을 특징짓는 척도는 **중간값**(median)으로 히스토그램에서 이 값 양쪽의 도수가 같은 값이다. 또 **최빈값**(mode)은 도수가 가장 많은 값을 의미하고 **기하평균**(geometric mean)은 다음과 같이 모든 데이터의 곱에 N제곱근을 씌운 것으로 정의된다.

$$\text{GM} = \sqrt[N]{x_1 x_2 \ldots x_N} \tag{A.3}$$

기하평균은 GM의 역수로 데이터의 역수에 대한 GM이 되므로 비율을 평균할 때 매우 유익하다.

표 A.6의 평균은 34.2이고 중간값은 34.0이며 최빈값은 32.1이고 기하평균은 32.7이다.

수업토론주제 A.4 통계 계산

표 A.6의 평균, 중간값, 최빈값, 기하평균을 확인하라.

수업토론주제 A.5 학급의 나이 분포

한 반에서 생일이 빠른 순으로 학생 전원의 생년월일을 나열하라. 출생연도를 행으로 나누어 출생연도 히스토그램을 그려라. 이 장 끝에 있는 연습문제 A.2를 대비하여 히스토그램 데이터를 보관하라.

데이터군의 데이터 범위에 대한 분포는 **분산**(variance)이라는 또 다른 척도로 규정지을 수 있다.

$$v = \sigma^2 = \sum_{i=1}^{N} \frac{(x_i - \bar{x})^2}{N - 1} \tag{A.4}$$

여기서 x_i는 각 데이터이고 N은 총 측정 데이터의 수이며 **샘플 크기**(sample size)라고 부른다. **표준편차**(standard deviation) σ도 분포를 표시하지만 다른 점은 해당 측정값의 단위를 갖는다는 것이다. 이것은 분산의 제곱근을 취하여 구할 수 있다.

$$\sigma = \sqrt{v} = \sqrt{\sum_{i=1}^{N} \frac{(x_i - \bar{x})^2}{N - 1}} \tag{A.5}$$

이 표준편차는 실험 데이터의 평균 주위에서 데이터의 퍼진 정도를 추정하는 값이다. 표준편차가 작다는 것은 데이터가 평균 주위에 몰려 있다는 것을 의미한다.

수업토론주제 A.6 표준편차와 샘플 크기의 관계

식 (A.5)의 분모는 실효치(RMS, root mean square)에서 N이라고 사용하기 때문에 종종 혼돈을 야기한다. 왜 분모가 N이 아니고 $(N-1)$인가? 샘플이 단지 한 개뿐인 경우$(N=1)$를 고려해 보라. 또한 평균이 주어진 경우 전체 데이터를 정의하기 위해 데이터 x_i가 몇 개나 주어져야 하는지 고려해 보라.

A.4 오차 해석

측정하는 과정이 불완전하면 측정값에 대한 부정확성이 존재하게 마련이다. 그래서 측정을 할 때는 오차의 원인 파악과 오차 크기에 대한 추정이 매우 중요하다. 대개 계측기 제조사는 계측기에 대한 정밀도를 사양서 형태로 제공한다.

일반적으로 오차는 세 종류로 나눌 수 있는데 시스템적 오차, 무작위 오차, 실수가 있다. **시스템적 오차**(systematic error)는 측정을 계속 수행해도 계속해서 재현되는 오차를 말한다. 이 시스템적 오차의 크기를 최소화하기 위한 방법을 **교정**(calibration)이라 하며 사용하는 계측장치의 불일치를 보정하기 위해 조정을 한다. **무작위 오차**(random error)는 측정과정의 확률적 변동에 의해 발생되는 오차를 말한다. 전에 살펴보았던 통계학적 배려에 의해 이 오차에 대한 효과를 줄일 수 있다. 실수는 공학자나 과학자가 실수를 범할 때 발생하는 오차의 총칭이다. **실수**(blunder)는 주의 깊은 계획과 검토 또는 체계적 실험 절차로 피할 수 있다.

그림 A.3은 시스템적 오차와 무작위 오차를 보여준다. 과녁의 중심이 원하는 값 또는 참값

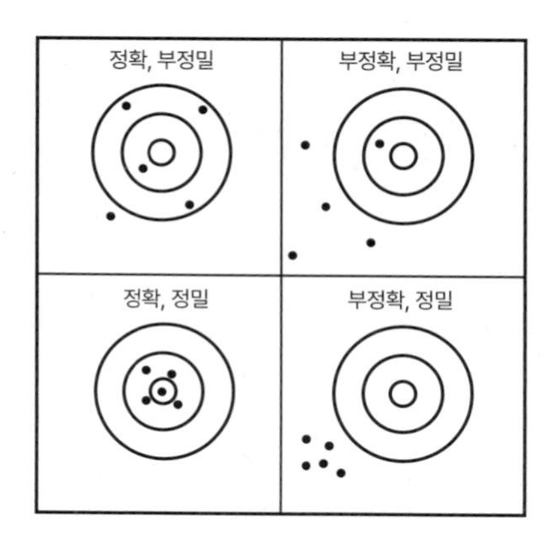

그림 A.3 정확도와 정밀도

이라면 각 탄착점은 측정값이다. 시스템적 오차를 부정확도(inaccuracy)라 부르고 중심으로부터 벗어난 정도를 의미하며 교정을 통해 개선될 수 있는 여지가 있다. 무작위 오차는 부정밀도(imprecision)라 불리며 탄착점의 흩어진 정도를 의미하고 교정에 의해 개선되지 않는다. **정확도**(accuracy)는 참값과의 가까운 정도를 의미하고, **정밀도**(precision)는 측정의 반복도 또는 재현도와 관계가 있다.

확률적 계산은 무작위 오차에 의해 얻어진 부정밀한 측정으로부터 좀 더 정밀한 값을 추정하도록 도와준다. 평균이 바로 이 추정치이다.

A.4.1 오차 추정 규칙

계측한 변수가 항으로 정의된 변수를 계산할 때는 각 변수에 내포된 오차에 의해 파급된 변수의 오차를 추정할 필요가 있다. 이 파급된 오차를 계산하는 과정은 다음과 같다.

1. 각 변수에 대한 ± 오차 추정치를 포함하는 데이터 테이블을 만들라. 일반적으로 추정오차는 두 자리 유효숫자를 갖도록 한다.
2. 계산할 변수가 X이고 X가 측정된 변수 (v_i)의 함수로 표현된다고 할 때

$$X = X(v_1, v_2, \ldots, v_n) \tag{A.6}$$

각 변수에 대한 편미분 $\partial X/\partial v_1$, $\partial X/\partial v_2$, ⋯, $\partial X/\partial v_n$을 구하고 기록된 데이터를 이용하여 각 편미분 항을 유효숫자 세 자리로 계산한다.

3. 전체 절대오차를 다음 식을 이용하여 구한다.

$$E = \Delta X = \left|\frac{\partial X}{\partial v_1}\Delta v_1\right| + \left|\frac{\partial X}{\partial v_2}\Delta v_2\right| + \ldots + \left|\frac{\partial X}{\partial v_n}\Delta v_n\right| \tag{A.7}$$

여기서 Δv_i는 측정값 v_i에 대한 오차이다. E는 유효숫자 두 자리로 반올림한다.

또 다른 전통적 오차 추정방법은 **실효치**(rms, root-mean-square) 오차이며 각 오차의 제곱의 합에 제곱근을 취한 것이다.

$$E_{\text{rms}} = \sqrt{\left(\frac{\partial X}{\partial v_1}\Delta v_1\right)^2 + \left(\frac{\partial X}{\partial v_2}\Delta v_2\right)^2 + \cdots + \left(\frac{\partial X}{\partial v_n}\Delta v_n\right)^2} \tag{A.8}$$

실효치 오차는 실제 오차에 좀 더 근접한 오차를 산출해 준다.

4. 식 (A.6)을 이용하여 X를 반올림한 오차 E에 비해 소수점 이하를 한 자리 늘려 계산한다. 예를 들어 $E = \pm 0.039$이고 X가 8.9234로 계산된 경우 X도 소수점 이하 자리를 E와 일치시켜 8.923으로 반올림한다. X를 계산할 때 $v_1, v_2, \cdots, v_n$을 정확한 수로 가정하고 계산한다.
5. 그 결과는 다음과 같다.

$$X = 8.923 \pm 0.039$$

다음은 실험실에서의 데이터 해석에 필요한 데이터 처리와 오차 계산 시 유념해야 할 중요한 점을 나열한 것이다.

1. 측정 디스플레이의 유효숫자를 파악하라.
2. 유효자리의 모든 정확한 숫자를 기록하라. 계측기가 디지털 데이터를 제공하지 않을 경우 관찰자의 추정이 이 측정의 정밀도를 좌우하게 된다.
3. 시스템 내의 서로 다른 계측장치는 서로 다른 유효자리를 가질 수 있다.
4. 식에 의해 결과를 산출할 경우 적절한 유효숫자를 유지할 수 있도록 하라.
5. 시행을 계속 반복할 수 있다면 평균에 의해 더 나은 추정치를 얻을 수 있다. 이 샘플들의 표준편차는 평균의 정밀도에 대한 척도가 된다.

QUESTIONS AND EXERCISES 연습문제

A.1. 다음을 더 적합한 SI 접두어로 표현하라.

a. 100,000,000 kg

b. 0.000000025 m

c. 16.9×10^{-10} s

A.2. 수업토론주제 A.5로부터 얻은 데이터의 히스토그램을 그리고 평균, 표준편차, 중심값, 최빈수, 기하평균을 계산하라.

A.3. 끝단의 로드가 12,520±10 N인 직사각형 외팔보 빔의 계산된 최대 응력에서 전체 절대오차와 rms 오차값은 얼마인가? 0.5 mm의 정확도로 측정된 빔의 크기는 길이가 0.95 m, 폭이 11.8 cm, 높이가 12.1 cm이다. 최대 응력은 빔의 표면 위에서 발생하며 식은 다음과 같다.

$$\sigma_{max} = \frac{Mc}{I}$$

여기서 힘과 빔의 길이의 곱으로 주어지는 M은 굽힘모멘트이고, c는 전체 길이의 반인 중심축 길이이며, I는 다음과 같은 빔의 단면적에 의한 관성모멘트이다.

$$I = \frac{1}{12} wh^3$$

여기서 w와 h는 각각 빔의 폭과 높이이다.

참고문헌 BIBLIOGRAPHY

Beckwith, T., Marangoni, R., and Lienhard, J., *Mechanical Measurements*, Addison-Wesley, Reading, MA, 1993.

Chapra, S., and Canale, R., *Introduction to Computing for Engineers*, McGraw-Hill, New York, 1994.

Chatfield, C., *Statistics for Technology*, Penguin Books, Middlesex, England, 1970.

Doeblin, E., *Measurement Systems Applications and Design*, 4th Edition, McGraw-Hill, New York, 1990.

APPENDIX B

물리법칙

Physical Principles

목적 · APPENDIX OBJECTIVES

이 부록을 읽고, 공부하고, 논의하고, 아이디어를 적용하면 다음을 할 수 있다.

1. 다양한 물리량 간의 가능한 관계를 파악한다.
2. 거의 모든 물리량 측정 시 필요한 방법을 안다.

센서와 변환기(transduser) 설계는 항상 측정하려는 물리량과 관심 변수 간의 관계를 나타내는 물리 또는 화학법칙과 원리에 근거한다. 다음은 센서와 변환기 설계에 널리 적용되는 물리법칙 또는 원리를 나열한 것이다. 또한 약간의 적용 예제를 수록했다. 이 목록은 물리량을 측정하는 방법이 궁금한 변환기 설계자에게 상당히 도움이 될 것이다. 실제로 여기에 나열된 법칙 중 몇 개는 모든 센서의 동작에 사용되고 있다. 이 목록의 법칙에 관계된 주요 변수는 굵은 글씨로 표시했다.

- 가우스 효과(Gauss effect): 전도체는 **자화**되면 전기**저항**이 증가한다.
- 광기전력 효과(Photovoltaic effect): 금속판에 접합된 반도체에 **빛**을 조사하면 **전압**이 발생한다. 태양전지는 이 효과를 이용한다.
- 광전도 효과(Photoconductive effect): 어떤 반도체의 표면에 **빛**이 조사되면 물체의 **저항**이 낮아진다. 광전쌍 센서로 많이 사용되는 포토다이오드는 이 효과를 이용하여 개발되었다.

- 광전 효과(Photoelectric effect): 음극 금속판에 **빛**을 조사하면 전자가 방출되어 양극으로 끌려가고 결국 전류가 흐르게 된다. 광증배관(photomultiplier tube)의 동작은 이 효과에 기초한다.
- 글래드스톤-데일의 법칙(Gladstone-Dale law): 물체의 **굴절지수**는 **밀도**와 관계된다.
- 나비 효과(Butterfly effect): 혼란한(chaotic) 비선형 시스템은 초기 조건에 민감하게 반응한다.
- 네른스트 효과(Nernst effect): **자기장**을 가로질러 흐르는 **열류**(heat flow)는 **전압**을 발생시킨다.
- 뉴턴의 법칙(Newton's law): 물체의 **가속도**는 물체에 가해지는 **힘**에 비례한다.
- 달람베르의 원리(d'Alembert's principle): **질량**이 갖는 **가속도**는 같은 방향과 반대방향으로 작용하는 **힘**과 동등하다.
- 도플러 효과(Doppler effect): 파원(예: 소리 또는 빛)에서 전달받은 **주파수**는 해당 원천의 **속도**에 따라 바뀐다. 레이저 도플러 속도계(LDV)는 유속을 측정하기 위해 유체 내의 입자에 반사되어 오는 레이저광의 주파수 변화를 이용한다.
- 디바이 주파수 효과(Debye frequency effect): 전해질의 **전기 전도도**는 **주파수**에 따라 증가한다(저항이 감소한다).
- 라울 효과(Raoult's effect): 전도체의 **저항**은 길이가 변화하면 바뀐다. 이 효과는 부분적으로 스트레인게이지의 응답에 관련된다.
- 람베르트의 코사인 법칙(Lambert's cosine law): 표면의 반사된 **휘도**(luminance)는 **투사**각의 코사인에 따라 바뀐다.
- 레일리 기준(Raleigh criteria): 유체의 **가속도**와 거품 형성은 관계된다.
- 렌츠의 법칙(Lenz's law): **자기장**에 놓인 **전류**가 흐르고 있는 도체는 힘을 받는다.
- 로렌츠의 힘 법칙(Lorentz's force law): **자기장**에서 움직이는 **전하**를 띤 입자는 **힘**을 받는다. 이 법칙에 의해 검류계는 영구자석에 의한 자기장에 놓인 회전 가능한 코일의 회전각도를 측정하므로 전류를 측정할 수 있다.
- 마이스너 효과(Meissner effect): **자기장** 내의 **초전도체**(superconducting)는 자기장을 차단하고 내부에 자기장이 없다.
- 마찰전기 효과(Tribo-electric effect): 서로 상이한 두 금속의 상대운동과 **마찰**은 결합 사이에 **전압**을 유도한다.

- 매그너스 효과(Magnus effect): 회전하는 물체로 유체가 흘러가면 물체는 흐름의 수직방향으로 **힘**을 받는다.
- 머피의 법칙(Murphy's law): 잘못될 수 있는 일은 결국 최악의 시기에 최악의 장소에서 잘못된다. 실험실에서 실험을 하다 보면 종종 이러한 경우가 발생한다.
- 무어의 법칙(Moore's law): 매 18개월마다 IC에 집적될 수 있는 트랜지스터 수는 두 배가 된다. 이 법칙은 센서나 트랜스듀서 설계에 직접적으로 응용되진 않지만 흥미롭다.
- 베르누이의 방정식(Bernoulli's equation): 유체에 에너지보존법칙을 적용하면 **압력**과 유체의 **속도** 간의 관계식을 얻을 수 있다. 피토관(pitot tube)은 이 원리를 이용하여 항공기의 속도를 측정한다. 비디오 데모 B.1은 압력이 판독된 유속과 어떻게 관련되는가를 보여주는 예이다.

비디오 데모
B.1 풍동에서 실린더로 통하는 흐름

- 보일의 법칙(Boyle's law): 이상기체의 **압력-부피**의 곱은 해당 **온도**에 대해 일정하다.
- 브래그의 법칙(Bragg's law): **결정격자**에 의해 회절(diffracted)된 X레이 광선의 강도는 결정면의 간격과 광선의 **파장**에 관계된다. X선 회절시스템은 이 원리를 이용하여 결정체 시편의 **결정격자**의 기하학적 구조를 계측한다.
- 브루스터의 법칙(Brewster's law): 물체의 **굴절지수**는 **편광**의 반사나 투과 각도에 관계된다. 레이저 관의 브루스터 창은 레이저 광선의 형태로 파워를 방출하는 데 사용된다. 이 레이저 광선은 계측시스템에 널리 사용되고 있다.
- 블래그데노 법칙(Blagdeno law): 액체방울의 빙점과 비등점은 이 액체 속의 불순물의 **농도**에 의해 올라간다.
- 비데만-프란츠 법칙(Wiedemann-Franz law): 어떤 물질의 **열전도도**와 **전기전도도**의 비율은 이 물체의 절대**온도**에 비례한다.
- 비오-사바르의 법칙(Biot-Savart's law): 한 점에서 **자기장**에 미치는 **전류**의 영향은 전류와 전류 방향에 대한 거리에 의존한다.
- 비오의 법칙(Biot's law): 어떤 매체를 통한 **열전도량**은 매체 양단의 **온도차**에 직접 비례한다. 온도변환기의 시상수는 이 원리가 기본이다.
- 빈의 변위 법칙(Wien's displacement law): 백열 물질의 **온도**가 증가함에 따라 방사하는 **빛**의 스펙트럼이 청색으로 이동한다.
- 빈 효과(Wien effect): 전해질의 **전기전도도**는 **전압** 인가에 따라 증가한다(**전기**저항이 감소한다).

- 샤를르의 법칙(Charles' law): 이상 기체는 **압력-온도**의 곱이 해당 **부피**에 대해 일정하다.
- 스넬의 법칙(Snell's law): 광학적 접합부에서 **광선**의 반사와 굴절은 입사각과 관계된다.
- 스타크 효과(Stark effect): **전자기장** 소스의 **스펙트럼선**(spectral line)은 소스가 강력한 전기장에 있을 때 분리된다.
- 스테판-볼츠만 법칙(Stefan-Boltzmann law): 흑체로부터 방사되는 **열**은 흑체 **온도**의 4제곱에 비례한다. 고온계(pyrometer)의 설계는 이 법칙을 응용한 것이다.
- 스토크스 법칙(Stokes'law): 형광물질로부터 방사되는 빛의 **파장**은 흡수되는 광자의 파장보다 길다.
- 아르키메데스의 원리(Archimedes' principle): 잠겨 있거나 떠 있는 물체의 **부력**은 밀려나간 만큼의 액체의 중량과 같다. 빠져나간 액체의 **중량**은 액체의 **밀도**에 따라 달라진다. 볼 침수형 비중계(hydrometer)는 이 원리를 이용하여 유체(자동차의 냉각수 등)의 밀도를 측정할 수 있다.
- 암페어의 법칙(Ampere's law): **자기장**에 놓인 **전류**가 흐르고 있는 도체는 힘을 받는다. 자기 감지 센서는 도체의 전류를 측정하는 방법으로 이 효과를 사용한다.
- 압저항 효과(Piezoresistive effect): 물체의 전기**저항**은 물체에 인가된 **응력**에 비례한다. 이 효과는 부분적으로 스트레인 게이지의 응답에 관련된다.
- 압전효과(Piezoelectric effect): 변형을 받고 있는 결정의 **전하**가 빠져나간다. 압전형 가속도계는 질량의 관성에 의한 압전 결정의 변형에 의한 전하의 분극현상을 측정하는 것이다. 압전 마이크는 음압의 파동을 전압의 신호로 변환하는데 이 원리를 적용한 것이다.
- 에디슨 효과(Edison effect): 진공 내에서 금속이 가열될 때 전하를 띤 입자를 **방출**(thermionic emission)하며 그 양은 **온도**에 관계된다. 진공관 증폭기는 이 원리를 이용하는데 방출되는 전자의 양을 제어함으로써 전류 증폭량을 결정한다.
- 옴의 법칙(Ohm's law): **저항**을 통해 흐르는 **전류**는 저항 양단의 **전압**차에 비례한다.
- 원심력(Centrifugal force): 곡선 궤도를 움직이는 물체는 곡률 반경과 일치하는 선상의 바깥 방향으로 **힘**을 받는다.
- 자계 유동 효과(Magneto-rheological effect): 자계 유동 유체의 **점도**는 **자기장** 출현 시 급격하게 증가할 수 있다.
- 자기변형 효과(Magnetostrictive effect): 강자성 물질은 **자기장**으로 둘러싸이면 **압축**된다. 이 효과는 자기저항의 선형 변위 센서에 이용된다(비디오 데모 B.2 참조)

비디오 데모
B.2 자기저항 위치센서

- **자이로스코프 효과(Gyroscopic effect):** 한 축에 대해 회전하는 물체는 다른 축에 대한 회전에 저항한다(인터넷 링크 B.2 참조). 항법용 자이로스코프는 짐발 구조에서 일정한 자세로 회전하는 플라이 휠을 이용하여 비행체의 자세를 추정한다.
- **제베크 효과(Seebeck effect):** 상이한 금속이 접합되었을 때 **온도**에 따라 접합부에 **전압**차가 발생한다. 열전대의 동작원리를 설명하는 중요한 효과이다.
- **존슨-라벡 효과(Johnsen-Rahbek effect):** 전도체, 반도체, 부도체 사이의 **마찰**은 접촉면 양단의 전위차에 의해 증가한다.
- **줄의 법칙(Joule's law):** **저항**에 **전류**를 흘리면 **열**이 발생한다. 열선식 풍속계는 이 법칙을 이용하여 설계되었다.
- **컬 효과(Kerr effect):** 물체의 양단에 인가한 **전압**이 **광학적 편광현상**을 일으킬 수 있다. LCD 디스플레이는 이 원리로 동작한다.
- **코리올리 효과(Coriolis effect):** 기준좌표계에 대해 회전하고 있는 프레임상에서 상대운동을 하고 있는 물체는 이 프레임에 상대적인 **힘**을 받는다(인터넷 링크 B.1 참조). 회전진동을 하고 있는 U자 관 내의 질량 흐름(mass flow)을 계측할 때 코리올리 유량계를 사용한다.
- **콜라우시의 법칙(Kohlrausch's law):** **전해질**은 한계 전도도를 가지고 있다(최소 **저항**).
- **콜비노 효과(Corbino effect):** **자기장** 내에서 회전하는 원반은 **전류**의 흐름이 유도된다.
- **콤프턴 효과:** **빛**과 방사선이 전하를 띤 입자에 반사될 때 에너지가 줄어들고 **파장**이 증가할 수 있다.
- **쿨롱의 법칙(Coulomb's law):** **전하**를 띤 두 물체는 서로 **힘**을 받는다.
- **퀴리-바이스 법칙(Curie-Weiss law):** 강자성체(ferromagnetic)가 **상자성**(paramagnetic) 특성을 갖게 되는 전이**온도**(퀴리온도)가 존재한다.
- **크리스챤슨 효과(Christiansen effect):** 액체 속에 떠다니는 분말(콜로이드 용액)은 이 액체의 **굴절** 특성을 변화시킨다.
- **톰슨 효과(Thomson effect):** 점진적 온도차가 있는 한 물질에 **전류**가 흐를 때 **열**은 점진적으로 흡수되거나 방출된다. 이 현상은 연속적인 펠티에 효과와 같다. 열전쌍 측정은 이 원리에 의해 역으로 영향을 받을 수 있다.
- **파이로전기 효과(Pyroelectric effect):** **온도**가 변하면 결정에 **분극**(polarized)이 일어난다.
- **파킨슨의 법칙(Parkinson's law):** 인간의 작업은 할당된 시간을 채우기 위해 늘어난다. 이

B.1 코리올리 효과 비디오 시연

B.2 자이로스코프 효과 비디오 시연

법칙은 센서나 트랜스듀서 설계에 직접적으로 응용되진 않지만 경험하게 될 것이다.

- 패러데이의 유도 법칙(Faraday's law of induction): 코일에는 자기장의 변화에 저항하는 **기전력**(electromotive force)이 유도된다. 선형 차동 변압기(LVDT)의 2차 코일에 전압이 유도되는 것은 이 법칙을 이용한 것이다.
- 패러데이의 전해 법칙(Faraday's law of electrolysis): **이온의 침착**과 **탈착** 속도는 전해 **전류**에 비례한다.
- 펠티에 효과(Peltier effect): **전류**가 두 금속의 접합부(junction)에 흐를 때 이 접합부에서 **열**이 흡수되거나 방출된다. 열전대(thermocouple)에 의한 측정에 이 효과가 부정적인 영향을 미친다.
- 푸아송 효과(Poisson effect): 물체는 인가된 **응력**에 수직방향으로 변형된다. 이 효과는 부분적으로 스트레인 게이지의 응답에 관련된다.
- 핀치 효과(Pinch effect): 액상의 전도체의 단면은 **전류**에 따라 줄어든다.
- 헤르츠 효과(Hertz effect): **자외선**은 간극 사이의 불꽃 방전에 영향을 미친다.
- 형상 기억 효과(Shape memory effect): 변형된 금속에 열을 가하면 원래 모양으로 되돌아가는 현상이다(비디오 데모 B.3 참조).

비디오 데모

B.3 형상 기억 치과 교정용 와이어 합금

- 홀 효과(Hall effect): **자기장**에 놓인 평판에 **전류**를 흘리면 이와 수직방향으로 **전압**이 유도된다. 홀 효과 근접 센서는 금속 물체의 근접에 의한 자기장의 변화를 감지하여 물체를 감지한다.
- 훅의 법칙(Hooke's law): 선형탄성물질의 단축부하에서 축방향 **압력**(stress)은 축방향 **변형**(strain)에 직접 비례한다. 스트레인게이지로부터의 저항측정은 변형 판독으로 변환될 수 있는데 이는 부하가 가해진 부분에서의 압력에 직접 관련된다.

APPENDIX C

재료역학

Mechanics of Materials

목적 · APPENDIX OBJECTIVES

이 부록을 읽고, 공부하고, 논의하고, 아이디어를 적용하면 다음을 할 수 있다.

1. 응력과 변형량 간의 관계를 이해한다.
2. 일반적인 평면응력 상태에서 주응력 값을 정할 수 있다.
3. 평면응력 상태에서 Mohr원을 그릴 수 있다.

C.1 응력과 변형의 관계

그림 C.1에서 보는 바와 같이 원통형 막대가 축방향 하중을 받아서 길이는 ΔL만큼 늘어나고 반경 방향으로 직경이 ΔD만큼 늘어났다고 하자. **축방향 변형량**(axial strain) $\varepsilon_{\text{axial}}$은 단위길이 당 변화한 길이로 정의된다.

$$\varepsilon_{\text{axial}} = \frac{\Delta L}{L} \tag{C.1}$$

변형량은 무차원이라는 것에 유의하라. **축방향 응력**(axial stress) σ_{axial}은 Hooke의 법칙에 의해 변형량과의 관계가 규정된다. 이 법칙은 단축으로 하중을 받는 선형 탄성 물체의 축방향 응력은 축방향 변형량에 비례한다고 다음과 같이 정의했다.

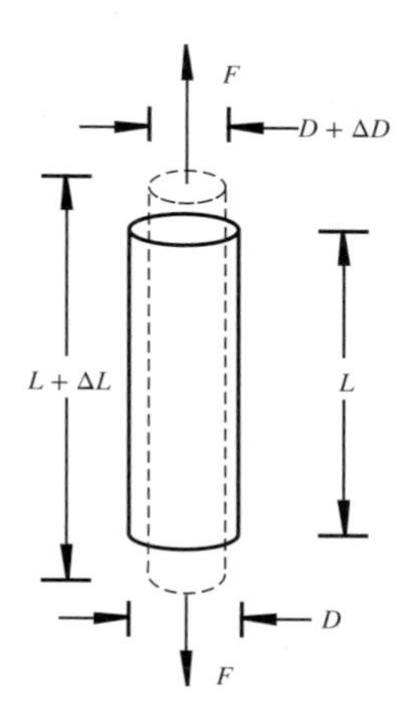

그림 C.1 원통 막대기의 축방향과 횡방향 변형

$$\sigma_{\text{axial}} = E\,\varepsilon_{\text{axial}} \tag{C.2}$$

여기서 E는 **탄성계수**(modulus of elasticity) 혹은 **Young의 계수**(Young's modulus)라고 부른다. 막대의 축방향 응력은 다음과 같다.

$$\sigma_{\text{axial}} = F/A \tag{C.3}$$

여기서 F는 축방향 힘이고 A는 막대의 단면적이다. 그러므로 축방향 변형량은 축방향 응력과 하중으로 다음과 같이 표현할 수 있다.

$$\varepsilon_{\text{axial}} = \frac{\sigma_{\text{axial}}}{E} = \frac{F/A}{E} \tag{C.4}$$

횡방향 변형량(transverse strain)은 폭의 변화를 원래의 폭으로 나눈 것으로 정의된다.

$$\varepsilon_{\text{transverse}} = \frac{\Delta D}{D} \tag{C.5}$$

횡방향과 축방향 변형량의 비는 **Poisson비**(Poisson's ratio)로 정의된다.

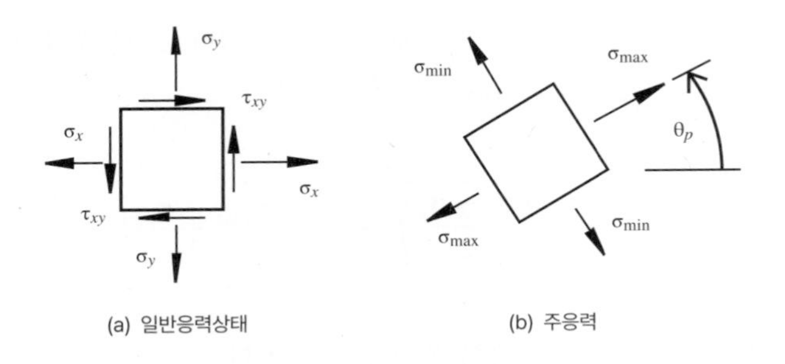

그림 C.2 평면응력과 주응력의 일반 상태

$$\nu = -\frac{\varepsilon_{\text{transverse}}}{\varepsilon_{\text{axial}}} \tag{C.6}$$

축방향 신장(elongation)의 경우($\varepsilon_{\text{axial}} > 0$), 식 (C.6)으로부터 $\varepsilon_{\text{transverse}}$은 식 (C.5)에서 ΔD가 음이므로 음수가 되며 이것은 축방향으로의 수축(contraction)을 의미한다. 대부분의 재료의 경우 Poisson비는 대략 0.3 정도이며 횡방향으로의 변형량은 축방향에 대해 −30%를 의미한다.

미소의 정방 요소에 가해지는 일반적인 평면응력 상태는 그림 C.2a에 도시했다. 두 개의 수직응력 성분 σ_x와 σ_y 그리고 전단응력 성분 τ_{xy}가 있으며 요소의 방향에 따라 그 크기가 달라진다. 어떤 점이든 요소의 회전각도가 변화할 때 전단응력이 $\tau_{xy}=0$이 되고 수직응력의 크기가 최대가 되는 각이 생긴다. 이 회전각도에 대해 서로 직각인 수직응력의 방향을 **주응력축**(principal axes)이라 하고 이때 수직응력의 크기를 **주응력**(principal stresses)이라 부른다($\sigma_{\max}$, $\sigma_{\min}$). 그림 C.2b는 이 방향과 그때의 응력상태를 보여준다. 주응력의 크기와 방향은 일반적인 다른 방향에 대한 응력에 의해 표시될 수 있다.

$$\sigma_{\max} = \left(\frac{\sigma_x + \sigma_y}{2}\right) + \sqrt{\left(\frac{\sigma_x - \sigma_y}{2}\right)^2 + \tau_{xy}^2} \tag{C.7}$$

$$\sigma_{\min} = \left(\frac{\sigma_x + \sigma_y}{2}\right) - \sqrt{\left(\frac{\sigma_x - \sigma_y}{2}\right)^2 + \tau_{xy}^2} \tag{C.8}$$

$$\tan(2\theta_p) = \frac{2\tau_{xy}}{\sigma_x - \sigma_y} \tag{C.9}$$

여기서 θ_p는 반시계 방향으로 σ_x에서부터 $\sigma_{\max}$까지의 각도이다.

주응력은 물체가 하중을 받아서 항복이나 파괴가 일어나는지를 예측하기 위해 재료의 항복

응력과 응력의 최대값을 비교해야 하기 때문에 매우 중요하다. 또한 최대 전단응력도 파괴를 평가할 때 중요하며 다음과 같이 주어진다.

$$\tau_{max} = \sqrt{\left(\frac{\sigma_x - \sigma_y}{2}\right)^2 + \tau_{xy}^2} = \frac{\sigma_{max} - \sigma_{min}}{2} \quad (C.10)$$

이 식을 고려하여 식 (C.7)과 (C.8)을 다시 쓰면 다음과 같다.

$$\sigma_{max} = \sigma_{avg} + \tau_{max} \quad (C.11)$$

$$\sigma_{min} = \sigma_{avg} - \tau_{max} \quad (C.12)$$

여기서

$$\sigma_{avg} = \frac{\sigma_x + \sigma_y}{2} \quad (C.13)$$

최대 전단응력(τ_{max})을 갖는 요소의 각도는 다음 식에서 구해진다.

$$\tan(2\theta_s) = -\frac{\sigma_x - \sigma_y}{2\tau_{xy}} \quad (C.14)$$

여기서 θ_s는 θ_p와 마찬가지로 σ_x의 반시계 방향의 각도이다. 그림 C.1의 원통 막대에 대해 축방향(y)으로 정방 요소가 놓여 있다면 $\sigma_{max} = \sigma_y = F/A$, $\sigma_x = 0$, $\theta_p = 0$이고, 요소는 주응력 방향으로 정렬되어 있다. 또한 $\theta_s = 45°$ 이고 $\tau_{max} = \sigma_y/2 = F/2A$가 된다.

응력상태와 주응력의 크기와 방향 간의 관계는 **Mohr원**(Mohr's circle)으로 표현할 수 있는데, 이 원은 서로 다른 방향의 수직응력과 전단응력 간의 관계를 도식적으로 표현한다(그림 C.3 참조). 연신(tensile) 수직응력은 양이고, 압축(compressive) 수직응력은 음수로 표현한다. 예를 들어 그림 C.2의 요소에 대한 그림 C.3에 보여진 Mohr원의 경우 수직응력은 모두 연신 수직응력이다. 전단응력의 부호는 중심에 대해 요소를 시계 방향으로 회전시키는 경우는 양으로 하고 반시계 방향은 음의 부호를 갖는다. 그림 C.2의 요소에서 σ_x 측의 τ_{xy}는 요소를 반시계 방향으로 회전시키므로 음이고 σ_y 측의 τ_{xy}는 요소를 시계 방향으로 회전시키므로 양이다. 원래 응력의 방향과 주응력 방향 간의 각도(θ_p)는 원래 요소와 원 주위를 따라 같은 방향으로 잰 각도이지만 원에서의 각도는 실제 각도의 두 배($2\theta_p$)가 된다. 그림 C.2에서 θ_p는 반시계 방향으로

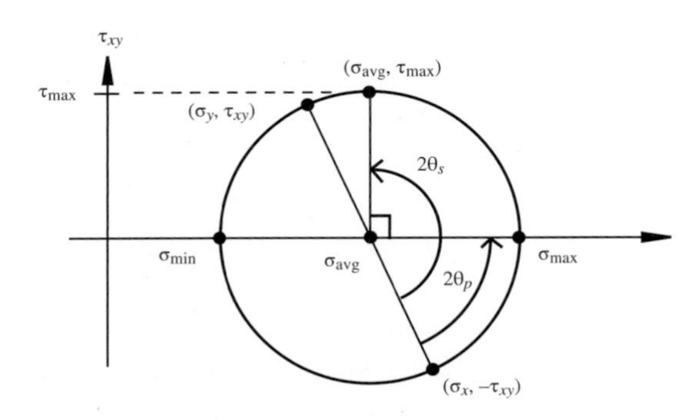

그림 C.3 평면응력의 Mohr원

σ_x에서부터 σ_{max}까지의 각도이므로 그림 C.3에서 σ_x에서부터 σ_{max}까지의 반시계 방향의 각도는 $2\theta_p$이다. 또한 Mohr원에서 주응력 방향과 최대 전단응력 방향이 항상 90° 차이를 가지므로 실제 요소는 45° 차이가 날 것이다. 이 사실은 식 (C.9)와 (C.14)를 비교해 보면 $2\theta_p$와 $2\theta_s$가 서로 음의 역수관계라는 것으로도 확인할 수 있다. 더 자세한 정보를 위해 인터넷 링크 C.1은 단축 응력에 대한 Mohr원 방정식의 유도를 나타내고, 비디오 데모 C.1은 결과를 토론 및 설명한다. 비디오 데모 C.2는 깨지고 늘이기 쉬운 물질이 파괴될 때 왜 다른 파괴면(fracture plane)을 나타내는가를 이해하도록 Mohr원이 어떻게 도와주는지를 설명한다.

인터넷 링크

C.1 단축에 대한 Mohr원의 방정식 유도

비디오 데모

C.1 단축 응력에 대한 Mohr원

C.2 깨지고 늘이기 쉬운 물질에 대한 파괴 이론

수업토론주제 C.1 연신 파괴에서 파괴면의 각도

금속 막대가 축방향의 장력에 의해 파괴될 때 파괴면이 막대의 축방향에 45°가 된다. 왜 그런가?

BIBLIOGRAPHY 참고문헌

Beer, F., and Johnston, E., *Mechanics of Materials*, 5th Edition, McGraw-Hill, New York, 2008.

Dally, J., and Riley, W., *Experimental Stress Analysis*, 3rd Edition, McGraw-Hill, New York, 1991.

찾아보기

한글

ㅂ

ㅅ

ㅇ

기타

영문

A

B

C

D

E

F

G

S